AF301841

HANDBUCH DER KÄLTETECHNIK

UNTER MITARBEIT
ZAHLREICHER FACHLEUTE

HERAUSGEGEBEN VON

RUDOLF PLANK

KARLSRUHE

SECHSTER BAND / TEIL B

WÄRMEAUSTAUSCHER

SPRINGER-VERLAG

BERLIN / HEIDELBERG / NEW YORK / LONDON / PARIS / TOKYO

1988

WÄRMEAUSTAUSCHER

HERAUSGEGEBEN VON

F. STEIMLE UND K. STEPHAN

BEARBEITET VON

S. HAAF, KÖLN · H. G. HIRSCHBERG, PFUNGEN
E. HOFMANN, BAD VILBEL · H. LOTZ, GIENGEN
H. NAWOTHNIG, ESSEN · P. PAIKERT, HERNE
B. SLIPČEVIĆ, LINDAU · H. SCHNELL, LANGENARGEN
A. SCHUSTER, KÖLN · A. SCHÜTZ, LINDAU

MIT 382 ABBILDUNGEN

SPRINGER-VERLAG

BERLIN / HEIDELBERG / NEW YORK / LONDON / PARIS / TOKYO

1988

Professor Dr.-Ing. Fritz Steimle
Institut für Angewandte Thermodynamik und Klimatechnik
Universität Essen
Universitätsstraße 15
D-4300 Essen 1

Professor Dr.-Ing. Karl Stephan
Institut für Technische Thermodynamik
und Thermische Verfahrenstechnik
Universität Stuttgart
Pfaffenwaldring 9
D-7000 Stuttgart 80

Professor Dr.-Ing. Theodor Emil Schmidt †
Stuttgart

ISBN-13:978-3-642-82523-1   e-ISBN-13:978-3-642-82522-4
DOI: 10.1007/978-3-642-82522-4

CIP-Kurztitelaufnahme der Deutschen Bibliothek:
Handbuch der Kältetechnik / unter Mitarb. zahlr. Fachleute
hrsg. von Rudolf Plank. – Berlin ; Heidelberg ; New York ;
London ; Paris ; Tokyo : Springer.
NE: Plank, Rudolf [Hrsg.]
Bd. 6,B. Wärmeaustauscher. – 1988
Wärmeaustauscher / hrsg. von F. Steimle u. K. Stephan. Bearb.
von S. Haaf ... – Berlin ; Heidelberg ; New York ; London ;
Paris ; Tokyo : Springer, 1988
(Handbuch der Kältetechnik ; Bd. 6,B)
ISBN-13:978-3-642-82523-1 (Berlin ...) Gb.

NE: Steimle, Fritz [Hrsg.]; Haaf, Siegfried [Mitverf.]

Dieses Werk ist urheberrechtlich geschützt. Die dadurch begründeten Rechte, insbesondere die der
Übersetzung, des Nachdrucks, des Vortrags, der Entnahme von Abbildungen und Tabellen, der
Funksendung, der Mikroverfilmung oder der Vervielfältigung auf anderen Wegen und der Speicherung in Datenverarbeitungsanlagen, bleiben, auch bei nur auszugsweiser Verwertung, vorbehalten.
Eine Vervielfältigung dieses Werkes oder von Teilen dieses Werkes ist auch im Einzelfall nur in
den Grenzen der gesetzlichen Bestimmungen des Urheberrechtsgesetzes der Bundesrepublik
Deutschland vom 9. September 1965 in der Fassung vom 24. Juni 1985 zulässig. Sie ist grundsätzlich vergütungspflichtig. Zuwiderhandlungen unterliegen den Strafbestimmungen des Urheberrechtsgesetzes.

© Springer-Verlag Berlin, Heidelberg 1988
Softcover reprint of the hardcover 1st edition 1988

Die Wiedergabe von Gebrauchsnamen, Handelsnamen, Warenbezeichnungen usw. in diesem
Werk berechtigt auch ohne besondere Kennzeichnung nicht zu der Annahme, daß solche Namen
im Sinne der Warenzeichen- und Markenschutz-Gesetzgebung als frei zu betrachten wären und
daher von jedermann benutzt werden dürften.

Sollte in diesem Werk direkt oder indirekt auf Gesetze, Vorschriften oder Richtlinien (z. B. DIN,
VDI, VDE) Bezug genommen oder aus ihnen zitiert worden sein, so kann der Verlag keine Gewähr
für Richtigkeit, Vollständigkeit oder Aktualität übernehmen. Es empfiehlt sich, gegebenenfalls für
die eigenen Arbeiten die vollständigen Vorschriften oder Richtlinien in der jeweils gültigen Fassung hinzuzuziehen.

2160/3020-543210

Mitarbeiterverzeichnis

Dipl.-Ing. S. Haaf, Holzweg 4, 5000 Köln 50

Dr. H. G. Hirschberg, Haldenstraße 38, CH-8422 Pfungen

Dipl.-Ing. E. Hofmann, Ringstraße 13, 6368 Bad Vilbel 4

Dr.-Ing. H.-Lotz, Bosch-Siemens Hausgeräte GmbH, Robert-Bosch-Straße, 7928 Giengen

Dipl.-Ing. H. Nawothnig, Institut für Angewandte Thermodynamik und Klimatechnik, Universität Essen, Universitätsstraße 15, 4300 Essen 1

Dr.-Ing. P. Paikert, GEA GmbH, Dorstener Straße 20, 4690 Herne 2

Dr.-Ing. B. Slipčević, Gstaudeweg 21, 8990 Lindau

Dipl.-Ing. H. Schnell, Mühlengärten 5, 7994 Langenargen

Ing. A. Schuster, c/o Linde AG, Sürther Hauptstraße 178, 5000 Köln 50

Ing. A. Schütz, Nobelstraße 42, 8990 Lindau

Vorwort

Mit diesem Band wird das von Prof. Dr.-Ing. Dr. phil. nat. h. c. Dr. sc. agr. h. c. R. PLANK konzipierte und unter ihm als Herausgeber fast vollständig publizierte Handbuch der Kältetechnik zum Abschluß gebracht. R. PLANK hatte noch eine erste Gliederung für den vorliegenden Band VI B entworfen. Nach seinem Tode übernahm es dann Prof. Dr.-Ing. Th. E. SCHMIDT, Kontakte zu den Autoren zu knüpfen, den Band VI B zu gestalten und auch noch erste Manuskripte durchzuarbeiten. Th. E. SCHMIDT wollte mit der Fertigstellung dieses Bandes sein eigenes wissenschaftliches Lebenswerk aus innerer Verpflichtung gegenüber R. PLANK abrunden. Durch seinen plötzlichen Tod war ihm dies leider nicht mehr möglich.

Als Herausgeber sahen wir uns dann vor der Aufgabe, das Begonnene zu aktualisieren und neu zu ordnen. Wir sind den Autoren der einzelnen Kapitel dankbar dafür, daß sie die von ihnen bearbeiteten Kapitel dem Gesamtwerk anpaßten und bereitwillig an vielen Stellen Erneuerungen und Ergänzungen vornahmen.

Anliegen des Buches ist es, das für Berechnung, Bau und Betrieb von Wärmeaustauschern in der Kältetechnik erforderliche Wissen zusammenfassend darzustellen. Zu diesem Zweck ist es in vier Teile gegliedert, die jeweils mehrere Kapitel umfassen. Nach einem einleitenden Überblick über die Vorgänge der Wärmeübertragung wird im ersten Teil (Kapitel 1 bis 7) das wissenschaftliche Rüstzeug zur Bemessung von Apparaten der Wärmeübertragung bereit gestellt. Der zweite Teil (Kapitel 8 bis 11) des Buches behandelt dann Fragen der Konstruktion und des Betriebsverhaltens. Im dritten Teil (Kapitel 12 bis 15) wird über diejenigen Apparate und Maschinen, wie Luftkühler, Rückkühlwerke, Ventilatoren u. a. berichtet, die in der Kältetechnik oft Bestandteil von Anlagen der Wärmeübertragung sind. Der vierte Teil (Kapitel 16) schließlich enthält Angaben über die wichtigsten der zur Wärmeübertragung eingesetzten Fluide und deren Eigenschaften.

Das Gebiet der Wärmeaustauscher in der Kältetechnik ist ungewöhnlich vielseitig, und in den verschiedenen Anwendungsbereichen werden sehr unterschiedliche Anforderungen gestellt. Die entsprechenden Abschnitte sind daher von Autoren verfaßt worden, welche die jeweiligen Bereiche nicht nur von der theoretischen Seite, sondern auch aufgrund ihrer Erfahrung in der Praxis bestens überblicken und durch eigene Publikationen bereichert haben.

Das Kapitel 1 von Dr.-Ing. B. SLIPČEVIĆ behandelt die Strömungsvorgänge ohne Änderung des Aggregatzustandes in kältetechnischen Apparaten. In diesem Kapitel stellt der Abschnitt über den Druckabfall in den einzelnen Wärmeaustauscherelementen, wie Zylinderrohrschlangen, gebogenen Rohren und Krümmern, der von Dipl.-Ing. E. HOFMANN beigesteuert wurde, einen umfassenden Überblick des heutigen Wissens auf diesem Gebiet dar.

Das Kapitel 2 von B. SLIPČEVIĆ ist dem Wärmeübergang durch Leitung und Konvektion gewidmet. Darin wird sowohl über den Wärmeübergang an ebenen Platten, in Rohren und Kanälen als auch über den an quer angeströmte Rohre und Rohrbündel berichtet. Der Einfluß von Umlenkeinbauten im Mantelraum von Rohrbündelwärmeaustauschern wird in einem eigenen Abschnitt dargestellt.

Ausführlich geht B. Slipčević in Kapitel 3 auf den für die Kältetechnik wichtigen Bereich des Wärmeübergangs beim Verdampfen in natürlicher Strömung ein. Durch Vergleiche zwischen Messungen und einzelnen Berechnungsmethoden erhält der Leser Auswahlkriterien für die Vorgehensweise zur Auslegung von Apparaten. Dieser Abschnitt wird durch Hinweise über die Konstruktion von überfluteten Verdampfern ergänzt.

Das Gebiet der Zweiphasenströmung von Kältemitteln in Verdampfern, Kapitel 4, hat E. Hofmann bearbeitet. Er konnte dabei auf publizierte und auf andere Meßergebnisse zurückgreifen, die ihm die Firmen Linde AG, Köln, Sulzer-Escher Wyss GmbH, Lindau, und das Institut für Thermische Verfahrenstechnik der Universität Karlsruhe in dankenswerter Weise zur Verfügung stellten. Die Literatur auf diesem Gebiet ist in den letzten Jahren so sehr angewachsen, daß es sich als schwierig erwies, einen umfassenden Überblick auf begrenztem Raum zu geben. Diese Aufgabe wurde jedoch unter Mitwirkung des einen von uns (K. Stephan) gelöst, ohne daß die ursprüngliche Darstellung von E. Hofmann dadurch an Übersichtlichkeit verloren hat.

Die Wärmeübertragung bei Kondensation und die Bemessung von Verflüssigern, Kapitel 5, hat Dr.-Ing. P. Paikert bearbeitet, der über langjährige Erfahrung auf diesem Gebiet verfügt.

Das Kapitel 6 über den in Kälteanlagen oft bedeutenden Einfluß der Bereifung auf Druckabfall und Wärmeübergang und damit auf die Apparatekonzeption stammt aus der Feder von Dipl.-Ing. S. Haaf.

Plattenwärmeaustauscher zur Erwärmung oder Kühlung von Luft sind vielfach in der Literatur beschrieben worden, während ihre Anwendung als Verdampfer oder Verflüssiger bis jetzt nicht umfassend behandelt wurde. Dies geschieht in dem Beitrag von Dr.-Ing. H. Lotz im Kapitel 7.

Kapitel 8 gibt einen Überblick über die Rohrbündelwärmeaustauscher, den B. Slipčević verfaßte.

Über die Bauelemente von Wärmeaustauschern und deren Gestaltung berichten Dipl.-Ing. A. Schuster und B. Slipčević in Kapitel 9. Dabei werden sowohl die Konstruktion wie die zugehörigen Werkstoffe behandelt.

Dipl.-Ing. H. Schnell hat in Kapitel 10 die Einflüsse der Verschmutzung durch Sedimentation, durch Kristallisation und durch Korrosion auf den Wärmeübergang erörtert. Für den Praktiker hilfreich sind dort die Hinweise über die Gestaltung von Apparaten zur Vermeidung von Verschmutzungen und über Reinigungsmethoden.

Hersteller von Wärmeaustauschern haben stets eine bestimmte Leistung zu garantieren, so daß Meßmethoden für den Wärmeübergang und Angaben über die Leistungsabnahme von besonderer Bedeutung sind. Dipl.-Ing. A. Schütz erörtert dazu im Kapitel 11 die erforderlichen Meßmethoden sowie die Art der Auswertung von Messungen und die entsprechenden Normen.

S. Haaf geht in Kapitel 12 auf den Wärmeübergang in Luftkühlern ein und behandelt in Berechnungsbeispielen Luftkühler ohne und auch mit Ausscheidung von Feuchtigkeit oder Reif.

Den Rückkühlwerken und Verdunstungsverflüssigern ist das von H. Schnell bearbeitete Kapitel 13 gewidmet. Konstruktionshinweise für Verdunstungskühler sowie Angaben über die Betriebsbedingungen runden dieses Kapitel ab.

Ventilatoren sind sowohl für die direkte Luftkühlung als auch für die Verdunstungskühlung wichtige Bauelemente. Aus diesem Grunde war es sinnvoll, die entsprechenden Kapitel um Angaben über Ventilatoren zu ergänzen. Diese Aufgabe hat ebenfalls H. Schnell in Kapitel 14 übernommen.

Dr.-Ing. H. G. Hirschberg berichtet in Kapitel 15 über den bisher noch nicht eingehend behandelten Wärmeübergang in Rührkesseln unter Berücksichtigung des Einflusses von verschiedenen Rührerbauarten.

In Kapitel 16 über Wärmeträger hat schließlich H. G. Hirschberg, alle wichtigen gasförmigen und flüssigen Wärmeträger beschrieben und deren thermophysikalilische und chemische Eigenschaften in übersichtlicher Form zusammengestellt. Tabellen mit Zustands- bzw. Interpolationsgleichungen ergänzen diesen Abschnitt, so daß der Anwender die für die Berechnung von Wärmeaustauschern erforderlichen Stoffwerte übersichtlich aufbereitet findet.

Wärmeaustauscher sind nicht nur in der Kältetechnik, sondern ebenso in vielen anderen Bereichen der Technik, besonders in der Energie- und der Verfahrenstechnik oft wichtiger Bestandteil von technische Anlagen. Daher dürfte das in diesem Buch dargebotene Wissen nicht nur für die Kältetechnik, sondern auch für andere Anwendungen von Nutzen sein.

Wir danken den Autoren für ihre oftmals viel Geduld erfordernde Mitarbeit. Besonderer Dank gebührt Herrn Dipl.-Ing. H. Nawothnig, Bochum, der uns tatkräftig half, die verschiedenen Beiträge hinsichtlich der Darstellung aufeinander abzustimmen. Unser Dank gilt auch dem Verlag für die stets verständnisvolle Zusammenarbeit.

Essen   Fritz Steimle
Stuttgart im März 1988   Karl Stephan

Inhaltsverzeichnis

Benutzte Formelzeichen (s. DIN 8941)

Die folgenden Formelzeichen werden in diesem Band vorzugsweise verwendet. Abweichungen hiervon siehe spezielle Formelzeichenverzeichnisse am Anfang eines jeden Kapitels.

Formelzeichen, Einheiten

Formelzeichen	Bedeutung	SI-Einheit
A	Wärmeübertragungsfläche	m^2
a	Schallgeschwindigkeit	m/s
a	Temperaturleitfähigkeit	m^2/s
C	Konstante	
C	Wärmekapazität	J/K
c	spezifische Wärmekapazität	J/kg K
D	Diffusionskoeffizient	m^2/s
D	Durchmesser	m
d	Durchmesser	m
E	Energie	J
$\dot{E}$	Energiestrom	W
F	Faktor	
F	Kraft	N
g	Fallbeschleunigung	m/s^2
H	Enthalpie	J
H	Höhe	m
h	Höhe	m
h	spezifische Enthalpie	J/kg
K	Kennzahl	
k	Wärmedurchgangskoeffizient	W/m^2 K
L	Länge	m
l	Länge	m
M	Masse	kg
$\dot{M}$	Massenstrom	kg/s
m	Exponent	
$\dot{m}$	Massenstromdichte	kg/m^2 s
n	Drehzahl	1/s
n	Exponent	
P	Leistung	W
p	Druck	Pa
Q	Wärme	J
$\dot{Q}$	Wärmestrom	W
$\dot{Q}_c$	Verflüssigerleistung	W
$\dot{Q}_0$	Kälteleistung, Verdampferleistung	W
$\dot{q}$	Wärmestromdichte	W/m^2
R	Gaskonstante	J/kg K
R	Rauhigkeit	m
r	Radius	m
S	Stoffgröße	
S	Strömungsquerschnitt	m^2

Formel- zeichen	Bedeutung	SI-Einheit
s	Abstand	m
s	Dicke	m
T	thermodynamische Temperatur	K
t	Celsius-Temperatur	°C
t_a	Umgebungstemperatur	°C
t_c	Verflüssigungstemperatur	°C
t_{kr}	kritische Temperatur	°C
t_R	Rippenabstand	m
t_s	Siedetemperatur (Verdampfungstemperatur) bei Normzustand	°C
t_0	Verdampfungstemperatur	°C
U	Umfang	m
V	Volumen	m^3
$\dot{V}$	Volumenstrom	m^3/s
v	spezifisches Volumen	m^3/kg
w	Geschwindigkeit	m/s
x	Dampfgehalt	kg/kg
x	Wassergehalt	kg/kg
x, y, z	Koordinaten an der Stelle x, y, z (x in der Strömungsrichtung)	m
z	Anzahl (der Rohre, der Rohrreihen, der Umlenkungen, der Durchgänge, der Rippen, usw.)	
α	Wärmeübergangskoeffizient	$W/m^2\,K$
β	Raumausdehnungskoeffizient	1/K
β	Stoffübergangskoeffizient	m/s
β	Winkel	°
Δ	Differenz	
Δh	Differenz der spezifischen Enthalpie	J/kg
Δh_d	spezifische Verdampfungsenthalpie (früher „Verdampfungswärme r")	J/kg
Δh_f	spezifische Schmelzenthalpie	J/kg
Δh_{sub}	spezifische Sublimationsenthalpie	J/kg
δ	Dicke	m
ε	relative Rauhigkeit	
ζ	Widerstandsbeiwert	
η	dynamische Viskosität	Pa s
η	Wirkungsgrad	
ϑ	Temperaturabstand	K
ϑ_m	mittlerer Temperaturabstand	K
λ	Wärmeleitfähigkeit	W/m K
ν	kinematische Viskosität	m^2/s
ξ	Massenkonzentration	
ξ	Reibungsbeiwert	
ϱ	Dichte	kg/m^3
Σ	Summe	
σ	Oberflächenspannung	N/m
σ	Verdunstungszahl	$kg/m^2\,s$
τ	Schubspannung	N/m^2
τ	Zeit	s
Φ	Betriebscharakteristik des Wärmeaustauschers	
φ	relative Feuchte	
φ	Lieferzahl	
ψ	Druckzahl	
ψ	dimensionslose Zahl der Wärmeübertragungseinheiten	

Indizes

Formel-zeichen	Bedeutung	Formel-zeichen	Bedeutung
a	außen	R	Rippen
ae	äquivalent	r	Rohr
C	Carnot	S	Segmentblech
c	Verflüssigung	s	siedend
e	effektiv	st	statisch
F	Fluid	st	Strahlung
g	gesamt	t	turbulent
H	Heizmittel	th	theoretisch
h	überhitzt	U	Umlenkung
h	hydraulisch	u	unterkühlt
i	indiziert	V	Ventilator
i	innen	W	Wärmeträger
K	Kälteträger	W	Wasser
kr	kritisch	w	Wand
L	Luft	x, y, z	in Richtung der Koordinaten x, y, z (x in der Strömungsrichtung)
l	laminar		
l	längs	0	auf den Verdampfer bezogen
m	gemittelt	1	Anfang, Eintritt
max	maximal	2	Ende, Austritt
min	minimal	·	zeitbezogene Größe
P	Pumpe	*	normiert
p	isobar	'	siedende Flüssigkeit
q	quer	"	gesättigter Dampf
R	Kältemittel		

Einleitung

Boris Slipčević

Systematik der Wärmeübertragungsvorgänge

Die Wärmeübertragung ist der irreversible Prozeß des Wärmeübergangs zwischen einem Körper hoher und einem Körper niedriger Temperatur. Er findet auf zwei physikalisch grundsätzlich verschiedene Arten statt. Die Wärmeübertragung durch Leitung und Konvektion ist immer stoffgebunden, während die Wärmestrahlung die nicht stoffgebundene Art der Wärmeübertragung ist.

Bei vielen Naturprozessen, ebenso wie in der Technik, treten häufig mehrere Wärmeübertragungsarten gleichzeitig auf. Bei den meisten technischen Problemen überwiegt jedoch eine dieser Arten, welche dann für die Berechnung maßgebend ist.

Unter *Wärmeleitung* versteht man den Wärmetransport durch unmittelbare Berührung zwischen zwei Körpern oder zwischen Teilen eines Körpers. Bekanntlich ist die mittlere Geschwindigkeit der Moleküle um so größer, je höher die Temperatur des Körpers ist. Beim Zusammenstoß der Moleküle des wärmeren Körpers mit denen des kälteren Körpers werden die schnellen Moleküle verlangsamt und die langsamen beschleunigt, so daß es zum Geschwindigkeits- und damit zum Temperaturausgleich über alle Teile des Körpers kommt. Die Übertragung der Energie findet dabei in Gasen durch Diffusion der Moleküle bzw. Atome, in Flüssigkeiten und festen Körpern durch elastische Wellen und in Metallen hauptsächlich durch die Diffusion der freien Elektronen statt. Der Wärmetransport durch Wärmeleitung ist deshalb von den physikalischen Eigenschaften des Körpers abhängig.

Unter *Konvektion* (ohne Änderung des Aggregatzustands) versteht man die Wärmeübertragung zwischen einer Flüssigkeit oder einem Gas einerseits und einem festen Körper bzw. einer Wand andererseits, wobei sich diese in unmittelbarer Berührung befinden. Der Wärmetransport ist dann intensiv, wenn sich die Flüssigkeits- bzw. die Gasteilchen in ungeordneter Bewegung befinden. Hierbei gelangen Teilchen aus kälteren Gebieten in wärmere Gebiete und umgekehrt und tragen so zum Wärmetransport bei. Je stärker diese Bewegung ist, um so besser wird der konvektive Wärmetransport. Aus diesem Grunde sind die hydrodynamischen Vorgänge, neben den Stoffeigenschaften und der Beschaffenheit der Wärmeübertragungsfläche, maßgebend für den Wärmetransport.

Man unterscheidet zwei Arten der Flüssigkeitsbewegung: die *freie* und die *erzwungene* Strömung, bzw. die freie (natürliche) und die erzwungene Konvektion.

Bei der freien Konvektion wird die Bewegung der Flüssigkeit durch Dichteunterschiede hervorgerufen. Die Teilchen erwärmen sich z. B. an der wärmeren Wand, dehnen sich aus und werden spezifisch leichter. Sie steigen auf und lösen dadurch die freie Strömung aus, deren Ursache also im Wärmetransport selbst zu suchen ist. Der Wärmetransport hängt in diesem Falle von den Stoffeigenschaften des Fluids, von der Temperaturdifferenz zwischen Fluid und Wand und von der Größe und Gestalt des

Raumes ab, in welchem der Prozeß abläuft. Wird die Wärmezufuhr unterbunden (z. B. durch Ausschalten der Heizung), hört auch die Strömung auf.

Für die erzwungene Strömung ist das Vorhandensein eines Druckunterschieds verantwortlich, dem eine kinetische Energie entspricht, welche die Strömung verursacht und unterhält. Der Druckunterschied kann ein vorhandener Höhenunterschied sein oder künstlich durch Pumpe oder Gebläse erzeugt werden.

Bekanntlich kann neben der erzwungenen Strömung gleichzeitig auch eine freie Strömung vorhanden sein. Der Einfluß der freien Strömung ist um so größer, je größer die Temperaturdifferenz zwischen Flüssigkeit und Wand ist. Bei größeren Geschwindigkeiten ist aber der Einfluß der freien Strömung vernachlässigbar klein.

Die Hydrodynamik lehrt, daß die Strömungsgeschwindigkeit in unmittelbarer Nähe der Wand gleich Null ist, unabhängig davon, welche Geschwindigkeit in der Rohrmitte herrscht. In Wandnähe bildet sich eine Grenzschicht, deren Dicke vor allem von der Zähigkeit, der Wandform und der Strömungsgeschwindigkeit abhängt und die mit steigender Geschwindigkeit kleiner wird.

Im Hinblick auf die Beschaffenheit der Flüssigkeitsbewegung unterscheidet man *laminare* und *turbulente* Strömung. Bei laminarer Strömung bewegen sich alle Teilchen in Stromschichten parallel zur Wand. Diese Stromschichten mischen sich untereinander nicht, so daß kein Teilchenaustausch stattfindet. Die Wärmeübertragung senkrecht zur Wand findet bei dieser Flüssigkeitsschichtung nur durch Wärmeleitung statt, wie das auch in einer ruhenden Flüssigkeit der Fall ist. Aus diesem Grunde ist diese Art der Wärmeübertragung hauptsächlich von der Wärmeleitfähigkeit des Fluids abhängig.

Der Übergang von der laminaren zur turbulenten Strömung erfolgt in einer ungestörten Strömung bei einer bestimmten kritischen Geschwindigkeit. Sie ist aber nicht konstant, sondern hängt vom Fluid und der Geometrie des Strömungskanals ab. Bei turbulenter Strömung findet die konvektive Wärmeübertragung nur in der laminaren Grenzschicht statt, während die Wärmeübertragung im turbulenten Kern durch intensive Vermischung der Flüssigkeitsteilchen erfolgt. Unter diesen Bedingungen ist der Wärmeleitwiderstand der Grenzschicht bestimmend für die Wärmeübertragung, die in diesem Falle von den Stoffeigenschaften des Fluids, der Temperatur, der Strömungsgeschwindigkeit und der Geometrie des Strömungskanals abhängt.

Wärmestrahlung ist Übertragung von Energie durch elektromagnetische Wellen verschiedener Wellenlängen, von 0,8 μm an aufwärts. Von einem warmen Körper ausgehend breitet sich die Strahlung geradlinig aus. Trifft sie auf einen kälteren Körper, so wird ein Teil der Energie absorbiert, verwandelt sich in Wärme und erhöht dessen Temperatur. Der Restteil der Energie wird reflektiert oder durchgelassen. Da die Strahlungsenergie durch die Temperatur bestimmt wird, ist die Temperatur diejenige Größe, welche die Wärmeübertragung durch Strahlung maßgeblich beeinflußt.

Bei den bisherigen Wärmeübertragungsvorgängen wurde stillschweigend angenommen, daß sich der Aggregatzustand des Fluids nicht ändert. Der übertragene Wärmestrom ist dann dem Produkt aus Temperaturänderung und spezifischer Wärmekapazität proportional. Wenn aber während der Wärmeübertragung gleichzeitig auch eine Änderung des Aggregatzustands stattfindet, so spricht man von *Kondensation* oder *Verdampfung*, bzw. von *Erstarren* oder *Schmelzen*, je nachdem, ob während des Prozesses dem Fluid die Wärme entzogen oder ihm zugeführt wird.

Strömt Dampf längs einer Wand, deren Temperatur höher ist als die dem Dampfdruck entsprechende Sättigungstemperatur, so setzt keine Kondensation ein, unabhängig davon, ob der Dampf gesättigt oder überhitzt ist, und die Wärmeübertragung findet wie bei einem Gas statt. Ist die Wandtemperatur dagegen tiefer als die dem Dampfdruck zugehörige Sättigungstemperatur, so findet an der Wand eine Kondensation des Dampfes statt.

Wenn das Kondensat dabei die ganze Wand benetzt, so daß sich ein mehr oder weniger zusammenhängender Film bildet, so spricht man von *Filmkondensation*. In diesem Falle fließt das gebildete Kondensat von der Wärmeübertragungsfläche ab und ständig gelangt Dampf zur Kondensation.

Wenn das Kondensat nicht die ganze Wärmeübertragungsfläche benetzt, sondern wenn sich an der Oberfläche einzelne Tropfen bilden, die schnell wachsen und anschließend erst wegfließen, spricht man von *Tropfenkondensation*.

Führt man einer Flüssigkeit bei konstantem Druck Wärme zu, so steigt zunächst ihre Temperatur bis zur Erreichung der diesem Druck zugehörigen Sättigungstemperatur an. Bei weiterer Wärmezufuhr bilden sich in der Flüssigkeit die ersten Blasen, und es kommt zur *Verdampfung*. Für diese Wärmezufuhr ist, wie bei jeder Wärmeübertragung, ein Temperaturgefälle erforderlich. Aus diesem Grunde können die Temperaturen der Flüssigkeit und des Dampfes nicht gleich sein. Auch durch Versuche wurde nachgewiesen, daß die Temperatur der Flüssigkeit etwas höher ist als die Siedetemperatur; die Flüssigkeit ist also überhitzt.

Die Versuche zeigten weiter, daß man beim Verdampfungsvorgang mehrere Bereiche unterscheiden kann. Bei kleinen Temperaturdifferenzen zwischen der Wärmeübertragungsfläche und der benetzenden Flüssigkeit, d. h. bei kleinen Wärmestromdichten, entstehen nur wenige Blasen und die Wärmeübertragung beruht hauptsächlich auf dem Mechanismus der *freien Konvektion* (Konvektionssieden). In diesem Bereich steigt der Wärmeübergangskoeffizient nur unwesentlich mit der Erhöhung der Wärmestromdichte. Bei weiterer Steigerung der Wärmestromdichte, also mit steigender Temperaturdifferenz, wird die Blasenbildung intensiver. Man spricht von *Blasenverdampfung*. In diesem Bereich steigt der Wärmeübergangskoeffizient sehr rasch mit der Erhöhung der Wärmestromdichte. Bei weiterer Steigerung der Wärmestromdichte ist die Blasenbildung schließlich so reichlich, daß die Blasen die ganze Wärmeübertragungsfläche bedecken; wegen der schlechten Wärmeleitung durch die instabile Dampfschicht in diesem Bereich kann es zu einer starken Verringerung des Wärmeübergangskoeffizienten kommen. Dieser Bereich wird als *partielle Filmverdampfung* bezeichnet.

Bei weiterer Erhöhung der Wärmestromdichte und damit bei sehr großen Temperaturdifferenzen, gelangt man in den Bereich der *stabilen Filmverdampfung*, bei welchem der Wärmeübergangskoeffizient besonders unter dem Einfluß der durch Strahlung übertragenen Wärme wieder eine ansteigende Tendenz aufweist.

Bei vielen technischen Prozessen wird nicht nur Wärme, sondern auch Materie übertragen. Die grundlegende Behandlung der *Stoffübertragung* erfolgte erst, nachdem die wesentlichen Merkmale der Wärmeübertragungsvorgänge erforscht waren. Es zeigte sich dabei, daß zwischen den Wärme- und Stoffübertragungsvorgängen eine Analogie besteht, d. h. daß die Differentialgleichungen für die beiden Vorgänge oft ähnlich sind, so daß man dann die bei der Wärmeübertragung gewonnenen Erkenntnisse auch auf die Stoffübertragung anwenden kann. Auf alle diese Vorgänge wird in den entsprechenden Abschnitten näher eingegangen.

Ähnlichkeit, Kennzahlen

Einen physikalischen Vorgang mathematisch zu erfassen, bedeutet, einen Zusammenhang zwischen den Größen herzustellen, welche diesen Vorgang beeinflussen. In vielen Fällen sind diese Einflußgrößen zeitlich und örtlich veränderlich, so daß man sich bei der Aufstellung solcher Beziehungen auf infinitesimale Größen, wie z. B. auf einen unendlich kleinen Zeitabschnitt und auf ein unendlich kleines Volumenelement beschränken muß, um dann mit Hilfe der allgemeinen physikalischen Gesetze den Zusammenhang zwischen den Einflußgrößen festzustellen. Die auf diese Weise für den betrachteten Vorgang gewonnenen Beziehungen stellen meistens Differentialgleichungen dar. Die Integration der Differentialgleichungen liefert die analytische Beziehung zwischen den Einflußgrößen. Für ihre Integration müssen die Grenzbedingungen bekannt sein. Ein physikalischer Vorgang kann von mehreren Größen abhängen. So werden z. B. die Wärmeübertragungsvorgänge nicht nur von thermischen, sondern auch von hydrodynamischen Größen beeinflußt. Sie müssen also durch mehrere Differentialgleichungen beschrieben werden. Die analytische Lösung dieser Differentialgleichungen ist nach dem heutigen Stand unserer Kenntnisse nur in einigen Fällen

Tabelle 1. *Zusammenstellung der Kennzahlen*

Benennung	Definitionsgleichung
a) Kennzahlen der Strömungsvorgänge	
Archimedes-Zahl	$Ar = \dfrac{gL^3}{v^2}\,\dfrac{\Delta\varrho}{\varrho}$
Froude-Zahl	$Fr = \dfrac{w^2}{gL}$
Galilei-Zahl	$Ga = \dfrac{gL^3}{v^2}$
Grashof-Zahl	$Gr = \dfrac{g\beta L^3\,\Delta t}{v^2}$
Reynolds-Zahl	$Re = \dfrac{wL}{v}$
b) Kennzahlen der Wärmeübertragung	
Biot-Zahl	$Bi = \dfrac{\alpha L}{\lambda}$
Fourier-Zahl	$Fo = \dfrac{a\tau}{L^2}$
Nußelt-Zahl	$Nu = \dfrac{\alpha L}{\lambda}$
Péclet-Zahl	$Pe = \dfrac{wL}{a}$
Phasenumwandlungs-Zahl	$Ph = \dfrac{c\Delta t}{\Delta h_{\mathrm{d}}}$
Prandtl-Zahl	$Pr = \dfrac{\eta c}{\lambda} = \dfrac{v}{a}$
Stanton-Zahl	$St = \dfrac{\alpha}{w\varrho c}$
c) Kennzahlen der Stoffübertragung	
Lewis-Zahl	$Le = \dfrac{a}{D}$
Schmidt-Zahl	$Sc = \dfrac{v}{D}$
Sherwood-Zahl	$Sh = \dfrac{\beta L}{D}$

möglich, so daß man im allgemeinen auf eine experimentelle Untersuchung angewiesen ist. Bei Vorgängen, die von einer großen Anzahl einzelner Faktoren abhängen, ist aber auch die experimentelle Ermittlung mit Schwierigkeiten verbunden. Außerdem erhebt sich die berechtigte Frage, in welchem Umfang die am Modell gewonnenen Erkenntnisse auf praktische Ausführungen übertragbar sind. Es ist das große Verdienst von Nusselt [1], als erster die Gesetze der physikalischen Ähnlichkeit für die Wärmeübertragung erkannt und angewendet zu haben.

Der Begriff der Ähnlichkeit ist aus der Geometrie bekannt und übernommen. Bei der physikalischen Ähnlichkeit müssen neben den geometrischen Größen auch alle übrigen Größen, die den betreffenden Vorgang beeinflussen, also z. B. Geschwindigkeit, Temperatur, Stoffeigenschaften usw., in einem bestimmten Verhältnis stehen. Damit läßt sich eine relativ große Anzahl der den untersuchten Vorgang beeinflussenden Größen auf eine wesentlich kleinere Anzahl von dimensionslosen Argumenten, die sogenannten Kennzahlen, zurückführen. Diese dimensionslosen Kennzahlen werden mit den Namen verdienter Forscher bezeichnet, und zwar üblicherweise mit deren ersten beiden Buchstaben als abgekürztem Symbol. Diese Symbole und ihre Bedeutung sind jedoch nicht international einheitlich.

Bei vielen physikalischen Vorgängen ist es damit nicht mehr notwendig, den Einfluß jeder der Einflußgrößen, aus denen sich die Kennzahl zusammensetzt, getrennt zu untersuchen, sondern es genügt, nur den Einfluß der entsprechenden Kennzahl auf den Vorgang zu bestimmen. Damit kann nicht nur der experimentelle Aufwand wesentlich verringert werden, sondern es können Vorgänge mit verschiedenen Fluiden und bei verschiedenen Betriebsbedingungen miteinander verglichen werden. Bei der Beschreibung der Strömungs-, Wärme- und Stoffübertragungsvorgänge werden verschiedene Kennzahlen benutzt. Die wichtigsten dieser Kennzahlen sind in Tab. 1 zu-

Tabelle 2. *Zusammenstellung der für die Bildung der Kennzahlen benutzten Symbole, Größen und ihre Einheiten*

Buchstaben-symbol	Größe	Einheit
a	Temperaturleitfähigkeit	m^2/s
c	spezifische Wärmekapazität	J/kg K
D	Diffusionskoeffizient	m^2/s
g	Fallbeschleunigung	m/s^2
Δh_d	spezifische Verdampfungsenthalpie	J/kg
L	kennzeichnende Länge	m
Δt	Temperaturdifferenz	K
w	kennzeichnende Geschwindigkeit	m/s
α	Wärmeübergangskoeffizient	W/m^2K
β	Raumausdehnungskoeffizient	1/K
β	Stoffübergangskoeffizient	m/s
η	dynamische Viskosität	Pa s
λ	Wärmeleitfähigkeit	$W/m \cdot K$
ν	kinematische Viskosität	m^2/s
ϱ	Dichte	kg/m^3
τ	Zeit	s

sammengestellt. Wegen der Ableitung der Kennzahlen und ihrer physikalischen Deutung wird auf die entsprechende Literatur verwiesen [2 bis 7].

In Tab. 2 sind die für die Bildung der Kennzahlen benutzten Symbole und ihre Einheiten zusammengestellt.

Als kennzeichnende Geschwindigkeit w in den Kennzahlen ist bei den meisten Vorgängen die über einen bestimmten freien Querschnitt gemittelte Geschwindigkeit gewählt worden. In gewissen Fällen kann auch eine andere Geschwindigkeit, welche die Strömung besser oder einfacher beschreibt, als kennzeichnende Geschwindigkeit gewählt werden (z. B. Anströmgeschwindigkeit bei der Strömung längs einer ebenen Wand).

Die charakteristische Länge L soll von wesentlichem Einfluß und eindeutig sein. Sie ist bei Platten die Plattenlänge L in der Strömungsrichtung, bei Kreisrohren meistens der äußere oder der innere Rohrdurchmesser d_a bzw. d_i, je nachdem, ob die Strömung um das Rohr oder im Rohr erfolgt. Für nichtkreisförmige Rohre oder Kanäle wird vorzugsweise mit dem hydraulischen Durchmesser

$$d_h = 4S/U$$

gerechnet, wobei S der freie Strömungsquerschnitt und U der benetzte Umfang sind. Für Strömungen durch veränderliche Querschnitte benutzt man oft die die Strömung besser charakterisierenden, abgeleiteten Bezugslängen, z. B. die Länge des Strömungsweges eines umströmten Körpers.

Besondere Bedeutung kommt der Bezugstemperatur für die Stoffeigenschaften zu: Diese kann die Wandtemperatur, die mittlere Temperatur des strömenden Fluids, eine gemittelte Temperatur zwischen diesen beiden Temperaturen oder eine anders definierte Temperatur sein.

Hat man aufgrund einer Untersuchung an einem Modell die Funktion

$$F(Nu, Re, Pr) = 0$$

gefunden, so hat man eine verallgemeinerte Abhängigkeit gewonnen, welche für alle einander ähnlichen Vorgänge gilt. Um zu praktisch brauchbaren Zahlenwerten zu gelangen, wird die Funktion F nach jener Kennzahl aufgelöst, die die gesuchte Größe enthält. Für die Berechnung des Wärmeübergangskoeffizienten würde man also setzen

$$Nu = F(Re, Pr).$$

Diese Darstellung genügt in der Regel nur für Vorgänge an geometrisch einfachen Flächen bei geradliniger Strömung mit gleichbleibender Geschwindigkeit. In allen anderen Fällen sind weitere Kennzahlen notwendig. Diese sind insbesondere Kennzahlen der Raumformen, welche den Strömungsverlauf und die Transportvorgänge beeinflussen. Diese „geometrischen Kennzahlen" werden in der Regel mit Hilfe der Bezugslänge gebildet. Auf die praktische Anwendung der Kennzahlen wird im folgenden noch näher eingegangen.

1 Strömungen ohne Änderung des Aggregatzustands in kältetechnischen Apparaten

Boris Slipčević (Abschnitt 1.5: Ernst Hoffmann)

Benutzte Formelzeichen in Kapitel 1

(s. auch Formelzeichenliste am Anfang des Bandes)

Formelzeichen, Einheiten

$\dot{B}$	Berieselungsdichte	kg/m²s
c	Widerstandsbeiwert	—
N	Rohrzahl	—
R	Krümmungsradius	m
t^*	Teilungsverhältnis	—
x	Strecke	m
γ	Winkel	°
φ	Korrekturfaktor	—

Indizes

A	Einlaufstrecke	L	auf die Länge bezogen
E	Endzone	r	Rand
e	auf den engsten Querschnitt bezogen	St	Stutzen
f	fluchtend	v	versetzt
ges	gesamt	W	Wellen
K	Krümmer	w	Wand

1.1 Strömung längs einer ebenen Platte

1.1.1 Erzwungene Strömung

Auch bei der Strömung längs einer ebenen dünnen Platte beobachtet man die laminare und die turbulente Strömungsform. Die Grenzschichtausbildung und die Geschwindigkeitsprofile sind für diesen Fall in Abb. 1.1 dargestellt.

Bezeichnet man mit x die vom Plattenanfang an in Strömungsrichtung gemessene Strecke, so ist, wie durch Versuche festgestellt wurde, die Grenzschicht bis zu einer mit der Länge x und der Anströmgeschwindigkeit w_∞ gebildeten Reynolds-Zahl $Re_x \approx 84\,000$ laminar. Die Dicke dieser laminaren Grenzschicht δ_1 ist

$$\delta_1 = Cx/Re_x^{0,5}. \tag{1.1}$$

Die Konstante C beträgt

nach MICHEJEW [1]	$C = 5,83$
nach BLASIUS [2]	$C = 3,40$
nach POHLHAUSEN [3]	$C = 4,64$.

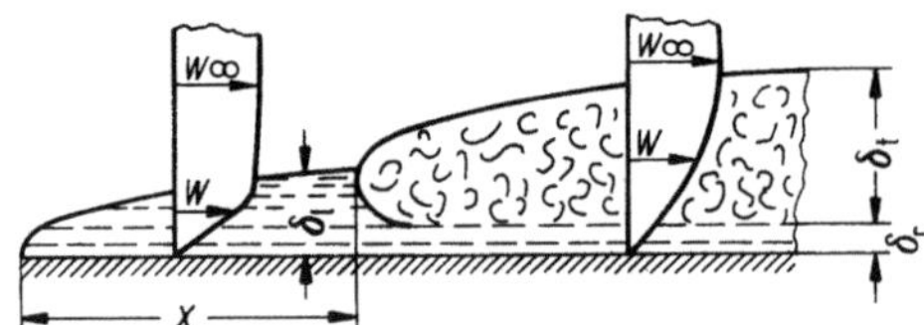

Abb. 1.1. Skizze der Grenzschichtausbildung bei der Strömung längs einer ebenen dünnen Platte.

Es hat sich eingebürgert, mit dem Wert $C = 5$ zu rechnen.

Der Bereich $84\,000 < Re_x < 500\,000$ wird als Übergangsbereich bezeichnet, in welchem die laminare Grenzschicht mit zunehmender Länge x in die voll turbulente Grenzschicht übergeht. Der Übergang ist von äußeren Umständen abhängig. Wenn die Strömung gestört ist oder wenn die Oberfläche der Platte rauh ist, erfolgt der Umschlag bei kleineren Reynolds-Zahlen. Über die Kriterien zur Vorausbestimmung des laminar-turbulenten Umschlags berichtete Tani [4].

Für $Re_x > 500\,000$ ist die Grenzschicht mit Sicherheit in eine turbulente Grenzschicht δ_t mit einer dünnen laminaren wandnahen Randschicht δ_r übergegangen. Die laminare Randschicht bildet sich analog der laminaren Grenzschicht bei turbulenter Rohrströmung aus. Nach Pohlhausen [3] gilt für die Dicke der turbulenten Grenzschicht

$$\delta_t = 0{,}384\,x/Re_x^{0,2}, \tag{1.2}$$

während die Dicke der Randschicht δ_r, welche für die Wärmeübertragung von besonderem Interesse ist,

$$\delta_r = 74{,}5\,x/Re_x^{0,9} \tag{1.3}$$

beträgt.

Bezeichnet man mit L die Länge und mit B die Breite der Platte, so ergibt sich die auf die Plattenseite $S = BL$ wirkende Kraft F zu

$$F = \xi S\varrho w^2/2, \tag{1.4}$$

wobei der Reibungsbeiwert ξ eine Funktion der Reynolds-Zahl ist.

Nach Blasius [2] ist bei laminarer Strömung ($Re_L < 5 \cdot 10^5$)

$$\xi = 1{,}327/Re_L^{0,5}. \tag{1.5}$$

Nach Schlichting [5] gilt bei turbulenter Strömung ($5 \cdot 10^5 < Re_L < 5 \cdot 10^9$)

$$\xi = \frac{0{,}455}{(\lg Re_L)^{2,58}}, \tag{1.6}$$

während im Übergangsbereich ($5 \cdot 10^5 < Re_L < 10^7$)

$$\xi = \frac{0{,}455}{(\lg Re_L)^{2,58}} - \frac{1\,770}{Re_L} \tag{1.7}$$

gilt.

In Abb. 1.2 sind die nach Gl. (1.5), (1.6) und (1.7) berechneten Reibungsbeiwerte ξ als Funktion der Reynolds-Zahl dargestellt. Der Reibungsbeiwert der laminaren Strömung (l) geht mit steigenden Reynolds-Zahlen in denjenigen der turbulenten Strömung (t) über, wie dies in Abb. 1.2 gestrichelt angedeutet ist. Im äußersten Falle für $Re_L = 5 \cdot 10^5$ gilt entsprechend Gl. (1.7) der mit ü bezeichnete Kurvenzug. Die in Abb. 1.2 eingetragenen Reibungsbeiwerte wurden durch Versuche verschiedener Forscher experimentell voll bestätigt. Sie gelten für dünne glatte Platten. Bei den meisten technischen Anwendungen hat man es aber mit rauhen Platten zu tun. Ähnlich wie bei der Rohrströmung läßt sich auch bei der Plattenströmung eine relative Rauhigkeit

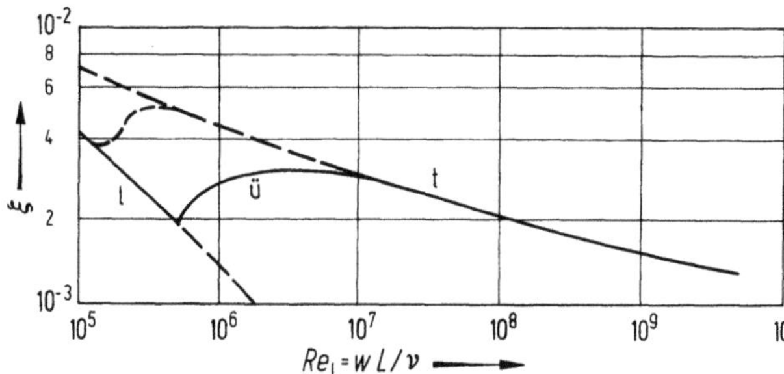

Abb. 1.2. Reibungsbeiwert ξ für glatte, ebene Platten. l laminare Strömung, t turbulente Strömung, ü Strömung im Übergangsbereich.

definieren. Statt des Rohrdurchmessers wird bei der Plattenströmung die Grenzschichtdicke als Bezugsgröße für die Bestimmung der relativen Rauhigkeit gewählt. Da die Grenzschichtdicke längs der Platte in der Strömungsrichtung immer größer wird, nimmt die relative Rauhigkeit ab, was zu einem unterschiedlichen Verhalten der verschiedenen Plattenteile in bezug auf den Rauhigkeitswiderstand führt. Für die Berechnung des Reibungsbeiwerts für rauhe Platten sei auf [5] hingewiesen.

Für Platten endlicher Dicke ist die Form der Anströmkante für die Entstehung der längs und quer laufenden Turbulenzen maßgebend.

1.1.2 Freie Strömung

Auch bei freier Strömung, bei welcher die Bewegung des Fluids nur durch die von den Temperaturunterschieden hervorgerufenen Dichteunterschiede in der Strömung entsteht, bildet sich an der Oberfläche des Körpers eine Grenzschicht aus. Da die Geschwindigkeiten in der Regel wesentlich kleiner sind als bei erzwungener Strömung, ist die Grenzschichtdicke bei freier Strömung größer und damit der Wärmeübergang schlechter.

Als einfachstes Beispiel der freien Strömung werde eine vertikale ebene Platte betrachtet, welche eine konstante Wandtemperatur t_w besitzt, während die Temperatur des Fluids außerhalb der Grenzschicht t_∞ sei. Damit hat die Platte eine konstante Übertemperatur $\vartheta = t_w - t_\infty$. Aufgrund der experimentellen Untersuchungen von SCHMIDT und BECKMANN [6], die das Temperatur- und Geschwindigkeitsfeld einer beheizten vertikalen Platte bei freier Konvektion in Luft bestimmten, ergab sich der in Abb. 1.3 dargestellte Verlauf.

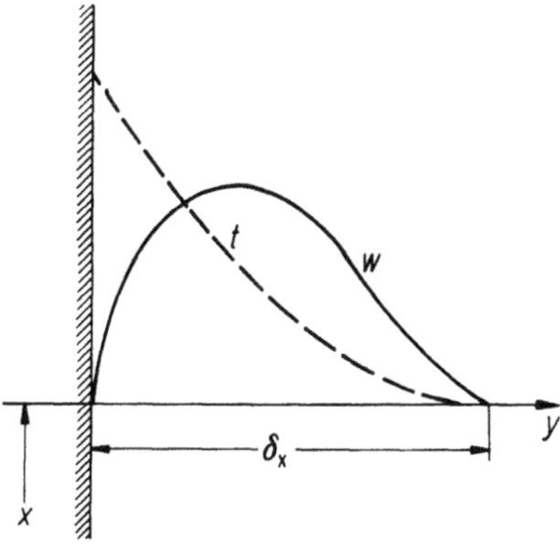

Abb. 1.3. Skizze des Temperatur- und Geschwindigkeitsfeldes bei freier Konvektion an einer vertikalen beheizten Platte nach [6].

Bezeichnet man die Entfernung von der Plattenunterkante mit x und diejenige von der Plattenoberfläche mit y, so wächst die für die Berechnung des Wärmeübergangs maßgebende Grenzschicht δ_x mit steigenden Werten von x vom Wert Null auf den Wert

$$\delta_x = \frac{3{,}93\,x}{Pr^{0{,}5}} \left(\frac{0{,}952 + Pr}{Gr} \right)^{0{,}25}. \tag{1.8}$$

Da in Gl. (1.8) die Grashof-Zahl mit der Länge x zu bilden ist, bedeutet dies, daß $\delta_x \approx x^{0{,}25}$ ist. Für Werte $Gr\,Pr < 10^8$ ist die Strömung laminar; ab $Gr\,Pr > 10^{10}$ ist sie turbulent und schlägt im Bereich $10^8 < Gr\,Pr < 10^{10}$ von der laminaren zur turbulenten Strömung um.

Die maximale Geschwindigkeit innerhalb der Grenzschicht ergibt sich im Abstand $y = \delta_x/3$ und beträgt

$$w_{\max} = 0{,}766 \frac{\nu}{x} \left(\frac{Gr}{0{,}952 + Pr} \right)^{0{,}5}. \tag{1.9}$$

1.2 Strömung in Rohren und Kanälen

1.2.1 Ausgebildete laminare Strömung

Nach dem Hagen-Poiseuilleschen Gesetz ist das für die ausgebildete laminare Strömung notwendige Druckgefälle

$$\Delta p = 8\eta \frac{L}{r_i^2}\, w. \tag{1.10}$$

Diese Strömungsart kommt bei sehr kleinen Rohrdurchmessern bei niedrigen Geschwindigkeiten, bzw. bei sehr zähen Fluiden (z. B. Öle, Kälteträger bei tiefen Temperaturen usw.) vor.

Für die Berechnung des Druckabfalls in den Rohren wird allgemein gesetzt

$$\Delta p = \xi \frac{L}{d_i}\, \varrho w^2/2. \tag{1.11}$$

Stellt man Gl. (1.10) in die Form der Gl. (1.11) um, so ergibt sich unter der Berücksichtigung der Definitionsgleichung für die Reynolds-Zahl der Reibungsbeiwert ξ für die ausgebildete laminare Strömung zu

$$\xi = 64/Re_i. \tag{1.12}$$

Die Stoffwerte des Fluids sind auf den mittleren Zustand im Rohr bezogen. Nur bei sehr großen Änderungen dieser Stoffwerte während der Durchströmung des Rohrs empfiehlt es sich, eine Stufenrechnung durchzuführen.

Die Versuchsergebnisse zeigten, daß Gl. (1.12) selbst für rauhe Rohre gültig ist, so daß sie sowohl für hydraulisch glatte als auch für hydraulisch rauhe Rohre benutzt werden kann.

Der Druckabfall in einem rechteckigen Kanal von der Länge L wird ebenfalls nach Gl. (1.11) berechnet, wobei allerdings an Stelle des inneren Rohrdurchmessers d_i der in der Einleitung definierte hydraulische Durchmesser d_h einzusetzen ist, der auch für die Bildung der Reynolds-Zahl zu benutzen ist. Der Reibungsbeiwert beträgt

$$\xi = \varphi\, 64/Re_i. \tag{1.13}$$

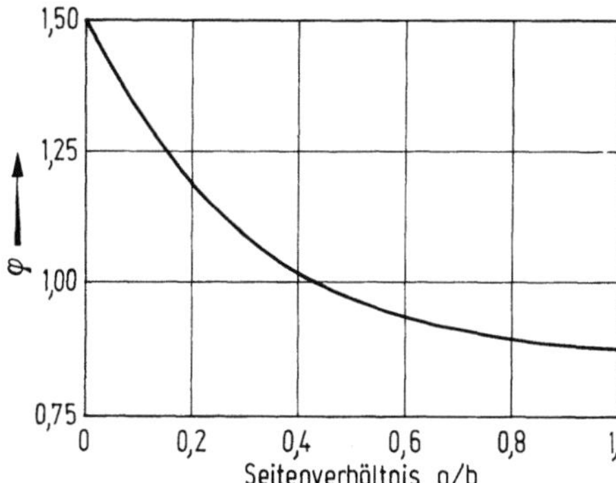

Abb. 1.4. Korrekturfaktor φ bei Laminarströmung in Kanälen mit Rechteckquerschnitt nach [11].

Bezeichnet man mit a die kürzere und mit b die längere Seite des Rechtecks, so ist der Korrekturfaktor φ eine Funktion des Seitenverhältnisses a/b. Er ist in Abb. 1.4 graphisch dargestellt.

Für $a/b = 0$ (Spalt) ist $\varphi = 1{,}5$; für $a/b = 1$ (Quadrat) ist $\varphi = 0{,}89$, während man für $a/b = 0{,}44$ den Wert $\varphi = 1$ wie beim Kreisrohr erhält. Der quadratische Querschnitt hat also von allen Rechteckquerschnitten den kleinsten Widerstand. Er erscheint sogar günstiger als der Kreisquerschnitt. Strömt aber der gleiche Volumenstrom einmal durch einen quadratischen Querschnitt und zum anderen durch ein Kreisrohr von der gleichen Querschnittsfläche, so ist der Druckabfall des quadratischen Querschnitts um ca. 13 % größer als derjenige des Kreisrohrs.

1.2.2 Ausgebildete turbulente Strömung

Bei dieser Strömungsart sind der Hauptströmung in axialer Richtung lokal und zeitlich unterschiedliche Querkomponenten überlagert, welche eine starke Durchmischung besonders in der Querrichtung verursachen. Die Geschwindigkeitsverteilung über den Rohrquerschnitt ist wesentlich gleichmäßiger und das Geschwindigkeitsprofil im Kern der Strömung flacher als bei der laminaren Strömung. Diese Querströmungen sind die Ursache für den erhöhten Druckabfall. Das treibende Druckgefälle ist bei der ausgebildeten turbulenten Strömung dem Quadrat der mittleren Strömungsgeschwindigkeit nahezu proportional. Der Druckabfall ist auch in gewissen Bereichen von der relativen Rauhigkeit

$$\varepsilon = R/d_\mathrm{i} \tag{1.14}$$

abhängig, wobei R die Rauhigkeit ist.

Unter dem Sammelbegriff „Rauhigkeit" faßt man nach DIN 4762 die Beschaffenheit von Oberflächen zusammen, deren (Querschnitts-)„Istprofil" durch ein oberes „Bezugsprofil" und ein unteres „Grundprofil" begrenzt ist.

Der Abstand zwischen dem Bezugsprofil und dem Grundprofil ist die Rauhtiefe R_t. Die Glättungstiefe R_p ist der mittlere Abstand des Bezugsprofils vom Istprofil und ist gleich dem Abstand des mittleren Profils zum Bezugsprofil.

Nach DIN 4768 ist der Aussagewert von R_t zur Kennzeichnung der Rauhigkeit gering. Dagegen wird die aus den Einzelrauhtiefen fünf aneinandergrenzender Einzelmeßstrecken arithmetisch gemittelte Rauhtiefe R_z als eine die Rauhigkeit kennzeichnende Größe angesehen. Sie soll deswegen in der Gl. (1.14) als Rauhigkeit R eingesetzt werden. Die mittlere Rauhtiefe R_z für verschiedene Werkstoffe ist aus Tab. 1.1 ersichtlich.

Tabelle 1.1. *Mittlere Rauhtiefe R_z in mm für verschiedene Werkstoffe*

Werkstoff	Bemerkung	R_z
Glas		0...0,001 5
gezogene Rohre aus Blei, Kupfer und Messing		0...0,001 5
Stahlrohre gezogen	neu	0,02...0,1
	nach längerem Gebrauch gereinigt	0,15...0,2
	mäßig verrostet oder leichte Verkrustungen	...0,4
	starke Verkrustungen	...3,0
Stahlblech verzinkt	glatt	0,07
Stahlrohre verzinkt	normal galvanisiert	0,15
Stahlrohre geschweißt	neu	0,05...1,0
	gebraucht, gereinigt	0,15...0,2
	gleichmäßig verrostet	...0,4
	leichte Verkrustung	1...1,5
	starke Verkrustung	2...4
Stahlrohre genietet		0,9...10
Gußrohre	neu	0,26...1,0
	angerostet	1,0...1,5
	verkrustet	1,5...4,0
Betonrohre	Glattstrich	0,3...0,8
	rauh	1,2...3,0
Asbestzementrohre		0,05...0,1

Für die Berechnung des Druckabfalls gilt auch hier die Gl. (1.11). In bezug auf den Reibungsbeiwert unterscheidet man drei Fälle:

a) Hydraulisch glatte gerade Rohre

Die Rauhigkeitserhebungen sind so klein, daß sie alle innerhalb der laminaren Randschicht liegen. In diesem Bereich ist also $\xi = \xi(Re_i)$. Nach BLASIUS [7] gilt für ausgebildete Strömung für $3\,000 < Re_i < 10^5$

$$\xi = 0,361\,4/Re_i^{0,25}. \tag{1.15}$$

Auch die Versuche von NIKURADSE [8] bestätigten Gl. (1.15) im angegebenen Bereich der Reynolds-Zahlen, zeigten aber für $Re_i > 10^5$ mit steigenden Reynolds-Zahlen immer größer werdende Abweichungen. Für $Re_i > 10^5$ hat NIKURADSE [8] die Gleichung

$$\xi = 0,003\,2 + 0,221/Re_i^{0,237} \tag{1.16}$$

vorgeschlagen.

Eine gute Übereinstimmung mit den Meßwerten im ganzen untersuchten Bereich der Reynolds-Zahlen ($2\,320 < Re_i < 10^8$) liefert die Beziehung von FILONENKO [9]:

$$\xi = 1/(1,82\,\lg Re_i - 1,64)^2. \tag{1.17}$$

b) Übergangsbereich

In diesem Bereich ragen die Rauhigkeitserhebungen zum Teil aus der laminaren Randschicht hervor. Der Zusatzwiderstand, der hierdurch gegenüber den hydraulisch glatten Rohren entsteht, ist im wesentlichen der Formwiderstand der in die turbulente Grenzschicht hineinragenden Rauhigkeitserhebungen. Deswegen ist in diesem Bereich $\xi = \xi(Re_i, \varepsilon)$ und kann nach der von COOLEBROOK und WHITE [10] vorgeschlagenen Gleichung

$$\frac{1}{\sqrt{\xi}} = -2 \lg \left(\frac{\varepsilon}{3,72} + \frac{2,51}{Re_i \sqrt{\xi}} \right) \tag{1.18}$$

berechnet werden. Diese Gleichung gilt mit zufriedenstellender Genauigkeit in allen drei Bereichen, also sowohl für hydraulisch glatte als auch für hydraulisch vollkommen rauhe Rohre. Für hydraulisch glatte Rohre ($\varepsilon = 0$) ergibt sich aus Gl. (1.18)

$$\frac{1}{\sqrt{\xi}} = 2 \lg Re_i \sqrt{\xi} - 0,8 . \tag{1.19}$$

c) Vollkommen rauhe Rohre

Der Widerstand besteht hauptsächlich aus dem Formwiderstand der aus der laminaren Randschicht herausragenden Rauhigkeitserhebungen. Da in diesem Falle das quadratische Widerstandsgesetz gilt, ist der Reibungsbeiwert $\xi = \xi(\varepsilon)$. Für hydraulisch vollkommen rauhe Rohe ($Re_i \to \infty$) ergibt sich aus Gl. (1.18):

$$\frac{1}{\sqrt{\xi}} = 1,14 - 2 \lg \varepsilon . \tag{1.20}$$

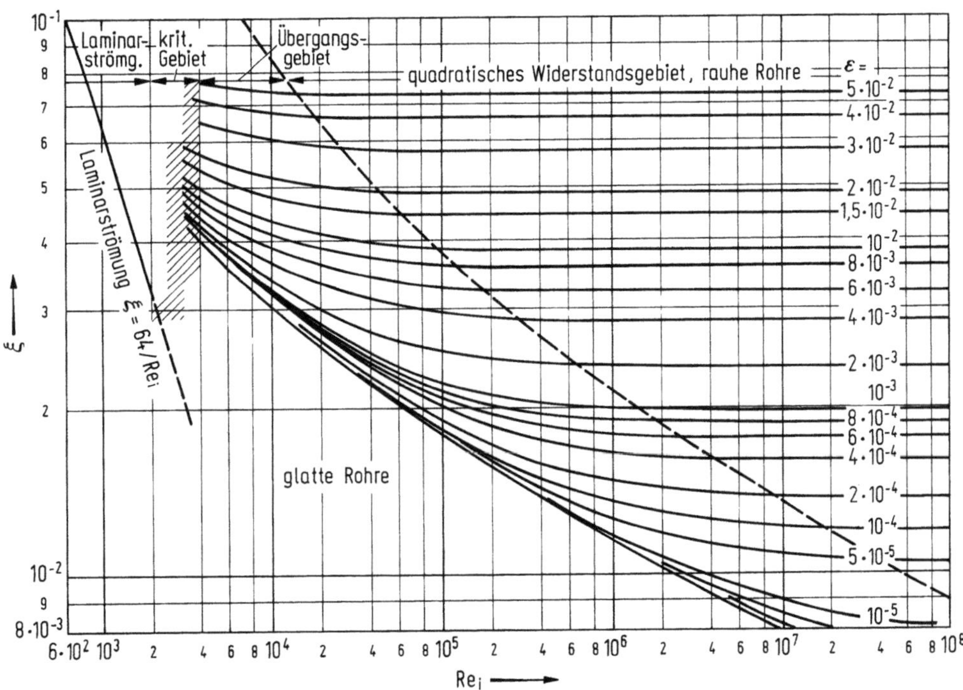

Abb. 1.5. Reibungsbeiwerte ξ von rauhen Rohren als Funktion der Reynolds-Zahl Re_i und der relativen Rauhigkeit ε.

In Abb. 1.5 ist der Verlauf der Reibungsbeiwerte ξ als Funktion der Reynolds-Zahl Re_i und der relativen Rauhigkeit ε dargestellt. Im Übergangsbereich ist die wandnahe Strömung labil, deshalb können gerade in diesem Bereich erhebliche Abweichungen auftreten.

Der Druckabfall in nicht kreisförmigen Rohren oder Kanälen wird auf die gleiche Weise berechnet, wobei allerdings an Stelle des inneren Rohrdurchmessers d_i immer der hydraulische Durchmesser $d_h = 4\,S/U$ eingesetzt wird. Einen Überblick über die Reibungsbeiwerte für glatte, gerade Rohre mit verschiedenen Querschnittsformen, bzw. für glatte konzentrische Kreisringrohre mit verschiedenen Rohrdurchmessern findet man bei Kast und Kling [11].

Berechnungsbeispiel

Wasser von $t = 30\,°C$ strömt durch ein $L = 20\,m$ langes, gerades Stahlrohr von $d_i = 21\,mm$ Innendurchmesser. Man berechne den Druckabfall für:
— hydraulisch glattes Rohr ($\varepsilon = 0$) und
— für das rauhe Rohr ($R_z = 0,05\,mm$),
wenn die Strömungsgeschwindigkeit $w = 0,7\,m/s$ bzw. $w = 2,8\,m/s$ beträgt.

Die Stoffwerte des Wassers bei $t = 30\,°C$ sind

$$\varrho = 995,7\ \text{kg/m}^3,$$
$$\nu = 0,8 \cdot 10^{-6}\ \text{m}^2/\text{s}.$$

Die Reynolds-Zahl der Strömung beträgt

$$Re_i = \frac{w\,d_i}{\nu} = \frac{0,7 \cdot 0,021}{0,8 \cdot 10^{-6}} = 18\,375.$$

Die Strömung ist turbulent.

Für das hydraulisch glatte Rohr ergeben sich die folgenden Reibungsbeiwerte:

nach Gl. (1.15) $\xi = 0,027\,18$,
nach Gl. (1.16) $\xi = 0,024\,77$,
nach Gl. (1.17) $\xi = 0,026\,69$,
nach Gl. (1.19) $\xi = 0,026\,44$.

Der Unterschied zwischen dem niedrigsten und dem höchsten Wert beträgt also weniger als 10 %. Der Nachteil der Gl. (1.19) besteht darin, daß der Reibungsbeiwert nur durch Iteration bestimmt werden kann. Die Gl. (1.17) hat dagegen den Vorteil, daß sie relativ einfach ist und dazu im großen Bereich der Reynolds-Zahlen gilt. Aus diesem Grunde wird sie für die Berechnung bevorzugt.

Der Druckabfall beträgt entsprechend der Gl. (1.11)

$$\Delta p = 0,026\,69\,\frac{20}{0,021}\,\frac{995,7 \cdot 0,7^2}{2} = 6\,200\ \text{N/m}^2.$$

Für das rauhe Rohr ist nach Gl. (1.14) $\varepsilon = 0,002\,381$. Damit wird nach Gl. (1.18) durch Iteration $\xi = 0,030\,82$. Demnach ergibt sich der Druckabfall des rauhen Rohrs zu $\Delta p = 0,072$ bar. Die Erhöhung des Druckabfalls ist gegenüber dem glatten Rohr ca. 15 %.

Für die Strömungsgeschwindigkeit $w = 2,8\,m/s$ ergeben sich die folgenden Werte:

für das hydraulisch glatte Rohr $\Delta p = 0,714$ bar,
für das rauhe Rohr $\Delta p = 0,986$ bar.

In diesem Falle beträgt die Erhöhung des Druckabfalls des rauhen Rohrs gegenüber dem glatten Rohr rd. 38 %. Die Rauhigkeit übt also bei höheren Reynolds-Zahlen einen größeren Einfluß aus, wie dies auch aus Abb. 1.5 zu ersehen ist.

1.2.3 Strömung im Übergangsbereich (laminar — turbulent)

Der Umschlag von der laminaren zur turbulenten Strömung beginnt bei einer kritischen Reynolds-Zahl Re_{kr}, welcher eine kritische Geschwindigkeit w_{kr} entspricht. Die kritische Geschwindigkeit ist kein konstanter Wert; sie ergibt sich aus der kritischen Reynolds-Zahl. Der Zahlenwert der kritischen Reynolds-Zahl ist stark von den Bedingungen am Rohreinlauf abhängig. Eine gestörte Strömung (z. B. verursacht durch Einbauten, Richtungsänderung, Querschnittsänderung, Rauhigkeit usw.) zeigt schon früher Turbulenzerscheinungen (Mischströmung); die volle Turbulenz wird erst bei $Re_i = 10^5$ erreicht. Es entsteht so bei gestörter Strömung ein Übergangsbereich unterschiedlicher Breite, dessen obere Grenze man bei $Re_i = 10^5$ anzusetzen pflegt. Oft findet man für diesen Wert die Bezeichnung „die obere kritische Reynolds-Zahl".

Schon REYNOLDS hat vermutet, daß man bei sehr kleinen Störungen der Strömung sehr hohe Werte für die kritische Reynolds-Zahl erreichen kann. EKMAN [12] hat bei besonders störungsfreiem Einlauf laminare Strömung bis zu einer Reynolds-Zahl von 40 000 beobachtet. Es ist noch unbekannt, wie weit die kritische Reynolds-Zahl bei sorgfältiger Vermeidung von Störungen gesteigert werden kann. Die zahlreichen Messungen verschiedener Forscher zeigten aber, daß ein niedrigster Wert für die kritische Reynolds-Zahl existiert, welcher nach besonders zuverlässigen Messungen von SCHILLER [13] bei $Re_{kr} = 2\,320$ liegt. Auch bei starken Einlaufstörungen zeigt die Strömung mit $Re_{kr} = 2\,320$ nach deren Abklingen die typischen Merkmale laminarer Strömung; bei größeren Reynolds-Zahlen bleibt die turbulente Strömung weiter turbulent.

Der Umschlag von der laminaren zur turbulenten Strömung ist in Abb. 1.5 an der sprunghaften Änderung des Reibungsbeiwertes deutlich zu erkennen. Die Reibungsbeiwerte folgen bei laminarer Strömung zunächst der in Abb. 1.5 durch die Gl. (1.12) gegebenen Geraden. Von der kritischen Reynolds-Zahl an erhöhen sich die Reibungsbeiwerte wesentlich und entsprechen mindestens den durch Gl. (1.15) für hydraulisch glatte Rohre gegebenen Werten. Das treibende Druckgefälle ist vom Umschlagpunkt ab also nicht mehr proportional zur Geschwindigkeit (laminare Strömung), sondern nahezu proportional zum Quadrat der Geschwindigkeit (turbulente Strömung).

Seit den ersten Beobachtungen über den Umschlag von der laminaren zur turbulenten Strömung waren Bemühungen im Gange, diesen Vorgang theoretisch zu erklären. REYNOLDS hat vermutet, daß die laminare Strömung oberhalb einer bestimmten Grenze instabil wird und darauf in turbulente Strömung umschlägt. Die Stabilitätstheorie der Laminarströmung geht davon aus, daß die Laminarströmung gestört wird (z. B. durch Rauhigkeiten oder durch örtliche Druck- und Geschwindigkeitsänderungen) und versucht, den zeitlichen Verlauf der Einwirkung der Störung auf die Grundströmung festzustellen. Klingen die Störungen mit der Zeit ab, so ist die Grundströmung als stabil anzusehen; wachsen sie zeitlich an, so ist die Grundströmung instabil und kann in die turbulente Strömung übergehen. Eine Vorhersage des Umschlagpunktes ist im allgemeinen mit großen Unsicherheiten behaftet. Hier darf auf den zusammenfassenden Bericht über die Stabilitätstheorie der Laminarströmung von SCHLICHTING [14] hingewiesen werden.

1.2.4 Vorgänge in der Einlaufstrecke

Als Einlaufstrecke bezeichnet man diejenige Rohrlänge, welche ein Fluid durchströmen muß, bis das am Rohreintrittsquerschnitt vorhandene rechteckige Geschwindigkeitsprofil unter dem Einfluß der Reibung in das ausgebildete Geschwindigkeitsprofil der reinen laminaren bzw. turbulenten Strömung übergegangen ist.

Diese Einlaufströmung wurde bei laminarer Strömung für den Kanaleinlauf von GECK [15] und SCHLICHTING [16], für den Rohreinlauf von verschiedenen Forschern untersucht. SCHILLER [13] setzt das Geschwindigkeitsprofil in der laminaren Rohreinlaufstrecke aus zwei Parabelbögen an der Wand und einer Geraden im Kern zusammen, wobei die Scheitel der Parabelbögen auf der äußeren Grenze der Grenzschicht liegen. Die Einlaufstrecke reicht bis zu demjenigen Punkt, wo die beiden Grenzschichten in der Rohrachse zusammentreffen. Verschiedene Untersuchungen bestätigten, daß die Länge der hydrodynamischen Einlaufstrecke L_A außer vom Rohrinnendurchmesser d_i nur noch von der Reynolds-Zahl Re_i abhängt und

$$L_A = C Re_i d_i \qquad (1.21)$$

beträgt. Für die Konstante C ermittelte Schiller den Wert $C = 0,029$, der aber nach neueren Untersuchungen zwischen 0,055 und 0,065 liegt. Für praktische Berechnungen kann daher mit dem Mittelwert $C = 0,06$ gerechnet werden.

Der Druckabfall in der Einlaufstrecke ist wesentlich größer als derjenige für Rohre gleicher Länge bei ausgebildeter Strömung. Einen Überblick über diesbezügliche Untersuchungen findet man bei Bender [17].

Mit

$$K_D = L/(Re_i \, d_i) \qquad (1.22)$$

gilt nach Bender für die Berechnung des Reibungswertes bei isothermer laminarer Strömung

$$\xi \frac{L}{d_i} = \frac{24{,}75\, K_D^{0,5} + 1{,}25 \cdot 10^4\, K_D^2 + 64 \cdot 10^4\, K_D^3}{1{,}8 + 10^4\, K_D^2}. \qquad (1.23)$$

Die Gl. (1.23) gilt für den gesamten untersuchten Bereich $0 \leqq K_D \leqq \infty$ und gibt Meßwerte mit einem maximalen Fehler von 1,7 % wieder.

Für nichtisotherme Strömung von Wasser gilt ebenfalls Gl. (1.23). Dabei ist aber bei der Berechnung der in der Gl. (1.22) auftretenden Reynolds-Zahl die kinematische Viskosität ν auf die Temperatur

$$t = t_1 + 0{,}7\,(t_w - t_1) \qquad (1.24)$$

zu beziehen, wobei t_1 die Eintrittstemperatur und t_w die Wandtemperatur ist. Auf diese Weise wird der Druckabfall bei nicht isothermer laminarer Strömung von Wasser bei konstanter Rohrwandtemperatur ($20\,°C \leqq t_w \leqq 80\,°C$) im Bereich $K_D \leqq 0,1$ mit einem maximalen Fehler von 3 % wiedergegeben. Es ist anzunehmen, daß man mit Gl. (1.24) auch den Druckabfall für andere Newtonsche Flüssigkeiten, deren Viskosität wie bei Wasser von der Temperatur abhängt, mit zufriedenstellender Genauigkeit bestimmen kann.

Setzt man gleichen Rohrdurchmesser voraus, so ist die Länge der hydrodynamischen Einlaufstrecke bei turbulenter Strömung wesentlich kürzer als bei laminarer Strömung. Die Versuche zeigten, daß der Einfluß der Reynolds-Zahl auf die Länge der hydrodynamischen Einlaufstrecke bei turbulenter Rohrströmung sehr gering ist. Das ausgebildete Geschwindigkeitsprofil wird nach Kirsten [18] nach $50d_i$ bis $100d_i$, nach Nikuradse dagegen schon nach $25d_i$ bis $40d_i$, mit Sicherheit aber nach $50d_i$ erreicht.

Die Vorgänge in der turbulenten Einlaufstrecke hat auch Linke [19] untersucht. Einen zusammenfassenden Überblick über die Vorgänge in der laminaren und turbulenten hydrodynamischen Einlaufstrecke findet man bei Hofmann [20].

1.3 Querströmung um einzelne Rohre und Rohrbündel

1.3.1 Einzelrohre

Die Druckverteilung einer ablösungsfreien und reibungslosen Strömung über den Umfang eines Einzelrohrs entspricht der Potentialtheorie. Von seinem Anfangswert beim Auftreffen (Anströmwinkel $\alpha = 0°$) sinkt der Druck und erreicht bei $\alpha = 90°$ den niedrigsten Wert. Auf der hinteren Rohrseite steigt der Druck wieder an und erreicht bei $\alpha = 180°$ wieder den Anfangswert, wobei er an der Rohrrückseite immer die gleichen Werte hat wie an den entsprechenden Punkten der Vorderseite.

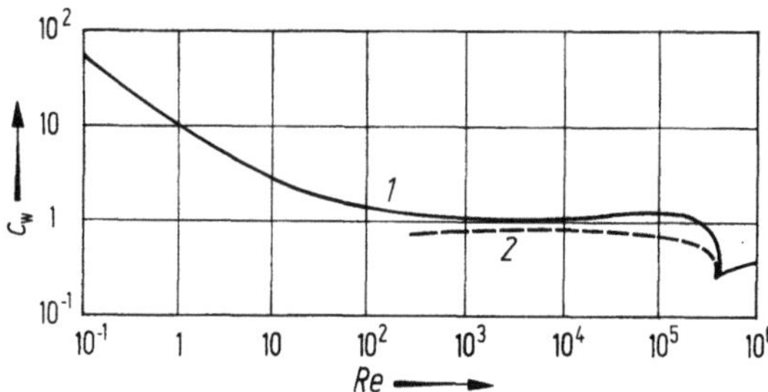

Abb. 1.6. Widerstandsbeiwerte c_w des querangeströmten Kreiszylinders als Funktion der Reynolds-Zahl Re für zwei verschiedene Verhältnisse d_a/L (entnommen aus [21]). 1: $d_a/L = 0$; 2: $d_a/L = 0{,}2$.

Bei der Strömung eines reibungsbehafteten Fluids geht diese Symmetrie verloren. Die Strömung löst sich von der Rohrwand ab und bildet auf der hinteren Rohrseite Wirbelzonen und Totwassergebiete. Die Drücke an der hinteren Rohrseite sind niedriger als an den entsprechenden Stellen der Vorderseite. Die in der Strömungsrichtung wirkende resultierende Kraft aller Normaldrücke, die auf das Rohr wirken, wird Formwiderstand genannt. Die in der Strömungsrichtung wirkende resultierende Kraft aller Schubspannungen, die auf die Rohroberfläche wirken, wird als Oberflächenwiderstand bezeichnet. Hier handelt es sich um einen reinen Reibungswiderstand. Faßt man den Formwiderstand und den Oberflächenwiderstand im Widerstandsbeiwert c_w zusammen, so ergibt sich die auf den Querschnitt $S = L\,d_a$ (L Rohrlänge, d_a Rohraußendurchmesser) wirkende Kraft zu

$$F = c_w\,S\varrho w^2/2\,, \tag{1.25}$$

wobei w die Anströmgeschwindigkeit ist. Der Widerstandsbeiwert c_w ist als Funktion der mit der Geschwindigkeit w und dem Rohraußendurchmesser d_a gebildeten Reynolds-Zahl Re in Abb. 1.6 dargestellt.

Über die Kriterien zur Vorausbestimmung des laminar-turbulenten Grenzschichtumschlags an umströmten Körperkonturen berichtete THIEDE [22].

1.3.2 Glattrohrbündel

Bei der Durchströmung von Rohrbündeln sind die Verhältnisse wesentlich komplizierter als bei einem quer angeströmten Einzelrohr. Ähnlich wie bei der Strömung durch die Rohre werden auch bei der Querströmung in Rohrbündeln verschiedene Strömungsarten beobachtet.

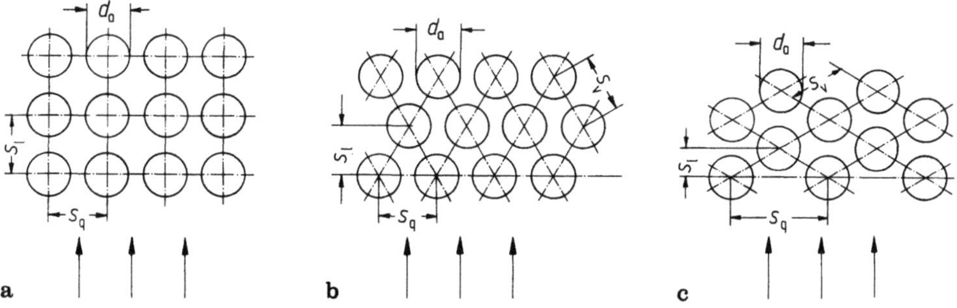

Abb. 1.7a–c. Zur Definition von Teilungsverhältnissen für quer angeströmte Rohrbündel. a) fluchtende Rohranordnung; b) versetzte Rohranordnung mit dem engsten Querschnitt quer zur Anströmrichtung; c) versetzte Rohranordnung mit dem engsten Querschnitt in den Diagonalen.

Bei kleinen Reynolds-Zahlen ($Re < 100$) tritt laminare Strömung auf. Der Bereich $10^2 < Re < 10^3$ kann als Übergangsbereich bezeichnet werden, bei $Re = 10^3$ beginnt der turbulente Strömungsbereich. Diese Angaben gelten als Orientierungswerte, da der Umschlag von der laminaren zur turbulenten Strömung auch von den Teilungsverhältnissen des Rohrbündels abhängt. Nach Untersuchungen von Grosse [23] bleibt der Reibungsbeiwert ξ für $Re > 10^6$ konstant, unabhängig von dem Zahlenwert der Reynolds-Zahl.

In der Abb. 1.7 sind Rohrbündel mit fluchtender und versetzter Rohranordnung dargestellt. Unter Verwendung der Bezeichnungen der Abb. 1.7 lassen sich folgende Teilungsverhältnisse definieren:

$$t_q^* = s_q/d_a = \text{Querteilungsverhältnis,} \qquad (1.26\,a)$$
$$t_l^* = s_l/d_a = \text{Längsteilungsverhältnis,} \qquad (1.26\,b)$$
$$t_v^* = s_v/d_a = \text{Teilungsverhältnis in den Diagonalen, auch Versetzungsverhält-} \qquad (1.26\,c)$$
nis genannt.

Für die Berechnung des Druckabfalls eines Rohrbündels setzt man allgemein

$$\Delta p = \xi z_q \varrho w^2/2 . \qquad (1.27)$$

Hierin ist z_q die Anzahl der quer angeströmten Rohrreihen in Strömungsrichtung. Bei der fluchtenden Anordnung nach Abb. 1.7a und der versetzten Anordnung nach Abb. 1.7b ist z_q gleich der Anzahl z_R der hintereinander angeordneten Rohre. Für die versetzte Rohranordnung nach Abb. 1.7c hat man $z_q = z_R - 1$ zu setzen.

Der Reibungsbeiwert ξ ist eine Funktion der Rohranordnung und der mit der auf den engsten Querschnitt des Rohrbündels bezogenen Geschwindigkeit w_e und dem Rohraußendurchmesser d_a gebildeten Reynolds-Zahl Re. Falls jedoch $z_R < 4$ ist, so ist ξ außerdem noch von der Anzahl der quer angeströmten Rohrreihen z_R abhängig.

In Anlehnung an die Untersuchungen von Colburn [24] empfiehlt Donohue [25] für die Berechnung des Reibungsbeiwerts ξ eines Glattrohrbündels im laminaren Bereich die Gleichung

$$\xi_l = \frac{C_l}{(t_q^* - 1)\, Re} . \qquad (1.28)$$

Die Konstante C_l beträgt für fluchtende Rohranordnung $C_{f,1} = 48$ und für die versetzte Rohranordnung $C_{v,1} = 60$.

Für den turbulenten Bereich gilt

$$\xi_t = \frac{C_t}{(t_q^* - 1)^{0,2}\, Re^{0,2}} , \qquad (1.29)$$

mit $C_{f,t} = 2{,}4$ für die fluchtende und $C_{v,t} = 3{,}0$ für die versetzte Rohranordnung.

Durch Gleichsetzen der Gln. (1.28) und (1.29) ergibt sich die kritische Reynolds-Zahl, bei welcher mit dem Beginn der Turbulenz zu rechnen ist, zu

$$Re_{kr} = 42{,}3/(t_q^* - 1) . \qquad (1.30)$$

Für die Berechnung der Reibungsbeiwerte ξ hat Jakob [26] die folgenden Gleichungen vorgeschlagen:

Für fluchtende Rohranordnung

$$\xi_f = \left[0{,}176 + \frac{0{,}32\, t_q^*}{(t_q^* - 1)^n}\right] Re^{-0,15} \qquad (1.31)$$

mit

$$n = 0{,}43 + 1{,}13/t_q^* . \qquad (1.32)$$

Für versetzte Rohranordnung

$$\xi_{\mathrm{v}} = \left[1 + \frac{0{,}47}{(t_{\mathrm{q}}^* - 1)^{1{,}08}}\right] Re^{-0{,}16}.$$
(1.33)

Die Gln. (1.31) und (1.33) gelten für $1{,}5 \leq t_{\mathrm{q}}^* \leq 4{,}0$ und $Re < 4 \cdot 10^4$.

Nach DANILOWA [27] gilt im Bereich $10^4 \leq Re \leq 2 \cdot 10^5$ für den Reibungsbeiwert ξ_{f} bei fluchtender Rohranordnung

$$\xi_{\mathrm{f}} = 0{,}52 \left(\frac{t_{\mathrm{l}}^* - 0{,}8}{t_{\mathrm{q}}^* - 1{,}0}\right)^{1{,}5} Re^n \quad \text{für} \quad \frac{t_{\mathrm{l}}^* - 0{,}8}{t_{\mathrm{q}}^* - 1{,}0} \geq 1,$$
(1.34)

bzw.

$$\xi_{\mathrm{f}} = 0{,}52 \frac{t_{\mathrm{l}}^* - 0{,}8}{t_{\mathrm{q}}^* - 1{,}0} Re^n \quad \text{für} \quad \frac{t_{\mathrm{l}}^* - 0{,}8}{t_{\mathrm{q}}^* - 1{,}0} \leq 1$$
(1.35)

mit

$$n = -0{,}12 \sqrt{\frac{t_{\mathrm{l}}^* - 1}{t_{\mathrm{q}}^* - 1}}.$$
(1.36)

Aufgrund der Forschungsarbeiten von BELL [28] hat WHITLEY [29] für die Berechnung der Reibungsbeiwerte ξ_{v} eines idealen Glattrohrbündels bei versetzter Rohranordnung die folgenden Gleichungen vorgeschlagen:

$$\xi_{\mathrm{v}} = 1/Re \qquad \text{für } 10^2 > Re,$$
(1.37)

$$\xi_{\mathrm{v}} = 15{,}3/Re^{0{,}432} \quad \text{für } 10^2 < Re < 10^3,$$
(1.38)

$$\xi_{\mathrm{v}} = 2{,}68/Re^{0{,}182} \quad \text{für } 10^3 < Re.$$
(1.39)

Für fluchtende Rohranordnung gelten 20% niedrigere Werte als sich nach Gl. (1.37), (1.38) oder (1.39) ergibt. Diese Reibungsbeiwerte wurden zwar durch Untersuchungen des Druckabfalls im Mantelraum von Rohrbündelwärmeaustauschern gewonnen; sie können aber näherungsweise auch für Rohrbündel benutzt werden.

Für die Bestimmung der Reibungsbeiwerte ξ bei isothermer Strömung mit $z_{\mathrm{R}} \geq 10$ hat GADDIS [30] folgende Gleichungen vorgeschlagen:

Für fluchtende Rohranordnung

$$\xi_{\mathrm{f}} = \xi_{\mathrm{f},1} + \xi_{\mathrm{f},\mathrm{t}} \left[1 - \exp\left(-\frac{Re + 1\,000}{2\,000}\right)\right].$$
(1.40)

Dabei ist

$$\xi_{\mathrm{f},1} = \frac{F_{\mathrm{f},1}}{Re}$$
(1.41)

mit

$$F_{\mathrm{f},1} = \frac{280\left[(t_{\mathrm{l}}^{*\,0{,}5} - 0{,}6)^2 + 0{,}75\right]}{\left(\dfrac{4\,t_{\mathrm{q}}^* t_{\mathrm{l}}^*}{\pi} - 1\right)(t^*)^{1{,}6}}.$$
(1.42)

In Gl. (1.42) soll für die fluchtende und die versetzte Rohranordnung nach Abb. 1.7a und 1.7b $t^* = t_{\mathrm{q}}^*$, für die versetzte Rohranordnung nach Abb. 1.7c $t^* = t_{\mathrm{v}}^*$ eingesetzt werden.

Weiter ist

$$\xi_{\mathrm{f},\mathrm{t}} = F_{\mathrm{f},\mathrm{t}}/Re^{0{,}1\,(t_{\mathrm{l}}^*/t_{\mathrm{q}}^*)}$$
(1.43)

mit

$$F_{\mathrm{f},\mathrm{t}} = \left[0{,}22 + 1{,}2\,\frac{(1 - 0{,}94/t_{\mathrm{l}}^*)^{0{,}6}}{(t_{\mathrm{q}}^* - 0{,}85)^{1{,}3}}\right] 10^{0{,}47(t_{\mathrm{l}}^*/t_{\mathrm{q}}^* - 1{,}5)} + 0{,}03\,(t_{\mathrm{q}}^* - 1)\,(t_{\mathrm{l}}^* - 1).$$
(1.44)

Die Gln. (1.40) bis (1.44) gelten für

$$t_q^* \cdot t_l^* = 1{,}25 \cdot 1{,}25 \text{ bis } 2 \cdot 2, \text{ wenn } Re < 10^3$$

und für

$$1{,}25 \leqq t_q^* \leqq 3{,}0, \text{ bzw. } 1{,}2 \leqq t_l^* \leqq 3, \text{ wenn } 10^3 < Re < 3 \cdot 10^5. \tag{1.45}$$

Für versetzte Rohranordnung

$$\xi_v = \xi_{v,1} + \xi_{v,t}\left[1 - \exp\left(-\frac{Re + 200}{1\,000}\right)\right]. \tag{1.46}$$

Für $\xi_{v,1}$ in Gl. (1.46) gelten auch hier die Gln. (1.41) und (1.42). Weiter ist

$$\xi_{v,t} = F_{v,t}/Re^{0,25} \tag{1.46a}$$

mit

$$F_{v,t} = 2{,}5 + \frac{1{,}2}{(t_q^* - 0{,}85)^{1{,}08}} + 0{,}4\,(t_l^*/t_q^* - 1)^3 - 0{,}01\,(t_q^*/t_l^* - 1)^3. \tag{1.47}$$

Die Gln. (1.46) bis (1.47) gelten für

$$t_q^* \cdot t_l^* = 1{,}25 \cdot 1{,}0825 \text{ bis } 1{,}768 \cdot 0{,}884, \text{ wenn } Re < 10^3$$

und für

$$1{,}25 \leqq t_q^* \leqq 3{,}0, \text{ bzw. } 0{,}6 \leqq t_l^* \leqq 3{,}0 \text{ und } t_v^* \geqq 1{,}25, \text{ wenn } 10^3 \leqq Re \leqq 3 \cdot 10^5.$$

In [30] findet man auch Angaben über die Berechnung der Reibungsbeiwerte ξ bei nicht isothermer Strömung, sowie über die Korrekturfaktoren für den Bereich $5 \leqq z_R \leqq 10$.

Hammeke [31] hat aufgrund eigener Versuche für die Berechnung des Reibungsbeiwerts ξ bei hohen Reynolds-Zahlen die Gleichung

$$\xi = C\,Re^n \tag{1.48}$$

angegeben, wobei die beiden Konstanten C und n der Tab. 1.2 zu entnehmen sind.

Bei allen angegebenen Gleichungen wird die Reynolds-Zahl — wie erwähnt — mit dem Rohraußendurchmesser d_a und mit der auf den engsten Strömungsquerschnitt des Rohrbündels bezogenen Geschwindigkeit w_e gebildet.

In Abb. 1.8 ist ein Vergleich zwischen den nach den verschiedenen Gleichungen berechneten Reibungsbeiwerten ξ_f für ein Glattrohrbündel mit fluchtender Rohranordnung ($t_q^* = t_l^* = 1{,}25$) dargestellt. Zum Vergleich sind außerdem die Meßwerte von Bergelin [32] eingetragen.

In Abb. 1.9 ist derselbe Vergleich für ein Glattrohrbündel mit versetzter Rohranordnung in Form gleichseitiger Dreiecke ($t_q^* = 1{,}25$; $t_l^* = 1{,}0825$) dargestellt. Auch hier

Tabelle 1.2. *Konstanten C und n der Gl. (1.48) nach* Hammeke *[31]*

Rohranordnung	$6 \cdot 10^4 > Re$		$6 \cdot 10^4 < Re < 1{,}8 \cdot 10^5$		$1{,}8 \cdot 10^5 < Re$	
	C	n	C	n	C	n
parallel fluchtend	0,14	—	0,14	—	0,14	—
parallel versetzt	4,62	−0,29	1,725	−0,2	(0,226)	—
gekreuzt fluchtend	2,64	−0,21	0,892	−0,11	(0,325)	—

In Klammern sind die Grenzwerte für die Reibungsbeiwerte angegeben, welche bei $Re > 10^6$ gelten.

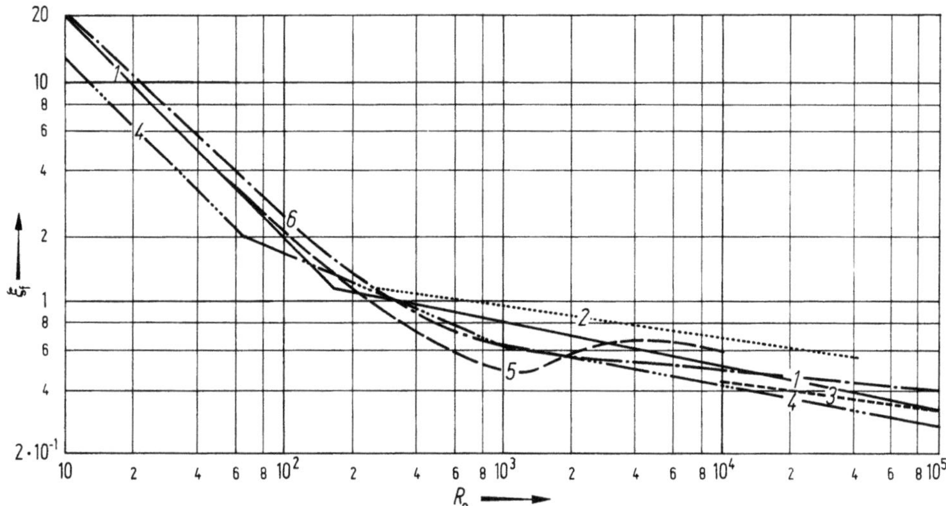

Abb. 1.8. Reibungsbeiwerte ξ_f für Glattrohrbündel mit fluchtender Rohranordnung ($t_q^* = t_l^* = 1{,}25$). *1* Rechenwerte nach Gln. (1.28) und (1.29); *2* Rechenwerte nach Gl. (1.31); *3* Rechenwerte nach Gl. (1.35); *4* Rechenwerte nach Gln. (1.37), (1.38) und (1.39); *5* Meßwerte nach [32]; *6* Rechenwerte nach Gl. (1.40).

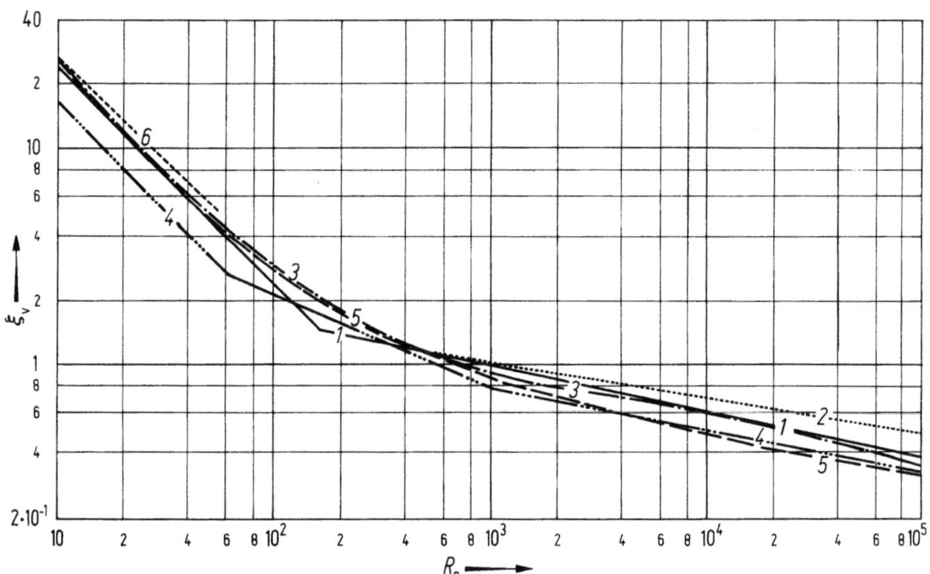

Abb. 1.9. Reibungsbeiwerte ξ_v für Glattrohrbündel mit versetzter Rohranordnung ($t_q^* = 1{,}25$; $t_l^* = 1{,}0825$). *1* Rechenwerte nach Gl. (1.28) und (1.29); *2* Rechenwerte nach Gl. (1.33); *3* Meßwerte nach [27]; *4* Rechenwerte nach Gl. (1.37), (1,38) und (1.39); *5* Meßwerte nach [32]; *6* Rechenwerte nach Gl. (1.40) – weiterer Verlauf wie Kurve *3*.

sind zum Vergleich die Meßwerte von DANILOWA [27] und von BERGELIN [32] eingetragen.

Wie aus diesen Vergleichen hervorgeht, sind die Abweichungen zwischen den nach den Untersuchungen verschiedener Forscher gewonnenen Werten mitunter sehr groß. Da sowohl die von GADDIS entwickelten Gleichungen als auch die sehr einfachen Gln. (1.28) und (1.29) im ganzen untersuchten Bereich der Reynolds-Zahlen bei fluchtenden und versetzten Rohranordnungen brauchbare Werte liefern, werden sie für die Berechnung der Reibungsbeiwerte empfohlen. Ein kritischer Vergleich mit den anderen — hier angegebenen Beziehungen — ist jedoch angebracht.

Den Einfluß der Anzahl der Rohrreihen z_R auf den Reibungsbeiwert bei quer angeströmten Rohrbündeln untersuchten BRESSLER [33] und SCHOLZ [34]. Nach Untersuchungen von BRESSLER sind die Reibungsbeiwerte eines zehnreihigen Rohrbündels bei fluchtender Rohranordnung um 35 bis 45 % kleiner als bei einer einzigen Rohrreihe. Bei versetzter Rohranordnung ist dieser Unterschied wesentlich kleiner. Bei diesen Versuchen wurde auch die Druckverteilung um je ein Rohr in jeder Rohrreihe bestimmt, um Rückschlüsse auf ihre Umströmung ziehen zu können.

Die von SCHOLZ an einem Rohrbündel mit versetzter und zwei Rohrbündeln mit fluchtender Rohranordnung durchgeführten Versuche zeigten, daß sich der Reibungsbeiwert ab vier bis sechs Rohrreihen nicht mehr ändert. Von etwa fünf Rohrreihen an bringt ein Hinzufügen von einer oder mehreren Rohrreihen einen Zuwachs des Druckabfalls, der je Rohrreihe den gleichen Betrag hat.

Die angegebenen Gleichungen für die Berechnung der Reibungsbeiwerte gelten für isotherme Strömungen. Bei nicht isothermer Strömung beziehen sich die Stoffwerte auf die mittlere Temperatur des Fluids. Der Unterschied zur isothermen Strömung (Heizung oder Kühlung) wird durch die Multiplikation des Reibungsbeiwerts mit dem Faktor $(\eta_m/\eta_w)^n$ berücksichtigt, wobei sich der Index m auf die mittlere und der Index w auf die Wandtemperatur bezieht. Nach GADDIS [30] ist

$$n = 0{,}57 \left[\left(\frac{4\, t_q^* \, t_1^*}{\pi} - 1 \right) Re \right]^{-0,25} \tag{1.49}$$

Im turbulenten Bereich $(Re > 10^2)$ kann man mit dem Wert $n = 0{,}14$ rechnen.

Eine Zusammenstellung der älteren Untersuchungen findet man bei HOFMANN [20, 35]. Den Strömungswiderstand bei quer angeströmten Wärmeaustauschern mit kreuzgitterförmig angeordneten glatten und berippten Rohren hat BRAUER [36] untersucht.

1.3.3 Rippenrohrbündel

Die Strömungsverhältnisse sind bei Rippenrohrbündeln noch unübersichtlicher als bei den Glattrohrbündeln. Da hier nun noch die Rippengeometrie einen Einfluß auf den Widerstand ausübt, ist es bisher nicht gelungen, Gleichungen für die Berechnung des Reibungsbeiwerts aufzustellen, welche es gestatten würden, den Einfluß verschiedener geometrischer Parameter genügend genau zu erfassen. Bei der Berechnung des Druckabfalls eines Rippenrohrbündels wird daher empfohlen, diejenigen Werte zu benutzen, welche bei Versuchen mit geometrisch ähnlichen Rohren gewonnen wurden [37-40]. Eine wertvolle Hilfe sind die von den Herstellern solcher Rippenrohre gemessenen Werte, welche für die Auslegung des Apparates ebenfalls empfohlen werden können [41-45].

1.4 Strömung im Mantelraum von Rohrbündelwärmeaustauschern

Rohrbündelwärmeaustauscher werden mit oder ohne Umlenkeinbauten hergestellt. Bei den Apparaten ohne Umlenkeinbauten strömt das Fluid parallel zur Rohrachse; bei den Apparaten mit Umlenkeinbauten findet eine Längs- und Querströmung zur Rohrachse im Wechsel statt.

1.4.1 Wärmeaustauscher ohne Umlenkeinbauten

Der gesamte Druckabfall des Apparates setzt sich aus dem Druckabfall in den beiden Stutzen Δp_{St} und dem Druckabfall bei der Durchströmung des Rohrbündels Δp_{RB} zusammen. Es gilt also

$$\Delta p = \Delta p_{St} + \Delta p_{RB}. \tag{1.50}$$

Für den Druckabfall im Stutzen gilt allgemein

$$\Delta p_{St} = \zeta_{St}\,\varrho\, w_{St}^2/2, \tag{1.51}$$

wobei ζ_{St} der Widerstandsbeiwert und w_{St} die Geschwindigkeit im Stutzen ist. Für den Widerstandsbeiwert werden als Erfahrungswerte für den Eintrittsstutzen $\zeta_{St,E} = 0,5$ und für den Austrittsstutzen $\zeta_{St,A} = 1,0$ empfohlen. Wenn die beiden Stutzen, wie üblich, gleich groß sind, ist auch $w_{St,E} = w_{St,A} = w_{St}$, so daß man für den Druckabfall in den beiden Stutzen zusammen setzen kann:

$$\Delta p_{St,E+A} = 1,5\,\varrho\, w_{St}^2/2. \tag{1.52}$$

Der Druckabfall des Rohrbündels ist gleich dem Reibungsdruckabfall bei der Strömung parallel zu den Rohren und wird näherungsweise nach Gl. (1.11) berechnet, wobei allerdings anstelle des inneren Rohrdurchmessers d_i der hydraulische Durchmesser $d_h = 4\,S/U$ einzusetzen ist. Bezeichnet man — entsprechend Abb. 1.10 — mit D_i den inneren Manteldurchmesser, mit N die Anzahl der Innenrohre und mit d_a den Außendurchmesser der Innenrohre, so beträgt der freie Strömungsquerschnitt

$$S = \pi(D_i^2 - N d_a^2)/4, \tag{1.53}$$

mit welchem die Strömungsgeschwindigkeit zu ermitteln ist, während der benetzte Umfang

$$U = \pi(D_i + N d_a) \tag{1.54}$$

beträgt.

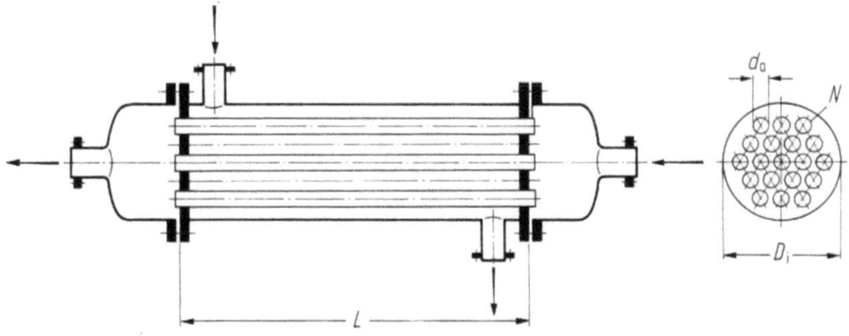

Abb. 1.10. Wärmeaustauscher ohne Umlenkeinbauten. D_i Innendurchmesser des Mantelrohrs; d_a Außendurchmesser der Innenrohre; N Anzahl der Innenrohre; L Apparatelänge.

Ein anderes Verfahren für die Berechnung des Druckabfalls gibt BRANDT [46] an. Nach diesem Verfahren wird die axiale, auf den freien Mantelquerschnitt nach Gl. (1.53) bezogene Geschwindigkeit benutzt, während die Geometrie des Apparates durch den „Geometriefaktor" berücksichtigt wird.

1.4.2 Wärmeaustauscher mit Umlenksegmenten

Abb. 1.11 stellt schematisch einen Wärmeaustauscher mit Umlenksegmenten sowie die Strömungsquerschnitte der einzelnen charakteristischen Zonen dar, wobei zur besseren Übersicht nur diejenigen Rohre eingetragen wurden, welche zu den entsprechenden Querschnitten gehören.

Der gesamte Druckabfall des Apparates wird auch hier nach Gl. (1.50) bestimmt. Der Druckabfall des Rohrbündels setzt sich jedoch aus dem Druckabfall in den beiden quer angeströmten Zonen — der Endzone Δp_E und der Querstromzone Δp_q — sowie dem Druckabfall in der längs angeströmten Segmentzone Δp_S zusammen:

$$\Delta p_{RB} = \Delta p_E + \Delta p_q + \Delta p_S. \tag{1.55}$$

Nach dem Berechnungsverfahren von DONOHUE [25] werden Endzonen und Querstromzone nicht unterschieden, obwohl die Anzahl der Rohrreihen und üblicherweise auch der lichte Abstand zwischen den Umlenksegmenten in diesen Zonen unterschiedlich sind. Für den Druckabfall in diesen Zonen setzt DONOHUE:

$$\Delta p_E + \Delta p_q = \xi_q z_q (z_S + 1) \varrho w_q^2/2, \tag{1.56}$$

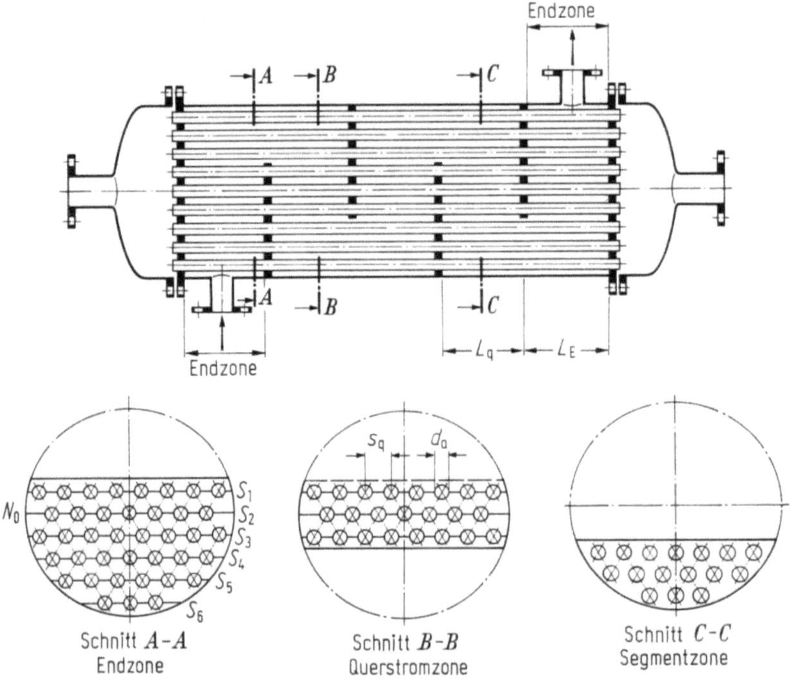

Abb. 1.11. Wärmeaustauscher mit Umlenkeinbauten. Definition der Strömungszonen: Für die einzelnen quer angeströmten Querschnitte gilt allgemein: $S_x = (D_x - N_x d_a) L$, wobei D_x die Sehnenlänge der x-ten Rohrreihe, N_x die Anzahl der Rohre der x-ten Rohrreihe, d_a der Außendurchmesser der Rohre und L der Abstand der Umlenksegmente ist.

wobei z_q die Anzahl der quer angeströmten Rohrreihen der Querstromzone, z_S die Anzahl der Umlenksegmente und w_q die auf den durch die Gl. (1.57) oder (1.58) definierten engsten Querschnitt S_e bezogene Geschwindigkeit ist. Für den Reibungsbeiwert ξ_q gelten hier die Gln. (1.28) und (1.29).

Entsprechend den Bezeichnungen der Abb. 1.12 beträgt der engste Querschnitt für die Querströmung

für die Anordnung A

$$S_e = (D_i - N_0 d_a) L_q ,\tag{1.57}$$

bzw.

für die Anordnung B

$$S_e = L_q \sum e ,\tag{1.58}$$

wobei L_q der lichte Abstand der Umlenkeinbauten und e der lichte Abstand zwischen den Innenrohren ist.

Für den Druckabfall in der Längsstromzone, d.h. in der Segmentöffnung, gilt nach DONOHUE

$$\Delta p_S = \zeta_S z_S \varrho w_S^2/2 ,\tag{1.59}$$

mit $\zeta_S = 2 = $ const unabhängig von der Strömungsgeschwindigkeit w_S, bzw. der Reynolds-Zahl Re_S. Die Strömungsgeschwindigkeit w_S bezieht sich auf den freien Querschnitt

$$S_S = (D_i^2/8) \, (\gamma\pi/180° - \sin\gamma) - N_S\pi d_a^2/4 .\tag{1.60}$$

Die einzelnen Symbole der Gl. (1.60) sind aus der Abb. 1.12 ersichtlich.

Nach dem von DONOHUE angegebenen Berechnungsverfahren können Abweichungen bis $\pm 50\%$ auftreten. Bei der Ableitung seines Verfahrens ist er von Versuchswerten ausgegangen, die mit in konventioneller Bauart gefertigten Apparaten gewonnen wurden. Der Einfluß der verschiedenen Leckagen und der Bypaßströmung — wie dies BELL [28] vorgeschlagen hat — wurde dabei nicht gesondert berücksichtigt.

Eine von SLIPČEVIĆ und SCHÜTZ [47] im Versuchslaboratorium von Sulzer Escher Wyss durchgeführte experimentelle Untersuchung des Druckabfalls im Mantelraum von Rohrbündel-Wärmeaustauschern mit Umlenksegmenten verschiedener Geometrie zeigte allerdings, daß das Verfahren von BELL zu niedrige Werte für den Druckabfall

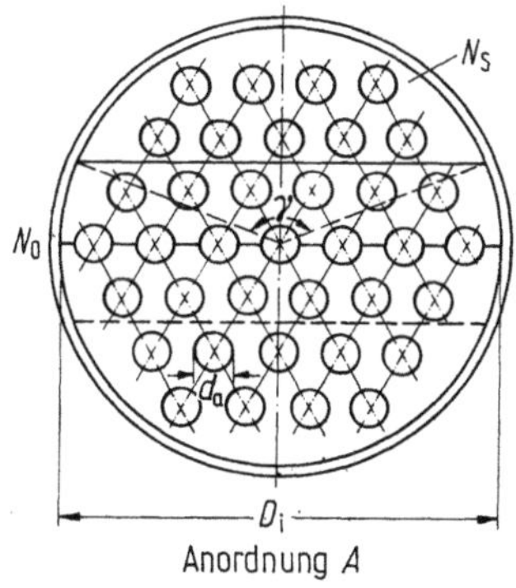

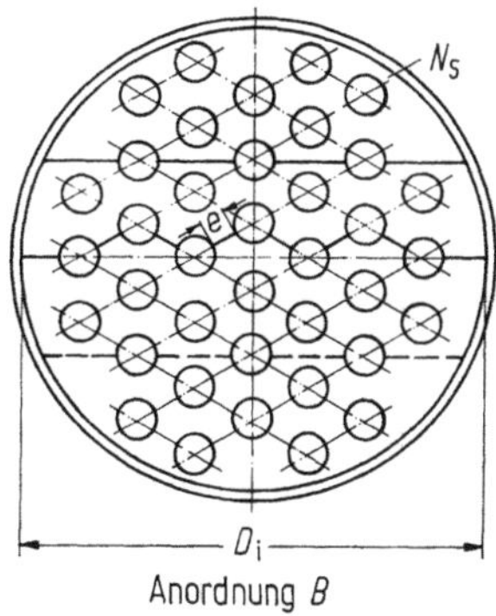

Abb. 1.12. Zur Definition des engsten Querschnitts des Rohrbündels. D_i Innendurchmesser des Mantelrohrs; d_a Außendurchmesser der Innenrohre; N_0 Anzahl der Innenrohre in der Mittellinie; N_s Anzahl der Innenrohre in der Segmentöffnung; e lichter Abstand zwischen den Innenrohren; γ Kreisabschnittswinkel.

liefert. Aus diesem Grunde haben sie ein Verfahren empfohlen, bei welchem bei der Berechnung des Druckabfalls die Änderung des Strömungsquerschnitts von Rohrreihe zu Rohrreihe berücksichtigt wird, wie dies bereits Emerson [48] vorgeschlagen hat. Für den Druckabfall in der Querstromzone gilt dabei

$$\Delta p_q = \xi_q (z_s - 1)\, \varrho w_q^2 / 2 \,. \qquad (1.61)$$

Bezeichnet man die Strömungsquerschnitte der einzelnen Rohrreihen mit S_i (Abb. 1.11), so ergibt sich der Bezugsquerschnitt für die Geschwindigkeit w_q bei turbulenter Strömung zu

$$S_t = \left(\sum 1/S_i^{1,8} \right)^{-5/9}, \qquad (1.62)$$

während bei laminarer Strömung

$$S_l = \left(\sum 1/S_i \right)^{-1} \qquad (1.63)$$

ist.

Der Reibungsbeiwert ξ_q wird auch hier nach Gl. (1.28) oder (1.29) — je nach der Strömungsart — berechnet.

Das gleiche Verfahren gilt sinngemäß für die Berechnung des Druckabfalls in den beiden quer angeströmten Endzonen. Es gilt

$$\Delta p_E = 2\, \xi_E\, \varrho w_E^2 / 2 \,, \qquad (1.64)$$

wobei sich die Geschwindigkeit w_E auf den durch die Gl. (1.62) oder (1.63) definierten Querschnitt bezieht, während für ξ_E die Gl. (1.28) oder (1.29) gilt.

Die von Sullivan und Bergelin [49] durchgeführten Untersuchungen zeigten, daß die Annahme eines konstanten Widerstandsbeiwerts ζ_S in der Segmentzone — wie dies Donohue vorgeschlagen hat — nur für sehr große Reynolds-Zahlen Re_S gültig ist. Aus diesem Grunde wird empfohlen, für den Widerstandsbeiwert ζ_S die Meßwerte von Parker und Mok [50] zu benutzen, welche in Abb. 1.13 in Abhängigkeit von der Reynolds-Zahl Re_S dargestellt sind.

Die Reynolds-Zahl wird dabei mit der auf den freien Querschnitt S_S nach Gl. (1.60) bezogenen Geschwindigkeit und dem vierfachen hydraulischen Durchmesser

$$d_{h,s} = \frac{4\,S_S}{N_S\, d_a \pi + \dfrac{D_i \gamma \pi}{360^\circ} + D_i \sin \dfrac{\gamma}{2}} \qquad (1.65)$$

gebildet. Für den Widerstandsbeiwert ζ_S gilt mit genügender Genauigkeit

$$\zeta_S = 2,2 + \frac{286}{Re_S^{0,845}} \qquad (10 \leqq Re_S \leqq 10^4)\,. \qquad (1.66)$$

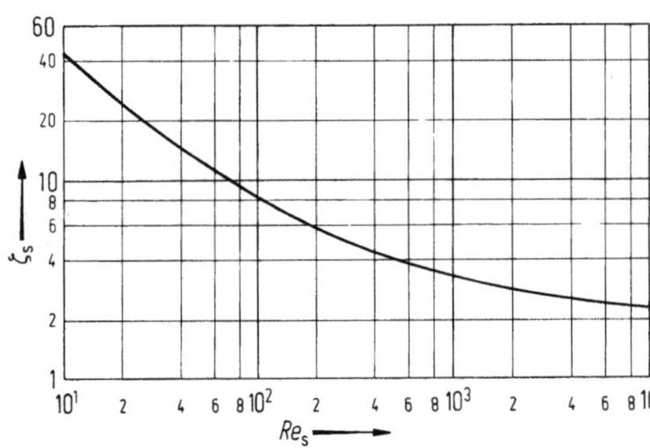

Abb. 1.13. Verlauf der Widerstandsbeiwerte ζ_S in Abhängigkeit von der Reynolds-Zahl Re_s nach [50].

Für die Berechnung des Druckabfalls in der Segmentzone wird Gl. (1.59) mit dem ζ_S-Wert nach Gl. (1.66) empfohlen.

Bei den erwähnten Versuchen von Sulzer Escher Wyss war der Durchmesser der Rohrbohrungen in den Umlenksegmenten nur um 0,5 mm größer als der Rohraußendurchmesser und zwischen dem Mantelrohr und den Umlenksegmenten keine Leckage vorhanden. Aus diesem Grunde wird bei dem vorstehenden Verfahren der Einfluß der Leckagen auf den Druckabfall vernachlässigt. Die eigenen Meßwerte konnten mit einer Abweichung von $\pm 10\,\%$ wiedergegeben werden. Ein Vorteil dieses Verfahrens besteht darin, daß durch die Aufteilung des Gesamtdruckabfalls auf die einzelnen Anteile deutlich wird, welcher von diesen den größten Einfluß hat.

Bei dem von BRANDT [46] vorgeschlagenen — bereits erwähnten — Verfahren werden die einzelnen Anteile des Druckabfalls nicht gesondert gerechnet und addiert. Für die Beschreibung des Druckabfalls wird die axiale — auf den freien Mantelquerschnitt nach Gl. (1.53) bezogene — Geschwindigkeit benutzt und die unterschiedliche Geometrie des Apparates durch den „Geometriefaktor" berücksichtigt. Die Genauigkeit des Verfahrens wird mit $\pm 20\,\%$ angegeben.

Eine aufschlußreiche Übersicht über weitere Berechnungsverfahren findet man bei SCHMIDT [51].

Trotz zahlreicher Untersuchungen ist demnach die Berechnung des Druckabfalls im Mantelraum von Rohrbündelwärmeaustauschern immer noch mit vielen Unsicherheiten behaftet und die Abweichungen zwischen den nach erwähnten Verfahren berechneten Werten können sehr groß sein.

Für die Berechnung des Druckabfalls bei den Wärmeaustauschern mit Kreisscheiben und -ringen wird auf [52] verwiesen.

1.4.3 Berechnungsbeispiel

Für den in Abb. 1.11 dargestellten Wärmeaustauscher soll der Druckabfall im Mantelraum berechnet werden, wenn er von $\dot{V} = 20\ \mathrm{m^3/h}$ Wasser von $t = 60\,°\mathrm{C}$ durchströmt wird. Die Stoffwerte des Wassers sind: $\varrho = 983{,}2\ \mathrm{kg/m^3}$; $\nu = 0{,}471 \cdot 10^{-6}\ \mathrm{m^2/s}$. Die beiden Stutzen entsprechen DN 80 ($d_\mathrm{i} = 82{,}5$ mm). Die Abmessungen und die Skizze des Apparates sind aus [53] entnommen worden.

Aus der Konstruktionszeichnung ergeben sich entsprechend Abb. 1.14 die folgenden Querschnitte der einzelnen Rohrreihen der Endzone:

$$S_1 = 17\,112\ \mathrm{mm^2} \qquad S_2 = 17\,112\ \mathrm{mm^2} \qquad S_3 = 15\,088\ \mathrm{mm^2}$$
$$S_4 = 15\,088\ \mathrm{mm^2} \qquad S_5 = 17\,112\ \mathrm{mm^2} \qquad S_6 = 17\,112\ \mathrm{mm^2}$$
$$S_7 = 14\,352\ \mathrm{mm^2} \qquad S_8 = 16\,008\ \mathrm{mm^2}.$$

Damit ergibt sich entsprechend Gl. (1.62) der für die Bestimmung der Strömungsgeschwindigkeit maßgebende Querschnitt der Endzonen zu $S_\mathrm{E} = 5\,208\ \mathrm{mm^2}$.

Die auf diesen Querschnitt bezogene Geschwindigkeit beträgt

$$w_\mathrm{E} = \frac{20}{3\,600 \cdot 5\,208 \cdot 10^{-6}} = 1{,}067\ \mathrm{m/s}.$$

Die Reynolds-Zahl ist

$$Re = \frac{1{,}067 \cdot 0{,}025}{0{,}471 \cdot 10^{-6}} = 56\,620.$$

Weiterhin ist nach Gl. (1.26a) $t_\mathrm{q}^* = 1{,}28$ und damit aus der Gl. (1.29) für turbulente Strömung $\xi_\mathrm{E} = 0{,}444$.

Der Druckabfall in den beiden Endzonen ist nach Gl. (1.64)

$$\Delta p_\mathrm{E} = 2 \cdot 0{,}444 \cdot \frac{983{,}2 \cdot 1{,}067^2}{2} = 497\ \mathrm{N/m^2}.$$

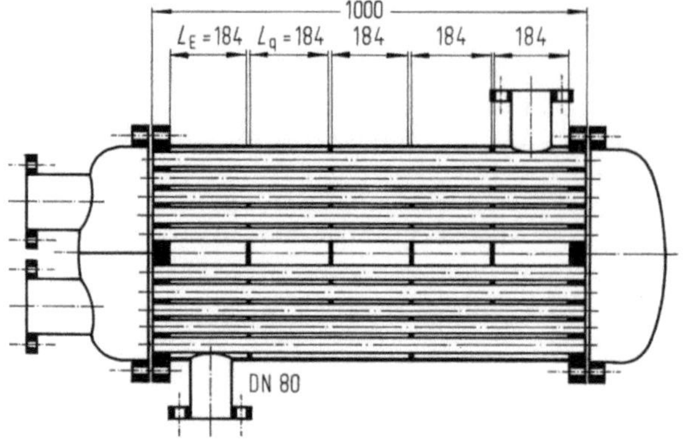

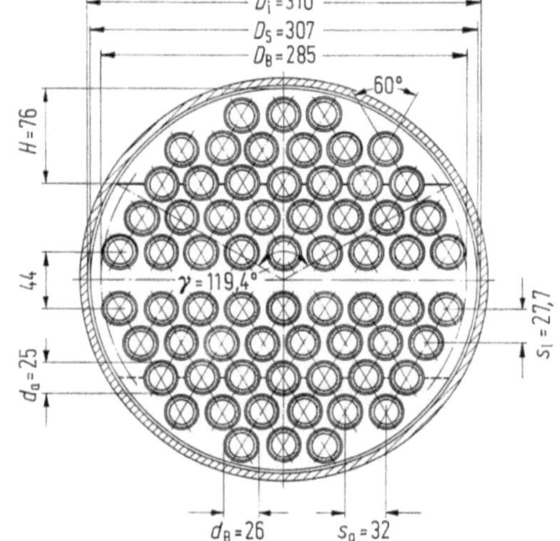

Abb. 1.14. Zum Berechnungsbeispiel 1.4.3. Längs- und Querschnitt des Wärmeaustauschers (alle Maße in mm).

Analog gilt für die Querstromzone:

$$S_q = 6\,631\ \text{mm}^2; \quad w_q = 0{,}838\ \text{m/s}; \quad Re_q = 44\,466 \quad \text{und} \quad \xi_q = 0{,}466.$$

Entsprechend der Gl. (1.61) ist der Druckabfall dieser Zone mit $z_S = 4$:

$$\Delta p_q = 0{,}466 \cdot 3 \cdot \frac{983{,}2 \cdot 0{,}838^2}{2} = 483\ \text{N/m}^2.$$

Der freie Querschnitt in der Segmentzone beträgt nach Gl. (1.60) $S_S = 8\,432\ \text{mm}^2$ und der hydraulische Durchmesser nach Gl. (1.65) $d_{h,S} = 21{,}45\ \text{mm}$.
Damit ist

$$w_S = 0{,}659\ \text{m/s}; \quad Re_S = 30\,006 \quad \text{und nach Gl. (1.66):} \quad \zeta_S = 2{,}247.$$

Für den Druckabfall in der Segmentzone ergibt sich aus der Gl. (1.59)

$$\Delta p_S = 2{,}247 \cdot 4 \cdot \frac{983{,}2 \cdot 0{,}659^2}{2} = 1\,919\ \text{N/m}^2.$$

Für den gesamten Druckabfall des Rohrbündels ergibt sich nach Gl. (1.55):
$\Delta p_{RB} = 2\,900\ \text{N/m}^2$.

Für diesen Druckabfall gilt nach [46] $\Delta p_{RB} = 1\,823\ \text{N/m}^2$, während nach Bell [28] $\Delta p_{RB} = 1\,447\ \text{N/m}^2$ ist.

Die Strömungsgeschwindigkeit im Stutzen ist $w_{St} = 1{,}039\,\text{m/s}$ und damit aus der Gl. (1.52) der Druckabfall in beiden Stutzen

$$\Delta p_{St} = 796\,\text{N/m}^2 .$$

Der Gesamtdruckabfall des Apparates ergibt sich mit der Gl. (1.50) zu

$$\Delta p = 3\,695\,\text{N/m}^2 .$$

Den größten Anteil am gesamten Druckabfall hat also in diesem Falle der Druckabfall in der Segmentzone. Eine Senkung des Gesamtdruckabfalls könnte am wirksamsten durch die Änderung der Umlenksegmenthöhe erreicht werden.

1.5 Druckabfall in Zylinderrohrschlangen, Rohrspiralen, gebogenen Rohren und Krümmern

Ernst Hofmann

1.5.1 Druckabfall in Zylinderrohrschlangen, Rohrspiralen und gebogenen Rohren

Den Reibungsdruckabfall von Zylinderrohrschlangen und gebogenen Rohren berechnet man nach der für gerade Rohre geltenden Gl. (1.11). Darin wird jedoch der für gebogene Rohre geltende Reibungsbeiwert ξ_0 eingesetzt:

$$\Delta p = \xi_0 \frac{L}{d_i} \frac{\varrho w^2}{2}, \tag{1.67}$$

mit L als Rohrlänge. Wie beim geraden Rohr ist der Reibungsbeiwert ξ_0 von der Reynolds-Zahl Re_i abhängig. Sowohl bei der in Abb. 1.15 skizzierten Zylinderrohrschlange als auch beim gebogenen Rohr nach Abb. 1.16 sind der innere Rohrdurchmesser d_i, der Krümmungsradius R und das Verhältnis R/d_i charakteristische Größen. Der Reibungsbeiwert ξ_0 ist auch eine Funktion dieses Verhältnisses.

Bei gebogenen Rohren drückt man die Rohrlänge L als Funktion des Krümmungswinkels φ aus:

$$L = \frac{\varphi\pi}{180°} R = 0{,}017\,4\,\varphi R . \tag{1.68}$$

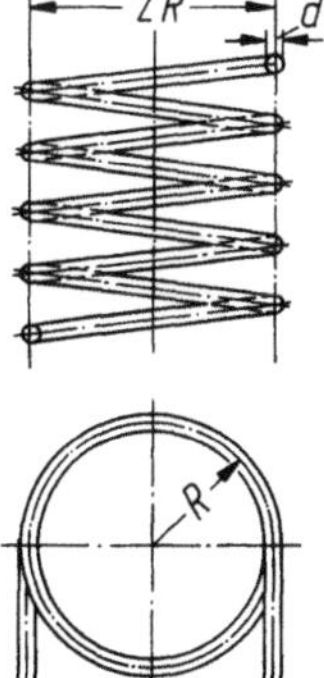

Abb. 1.15. Zylinderrohrschlange. R Krümmungsradius; d_i innerer Rohrdurchmesser.

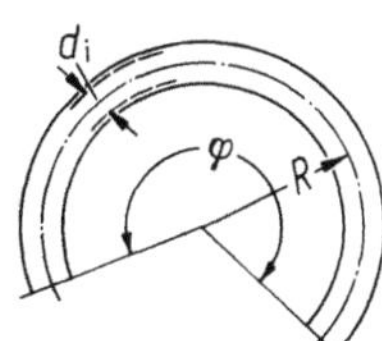

Abb. 1.16. Gebogenes Rohr. R Krümmungsradius; d_i innerer Rohrdurchmesser; φ Krümmungswinkel.

Dabei ist φ der Wert des Winkels im Gradmaß. Somit lautet Gl. (1.67) speziell für gebogene Rohre

$$\Delta p = \xi_0 \, 0{,}017\,4 \, \varphi \, \frac{R}{d_\mathrm{i}} \, \frac{\varrho w^2}{2} \, . \tag{1.69}$$

Ändert sich die Steigung der Windungen einer Zylinderschlange, so hat dies einen vernachlässigbaren Einfluß auf ξ_0.

1.5.2 Die kritische Reynolds-Zahl

Die kritische Reynolds-Zahl ist der Grenzwert, unterhalb dessen auch bei starker Einlaufstörung keine turbulente Strömung aufrecht erhalten werden kann. Die kritische Reynolds-Zahl ist für Zylinderrohrschlangen wesentlich größer als für gerade Rohre. Aus experimentellen Beobachtungen entwickelte Srinivasan [54] die Formel

$$Re_\mathrm{kr} = 2\,100\,[1 + 8{,}48/(R/d_\mathrm{i})^{0{,}5}] \, , \tag{1.70}$$

die als Kurve *1* in Abb. 1.17 dargestellt ist.

Nach Ito [55] gilt

$$Re_\mathrm{kr} = 16\,021/(R/d_\mathrm{i})^{0{,}32} \, , \tag{1.71}$$

dargestellt als Kurve *2* in Abb. 1.17.

Bei großen Werten von R/d_i erreicht Kurve *1* etwa die kritische Reynolds-Zahl von $Re_\mathrm{kr} = 2\,320$ gerader Rohre. Für kleine Krümmerlängen von 90°- oder 180°-Krümmern gilt Abb. 1.17 streng genommen nicht, weil die Strömung in einem kurzen Krümmer gezwungenermaßen unter dem Einfluß des im geraden Zulaufrohr herrschenden Strömungszustands steht.

Früher als Srinivasan [54] hatte bereits Schmidt [56] aus Untersuchungen verschiedener Verfasser eine der Gl. (1.70) ähnliche Formel für die kritische Reynolds-Zahl entwickelt.

1.5.3 Formeln für den Reibungsbeiwert

Von Srinivasan [54] liegen Messungen des Druckabfalls in Zylinderrohrschlangen von $d_\mathrm{i} = 12{,}5$ mm innerem Rohrdurchmesser aus gezogenen Kupferrohren vor. Die Krümmungsradien der zwölf untersuchten Zylinderrohrschlangen liegen im Bereich

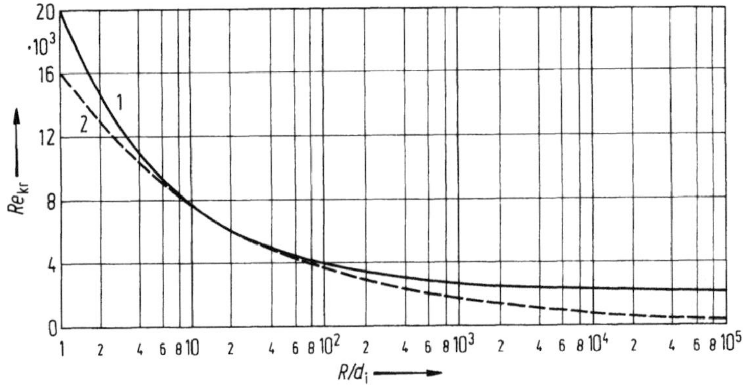

Abb. 1.17. Kritische Reynolds-Zahl Re_kr für gebogene Rohre, abhängig von R/d_i (Abb. 1.15 und 1.16). *1* nach Gl. (1.70) von Srinivasan, *2* nach Gl. (1.71) von Ito.

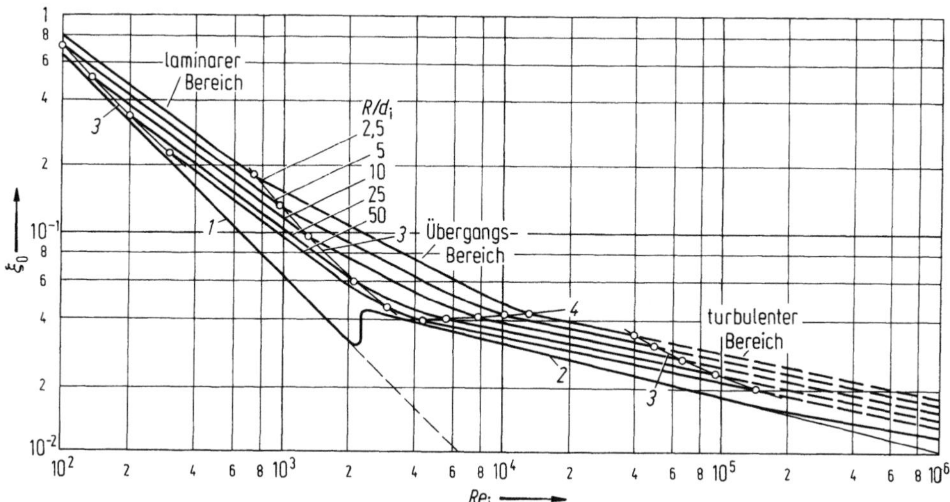

Abb. 1.18. Reibungsbeiwerte ξ_0 von technisch glatten, gebogenen Rohren oder von Zylinderrohrschlangen, abhängig von der Reynolds-Zahl, Parameter R/d_i gemäß den Abb. 1.15 und 1.16. *1* Reibungsbeiwert gerader Rohre, ξ bei laminarer Strömung nach Gl. (1.12); *2* Reibungsbeiwert gerader Rohre, ξ bei turbulenter Strömung nach Gl. (1.15); *3* Gültigkeitsgrenzen zwischen dem laminaren, dem Übergangsbereich und dem turbulenten Bereich; *4* Grenze der kritischen Reynolds-Zahl Re_{kr} für gebogene Rohre gemäß Kurve *1* in Abb. 1.17.

von $R = 46\ldots641\,\mathrm{mm}$, so daß das Verhältnis R/d_i Werte zwischen 3,7 und 52 annimmt. Folgende empirische Formeln des Reibungsbeiwerts ξ_0, die hier in einer für den praktischen Gebrauch geeigneten Form mitgeteilt werden, geben die Meßwerte von SRINIVASAN und anderen Autoren mit guter Annäherung wieder. Ihnen entsprechen die in Abb. 1.18 eingezeichneten Kurven mit R/d_i als Parameter.

Es gilt im laminaren Bereich

$$\xi_0 = \frac{24,4}{Re_i^{0,725}(R/d_i)^{0,137}},\tag{1.72}$$

im Übergangsbereich

$$\xi_0 = \frac{6,05}{Re_i^{0,5}(R/d_i)^{0,25}}\tag{1.73}$$

und im turbulenten Bereich

$$\xi_0 = \frac{0,313}{Re_i^{0,2}(R/d_i)^{0,1}}.\tag{1.74}$$

Diese Formeln gelten für technisch glatte Rohre. In Abb. 1.18 ist der Verlauf des Reibungsbeiwerts technisch glatter, gerader Rohre aus Abb. 1.5 zum Vergleich übernommen worden.

Für laminare Strömung hat HAUSEN [21] die Gleichung

$$\xi_0 = \xi\{0,0448\,[Re_i/(2R/d_i)^{0,5}]^{0,6} + 0,805\}\tag{1.75}$$

angegeben, wobei für den Reibungsbeiwert ξ die Gl. (1.12) gilt. Es ist eine gute Annäherung zwischen dieser Gleichung und Gl. (1.72) festzustellen.

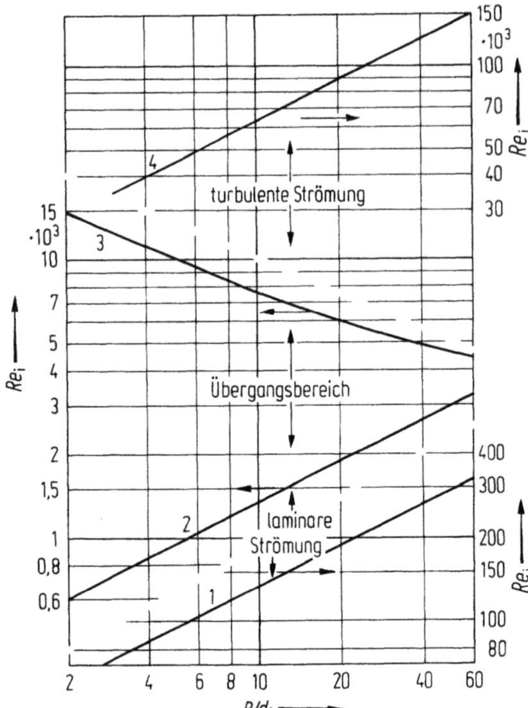

Abb. 1.19. Gültigkeitsgrenzen der Gln. (1.71), (1.73) und (1.74) nach Srinivasan. *1* untere Gültigkeitsgrenze bei laminarer Strömung; *2* obere Gültigkeitsgrenze bei laminarer Strömung = untere Gültigkeitsgrenze des Übergangsbereichs; *3* obere Gültigkeitsgrenze des Übergangsbereichs = untere Gültigkeitsgrenze bei turbulenter Strömung; *4* obere Gültigkeitsgrenze bei turbulenter Strömung.

Die von Srinivasan angegebenen Gültigkeitsgrenzen der Gln. (1.72) bis (1.74) sind in Abb. 1.19 dargestellt, wobei die untere Grenze des turbulenten Bereichs (Linie *3*) mit dem Verlauf der kritischen Reynolds-Zahl Re_{kr} nach Linie *1* in Abb. 1.17 zusammenfällt. Diese Grenzen sind in Abb. 1.18 übertragen worden. Im turbulenten Bereich sind die ξ_0-Linien über die von Srinivasan angegebene Gültigkeitsgrenze hinaus gestrichelt verlängert. In erster Annäherung kann man auch mit diesen Werten ξ_0 rechnen.

Benutzt man die graphische Darstellung der Gln. (1.72) bis (1.74) in Abb. 1.18, um Werte ξ_0 zu entnehmen, so braucht man sich um die Grenzen der drei Bereiche nicht zu kümmern. Will man den Rechengang für einen Rechner programmieren, so braucht man die Gleichungen der Grenzlinien in Abb. 1.19. Wie bereits erwähnt wurde, kann man die mit *4* bezeichnete obere Grenze des turbulenten Bereichs auch entfallen lassen. Gleichungen der Grenzlinien in Abb. 1.19:

Linie *1*: $Re_i = 42{,}5\,(R/d_i)^{0,5}$ (1.76)

Linie *2*: $Re_i = 177{,}8\,(R/d_i)^{0,5}$ (1.77)

Linie *3*: $Re_i = 2\,100\,[1 + 8{,}48/(R/d_i)^{0,5}]$ (1.78)

Linie *4*: $Re_i = 19\,718\,(R/d_i)^{0,5}$.   (1.79)

Ito [55] benutzte für seine experimentelle Untersuchung des gleichen Problems zum Kreis gebogene Rohre von $d_i = 16$ mm und $d_i = 35$ mm Innendurchmesser bei Werten von R/d_i, die zwischen 8,2 und 324 lagen. Ito hat sozusagen an einer einzigen Windung einer Zylinderrohrschlange gemessen, so daß bezüglich des Reibungsbeiwerts das gleiche Ergebnis zu erwarten ist wie aus den Messungen von Srinivasan. Ito hat nur Formeln für den turbulenten Bereich angegeben, die zwar anders aufgebaut sind als die von SRINIVASAN, jedoch im Ergebnis nur wenig abweichen.

1.5.4 Rohrspiralen

SRINIVASAN [54] hat auch an Rohrschlangen gemessen, welche die Form von Spiralen hatten. Auch für deren Druckabfall werden spezielle Formeln mitgeteilt. Hat man den Druckabfall einer Rohrspirale zu berechnen, so genügt es, mit dem mittleren Durchmesser jeder Windung zu rechnen, und den Gesamtdruckabfall als Summe der Druckabfälle der einzelnen Windungen zu bilden.

1.5.5 Einfluß der Rauhigkeit

Handelt es sich um rauhe Rohre, so ist für den Übergangs- und den turbulenten Bereich zu empfehlen, den Reibungsbeiwert im gleichen Verhältnis zu erhöhen wie sich die Rauhigkeit gemäß Abb. 1.5 bei geraden Rohren auswirkt und einen Zuschlag von etwa 20 % zu nehmen, weil sich die Rauhigkeit bei gebogenen Rohren auf den Druckabfall stärker auswirkt als bei geraden Rohren. Im laminaren Bereich braucht man die Rauhigkeit nicht zu berücksichtigen.

1.5.6 Druckabfall von Krümmern

Krümmer die im Apparatebau üblich sind, haben meist Krümmungswinkel φ von 45°, 90° und 180° (Abb. 1.16).

Die Berechnung des Reibungsdruckabfalls von Krümmern hat durch eine Arbeit von ITO [57], in der eigene und zahlreiche andere Meßergebnisse ausgewertet wurden, einen beträchtlichen Fortschritt erfahren. Die Ergebnisse dieser Arbeit werden nachstehend in einer für den praktischen Gebrauch geeigneten Form mitgeteilt.

Nach ITO muß man in bezug auf die Berechnungsmethode zwischen weiten und engen Krümmern unterscheiden. Die Rechenmethoden dafür werden im folgenden behandelt. In welchen Fällen die eine oder die andere Methode anzuwenden ist, wird anschließend erläutert.

a) Weite Krümmer

Den Reibungsdruckabfall von weiten Krümmern berechnet man nach der für gebogene Rohre geltenden Gl. (1.67). Es ist aber üblich, einen Krümmer als Einzelwiderstand aufzufassen mit ζ als Widerstandsbeiwert für weite Krümmer. Man setzt

$$\Delta p = \zeta \varrho w^2 / 2 . \tag{1.80}$$

Vergleicht man mit Gl. (1.69), so gilt

$$\zeta = \xi_0 \cdot 0{,}017\,4\,\varphi(R/d_\mathrm{i}) . \tag{1.81}$$

Es bedeutet ξ_0 den Reibungsbeiwert für gebogene, technisch glatte Rohre nach Gl. (1.72) bis (1.74) nach SRINIVASAN, die man auch aus Abb. 1.18 entnehmen kann. Setzt man diese Gleichungen in Gl. (1.81) ein, so hat man für weite Krümmer folgende Formeln zur Verfügung:

Im laminaren Bereich

$$\zeta = 0{,}424\,\varphi(R/d_\mathrm{i})^{0{,}863}/Re_\mathrm{i}^{0{,}725} , \tag{1.82}$$

im Übergangsbereich

$$\zeta = 0{,}125\,\varphi(R/d_\mathrm{i})^{0{,}75}/Re_\mathrm{i}^{0{,}5} , \tag{1.83}$$

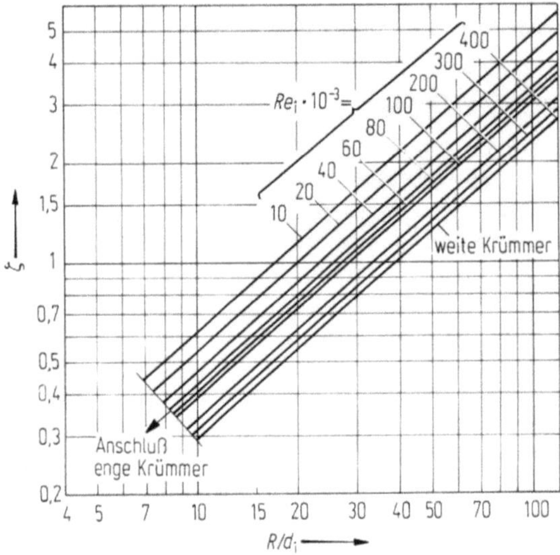

Abb. 1.20. Widerstandsbeiwerte ζ für technisch glatte, weite 90°-Krümmer, abhängig vom Verhältnis R/d_i mit der Reynolds-Zahl als Parameter, bei turbulenter Strömung.

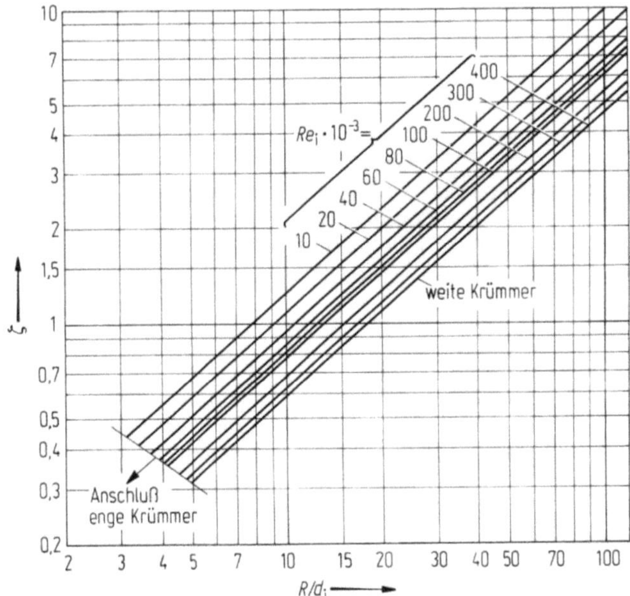

Abb. 1.21. Wie Abb. 1.20, jedoch für 180°-Krümmer.

im turbulenten Bereich

$$\zeta = 0{,}00545\, \varphi\, (R/d_\mathrm{i})^{0,9}/Re_\mathrm{i}^{0,2}. \tag{1.84}$$

Als Beispiel kann man den Abb. 1.20 und 1.21 den Wert ζ für technisch glatte Krümmer mit $\varphi = 90°$ und $180°$ bei turbulenter Strömung unmittelbar entnehmen, berechnet mit Gl. (1.84).

Es sei noch erwähnt, daß hier für ξ_0 die Gln. (1.72) bis (1.74) von Srinivasan verwendet wurden. Sie sind im Aufbau einfacher als eine entsprechende Formel von Ito bei annähernd gleichem Ergebnis. Welche der drei Gln. (1.82), (1.83) und (1.84) man jeweils benutzen muß, kann man anhand von Abb. 1.19 entscheiden. Man ersieht daraus den Strömungsbereich für zwei vorliegende Wertepaare $Re_i = F(R/d_i)$ und benutzt die entsprechende Gleichung. Die Gln. (1.77) bis (1.79) der Grenzlinien in Abb. 1.19, die man zum Programmieren des Rechenvorgangs benötigt, sind bereits mitgeteilt worden.

b) Enge Krümmer

Abb. 1.22 zeigt den Druckverlauf einer aus Zulaufrohr, Krümmer und Ablaufrohr bestehenden Rohrstrecke. Meßtechnisch bekommt man den Störanteil des Druckabfalls Δp_+, den ein Krümmer verursacht, als Differenz des Druckabfalls einer Rohrstrecke von a bis d mit Krümmer b bis c und einer gleich langen geraden Rohrstrecke a bis d, welche die Krümmerlänge L als gerades Rohrstück enthält. Dieses Verfahren benutzten z. B. HOFMANN [58], BEIJ [59] und PIERRE [60] bei ihren Messungen. Enge Krümmer stören die Strömung im Ablaufrohr derart, daß der Störanteil des Druckabfalls, den der Krümmer verursacht, zu einem beträchtlichen Teil als Druckabfall Δp_A im Ablaufrohr entsteht. Ein anderer Teil Δp_K entfällt auf den Krümmer selbst. Beide zusammen bilden den Störanteil Δp_+. Dazu ist der Druckabfall Δp_L des geraden Rohrstücks von der Länge L hinzuzuzählen, das ja in der geraden Vergleichs-Meßstrecke a bis d enthalten ist. Der Gesamtreibungsdruckabfall des Krümmers ist daher

$$\Delta p_{ges} = \Delta p_L + \Delta p_+ = \zeta_{ges}\,\varrho w^2/2\,. \tag{1.85}$$

BEIJ [59] fand, daß die Störung nach einer Ablaufrohrlänge von 25 d_i abgeklungen ist. Die Messungen von ITO [55] zeigten, daß vom Störungseinfluß nach etwa 30 d_i noch ein Rest von etwa 5 % blieb und nach etwa 50 d_i wieder ungestörte Strömung im geraden Ablaufrohr erreicht war. Die Ausdehnung der Störung in das Ablaufrohr hängt von der Intensität der Störung und somit vom Verhältnis R/d_i des Krümmers ab. Bei weiten Krümmern wird Δp_A nahezu Null. Der Störanteil Δp_+ entfällt dann fast ganz auf den Krümmer. Er ist im Reibungsbeiwert ξ_0 für gebogene Rohre enthalten.

Dem Druckabfall Δp_L ordnet man den Widerstandsbeiwert ζ_L zu und dem Störanteil Δp_+ den Widerstandsbeiwert ζ_+:

$$\Delta p_L = \zeta_L\,\varrho w^2/2\,, \tag{1.86}$$

$$\Delta p_+ = \zeta_+\,\varrho w^2/2\,. \tag{1.87}$$

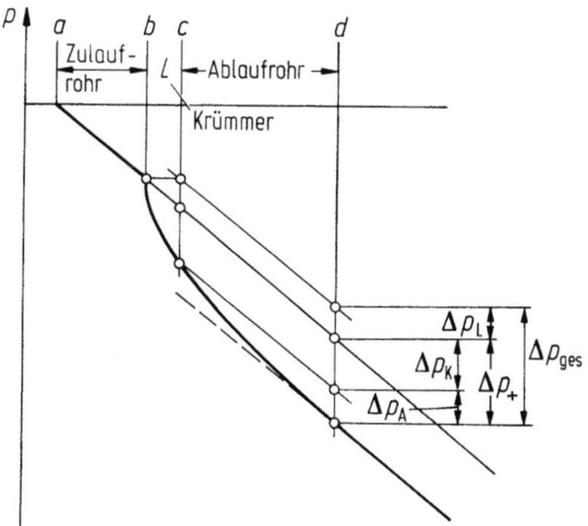

Abb. 1.22. Druckverlauf an einer Rohrstrecke mit Krümmer. Δp_{ges} Gesamtdruckabfall der Strecke von b bis d; Δp_L Druckabfall eines geraden Rohrs von Krümmerlänge; Δp_+ Störanteil des von Krümmer und Ablaufrohr verursachten Druckabfalls; Δp_K Störanteil, der auf Krümmer entfällt; Δp_A Störanteil im Ablaufrohr.

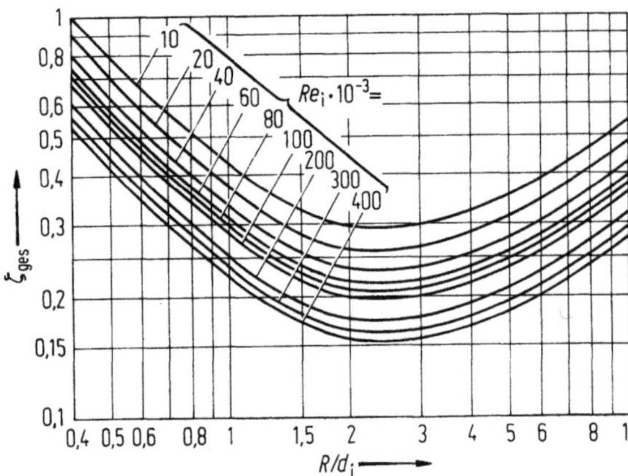

Abb. 1.23. Widerstandsbeiwert ζ_{ges} für technisch glatte, enge 90°-Krümmer, abhängig von R/d_i mit der Reynolds-Zahl Re als Parameter bei turbulenter Strömung nach Gl. (1.92).

Mit Gl. (1.85) folgt

$$\zeta_{ges} = \zeta_L + \zeta_+ \; . \tag{1.88}$$

Unter Bezugnahme auf die Erläuterungen, die zu den Gln. (1.68) und (1.69) gegeben wurden, ist

$$\zeta_L = 0{,}017\,4\,\varphi(R/d_i)\,\xi, \tag{1.89}$$

worin ξ der Reibungsbeiwert gerader Rohre gemäß Abb. 1.5 bedeutet. Somit gilt schließlich

$$\zeta_{ges} = 0{,}017\,4\,\varphi(R/d_i)\,\xi + \zeta_+ \; . \tag{1.90}$$

Für den Widerstandsbeiwert ζ_{ges} enger Krümmer mit technisch glatter Oberfläche lassen sich aus den Angaben von Ito [57] für turbulente Strömung folgende Gleichungen anschreiben:

Für 45°-Krümmer:

$$\zeta_{ges} = \frac{0{,}190}{Re_i^{0{,}17}}\left[(R/d_i)^{0{,}84} + \frac{5{,}12}{(R/d_i)^{0{,}65}}\right], \tag{1.91}$$

für 90°-Krümmer:

$$\zeta_{ges} = \frac{0{,}361}{Re_i^{0{,}17}}\left[(R/d_i)^{0{,}84} + \frac{4{,}65}{(R/d_i)^{1{,}12}}\right], \tag{1.92}$$

für 180°-Krümmer:

$$\zeta_{ges} = \frac{0{,}763}{Re_i^{0{,}17}}\left[(R/d_i)^{0{,}84} + \frac{5{,}06}{(R/d_i)^{3{,}68}}\right]. \tag{1.93}$$

In den Abb. 1.23 und 1.24 ist ζ_{ges} für technisch glatte, enge 90°- bzw. 180°-Krümmer bei turbulenter Strömung dargestellt. Für 180°-Krümmer sind in Abb. 1.25 als Beispiel zwei Linien nach Gl. (1.84) für weite Krümmer und zwei Kurven nach Gl. (1.93) für enge Krümmer eingetragen. Man erkennt jeweils einen Bereich annähernd gleicher Werte ζ. Nach kleineren Werten R/d_i zu wird der Unterschied zwischen den Kurven *1*

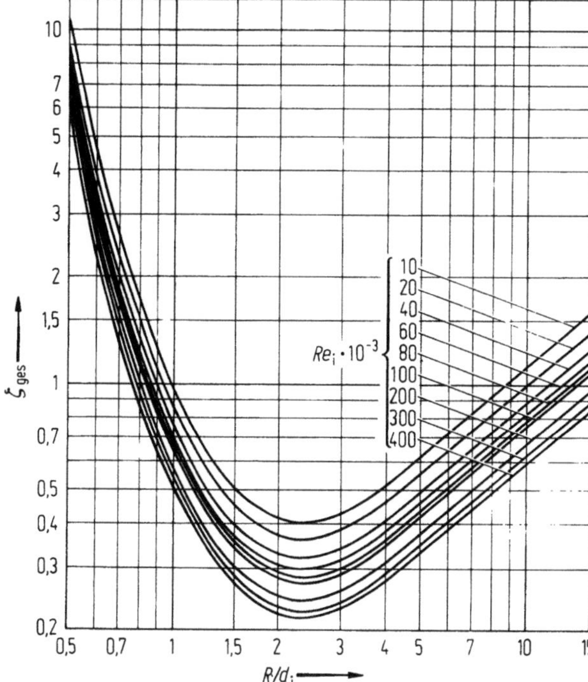

Abb. 1.24. Wie Abb. 1.23, jedoch für 180°-Krümmer nach Gl. (1.93).

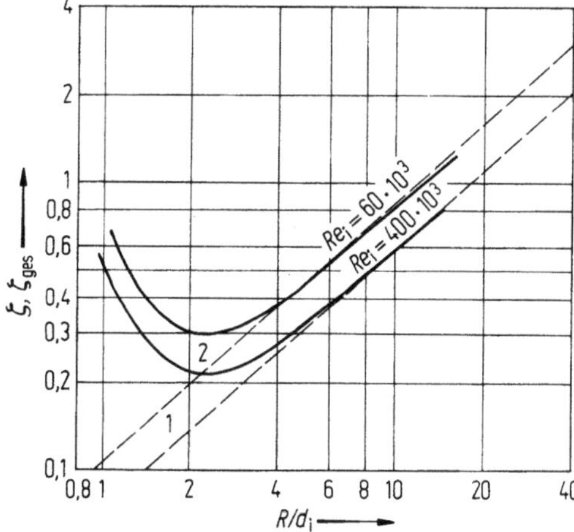

Abb. 1.25. Vergleich zwischen dem Verlauf des Widerstandsbeiwerts ζ für weite Krümmer (Gl. (1.84)) (Kurven 1) und des Widerstandsbeiwerts ζ_{ges} für enge Krümmer (Gl. (1.93)) (Kurven 2) für 180°-Krümmer bei turbulenter Strömung.

und den Kurven 2 immer größer. Im Zweifelsfall rechnet man ζ nach beiden Methoden und verwendet den größeren Wert ζ.

In den Darstellungen der Abb. 1.20 und 1.21 sind die Linien für weite Krümmer nach unten so begrenzt, daß die Fortsetzung in Richtung kleinerer Werte R/d_i für enge Krümmer extrapoliert werden kann.

Obige Gleichungen gelten für turbulente Strömung. Dies setzt voraus, daß die Strömung auch im Zulaufrohr turbulent ist.

Hat man im Zulaufrohr laminare Strömung, so gilt dies auch für den anschließenden Krümmer. Den Widerstandsbeiwert berechnet man dann nach Gl. (1.82). Zwischen weiten und engen Krümmern wird dann nicht unterschieden.

c) Quadratischer und rechteckiger Querschnitt

Hat man Krümmer, deren Querschnitt ein Quadrat mit der Seitenlänge a ist, so ist der hydraulische Durchmesser $d_h = a$. Man setzt also in den mitgeteilten Formeln für d_i die Seitenlänge a des Quadrats ein. Für rechteckigen Querschnitt eines Krümmers kann man nach Ward-Smith [61] einen Faktor ψ bilden, mit dem für quadratischen Querschnitt errechnete Widerstandsbeiwerte zu multiplizieren sind (Abb. 1.26). In den Formeln ist stets $d_i = a$ zu setzen. Die Seitenlänge b des Rechteckquerschnitts steht senkrecht zum Krümmungsradius R. Im Bereich $1/3 < b/a < 3$ gilt mit guter Annäherung

$$\psi = \frac{1}{(b/a)^{0,3}}.\tag{1.94}$$

d) Vergleich mit Meßwerten und Erläuterungen

Für $Re_i = 200\,000$ zeigt Abb. 1.27 den Verlauf von ζ_{ges} nach Gl. (1.92) für 90°-Krümmer und den Verlauf des Geradrohranteils ζ_L nach Gl. (1.89), wobei für glattes, gerades Rohr, aus Abb. 1.5 mit $\xi = 0{,}015$ gerechnet wurde. Die Differenz beider Kurven stellt gemäß Gl. (1.88) den Störanteil ζ_+ dar, der in Abb. 1.28 abhängig von R/d_i aufgetragen ist. Die eingetragenen Punkte sind Meßwerte von Hofmann [58], die, wie bereits erwähnt wurde, als Differenz einer geraden Rohrstrecke und einer Strecke gleicher Länge mit Krümmer erhalten wurden. Die gute Annäherung der Meßpunkte an die aus Gl. (1.92) von Ito gewonnenen Kurve ζ_+ bestätigt die Gültigkeit von Gl. (1.92) von Ito. Führt man denselben Vergleich für Reynolds-Zahlen von $Re_i = 150\,000$ und $Re_i = 100\,000$ durch, so ergeben sich die ζ_+-Kurven in den Abb. 1.29 und 1.30. Die eingetragenen Meßpunkte von Hofmann bestätigen auch diese Kurven in befriedigender Weise.

Der Verlauf der Linien ζ_{ges} und ζ_L in Abb. 1.27 bestätigt, daß die Differenz beider Linien, der Störanteil ζ_+ mit wachsendem Verhältnis R/d_i dem Wert Null zustrebt, denn für das gerade Rohr ($R/d_i = \infty$) muß $\zeta_+ = 0$ werden. Um diesen Verlauf nachzu-

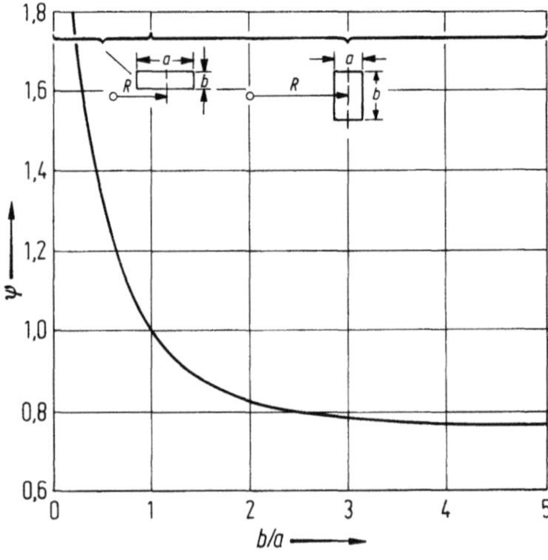

Abb. 1.26. Multiplikationsfaktor ψ für Widerstandsbeiwerte von Krümmern mit Rechteckquerschnitt nach [61].

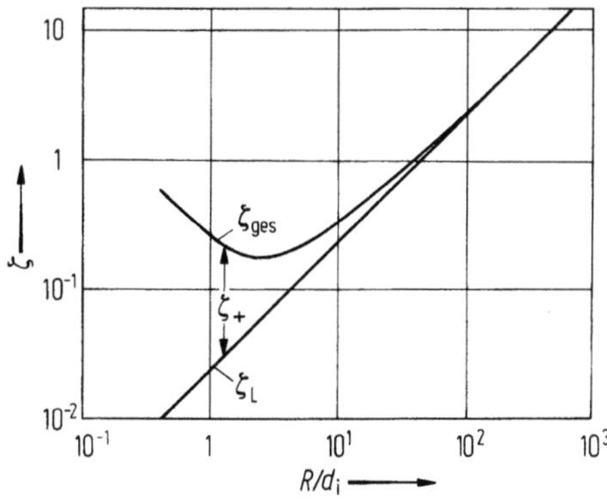

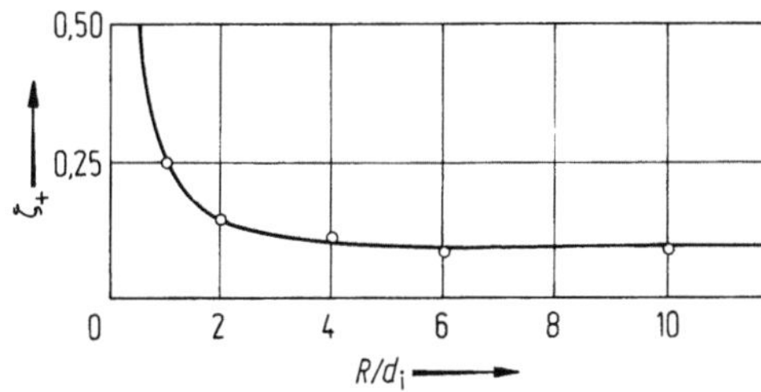

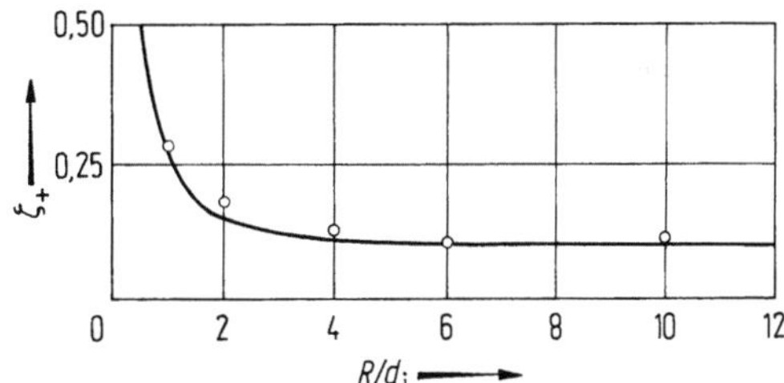

Abb. 1.27. Beispiel für den Verlauf von ζ_{ges} nach Gl. (1.92) und von ζ_L nach Gl. (1.89), abhängig von R/d_i und dem Differenzbeitrag ζ_+ für 90°-Krümmer, turbulente Strömung bei $Re = 200\,000$.

Abb. 1.28. Störanteil ζ_+ des Widerstandsbeiwerts nach Abb. 1.27, verglichen mit Meßpunkten $\circ$ von HOFMANN [58], für 90°-Krümmer, turbulente Strömung und $Re = 200\,000$.

Abb. 1.29. Störanteil ζ_+, berechnet nach ITO, verglichen mit Meßwerten $\circ$ von HOFMANN (58), für 90°-Krümmer, turbulente Strömung und $Re = 150\,000$.

Abb. 1.30. Wie Abb. 1.29, jedoch für $Re = 100\,000$.

weisen, wären Messungen hoher Genauigkeit erforderlich. Daran besteht aber kaum Interesse, weil der Störanteil ζ_+ bei großen Werten von R/d_i gegenüber ζ_{ges} unbedeutend ist.

Mit Werten ζ_{ges} für 90°- bzw. 180°-Krümmer, die man den Abb. 1.23 bzw. 1.24 entnimmt, liefert Gl. (1.85) den Gesamtdruckabfall eines Krümmers, bestehend aus dem der Bogenlänge entsprechenden Geradrohranteil und dem Störanteil. Um den Druckabfall einer Rohrstrecke zu ermitteln, die Krümmer enthält, braucht man nur noch den Druckabfall der geraden Leitungsabschnitte hinzuzufügen. Manchmal werden in der Literatur die Werte ζ_+ von Krümmern angegeben, wie sie in den Abb. 1.28 bis 1.30 enthalten sind. Man rechnet dann die gesamte Rohrstrecke einschließlich der Krümmerlängen als gerades Rohr und fügt für jeden Krümmer den Betrag Δp_+ nach Gl. (1.87) hinzu.

Mündet die Strömung am Krümmerende in einen freien Raum, so ist der Druckabfall besonders für enge Krümmer kleiner als für Krümmer mit anschließendem Ablaufrohr, weil der Betrag Δp_A (Abb. 1.22) entfällt. Abb. 1.31 gibt nach Meßwerten von ITO [55] Beispiele dafür, wie ζ_{ges} bei engen Krümmern nach dem Krümmer mit der Länge des Ablaufrohrs zunimmt.

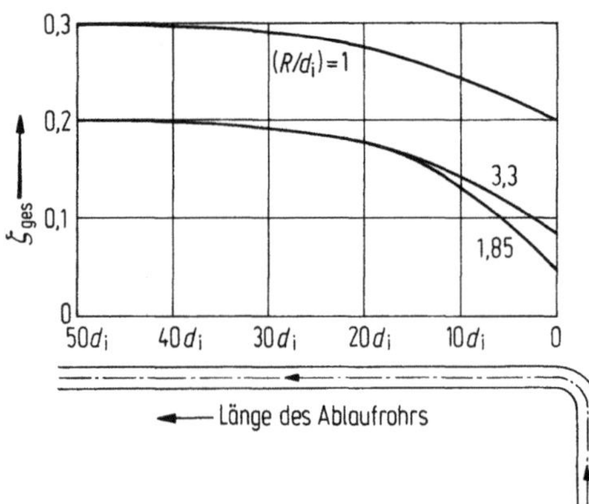

Abb. 1.31. Verlauf des Widerstandsbeiwerts ζ_{ges} von engen 90°-Krümmern, abhängig von der Länge des Ablaufrohrs nach Meßwerten von Ito [57] für $Re = 100\,000$.

e) Einfluß der Rauhigkeit

Außer bei glatter Rohr- und Krümmeroberfläche hat Hofmann [58] den Strömungswiderstand auch bei rauher Oberfläche untersucht, wobei die rauhe Oberfläche aus in Farbschicht eingebettetem Sand bestand. Nach Hofmann ist im geraden Rohr $\xi_{rauh} = 1,5\,\xi_{glatt}$ bei $Re_i = 150\,000$. Diesem Verhältnis entspricht eine relative Rauhigkeit nach Gl. (1.14) von $\varepsilon = 0,002$, zu entnehmen aus den Kurven nach Colebrook in Abb. 1.5. Abweichend vom geraden Rohr fand Hofmann für den 90°-Krümmer $\zeta_{rauh,\,+} = 2,05\,\zeta_{glatt,\,+}$, ebenfalls bei $Re_i = 150\,000$. Es ist somit

$$\frac{(\zeta_{rauh,\,+}\,/\,\zeta_{glatt,\,+})_{Krümmer}}{(\xi_{rauh}/\xi_{glatt})_{gerade}} = \frac{2,05}{1,5} = 1,4\,. \tag{1.95}$$

Daß sich die Rauhigkeit auf den Störanteil ζ_+ des Krümmers stärker auswirkt als auf den Reibungsbeiwert ξ des geraden Rohrs, liegt an der hohen Fluidgeschwindigkeit an der Peripherie des Krümmers. In erster Annäherung kann man den Faktor 1,4 nach Gl. (1.95) allgemein gelten lassen, um den Widerstandsbeiwert für Krümmer mit rauher Oberfläche zu bestimmen. Das folgende Beispiel a) zeigt das Berechnungsverfahren.

1.5.7 Rechenbeispiele

a) Rechenbeispiel zur Bestimmung des Druckabfalls eines von Wasser durchflossenen Rohrsystems (turbulente Strömung)

Es soll der Druckabfall des in Abb. 1.32 skizzierten Rohrsystems aus handelsüblichem Stahlrohr nach DIN 2448 berechnet werden. Es gelten folgende Daten:

Innerer Rohrdurchmesser $d_i = 25\,mm$, Krümmungsradius der 180°-Krümmer $R = 37,5\,mm$, $R/d_i = 1,5$. Temperatur des im System fließenden Wassers $t = 5\,°C$, $w = 2\,m/s$. Stoffwerte des Wassers: $\varrho = 1\,000\,kg/m^3$; $\eta = 0,001\,55\,Pa\,s$. $Re = 2 \cdot 0,025 \cdot 1\,000/0,001\,55 = 32\,258$, $R_z = 0,15 \cdot 10^{-3}\,m$, $R_z/d_i = 0,006$, dazu aus Abb. 1.5 $\xi = 0,035$. Nach Gl. (1.11) ist dann

$$\Delta p = 0,035\,(20/0,025)\,(2^2 \cdot 1\,000/2) = 56\,000\,N/m^2\,.$$

Für einen 180°-Krümmer entnimmt man aus Abb. 1.24 $\zeta_{ges} = 0,42$ und aus Abb. 1.5 für glattes, gerades Rohr $\xi = 0,023$. Wenn der Krümmer glatt wäre, so wäre aus Gl. (1.90):

$$\zeta_{glatt,\,+} = \zeta_{ges} - [\xi\,0,017\,4\,\varphi(R/d_i)] = 0,42 - (0,023 \cdot 0,174 \cdot 180 \cdot 1,5) = 0,31\,.$$

Für das gerade Rohr ist im vorliegenden Fall $\xi_{rauh}/\xi_{glatt} = 1,52$. Um den entsprechenden Multiplikationsfaktor für den Störanteil $\zeta_{glatt,\,+} = 0,31$ zu bekommen, multipliziert man gemäß Gl. (1.95) den ermittelten Geradrohrfaktor 1,52 mit 1,4. Es ist also $(\zeta_{rauh,\,+}\,/\,\zeta_{glatt,\,+}) = 1,52 \cdot 1,4$

$= 2{,}13$. Daher ist für den $180°$-Krümmer $\zeta_{\text{ges, rauh}} = \zeta_{\text{rauh}} \cdot 0{,}0174\,\varphi(R/d_i) + 2{,}13\,\zeta_{\text{glatt, +}}$
$= 0{,}032 \cdot 0{,}0174 \cdot 180 \cdot 1{,}5 + 2{,}13 \cdot 0{,}31 \approx 0{,}81$, gegenüber $0{,}42$ für den glatten Krümmer. Der Druckabfall der neun Krümmer beträgt daher

$$\Delta p_{\text{ges}} = 9\,\zeta_{\text{ges, rauh}}\,(\varrho w^2/2) = 9 \cdot 0{,}81 \cdot (1\,000 \cdot 2^2/2) = 14\,580 \text{ N/m}^2\,.$$

Zählt man dazu $56\,000$ N/m² für die zehn Geradrohrstücke und rechnet zur Summe noch 20 % für Schweißnähte, so ergibt sich insgesamt $\Delta p = 85\,000$ N/m² oder $0{,}85$ bar als Reibungsdruckabfall für das Rohrsystem.

b) Rechenbeispiel zur Bestimmung des Druckabfalls
eines von Ethylenglykollösung durchflossenen Rohrsystems (laminare Strömung)

Es gelten folgende Daten: Im Rohrsystem von Abb. 1.32 fließt Ethylenglykollösung. $t_K = -30\,°C$, $w = 1$ m/s, $\varrho = 1\,060$ kg/m³, $\eta = 0{,}0323$ Pa s, $d_i = 0{,}025$ m, $Re_i = 820$, also Laminarströmung auch in den $180°$-Krümmern.
Für den Widerstandsbeiwert verwendet man Gl. (1.82):

$$\zeta_w = 0{,}424 \cdot 180 \cdot 1{,}5^{0{,}863}/820^{0{,}725} = 0{,}835\,.$$

Der Druckabfall der neun Krümmer ist somit nach Gl. (1.80)

$$\Delta p = 9 \cdot 0{,}835 \cdot (1\,060 \cdot 1^2/2) = 3\,983 \text{ N/m}^2\,.$$

Das Geschwindigkeitsprofil ist am Krümmerausgang und somit auch am Anfang der geraden Rohrabschnitte unsymmetrisch. Dies bedeutet hydrodynamischen Einlauf in den geraden 2 m langen Rohren in bezug auf ausgebildete laminare Strömung. Anhand von Abb. 163 auf S. 215 in [20] kann man abschätzen, daß der Zuschlag zum Druckabfall bei ausgebildeter Strömung etwa 30 % beträgt. Der Druckabfall der zehn geraden 2 m langen Rohre beträgt mit dem Reibungsbeiwert nach Gl. (1.12) für ausgebildete Laminarströmung somit

$$\Delta p = 1{,}3\,(64/820)\,(10 \cdot 2/0{,}025)\,(1\,060 \cdot 1^2/2) = 43\,020 \text{ N/m}^2\,.$$

Bei Laminarströmung braucht man die Rauhigkeit nicht zu berücksichtigen. Addiert man die beiden Beträge für die Krümmer und die geraden Rohre und wählt man einen Sicherheitszuschlag von 10 %, so kommt man auf $\Delta p = 52\,000$ N/m² oder $\Delta p = 0{,}52$ bar als Reibungsdruckabfall für das Rohrsystem.

c) Rechenbeispiel zur Bestimmung des Druckabfalls eines von Luft durchströmten Blechkanalkrümmers

Gegeben sei ein $180°$-Krümmer eines Blechkanals mit quadratischem Querschnitt von $0{,}2 \cdot 0{,}2$ m. Daher ist $d_h = a = 0{,}2$ m. Der mittlere Krümmungsradius beträgt $R = 1$ m. Somit ist $R/d_i = 5$. An den Krümmer schließen sich einige Meter Zulauf- und Ablaufkanal an. Im Kanal strömt Luft von $t = +20\,°C$ mit $\varrho = 1{,}17$ kg/m³, $\eta = 0{,}198 \cdot 10^{-4}$ Pa s und $w = 5$ m/s mittlerer Geschwindigkeit. Welchen Druckabfall verursacht der Krümmer?

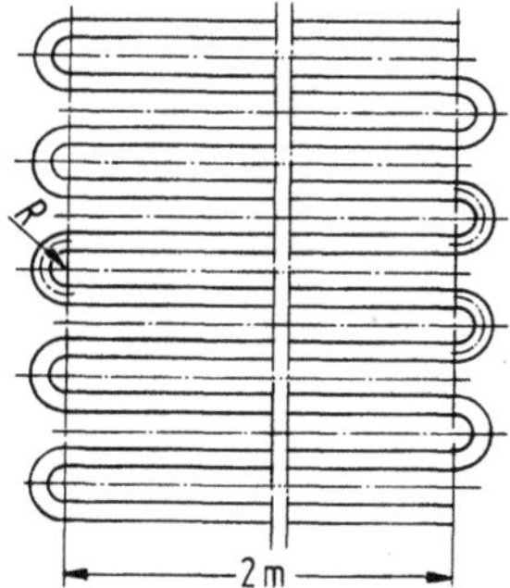

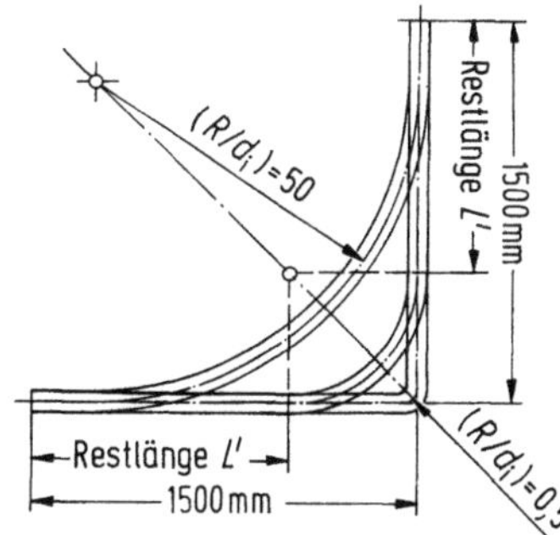

Abb. 1.32. Rohrsystem, bestehend aus geraden, mittels 180°-Krümmern verbundenen Rohren. R Krümmungsradius; d_i innerer Rohrdurchmesser.

Abb. 1.33. Verbindung von zwei senkrecht zueinander angeordneten geraden Rohren mit 90°-Krümmern verschieden großer Krümmungsradien R.

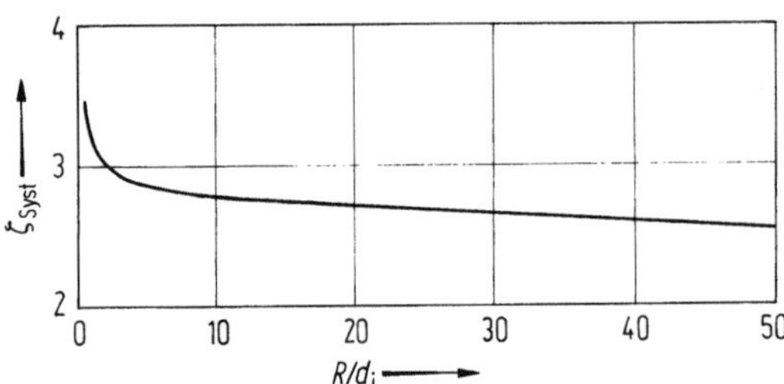

Abb. 1.34. Widerstandsbeiwert ζ_{Syst} des Rohrsystems nach Abb. 1.33.

Es ist $Re = 59\,091$, die Strömung ist somit turbulent. Nach Gl. (1.93) für enge Krümmer ergibt sich

$$\zeta_{ges} = \frac{0{,}763}{59\,091^{0{,}17}} \left[5^{0{,}84} + \frac{5{,}06}{5^{3{,}68}} \right] = 0{,}46 \,.$$

Zum Vergleich soll auch nach Gl. (1.81) für weite Krümmer gerechnet werden. Für $Re \approx 60\,000$ und $R/d_i = 5$ entnimmt man aus Abb. 1.18: $\xi_0 = 0{,}03$. Somit ist nach Gl. (1.81) $\zeta = 0{,}03 \cdot 0{,}017\,4 \cdot 180 \cdot 5 = 0{,}47$, was mit dem Wert aus Gl. (1.93) fast übereinstimmt. Dieses Ergebnis kann man auch aus Abb. 1.24 für enge 180°-Krümmer und Abb. 1.21 für weite 180°-Krümmer entnehmen. Nach Gl. (1.85) ist dann

$$\Delta p_{ges} = 0{,}46 \cdot (1{,}17 \cdot 5^2/2) = 6{,}9 \, \text{N/m}^2 = 0{,}069 \, \text{mbar} \,.$$

Mit etwas Sicherheitszuschlag kann man für den 180°-Krümmer mit einem Druckabfall von $\Delta p = 0{,}1$ mbar rechnen. Für den gesamten Kanal, bestehend aus 180°-Krümmer, Zulauf- und Ablaufkanal hat man noch den Druckabfall der geraden Anschlußkanäle hinzuzufügen.

d) Rechenbeispiel über den Einfluß der Änderung des Krümmungsradius auf den Druckabfall eines Rohrsystems

Das Minimum der ζ_{ges}-Kurven für 90°- und 180°-Krümmer in den Abb. 1.23 und 1.24 im Bereich $2 < R/d_i < 3$ verleitet dazu, anzunehmen, daß die Verbindung zweier gerader Rohre mit Krümmern, die dem Bereich des Minimums angehören, bezüglich des Druckabfalls am günstigsten seien. Dies trifft jedoch nicht zu, weil sich die ζ_{ges}-Kurven dieser Abbildungen nur auf Krümmer allein beziehen (der auf das Ablaufrohr entfallende Störanteil ist allerdings in den ζ_{ges}-Werten enthalten). In Abb. 1.33 sind deshalb zwei senkrecht zueinander verlaufende Rohre skizziert, die durch 90°-Krümmer mit verschiedenen Krümmungsradien miteinander verbunden werden sollen. Für den weitesten Krümmer sei $R/d_i = 50$ und für den engsten $R/d_i = 0{,}5$. Die Schenkellängen der beiden Rohre seien 1 500 mm. Die Frage lautet: Wie ändert sich der Druckabfall dieses Systems mit R/d_i?

Wie im Beispiel d) erläutert wurde, muß man zum Widerstandsbeiwert ζ_{ges} eines Krümmers jeweils den Betrag $(2L'/d_i)$ für die beiden geraden Restlängen L' hinzuzählen, so daß $\zeta_{ges} + \xi(2L'/d_i)$ die maßgebende Größe für den Druckabfall des Systems bedeutet.

Es sei: $Re_i = 32\,000$ und $d_i = 0{,}025$. Aus Abb. 1.18 entnimmt man für glattes, gerades Rohr $\xi = 0{,}023\,5$ und aus der Abb. 1.23 den Wert für ζ_{ges}.

Das Ergebnis zeigt Abb. 1.34, in der die Summe $\zeta_{Syst} = \zeta_{ges} + \xi(2L'/d_i)$ abhängig von R/d_i dargestellt ist. Ein Minimum nach Art der ζ_{ges}-Kurven in Abb. 1.23 tritt nicht auf. Im Bereich der Werte $R/d_i < 3$ also dort, wo nach Abb. 1.23 und 1.24 der Wert für ζ_{ges} für Krümmer Kleinstwerte hat, steigt der Summenwert in Abb. 1.34 stark an. Mit einem Krümmer $R/d_i = 5$ ist der Druckabfall nur etwa 12 % größer als mit einem Krümmer $R/d_i = 50$. Erst ab $R/d_i = 5$ steigt der Druckabfall steil an. Man kann deshalb R/d_i nach anderen Gesichtspunkten festlegen (Kosten), während der Druckabfall weniger maßgebend ist.

1.6 Strömung in Umlenkhauben

Über systematische Untersuchungen des Druckabfalls in den Umlenkhauben der Apparate sind in der Literatur nur wenige Angaben zu finden. Mit der zweckmäßigen Formgebung und Dimensionierung der Hauben und der Anschlußstutzen an den beiden Hauben hat sich LINKE [62] befaßt. Aufgrund eigener Untersuchungen machte er Vorschläge für die Gestaltung der Hauben.

Bezeichnet man mit w die Strömungsgeschwindigkeit im Rohr, so wird für den Druckabfall in den Umlenkhauben angesetzt

$$\Delta p_U = \zeta_U \varrho w^2/2 \, . \tag{1.96}$$

Nach [63] wird für den Widerstandsbeiwert ζ_U unabhängig von der Reynolds-Zahl der Wert

$$\zeta_U = 1{,}5 \, z_D \tag{1.97}$$

empfohlen, wobei z_D die Anzahl der Durchgänge ist. Diese wird auch Paßzahl genannt.

Eine genauere Analyse des Druckabfalls in den Umlenkhauben nach Versuchen von ZIMMERMANN [64] gibt NAEGELE [65]. Bezeichnet man den Querschnitt des Kanals mit S_K und denjenigen der Rohre mit S_r, so läßt sich nach [65] das Verhältnis

$$A = S_K/S_r \tag{1.98}$$

einführen, womit der freie Parameter

$$\gamma = \frac{1}{A^2 \left(\xi \dfrac{L}{d_i} + 1{,}5 \right)} \tag{1.99}$$

zu bestimmen ist. Für den Widerstandsbeiwert der Umlenkhaube gilt dann

$$\zeta_U = \left(\frac{2}{3} \gamma + \frac{9}{16} \gamma^2 \right) \left(\xi \frac{L}{d_i} + 1{,}5 \right) . \tag{1.100}$$

Mit ξ ist hier der Reibungsbeiwert des geraden Rohrs bezeichnet. Nach Untersuchungen von NAEGELE [65] wird für die optimale Auslegung der Umlenkhauben der Wert $A = 1{,}3$ empfohlen.

1.7 Strömung an berieselten Flächen

Da die Strömungseigenschaften des Rieselfilms die Grundlage für die Berechnung des Druckabfalls und des Wärmeübergangs darstellen, werden hier zunächst die wichtigsten Forschungsergebnisse über die Strömung von Rieselfilmen behandelt. Einen zusammenfassenden Überblick findet man bei HOFMANN [20], WILKE [66] und STRUVE [67].

Definiert man den auf den Berieselungsumfang U [m] bezogenen Massenstrom $\dot{M}$ [kg/s] als Berieselungsdichte $\dot{B}$ [kg/m s], so gilt

$$\dot{B} = \frac{\dot{M}}{U} = w_m \delta_m \varrho \, , \tag{1.101}$$

wobei w_m die mittlere Strömungsgeschwindigkeit und δ_m die mittlere Filmdicke sind. Bildet man die Reynolds-Zahl der Strömung mit der mittleren Geschwindigkeit und mit der mittleren Filmdicke, so ist

$$Re = \frac{w_m \delta_m}{\nu} = \frac{\dot{B}}{\eta} \, . \tag{1.102}$$

Es ist zu beachten, daß im angelsächsischen und im russischen Schrifttum die Reynolds-Zahl mit dem hydraulischen Durchmesser der Strömung

$$d_h = 4 \, \delta_m \tag{1.103}$$

gebildet wird und somit ist

$$Re_h = \frac{w_m d_h}{\nu} = \frac{4\dot{B}}{\eta} = 4\,Re.$$

(1.104)

Aufgrund der Untersuchungen vieler Forscher stellte man fest, daß sich bei der Strömung eines Rieselfilms verschiedene charakteristische Bereiche bilden, deren Erstreckung von der Reynolds-Zahl abhängig ist.

Laminare Strömung erstreckt sich auf den Bereich $0 \leq Re \leq Re_W$, wobei sich der Index W auf die Bildung der Wellen auf der Oberfläche des Rieselfilms bezieht. Für den oberen Grenzwert für die Reynolds-Zahl bei der laminaren Strömung gilt

$$Re_W = CK_F^{1/8},$$

(1.105)

wobei die Kennzahl K_F durch die Beziehung

$$K_F = \frac{\varrho\,\sigma^3}{g\eta^4}$$

(1.106)

gegeben ist. Nach Graef [68] ist $C = 0,216$, während nach Untersuchung von Grimley [69] $C = 0,219$ ist. Näherungsweise kann $C = 0,217$ angenommen werden. Die Reynolds-Zahl Re_W ist sehr klein und hat die Größenordnung von 4 bis 7.

Die Theorie der laminaren, lotrechten Filmströmung bei glatter Filmoberfläche hat Nusselt [70] entwickelt. Unter Vernachlässigung der Trägheitskräfte gegenüber den Reibungskräften ergibt sich aus dem Gleichgewicht zwischen der Schwerkraft und der Zähigkeitskraft die mittlere Filmdicke zu

$$\delta_m = (3\,\nu^2/g)^{1/3}\,Re^{1/3}.$$

(1.107)

Der Bereich $Re_W \leq Re \leq Re_{\ddot{u}}$ wird als *pseudolaminare* Strömung bezeichnet. Der Index ü bezeichnet den Beginn des Übergangs von der laminaren in die turbulente Strömung. Für die mittlere Filmdicke der pseudolaminaren Strömung gilt

$$\delta_m = (2,4\,\nu^2/g)^{1/3}\,Re^{1/3},$$

(1.108)

also eine um 7 % dünnere Filmdicke als diejenige nach Gl. (1.107), was durch sorgfältige Experimente auch bestätigt wurde.

Der reine *Übergangsbereich* erstreckt sich auf $Re_{\ddot{u}} \leq Re \leq Re_{kr}$, wobei Re_{kr} die kritische, für die Bildung der Turbulenz maßgebende Reynolds-Zahl ist. Die mittlere Filmdicke ist in diesem Bereich zunächst noch kleiner als nach Gl. (1.108) und wird erst mit steigenden Reynolds-Zahlen größer. Für die kritische Reynolds-Zahl fand man Werte zwischen 280 und 590. Nach Brauer [71] ist $Re_{kr} = 400$ unabhängig von der Flüssigkeitsart. Für die Bestimmung der Filmdicke soll für $Re < 400$ die Gl. (1.107) benutzt werden.

An den Übergangsbereich schließt sich die *turbulente* Strömung an, bei welcher $Re_{kr} \leq Re \leq Re_s$ ist. Der Index s kennzeichnet die *schwallartige* Strömung, welche ab $Re > Re_s \approx 800$ auftritt. Für die mittlere Filmdicke im turbulenten Bereich ($Re > 400$) gilt

$$\delta_m = 0,369\,(3\,\nu^2/g)^{1/3}\,Re^{1/2}.$$

(1.109)

Für die Berechnung des Druckabfalls bei der Rieselströmung wird die übliche Form des Gesetzes

$$\Delta p = \xi\frac{H}{\delta_m}\,\frac{\varrho w_m^2}{2}$$

(1.110)

benutzt, wobei H die Höhe der Wand (oder des Rohrs) ist. Für den Reibungsbeiwert ξ gilt

$$\xi = 6/Re \quad \text{für } Re \leq 400,$$

(1.111)

bzw.

$$\xi = 0{,}165/Re^{0{,}4} \quad \text{für } Re \geq 400 . \qquad (1.112)$$

Bei HOFMANN [20] findet man einen Vergleich zwischen den berechneten und gemessenen Werten. Nach diesem Vergleich ist die Annäherung zwischen den experimentellen und den berechneten Werten sehr gut.

2 Wärmeübertragung durch Leitung und Konvektion

Boris Slipčević

Benutzte Formelzeichen in Kapitel 2
(s. auch Formelzeichenliste am Anfang des Bandes)

Formelzeichen, Einheiten

D	Krümmungsdurchmesser	m
L	Segmentabstand	m
N	Anzahl der Innenrohre	—
R	Wärmetransportwiderstand	m^2K/W
r	spezifischer Wärmetransportwiderstand	K/W
t^*	Teilungsverhältnis	—
$\dot{W}$	Wärmekapazitätsstrom	—
φ	Flächenverhältnis	—
ψ	Hohlraumanteil	—

Indizes

B	Bohrungs-		L	Leckage
E	Endzone		RB	Rippenrohrbündel
GB	Glattrohrbündel		ü	Übergangs-
L	Leitung			

2.1 Wärmetransport durch Leitung

Bei den Wärmeaustauschern interessiert vor allem die Frage, welcher Wärmestrom von einem Fluid hoher Temperatur auf ein anderes Fluid niedriger Temperatur übertragen werden kann, wenn die beiden Fluide durch eine Wand voneinander getrennt

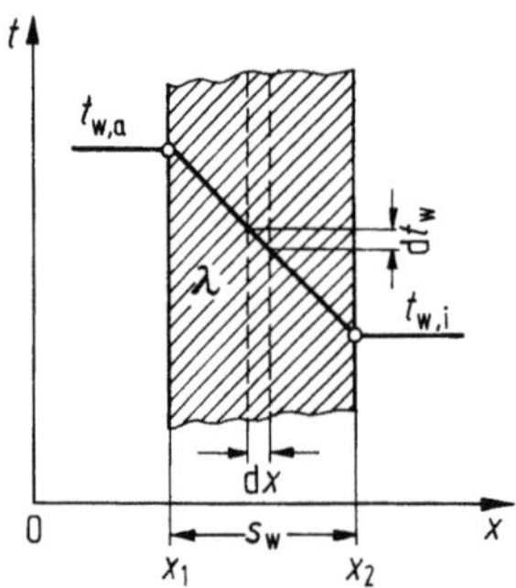

Abb. 2.1. Stationäre Wärmeleitung in einer ebenen Wand.

sind, bzw. wie groß die Wärmeübertragungsfläche gewählt werden muß, um den vorgegebenen Wärmestrom übertragen zu können.

Durch eine in Abb. 2.1 dargestellte Wand von der Dicke s_w, deren beide Oberflächen auf örtlich konstanten Temperaturen $t_{w,a}$ und $t_{w,i}$ gehalten werden, tritt nach FOURIER durch die Fläche A der Wärmestrom

$$\dot{Q} = \frac{\lambda}{s_w} A (t_{w,a} - t_{w,i}) = \frac{\lambda}{s_w} A \, \Delta t_w \, . \tag{2.1}$$

Die Wärmestromdichte $\dot{q}$ ist

$$\dot{q} = \frac{\dot{Q}}{A} = \frac{\lambda}{s_w} \Delta t_w \, . \tag{2.2}$$

Durch Umstellung der Gl. (2.2) folgt

$$\Delta t_w = R_L \dot{q} \, . \tag{2.3}$$

Der Ausdruck

$$R_L = s_w / \lambda \tag{2.4}$$

wird Wärmeleitwiderstand genannt. Nach JAKOB [1, 2] ist

$$r_L = R_L / A \tag{2.5}$$

der spezifische Wärmeleitwiderstand.

In einer innerhalb der Wand liegenden Schicht von der Dicke dx nimmt die Temperatur um den Betrag dt_w ab. Für die Wärmestromdichte gilt also

$$\dot{q} = -\lambda \frac{dt_w}{dx} \, . \tag{2.6}$$

Der Proportionalitätskoeffizient λ heißt Wärmeleitfähigkeit und ist für verschiedene Werkstoffe in Tab. 2.1 zusammengestellt. Angaben über die Wärmeleitfähigkeit anderer Stoffe findet man in [3, 4].

2.2 Wärmeübergang in Fluiden

2.2.1 Allgemeines

Gewöhnlich sind die beiden Oberflächentemperaturen $t_{w,a}$ und $t_{w,i}$ nicht bekannt, wohl aber die Temperaturen t_a und t_i der Fluide auf den beiden Seiten der Trennwand, wie dies in Abb. 2.2 dargestellt ist. Für die Temperatur der beiden Fluide wird zu-

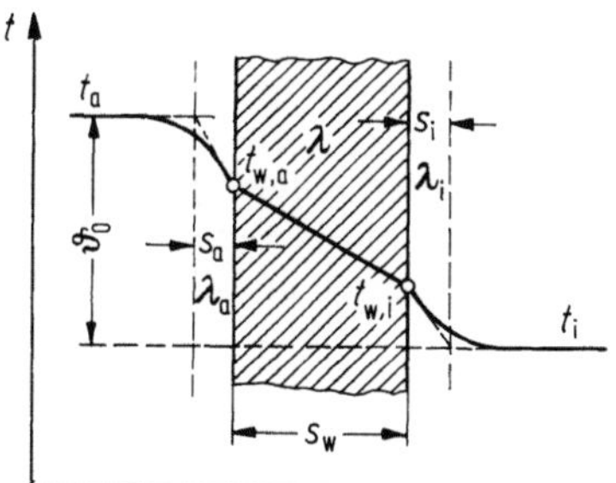

Abb. 2.2. Wärmedurchgang durch eine ebene Wand.

Tabelle 2.1 *Wärmeleitfähigkeit λ verschiedener Werkstoffe in* W/m · K *bei* $+20\,°C$

Aluminium	221	CuNi10Fe	46
Blei	35	CuNi30Fe	29
Bronze (6 Sn, 9 Zn, 84 Cu, 1 Pb)	62	Messing (Ms 58, Ms 60)	113
		Molybdän	147
Chrom	86	Monel 505	20
Cr-Ni-Stahl	15	Nickel	59
Cr-Al-Stahl	17	Stahl (Handelsware)	58
Cr-Stahl	25	Titan	16
Kupfer (Handelsware)	372	Wolfram	130
SF-Cu	335	Zink	113

nächst angenommen, daß sie zeitlich und örtlich konstant ist. Außer dem Wärmeleitwiderstand der Wand muß der Wärmestrom in den beiden Fluiden die Wärmeübergangswiderstände überwinden.

Der in Abb. 2.2 dargestellte Temperaturverlauf kann vereinfacht durch den gestrichelten Linienzug ersetzt werden. Damit entsteht in der verhältnismäßig schmalen Schicht s_a des Fluids mit der Wärmeleitfähigkeit λ_a das Temperaturgefälle $\Delta t_a = t_a - t_{w,a}$. Die definierte Schichtdicke s_a ist also eine Modellvorstellung, die es erlaubt, den Wärmeübergangswiderstand an der Wand durch den Wärmeleitwiderstand der Schicht s_a zu ersetzen. Entsprechend Gl. (2.1) beträgt der übertragene Wärmestrom

$$\dot{Q} = \frac{\lambda_a}{s_a} A (t_a - t_{w,a}) . \tag{2.7}$$

Setzte man die Kenntnis der Dicke dieser Schicht und der Wandtemperatur $t_{w,a}$ voraus, so ließe sich der Wärmestrom $\dot{Q}$ einfach berechnen. Der wirkliche Vorgang ist durch diese Darstellung zwar sehr vereinfacht, sie gibt aber eine klare Anschauung und erfaßt das Wesentliche.

Da die Dicke der Schicht aber von sehr vielen Faktoren abhängt, ist es üblich, nicht unmittelbar mit der Schichtdicke, sondern mit dem Wert

$$\alpha_a = \frac{\lambda_a}{s_a} = \frac{1}{R_{\ddot{u}}} \tag{2.8}$$

zu rechnen. Damit ergibt sich aus Gl. (2.7) das schon im Jahre 1701 von Newton [5] vorgeschlagene Abkühlungsgesetz:

$$\dot{Q} = \alpha_a A (t_a - t_{w,a}) . \tag{2.9}$$

Die Größe α_a wird als Wärmeübergangskoeffizient bezeichnet. Da nach Gl. (2.8) der Wärmeübergangskoeffizient als Verhältnis der Wärmeleitfähigkeit der Schicht zu ihrer Dicke definiert ist, hat man zu erwarten, daß Fluide mit kleineren Werten der Wärmeleitfähigkeit auch schlechtere Wärmeübergangskoeffizienten aufweisen. Praktische Messungen haben dies auch bestätigt. So weisen z. B. Gase infolge der schlechteren Wärmeleitfähigkeit auch niedrigere Wärmeübergangskoeffizienten auf als Flüssigkeiten.

Gl. (2.9) kann auch in der Form

$$\dot{Q} = \frac{t_a - t_{w,a}}{r_{\ddot{u}}} \tag{2.10}$$

geschrieben werden, wobei für den spezifischen Wärmeübergangswiderstand

$$r_{\text{ü}} = \frac{R_{\text{ü}}}{A} = \frac{1}{\alpha_{\text{a}} A} \tag{2.11}$$

gilt.

Erst später erkannte man, daß der Wärmeübergangskoeffizient keine Stoffgröße ist, wie z. B. die Wärmeleitfähigkeit, sondern daß er von einer Vielzahl von Faktoren beeinflußt wird. Die wichtigsten sind:

— Aggregatzustand des Fluids: Gas, Dampf, Flüssigkeit;
— Eigenschaften des Fluids: Dichte, spezifische Wärmekapazität, Wärmeleitfähigkeit und Zähigkeit;
— thermodynamische Zustandsgrößen: Druck und Temperatur;
— Abmessungen und Form der Heizfläche.

Die komplizierte Abhängigkeit des Wärmeübergangskoeffizienten von dieser großen Anzahl von Einflußgrößen macht es unmöglich, eine allgemeine Gleichung für die Berechnung des Wärmeübergangskoeffizienten aufzustellen. Die Wärmeübergangskoeffizienten müssen für jeden besonderen Fall durch entsprechende Versuche ermittelt oder aus den aufgrund dieser Versuche aufgestellten Beziehungen berechnet werden.

Durch Umstellung der Gl. (2.9) erhält man

$$\alpha_{\text{a}} = \frac{\dot{Q}}{A(t_{\text{a}} - t_{\text{w,a}})} . \tag{2.12}$$

Gl. (2.12) ist die Definitionsgleichung für den Wärmeübergangskoeffizienten. Sie besagt, daß der Wärmeübergangskoeffizient denjenigen Wärmestrom darstellt, welcher von 1 m² Heizfläche bei einem Temperaturgefälle von 1 K an das umgebende Fluid übergeht oder von ihm aufgenommen wird.

Es ist bemerkenswert, daß der Wärmeübergangskoeffizient in den Differentialgleichungen des Wärmetransports nicht vorkommt, er dort also begrifflich überflüssig ist. In der üblichen Berechnungsweise hat er sich aber so eingebürgert, daß er nicht mehr wegzudenken ist.

2.2.2 Wärmeübergang an ebene Platten

a) Erzwungene Strömung

Für die auf der ganzen Länge beheizten Platte ergibt sich für die mittleren Nußelt-Zahlen bei *laminarer* Strömung und konstanter Wandtemperatur nach Untersuchungen von POHLHAUSEN [6] und KRUSHILIN [7] die Beziehung

$$Nu_{\text{l}} = 0{,}664 \, Re^{0{,}5} \, Pr^{1/3} , \tag{2.13}$$

welche für $0{,}6 < Pr < 2\,000$ und $Re < 10^5$ gilt.

PRESSER [8] zeigte, daß der Faktor 0,664 der Gl. (2.13) geringfügig von der Prandtl-Zahl abhängt und bei $Pr = 1\,000$ durch den Wert 0,703 zu ersetzen ist. Für praktische Berechnungen kann dies aber vernachlässigt werden. Bei geringen Geschwindigkeiten ist mit dem Einfluß der freien Konvektion zu rechnen. In solchen Fällen soll eine Überlagerung der beiden Wärmeübergangsarten berücksichtigt werden.

Aufgrund der Untersuchungen verschiedener Forscher hat GNIELINSKI [9] für die Berechnung der mittleren Nußelt-Zahlen bei einer ebenen Platte mit *turbulenter* Grenzschicht bei konstanter Wandtemperatur und konstanten Stoffeigenschaften die Gleichung

$$Nu_{\text{t}} = \frac{0{,}037 \, Re^{0{,}8} \, Pr}{1 + 2{,}443 \, Re^{-0{,}1} (Pr^{2/3} - 1)} \tag{2.14}$$

vorgeschlagen, welche für $0{,}6 < Pr < 2\,000$ und $5 \cdot 10^5 < Re < 10^7$ gilt. Für die Berechnung des Wärmeübergangs bei veränderlichen Stoffeigenschaften wird auf die Arbeiten von Grigull [10] hingewiesen.

Nach Michejew [11] gilt für *turbulente* Strömung

$$Nu_t = 0{,}037\, Re^{0{,}8}\, Pr^{0{,}43}\,. \tag{2.15}$$

Da bei den meisten technischen Anwendungen eine Anfangsturbulenz des strömenden Fluids vorhanden ist, kann sich eine laminare Grenzschicht über die ganze Plattenlänge überhaupt nicht ausbilden.

Gnielinski [9] zeigte, daß im Bereich $10 < Re < 10^7$ und $0{,}6 < Pr < 2\,000$ mit zufriedenstellender Genauigkeit die Beziehung

$$Nu = \sqrt{Nu_l^2 + Nu_t^2} \tag{2.16}$$

benutzt werden kann, wobei für Nu_l Gl. (2.13) und für Nu_t Gl. (2.14) gilt.

Die Kennzahlen sind mit der Plattenlänge L und mit der Anströmgeschwindigkeit w_∞ zu bilden. Die Stoffeigenschaften sind für die mittlere Temperatur des Fluids einzusetzen, ausgenommen in Gl. (2.15), bei welcher die Stoffwerte auf die Anfangstemperatur bezogen sind.

Je nach der Richtung des Wärmestroms — Heizung oder Kühlung — wird empfohlen, den Einfluß der temperaturabhängigen Stoffwerte durch den Faktor

$$F_Q = (Pr_m/Pr_w)^n \tag{2.17}$$

mit $n = 0{,}25$, zu berücksichtigen, mit welchem jeweils die rechte Seite der Gln. (2.13) bis (2.16) zu multiplizieren ist. Die Prandtl-Zahl Pr_m bezieht sich auf die mittlere Temperatur — in der Gl. (2.15) auf die Anfangstemperatur — während Pr_w die Prandtl-Zahl bei der Wandtemperatur ist.

b) Freie Strömung

Bei senkrechten Flächen spielt deren Form und Beschaffenheit für die Entwicklung der freien Strömung nur eine zweitrangige Rolle, während bei horizontalen oder geneigten ebenen Wänden oder Platten diese Strömung von ganz anderer Art ist und stark von den Abmessungen der Platte abhängt. Der Wärmeübergang bei freier Strömung wird hauptsächlich durch die Wandtemperatur t_w, die Temperaturdifferenz $(t_w - t_\infty)$ und die Wärmestromdichte $\dot q$ beeinflußt. Einige gebräuchliche Beziehungen für die Berechnung des Wärmeübergangs findet man bei Hofmann [12] und Börner [13]. Die Kennzahlen werden mit der Plattenhöhe H als geometrisch kennzeichnender Größe und mit den Stoffeigenschaften bei der mittleren Temperatur der Grenzschicht gebildet, mit Ausnahme des Raumausdehnungskoeffizienten β, welcher für t_∞ einzusetzen ist.

Für den Wärmeübergang bei freier Strömung ergibt sich aus theoretischen Überlegungen der Zusammenhang

$$Nu = F(Gr\,Pr)\,, \tag{2.18}$$

welcher experimentell im großen Bereich von $10^{-5} < Gr\,Pr < 10^{12}$ bestätigt wurde. In diesem weiten Bereich läßt sich der Wärmeübergang aber nicht durch eine einzige Potenzformel wiedergeben. Aus diesem Grunde hat Michejew [11] die Beziehung

$$Nu = C(Gr\,Pr)^n \tag{2.19}$$

vorgeschlagen, wobei die Konstante C und der Exponent n der Tab. 2.2 zu entnehmen sind.

Der Übergang von einer Strömungsart zu einer anderen ist nicht genau abgrenzbar. Je nach dem Einfluß von Störfaktoren verschiedener Art auf die Ausbildungsbedin-

Tabelle 2.2. *Konstanten der Gl. (2.19)*
nach MICHEJEW *[11]*

	C	n
$1 \cdot 10^{-3} < Gr\,Pr < 5 \cdot 10^2$	1,18	1/8
$5 \cdot 10^2 \ \ < Gr\,Pr < 2 \cdot 10^7$	0,54	1/4
$2 \cdot 10^7 \ \ < Gr\,Pr < 1 \cdot 10^{13}$	0,135	1/3

gungen der Strömung kann die eine Strömungsform in das Gebiet der anderen übergreifen. Gl. (2.19) gibt die mit großer Wahrscheinlichkeit zu erwartenden Verhältnisse wieder.

Gl. (2.19) gilt für beliebige Gase und Flüssigkeiten bei $Pr \geqq 0{,}7$. Sie kann auch für waagerechte Platten benutzt werden, wenn man für die Bildung der Kennzahlen die kleinere Seite der Platte einsetzt. Wenn die wärmeabgebende Fläche nach oben gerichtet ist, sind die Wärmeübergangskoeffizienten um 30 % größer als die nach Gl. (2.19) berechneten Werte. Bei nach unten gerichteter wärmeabgebender Fläche sind die Wärmeübergangskoeffizienten um 30 % kleiner als die nach Gl. (2.19) berechneten.

Für turbulente Grenzschicht $(Gr\,Pr > 10^9)$ gilt nach JAKOB [14]

$$Nu_t = 0{,}129\,(Gr\,Pr)^{1/3}\,, \tag{2.20}$$

was mit der Gl. (2.19) recht gut übereinstimmt. Wie aus den Gln. (2.19) und (2.20) hervorgeht, ist der Wärmeübergangskoeffizient in diesem Bereich nicht mehr von der Länge der Platte abhängig.

BAEHR [15] zeigte, daß der Bereich niedriger Werte des Arguments $Gr\,Pr$ $(1 \cdot 10^{-5} < Gr\,Pr < 1 \cdot 10^4)$ durch die modifizierte Potenzbeziehung

$$Nu = 0{,}41 + 0{,}60\,(Gr\,Pr)^{0{,}22} \tag{2.21}$$

befriedigend wiedergegeben werden kann. Die Extrapolation der Gl. (2.21) für $Gr\,Pr \rightarrow 0$ liefert als kleinstmögliche Nußelt-Zahl den Wert $Nu_{min} = 0{,}41$, während MICHEJEW [11] für $Gr\,Pr \leqq 1 \cdot 10^{-3}$ mit $Nu_{min} = 0{,}50$ unabhängig von den Argumenten $Gr\,Pr$ rechnet. Bei sehr niedrigen Werten des Arguments $Gr\,Pr$ ist also der Wärmeübergang ausschließlich durch die Wärmeleitfähigkeit des Fluids bestimmt.

Nach HAUSEN [16] gilt im Bereich $1 \cdot 10^{-7} < Gr\,Pr < 1 \cdot 10^{12}$ mit guter Näherung die Potenzfunktion

$$Nu = 0{,}11\,(Gr\,Pr)^{1/3} + (Gr\,Pr)^{1/10}\,. \tag{2.22}$$

2.2.3 Wärmeübergang in Rohren und Kanälen

a) Ausgebildete laminare Strömung

Flüssigkeiten sind infolge der größeren Dichte hinsichtlich der Pumpenleistung ungünstiger als Gase. Die Strömungsgeschwindigkeiten sind deshalb wesentlich kleiner als bei Gasen. Aus diesem Grunde ist die Strömung von Flüssigkeiten in den Rohren von Wärmeaustauschern häufig laminar. Im kältetechnischen Apparatebau tritt laminare Strömung z. B. in Solekühlern auf, bei welchen die Sole in den Rohren strömt.

Die ersten theoretischen Untersuchungen des Wärmeübergangs bei laminarer Rohrströmung stammen von GRAETZ [17] und NUSSELT [18]. Bei diesen werden hydrodynamisch ausgebildete Strömung und konstante Rohrwandtemperatur vorausgesetzt.

In solchen Fällen kann der Wärmeübergang nach der von Hausen [19] entwickelten empirischen Gleichung

$$Nu = 3{,}66 + \frac{0{,}066\,8\,K_A}{1 + 0{,}045\,K_A^{2/3}}$$
(2.23)

berechnet werden, wobei für die Einlaufkennzahl

$$K_A = Re_i\,Pr\,d_i/L$$
(2.24)

gilt. Dabei bedeutet L die Rohrlänge und d_i den inneren Rohrdurchmesser.

Die Konstante 3,66 stellt die theoretisch bei $L \to \infty$ erreichbare Nußelt-Zahl dar. Für die Berechnung des Wärmeübergangs kann auch die von Schlünder [20] angegebene Gleichung

$$Nu = (3{,}66^3 + 1{,}61^3\,K_A)^{1/3}$$
(2.25)

benutzt werden; die Abweichungen von den Ergebnissen nach Gl. (2.23) sind gering. Weitere Gleichungen für die Berechnung des Wärmeübergangs sind von Baehr [21, 22] vorgeschlagen worden.

Für sehr kurze Rohre ($d_i/L > 0{,}1$) gilt bei gleichzeitigem thermischem und hydrodynamischem Anlauf nach Stephan [23]

$$Nu = 0{,}664\,\sqrt{Re_i d_i/L}\;Pr^{1/3} = 0{,}664\,\sqrt{K_A}\,/Pr^{1/6},$$
(2.26)

wobei für große Prandtl-Zahlen ($Pr > 10$) die Konstante 0,664 durch 0,677 zu ersetzen ist.

Die Richtung des Wärmestroms wird auch hier durch die Multiplikation der rechten Seite der Gln. (2.23), (2.25) oder (2.26) mit dem durch die Gl. (2.17) gegebenen Korrekturfaktor F_Q berücksichtigt, wobei für $n = 0{,}11$ einzusetzen ist.

Die erwähnten Gleichungen gelten allgemein für die Strömung von Gasen und Flüssigkeiten im Bereich $0{,}1 < K_A < 1 \cdot 10^4$ und $Re_i < 2\,300$. Die Stoffeigenschaften des strömenden Fluids werden auf seine mittlere Temperatur bezogen. Die Kennzahlen werden mit dem Rohrinnendurchmesser d_i als kennzeichnender Größe gebildet.

Für die Berechnung des Wärmeübergangs bei laminarer Strömung in Kanälen und Ringspalten wird auf diesbezügliches Schrifttum verwiesen [24 bis 27].

Über den Einfluß der temperaturabhängigen Stoffwerte auf den Wärmeübergang bei ausgebildeter und nicht ausgebildeter laminarer Rohrströmung hat z. B. Bender [28] berichtet.

Bei Überlagerung von laminarer Strömung und freier Konvektion tritt Turbulenz auf, welche nicht nur die Geschwindigkeitsverteilung, sondern auch den Wärmeübergang beeinflußt. Für die Berechnung des Wärmeübergangs empfiehlt in solchen Fällen Michejew [11] die Beziehung

$$Nu = 0{,}15\,F_K\,Re_i^{0,33}\,Pr^{0,43}\,Gr^{0,1},$$
(2.27)

welche auf beliebige Fluide anwendbar ist. Die Bezugstemperatur für die Stoffwerte ist die mittlere Fluidtemperatur, die kennzeichnende Größe ist der hydraulische Durchmesser. Der Korrekturfaktor F_K, der die Vorgänge in der Einlaufstrecke berücksichtigt, ist in Abhängigkeit vom Verhältnis L/d_i in Tab. 2.3 zusammengestellt.

Tabelle 2.3. *Korrekturfaktor F_K der Gl. (2.27) nach Michejew [11]*

L/d_i	1	2	5	10	15	20	30	40	≥ 50
F_K	1,9	1,7	1,4	1,3	1,18	1,13	1,05	1,02	1,0

Für $Gr = 1$ erhält man die Wärmeübergangskoeffizienten bei streng laminarer Strömung. Diese sind die unteren Grenzwerte des Wärmeübergangs — in Wirklichkeit sind die Wärmeübergangskoeffizienten stets höher.

Der Einfluß der Richtung des Wärmestroms wird auch hier durch den Korrekturfaktor nach Gl. (2.17) mit $n = 0,11$ berücksichtigt.

Bei laminarer Strömung braucht der Einfluß der Rauhigkeit auf den Wärmeübergang nicht berücksichtigt zu werden. Die für glatte Rohre geltenden Beziehungen sind deshalb auch für den Wärmeübergang in rauhen Rohren bei laminarer Strömung brauchbar.

In gekrümmten Rohren (z. B. Rohrschlangen) hat die Fliehkraft wesentlichen Einfluß auf den Wärmeübergang und den Druckabfall. Dieser Einfluß wurde schon öfters experimentell untersucht — leider weichen die Versuchsergebnisse stark voneinander ab. Trotzdem wurde einheitlich festgestellt, daß sowohl der Wärmeübergang als auch die kritische Reynolds-Zahl in gekrümmten Rohren höher sind als in geraden Rohren. Der Einfluß der Krümmung, der durch den Krümmungsradius $R = D/2$ berücksichtigt wird, ist im laminaren Bereich besonders stark ausgeprägt. Die kritische Reynolds-Zahl ist durch die Gl. (1.70) gegeben.

Nach Untersuchungen von SCHMIDT [29] gilt für den Wärmeübergang in gekrümmten Rohren bei laminarer Strömung ($10^2 < Re_\mathrm{i} < Re_\mathrm{kr}$):

$$Nu = 3,65 + 0,08\,[1 + 0,8(d_\mathrm{i}/D)^{0,9}]\,Re_\mathrm{i}^{0,5 + 0,29(d_\mathrm{i}/D)^{0,194}}\,Pr^{1/3}. \qquad (2.28)$$

Die Grenzwertbetrachtung der Gl. (2.28) — $d_\mathrm{i}/D \rightarrow 0$ — führt zu einer neuen Gleichung für die Berechnung des Wärmeübergangs bei laminarer Strömung im Rohr

$$Nu = 3,65 + 0,08\,Re_\mathrm{i}^{0,5}\,Pr^{1/3}. \qquad (2.29)$$

Die nach Gl. (2.29) berechneten Nußelt-Zahlen stimmen sehr gut überein mit Gl. (2.27) ohne Berücksichtigung der freien Konvektion ($Gr = 1$).

b) Ausgebildete turbulente Strömung

Für die Berechnung des Wärmeübergangs bei ausgebildeter turbulenter Strömung ($Re_\mathrm{i} > 10^4$) findet man im Schrifttum Potenzbeziehungen der Form

$$Nu = C\,Re_\mathrm{i}^{0,8}\,Pr^\mathrm{n} \qquad (2.30)$$

mit dem Rohrinnendurchmesser d_i als kennzeichnender Länge. Die Konstanten der Gl. (2.30) und der Gültigkeitsbereich sind Tab. 2.4 zu entnehmen.

Aufgrund der neuesten Versuchsergebnisse — besonders im Bereich hoher Reynolds-Zahlen — hat GNIELINSKI [32] eine verbesserte Gleichung von PRANDTL, die bei HOFMANN [12] behandelt wurde, in der Form

$$Nu = \frac{\frac{\xi}{8}\,(Re_\mathrm{i} - 1\,000)\,Pr}{1 + 12,7\,\sqrt{\xi/8}\,(Pr^{2/3} - 1)}\,[1 + (d_\mathrm{i}/L)^{2/3}] \qquad (2.31)$$

Tabelle 2.4. *Konstanten C und n der Gl. (2.30)*

Autor	C	n	Gültigkeitsbereich
MICHEJEW [11]	0,021	0,43	$0,6 < Pr < 2\,500;\quad Re_\mathrm{i} > 10^4$
ROSENFELD [30]	0,023	0,40	$0,7 < Pr < 2\,500;\quad Re_\mathrm{i} > 10^4$
McADAMS [31]	0,023	0,40	$0,7 < Pr < 2\,500;\quad Re_\mathrm{i} > 10^4$

vorgeschlagen, welche für $2\,300 < Re_i < 10^6$; $0,5 < Pr < 1\,000$ und $d_i/L < 1$ gilt.

Der Reibungsbeiwert ξ wird dabei nach Gl. (1.17) bestimmt. Die Genauigkeit der Gl. (2.31) wird mit $\pm 20\,\%$ angegeben. Der Einfluß der Richtung des Wärmestroms wird bei Flüssigkeiten für $0,1 < Pr < 10$ durch die Gl. (2.17) mit $n = 0,11$ berücksichtigt, für Gase durch den Faktor

$$F_Q = (T_m/T_w)^{0,45}, \tag{2.32}$$

wobei T_m die mittlere Fluidtemperatur und T_w die Rohrwandtemperatur in K ist.

Für den gleichen Gültigkeitsbereich wie den der Gl. (2.31) hat Hausen [16, 19] die sehr einfache und überschaubare Beziehung

$$Nu = 0,0235\,(Re_i^{0,8} - 230)\,(1,8\,Pr^{0,3} - 0,8)\,[1 + (d_i/L)^{2/3}] \tag{2.33}$$

entwickelt. Der Einfluß der Richtung des Wärmestroms wird durch die Multiplikation der rechten Seite mit dem Faktor

$$F_Q = (\eta_m/\eta_w)^{0,14} \tag{2.34}$$

berücksichtigt.

In diesen Gleichungen werden die Stoffwerte des strömenden Fluids bei mittlerer Fluidtemperatur eingesetzt, mit Ausnahme der mit dem Index w bezeichneten Werte, für welche die Rohrwandtemperatur maßgebend ist. Der Korrekturfaktor nach Gl. (2.34) wurde nach Eckert [33] aus Versuchen mit Ölen ermittelt und sollte deswegen nur für solche oder ähnliche Fluide verwendet werden. Als Bezugstemperatur für die Stoffwerte von Gasen wird nach Eckert die mittlere Grenzschichttemperatur empfohlen.

Um unterschiedliche Korrekturfaktoren für die Richtung des Wärmestroms zu vermeiden, bezieht Hofmann [12, 34] die Stoffwerte des Fluids auf die Bezugstemperatur

$$t_B = t_m - \frac{0,1\,Pr + 40}{Pr + 72}\,(t_m - t_w), \tag{2.35}$$

wodurch die beiden Vorgänge einheitlich dargestellt werden können (t_m ist dabei die mittlere Fluidtemperatur und t_w die Rohrwandtemperatur in °C).

Für Wasser ($Pr \approx 10$) ergibt sich aus Gl. (2.35) die mittlere Grenzschichttemperatur nach Eckert. Bei den meisten kältetechnischen Apparaten kann aber der Einfluß der Richtung des Wärmestroms auf den Wärmeübergang vernachlässigt werden, d. h. daß für den Korrekturfaktor der Wert Eins eingesetzt werden darf, ohne dabei einen merklichen Fehler zu begehen.

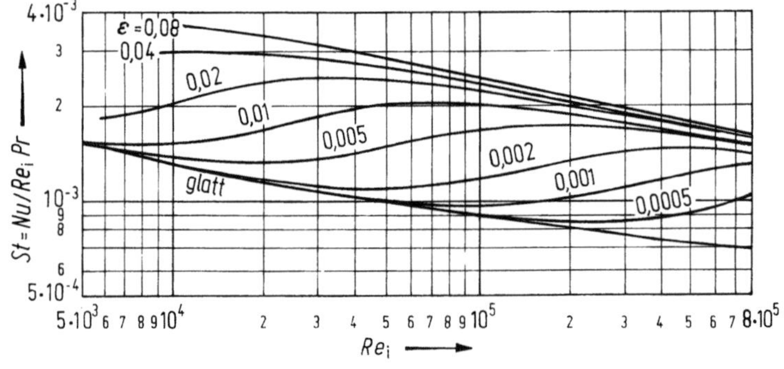

Abb. 2.3. Wärmeübergang in rauhen Rohren nach Hausen [19]. Verlauf der Funktion $St = F(Re_i)$ in Abhängigkeit von der relativen Rauhigkeit ε als Parameter.

Während bei laminarer Strömung kein Einfluß der Rauhigkeit auf den Wärmeübergang festgestellt werden konnte, zeigten die Untersuchungen im turbulenten Bereich eine Zunahme des Wärmeübergangskoeffizienten mit wachsender Rauhigkeit der Rohrwand. Das wesentliche Ergebnis dieser Untersuchungen ist in Abb. 2.3 wiedergegeben.

In Abb. 2.3 stellt die unterste Kurve den Wärmeübergang in einem glatten Rohr in Abhängigkeit von der Reynolds-Zahl Re_i dar. Mit größer werdender relativer Rauhigkeit beginnt die Kurve $St = F(Re_i)$ gegenüber dem Verlauf für glattes Rohr bei immer kleineren Reynolds-Zahlen anzusteigen. Nach dem Erreichen eines Maximums geht die Kurve in eine nahezu gerade Linie über. Ab dem Maximum der jeweiligen Kurve empfiehlt HAUSEN [19] für die Berechnung des Wärmeübergangs in rauhen Rohren die Gleichung

$$Nu_{\mathrm{rauh}} = Nu_{\mathrm{glatt}} (3,5 + 0,54 \lg \varepsilon), \tag{2.36}$$

wobei für Nu_{glatt} Gl. (2.33) und für die relative Rauhigkeit ε Gl. (1.14) gilt.

Wegen der niedrigen Werte der relativen Rauhigkeit ε handelsüblicher Rohre sind die Wärmeübergangskoeffizienten dieser Rohre, abgesehen von denen bei sehr hohen Reynolds-Zahlen, nur unwesentlich höher als die entsprechenden Werte glatter Rohre. Ein künstliches Aufrauhen der Rohre ist wenig sinnvoll, da die Nußelt-Zahlen mit zunehmender Rauhigkeit viel weniger steigen als die Reibungsbeiwerte.

Eine Erhöhung des Wärmeübergangs im Rohr ohne gleichzeitige wesentliche Steigerung des Druckabfalls läßt sich mit gebeulten Rohren [35] erreichen oder durch Einbauten („Turbulatoren"), wie sie in [36] beschrieben wurden.

Für die Berechnung des Wärmeübergangs in gekrümmten Rohren gilt nach SCHMIDT [29] für $Re_{\mathrm{kr}} < Re_i < 2 \cdot 10^4$

$$Nu = 0,023 \,[1 + 14,8 \,(1 + d_i/D) \,(d_i/D)^{1/3}] \, Re_i^{0,8 - 0,22(d_i/D)^{0,1}} \, Pr^{1/3}, \tag{2.37}$$

während im Bereich $2 \cdot 10^4 < Re_i < 1,5 \cdot 10^5$

$$Nu = 0,023 \,[1 + 3,6 \,(1 - d_i/D) \,(d_i/D)^{0,8}] \, Re_i^{0,8} \, Pr^{1/3} \tag{2.38}$$

gilt. Nach Gl. (2.38) würde man den maximalen Wärmeübergangskoeffizienten bei $d_i/D = 0,444$ erreichen, für kleinere, bzw. für größere Verhältnisse von d_i/D ergeben sich also niedrigere Wärmeübergangskoeffizienten.

Die Grenzwertbetrachtung der Gl. (2.37) oder (2.38) liefert für $d_i/D \to 0$ die für die turbulente Strömung geltende Gl. (2.30) mit $n = 1/3$.

c) Wärmeübergang im Übergangsbereich laminar-turbulent

Wie früher erwähnt, ist der Umschlag von der laminaren zur turbulenten Strömung deutlich am Verlauf des Reibungsbeiwerts ξ in Abhängigkeit von der Reynolds-Zahl Re_i zu erkennen (Abb. 1.5).

Bei der Auslegung von Wärmeaustauschern kann im allgemeinen für die kritische Reynolds-Zahl bei der Rohrströmung mit dem Wert $Re_{\mathrm{kr}} = 2\,300$ gerechnet werden, da man durch die Strömungsstörungen in den Umlenkhauben, durch vorstehende Dichtungen, durch einen scharfkantigen Einlauf usw. Bedingungen hat, welche nach den Untersuchungen von EKMAN [37] keine höhere kritische Reynolds-Zahl zulassen.

Die beiden Gln. (2.31) und (2.33) gelten auch für die Berechnung des Wärmeübergangs im Übergangsbereich. Wie man leicht erkennt, liefert aber die Gl. (2.26) — besonders für kleine Werte von L/d_i — höhere Nußelt-Zahlen als die beiden erwähnten Gleichungen. Obwohl so kurze Rohre im Apparatebau kaum eine Rolle spielen, soll trotzdem auf diesen Umstand hingewiesen werden. In solchen Fällen empfiehlt es sich, den Wärmeübergangskoeffizienten nach Gl. (2.26) und nach Gl. (2.31) oder (2.33) zu berechnen und den höheren Wert als den wahrscheinlicheren bei der Berechnung zu benutzen.

Um diesen Widerspruch zu beseitigen, hat Hausen [19] empfohlen, in der Gl. (2.33) anstelle des konstanten Werts 230 in der ersten Klammer den Ausdruck $(266 - 510\, d_i/L)$ einzusetzen.

Nach Michejew [11] sind im Übergangsbereich $(Re_i < 10^4)$ alle Wärmeübergangskoeffizienten zwischen dem minimalen Wert

$$Nu_{min} = 23{,}1\, Pr^{0,43}\,(0{,}024\, Re_i^{0,5} - 1) \tag{2.39}$$

und dem maximalen Wert

$$Nu_{max} = 0{,}021\, Re_i^{0,8}\, Pr^{0,43} \tag{2.40}$$

möglich.

Nach Rosenfeld [30] wird der Wärmeübergang im Übergangsbereich nach der Gleichung

$$Nu = 0{,}023\, F_{\ddot{U}}\, Re_i^{0,8}\, Pr^{0,4} \tag{2.41}$$

berechnet, wobei $F_{\ddot{U}}$ eine Funktion der Reynolds-Zahl Re_i und in Abb. 2.4 als voll ausgezogene Kurve dargestellt ist.

Ein kritischer Vergleich mit anderen Berechnungsverfahren zeigt jedoch, daß der Verlauf der Funktion $F_{\ddot{U}} = F_{\ddot{U}}(Re_i)$ für $Re_i < 5\,000$ eher der gestrichelten als der voll ausgezogenen Kurve entspricht.

d) Wärmeübergang in der Einlaufstrecke

Stephan [23] hat den Wärmeübergang bei nicht ausgebildeter Laminarströmung in Rohren und in ebenen Spalten untersucht und die Geschwindigkeits- bzw. die Tempe-

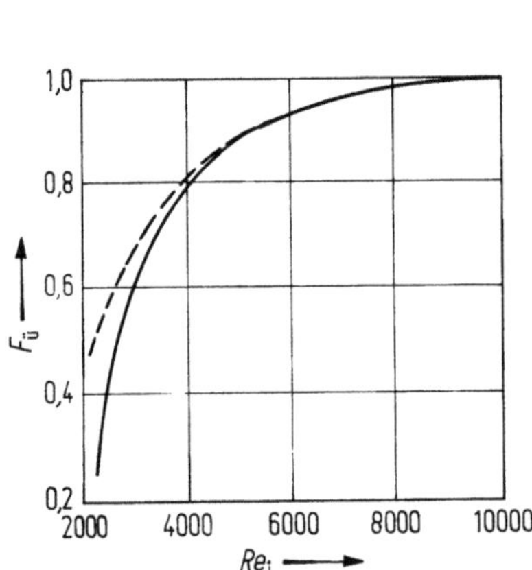
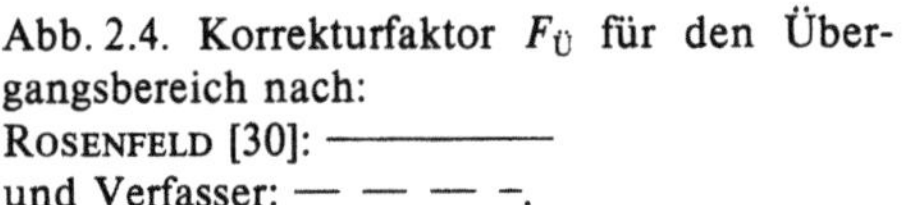
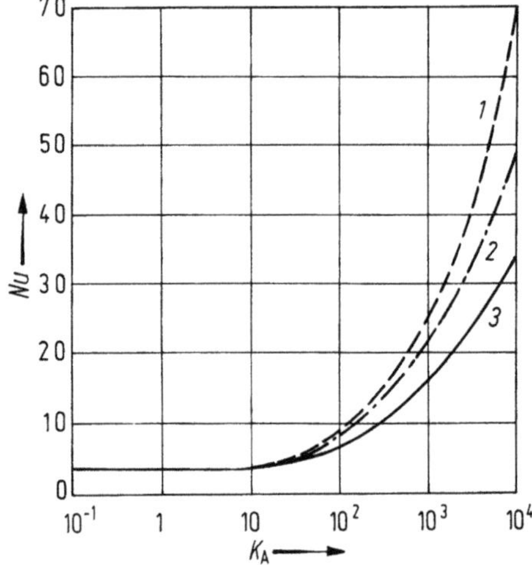

Abb. 2.4. Korrekturfaktor $F_{\ddot{U}}$ für den Übergangsbereich nach:
Rosenfeld [30]: ———
und Verfasser: — — — -.

Abb. 2.5. Wärmeübergang bei laminarer Strömung in der Einlaufstrecke. *1* nicht ausgebildete laminare Strömung ($Pr = 1$). Verlauf nach Gl. (2.42); *2* nicht ausgebildete laminare Strömung ($Pr = 10$). Verlauf nach Gl. (2.42); *3* ausgebildete laminare Strömung. Verlauf nach Gl. (2.23).

raturverteilung längs des Strömungswegs berechnet. Für die Berechnung des mittleren Wärmeübergangskoeffizienten wird die empirische Gleichung

$$Nu = 3{,}66 + \frac{0{,}067\,7\,K_A^{1{,}33}}{1 + 0{,}1\,Pr^{0{,}17}\,K_A^{0{,}83}} \qquad (2.42)$$

vorgeschlagen, welche nur bis zu 8 % von der genauen Rechnung abweicht. Die Einlaufkennzahl K_A ist auch hier nach Gl. (2.24) definiert. Im Gegensatz zu Gl. (2.23) tritt in Gl. (2.42) noch eine geringe Abhängigkeit der Nußelt-Zahl von der Prandtl-Zahl auf.

In der Abb. 2.5 ist ein Vergleich der Nußelt-Zahlen für die ausgebildete und die nicht ausgebildete laminare Strömung dargestellt. Es ist ersichtlich, daß der Unterschied um so kleiner wird, je größer die Prandtl-Zahl ist. Da in den kältetechnischen Apparaten die laminare Strömung, z.B. bei Kälteträgern mit tiefen Temperaturen auftritt, welche wiederum Prandtl-Zahlen von weit über 10 haben, können die Vorgänge in der Einlaufstrecke oft vernachlässigt werden.

Vergleiche zwischen den Wärmeübergangskoeffizienten für verschiedene Bereiche der laminaren Strömung (hydrodynamisch und thermisch ausgebildet, hydrodynamisch ausgebildet mit thermischem Anlauf bzw. mit hydrodynamischem und thermischem Anlauf) findet man bei SCHLÜNDER [38].

Die Rohrlänge übt auf den Wärmeübergang bei turbulenter Strömung einen wesentlich kleineren Einfluß aus als bei laminarer. Den Wärmeübergang im Einlauf einer Rohrströmung unter Bedingungen, wie sie bei den gebräuchlichen Wärmeaustauschern häufig vorkommen, nämlich denen bei gleichzeitigem Beginn des hydrodynamischen und thermischen Einlaufs, hat LINKE [39] untersucht. Die Apparate hatten verschiedene Rohranordnungen in Form gleichseitiger Dreiecke, die Rohre waren bündig und auch vorstehend in den Rohrböden befestigt und hatten scharfen bzw. abgerundeten Einlauf. Eine ausführliche Darstellung dieser Vorgänge findet man bei HOFMANN [12] und GREGORIG [40].

2.2.4 Wärmeübergang an querangeströmte Rohre und Rohrbündel

a) Glattrohre

Bei einem querangeströmten Glattrohr bildet sich an der vorderen (angeströmten) Seite stets eine laminare Grenzschicht aus, in der die Geschwindigkeit an der Oberfläche gleich Null ist. In der Strömungsrichtung steigt die Geschwindigkeit auf den Wert der ungestörten Strömung an, wobei die Grenzschicht turbulent werden kann. Bei einem bestimmten Winkel reißt die Strömung von der Oberfläche ab. Hinter dem Rohr bildet sich dabei ein Wirbelgebiet aus.

Man kann annehmen, daß die Grenzschicht bis zum Ablösungspunkt laminar bleibt. Da für den Wärmeübergang in diesem Bereich die Wärmeleitfähigkeit der immer dicker werdenden Grenzschicht maßgebend ist, nimmt der Wärmeübergangskoeffizient in der Strömungsrichtung ab. Erst nach der Ablösung der Strömung treten Wirbel auf, die den Wärmeübergang verbessern.

Für die technische Anwendung sind die mittleren, auf die gesamte Wärmeübertragungsfläche bezogenen Wärmeübergangskoeffizienten von Bedeutung.

SHUKAUSKAS [43] hat den Wärmeübergang an Rohren und dünnen Drähten bei Querströmung von Luft, Wasser und Transformatoröl untersucht und die folgende Gleichung entwickelt:

$$Nu = 0{,}59\,Re^{0{,}47}\,Pr^{0{,}38}, \qquad (10 \leq Re \leq 10^3) \qquad (2.43)$$

bzw.

$$Nu = 0{,}21\,Re^{0{,}62}\,Pr^{0{,}3}. \qquad (10^3 \leq Re \leq 2 \cdot 10^5) \qquad (2.44)$$

Die Kennzahlen werden mit dem Rohraußendurchmesser d_a gebildet. Die Stoffwerte sind für die mittlere Temperatur zwischen der Wandtemperatur und der Fluidtemperatur einzusetzen. Die Richtung des Wärmestroms wird durch die Gl. (2.17) mit $n = 0,25$ berücksichtigt.

Nach Krischer [42] bzw. Gnielinski [43] gilt für die Berechnung des Wärmeübergangs an querangeströmte Rohre, Drähte und Profilzylinder

$$Nu = 0,3 + \sqrt{Nu_l^2 + Nu_t^2} \,, \tag{2.45}$$

wobei für Nu_l und Nu_t die für die ebene Platte geltenden Gln. (2.13) und (2.14) verwendet werden dürfen, wenn man als kennzeichnende geometrische Länge die sogenannte „Überströmlänge" einsetzt. Die Überströmlänge ist die Strecke, die das Fluid entlang der gesamten Wärmeübertragungsfläche zurücklegen kann. Für ein quer angeströmtes Rohr mit dem Außendurchmesser d_a beträgt die Überströmlänge

$$L = (\pi/2)\, d_a \,. \tag{2.46}$$

Gl. (2.45) gilt für $1 < Re < 10^7$ und $0,6 \leq Pr \leq 1\,000$. Die mittleren Nußelt-Zahlen nähern sich dabei asymptotisch dem minimalen Wert $Nu_{min} = 0,3$. Die Richtung des Wärmestroms wird auch hier durch Gl. (2.17) mit $n = 0,25$ berücksichtigt.

b) Rippenrohre

Um einen größeren Wärmestrom übertragen zu können, wird die Oberfläche durch Anbringung von Rippen vergrößert. Sinnvoll wird diese Maßnahme auf jener Wandseite durchgeführt, auf welcher der Wärmeübergangskoeffizient kleiner ist. Die Rippen sind um so wirksamer, je größer das Verhältnis der Wärmeübergangskoeffizienten auf der guten und der schlechten Seite ist. Die grundlegenden Arbeiten über den Wärmeübergang von berippten Flächen verdanken wir Schmidt [44–47]. Die wichtigsten Ergebnisse dieser Untersuchungen werden hier kurz mitgeteilt.

Abb. 2.6 zeigt schematisch den Temperaturverlauf durch eine berippte Wand. Der gesamte Wärmestrom $\dot{Q}$ setzt sich aus dem durch die Rippenoberfläche A_R übertragenen Wärmestrom $\dot{Q}_R$ und dem durch die freie Oberfläche des Grundrohrs A_G übertragenen Wärmestrom $\dot{Q}_G$ zusammen:

$$\dot{Q} = \dot{Q}_R + \dot{Q}_G \,. \tag{2.47}$$

Die Übertemperatur der Rippe fällt infolge des Wärmeleitwiderstands der Rippe und der Wärmeabgabe der Oberfläche vom Rippenfuß zur Rippenspitze hin ab. Demnach ist der Wärmestrom im Rippenquerschnitt und an der Rippenoberfläche veränderlich. Bezeichnet man mit $t_{m,R}$ die mittlere Temperatur der Rippe, mit t_0 die Rohrwandtemperatur am Rippenfuß, mit α_G und α_R die Wärmeübergangskoeffizienten an

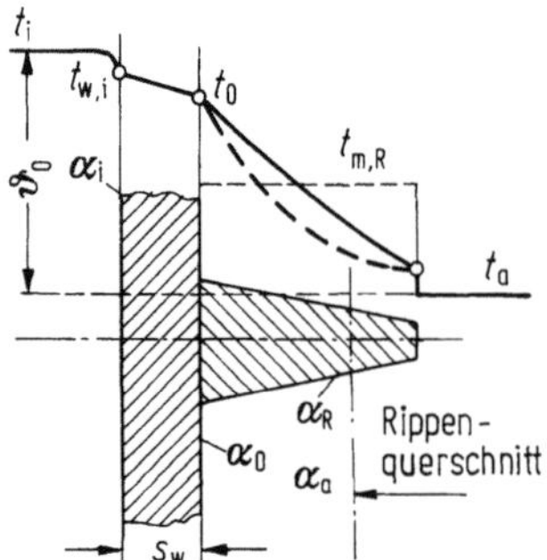

Abb. 2.6. Schema des Temperaturverlaufs in einer berippten Wand.

den Oberflächen A_G und A_R, bzw. mit α den scheinbaren, auf die gesamte Wärme-übertragungsfläche

$$A = A_R + A_G \qquad (2.48)$$

bezogenen Wärmeübergangskoeffizienten, so gilt mit Hilfe der Gl. (2.47):

$$\alpha A (t_0 - t_a) = \alpha_R A_R (t_{m,R} - t_a) + \alpha_G A_G (t_0 - t_a). \qquad (2.49)$$

Aus Gl. (2.49) ergibt sich für den scheinbaren Wärmeübergangskoeffizienten

$$\alpha = \alpha_R \left[\frac{A_R}{A} \frac{t_{m,R} - t_a}{t_0 - t_a} + \frac{A_G}{A} \frac{\alpha_G}{\alpha_R} \right]. \qquad (2.50)$$

Da der erste Summand überwiegt, kann näherungsweise, ohne einen merklichen Fehler zu begehen, $\alpha_G \approx \alpha_R$ gesetzt werden. Führt man in Gl. (2.50) den Rippenwirkungsgrad

$$\eta_R = \frac{t_{m,R} - t_a}{t_0 - t_a} \qquad (2.51)$$

ein, so ergibt sich schließlich

$$\alpha = \alpha_R [1 - \varphi(1 - \eta_R)] \qquad (2.52)$$

mit

$$\varphi = A_R / A. \qquad (2.53)$$

Der scheinbare Wärmeübergangskoeffizient α ist also ein Rechenwert, der die komplizierten Verhältnisse in der berippten Fläche summarisch erfaßt. Er bezieht sich definitionsgemäß auf die gesamte äußere Wärmeübertragungsfläche A.

Der Rippenwirkungsgrad η_R berücksichtigt die Veränderung der Temperatur über die Rippenhöhe bzw. Rippenoberfläche und beträgt

$$\eta_R = (\tanh X/X) F_R, \qquad (2.54)$$

mit

$$X = h_{red} \sqrt{2 \alpha_R / (s_R \lambda_R)} . \qquad (2.55)$$

Mit s_R ist dabei die mittlere Rippendicke und mit λ_R die Wärmeleitfähigkeit des Rippenwerkstoffs bezeichnet. Der in Gl. (2.54) eingeführte Korrekturfaktor F_R berücksichtigt die Verminderung der Wärmeleitung durch die unvollkommene Befestigung der Rippe am Rippenfuß. Wenn eine gut leitende Verbindung der Rippen am Fuß besteht, oder wenn Rippen und Rohrwand aus einem Stück sind, so ist $F_R = 1$.

KOMOSSA [48] hat für den Fall, daß der Rippenfuß nicht auf der ganzen Länge mit der Wand verbunden ist, mit Hilfe eines elektrischen Analogiemodells die Verminderung des Rippenwirkungsgrades untersucht. Dabei wurde angenommen, daß die Rippe in regelmäßigen Abständen L nur über die Strecke s mit der Wand wärmeleitend verbunden ist. Er fand, daß für den Korrekturfaktor F_R allgemein

$$F_R = F_R (X, h_R/L, s/L) \qquad (2.56)$$

gesetzt werden kann.

Aufgrund dieser Untersuchungen wurde von KOMOSSA [49] ein Nomogramm entwickelt, aus welchem man für die in Gl. (2.56) aufgeführten Parameter den Korrekturfaktor F_R ablesen kann.

Bezeichnet man mit h_R die tatsächliche Rippenhöhe, so gilt nach SCHMIDT [46] für die reduzierte Höhe der Kreisrippen für $h_R/s_R \geqq 3$ und $D_R/d_a < 3$

$$h_{red} = h_R \left(1 + \frac{s_R}{2 h_R} \right) \left(1 + 0{,}35 \ln \frac{D_R}{d_a} \right) \qquad (2.57)$$

mit D_R als dem Rippen- und d_a als dem Kernrohrdurchmesser.

Wie Schmidt [47] zeigte, kann dieses Verfahren sinngemäß bei verschiedenartigen Rippenformen (Kreisrippen, Rechteckrippen, Sechseckrippen, gerade Längsrippen, stumpfe und spitze Nadelrippen) verwendet werden.

c) Glattrohrbündel

Für die Berechnung des Wärmeübergangs an querangeströmten Glattrohrbündeln gilt nach Shukauskas [50]

$$Nu_{GB} = C\,Re^n\,Pr^{0,3}\,F_{z,R}, \qquad (2.58)$$

wobei die Richtung des Wärmestroms durch die Gl.(2.17) mit $n = 0,25$ zu berücksichtigen ist. Gl.(2.58) gilt im Bereich $30 \leqq Re \leqq 1,2 \cdot 10^6$ und $0,71 \leqq Pr \leqq 500$. Die Kennzahlen sind mit dem Rohraußendurchmesser d_a und mit der Geschwindigkeit w_e im engsten Querschnitt des Rohrbündels zu bilden. Die Stoffwerte sind auf die Eintrittstemperatur des Fluids bezogen.

Die Konstanten der Gl.(2.58) sind der Tab.2.5 zu entnehmen. Die angegebenen Werte gelten für Flüssigkeiten. Für Gase müssen die tabellierten Werte n und C mit dem Faktor 0,88 multipliziert werden.

Der Einfluß der Anzahl der Rohrreihen z_R auf den Wärmeübergang wird durch den Faktor $F_{z,R}$ berücksichtigt. Für $z_R \geqq 20$ ist $F_{z,R} = 1$. Für eine andere Anzahl der Rohrreihen ist der Korrekturfaktor $F_{z,R}$ aus Abb.2.7 zu entnehmen.

Wie aus Tab.2.5 ersichtlich ist, wird der Exponent der Reynolds-Zahl n mit steigenden Reynolds-Zahlen höher. Auch die Untersuchungen von Hammeke [51] brach-

Tabelle 2.5. *Konstanten n und C der Gl.(2.58)*
nach Shukauskas [50]

Strömungsbereich	Fluchtende Rohranordnung		Versetzte Rohranordnung	
	n	C	n	C
laminare Strömung $200 \leqq Re \leqq 10^3$	0,50	0,52	0,50	0,60
Übergangsbereich $10^3 \leqq Re \leqq 2 \cdot 10^5$	0,63	0,27	0,60	0,40
turbulente Strömung $Re > 2 \cdot 10^5$	0,84	0,02	0,84	0,021

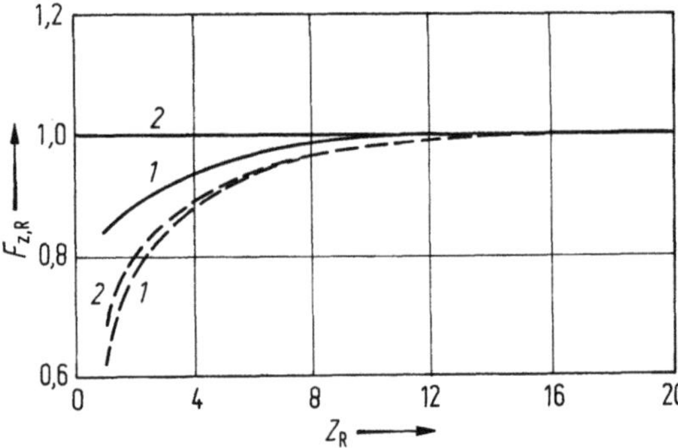

Abb. 2.7. Einfluß der Rohrreihenzahl z_R auf den Wärmeübergang bei Glattrohrbündeln nach [50]. *1* versetzte Rohranordnung, *2* fluchtende Rohranordnung. Die gestrichelten Kurven gelten für $Re > 10^3$, die voll ausgezogenen Kurven für $10^2 < Re < 10^3$.

ten als wichtigstes Ergebnis, daß bei hohen Reynolds-Zahlen $\alpha \sim Re^{0,8}$, und nicht wie bei niedrigen Reynolds-Zahlen $\alpha \sim Re^{0,6}$ ist.

Nach GNIELINSKI [52] gilt für die Berechnung des Wärmeübergangs an querangeströmte Glattrohrbündel im Bereich $10 < Re < 10^6$ und $0,6 < Pr < 10^3$

$$Nu_{GB} = F_A \, Nu, \tag{2.59}$$

wobei für Nu Gl. (2.45) gilt.

Die Reynolds-Zahl ist dabei durch die Beziehung

$$Re = \frac{w L}{\psi v} \tag{2.60}$$

gegeben, wobei w die Geschwindigkeit des Fluids im freien Querschnitt vor dem Rohrbündel und L die nach Gl. (2.46) definierte Überströmlänge ist. Die Stoffwerte sind auf die mittlere Fluidtemperatur bezogen.

Für den Hohlraumanteil gilt

$$\psi = 1 - \pi/(4\, t_q^*) \qquad \text{für } t_l^* \geqq 1 \tag{2.61}$$

bzw.

$$\psi = 1 - \pi/(4\, t_q^*\, t_l^*) \quad \text{für } t_l^* < 1 . \tag{2.62}$$

Der Faktor F_A berücksichtigt die Anordnung der Rohre im Rohrbündel und beträgt bei fluchtender Rohranordnung

$$F_{A,f} = 1 + \frac{0,70}{\psi^{1,5}} \, \frac{t_l^*/t_q^* - 0,3}{(t_l^*/t_q^* + 0,7)^2} \tag{2.63}$$

bzw. bei versetzter Rohranordnung

$$F_{A,v} = 1 + 2/(3\, t_l^*) . \tag{2.64}$$

Gl. (2.59) gilt für ein Rohrbündel mit zehn oder mehr Rohrreihen ($z_R \geqq 10$). Bekanntlich hängt der Wärmeübergangskoeffizient einer Rohrreihe im Rohrbündel von der Anzahl der dieser Rohrreihe vorgeschalteten Rohrreihen ab. Für Rohrbündel mit weniger als zehn Rohrreihen gilt anstelle der Gl. (2.59)

$$Nu_{GB} = \frac{1 + (z_R - 1) F_A}{z_R} \, Nu, \tag{2.65}$$

wobei für die Nußelt-Zahl Nu auch hier Gl. (2.45) gilt.

Weitere Vorschläge für die Berechnung des Wärmeübergangs an querangeströmten Glattrohrbündeln findet man in [12, 53–56].

d) Rippenrohrbündel

Bei den Rippenrohrbündeln üben nicht nur die Teilungsverhältnisse, sondern auch die Rippengeometrie einen Einfluß auf den Wärmeübergang aus. Diese verschiedenen geometrischen Parameter gestatteten es bisher nicht, allgemein gültige Gleichungen für die Berechnung des Wärmeübergangs aufzustellen. Die nach verschiedenen Berechnungsverfahren errechneten Wärmeübergangskoeffizienten weichen deswegen voneinander erheblich ab. Aus diesem Grunde empfiehlt es sich, die Wärmeübertragungsleistung durch Messungen zu bestimmen, oder diejenigen Rippenrohre zu verwenden, für welche Meßwerte bekannt sind. Eine Hilfe für den Konstrukteur sind dabei die auf den Messungen basierenden Unterlagen, die man in Katalogen verschiedener Hersteller finden kann [57–60]. Außerdem sollen die Untersuchungen verschiedener Verfasser berücksichtigt werden, um den Wärmeübergang an geometrisch ähnlichen Rippenrohrbündeln berechnen zu können [61–66].

Nach einem Vorschlag von Schmidt [45] kann für die Berechnung des Wärmeübergangs bei querangeströmten Rippenrohrbündeln die Gleichung

$$Nu_{RB} = C\varphi_k^{-0,375} Re^{0,625} Pr^{1/3} \tag{2.66}$$

benutzt werden.

Die Konstante C beträgt

$$C_f = 0,30 \quad \text{bei fluchtender Rohranordnung} \tag{2.67a}$$

bzw.

$$C_v = 0,45 \quad \text{bei versetzter Rohranordnung}. \tag{2.67b}$$

Mit φ_k ist in Gl. (2.66) das Verhältnis der gesamten äußeren Wärmeübertragungsfläche A und der Kernrohroberfläche A_k, die mit dem Kernrohrdurchmesser d_a zu bilden ist, bezeichnet. Es ist also

$$\varphi_k = A/A_k. \tag{2.68}$$

Die Gültigkeit der Gl. (2.66) ist gegeben durch $5 \leqq \varphi_k \leqq 12$ und $10^3 < Re < 5 \cdot 10^5$. Die Nußelt-Zahl wird mit dem Wärmeübergangskoeffizienten α_R und dem Kernrohrdurchmesser d_a — der auch für die Bildung der Reynolds-Zahl zu benutzen ist — gebildet. Die Geschwindigkeit wird auf den engsten Querschnitt bezogen, der gleich dem Kanalquerschnitt, vermindert um die Projektionsfläche der Rohrreihen quer zur Strömungsrichtung, ist.

Der für die Berechnung des Wärmedurchgangskoeffizienten benötigte scheinbare Wärmeübergangskoeffizient α wird aus dem nach Gl. (2.66) berechneten Wärmeübergangskoeffizienten an der Rippe α_R mit Hilfe der Gl. (2.52) bestimmt.

Die Abweichungen zwischen den berechneten und den bei Rippenrohrbündeln gemessenen Wärmeübergangskoeffizienten beruhen nicht nur auf der Versuchsungenauigkeit der Messungen, sondern auch auf den unterschiedlichen Versuchsanordnungen, wodurch die Turbulenz der Strömung verändert wird. Bei niedrigen Reynolds-Zahlen beeinflußt die Turbulenz den Umschlagpunkt von der laminaren zur turbulenten Strömung und im Bereich höherer Reynolds-Zahlen die Grenzschicht am Rohr. Die Turbulenzintensität kann bei verschiedenen Anlagen recht unterschiedlich sein und sich dementsprechend auf den Wärmeübergang auswirken. Deshalb ist eine Streuung von 10 bis 25 % infolge der unterschiedlichen Beeinflussung durch die Strömungsturbulenz möglich. Messungen an der Versuchsanlage des Mannesmann-Forschungsinstituts [65, 66] haben ergeben, daß die Abweichungen der Meßwerte von den Rechenwerten nach Gl. (2.66) im Bereich der unteren Reynolds-Zahlen etwa 10 % und im Bereich höherer Reynolds-Zahlen etwa 15 % betragen können. Es kann also mit einem mittleren Fehler von 12 % gerechnet werden, was für die praktische Berechnung voll ausreichend ist.

Auch verschiedene andere Autoren fanden, daß die Gl. (2.66) brauchbare Werte für die Wärmeübergangskoeffizienten liefert (vgl. z. B. [19]).

Die Untersuchungen von Bressler [67] zeigten, daß der Wärmeübergangskoeffizient der ersten Rohrreihe um 40 % niedriger ist als derjenige der hinteren Rohrreihen. Diese Untersuchungen zeigten auch, daß sich nach der vierten oder spätestens fünften Rohrreihe der Endwert einstellt. Deswegen darf Gl. (2.66) nur für Rippenrohrbündel mit vier oder mehr Rohrreihen verwendet werden.

2.2.5 Wärmeübergang im Mantelraum von Rohrbündel-Wärmeaustauschern

a) Wärmeaustauscher ohne Umlenkeinbauten

Bei den Wärmeaustauschern ohne Umlenkeinbauten strömt das eine Fluid parallel zur Rohrachse, die Rohre sind also längs angeströmt. Als maßgebende Strömungsgeschwindigkeit wird bei dieser Bauart für die Bildung der Reynolds-Zahl die axiale, auf den freien durch Gl. (1.53) definierten Querschnitt bezogene Geschwindigkeit bevorzugt.

Für die Berechnung des Wärmeübergangs bei der Längsströmung im Mantelraum kann näherungsweise die für die Strömung in den geraden Rohren geltende Gl. (2.31) oder (2.33) benutzt werden, wobei die Kennzahlen mit dem hydraulischen Durchmesser d_h zu bilden sind.

Vielfach wurde vorgeschlagen, für die Berechnung des Wärmeübergangs anstelle des benetzten Umfangs U nur denjenigen Teil des Umfangs in die Rechnung einzusetzen, an welchem der Wärmeübergang tatsächlich stattfindet. Für den Wärmeaustauscher ohne Umlenkeinbauten würde dies bedeuten, daß für U nur der Umfang der Innenrohre einzusetzen ist. Der so definierte „thermische Durchmesser" beträgt

$$d_{th} = (D_i^2 - N d_a^2)/(N d_a) \tag{2.69}$$

mit N als der Anzahl der Innenrohre.

Sowohl NUSSELT [68] als auch KIRSCHBAUM [69] sind der Ansicht, daß sich die Versuchsergebnisse unter Benutzung des nach Gl. (2.69) definierten thermischen Durchmessers besser wiedergeben lassen. Neuere Untersuchungen von HAUSEN [70] sowie SCHULENBERG [71] zeigten aber, daß für die Berechnung des Wärmeübergangs der hydraulische Durchmesser benutzt werden sollte, da sich nur mit diesem auch der Druckabfall richtig beschreiben läßt.

Aufgrund der Versuche von MILLER [72] hat WEISMANN [73] für die Berechnung des Wärmeübergangs bei der Strömung in Richtung der Rohrachsen die Gleichung

$$Nu = C Re^{0,8} Pr^{1/3} \tag{2.70}$$

vorgeschlagen, welche für $2,5 \cdot 10^4 < Re < 10^6$ gilt.

Die Konstante C ist eine Funktion der Rohranordnung und beträgt für fluchtende Rohranordnung

$$C_f = 0,042 \, t_q^* - 0,024 \quad \text{(für } 1,1 \leqq t_q^* \leqq 1,3\text{)}, \tag{2.71a}$$

während bei versetzter Rohranordnung

$$C_v = 0,026 \, t_q^* - 0,006 \quad \text{(für } 1,1 \leqq t_q^* \leqq 1,5\text{)} \tag{2.71b}$$

ist. Die Kennzahlen der Gl. (2.70) sind mit dem hydraulischen Durchmesser zu bilden.

Neuere Untersuchungen des Wärmeübergangs in parallel durchströmten Rohrbündeln mit einem Rohrnetz aus gleichseitigen Dreiecken führte RIEGER [74] durch. Die experimentell gefundenen Werte lassen sich durch die Funktion

$$Nu = (0,012\,2 + 0,002\,45 \, t_q^*) \, Re^{0,86} \, Pr^{0,4} \tag{2.72}$$

darstellen, welche für $1,25 < t_q^* < 1,6$; $2,3 < Pr < 18$ und $10^4 < Re < 2 \cdot 10^5$ gilt und die Meßwerte mit einer Genauigkeit von $\pm 4\%$ wiedergibt. In den Kennzahlen ist der hydraulische Durchmesser eines Rohrbündels mit unendlich großer Anzahl der Innenrohre

$$d_{h, \infty} = d_a \left(\frac{2 \sqrt{3}}{\pi} t_q^{*2} - 1 \right) \tag{2.73}$$

einzusetzen. Die Strömungsgeschwindigkeit ist auch hier auf den freien Strömungsquerschnitt bezogen.

In allen Gleichungen dieses Abschnitts sind die Stoffwerte des strömenden Fluids auf die mittlere Temperatur während der Durchströmung des Rohrbündels bezogen.

b) Wärmeaustauscher mit Umlenkeinbauten

Um den Strömungsweg zu verlängern und die Geschwindigkeit zu erhöhen, wird der Mantelraum mit Umlenkeinbauten versehen, so daß Quer- und Längsströmung abwechseln. Die wesentlichen Bauarten der Umlenkeinbauten sind die Umlenksegmente und die Kreisscheiben und -ringe.

Wärmeaustauscher mit Umlenksegmenten. Der erste Vorschlag für die Berechnung des Wärmeübergangs im Mantelraum von Rohrbündel-Wärmeaustauschern mit Umlenksegmenten stammt von Donohue [75]. Seine sehr einfache — allerdings mit einigen Mängeln behaftete Gleichung — liefert Werte mit einer Abweichung von ±35%, in einigen Fällen sogar wesentlich größer.

Von zahlreichen eigenen Versuchsergebnissen ausgehend hat Tinker [76] ein anderes Berechnungsverfahren vorgeschlagen, welches aber wegen seiner Kompliziertheit zunächst keine praktische Anwendung fand. Tinker [77] selbst und später Devore [78] haben dieses Verfahren vereinfacht. Trotz zahlreicher Hilfsmittel in Form von Tabellen und Diagrammen blieb es aber schwer durchschaubar. Allerdings wurde es für die Berechnung mit Hilfe von elektronischen Rechenanlagen benutzt [79, 80].

Nach dem Verfahren von Bell [81] wird zunächst die Querströmung in einem idealen Rohrbündel behandelt. Der ganze Apparat wird so betrachtet, als bestünde er aus mehreren querangeströmten Teilapparaten, die durch die Umlenksegmente getrennt sind. Sodann werden verschiedene Korrekturfaktoren eingeführt, welche die von idealem Apparat abweichenden Verhältnisse berücksichtigen sollen. Auch bei diesem Verfahren werden mehrere Hilfsdiagramme benötigt.

Gnielinski [82] gelang es, das Verfahren von Bell so zu verbessern, daß man auf die Verwendung von Diagrammen verzichten kann. Der Wärmeübergang wird nach der Gleichung

$$Nu = F_W Nu_{GB} \qquad (2.74)$$

bestimmt, wobei für Nu_{GB} die für das Glattrohrbündel angegebene Gl. (2.59) gilt. Der Gültigkeitsbereich der Gl. (2.74) ist $10 < Re < 10^6$; $0,6 < Pr < 10^3$ und $F_W \gtrsim 0,30$.

Die Reynolds-Zahl wird nach Gl. (2.60) ermittelt, wobei L die nach Gl. (2.46) definierte Überströmlänge und w die auf den freien Querschnitt S_M in der Mittellinie des Rohrbündels bezogene Geschwindigkeit ist. Für den Querschnitt S_M gilt:

$$S_M = D_i L_q, \qquad (2.75)$$

wobei D_i der innere Mantelrohrdurchmesser und L_q der lichte Abstand der Umlenksegmente in der Querstromzone ist.

Der Korrekturfaktor F_W berücksichtigt die vom idealen Wärmeaustauscher abweichenden Verhältnisse und beträgt:

$$F_W = F_G F_L F_B. \qquad (2.76)$$

Die einzelnen Korrekturfaktoren bedeuten:

F_G — den Geometriefaktor, der die wechselnde Strömungsrichtung (Längsströmung bzw. Querströmung) im Mantelraum berücksichtigt;

F_L — den Leckströmungsfaktor, der die Leckströmungen durch die Spalte zwischen den Innenrohren und den Bohrungen in den Umlenksegmenten sowie die Leckströmungen durch den Spalt zwischen dem Umlenksegment und dem Mantelrohr berücksichtigt;

F_B — den Bypaßfaktor, der die Strömung zwischen den äußersten Rohren des Rohrbündels und dem Mantelrohr berücksichtigt.

Bezeichnet man mit N_S die Anzahl der Innenrohre in der Segmentöffnung und mit N die Anzahl aller Innenrohre, so gilt nach Bell [81] für den Geometriefaktor

$$F_{\mathrm{G}} = 1 - \frac{2 N_{\mathrm{S}}}{N} + 0{,}524 \left(\frac{2 N_{\mathrm{S}}}{N}\right)^{0{,}32} \tag{2.77}$$

und ist für $0{,}2 \leq L_{\mathrm{q}}/D_{\mathrm{i}} \leq 1$ und $0{,}2 \leq 2 N_{\mathrm{S}}/N \leq 0{,}8$ gültig.

Der Leckströmungsfaktor F_{L} wird nach der Beziehung

$$F_{\mathrm{L}} = 0{,}4 \frac{S_{\mathrm{LR}}}{S_{\mathrm{L,ges}}} + \left(1 - 0{,}4 \frac{S_{\mathrm{LR}}}{S_{\mathrm{L,ges}}}\right) \exp\left(-1{,}5 \frac{S_{\mathrm{L,ges}}}{S_{\mathrm{e}}}\right) \tag{2.78}$$

berechnet. Für die Summe aller Leckströmungsquerschnitte $S_{\mathrm{L,ges}}$ gilt

$$S_{\mathrm{L,ges}} = S_{\mathrm{LR}} + S_{\mathrm{LM}}, \tag{2.79}$$

wobei S_{LR} die Spaltfläche zwischen den Innenrohren und den Bohrungen in den Umlenksegmenten und S_{LM} die Spaltfläche zwischen dem Mantelrohr und dem Umlenksegment ist.

Entsprechend den Bezeichnungen der Abb. 1.14 betragen diese Spaltflächen

$$S_{\mathrm{LR}} = (N - N_{\mathrm{S}}) \frac{(d_{\mathrm{B}}^2 - d_{\mathrm{a}}^2)\,\pi}{4} \tag{2.80}$$

und

$$S_{\mathrm{LM}} = (D_{\mathrm{i}}^2 - D_{\mathrm{S}}^2) \frac{\pi}{4} \frac{360 - \gamma}{360}. \tag{2.81}$$

Mit S_{e} ist in der Gl. (2.78) der engste Querschnitt für den Querstrom zwischen zwei Umlenksegmenten bezeichnet. Dieser wird in der Rohrreihe auf oder nahe der Mittellinie gemessen und nach Gl. (1.57) oder (1.58) bestimmt.

Da $F_{\mathrm{L}} < 1$ ist, heißt dies, daß die Leckagenströme den Wärmeübergang verschlechtern. Nach FISCHER [83] bzw. GADDIS und SCHLÜNDER [84] können allerdings die Leckagenströme unter gewissen Umständen den Wärmeübergang sogar verbessern.

Zwischen den äußersten Rohren des Rohrbündels und dem Mantelrohr kommt es zur Bypaßströmung, die den Wärmeübergang ebenfalls verschlechtert. Um die Bypaßströmung zu verringern, verwendet man — besonders bei den Wärmeaustauschern mit schwimmendem Kopf — Abdichtungsstreifen, wie sie in Abb. 2.8 schematisch dargestellt sind.

Bezeichnet man mit z_{A} die Anzahl der Abdichtungsstreifenpaare und mit z_{q} die Anzahl der querangeströmten Rohrreihen, so beträgt der Bypaßfaktor

$$F_{\mathrm{B}} = \exp\left[-\beta \frac{S_{\mathrm{B}}}{S_{\mathrm{e}}}\left(1 - \sqrt[3]{\frac{2 z_{\mathrm{A}}}{z_{\mathrm{q}}}}\right)\right] \quad \text{für } z_{\mathrm{A}} \leq z_{\mathrm{q}}/2, \tag{2.82}$$

bzw.

$$F_{\mathrm{B}} = 1 \qquad\qquad\qquad\qquad \text{für } z_{\mathrm{A}} > z_{\mathrm{q}}/2. \tag{2.83}$$

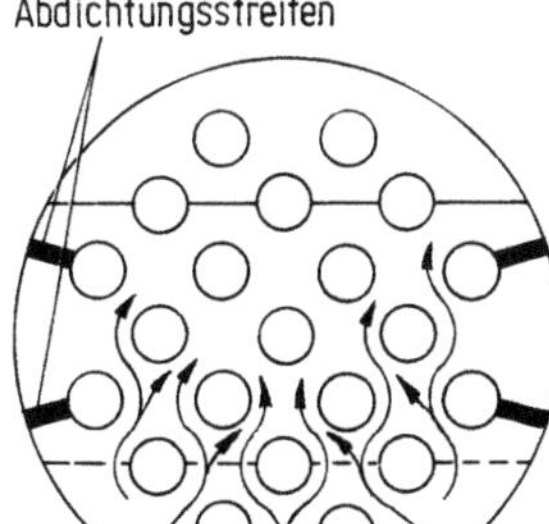

Abb. 2.8. Anordnung der Abdichtungsstreifen. Anzahl der Abdichtungsstreifenpaare: $z_{\mathrm{A}} = 2$.

Der Faktor β beträgt 1,5 für laminare Strömung ($Re < 100$), bzw. 1,35 für den Übergangsbereich und die turbulente Strömung ($Re > 100$).

Die Anzahl der querangeströmten Rohrreihen z_q wird entsprechend den Erläuterungen des Abschn. 1.3.2 bestimmt.

Die Querschnittsfläche für die Bypaßströmung beträgt mit den Bezeichnungen der Abb. 1.14

$$S_B = L_q (D_i - D_B - e) \quad \text{für } e < D_i - D_B , \tag{2.84}$$

bzw.

$$S_B = 0 \qquad\qquad \text{für } e \geqq D_i - D_B , \tag{2.85}$$

wobei die Strecke e aus der Abb. 1.12 ersichtlich ist.

Die vorgeschlagenen Gleichungen gelten für ein Rohrbündel mit zehn oder mehreren Rohrreihen. Wenn das Rohrbündel weniger als zehn Rohrreihen hat, so ist bei der Berechnung Gl. (2.65) zu berücksichtigen. Der Einfluß der Richtung des Wärmestroms wird durch Gl. (2.17) mit $n = 0,25$ berücksichtigt. Die Stoffwerte des Fluids sind auf die mittlere Temperatur bezogen.

Bei dem von Gnielinski entwickelten Verfahren wird als Bezugsquerschnitt für die Bestimmung der Geschwindigkeit der freie Querschnitt nach Gl. (2.75) gewählt. Emerson [85] hat aber mit Recht darauf hingewiesen, daß sich der freie Querschnitt bei einem von zylindrischen Wänden begrenzten Rohrbündel von Rohrreihe zu Rohrreihe ändert und daß dies den Wärmeübergang beeinflußt. In einem von Slipčević [86] vorgeschlagenen Berechnungsverfahren wird dieser Änderung des Strömungsquerschnitts Rechnung getragen.

Bezeichnet man entsprechend Abb. 1.11 die jeweiligen Strömungszonen mit den Indizes E, q und S, so beträgt der auf die gesamte Wärmeübertragungsfläche

$$A = \sum A_i = A_E + A_q + A_S \tag{2.86}$$

bezogene Wärmeübergangskoeffizient

$$\alpha = \frac{\sum \alpha_i A_i}{\sum A_i} . \tag{2.87}$$

Bezeichnet man mit N_i die Anzahl der Rohre und mit S_i die freien Querschnitte der einzelnen Rohrreihen, so ist der Bezugsquerschnitt für die Bestimmung der Strömungsgeschwindigkeit der beiden quer angeströmten Zonen, d. h. der Endzone und der Querstromzone

$$S = \left(\frac{\sum N_i}{\sum \dfrac{N_i}{S_i^{0,6}}} \right)^{5/3} . \tag{2.88}$$

Die Wärmeübergangskoeffizienten dieser beiden quer angeströmten Zonen (α_E und α_q) werden nach der Gleichung

$$Nu = C Re^{0,6} Pr^{1/3} F_{\dot{Q}} \tag{2.89}$$

berechnet, wobei für $F_{\dot{Q}}$ Gl. (2.34) gilt. Die kennzeichnende geometrische Größe für die Bildung der Kennzahlen ist der Rohraußendurchmesser d_a. Die Stoffwerte beziehen sich auf die mittlere Fluidtemperatur mit Ausnahme des Wertes η_w, der sich auf die Wandtemperatur bezieht.

Für die Konstante C findet man im Schrifttum folgende Werte:
Bei fluchtender Rohranordnung $0,23 \leqq C_f \leqq 0,30$,
bei versetzter Rohranordnung $0,33 \leqq C_v \leqq 0,45$.

Die Auswertung der im Versuchslaboratorium von Sulzer-Escher Wyss durchgeführten Versuche mit Rohrbündel-Wärmeaustauscher mit Umlenksegmenten verschiedener Geometrie zeigten, daß man bei Verwendung des nach Gl. (2.88) definierten Bezugsquerschnitts mit dem Wert $C_v = 0,33$ rechnen soll. Infolge der kleinen Leckagen- und Bypaßströme können die untersuchten Apparate als ideale Wärmeaustauscher angenommen werden. Aus diesem Grunde sollen die nach Gl. (2.89) bestimmten Wärmeübergangskoeffizienten α_E und α_q mit den beiden Korrekturfaktoren F_L (Gl. 2.78) und F_B (Gl. 2.82) nach GNIELINSKI korrigiert werden.

Für die Berechnung des Wärmeübergangskoeffizienten in der Umlenksegmentöffnung wird Gl. (2.72) empfohlen. Die Reynolds-Zahl bildet man dabei mit dem durch die Gl. (2.73) definierten hydraulischen Durchmesser und der auf den durch Gl. (1.60) definierten freien Querschnitt S_S bezogenen Strömungsgeschwindigkeit w_S. Hier braucht der Korrekturfaktor F_G (Gl. 2.77) nicht berücksichtigt zu werden, da bei diesem Verfahren die Längs- und die Querströmung gesondert berechnet werden.

Eine aufschlußreiche Übersicht über verschiedene Berechnungsverfahren findet man bei SCHMIDT [87]. Die verschiedenen in [87] behandelten Gleichungen für die Berechnung des Wärmeübergangs im Mantelraum von Wärmeaustauschern mit Umlenksegmenten führen zu unterschiedlichen Ergebnissen, die bis $\pm 50\%$ voneinander abweichen können. Offenbar sind die zur Beschreibung des Einflusses der Strömungsgeometrie verwendeten geometrischen Modelle nicht ausreichend, die Vorgänge hinreichend genau zu erfassen. Die geringe Variationsbreite der Parameter erschwert es außerdem, Abhängigkeiten zu erkennen und zu extrapolieren. Über den Untersuchungsbereich hinaus können diese, besonders wenn es sich um Geometrien handelt, die außerhalb des jeweils untersuchten Bereichs liegen, beliebig falsch sein. Es wird empfohlen, für Berechnungen diejenigen Gleichungen zu benutzen, die an Apparaten mit weitgehend gleichen Konstruktionen ermittelt wurden.

In der letzten Zeit wurden einige neuere Untersuchungen veröffentlicht, welche sich mit der experimentellen Bestimmung der örtlichen Wärmeübergangskoeffizienten befassen. Dabei wurden nicht nur die örtlichen Wärmeübergangskoeffizienten ermittelt, sondern auch ihre Verteilung über den Rohrumfang, längs des Rohrs und in verschiedenen Querschnitten des Wärmeaustauschers.

AMBROSE und KNUDSEN [88] berichten über die Verteilung der örtlichen Wärmeübergangskoeffizienten im Mantelraum eines Wärmeaustauschers. Durch die Integration aller örtlichen Werte erhält man den mittleren Wärmeübergangskoeffizienten, für welchen die Proportionalität $Nu \sim Re^{0,6}$ festgestellt wurde. Weitere Untersuchungen der örtlichen Wärmeübergangskoeffizienten haben KNUDSEN und Mitarbeiter durchgeführt [89, 90].

Wärmeaustauscher mit Kreisscheiben und -ringen. Zur Berechnung des Wärmeübergangs bei solchen Wärmeaustauschern wird auf [75, 91] verwiesen.

c) Berechnungsbeispiel

Für den Wärmeaustauscher nach Abb. 1.14 sollen die Wärmeübergangskoeffizienten nach Gl. (2.74) und (2.87) berechnet und miteinander verglichen werden. Folgende Betriebsbedingungen sind gegeben: Wasserstrom: $\dot{V}_W = 20\ \text{m}^3/\text{h}$. Die Stoffwerte von Wasser bei der mittleren Temperatur $t_m = 60\,°\text{C}$ betragen $\varrho_m = 983,2\ \text{kg/m}^3$, $\lambda_m = 0,654\ \text{W/m}\cdot\text{K}$, $\eta_m = 0,463\cdot 10^{-3}\ \text{kg/ms}$, $Pr_m = 2,96$, während bei der Wandtemperatur $t_w = 50\,°\text{C}$, $\eta_w = 0,544\cdot 10^{-3}\ \text{kg/ms}$ ist.

Die Berechnung nach Gl. (2.74) wurde in [82] durchgeführt. Der Wärmeübergangskoeffizient beträgt danach: $\alpha = 3\,241\ \text{W/m}^2\,\text{K}$. Die Wärmeübertragungsflächen der einzelnen Zonen betragen $A_E = 1,546\ \text{m}^2$, $A_q = 1,778\ \text{m}^2$ und $A_S = 1,457\ \text{m}^2$. Damit ist nach Gl. (2.86) $A = 4,781\ \text{m}^2$.

Mit den einzelnen Strömungsquerschnitten der Endzone (s. Beispiel 1.4.3) beträgt der Bezugsquerschnitt für die Endzone nach Gl. (2.88) $S_E = 16\,000\ \text{mm}^2$. Damit ist $w_E = 0,347\ \text{m/s}$, $Re_E = 18\,430$ und aus Gl. (2.89) $\alpha_E = 4\,393\ \text{W/m}^2\,\text{K}$. Für die Querstromzone folgt analog $\alpha_q = 4\,365\ \text{W/m}^2\,\text{K}$. Nun müssen noch die beiden Korrekturfaktoren F_L und F_B bestimmt werden. Die einzelnen Spaltflächen für die Leckageströmung ergeben sich nach Gl. (2.80) und (2.81) zu

$$S_{LR} = (66 - 12,5) \, \frac{\pi}{4} \, (26^2 - 25^2) = 2\,143 \; \text{mm}^2 \quad \text{und}$$

$$S_{LM} = \frac{\pi}{4} \, (310^2 - 307^2) \, \frac{360 - 119,4}{360} = 972 \; \text{mm}^2.$$

Damit ist nach Gl. (2.79) $S_{L,\,ges} = 3\,115 \; \text{mm}^2$ und entsprechend der Gl. (2.78) $F_L = 0,805$.

Da keine Abdichtungsstreifen vorhanden sind ($z_A = 0$), ergibt sich mit S_B nach Gl. (2.84) $S_B = 184 \, (310 - 285 - 7) = 3\,312 \; \text{mm}^2$ und mit $\beta = 1,35$ ist aus Gl. (2.82) $F_B = 0,741$.

Die Strömungsgeschwindigkeit im freien Querschnitt der Segmentzone ($S_S = 8\,432 \; \text{mm}^2$) beträgt $w_S = 0,659 \; \text{m/s}$, während der hydraulische Durchmesser nach Gl. (2.73) $d_{h,\,\infty} = 20,16 \; \text{mm}$ ist. Damit ergibt sich $Re_S = 28\,207$ und aus Gl. (2.72) $\alpha_S = 5\,160 \; \text{W/m}^2\text{K}$. Der höhere Wärmeübergangskoeffizient α_S für die Längsstromzone gegenüber denjenigen bei den beiden querangeströmten Zonen (α_E und α_q) ist durch die wesentlich höhere Geschwindigkeit w_S gegenüber w_E oder w_q zu erklären. Allerdings ist dadurch — wie aus dem Beispiel 1.4.3 ersichtlich ist — der Druckabfall in der Segmentzone wesentlich höher als in den beiden anderen Zonen. Damit ergibt sich nach Gl. (2.87)

$$\alpha = \frac{(4\,393 \cdot 1,546 + 4\,365 \cdot 1,778) \cdot 0,805 \cdot 0,741 + 5\,160 \cdot 1,457}{4,781}$$

$$\alpha = 3\,388 \; \text{W/m}^2\text{K},$$

was im Vergleich zu dem früher zitierten Wert von $\alpha = 3\,241 \; \text{W/m}^2\text{K}$ einen Unterschied von rd. 4 % bedeutet. Wie aus diesem Beispiel zu ersehen ist, liefern in diesem Falle die beiden Berechnungsverfahren ähnliche Werte für den Wärmeübergangskoeffizienten.

2.3 Wärmedurchgang in Apparaten

2.3.1 Der Wärmedurchgangskoeffizient

Im Beharrungszustand muß der Wärmestrom auf den beiden Seiten der Heizfläche sowie in der Wand den gleichen Wert haben. Für die in Abb. 2.2 dargestellte ebene Wand gilt daher

$$\dot{Q} = \alpha_a A \, (t_a - t_{w,\,a}) = \frac{\lambda}{s_w} \, A \, (t_{w,\,a} - t_{w,\,i}) = \alpha_i A \, (t_{w,\,i} - t_i). \tag{2.90}$$

Eliminiert man aus Gl. (2.90) die unbekannten Wandtemperaturen $t_{w,\,a}$ und $t_{w,\,i}$, so gilt

$$\dot{Q} = k A \, (t_a - t_i) \tag{2.91}$$

mit

$$\frac{1}{k} = \frac{1}{\alpha_a} + \frac{s_w}{\lambda} + \frac{1}{\alpha_i}. \tag{2.92}$$

Die Größe k, welche die einzelnen Vorgänge zusammenfaßt, ist der Wärmedurchgangskoeffizient. Multipliziert man die beiden Seiten der Gl. (2.92) mit $1/A$, so ergibt sich

$$r_d = r_{ü,\,a} + r_L + r_{ü,\,i}, \tag{2.93}$$

wobei für den spezifischen Wärmedurchgangswiderstand

$$r_d = 1/(kA) \tag{2.94}$$

gilt. Hier ist die Analogie mit dem elektrischen Strom deutlich, da sich der Gesamtwiderstand als Summe der einzelnen hintereinander geschalteten Wärmewiderstände berechnen läßt. Trotz dieser anschaulichen Analogie zum elektrischen Strom hat sich das Rechnen mit den Wärmewiderständen nicht durchgesetzt.

Der nach Gl. (2.92) definierte Wärmedurchgangskoeffizient gilt für die ebene Wand. Bei Rohren wird der Wärmedurchgangskoeffizient k auf eine bestimmte Flä-

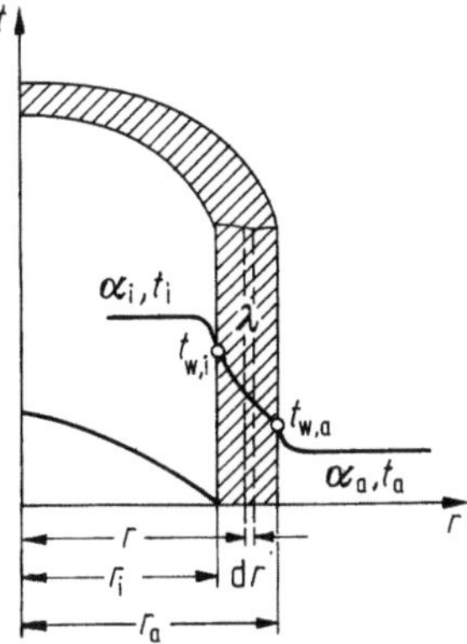

Abb. 2.9. Schema des Wärmedurchgangs durch eine zylindrische Wand.

che bezogen, da die Fläche durch welche der Wärmestrom hindurchtritt, nicht mehr konstant ist. Als kennzeichnende Größe für die Auslegung des Wärmeaustauschers wird zunächst nicht der Wärmedurchgangskoeffizient k, sondern die Größe kA gewählt, wobei A die noch nicht definierte Wärmeübertragungsfläche ist.

Bekanntlich beträgt der durch eine zylindrische Rohrwand der Länge L hindurchtretende Wärmestrom

$$\dot{Q} = 2\pi \lambda L \frac{t_{w,i} - t_{w,a}}{\ln(d_a/d_i)}. \tag{2.95}$$

Entsprechend Abb. 2.9 gilt auch hier im Beharrungszustand

$$\dot{Q} = \alpha_i A_i (t_i - t_{w,i}) = \frac{2\pi \lambda L}{\ln(d_a/d_i)} (t_{w,i} - t_{w,a}) = \alpha_a A_a (t_{w,a} - t_a). \tag{2.96}$$

Mit Hilfe der Gl. (2.91) wird

$$\frac{1}{kA} = \frac{1}{\alpha_i A_i} + \frac{\ln(d_a/d_i)}{2\pi \lambda L} + \frac{1}{\alpha_a A_a}. \tag{2.97}$$

Bei vielen Wärmeaustauschern hat man es oft mit verhältnismäßig dünnwandigen Rohren ($d_a \approx d_i$) guter Wärmeleitfähigkeit zu tun. Hier wird der mittlere Summand der Gl. (2.97) oft vernachlässigbar klein.

HAUSEN [92] zeigte, daß man allgemein schreiben kann

$$\frac{1}{kA} = \frac{1}{\alpha_a A_a} + \frac{s_r}{\lambda A_m} + \frac{1}{\alpha_i A_i}, \tag{2.98}$$

wenn man für die mittlere Wärmeübertragungsfläche A_m die folgenden Werte einsetzt:

Für die ebene Wand: $A_m = A_a = A_i,$ (2.99)

für Glattrohre: $A_m = \dfrac{A_a - A_i}{\ln(A_a/A_i)},$ (2.100)

für die Hohlkugel: $A_m = \sqrt{A_a A_i}.$ (2.101)

Gl. (2.100) kann näherungsweise auch für Rippenrohre benutzt werden. Um die Rechnung sicherer zu machen, wird bei Rippenrohren allerdings sehr oft $A_m = A_i$ gesetzt.

Die Bezugsfläche für den Wärmedurchgangskoeffizienten kann sowohl die äußere als auch die innere bzw. jede andere genau definierte Wärmeübertragungsfläche sein.

Meistens wird jedoch der Wärmedurchgangskoeffizient auf die äußere Wärmeübertragungsfläche A_a bezogen. Damit ergibt sich aus Gl. (2.98) mit $A = A_a$

$$\frac{1}{k} = \frac{1}{\alpha_a} + \frac{A_a}{A_m}\,\frac{s_r}{\lambda} + \frac{A_a}{A_i}\,\frac{1}{\alpha_i}. \qquad (2.102)$$

Die experimentell ermittelten Wärmeübergangskoeffizienten gelten für saubere Apparate. Im praktischen Betrieb muß immer mit einer möglichen Belegung der Wärmeübertragungsfläche mit Fremdstoffen gerechnet werden, die einen zusätzlichen Wärmewiderstand verursachen. Dieser Wärmewiderstand kann sich schon bei der Herstellung des Apparates einstellen, z. B. durch einen Korrosionsschutzüberzug. Während des Betriebs kann ein weiterer zusätzlicher Wärmewiderstand als Folge von Korrosionsvorgängen, Ablagerung von Fremdstoffen, Algenbelag, Benetzung mit Öl usw. auftreten, vgl. Kap. 10.

Unter Berücksichtigung des Wärmeleitwiderstands infolge der Fremdschichten gilt für den Wärmedurchgangskoeffizienten allgemein:

$$\frac{1}{k} = \frac{1}{\alpha_a} + R_a + \frac{A_a}{A_m}\,\frac{s_r}{\lambda} + \frac{A_a}{A_i}\left(\frac{1}{\alpha_i} + R_i\right). \qquad (2.103)$$

Der Wärmedurchgangskoeffizient ist bei der Berechnung der Wärmeübertragungsfläche eine wichtige, in gewissen Fällen aber auch eine entbehrliche Größe. Aus Gl. (2.103) kann man sofort ersehen, welcher der drei Teilvorgänge (Wärmeübergang innen oder außen, bzw. Wärmeleitung) für die gesamte Wärmeübertragung maßgebend ist und wo sich z. B. das Anbringen von Rippen lohnt.

Bei der Berechnung der Wärmeübergangskoeffizienten werden Gleichungen benutzt, die für bestimmte Standardbedingungen entwickelt wurden. Wie SCHLÜNDER [93] zeigte, wird dabei stillschweigend angenommen, daß die so bestimmten Wärmeübergangskoeffizienten sinnvoll definiert werden können und daß sie außerdem praktisch invariant gegen die Veränderung der Standardbedingungen sind. Nur wenn diese Annahmen zutreffen, kann man mit dem nach Gl. (2.103) definierten Wärmedurchgangskoeffizienten sinnvoll rechnen. Über die Vorzüge, Grenzen und Alternativen bei der Auslegung von Wärmeaustauschern mit Hilfe der Wärmedurchgangskoeffizienten hat SCHLÜNDER [93] berichtet.

2.3.2 Der mittlere Temperaturabstand

Bei der Ableitung der Gl. (2.92) für den Wärmedurchgangskoeffizienten k wurde vorausgesetzt, daß die Temperaturen der Fluide auf den beiden Seiten der Heizfläche konstant sind. Diese Annahme trifft nur zu, wenn die beiden Fluide bei der Durchströmung des Apparates ihren Aggregatzustand ändern, also verdampfen oder kondensieren. Bei der überwiegenden Mehrzahl der Wärmeaustauscher ändern sich aber bei der Durchströmung des Apparates die Temperaturen der beiden Fluide. Aus diesem Grunde muß zuerst geklärt werden, welcher mittlere Temperaturabstand ϑ_m in der Grundgleichung

$$\dot{Q} = k\,A\,\vartheta_m \qquad (2.104)$$

für die Berechnung des Wärmeaustauschers maßgebend ist. Dies ist nicht einfach zu beantworten, da der mittlere Temperaturabstand von der Strömungsführung der Fluide abhängig ist.

Betrachtet man zunächst den Fall, daß die beiden Fluide den Wärmeaustauscher in der gleichen Richtung durchströmen (Gleichstromführung). Die Eintrittstemperaturen der beiden Fluide I und II sollen entsprechend Abb. 2.10 mit dem Index 1 und die Austrittstemperaturen mit dem Index 2 bezeichnet werden.

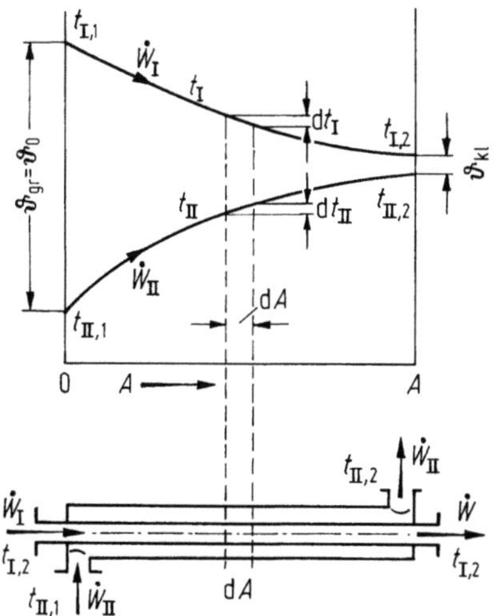

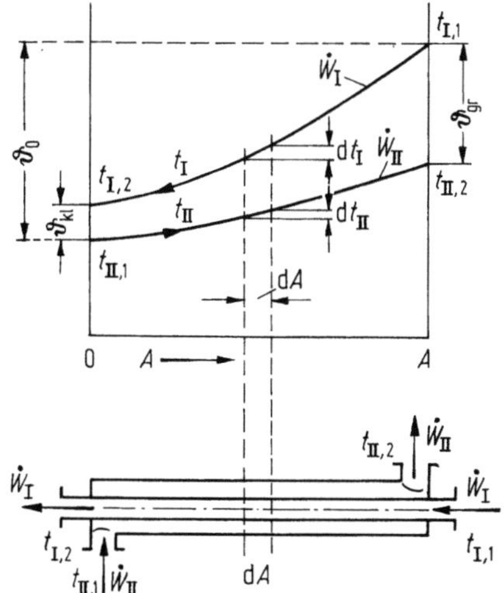

Abb. 2.10. Skizze des Temperaturverlaufs bei Gleichstrom.

Abb. 2.11. Skizze des Temperaturverlaufs bei Gegenstrom.

Für den mittleren Temperaturabstand gilt entsprechend den Bezeichnungen der Abb. 2.10

$$\vartheta_m = \frac{\vartheta_{gr} - \vartheta_{kl}}{\ln (\vartheta_{gr}/\vartheta_{kl})}, \tag{2.105}$$

der auch mittlerer logarithmischer Temperaturabstand genannt wird.

Eine andere Strömungsführung ist in Abb. 2.11 dargestellt. Die beiden Fluide strömen in diesem Falle gegensinnig (Gegenstromführung). Für die Berechnung des mittleren Temperaturabstands gilt auch hier die Gl. (2.105).

Ein Sonderfall ist bei dieser Strömungsführung für $\dot{W}_I = \dot{W}_{II}$ gegeben. Die Temperaturen der beiden Fluide verlaufen über die ganze Wärmeübertragungsfläche parallel und es ist immer $\vartheta_{kl} = \vartheta_{gr}$, so daß in diesem Falle auch

$$\vartheta_m = \vartheta_{kl} = \vartheta_{gr} \quad (\text{für } \dot{W}_I = \dot{W}_{II}) \tag{2.106}$$

ist.

Wie aus den Abb. 2.10 und 2.11 ersichtlich ist, muß bei Gleichstrom $t_{I,2} > t_{II,2}$ sein, d. h. die Austrittstemperatur des warmen Fluids ist immer höher als die Austrittstemperatur des kalten Fluids. Bei Gegenstrom kann man erreichen, daß die Austrittstemperatur des kalten Fluids höher ist als die Austrittstemperatur des warmen Fluids. Bei vorgegebenen Betriebsbedingungen und bei gleichem Wärmedurchgangskoeffizienten k benötigt der Gegenstrom die kleinste, der Gleichstrom die größte Wärmeübertragungsfläche. Der Unterschied in der Größe der Wärmeübertragungsfläche ist am stärksten, wenn die beiden Wärmekapazitätsströme gleich groß sind ($\dot{W}_I = \dot{W}_{II}$).

Ein weiterer Sonderfall, bei welchem die Strömungsführung der beiden Fluide ohne Einfluß auf die Bestimmung des mittleren Temperaturabstands ist, ist gegeben, wenn der Wärmekapazitätsstrom des einen Fluids unendlich groß ist und dadurch seine Temperatur bei der Durchströmung des Wärmeaustauschers konstant bleibt, wie dies in Abb. 2.12 schematisch dargestellt ist. Praktisch tritt dieser Fall bei den Verdampfern (Abb. 2.12a) oder Verflüssigern (Abb. 2.12b) auf. Für die Bestimmung des mittleren Temperaturabstands gilt auch in diesen Fällen Gl. (2.105).

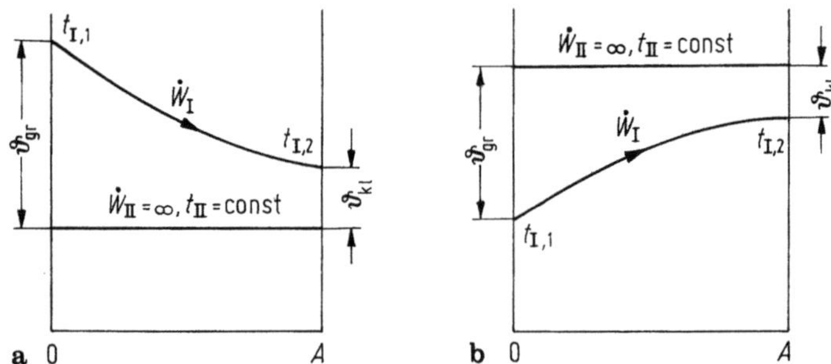

Abb. 2.12. Skizze des Temperaturverlaufs im Wärmeaustauscher für $\dot{W}_{II} = \infty$. a) Verdampfer; b) Verflüssiger.

Gl. (2.105) für den mittleren Temperaturabstand gilt streng genommen nur unter folgenden Bedingungen:

— Die Wärmekapazitätsströme der beiden Fluide, d. h. die Massenströme und die spezifischen Wärmekapazitäten der beiden Fluide sind während der Durchströmung des Apparates konstant.

— Der Wärmedurchgangskoeffizient ist über die ganze Wärmeübertragungsfläche konstant.

— Ein Wärmetransport mit der Umgebung findet während der Wärmeübertragung nicht statt.

— Der Wärmestrom in der Wand ist in Strömungsrichtung der beiden Fluide vernachlässigbar klein.

Falls der Wärmedurchgangskoeffizient nicht als konstant angenommen werden darf, wird der Wärmeaustauscher zur Berechnung so in Teilapparate zerlegt, daß in ihnen der Wärmedurchgangskoeffizient mit genügender Genauigkeit als konstant angesehen werden darf. Die einzelnen Teilapparate werden dann auf die oben beschriebene Weise berechnet; die gesamte erforderliche Wärmeübertragungsfläche ergibt sich als Summe der Flächen aller Teilapparate. Für die Bestimmung der Wärmeübertragungsfläche können in solchen Fällen auch spezielle Näherungsverfahren angewendet werden [94, 95].

Über den Einfluß der veränderlichen Wärmedurchgangskoeffizienten auf die Auslegung von überfluteten Verdampfern wird noch im Abschn. 3.2.4 näher eingegangen.

Die für die Gegen- und Gleichstromführung abgeleitete Gl. (2.105) für den mittleren Temperaturabstand gilt aber nicht für alle technisch gebräuchlichen Stromführungen. Gegen- und Gleichstrom sind Sonderfälle der möglichen Stromführungen, sie ergeben den jeweils größten, bzw. kleinsten Wert von ϑ_m. Die Bestimmung des mittleren Temperaturabstands ist bei anderen Stromführungen nicht so einfach.

In Abb. 2.13 ist das Schema eines Wärmeaustauschers mit den wichtigsten Bezeichnungen beider Fluide dargestellt. Bezeichnet man den größtmöglichen Temperaturabstand mit ϑ_0 dann gilt immer

$$\vartheta_0 = t_{I,1} - t_{II,1}. \tag{2.107}$$

Roetzel [96] zeigte, daß man für jeden Wärmeaustauscher sechs dimensionslose Kennzahlen aufstellen kann. Für den dimensionslosen mittleren Temperaturabstand gilt

$$\vartheta^* = \vartheta_m/\vartheta_0 = \frac{\dot{Q}}{kA\,\vartheta_0} \tag{2.108}$$

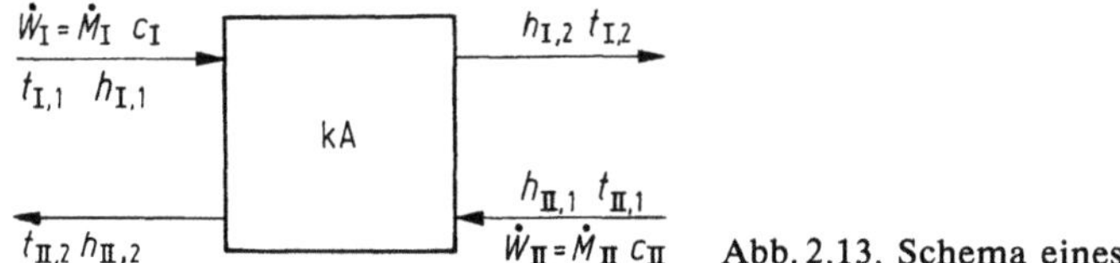

Abb. 2.13. Schema eines Wärmeaustauschers.

Für $0 < \vartheta^* \leqq 1$ ist die Wärmeübertragung mit endlichem Wert von kA möglich, während für $\vartheta^* < 0$ die Wärmeübertragung nicht möglich ist. Für $\vartheta^* = 0$ ergibt sich ein unendlich großer Wert von kA.

Für die dimensionslose Temperaturänderung der beiden Fluide I und II gilt

$$\Phi_{\mathrm{I}} = \frac{t_{\mathrm{I},1} - t_{\mathrm{I},2}}{\vartheta_0} = \frac{\dot{Q}}{\dot{W}_{\mathrm{I}}\,\vartheta_0} \tag{2.109}$$

und

$$\Phi_{\mathrm{II}} = \frac{t_{\mathrm{II},2} - t_{\mathrm{II},1}}{\vartheta_0} = \frac{\dot{Q}}{\dot{W}_{\mathrm{II}}\,\vartheta_0}. \tag{2.110}$$

Die Zahl der Übertragungseinheiten beträgt

$$\Psi_{\mathrm{I}} = \frac{\Phi_{\mathrm{I}}}{\vartheta^*} = \frac{kA}{\dot{W}_{\mathrm{I}}} = \frac{t_{\mathrm{I},1} - t_{\mathrm{I},2}}{\vartheta_{\mathrm{m}}} \tag{2.111}$$

und

$$\Psi_{\mathrm{II}} = \frac{\Phi_{\mathrm{II}}}{\vartheta^*} = \frac{kA}{\dot{W}_{\mathrm{II}}} = \frac{t_{\mathrm{II},2} - t_{\mathrm{II},1}}{\vartheta_{\mathrm{m}}}. \tag{2.112}$$

Für das Verhältnis der Wärmekapazitätsströme gilt

$$\frac{\dot{W}_{\mathrm{II}}}{\dot{W}_{\mathrm{I}}} = \frac{\Phi_{\mathrm{I}}}{\Phi_{\mathrm{II}}} = \frac{\Psi_{\mathrm{I}}}{\Psi_{\mathrm{II}}} = \frac{t_{\mathrm{I},1} - t_{\mathrm{I},2}}{t_{\mathrm{II},2} - t_{\mathrm{II},1}}. \tag{2.113}$$

Der Betriebspunkt eines Wärmeaustauschers bestimmter Stromführung ist durch zwei der sechs Kennzahlen festgelegt. Die Aufgabe besteht im wesentlichen darin, aus gegebenen Daten (z. B. Temperaturen und Massenströmen beider Fluide) den mittleren Temperaturabstand zu bestimmen. Hierfür gibt es verschiedene graphische und rechnerische Verfahren, auf welche hier nicht näher eingegangen wird [97–102].

Die Gl. (2.108) kann in der Form

$$\vartheta_{\mathrm{m}} = \vartheta^* \, \vartheta_0 \tag{2.114}$$

geschrieben werden. ROETZEL [96] hat für 31 verschiedene Stromführungen Diagramme entwickelt, mit deren Hilfe bei zwei gegebenen Kennzahlen (z. B. Φ_{I} und Φ_{II}) sowohl ϑ^* als auch alle restliche Kennzahlen leicht ermittelt werden können. Stellvertretend wird in Abb. 2.14 das Diagramm für den reinen Kreuzstrom gebracht und erläutert.

Auf den Koordinatenachsen sind die dimensionslosen Temperaturänderungen Φ_{I} und Φ_{II} der durch die links unten in der Skizze geometrisch definierten Fluide I und II aufgetragen. Bei symmetrischen Stromführungen, deren Diagramme zur Achse $\Phi_{\mathrm{I}} = \Phi_{\mathrm{II}}$ symmetrisch sind, können Φ_{I} und Φ_{II} vertauscht werden, was durch die Indizes I, II bzw. II, I ausgedrückt ist. Es gilt jeweils der erste, bzw. der zweite Index.

Als Randmaßstab ist oben und rechts das Verhältnis der Wärmekapazitätsströme $\dot{W}_{\mathrm{I}}/\dot{W}_{\mathrm{II}}$, bzw. $\dot{W}_{\mathrm{II}}/\dot{W}_{\mathrm{I}}$ aufgetragen. Die Verbindungsgerade vom Randmaßstab zum Koordinatenursprung ist der geometrische Ort des am Randmaßstab angegebenen Verhältnisses der Wärmekapazitätsströme.

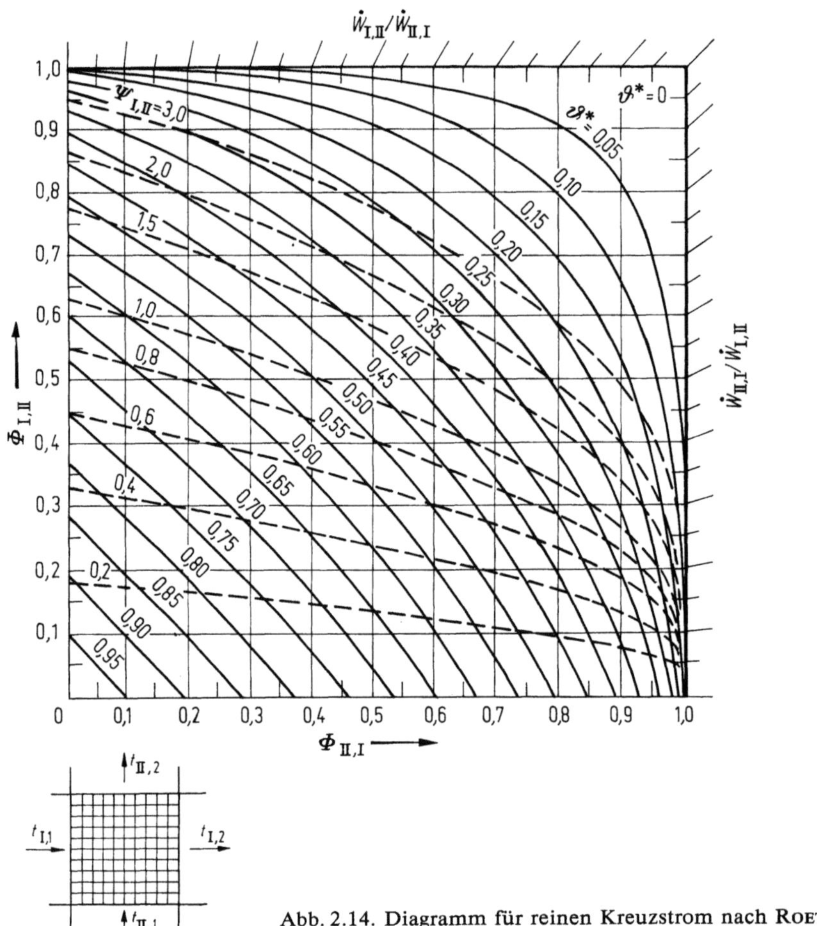

Abb. 2.14. Diagramm für reinen Kreuzstrom nach Roetzel [96].

Die durchgezogenen Kurven sind der geometrische Ort konstanter dimensionsloser Werte ϑ^*. Betriebspunkte oberhalb der Kurve $\vartheta^* = 0$ sind nicht möglich. Bei reinem Kreuzstrom fällt die Kurve $\vartheta^* = 0$ mit dem rechten und dem oberen Rand zusammen ($\Phi_I = 1$; $\Phi_{II} = 1$).

Für die Berechnung von ϑ^* können auch die in [98] angegebenen Näherungsgleichungen benutzt werden. Dort findet man auch Gleichungen für die Berechnung der Werte ϑ^* für gekoppelte Wärmeaustauscher gleicher und unterschiedlicher Bauart.

Die erforderliche Wärmeübertragungsfläche eines Wärmeaustauschers wird in den meisten Fällen aus Gl. (2.104) bestimmt. Dabei wird der Wärmedurchgangskoeffizient k nach Gl. (2.103) und der mittlere Temperaturabstand ϑ_m nach Gl. (2.114) berechnet.

Neben diesem einfachen Verfahren wird mitunter eine von Schlünder [103] entwickelte schrittweise Rechnung bevorzugt. Bei diesem Verfahren wird der Gesamtapparat (z. B. ein Wärmeaustauscher mit Segmenteinbauten) als ein aus mehreren gekoppelten Systemen von Einzelzellen bestehender Apparat betrachtet. Für jede Zelle kann eine definierte Stromführung angenommen werden. So können die nach Gl. (2.109) und (2.110) definierten Kennzahlen aufgestellt werden, wobei man vier unbekannte Temperaturen erhält. Berücksichtigt man, daß die Eintrittstemperaturen $t_{I,1}$

und $t_{\mathrm{II,1}}$ in den Gesamtapparat bekannt sind und daß die Austrittstemperaturen einer Zelle gleichzeitig die Eintrittstemperaturen in die benachbarte Zelle sind, so erhält man bei z Zellen ein System von $2z$ linearen Gleichungen mit $2z$ Unbekannten. Die Lösung dieser Gleichungen erfolgt iterativ und ist selbst mit einem Taschenrechner in kurzer Zeit durchführbar.

Mit diesem Verfahren erhält man den genauen Verlauf der rohr- und mantelseitigen Temperaturen der beiden Fluide, womit man eine sinnvolle Dimensionierung des Apparates erreichen kann.

Bei der Auslegung von überfluteten Verdampfern wird der nach Gl. (2.103) definierte Wärmedurchgangskoeffizient k zwar oft benutzt, ist aber, wie noch im Abschn. 3.2.4 gezeigt wird, überflüssig. Der Apparat kann in solchen Fällen nur mit Hilfe der Wärmestromdichte $\dot{q}$ dimensioniert werden.

3 Wärmeübergang bei Verdampfung in natürlicher Strömung und Bemessung von überfluteten Verdampfern

Boris Slipčević

Benutzte Formelzeichen in Kapitel 3

(s. auch Formelzeichen am Anfang des Bandes)

Formelzeichen, Einheiten

$\dot{B}$	Berieselungsdichte	kg/m · s
b	Laplace-Konstante	m
f	Blasenfrequenz	1/s
l	Laplace-Konstante	m
N	Rohrzahl	—
γ	Volumenausdehnungskoeffizient	1/K
μ	Molmasse	kg/kmol
ν	kinematische Viskosität	m²/s
ξ	Ölkonzentration (Massenbruch)	—
φ	Flächenverhältnis	—

Indizes

B	Blasen-		lg	auf den mittleren Tem-
E	einzeln			peraturabstand bezogen
G	auf das Glattrohr bezogen		0	auf den Verdampfer bezogen
GB	auf das Glattrohrbündel bezogen		R	auf das Rippenrohr bezogen
k	konvektiv		RB	auf das Rippenrohrbündel bezogen

3.1 Sieden von Kältemitteln in Behältern (Behältersieden)

3.1.1 Erscheinungsformen beim Sieden

Bei HOFMANN [1] findet man Angaben über den Stand des Wissens über den Wärmeübergang bei Sieden von Kältemitteln bis zum Jahre 1959, sowie Betrachtungen über das Wesen des Siedevorgangs. Da gerade auf diesem Gebiet im letzten Jahrzehnt eine intensive Forschung stattfand, werden im folgenden die neueren Erkenntnisse gebracht.

Der Wärmetransport beim Sieden ist sehr kompliziert. Trotz intensiver Forschung reichen unsere heutigen Kenntnisse immer noch nicht aus, diese verwickelten Vorgänge mathematisch exakt zu beschreiben. Aus diesem Grunde ist die Vorausberechnung des Wärmeübergangskoeffizienten beim Sieden mit größeren Unsicherheiten behaftet als bei anderen Wärmeübertragungsarten. Wie später noch gezeigt wird, stehen in vielen Fällen für die Berechnung des Wärmeübergangs nur empirisch gewonnene Gleichungen mit begrenztem Gültigkeitsbereich zu Verfügung.

Für die Berechnung des Wärmeübergangs wird der Wärmeübergangskoeffizient nicht auf die gewöhnlich unbekannte Oberfläche der Dampfblase bezogen, wie dies bei theoretischen Ansätzen zu geschehen pflegt, sondern auf die bekannte Größe der Heizfläche A. Außerdem wird die Übertemperatur der Heizoberfläche gegenüber der Verdampfungstemperatur

$$\vartheta = t_{\mathrm{w}} - t_0 \tag{3.1}$$

als maßgeblicher Temperaturunterschied gewählt, ohne Rücksicht auf den wahren Mechanismus der Dampfentstehung.

Es gilt also

$$\dot{q} = \frac{\dot{Q}}{A} = \alpha\,\vartheta = \alpha\,(t_{\mathrm{w}} - t_0), \tag{3.2}$$

wobei t_{w} die Wandtemperatur und t_0 die Verdampfungstemperatur ist.

Viele Untersuchungen haben den großen Einfluß der Übertemperatur ϑ auf die Wärmestromdichte $\dot{q}$ nachgewiesen. Die gemessenen Wärmestromdichten $\dot{q}$ werden üblicherweise im doppeltlogarithmischen Maßstab über die Übertemperatur ϑ aufgetragen, wie in Abb. 3.1 dargestellt [2].

Aus Abb. 3.1 ist ersichtlich, daß man beim Siedevorgang mehrere Bereiche unterscheidet, die durch verschiedene Mechanismen der Wärmeübertragung entstehen.

Bei kleineren Übertemperaturen ($\vartheta < \vartheta_{\mathrm{B}}$) bilden sich nur sehr wenige oder gar keine Blasen. Das Sieden erfolgt vorwiegend von der freien Flüssigkeitsoberfläche in den darüber liegenden Dampfraum. Der Wärmetransport in der Flüssigkeit beruht hauptsächlich auf dem Mechanismus der *freien Konvektion*. Dieser Bereich ist in Abb. 3.1 durch den Kurvenzug AB dargestellt.

Bei weiterer Erhöhung der Übertemperatur ($\vartheta_{\mathrm{B}} < \vartheta < \vartheta_{\mathrm{C}}$) kommt es zu intensiver Blasenbildung. In diesem Bereich, der durch den Kurvenzug BC dargestellt ist, steigt die Wärmestromdichte sehr stark mit der Erhöhung der Übertemperatur und erreicht im Punkt C bei der Übertemperatur ϑ_{C} einen maximalen Wert $\dot{q}_{\mathrm{max}}$. Dieser Bereich wird als der des *Blasensiedens* bezeichnet.

Die Kenntniss der maximalen Wärmestromdichte ist von besonderer Bedeutung für hochbelastete Heizflächen, die nahe der für das Material höchstzulässigen Temperatur betrieben werden wie z. B. bei Kernreaktoren. Der zulässige Betriebszustand entspricht z. B. den in Abb. 3.1 eingetragenen Betriebspunkten F oder G, für welche $\dot{q}_{\mathrm{F}} < \dot{q}_{\mathrm{G}} < \dot{q}_{\mathrm{max}}$ ist.

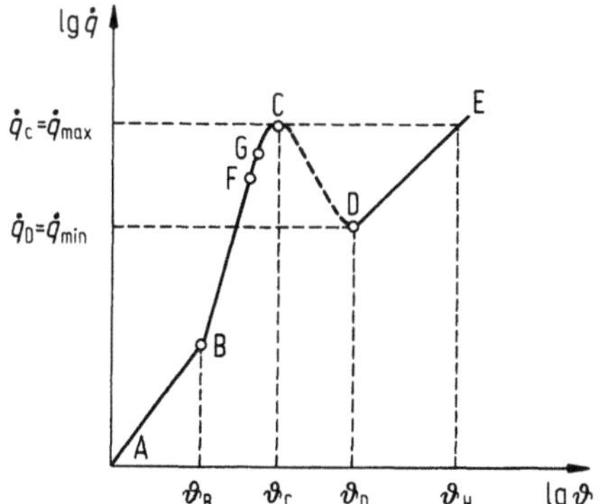

Abb. 3.1. Schematische Darstellung der Wärmestromdichte $\dot{q}$ in Abhängigkeit von der Übertemperatur ϑ nach FRITZ [2]. Erläuterungen zu Punkten A bis E im Text.

Wenn die Wärmestromdichte $\dot{q}_{max}$ überschritten wird, erfolgt ein Umschlag in der Siedeart. Die Blasenbildung ist so reichlich, daß die Dampfblasen allmählich Teile der Heizfläche bedecken. Da durch den so gebildeten instabilen Dampffilm der Kontakt zwischen der Heizfläche und der Flüssigkeit unterbunden wird und die Wärmeleitung durch die Dampfschicht schlecht ist, nimmt die Wärmestromdichte sehr rasch ab. In Abb. 3.1 ist dieses *instabile Filmsieden* durch den Kurvenzug CD wiedergegeben. Da die Heizfläche nicht völlig, sondern nur teilweise vom Dampf bedeckt ist, spricht man auch vom Bereich des *partiellen Filmsiedens*. Der Punkt D wird als Leidenfrostscher Punkt bezeichnet ($\dot{q}_D = \dot{q}_{min}$).

Entlang des Kurvenzuges DE — im Bereich des *stabilen Filmsiedens* — ist die Dampfbildung so reichlich, daß die Dampfblasen einen geschlossenen Dampffilm zwischen der Heizfläche und der Flüssigkeit bilden. Da nun die ganze Heizfläche vollständig vom Dampf bedeckt ist, wird dieser Bereich auch als der Bereich des *totalen Filmsiedens* bezeichnet.

Unter dem Einfluß der wachsenden Turbulenz im Dampffilm und der Wärmestrahlung zeigt aber die Wärmestromdichte mit Erhöhung der Übertemperatur eine wieder steigende Tendenz. Die obere Grenze der technischen Brauchbarkeit ist durch die thermische Zersetzung des Dampfes gezogen.

Bei dem geschilderten Umschlag in der Siedeart kann die neue Übertemperatur ϑ_H um einige 100 K größer sein als ϑ_C. Siedet z. B. das Wasser bei Normaldruck, so ist $\vartheta_C - \vartheta_G = 20\ \text{K}$, $\vartheta_D - \vartheta_C = 60\ \text{K}$ und $\vartheta_H - \vartheta_D = 500\ \text{K}$. Diese hohe Übertemperatur kann u. U. zum Schmelzen des Materials, d. h. zum „Durchbrennen" der Heizfläche führen. Der Betriebszustand im Punkt C heißt deshalb „Durchbrennpunkt". Besonders in der letzten Zeit wurden viele theoretische und experimentelle Arbeiten zu diesem Problem veröffentlicht. Obwohl die in der Kältetechnik eingesetzten Verdampfer im allgemeinen mit wesentlich niedrigeren Wärmestromdichten als der maximalen betrieben werden, ist die Kenntnis dieser maximalen Wärmestromdichte wegen neuer Anwendungsbereiche auch für diese Verdampfer von Interesse, so daß man sich auch mit der Bestimmung der maximalen Wärmestromdichte bei siedenden Kältemittel befaßt hat.

Als weitere graphische Darstellung des Wärmeübergangs wird die Form $\alpha = F(\vartheta)$ oder — in der Kältetechnik besonders oft — die Form $\alpha = F(\dot{q})$ benutzt und zwar in doppeltlogarithmischer Auftragung.

Für die mathematische Beschreibung des Wärmeübergangs können also die folgenden Potenzprodukte verwendet werden:

$$\alpha = C_1\,\dot{q}^{n_1} \tag{3.3}$$

oder

$$\alpha = C_2\,\vartheta^{n_2} \tag{3.4}$$

oder

$$\dot{q} = C_3\,\vartheta^{n_3}. \tag{3.5}$$

Unter Berücksichtigung der Gl. (3.2) ergeben sich zwischen den Konstanten C_1, C_2 und C_3, sowie zwischen den Exponenten n_1, n_2 und n_3 die Zusammenhänge

$$n_2 = \frac{n_1}{1 - n_1}, \tag{3.6}$$

$$C_2 = C_1^{1/(1 - n_1)}, \tag{3.7}$$

$$n_3 = 1 + n_2 = \frac{1}{1 - n_1}, \tag{3.8}$$

$$C_3 = C_2 = C_1^{1/(1 - n_1)}. \tag{3.9}$$

Die Experimente zeigen, daß im Bereich des Blasensiedens der Exponent $n_1 = 0,6$ bis $n_1 = 0,8$ ist. Damit ergibt sich aus Gl. (3.6) für $n_2 = 1,5\ldots4,0$ bzw. nach Gl. (3.8) für $n_3 = 2,5\ldots5,0$. Zur Interpretation der Meßergebnisse ist Gl. (3.3) mit dem Exponenten n_1 geeigneter als die beiden anderen, da die Streuung geringer ist.

SCHLÜNDER [3] hat einen von den Gln. (3.3) bis (3.5) abweichenden Zusammenhang zwischen α und ϑ in der Form

$$\alpha \sim \exp\left(-1/\vartheta\right) \tag{3.10}$$

vorgeschlagen, wobei zur Beschreibung des Wärmeübergangs beim Blasensieden der Ansatz für die freie Konvektion einphasiger Fluide benutzt wird. Danach ergeben sich bei der Darstellung $\ln \alpha = F(1/\vartheta)$ für konstante Drücke Geraden, die auf einen Pol bei $1/\vartheta = 0$ zielen. Aus den bekannten Messungen verschiedener Autoren geht aber hervor, daß die Meßpunkte für einige Meßreihen für $p = $ const auf deutlich gekrümmten Kurven liegen, so daß Abweichungen von den Interpolationsgeraden auftreten.

Wegen der Kompliziertheit der einzelnen Vorgänge beim Sieden beschränkte man sich zunächst darauf, die Wärmeübergangskoeffizienten durch empirische Gleichungen der Form

$$\alpha = C_1 \, \dot{q}^{n_1} \tag{3.11}$$

darzustellen. Um den Einfluß des Verdampfungsdrucks p_0 auf den Wärmeübergang zu erfassen, wurde Gl. (3.11) auf die Form

$$\alpha = C_4 \, p_0^{n_4} \, \dot{q}^{n_1} \tag{3.12}$$

erweitert.

Spätere Untersuchungen haben gezeigt, daß die Rauhigkeit der Heizfläche ebenfalls einen Einfluß auf die Blasenbildung und damit auf den Wärmeübergang hat. Rauhe Oberflächen weisen höhere Wärmeübergangskoeffizienten auf als glatte Heizflächen. Dies kann dadurch berücksichtigt werden, daß Gl. (3.12) in der Form

$$\alpha = C_5 \, p_0^{n_4} \, R^{n_5} \, \dot{q}^{n_1} \tag{3.13}$$

geschrieben wird, wobei C_5, n_1, n_4 und n_5 konstante, durch Versuche ermittelte Werte sind, während R die Rauhigkeit der Heizfläche bedeutet (s. Abschn. 1.2.2).

Für die Beschreibung des Wärmeübergangs beim Sieden wird in deutschem Schrifttum die Glättungstiefe R_p und im russischen Schrifttum die Rauhtiefe R_t, bzw. die mittlere Rauhtiefe R_z benutzt. Da zwischen diesen Werten keine allgemein gültige Umrechnungsgleichung besteht, ist ein Vergleich zwischen den von verschiedenen Autoren gemessenen Wärmeübergangskoeffizienten sehr schwierig[1]. Oft fehlen sogar Angaben über die Oberflächenbeschaffenheit der untersuchten Heizfläche. Im allgemeinen reicht es, wenn man für handelsübliche Rohre Werte von $R_p = 0,2\ldots1,0 \, \mu m$ benutzt.

Wie später noch gezeigt wird, hat der Exponent n_5 der Rauhigkeit R_p in Gl. (3.13) einen durchschnittlichen Wert von $n_5 = 0,133$. Bei dem oben erwähnten Verhältnis der Rauhigkeit von $1:5$ beträgt die Abweichung bei der Berechnung des Wärmeübergangskoeffizienten rund 24%. Wegen dieses kleinen Einflusses der Rauhigkeit auf den Wärmeübergang beim Sieden kommt sie in neuen Gleichungen nicht mehr vor.

---

[1] Nach einer Mitteilung des Mannesmann-Forschungsinstituts kann bei handelsüblichen Stahlrohren näherungsweise $R_p \approx CR_t$ gesetzt werden, wobei $0,5 \leq C \leq 0,75$ ist.

Dr. Steiner (Inst. für Thermische Verfahrenstechnik der Universität Karlsruhe) teilte mit, daß man aufgrund interner Untersuchungen am obigen Institut für handelsübliche Kupferrohre näherungsweise $R_p \approx 0,125 \, R_t$ setzen kann.

Die Gln. (3.11) bis (3.13) werden oft benutzt, da sie sehr einfach aufgebaut sind. Sie können aber nur für diejenigen Kältemittel verwendet werden, für welche die erwähnten Konstanten durch Versuche bestimmt sind. Dies bedeutet praktisch, daß der Gültigkeitsbereich solcher Gleichungen sehr beschränkt ist. Außerdem ist störend, daß sie dimensionsbehaftet sind.

Es ist deswegen wünschenswert, Gleichungen aufzustellen, mit deren Hilfe man die Wärmeübergangskoeffizienten beim Sieden unter verschiedenen Betriebsbedingungen und in Abhängigkeit von Kennzahlen berechnen kann. Da zahlreiche Faktoren den Wärmeübergang beeinflussen, ist verständlich, daß solche Gleichungen nicht die einfache Form wie die Gln. (3.11), (3.12) oder (3.13) aufweisen.

Eine zusätzliche Schwierigkeit entsteht dadurch, daß man für die Aufstellung solcher Gleichungen die Stoffwerte des Kältemittels benötigt. Für Kältemittel findet man zwar im Schrifttum zahlreiche Daten, die sich aber oft voneinander sehr unterscheiden, was manchmal zu wesentlichen Abweichungen in den Ergebnissen der nach denselben Gleichungen berechneten Wärmeübergangskoeffizienten führen kann. Die wichtigsten Stoffwerte der Kältemittel sind in [1, 4-9] zusammengestellt.

Tabelle 3.1. *Zusammenstellung von Untersuchungen über den Wärmeübergang beim Sieden von Kältemitteln im Bereich der freien Konvektion*

Autor	Untersuchte Kältemittel	Bereich des normierten Drucks p^*	Berechnungsgleichungen	Bemerkungen
Powolotskaya [10]	R12	0,029 6...0,10	$Nu = 0,135 \, (Gr\,Pr)^{1/3}$	$\dot{q} < 1\,000 \; W/m^2$
Hirschberg [11]	verschiedene	0,000 6...0,58	$Nu = C(Gr\,Pr)^{1/3}$	$C = 0,16$ Ammoniak, Wasser $C = 0,23$ andere Kältemittel
Gorenflo [12]	R11 R113 R502	0,03...0,069 0,002 9...0,047 0,082...0,211	$Nu = 0,15 \, (Gr\,Pr)^{1/3}$	turbulente Grenzschicht
Schroth [13]	R11 R12	0,011 8...0,05 0,049...0,27	$Nu = 0,4 \, (Gr\,Pr)^{1/4}$ $Nu = 0,129 \, (Gr\,Pr)^{1/3}$	laminare Grenzschicht turbulente Grenzschicht
Dyundin [14]	R12	0,024 4...0,138	$\alpha = 62,7 \, \dot{q}^{1/4}$	
Kuprijanowa [15]	Ammoniak	0,006 4...0,075 9	$\alpha = \dfrac{74,5}{d^{0,2}} \dot{q}^{1/5}$	
Danilowa [16]	verschiedene	0,20...0,40	$Nu = 0,21 \, (Gr\,Pr)^{1/3}$	turbulente Grenzschicht ab $Gr\,Pr > 10^3$
Gorenflo [17]	verschiedene	0,003...0,9	$Nu = 0,60 \, (Gr\,Pr)^{1/4}$ $Nu = 0,15 \, (Gr\,Pr)^{1/3}$	laminare Grenzschicht turbulente Grenzschicht

3.1.2 Überflutete einzelne Glattrohre

a) Freie Konvektion

In Tab. 3.1 sind die wichtigsten Veröffentlichungen der letzten Jahre über den Wärmeübergang beim Sieden im Bereich der freien Konvektion ohne Blasenbildung und deren Ergebnisse aufgeführt.

Eine einheitliche Darstellung der Meßergebnisse gelingt mit einer Abweichung von $\pm 20\,\%$ durch den Potenzansatz:

$$Nu = C\,(Gr\,Pr)^n, \tag{3.14}$$

wobei — nach GORENFLO [17] — für laminare Strömung

$$C = 0{,}60 \qquad n = 1/4 \tag{3.15}$$

und für turbulente Strömung

$$C = 0{,}15 \qquad n = 1/3 \tag{3.16}$$

ist.

Gl. (3.14) bringt man zweckmäßig in die Form

$$\alpha_{k,1} = S_{k,1}\,\dot{q}^{1/5} \quad \text{(laminare Strömung)} \tag{3.17}$$

und

$$\alpha_{k,t} = S_{k,t}\,\dot{q}^{1/4} \quad \text{(turbulente Strömung).} \tag{3.18}$$

Die beiden Stoffgrößen betragen

$$S_{k,1} = \frac{0{,}665}{d_a^{1/5}} \left[\frac{g\gamma(\varrho')^2\,c'\,(\lambda')^3}{\eta'} \right]^{1/5} \quad (S_{k,1} \text{ in W}^{0,8}/\text{m}^{1,6}\,\text{K}), \tag{3.19}$$

und

$$S_{k,t} = 0{,}24 \left[\frac{g\gamma(\varrho')^2\,c'\,(\lambda')^2}{\eta'} \right]^{1/4} \quad (S_{k,t} \text{ in W}^{0,75}/\text{m}^{1,5}\,\text{K}). \tag{3.20}$$

Die Stoffwerte des Kältemittels beziehen sich dabei auf die flüssige Phase und werden für die mittlere Temperatur zwischen der Grenzschicht- und der Verdampfungstemperatur eingesetzt. Ohne einen merklichen Fehler zu machen, können die Stoffwerte der Einfachheit halber für die Verdampfungstemperatur genommen werden. Einheitlich werden die Stoffwerte des Kältemittels der flüssigen Phase im Siedezustand mit $'$ und die der dampfförmigen Phase im Siedezustand mit $''$ bezeichnet. Als geometrische Größe für die Bildung der Kennzahlen ist der Rohraußendurchmesser d_a einzusetzen. Mit Ausnahme der Untersuchungen von DANILOWA [16] erfolgte der Übergang von laminarer zur turbulenten Strömung bei $Gr\,Pr = 1 \cdot 10^7 \ldots 5 \cdot 10^7$.

b) Blasensieden

Eine Zusammenstellung der wichtigsten experimentellen Untersuchungen des Wärmeübergangs beim Blasensieden von Kältemitteln ist in Tab. 3.2 dargestellt. Aufgrund zahlreicher eigener Untersuchungen des Wärmeübergangs beim Blasensieden verschiedener Kältemittel hat DANILOWA [16, 18-20] für die Berechnung des Wärmeübergangskoeffizienten die empirische Gleichung

$$\alpha_{EG} = \alpha_D = C_D\,F_D\,(p^*)\,R_t^{0,2}\,\dot{q}^{0,75} \qquad \pm 15\,\% \tag{3.21}$$

vorgeschlagen. Für die Konstante C_D gilt die dimensionsbehaftete Beziehung

$$C_D = \frac{548\,p_{kr}^{1/4}}{\mu^{1/8}\,T_{kr}^{7/8}}, \tag{3.22}$$

in welcher die Molmasse μ in kg/kmol, der kritische Druck p_{kr} in bar und die kritische Temperatur T_{kr} in K einzusetzen sind. In Gl. (3.21) muß die Wärmestromdichte $\dot{q}$ in W/m^2 und die Rauhtiefe R_t in μm eingesetzt werden.

Setzt man für den normierten Druck

$$p^* = p_0/p_{kr},\tag{3.23}$$

so gilt nach Danilowa für die Druckabhängigkeit des Wärmeübergangs im Bereich $0,03 \leqq p^* \leqq 0,50$ die Funktion

$$F_D(p^*) = 0,14 + 2,2p^*.\tag{3.24}$$

Tabelle 3.2. *Zusammenstellung von Untersuchungen über den Wärmeübergang beim Blasensieden von Kältemitteln an einzelnen, glatten Rohren*

Autor	Untersuchte Kältemittel	Bereich des normierten Drucks p^*	Exponent der Wärmestrom-dichte n_1	Bemerkungen
Gorenflo [12]	R11	0,03...0,069	0,77...0,81	
	R113	0,0029...0,047	Mittelwert	
	R502	0,082...0,211	0,80	
Schroth [13]	R11	0,012...0,05	2/3	
	R12	0,049...0,270		
Dyundin [14]	R12	0,0244...0,138	0,67...0,77	
Danilowa [16]				
Danilowa [18]	R12	0,042...0,570	0,75	
	R13	0,392...0,651	0,60	
Danilowa/Belsky	R22	0,056...0,496	0,75	
[19]	R113	0,032...0,078	0,60	
Danilowa/	R142	0,016...0,069	0,75	
Kuprijanowa [20]				
Powolotskaya [21]	R22	0,0214...0,0926	0,66...0,77[a]	[a] von der Siedetemperatur abhängig
Henrici/Hesse [22]	R114	0,077...0,0113	0,70...0,79	
Wickenhäuser [23]	R12	0,19...0,95	$n_1 = F(p_0)$	
	R13 B1	0,40...0,95	Mittelwert	
	R113	0,01...0,10	$n_1 = 0,70$	
	R115	0,30...0,95		
	RC318	0,12...0,95		
Bier/Gorenflo/ Wickenhäuser [24]	[b]	[b]	[b]	[b] wie Literatur [23]
Engelhorn [25]	R11	0,0004...0,0685	0,8...1,0[c]	[c] abhängig von der Siedetemperatur, höhere Werte bei niedrigeren Siedetemperaturen
	R12	0,006...0,044		
	R22	0,008...0,044		
	R13	0,072...0,274		
	R13 B1	0,020...0,141		

Eine grundlegende theoretische Betrachtung der Vorgänge beim Sieden verdanken wir STEPHAN [26]. Er hat den Wärmeübergang beim Sieden von Wasser und R11 an einem waagerechten Rohr und einer waagerechten Platte experimentell untersucht. Ausgehend vom Modell einer von wachsenden und abreißenden Blasen durchwirbelten Grenzschicht und unter Berücksichtigung aller als maßgebend erkannten Einflußgrößen führte er eine Dimensionsanalyse durch und gelangte so zu acht Kennzahlen. Nach Zusammenfassung einiger Kennzahlen, deren Exponenten von gleicher Größenordnung sind und unter Vernachlässigung von Kennzahlen mit sehr kleinen Exponenten verblieben nur noch drei Kennzahlen. So entstand die Beziehung

$$Nu_{St} = C_{St}\, K_1^{n_6}\, K_2^{n_7}\, K_3^{0,133} \qquad \pm 9\,\%, \tag{3.25}$$

wobei die Konstanten aus Tab. 3.3 zu entnehmen sind.

Für die einzelnen Kennzahlen gilt

$$Nu_{St} = \frac{\alpha_{St}\, d_B}{\lambda'}, \tag{3.26}$$

$$K_1 = \frac{\dot{q}\, d_B}{T_0\, \lambda'}, \tag{3.27}$$

$$K_2 = \frac{T_0\, d_B\, \lambda'\, \varrho'}{\sigma\eta'}, \tag{3.28}$$

$$K_3 = \frac{\Delta h_d\, \varrho''\, R_p}{(f d_B)^2\, d_B\, \varrho'}. \tag{3.29}$$

Der Abreißdurchmesser der Blasen beträgt

$$d_B = 0{,}511\, b, \tag{3.30}$$

wobei die Laplace-Konstante

$$b = \sqrt{\frac{2\sigma}{g(\varrho' - \varrho'')}} \tag{3.31}$$

ist. An dieser Stelle sei erwähnt, daß verschiedene Autoren die Laplace-Konstante durch die Gleichung

$$l = \sqrt{\frac{b}{2}} = \sqrt{\frac{\sigma}{g(\varrho' - \varrho'')}} \tag{3.32}$$

definieren. Bei der Auswertung und dem Vergleich von Meßergebnissen muß dies beachtet werden.

Es ist bekannt, daß sich der Vorgang der Bildung und des Abreißens der Blasen mit einer bestimmten Frequenz f wiederholt, wobei das Produkt $(f d_B)$ konstant ist. Für dieses Produkt wurden jedoch unterschiedliche Werte gefunden. McFADDEN und GRASSMANN [27] begründeten mit der Dimensionsanalyse die Abhängigkeit

$$f\sqrt{d_B} = 0{,}56\, \sqrt{g}. \tag{3.33}$$

Tabelle 3.3. *Konstanten der Gl. (3.25)*
nach STEPHAN [26]

Heizfläche	C_{St}	n_6	n_7
waagerechtes Rohr	0,071	0,70	0,30
waagerechte Platte	0,013	0,80	0,40

Durch die von STEPHAN angegebene Gl. (3.25) für die Berechnung des Wärmeübergangs beim Sieden an einzelnen glatten Rohren gelang es erstmals, den Rauhigkeitseinfluß quantitativ zu erfassen. Gl. (3.25) gilt allerdings nur für den Bereich des Blasensiedens bei Verdampfungsdrücken von $p_0 = 1\ldots3$ bar. Für andere Verdampfungsdrücke gibt sie die Druckabhängigkeit des Wärmeübergangs schlecht wieder. Um die Berechnung des Wärmeübergangs zu erleichtern, hat STEPHAN [28] zwei Nomogramme entwickelt, aus welchen man die Wärmeübergangskoeffizienten entnehmen kann.

Eine neue Gleichung für die Berechnung des Wärmeübergangs beim Blasensieden von Halogenkältemitteln, Propan, n-Butan und Kohlendioxid stammt von STEPHAN und ABDELSALAM [29]. Mit Hilfe der Regressionsanalyse gewann man die sehr einfache Beziehung

$$Nu = 206{,}77\, K_1^{0{,}745}\, (\varrho''/\varrho')^{0{,}581}\, (Pr')^{0{,}533}, \tag{3.34}$$

welche für

$$0{,}003 < p^* < 0{,}78 \qquad 0{,}138 \cdot 10^{-1} < K_1 < 9{,}66$$

$$1{,}84 < Pr < 7{,}70 \qquad 0{,}518 \cdot 10^{-3} < \varrho''/\varrho' < 0{,}264$$

gilt. Für die Nußelt-Zahl und die Kennzahl K_1 gelten auch hier die Gln. (3.26) und (3.27).

Da die Gl. (3.34) die für praktische Berechnungen brauchbare Wärmeübergangskoeffizienten liefert und außerdem die Druckabhängigkeit des Wärmeübergangs gut wiedergibt, kann sie bei der Berechnung des Wärmeübergangs beim Blasensieden an einzelnen Glattrohren benutzt werden. Für praktische Berechnungen kann sie in der Form

$$\alpha_{\mathrm{EG}} = S_{\mathrm{KG}}\, \dot q^{\,0{,}745} \tag{3.35}$$

geschrieben werden, wobei die Größe

$$S_{\mathrm{KG}} = \frac{206{,}77\lambda'}{d_{\mathrm{B}}} \left(\frac{d_{\mathrm{B}}}{T_0\lambda'} \right)^{0{,}745} (\varrho''/\varrho')^{0{,}581}\, (Pr')^{0{,}533} \tag{3.36}$$

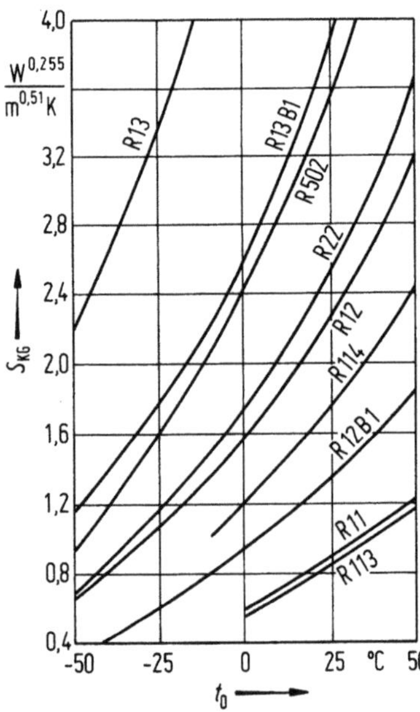

Abb. 3.2. Abhängigkeit der Stoffgröße S_{KG} von der Verdampfungstemperatur t_0 für verschiedene Kältemittel.

nur die Stoffwerte des Kältemittels enthält und damit temperaturabhängig ist. Die Stoffgröße S_{KG} ist für verschiedene Kältemittel in Abb. 3.2 als Funktion der Verdampfungstemperatur t_0 dargestellt.

Die Kenntnis des Wärmeübergangs beim Blasensieden unter höheren Drücken gewinnt, bedingt durch viele neue verfahrenstechnische Prozesse, zunehmend an Bedeutung [23]. Auch der Bereich der niedrigen Verdampfungsdrücke wurde in der letzten Zeit von ENGELHORN [25] und MEDNIKOWA [42] systematisch untersucht. Damit stehen nun Versuchsergebnisse in einem weiten Bereich der Verdampfungsdrücke zur Verfügung. Es sei also untersucht, ob die allgemeingültige Druckabhängigkeit des Wärmeübergangs beim Blasensieden so zu beschreiben ist, daß bei Kenntnis einer Meßreihe bei konstantem Verdampfungsdruck die Bestimmung der Wärmeübergangskoeffizienten bei beliebigem Druck möglich ist.

Die Wiedergabe der Meßwerte gelingt am besten mit Hilfe des nach Gl. (3.23) definierten normierten Drucks. Üblicherweise wird zur Wiedergabe von Ergebnissen der normierte Druck $p_0^* = 0{,}03$ zugrundegelegt, weil bei diesem Druck der Dampfdruck der meisten Halogenkältemittel sowie der einer Reihe anderer organischer Flüssigkeiten nahe dem Druck $p = 1$ bar liegt.

Es ist bekannt, daß die Wärmeübergangskoeffizienten verschiedener Kältemittel mit Anstieg des Verdampfungsdrucks recht einheitlich zunehmen. DANILOWA [18] hat diese Zunahme durch die bereits erwähnte empirische lineare Gl. (3.24) erfaßt. Bezogen auf den normierten Druck $p_0^* = 0{,}03$ lautet diese Gleichung

$$\frac{\alpha_{p^*}}{\alpha_{p_0^* = 0{,}03}} = F_D(p^*) = 0{,}68 + 10{,}68\,p^*. \tag{3.37}$$

Verschiedene Untersuchungen haben gezeigt, daß die Wärmeübergangskoeffizienten für $p^* > 0{,}5$ stärker zunehmen, als dies Gl. (3.37) beschreibt [23-25, 30, 31]. Aus diesem Grunde hat GORENFLO [32] in Anlehnung an die Arbeiten von ENGELHORN [25] und HAFFNER [30] eine neue Gleichung für die Beschreibung der Druckabhängigkeit des Wärmeübergangs vorgeschlagen, welche ab $p^* > 1 \cdot 10^{-4}$ bis zur Nähe des kritischen Drucks ($p^* = 0{,}9$) gilt. Sie lautet

$$\frac{\alpha_{p^*}}{\alpha_{p_0^* = 0{,}03}} = F(p^*) = 2{,}1\,(p^*)^{0{,}27} + p^*\left(4{,}4 + \frac{1{,}8}{1 - p^*}\right) \tag{3.38}$$

und gilt für organische Flüssigkeiten und Ammoniak.

In Gl. (3.38) ist der erste Summand für den Verlauf bei tiefen normierten Verdampfungsdrücken bestimmend, während der zweite Teil des zweiten Summanden den starken Anstieg des Wärmeübergangskoeffizienten bei Annäherung an den kritischen Druck beschreibt.

Außer mit den empirischen Gln. (3.37) und (3.38) läßt sich die Druckabhängigkeit des Wärmeübergangs natürlich auch mit Hilfe der Gln. (3.25) und (3.34), sowie einer Gleichung von SLIPČEVIĆ [33] — welche hier nicht erläutert wird — ermitteln, da diese die Temperaturabhängigkeit der Stoffwerte berücksichtigen, auf denen die Druckabhängigkeit beruht.

In Abb. 3.3 ist der nach verschiedenen Gleichungen berechnete Verlauf der für einzelne Glattrohre geltenden Funktion $F_G(p^*)$ in der Abhängigkeit vom normierten Verdampfungsdruck p^* dargestellt.

Wie ersichtlich, geben alle hier erwähnten Gleichungen — mit Ausnahme der Gl. (3.37), welche nur bis $p^* = 0{,}5$ gilt und der Gl. (3.25), die für Drücke in der Nähe des Umgebungsdrucks aufgestellt wurde — den experimentell ermittelten Verlauf (Gl. 3.38) für $p^* > 0{,}03$ mit kleiner Streuung gut wieder, während für $p^* < 0{,}03$ größere Abweichungen auftreten. Da die von GORENFLO vorgeschlagene Gl. (3.38) auch die sy-

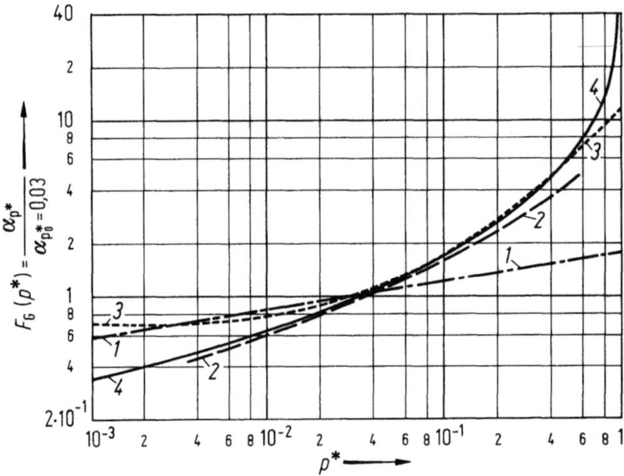

Abb. 3.3. Verlauf der normierten Wärmeübergangskoeffizienten $F_G(p^*)$ in Abhängigkeit vom normierten Druck p^*. *1:* Gl. (3.25); *2:* Gl. (3.34); *3:* Gl. (3.37); *4:* Gl. (3.38).

stematischen Untersuchungen im Bereich tiefer Verdampfungstemperaturen [25] berücksichtigt und außerdem experimentell oft bestätigt wurde, kann sie für die Berechnung der Druckabhängigkeit des Wärmeübergangs beim Blasensieden empfohlen werden. Auch die bis $p^* = 0{,}78$ gültige Gl. (3.34) gibt die Druckabhängigkeit des Wärmeübergangs gut wieder, so daß sie für die direkte Berechnung des Wärmeübergangskoeffizienten benutzt werden kann.

Ausgehend von den bekannten Gleichgewichtsbedingungen für eine existenzfähige Dampfblase zeigte Wickenhäuser [23] in einer einfachen Überlegung, daß die Druckabhängigkeit des Wärmeübergangs beim Blasensieden im wesentlichen nur von der Veränderung einiger Stoffwerte verursacht wird und lieferte die theoretische Erklärung für den experimentell ermittelten Verlauf der auf $p_0^* = 0{,}03$ normierten Wärmeübergangskoeffizienten. Das zunächst vorgeschlagene implizite Rechenverfahren wurde später vereinfacht [24], und es wurde gezeigt, daß die Druckabhängigkeit auf zwei Terme zurückgeführt werden kann. Der erste Term enthält die eine freie Konvektion beschreibende Stoffgruppe und ist bis dicht an den kritischen Druck nahezu unabhängig vom Druck. Die Druckabhängigkeit wird im wesentlichen vom zweiten Term bestimmt. Sie kann damit auf die Temperaturabhängigkeit der Oberflächenspannung, der Dampfdichte und der spezifischen Verdampfungsenthalpie, sowie auf die Dampfdruckkurve zurückgeführt werden. Dieses Verfahren kann auch auf andere Stoffe (Wasser, Benzol, Ethanol) angewendet werden und liefert eine gute Übereinstimmung mit den aus dem Schrifttum bekannten Werten.

Diese Druckabhängigkeit des Wärmeübergangs beim Blasensieden an einzelnen Glattrohren ist die Grundlage des von Gorenflo [32] entwickelten Verfahrens zur Bestimmung der Wärmeübergangskoeffizienten beim Blasensieden. Zunächst wird der bei $p_0^* = 0{,}03$ und $\dot q_0 = 20\,000\ \text{W/m}^2$ experimentell ermittelte Wärmeübergangskoeffizient eines einzelnen Glattrohrs $(\alpha_{EG})_0$ aus Tab. 3.4 entnommen, wobei $(\alpha_{EG})_0 = \alpha_{p^* = 0{,}03}$ gilt. Mit Hilfe der Gl. (3.38) wird der Wärmeübergangskoeffizient $(\alpha_{EG})_0$ auf den normierten Betriebsdruck p^* umgerechnet, wobei sich der so bestimmte Wärmeübergangskoeffizient α_{p^*} immer noch auf $\dot q_0 = 20\,000\ \text{W/m}^2$ bezieht.

Für den auf die beliebige Wärmestromdichte $\dot{q}$ bezogenen Wärmeübergangskoeffizienten α_{EG} gilt

$$\alpha_{EG} = \alpha_{p*}\,(\dot{q}/\dot{q}_0)^{n_G} = \alpha_{p*}\,(\dot{q}/20\,000)^{n_G}, \qquad (3.39)$$

wobei der Exponent n_G durch die für organische Flüssigkeiten und Ammoniak geltende Beziehung

$$n_G = 0,9 - 0,3\,(p^*)^{0,3} \qquad (3.40)$$

gegeben ist.

In Tab. 3.4 ist ein Vergleich zwischen den nach verschiedenen Gleichungen berechneten und den experimentell ermittelten Wärmeübergangskoeffizienten $(\alpha_{EG})_0$ dargestellt.

Aus Tab. 3.4 ist jedoch ersichtlich, daß bei einigen Kältemitteln erhebliche Unterschiede zwischen den berechneten und den experimentell ermittelten Werten bestehen. Selbst die Messungen, die an verschiedenen Versuchsanlagen für das gleiche Kältemittel und gleiche Versuchsbedingungen durchgeführt wurden, weisen große Unterschiede auf. Aus diesem Grunde wurden Vorschläge für eine Standardapparatur zur Messung des Wärmeübergangs beim Blasensieden ausgearbeitet, um den Einfluß apparativer und versuchstechnischer Vorgaben auf das Meßergebnis zu vermindern [34].

Für die Bestimmung der Wärmeübergangskoeffizienten beim Blasensieden von Kältemitteln an einzelnen Glattrohren bieten sich folgende Möglichkeiten an, welche hier, mit abnehmendem Anspruch auf Genauigkeit, aufgeführt werden:

1. Durchführung von eigenen Messungen im gewünschten Bereich der Verdampfungsdrücke und der Wärmestromdichten. Berücksichtigt man dabei, daß für jedes Kältemittel mehrere Meßreihen durchgeführt werden müssen, so ist es klar, daß dieses Verfahren sehr aufwendig ist; es liefert aber die zuverlässigsten Werte.

2. Durchführung der Messungen bei normiertem Verdampfungsdruck $p_0^* = 0,03$ und Umrechnung auf beliebigen Verdampfungsdruck, vorzugsweise mit Hilfe der Gl. (3.38). Da für ein Kältemittel nur eine einzige Meßreihe notwendig ist, verringert

Tabelle 3.4. *Wärmeübergangskoeffizienten* $(\alpha_{EG})_0$
für verschiedene Kältemittel [a] *in* W/m^2K

Kältemittel	$(\alpha_{EG})_0 = \alpha_{p_0^* = 0,03}$		
	Berechnete Werte nach		Experimentelle Werte nach [32]
	Gl. (3.25)	Gl. (3.34)	
R11	1 238	1 556	1 600
R12	1 485	1 719	2 300
R12 B1	1 296	1 538	—
R13	1 949	2 003	2 200
R13 B1	1 606	1 709	2 000
R22	1 708	1 632	2 200
R113	995	1 868	1 500
R114	1 180	2 036	2 000
R502	1 321	1 480	1 800
Ammoniak	3 113	2 917[b]	4 000

[a] Die Werte gelten für $p_0^* = 0,03$; $\dot{q}_0 = 20\,000\ W/m^2$; $R_{p,0} = 1\ \mu m$.
[b] Berechnet nach Gl. (3.41).

sich der Aufwand im Vergleich zu 1. sehr wesentlich, allerdings auf Kosten der Zuverlässigkeit der umgerechneten Werte.

3. Berechnung nach einem der angegebenen Verfahren. Die eigenen Erfahrungen
werden dabei von ausschlaggebender Bedeutung bei der Entscheidung sein, welches
Verfahren bevorzugt werden soll. Ein Vergleich mit den Meßwerten verschiedener Autoren zeigt, daß die Berechnungsverfahren nach Gorenflo Gl. (3.39) und Stephan/
Abdelsalam Gl. (3.34), bzw. (3.35) empfohlen werden können, wobei die nach
Gl. (3.39) berechneten Wärmeübergangskoeffizienten in der Regel höher sind als die
nach Gl. (3.34), bzw. (3.35) berechneten Werte.

Der große Vorteil des Verfahrens nach Gorenflo besteht darin, daß man nicht
mehr auf die unsicheren Stoffwerte des Kältemittels angewiesen ist. Für die Berechnung des Wärmeübergangskoeffizienten ist bei diesem Verfahren neben dem Verdampfungsdruck nur noch die Kenntnis des kritischen Drucks notwendig. Dieser ist
für alle Kältemittel bekannt und sehr genau bestimmt.

Kuprijanowa [35] hat systematische Messungen des Wärmeübergangs beim Sieden
von Ammoniak im Bereich der Verdampfungstemperaturen $-40\,°C \leqq t_0 \leqq +20\,°C$
durchgeführt und für die Berechnung des Wärmeübergangskoeffizienten die empirische Gleichung

$$\alpha_{EG} = 2{,}2\,p_0^{0,21}\,\dot{q}^{0,7} \tag{3.41}$$

vorgeschlagen. Eine Übersicht über weitere experimentelle Untersuchungen des Wärmeübergangs beim Sieden von Ammoniak und entsprechende Berechnungsverfahren
findet man in [36].

3.1.3 Überflutete Glattrohrverdampfer

a) Allgemeines

Die meisten Untersuchungen des Wärmeübergangs beim Sieden wurden mit
einem einzelnen Glattrohr durchgeführt, wobei man auch auf eine möglichst gleichmäßige Rohrwandtemperatur achtete — insgesamt also unter Bedingungen, die dem
praktischen Betrieb nicht entsprechen. Es stellt sich deswegen die Frage, ob es zulässig
ist, die so gewonnenen Wärmeübergangskoeffizienten auf das Glattrohrbündel zu
übertragen.

Eine Antwort gaben die Untersuchungen des Wärmeübergangs beim Sieden an
Glattrohrbündeln. Diese Versuche zeigten, daß sich der Wärmeübergang beim Blasensieden an überfluteten Rohrbündeln wesentlich von demjenigen beim Sieden am Einzelrohr unterscheidet. Von den wichtigsten Unterschieden seien hier erwähnt:

— Die Wärmeübergangskoeffizienten eines überfluteten Glattrohrbündels α_{GB} sind
  bei gleichen Betriebsbedingungen ($\dot{q}$ = const, t_0 = const) immer höher als diejenigen eines einzelnen Glattrohrs α_{EG}.
— Die Abhängigkeit der Wärmeübergangskoeffizienten von der Wärmestromdichte
  ist beim Rohrbündel nicht so ausgeprägt wie beim Einzelrohr, d. h. die Funktion
  $\alpha_{EG} = F_{EG}(\dot{q})$ für das Einzelrohr verläuft im doppeltlogarithmischen $\dot{q}$, α-Dia-
  gramm steiler als die Funktion $\alpha_{GB} = F_{GB}(\dot{q})$.

Die höheren Wärmeübergangskoeffizienten eines Rohrbündels im Vergleich zu denen eines Einzelrohrs können nach Ansicht vieler Autoren auf den Einfluß der zusätzlichen Konvektion im Mantelraum zurückgeführt werden:

— Wegen der Anströmung der untersten Rohrreihe, bedingt durch den Zustrom der
  Flüssigkeit zum gesamten Rohrbündel, ist der Wärmeübergangskoeffizient der un-
  tersten Rohrreihe α_{uR} besser als derjenige des Einzelrohrs α_{EG}.
— Die Strömung im Innern des Rohrbündels, die durch das aufsteigende Gemisch

aus Dampfblasen und mitgenommener Flüssigkeit erzeugt wird, verbessert den Wärmeübergang so, daß er jeweils für die nächsthöhere Rohrreihe besser ist als für die darunterliegende.

— Die Zunahme des Wärmeübergangskoeffizienten wird — bei konstanter Wärmestromdichte — beim Übergang auf die nächsthöhere Rohrreihe immer kleiner. Dies bedeutet, daß man bei genügend großer Anzahl der Rohrreihen beim Übergang von der z-ten auf die $(z + 1)$-te Rohrreihe keine Erhöhung des Wärmeübergangskoeffizienten mehr feststellen kann.

— Die Zunahme des Wärmeübergangskoeffizienten beim Übergang auf die nächsthöhere Rohrreihe wird mit der Erhöhung der Wärmestromdichte immer kleiner, auch die Steigung der Funktion $\alpha_{GB} = F_{GB}(\dot{q})$ ist geringer als die der Funktion $\alpha_{EG} = F_{EG}(\dot{q})$.

b) Berechnungsverfahren

Für die Berechnung des Wärmeübergangskoeffizienten beim Blasensieden von Kältemitteln in überfluteten Glattrohrverdampfern stehen folgende Verfahren zur Verfügung:

Berechnungsverfahren nach HIRSCHBERG [11]. HIRSCHBERG unternahm als erster den Versuch, aus damals vorhandenen experimentellen Untersuchungen eine allgemein gültige Gleichung zu entwickeln, mit deren Hilfe man die Wärmeübergangskoeffizienten beim Sieden von Kältemitteln an überfluteten Glattrohrverdampfern berechnen kann. Er untersuchte die Auswirkung der einzelnen Einflußgrößen auf den Wärmeübergang. Die Dimensionsanalyse führte für den Bereich des Blasensiedens zur Gleichung

$$\alpha_{GB} = B_2 \dot{q}^{2/3}, \tag{3.42}$$

wobei die Stoffgröße

$$B_2 = C_H \left[\frac{\Delta h_d\, c'\, (\varrho')^{1/2}\, \varrho''\, \lambda''}{T_0\, g^{1/2}} \right]^{1/3} \left[\left(1 - \frac{\varrho''}{\varrho'} \right) \sigma \right]^{-1/2} \tag{3.43}$$

nur von den Stoffeigenschaften des Kältemittels abhängig ist. Die Einheit von B_2 ist $W^{1/3}/(K \cdot m^{2/3})$. Die Konstante C_H beträgt $1{,}85 \cdot 10^{-3}$ mit Ausnahme von Ammoniak, für welches $C_H = 1{,}55 \cdot 10^{-3}$ ist.

Für den Bereich der freien Konvektion ohne Blasenbildung ergibt sich

$$\alpha_{GB} = B_1 \dot{q}^{1/4}. \tag{3.44}$$

Bei der Berechnung von überfluteten Verdampfern aus Glattrohren soll immer der größere der beiden nach Gl. (3.42) und (3.44) berechneten Wärmeübergangskoeffizienten benutzt werden.

Setzt man die beiden Gln. (3.42) und (3.44) gleich, so ergibt sich für die Wärmestromdichte $\dot{q}_B$, bei welcher das Blasensieden einsetzt, der Wert

$$\dot{q}_B = (B_1/B_2)^{2,4}. \tag{3.45}$$

Im Tabellenwerk [9] sind die beiden Stoffgrößen B_1 und B_2, sowie die Wärmestromdichte $\dot{q}_B$ für verschiedene Kältemittel in Abhängigkeit von der Verdampfungstemperatur t_0 zusammengestellt.

Nach Gl. (3.42) hat der Exponent der Wärmestromdichte $\dot{q}$, unabhängig von den Betriebsbedingungen und der Kältemittelart, den konstanten Wert $n_G = 2/3$. Neuere Untersuchungen des Wärmeübergangs beim Blasensieden an überfluteten glatten Rohrbündeln zeigten jedoch, daß n_G nicht konstant ist und Werte $0{,}45 \leq n_G \leq 0{,}70$ hat. Trotzdem ist Gl. (3.42) in guter Übereinstimmung mit den Meßwerten. Größere Abweichungen sind bei tiefen Verdampfungstemperaturen und bei Kältemittelgemischen möglich.

Berechnungsverfahren nach Gorenflo [32]. Für die Berechnung des Wärmeübergangskoeffizienten beim Blasensieden von Kältemitteln an überfluteten glatten Rohrbündelverdampfern empfiehlt Gorenflo die Beziehung

$$\alpha_{GB} = \alpha_{uR}\, F_{GB}, \tag{3.46}$$

wobei α_{uR} der Wärmeübergangskoeffizient der untersten Rohrreihe und F_{GB} ein Korrekturfaktor für das Glattrohrbündel ist.

Da der Wärmeübergangskoeffizient der untersten Rohrreihe des Rohrbündels α_{uR} — entsprechend früheren Erläuterungen — größer ist als derjenige eines Einzelrohrs α_{EG}, wird gesetzt:

$$\alpha_{uR} = \alpha_{EG} + F_k\, \alpha_k, \tag{3.47}$$

wobei α_k der nach Gl. (3.18) zu bestimmende konvektive Wärmeübergangskoeffizient ist. Der Faktor F_k berücksichtigt den konvektiven Einfluß und kann Werte zwischen 0,5 und 1,0 annehmen. Die zu erwartenden Wärmeübergangskoeffizienten liegen also innerhalb eines nach Gl. (3.47) berechneten Feldes, dessen untere Grenze mit $F_k = 0{,}5$ und obere Grenze mit $F_k = 1{,}0$ gegeben ist. Man begeht keinen großen Fehler, wenn man für praktische Berechnungen mit dem Mittelwert $F_k = 0{,}75$ rechnet.

Der Wärmeübergangskoeffizient des Einzelrohrs α_{EG} wird nach Gl. (3.39) berechnet.

Basierend auf einem Vorschlag von Engelhorn [25] beträgt die verbesserte Beziehung für den Korrekturfaktor F_{GB} nach Gorenflo

$$F_{GB} = 1 + \cfrac{1}{2 + \cfrac{\dot{q}}{1\,000\ \text{W/m}^2}} \tag{3.48}$$

Berechnungsverfahren nach Gorenflo und Slipčević. Bei diesem Verfahren wird für die Berechnung des Wärmeübergangskoeffizienten α_{GB} die Gl. (3.46) mit dem Korrekturfaktor F_{GB} nach Gl. (3.48) benutzt. Von dem Verfahren nach Gorenflo unterscheidet es sich nur in der Art der Bestimmung des Wärmeübergangskoeffizienten α_{uR}.

Bei Überlagerung zweier Wärmeübertragungsarten, welche hier zunächst allgemein mit Indizes 1 und 2 bezeichnet seien, kann für den daraus resultierenden Wärmeübergang gesetzt werden

$$Nu = \sqrt[n]{Nu_1^{\,n} + Nu_2^{\,n}}. \tag{3.49}$$

Werden dabei alle Nußelt-Zahlen mit der gleichen Wärmeleitfähigkeit und der gleichen geometrischen Größe gebildet, so kann Gl. (3.49) in der Form

$$\alpha = \sqrt[n]{\alpha_1^{\,n} + \alpha_2^{\,n}} \tag{3.50}$$

geschrieben werden. Für den Exponenten n findet man im Schrifttum meistens den Wert $n = 2$.

Für den aus dem konvektiven Wärmeübergangskoeffizienten α_k und dem Wärmeübergangskoeffizienten beim Blasensieden am Einzelrohr α_{EG} resultierenden Wärmeübergangskoeffizienten der untersten Rohrreihe α_{uR} wird damit

$$\alpha_{uR} = \sqrt{\alpha_{EG}^2 + \alpha_k^2} \tag{3.51}$$

und entsprechend Gl. (3.46)

$$\alpha_{GB} = \sqrt{\alpha_{EG}^2 + \alpha_k^2}\; F_{GB}. \tag{3.52}$$

Berechnungsverfahren nach Slipčević [37]. Slipčević hat, gestützt auf die damals bekannten experimentellen Untersuchungen des Wärmeübergangs beim Blasensieden

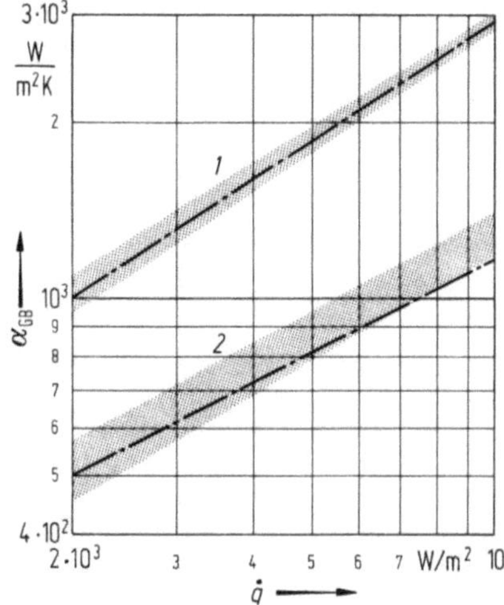

Abb. 3.4. Wärmeübergangskoeffizienten α_{GB} für das Blasensieden von Kältemittel R12 an überfluteten glatten Rohrbündeln nach Messungen von BELSKY [38]. *1:* $t_0 = +40\,°C$; *2:* $t_0 = -25\,°C$. Das schraffierte Feld stellt die nach Gl. (3.53) mit $F_k = 1$ (obere Grenze) berechneten Werte dar.

von Kältemitteln an überfluteten glatten Rohrbündelverdampfern, für die Berechnung des Wärmeübergangs die einfache Beziehung

$$\alpha_{GB} = \alpha_{EG} + F_k\,\alpha_k \tag{3.53}$$

vorgeschlagen, wobei $0,5 \leqq F_k \leqq 1,0$ ist.

In Abb. 3.4 sind die von BELSKY [38] gemessenen Wärmeübergangskoeffizienten α_{GB} beim Blasensieden von R12 über der Wärmestromdichte $\dot{q}$ aufgetragen. Als Vergleich sind die nach Gl. (3.53) berechneten Wärmeübergangskoeffizienten α_{GB} mit $F_k = 0,5$ (untere Grenze) und $F_k = 1$ (obere Grenze) als schraffiertes Feld dargestellt. Für die Berechnung des Wärmeübergangskoeffizienten des Einzelrohrs α_{EG} wurde dabei Gl. (3.35) und für die Berechnung des konvektiven Wärmeübergangskoeffizienten α_k Gl. (3.18) benutzt. Aus dieser Darstellung geht hervor, daß man bei der Berechnung des Wärmeübergangs die innerhalb des schraffierten Feldes liegende Wärmeübergangskoeffizienten zu erwarten hat. Für die meisten experimentellen Werte gilt jedoch

$$\alpha_{GB} = \alpha_{EG} + \alpha_k, \tag{3.54}$$

so daß diese Beziehung für die Berechnung des Wärmeübergangskoeffizienten beim Blasensieden von Kältemitteln an überfluteten glatten Rohrbündelverdampfern empfohlen werden kann.

Für das Blasensieden von Ammoniak an überfluteten glatten Rohrbündelverdampfern kann nach [36] die einfache Beziehung

$$\alpha_{GB} = (0,023\,3\,T_0 - 3,38)\,\dot{q}^{0,7} + (0,155\,T_0 + 45,6)\,\dot{q}^{0,25} \tag{3.55}$$

empfohlen werden, wobei die Verdampfungstemperatur T_0 in K einzusetzen ist.

Um die Berechnung von überfluteten Verdampfern zu vereinfachen (s. Abschn. 3.2.4), wird empfohlen, den Wärmeübergangskoeffizienten α_{GB} in der Form

$$\alpha_{GB} = S_{GB}\,\dot{q}^{n_{GB}} \tag{3.56}$$

darzustellen.

Für zwei frei gewählte Wärmestromdichten $\dot{q}_1$ und $\dot{q}_2$ werden — je nach dem gewählten Berechnungsverfahren — die entsprechenden Wärmeübergangskoeffizienten $\alpha_{GB,1}$ und $\alpha_{GB,2}$ berechnet. Dann wird aus der Beziehung

$$n_{GB} = \ln\,(\alpha_{GB,1}/\alpha_{GB,2})/\ln\,(\dot{q}_1/\dot{q}_2) \tag{3.57}$$

Tabelle 3.5. *Zusammenstellung von neueren Untersuchungen über den Wärmeübergang beim Blasensieden von Kältemitteln an überfluteten, glatten Rohrbündeln*

Autor	Kälte-mittel	C_{GB}	m	n	Untersuchter Bereich der	
					Verdampfungs-temperatur t_0 °C	Wärmestrom-dichte $\dot{q}$ W/m^2
Wallner [39]	R11	9,55	0,0	0,55	$p_s = 1$ bar	$400 \leqq \dot{q} \leqq 18\,000$
Belsky [38]	R12	[a]	[a]	[a]	$-25 \leqq t_0 \leqq +40$	$700 \leqq \dot{q} \leqq 6\,000$
Heimbach [40]	R12	2,70	0,300	0,70	$-35 \leqq t_0 \leqq +11$	$12\,000 \leqq \dot{q} \leqq 34\,000$
Powolotskaya [21, 41]	R22	[a]	[a]	[a]	$-30 \leqq t_0 \leqq +10$	$1\,160 \leqq \dot{q} \leqq 11\,600$
Kuprijanowa [15]	R22	1,88	0,420	0,70	$-30 \leqq t_0 \leqq +20$	$\dot{q} \leqq 10\,000$
Heimbach [40]	R22	2,50	0,375	0,70	$-38 \leqq t_0 \leqq 0$	$12\,000 \leqq \dot{q} \leqq 34\,000$
Mednikowa [42]	R22	2,20	0,380	0,70	$-60 \leqq t_0 \leqq 0$	$1\,000 \leqq \dot{q} \leqq 6\,500$
Mednikowa [42]	R502	1,90	0,440	0,70	$-50 \leqq t_0 \leqq -15$	$650 \leqq \dot{q} \leqq 5\,200$
Danilowa [43]	Ammoniak	9,00	0,150	0,60	$-20 \leqq t_0 \leqq +10$	$500 \leqq \dot{q} \leqq 12\,000$
Heimbach [44]	Ammoniak	35,50	0,0	0,50	$-37 \leqq t_0 \leqq 0$	$15\,000 \leqq \dot{q} \leqq 38\,000$

[a] Keine Angaben.

zunächst der Exponent der Wärmestromdichte n_{GB} und danach die Stoffgröße

$$S_{GB} = \alpha_{GB,1}/\dot{q}_1^{\,n_{GB}} = \alpha_{GB,2}/\dot{q}_2^{\,n_{GB}} \qquad (3.58)$$

bestimmt. Damit sind die beiden für die Berechnung des Verdampfers erforderlichen Größen S_{GB} und n_{GB} bekannt.

c) Meßergebnisse

Eine Übersicht über die älteren Untersuchungen des Wärmeübergangs beim Blasensieden von Kältemitteln findet man bei Hofmann [1]. Seine Ergebnisse seien hier ergänzt durch die neueren Untersuchungen. Alle experimentell gewonnenen Wärmeübergangskoeffizienten lassen sich in der Form

$$\alpha_{GB} = C_{GB}\, p_0^{\,m}\, \dot{q}^{\,n} \qquad (3.59)$$

darstellen. Eine Zusammenstellung dieser neuen Untersuchungen über das Blasensieden an überfluteten glatten Rohrbündelverdampfern und der so gewonnenen Konstanten der Gl. (3.59) ist aus Tab. 3.5 ersichtlich.

Monofluortrichlormethan – R11. Wallner [39] hat den Wärmeübergang beim Sieden von ölfreiem Kältemittel R11 bei dem Verdampfungsdruck $p_0 = 1$ bar untersucht. Die Rohrbündel bestanden aus je 12 Rohren $d_a = 10$ mm, $L = 400$ mm und hatten eine Glättungstiefe von $R_p = 3$ μm. Der Durchmesser des Behälters war $D = 150$ mm.

Es wurden folgende Anordnungen untersucht:

Rohrbündel I:	Versetzte Rohranordnung,	$t_q^* = s/d_a = 1{,}33,$
Rohrbündel II:	Versetzte Rohranordnung,	$t_q^* = s/d_a = 1{,}50,$
Rohrbündel III:	Fluchtende Rohranordnung,	$t_q^* = s/d_a = 1{,}33.$

Um den Hysteresiseffekt zu vermeiden, wurden alle Versuchsreihen mit höchster Wärmestromdichte begonnen. Wallner hat die Wärmeübergangskoeffizienten an allen Rohren des Rohrbündels gemessen. Die Meßwerte für Temperatur, Druck und Wärmestromdichte wurden für jedes Rohr des Rohrbündels im Beharrungszustand ab-

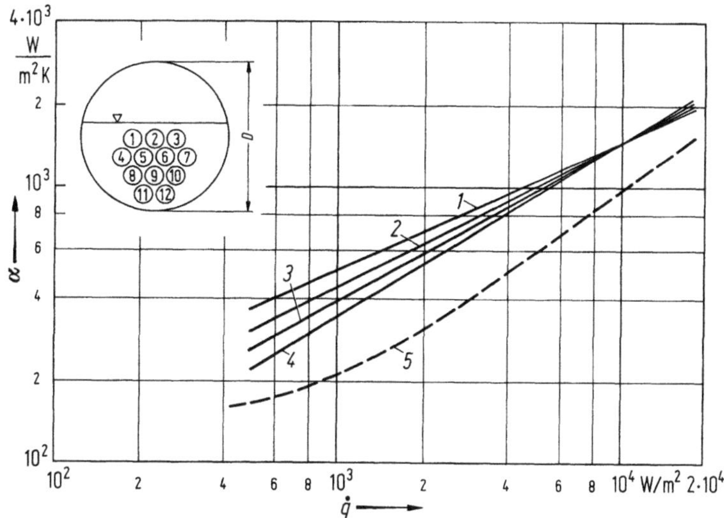

Abb. 3.5. Von WALLNER [39] am Rohrbündel Nr. I gemessenen Wärmeübergangskoeffizienten für das Blasensieden von Kältemittel R11 bei $p_0 = 1$ bar. *1:* Rohre 1, 2 und 3; *2:* Rohre 5, 6 und 9; *3:* Rohre 4, 7, 8 und 10; *4:* Rohre 11 und 12; *5:* Einzelrohr.

gelesen und arithmetisch gemittelt. Für jedes Rohrbündel wurden rund 700 Meßpunkte aufgenommen. Da die Wärmestromdichte variiert werden konnte, wurden auch Messungen mit unterschiedlichen Wärmestromdichten an einzelnen Rohren gemacht. Hier sei die Beschreibung auf den Fall beschränkt, bei welchem die Wärmestromdichte an allen Rohren die gleiche war.

Abb. 3.5 zeigt die am Rohrbündel I gemessenen Wärmeübergangskoeffizienten. Man kann vier Gruppen von Rohren unterscheiden, die jeweils etwa gleiche Wärmeübergangskoeffizienten haben, nämlich die obersten Rohre 1, 2 und 3, die innerhalb des Rohrbündels liegenden Rohre 5, 6 und 9, die seitlich angeordneten Rohre 4, 7, 8 und 10 sowie die beiden untersten Rohre 11 und 12. Man erkennt, daß die höchsten Wärmeübergangskoeffizienten an den drei obersten Rohren gemessen wurden. Diese Rohre liegen ganz in der Bahn der aufsteigenden Dampfblasen und die von den unteren Rohren an zunehmend stärker werdende Blasenströmung trägt wesentlich zur Erhöhung des Wärmeübergangs bei. Etwas niedriger sind die Wärmeübergangskoeffizienten an den völlig innerhalb des Rohrbündels gelegenen Rohren 5, 6 und 9. Auch diese Rohre werden allseitig von der Zweiphasenströmung umspült; die Abströmung nach oben unterliegt jedoch einer gewissen Behinderung durch die darüberliegenden Rohre. Auch hier ist der Dampfanteil der Strömung geringer.

Die an der Peripherie angeordneten Rohre 4, 7, 8 und 10 weisen noch niedrigere Wärmeübergangskoeffizienten auf, denn sie liegen nicht mehr voll in der Bahn der aufsteigenden Dampfblasen.

Die niedrigsten Wärmeübergangskoeffizienten haben die beiden untersten Rohre 11 und 12. Diese Rohre erfahren nur noch eine einphasige Anströmung der Flüssigkeit um das ganze Rohrbündel. Die Wärmeübergangskoeffizienten dieser Rohre sind aber immer noch höher als die eines Einzelrohrs, die in Abb. 3.5 durch die gestrichelte Kurve 5 wiedergegeben sind.

Aus Abb. 3.5 ersieht man, daß der Unterschied der Wärmeübergangskoeffizienten der einzelnen Rohrgruppen mit steigender Wärmestromdichte kleiner wird und daß dieser im Bereich der Wärmestromdichten von $\dot{q} = 1 \cdot 10^4 ... 2 \cdot 10^4 \text{ W/m}^2$ verschwindet. Ähnliche Verhältnisse herrschten in den beiden anderen untersuchten Rohrbündeln.

Definiert man den mittleren Wärmeübergangskoeffizienten für das Rohrbündel als arithmetisches Mittel aus den Wärmeübergangskoeffizienten der einzelnen Rohre, so wird

$$\alpha_{GB} = \frac{\sum\limits_{i=1}^{N} \alpha_i}{N}, \tag{3.60}$$

wobei N die Anzahl der Rohre des Rohrbündels ist. Für die einzelnen Rohrbündel ergaben sich so die empirischen Gleichungen:

Rohrbündel I: $\alpha_{GB} = 11{,}15 \dot{q}^{0{,}53}$,   (3.61a)

Rohrbündel II: $\alpha_{GB} = 15{,}46 \dot{q}^{0{,}50}$,   (3.61b)

Rohrbündel III: $\alpha_{GB} = 5{,}87 \dot{q}^{0{,}60}$.   (3.61c)

Die Wärmeübergangskoeffizienten der drei untersuchten Rohrbündel unterscheiden sich im erfaßten Bereich der Wärmestromdichten nur um etwa $\pm 4\%$. Infolge dieser kleinen Streuung ist es gerechtfertigt, für alle drei Rohrbündel die Gleichung

$$\alpha_{GB} = 9{,}55 \dot{q}^{0{,}55} \tag{3.62}$$

zu empfehlen. In diesen Gleichungen ist $\dot{q}$ in W/m² einzusetzen und man erhält α in W/m² K.

In Abb. 3.6a sind die von Wallner gemessenen und die nach den erwähnten Verfahren berechneten Wärmeübergangskoeffizienten verglichen. Die beste Übereinstimmung liefern die Gln. (3.46) und (3.54). Es muß allerdings bemerkt werden, daß die ge-

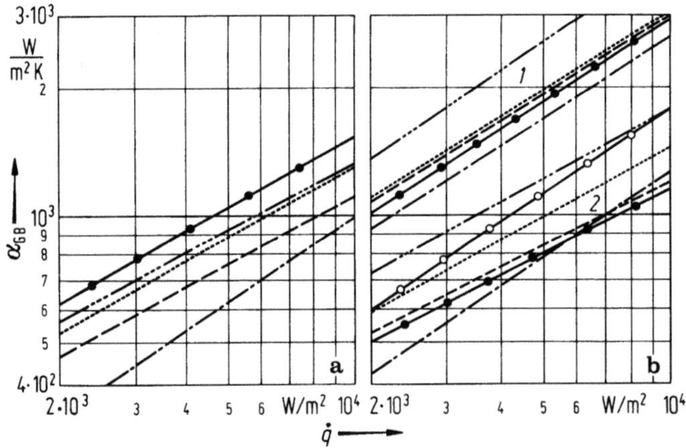

Abb. 3.6. a) Wärmeübergangskoeffizienten α_{GB} für das Blasensieden von Kältemittel R11 bei $p_0 = 1$ bar an überfluteten glatten Rohrbündeln nach Messungen von Wallner [39]: ——●——●——; b) Wärmeübergangskoeffizienten α_{GB} für das Blasensieden von Kältemittel R12 an überfluteten glatten Rohrbündeln nach Messungen von Belsky [38]: ——●——●——; Heimbach [40]: ——○——○——. 1: $t_0 = +40$ °C; 2: $t_0 = -25$ °C. Rechenwerte nach Gl. (3.42): — · — · —; Gl. (3.46): — ··· — ··· —; Gl. (3.52): — — — —; Gl. (3.54): ············.

messenen Wärmeübergangskoeffizienten α_{GB} höher sind als diejenigen eines Rippenrohrbündels α_{RB}, was durch die erhöhte Rauhigkeit der Rohre allein nicht zu erklären ist.

Difluordichlormethan — R12. BELSKY [38] hat den Wärmeübergang beim Blasensieden von reinem Kältemittel R12 an einem überfluteten Verdampfer mit insgesamt 21 nichtrostenden glatten Stahlrohren $d_a = 17,7$ mm untersucht. Die Rohre hatten eine mittlere Rauhtiefe $R_z = 0,95$ μm und wurden mit einer Teilung von $t_q^* = s/d_a = 1,36$ versetzt angeordnet. Gemessen wurde nur die mittlere senkrechte Rohrreihe, in der sechs Rohre übereinander lagen, im Temperaturbereich $-25\,°C \leq t_0 \leq +40\,°C$ und bei Wärmestromdichten 700 W/m² $\leq \dot{q} \leq 6\,000$ W/m². Um den Hysteresiseffekt zu vermeiden, wurde auch hier bei fallenden Wärmestromdichten gemessen.

Eine Gleichung wurde aus den Meßwerten nicht abgeleitet. Da die Wärmeübergangskoeffizienten der einzelnen Rohrreihen unterschiedlich sind, wurde für einen Vergleich der mittlere Wärmeübergangskoeffizient des Rohrbündels nach Gl. (3.60) bestimmt, wobei man anstelle der Rohrzahl N die Anzahl der Rohrreihen z_R setzen soll.

In Abb. 3.6b sind gemessene und berechnete Wärmeübergangskoeffizienten verglichen. Gl. (3.46) ergibt in diesem Falle höhere Werte als gemessen, während die anderen Verfahren eine zufriedenstellende Übereinstimmung liefern.

HEIMBACH [40] hat ebenfalls den Wärmeübergang beim Sieden von ölfreiem Kältemittel R12 und von Kältemittel R12-Öl-Gemischen untersucht. Die Versuche wurden mit einem Rohrbündel durchgeführt, das aus 10 handelsüblichen Kupferrohren $d_a s_r = 16 \times 1$ mm bestand. Die mittlere Glättungstiefe der Rohre betrug $R_p = 0,35$ μm. Die Rohre wurden mit versetzter Dreieckteilung $t_q^* = s/d_a = 1,44$ in drei Rohrreihen übereinander angeordnet. Die Messungen wurden im Bereich $-35\,°C \leq t_0 \leq +11\,°C$ und 12 000 W/m² $\leq \dot{q} \leq 34\,000$ W/m² durchgeführt.

Im Vergleich zu anderen bekannten Meßwerten sind die hier für das ölfreie Kältemittel R12 gemessenen Wärmeübergangskoeffizienten relativ hoch. Auch die von HEIMBACH ermittelte Druckabhängigkeit des Wärmeübergangs ist wesentlich anders als bei anderen Autoren. Eine Berechnungsgleichung wurde nicht angegeben, aufgrund der Versuchsergebnisse läßt sich aber die empirische Beziehung

$$\alpha_{GB} = 2,7 p_0^{0,3} \, \dot{q}^{0,7} \qquad \pm 5\,\% \tag{3.63}$$

ableiten, welche nur im untersuchten Bereich gesichert ist.

Difluormonochlormethan — R22. POWOLOTSKAYA [21] hat den Wärmeübergang beim Sieden von Kältemittel R22 an glatten überfluteten Rohrbündeln untersucht. Die Rohrbündel bestanden aus 17 Kupferrohren $d_a = 20$ mm und $L = 380$ mm, die mittlere Rauhtiefe betrug $R_z = 2$ μm. Die Rohre wurden versetzt angeordnet. Die Geometrie

Tabelle 3.6. *Geometrie und Versuchsbedingungen der von POWOLOTSKAYA [21, 41]*
untersuchten Rohrbündel

Literatur	Rohr-bündel-Nr.	Rohr-teilung $t_q^* = s/d_a$	Untersuchter Bereich der	
			Verdampfungs-temperatur t_0 °C	Wärmestrom-dichte $\dot{q}$ W/m²
[21]	1	1,45	$-20 \leq t_0 \leq +10$	$1\,160 \leq \dot{q} \leq 11\,600$
[21]	2	1,30	$-30 \leq t_0 \leq +10$	$1\,160 \leq \dot{q} \leq 4\,660$
[41]	3	1,15	$-20 \leq t_0 \leq +10$	$1\,160 \leq \dot{q} \leq 9\,300$

der untersuchten Rohrbündel und die Versuchsbedingungen sind aus Tab. 3.6 ersichtlich. Die Wärmeübergangskoeffizienten wurden für die mittlere senkrechte Rohrreihe ermittelt, in welcher fünf Rohre übereinander lagen. Das unterste Rohr wurde vorher als Einzelrohr untersucht.

Auch hier wurde beobachtet, daß die Wärmeübergangskoeffizienten des untersten Rohrs im Rohrbündel über denen des Einzelrohrs lagen, was bereits als Folge zusätzlicher Konvektionsströmung im Mantelraum erklärt werden konnte. Auch zeigte sich, daß das Blasensieden beim Rohrbündel bei kleineren Wärmestromdichten einsetzt als beim Einzelrohr. Die späteren Untersuchungen von POWOLOTSKAYA [41] am Rohrbündel Nr. 3 brachten qualitativ ähnliche Ergebnisse wie die an Rohrbündeln Nr. 1 und 2.

POWOLOTSKAYA erklärt den Wärmeübergangskoeffizienten des Rohrbündels α_{GB} als Überlagerung des Wärmeübergangskoeffizienten α_{EG} für das Blasensieden am Einzelrohr und des Wärmeübergangskoeffizienten α_k, der durch die Konvektion verursacht wird. Mit sinkender Verdampfungstemperatur nimmt die Anzahl der aktiven Keimstellen ab, was eine Abnahme des Wärmeübergangskoeffizienten α_{EG} zur Folge hat. Da aber mit sinkender Verdampfungstemperatur das Dampfvolumen größer wird, erhöht sich die Rührwirkung der Blasen, was zur Erhöhung des Wärmeübergangskoeffizienten α_k führt. Bei tiefen Verdampfungstemperaturen und kleinen Wärmestromdichten wird so der Wärmeübergangskoeffizient α_k für den Wärmeübergang des Bündels maßgebend, während bei hohen Verdampfungstemperaturen und großen Wärmestromdichten der Wärmeübergangskoeffizient α_{EG} den Wärmeübergang des Bündels stärker beeinflußt.

POWOLOTSKAYA hat ein Modell vorgeschlagen, mit dessen Hilfe man den Einfluß der Zweiphasenströmung auf den Wärmeübergang beim Blasensieden am Rohrbündel erfassen kann. Der Rohrbündelapparat wird als ein geschlossener Kreislauf betrachtet, in welchem infolge der Dichteunterschiede Konvektionsströmungen entstehen. Die aufsteigende Strömung erfolgt in den von den Rohrreihen gebildeten Kanälen, während die fallende Strömung den Raum zwischen den Seitenrohren und der inneren Mantelfläche einnimmt. Unter Berücksichtigung der veränderlichen Querschnitte für diese Strömung sowie der dabei auftretenden Druckverluste gelang es so, ein recht kompliziertes Berechnungsverfahren zu entwickeln, das die gemessenen Wärmeübergangskoeffizienten gut wiedergibt. Auf dieses Verfahren kann hier nicht näher eingegangen werden.

Gestützt auf die Ergebnisse eigener Versuche sowie unter Berücksichtigung derjenigen anderer Autoren, hat KUPRIJANOWA [15] für den Wärmeübergang von siedendem Kältemittel R22 an überfluteten glatten Rohrbündeln die empirische Gleichung

$$\alpha_{GB} = 1{,}88 p_0^{0,42}\, \dot q^{0,7} \tag{3.64}$$

vorgeschlagen, welche für $-30\,°C \leqq t_0 \leqq +20\,°C$ und $\dot q < 10^4\ \text{W/m}^2$ gilt.

MEDNIKOWA [42] hat den Wärmeübergang beim Blasensieden des Kältemittels R22 auch im Bereich tiefer Verdampfungstemperaturen untersucht. Das untersuchte Bündel besaß sechs übereinanderliegende Rohrreihen, versetzt angeordnet, mit einer Teilung $t_q^* = s/d_a = 1{,}15$ und wurde aus Kupferrohren $d_a = 20$ mm, $L = 380$ mm gebaut. Die mittlere Rauhtiefe war $R_z = 2\ \mu m$. Die Versuche wurden im Bereich $-50\,°C \leqq t_0 \leqq 0\,°C$ bei Wärmestromdichten $1\,000\ \text{W/m}^2 \leqq \dot q \leqq 6\,500\ \text{W/m}^2$ durchgeführt. Bei $t_0 = -60\,°C$ wurde bei $1\,100\ \text{W/m}^2 \leqq \dot q \leqq 2\,300\ \text{W/m}^2$ gemessen.

Auch MEDNIKOWA stellte fest, daß die Wärmestromdichte $\dot q_B$, bei welcher der Übergang von der freien Konvektion zum Blasensieden beginnt, beim Rohrbündel wesentlich kleiner ist als beim Einzelrohr.

Für die Berechnung des Wärmeübergangs wird die empirische Gleichung

$$\alpha_{GB} = 2{,}2 p_0^{0,38}\, \dot q^{0,7} \tag{3.65}$$

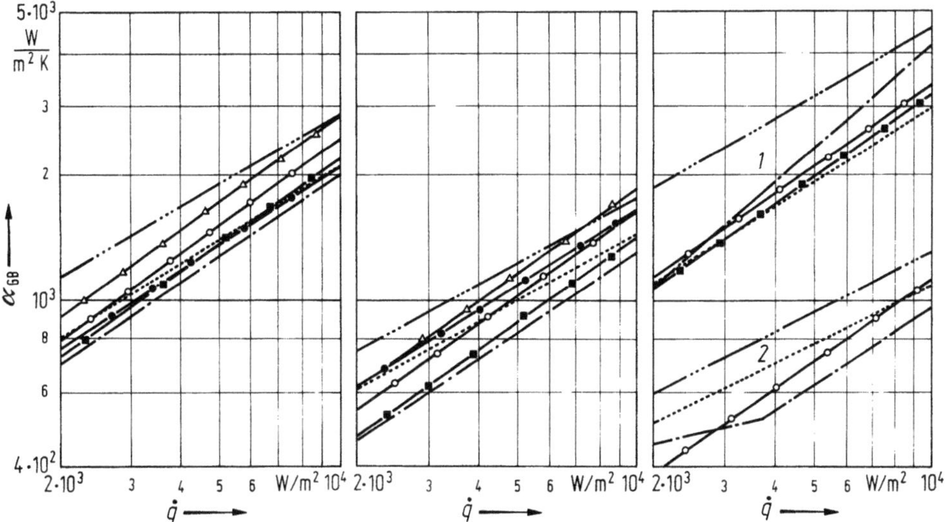

Abb. 3.7. Wärmeübertragungskoeffizienten α_{GB} für das Blasensieden von Kältemittel R22 an überfluteten glatten Rohrbündeln für: a) $t_0 = 0\,°C$; b) $t_0 = -30\,°C$; c) *1:* $t_0 = +30\,°C$; *2:* $t_0 = -50\,°C$ nach Messungen von KUPRINAJOWA [15]: ——■——■——; POWOLOTSKAYA [21]: ——●——●——; HEIMBACH [40]: ——△——△——; MEDNIKOWA [42]: ——○——○——. Rechenwerte nach Gl. (3.42) bzw. (3.44): —— · —— · ——; Gl. (3.46): —— ··· —— ··· ——; Gl. (3.54): ·············.

vorgeschlagen, welche für $-50\,°C \leqq t_0 \leqq 30\,°C$ gilt. Für $t_0 > 30\,°C$ ist der Einfluß des konvektiven Wärmeübergangskoeffizienten im Vergleich zu demjenigen des Blasensiedens am Einzelrohr so klein, daß für höhere Verdampfungstemperaturen die Gesetzmäßigkeiten eines Einzelrohrs gelten und der Wärmeübergang am Rohrbündel gleich dem eines Einzelrohrs ist.

Auch HEIMBACH [40] hat den Wärmeübergang beim Blasensieden des Kältemittels R22 im Bereich $-38\,°C \leqq t_0 \leqq 0\,°C$ und $12\,000\ \text{W/m}^2 \leqq \dot{q} \leqq 34\,000\ \text{W/m}^2$ gemessen. Eine Berechnungsgleichung wurde nicht angegeben; aufgrund der Versuchsergebnisse läßt sich die empirische Beziehung

$$\alpha_{GB} = 2{,}5\,p_0^{0,375}\,\dot{q}^{0,7} \qquad \pm 10\,\% \qquad (3.66)$$

ableiten.

In Abb. 3.7 sind von verschiedenen Autoren gemessene und nach dem erwähnten Verfahren berechnete Wärmeübergangskoeffizienten für Blasensieden des Kältemittels R22 an überfluteten Glattrohrbündelverdampfern verglichen. Es ist eine relativ große Streuung zwischen den Meßwerten festzustellen. Dementsprechend liefern auch die angegebenen Gleichungen eine mehr oder weniger gute bis zufriedenstellende Übereinstimmung. Größere Abweichungen zwischen den gemessenen und den berechneten Werten sind jedoch bei tiefen Verdampfungstemperaturen sichtbar.

Azeotropes Gemisch — R502. Die von MEDNIKOWA [42] durchgeführten Messungen des Wärmeübergangs beim Blasensieden von R502 zeigten, daß eine Änderung des Massenanteils von R22 von 41,7 % (azeotropes Gemisch bei $-50\,°C$) bis 48,8 % (azeotropes Gemisch bei $+15\,°C$) keinen Einfluß auf den Wärmeübergang hat. Aufgrund dieser Untersuchungen wird für die Berechnung des Wärmeübergangskoeffizienten im Bereich $650\ \text{W/m}^2 \leqq \dot{q} \leqq 5\,200\ \text{W/m}^2$ und $-50\,°C \leqq t_0 \leqq -15\,°C$ die Beziehung

$$\alpha_{GB} = 1{,}9\,p_0^{0,44}\,\dot{q}^{0,7} \qquad (3.67)$$

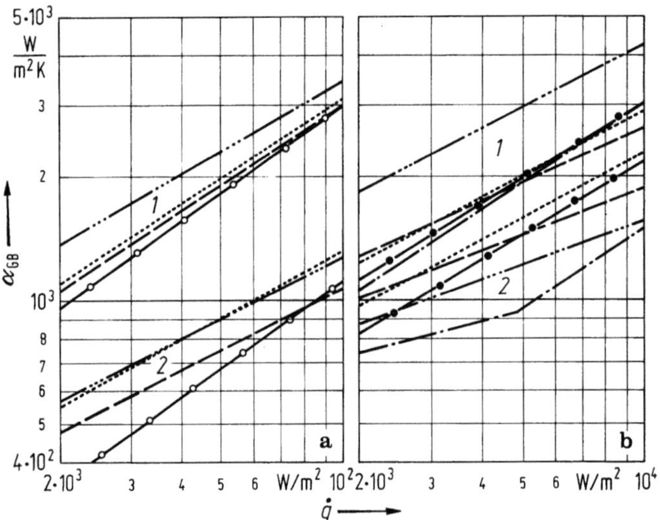

Abb. 3.8. a) Wärmeübergangskoeffizienten α_{GB} für das Blasensieden von Kältemittel R502 an überfluteten glatten Rohrbündeln nach Messungen von Mednikowa [42]: —o—o—; $1: t_0 = +10\,°C$; $2: t_0 = -50\,°C$; b) Wärmeübergangskoeffizienten α_{GB} für das Blasensieden von Ammoniak an überfluteten glatten Rohrbündeln nach Messungen von Danilowa [43]: — — —; $1: t_0 = +10\,°C$; $2: t_0 = -40\,°C$; Rechenwerte nach Gl. (3.42) bzw. (3.44): — · — · —; Gl. (3.46): — ·· — ·· —; Gl. (3.52): — — — —; Gl. (3.54) bzw. (3.55): ············.

vorgeschlagen. Sie kann für Wärmestromdichten bis $\dot{q} = 10\,000\ \mathrm{W/m^2}$ und für Verdampfungstemperaturen $t_0 \leq +10\,°C$ benutzt werden. Für höhere Verdampfungstemperaturen ist der Einfluß des Wärmeübergangskoeffizienten α_k im Vergleich zu dem α_{EG} so klein, daß für $t_0 > +10\,°C$ die Gesetzmäßigkeiten eines Einzelrohrs gelten.

Abb. 3.8 a vergleicht zwischen den von Mednikowa gemessenen und den berechneten Wärmeübergangskoeffizienten. Während bei $t_0 = +10\,°C$ eine gute Übereinstimmung zwischen den Meßwerten und den Rechenwerten vorhanden ist, sind wiederum bei tiefen Verdampfungstemperaturen ($t_0 = -50\,°C$) größere Abweichungen vorhanden.

Ammoniak — R717. Ausführliche Untersuchungen des Wärmeübergangs beim Blasensieden von Ammoniak stammen von Danilowa [43]. Der untersuchte Rohrbündelverdampfer bestand aus sechs übereinander angeordneten Rohrreihen aus Stahlrohren $d_a\,s_r = 25 \times 3$ mm. Die Versuche wurden im Bereich $-20\,°C \leq t_0 \leq +10\,°C$ und $500\ \mathrm{W/m^2} \leq \dot{q} \leq 12\,000\ \mathrm{W/m^2}$ durchgeführt. Die Meßwerte lassen sich gut durch die empirische Beziehung

$$\alpha_{GB} = 9 p_0^{0,15}\, \dot{q}^{0,6} \tag{3.68}$$

wiedergeben. Man kann annehmen, daß (3.68) bis $t_0 = -40\,°C$ extrapoliert werden kann.

Heimbach [44] hat den Wärmeübergang beim Sieden von Ammoniak an einem aus zehn Rohren $d_a\,s_r = 16 \times 1$ mm bestehenden überfluteten Verdampfer gemessen. Die Rohre waren in versetzter Anordnung in drei übereinanderliegenden Reihen angeordnet. Die Messungen wurden im Bereich $15\,000\ \mathrm{W/m^2} \leq \dot{q} \leq 38\,000\ \mathrm{W/m^2}$ und $-37\,°C \leq t_0 \leq 0\,°C$ durchgeführt.

Im Gegensatz zu den Untersuchungen von Danilowa zeigte sich, daß die Wärmeübergangskoeffizienten nur schwach von der Verdampfungstemperatur abhängen und daß man für die mittleren Wärmeübergangskoeffizienten im ganzen untersuchten Bereich setzen kann

$$\alpha_{GB} = 35{,}5\,\dot{q}^{0,5} \qquad \pm 5\,\%. \tag{3.69}$$

Die von HEIMBACH ermittelte Druckabhängigkeit des Wärmeübergangs ist wesentlich anders als die von DANILOWA und auch die an anderen Kältemitteln gefundene Abhängigkeit. Außerdem sind die von HEIMBACH gemessenen Wärmeübergangskoeffizienten wesentlich größer als diejenigen von DANILOWA. Aus diesem Grunde ist bei der Verwendung der Meßwerte von HEIMBACH Vorsicht geboten.

Eine Übersicht über andere Untersuchungen des Wärmeübergangs beim Sieden von Ammoniak an glatten Rohrbündeln findet man in [36]. In Abb. 3.8 b sind gemessene und berechnete Wärmeübergangskoeffizienten beim Blasensieden von Ammoniak verglichen. Zwischen den Meßwerten und den nach Gl. (3.55) berechneten Werten ist eine gute Übereinstimmung vorhanden, während die anderen Berechnungsverfahren größere Abweichungen gegenüber den Meßwerten aufweisen.

Trotz zahlreicher experimenteller Untersuchungen des Wärmeübergangs beim Blasensieden von Kältemitteln an überfluteten glatten Rohrbündelverdampfern ist es also immer noch nicht gelungen, eine allgemeine Gleichung aufzustellen, welche alle Meßwerte zufriedenstellend wiedergeben würde. Es muß allerdings kritisch bemerkt werden, daß die bei gleichen Betriebsbedingungen gemessenen Wärmeübergangskoeffizienten verschiedener Autoren auch sehr unterschiedlich sind, so daß schon deswegen eine volle Übereinstimmung nicht zu erreichen ist.

Für die Berechnung von überfluteten Verdampfern wird daher empfohlen, die aus den Versuchen abgeleiteten empirischen Gleichungen zu benutzen, die streng nur in den Versuchsgrenzen gültig sind. Sofern solche Gleichungen nicht zur Verfügung stehen, sollte man sich zu einer kritischen Bewertung der Ergebnisse der verschiedenen angegebenen Berechnungsverfahren entschließen. Es scheint, daß — von einigen Ausnahmen abgesehen — die Gln. (3.46), (3.52) und (3.54) die brauchbarsten Werte liefern, wobei Gl. (3.46) meistens die höchsten und die Gl. (3.54) die niedrigsten Werte ergibt.

3.1.4 Überflutete einzelne Rippenrohre

Da in den mit Halogenkältemitteln überfluteten Verdampfern die Wärmeübergangskoeffizienten auf der Kältemittelseite in den meisten Fällen wesentlich niedriger sind als diejenigen auf der Seite des Kälteträgers, werden in der Kältetechnik für den Bau solcher Apparate Rippenrohre verwendet, um durch die Vergrößerung der Wärmeübertragungsfläche den je Längeneinheit übertragbaren Wärmestrom zu erhöhen.

a) Freie Konvektion ohne Blasenbildung

Für die Berechnung des Wärmeübergangs bei freier Konvektion ohne Blasenbildung kann Gl. (3.14) benutzt werden, wobei als geometrische Größe der Kernrohrdurchmesser d_a einzusetzen ist. Durch die Umstellung der Gl. (3.14) erhält man auch hier die Gln. (3.17) und (3.18), bei welchen sich die Wärmestromdichte $\dot{q}$ auf die gesamte äußere Wärmeübertragungsfläche des Rippenrohrs A bezieht.

b) Blasensieden

Viele Untersuchungen zeigen, daß die auf die Kernrohroberfläche bezogenen Wärmeübergangskoeffizienten beim Blasensieden an einzelnen Rippenrohren bei sonst gleichen Betriebsbedingungen, d. h. für die gleiche Verdampfungstemperatur und die gleiche Wärmestromdichte, höher sind als diejenigen eines Glattrohrs. Außer den Parametern, die den Wärmeübergang beim Sieden an einzelnen glatten Rohren bestimmen, also neben der Wärmestromdichte, der Verdampfungstemperatur, den

Stoffeigenschaften des Kältemittels und der Oberflächenbeschaffenheit der Heizfläche sind bei Rippenrohren darüber hinaus die geometrischen Parameter der Rippen für den Wärmeübergang von Bedeutung. Eine Übersicht über die wichtigsten neueren Untersuchungen des Wärmeübergangs beim Blasensieden von Kältemitteln an einzelnen Rippenrohren gibt Tab. 3.7.

Da bei den ersten bekannt gewordenen Untersuchungen des Wärmeübergangs beim Blasensieden an einzelnen Rippenrohren der Einfluß der Rippengeometrie auf den Wärmeübergang nicht sorgfältig genug untersucht wurde, führte Gorenflo [45] systematische Messungen durch, um den Einfluß dieser Parameter auf den Wärmeübergang zu bestimmen. Die Untersuchungen umfaßten einen großen Bereich der Wärmestromdichten vom Gebiet der freien Konvektion ohne Blasenbildung bis dicht an die kritische Wärmestromdichte. Sie wurden bei Verdampfungsdrücken von $p_0 = 1...3$ bar mit dem Kältemittel R11 durchgeführt.

Wie früher erwähnt, nehmen die Wärmeübergangskoeffizienten beim Blasensieden an einzelnen glatten Rohren mit steigender Wärmestromdichte und steigendem Verdampfungsdruck zu. Gorenflo fand bei seinen Versuchen, daß dies auch für Rippenrohre zutrifft, wobei allerdings zwischen dem Blasensieden an einem Glattrohr und einem Rippenrohr folgende wesentliche Unterschiede bestehen:

— Bei gleichen Betriebsbedingungen sind die Wärmeübergangskoeffizienten eines Rippenrohrs α_{ER} wesentlich größer als diejenigen eines Glattrohrs α_{EG}. Beim Kältemittel R11 beträgt z. B. für den Verdampfungsdruck $p_0 = 1,3$ bar das Verhältnis $\alpha_{ER}/\alpha_{EG} = 1,5...3,1$ je nach der Geometrie des Rippenrohrs.

— Die relative Zunahme des Wärmeübergangskoeffizienten α_{ER} ist mit steigendem Verdampfungsdruck und steigender Wärmestromdichte bei Rippenrohren kleiner als bei Glattrohren. Die Funktion $\alpha_{ER} = F_{ER}(\dot{q})$ zeigt somit im doppeltlogarithmischen Diagramm eine geringere Steigung als die Funktion $\alpha_{EG} = F_{EG}(\dot{q})$.

Durch Verwendung von Rippenrohren anstelle von Glattrohren ist also — besonders bei kleinen und mittleren Wärmestromdichten — eine wesentliche Verbesserung des Wärmeübergangs möglich.

Da sämtliche Meßreihen in doppeltlogarithmischer α_{ER}, $\dot{q}$-Darstellung sehr gut durch Geraden wiedergegeben werden können, läßt sich der Zusammenhang zwischen der Wärmestromdichte und dem Wärmeübergangskoeffizienten durch die Beziehung

$$\alpha_{ER} = S_{ER}\,\dot{q}^{n_R} \tag{3.70}$$

erfassen, wobei S_{ER} eine von der Rippengeometrie und der Kältemittelart abhängige Größe ist. Angaben über die Zahlenwerte der Konstanten S_{ER} und n_R der Gl. (3.70) findet man in [47].)

Aufgrund der bisherigen Untersuchungen ist es noch nicht gelungen, eine genaue Aussage über den Einfluß der Rippengeometrie auf den Exponenten n_R der Wärmestromdichte zu machen. Nach Gorenflo [32] wird, als vorläufige Abschätzung, die Beziehung

$$n_R = n_G - 0,1\,\frac{h_R}{t_R - s_R} \tag{3.71}$$

vorgeschlagen, wobei h_R die Rippenhöhe, t_R der Rippenabstand und s_R die Rippendicke ist, während für n_G Gl. (3.40) gilt. Gl. (3.71) sollte ohne zusätzliche experimentelle Absicherung nicht außerhalb des Bereichs $0,003 \leqq p^*/\sqrt{\varphi} \leqq 0,30$ angewendet werden.

Mit φ ist dabei das Verhältnis der gesamten äußeren Wärmeübertragungsfläche A zur äußeren Kernrohroberfläche A_k, d. h.

$$\varphi = A/A_k = A/d\pi L \tag{3.72}$$

bezeichnet, wobei L die Rohrlänge ist.

Tabelle 3.7. *Zusammenstellung von neueren Untersuchungen über den Wärmeübergang beim Blasensieden von Kältemitteln an einzelnen Rippenrohren*

Autor	Kältemittel	Untersuchter Bereich der			Exponent der Wärmestromdichte n_R
		Verdampfungstemperatur t_0 °C	normierten Drücke p^*	Wärmestromdichte $\dot{q}$ W/m²	
Schroth [13]	R11	$+6 \leqq t_0 \leqq +47$	$0{,}012 \leqq p^* \leqq 0{,}05$	$120 \leqq \dot{q} \leqq 24\,500$	2/3
	R12	$-13 \leqq t_0 \leqq +45$	$0{,}049 \leqq p^* \leqq 0{,}27$		2/3
Dyundin [14]	R12	$-30 \leqq t_0 \leqq +20$	$0{,}024 \leqq p^* \leqq 0{,}14$	$500 \leqq \dot{q} \leqq 20\,000$	$0{,}46 \leqq n_R \leqq 0{,}77$
Gorenflo [17]	verschiedene		$0{,}01 \;\leqq p^* \leqq 0{,}50$	$200 \leqq \dot{q} \leqq 1{,}2 \cdot 10^5$	abhängig von der Rippengeometrie;Gl.(3.71)
Gorenflo [45]	R11	$+20 \leqq t_0 \leqq +58$	$0{,}023 \leqq p^* \leqq 0{,}07$	$100 \leqq \dot{q} \leqq 1{,}2 \cdot 10^5$	$0{,}6 \leqq n_R \leqq 0{,}8$
Slipčević/ Zimmermann [46]	R12	$-10 \leqq t_0 \leqq +10$	$0{,}053 \leqq p^* \leqq 0{,}10$		
	R22	$-30 \leqq t_0 \leqq +10$	$0{,}033 \leqq p^* \leqq 0{,}14$		
	R114	$+10 \leqq t_0 \leqq +40$	$0{,}038 \leqq p^* \leqq 0{,}17$		
	R502	$+10 \leqq t_0 \leqq +50$	$0{,}031 \leqq p^* \leqq 0{,}18$	$1\,000 \leqq \dot{q} \leqq 20\,000$	$0{,}51 \leqq n_R \leqq 0{,}69$
	R12 B1	$0 \leqq t_0 \leqq +50$	$0{,}029 \leqq p^* \leqq 0{,}13$		
	R13 B1	$-30 \leqq t_0 \leqq 0$	$0{,}218 \leqq p^* \leqq 0{,}51$		

Für die Berechnung des Wärmeübergangs an Rippenrohren empfiehlt Schroth [13] aufgrund eigener Untersuchungen die Beziehung

$$\alpha_{ER}/\alpha_{EG} = 1{,}25 \, (h_R/t_R)^{1/2}. \tag{3.73}$$

Hiernach ist das Verhältnis der beiden Wärmeübergangskoeffizienten nur vom Verhältnis der Rippenhöhe zum Rippenabstand abhängig, aber unabhängig von der Kältemittelart, der Wärmestromdichte und der Verdampfungstemperatur, was im Widerspruch zu den Untersuchungen anderer Autoren steht [14, 17, 32, 46].

Aufgrund der im Versuchslaboratorium von Sulzer-Escher Wyss in Lindau durchgeführten Messungen des Wärmeübergangs beim Blasensieden verschiedener Halogenkältemittel wurde eine neue dimensionslose Gleichung für die Berechnung des Wärmeübergangs abgeleitet [46]. Der untersuchte Temperaturbereich entsprach dem in der Kältetechnik üblichen Einsatzbereich dieser Kältemittel. Die auf die gesamte äußere Wärmeübertragungsfläche bezogene Wärmestromdichte wurde zwischen 1 000 W/m² und 20 000 W/m² variiert. Die Versuche wurden auf dem in [48] beschriebenen Prüfstand durchgeführt. In [48] findet man auch Angaben über den Versuchsablauf und die Meßtechnik.

Der Nachteil der in [46] vorgeschlagenen Beziehung besteht darin, daß sie nur für das untersuchte Rippenrohr gilt und für andere Rippengeometrien nicht verwendbar ist. Aus diesem Grunde wird hier für die Berechnung des Wärmeübergangs beim Blasensieden von Halogenkältemitteln an einzelnen Rippenrohren die verbesserte Beziehung

$$Nu = 6{,}3 \cdot 10^{-4} \varphi K_B^{1/3} \qquad \pm 15\% \tag{3.74}$$

vorgeschlagen, welche nur für $2{,}5 \leqq \varphi \leqq 4{,}0$ gilt und die im Grenzfall $\varphi \to 1$ nicht für Glattrohre angewendet werden darf. Mit φ ist in Gl. (3.74) das nach Gl. (3.72) definierte Flächenverhältnis bezeichnet.

Für die einzelnen Kennzahlen der Gl. (3.74) gilt

$$Nu = \frac{\alpha_R \, d_B}{\lambda'} \tag{3.75}$$

und

$$K_B = \frac{\Delta h_d \, c' \, \varrho'' \, \dot{q}^2}{g^2 \, T_0 \, (\lambda')^2 \, \varrho'}, \tag{3.76}$$

wobei für den Abreißdurchmesser der Blase d_B Gl. (3.30) gilt.

Für praktische Berechnungen ergibt sich nach Auflösung der Gl. (3.74)

$$\alpha_R = S_{KR} \, \varphi \, \dot{q}^{2/3}, \tag{3.77}$$

wobei für die Stoffgröße S_{KR} die Beziehung

$$S_{KR} = \frac{6{,}3 \cdot 10^{-4} \lambda'}{d_B} \left[\frac{c' \Delta h_d \varrho''}{g^2 \, T_0 \, (\lambda')^2 \, \varrho'} \right]^{1/3} \tag{3.78}$$

gilt. Da die Stoffgröße S_{KR} eine Funktion der temperaturabhängigen Stoffwerte ist, wurde sie für verschiedene Kältemittel berechnet und als Funktion der Verdampfungstemperatur t_0 in Abb. 3.9 dargestellt.

Für die Berechnung des Wärmeübergangskoeffizienten k benötigt man den „scheinbaren" auf die gesamte äußere Wärmeübertragungsfläche des Rippenrohrs A bezogenen Wärmeübergangskoeffizienten α_{ER}. Dieser ist durch Gl. (2.52) definiert und wird aus dem Wert α_R nach den früher angegebenen Gleichungen unter Berücksichtigung des Rippenwirkungsgrades berechnet.

Wegen des früher erwähnten flacheren Verlaufs der Funktion $\alpha_{ER} = F_{ER} (\dot{q})$ gegenüber der Funktion $\alpha_{ER} = F_{EG} (\dot{q})$ geht Gorenflo [32] davon aus, daß für alle Kältemit-

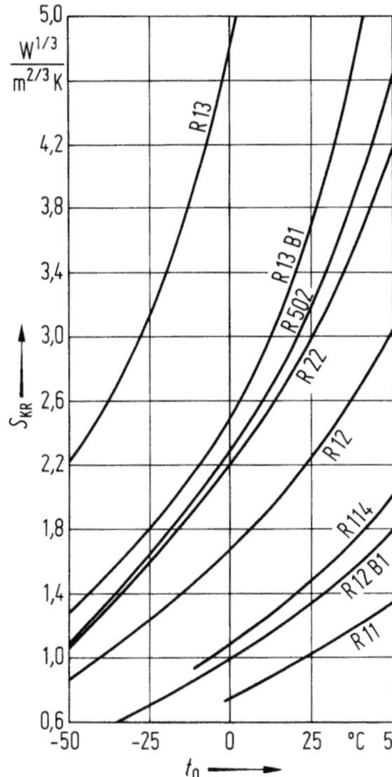

Abb. 3.9. Abhängigkeit der Stoffgröße S_{KR} von der Verdampfungstemperatur t_0 für verschiedene Kältemittel.

tel bei $p_0^* = 0,03$ und $\dot{q}_* = 100\,000\ \text{W/m}^2$ die beiden Wärmeübergangskoeffizienten $(\alpha_{ER})_*$ und $(\alpha_{EG})_*$ gleich sind und schlägt für die Berechnung des Wärmeübergangskoeffizienten beim Blasensieden an einzelnen Rippenrohren α_{ER} das folgende Verfahren vor:

Zunächst wird aus Tab. 3.4 der experimentell ermittelte Wärmeübergangskoeffizient $(\alpha_{EG})_0$ — der für $\dot{q}_0 = 20\,000\ \text{W/m}^2$ und $p_0^* = 0,03$ gilt — entnommen. Dann wird dieser Wert auf die Wärmestromdichte $\dot{q}_* = 100\,000\ \text{W/m}^2$ mit Hilfe der Beziehung

$$(\alpha_{EG})_* = (\alpha_{EG})_0\,(\dot{q}_*/\dot{q}_0)^{n_G} \tag{3.79}$$

umgerechnet, wobei für den Exponenten n_G Gl. (3.40) mit $p^* = p_0^* = 0,03$ gilt.

Entsprechend der früheren Annahme ist bei $\dot{q}_* = 100\,000\ \text{W/m}^2$ $(\alpha_{EG})_* = (\alpha_{ER})_*$. Der Wärmeübergangskoeffizient $(\alpha_{ER})_*$ wird nun auf die Wärmestromdichte $\dot{q}_0 = 20\,000\ \text{W/m}^2$ mit Hilfe der Beziehung

$$(\alpha_{ER})_0 = (\alpha_{ER})_*\,(\dot{q}_0/\dot{q}_*)^{n_R} \tag{3.80}$$

zurückgerechnet, wobei für n_R Gl. (3.71) gilt. Bei der Berechnung des Exponenten n_G nach Gl. (3.40) ist immer noch der normierte Druck $p^* = p_0^* = 0,03$ einzusetzen, da es sich um die Berechnung des Wärmeübergangs bei diesem normierten Druck handelt.

Nun erfolgt die Umrechnung auf den beliebig normierten Betriebsdruck p^* und zwar mit Hilfe der Gl. (3.84):

$$(\alpha_{ER})_{p*} = (\alpha_{ER})_0\,\frac{F_R\,(p^*/\sqrt{\varphi})}{F_R\,(p_0^*/\sqrt{\varphi})}, \tag{3.81}$$

wobei sich der Wärmeübergangskoeffizient $(\alpha_{ER})_{p*}$ immer noch auf die Wärmestromdichte $\dot{q}_0 = 20\,000\ \text{W/m}^2$ bezieht.

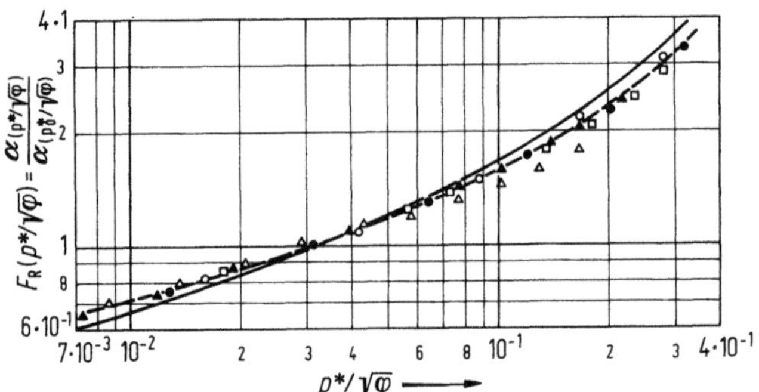

Abb. 3.10. Verlauf der normierten Wärmeübergangskoeffizienten $F_R(p^*/\sqrt{\varphi})$ in Abhängigkeit von $p^*/\sqrt{\varphi}$. Die voll ausgezogene Kurve entspricht dem Verlauf nach Gl. (3.84), die gestrichelte Kurve und die eingetragenen Symbole entsprechen den Meßwerten nach [46]. + R12; o R13; $\triangle$ R22; • R13B1; □ R502.

Die Umrechnung auf die beliebige Wärmestromdichte $\dot{q}$ ergibt

$$\alpha_{ER} = (\alpha_{ER})_{p^*}\,(\dot{q}/\dot{q}_0)^{n_R},\tag{3.82}$$

wobei für den Exponenten n_R Gl. (3.71) gilt. Bei der Bestimmung des in dieser Gleichung auftretenden Exponenten n_G nach Gl. (3.40) muß jetzt jedoch der normierte Druck p^* eingesetzt werden.

Damit ergibt sich mit Gl. (3.81) der Wärmeübergangskoeffizient beim Blasensieden an einzelnen Rippenrohren zu

$$\alpha_{ER} = (\alpha_{ER})_0\,\frac{F_R(p^*/\sqrt{\varphi})}{F_R(p_0^*/\sqrt{\varphi})}\left(\frac{\dot{q}}{\dot{q}_0}\right)^{n_R}.\tag{3.83}$$

Für die Druckabhängigkeit des Wärmeübergangs beim Blasensieden an einzelnen Rippenrohren gilt nach Gorenflo [32] Gl. (3.38), in welcher statt des Arguments p^* das Argument $p^*/\sqrt{\varphi}$ einzusetzen ist. Damit gilt

$$F_R(p^*/\sqrt{\varphi}) = \alpha_{(p^*/\sqrt{\varphi})}/\alpha_{(p_0^*/\sqrt{\varphi})}$$
$$= 2{,}1\,(p^*/\sqrt{\varphi})^{0{,}27} + (p^*/\sqrt{\varphi})\left[4{,}4 + \frac{1{,}8}{1-(p^*/\sqrt{\varphi})}\right].\tag{3.84}$$

In Abb. 3.10 ist Gl. (3.84) als voll ausgezogene Kurve dargestellt. Der sich aus Gl. (3.74) ergebende Verlauf für fünf verschiedene nach [46] untersuchte Kältemittel ist durch die gestrichelte Kurve und entsprechende Symbole wiedergegeben. Wie man aus Abb. 3.10 ersehen kann, ist die Übereinstimmung zwischen dem gemessenen und dem nach Gl. (3.84) beschriebenen Verlauf sehr gut.

Gl. (3.84) darf zunächst nur in dem untersuchten Bereich des normierten Arguments $0{,}003 \leqq p^*/\sqrt{\varphi} \leqq 0{,}30$ verwendet werden. Eine Extrapolation außerhalb dieses Bereichs ist ohne zusätzliche experimentelle Absicherung nicht zulässig.

3.1.5 Überflutete Rippenrohrverdampfer

a) Allgemeines

Dem Wärmeübergang beim Sieden von Kältemitteln an überfluteten Rippenrohrbündeln wurde erst in der letzten Zeit mehr Aufmerksamkeit gewidmet. Die experimentellen Untersuchungen des Wärmeübergangs zeigten, daß sich der Wärmeübergang am Rippenrohrbündel etwa so zum Wärmeübergang am einzelnen Rippenrohr verhält, wie der Wärmeübergang am Glattrohrbündel zu dem am einzelnen Glattrohr. Beim Sieden an überfluteten Rippenrohrbündeln wurden die gleichen Erscheinungen festgestellt, wie sie im Abschn. 3.1.3 erwähnt wurden.

Auch bei Rippenrohrbündeln kann die Erhöhung des Wärmeübergangskoeffizienten im Vergleich zu dem eines einzelnen Rippenrohrs auf den Einfluß der zusätzlichen Konvektion im Mantelraum zurückgeführt werden. Es ist anzunehmen, daß die Rippengeometrie einen wesentlichen Einfluß auf den Wärmeübergang hat. In den bisherigen Untersuchungen wurde aber der Einfluß der Rippengeometrie nicht systematisch untersucht. Exakt gelten deswegen die experimentell ermittelten Wärmeübergangskoeffizienten nur für die untersuchte Rippenrohrart und dürfen nicht vorbehaltlos auf andere Rippenrohrgeometrien angewendet werden.

b) Berechnungsverfahren

Bezeichnet man mit α_{ER} den Wärmeübergangskoeffizienten beim Blasensieden an einzelnen Rippenrohren und mit α_k denjenigen für den konvektiven Wärmeübergang, so bieten sich für die Berechnung des Wärmeübergangskoeffizienten beim Blasensieden von Kältemitteln an Rippenrohrbündeln α_{RB} prinzipiell die gleichen Verfahren an wie bei dem Glattrohrbündel, Abschn. 3.1.3.

Berechnungsverfahren nach GORENFLO [32]. Für den Wärmeübergangskoeffizienten α_{RB} gilt

$$\alpha_{RB} = \alpha_{uR}\, F_{RB}, \tag{3.85}$$

wobei für den Wärmeübergangskoeffizienten der untersten Rohrreihe α_{uR} entsprechend den früheren Erläuterungen

$$\alpha_{uR} = \alpha_{ER} + F_k\, \alpha_k \qquad (0,5 \leqq F_k \leqq 1,0) \tag{3.86}$$

gilt.

Der Wärmeübergangskoeffizient des einzelnen Rippenrohrs α_{ER} wird nach Gl. (3.83) und der des konvektiven Wärmeübergangs α_k nach Gl. (3.18) bestimmt. Der Korrekturfaktor des Rippenrohrbündels ist durch die Beziehung

$$F_{RB} = 1 + \cfrac{1}{2 + \cfrac{\varphi\,\dot{q}}{1\,000\ \text{W/m}^2}} \tag{3.87}$$

gegeben und geht für $\varphi = 1$ in den durch Gl. (3.48) definierten Korrekturfaktor für das Glattrohrbündel F_{GB} über. Für das Flächenverhältnis φ gilt Gl. (3.72)

Berechnungsverfahren nach GORENFLO/SLIPČEVIĆ. Für den Wärmeübergangskoeffizienten α_{RB} gilt nach diesem Verfahren

$$\alpha_{RB} = \sqrt{\alpha_{ER}^2 + \alpha_k^2}\; F_{RB}, \tag{3.88}$$

wobei für F_{RB} Gl. (3.87) gilt. Der Wärmeübergangskoeffizient des einzelnen Rippenrohrs α_{ER} wird mit Hilfe der Gln. (3.74) oder (3.77) — unter Berücksichtigung des Rippenwirkungsgrades — bestimmt, während für α_k auch hier Gl. (3.18) gilt.

Berechnungsverfahren nach SLIPČEVIĆ. Analog dem Glattrohrbündel gilt auch hier

$$\alpha_{RB} = \alpha_{ER} + \alpha_k, \tag{3.89}$$

wobei α_{ER} mit Hilfe der Gln. (3.74) oder (3.77) — ebenfalls unter Berücksichtigung des Rippenwirkungsgrades — und α_k nach Gl. (3.18) zu berechnen sind.

c) Meßergebnisse

Da der Wärmeübergang beim Blasensieden an Rippenrohrbündeln von vielen Faktoren beeinflußt wird, gelang es bisher nicht, den Verdampfungsprozeß analytisch zu

Tabelle 3.8. *Zusammenstellung von Untersuchungen über den Wärmeübergang beim Blasensieden von Kältemitteln an überfluteten Rippenrohrbündeln*

Autor	Kälte-mittel	C_{RB}	m	n	Gültigkeitsbereich	
					Verdampfungs-temperatur t_0 °C	Wärmestrom-dichte $\dot{q}$ W/m²
Danilowa [43]	R22	53,2	0,25	0,40	$-20 \leqq t_0 \leqq +20$	$400 \leqq \dot{q} \leqq 7\,000$
Slipčević [49]	R12	14	0,430	0,500	$-10 \leqq t_0 \leqq +30$	$1\,000 \leqq \dot{q} \leqq 18\,000$
	R12 B1	12	0,320	0,525	$0 \leqq t_0 \leqq +50$	$1\,000 \leqq \dot{q} \leqq 18\,000$
	R13 B1	15	0,355	0,500	$-30 \leqq t_0 \leqq 0$	$1\,000 \leqq \dot{q} \leqq 18\,000$
	R22	12	0,235	0,558	$-30 \leqq t_0 \leqq +10$	$1\,000 \leqq \dot{q} \leqq 18\,000$
Müller/ Hahne [50]	R11	10	0	0,53	$t_0 = 23,7$ ($p_0 = 1$ bar)	$1\,000 \leqq \dot{q} \leqq 18\,000$
Danilowa/ Dyundin [51]	R12	18,3	0,25	0,50	$-20 \leqq t_0 \leqq +30$	$500 \leqq \dot{q} \leqq 9\,000$
	R22	33	0,25	0,45	$-20 \leqq t_0 \leqq +30$	$500 \leqq \dot{q} \leqq 9\,000$
Heimbach [52, 53]	R12	19	0,083	0,50	$-29 \leqq t_0 \leqq +11$	$4\,000 \leqq \dot{q} \leqq 11\,000$
	R22	14	0,235	0,52	$-30 \leqq t_0 \leqq 0$	$4\,000 \leqq \dot{q} \leqq 11\,000$
	R13	$\alpha_{RB} = (3,28 + 0,767 p_0)\, \dot{q}^{2/3}$			$-60 \leqq t_0 \leqq -10$	$4\,000 \leqq \dot{q} \leqq 11\,000$

erfassen. Deshalb werden die Versuchsergebnisse meistens in der Form

$$\alpha_{RB} = C_{RB}\, p_0^{m}\, \dot{q}^{n} \tag{3.90}$$

dargestellt, also abhängig vom Verdampfungsdruck p_0 und der Wärmestromdichte $\dot{q}$. Im Vergleich zu den Meßwerten beträgt die Genauigkeit der Gl. (3.90) im untersuchten Bereich in den meisten Fällen $\pm 10\,\%$.

Tab. 3.8 gibt die Zusammenfassung der aus den Versuchen verschiedener Autoren ermittelten Konstanten der Gl. (3.90). In dieser Tabelle ist auch der untersuchte Bereich der Verdampfungstemperaturen und der Wärmestromdichten eingetragen, der gleichzeitig der Gültigkeitsbereich für die Anwendung der Gl. (3.90) ist.

Wie aus Tab. 3.8 ersichtlich, haben verschiedene Autoren den Wärmeübergang beim Blasensieden der Kältemittel R12 und R22 gemessen, so daß ein Vergleich der Meßwerte möglich ist.

Für das Kältemittel R12 wurde einheitlich $\alpha_{RB} \sim \dot{q}^{0,5}$ gefunden, allerdings variiert der Exponent m des Verdampfungsdrucks von $m = 0,083$ bei Heimbach [53] über $m = 0,25$ bei Danilowa [51] bis $m = 0,43$ bei Slipčević [49]. Die Tab. 3.8 zeigt weiter, daß die wahrscheinliche Größe dieses Exponenten zwischen 0,235 und 0,350 liegt. Somit kann man annehmen, daß die Untersuchung von Danilowa die zuverlässigsten Werte liefert, und daß die von den beiden anderen Autoren gefundene Druckabhängigkeit des Wärmeübergangs nicht zutrifft.

Aus Abb. 3.11a ist jedoch auch ersichtlich, daß zwischen den von verschiedenen Autoren gemessenen Wärmeübergangskoeffizienten α_{RB} im untersuchten Bereich der Wärmestromdichten keine großen Abweichungen vorhanden sind.

Für die Druckabhängigkeit des Wärmeübergangs beim Blasensieden des Kältemittels R22 haben alle drei Verfasser fast den gleichen Wert des Exponenten des Ver-

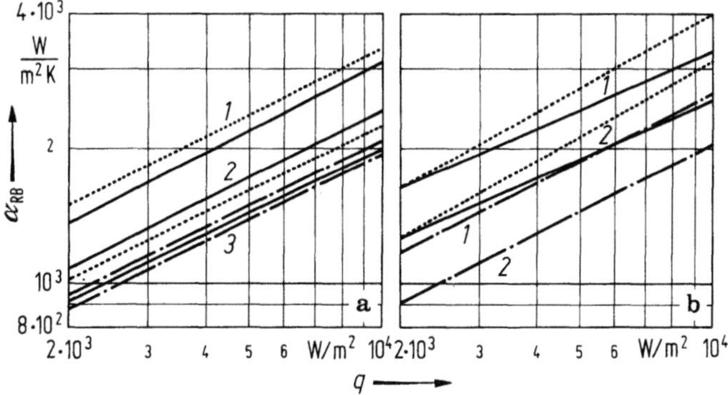

Abb. 3.11. a) Wärmeübergangskoeffizienten α_{RB} für das Blasensieden von Kältemittel R12 an überfluteten Rippenrohrbündeln nach Messungen von SLIPČEVIĆ [49]: ·············; DANILOWA [51]: —————; HEIMBACH [53]: —·——·——; *1:* $t_0 = +30\,°C$; *2:* $t_0 = 0\,°C$; *3:* $t_0 = -20\,°C$; b) Wärmeübergangskoeffizienten α_{RB} für das Blasensieden von Kältemittel R22 an überfluteten Rippenrohrbündeln nach Messungen von SLIPČEVIĆ [49]: ·············; DANILOWA [51]: —————; HEIMBACH [53]: —·——·——; *1:* $t_0 = +10\,°C$; *2:* $t_0 = -20\,°C$.

dampfungsdrucks gefunden, der Exponent der Wärmestromdichte variiert jedoch von 0,40 bis 0,45 bei DANILOWA [43, 51] über $n = 0,52$ bei HEIMBACH [52, 53] bis $n = 0,558$ bei SLIPČEVIĆ [49]. Während also bei diesem Kältemittel die Druckabhängigkeit des Wärmeübergangs von allen Autoren gleich wiedergegeben wird, sind die großen Abweichungen bei dem Exponenten n der Wärmestromdichte feststellbar. Auch hier zeigt ein Vergleich aus Tab. 3.8, daß — mit Ausnahme des Kältemittels R13 — alle Exponenten n der Wärmestromdichte Werte zwischen 0,50 und 0,56 haben. Man kann also annehmen, daß der von DANILOWA vorgeschlagene Wert $n = 0,40...0,45$ zu klein ist.

Weiterhin zeigt Abb. 3.11b, daß die von HEIMBACH gemessenen Wärmeübergangskoeffizienten wesentlich niedriger sind als diejenigen anderer Autoren, die sich

Tabelle 3.9. *Geometrie der von verschiedenen Autoren untersuchten Rippenrohre*

Autor	Rippen- durchmesser in mm		Rippenabmessungen in mm			Flächen- ver- hältnis	Bemerkung
			Höhe	Dicke	Abstand		
	D_R	d	h_R	s_R	t_R	φ	
DANILOWA [43]	16,36	13,74	1,31	0,68	1,26	2,74	
SLIPČEVIĆ [49]	18,9	15,9	1,5	0,40	1,35	3,18	
MÜLLER/HAHNE [50]	18,9	15,9	1,5	0,40	1,35	3,18	
DANILOWA/ DYUNDIN [51]	20,9 19,15	17,63 16,30	1,63 1,14	0,464 0,435	1,565 0,478	2,35 4,55	Bündel Nr. 1 Bündel Nr. 2
HEIMBACH [52, 53]	19,1	16,2	1,45	0,40	1,35	3,124	

— trotz verschiedener Steigung der Geraden — im untersuchten Bereich um maximal 20 % unterschieden.

Monofluortrichlormethan — R11. Müller und Hahne [50] berichten über die experimentelle Untersuchung des Wärmeübergangs beim Blasensieden von Kältemittel R11 bei $p_0 = 1$ bar an einem aus 18 handelsüblichen Kupferrippenrohren bestehenden überfluteten Verdampfer bei 10^3 W/m$^2 \leq \dot{q} \leq 4 \cdot 10^4$ W/m^2. Die Abmessungen der bei diesen Versuchen — sowie bei den Versuchen anderer Autoren — benutzten Rippenrohre sind aus Tab. 3.9 ersichtlich.

Die Rohre wurden fluchtend in drei Reihen mit sechs übereinanderliegenden Reihen angeordnet. Für die Berechnung des Wärmeübergangs wird die Beziehung

$$\alpha_{RB} = 10\dot{q}^{0,53} \tag{3.91}$$

empfohlen.

In Abb. 3.12a sind gemessene und nach verschiedenen Verfahren berechnete Wärmeübergangskoeffizienten α_{RB} verglichen. Man erkennt bei allen Verfahren eine gute Übereinstimmung hinsichtlich der Steigung der Kurven, während die beste Übereinstimmung mit den Meßwerten Gl. (3.85) liefert.

Difluordichlormethan — R12. Danilowa [51] hat den Wärmeübergang beim Blasensieden des Kältemittels R12 an zwei verschiedenen Rippenrohrbündeln gemessen, die aus 19 Kupferrippenrohren gebaut und mit einer Teilung von $t_q^* = s/d_a = 1,28$ im Mantelrohr untergebracht waren. Die Abmessungen der untersuchten Rippenrohre enthält

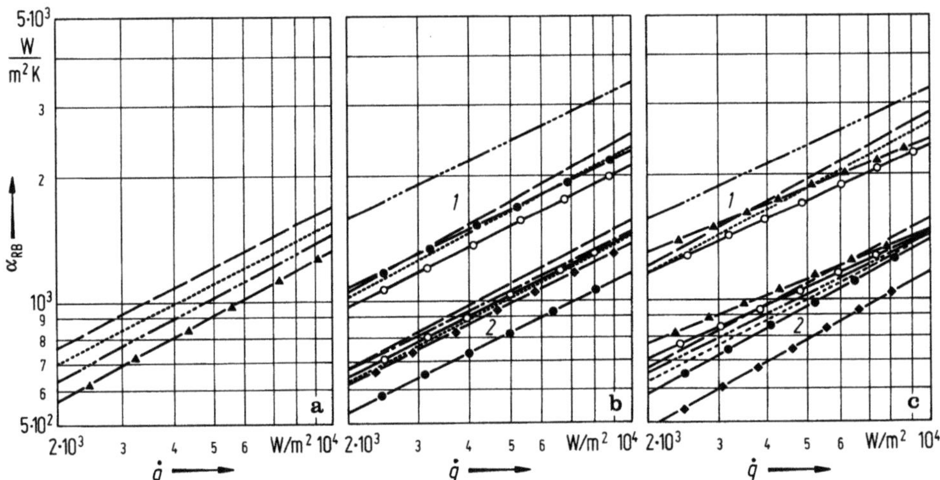

Abb. 3.12. a) Wärmeübergangskoeffizienten α_{RB} für das Blasensieden von Kältemittel R11 bei $p_0 = 1$ bar an überfluteten Rippenrohrbündeln nach Messungen von Müller und Hahne [50]: —▲—▲—;

b) Wärmeübergangskoeffizienten α_{RB} für das Blasensieden von Kältemittel R12 an überfluteten Rippenrohrbündeln nach Messungen von Slipčević [49]: —●—●—; Danilowa [51]: —○—○—; Heimbach [53]: —◆—◆—; *1:* $t_0 = +30\,°C$; *2:* $t_0 = -30\,°C$;

c) Wärmeübergangskoeffizienten α_{RB} für das Blasensieden von Kältemittel R22 an überfluteten Rippenrohrbündeln nach Messungen von Danilowa [43]: —▲—▲—; Slipčević [49]: —●—●—; Danilowa [51]: —○—○—; Heimbach [52]: —◆—◆—; *1:* $t_0 = +30\,°C$; *2:* $t_0 = -30\,°C$; Rechenwerte nach Gl. (3.85): — ··· — ··· —; Gl. (3.88): ·············; Gl. (3.89):

Tab. 3.9. Der untersuchte Bereich war $-20\,°C \leq t_0 \leq +30\,°C$ und $500\,\text{W/m}^2 \leq \dot{q} \leq 9\,000\,\text{W/m}^2$.

Man stellte fest, daß die Wärmeübergangskoeffizienten an Rippenrohrbündeln für die gleichen Betriebsbedingungen größer sind als diejenigen an Glattrohrbündeln. Auch bei diesen Versuchen wurde eine Zunahme des Wärmeübergangskoeffizienten beim Übergang von den unteren zu den oberen Rohrreihen beobachtet und durch den Einfluß der zusätzlich im Mantelraum auftretenden Konvektion erklärt. Dieser Einfluß ist besonders bei tiefen Verdampfungstemperaturen und niedrigen Wärmestromdichten ausgeprägt, da bei diesen Bedingungen die Blasenbildung zwar wenig intensiv, das Dampfvolumen aber groß ist.

Die Untersuchungen zeigten weiter, daß die am Bündel Nr. 2 gemessenen Wärmeübergangskoeffizienten, bei sonst gleichen Betriebsbedingungen, etwa 10 % größer sind als die am Bündel Nr. 1. Während die Wärmeübergangskoeffizienten bei einzelnen Rippenrohren mit steigendem Verhältnis φ auch erheblich zunehmen, ist dies bei Rippenrohrbündeln nicht mehr der Fall.

Für die Berechnung des Wärmeübergangs wird die Beziehung

$$\alpha_{RB} = 18{,}3\,p_0^{0,25}\,\dot{q}^{0,5} \tag{3.92}$$

vorgeschlagen, welche für $\dot{q} > 2\,000\,\text{W/m}^2$ gilt.

Im Bereich $500\,\text{W/m}^2 \leq \dot{q} \leq 2\,000\,\text{W/m}^2$ wird empfohlen, mit dem Wert

$$\alpha_{RB}^{*} = F_{z,R}\,\alpha_{RB} \tag{3.93}$$

zu rechnen, wobei für α_{RB} Gl. (3.92) gilt. Der Korrekturfaktor $F_{z,R}$ ist, in Abhängigkeit von der Anzahl der Rohrreihen z_R für zwei verschiedene Wärmestromdichten in Abb. 3.13 dargestellt.

HEIMBACH [53] hat ebenfalls den Wärmeübergang beim Blasensieden von Kältemittel R12 an einem überfluteten Rippenrohrverdampfer gemessen, das aus zehn gewalzten Kupferrippenrohren bestand, deren Abmessungen ebenfalls in Tab. 3.9 eingetragen sind. Der untersuchte Bereich der Verdampfungstemperaturen und der Wärmestromdichten ist in Tab. 3.8 vermerkt.

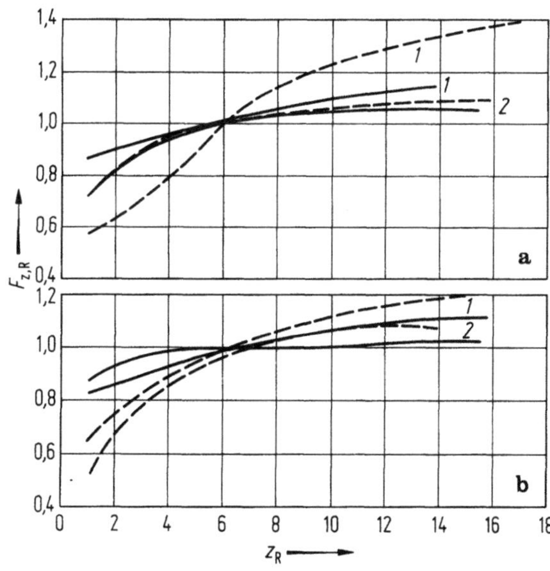

Abb. 3.13. Korrekturfaktor $F_{z,R}$ der Gl. (3.93) zur Berücksichtigung des Einflusses der Rohrreihenzahl z_R auf den Wärmeübergangskoeffizienten α_{RB} nach DANILOWA [51]. a) Kältemittel R12; b) Kältemittel R22; 1: $\dot{q} = 500\,\text{W/m}^2$, ——— $t_0 = +10\,°C$; 2: $\dot{q} = 2000\,\text{W/m}^2$, — — — — $t_0 = -20\,°C$.

Bei diesen Messungen fällt auf, daß der Einfluß des Verdampfungsdrucks auf den Wärmeübergang sehr klein ist. In einigen Fällen wurden sogar für sehr unterschiedliche Drücke die gleichen Wärmeübergangskoeffizienten ermittelt.

Heimbach hat zwar keine Gleichung angegeben, aufgrund seiner Versuche läßt sich aber die folgende Gleichung ableiten:

$$\alpha_{RB} = 19 p_0^{0,083}\, \dot{q}^{0,5}. \tag{3.94}$$

Nach den im Versuchslaboratorium von Sulzer-Escher Wyss in Lindau durchgeführten Messungen läßt sich für die Berechnung des Wärmeübergangs nach [49] die Beziehung

$$\alpha_{RB} = 14 p_0^{0,43}\, \dot{q}^{0,5} \tag{3.95}$$

ableiten.

In Abb. 3.12b sind die von verschiedenen Autoren gemessenen Wärmeübergangskoeffizienten α_{RB} beim Blasensieden des Kältemittels R12 mit den berechneten Werten verglichen. Man erkennt, daß die Übereinstimmung zwischen den Meßwerten und den nach den verschiedenen Verfahren berechneten Werte sehr gut ist — mit Ausnahme der Werte nach Gl. (3.85) für $t_0 = +30\,°$C, welche höher sind.

Difluormonochlormethan — R22. Danilowa [51] hat auf den beiden für die Untersuchung des Wärmeübergangs beim Sieden von Kältemittel R12 benutzten Rippenrohrbündeln im gleichen Bereich der Verdampfungstemperaturen und der Wärmestromdichten auch den Wärmeübergang beim Sieden des Kältemittels R22 gemessen. Dabei

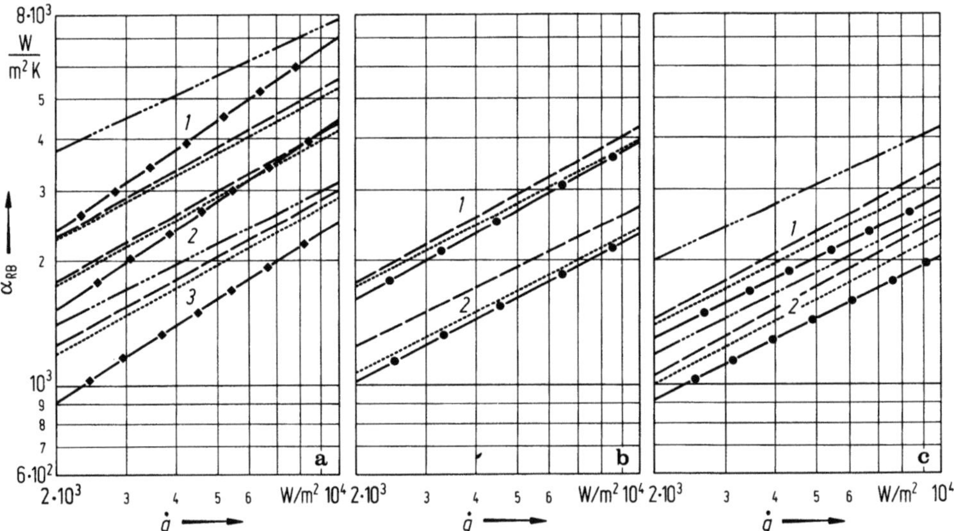

Abb. 3.14. a) Wärmeübergangskoeffizienten α_{RB} für das Blasensieden von Kältemittel R13 an überfluteten Rippenrohrbündeln nach Messungen von Heimbach [52]: ——♦—♦——; *1:* $t_0 = -10\,°$C; *2:* $t_0 = -30\,°$C; *3:* $t_0 = -60\,°$C;
b) Wärmeübergangskoeffizienten α_{RB} für das Blasensieden von Kältemittel R12 B1 an überfluteten Rippenrohrbündeln nach Messungen von Slipčević [49]: ——•—•——; *1:* $t_0 = +50\,°$C; *2:* $t_0 = 0\,°$C;
c) Wärmeübergangskoeffizienten α_{RB} für das Blasensieden von Kältemittel R13 B1 an überfluteten Rippenrohrbündeln nach Messungen von Slipčević [49]; ——•—•——; *1:* $t_0 = 0\,°$C; *2:* $t_0 = -30\,°$C;
Rechenwerte nach Gl. (3.85): —···—···—; Gl. (3.88): ··············; Gl. (3.89): ——————.

wurden die gleichen Erscheinungen, wie sie bei den Versuchen mit dem Kältemittel R12 geschildert wurden, beobachtet. Für die Berechnung des Wärmeübergangs wird die Beziehung

$$\alpha_{RB} = 33 p_0^{0,25}\, \dot{q}^{0,45} \tag{3.96}$$

empfohlen.

DANILOWA [43] berichtet über die Untersuchung des Wärmeübergangs beim Blasensieden von Kältemittel R22 an einem aus 31 Kupferrippenrohren bestehenden überfluteten Verdampfer. Die Abmessungen der untersuchten Rippenrohre sind aus Tab. 3.9 ersichtlich. Der untersuchte Bereich war $400\ \mathrm{W/m^2} \leq \dot{q} \leq 7\,000\ \mathrm{W/m^2}$ und $-20\,°\mathrm{C} \leq t_0 \leq +20\,°\mathrm{C}$. Die gemessenen Wärmeübergangskoeffizienten lassen sich durch die Beziehung

$$\alpha_{RB} = 53{,}2 p_0^{0,25}\, \dot{q}^{0,4} \tag{3.97}$$

wiedergeben. Wie früher erwähnt, scheinen die beiden Exponenten der Wärmestromdichte in den Gln. (3.96) und (3.97) zu niedrig zu sein.

Aus den Versuchen von HEIMBACH [52] läßt sich die Gleichung

$$\alpha_{RB} = 14 p_0^{0,235}\, \dot{q}^{0,52} \tag{3.98}$$

ableiten, während nach SLIPČEVIĆ [49]

$$\alpha_{RB} = 12 p_0^{0,235}\, \dot{q}^{0,558} \tag{3.99}$$

ist.

In Abb. 3.12c sind die von verschiedenen Autoren gemessenen Wärmeübergangskoeffizienten α_{RB} beim Blasensieden des Kältemittels R22 mit den nach verschiedenen Verfahren berechneten Werten verglichen. Wie schon erwähnt, sind die Meßwerte von HEIMBACH niedriger als die Werte anderer Autoren. Die Übereinstimmung zwischen den gemessenen und den berechneten Werten ist auch hier bei allen Verfahren sehr gut — wiederum mit Ausnahme der Werte nach Gl. (3.85) für $t_0 = +30\,°\mathrm{C}$.

Andere Kältemittel. HEIMBACH [52] hat den Wärmeübergang beim Sieden von Kältemittel R13 bei $-60\,°C \leq t_0 \leq -10\,°\mathrm{C}$ und $4\,000\ \mathrm{W/m^2} \leq \dot{q} \leq 11\,000\ \mathrm{W/m^2}$ untersucht. Abweichend von anderen Gleichungen lassen sich die Meßwerte nicht durch einen einfachen Potenzansatz, sondern durch die Beziehung

$$\alpha_{RB} = (3{,}28 + 0{,}767 p_0)\, \dot{q}^{2/3} \tag{3.100}$$

wiedergeben.

In Abb. 3.14a sind gemessene und berechnete Wärmeübergangskoeffizienten α_{RB} verglichen. Die Übereinstimmung zwischen diesen Werten ist zufriedenstellend, mit Ausnahme der Werte bei $t_0 = -60\,°\mathrm{C}$.

Für das Blasensieden von Kältemittel R12 B1 fand SLIPČEVIĆ [49]

$$\alpha_{RB} = 12 p_0^{0,32}\, \dot{q}^{0,525}, \tag{3.101}$$

während für R13 B1

$$\alpha_{RB} = 15 p_0^{0,355}\, \dot{q}^{0,5} \tag{3.102}$$

gilt.

In allen empirischen Gleichungen soll der Verdampfungsdruck p_0 in bar und die Wärmestromdichte $\dot{q}$ in $\mathrm{W/m^2}$ eingesetzt werden.

In Abb. 3.14b und 3.14c sind gemessene und berechnete Wärmeübergangskoeffizienten α_{RB} für die Kältemittel R12 B1 und R13 B1 verglichen. Die beste Übereinstimmung liefert Gl. (3.88), während Gl. (3.85) bei hohen Verdampfungstemperaturen zu große Werte erbringt.

Für die Berechnung von überfluteten Rippenrohrverdampfern wird empfohlen, die aus den Versuchen gewonnenen empirischen Gleichungen zu benutzen, die aber streng nur innerhalb der Versuchsgrenzen gelten und die daher ohne weitere experimentelle Absicherung nicht bei anderen Betriebsbedingungen benutzt werden sollten.

Auch bei Verwendung dieser empirischen Gleichungen ist es vorteilhaft, eine kritische Bewertung der verschiedenen experimentellen Werte durchzuführen — wie dies am Beispiel der Kältemittel R12 und R22 erklärt wurde.

Aus den hier angestellten Vergleichen zwischen den von verschiedenen Autoren gemessenen und den nach verschiedenen Verfahren berechneten Werten ist ersichtlich, daß alle Verfahren eine gute Übereinstimmung mit den Meßwerten liefern.

In den meisten Fällen liefert jedoch Gl. (3.85) die höchsten Wärmeübergangskoeffizienten; größere Abweichungen gegenüber den Meßwerten sind besonders bei hohen Verdampfungstemperaturen möglich.

Gl. (3.88) liefert im ganzen untersuchten Bereich der Verdampfungstemperaturen für verschiedene Kältemittel die beste Übereinstimmung mit den Meßwerten, so daß sie für die Berechnung des Wärmeübergangs beim Blasensieden von Halogenkältemitteln an überfluteten Rippenrohrverdampfern benutzt werden kann.

Im Bereich tiefer Verdampfungstemperaturen liefern alle Berechnungsverfahren Werte, die gegenüber den Meßwerten zu groß sind.

Auch für die Berechnung von überfluteten Rippenrohrverdampfern ist es vorteilhaft, für den Wärmeübergangskoeffizienten

$$\alpha_{RB} = S_{RB}\, \dot{q}^{n_{RB}} \tag{3.103}$$

zu setzen, wobei S_{RB} eine temperaturabhängige Stoffgröße und n_{RB} ein ebenfalls temperaturabhängiger Exponent ist. Die Bestimmung dieser beiden Größen erfolgt analog wie bei den überfluteten Glattrohrverdampfern, Abschn. 3.1.3.

3.1.6 Sieden ölhaltiger Kältemittel

Die bisher angegebenen Gleichungen für die Berechnung des Wärmeübergangs beim Sieden an einzelnen glatten und berippten Rohren, bzw. an überfluteten Glatt- und Rippenrohrverdampfern gelten für reine Kältemittel, also ohne Zusatz von Öl. Da bei Kälteanlagen mit ölgeschmierten Verdichtern gewisse Ölmengen in den Kältemittelkreislauf gelangen, ist die Kenntnis des Wärmeübergangs beim Sieden von Kältemittel-Öl-Gemischen von großem Interesse. Leider sind auch hier die Angaben aus dem Schrifttum widersprüchlich.

a) Überflutete einzelne glatte und berippte Rohre

Eine Übersicht über die entsprechenden Untersuchungen der letzten Jahre gibt Tab. 3.10.

Tschernobylski [54] untersuchte den Einfluß des Ölgehalts auf den Wärmeübergang beim Sieden des Kältemittels R12. Er fand, daß der Ölzusatz bei geringen Ölkonzentrationen den Wärmeübergang sehr wenig beeinflußt und daß dieser erst bei größeren Ölkonzentrationen wesentlich schlechter wird. Bei einem Ölgehalt von 10% verringert sich der Wärmeübergangskoeffizient gegenüber dem des ölfreien Kältemittels um 15%.

Systematische Messungen des Wärmeübergangs beim Sieden von Kältemittel-Öl-Gemischen hat Stephan [55] durchgeführt. Es wurde Öl der Deutschen Shell AG, Hamburg mit der Markenbezeichnung „Shell-Clavus-Öl 129" verwendet. Wie diese Untersuchungen zeigten, verändern kleine Ölgehalte bis zu 3%, insbesondere bei niedrigen Verdampfungstemperaturen, den Wärmeübergang gegenüber dem des ölfreien Kältemittels R12 nur geringfügig. Für höhere Ölgehalte verlaufen die Kurven $\alpha_{\ddot{O}l} = F(\dot{q})$ nicht mehr parallel, sondern werden mit zunehmendem Ölgehalt immer flacher.

Tabelle 3.10. *Zusammenstellung von Untersuchungen über den Wärmeübergang beim Sieden von Kältemittel-Öl-Gemischen*

Autor	Prüfling	Kälte-mittel	Bereich der		
			Verdampfungs-temperatur t_0 °C	Ölkonzen-tration ξ %	Wärmestrom-dichte $\dot{q}$ W/m²
Dyundin [14]	Rippenrohr Nr. 2	R12	$-20 \leqq t_0 \leqq +20$	8	$2 \cdot 10^3 \leqq \dot{q} \leqq 2 \cdot 10^4$
Henrici/Hesse [22]	glattes Cu-Rohr $d = 30$ mm	R114	10	0...20	$3 \cdot 10^3 \leqq \dot{q} \leqq 3 \cdot 10^4$
Tschernobylski/ Ratiani [54]	glattes Cu-Rohr $d = 14$ mm	R12	$-13 \leqq t_0 \leqq +16$	0...58	$2 \cdot 10^3 \leqq \dot{q} \leqq 6 \cdot 10^3$
Stephan [55]	Cu-Platte $d = 130$ mm	R12 R22	$-18 \leqq t_0 \leqq +15$	0...50	$10^4 \leqq \dot{q} \leqq 7 \cdot 10^4$
Iwanow [56]	glattes Stahlrohr $d = 9$ mm	R12 R142	$-19 \leqq t_0 \leqq +21$	0...50	$2 \cdot 10^3 \leqq \dot{q} \leqq 2,5 \cdot 10^4$
Awaliani [57]	Stahlplatte 30×10 mm	R112 R113	$(p_0 = 1 \text{ bar})$	0...12	$6 \cdot 10^3 \leqq \dot{q} \leqq 4,5 \cdot 10^4$
Stoffel [58]	Cu-Platte $d = 128$ mm	R114	$+5 \leqq t_0 \leqq +20$	0...20	$5 \cdot 10^2 \leqq \dot{q} \leqq 5 \cdot 10^4$
Burkhardt [59]	Cu-Platte $d = 120$ mm	R11	$p_0 = 1 \text{ bar}$ $t_0 \cong 23,7\,°C$	0...56	$2 \cdot 10^3 \leqq \dot{q} \leqq 10^5$
Wallner/Dick [60]	Glattrohr-bündel	R11	$p_0 = 1 \text{ bar}$ $t_0 \cong 23,7\,°C$	0...5	$2,4 \cdot 10^3 \leqq \dot{q} \leqq 1,6 \cdot 10^4$

Diese Erscheinung kann mit der von Stephan entwickelten Theorie des Mechanismus der Dampfblasenbildung gedeutet werden. Aus einem Kältemittel-Öl-Gemisch verdampft nahezu reines Kältemittel. Durch den Ölzusatz wird aber die Oberflächen- und Adhäsionsspannung der Flüssigkeit erhöht und damit auch der Widerstand gegen das Blasenwachstum. Außerdem wird sich in Wandnähe infolge der höheren Temperatur und damit der größeren Öllöslichkeit eine besonders ölreiche Schicht bilden. Die Dampfblase wächst daher dort noch langsamer und die Wärmeübergangskoeffizienten fallen niedriger aus als bei ölfreiem Kältemittel.

Der flachere Verlauf der Kurven $\alpha_{\text{Öl}} = F(\dot{q})$ kann so erklärt werden: Mit zunehmender Wärmestromdichte steigt die Wandtemperatur und damit auch die Öllöslichkeit des Kältemittels, so daß der Ölgehalt in Wandnähe und der Widerstand gegen das Blasenwachstum mit der Wärmestromdichte zunehmen.

Die Untersuchungen zeigten außerdem noch ein interessantes Phänomen. Bekanntlich nehmen die Wärmeübergangskoeffizienten bei ölfreien Kältemitteln mit sinkender Verdampfungstemperatur ab. Dies gilt auch für Kältemittel-Öl-Gemische bis zu 3 % und mit mehr als 10 % Ölgehalt. Im Bereich zwischen diesen beiden Grenzen erhält man dagegen bei niedrigen Verdampfungstemperaturen höhere Wärmeübergangskoeffizienten.

Dieser Effekt beruht offensichtlich auf der Schaumbildung: Man kann sich vorstellen, daß die Verschlechterung des Wärmeübergangs mit sinkender Verdampfungstemperatur zwar eintritt, daß diese aber durch die Verbesserung des Wärmeübergangs infolge des Schäumens bei niedrigen Verdampfungstemperaturen mehr als ausgeglichen wird.

Bei höheren Ölgehalten rücken die Kurven $\alpha_{\mathrm{Öl}} = F(\dot{q})$ für die verschiedenen Verdampfungstemperaturen immer enger zusammen. Die Wärmeübergangskoeffizienten sind schließlich kaum mehr vom Druck abhängig. Auch diese Erscheinung hängt mit dem Mechanismus der Dampfblasenbildung zusammen. In Wandnähe ist die Ölkonzentration bei hohen Ölgehalten so hoch, daß die Diffusion des Kältemittels durch ölreiche Flüssigkeit zur Blase hin der für das Blasenwachstum ausschlaggebende Faktor wird. Die Diffusionsgeschwindigkeit ist vorwiegend durch den Diffusionswiderstand bestimmt, der kaum druckabhängig ist. Die Wachstumsgeschwindigkeit der Dampfblase und damit auch die Wärmeübergangskoeffizienten sind daher bei hohen Ölgehalten praktisch druckunabhängig.

Auch die Versuche mit dem Kältemittel R22 bei Ölgehalten von 3 bis 9 % bestätigten qualitativ die vorstehend geschilderten Ergebnisse.

Bei Messungen mit dem Kältemittel R22 und bei einigen Messungen mit dem Kältemittel R12 wurde das Öl mit der Markenbezeichnung Fuchs-KM-Öl (heutige Bezeichnung Reniso-KM-Öl) der Fa. Fuchs/Mannheim verwendet.

Iwanow [56] untersuchte den Wärmeübergang beim Sieden von Kältemittel-Öl-Gemischen mit R12 und R142. Hierbei wurde das in der UdSSR mit der Markenbezeichnung HF-12 bekannte Öl verwendet. Die Versuche wurden bei Kältemittel R12-Öl-Gemischen bei fünf verschiedenen Ölkonzentrationen und Verdampfungstemperaturen zwischen $-19\,°C$ und $+21\,°C$ durchgeführt. Das bei diesen Versuchen benutzte Öl hatte im Vergleich zu dem von Stephan benutzte Öl eine etwas niedrigere Viskosität. Auch diese Untersuchungen bestätigten die wichtigsten von Stephan beobachteten Effekte;

— Mit zunehmender Ölkonzentration nimmt die Steigung der Kurven $\alpha_{\mathrm{Öl}} = F(\dot{q})$ ab.
— Bei höheren Ölkonzentrationen rücken alle Kurven $\alpha_{\mathrm{Öl}} = F(\dot{q})$ immer enger zusammen.
— Für $\xi_{\mathrm{Öl}} > 30\,\%$ ist der Wärmeübergangskoeffizient nicht mehr vom Verdampfungsdruck abhängig.

Ein wesentlicher Unterschied zu den Untersuchungen von Stephan besteht jedoch darin, daß der Wärmeübergang bei Ölzusatz bei Iwanow generell schlechter ist als bei ölfreiem Kältemittel und das sich die Wärmeübergangskoeffizienten stetig mit der Ölkonzentration verschlechtern.

Für die Berechnung des Wärmeübergangskoeffizienten beim Sieden von Kältemittel-Öl-Gemischen an glatten Rohren wird von Iwanow die Gleichung

$$\alpha_{\mathrm{Öl}} = 10^{0,063\,\xi_{\mathrm{Öl}}} + p_0\,[(0,224 + 0,026\,2\,\xi_{\mathrm{Öl}}^2)]\,\dot{q}^{\,0,75 - 0,02\,\xi_{\mathrm{Öl}}} \tag{3.104}$$

empfohlen, in welcher $\xi_{\mathrm{Öl}}$ in Prozenten, p_0 in bar und $\dot{q}$ in W/m² einzusetzen ist, um den Wärmeübergangskoeffizienten in W/m² K zu erhalten. Gl. (3.104) gilt für $-30\,°C \leq t_0 \leq +20\,°C$, $2\,000\,\mathrm{W/m^2} \leq \dot{q} \leq 30\,000\,\mathrm{W/m^2}$ und $\xi_{\mathrm{Öl}} \leq 20\,\%$. Streng genommen gilt sie auch nur für die aus dem Kältemittel R12 und R142 und dem benutzten Öl gebildeten Gemische. Die Ölkonzentration ist dabei definiert als Verhältnis der Ölmasse zu der Gesamtmasse (= Ölmasse + Kältemittelmasse).

Awaliani [57] bestimmte experimentell die Anzahl der aktiven Keimstellen beim Sieden der Kältemittel R112 und R113, wobei sowohl ölfreie Kältemittel als auch Gemische aus R113 und Öl untersucht wurden (auch bei diesen Versuchén wurde das Öl HF-12 verwendet). Die Versuche wurden bei Umgebungsdruck im Bereich der Wärmestromdichten $6\,000\ \mathrm{W/m^2} \leqq \dot{q} \leqq 45\,000\ \mathrm{W/m^2}$ durchgeführt. Die Ölkonzentration war $0\,\% \leqq \xi_{\mathrm{Öl}} \leqq 12\,\%$. Es wurde festgestellt, daß die Anzahl der aktiven Keimstellen mit der Erhöhung der Ölkonzentration kleiner wird, was niedrigere Wärmeübergangskoeffizienten zur Folge hat.

HENRICI und HESSE [22] untersuchten den Wärmeübergang beim Sieden von Kältemittel R114-Öl-Gemischen, wobei der Ölgehalt zwischen $0 \leqq \xi_{\mathrm{Öl}} \leqq 20\,\%$ variiert wurde. Die Verdampfungstemperatur betrug $t_0 = +10\,°\mathrm{C}$. Die Ergebnisse der Untersuchung zeigten, daß bei einem Ölgehalt unter 1 % erst eine Abnahme, bei weiterer Erhöhung des Ölgehalts bis etwa 3 % eine Zunahme des Wärmeübergangskoeffizienten eintritt, wobei im Bereich höherer Wärmestromdichten die Werte des ölfreien Kältemittels sogar überschritten wurden. Die visuellen Beobachtungen ergaben, daß bei einem Ölgehalt von 0,26 % keine Veränderung des Verdampfungsvorgangs gegenüber dem ölfreien Kältemittel festzustellen war. Die Abnahme des Wärmeübergangskoeffizienten dürfte auf die Veränderung der Stoffwerte und auf Lösungs- und Diffusionsvorgänge zurückzuführen sein. Mit steigendem Ölgehalt wurde ein leichtes Schäumen beobachtet, das bei Ölgehalten von 1 %, 2 % bis 2,3 % auch bei kleinen Wärmestromdichten intensiver wurde. Erst ein Ölgehalt von 5 % und mehr führt zu einer Abnahme des Schäumens und damit auch des Wärmeübergangskoeffizienten, ähnlich wie dies früher von STEPHAN festgestellt wurde.

Den Einfluß der Ölart auf den Wärmeübergang beim Sieden von Kältemittel R114-Öl-Gemischen im Bereich der Verdampfungstemperaturen $+5\,°\mathrm{C} \leqq t_0 \leqq +20\,°\mathrm{C}$ untersuchte STOFFEL [58]. Von drei verschiedenen Mineralölen, die für diese Versuche benutzt wurden, zeigte paraffinbasisches Öl das intensivste Schäumen und auch die höchsten Wärmeübergangskoeffizienten bei Ölgehalten von 2 % bis 5 %. Wesentlich niedriger lagen die Werte eines dünneren, gemischtbasischen Öls. Je nach der Ölart variiert auch der Exponent der Wärmestromdichte, beim gleichen Ölgehalt und gleicher Verdampfungstemperatur. Da bei kleinen Ölgehalten ein Zusammenhang zwischen den Wärmeübergangskoeffizienten und dem Schäumen besteht, und da das Schäumen durch eine Herabsetzung der Oberflächenspannung verursacht wird, wurde die Oberflächenspannung des Kältemittel R114-Öl-Gemischs im Bereich kleiner Ölgehalte in Abhängigkeit vom Ölgehalt bestimmt. Im Bereich von Ölgehalten bis 8 % wurde eine Oberflächenspannung ermittelt, welche niedriger ist als diejenige des ölfreien Kältemittels, womit deren Einfluß auf den Wärmeübergangskoeffizienten bewiesen sein dürfte. Die Messungen von BURKHARDT [59] mit dem Kältemittel R11-Öl-Gemischen haben dies jedoch nicht bestätigt.

DYUNDIN [14] hat die Wärmeübergangskoeffizienten beim Sieden von Kältemittel R12-Öl-Gemischen an Rippenrohren gemessen, wobei die Ölkonzentration 8 % betrug (Ölsorte HF-12). Er stellte fest, daß der Einfluß der Verdampfungstemperatur auf den Wärmeübergang die umgekehrte Tendenz hat als beim Sieden des ölfreien Kältemittels, d. h. daß die Wärmeübergangskoeffizienten bei gleicher Wärmestromdichte mit sinkender Verdampfungstemperatur größer werden. Das gleiche Verhalten hat schon früher STEPHAN [55] bei seinen Versuchen festgestellt. Beide Verfasser sind der Ansicht, daß dieses Verhalten mit der Schäumwirkung zusammenhängt.

b) *Überflutete Glatt- und Rippenrohrverdampfer*

HEIMBACH [40] hat den Wärmeübergang beim Sieden von Kältemittel-Öl-Gemischen an glatten überfluteten Rohrbündeln untersucht, wobei die Gemische aus Kältemitteln R12 und R22 mit einem Mineralöl bestanden, das als Schmiermittel für Kältemittel-Hubkolbenverdichter eingesetzt wird. Nach einer Einlaufzeit von 40 h wurden

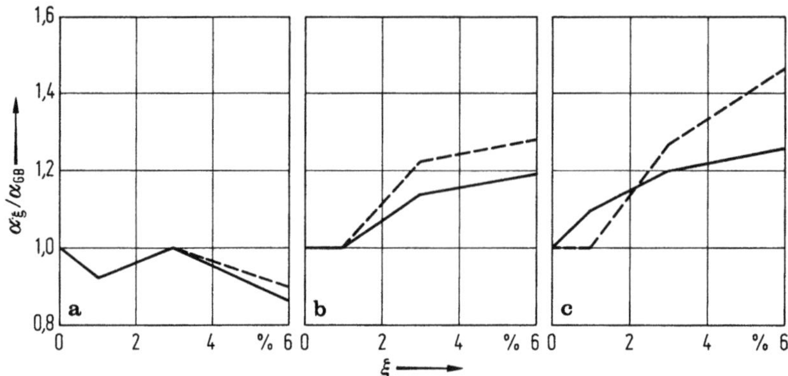

Abb. 3.15. Verhältnis α_ξ/α_{GB} für Kältemittel R12-Öl-Gemische, abhängig von der Ölkonzentration ξ nach Messungen von Heimbach [40]: a) $t_0 = +11\,°C$; b) $t_0 = -8,9\,°C$; c) $t_0 = -27,5\,°C$; $\dot{q} = 30\,000\,W/m^2$: — — — —; $\dot{q} = 15\,000\,W/m^2$: ————.

die Messungen zunächst mit ölfreiem Kältemittel, anschließend mit Gemischen von stufenweise gesteigerter Ölkonzentration gemacht.

Die Messungen mit dem Kältemittel R12 wurden im Bereich $12\,000\,W/m^2 \leqq \dot{q} \leqq 34\,000\,W/m^2$, $-35\,°C \leqq t_0 \leqq +11\,°C$ und bei Ölkonzentrationen von 1 %, 3 % und 6 % durchgeführt. Kältemittel und Öl waren ohne Einschränkung ineinander löslich.

Um den Einfluß des Öls auf den Wärmeübergang zu ermitteln, wurde das Verhältnis α_ξ/α_{GB} gebildet, wobei α_ξ der Wärmeübergangskoeffizient des Kältemittel-Öl-Gemischs und α_{GB} der des ölfreien Kältemittels sind.

Die für die Kältemittel R12-Öl-Gemische ermittelten Werte α_ξ/α_{GB} sind über der Ölkonzentration ξ in Abb. 3.15 aufgetragen.

Der Einfluß der Verdampfungstemperatur t_0 und der Ölkonzentration ξ auf den Wärmeübergang sind deutlich zu erkennen. Für $t_0 = +11,1\,°C$ ist ein relatives Maximum des Verhältnisses α_ξ/α_{GB} bei $\xi = 3$ % sichtbar, jedoch sind die Werte α_ξ immer kleiner als die Werte α_{GB}. Bei niedrigen Verdampfungstemperaturen ist dagegen α_ξ immer größer als α_{GB}, und zwar innerhalb des untersuchten Bereichs um so mehr, je niedriger t_0 ist.

Sieht man von den Werten für $t_0 = +11,1\,°C$ ab, so steigt α_ξ ab $\xi = 1$ % mit zunehmender Ölkonzentration des Gemischs bis zu einem Maximum und fällt dann bei weiter steigender Ölkonzentration wieder ab. Das Maximum ist von der Verdampfungstemperatur t_0 abhängig, liegt aber bei niedrigen Verdampfungstemperaturen bei Ölkonzentration von rund $\xi = 6$ %.

Der Übergang vom ölfreien Kältemittel zu einem Gemisch mit $\xi = 1$ % bringt noch keine sichtbare Veränderung des Verdampfungsvorgangs. Das ändert sich, wenn $\xi > 2$ % wird. Bereits bei $\xi = 3$ % ist eine Schaumbildung an den Rohroberflächen zu erkennen, die sich bei weiterer Steigerung der Ölkonzentration noch verstärkt. Im Bereich höherer Wärmestromdichten ist das Schäumen so stark, daß die Rohre nicht mehr zu sehen sind. Die Neigung zur Schaumbildung wächst mit der Ölkonzentration, der Verdampfungstemperatur und der Wärmestromdichte.

Die Versuche mit dem Kältemittel R22-Öl-Gemischen wurden im Bereich $12\,000\,W/m^2 \leqq \dot{q} \leqq 33\,000\,W/m^2$, $-45\,°C \leqq t_0 \leqq 0\,°C$ mit den Ölkonzentrationen von 1 %, 3 % und 6 % durchgeführt. Es wurde das gleiche Öl wie bei den Versuchen mit R12 verwendet, die volle Löslichkeit war jedoch nicht mehr bei allen Versuchsbedingungen gegeben (Abb. 3.16).

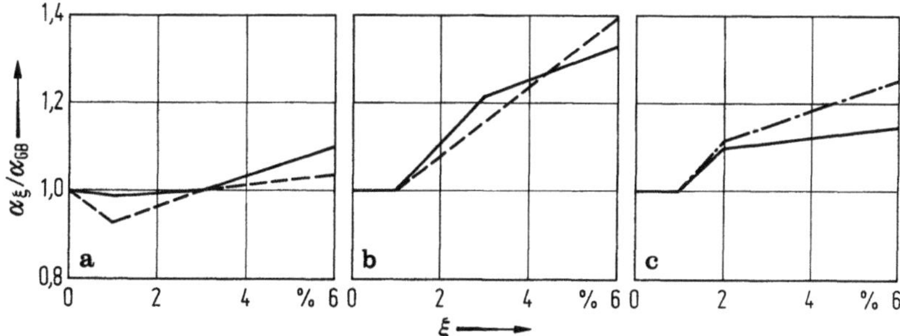

Abb. 3.16a–c. Verhältnis α_ξ/α_{GB} für Kältemittel R22-Öl-Gemische, abhängig von der Ölkonzentration ξ nach Messungen von HEIMBACH [40]. a) $t_0 = -0{,}3\,°C$; b) $t_0 = -18{,}6\,°C$; c) $t_0 = -37{,}8\,°C$. $\dot{q} = 30\,000\ \mathrm{W/m^2}$: — — — —; $\dot{q} = 25\,000\ \mathrm{W/m^2}$: — · — · —; $\dot{q} = 15\,000\ \mathrm{W/m^2}$: ————.

Auch dieses Gemisch verhält sich beim Sieden ähnlich wie die Kältemittel R12-Öl-Gemische. Eine Verbesserung des Wärmeübergangskoeffizienten ist erst bei Ölkonzentrationen $\xi > 1\%$ bei niedrigeren, bzw. $\xi > 3\%$ bei höheren Verdampfungstemperaturen erkennbar. Diese Verbesserung des Wärmeübergangs gegenüber dem bei ölfreiem Kältemittel kann bis 40 % betragen. Eine Steigerung tritt sowohl bei Kältemittel-Öl-Gemischen mit voller Mischbarkeit als auch bei Gemischen mit Mischungslükken auf, hier jedoch nur insoweit, als Öl in Lösung geht. Praktisch bedeutet dies, daß bei allen Kältemittel-Öl-Gemischen mit Mischungslücken nicht mit einer Steigerung des Wärmeübergangs im Bereich niedrigerer Verdampfungstemperaturen durch das im Gemisch enthaltene Öl zu rechnen ist.

HEIMBACH [53] hat auch den Wärmeübergang beim Sieden von Kältemittel R12-Öl-Gemischen an überfluteten Rippenrohrverdampfern im Bereich 4 000 W/m²

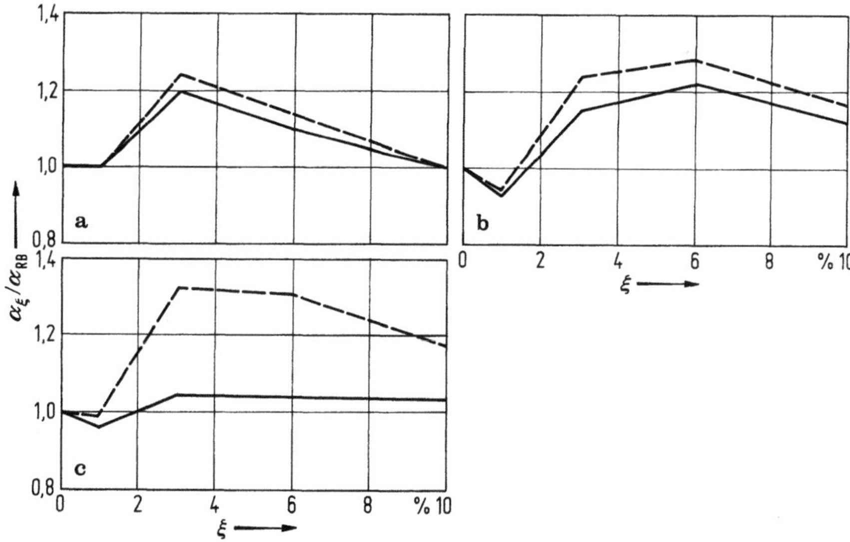

Abb. 3.17a–c. Verhältnis α_ξ/α_{RB} für Kältemittel R12-Öl-Gemische, abhängig von der Ölkonzentration ξ nach Messungen von HEIMBACH [53]. a) $t_0 = +9{,}8\,°C$; b) $t_0 = -9{,}8\,°C$; c) $t_0 = -29{,}1\,°C$. $\dot{q} = 5\,000\ \mathrm{W/m^2}$; ————; $\dot{q} = 11\,000\ \mathrm{W/m^2}$: — — — —.

$\leq \dot{q} \leq 12\,000\ \mathrm{W/m^2}$, $-30\,^\circ\mathrm{C} \leq t_0 \leq +10\,^\circ\mathrm{C}$ und bei Ölkonzentrationen von 1 %, 3 %, 6 % und 10 % gemessen. Es wurden sowohl das gleiche Öl wie bei den Versuchen mit Glattrohrbündeln benutzt, als auch ein Öl mit höherer Viskosität, das als Schmiermittel bei Zentrifugalverdichtern verwendet wird. Auch bei diesen Versuchen wurden ähnliche Phänomene beobachtet wie beim Sieden an Glattrohrbündeln. Die Ergebnisse dieser Untersuchung sind in der Abb. 3.17 wiedergegeben.

Die Versuche mit den Kältemittel R22-Öl-Gemischen wurden im Bereich $4\,000\ \mathrm{W/m^2} \leq \dot{q} \leq 10\,000\ \mathrm{W/m^2}$, $-37\,^\circ\mathrm{C} \leq t_0 \leq 0\,^\circ\mathrm{C}$ mit zwei verschiedenen Ölsorten durchgeführt, wobei das eine Öl das gleiche, nicht uneingeschränkt lösliche war, wie bei den früheren Versuchen, während das zweite Öl eine geringere Viskosität hatte und bei allen Verdampfungstemperaturen völlig löslich war. Die Ölkonzentration wurde zwischen $1 \% \leq \xi \leq 15 \%$ variiert.

Aus den Abb. 3.17 und Abb. 3.18 ist ersichtlich, daß Ölkonzentrationen $3 \% \leq \xi \leq 7 \%$ den Wärmeübergang verbessern, und zwar — je nach den Betriebsbedingungen — um bis 30 % und darüber.

DYUNDIN [51] hat den Wärmeübergang beim Sieden von Kältemittel R12-Öl-Gemischen am Rippenrohrbündel Nr. 1 (s. Tab. 3.9) untersucht, wobei die Ölkonzentration $\xi = 8 \%$ betrug. Auch bei diesen Versuchen wurde das Öl HF-12 verwendet. Er stellte fest, daß im untersuchten Bereich der Verdampfungstemperaturen $-20\,^\circ\mathrm{C} \leq t_0 \leq +10\,^\circ\mathrm{C}$ der Einfluß des Verdampfungsdrucks auf den Wärmeübergang kleiner ist als beim Sieden von ölfreiem Kältemittel. Er fand weiter, daß die Wärmeübergangskoeffizienten des Gemischs immer niedriger sind als die des ölfreien Kältemittels. Das Verhältnis $\alpha_\xi/\alpha_{\mathrm{RB}}$ ist also immer kleiner als eins, wie dies aus Abb. 3.19 zu ersehen ist. Die Abnahme von $\alpha_\xi/\alpha_{\mathrm{RB}}$ ist besonders für $\dot{q} < 1\,500\ \mathrm{W/m^2}$ deutlich. Das Verhältnis $\alpha_\xi/\alpha_{\mathrm{RB}}$ wird mit steigender Verdampfungstemperatur t_0 kleiner.

Die visuellen Beobachtungen zeigten, daß die Intensität des Verdampfungsvorgangs beim Kältemittel R12-Öl-Gemisch kleiner ist als beim ölfreien Kältemittel. Bei hohen Wärmestromdichten und niedrigeren Verdampfungstemperaturen wurde

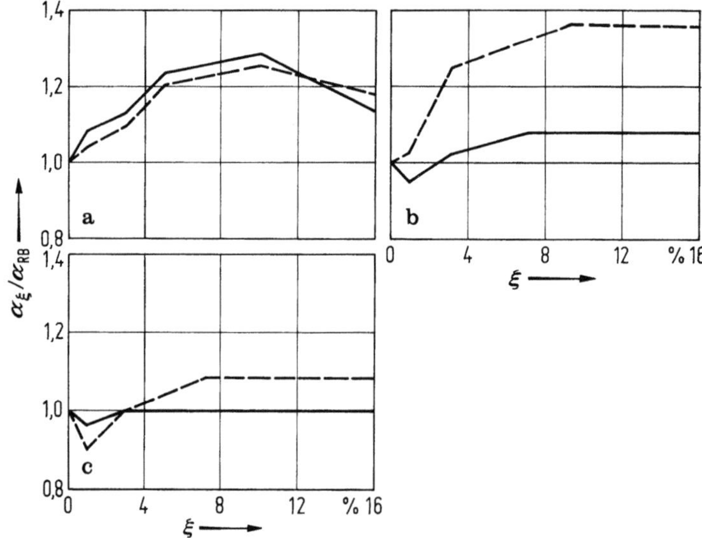

Abb. 3.18a–c. Verhältnis $\alpha_\xi/\alpha_{\mathrm{RB}}$ für Kältemittel R22-Öl-Gemische, abhängig von der Ölkonzentration ξ nach Messungen von HEIMBACH [53]. a) $t_0 = 0\,^\circ\mathrm{C}$; b) $t_0 = -19\,^\circ\mathrm{C}$; c) $t_0 = -37{,}1\,^\circ\mathrm{C}$. $\dot{q} = 4000\ \mathrm{W/m^2}$: ————— ; $\dot{q} = 10\,000\ \mathrm{W/m^2}$: — — — —.

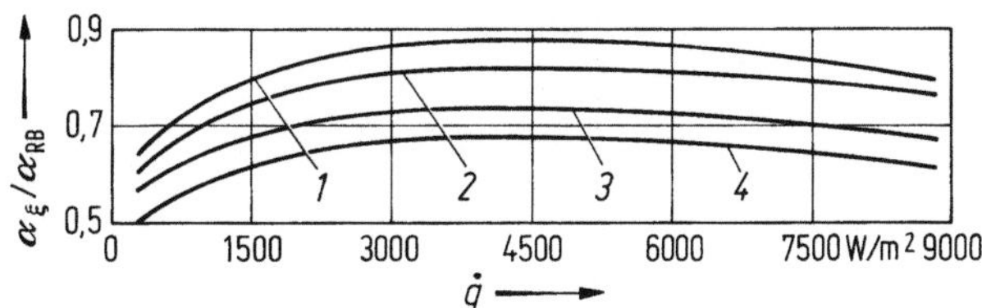

Abb. 3.19. Verhältnis α_ξ/α_{RB} für Kältemittel R12-Öl-Gemische, abhängig von der Wärmestromdichte $\dot{q}$ für verschiedene Verdampfungstemperaturen t_0 als Parameter nach Messungen von Dyundin [51]. 1: $t_0 = -20\,°C$; 2: $t_0 = -10\,°C$; 3: $t_0 = +10\,°C$; 4: $t_0 = +20\,°C$.

Schäumen beobachtet. Bei kleinen Wärmestromdichten verschwand die Blasenbildung an den unteren Rohrreihen des Bündels völlig.

Um den Einfluß verschiedener Parameter auf das Schäumen eines Kältemittel-Öl-Gemischs festzustellen, wurden an einem überfluteten Rippenrohrverdampfer im Versuchslaboratorium der Sulzer AG, Winterthur, entsprechende Untersuchungen durchgeführt [61]. Der untersuchte Verdampfer bestand aus 112 handelsüblichen Kupferrippenrohren, welche in versetzter Rohranordnung in neun übereinanderliegenden Rohrreihen in einem Mantelrohr untergebracht waren. An der Stirnseite des Verdampfers befand sich eine Glasscheibe, welche visuelle Beobachtungen des Schäumens sowie Fotoaufnahmen zuließ. Das Kältemittel R11-Öl-Gemisch siedete bei normalen Druck ($p_0 \cong 1$ bar, $t_0 \cong 23\,°C$). (Als Öl wurde Suniso 6 – Hersteller Sun Oil/USA, Vertrieb Fa. Fuchs/Mannheim – verwendet.) Die Versuche wurden mit verschiedenen Ölkonzentrationen, bzw. verschiedenen mittleren Temperaturabständen durchgeführt.

Die Aufnahmen der Abb. 3.20a, welche bei konstantem mittleren Temperaturabstand und unterschiedlichen Ölkonzentrationen gemacht worden sind, zeigen den Einfluß der Ölkonzentration auf das Schäumen. Je höher die Ölkonzentration ist, um so mehr schäumt das Gemisch.

Die Aufnahmen der Abb. 3.20b sind bei konstanter Ölkonzentration und unterschiedlichen mittleren Temperaturabständen entstanden. Es ist ersichtlich, daß das Schäumen durch höheren mittleren Temperaturabstand — also durch höhere Wärmestromdichte — begünstigt wird. Damit stehen die Ergebnisse dieser Versuche im Einklang mit denen der Untersuchungen anderer Autoren.

Angaben über weitere Untersuchungen des Wärmeübergangs beim Sieden von Kältemittel-Öl-Gemischen sowie einen Vorschlag für die Berechnung des Wärmeübergangs aufgrund eigener Versuche findet man bei Burkhardt [59]. Bis auf eine Ausnahme waren bei den Versuchen von Burkhardt die Wärmeübergangskoeffizienten der siedenden Kältemittel R11-Öl-Gemische immer kleiner als die des ölfreien Kältemittels. Als Ursache für die Abnahme des Wärmeübergangskoeffizienten wird die Ölanreicherung an der Phasengrenzfläche der Dampfblasen vermutet, die für den Stofftransport einen zusätzlichen Widerstand darstellt. Mit steigendem Ölgehalt nimmt die Zahl der Keimstellen an der Heizfläche ab, was den Wärmeübergang ebenfalls negativ beeinflußt.

Anschließend kann somit festgestellt werden, daß man zuverlässige Gleichungen für die Berechnung des Wärmeübergangs beim Sieden von Kältemittel-Öl-Gemischen noch nicht aufzustellen vermag und daß man auf Versuchswerte angewiesen ist.

Erschwerend kommt hinzu, daß die Ölkonzentration im praktischen Betrieb gar nicht bekannt ist. Der Ölauswurf ist von der Verdichterbauart (Turbo- oder Kolbenverdichter) und der Betriebsweise abhängig. Selbst die gleiche Verdichterbauart wirft sehr unterschiedliche Ölmengen. Das Öl im Kältemittel ist daher nicht nur ein Problem der richtigen Berechnung des Wärmeübergangskoeffizienten, sondern verlangt darüber

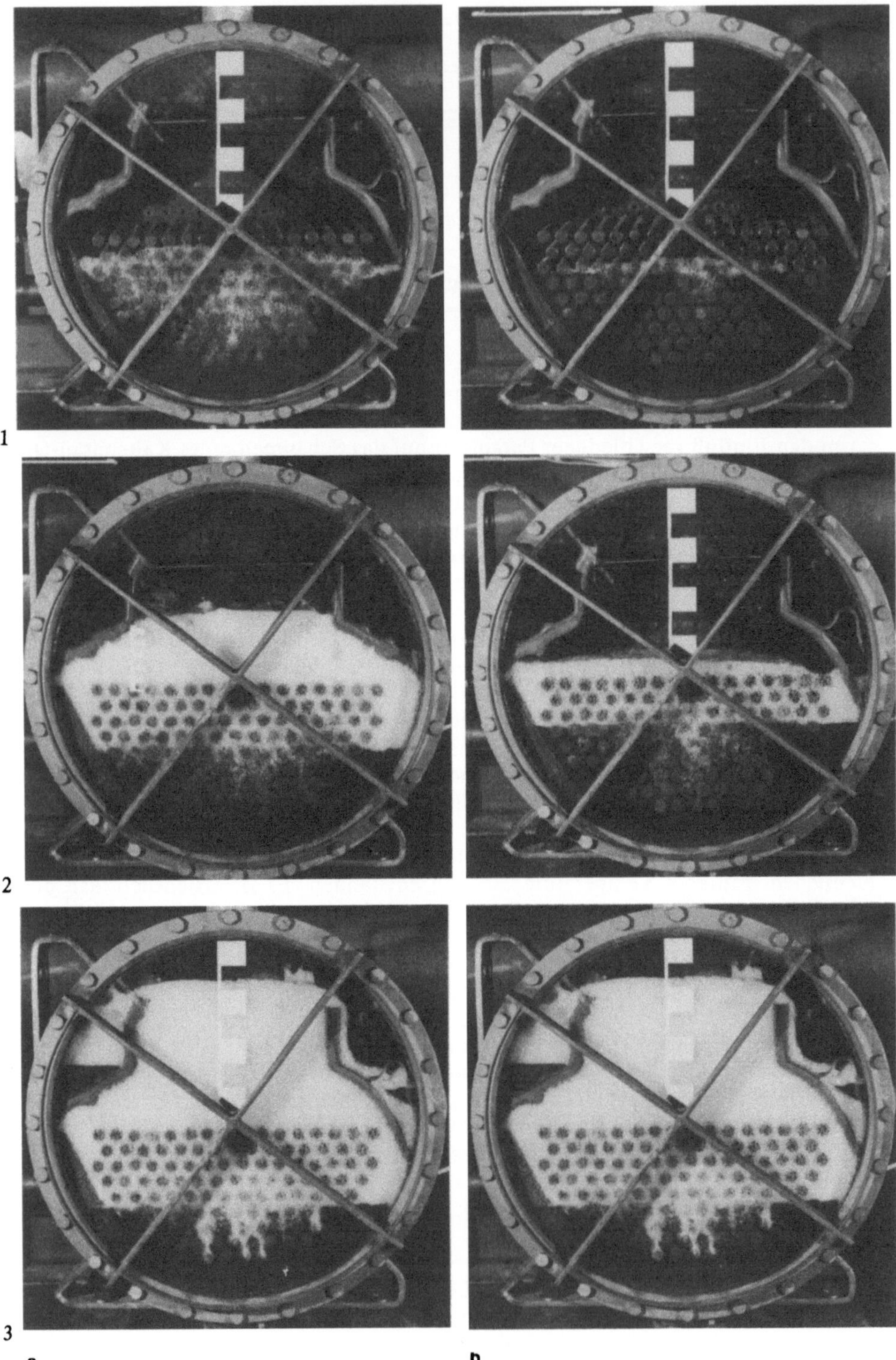

Abb. 3.20a, b. Aufnahmen des an einem überfluteten Rippenrohrverdampfer siedenden Kältemittel R11-Öl-Gemisches nach Untersuchungen von Sulzer [61].
a) $\vartheta_m = 10\,\text{K} = \text{const}$; *1:* $\xi = 0{,}5\,\%$ *2:* $\xi = 1\,\%$; *3:* $\xi = 5\,\%$;
b) $\xi = 0{,}5\,\% = \text{const}$; *1:* $\vartheta_m = 2{,}5\,\text{K}$; *2:* $\vartheta_m = 5\,\text{K}$; *3:* $\vartheta_m = 10\,\text{K}$.

hinaus spezielle Zusatzeinrichtungen für die Ölrückführung und die Beherrschung des Ölumlaufs.

Aus diesem Grunde wird nicht empfohlen, bei der Berechnung des Wärmeübergangskoeffizienten die Werte α_ξ, die entsprechend der beschriebenen Untersuchungen größer als die Werte α_{GB} oder α_{RB} sein können, zu verwenden, sondern mit den Wärmeübergangskoeffizienten für ölfreie Kältemittel zu rechnen.

3.1.7 Verbesserung des Wärmeübergangs beim Blasensieden

Wie in den vorigen Abschnitten gezeigt wurde, kann der Wärmeübergang beim Sieden gerade bei Halogenkältemitteln durch die Verwendung von Rippenrohren anstelle von Glattrohren verbessert werden. Dadurch lassen sich die Abmessungen und die Füllung überfluteter Verdampfer verkleinern.

In neuerer Zeit wurden die Möglichkeiten der Steigerung des Wärmeübergangs beim Sieden intensiver erforscht, dies zum Teil auch deswegen, weil viele Verdampfer, bedingt durch neue Technologien und Verfahren, aus teueren Werkstoffen gebaut werden müssen und dadurch Ersparnis an Materialien besonders ins Gewicht fällt. Bevor hier auf die Möglichkeiten der Verbesserung des Wärmeübergangs eingegangen wird, soll noch einmal darauf hingewiesen werden, daß sich eine Steigerung des kältemittelseitigen Wärmeübergangskoeffizienten nur dann lohnt, wenn auf der Kälteträgerseite entsprechend große Wärmeübergangskoeffizienten auftreten, d. h., wenn der größere Wärmeübergangswiderstand auf der Kältemittel- und nicht auf der Kälteträgerseite liegt.

Folgende Möglichkeiten der Verbesserung des Wärmeübergangs seien hier erwähnt:

a) Aufrauhen der Heizfläche

JAKOB und FRITZ [62] haben experimentell gefunden, daß schon ein einfaches Aufrauhen der Heizfläche den Wärmeübergang an siedendes Wasser verbessern kann. Bei sandgestrahlter Heizfläche erreichten sie eine Erhöhung des Wärmeübergangskoeffizienten um den Faktor 1,3, während die mit einem Rauhigkeitsraster versehene Heizfläche sogar eine Steigerung des Wärmeübergangskoeffizienten um das Fünffache brachte.

Wie früher erwähnt, gelang es STEPHAN [26], den Einfluß der Rauhigkeit auf den Wärmeübergang quantitativ zu erfassen. Danach ist $\alpha \sim R_p^{0,133}$. Diesen Ansatz haben später auch andere Autoren bestätigt [18, 19, 63, 64]. FEDDERS [64] zeigte allerdings, daß dieser Einfluß der Glättungstiefe R_p mit der Erhöhung der Wärmestromdichte und des Verdampfungsdrucks etwas abnimmt, so daß der Exponent der Glättungstiefe dann statt 0,133 nur noch 0,10 beträgt. Damit sind die Grenzen dieses Verfahrens aufgezeichnet, denn ein Aufrauhen der Heizfläche um den Faktor 10 würde nur eine Erhöhung des Wärmeübergangskoeffizienten um rund 30 % bewirken.

b) Strukturierte Heizflächen

Unter strukturierten Heizflächen sollen Flächen verstanden werden, die durch die Anwendung eines besonderen Herstellungsverfahrens eine bestimmte Oberflächenstruktur aufweisen, womit man die Wärmeübertragungsfläche im Vergleich zur glatten vergrößert, bei gleichzeitiger Vermehrung der Anzahl aktiver Keimstellen. Das Strukturieren kann mit Hilfe mechanischer Bearbeitung (Bohren, Drehen, Rändeln usw.) oder durch Prägevorgänge erzielt werden. Durch die mechanische Bearbeitung ist es möglich, eine Vielzahl geometrisch verschiedener Formen herzustellen. Bisher liegt allerdings sehr wenig Versuchsmaterial über den Wärmeübergang bei solchen Rohren vor, es fehlen vor allem auch Aussagen über die optimale Struktur der Heizfläche und deren Herstellkosten, so daß für einen vollkommenen Vergleich verschiedener Rohrarten die Grundlagen fehlen.

Zu solchen Flächen kann auch die von Schimmelpfennig [65] beschriebene, mit vielen künstlichen Keimstellen versehene Heizfläche gezählt werden. Der Durchmesser der Keimstellen betrug dabei 10 bis 150 µm.

Das von der Firma Hitachi [66] für überflutete Verdampfung verwendete Rohr „Thermoexcel E" weist auf der Außenoberfläche eine besondere, in Abb. 3.21a schematisch dargestellte Mikrostruktur auf, welche aus vielen künstlichen „Poren" von etwa 0,1 mm Durchmesser und Kanälen mit einem Abstand von $s = 0,1...0,8$ mm besteht. Nach den bis jetzt vorliegenden experimentellen Ergebnissen erreichte man mit diesen Rohren, im Vergleich zu den aus niedrig berippten Rohren gebauten Verdampfern, eine Steigerung des Wärmeübergangskoeffizienten auf das 1,5fache. Nach Angaben des Herstellers ist das Rohr gegen Verschmutzung und Ölablagerung unempfindlich.

In dem DBP Nr. 1 551 542 wird die Herstellung eines von der Firma Union Carbide patentierten Rohrs mit gekerbter Oberfläche — wie sie in Abb. 3.21b schematisch dargestellt ist — beschrieben. Eine Rohrwand wird durch spanloses Kerben so mit Nuten versehen, daß bei Bildung einer Nut gleichzeitig die zuvor gebildete Nut verengt wird. Der Abstand der Nuten beträgt $0,1$ mm $\leqq s \leqq 0,9$ mm, ihre Höhe $0,2 \leqq h \leqq 0,6$ mm. Das Sieden der Flüssigkeit findet ausschließlich in diesen Vertiefungen statt. Der dort entstandene Dampf erfährt durch Wärmezufuhr einen Druckanstieg und wird durch die Öffnung in die Flüssigkeit gepreßt, wobei hohe Geschwindigkeiten mit gutem Wärmeübergang resultieren. Die für die neue Dampferzeugung notwendige Flüssigkeit gelangt sofort seitlich in die Nut, womit die Wartezeit für die Blasenbildung weitgehend entfällt.

Die Erhöhung des Wärmeübergangskoeffizienten beim Sieden von Wasser beträgt gegenüber dem Glattrohr das 2,6- bis 8fache. Angaben über den Wärmeübergang bei siedenden Kältemitteln sind nicht bekannt.

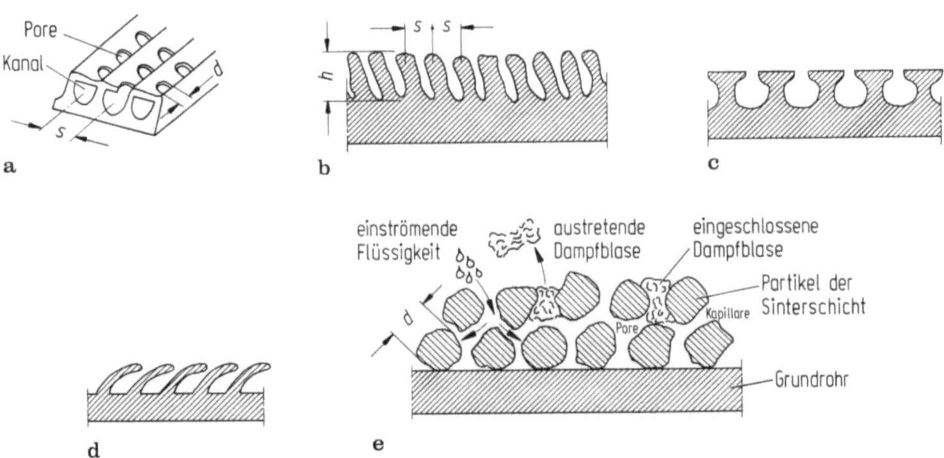

Abb. 3.21a–e. Schematische Darstellung verschiedener Rohroberflächen zur Verbesserung des Wärmeübergangs beim Blasensieden von Kältemitteln. a) Thermoexcel E (Hitachi, Japan); b) Rippenrohr mit gekerbten Rippen (Union Carbide, USA); c) GEWA-T-Rippenrohr (Wieland Werke AG, Ulm); d) Rippenrohr mit gebogenen Rippen (Trane, USA); e) Schnitt durch ein Rohr mit poröser gesinterter Oberfläche (Union Carbide, USA).

STEPHAN und MITROVIĆ [67, 68] berichten über experimentelle Untersuchungen des Wärmeübergangs beim Sieden von Halogenkältemitteln in einem überfluteten Verdampfer, in welchem GEWA-T-Rohre der Firma Wieland Werke AG, Ulm, eingebaut waren. Die spiralförmig gewundenen Rippen haben eine T-Form als Querschnitt, wie aus Abb. 3.21 c schematisch zu ersehen ist. Benachbarte Rippen bilden damit Kanäle, die durch 0,25 mm breite Spalte mit dem Außenraum in Verbindung stehen. Der am Rohr entstandene Dampf verläßt die Heizfläche nicht direkt in Form von Einzelblasen, sondern erzeugt zunächst in den von T-Rippen gebildeten Kanälen eine Zweiphasenströmung. Dadurch entsteht zwischen dem Dampfstrom und der Kernrohroberfläche ein dünner Flüssigkeitsfilm mit intensivem Sieden an dessen Oberfläche. Dies führt zu einer deutlichen Steigerung des Wärmeübergangs im Vergleich zu einem herkömmlichen Rippenrohr.

In der Offenlegungsschrift des Deutschen Patentamts Nr. 2 112 704 hat die Firma Trane ein Rippenrohr mit gebogenen Rippen, die sich gegenseitig überlappen, zum Patent angemeldet. In der gleichen Schrift wird die Herstellung des in Abb. 3.21 d schematisch dargestellten Rohrs erläutert. Nach den bisher vorliegenden Versuchsergebnissen mit dem Kältemittel R11 bei $t_0 = +21\,°C$ kann man eine Steigerung des Wärmeübergangskoeffizienten dieses Rohrs gegenüber dem herkömmlichen Rippenrohr in der Größenordnung von vier bis zehn erwarten, allerdings sind die Meßwerte für andere Kältemittel nicht bekannt.

c) Beschichtete Heizflächen

BELSKY [38] berichtet über die experimentelle Untersuchung des Wärmeübergangs beim Sieden des Kältemittels R12 an einem Glattrohr, das mit einer 0,3 mm dünnen Schicht aus Glasgewebe überzogen war. Die Erhöhung des Wärmeübergangskoeffizienten gegenüber dem Glattrohr ist hiernach von der Wärmestromdichte und der Verdampfungstemperatur abhängig. Diese beträgt bei $\dot{q} = 3\,000\ W/m^2$ das 4,4fache (bei $t_0 = -25\,°C$) bis 7,8fache (bei $t_0 = +10\,°C$). Für $\dot{q} > 6\,000\ W/m^2$ nimmt die Steigerung des Wärmeübergangskoeffizienten ab, so daß sich bei hohen Wärmestromdichten die gleichen Wärmeübergangskoeffizienten wie bei Glattrohren ergeben.

Auch durch eine dünne Beschichtung mit Teflon (Schichtdicke etwa 0,01 mm) lassen sich höhere Wärmeübergangskoeffizienten erzielen. Nach Untersuchungen von NIX [69] erreichte man beim Sieden von Wasser eine Erhöhung des Wärmeübergangskoeffizienten im Vergleich zum Glattrohr um den Faktor zwei.

Das bisher vorliegende Versuchsmaterial mit diesen beiden Rohrarten läßt aber vermuten, daß man damit keine wesentliche Erhöhung des Wärmeübergangskoeffizienten erreichen kann.

Wesentlich höhere Wärmeübergangskoeffizienten erhält man beim Sieden an dem von der Firma Union Carbide entwickelten Rohr mit poröser aufgesinterter Oberfläche, wie sie schematisch in Abb. 3.21 e dargestellt ist [70]. In der Offenlegungsschrift Nr. 1 919 556 des Deutschen Patentamts wird die Herstellung dieser porösen Schicht beschrieben.

Der Schnitt durch die schwammartige Schicht zeigt eine Vielzahl teilweise mit Flüssigkeit gefüllter Kapillare, die von den aufgesinterten Partikeln $0,1 \leq d \leq 0,5$ mm gebildet sind und die viele Poren bilden. Bei Partikelgrößen $d < 0,1$ mm verschlechtert sich der Wärmeübergang. Die Dicke der Sinterschicht ist für den Wärmeübergang ohne Bedeutung.

Der Mechanismus des Verdampfungsvorgangs ist allerdings noch nicht vollständig geklärt. Man kann sich aber vorstellen, daß hier ähnliche Effekte wie bei dem früher beschriebenen — ebenfalls von der Firma Union Carbide — entwickelten Rohr wirken:

— Die Poren, die als Keime für die Blasenbildung dienen, füllen sich nach Entstehen einer Dampfblase durch Kapillarwirkung rascher mit Flüssigkeit als eine glatte Heizfläche, womit die Blasenfrequenz erhöht wird, was zur Verbesserung des Wärmeübergangs führt.

— Es kann aber auch sein, daß die Porenwände stets mit einem kapillaren, dünnen Flüssigkeitsfilm überzogen sind. Der Wärmeübergang beim Sieden aus dünnen Schichten ist besonders groß, die Dampfblasen sind kleiner und die Frequenz höher.

Nach den bisherigen Untersuchungen mit diesen Rohren hängt die Verbesserung des Wärmeübergangs von den Eigenschaften der verwendeten Flüssigkeit und der Größe der Porenradien ab. Die Messungen mit dem Kältemittel R11 zeigten eine Steigerung des Wärmeübergangskoeffizienten gegenüber dem Glattrohr um den Faktor 16. Eine Steigerung des Wärmedurchgangskoeffizienten um den Faktor 2,5 bis 3,5 scheint hiernach möglich zu sein.

Mit der Verwendung metallischer Beschichtungen lassen sich erhebliche Verbesserungen des Wärmeübergangskoeffizienten beim Sieden von Kältemitteln erzielen. In der Deutschen Patentschrift Nr. 2 936 406 der Firma Sulzer-Escher Wyss GmbH., Lindau, ist eine durch Metallspritzen hergestellte Siedeoberfläche geschützt. Die Beeinflussung des Siedevorgangs wird durch eine erhöhte Anzahl der Keimstellen und die direkte Erhöhung der Grenzschichterwärmung erzielt. Nach den gemachten Angaben erhöht sich der Wärmeübergang beim Sieden des Kältemittels R12 bei $t_0 = 0\,°C$ und bei $\dot{q} = 6\,000\ W/m^2$ um den Faktor 6 gegenüber dem Glattrohr.

Anschließend noch einige allgemeine Bemerkungen zu den Hochleistungsrohren:

— Bei einigen der erwähnten Rohrarten ist die Erhöhung des Wärmeübergangskoeffizienten auf der Kältemittelseite so groß, daß der maßgebliche Teil des Wärmeübergangswiderstands auf die andere Seite verlagert wird. Um die Eigenschaften dieser Rohre voll ausnutzen zu können, muß der Wärmeübergang auf der Kälteträgerseite ebenfalls verbessert werden, z. B. durch Einbauten oder durch besondere Formgebung der inneren Rohroberfläche, z. B. Wellung. Diese Möglichkeiten sind allerdings infolge unzulässiger Erhöhung des Druckabfalls und der Pumpenleistung begrenzt.

— Viele der erwähnten Hochleistungsrohre eignen sich nur für das Sieden vollkommen reiner Stoffe, d. h. sie sind nur für besondere Anwendungen — für welche sie auch entwickelt wurden — geeignet. Bei den heutigen Kälteanlagen, bei welchen man mit ölhaltigen Kältemitteln arbeiten muß, besteht die Gefahr der erheblichen Senkung des Wärmeübergangs infolge ihrer Anfälligkeit gegen Verschmutzung und Ölablagerung. Eine Antwort, in welchem Maße der Wärmeübergang beeinflußt wird, können nur Langzeitversuche bei unterschiedlichen Betriebsbedingungen geben.

— Man sollte auf die Definition der von den Herstellern solcher Rohre angegebenen Wärmeübergangskoeffizienten achten. Oft werden die Wärmeübergangskoeffizienten auf die Grundfläche — also glatte Fläche — bezogen und mit den für die Glattrohre ermittelten Wärmeübergangskoeffizienten verglichen. Um bei den Leistungsvergleichen solcher Rohre die Berücksichtigung der Flächenvergrößerung zu vermeiden, wird empfohlen, die auf 1 m Rohrlänge bezogenen Leistungen miteinander zu vergleichen.

— Zuletzt darf nicht vergessen werden, daß für eine Auslegung des überfluteten Verdampfers nicht nur die Leistung der Rohre, sondern auch deren Preis eine wesentliche Rolle spielt. Bei solchen Preis/Leistungs-Vergleichen sollten natürlich auch die Randbedingungen (Bauvolumen des Apparates, Kältemittelfüllung, Anzahl der einzuwalzenden oder einzuschweißenden Innenrohre, Betriebsverhalten usw.) berücksichtigt werden.

3.1.8 Berieselte Rohre in Verdampfern

Berieselungsverdampfer werden als stehende oder liegende Apparate gebaut. Bei stehenden Apparaten rieselt das siedende Kältemittel in einem dünnen Film am Rohrumfang (innen oder außen) von oben nach unten, während bei liegenden Apparaten das Kältemittel von der oberen auf die unteren Rohrreihen, bzw. Rohre fällt, was durch erhöhte Turbulenz hohe Wärmeübergangskoeffizienten zur Folge hat. Wichtig ist die gleichmäßige Verteilung des Kältemittels auf alle Verdampferrohre.

Zwei grundsätzlich unterschiedliche Bereiche des Verdampfungsvorgangs sind festzustellen:

— Bei niedriger Wärmestromdichte tritt Konvektionssieden (Oberflächensieden, bzw. Sieden an der Phasentrennfläche) ein. Der Wärmeübergangskoeffizient hängt in diesem Bereich hauptsächlich von der Berieselungsdichte $\dot{B}$ ab und ist von der Wärmestromdichte $\dot{q}$ fast unabhängig.
— Bei höheren Wärmestromdichten, d. h. bei hinreichender Flüssigkeitsüberhitzung, bilden sich die Dampfblasen (Blasensieden). Der Wärmeübergang wird in diesem Bereich durch die intensive Vermischung der Flüssigkeit durch die Dampfblasen wesentlich verbessert.

Nach SCHNABEL und SCHLÜNDER [71] gilt im Bereich des konvektiven Siedens für vertikale Rohre:

$$Nu = \sqrt{Nu_\mathrm{l}^2 + Nu_\mathrm{t}^2}, \tag{3.105}$$

wobei

$$Nu_\mathrm{l} = 0,9 \, Re^{-1/3} \tag{3.106}$$

und

$$Nu_\mathrm{t} = 0,006\,2 \, Re^{0,4} \, (Pr')^{0,65} \tag{3.107}$$

ist.

Die Nußelt-Zahl wird mit der Länge

$$l_\mathrm{k} = [(v')^2/g]^{1/3} \tag{3.108}$$

gebildet, während für die Reynolds-Zahl Re Gl. (1.102) gilt.

Aufgrund der Versuche von PARISHSKI [72] läßt sich nach [73] für die Berechnung des Wärmeübergangskoeffizienten beim Sieden von Ammoniak an berieselten vertikalen Rohren die Beziehung

$$\alpha = 13 \, (\varrho') \, \sqrt{p^*} \, \frac{\dot{q}^{0,44}}{\dot{B}^{0,35}} \qquad \pm 25\,\% \tag{3.109}$$

ableiten, welche im Bereich $-50\,°\mathrm{C} \leqq t_0 \leqq -30\,°\mathrm{C}$, $290\,\mathrm{W/m^2} \leqq \dot{q} \leqq 4\,650\,\mathrm{W/m^2}$ und $1,2 \cdot 10^{-2}\,\mathrm{kg/m \cdot s} \leqq \dot{B} \leqq 8,2 \cdot 10^{-2}\,\mathrm{kg/m \cdot s}$ gilt. Die Dichte ϱ' soll in Gl. (3.109) in $\mathrm{kg/m^3}$ eingesetzt werden. Nach Gl. (3.109) werden die Wärmeübergangskoeffizienten α um so größer, je kleiner die Berieselungsdichte $\dot{B}$ ist. Offensichtlich ist aber, daß ein Minimum $\dot{B}_{min}$ existiert, welches nicht unterschritten werden darf, da sonst die Verdampferrohre nicht genügend mit dem Kältemittel beaufschlagt werden. Der Zahlenwert dieses Minimums wurde bei den erwähnten Versuchen nicht bestimmt.

Den Wärmeübergang an siedenden Kältemitteln R12, R22 und R113 an waagerechten berieselten Rohren hat DANILOWA [74] untersucht. Danach gilt im Bereich des konvektiven Siedens

$$Nu_\mathrm{k} = 0,04 \, Re^{0,22} \, Re_\mathrm{k}^{0,04} \, (Pr')^{0,32} \, (s/d)^{0,48} \qquad \pm 15\,\% \tag{3.110}$$

und im Bereich des Blasensiedens

$$Nu_\mathrm{B} = 1,32 \cdot 10^{-3} \, Re_\mathrm{B}^{0,63} \, K_\mathrm{B}^{0,72} \, (Pr')^{0,48} \qquad \pm 15\,\%. \tag{3.111}$$

Die einzelnen Kennzahlen sind folgendermaßen definiert:

$$Nu_k = \frac{\alpha_k \, l_k}{\lambda'}, \tag{3.112}$$

$$Nu_B = \frac{\alpha_B \, l}{\lambda'}, \tag{3.113}$$

$$Re_k = \frac{\dot{q} \, \varrho' \, l_k}{\Delta h_d \, \varrho'' \, \eta'}, \tag{3.114}$$

$$Re_B = \frac{\dot{q} \, \varrho' \, l}{\Delta h_d \, \varrho'' \, \eta'}, \tag{3.115}$$

$$K_B = \frac{p_0 \, l}{\sigma}. \tag{3.116}$$

In den obigen Gleichungen gilt für l_k Gl. (3.108) und für l Gl. (3.32). Die Reynolds-Zahl Re der Gl. (3.110) ist nach Gl. (1.102) definiert.

Zur Berechnung von Berieselungsverdampfern soll immer der größere Wert der beiden Wärmeübergangskoeffizienten α_k oder α_B benutzt werden.

Neben dem schon erwähnten Übersichtsaufsatz [73] sei noch auf die Untersuchungen von Struve [75] und Spegele [76], sowie auf den zusammenfassenden Abschnitt des VDI-Wärmeatlasses [77] hingewiesen.

3.2 Bemessung von überfluteten Verdampfern

3.2.1 Meßergebnisse an überfluteten Glattrohrverdampfern

Im technischen Schrifttum findet man recht verschiedene, auf Meßergebnissen basierende Angaben über die Wärmeübergangskoeffizienten von überfluteten Glattrohrverdampfern. In Tab. 3.11 sind Richtwerte für die Wärmedurchgangskoeffizienten solcher Verdampfer nach Angaben verschiedener Verfasser zusammengestellt.

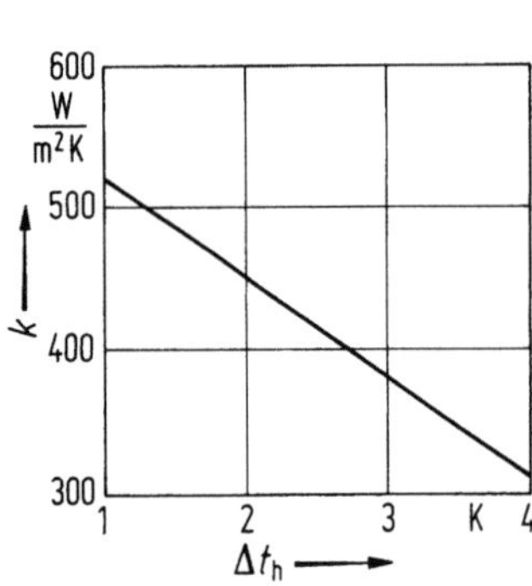

Abb. 3.22. Einfluß der Ammoniaküberhitzung Δt_h auf den Wärmedurchgangskoeffizienten k nach Danilowa [78].

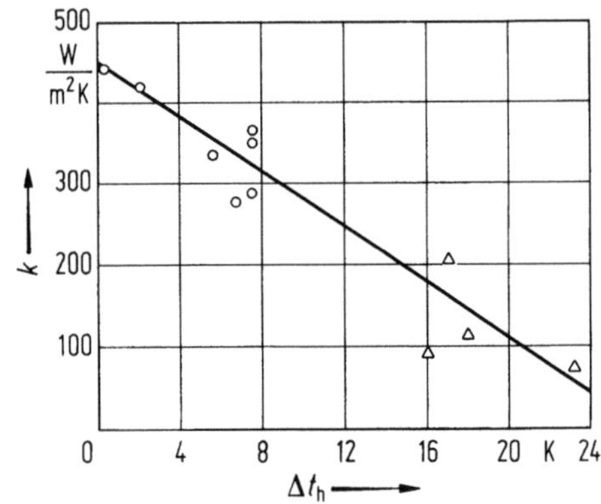

Abb. 3.23. Einfluß der Überhitzung Δt_h auf dem Wärmedurchgangskoeffizienten k eines mit dem Kältemittel R22 betriebenen überfluteten Glattrohrverdampfers nach Danilowa [83]. $\circ$ $\dot{q} = 2200...2700$ W/m²; $\triangle$ $\dot{q} = 350...600$ W/m².

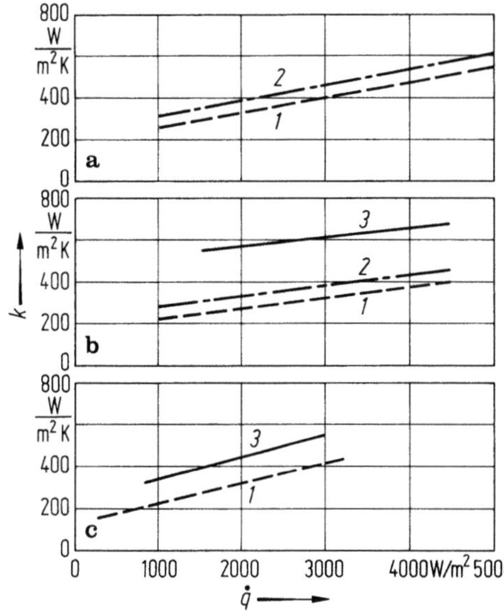

Abb. 3.24. Wärmedurchgangskoeffizienten k eines überfluteten, mit dem Kältemittel R22 betriebenen Glattrohrverdampfers nach DANILOWA [83]. a) $t_0 = +5\,°C$; b) $t_0 = -15\,°C$; c) $t_0 = -25\,°C$; 1: $w_K = 0,7\,m/s$; 2: $w_K = 0,95\,m/s$; 3: $w_K = 2\,m/s$. Kälteträger: Calciumchloridsole.

Die in Abb. 3.22 wiedergegebenen Meßergebnisse nach DANILOWA [78] sind Richtwerte für den Einfluß der Ammoniaküberhitzung auf den Wärmeübergangskoeffizienten. Dieser Einfluß ist aber auch von der Apparatekonstruktion abhängig. Bei einer Überhitzung von $\Delta t_h = 2,5\,K$ beträgt also der Wärmedurchgangskoeffizient hiernach nur noch 80 % des Wertes für $\Delta t_h = 1\,K$. Aus diesem Grunde wird empfohlen, die Überhitzung im Verdampfer nicht größer als $\Delta t_h = 1,5\,K$ zu wählen.

DANILOWA [83] berichtete auch über experimentelle Untersuchungen des Wärmedurchgangs an einem überfluteten Verdampfer mit glatten Stahlrohren mit $d_a \times s_r = 25 \times 2,5\,mm$ Durchmesser und $L = 1\,600\,mm$ Länge, welcher mit Calciumchloridsole beaufschlagt und mit dem Kältemittel R22 betrieben wurde.

Der Einfluß der Überhitzung auf den Wärmeübergangskoeffizienten ist aus Abb. 3.23 ersichtlich, das Ergebnis stimmt mit dem vorgenannten (Abb. 3.22) gut überein. Besonders beim Betrieb mit sehr großen Leistungsschwankungen wird deshalb empfohlen, dem Verdampfer einen Wärmeaustauscher nachzuschalten, in welchem der aus dem Verdampfer austretende Dampf überhitzt wird.

Der bei diesen Versuchen ermittelte Verlauf des Wärmeübergangskoeffizienten in Abhängigkeit von der Wärmestromdichte ist in der Abb. 3.24 dargestellt.

Bei der Verdampfungstemperatur $t_0 = -25\,°C$ ist der Einfluß der Wärmestromdichte auf den Wärmedurchgangskoeffizienten sehr groß, weil in diesem Bereich der Wärmeübergangskoeffizient hauptsächlich durch den kältemittelseitigen Wärmeübergangskoeffizienten bestimmt wird. Bei der Verdampfungstemperatur $t_0 = -15\,°C$ ist der Einfluß der Wärmestromdichte auf den Wärmedurchgangskoeffizienten nur schwach ausgeprägt.

3.2.2 Meßergebnisse an überfluteten Rippenrohrverdampfern

In Tab. 3.12 sind auf verschiedenen experimentellen Untersuchungen basierende Richtwerte für die Wärmedurchgangskoeffizienten von überfluteten Rippenrohrverdampfern zusammengestellt. Die Angaben für den Wärmedurchgangskoeffizienten k und für die Wärmestromdichte $\dot{q}$ beziehen sich auf die gesamte äußere berippte Wärmeübertragungsfläche A.

Tabelle 3.11. *Richtwerte für Wärmedurchgangskoeffizienten k von überfluteten Glattrohrverdampfern*

Lite-ratur	Kältemittel	Kälteträger	Geschwindig-keit w_K m/s	Wärmedurchgangskoeffizient k W/m²K				Wärmestromdichte $\dot{q}$ W/m²	Bemerkung
				$\vartheta_m =$	3 K	4 K	5 K		a
[78]	Ammoniak	CaCl₂-Sole	1,5		620	730	790	$1\,860 \leqq \dot{q} \leqq 3\,950$	$t_0 = 0\,°C$
					580	700	700	$1\,740 \leqq \dot{q} \leqq 3\,500$	$t_0 = -15\,°C$
					530	550	570	$1\,590 \leqq \dot{q} \leqq 2\,850$	$t_0 = -25\,°C$
				$\vartheta_m =$	4 K	5 K	6 K		b
[78]	R22	CaCl₂-Sole	1		315	360	400	$1\,260 \leqq \dot{q} \leqq 2\,400$	$-15\,°C \leqq t_0 \leqq +5\,°C$
			1,5		450	540	600	$1\,800 \leqq \dot{q} \leqq 3\,600$	
				$\vartheta_m =$	4 K	5 K	6 K		
[79]	R22	CaCl₂-Sole	1		230	270	275	$920 \leqq \dot{q} \leqq 1\,650$	
			1,5		330	365	380	$1\,320 \leqq \dot{q} \leqq 2\,280$	
[80]	Ammoniak	Wasser Sole	$1 \leqq w_K \leqq 3$ m/s	$740 \leqq k \leqq 1\,100$ $250 \leqq k \leqq 570$					$4,4 \leqq \vartheta_m \leqq 6\,K^c$
[81]	Ammoniak	Wasser		$280 \leqq k \leqq 860$				$2\,300 \leqq \dot{q} \leqq 4\,700$	
[81]	Ammoniak	Sole		$260 \leqq k \leqq 510$				$2\,300 \leqq \dot{q} \leqq 3\,500$	
	R12	Sole		$170 \leqq k \leqq 510$				$1\,400 \leqq \dot{q} \leqq 2\,900$	
	Propan	Sole		$190 \leqq k \leqq 470$				$1\,700 \leqq \dot{q} \leqq 3\,500$	
				$w_k =$	0,5	1,0	1,5	2,0 m/s	
[82]	Ammoniak	Wasser			525	600	675	690	
		CaCl₂-Sole			350	485	560	560	$t_g = -15\,°C^d$
		CaCl₂-Sole			210	370	465	480	$t_g = -25\,°C^d$

[a] Die angegebenen Werte sind Mittelwerte aus Untersuchungen, die DANILOWA [78] mit verschiedenen überfluteten Glattrohrverdampfern durchgeführt hat. Eine Erhöhung der Solegeschwindigkeit über $w_K = 1,5$ m/s bringt keine Steigerung des Wärmedurchgangskoeffizienten, für kleinere Geschwindigkeiten sind die Wärmedurchgangskoeffizienten aber niedriger.

[b] Die angegebenen Werte sind Mittelwerte aus den an fünf verschiedenen mit dem Kältemittel R22 betriebenen überfluteten Glattrohrverdampfern. Für Wasser als Kälteträger sind die für die Calciumchloridsole geltenden Wärmedurchgangskoeffizienten – je nach der Größe des mittleren Temperaturabstands – um 10 % bis 40 % höher.

[c] Die größeren Wärmedurchgangskoeffizienten gelten für größere Geschwindigkeiten und größere Übertemperaturen. Die gleichen Werte können auch für die mit den Kältemitteln R12 und R22 betriebenen überfluteten Glattrohrverdampfer verwendet werden.

[d] Mit t_g ist der Gefrierpunkt der Sole bezeichnet.

Tabelle 3.12. *Richtwerte für Wärmedurchgangskoeffizienten k von überfluteten Rippenrohrverdampfern*

Lite-ratur	Kältemittel	Kälteträger	Geschwindig-keit w_K m/s	Wärmedurchgangs-koeffizient k W/m² K				Wärmestromdichte $\dot q$ W/m²	Bemerkung
				$\vartheta_m =$	4 K	5 K	6 K		[a]
[79]	R22	CaCl₂-Sole	1		230	270	275	$920 \leqq \dot q \leqq 1650$	$-15\,°C \leqq t_0 \leqq +5\,°C$
			1,5		330	365	380	$1\,320 \leqq \dot q \leqq 2\,280$	
[80]	R12, R22	Wasser		$500 \leqq k \leqq 850$					
		Sole		$170 \leqq k \leqq 500$					
[81]	R12	Sole		$170 \leqq k \leqq 850$				$1\,400 \leqq \dot q \leqq 4\,100$	
	Propan			$270 \leqq k \leqq 700$				$2\,300 \leqq \dot q \leqq 4\,700$	
[82]	R12, R22	CaCl₂-Sole	1,55	380				$\dot q = 1\,200$	$t_0 = +5\,°C$
				420				$\dot q = 1\,400$	
				450				$\dot q = 1\,600$	
				465				$\dot q = 1\,800$	
				475				$\dot q = 2\,000$	

[a] Die Ölkonzentration im Verdampfer betrug etwa 10 %. Gemessen wurde nach einer Betriebszeit von zwei Jahren. Eine Erhöhung der Solegeschwindigkeit über $w_K = 1,5$ m/s bringt keine wesentliche Steigerung des Wärmedurchgangskoeffizienten. Für Wasser als Kälteträger können höhere Wärmedurchgangskoeffizienten k erzielt werden.

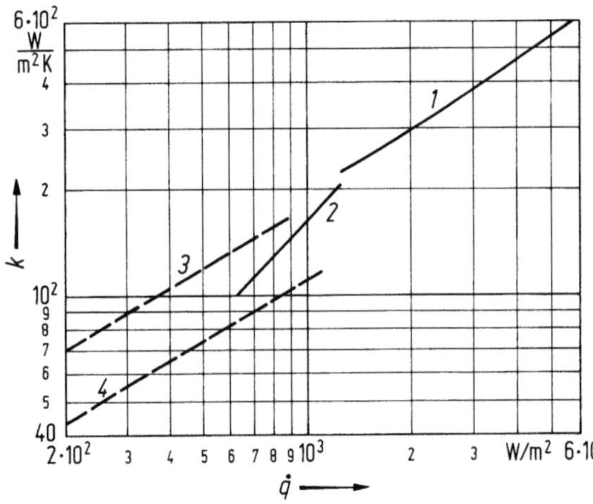

Abb. 3.25. Wärmedurchgangskoeffizienten k von überfluteten Rippenrohrverdampfern nach Untersuchungen von Buchter [84]: ——————, Kältemittel R12. *1*: $A = 690\,\mathrm{m^2}$; $t_0 = +2\,°\mathrm{C}$; $w_\mathrm{K} = 2{,}8\,\mathrm{m/s}$; Kälteträger: Wasser. *2*: $A = 1\,820\,\mathrm{m^2}$; $-25\,°\mathrm{C} \leqq t_0 \leqq -17\,°\mathrm{C}$; $w_\mathrm{K} = 1{,}7\,\mathrm{m/s}$; Kälteträger: Calciumchloridsole. Danilowa [78]: — — — —, Kältemittel R22. *3*: $0{,}7 \leqq w_\mathrm{K} \leqq 1\,\mathrm{m/s}$; *4*: $0{,}4 \leqq w_\mathrm{K} \leqq 0{,}5\,\mathrm{m/s}$; Kälteträger: R30.

Buchter [84] berichtet über Messungen des Wärmedurchgangskoeffizienten an zwei mit dem Kältemittel R12 betriebenen überfluteten Rippenrohrverdampfern mit $A = 690\,\mathrm{m^2}$ bzw. $A = 1\,820\,\mathrm{m^2}$ Wärmeübertragungsfläche. Der kleinere Verdampfer wurde mit Wasser bei der Verdampfungstemperatur $t_0 = +2\,°\mathrm{C}$, der größere mit Calciumchloridsole bei Verdampfungstemperaturen $-25\,°\mathrm{C} \leqq t_0 \leqq -17\,°\mathrm{C}$ betrieben. Die Ergebnisse dieser Untersuchung sind in Abb. 3.25 wiedergegeben.

Danilowa [78] hat den Wärmedurchgangskoeffizienten an einem überfluteten mit dem Kältemittel R22 im Bereich der Verdampfungstemperaturen $-80\,°\mathrm{C} \leqq t_0 \leqq -50\,°\mathrm{C}$ betriebenen Rippenrohrverdampfer gemessen. Als Kälteträger wurde das flüssige Kältemittel R30 benutzt, das mit einer Geschwindigkeit von $w_\mathrm{K} = 0{,}4\dots1\,\mathrm{m/s}$ durch die Rohre strömte. Die Ergebnisse dieser Untersuchung sind ebenfalls in Abb. 3.25 dargestellt.

Da bei diesen Messungen die Angaben zur Konstruktion der Verdampfer fehlen und außerdem die Messungen bei sehr unterschiedlichen Betriebsbedingungen durchgeführt wurden, ergibt sich damit nur eine allgemeine orientierende qualitative Aussage über die bei den überfluteten Rippenrohrverdampfern zu erzielenden Wärmedurchgangskoeffizienten.

3.2.3 Meßergebnisse an Berieselungsverdampfern

Vergleichsmessungen mit einem Glattrohrverdampfer mit $A = 8\,\mathrm{m^2}$ Wärmeübertragungsfläche wurden am Institut für Luft- und Kältetechnik in Dresden durchgeführt. Der Verdampfer wurde sowohl als überfluteter als auch als Berieselungsverdampfer betrieben. Hiernach sind die Wärmedurchgangskoeffizienten des Berieselungsverdampfers bei sonst gleichen Betriebsbedingungen etwa 10 % größer als die des überfluteten Verdampfers. Im praktischen Betrieb wird empfohlen, bei Berieselungsverdampfern mit Wärmestromdichten $2\,800\,\mathrm{W/m^2} \leqq \dot{q} \leqq 3\,500\,\mathrm{W/m^2}$ zu rechnen.

Aus dieser Übersicht geht hervor, daß die verschiedenen Verfasser für die gleichen Betriebsbedingungen sehr unterschiedliche Wärmedurchgangskoeffizienten k empfehlen. Die Ursache dafür liegt teilweise in den Unterschieden im Versuchsaufbau und der Versuchsdurchführung sowie in den Annahmen für die Werte des Wärmewiderstands der Fremdschichten.

Zur genauen thermodynamischen Auslegung eines überfluteten Verdampfers wird daher empfohlen, die Berechnung nach den im folgenden Abschn. 3.2.4 dargestellten Verfahren durchzuführen.

3.2.4 Thermodynamische Auslegung

Die Auslegung von überfluteten Verdampfern wurde bisher mit Hilfe eines iterativen oder eines graphischen Verfahrens durchgeführt. Während man den Wärmeübergangskoeffizienten auf der Kälteträgerseite ohne Schwierigkeiten berechnen kann, ist dies für den kältemittelseitigen Wärmeübergangskoeffizienten nicht möglich, da er von der zunächst nicht bekannten Wärmestromdichte abhängt.

Bei dem iterativen Verfahren wird die Wärmestromdichte $\dot{q}_{ang}$ zuerst angenommen. Mit dieser geschätzten Wärmestromdichte wird der kältemittelseitige Wärmeübergangskoeffizient und anschließend der Wärmedurchgangskoeffizient sowie die Wärmestromdichte $\dot{q}_{ber}$ ermittelt. Das Verfahren wird so lange wiederholt, bis die geschätzte und die berechnete Wärmestromdichte übereinstimmen ($\dot{q}_{ang} = \dot{q}_{ber}$).

Beim graphischen Verfahren werden zuerst einige Werte für die Wärmestromdichte $\dot{q}_{ang}$ angenommen. Anschließend werden für diese Wärmestromdichten die entsprechenden kältemittelseitigen Wärmeübergangskoeffizienten und dann die Wärmedurchgangskoeffizienten ermittelt. Mit diesen Wärmedurchgangskoeffizienten werden die Wärmestromdichten $\dot{q}_{ber}$ bestimmt und in einem Hilfsdiagramm über den Werten $\dot{q}_{ang}$ aufgetragen. Da die beiden Wärmestromdichten gleich sein müssen, ergibt sich die gesuchte Wärmestromdichte als Schnittpunkt der auf der obigen Weise ermittelten Linie mit der Geraden, welche der Bedingung $\dot{q}_{ang} = \dot{q}_{ber}$ genügt [85].

Da diese beiden Verfahren einen großen Rechen- und Zeitaufwand erfordern, entwickelte SLIPČEVIĆ [85] ein einfaches Nomogramm für die Auslegung von überfluteten Verdampfern, welches hier kurz erläutert wird.

Setzt man in der Gleichung für den auf die äußere Wärmeübertragungsfläche bezogenen Wärmeübergangskoeffizienten

$$\frac{1}{k} = \frac{1}{\alpha_R} + R, \tag{3.117}$$

für den kältemittelseitigen Wärmeübergangskoeffizienten den Wert

$$\alpha_R = S\,\dot{q}^n \tag{3.118}$$

ein, so ergibt sich wegen

$$\dot{q} = k\,\vartheta \tag{3.119}$$

mit dem noch nicht näher definierten Temperaturabstand ϑ die Grundgleichung eines überfluteten Verdampfers

$$\dot{q} + V_{\mathrm{I}}\,\dot{q}^{1-n} - V_{\mathrm{II}} = 0. \tag{3.120}$$

Die beiden Verdampferkenngrößen sind dabei

$$V_{\mathrm{I}} = \frac{1}{SR} \tag{3.121}$$

und

$$V_{\mathrm{II}} = \frac{\vartheta}{R}. \tag{3.122}$$

Für den Wärmewiderstand R, welcher nur bekannte Werte enthält, gilt

$$R = R_a + \frac{A_a}{A_m}\,\frac{s_r}{\lambda_r} + \frac{A_a}{A_i}\left(\frac{1}{\alpha_i} + R_i\right). \tag{3.123}$$

Damit enthalten die beiden Verdampferkenngrößen für vorgegebene Betriebsbedingungen nur bekannte Werte und können somit leicht bestimmt werden. Die Stoffgröße S und der Exponent n der Wärmestromdichte hängen nur von der Kältemittelart und der Verdampfungstemperatur t_0 ab. Sie sind für überflutete Glattrohrverdampfer nach Gl. (3.57) und (3.58) ($n \triangleq n_{\mathrm{GB}}$, $S \triangleq S_{\mathrm{GB}}$), bzw. für überflutete Rippenrohrverdampfer nach Gl. (3.103) ($n \triangleq n_{\mathrm{RB}}$, $S \triangleq S_{\mathrm{RB}}$) zu bestimmen.

Setzt man in Gl. (3.122) für ϑ den mittleren logarithmischen Temperaturabstand ϑ_{m} nach Gl. (2.105) ein, so ergibt sich aus Gl. (3.120) die dazugehörige Wärmestromdichte, welche mit $\dot{q}_{\mathrm{lg}}$ bezeichnet wird.

Wird für ϑ in Gl. (3.122) der Temperaturabstand an Eintritt ϑ_1 bzw. der Temperaturabstand am Austritt ϑ_2 eingesetzt, so ergeben sich aus Gl. (3.120) die dazugehörigen Wärmestromdichten $\dot{q}_1$ und $\dot{q}_2$.

Da die Gln. (3.120) und (3.122) für jeden Temperaturabstand gelten — also nicht nur für den am Eintritt ϑ_1 oder Austritt ϑ_2, sondern auch für den an jeder beliebigen, dazwischenliegenden Stelle x, ϑ_x, kann man mit Hilfe dieser beiden Gleichungen die Veränderung der Wärmestromdichte im Verdampfer bestimmen.

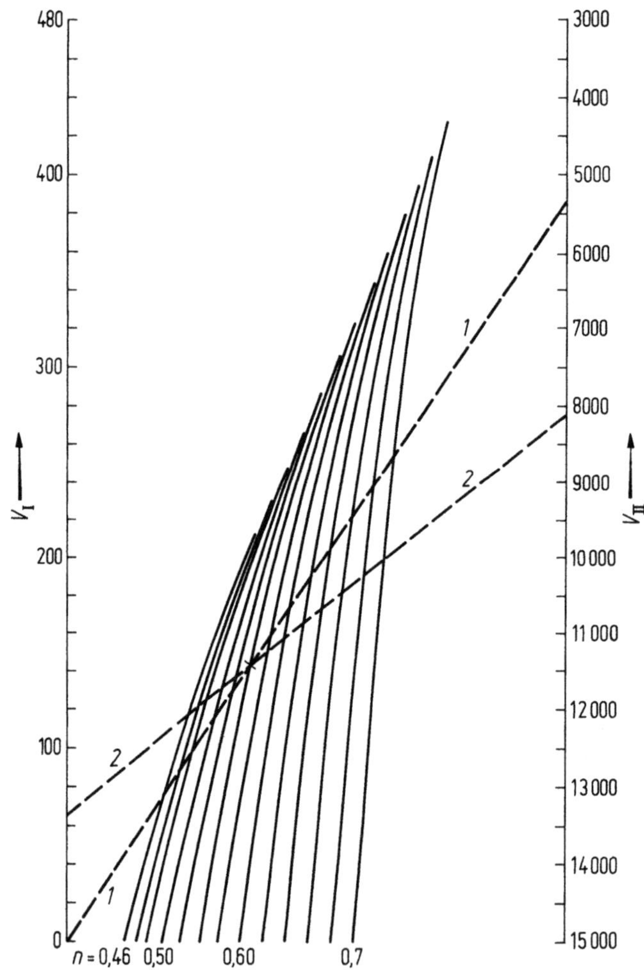

Abb. 3.26. Nomogramm zur Auslegung von überfluteten Verdampfern nach Slipčević [85]. V_{I} nach Gl. (3.121), V_{II} nach Gl. (3.122), n nach Gl. (3.118). Erklärung der Geraden *1* und *2* im Text des Beispiels 2, Absch. 3.2.5.

Gl. (3.120) ist für $n = 0,5$ eine Gleichung zweiten Grades und ebenso wie für $n = 2/3$ analytisch einfach lösbar [86]. Für andere Werte des Exponenten n muß sie iterativ gelöst werden.

Zur raschen Ermittlung der Wärmestromdichte nach Gl. (3.120) wurde das in Abb. 3.26 dargestellte Nomogramm entwickelt.

Zur Auslegung eines überfluteten Verdampfers mit Hilfe des Nomogramms, Abb. 3.26, berechnet man zunächst für die gegebenen Betriebsbedingungen (Verdampfungstemperatur, Ein- und Austrittstemperatur des Kälteträgers, Kälteträgerstrom) sowie für die gewählten Daten (Rohrabmessungen, Strömungsgeschwindigkeit) die beiden Verdampferkenngrößen V_I und V_{II}. Die Punkte der Skalen am Rande des Nomogramms für V_I und V_{II} werden durch eine Gerade *1* verbunden und ihr Schnittpunkt mit dem entsprechenden Exponenten n der Wärmestromdichte markiert. Gl. (3.120) liefert für $V_I = 0$ den Wert $V_{II} = \dot{q}$. Eine zweite Gerade *2* von $V_I = 0$ durch diesen Schnittpunkt gezogen, schneidet auf der Skala für V_{II} den gesuchten Wert $\dot{q}$.

Mit Hilfe der Gln. (3.117), (3.118) und (3.119) läßt sich für die Berechnung der Wärmestromdichte bei überfluteten Verdampfern die dimensionslose Gleichung

$$(\dot{q}^*)^{n-1} - (\dot{q}^*)^n - \varepsilon^{n-1} = 0 \tag{3.124}$$

ableiten, wobei für die normierte Wärmestromdichte

$$\dot{q}^* = \frac{\dot{q}R}{\vartheta} < 1 \tag{3.125}$$

und für den Parameter

$$\varepsilon = S^{1/1-n} R\, \vartheta^{n/1-n} \tag{3.126}$$

gilt.

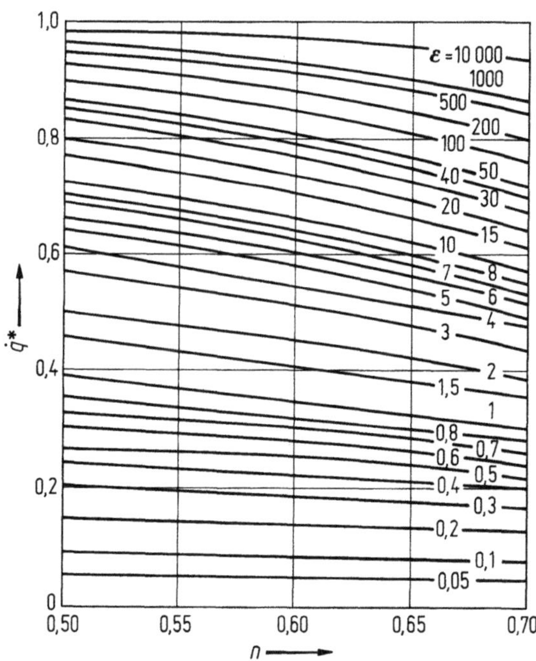

Abb. 3.27. Nomogramm zur Bestimmung der normierten Wärmestromdichte $\dot{q}^*$ nach Gl. (3.124), n nach Gl. (3.118), ε nach Gl. (3.126).

Da Gl. (3.124) nur zwei Parameter (n und ε) enthält, läßt sich auch hier ein einfaches Diagramm aufstellen, das in Abb. 3.27 dargestellt ist.

Mit Hilfe dieses Diagramms kann die normierte Wärmestromdichte $\dot{q}^*$ aus den bekannten Werten n und ε einfach entnommen werden. Falls die Ablesegenauigkeit des Diagramms unbefriedigend ist, wird die analytische Lösung der Gl. (3.124) vorgezogen.

Für die gesuchte Wärmestromdichte gilt

$$\dot{q} = \frac{\dot{q}^* \vartheta}{R} . \tag{3.127}$$

Je nachdem, welcher Temperaturabstand ϑ in Gl. (3.126) eingesetzt wird, ergibt sich aus den Gln. (3.124) und (3.127) die entsprechende Wärmestromdichte $\dot{q}$.

Raičević [87] zeigte, daß für die Bestimmung der normierten Wärmestromdichte $\dot{q}^*_{\mathrm{lg}}$ mit einer Genauigkeit von $\pm 2\%$ die Näherungsgleichung

$$\dot{q}^*_{\mathrm{lg}} = \dot{q}^*_{\mathrm{n}=0,5}\, F_{\mathrm{n}} \tag{3.128}$$

benutzt werden kann. In Gl. (3.128) bedeutet $\dot{q}^*_{\mathrm{n}=0,5}$ die Lösung der Gl. (3.124) für $n = 0,5$. Sie beträgt

$$\dot{q}^*_{\mathrm{n}=0,5} = \left(1 + \frac{1}{2\varepsilon}\right) - \sqrt{\left(1 + \frac{1}{2\varepsilon}\right)^2 - 1} . \tag{3.129}$$

Der Einfluß des von $n = 0,5$ abweichenden Exponenten der Wärmestromdichte wird durch den Korrekturfaktor

$$F_{\mathrm{n}} = 1,5 - n \qquad\qquad \text{für } 0,5 < \varepsilon < 50 \tag{3.130a}$$

bzw.

$$F_{\mathrm{n}} = 1 - (1,4n - 0,7)\sqrt{\varepsilon} \quad \text{für } \varepsilon < 0,5 \tag{3.130b}$$

berücksichtigt.

Für den Parameter ε gilt Gl. (3.126), in welcher für ϑ der mittlere logarithmische Temperaturabstand ϑ_{m} einzusetzen ist.

Der große Vorteil des von Raičević entwickelten Verfahrens besteht vor allem darin, daß man die Berechnung des Verdampfers mit hoher Genauigkeit rein rechnerisch durchführen und auf die Ablesung verschiedener Werte in den Diagrammen verzichten kann.

Bei der Berechnung von überfluteten Verdampfern wird üblicherweise angenommen, der Wärmeübergangskoeffizient k sei konstant. Diese Annahme führt im Bereich des Blasensiedens — insbesondere bei großen Temperaturdifferenzen Δt_{K} des Kälteträgers — zu Fehlern, da der Wärmedurchgangskoeffizient von den lokalen nach den Gln. (3.117), (3.118) und (3.119) mit ϑ bzw. $\dot{q}$ veränderlichen Wärmeübergangskoeffizienten abhängt.

Slipčević [88] hat ein Verfahren vorgeschlagen, welches den Einfluß der örtlich veränderlichen Wärmeübergangskoeffizienten berücksichtigt. Danach ergibt sich für die erforderliche Wärmeübertragungsfläche des Verdampfers

$$A = \frac{\dot{W}_{\mathrm{K}}(1-n)}{n} \left(\frac{\vartheta_2}{\dot{q}_2} - \frac{\vartheta_1}{\dot{q}_1}\right) + \dot{W}_{\mathrm{K}} R \ln \frac{\dot{q}_1}{\dot{q}_2} , \tag{3.131}$$

wobei $\dot{q}_1$ und $\dot{q}_2$ die Wärmestromdichten und ϑ_1 und ϑ_2 die Temperaturabstände am Eintritt und Austritt aus dem Verdampfer sind. Die Bestimmung der Wärmestromdichten $\dot{q}_1$ und $\dot{q}_2$ erfolgt auf die früher beschriebene Weise, d. h. mit Hilfe der Abb. 3.26 oder 3.27, bzw. rechnerisch durch die iterative Lösung der Gl. (3.120) oder (3.124), bzw. durch analytische Lösung der Näherungsgleichung (3.128). Mit $\dot{W}_{\mathrm{K}}$ ist der Wärmekapazitätsstrom des Kälteträgers bezeichnet; für den Wärmewiderstand R gilt Gl. (3.123).

Für die mittlere Wärmestromdichte $\dot{q}_\mathrm{m}$, die sich unter Berücksichtigung der veränderlichen Wärmeübergangskoeffizienten ergibt, gilt

$$\frac{1}{\dot{q}_\mathrm{m}} = \frac{A}{\dot{Q}_0} = \frac{1}{\Delta t_\mathrm{K}} \left[\frac{1-n}{n} \left(\frac{\vartheta_2}{\dot{q}_2} - \frac{\vartheta_1}{\dot{q}_1} \right) + R \ln \frac{\dot{q}_1}{\dot{q}_2} \right]. \tag{3.132}$$

Die mittlere normierte Wärmestromdichte $\dot{q}_\mathrm{m}^*$ kann nach RAIČEVIĆ [87] mit einer Genauigkeit von $\pm 6\,\%$ analytisch aus der Gleichung

$$\dot{q}_\mathrm{m}^* = \dot{q}_\mathrm{lg}^* F_\mathrm{q} = \dot{q}_{n=0,5}^* F_\mathrm{n} F_\mathrm{q} \tag{3.133}$$

bestimmt werden, wobei der Einfluß der örtlich unterschiedlichen Wärmestromdichten auf den Wärmeübergangskoeffizienten durch den Korrekturfaktor

$$F_\mathrm{q} = \frac{1}{\dfrac{7\,(\Phi_\mathrm{K}\,n)^5}{\sqrt{\varepsilon}} + 1} \tag{3.134}$$

berücksichtigt wird. Für den Parameter ε gilt Gl. (3.126), während die dimensionslose Temperaturänderung des Kälteträgers $\Phi_\mathrm{K} = \Phi_\mathrm{I}$ durch Gl. (2.109) definiert ist.

Die mittlere Wärmestromdichte $\dot{q}_\mathrm{m}$ ergibt sich mit Hilfe der Gl. (3.127). Auch diese Berechnungsmethode zeichnet sich gegenüber anderen dadurch aus, daß die mittlere Wärmestromdichte rein rechnerisch — also ohne Hilfe von Diagrammen — mit sehr guter Genauigkeit bestimmt werden kann und damit auch programmierbar ist.

SCHMIDT [89] hat für die Bestimmung der mittleren Wärmestromdichte $\dot{q}_\mathrm{m}$ die Näherungsgleichung

$$\dot{q}_\mathrm{m} = \dot{q}_\mathrm{lg} \frac{\sqrt{\vartheta_1\,\vartheta_2}}{\vartheta_\mathrm{m}} \tag{3.135}$$

vorgeschlagen, wobei $\dot{q}_\mathrm{lg}$ die aus Gl. (3.120) oder (3.127) mit dem mittleren logarithmischen Temperaturabstand ϑ_m zu bestimmende Wärmestromdichte ist.

Ein anderes Verfahren zur Berücksichtigung des Einflusses der veränderlichen Wärmeübergangskoeffizienten von SCHLÜNDER [90] soll hier nicht näher erläutert werden.

Die erforderliche Wärmeübertragungsfläche des Verdampfers beträgt

$$A = \dot{Q}_0/\dot{q}. \tag{3.136}$$

Für die Wärmestromdichte $\dot{q}$ in Gl. (3.136) kann entweder $\dot{q}_\mathrm{lg}$ (bei kleinen Temperaturdifferenzen Δt_K des Kälteträgers) oder die mittlere Wärmestromdichte $\dot{q}_\mathrm{m}$ eingesetzt werden.

Die Bestimmung der erforderlichen Wärmeübertragungsfläche eines überfluteten Verdampfers erfolgt nur mit Hilfe der Wärmestromdichte. Es ist also weder die Kenntnis des kältemittelseitigen Wärmeübergangskoeffizienten, noch des Wärmedurchgangskoeffizienten — der jedoch in den Bestimmungsgrößen der Variablen der Nomogramme (Abb. 3.26 und 3.27) eingeschlossen ist — notwendig. Der Vorteil dieses Verfahrens gegenüber anderen, liegt vor allem darin, daß es möglich ist, die Wärmestromdichte und damit die erforderliche Wärmeübertragungsfläche direkt zu bestimmen.

3.2.5 Berechnungsbeispiele

Beispiel 1

Ein überfluteter, mit Ammoniak betriebener Glattrohrverdampfer soll für folgende Betriebsbedingungen ausgelegt werden:

Kälteträger:	Wasser,
Kälteträgerstrom:	$\dot{V}_K = 1{,}11 \cdot 10^{-2}$ m³/s ($= 40$ m³/h),
Kälteträger-	
Eintrittstemperatur:	$t_{K1} = +27\,°C$,
Austrittstemperatur:	$t_{K2} = +\;3\,°C$,
Verdampfungstemperatur:	$t_0 = \quad 0\,°C$,
Rohrabmessungen:	$d_a \times s_r = 25 \times 2$ mm,
Rohrwerkstoff:	Stahl,
Wärmeleitfähigkeit des	
Rohrwerkstoffs:	$\lambda_r = 46$ W/m · K,
Wärmeleitwiderstand der	
Fremdschicht:	$R_i = 0{,}86 \cdot 10^{-4}$ m²K/W.

Die Stoffwerte von Wasser bei der mittleren Temperatur ($t_m = +15\,°C$) betragen

$\varrho = 999$ kg/m³ $\eta = 1{,}139 \cdot 10^{-3}$ kg/m · s,

$c = 4\,188$ J/kg K, $v = 1{,}14 \cdot 10^{-6}$ m²/s,

$\lambda = 0{,}595$ W/m · K, $Pr = 8{,}02$.

Die erforderliche Kälteleistung beträgt

$$\dot{Q}_0 = \dot{V}_K \varrho c \, \Delta t_K = 1{,}11 \cdot 10^{-2} \cdot 999 \cdot 4\,188 \cdot 24 = 1\,116\,000 \text{ W}.$$

Wählt man $N_{1D} = 20$ Rohre je Durchgang, so beträgt der Strömungsquerschnitt eines Durchgangs

$$S_D = 20 \, \frac{0{,}021^2 \, \pi}{4} = 6{,}927 \cdot 10^{-3} \text{ m}^2$$

und damit die Strömungsgeschwindigkeit des Wassers

$$w_K = \frac{1{,}11 \cdot 10^{-2}}{6{,}927 \cdot 10^{-3}} = 1{,}604 \text{ m/s}.$$

Die Reynolds-Zahl ist

$$Re = \frac{1{,}604 \cdot 0{,}021}{1{,}14 \cdot 10^{-6}} = 29\,547.$$

Die Strömung ist turbulent.

Nach Gl. (2.33) ergibt sich $Nu = 213{,}122$ und damit

$$\alpha_K = \alpha_i = 6\,038 \text{ W/m}^2\text{K}.$$

(Die Berechnung nach Gl. (2.31) ergibt $\alpha_K = \alpha_i = 6\,242$ W/m²K, was einem Unterschied von nur 3,3 % entspricht.)

Mit dem Wert $\alpha_K = \alpha_i = 6\,038$ W/m²K, ergibt sich aus Gl. (3.123) der Wärmewiderstand $R = 3{,}468 \cdot 10^{-4}$ m²K/W. Für die Berechnung des kältemittelseitigen Wärmeübergangskoeffizienten wird Gl. (3.68) benutzt, welche mit $p_0 = 4{,}294$ bar lautet:

$$\alpha_R = \alpha_{GB} = 11{,}2 \, q^{0{,}6}.$$

Damit ist $S = S_{GB} = 11{,}2$ und $n = n_{GB} = 0{,}6$.

a) Annahme: k = const

Die Berechnung wird zunächst mit dem mittleren logarithmischen Temperaturabstand ϑ_m durchgeführt. Aus Gl. (2.105) ergibt sich

$$\vartheta_m = 10{,}923 \text{ K}.$$

1. Nach dem Verfahren von SLIPČEVIĆ ergibt sich mit den beiden Verdampferkenngrößen nach Gl. (3.121) und (3.122) $V_I = 257{,}45$ W$^{0{,}6}$/m$^{1{,}2}$ und $V_{II} = 31\,496$ W/m² die Grundgleichung (3.120) zu

$$\dot{q}_{lg} + 257{,}45 \, \dot{q}_{lg}^{0{,}4} - 31\,496 = 0.$$

Die iterative Lösung dieser Gleichung liefert

$$\dot{q}_{\mathrm{lg}} = 18\,412\ \mathrm{W/m^2}.$$

2. Das Berechnungsverfahren mit der normierten Wärmestromdichte sei ebenfalls erläutert. Mit $\vartheta_{\mathrm{m}} = 10{,}923\ \mathrm{K}$ wird nach Gl. (3.126)

$$\varepsilon = 11{,}2^{2,5} \cdot 3{,}468 \cdot 10^{-4} \cdot 10{,}923^{1,5} = 5{,}255\,78,$$

womit Gl. (3.124)

$$(\dot{q}_{\mathrm{lg}}^{*})^{-0,4} - (\dot{q}_{\mathrm{lg}}^{*})^{0,6} - 0{,}514\,93 = 0$$

lautet. Die Lösung dieser Gleichung ist $\dot{q}_{\mathrm{lg}}^{*} = 0{,}584\,6$, und damit aus Gl. (3.127)

$$\dot{q}_{\mathrm{lg}} = 18\,412\ \mathrm{W/m^2},$$

also der gleiche Wert wie schon früher berechnet.

3. Das Berechnungsverfahren nach RAIČEVIĆ sei ebenfalls erläutert. Nach Gl. (3.129) ist $\dot{q}_{\mathrm{n}=0,5}^{*} = 0{,}648\,68$ und nach Gl. (3.130a) $F_{\mathrm{n}} = 0{,}9$. Damit ist nach Gl. (3.128) $\dot{q}_{\mathrm{lg}}^{*} = 0{,}583\,82$ und aus Gl. (3.127)

$$\dot{q}_{\mathrm{lg}} = 18\,388\ \mathrm{W/m^2},$$

also ein nur um $0{,}13\,\%$ niedrigerer Wert als die exakte Lösung liefert.

b) Annahme: $k \neq$ const

Nun wird die Berechnung unter der Berücksichtigung der Veränderlichkeit der Wärmeübergangskoeffizienten durchgeführt.

1. Nach dem Berechnungsverfahren von SLIPČEVIĆ wird die mittlere Wärmestromdichte nach Gl. (3.132) bestimmt. Dazu müssen zunächst die beiden Wärmestromdichten $\dot{q}_1$ am Eintritt und $\dot{q}_2$ am Austritt des Verdampfers bestimmt werden. Während die Verdampferkenngröße V_{I} unverändert bleibt, beträgt die Verdampferkenngröße V_{II} am Eintritt $V_{\mathrm{II},1} = 77\,855\ \mathrm{W/m^2}$ und am Austritt $V_{\mathrm{II},2} = 8\,650\ \mathrm{W/m^2}$. Auf die gleiche Weise wie früher beschrieben, ergibt sich damit

$$\dot{q}_1 = 57\,257\ \mathrm{W/m^2} \quad \text{und} \quad \dot{q}_2 = 2\,637\ \mathrm{W/m^2}.$$

Damit folgt aus Gl. (3.132)

$$\dot{q}_{\mathrm{m}} = 15\,878\ \mathrm{W/m^2},$$

also eine um $14\,\%$ niedrigere Wärmestromdichte als bei der Berechnung mit dem mittleren logarithmischen Temperaturabstand.

2. Für die Berechnung der mittleren Wärmestromdichte $\dot{q}_{\mathrm{m}}$ nach dem Verfahren von RAIČEVIĆ werden zunächst die folgenden Werte bestimmt:

aus Gl. (3.129) $\qquad \dot{q}_{\mathrm{n}=0,5}^{*} = 0{,}648\,68,$

aus Gl. (3.130a) $\qquad F_{\mathrm{n}} \quad\ = 0{,}9,$

aus Gl. (3.134) $\qquad F_{\dot{q}} \quad\ = 0{,}88\,358.$

Damit folgt aus Gl. (3.133) $\dot{q}_{\mathrm{m}}^{*} = 0{,}515\,85$ und aus Gl. (3.127)

$$\dot{q}_{\mathrm{m}} = 16\,247\ \mathrm{W/m^2},$$

also ein um rund $2{,}3\,\%$ größerer Wert als nach Gl. (3.132).

3. Nach dem Näherungsverfahren von Schmidt ist nach Gl. (3.135)

$$\dot{q}_{\mathrm{m}} = 15\,170\ \mathrm{W/m^2},$$

der im Vergleich zu dem nach Gl. (3.132) berechneten Wert etwa $4{,}6\,\%$ kleiner ist.

4. Das Verfahren von SCHLÜNDER liefert im Rahmen der Ablese- und Interpolationsgenauigkeit den Wert

$$\dot{q}_{\mathrm{m}} = 15\,900\ \mathrm{W/m^2},$$

also eine sehr gute Übereinstimmung mit Gl. (3.132).

c) Bestimmung der Hauptabmessungen des Verdampfers

Nun kann zunächst die erforderliche Wärmeübertragungsfläche des Verdampfers nach Gl. (3.136) berechnet werden. Nimmt man die mittlere Wärmestromdichte nach Gl. (3.132) als richtig an, so ist

$$A = \frac{1\,116\,000}{15\,878} = 70{,}3\ \mathrm{m^2}.$$

Aus $A = N d_a \pi L$ folgt $NL = 894{,}9$. Damit sind folgende Lösungen möglich:

Rohrzahl N	Rohrlänge eines Durchgangs L_D in m	Anzahl der Durchgänge $z_D = N/N_{1D}$
120	7,46	6
140	6,39	7
160	5,59	8
180	4,97	9
200	4,47	10

Falls eine ungerade Anzahl von Durchgängen möglich ist, bietet sich folgende Lösung an:

$$N = 180 \text{ Rohre,} \qquad L_D = 5 \text{ mm,} \qquad z_D = 9 \text{ Durchgänge.}$$

Diese Anzahl der Innenrohre kann z. B. in einem Mantelrohr $D_a \times s_M = 609{,}6 \times 8$ mm untergebracht werden.

d) Prüfung des Einflusses der Vereinfachungen

Bei der Berechnung des inneren Wärmeübergangskoeffizienten α_i wurde sowohl für den Korrekturfaktor F_Q, der den Einfluß der Richtung des Wärmestroms berücksichtigt, als auch für den Korrekturfaktor F_r der den Einfluß der Rohrabmessungen berücksichtigt und der dem Ausdruck in der eckigen Klammer der Gl. (2.31) bzw. (2.33) entspricht, der Wert Eins eingesetzt. Nun kann der dadurch verursachte Fehler geprüft werden.

Um den Korrekturfaktor zu bestimmen, der den Einfluß der Richtung des Wärmestroms berücksichtigt, muß zunächst die mittlere Temperatur der Rohrinnenwand bestimmt werden. Es ist

$$t_{wi} = t_m - \frac{\dot{q}_i}{\alpha_i},$$

wobei t_m die mittlere Wassertemperatur und

$$\dot{q}_i = \dot{q}_a \frac{d_a}{d_i} = 18\,902 \text{ W/m}^2$$

ist. Damit ergibt sich

$$t_{wi} = 11{,}87\,°\text{C.}$$

Entsprechend Gl. (2.17) bzw. (2.34) ist

$$F_Q = (Pr_m/Pr_w)^{0,11} = 0{,}988\,6, \quad \text{bzw.}$$

$$F_Q = (\eta_m/\eta_w)^{0,14} = 0{,}988\,8.$$

Für den Korrekturfaktor F_r gilt

$$F_r = [1 + (d_i/L)^{2/3}] = [1 + (21/5\,000)^{2/3}] = 1{,}026.$$

Damit beträgt der Gesamtkorrekturfaktor für den Wärmeübergangskoeffizienten α_i:

$$F_g = F_Q F_r = 1{,}014,$$

d. h. daß durch das Einsetzen des Wertes Eins für die beiden Korrekturfaktoren der innere Wärmeübergangskoeffizient nur um 1,4 % niedriger berechnet worden ist — ein Fehler der sich auf die Auslegung nicht auswirkt. Bei den meisten Anwendungen der Beziehungen für die Berechnung des inneren Wärmeübergangskoeffizienten kann sowohl der Korrekturfaktor für die Richtung des Wärmestroms F_Q als auch der Korrekturfaktor, der die Rohrabmessungen berücksichtigt F_r als Eins angenommen werden.

e) Berechnung des Druckabfalls

Nun sei noch der Druckabfall auf der Kälteträgerseite bestimmt. Nimmt man die beiden Stutzen mit DN 80 an, so ergibt sich die Wassergeschwindigkeit im Stutzen zu

$$w_{St} = 2{,}08 \text{ m/s.}$$

Entsprechend Gl. (1.52) beträgt der Druckabfall in den beiden Stutzen

$$\Delta p_{St} = 3\,245 \text{ N/m}^2.$$

Für die Berechnung des Reibungsdruckabfalls in den Rohren wird Gl. (1.11) benutzt, wobei zu berücksichtigen ist, daß die gesamte Rohrlänge wegen $z_D = 9$ Durchgänge mit $L_g = z_D L_D$ $= 9 \times 5 = 45$ m einzusetzen ist. Mit Gl. (1.15) für den Reibungsbeiwert ξ ergibt sich

$$\Delta p_r = 66\,516 \text{ N/m}^2.$$

Für die Berechnung des Druckabfalls in den Umlenkhauben wird die einfache Gl. (1.96) mit dem Widerstandsbeiwert nach Gl. (1.97) verwendet. Es ist

$$\Delta p_U = 17\,367 \text{ N/m}^2.$$

Damit beträgt der gesamte Druckabfall auf der Kälteträgerseite

$$\Delta p = \sum p_i = 87\,128 \text{ N/m}^2 = 0{,}871 \text{ bar}.$$

Am Schluß sei noch bemerkt, daß die relativ große Anzahl der Durchgänge durch die große Abkühlung des Wassers und dadurch verursacht durch den kleinen Wasserstrom bedingt ist. In gewöhnlichen Fällen werden zwei bis sechs Durchgänge benötigt.

Beispiel 2

Ein überfluteter, mit dem Kältemittel R22 betriebener Rippenrohrverdampfer soll für folgende Betriebsbedingungen berechnet werden:

Kälteträger:	Wasser,
Kälteträgerstrom:	$\dot{V}_K = 0{,}022\,2$ m³/s ($= 80$ m³/h),
Kälteträger-	
Eintrittstemperatur:	$t_{K1} = +10\,^\circ\text{C},$
Austrittstemperatur:	$t_{K2} = +\,5\,^\circ\text{C},$
Verdampfungstemperatur:	$t_0 = 0\,^\circ\text{C},$
Rohrwerkstoff:	Kupfer,
Wärmeleitfähigkeit des	
Rohrwerkstoffs:	$\lambda_r = 343$ W/m · K,
Wärmeleitwiderstand der	
Fremdschicht:	$R_i = 0{,}86 \cdot 10^{-4}$ m² K/W.

Die für den Bau des Verdampfers vorgesehenen Rippenrohre haben die Abmessungen:

Rippenrohrdurchmesser:	$D_R = 18{,}9$ mm,
Kernrohrdurchmesser:	$d_a = 15{,}9$ mm,
Innendurchmesser:	$d_i = 14{,}3$ mm,
Rippenhöhe:	$h_R = 1{,}5$ mm,
Rippendicke:	$s_R = 0{,}4$ mm,
Rippenabstand:	$t_R = 1{,}35$ mm,
Flächenverhältnis:	$\varphi = 3{,}183,$
Spezifische Außenfläche:	$A^* = 0{,}159$ m²/m.

Stoffwerte von Wasser betragen bei der mittleren Wassertemperatur ($t_m = +7{,}5\,^\circ$C):

$\varrho = 999{,}7$ kg/m³,	$\eta = 1{,}4 \cdot 10^{-3}$ kg/m · s,
$c = 4\,197$ J/kg K,	$\nu = 1{,}4 \cdot 10^{-6}$ m²/s,
$\lambda = 0{,}582$ W/m · K	$Pr = 10{,}1.$

Die verlangte Kälteleistung beträgt

$$\dot{Q}_0 = 466\,190 \text{ W}.$$

Bei der gewählten Anzahl der Rohre je Durchgang von $N_{1D} = 80$, beträgt der Strömungsquerschnitt eines Durchgangs

$$S_D = 0{,}012\,85 \text{ m}^2$$

und damit die Wassergeschwindigkeit

$$w_K = 1{,}729 \text{ m/s}.$$

Die Reynolds-Zahl ist

$$Re = 17\,444,$$

die Strömung ist also turbulent.

Der nach Gl. (2.33) berechnete Wärmeübergangskoeffizient beträgt

$$\alpha_K = \alpha_i = 6\,080 \text{ W/m}^2\text{K}.$$

Damit ist nach Gl. (3.123) $R = 8,91 \cdot 10^{-4}$ m^{2}K/W.

Der mittlere logarithmische Temperaturabstand ist $\vartheta_m = 7,21$ K. Die Berechnung des Verdampfers wird — wegen der kleinen Temperaturdifferenz des Kälteträgers ($\Delta t_K = 5$ K) — mit dem mittleren logarithmischen Temperaturabstand ϑ_m durchgeführt, d. h. der Einfluß der veränderlichen Wärmeübergangskoeffizienten auf die Auslegung des Verdampfers wird vernachlässigt. Deshalb kann im weiteren Text die Wärmestromdichte mit $\dot q$ bezeichnet, auf den Index „lg" also verzichtet werden, obwohl — entsprechend der früheren Erläuterungen — die Rechnung mit ϑ_m durchgeführt wird.

Für die Bestimmung des kältemittelseitigen Wärmeübergangskoeffizienten werden verschiedene empirische Gleichungen, bzw. verschiedene Berechnungsverfahren benutzt und die Ergebnisse miteinander verglichen.

a) Berechnung mit Hilfe der empirischen Gleichungen

1. Nach Dyundin, Gl. (3.96). Für den kältemittelseitigen Wärmeübergangskoeffizient gilt

$$\alpha_{RB} = 49,3 \, q^{0,45}$$

und damit $S = S_{RB} = 49,3$ und $n = n_{RB} = 0,45$.

Die beiden Verdampferkenngrößen nach Gl. (3.121) und (3.122) betragen

$$V_I = 22,77 \text{ W}^{0,45}/\text{m}^{0,9} \quad \text{und} \quad V_{II} = 8\,092 \text{ W/m}^2.$$

Damit lautet Gl. (3.120)

$$\dot q + 22,77 \, \dot q^{0,55} - 8\,092 = 0$$

mit der Lösung $\dot q = 5\,495$ W/m^2.

Wie aus dem Aufbau der Gleichung für die beiden Verdampferkenngrößen ersichtlich, bleibt bei Benutzung anderer empirischer Gleichungen die Kenngröße V_{II} konstant, es ändert sich nur die Kenngröße V_I und damit die Lösung der Gl. (3.120).

2. Nach Danilowa, Gl. (3.97). Bei der Verwendung dieser Gleichung ergibt sich

$$S = S_{RB} = 79,47 \quad \text{und} \quad n = n_{RB} = 0,40.$$

Damit ist

$$V_I = 14,122 \text{ W}^{0,4}/\text{m}^{0,8}.$$

Die Lösung der Gl. (3.120) liefert den Wert

$$\dot q = 5\,590 \text{ W/m}^2.$$

3. Nach Heimbach, Gl. (3.98). Es ergeben sich folgende Werte:

$$S = S_{RB} = 20,416,$$

$$n = n_{RB} = 0,52,$$

$$V_I = 54,97 \text{ W}^{0,52}/\text{m}^{1,04} \quad \text{und damit}$$

$$\dot q = 4\,860 \text{ W/m}^2.$$

4. Nach Slipčević, Gl. (3.99). Es ist

$$S = S_{RB} = 17,5,$$

$$n = n_{RB} = 0,558,$$

$$V_I = 64,13 \text{ W}^{0,558}/\text{m}^{1,116},$$

$$\dot q = 5\,262 \text{ W/m}^2.$$

Für dieses Beispiel sind die gestrichelten Linien *1* und *2* im Nomogramm, Abb. 3.26, eingetragen. Im Rahmen der Ablesegenauigkeit — wobei $n = 0,56$ angenommen wurde — ergibt sich

$$\dot q = 5\,300 \text{ W/m}^2,$$

also eine sehr gute Übereinstimmung mit der exakt errechneten Wärmestromdichte.

b) Berechnung mit Hilfe der verschiedenen Verfahren

Um die Auslegung des Verdampfers mit Hilfe der Berechnungsverfahren nach verschiedenen Verfassern einfacher durchführen zu können, müssen die Berechnungsgleichungen auf die Form

$$\alpha_{RB} = S_{RB}\, \dot{q}^{n_{RB}}$$

gebracht werden, was hier am Beispiel des Verfahrens von GORENFLO gezeigt wird.

Nach Tab. 3.4 beträgt der Wärmeübergangskoeffizient $(\alpha_{EG})_0$ eines einzelnen Glattrohrs für das Kältemittel R22 $(\alpha_{EG})_0 = 2\,200$ W/m²K.

Mit Hilfe der Gln. (3.79) und (3.40) wird dieser Wert auf die Wärmestromdichte $\dot{q}_* = 100\,000$ W/m² umgerechnet. Es ist

$$(\alpha_{EG})_* = 2\,200\,(100\,000/20\,000)^{0,749\,74} = 7\,910 \text{ W/m}^2\text{K}.$$

Entsprechend der Annahme, daß bei dieser Wärmestromdichte die Wärmeübergangskoeffizienten eines einzelnen Glatt- und eines einzelnen Rippenrohrs gleich sind, gilt

$$(\alpha_{EG})_* = (\alpha_{ER})_* = 7\,910 \text{ W/m}^2\text{K}.$$

Mit Gl. (3.80) wird der Wärmeübergangskoeffizient $(\alpha_{ER})_*$ auf die Wärmestromdichte $\dot{q}_0 = 20\,000$ W/m² zurückgerechnet, wobei für den Exponenten n_R Gl. (3.71) gilt und bei der Berechnung von n_G immer noch der normierte Druck $p_0^* = 0,03$ zu benutzen ist. Es ergibt sich

$$(\alpha_{ER})_0 = 2\,836 \text{ W/m}^2\text{K}.$$

Nun muß dieser Wert auf den normierten Betriebsdruck mit Hilfe der Gl. (3.84) umgerechnet werden. Der normierte Betriebsdruck beträgt nach Gl. (3.23)

$$p^* = 0,099\,79.$$

Die Umrechnung liefert $(\alpha_{ER})_{p*} = 4\,660$ W/m²K, wobei sich dieser Wert immer noch auf $\dot{q}_0 = 20\,000$ W/m² bezieht. Da man nun die weitere Berechnung bei den Betriebsbedingungen durchführt, kann auf den Index p verzichtet werden. Entsprechend der Gl. (3.71) beträgt der Exponent der Wärmestromdichte $n_R = 0,592$.

Aus der Beziehung $\alpha_{ER} = S_{ER}\, \dot{q}^{n_R}$ ergibt sich $S_{ER} = 13,27$, so daß man für den Wärmeübergangskoeffizienten des Einzelrohrs setzen kann

$$\alpha_{ER} = 13,27\, \dot{q}^{0,592}.$$

Nach Gl. (3.18) beträgt der konvektive Wärmeübergangskoeffizient

$$\alpha_k = 52,5\, \dot{q}^{0,25}$$

und damit nach Gl. (3.86) — mit $F_k = 0,75$ — der Wärmeübergangskoeffizient der untersten Rohrreihe

$$\alpha_{uR} = 13,27\, \dot{q}^{0,592} + 39,38\, \dot{q}^{0,25}.$$

Nun werden zwei verschiedene Wärmestromdichten frei gewählt (z. B. $\dot{q}_1 = 2\,000$ W/m² und $\dot{q}_2 = 10\,000$ W/m²) und die entsprechenden Wärmeübergangskoeffizienten des Rohrbündels $\alpha_{RB,\,1}$ und $\alpha_{RB,\,2}$ nach Gl. (3.85) berechnet. Sie betragen

$$\alpha_{RB,\,1} = 1\,632 \text{ W/m}^2\text{K} \quad \text{und} \quad \alpha_{RB,\,2} = 3\,593 \text{ W/m}^2\text{K}.$$

Damit ergibt sich aus Gl. (3.103) — analog wie in Abschn. 3.1.3 erläutert —:

$$S = S_{RB} = 39,4 \quad \text{und} \quad n = n_{RB} = 0,49.$$

Mit diesen Werten ist

$$V_I = 28,486 \text{ W}^{0,49}/\text{m}^{0,98} \quad \text{und}$$

$$\dot{q} + 28,486\, \dot{q}^{0,51} - 8\,092 = 0.$$

Die Lösung dieser Gleichung ist

$$\dot{q} = 5\,740 \text{ W/m}^2.$$

Auch bei den anderen Berechnungsverfahren wird analog vorgegangen. Die Ergebnisse der Berechnung sind nachfolgend tabelliert. Als Vergleich sind auch die nach Gl. (3.127) mit Hilfe der Näherungsgleichung (3.128) berechneten Werte eingetragen. Wie aus dieser Tabelle ersichtlich ist, liefert die Näherungsgleichung eine sehr gute Übereinstimmung mit den nach Gl. (3.120) berechneten Werten.

Empirische Gleichung nach	Berechnete Wärmestromdichte $\dot{q}$ in W/m²	
	nach Gl. (3.120)	nach Gl. (3.128)
DYUNDIN, Gl. (3.96)	5 495	5 537
DANILOWA, Gl. (3.97)	5 590	5 683
HEIMBACH, Gl. (3.98)	4 860	4 852
SLIPČEVIĆ, Gl. (3.99)	5 262	5 225
Berechnungsverfahren nach		
GORENFLO, Gl. (3.85)	5 740	5 749
GORENFLO/SLIPČEVIĆ, Gl. (3.88)	5 475	5 484
SLIPČEVIĆ, Gl. (3.89)	5 610	5 598

Bleibt der niedrigste Wert unberücksichtigt, so beträgt der Mittelwert $\dot{q}_m = 5\,529$ W/m² und die maximale Abweichung $-4,8\,\%$, die mittlere nur $\pm 2,6\,\%$.

Es muß dazu allerdings bemerkt werden, daß die gute Übereinstimmung der verschiedenen Berechnungsgleichungen und -verfahren nicht bei allen Kältemitteln und allen Betriebsbedingungen gegeben ist. Bei der Berechnung wird daher ein kritischer Vergleich verschiedener Werte empfohlen.

Mit dem Wert $\dot{q} = 5\,475$ W/m² ergibt sich aus Gl. (3.136) die erforderliche Wärmeübertragungsfläche zu

$$A_{erf} = 85,1 \text{ m}^2, \quad \text{für welche} \quad A_{erf} = NLA^*$$

gilt.

Folgende Lösungen sind möglich:

Rohrzahl N	Rohrlänge eines Durchgangs L_D in m	Anzahl der Durchgänge $z_D = N/N_{1D}$
80	6,69	1
160	3,34	2

Man würde also den Verdampfer mit $N = 160$ Innenrohren von $L_D = 3,5$ m Länge und mit $z_D = 2$ Durchgänge bauen. Die ausgeführte Wärmeübertragungsfläche ($A = 89$ m²) ist dann um $4,5\,\%$ größer als die erforderliche Fläche ($A_{erf} = 85,1$ m²).

3.3 Hinweise für die Konstruktion von überfluteten Verdampfern

3.3.1 Allgemeines

Die Rohrbündelverdampfer, bei welchen der Kälteträger durch die Rohre strömt und das Kältemittel im Mantelraum an der Außenseite der Rohre verdampft, werden überflutete Verdampfer genannt. Sie werden bei mittleren und großen Kälteanlagen hauptsächlich zur Kühlung von Flüssigkeiten eingesetzt und stellen die in der Kältetechnik meist verwendete Bauart dar.

Sie zeichnen sich durch kompakte Bauweise und geringen Platzbedarf aus. Da sich der abzukühlende Kälteträger in einem geschlossenen Kreislauf befindet, kann kaum Luft in den Kälteträger gelangen, so daß die Apparate durch Korrosion wenig gefährdet sind. Ein weiterer Vorteil dieser Bauweise ist die leichte Regelmöglichkeit des Kälteträgerstroms. Diesen Vorteilen stehen allerdings einige Nachteile entgegen, wie z. B. eine sehr große und daher teure Kältemittelfüllung sowie der infolge des hydrostatischen Drucks des flüssigen Kältemittels auftretende Siedeverzug und — damit verbunden — eine Verringerung des mittleren Temperaturabstands. Bei der Auslegung von überfluteten Verdampfern muß der Siedeverzug unbedingt berücksichtigt werden. Dies ist besonders bei Tieftemperaturanlagen wichtig, da hier der Druck sehr kleine Werte annimmt. Dazu kann ein von ÖZVEGYI [91] ausgearbeitetes Nomogramm benutzt werden. Auch die Einfriergefahr des durch die Rohre strömenden Kälteträgers ist ein Nachteil dieser Bauweise. Dieser Gefahr begegnet man entweder durch den Einbau eines Thermostaten, der bei Unterschreitung einer eingestellten tiefsten Kälteträgertemperatur den Verdichter abschaltet, oder dadurch, daß die Kälteträgerpumpen nach dem Abschalten des Verdichters noch eine gewisse Zeit in Betrieb gehalten werden.

Die Verwendung von Solen mit sehr niedrigem Gefrierpunkt ist nicht zu empfehlen, da sie meist zähflüssig sind, was zu laminarer Strömung und damit zu einem schlechten Wärmeübergangskoeffizienten führt. Bei Tieftemperaturanlagen wird daher empfohlen, statt Sole ein Kältemittel als Kälteträger zu verwenden.

Die überfluteten Verdampfer werden hauptsächlich als liegende Apparate mit zwei festen Rohrböden gebaut, in welche die Innenrohre eingewalzt oder eingeschweißt sind. Ausführungen mit Haarnadelrohren und die stehende Bauart kommen seltener vor. Die beiden Endhauben werden mit Trennwänden ausgeführt, um durch Stromumlenkung eine hohe Strömungsgeschwindigkeit zu erreichen. Der Kälteträger durchströmt den Verdampfer dann in mehreren Durchgängen. Bei schmutzführenden Kälteträgern soll eine Reinigungsmöglichkeit vorgesehen werden. Dazu eignen sich besonders die sogenannten Reinigungshauben, welche den Zugang zu den Innenrohren ermöglichen, ohne daß dabei die Rohrleitungen gelöst werden müssen. Über die Reinigung der Innenrohre wird in Kapitel 10 berichtet.

Über die Art der Führung des Kälteträgers bestehen unterschiedliche Ansichten. Die Führung von unten nach oben ist besser, da dadurch der Kälteträgerkreislauf notfalls besser entlüftet werden kann. Einige Untersuchungen [84,92] haben aber gezeigt, daß der Wärmedurchgangskoeffizient verbessert werden kann, wenn der Kälteträger oben zugeführt und unten abgeführt wird. Die dadurch erzielte Verbesserung des Wärmedurchgangs ist allerdings so gering, daß sie im Rahmen der Meßgenauigkeit liegt.

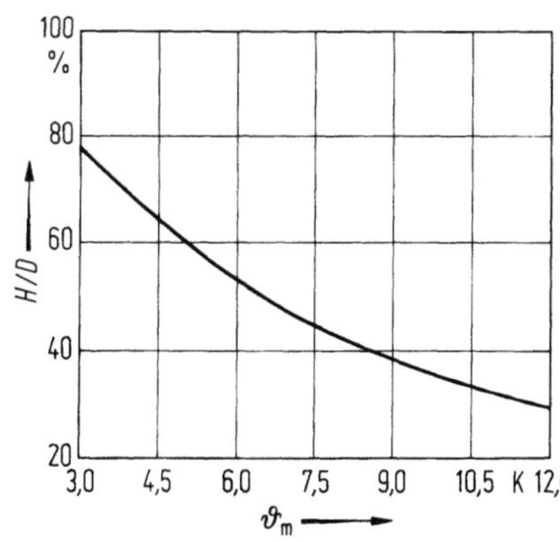

Abb. 3.28. Optimale Kältemittelfüllung für die mit Halogenkältemitteln betriebenen überfluteten Verdampfer nach ROSENFELD [93].

Man kann also annehmen, daß die Führung des Kälteträgers praktisch keinen Einfluß auf den Wärmeübergang hat.

Auf der Kältemittelseite wird das nach der Drosselung entstandene Flüssigkeits-Dampf-Gemisch meistens unten zugeführt. Bei sehr langen Apparaten erfolgt die Einspritzung entweder an mehreren Stellen oder über einen Verteiler, womit gewährleistet werden soll, daß alle Verdampferrohre vom Kältemittel gut umspült werden. Als Verteiler dient z. B. ein gelochtes, unten angeordnetes und an das Mantelrohr befestigtes Blech. Der Querschnitt der Öffnungen ist so zu wählen, daß eine Geschwindigkeit von 4 bis 5 m/s nicht überschritten wird.

Bekanntlich begünstigt die Rührwirkung des Expansionsdampfes den Wärmeübergang und wirkt dem Siedeverzug entgegen. Bei großen Volumenströmen wird trotzdem empfohlen, die Einspritzung oben auszuführen, um den Expansionsdampf aus dem Verdampfer sofort abzusaugen, da man in solchen Fällen, auch bei Anordnen eines Verteilblechs keine gleichmäßige Verteilung erzielen kann.

Bei den mit Ammoniak betriebenen, voll berohrten überfluteten Verdampfern beträgt die Füllungshöhe des Kältemittels H im Stillstand etwa 80 % des Manteldurchmessers D. Bei den mit Halogenkältemitteln betriebenen überfluteten Verdampfern bildet sich während des Verdampfungsvorgangs im Mantelraum ein Schaum aus Öl und Kältemittel, welcher das Niveau des Kältemittels im Vergleich zu dem Flüssigkeitsstand der ruhenden, nicht siedenden Flüssigkeit erhöht. Diese Erhöhung ist von der Intensität der Schaumbildung und damit vom mittleren Temperaturabstand abhängig. Die optimale Füllungshöhe wurde experimentell ermittelt [93] und ist in Abb. 3.28 dargestellt. Oft wird aber empfohlen, die Kältemittelfüllung so zu bemessen, daß sich die oberste Rohrreihe im Stillstand über dem Flüssigkeitsspiegel befindet.

Ein wichtiger konstruktiver Parameter des Apparates ist das Verhältnis der Apparatelänge (= Rohrlänge) L zum Manteldurchmesser D, auch Schlankheitsgrad genannt:

$$l^* = L/D. \tag{3.137}$$

Apparate mit großen Werten l^* sind konstruktiv einfacher, haben weniger Durchgänge und kleinere Druckverluste und sind billiger als Apparate mit gleicher Fläche mit kleinen Werten l^*. Diesen Werten l^* sind aber technische Grenzen gesetzt, üblich sind bei überfluteten Verdampfern Werte l^* von 4 bis 10. Sehr lange Innenrohre werden von Stützblechen gehalten.

Als Mantelrohre werden entweder genormte geschweißte Stahlrohre verwendet, oder die Mäntel werden aus Kesselblechen zusammengeschweißt. Als Innenrohre werden glatte und berippte Stahl- und Kupferrohre verwendet, welche in die Rohrböden eingeschweißt oder eingewalzt werden (s. Abschn. 9.1). Die Dicke des Mantels und des Rohrbodens ergibt sich aus der Festigkeitsberechnung (Abschn. 9.2).

Angaben über die für den Bau von überfluteten Verdampfern in Frage kommenden Werkstoffe findet man in Abschn. 9.1.

Für den Betrieb von überfluteten, mit Ammoniak betriebenen Verdampfern werden folgende Richtwerte empfohlen:

Verdampfungstemperatur:	t_0	$\geqq -40\,^\circ\mathrm{C}$,
Abkühlung des Kälteträgers:	$2\,\mathrm{K}$	$\leqq \Delta t_\mathrm{K} \leqq 5\,\mathrm{K}$,
Mittlerer Temperaturabstand:	$5\,\mathrm{K}$	$\leqq \vartheta_\mathrm{m} \leqq 7\,\mathrm{K}$,
Geschwindigkeit des Kälteträgers:	$1\,\mathrm{m/s}$	$\leqq w_\mathrm{K} \leqq 2\,\mathrm{m/s}$,
Druckabfall, kälteträgerseitig:	p	$\leqq 1\,\mathrm{bar}$,

Für den Betrieb von überfluteten, mit Halogenkältemitteln betriebenen Verdampfern gelten folgende Richtwerte:

Verdampfungstemperatur:	
bei der Kühlung von Wasser:	$t_0 \geqq 0\,^\circ\mathrm{C}$,
bei der Kühlung von Kälteträgern:	$t_0 \geqq -40\,^\circ C$.

Abkühlung:

   des Wassers: $\qquad\qquad\qquad\qquad\qquad$ $3\,\text{K} \leqq \Delta t_W \leqq 5\,\text{K}$,

   des Kälteträgers: $\qquad\qquad\qquad\quad$ $2\,\text{K} \leqq \Delta t_K \leqq 4\,\text{K}$,

Mittlerer Temperaturabstand: $\qquad\quad$ $6\,\text{K} \leqq \vartheta_m \leqq 8\,\text{K}$.

Geschwindigkeit:

   des Wassers: $\qquad\qquad\qquad\qquad\qquad$ $1\,\text{m/s} \leqq w_W \leqq 2{,}5\,\text{m/s}$,

   des Kälteträgers: $\qquad\qquad\qquad\quad$ $1\,\text{m/s} \leqq w_K \leqq 2{,}0\,\text{m/s}$.

Druckabfall, wasser-, bzw. kälteträgerseitig $\qquad$ $p \qquad \leqq 1\,\text{bar}$.

3.3.2 Flüssigkeitsabscheidung

Die voll berohrten Apparate haben entweder einen Dampfdom am Oberteil, der als Flüssigkeitsabscheider dient und aus welchem der Dampf abgesaugt wird, oder sie haben einen gesonderten, oberhalb des Verdampfers angeordneten waagerechten Abscheider. Bei sehr langen Apparaten ist diese Ausführung vorzuziehen. Die voll berohrten überfluteten Verdampfer werden hauptsächlich mit Ammoniak betrieben.

Bei teilberohrten — hauptsächlich mit Halogenkältemitteln betriebenen — überfluteten Verdampfern wirkt der freie Raum oberhalb der Rohre als Flüssigkeitsabscheider. Am obersten Teil des Verdampfers wird entweder ein längs geschlitztes Rohr oder ein Kanal angebracht, in welchem durch die Änderung der Strömungsgeschwindigkeit und -richtung die restliche Flüssigkeit ausgeschieden wird.

Grundlage für die Berechnung von Flüssigkeitsabscheidern ist die Sinkgeschwindigkeit w_s eines kugelförmigen Tropfens im Kältemitteldampf und die Verweilzeit $\tau_{\min}$, für welche aus Erfahrung Werte von 1 bis 2 s empfohlen werden.

Auch die Dimensionierung des Abscheideraums eines teilberohrten überfluteten Verdampfers wird unter der Annahme einer Mindestverweilzeit $\tau_{\min}$ und unter der Annahme einer größten zulässigen Dampfgeschwindigkeit w_D durchgeführt. Dabei muß aber berücksichtigt werden, daß der vom zylindrischen Mantel begrenzte Querschnitt in der Strömungsrichtung nicht konstant, sondern veränderlich ist.

Bezeichnet man mit D_i den inneren Manteldurchmesser, mit L die Länge des Verdampfers, mit H_1 die über der Mittellinie gemessene Höhe bei welcher die Abscheidung beginnt und mit H_2 die Höhe, bei welcher sie beendet ist, so gilt für die Mindestverweilzeit:

$$\tau_{\min} = \frac{2L}{V_D} \int_{H_1}^{H_2} \sqrt{(D_i/2)^2 - H^2}\; \mathrm{d}H. \tag{3.138}$$

Die Integration dieser Gleichung liefert in den angegebenen Grenzen

$$\dot{V}_D\, \tau_{\min} = L \left| H\sqrt{(D_i/2)^2 - H^2} + (D_i/2)^2\; \arcsin \frac{2H}{D_i} \right|_{H_1}^{H_2}. \tag{3.139}$$

Bei halbberohrten Verdampfern ist $H_1 = 0$ einzusetzen. Mit Hilfe der Gl. (3.139) kann geprüft werden, ob der Abscheideraum genügend groß für eine sichere Abscheidung ist.

Je kleiner der Tropfen, um so niedriger ist seine Sinkgeschwindigkeit. Sehr kleine Tropfen können mit Schwerkraftabscheidern praktisch nicht ausgeschieden werden. Über die Methoden zur Bestimmung der Tropfengröße berichtete BÜRKHOLZ [94]. Allgemeine Angaben über die Sinkgeschwindigkeit findet man bei LORENTZEN [95], sowie GRASSMANN und REINHART [96, 97]. In Abb. 3.29 sind die Sinkgeschwindigkeiten w_s für drei verschiedene Kältemittel als Funktion des Tropfendurchmessers d und der Temperatur t_0 dargestellt.

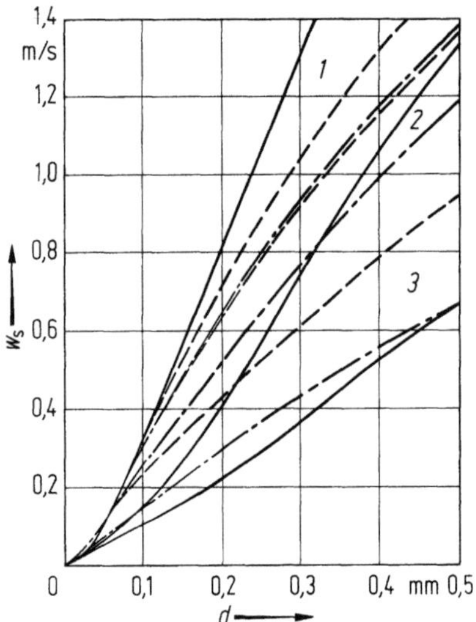

Abb. 3.29. Sinkgeschwindigkeit w_S für die Kälte-mittel Ammoniak, R12 und R22 als Funktion des Tropfendurchmessers d für verschiedene Temperaturen nach Lorentzen [95].

In einem Dampfstrom ergibt sich die absolute Tropfengeschwindigkeit w_T als Resultierende aus der Sinkgeschwindigkeit w_s und der Dampfgeschwindigkeit w_D.

Hinsichtlich der Flüssigkeitsabscheidung unterscheidet man zwei Ausführungen — die stehende und die liegende Ausführung, wie sie in Abb. 3.30 schematisch dargestellt sind.

In vertikalen Abscheidern sind die beiden Geschwindigkeiten w_s und w_D gegeneinander gerichtet. Entsprechend Abb. 3.30a ist

$$w_T = w_s - w_D. \tag{3.140}$$

Für die Grenztropfengröße mit dem Durchmesser d_G ist $w_T = 0$ und damit $w_s = w_D$, so daß die Tropfen schweben. Für $w_D > w_s$ steigen die Tropfen auf ($d < d_G$), während

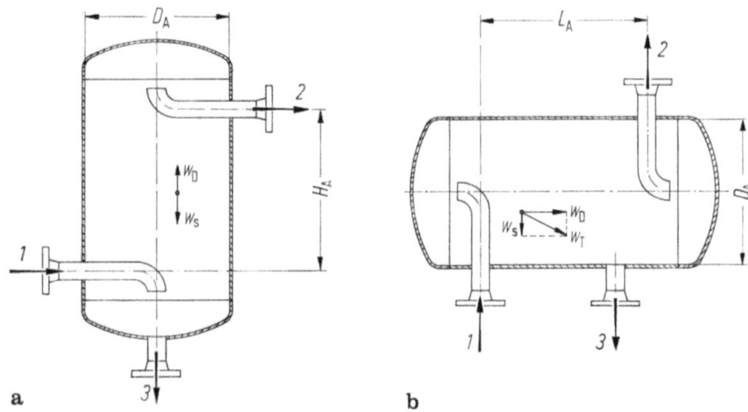

Abb. 3.30a, b. Schematische Darstellung von Flüssigkeitsabscheidern. a) stehende Ausführung; b) liegende Ausführung; *1* Dampfeintritt; *2* Dampfaustritt; *3* Flüssigkeitsaustritt; D_A Durchmesser des Abscheiders; H_A Höhe des Abscheiders; L_A Länge des Abscheiders.

für $w_D < w_s$ die Tropfen sinken und aus dem Dampfstrom ausscheiden ($d > d_G$). Für den Grenztropfen ist $w_s = w_D$ die zulässige Dampfgeschwindigkeit.

Bezeichnet man den Dampfstrom mit $\dot{V}_D$, so ergibt sich der erforderliche Abscheiderdurchmesser D_A zu

$$D_A = \sqrt{\frac{4\,V_D}{\pi\,w_D}}\,,\tag{3.141}$$

während für die Abscheiderhöhe H_A

$$H_A = w_D\,\tau_{\min}\tag{3.142}$$

gilt.

Als Abscheiderhöhe H_A wird näherungsweise der Abstand zwischen dem Dampfeintritt- und dem Dampfaustrittstutzen entsprechend Abb. 3.30a bezeichnet. Unabhängig von der Berechnung soll jedoch immer $H_A \geqq D_A$ gewählt werden.

Um die Wirksamkeit des Abscheiders zu erhöhen, werden in seinem oberen Teil Einbauten aus Drahtgestricke angeordnet. Nach RAMSTETTER [98] soll die Höhe der Einbauten höchstens 150 mm betragen, da eine weitere Vergrößerung dieser Höhe nur noch geringfügige Verbesserungen zur Folge hat.

Für die Dampfgeschwindigkeit w_D in m/s in dem vom Drahtgestrick eingenommenen Querschnitt gilt nach KERNS [99]

$$w_D = 0{,}075 \sqrt{\frac{\varrho' - \varrho''}{\varrho''}}\,.\tag{3.143}$$

Bei liegenden Abscheidern ist die Dampfgeschwindigkeit w_D waagerecht und die Sinkgeschwindigkeit w_s senkrecht gerichtet. Für die resultierende Tropfengeschwindigkeit, die in der Richtung des Dampfstroms schräg nach unten verläuft, gilt entsprechend Abb. 3.30b:

$$w_T = \sqrt{w_s^2 + w_D^2}\,.\tag{3.144}$$

Die Dampfgeschwindigkeit w_D muß so bemessen sein, daß die Zeit, welche die Dampfteilchen vom Eintritt zum Austritt brauchen, mindestens so groß ist wie die Zeit, die ein sinkendes Tröpfchen benötigt, um einen Weg nach unten zurückzulegen, der annähernd gleich dem Abscheiderdurchmesser D_A ist. Daraus folgt

$$w_D = w_s\,\frac{L_A}{D_A}\,,\tag{3.145}$$

d. h., daß für waagerechte Abscheider mit $L_A/D_A > 1$ die Dampfgeschwindigkeit w_D größer gewählt werden darf als in den senkrechten Abscheidern.

Für die Berechnung des Abscheiderdurchmessers D_A gilt auch hier Gl. (3.141), während für die erforderliche Abscheiderlänge

$$L_A = w_D\,\tau_{\min}\tag{3.146}$$

gilt.

Weitere Angaben über die Berechnung von waagerechten Flüssigkeitsabscheidern findet man bei SCHEIMANN [100]. Auch waagerechte Abscheider können zwecks Erhöhung der Wirksamkeit mit Einbauten versehen werden.

Allgemeine Hinweise über die Berechnung und Ausführung von Flüssigkeitsabscheidern findet man bei LORENTZEN [95] und BÜRKHOLZ [101].

3.3.3 Ölrückführung

In Kälteanlagen, die mit den ölgeschmierten Verdichtern betrieben werden, kommt es während des Betriebs zu Ölverlagerungen, d. h. zu unvermeidbarer Abwanderung des Öls aus dem Verdichter. Das Öl verläßt den Verdichter als feiner Nebel, der vom Druckgas mitgeführt wird. Im Verflüssiger löst sich dieser Nebel im flüssigen Kältemittel, und das Öl gelangt so in den Verdampfer, wo es sich entweder im unteren Teil sammelt oder im Kältemittel löst. Angaben über die Löslichkeit und sonstiges Verhalten der Kältemittel gegen Schmiermittel findet man in [8].

Für ein einwandfreies Funktionieren, d. h. für einen wartungslosen und störungs-freien Betrieb einer Anlage und für einen ausgeglichenen Ölhaushalt der Kälteanlage ist daher die sichere Ölrückführung aus dem Verdampfer zum Verdichter die wichtig-ste Voraussetzung.

Die Verdichter werfen unterschiedliche Ölmengen. Die Ölförderung ist ein wesent-liches Kriterium zur Beurteilung der Güte und der Einsatzfähigkeit des Verdichters und wichtig für die richtige Bemessung der Ölrückführung aus dem Verdampfer. Nicht nur im Schrifttum, sondern auch von den Verdichterherstellern werden darüber oft we-nige oder ungenügende Angaben gemacht. Um die Ölmenge in dem Kältemittelkreis-lauf auf ein Mindestmaß zu reduzieren, wird empfohlen, hinter dem Verdichter einen Ölabscheider vorzusehen. Da auch die besten Ölabscheider das Öl nicht vollständig trennen können, muß für eine zuverlässige Ölrückführung gesorgt werden. Über die Ölrückführung bei Kälteanlagen und die Ausführung und Anordnung von Ölabschei-dern hat Loewer [102] berichtet.

3.3.4 Bauarten

Abb. 3.31 stellt einen mit Ammoniak betriebenen überfluteten Verdampfer liegen-der Bauart dar. Der Verdampfer ist aus glatten Stahlrohren $d_a \times s_r = 25 \times 2$ mm gebaut. Das mit dem Ammoniak zugeführte Öl wird — spezifisch schwerer — in einem am unteren Teil des Verdampfers angeordneten Öltopf gesammelt und gelegentlich abge-lassen. Am oberen Teil des Verdampfers befinden sich Stutzen für das Sicherheitsven-til, für die Entlüftung und für das Manometer. Oberhalb des Verdampfers ist ein lie-gender Flüssigkeitsabscheider angeordnet.

In Abb. 3.32 ist ein überfluteter, mit Ammoniak betriebener Verdampfer liegender Bauart mit Dampfdom dargestellt. Die Ausführung der Berohrung entspricht der in Abb. 3.31 dargestellten. Die Innenrohre sind versetzt in gleichseitiger Dreieckteilung angeordnet und in die Rohrböden eingeschweißt. Der Mindestabstand zwischen den

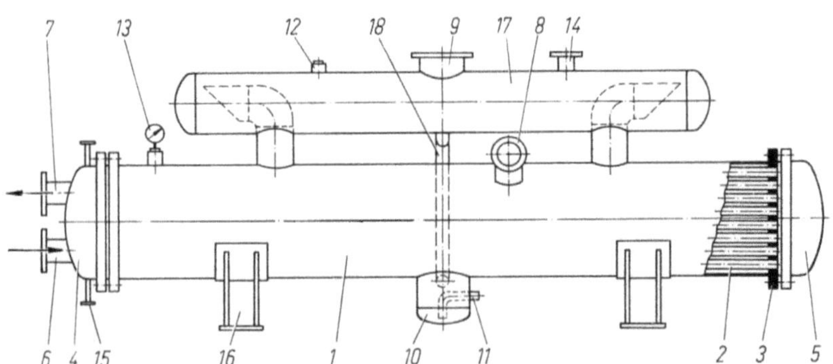

Abb. 3.31. Überfluteter Ammoniakverdampfer mit liegendem Abscheider. *1* Mantel; *2* Innen-rohre; *3* Rohrboden; *4* vordere Haube; *5* hintere Haube; *6* Kälteträgereintritt; *7* Kälteträgeraus-tritt; *8* Kältemitteleintritt; *9* Kältemittelaustritt; *10* Ölsumpf; *11* Ölablaß; *12* Entlüftungsstutzen; *13* Manometeranschluß; *14* Anschluß für das Sicherheitsventil; *15* Entleerungsstutzen; *16* Füße; *17* Flüssigkeitsabscheider; *18* Flüssigkeitsrücklauf.

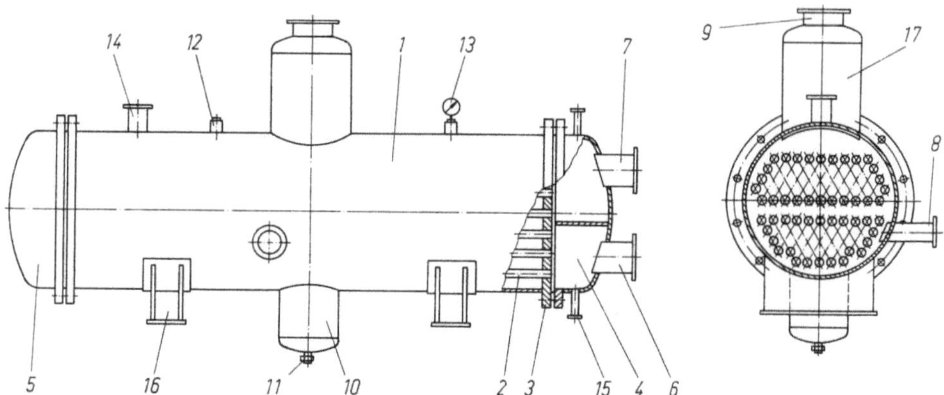

Abb. 3.32. Überfluteter Ammoniakverdampfer liegender Bauart mit Dampfdom. Bezeichnungen *1* bis *16* s. Abb. 3.31; *17* Dampfdom.

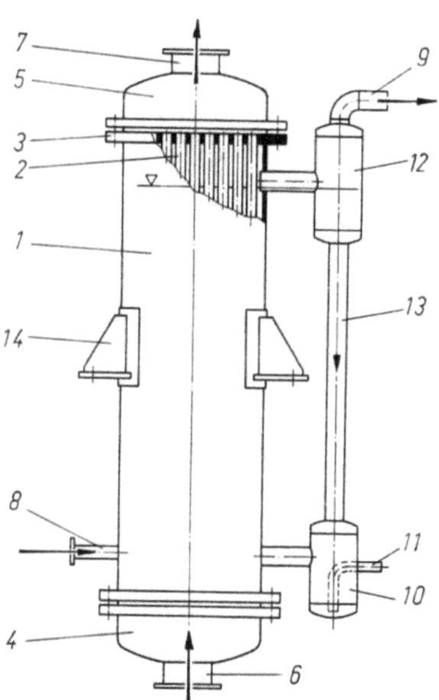

Abb. 3.33. Überfluteter Ammoniakverdampfer stehender Bauart. Bezeichnungen *1* bis *9* s. Abb. 3.31; *10* Ölabscheider; *11* Ölablaß; *12* Flüssigkeitsabscheider; *13* Fallrohr; *14* Tragpratzen.

äußersten Rohren und dem Mantelrohr soll etwa 10 bis 15 mm betragen. Die fluchtende Rohranordnung wird selten benutzt.

Abb. 3.33 zeigt einen überfluteten Verdampfer stehender Bauart. Solche Apparate sind seltener und nur dann zu bevorzugen, wenn eine kleine Bodenfläche, aber eine große Höhe zur Verfügung steht. Der infolge des hydrostatischen Drucks der Flüssigkeitssäule auftretende Siedeverzug kann so groß sein, daß diese Apparate nur mit Ammoniak betrieben werden können. Um den größtmöglichen mittleren Temperaturabstand zu erzielen, muß der Kälteträger den Verdampfer von unten nach oben durchströmen. Ein Nachteil dieser Ausführung besteht auch darin, daß die Rohre nicht voll überflutet sind, womit ein Teil der Wärmeübertragungsfläche verlorengeht. Das Kältemittel wird seitlich eingespritzt. An dem seitlich angeordneten Flüssigkeitsabscheider ist ein Fallrohr angeschlossen, durch welches das nicht verdampfte Kältemittel dem Verdampfer wieder zugeführt wird, während der Dampf oben abgesaugt wird. Der untere Teil des Fallrohrs ist verbreitert und dient als Ölabscheider.

Abb. 3.34 stellt einen überfluteten mit Halogenkältemittel betriebenen Verdampfer liegender Bauart dar. Da die Wärmeübergangskoeffizienten auf der Kältemittelseite in der Regel wesentlich kleiner sind als diejenigen auf der Kälteträgerseite, werden für den Bau solcher Apparate hauptsächlich Kupferrippenrohre benutzt. Eine Ausnahme stellen die überfluteten Verdampfer dar, bei welchen die beiden Wärmeübergangskoeffizienten etwa gleich groß sind. Diese können aus billigeren glatten Stahlrohren gebaut werden. Dies ist z. B. der Fall bei der Kühlung von Solen bei tiefen Temperaturen oder dort, wo die Wärmeübergangskoeffizienten des verdampfenden Kältemittels noch relativ groß sind, z. B. beim Sieden bei höheren Verdampfungstemperaturen.

Die Innenrohre werden in gleichseitiger Dreieckteilung angeordnet und in die Rohrböden eingewalzt oder eingeschweißt. Der Mindestabstand zwischen den äußersten Rohren und dem Mantelrohr soll auch hier etwa 10 bis 15 mm betragen.

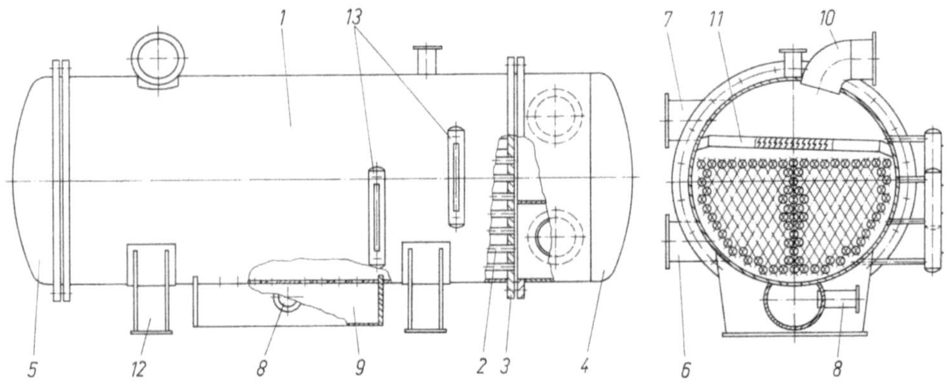

Abb. 3.34. Überfluteter Rippenrohrverdampfer für Halogenkältemittel. Bezeichnungen *1* bis *8* s. Abb. 3.31; *9* Verteiler; *10* Kältemittelaustritt; *11* Tropenabscheider; *12* Füße; *13* Flüssigkeitsstandanzeiger.

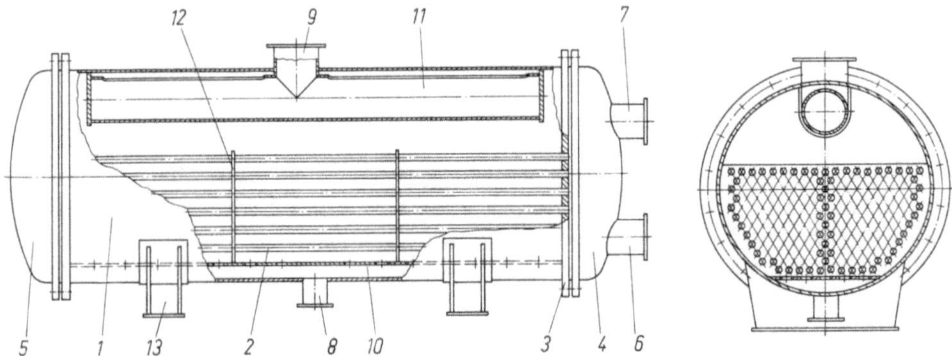

Abb. 3.35. Überfluteter Rippenrohrverdampfer für Halogenkältemittel. Bezeichnungen *1* bis *9* s. Abb. 3.31; *10* Verteilblech mit Bohrungen; *11* Absaugrohr; *12* Stützbleche; *13* Füße.

Der in Abb. 3.34 dargestellte überflutete Verdampfer hat in seinem oberen Teil oberhalb der Innenrohre einen gesonderten Flüssigkeitsabscheider. Das Kältemittel wird durch einen unterhalb des Verdampfers angeordneten Verteiler zugeführt. Die Bohrungen, durch welche das Kältemittel in den Verdampfer eintritt, befinden sich im Mantelrohr. Diese Ausführung ist allerdings sehr kostspielig.

Abb. 3.35 stellt die meist ausgeführte Bauart des mit Halogenkältemitteln betriebenen überfluteten Verdampfers dar. Da die Innenrohre nur etwa die Hälfte des Mantelraums ausfüllen, kann — bei richtiger Bemessung des Abscheideraums — auf den zusätzlichen Abscheider der Abb. 3.34 verzichtet werden. Um das Abscheiden von Flüssigkeitstropfen aus dem Dampfstrom zu gewährleisten, werden dann über dem Rohrbündel am obersten Teil Bleche oder Kanäle angeordnet, die den Dampfstrom zur Richtungsänderung zwingen.

Das Kältemittel wird dem Verteiler — je nach der Apparatelänge — an einer oder mehreren Stellen zugeführt. Der Verteiler entsteht durch Einschweißen einer gelochten Trennwand unter dem Rohrbündel.

Um den Verdichter vor Flüssigkeitsschlägen zu schützen, wird empfohlen, den Kältemitteldampf zu überhitzen. Da die Überhitzung schlechte Wärmedurchgangskoeffizienten bedingt, werden mitunter in den oberen freien Raum des Verdampfers einige Rohre eingebaut, die vom Kälteträger von oben nach unten durchströmt werden. Auf diese Weise kommt der Kältemitteldampf beim Verlassen des Verdampfers in Kontakt mit den warmen Rohren und erfährt dadurch die gewünschte Überhitzung.

Eine besondere Bauart von liegenden überfluteten Verdampfern stellen die Berieselungsverdampfer dar, welche für mittlere und große Kälteanlagen benutzt werden. Bei diesen Verdampfern strömt der Kälteträger durch die Rohre, während das Kältemittel die Rohre außen berieselt, als dünner Film von oben nach unten fließt und dabei verdampft.

Das nicht verdampfte Kältemittel läuft einer Umwälzpumpe zu, die es wieder in den Verteiler fördert. Hierfür können Kreiselpumpen mit Stopfbuchse oder hermetische Kreiselpumpen verwendet werden. Auch eine Flüssigkeitsförderung mittels Ejektor, der mit dem Kältemitteldampf hohen Drucks betrieben wird, ist möglich. Der umgewälzte Kältemittelstrom beträgt das Vier- bis Achtfache des für die Verdampfung erforderlichen.

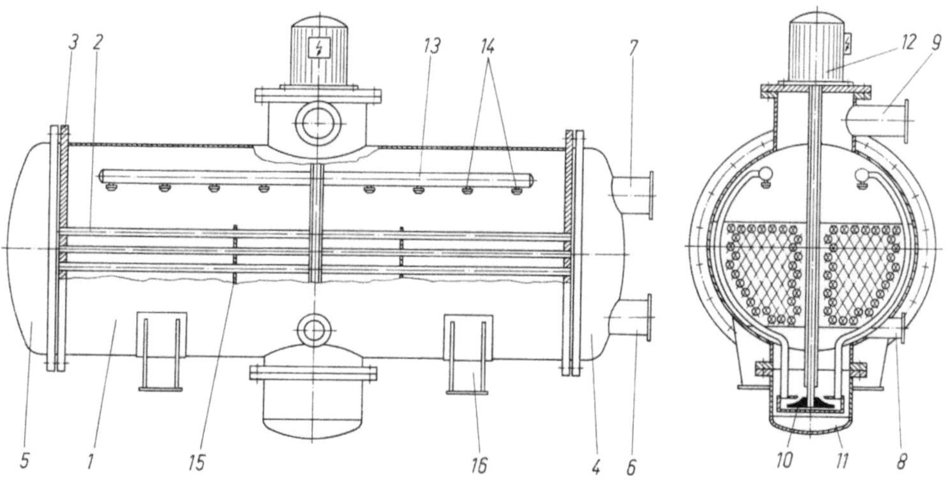

Abb. 3.36. Berieselungsverdampfer. Bezeichnungen *1* bis *9* s. Abb. 3.31; *10* Kreiselpumpe; *11* Pumpensumpf; *12* Elektromotor; *13* Verteilrohr; *14* Verteildüsen; *15* Stützbleche; *16* Füße.

Eine gleichmäßige Kältemittelverteilung auf alle Verdampferrohre ist wichtig. Bei der Benutzung einer speziellen Brauseeinrichtung wird das Kältemittel fein auf die Verdampferrohre zerstäubt.

Einfacher sind Verteiler, die als Doppelrohre ausgeführt werden. Das Kältemittel gelangt durch das Innenrohr in den Ringspalt und aus diesem durch mehrere Öffnungen auf die Verdampferrohre. Lage und Größe der Öffnungen richten sich nach der Berieselungsdichte und müssen so gewählt werden, daß eine gleichmäßige Berieselung gewährleistet ist. Experimentelle Untersuchungen haben gezeigt, daß die beiden Verteilungseinrichtungen eine gute Kältemittelverteilung ermöglichen und daß keine der beiden Ausführungen Vorteile gegenüber der anderen aufweist.

Die Berieselungsverdampfer haben, verglichen mit den überfluteten Verdampfern, zwei wesentliche Vorteile: sie haben eine viel kleinere Kältemittelfüllung und der Druckabfall auf der Kältemittelseite ist vernachlässigbar klein.

Die Flüssigkeitshöhe über der Pumpe muß mindestens so groß sein, daß ein Sieden der Flüssigkeit infolge des Absinkens des Drucks im Saugstutzen der Pumpe vermieden wird, weil dies die Förderung zum Erliegen bringen kann.

Die Berieselungsverdampfer werden mit Kältemitteln R11, R12, R22, R113 und R114 betrieben. Da sie mit geringer Kältemittelfüllung auskommen, werden sie gerne bei Schiffskälteanlagen und bei Anlagen mit Kolben- und Turboverdichtern großer Leistung verwendet.

In Abb. 3.36 ist ein Berieselungsverdampfer schematisch dargestellt. Die Verdampfer werden aus glatten Stahlrohren $d_a \times s_r = 38 \times 2{,}5$ mm bis 18×2 mm gebaut. Als Verteiler dienen ebenfalls glatte Stahlrohre $d_a \times s_r = 57 \times 2{,}75$ mm. Die Länge der Innenrohre kann bis 6 m betragen. Der Flüssigkeitsspiegel im Verdampfer wird mittels eines Schwimmerreglers auf einer Höhe von 300 mm gehalten. Die Berieselungsverdampfer haben Wärmeübertragungsflächen bis 800 m².

Als Nachteil der Berieselungsverdampfer können die wegen der Umwälzpumpe kompliziertere Ausführung sowie die höheren Anschaffungs- und Betriebskosten angesehen werden. Angaben über Pumpenbauarten für die Kältetechnik, ihre Berechnung, Auswahl und Aufstellung findet man bei LOEWER [102].

Rohrbündelverdampfer werden auch zur Flüssigkeitskühlung benutzt, bei denen der Kälteträger durch den Mantelraum strömt und das Kältemittel, mit Umwälzpumpen gefördert, durch die Innenrohre strömt und teilweise verdampft. Über die Bestimmung des optimalen Umwälzverhältnisses berichtet GRANRYD [103].

4 Druckabfall und Wärmeübergang der Zweiphasenströmung in Verdampferrohren

Ernst Hofmann

Benutzte Formelzeichen in Kapitel 4

(siehe auch Formelzeichenliste am Anfang des Bandes)

Formelzeichen, Einheiten

A^*	Wärmeübertragungsfläche je m Rohrlänge	m^2/m
B	Stoffwertfaktor in Gl. (4.100)	—
b	Exponent in Gl. (4.140)	—
C	Faktor in Gl. (4.101)	—
C_B	Faktor in Gl. (4.87)	—
C_ζ	Faktor in Gl. (4.69)	—
$D_{A,0}$	Blasenabreißdurchmesser	m
F	Funktion nach Gl. (4.89)	—
$Fr = \dfrac{\dot{m}^2}{p_L^2 g d}$	Froude-Zahl des gesamten flüssigen Massenstroms im Rohr vom Durchmesser d	—
$Fr = \dfrac{\dot{m}^2 (1 - x^*)^2}{p_L^2 g d}$	Froude-Zahl des flüssigen Anteils des Massenstroms im Rohr vom Durchmesser d	—
f	Blasenfrequenz	$1/s$
f_{Fr}	Faktor nach Gl. (4.63)	—
f_1 bis f_6	Zahlenwerte in den Gl. (4.102) und (4.103)	—
h_R	Rippenhöhe	m
K	Stoffwertfunktion nach Gl. (4.10)	—
K_R	Stoffwertfunktion nach Gl. (4.84)	—
K_{Sl}	Stoffwertfunktion nach Gl. (4.111)	—
L	Rohrlänge	m
$'l$	Stranglänge (gesamter Strömungsweg hintereinander geschalteter Rohre eines Verdampfers)	m —
l	Geradrohrlänge eines gebogenen Rohrs, einer Zylinderrohrschlange oder eines Krümmers	—
N_{x^*}	Funktion von x^* nach Gl. (4.102)	—
n	Anzahl parallel geschalteter Rohre	—
O	Stoffwertfunktion nach Gl. (4.62)	—
R	allgemeine Bezeichnung der Kältemittel	—
R	Krümmungsradius	m
T_S^*	normierte Sättigungstemperatur beim Druck p^* nach Gl. (4.85)	K
W	Summe von Wärmeübergangswiderständen	$m^2 K/W$
X	Bezugsgröße nach LOCKHART und MARTINELLI, Gl. (4.32)	—
X_R	Rippenkennzahl nach Gl. (4.133)	—
x^*	Dampfgehalt	—

Z	Funktion, s. Gl. (4.82), (4.83) und (4.88)	—
z	Anzahl der Durchgänge für das Kältemittel eines Verdampfers	—
β	Randwinkel einer Dampfblase	Grad
β^*	volumetrischer Dampfgehalt	—
Γ_{d}	Faktor nach Gl. (4.156)	—
$\Delta_{(1-\varepsilon)}$	Ergänzungsbetrag des Querschnittsanteils nach Gl. (4.10)	—
Δp	Druckabfall	Pa
Δp_{l}	Druckabfall einer Bogen- oder Krümmerlänge als gerades Rohr gerechnet	Pa
Δp_+	Störanteil, der auf den Krümmer entfällt	—
Δp_{h}	hydrostatischer Druckabfall	Pa
Δt	Temperaturabsenkung	K
δ_{R}	Rippendicke	m
ε	Querschnittsanteil der dampfförmigen Phase	—
ζ_{ges}	Gesamt-Widerstandsbeiwert eines engen Krümmers	—
ζ_{l}	Widerstandsbeiwert einer Krümmerlänge als gerades Rohr gerechnet	—
ζ_+	Störanteil der Widerstandsbeiwerte eines engen Krümmers	—
ζ	Widerstandszahl für weite Krümmer	—
η_{R}	Rippenwirkungsgrad	—
ϑ_{gr}	großer Temperaturabstand	K
ϑ_{kl}	kleiner Temperaturabstand	K
$\bar{\mu}$	Anzahl der Stufen einer Stufenrechnung	—
ξ	Reibungsbeiwert	—
ξ_{G}	Reibungsbeiwert nach Gl. (4.23)	—
ξ_{GG}	Reibungsbeiwert nach Gl. (4.25)	—
ξ_{L}	Reibungsbeiwert nach Gl. (4.22)	—
ξ_{LL}	Reibungsbeiwert nach Gl. (4.24)	—
ξ_0	Reibungsbeiwert gebogener Rohre	—
π	Faktor nach Gl. (4.44) und (4.45)	—
ϱ_{m}	Mischungsdichte nach Gl. (4.71)	$\mathrm{kg/m^3}$
$\Phi_{\mathrm{L}}, \Phi_{\mathrm{G}}$	Faktoren nach Lockhart und Martinelli, Gl. (4.30) und (4.31) sowie nach Bandel, Gl. (4.35) und (4.36)	—
Φ_{Ch}	Faktor nach Chawla, Gl. (4.48)	—
Φ_{Bf}	Faktor nach Bankoff, Gl. (4.57)	—
Φ_{Gd}	Faktor nach Grønnerud, Gl. (4.60)	—
φ	Funktionszeichen in Gl. (4.80)	—
φ	Krümmungswinkel	rad
$\Omega_{\mathrm{d}}, \Omega_{\mathrm{dh}}$	Faktoren nach Gl. (4.159)	—

Indizes

A	bezogen auf das Ablaufrohr von engen Krümmern	m	mittlerer Bereich
B	Blasenverdampfung	m	Mischung aus zwei Komponenten
Bf	nach Bankoff	o	oberer Bereich
b	Beschleunigung, Verzögerung	P	nach Pierre
Ch	nach Chawla	R	bezogen auf Innenrippen, oder auf Kältemittel
d	bezogen auf den für den betreffenden Vorgang maßgebenden Durchmesser d	RK	bezogen auf die Oberfläche von Rippenkanälen
dh	bezogen auf den hydraulisch gleichwertigen Durchmesser	S	Sättigungszustand
		Sl	nach Slipčević
ED	Aus dem EV-Diagramm gewonnen	St	nach Stephan
fr	Reibung	Str	nach Steiner
Fr	Funktion der Froude-Zahl	u	unterer Bereich
G	dampf- oder gasförmige Phase	x^*	bezogen auf den Dampfgehalt x^*

Gd	nach GRØNNERUD	zph	zweiphasig
h	hydrostatisch	μ	zur Stufenrechnung gehörend
i	Anzahl parallel geschalteter Rohre allgemein, Gl. (4.136) und (4.138)	+	Störanteil beim Druckabfall von Krümmern
K	bezogen auf Krümmer	*	längenbezogene Größe
L	flüssige Phase	-	ein Strich über einem Symbol bedeutet Mittelwert
l	Länge eines gebogenen Rohrs oder eines Krümmers	κ	konvektiv

4.1 Grundlegende Merkmale der Zweiphasenströmung in Rohren

Bei der Zweiphasenströmung strömen Flüssigkeit und Gas oder Dampf gemeinsam durch das Rohr. Die beiden Bestandteile können verschiedene Stoffe sein, wie z. B. Wasser und Luft; es können aber auch die flüssige und die dampfförmige Phase desselben Stoffes sein. Letzteres trifft für Kältemittel zu, deren Dampfanteil in Verflüssigern kondensiert oder deren Flüssigkeitsanteil in Verdampferrohren verdampft. Auch durch Rohrleitungen zwischen Apparaten kann das Kältemittel teils als flüssige und teils als dampfförmige Phase strömen.

Sowohl bei der Behandlung des Zweiphasendruckabfalls in geraden als auch in gebogenen Rohren als auch in Zylinderrohrschlangen und Krümmern wird auf die entsprechenden Gesetzmäßigkeiten des Druckabfalls der Einphasenströmung Bezug genommen. Daher werden den Abschnitten über den Zweiphasendruckabfall die jeweils geltenden Gesetzmäßigkeiten der Einphasenströmung vorangestellt.

Bei der Zweiphasenströmung von Kältemitteln besteht der Massenstrom $\dot{M}_\mathrm{R}$ aus einer dampfförmigen Phase $x^* \dot{M}_\mathrm{R}$ und einer flüssigen Phase $(1 - x^*) \dot{M}_\mathrm{R}$. Man nennt x^* den Dampfgehalt des Massenstroms in kg Dampf pro kg Gemisch, und $(1 - x^*)$ ist der entsprechende Flüssigkeitsgehalt.

Der Volumenstrom, der dem aus Dampf und Flüssigkeit bestehendem Massenstrom entspricht, ist

$$\dot{V}_\mathrm{R} = x^* \dot{M}_\mathrm{R}/\varrho_\mathrm{G} + (1 - x^*) \dot{M}_\mathrm{R}/\varrho_\mathrm{L}, \tag{4.1}$$

und der Dampfgehalt des Volumenstroms in m³ Dampf pro m³ Gemisch, der mit volumetrischer Dampfgehalt bezeichnet wird, ist

$$\beta^* = x^* \dot{M}_\mathrm{R}/(\varrho_\mathrm{G} \dot{V}_\mathrm{R}) \tag{4.2}$$

und der volumetrische Flüssigkeitsgehalt

$$(1 - \beta^*) = (1 - x^*) \dot{M}_\mathrm{R}/(\varrho_\mathrm{L} \dot{V}_\mathrm{R}). \tag{4.3}$$

Als Beziehungen zwischen β^* und x^* entstehen aus diesen drei Gleichungen

$$\beta^* = 1/\left(1 + \frac{(1 - x^*)}{x^*} \frac{\varrho_\mathrm{G}}{\varrho_\mathrm{L}}\right) \tag{4.4}$$

und

$$(1 - \beta^*) = 1/\left(1 + \frac{x^*}{(1 - x^*)} \frac{\varrho_\mathrm{L}}{\varrho_\mathrm{G}}\right). \tag{4.5}$$

Abb. 4.1 enthält den aus Gl. (4.5) berechneten Zusammenhang zwischen dem volumetrischen Flüssigkeitsgehalt $(1 - \beta^*)$ und dem Dampfgehalt x^* für einige Kältemittel und Verdampfungstemperaturen. Man erkennt daraus, daß der volumetrische Flüssig-

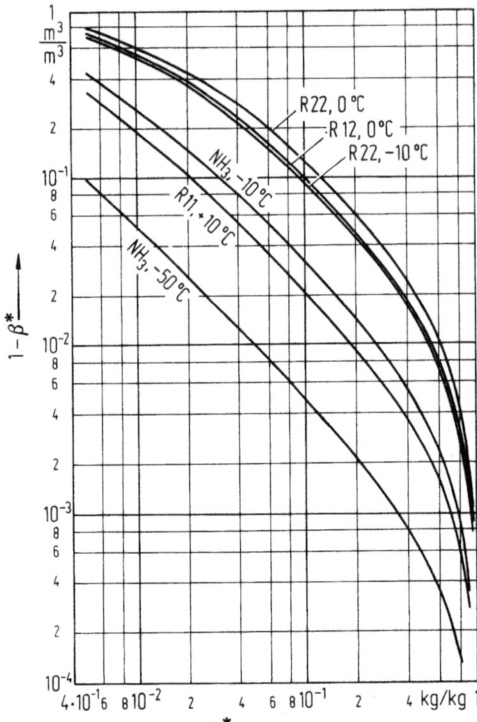

Abb. 4.1. Zweiphasenströmung von Kältemitteln in Rohren. Zusammenhang zwischen dem Dampfgehalt x^* und dem volumetrischen Flüssigkeitsgehalt $(1 - \beta^*)$ nach Gl. (4.5) für verschiedene Kältemittel.

keitsgehalt bei höheren Werten von x^*, wie sie sich gegen Ende des Rohrstranges eines Einspritzverdampfers einstellen, sehr klein wird.

In den Berechnungsgleichungen des Druckabfalls und der Wärmeübertragung der Zweiphasenströmung kommt die Massenstromdichte $\dot{m} = \dot{M}_R/S$ als maßgebende Größe vor. S ist der Strömungsquerschnitt des jeweils in Betracht kommenden Rohrs oder Kanals. Ein wesentliches Merkmal der Zweiphasenströmung in Rohren oder Kanälen besteht darin, daß der Dampf um ein Vielfaches schneller strömt als die Flüssigkeit, weil diese wegen ihrer dem Dampf gegenüber viel höheren Viskosität an der Wand angestaut wird und somit einen entsprechend größeren Querschnitt beansprucht. Wenn der Dampfanteil den ganzen Rohrquerschnitt zur Verfügung hätte, wäre die Dampfgeschwindigkeit $\dot{m}x^*/\varrho_G$. Da aber nur der kleinere Querschnittsanteil ε zur Verfügung steht, ist die Dampfgeschwindigkeit höher, und zwar $w_G = \dot{m}x^*/(\varrho_G\,\varepsilon)$. Entsprechendes gilt für die Flüssigkeitsgeschwindigkeit: $w_L = \dot{m}(1 - x^*)/[\varrho_L(1 - \varepsilon)]$. Das Geschwindigkeitsverhältnis, das auch Schlupfverhältnis genannt wird, ist daher

$$\frac{w_G}{w_L} = \frac{\varrho_L}{\varrho_G}\,\frac{x^*}{(1 - x^*)}\,\frac{(1 - \varepsilon)}{\varepsilon}. \tag{4.6}$$

Wenn man gleiche Geschwindigkeiten von dampfförmiger und flüssiger Phase annimmt, wenn also $w_G = w_L$ wäre, so folgt aus Gl. (4.6) für den Querschnittsanteil der flüssigen Phase

$$(1 - \varepsilon) = 1\Big/\Big(1 + \frac{x^*}{1 - x^*}\,\frac{\varrho_L}{\varrho_G}\Big), \quad (w_G = w_L). \tag{4.7}$$

Der Vergleich mit Gl. (4.5) zeigt, daß dann

$$(1 - \beta^*) = (1 - \varepsilon), \qquad (w_G = w_L) \tag{4.8}$$

ist, was bedeutet, daß der volumetrische Flüssigkeitsgehalt und der Querschnittsanteil der flüssigen Phase einander gleich sind, wenn $w_G = w_L$ ist.

Die Berechnung der Querschnittsanteile wird in Abschn. 4.1.3 behandelt, so daß man auch Aussagen über das Geschwindigkeitsverhältnis nach Gl. (4.6) machen kann. Ferner ist die Kenntnis der Querschnittsanteile zur Berechnung des hydrostatischen Druckabfalls (Abschn. 4.1.3), des Zweiphasendruckabfalls von 180°-Krümmern (Abschn. 4.3.2) und in manchen Fällen zur Berechnung des Beschleunigungsdruckabfalls Δp_b (Abschn. 4.1.2) erforderlich.

Außerdem ist sie die Grundlage zur Bestimmung der Kältemittelfüllung von Verflüssiger- und Verdampferrohren, sowie von Rohrleitungen, in denen Flüssigkeits-Dampf-Gemische strömen.

Die Zweiphasenströmung ist in einem Rohr in lebhafter, pulsierender Bewegung. Dies bedeutet, daß die Querschnittsanteile, die Dampf und Flüssigkeit im Rohrquerschnitt einnehmen, zeitlich Schwankungen unterworfen sind. Die Geschwindigkeiten w_G und w_L sowie die Querschnittsanteile ε und $(1 - \varepsilon)$ sind daher als zeitliche Mittelwerte zu verstehen.

Die bei der Zweiphasenströmung in horizontalen Rohren in vielfältiger Struktur auftretenden Strömungsformen und die Bedingungen für den Übergang von einem Strömungsbild zum anderen sind u. a. von STEINER ausführlich behandelt worden [1 a]. Danach kann man Strömungsformen gemäß Abb. 4.2 unterscheiden, die z. B. in Verdampferrohren bei Zwangsumlauf des Kältemittels mittels Pumpe auftreten. Für Einspritzverdampfer mit horizontalen Rohren, bei denen das Kältemittel bereits mit einem beträchtlichen Dampfgehalt in einen Rohrstrang eintritt, entfallen die beiden oberen Strömungsbilder in Abb. 4.2. Bei kleiner Massenstromdichte stellt sich bevorzugt Schichtströmung ein, wobei die Oberflächenstruktur glatt oder mehr oder weniger gewellt sein kann. Eine hohe Massenstromdichte zwingt den flüssigen Anteil, sich ringförmig an die Wand anzulegen, wodurch der Kern für die Dampfströmung freigegeben wird. Unter Einwirkung der Schwerkraft ist der Flüssigkeitsring unten dicker als oben. Zwischen Schicht- und Ringströmung liegt das vielfältige Formen annehmende

Strömungsrichtung ⟶

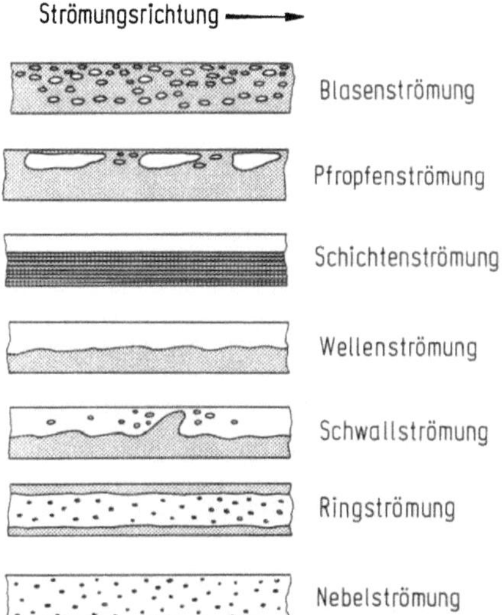

Abb. 4.2. Strömungsformen der Zweiphasenströmung in waagerechten Kanälen.

Gebiet der Schwallströmung. Weitere Merkmale des Verhaltens der Zweiphasenströmung sind folgende:

Strömt z. B. ein Gemisch aus Wasser und Luft durch ein Rohr, das von außen nicht geheizt wird (Wasser-Luft-Strömung), so hat man außer einem Eintrittsverlust und einem eventuell auftretenden hydrostatischen Druckabfall längs des Rohrs nur den gleichbleibenden Reibungsdruckverlust $\Delta p/\Delta l$ der Zweiphasenströmung zu berücksichtigen. Die Luft strömt schneller als das Wasser, und es bilden sich längs des Rohrs gleichbleibende zeitliche Mittelwerte der Querschnittsanteile für Wasser und Luft aus. Gasgehalt x^*, volumetrischer Gasgehalt β^*, volumetrischer Flüssigkeitsgehalt $(1 - \beta^*)$ sowie das Schlupfverhältnis w_G/w_L sind längs des Strömungswegs konstant. Es tritt kein Beschleunigungsdruckabfall auf, und die Formeln des Reibungsdruckabfalls, die im Abschn. 4.3 mitgeteilt werden, gelten für die gesamte Rohrlänge.

Wesentlich komplizierter sind dagegen die Verhältnisse beim Kondensieren sowie beim Verdampfen von Kältemittel-Zweiphasengemischen in Rohren. Wird, wie es beim Kondensieren der Fall ist, dampfförmiges Kältemittel in ein gekühltes Rohr eingeleitet, so entsteht mit dem Strömungsweg zunehmend flüssige Phase, während die dampfförmige Phase abnimmt. Beim Einspritzverdampfer wird einem geheizten Rohr ein Kältemittel-Zweiphasengemisch zugeführt. Beim Verdampfen nimmt die flüssige Phase längs des Strömungswegs ab, während die dampfförmige Phase zunimmt. In beiden Fällen ändern sich der Dampfgehalt x^* und die Querschnittsanteile der flüssigen und dampfförmigen Phase sowie der Reibungsdruckabfall stetig mit dem Strömungsweg. Man muß daher Integralmittelwerte des Reibungsdruckabfalls über die gesamte Rohrlänge bilden.

Im Fall der Kondensation nimmt die Dampfgeschwindigkeit stetig ab, was einen Verzögerungsdruckgewinn hervorruft. Bei der Verdampfung dagegen muß der mit der Geschwindigkeit der flüssigen Phase entstehende Dampf auf die höhere Dampfgeschwindigkeit beschleunigt werden, so daß ein Beschleunigungsdruckverlust entsteht. In Abschn. 4.1.2 werden dafür Näherungen angegeben.

Besteht zwischen Ein- und Austritt eines Rohrsystems ein Höhenunterschied, so tritt sowohl beim einfachen Wasser-Luft-Gemisch als auch bei der Verwendung des Systems als Verflüssiger oder als Verdampfer ein hydrostatischer Druckabfall auf, der beim Bilden des Gesamtdruckabfalls sinngemäß zu addieren oder zu subtrahieren ist.

Die Berechnung des hydrostatischen Druckabfalls wird in Abschn. 4.1.3 erläutert.

Den Gesamtdruckabfall eines Rohrsystems, zwischen dessen Ein- und Austritt ein Höhenunterschied besteht, bildet man folgendermaßen:

Beim einfachen Wasser-Luft-Gemisch hat man zum Reibungsdruckabfall den hydrostatischen Druckabfall zu addieren, wenn das Gemisch unten ein- und oben austritt, und man hat ihn zu subtrahieren, wenn der Eintritt oben und der Austritt unten ist.

Beim Verflüssiger muß der durch die Dampfphase hervorgerufene Verzögerungsdruckgewinn vom Reibungsdruckabfall subtrahiert werden. Der hydrostatische Druckabfall ist zu addieren, wenn der Eintritt unten ist, und er ist zu subtrahieren, wenn der Eintritt oben ist. Beim Verdampfer muß der Beschleunigungsdruckabfall zum Reibungsdruckabfall addiert werden. Der hydrostatische Druck wird addiert beim Eintritt von unten, und er wird subtrahiert beim Eintritt von oben.

Auf dem Gebiet des Druckabfalls und der Wärmeübertragung der Zweiphasenströmung von Kältemitteln sind grundlegende Erkenntnisse dadurch erzielt worden, daß man an kurzen Rohrstücken, in denen sich der Dampfgehalt x^* nur wenig ändert, den örtlichen Druckabfall und den örtlichen Wärmeübergangskoeffizienten gemessen hat, wobei die Einflußgrößen Massenstromdichte $\dot{m}$, Wärmestromdichte $\dot{q}$, Dampfgehalt x^* und Verdampfungstemperatur t_0 in der Meßstrecke beliebig eingestellt werden konnten. Daten von Meßreihen, deren Ergebnisse in der vorliegenden Arbeit benutzt wur-

Tabelle 4.1. *Messungen über örtlichen Druckabfall und örtlichen Wärmeübergang bei Verdampfung von Kältemitteln in waagerechten Rohren*

Autor	CHAWLA [2]			BANDEL [3]			STEINER [4]		
Kältemittel	R11			R11	R12	R22	R12	R22	
Rohrdurchmesser d mm	6	14	25	14			14		
Verdampfungstemperatur t_0 °C	+10			+10	0	−10	0	−10	−20
Bereich des Dampfgehalts x^*	0,1 0,3 0,4 0,5 0,7 0,8	0,1 0,3 0,4 0,5 0,7 0,8 0,9	0,1 0,3 0,4 0,5 0,7 0,8 0,9	0,1 0,3 0,5 0,8			0,1 0,3 0,5 0,8		
Bereich der Massenstromdichte $\dot m$ kg/m²s	40 bis 250	25 bis 125	14 bis 60	125 bis 310	105 bis 300	90 bis 310	50 bis 275		
Bereich der Wärmestromdichte $\dot q$ kW/m²	4,5 bis 93	1,1 bis 23	1,1 bis 11	1,0 bis 70			1,2 bis 80		

den, sind in Tab. 4.1 [2−4] zusammengestellt. Sie umfassen etwa 5 500 Meßwerte der Wärmeübergangskoeffizienten und des Druckabfalls.

Um den reinen Reibungsdruckabfall zu messen, stellt man bei verschiedenen Massenstromdichten $\dot m$ die gewünschten Dampfgehalte x^* in der Meßstrecke ein, ohne daß die flüssige Phase verdampft ($\dot q = 0$). Diese Meßwerte dienen dazu, die Gültigkeit der verschiedenen in Abschn. 4.3.1 behandelten Berechnungsverfahren des Reibungsdruckabfalls zu prüfen (Abschn. 4.3.1.5).

Im Verdampferrohr sind flüssige und dampfförmige Phase eines Kältemittels im thermodynamischen Gleichgewicht, so daß sich die flüssige Phase in Dampf verwandelt, wenn dem Rohr von außen Wärme zugeführt wird. Man unterscheidet im wesentlichen zwei Arten des Verdampfungsvorgangs. Man spricht von Verdampfen durch Konvektion, wenn sich der Dampf zur Hauptsache an der Berührungsfläche zwischen Flüssigkeit und Dampf bildet, wie sie die Strömungsformen in Abb. 4.2 als Beispiele zeigen. Dies setzt voraus, daß die Wärme, abgesehen von einer auch auftretenden geringen Blasenbildung in der Flüssigkeit, durch Wärmeleitung in der Flüssigkeit zum größten Teil zu deren Oberfläche gelangt.

Die andere Form ist die Blasenverdampfung. Dabei ist die Flüssigkeit von einer Vielzahl von Blasen durchsetzt, und Dampf bildet sich an der von den Dampfblasen gebildeten Flüssigkeitsoberfläche. Dabei vergrößern sich die Dampfblasen und entleeren sich schließlich in den Dampfstrom. Natürlich bildet sich nebenbei auch Dampf durch Konvektion im oben beschriebenen Sinn.

Den beiden oben beschriebenen Arten des Verdampfungsvorgangs entsprechen auch zwei verschiedene Gesetzmäßigkeiten des Wärmeübergangskoeffizienten verdampfender Kältemittel, die durch folgende experimentelle Beobachtung charakterisiert werden.

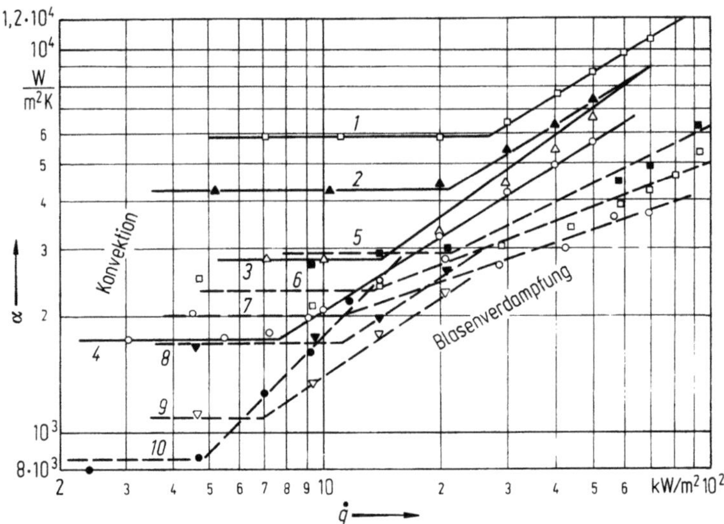

Abb. 4.3. Charakteristischer Verlauf des Wärmeübergangskoeffizienten von verdampfenden Kältemitteln im horizontalen Rohr bei Blasenverdampfung und konvektivem Sieden. Durchgezogene Kurven: R12, $t_0 = 0°C$, $x^* = 0,8$; $d = 14$ mm; $1\ \dot{m} = 346$ kg/m²s, $2\ \dot{m} = 244$ kg/m²s, $3\ \dot{m} = 144$ kg/m²s, $4\ \dot{m} = 105$ kg/m²s. Gestrichelte Kurven: R11, $t_0 = 10°C$, $x^* = 0,1$; $d = 6$ mm; $5\ \dot{m} = 252$ kg/m²s, $6\ \dot{m} = 204$ kg/m²s, $7\ \dot{m} = 163$ kg/m²s, $8\ \dot{m} = 106$ kg/m²s, $9\ \dot{m} = 76,7$ kg/m²s, $10\ \dot{m} = 61,4$ kg/m²s.

Stellt man in der erwähnten kurzen Meßstrecke den gleichen Dampfgehalt x^* ein und steigert bei einer bestimmten Massenstromdichte $\dot{m}$ die Heizleistung des Versuchsrohrs und somit die Wärmestromdichte $\dot{q}$, so beobachtet man zunächst einen unveränderlich bleibenden Wärmeübergangskoeffizienten α_κ, was in Abb. 4.3 für R12, $t_0 = 0°C$, $x^* = 0,8$, $d = 14$ mm für verschiedene Werte $\dot{m}$ Parallelen zur Abszissenachse ergibt (durchgezogene Kurven). Es herrscht hier Wärmeübergang durch Konvektion. Wenn auch während der Konvektionsphase bereits Dampfblasen auftreten, so kommt es erst bei weiterem Steigern der Wärmestromdichte fast plötzlich zu lebhafter Dampfblasenbildung. Der Wärmeübergangskoeffizient wächst nun mit der Wärmestromdichte $\dot{q}$, und zwar ist α_B etwa proportional $\dot{q}^{0,4}$ bis $\dot{q}^{0,7}$, je nach den Werten der übrigen Einflußgrößen. Es herrscht Wärmeübergang durch Blasensieden. Stellt man höhere Werte der Massenstromdichte ein, so wiederholt sich der zuvor beschriebene Verlauf bei höheren Werten von α. Beide Gesetzmäßigkeiten bilden jeweils einen Schnittpunkt. Dem Übergang von einer Gesetzmäßigkeit zur anderen trägt man dadurch Rechnung, daß man immer den größeren Wert α gelten läßt.

Nicht immer sind die Meßwerte so wohl geordnet wie die hier für R12 vorgestellten. Man hat auch Meßergebnisse wie die als gestrichelte Kurven dargestellten für R11, $t = +10°C$, $x^* = 0,1$ und $d = 6$ mm, die eine Analyse unsicher machen.

Im Bereich der Konvektion liegen die Linien $\dot{m} = $ const weit auseinander. Das bedeutet in diesem Bereich einen großen Einfluß der Massenstromdichte, und zwar ist α_κ etwa proportional $\dot{m}^{0,95}$ bis $\dot{m}^{1,15}$ wie die Ergebnisse für R12 in Abb. 4.3 zeigen, je nach Dampfgehalt x^* und Art des Kältemittels. Im Bereich der Blasenverdampfung ist der Einfluß der Massenstromdichte geringer, und zwar ändert sich α_B mit $\dot{m}^{0,1}$ bis $\dot{m}^{0,27}$, je nach Kältemittel und den Werten der Einflußgrößen. Auch bei Ringströmung und entsprechend hoher Massenstromdichte $\dot{m}$ ist Blasenverdampfung möglich, wenn nur die Wandtemperatur und damit die Wärmestromdichte entsprechend hoch sind.

Aufgrund der in Tab. 4.1 erwähnten örtlichen Meßwerte werden in den Abschn. 4.4.1 und 4.4.2 die entsprechenden Wärmeübergangsformeln für Blasenverdampfung und Konvektion dargestellt. Es liegen aber auch Wärmeübergangskoeffizienten vor, die aus Messungen an Versuchseinspritzverdampfern stammen, mit denen Wasser gekühlt wird (Abschn. 4.5.2). Aus beiden experimentellen Beobachtungen entstehen Gebrauchsformeln, die in Abschn. 4.4.3 zusammengestellt sind.

4.1.1 Querschnittsanteile von Dampf und Flüssigkeit bei Zweiphasenströmung im Rohr

Der Querschnittsanteil der flüssigen Phase $(1 - \varepsilon)_{(w_G = w_L)}$, der sich unter der Annahme gleicher Geschwindigkeit von dampfförmiger und flüssiger Phase einstellt, kann nach Gl. (4.7) berechnet werden. Der wirkliche Querschnittsanteil der flüssigen Phase $(1 - \varepsilon)$ ist um den Betrag $\Delta_{(1 - \varepsilon)}$ größer als $(1 - \varepsilon)_{(w_G = w_L)}$, weil die gegenüber dem Dampf langsamer strömende Flüssigkeit einen größeren Querschnittsanteil benötigt. Es ist somit

$$(1 - \varepsilon) = (1 - \varepsilon)_{(w_G = w_L)} + \Delta_{(1 - \varepsilon)} \, . \tag{4.9}$$

STEINER [1 b] hat die verschiedenen, von mehreren Autoren stammenden Formeln für ε bzw. $(1 - \varepsilon)$ sowohl miteinander als auch mit einer großen Zahl von Meßwerten verglichen. Danach werden folgende Formeln empfohlen, in denen $\Delta_{(1 - \varepsilon)}$ u. a. eine Funktion des volumetrischen Dampfgehalts β^* nach Gl. (4.4) ist.

Nach KOWALCZEWSKI [5] ist

$$\Delta_{(1 - \varepsilon)} = K\beta^* (1 - \beta^*)^{0,5} (1 - (p/p_{kr}))/Fr^{0,045} \, . \tag{4.10}$$

KOWALCZEWSKI hat mit R12 am senkrechten Rohr mit $d = 10{,}87$ mm Innendurchmesser gemessen. Aus seinen Angaben kann man schließen, daß die Glättungstiefe der Rohrinnenfläche $R_p \approx 0{,}001\,5$ mm und die relative Rauhigkeit somit $R_p/d \approx 0{,}001\,4$ betrug. KOWALCZEWSKI ist der Ansicht, daß Gl. (4.10) näherungsweise auch für die Zweiphasenströmung in waagerechten Rohren angewendet werden kann. Nach KOWALCZEWSKI ist $K = 0{,}8$ für R12 und $K = 0{,}71$ für Wasser. STEINER [1 b] empfiehlt $K = 0{,}8$ auch für R11 und R22 und GRØNNERUD [7] $K = 0{,}71$ auch für Ammoniak.

Nach LÖSCHER [6] gilt:

$$\Delta_{(1 - \varepsilon)} = \beta^{*1,39} (1 - \beta^*)^{0,8} (1 - (p/p_{kr})^{3,4})/(1 - (p/p_{kr})^{0,22} Fr^{0,25}) \, . \tag{4.11}$$

In beiden Gleichungen ist die Froude-Zahl

$$Fr = \dot{m}^2/(\varrho_L^2 \, dg) \, . \tag{4.12}$$

LÖSCHER hat mit R11 und R12 am waagerechten Rohr von $d = 50{,}9$ mm Innendurchmesser gemessen und Meßwerte anderer Autoren mit berücksichtigt. Seine Angabe der relativen Rauhigkeit bezieht sich wahrscheinlich auf $R_t \approx 0{,}1$ mm, da $R_t/d = 0{,}002$ angegeben wird.

Einer Arbeit von CHAWLA [8] kann man entnehmen, daß unterhalb von $R_t/d = 0{,}002\,5$ nur ein unbedeutender Einfluß der Rauhigkeit auf den Querschnittsanteil der flüssigen Phase zu bestehen scheint.

Für R22, $t_0 = 0\,°C$, $d = 14$ mm und $\dot{m} = 150\ \text{kg/m}^2\text{s}$ enthält Abb. 4.4 als Beispiel den Verlauf des flüssigen Querschnittsanteils $(1 - \varepsilon)_{(w_G = w_L)}$ nach Gl. (4.7), der gleiche Geschwindigkeit von flüssigem und dampfförmigem Anteil zur Voraussetzung hat, abhängig vom Dampfgehalt x^*, Kurve 1. Addiert man gemäß Gl. (4.9) den Betrag $\Delta_{(1 - \varepsilon)}$ nach KOWALSZEWSKI (Gl. (4.10)) bzw. nach LÖSCHER (Gl. (4.11)), so entstehen die Kurven 2 bzw. 3 in Abb. 4.4 für $(1 - \varepsilon)$.

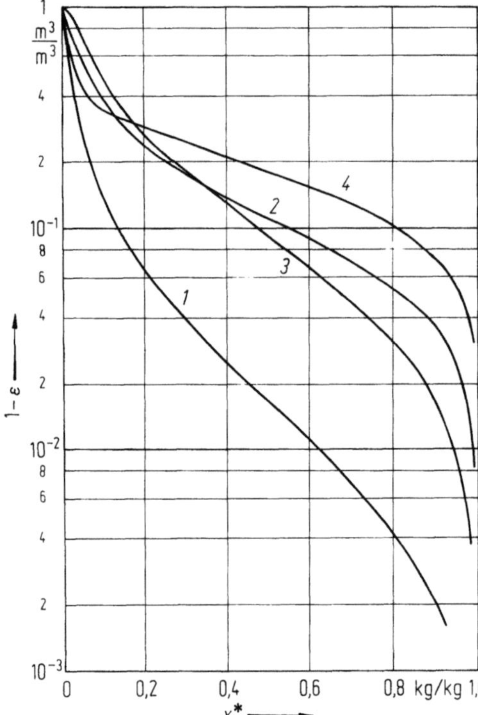

Abb. 4.4. Querschnittsanteil der flüssigen Phase für R22, $t_0 = 0\,°C$, $\dot{m} = 150\ kg/m^2s$, $d = 14\ mm$, abhängig vom Dampfgehalt x^*, im horizontalen Rohr. Kurve *1* (für $w_G = w_L$) nach Gl. (4.7), Kurve *2* (nach Kowalczewski) nach Gl. (4.9) und (4.10), Kurve *3* (nach Löscher) nach Gl. (4.9) und (4.11), Kurve *4* nach Chawla.

Chawla [8] begründet seine Angaben über den Flüssigkeitsinhalt mit Meßergebnissen anderer Autoren, die an Gemischen aus Luft und Wasser oder Öl gewonnen wurden. Die Berechnungsmethode ist in [17] Blatt Lg4 und Lg1 enthalten. Für den vorliegenden Fall erhält man danach Kurve *4* in Abb. 4.4.

Man sieht, daß die drei angeführten Berechnungsmethoden stellenweise recht unterschiedliche Werte des Flüssigkeitsinhalts ergeben. Wenn man sich zur Methode nach Kowalczewski entschließt, so kann man damit nur Richtwerte erwarten, und es empfiehlt sich, bei der Berechnung von Füllungsmengen einen Zuschlag von etwa 70 % zu nehmen, um beispielsweise die Stauwirkung eventuell vorhandener Schweißnähte und unkontrollierbarer Rauhigkeitserhebungen zu berücksichtigen.

Die Kurven *2* und *3* sind in Abb. 4.5 übertragen worden, die es ermöglicht, den Mittelwert des Flüssigkeitsanteils zu bilden. In einem Einspritzverdampfer kann die Verdampfung im Rohreintritt beispielsweise mit $x^* = 0,15$ beginnen und mit $x^* = 1$ enden. Für diesen Bereich ergibt sich aus den Kurven *2* und *3* ein Mittelwert $(1 - \varepsilon) = 0,11$. Mit dem empfohlenen Sicherheitszuschlag kann man damit rechnen, daß die Verdampferrohre im Mittel zu etwa 19 % mit Flüssigkeit gefüllt sind. Dazu kommt noch die Menge, die sich in Umlenkkammern und in eventuell vorhandenen anderen Räumen befindet.

Das Schlupfverhältnis w_G/w_L nach Gl. (4.6) ist in Abb. 4.6 dargestellt. Man sieht, daß die Kurven nach Kowalczewski (*1*) und nach Löscher (*2*) beträchtliche Unterschiede aufweisen. Diese Unsicherheit tritt besonders bei Werten von x^* in Erscheinung, die kleiner als etwa 0,15 sind, denn die Kurven für w_G/w_L müßten für $x^* = 0$ bei $w_G/w_L = 1$ beginnen, eine Bedingung, die von den Gln. (4.10) und (4.11) jedoch nicht erfüllt wird. Gl. (4.6) für das Schlupfverhältnis gilt natürlich unter der Annahme, daß der Dampf keine Flüssigkeitstropfen enthält. Dies bedeutet, daß die am Strangende ge-

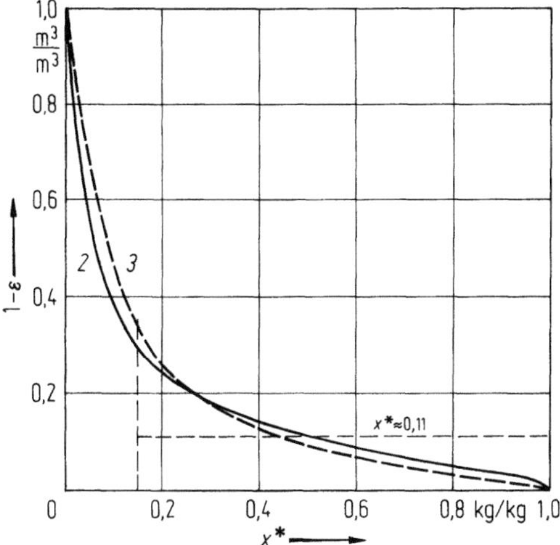

Abb. 4.5. Querschnittsanteil der flüssigen Phase, abhängig vom Dampfgehalt x^* nach den Kurven 2 (KOWALCZEWSKI) und 3 (LÖSCHER) der Abb. 4.4.

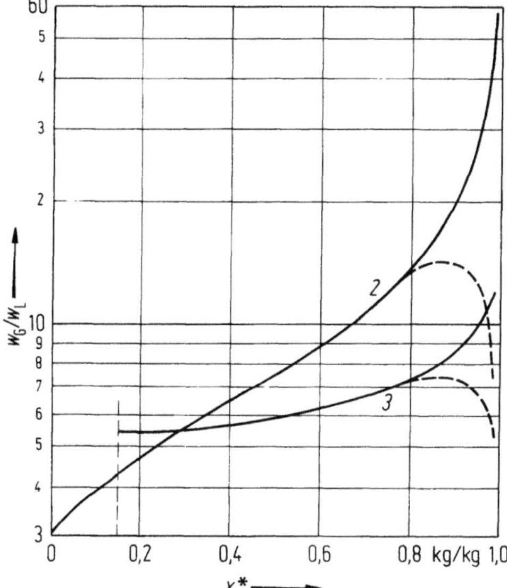

Abb. 4.6. Schlupfverhältnis w_G/w_L nach Gl. (4.6), abhängig vom Dampfgehalt x^* nach den Kurven 2 (KOWALCZEWSKI) und 3 (LÖSCHER) der Abb. 4.4.

gen Null gehende und an der Rohrwand sich bewegende flüssige Phase bei $x^* = 1$ mit $w_L = 0$ endet, so daß $w_G/w_L = \infty$ wird, wie es dem Verlauf der ausgezogenen Kurven in Abb. 4.6 entspricht. Ein anderer als extrem zu bezeichnender Zustand wäre der, daß die gegen Strangende verschwindende flüssige Phase sich als Nebeltröpfchen mit dem Wasser bewegt. Dann wäre $w_G/w_L = 1$ bei $x^* = 1$. Den entsprechenden Verlauf deuten die gestrichelten Kurven in Abb. 4.6 an. Auf weitere Erörterungen möge hier verzichtet werden.

In einem weiteren Beispiel soll die Flüssigkeitsfüllung einer horizontal verlaufenden Rohrleitung aus handelsüblichem Stahlrohr zwischen einem Verdampfer und einem Flüssigkeitsabscheider einer Ammoniakanlage mit Zwangsumlauf des Kältemittels durch eine Pumpe ermittelt werden. Die Daten seien folgende: Rohrdurchmesser $d = 0,05$ m, Länge der Leitung 10 m, Kältemittel NH_3 bei $t_0 = -20\,°C$, $\varrho_L = 665$ kg/m³, $\varrho_G = 1,6$ kg/m³, $p/p_{kr} = 1,6/113 = 0,016\,8$, Massenstromdichte $\dot m = 150$ kg/m²s, Umlaufzahl 5, d. h. es läuft fünfmal soviel Kältemittel um wie verdampft. Daher ist $x^* = 1/5 = 0,2$. Der Faktor K in Gl. (4.10) sei zu 0,7 1 angenommen. Es ist nach Gl. (4.12)

$$Fr = 150^2/(665^2 \cdot 0,05 \cdot 9,81) = 0,103\,7$$

und nach Gln. (4.7) und (4.3)

$$(1 - \varepsilon)_{(w_G = w_L)} = (1 - \beta^*) = 1\bigg/\bigg(1 + \frac{0,2 \cdot 665}{0,8 \cdot 1,6}\bigg) = 0,009\,53; \quad \beta^* = 0,990\,47.$$

Aus Gl. (4.10) bekommt man

$$\Delta_{(1-\varepsilon)} = 0,71 \cdot 0,990\,47 \cdot 0,009\,53^{0,5}\,\frac{1 - 0,016\,8}{0,103\,7^{0,045}} = 0,074\,7$$

und aus Gl. (4.9)

$$(1 - \varepsilon) = 0,009\,53 + 0,074\,7 = 0,084\,2; \quad \varepsilon = 0,915\,8.$$

Die Berechnung ergibt somit einen Querschnittsanteil oder Rauminhalt der Flüssigkeit von 8,4 %. Mit 70 % Zuschlag wegen des handelsüblichen Stahlrohrs und zu berücksichtigender Schweißnähte kommt man auf etwa 15 %. Die 10 m lange Leitung hat etwa 20 l Inhalt. Man kann daher im Betriebszustand mit einem Flüssigkeitsinhalt von etwa 3 l rechnen.

4.1.2 Beschleunigungsdruckverlust und Verzögerungsdruckgewinn

Zunächst sei vorausgesetzt, daß nach vollständigem Verdampfen der flüssigen Phase der Massenstrom das Verdampferrohr als Dampf mit einer Austrittsgeschwindigkeit w verläßt und daß Dampf in ein Verflüssigerrohr mit einer Geschwindigkeit w eintritt und vollständig kondensiert. Im Verflüssigerrohr kondensiert der Dampf teils an der flüssigen Phase und teils an der ruhenden Wand. Näherungsweise genügt es, die Geschwindigkeit der flüssigen Phase in beiden Fällen gleich Null zu setzen. Im Falle des Verdampferrohrs verursacht die Beschleunigung des entstehenden Dampfes auf die Austrittsgeschwindigkeit w einen Beschleunigungsdruckverlust, und im Falle des Verflüssigerrohrs bewirkt die Verzögerung des Dampfes auf die Geschwindigkeit $w = 0$ einen Verzögerungsdruckgewinn.

Mit $\dot M$ als Massenstrom und S als Rohrquerschnitt ist

$$\Delta p_b = \dot M w/S \tag{4.13}$$

der Beschleunigungsdruckverlust bzw. der Verzögerungsdruckgewinn bei vollständiger Verdampfung bzw. Kondensation. Mit $\dot M = \dot m S$ und $w = \dot m/\varrho_G$ entsteht

$$\Delta p_b = \dot m^2/\varrho_G, \tag{4.14}$$

ein Ausdruck, der auch von Chawla [9] angegeben wurde. Darin ist ϱ_G im Fall des Verdampferrohrs die Dichte des austretenden, beim Verflüssigerrohr die Dichte des eintretenden Dampfes. Der Betrag nach Gl. (4.14) fällt etwas zu hoch aus, weil die Geschwindigkeit der flüssigen Phase gleich Null gesetzt wurde, was in Wirklichkeit nicht zutrifft.

Wenn ein Verdampferrohr kältemittelseitig mit Zwangsumlauf (Pumpenbetrieb) arbeitet, so ist der Dampfgehalt am Rohrende wesentlich niedriger als $x^* = 1$, wie es reinem Dampf am Austritt entspricht. Mit ε_2 als Querschnittsanteil des Dampfes am Rohrende ist der dem Dampf zur Verfügung stehende Querschnitt $\varepsilon_2 S$. Der Volumenstrom des Dampfes ist $\dot{V}_G = \dot{m}\,x_2^*\,S/\varrho_G$. Daher ist die Dampfaustrittsgeschwindigkeit beim Dampfgehalt x_2^*

$$w_{x*2} = \dot{V}_G/(\varepsilon_2\,S) = \dot{m}\,x_2^*/(\varrho_G\,\varepsilon_2). \tag{4.15}$$

Aus obigen Überlegungen geht hervor, daß der Beschleunigungsdruckverlust $\Delta p_b = \varrho_G\,\dot{V}_G w_{x*2}\,/S$ der Dampfaustrittsgeschwindigkeit proportional ist. Der Proportionalitätsfaktor ist

$$\varrho_G\dot{V}_G/S = x_2^*\,\dot{m}. \tag{4.16}$$

Für den Beschleunigungsdruckverlust in einem Verdampferrohr gilt daher bei unvollständiger Verdampfung

$$\Delta p_b = \frac{\dot{m}^2 x_2^{*2}}{\varrho_G\varepsilon_2}. \tag{4.17}$$

Ist $x_2^* = 1$, so ist auch $\varepsilon_2 = 1$, und es ist dann $\Delta p_b = \dot{m}^2/\varrho_G$ wie oben.

Bei den in Tab. 4.1 genannten Meßreihen örtlicher Werte des Druckabfalls und der Wärmeübergangskoeffizienten hat man auch den Gesamtdruckabfall als Summe aus Reibungs- und Beschleunigungsanteil gemessen. In der Meßstrecke herrscht ein mittlerer Dampfgehalt x^*. Der mittlere Querschnittsanteil des Dampfes ist ε, und der Anteil, den die Flüssigkeit einnimmt, ist $(1 - \varepsilon)$. Über deren Berechnung siehe Abschn. 4.1.3.

STEINER [1 c] entwickelte für den bezogenen Beschleunigungsdruckabfall die Formel

$$\left(\frac{\Delta p}{\Delta l}\right)_b = \frac{4\dot{q}\,\dot{m}}{d\,\Delta h_d\,\varrho_G}\,\Psi_b \tag{4.18}$$

mit dem Beschleunigungsbeiwert

$$\Psi_b = \frac{2x^*}{\varepsilon} - \frac{2\,(1 - x^*)\,\varrho_G}{(1 - \varepsilon)\,\varrho_L} + \left(\frac{(1 - x^*)^2\,\varrho_G}{(1 - \varepsilon)\,\varrho_L} - \frac{x^{*2}}{\varepsilon^2}\right)\frac{dx^*}{d\varepsilon}. \tag{4.19}$$

Genau genommen ist auf der rechten Seite von Gl. (4.18) noch der Entspannungsanteil hinzuzufügen, der dadurch entsteht, daß der Dampf infolge der Druckabnahme sein Volumen vergrößert. Bei den geringen Druckunterschieden, wie sie im Apparatebau üblich sind, kann aber darauf verzichtet werden. Eine analytische Lösung des durch Dampfbeschleunigung entstehenden Druckabfalls ist auch von GRØNNERUD gegeben worden [10].

Als Beispiel sind in Abb. 4.7 örtliche Meßwerte des gesamten Druckabfalls mit R12 bei $t_0 = -20\,^\circ\mathrm{C}$ (Tab. 4.1) von STEINER dargestellt. Eine Ausgleichsgerade beginnt bei der Wärmestromdichte $\dot{q} = 0$ im Punkt P, der den Reibungsdruckabfall darstellt, und $(\Delta p/\Delta l)_b$ ist der Beschleunigungsdruckabfall.

Die Proportionalität zu $\dot{q}$ nach Gl. (4.18) wird von den Meßwerten im wesentlichen bestätigt.

Beim Vergleich von Rechenwerten mit Meßwerten benötigt man den Querschnittsanteil des Dampfes ε, der in Gl. (4.19) vorkommt. Benutzt man dafür das in Abschn. 4.1.1 erläuterte Verfahren, so bekommt man zwischen Rechenwerten aus Gl. (4.18) und Meßwerten in manchen Fällen eine befriedigende Annäherung; in manchen Fällen sind aber die Rechenwerte weniger als halb so groß. Dies mag damit zusammenhängen, daß besonders bei Blasenverdampfung auch Flüssigkeit in den Dampfstrom gelangt, deren Beschleunigungsdruckabfall bei der örtlichen Meßmethode gezwungenermaßen mit gemessen wird, während die Formel nur die Dampfbeschleunigung berücksichtigt.

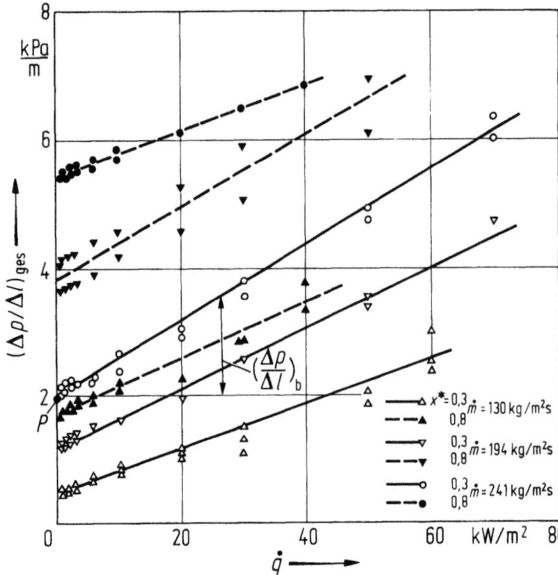

Abb. 4.7. Gesamtdruckabfall $(\Delta p/\Delta l)_{ges}$ nach [4]. Rohr von 14 mm Durchmesser, R12 bei $t_0 = -20\,°\mathrm{C}$.

4.1.3 Der hydrostatische Druckabfall

Wenn ein Verdampfer mehrere aufeinanderfolgende Durchgänge für das verdampfende Kältemittel hat, die übereinander liegen, und wenn unten eingespritzt und oben abgesaugt wird, dann steht auch ein hydrostatischer Druckabfall auf der Kältemittelseite. Dies gilt allgemein auch für die Zweiphasenströmung eines Kältemittels in einem Rohr, einer Rohrleitung oder einem Rohrsystem, wenn der Austritt um den Abstand H höher liegt als der Eintritt. Üblicherweise wächst die Rohrlänge l vom Kältemitteleintritt bis zum -austritt bei einem Verdampfer proportional mit der Höhe H, wenn H den senkrechten Abstand zwischen Kältemitteleintritt und -austritt bedeutet. Für eine meist ausreichende Näherungslösung genügt es, den Verlauf des Dampfgehalts x^* im Verdampfer linear mit der Rohrlänge und damit auch mit der Höhe H zunehmend vorauszusetzen. Für einen solchen Verlauf von x^* berechnet man den Ver-

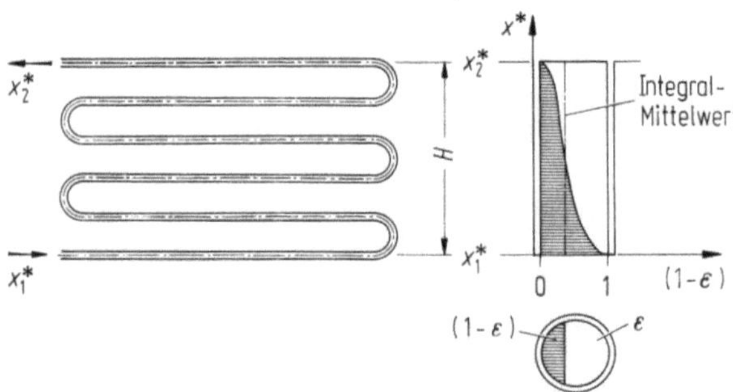

Abb. 4.8. Erläuterung zum hydrostatischen Druckabfall einer Zweiphasenströmung in Rohren. ε Querschnittsanteil des strömenden Dampfes; $(1 - \varepsilon)$ Querschnittsanteil der strömenden Flüssigkeit. x^* Dampfgehalt.

lauf des Querschnittsanteils der Flüssigkeit $(1 - \varepsilon)$ aus den Gln. (4.9) und (4.10), den man über die Rohrlänge als Abszisse aufträgt (Abb. 4.8). Von dieser Kurve bildet man den Integralmittelwert $\overline{(1 - \varepsilon)}$. Die Wirkung des hydrostatischen Drucks in einem Verdampfer ist dieselbe wie die in einem senkrechten Ersatzrohr vom Querschnitt S und der Höhe H (Abb. 4.8), in dem die Flüssigkeitssäule die Höhe H und den Querschnitt S hat. Diese Flüssigkeitssäule vom Volumen $\overline{(1 - \varepsilon)}\,SH$ übt die Kraft $\overline{(1 - \varepsilon)}\,SH\varrho_L\,g$ aus. Dividiert man durch den Rohrquerschnitt S, so ist der hydrostatische Druck der Flüssigkeit $\Delta p = \overline{(1 - \varepsilon)}\,H\varrho_L\,g$. Die entsprechende Überlegung kann man auch für die natürlich viel leichtere Dampfsäule vom mittleren Querschnittsanteil $\bar{\varepsilon}$ anstellen. Daher gilt für den hydrostatischen Druckabfall

$$\Delta p_h = Hg\left(\overline{(1 - \varepsilon)}\,\varrho_L + \bar{\varepsilon}\,\varrho_G\right). \tag{4.20}$$

Bei Verdampfern mit Zwangsumlauf des Kältemittels (Pumpenbetrieb) gelangt dampffreie Flüssigkeit in den Verdampfer $(x^* = 0)$. Der hydrostatische Druckverlust kann dann von gleicher Größenordnung sein wie der Reibungs- und Beschleunigungsdruckverlust. Bei Einspritzverdampfern liegt der Eintrittsdampfgehalt x_1^* etwa zwischen 0,1 und 0,2. Der Querschnittsanteil der Flüssigkeit $\overline{(1 - \varepsilon)}$ ist dann sehr klein, so daß der hydrostatische Druckabfall klein ist gegenüber dem Reibungs- und Beschleunigungsdruckabfall. Gl. (4.20) gilt auch für Verflüssiger. Die Querschnittsanteile $\overline{(1 - \varepsilon)}$ und $\bar{\varepsilon}$ können dafür näherungsweise auch nach Abschn. 4.1.1 berechnet werden.

4.2 Reibungsdruckverlust einphasiger Strömungen in geraden Rohren

Für den Reibungsbeiwert ξ bei laminarer und turbulenter Strömung in geraden Rohren sowie für den hydraulischen Durchmesser d_h bei Kanalquerschnitten, die vom Kreisrohr abweichen, gelten die Ausführungen in Abschn. 1.2.1 und 1.2.2.

Bei der Behandlung des Druckabfalls der Zweiphasenströmung in geraden Rohren wird auf die Einphasenströmung bezug genommen. Zweckmäßigerweise führt man aber in die Widerstandsgleichung (1.11) von Abschn. 1.2.1 die Massenstromdichte ein:

$$(\Delta p/\Delta l) = \xi \dot{m}^2/(2d\varrho). \tag{4.21}$$

Diese Gleichung tritt bei der Behandlung der Zweiphasenströmung in vier Varianten auf, und zwar kann der gesamte Massenstrom entweder flüssig oder dampfförmig sein. Ferner wird angenommen, daß entweder die flüssige Phase $\dot{m}(1 - x^*)$ oder die dampfförmige Phase $\dot{m}x^*$ allein im Rohrquerschnitt strömt. Auch die Reynolds-Zahl tritt in den entsprechenden Varianten auf, wie es nachstehende Aufstellung zeigt:

Alles flüssig	Alles dampfförmig	Flüssiger Anteil allein im Rohr	Dampfförmiger Anteil allein im Rohr
Gl. (4.22) $\left(\dfrac{\Delta p}{\Delta l}\right)_L = \xi_L \dfrac{\dot{m}^2}{2d\varrho_L}$	Gl. (4.23) $\left(\dfrac{\Delta p}{\Delta l}\right)_G = \xi_G \dfrac{\dot{m}^2}{2d\varrho_G}$	Gl. (4.24) $\left(\dfrac{\Delta p}{\Delta l}\right)_L = \xi_{LL} \dfrac{\dot{m}^2(1 - x^*)^2}{2d\varrho_L}$	Gl. (4.25) $\left(\dfrac{\Delta p}{\Delta l}\right)_G = \xi_{GG} \dfrac{\dot{m}^2 x^{*2}}{2d\varrho_G}$
Gl. (4.26) $Re_L = \dot{m}\,d/\eta_L$	Gl. (4.27) $Re_G = \dot{m}\,d/\eta_G$	Gl. (4.28) $Re_L = \dot{m}(1 - x^*)\,d/\eta_L$	Gl. (4.29) $Re_G = \dot{m}x^*\,d/\eta_G$

Wenn die Werte für $(1 - x^*)$ bzw. x^* in obigen Gln. (4.28) und (4.29) sehr klein sind, so kann die gedachte Strömung der flüssigen oder der dampfförmigen Phase allein im Rohr laminar sein, so daß man auch den Druckabfall für Laminarströmung berechnet. So kann beispielsweise die gedachte Strömung der flüssigen Phase laminar sein, während die der dampfförmigen Phase turbulent ist. Bei der Berechnung des Druckabfalls der Zweiphasenströmung geht dieser Unterschied manchmal in die Rechnung ein.

Je nachdem, welche Oberflächenstruktur vorliegt, werden die in den Gln. (4.22) bis (4.25) vorkommenden Reibungsbeiwerte für technisch glatte oder für rauhe Oberflächen eingesetzt, die man unter Zuhilfenahme der Tab. 1.1 und der in Abschn. 1.2 gemachten Angaben ermittelt. Damit ist auch bei der Zweiphasenströmung die Möglichkeit gegeben, den Einfluß der Rauhigkeit auf den Druckabfall zu berücksichtigen.

4.3 Reibungsdruckabfall der Zweiphasenströmung

Sowohl Rohrleitungen zwischen Apparaten als auch ein beträchtlicher Anteil der Wärme übertragenden Fläche von Apparaten mit Zweiphasenströmung des Kältemittels, wie Verflüssiger, Einspritzverdampfer, Rippenrohrluftkühler und Verdampfer mit Kältemittel-Zwangsumlauf, bestehen aus geraden, meist waagerecht angeordneten Rohren. Daher ist der Druckabfall der Zweiphasenströmung in geraden Rohren in der Literatur bevorzugt experimentell und mathematisch behandelt worden. Aber auch für gebogene Rohre und Krümmer bestehen Möglichkeiten der Berechnung des Zweiphasendruckabfalls.

4.3.1 Reibungsdruckabfall der Zweiphasenströmung in geraden Rohren

Bei der experimentellen Bestimmung des Reibungsdruckabfalls strömen Dampf und Flüssigkeit im jeweils gewünschten Mischungsverhältnis durch die Meßstrecke. Es wird aber keine Wärme zugeführt, so daß die Wärmestromdichte $\dot{q} = 0$ ist. Das Mischungsverhältnis wird vom Dampfgehalt x^* bestimmt, den man stufenweise im Bereich von $x^* = 0$ bis $x^* = 1$ einstellen kann.

Als Beispiel zeigt Abb. 4.9 den Verlauf des Reibungsdruckabfalls $(\Delta p/\Delta l)$ abhängig vom Dampfgehalt x^* für R12 bei $t_0 = 0\,°\mathrm{C}$, $\dot{m} = 200\ \mathrm{kg/m^2 s}$ und $d = 14\ \mathrm{mm}$ nach den Meßwerten von Bandel [3] und von Steiner [4]. Dieser Verlauf ist typisch auch für andere Kältemittel. Er beginnt beim niedrigen Wert $(\Delta p/\Delta l)$, der für reine Flüssigkeit gilt, steigt mit wachsendem x^* steil an, erreicht das Maximum meist zwischen $x^* = 0{,}8$ bis $x^* = 0{,}9$ und fällt dann steil ab, um bei dem für reinen Dampf geltenden Wert zu enden. Von besonderem Interesse sind die Integralmittelwerte des Druckabfalls eines Rohrstrangs vom Eintritt des Kältemittels bis zum Austritt.

Bei der Behandlung der Wärmeübertragung in einem Verdampferrohr wird nachgewiesen, daß x^* längs eines Rohrs vom linearen Verlauf mehr oder weniger abweicht. Daher weicht ein Kurvenverlauf des Druckabfalls $(\Delta p/\Delta l)$ längs eines Rohrstrangs vom Kurvenverlauf über x^*, wie er in Abb. 4.9 dargestellt ist, etwas ab, so daß sich auch der wahre Integralmittelwert über der Rohrlänge von demjenigen über x^* etwas unterscheidet. Integralmittelwerte über x^* als Abszisse sind jedoch als gute Näherung zu bewerten. Die geschilderte Unstimmigkeit kann man vermeiden, wenn man die Druckabfallberechnung in die Stufenrechnung der Wärmeübertragung mit Hilfe eines Rechners (Abschn. 4.5.4) einbezieht, weil dann der für jede Stufe sich ergebende Dampfgehalt x^* der Druckabfallberechnung jeder Stufe zugrunde gelegt wird. Man bekommt dann einen Integralmittelwert des Druckabfalls über die Rohrlänge entsprechend dem wirklichen Verlauf von x^* entlang des Rohrs. Angesichts der großen Unterschiede zwischen gemessenen und berechneten Werten des Reibungsdruckabfalls, die sich mit

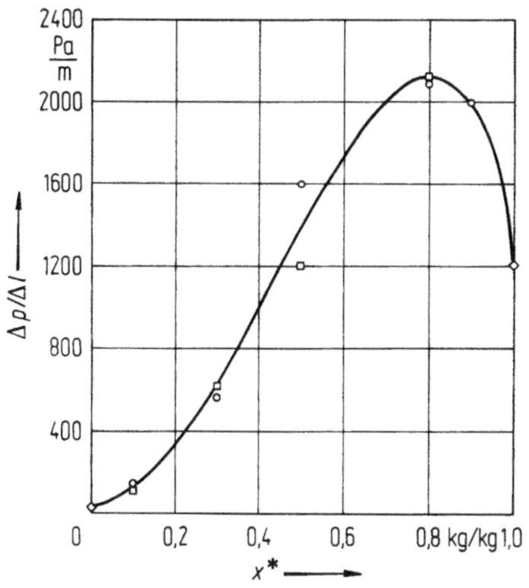

Abb. 4.9. Reibungsdruckabfall $\Delta p/\Delta l$ für R12 bei $t_0 = 0\,^\circ$C und $d = 14$ mm, Massenstromdichte $\dot{m} = 200$ kg/m^{2}s. ○ Meßwerte von BANDEL, □ Meßwerte von STEINER, ◇ Rechenwerte für reinen Dampf bzw. reine Flüssigkeit.

den z. Z. verfügbaren Berechnungsmethoden ergeben, ist der auf diese Weise entstehende Fehler gering.

Zunächst wird das klassische Verfahren von LOCKHART und MARTINELLI dargestellt. Den Ansatz, von dem das Verfahren ausgeht, findet man in späteren Arbeiten anderer Autoren wieder, und es wird bevorzugt zum Vergleich mit Meßwerten herangezogen, wobei sich manchmal gute Annäherung, manchmal aber auch Abweichungen ergeben.

Anschließend werden Rechenverfahren mitgeteilt, die u. a. Messungen mit Kältemitteln zur Grundlage haben, und es wird schließlich gezeigt, daß damit bei Kältemitteln eine befriedigende Annäherung zwischen Meß- und Rechenwerten festzustellen ist.

Wie OSTERTAG [11] im Jahre 1976 mitteilte, kann der Druckabfall der Zweiphasenströmung nach etwa 30 Methoden berechnet werden. Seine Untersuchung von acht ausgewählten Methoden ergab stark abweichende Resultate. Diese Feststellung ist eine Bestätigung dafür, daß sich das Gebiet noch im Stadium der Entwicklung befindet. Es wird noch geraume Zeit vergehen, bis die Berechenbarkeit der Zweiphasenströmung den Grad der Zuverlässigkeit erreicht haben wird, wie er bei der Einphasenströmung besteht.

4.3.1.1 Verfahren von LOCKHART und MARTINELLI

LOCKHART und MARTINELLI [12] gehen für den Druckabfall der Zweiphasenströmung $(\Delta p/\Delta l)_{\mathrm{zph}}$ von folgendem Ansatz aus:

$$(\Delta p/\Delta l)_{\mathrm{zph}} = (\Delta p/\Delta l)_{\mathrm{L}}\, \Phi_{\mathrm{L}}^2, \tag{4.30}$$

$$(\Delta p/\Delta l)_{\mathrm{zph}} = (\Delta p/\Delta l)_{\mathrm{G}}\, \Phi_{\mathrm{G}}^2. \tag{4.31}$$

Darin bedeutet $(\Delta p/\Delta l)_{\mathrm{L}}$ den Druckabfall der flüssigen Phase, wenn sie allein im Rohrquerschnitt strömen würde und $(\Delta p/\Delta l)_{\mathrm{G}}$ den entsprechenden Druckabfall der dampfförmigen Phase. Dafür gelten die Gln. (4.24) und (4.25).

Der Faktor Φ_{L}^2 soll der Erhöhung des Druckabfalls Rechnung tragen, die eintritt, wenn man der strömenden flüssigen Phase bei gleichbleibender Massenstromdichte Dampf beimischt, und der Faktor Φ_{G}^2 soll die Beimischung von Flüssigkeit zur strömenden dampfförmigen Phase bei $\dot{m} = $ const berücksichtigen.

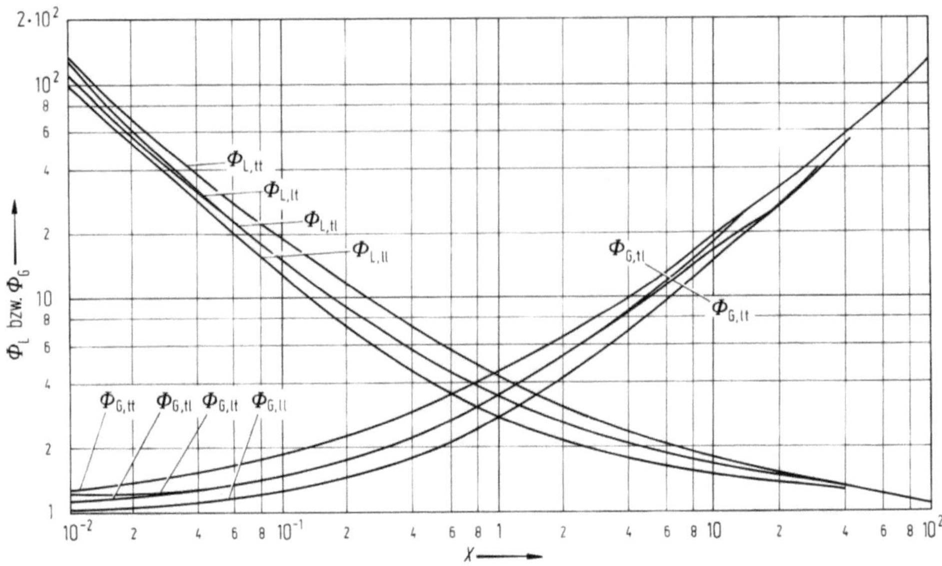

Abb. 4.10. Abhängigkeit der Faktoren Φ_L und Φ_G von X nach Gl. (4.32), Diagramm von Lockhart und Martinelli.

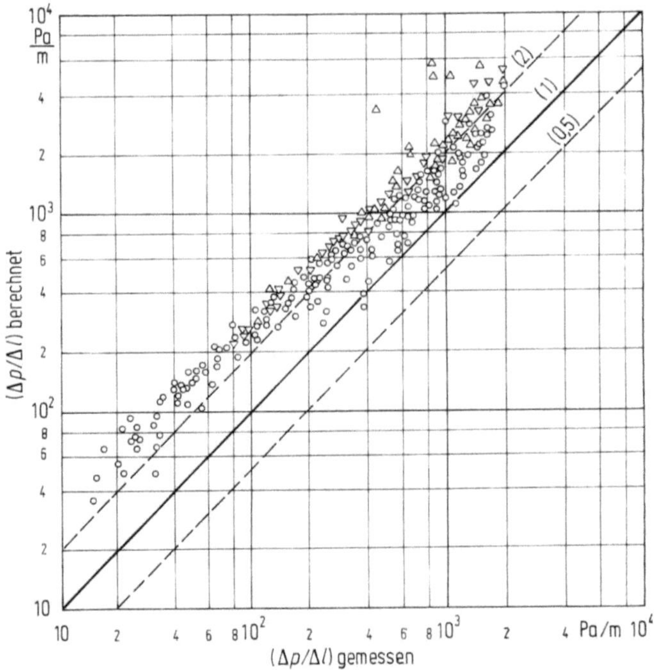

Abb. 4.11. Meßwerte des Gesamtdruckabfalls nach [7]. R12 in horizontalen Rohren von 26,2 mm
Durchmesser. Vergleich mit Werten des Reibungsdruckabfalls nach dem Verfahren von Lockhart und Martinelli. Beschleunigungsanteil nach [7] wurde zum berechneten Reibungsdruckabfall addiert.

Nach LOCKHART und MARTINELLI sind Φ_L^2 und Φ_G^2 Funktionen von

$$X = \left(\frac{(\Delta p / \Delta l)_L}{(\Delta p / \Delta l)_G} \right)^{0,5} = \left(\frac{\xi_{LL}}{\xi_{GG}} \right)^{0,5} \frac{1 - x^*}{x^*} \left(\frac{\varrho_G}{\varrho_L} \right)^{0,5}, \tag{4.32}$$

wobei sich die rechte Seite aus den Gln. (4.24) und (4.25) ergibt.

Eine Berechnung des Druckabfalls nach LOCKHART und MARTINELLI beginnt mit der Berechnung der Reynolds-Zahl der allein im Rohr strömenden flüssigen (Gl. (4.28)) und dampfförmigen (Gl. (4.29)) Phase. Dann bestimmt man die Reibungsbeiwerte ξ_{LL} und ξ_{GG}, wobei man die hierzu erforderlichen Angaben dem Abschn. 1.2 entnimmt.

Nun erfolgt die Berechnung von X nach Gl. (4.32).

Die endgültige Berechnung des Druckabfalls geschieht nun entweder nach Gl. (4.30) oder (4.31). Die hierzu erforderlichen Werte Φ entnimmt man der Abb. 4.10, wobei man sich bezüglich der Indizierung von Φ an die folgende Zusammenstellung hält:

Mögliche Kombinationen	Fall tt	Fall lt	Fall tl	Fall ll
flüssige Phase Re_L	turbulent $\geqq 889$	laminar < 889	turbulent $\geqq 889$	laminar < 889
dampfförmige Phase Re_G	turbulent $\geqq 889$	turbulent $\geqq 889$	laminar < 889	laminar < 889
Berechnung nach Gl. (4.30)	$\Phi_{L,tt}$	$\Phi_{L,lt}$	$\Phi_{L,tl}$	$\Phi_{L,ll}$
Berechnung nach Gl. (4.31)	$\Phi_{G,tt}$	$\Phi_{G,lt}$	$\Phi_{G,tl}$	$\Phi_{G,ll}$

In dieser Aufstellung bedeutet t = turbulent, l = laminar.

Was den Vergleich von Rechenwerten mit Meßwerten anbetrifft, so mögen hier folgende Angaben genügen:

Aus der von GRØNNERUD [7] stammenden und für verdampfendes R12 geltenden Abb. 4.11 geht hervor, daß die Rechenwerte nach dem Verfahren von LOCKHART und MARTINELLI im Durchschnitt etwa doppelt so groß sind wie die Meßwerte von GRØNNERUD und stark streuen.

FITZSIMMONS [13] hat den Druckabfall von verdampfendem Wasser bei 83 bar, $t = 297\,°C$ im handelsüblichen Rohr von 50,8 mm Durchmesser aus nichtrostendem Stahl gemessen. Die Massenstromdichte betrug $\dot{m} = 1\,350...5\,400\ \text{kg/m}^2\text{s}$. Im Mittel sind die Rechenwerte nach LOCKHART und MARTINELLI etwa 1,5mal so groß wie die Meßwerte.

LOCKHART und MARTINELLI haben ihre Rechenwerte mit Meßwerten an Gemischen aus Luft und Wasser, Benzol und verschiedenen Ölen in Rohren von etwa $d = 15...25$ mm Durchmesser verglichen. Für solche Stoffe ist die Annäherung zwischen Rechen- und Meßwerten besser.

4.3.1.2 Verfahren von BANDEL und SCHLÜNDER

Ein Ergebnis der Berechnung des Reibungsdruckabfalls nach diesem Verfahren sei durch Abb. 4.12 vorweggenommen. Die Darstellung gilt für R22 im horizontalen Rohr von $d = 14$ mm Durchmesser bei $t_0 = -10\,°C$ Verdampfungstemperatur. Nach BAN-

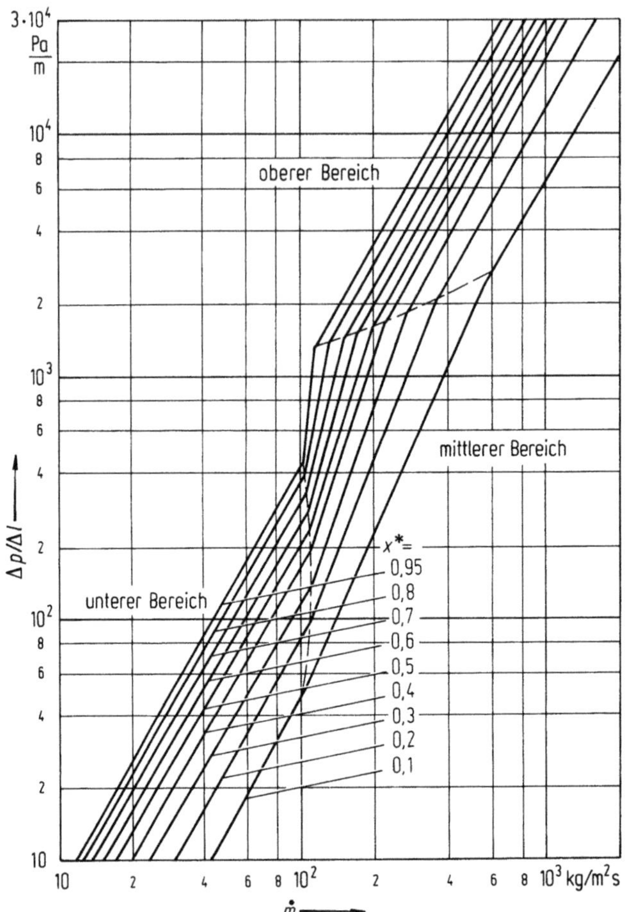

Abb. 4.12. Reibungsdruckabfall nach [3] als Funktion der Massenstromdichte $\dot{m}$ und des Dampfgehalts x^*. R22 bei $t_0 = -10\,°C$ im Rohr von 14 mm Durchmesser.

DEL [3] unterscheidet man, wie Abb. 4.12 zeigt, hinsichtlich der geltenden Gesetzmäßigkeiten drei Bereiche, und zwar einen unteren Bereich, der vorwiegend Schichtströmung ausweist, einen mittleren Bereich, in dem auch Schwallströmung auftreten kann, und einen oberen Bereich, der günstige Bedingungen für Ringströmung bietet.

Die Grenze zwischen dem unteren und dem mittleren Bereich ist gekennzeichnet durch

$$\left(\frac{\Delta p}{\Delta l}\right)_{\mathrm{u}} = \frac{g\,\varrho_{\mathrm{L}}\,x^*}{15\,(\eta_{\mathrm{L}}/\eta_{\mathrm{G}})^{0,2}} \qquad (4.33)$$

und die Grenze zwischen dem oberen und mittleren Bereich durch

$$\left(\frac{\Delta p}{\Delta l}\right)_{\mathrm{o}} = \frac{g\,\varrho_{\mathrm{L}}}{10\,x^{*0,3}}\,. \qquad (4.34)$$

Außer von Stoffwerten hängen diese unteren und oberen Grenzwerte des Druckabfalls nur vom Dampfgehalt x^* ab. Diese Grenzen zwischen den drei Bereichen sind gewählt worden, um den Verlauf der Meßwerte besser wiederzugeben. Sie sind aber nicht so aufzufassen, daß schlagartig eine Strömungsart in eine andere übergeht.

Der Ansatz, von dem BANDEL [3] ausgeht, entspricht dem von LOCKHART und MARTINELLI:

$$(\Delta p/\Delta l)_{\text{zph}} = (\Delta p/\Delta l)_G\ \Phi_{G,u,o}, \tag{4.35}$$

$$(\Delta p/\Delta l)_{\text{zph}} = (\Delta p/\Delta l)_L\ \Phi_{L,u,o}. \tag{4.36}$$

Während BANDEL für die Korrekturfaktoren $\Phi_{G,u,o}$ und $\Phi_{L,u,o}$ iterativ zu lösende Gleichungen entwickelt, geben RUPPERT [14] und SCHLÜNDER [15] dafür explizite Gleichungen an, die anschließend mitgeteilt werden sollen.

Auch hier ist $(\Delta p/\Delta l)_G$ der Druckabfall der dampfförmigen Phasen, wenn sie allein das Rohr durchströmen würden und $(\Delta p/\Delta l)_L$ der entsprechende Druckabfall der flüssigen Phase. Dafür gelten wieder die Gln. (4.25) und (4.24). $\Phi_{G,u,o}$ und $\Phi_{L,u,o}$ sind Korrekturfaktoren, um auf den Zweiphasendruckabfall zu kommen.

Die Faktoren $\Phi_{G,u}$ und $\Phi_{L,u}$ im unteren Bereich werden folgendermaßen berechnet:
Es ist

$$Z_u = \frac{(\Delta p/\Delta l)_G}{(\Delta p/\Delta l)_L}. \tag{4.37}$$

Setzt man die Ausdrücke der Gln. (4.24) und (4.25) ein, so entsteht

$$Z_u = \frac{\xi_{GG}}{\xi_{LL}}\left(\frac{x^*}{1-x^*}\right)^2\frac{\varrho_L}{\varrho_G}. \tag{4.38}$$

Die Reibungsbeiwerte ξ_{GG} und ξ_{LL} sind Funktionen der Reynolds-Zahlen nach den Gln. (4.28) und (4.29). Die Angaben, die man noch benötigt, um ξ_{GG} und ξ_{LL} zu bestimmen, können aus Abschn. 1.2 entnommen werden.

Ist $Z_u \geqq 1$, so gilt

$$\Phi_{G,u} = \left(1+\frac{1}{6,6Z_u^{0,33}}\right)^{12}. \tag{4.39}$$

Ist $Z_u < 1$, so gilt

$$\Phi_{L,u} = (1+8,3Z_u^{0,58})^{0,813}. \tag{4.40}$$

Berechnung der Faktoren $\Phi_{G,o}$ und $\Phi_{L,o}$ im oberen Bereich:
Es ist

$$Z_o = Z_u\frac{\pi_G}{\pi_L}. \tag{4.41}$$

Ist $Z_o \geqq 1$, so gilt

$$\Phi_{G,o} = \pi_G\left(1+\frac{1}{0,947Z_o^{0,33}}\right)^3. \tag{4.42}$$

Ist $Z_o < 1$, so gilt

$$\Phi_{L,o} = \pi_L(1+7,2Z_o^{0,45})^{1,1}. \tag{4.43}$$

Darin bedeuten

$$\pi_G = \left[1+\frac{0,8}{1+\left(\frac{\varrho_L/\varrho_G}{100}\right)^2}\right]\left[1+0,48\frac{(1-x^*)^{(1,1-x^*)}}{x^{*0,5}}\left(\frac{\eta_L}{\eta_G}\right)^{0,3}\right], \tag{4.44}$$

$$\pi_L = 1-0,98x^{*0,1}. \tag{4.45}$$

Betrachtet man Abb. 4.12 als Beispiel, so kann man mit den angeführten Gleichungen mit zwei weit voneinander liegenden Werten der Massenstromdichte $\dot{m}$ die untere Kurvenschar und mit zwei weiteren auseinander liegenden Werten $\dot{m}$ die obere Kurvenschar berechnen. Gl. (4.33) ergibt dann die untere Grenzkurve und Gl. (4.34) die obere. Man verbindet die Schnittpunkte der Grenzkurven mit den Kurvenscharen und erhält den Kurvenverlauf des mittleren Bereichs. Den Verlauf der Kurven im mittleren Bereich kann man auch mathematisch erfassen. Es ist unter Berücksichtigung von Gl. (4.33)

$$\left(\frac{\Delta p}{\Delta l}\right)_{\mathrm{m}} = \left(\frac{\Delta p}{\Delta l}\right)_{\mathrm{u}} \cdot 2{,}72^n = \frac{g\,\varrho_{\mathrm{L}}\,x^*}{15\,(\eta_{\mathrm{L}}/\eta_{\mathrm{G}})^{0,2}} \cdot 2{,}72^n. \tag{4.46}$$

Für den Exponenten n gilt näherungsweise

$$n = \frac{\ln\left[0{,}764\xi_{\mathrm{GG}}\,x^{*2}\,\dot{m}^2\,\Phi_{\mathrm{G,u}}\,(\eta_{\mathrm{L}}/\eta_{\mathrm{G}})^{0,2}/\mathrm{d}\varphi_{\mathrm{G}}\,\varphi_{\mathrm{L}}\right]^{0,571}\,\ln\left[1{,}5\,(\eta_{\mathrm{L}}/\eta_{\mathrm{G}})^{0,2}/x^{*1,3}\right]}{\ln\left[1{,}5\Phi_{\mathrm{G,u}}\,(\eta_{\mathrm{L}}/\eta_{\mathrm{G}})^{0,2}/x^{*1,3}\cdot\Phi_{\mathrm{G,o}}\right]^{0,571}}. \tag{4.47}$$

Hierin ist $\dot{m}$ die Massenstromdichte, für die der Wert von $(\Delta p/\Delta l)_{\mathrm{m}}$ im mittleren Bereich (oder Interpolationsbereich) gesucht wird, ξ_{GG} ist der zur Reynolds-Zahl nach Gl. (4.29) gehörende Reibungsbeiwert. Für $\Phi_{\mathrm{G,u}}$ gilt Gl. (4.39) und für $\Phi_{\mathrm{G,o}}$ Gl. (4.42).

Bandel hat die Ergebnisse seines Rechenverfahrens mit etwa 3 200 Werten verglichen, die an Kältemitteln, verdampfendem Wasser, sowie an Gemischen Luft-Wasser und Luft-Öl von verschiedenen Autoren gemessen wurden, wobei sich Abweichungen zwischen $+30\%$ und -25% ergaben. Die Unsicherheit solcher Vergleiche liegt natürlich immer darin, daß man die Meßfehler nicht kennt, und daß diese sowohl eine Abweichung als auch eine Übereinstimmung vortäuschen können.

Steiner [1 e] empfiehlt das Rechenverfahren von Bandel auch für senkrechte und geneigte Rohre, weil die von Bandel zum Vergleich herangezogenen Meßergebnisse auch solche für senkrechte und geneigte Rohranordnung enthalten.

Zweckmäßigerweise wird man die aufgeführten Formeln in ein Programm fassen und zur Berechnung von $(\Delta p/\Delta l)_{\mathrm{zph}}$ einen Rechner benutzen.

4.3.1.3 Verfahren von Chawla und Bankoff

Chawla [16] macht für den Reibungsdruckabfall den Ansatz

$$(\Delta p/\Delta l)_{\mathrm{zph}} = (\Delta p/\Delta l)_{\mathrm{G}}\,\Phi_{\mathrm{Ch}}. \tag{4.48}$$

Die Bezugsgröße $(\Delta p/\Delta l)_{\mathrm{G}}$ ist der berechnete Druckabfall des ausschließlich gasförmigen Massenstroms unter Verwendung des Widerstandsgesetzes von Blasius mit dem Reibungsbeiwert ξ_{G} nach Gl. (1.15). Somit gilt

$$\left(\frac{\Delta p}{\Delta l}\right)_{\mathrm{G}} = \xi_{\mathrm{G}}\frac{\dot{m}^2}{2d\varrho_{\mathrm{G}}} = \frac{0{,}3164}{Re^{0,25}}\,\frac{\dot{m}^2}{2d\varrho_{\mathrm{G}}} = \frac{0{,}3164}{(\dot{m}d/\varrho_{\mathrm{G}})^{0,25}}\,\frac{\dot{m}^2}{2d\varrho_{\mathrm{G}}} = 0{,}158\,\frac{\eta_{\mathrm{G}}^{0,25}\,\dot{m}^{1,75}}{d^{1,25}\,\varrho_{\mathrm{G}}}. \tag{4.49}$$

Für den Faktor Φ_{Ch} gilt

$$\Phi_{\mathrm{Ch}} = x^{*1,75}\left[1 + \frac{1}{w_{\mathrm{L}}/w_{\mathrm{G}}}\,\frac{1-x^*}{x^*}\,\frac{\varrho_{\mathrm{G}}}{\varrho_{\mathrm{L}}}\right]^{2,375} = x^{*1,75}\left[1 + \frac{1-x^*}{x^*}\,\frac{w_{\mathrm{G}}\varrho_{\mathrm{G}}}{w_{\mathrm{L}}\varrho_{\mathrm{L}}}\right]^{2,375}. \tag{4.50}$$

Chawla betrachtet den reziproken Wert des Schlupfverhältnisses $w_{\mathrm{L}}/w_{\mathrm{G}}$ als maßgebende Größe, die im ersten Klammerausdruck im Nenner steht. Setzt man $w_{\mathrm{G}}/w_{\mathrm{L}}$ aus Gl. (4.6) ein, so entsteht

$$\Phi_{\mathrm{Ch}} = x^{*1,75}\left(\frac{1}{\varepsilon}\right)^{2,375}. \tag{4.51}$$

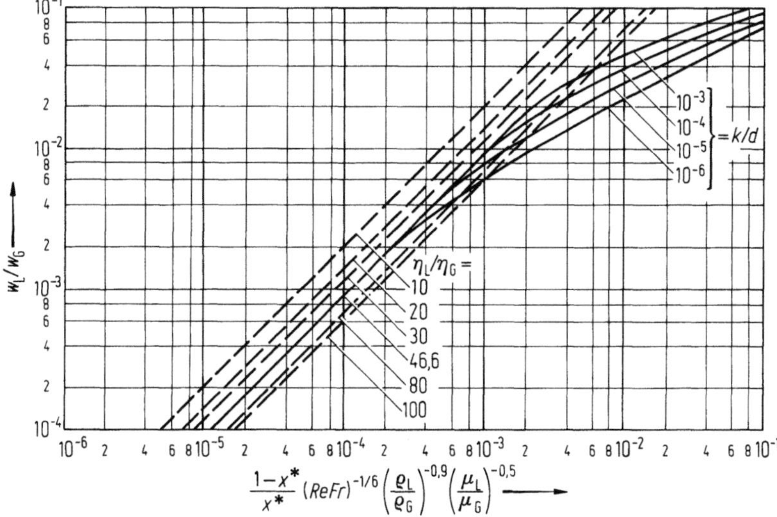

Abb. 4.13. Abhängigkeit des Schlupfes w_L/w_G von

$$\frac{1-x^*}{x^*}\left(ReFr\right)^{-0,167}\left(\frac{\varrho_L}{\varrho_G}\right)^{-0,9}\left(\frac{\eta_L}{\eta_L}\right)^{-0,5}$$

Gemäß dem Ansatz von CHAWLA ist daher Φ_{Ch} bei bestimmten Werten von x^* nur vom Dampfquerschnittsanteil ε abhängig. Die dick ausgezogenen Kurven in Abb. 4.13 stellen die Abhängigkeit von w_L/w_G von der Abszisse

$$Z = \frac{1-x^*}{x^*}\,(Re\,Fr)^{-0,167}\left(\frac{\varrho_L}{\varrho_G}\right)^{-0,9}\left(\frac{\eta_L}{\eta_G}\right)^{-0,5} \tag{4.52}$$

dar, worin

$$Fr = \dot{m}^2\,(1-x^*)^2/\varrho_L^2\,dg \tag{4.53}$$

ist. Die Kurve spaltet sich nach oben in Äste verschiedener relativer Rauhigkeit auf. In dem Bereich, in dem der Druckabfall nicht von der Rauhigkeit beeinflußt wird, gilt

$$w_L/w_G = 9,1Z. \tag{4.54}$$

Zu dieser Formulierung kam CHAWLA aufgrund der Auswertung zahlreicher Meßergebnisse verschiedener Herkunft [16, Gl. (6)]. Sie ist so auch in den VDI-Wärmeatlas 1974 [17] übernommen worden. Die ursprüngliche Fassung [9] der Gleichung lautete

$$\frac{w_L}{w_G} = \frac{62}{(\eta_L/\eta_G)^{0,5}}\,Z. \tag{4.55}$$

Für R11 bei $t_0 = +10\,^\circ\mathrm{C}$ mit $\eta_L/\eta_G = 46,6$ sind die Ausdrücke von Gl. (4.54) und (4.55) identisch. Für R22 und $t_0 = 0\,^\circ\mathrm{C}$ z. B. ist $\eta_L/\eta_G = 18,8$. Hierbei ist w_L/w_G nach der ursprünglichen Fassung (gestrichelte Linien) größer als nach der neuen Fassung. Da w_L/w_G in Gl. (4.50) im Nenner steht, fällt der Druckabfall nach der ursprünglichen Fassung meist wesentlich niedriger aus als nach der Berechnungsmethode im VDI-Wärmeatlas 1974.

Der Anwendungsbereich der Berechnungsmethode von CHAWLA liegt rechts von der in Abb. 4.14 eingezeichneten Kurve. Für die Abszissenwerte ϱ_L/ϱ_G von Abb. 4.14 seien einige Beispiele genannt:

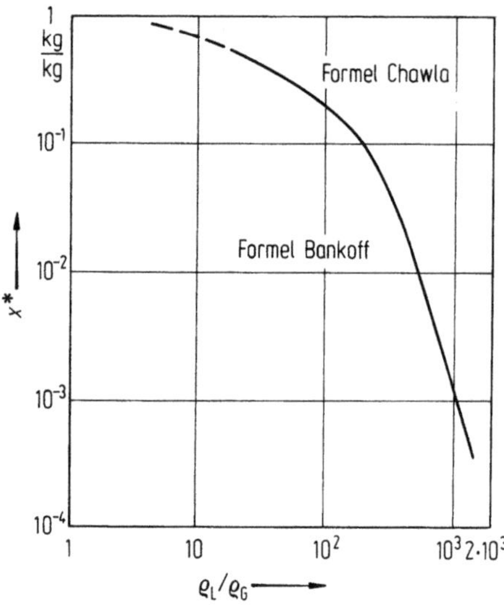

Abb. 4.14. Anwendungsbereiche der Berechnungsmethoden nach Chawla und nach Bankoff.

Zieht man den hauptsächlich interessierenden Bereich von $x^* = 0{,}1$ bis $x^* = 1$ in Betracht, so erkennt man aus obigen Zahlenwerten, daß die für Verdampfer zutreffenden Daten vorwiegend in den Bereich rechts von der in Abb. 4.14 eingetragenen Kurve fallen, also in den Anwendungsbereich der Gln. (4.48), (4.50) und (4.54). Hohe Sättigungstemperaturen und kleine Werte des Dampfgehalts x^* fallen vorwiegend in den Bereich links von der Kurve in Abb. 4.14. Dies ist der Anwendungsbereich der folgenden Gleichungen von Bankoff [18]:

Kältemittel	R11		R12			R22		
Siedetemperatur in °C	+10	0	+40	0	−40	+40	0	−40
ϱ_L/ϱ_G	416	618	23,6	79	370	16,7	60	289

Die Bezugsgröße ist der Druckabfall des ausschließlich flüssigen Massenstroms im Rohrquerschnitt. Es gilt

$$(\Delta p/\Delta l)_{\mathrm{zph}} = (\Delta p/\Delta l)_L \, \Phi_{\mathrm{Bf}} \tag{4.56}$$

mit

$$\Phi_{\mathrm{Bf}} = \left[1 - \varepsilon\left(1 - \frac{\varrho_G}{\varrho_L}\right)\right]^{0,75} \left[1 + x^*\left(\frac{\varrho_L}{\varrho_G} - 1\right)\right]^{1,75}. \tag{4.57}$$

Darin bedeutet ε den Querschnittsanteil der dampfförmigen Phase (s. Abschn. 4.1.3). Nach Bankoff ist

$$\varepsilon = \frac{0{,}71 + 2{,}35\,(\varrho_G/\varrho_L)}{1 + (1 - x^*)/x^*\,(\varrho_G/\varrho_L)}. \tag{4.58}$$

4.3.1.4 Verfahren von Grønnerud

Beim Verfahren von Grønnerud [7, 10] ist die Bezugsgröße der Druckabfall des ausschließlich flüssigen Gesamtmassenstroms im Rohrquerschnitt. Der Reibungsbeiwert dafür wird nach Gl. (1.15) von Blasius für turbulente Rohrströmung eingesetzt. Die Bezugsgröße ist daher

$$\left(\frac{\Delta p}{\Delta l}\right)_{\mathrm{L}} = \xi_{\mathrm{L}}\,\frac{\dot{m}^2}{2d\varrho_{\mathrm{L}}} = \frac{0{,}3164}{Re_{\mathrm{L}}^{0{,}25}}\,\frac{\dot{m}^2}{2d\varrho_{\mathrm{L}}} = \frac{0{,}3164}{(\dot{m}d/\eta_{\mathrm{L}})^{0{,}25}}\,\frac{\dot{m}^2}{2d\varrho_{\mathrm{L}}} = 0{,}158\,\frac{\eta_{\mathrm{L}}^{0{,}25}\,\dot{m}^{1{,}75}}{d^{1{,}25}\,\varrho_{\mathrm{L}}}. \qquad (4.59)$$

Ein Übergang zur Gesetzmäßigkeit der Laminarströmung ist nicht vorgesehen. Die Bezugsgröße wird mit dem Faktor Φ_{Gd} multipliziert, um den Zweiphasendruckabfall zu bekommen:

$$(\Delta p/\Delta l)_{\mathrm{zph}} = (\Delta p/\Delta l)_{\mathrm{L}}\,\Phi_{\mathrm{Gd}} \qquad (4.60)$$

mit

$$\Phi_{\mathrm{Gd}} = O\left(\frac{\Delta p}{\Delta l}\right)_{\mathrm{fr}} + 1. \qquad (4.61)$$

Darin ist

$$O = \frac{(\varrho_{\mathrm{L}}/\varrho_{\mathrm{G}})}{(\eta_{\mathrm{L}}/\eta_{\mathrm{G}})^{0{,}25}} - 1 \qquad (4.62)$$

und

$$\left(\frac{\Delta p}{\Delta l}\right)_{\mathrm{fr}} = f_{\mathrm{Fr}}\,[x^* + 4\,(x^{*1{,}8} - x^{*10}f_{\mathrm{Fr}}^{0{,}5})]. \qquad (4.63)$$

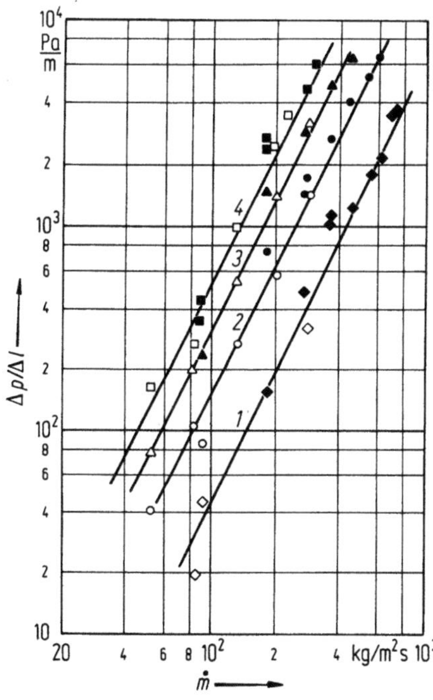

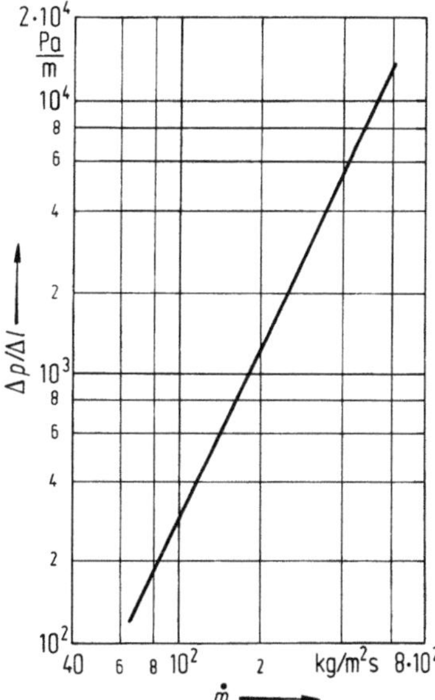

Abb. 4.15. Reibungsdruckabfall. R22 bei $t_0 = -10\,°\mathrm{C}$, Rohr von 14 mm Durchmesser für verschiedene Dampfgehalte x^*. *1:* $x^* = 0{,}1$; *2:* $x^* = 0{,}3$; *3:* $x^* = 0{,}5$; *4:* $x^* = 0{,}8$. Eingetragene Punkte sind Meßwerte von Bandel [3] und von Steiner [4].

Abb. 4.16. Integralmittelwerte des Reibungsdruckabfalls im Bereich von $x^* = 0$ bis $x^* = 1$ für R22, $t_0 = -10\,°\mathrm{C}$ in einem Rohrstrang von 14 mm Durchmesser. Kurve nach Meßwerten von Steiner [4] und Bandel [3].

Ist die Froude-Zahl $Fr_L \geqq 1$, so ist $f_{Fr} = 1$. Ist die Froude-Zahl $Fr_L < 1$, so gilt

$$f_{Fr} = Fr_L^{0,3} + 0{,}005\,5 \left(\ln \frac{1}{Fr_L}\right)^2. \tag{4.64}$$

Die Froude-Zahl ist

$$Fr_L = \frac{\dot{m}^2}{\varrho_L^2\, dg}. \tag{4.65}$$

Meist ist $Fr_L < 1$, so daß damit Gl. (4.60) die Form annimmt

$$\left(\frac{\Delta p}{\Delta l}\right)_{zph} = \frac{0{,}158 \cdot \eta_L^{0,25}\, \dot{m}^{1,75}}{d^{1,25}\, \varrho_L} \left[O f_{Fr}\left(x^* + 4\left(x^{*1,8} - x^{*10} f_{Fr}^{0,5}\right)\right) + 1\right] \tag{4.66}$$

mit O nach Gl. (4.62), f_{Fr} nach Gl. (4.64) und Fr nach Gl. (4.65).

Dieses Verfahren wird bei den folgenden Vergleichen mit berücksichtigt.

4.3.1.5 Vergleich zwischen Rechen- und Meßwerten des Reibungsdruckabfalls

Um ausgeglichene örtliche Meßwerte des Reibungsdruckabfalls und Rechenwerte vergleichen zu können, seien zunächst in Abb. 4.15 örtliche Meßwerte von Bandel [3]

Tabelle 4.2. *Mittelwerte des Reibungsdruckverlustes im Bereich von $x^* = 0$ bis $x^* = 1$ für siedendes R22 im Rohr mit 14 mm Innendurchmesser. Vergleich zwischen Meß- und Rechenwerten*

Messungen von	Meßwerte			Rechenwerte von					
				Grønnerud		Chawla		Wärmeatlas 1974	
	t	$\dot{m}$	$\Delta p/\Delta l$	$\Delta p/\Delta l$	Abweichung	$\Delta p/\Delta l$	Abweichung	$\Delta p/\Delta l$	Abweichung
	°C	kg/m²s	Pa/m	Pa/m	%	Pa/m	%	Pa/m	%
Steiner	0	50	41			45	10,3	85	108,3
		70	90	103	14,7	92	2,4	175	94,9
		100	207	218	5,2	195	−5,8	370	78,6
		150	536			440	−17,8	895	67,0
		200	1 052	980	−6,8	770	−26,7	1 650	56,8
		300	2 721	2 500	−8,1	1 930	−29,0	3 800	39,6
		400	5 340			3 500	−34,4	7 150	33,8
		500	9 010	7 600	−15,6	5 700	−36,7		
Bandel	−10	50	74	79	6,4	69	6,4	100	34,7
		100	320	311	−2,7	275	−13,9	440	37,6
		200	1 376	1 400	1,7	1 120	−18,6	2 000	45,3
		300	3 233	3 550	9,8	2 750	−14,9	4 700	45,3
		500	9 482	10 500	10,7	8 000	−15,6	14 200	49,7
		700	19 261			18 500	−3,9	29 500	53,1
Steiner	−20	50	116			97	−16,5	116	0
		70	228	190	−16,6			240	5,2
		100	466	400	−14,1	390	−16,2	530	13,7
		200	1 867	1 700	−8,9	1 650	−11,6	2 480	32,8
		300	4 205	4 600	− 9,3	3 900	−7,2	6 000	42,6
		500	11 700			11 300	−3,4	18 500	58,1
		700	22 950			24 000	4,5		

Tabelle 4.3. *Mittelwerte des Reibungsdruckverlustes im Bereich von $x^* = 0$ bis $x^* = 1$ für siedendes R12 im Rohr mit 14 mm Innendurchmesser. Vergleich zwischen Meß- und Rechenwerten*

Messungen von STEINER			Rechenwerte, Vergleich mit den Meßwerten von STEINER						Messung von BANDEL	Vergleich mit Rechenwerten von BANDEL		Vergleich der Meßwerte von STEINER mit Rechenwerten von BANDEL
			GRØNNERUD		CHAWLA		Wärmeatlas 1974					
t	$\dot{m}$	$\Delta p/\Delta l$	$\Delta p/\Delta l$	Ab-weichung	$\Delta p/\Delta l$	Ab-weichung	$\Delta p/\Delta l$	Ab-weichung	$\Delta p/\Delta l$	$\Delta p/\Delta l$	Ab-weichung	Ab-weichung
°C	kg/m²s	Pa/m	Pa/m	%	Pa/m	%	Pa/m	%	Pa/m	Pa/m	%	%
0	50	74	59	−20,4								
	100	294	250	−16,0	235	−21,0	342	14,8				
	150	671			510	−23,9	730	8,7	660	715	8,3	6,5
	200	1 194	1 100	−7,8	915	−23,3	1 550	29,7	1 450	1 440	0,7	20,5
	300	2 692	2 650	−1,5	2 120	−21,2	3 750	39,3	3 000	3 550	−15,5	31,8
	400	4 791			4 300	−10,2	7 000	46,0	4 750	5 100	−6,9	6,4
	500	7 494	9 000	20,0	6 900	−7,9	11 300	50,7				
	600	10 800			10 200	−5,5	16 800	55,5				
−10	50	77	91	18,9	81	5,8	110	43,7				
	100	363	336	−7,3	320	−11,7	470	29,5				
	200	1 720	1 680	−2,3	1 400	−18,6	2 000	16,2				
	300	4 274	4 800	12,2	3 250	−23,9	4 600	7,6				
	400	8 155					8 000	−1,8				
	500	13 458			10 250	−23,8	13 500	0,3				
	700	28 647			21 800	−23,9						
−20	50	135	125	−7,5	115	−14,9	148	9,4				
	100	541	528	−2,4	475	−12,2	635	17,2				
	200	2 168	2 200	1,4	2 075	−5,4	2 720	25,4				
	300	4 880	5 100	4,5	4 500	−7,7	6 400	31,1				
	400	8 680					11 800	35,9				
	500	13 566			15 500	14,2						
	700	26 601			34 500	29,6						

Tabelle 4.4. *Mittelwerte des Reibungsdruckverlustes im Bereich von* $x^* = 0$ *bis* $x^* = 1$
für siedendes R11 *bei* $+10\,°C$ *im Rohr mit* 14 mm *Innendurchmesser*

Meßwerte von CHAWLA und BANDEL		Rechenwerte, verglichen mit den Meßwerten von CHAWLA und BANDEL					
		GRØNNERUD		BANDEL und SCHLÜNDER		CHAWLA	
$\dot m$ kg/m^{2}s	$\Delta p/\Delta l$ Pa/m	$\Delta p/\Delta l$ Pa/m	Abweichung %	$\Delta p/\Delta l$ Pa/m	Abweichung %	$\Delta p/\Delta l$ Pa/m	Abweichung %
30	102	117	14,7	92	−9,8	120	17,6
50	305	302	−1,0	235	−23,8	340	11,5
70	630	550	−12,7	650	3,2	680	7,9
100	1 380	1 110	−19,6	1 430	3,6	1 430	3,6
150	3 100	2 650	−14,5				
200	5 500	4 800	−12,7	5 150	−6,4	6 300	14,5
300	10 500	12 500	−16,0	10 500	0	16 000	28,0
400	16 300			17 500	7,4	31 000	90,2
500	22 800	40 000	75,4				

und STEINER [4] für R22 bei $t_0 = -10\,°C$ im Rohr von $d = 14$ mm Durchmesser dargestellt. Durch zusätzliche Berechnung der Einphasendruckverluste von reiner Flüssigkeit ($x^* = 0$) und reinem Dampf ($x^* = 1$) läßt sich gemeinsam mit den Daten der Abb. 4.15 für jede Massenstromdichte der Druckverlust als Integralmittelwert für Dampfgehalte von 0 bis 1 gewinnen. Abb. 4.16 stellt diesen Integralmittelwert $\Delta p/\Delta l$ als Funktion des Massenstromes dar.

In Tab. 4.2 sind Meß- und Rechenwerte $\Delta p/\Delta l$ für R22 bei $t_0 = -10{,}0$ und $-20\,°C$ miteinander verglichen. Die Werte $\Delta p/\Delta l$ gemäß VDI-Wärmeatlas 1974 (Gl. (4.50) und (4.54)) sind gegenüber den Meßwerten durchweg zu groß. Die Werte $\Delta p/\Delta l$ nach der ursprünglichen Fassung von CHAWLA (Gl. (4.55)) lassen eine befriedigende Annäherung an die Meßwerte erkennen.

Wie Tab. 4.3 zeigt, werden die Messungen von STEINER an R12 durch die Werte nach der Rechenmethode von GRØNNERUD gut wiedergegeben, während die Meßwerte von CHAWLA und BANDEL an R11 durch die hier behandelten Rechenmethoden befriedigend wiedergegeben werden, wie man aus Tab. 4.4 erkennt.

Die Berechnung des Druckabfalls auf der Kältemittelseite von Apparaten wird in Abschn. 4.5.5 behandelt.

4.3.2 Reibungsdruckverlust in gebogenen Rohren und Krümmern

4.3.2.1 Reibungsdruckabfall der Zweiphasenströmung in Zylinderrohrschlangen und gebogenen Rohren

BANERJEE und Mitarbeiter [19] sowie KASTURI und STEPANEK [20] haben den Druckabfall in Zylinderrohrschlangen bei Zweiphasenströmung gemessen. Die Hauptdaten dieser Versuche sind in Tab. 4.5 zusammengestellt.

In beiden Fällen werden die Meßergebnisse mit Rechenwerten nach der in Abschn. 4.3.1.1 behandelten Methode von LOCKHART und MARTINELLI [12] verglichen. Es wird aber nicht, wie bei den Originalverfahren, von LOCKHART und MARTINELLI in den Gln. (4.24) und (4.25) mit dem Einphasendruckabfall in geraden Rohren, sondern mit demjenigen in gebogenen Rohren gerechnet. Das bedeutet, daß in den Gln. (4.24) und (4.25), statt der Reibungsbeiwerte ξ für gerade Rohre, die Reibungsbeiwerte ξ_0 gebogener Rohre nach den Gln. (1.73) bis (1.75) eingesetzt werden. Es gilt also

$$\left(\frac{\Delta p}{\Delta l}\right)_L = \xi_0 \frac{\dot{m}(1 - x^*)^2}{2d\varrho_L} \tag{4.67}$$

und

$$\left(\frac{\Delta p}{\Delta l}\right)_G = \xi_0 \frac{\dot{m}^2 x^{*2}}{2d\varrho_G}. \tag{4.68}$$

Für gerade Rohre wird empfohlen, zur Bestimmung der Reibungsbeiwerte ξ_{LL} oder ξ_{GG} unterhalb $Re = 889$ mit laminarer und oberhalb dieses Werts mit turbulenter Gesetzmäßigkeit zu rechnen [1 d]. Abweichend davon ist bei gebogenen Rohren jedoch Gl. (1.70) oder Abb. 1.17, Kurve *1* für die kritische Reynolds-Zahl maßgebend. Fällt in

Tabelle 4.5. *Angaben zu den Versuchen von* BANERJEE [19] *und* KASTURI *und* STEPANEK [20]

Autor	BANERJEE [19]			KASTURI und STEPANEK [20]
Art der Fluide	Luft, Wasser und zwei Ölsorten			[a]
Windungsdurchmesser $2R$ (in mm)	305 289 159	457 305 152	610	665
Anzahl der Zylinderschlangen	9	3	1	1
Steigungswinkel	2...8°			
innerer Rohrdurchmesser d_i (in mm)	15,5	16,5	54,8	12,5
Rohrmaterial	Kunststoff	nichtrostender Stahl		Kupfer

[a] Als Gas: Luft. Als Flüssigkeit: Wasser, Maisdextrose-Wasser-Lösung, Glyzerin-Wasser-Lösung, Butanol-Wasser-Lösung.

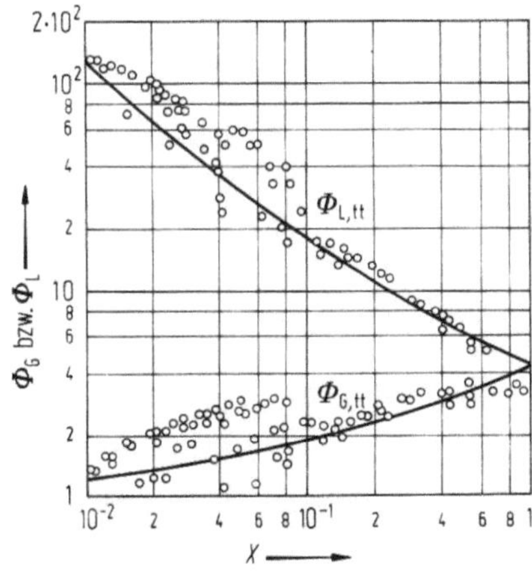

Abb. 4.17. Ausgleichskurven für aus Messungen von BANERJEE [19] ermittelten Werte $\Phi_{L,tt}$ und $\Phi_{G,tt}$.

einem bestimmten Fall Re_L unterhalb Kurve *1* in Abb. 1.17, der Wert Re_G aber darüber, dann erhält man aus Gl. (4.32) einen Wert X_{lt}, wobei der Index aussagt, daß der flüssige Anteil $\dot{m}(1 - x^*)$ allein im Rohr laminar (l) und der dampfförmige $\dot{m}x^*$ allein im Rohr turbulent (t) strömt. In Abb. 4.10 benutzt man dann auch die Kurve $\Phi_{L,\,lt}$ oder die Kurve $\Phi_{G,\,lt}$, je nachdem, nach welcher der beiden Gln. (4.30) oder (4.31) man den Zweiphasendruckabfall $(\Delta p/\Delta l)_{zph}$ berechnet.

In Abb. 4.17 sind Ausgleichskurven der Meßwerte von Banerjee [19] mit dem Gemisch Luft-Wasser im Rohr von $d = 54{,}8$ mm Innendurchmesser dargestellt. Beide Reynolds-Zahlen gehören dem turbulenten Bereich an. Die aus Abb. 4.10 übernommenen und in Abb. 4.17 eingetragenen Kurven haben daher die Bezeichnung $\Phi_{L,\,tt}$

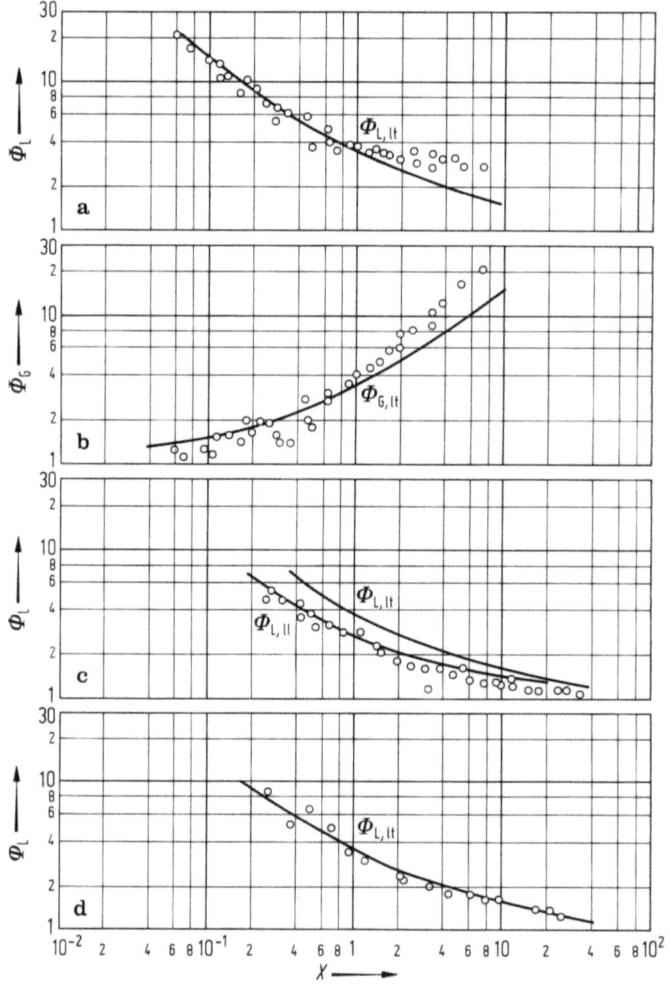

Abb. 4.18a–d. Wie Abb. 4.17. Darstellungen a) und b) gelten für Luft-Wasser-Mischung, Darstellungen c) und d) für Luft-Glyzerin-Wasser-Lösung. Bei allen Messungen strömte die Flüssigkeit laminar und das Gas turbulent. In der Darstellung c) bestätigen die Meßwerte die Kurve $\Phi_{L,\,ll}$, jedoch nicht die Kurve $\Phi_{L,\,lt}$, wie es eigentlich sein müßte.

und $\Phi_{G,tt}$. Die Annäherung zwischen Meß- und Rechenwerten ist angesichts der vielen stark abweichenden Meßpunkte nur teilweise befriedigend.

Von KASTURI und STEPANEK [20] stammen die Abb. 4.18a bis d. Hier ist die Annäherung zwischen Meß- und Rechenwerten besser.

Die den Zylinderrohrschlangen angepaßte Methode von Lockhart und Martinelli wird im Rechenbeispiel 4.3.3.1 besprochen.

4.3.2.2 Einfluß des Krümmungswinkels auf den Druckabfall in Krümmern

Die Gln. (1.91) bis (1.93) für den Widerstandsbeiwert von Krümmern bei Einphasenströmung ζ_{ges} bei Krümmungswinkeln von 45°, 90° und 180° (Abb. 1.16) ermöglichen es, den Faktor

$$C_\zeta = \zeta_{ges,\,\varphi}/\zeta_{ges,\,180°} \tag{4.69}$$

zu bilden. Er ist in Abb. 4.19 in Abhängigkeit vom Krümmungswinkel φ dargestellt. Für $\varphi = 180°$ ist $C_\zeta = 1$. Wenn $\varphi = 0$ ist, ist kein Krümmer mehr vorhanden. Dann muß auch $C_\zeta = 0$ sein. Weil in allen drei oben genannten Gleichungen derselbe Faktor $1/Re^{0,17}$ auftritt, ist die Darstellung Abb. 4.19 von der Reynolds-Zahl unabhängig. Mangels spezieller Untersuchungen mit Zweiphasenströmungen an Rohrkrümmern mit unterschiedlichen Krümmungswinkeln wird vorgeschlagen, die für Einphasenströmung geltende Gesetzmäßigkeit auch der Berechnung von Zweiphasenströmungen zugrunde zu legen.

Für 180°-Krümmer werden anschließend zwei Berechnungsmethoden behandelt, und es werden auch zwei Rechenbeispiele erörtert.

Um den Zweiphasendruckabfall von Krümmern mit kleineren Krümmungswinkeln φ als 180° zu ermitteln, berechnet man zunächst den Wert für $\varphi = 180°$ und multipliziert mit den zu den Krümmungswinkeln φ aus Abb. 4.19 gehörenden Faktoren. Krümmer mit $R/d = 10$ gehören annähernd schon den weiten Krümmern an. In Übereinstimmung mit Gl. (1.69) für weite Krümmer, zeigt die Kurve $R/d = 10$ in Abb. 4.19, daß der Faktor C_ζ annähernd proportional zu φ verläuft.

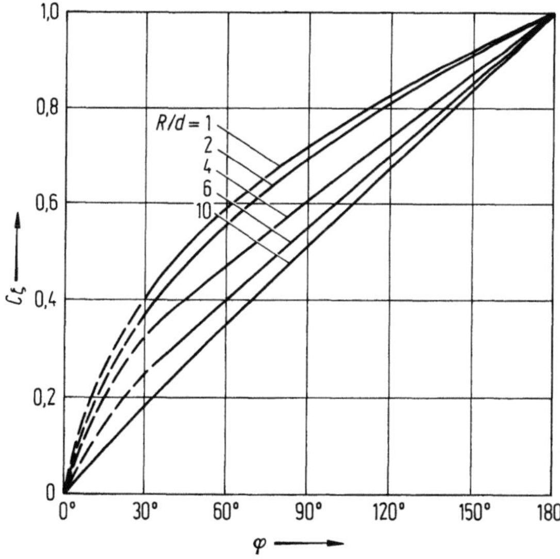

Abb. 4.19. Abhängigkeit des Faktors C_ζ in Gl. (4.69) von Krümmungswinkel φ.

4.3.2.3 Druckabfall in 180°-Krümmern nach Meßergebnissen von Pierre

Pierre [24] hat den Zweiphasendruckabfall von 180°-Krümmern an drei horizontal angeordneten Rohrsystemen nach Art von Abb. 1.32 ohne Wärmezufuhr gemessen. Die Hauptdaten der drei Rohrsysteme enthält Tab. 4.6. Es wurde handelsübliches, gezogenes, also technisch glattes Kupferrohr verwendet. Jedes System bestand aus sieben geraden, etwa 1 m langen Rohren, die an den Enden durch sechs 180°-Krümmer verbunden waren. Die Systeme 2 und 3 (Tab. 4.6) hatten die Krümmer mit Lötmuffen (Innendurchmesser der Krümmer genau so groß wie der der angeschlossenen Rohre); bei System 1 waren die Krümmer durch Biegen des Rohrs entstanden.

Die Versuchsanlage wurde mit R12 betrieben. Bei jeder Messung strömt ein sich nicht änderndes Gemisch aus Flüssigkeit und Dampf durch das System und ein gerades Vergleichsrohr. Die Massenstromdichte betrug $\dot{m} = 135$ bis $210 \text{ kg/m}^2\text{s}$. Der Dampfgehalt lag im Bereich von $x^* = 0{,}3\ldots0{,}9$ und die Temperatur des im System strömenden Kältemittels betrug $t_0 = 0\,°\text{C}$ oder $-10\,°\text{C}$. Wegen der horizontalen Anordnung der Versuchssysteme entstand bei diesen Messungen kein hydrostatischer Druckverlust.

Die Differenz des Druckabfalls zwischen dem einen dieser Systeme und dem des geraden Vergleichsrohrs von der Gesamtlänge des Rohrsystems einschließlich der Krümmer ist der auf die sechs Krümmer entfallende Störanteil Δp_+. Die Versuchsanlage war so eingerichtet, daß Δp_+ auf diese Weise gemessen werden konnte. Mit dem gemessenen Störanteil Δp_+ berechnete Pierre den Widerstandsbeiwert $\zeta_{+\text{p}}$ aus dem Ansatz $\Delta p_+ = \zeta_{+\text{p}}\,\dot{m}^2\,x^*\,v_\text{G}/2$. Darin bedeutet $v_\text{G} = 1/\varrho_\text{G}$ das spezifische Volumen des Dampfes bei der jeweils herrschenden Sättigungstemperatur. Diese Werte $\zeta_{+\text{p}}$ wurden in einem Kurvenbild mitgeteilt.

Um zu einer mehr allgemeingültigen Auswertung der gemessenen Werte $\zeta_{\text{p}+}$ zu gelangen, soll der bei Einphasenströmung geltende Ansatz

$$\Delta p_+ = \zeta_+\,\dot{m}^2/2\varrho_\text{m} \tag{4.70}$$

übernommen werden, worin ϱ_m die jeweils im Krümmer vorhandene Mischungsdichte

$$\varrho_\text{m} = (1 - \varepsilon)\,\varrho_\text{L} + \varepsilon\,\varrho_\text{G} \tag{4.71}$$

ist. Hier ist $(1 - \varepsilon)$ der Querschnittsanteil der Flüssigkeit nach Gl. (4.9) und ε der Querschnittsanteil des Dampfes. Die aus den gemessenen Werten Δp_+ und dem Wert ϱ_m, der den Meßdaten entspricht, nach Gl. (4.70) ermittelten Werte ζ_+ sind in Abb. 4.20 dargestellt.

Nimmt man näherungsweise an, daß man diese Eigenschaften der Einphasenströmung auch auf die Zweiphasenströmung in Krümmern übertragen kann, dann kann die Kurve für ζ_+ in Abb. 4.20 als allgemeingültig für Kältemittel angesehen werden, so daß man mit Gl. (4.70) unter Verwendung der Mischungsdichte ϱ_m nach Gl. (4.71) Richtwerte für den Störanteil Δp_+ des durch einen 180°-Krümmer bei Zweiphasenströmung verursachten Druckabfalls ermitteln kann.

Tabelle 4.6. *Wichtigste Daten bei den Versuchen von Pierre [24],*
vgl. Abb. 4.19, gerade Rohrlänge jedoch etwa 1 m

System		d mm	R mm	R/d
1	ohne Lötmuffen	10,9	37,5	3,45
2 ⎫ 3 ⎭	mit Lötmuffen	10,9 10,9	19 37,5	1,75 3,45

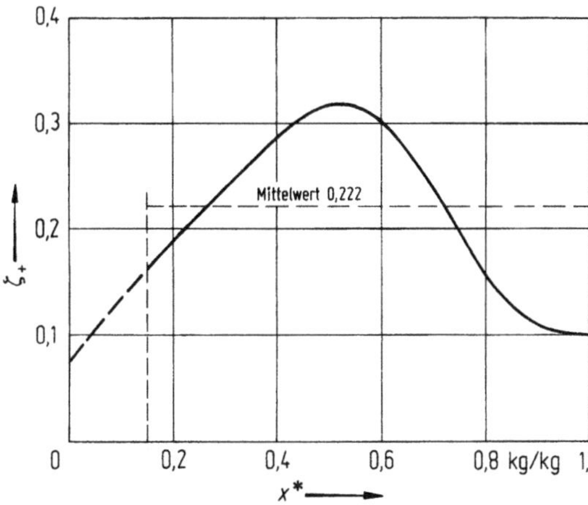

Abb. 4.20. Störanteil ζ_+ der Widerstandsbeiwerte für 180°-Krümmer aus gezogenem Kupferrohr ohne Lötmuffen. Ölgehalt des Kältemittels weniger als 0,5 %.

Den Werten ζ_+ von Abb. 4.20 liegt ein Ölgehalt des Kältemittels von weniger als 0,5 Vol.-% zugrunde. Außerdem gelten sie für das Rohrsystem ohne Lötmuffen. Pierre hat auch bei Ölgehalten von 4 bis 9 Vol.-% gemessen. Diesen Ergebnissen entspricht ein Zuschlag von etwa 40 % zu den Meßwerten bei weniger als 0,5 Vol.-% Ölgehalt. Die Ausführung mit Lötmuffen erfordert in beiden Fällen einen Zuschlag von etwa 50 %.

Weil der genannte Dampfgehalt der Messungen in den Bereich fällt, in dem Einspritzverdampfer betrieben werden, ist die geschilderte Berechnungsmethode in erster Linie geeignet, den Druckabfall der 180°-Krümmer von horizontal oder vertikal angeordneten Rohrsystemen zu berechnen, die als Einspritzverdampfer arbeiten. Um den Gesamtdruckabfall zu bekommen, ist noch der Geradrohrwiderstand der Krümmerlänge und gegebenenfalls der hydrostatische Druckabfall nach Gl. (4.20) zu berücksichtigen.

4.3.2.4 Druckabfall in 180°-Krümmung nach Meßergebnissen von Grønnerud

Während Pierre an horizontal angeordneten Rohrsystemen mit 180°-Krümmung nach Art von Abb. 1.32 bei hohen Dampfgehalten x^* gemessen hat, benutzte Grønnerud [21] ein vertikal angeordnetes Rohrsystem gleicher Art, das als Verdampfer mit Pumpenbetrieb arbeitete. Dies bedeutet, daß dem untersten Rohr des Systems mittels einer Pumpe flüssiges Kältemittel zugeführt wurde. Dem System wurde von außen Wärme zugeführt, so daß ein Teil des Kältemittels verdampfte. Die Verdampfung begann somit bei $x_1^* = 0$ und endete z. B. bei $x_2^* = 0,2$. Mit diesem Dampfgehalt strömte das Zweiphasengemisch zu einem Abscheider, wo Dampf und Flüssigkeit getrennt wurden. Die Pumpe saugte flüssiges Kältemittel aus dem Abscheider und förderte sie in das Rohrsystem. Ist $x_2^* = 0,2$, so ist 1/5 des umlaufenden Kältemittels verdampft, es läuft also fünfmal soviel Kältemittel um als verdampft (Umlaufzahl ist 5). Die vorstehenden Erläuterungen zeigen, daß Grønnerud den Druckabfall der 180°-Krümmer bei kleinen Dampfgehalten gemessen hat.

Das Versuchssystem hatte zehn gerade Rohre und neun Krümmer. Es bestand aus handelsüblichem nahtlosem Stahlrohr mit $d_i = 20,8$ mm innerem und $d_a = 25$ mm äußerem Rohrdurchmesser. Die geraden Rohre zwischen den Krümmern waren $l = 1\,300$ mm lang und die 180°-Krümmer hatten einen Krümmungsradius $R = 75$ mm. Somit war $R/d = 3,6$. Das Kältemittel war R12, die Verdampfungstemperatur betrug $0\,°C \leq t_0 \leq -40\,°C$; die Massenstromdichte lag im Bereich $35 \leq \dot{m} \leq 900$ kg/m²s. Die Wärmestromdichte erreichte Werte bis zu $\dot{q} = 5\,200$ W/m². Vor und nach jedem Krümmer waren Druckmeßstellen angebracht.

Für den Druckabfall eines 180°-Krümmers wird folgende Gleichung angegeben:

$$\Delta p_{\text{ges}} = (1 - \beta^*)^{0,385}\, \Delta p_{\text{L}} + x^{*0,775}\, \Delta p_{\text{G}}. \tag{4.72}$$

Darin bedeuten

$$\Delta p_{\text{L}} = \Delta p_{\text{h, G}} + \Delta p_{\text{ges, L}} \tag{4.73}$$

und

$$\Delta p_{\text{G}} = \Delta p_{\text{h, G}} + \Delta p_{\text{ges, G}}. \tag{4.74}$$

Diese beiden Gleichungen beziehen sich also auf Einphasenströmungen, und zwar ist

$$\Delta p_{\text{h, L}} = H \varrho_{\text{L}}\, g \tag{4.75}$$

und

$$\Delta p_{\text{h, G}} = H \varrho_{\text{G}}\, g, \tag{4.76}$$

worin H das senkrecht gemessene Maß zwischen Kältemitteleintritt und -austritt eines Rohrsystems, oder die Höhe $H = 2R$ eines einzelnen Krümmers bedeutet. Für $\Delta p_{\text{ges, L}}$ und $\Delta p_{\text{ges, G}}$ gelten die Gln. (1.82) bis (1.84) oder (1.93) und die entsprechenden Diagramme Abb. 1.19 für 180°-Krümmer. $1 - \beta^*$ ist der volumetrische Flüssigkeitsgehalt nach Gl. (4.5), der dem im Rohrbogen herrschenden mittleren Dampfgehalt x^* entspricht.

Bei der geschilderten Verdampferbetriebsart, bei der die Verdampfung mit $x_1^* = 0$ beginnt, ist der hydrostatische Druckverlust Δp_{h} der Krümmer wesentlich größer als die Beträge Δp_{l} und Δp_{+} für Reibung und Umlenkung.

Die Gl. (4.72) ist aus Meßergebnissen von Grønnerud mit dem Kältemittel R12 bei Verdampfungstemperaturen $0\,°\text{C} \leqq t_0 \leqq -40\,°\text{C}$ entstanden und gilt für das Rohrsystem, an dem gemessen wurde. Die Gln. (4.73) und (4.74) gestatten es aber, auch Werte für andere Abmessungen einzusetzen, so daß damit eine Möglichkeit gegeben ist, den Gültigkeitsbereich der Gl. (4.71) zu erweitern.

Für das Kältemittel R12 galten bei den Messungen

$$0,002\,5 \leqq Fr_{\text{L}} \leqq 1,8,$$
$$80 \leqq \varrho_{\text{L}}/\varrho_{\text{G}} \leqq 370,$$
$$1\,850 \leqq Re_{\text{L}} \leqq 5 \cdot 10^4.$$

Es ist daher zu erwarten, daß man mit Gl. (4.73) Richtwerte auch für andere Kältemittel errechnen kann, wenn die dafür geltenden Daten sich nicht allzusehr von den obigen Werten entfernen.

4.3.3 Rechenbeispiele

4.3.3.1 Druckabfall in einer Zylinderrohrschlange eines Ammoniakverdampfers

Es soll der Druckabfall eines als Zylinderrohrschlange mit $R = 300\,\text{mm}$ Krümmungsradius und $d = 30\,\text{mm}$ innerem Rohrdurchmesser ausgebildeten Verdampfers berechnet werden. Dementsprechend ist $R/d = 300/30 = 10$. Die Rohrschlange aus handelsüblichem, nahtlosem Stahlrohr hat zehn Windungen und einen vertikalen Abstand zwischen Eintritt und Austritt von $H = 900\,\text{mm}$. Der Verdampfer arbeitet mit Ammoniak bei $t_0 = -10\,°\text{C}$ Verdampfungstemperatur mit Pumpenbetrieb. Der Rohrschlange wird am unteren Eintritt flüssiges Ammoniak zugeführt, so daß $x^* = 0$ ist. Die Umlaufzahl ist 5. Es läuft somit fünfmal soviel Kältemittel um wie verdampft. Daher ist am Austritt $x^* = 0,2$. Die Massenstromdichte ist $\dot{m} = 150\,\text{kg/m}^2\text{s}$. Die Stoffwerte sind:

$$\varrho_{\text{L}} = 652 \quad \text{kg/m}^3, \quad \eta_{\text{L}} = 2,1 \cdot 10^{-4}\,\text{Pas},$$
$$\varrho_{\text{G}} = 2,39\,\text{kg/m}^3, \quad \eta_{\text{G}} = 8,9 \cdot 10^{-6}\,\text{Pas}.$$

Berechnung der ersten Windung zu Beispiel 4.3.3.1

Zeilen-Nr. in Tab. 4.7	Gl.-Nr.	Abb.-Nr.	Berechnete Größe, Rechengang	Ergebnis	Einheit
2			mittlerer Dampfgehalt der Windung $x^* =$	0,01	—
3			$(1 - x^*) =$	0,99	—
4	(4.28)		$Re_\mathrm{L} = \dfrac{150 \cdot 0,03}{0,00021} \cdot 0,99 =$	21214	—
			der zugehörige Widerstandsbeiwert aus Abb. 1.18 sei wegen Rohrrauhigkeit und Schweißnähten um 35 % erhöht		
5		1.18	$\xi_0 = 1,35 \cdot 0,034 =$	0,046	—
			Länge einer Windung: $\Delta l = 2R = 2 \cdot 0,3 \cdot 3,14 = 1,88$ m		
6	(4.24)		$\Delta p_\mathrm{L} = 1,88 \cdot \dfrac{150^2}{2 \cdot 0,03 \cdot 652} \cdot 0,046 \cdot 0,99^2 =$	48,8	Pa
7	(4.29)		$Re_\mathrm{G} = \dfrac{150 \cdot 0,03}{8,9 \cdot 10^{-6}} \cdot 0,01 =$	5056	—
8		1.18	$\xi_0 = 1,35 \cdot 0,049 =$	0,066	—
9	(4.25)		$\Delta p_\mathrm{G} = 1,88 \cdot \dfrac{150^2}{2 \cdot 0,03 \cdot 2,39} \cdot 0,066 \cdot 0,01^2 =$	1,95	Pa
10	(4.32)		$X = \left(\dfrac{48,8}{1,95}\right)^{0,5} =$	5,0	—
11		4.10	An der Kurve $\Phi_{\mathrm{L,tt}}$ liest man ab $\Phi_\mathrm{L} =$	2,25	—
12	(4.30)		$\Delta p_\mathrm{zph} = 48,8 \cdot 2,25^2 =$	247	Pa
			Berechnung des Beschleunigungsdruckabfalls: Volumetrischer Flüssigkeitsgehalt nach Gl. (4.5), im vorliegenden Fall zu entnehmen aus Abb. 4.1 für		
13	(4.5)	4.1	$x^* = 0,01 \; (1 - \beta^*) =$	0,265	—
14			volumetrischer Dampfgehalt $\beta^* =$	0,735	—
			$K = 0,71, \; (1 - (p/p_\mathrm{kr})) = (1 - (2,91/113)) =$	0,974	—
	(4.9), (4.10)		$Fr = 150^2/(652^2 \cdot 0,03 \cdot 9,81) =$	0,18	—
15	(4.12)		$(1 - \varepsilon) = 0,265 + \left(\dfrac{0,71 \cdot 0,974}{0,18^{0,045}} \cdot 0,735 \cdot 0,265^{0,5}\right)$	0,547	—
16			Querschnittsanteil des Dampfes $\varepsilon =$	0,453	—
	(4.30)		mit Wert $(\overline{1 - \varepsilon})$ aus Zeile 15 und aus Abb. 4.30 erhält man Mittelwerte: $(1 - \varepsilon) = 0,21, \; \varepsilon = 0,79$ Endwerte: $(1 - \varepsilon)_2 \approx 0,01, \; \varepsilon_2 \approx 0,9$		
	(4.17)		Beschleunigungsdruckabfall $\Delta p_\mathrm{b} = 150^2 \cdot 0,2^2/(2,39 \cdot 0,9) =$	418	Pa
	(4.20)		hydrostatischer Druckabfall $\Delta p_\mathrm{h} = 0,9 \cdot 9,81 \cdot ((0,21 \cdot 652) + (0,79 \cdot 2,39)) =$	1225	Pa

Berechnung der ersten Windung zu Beispiel 4.3.3.1 (Forts.)

Zeilen-Nr. in Tab. 4.7	Gl.-Nr.	Abb.-Nr.	Berechnete Größe, Rechengang	Ergebnis	Einheit
			Summe der Werte aus Zeile 12	12 563	Pa
			Beschleunigungsdruckabfall	418	Pa
			hydrostatischer Druckabfall	1 225	Pa
			Gesamtdruckabfall	14 206	Pa
			oder	0,14	bar
			entsprechender Abfall der Verdampfungstemperatur	1,1	K
	(4.15)		mittlere Austrittsgeschwindigkeit des Dampfes $w_{G,x_2^*} = 150 \cdot 0,2/(2,39 \cdot 0,9) =$	13,9	m/s
	(4.6)		mittlere Austrittsgeschwindigkeit der flüssigen Phase $w_{G,x_2^*} = \dfrac{13,9 \cdot 2,39 \cdot 0,8 \cdot 0,9}{652 \cdot 0,2 \cdot 0,1}$	1,83	m/s
			Vergleich mit dem Zweiphasendruckabfall eines geraden Rohrs von der Länge der zehn Windungen nach der Methode von Grønnerud, Abschn. 4.3.1.4		
	(4.59)		$(\Delta p/\Delta l)_L = \dfrac{0,158 \cdot 0,000\,21^{0,25} \cdot 150^{1,75}}{0,03^{1,25} \cdot 652} =$	15,02	Pa/m
	(4.64)		$f_{Fr} = 0,18^{0,3} + 0,005\,5\,[\ln(1/0,18)]^2 =$	0,614	—
	(4.62)		$O = \dfrac{652/2,39}{[0,000\,21/(8,9 \cdot 10^{-6})]^{0,25}} - 1 =$	123	—
17	(4.66)		$\Delta p_{zph} = 15,02$ $\times [123 \cdot 0,614\,(0,01 + 4 \cdot 0,01^{1,8}) + 1] =$	26,6	Pa
			Summe der Werte in Zeile 17 für den Reibungsdruckabfall	2 179	Pa
			Beschleunigungsanteil (wie oben)	418	Pa
			hydrostatischen Druckabfall (wie oben)	1 225	Pa
			Druckabfall	3 822	Pa

Die Differenz gegenüber dem für die Zylinderrohrschlange errechneten Wert beträgt also 14 206 − 3 822 = 10 384 Pa. Der Druckabfall des geraden Rohrs ist demnach um 73 % niedriger als derjenige der Zylinderrohrschlange, ein Ergebnis, das nicht als unwahrscheinlich zu erachten ist.

Es wird näherungsweise lineare Zunahme des Dampfgehalts x^* zwischen Ein- und Austritt angenommen. Die danach für jede Windung geltenden mittleren Werte x^* stehen in Zeile 2 von Tab. 4.7, in die auch die Rechenergebnisse für jede der zehn Windungen eingetragen sind.

4.3.3.2 Druckabfall in einem Rohrsystem mit 180°-Krümmern eines Einspritzverdampfers

Der Druckabfall einer Rohrschlange nach Art von Abb. 1.32 soll berechnet werden. Das Kältemittel ist R22 bei $t_0 = -10\,°C$ Verdampfungstemperatur. Das System, das als Einspritzverdampfer vorgesehen ist, hat zehn gerade Rohre von je 1 m Länge und neun

Tabelle 4.7. *Rechenwerte zu Beispiel 4.3.3.1*

1	Windung Nr.		1	2	3	4	5	6	7	8	9	10
2	x^*		0,01	0,03	0,05	0,07	0,09	0,11	0,13	0,15	0,17	0,19
3	$(1-x^*)$		0,99	0,97	0,95	0,93	0,91	0,89	0,87	0,85	0,83	0,81
4	Re_L		21213	20785	20357	19928	19500	19070	18642	18214	17785	17357
5	$1{,}35\,\xi_0$		0,046	0,046	0,046	0,046	0,0466	0,0466	0,0466	0,0472	0,0472	0,047
6	Δp_L	Pa	48,8	46,9	45	43,1	41,8	40	38,1	36,9	35,2	32,5
7	Re_G		5056	15168	25281	35393	45506	55618	65730	75843	85955	96067
8	$1{,}35\,\xi_0$		0,066	0,047	0,0439	0,0405	0,0385	0,037	0,035	0,035	0,0338	0,033
9	Δp_G	Pa	1,95	12,5	32,4	58,7	92,2	132,3	178,8	232,8	288,8	352
10	X		5,0	1,94	1,18	0,857	0,673	0,55	0,46	0,4	0,35	0,304
11	$\Phi_{L,tt}$		2,25	3,15	4,0	4,6	5,2	5,8	6,5	7,0	7,7	8,3
12	p_{zph}	Pa	247	465	720	912	1130	1345	1610	1808	2087	2239
13	$(1-\beta^*)$		0,265	0,105	0,065	0,046	0,0355	0,029	0,024	0,0205	0,0175	0,0152
14	β^*		0,735	0,895	0,935	0,954	0,9645	0,971	0,976	0,9795	0,9825	0,9848
15	$(1-\varepsilon)$		0,547	0,322	0,243	0,199	0,171	0,152	0,137	0,125	0,115	0,106
16	ε		0,453	0,678	0,757	0,801	0,829	0,848	0,863	0,875	0,885	0,894
17	gerades Vergleichsrohr Δp_{zph}	Pa	26,6	60,4	94,4	128,5	173,8	230,5	275,9	332,6	389,4	457,4

Tabelle 4.8. *Rechenwerte zu Beispiel 4.3.3.2*

1	Krümmer-Nr.		1	2	3	4	5	6	7	8	9
2	x^*		0,235	0,320	0,405	0,490	0,575	0,660	0,745	0,830	0,915
3	$(1 - \beta^*)$		0,037	0,024	0,017	0,012	0,0082	0,0055	0,0035	0,00237	0,001
4	β^*		0,963	0,976	0,953	0,988	0,9918	0,9945	0,9965	1	1
5	$(1 - \varepsilon)$		0,19	0,149	0,123	0,101	0,0822	0,0665	0,052	0,0424	0,027
6	ε		0,81	0,851	0,877	0,899	0,918	0,934	0,948	0,958	0,973
7	ϱ_m	kg/m³	263	209	176	147	122	102	83	71	51
8	ζ_+		0,205	0,25	0,285	0,315	0,315	0,27	0,205	0,14	0,1
9	Δp_+	Pa	8,8	13,4	18,3	24,1	29	29,8	27,8	22,3	22,5

180°-Krümmer. Der innere Rohrdurchmesser beträgt $d = 14$ mm, der Krümmungsradius $R = 37,5$ mm. Daher ist $R/d = 2,68$. Die Massenstromdichte ist $\dot m = 150$ kg/m²s der Eintrittdampfgehalt $x_1^* = 0,15$ und der Austrittsdampfgehalt $x_2^* = 1$. Das System sei mit Lötkrümmern ausgeführt und der Ölgehalt des Kältemittels sei größer als 4 Vol.-%. Die Stoffwerte des Kältemittels sind $\varrho_\mathrm{L} = 1\,318$ kg/m³, $\varrho_\mathrm{G} = 15,3$ kg/m³, $\eta_\mathrm{L} = 2,76 \cdot 10^{-4}$ Pas, $\eta_\mathrm{G} = 0,16 \cdot 10^{-4}$ Pas.

Es genügt, näherungsweise einen linearen Verlauf von x^* längs der Rohrlänge anzunehmen. Die danach für jeden Krümmer geltenden mittleren x^*-Werte stehen in Zeile 2 von Tab. 4.8, in die auch die Rechenergebnisse der neun Krümmer eingetragen sind.

Berechnung des Druckabfalls der Rohrschlange für das Beispiel 4.3.3.2

Zeilen-Nr. in Tab. 4.8	Gl.-Nr.	Abb.-Nr.	Berechnete Größe, Rechengang	Ergebnis	Einheit
2			Dampfgehalt x^*	0,235	—
	(4.12)		Froude-Zahl $150^2/(1\,318^2 \cdot 0,014 \cdot 9,81) =$	0,094 3	—
	(4.10)		$K = 0,8$; $1 - p/p_{\mathrm{kr}} = 1 - (3,55/49,4) =$	0,928	—
3	(4.5)		volumetrischer Flüssigkeitsgehalt $1 - \beta^* = 1\Big/\Big(1 + \dfrac{0,235 \cdot 1\,318}{0,765 \cdot 15,3}\Big) =$	0,037	—
4			volumetrischer Dampfgehalt $\beta^* =$	0,963	—
5	(4.9), (4.10)		Querschnittsanteil der flüssigen Phase $1 - \varepsilon =$ $0,037 + 0,8 \cdot 0,963 \cdot 0,037^{0,5} \cdot 0,928/0,0943^{0,045} =$	0,19	—
6			Querschnittsanteil der dampfförmigen Phase $\varepsilon =$	0,81	—
7	(4.71)		Mischungsdichte $\varrho_\mathrm{m} = 0,19 \cdot 1\,318 + 0,81 \cdot 15,3 =$	263	kg/m³
8		4.20	Störanteil des Widerstandsbeiwertes eines Krümmers $\zeta_+ =$	0,205	—
9	(1.87)		Störanteil des Druckabfalls eines Krümmers $\Delta p_+ = 0,205 \cdot 150^2/(2 \cdot 263) =$	8,8	Pa
			die Summe der Werte Δp_+ in Zeile 9 für neun Krümmer beträgt einschließlich 40 % Zuschlag wegen Ölgehalts und 50 % wegen Lötkrümmern: $\Delta p_{+\mathrm{ges}}$	412	Pa

Zeilen-Nr. in Tab. 4.8	Gl.-Nr.	Abb.-Nr.	Berechnete Größe, Rechengang	Ergebnis	Einheit
	(4.59)		Druckabfall Δp_l eines geraden Rohrs von der Länge der neun Krümmer nach der Methode von GRØNNERUD: $(\Delta p/\Delta l)_L = 0{,}158 \cdot 0{,}000\,276^{0{,}25} \cdot 150^{1{,}75}$ $/(0{,}014^{1{,}25} \cdot 1\,318) =$	20,6	Pa/m
	(4.62)		$O = (1\,318/15{,}3)/(2{,}76 \cdot 10^{-4}/0{,}16 \cdot 10^{-4})^{0{,}25} - 1 =$	41,27	—
	(4.64)		$f_{Fr} = 0{,}094\,3^{0{,}3} + 0{,}005\,5\,[\ln(1/0{,}094\,3)]^2 =$	0,523	—
	(4.66)		$(\Delta p/\Delta l)_{zph} = 20{,}6\,[41{,}3 \cdot 0{,}523\,(0{,}23 + 4 \cdot 0{,}23^{1{,}8}) + 1] =$	249	Pa/m
			Mittelwert von $x^* = 0{,}15$ bis $x^* = 1$: $(\Delta p/\Delta l)_{zph} =$	884	Pa/m
			Geradrohranteil der neun Krümmer $\Delta p_l = 9 \cdot 0{,}037\,5 \cdot 3{,}14 \cdot 884$	937	Pa
			Mittelwerte von $x^* = 0{,}15$ bis $x^* = 1$: $(\overline{1 - \varepsilon}) =$	0,092 6 0,1	—
			Querschnittsanteil des Dampfes $\bar{\varepsilon} =$	0,907	—
	(4.20)		hydrostatischer Druckverlust $\Delta p_h = 0{,}675 \cdot 9{,}81 \cdot [(0{,}092\,6 \cdot 1\,318) + (0{,}907 \cdot 15{,}3)] =$	900	Pa
			zehn gerade Rohrstücke je 1 m lang einschl. 10 % Zuschlag $\Delta p_l = 1{,}1 \cdot 10 \cdot 884 =$	9 700	Pa
	(4.14)		Beschleunigungsdruckverlust $\Delta p_b = 150^2/15{,}3 =$	1 470	Pa
			Störanteil der neun Krümmer	412	Pa
			Geradrohranteil	937	Pa
			hydrostatischer Druckverlust	900	Pa
			Gesamtdruckverlust	13 419	Pa
			oder $\approx$	0,135	bar
			entsprechender Temperaturabfall im Verdampfer etwa 1 K.		
			ohne Beschleunigungsdruckverlust und hydrostatischen Druckverlust ist der Anteil der Krümmer am Gesamt-Reibungsdruckverlust $\dfrac{9\,700 + 1\,470 + 412}{412 + 937} \cdot 100 = 12\,\%$		

4.3.3.3 Druckabfall in Rohren mit 180°-Krümmern eines Zwangsumlaufverdampfers mit R12

Ein Rohrsystem mit zehn Geradrohren von je 1 m Länge, einem inneren Rohrdurchmesser von $d = 14$ mm und neun Krümmern mit $R = 37{,}5$ mm und $R/d = 2{,}68$, dessen Druckabfall im Beispiel 4.3.3.2 als Einspritzverdampfer berechnet wurde, soll in diesem Beispiel ein Verdampfer mit Pumpenbetrieb sein.

Die Massenstromdichte beträgt $\dot m = 250$ kg/m²s, das Kältemittel ist R 12 mit $t_0 = 0\,°C$, $\varrho_L = 1\,394$ kg/m³, $\varrho_G = 17{,}7$ kg/m³, $\eta_L = 2{,}95 \cdot 10^{-4}$ Pa s, $\eta_G = 0{,}118 \cdot 10^{-4}$ Pa s.

Näherungsweise wird wieder ein linearer Verlauf des Dampfgehalts x^* mit der Stranglänge angenommen. Die danach für jeden Krümmer geltenden mittleren Werte x^* stehen in Zeile 2 von Tab. 4.9, in die auch die Rechenergebnisse der neun Krümmer eingetragen sind. Diese Tabelle enthält auch die Ergebnisse für die geraden Rohrstücke.

Tabelle 4.9. *Rechenwerte zu Beispiel 4.3.3.3*

	Nr.		1	2	3	4	5	6	7	8	9	10
2	x^*	K	0,02	0,04	0,06	0,08	0,10	0,12	0,14	0,16	0,18	
3	$(1-\beta^*)$	K	0,38	0,23	0,165	0,127	0,103	0,085	0,070	0,062	0,053	
4	β^*	K	0,62	0,77	0,835	0,873	0,879	0,915	0,930	0,938	0,943	
5	Δp_{ges}	K Pa	736	625	568	531	507	488	470	464	454	
6	x^*	R	0,01	0,03	0,05	0,07	0,09	0,11	0,13	0,15	0,17	0,19
7	Δp_{zph}	R Pa	60,5	89,1	123	161,3	204	250,7	301,3	355,7	413,8	475,5
8	$(1-\varepsilon)$	K	0,68	0,52	0,433	0,374	0,330	0,296	0,268	0,246	0,227	
9	ε	K	0,32	0,48	0,567	0,626	0,670	0,704	0,732	0,754	0,773	

K = Krümmer, R = Rohr.

Berechnung für den ersten Krümmer und das erste Rohrstück für das Beispiel 4.3.3.3

Zeilen-Nr. in Tab. 4.9	Gl.-Nr.	Abb.-Nr.	Berechnete Größe, Rechengang	Ergebnis	Einheit
	(4.75)		$\Delta p_L = 0{,}075 \cdot 1\,394 \cdot 9{,}81 =$	1 026	Pa
	(4.76)		$\Delta p_G = 0{,}075 \cdot 17{,}7 \cdot 9{,}81 =$	13	Pa
	(4.26)		$Re_L = 250 \cdot 0{,}014/0{,}000\,295 =$	11 864	—
		1.24	Einphasenwiderstandsbeiwert für $R/d = 2{,}7$ $\zeta_{ges} =$	0,4	—
	(1.85)		Gesamtdruckabfall = Störanteil + Geradrohranteil eines Krümmers $\Delta p_{ges,\,L} = 0{,}4 \cdot 250^2/(2 \cdot 1\,394) =$	8,5	Pa
	(4.27)		$Re_G = 250 \cdot 0{,}014/(11{,}8 \cdot 10^{-6}) =$	296 610	—
		1.24	Einphasenwiderstandsbeiwert für $R/d = 2{,}7$ $\zeta_{ges} =$	0,35	—
	(1.85)		Gesamtdruckabfall = Störanteil + Geradrohranteil eines Krümmers $\Delta p_{ges,\,G} = 0{,}25 \cdot 250^2/(2 \cdot 17{,}7) =$	441	Pa
2			mittlere Werte x^* in den Krümmern (lineare Zunahme angenommen). Für Krümmer 1: $x^* =$	0,02	—
3		4.1	volumetrischer Flüssigkeitsgehalt für Krümmer 1: $(1 - \beta^*) =$	0,38	—
4			volumetrischer Dampfgehalt $\beta^* =$	0,62	—
	(4.73)		$\Delta p_L = 1\,026 + 8{,}5$	1 035	Pa
	(4.74)		$\Delta p_G = 13 + 441 =$	454	Pa
5	(4.72)		Druckabfall des ersten Krümmers $\Delta p_{ges\,x^*} = 0{,}38^{0{,}385} \cdot 1\,035 + 0{,}02^{0{,}775} \cdot 454 =$	736	Pa
6			Druckabfall der zehn Rohrstücke von je 1 m Länge nach Verfahren von Grønnerud, Abschn. 4.3.1.4: Mittlerer Wert x^* des Rohrs $x^* =$	0,01	—

Zeilen-Nr. in Tab. 4.9	Gl.-Nr.	Abb.-Nr.	Berechnete Größe, Rechengang	Ergebnis	Einheit
7	(4.66)		Beispiele für den Berechnungsgang, siehe Beisp. 4.3.3.1 und 4.3.3.2. Für das erste Rohr $l = 1\,\mathrm{m}$: $\Delta p_{\mathrm{zph}} = 48,5\,[34,2 \cdot 0,658\,(0,01 + 4 \cdot 0,01^{1,8}) + 1] =$	60,5	Pa
	(4.65)		Querschnittsanteile für den ersten Krümmer: $Fr = 250^2/(1\,394^2 \cdot 0,014 \cdot 9,81) =$ $K = 0,8;\quad 1 - (p/p_{\mathrm{kr}}) = 1 - (3,09/41,1) =$	0,234 0,925	— —
8	(4.9), (4.10)		Querschnittsanteil der flüssigen Phase $(1 - \varepsilon) = 0,38 + \dfrac{0,8 \cdot 0,925}{0,234^{0,045}} \cdot 0,62 \cdot 0,38^{0,5} =$	0,68	
9			Querschnittsanteil der dampfförmigen Phase $\varepsilon =$ aus Werten $(1 - \varepsilon)$ Tab. 4,9, Zeile 8 Mittelwert $\overline{(1 - \varepsilon)} =$	0,32 0,37	— —
	(4.17)		Beschleunigungsdruckabfall $\Delta p_{\mathrm{b}} = 250^2 \cdot 0,2^2/(17,7 \cdot 0,8)$	177	Pa
			Druckabfall von zehn geraden Rohrstücken = Summe aus Zeile 5, Tab. 4.10 10 % Sicherheitszuschlag	2 435 240	Pa Pa
			Druckabfall von neun 180°-Krümmern = Summe aus Zeile 5, Tab. 4.9	4 843	Pa
			Beschleunigungsdruckabfall	177	Pa
			Gesamtdruckabfall	7 695	Pa
	(4.20)		hydrostatischer Druckabfall des Systems $\Delta p_{\mathrm{h}} = 9 \cdot 0,075 \cdot 9,81\,(0,375 \cdot 1\,394 + 0,63 \cdot 17,7) =$	3 535	Pa
			ohne Beschleunigungsdruckabfall und ohne hydrostatischen Druckabfall beträgt der Anteil der Krümmer am Gesamtdruckverlust: $\dfrac{4\,843 - 3\,535}{7\,695 - 3\,535} \cdot 100 = 31,4\,\%$		

4.4 Wärmeübertragung in Rohren

4.4.1 Wärmeübergangskoeffizienten beim Blasensieden

Aufgrund von Messungen an verdampfendem Stickstoff im Rohr von 14 mm Durchmesser entwickelten STEINER und SCHLÜNDER [23] eine Formel für den Bereich des Blasensiedens in Rohren, die auch auf R12 und R22 angewendet wurde [4]. Diese Formel sei hier in einer für den praktischen Gebrauch vorteilhafteren Form wiedergegeben. Für den Wärmeübergangskoeffizienten α_{B} beim Blasensieden in Rohren wird von folgendem Ansatz ausgegangen:

$$\frac{\alpha_{\mathrm{B}}}{\alpha_{\mathrm{Str}}} = \left(\frac{\sigma\,\varrho_{\mathrm{L}}}{\dot{m}\,\eta_{\mathrm{L}}}\right)^{0,73} \left(\frac{\dot{m}^2}{\varrho_{\mathrm{L}}^2\,dg}\right)^{0,5} \left(\frac{p}{p_{\mathrm{kr}}}\right)^{0,35} \varphi(x^*). \tag{4.77}$$

Die im mittleren Klammerausdruck enthaltene Abhängigkeit des Wärmeübergangskoeffizienten von $1/d^{0,5}$ stammt aus Messungen örtlicher Werte α_{B} von

Chawla [2] an Rohren von 6,14 und 25 mm Durchmesser. Bezüglich dieser Abhängigkeit von d besteht aber noch eine beträchtliche Unsicherheit. So findet man für den Exponenten von d in der Literatur beispielsweise folgende Angaben: Pierre [24, 25] ermittelte den Wert 0,5 oder auch 0,6, Bogdanow [26] 0,2 und Djatschkow [27] 0,1. Beide weisen darauf hin, daß die Werte 0,2 und 0,1 nur für einen kleinen Bereich des Durchmessers gelten können. Der Verfasser fand aus Messungen an Versuchsverdampfern mit 1,9; 3,25; 6; 8,6 und 17 mm Rohrdurchmesser den Wert 0,3. Ob diese Angaben ausschließlich für den Bereich der Blasenverdampfung gelten, kann nicht bestimmt gesagt werden.

Örtliche Werte α_B wurden von Steiner [4] und von Bandel [3] an einem Rohr von 14 mm Durchmesser gemessen. Danach ist in der Formel von Steiner

$$1/d^{0,5} = 1/0{,}014^{0,5} = 8{,}45, \tag{4.78}$$

und die Abhängigkeit des Wärmeübergangskoeffizienten vom Rohrdurchmesser sollte der Faktor

$$(0{,}014/d)^n$$

übernehmen, worin n zunächst noch offen bleibt. Für $d = 0{,}014$ hat der Faktor den Wert 1 in Übereinstimmung damit, daß die Gleichung dann für $d = 14$ mm gelten soll.

In Gl. (4.77) bedeutet

$$\alpha_{Str} = 0{,}010\,5\,\frac{\lambda_L}{d_{A,0}} \left(\frac{\dot{q}\,d_{A,0}}{T_S^*\,\lambda_L}\right)^{0,56} \left(\frac{d_{A,0}\,T_S^*\,\lambda_L\,\varrho_L}{\sigma\,\eta_L}\right)^{0,3} \left(\frac{\Delta h_d\,\varrho_G\,R_p}{f^2\,d_{A,0}^3\,\varrho_L}\right)^{0,133}, \tag{4.79}$$

eine modifizierte Form von Gl. (3.25), und zwar hat der erste Klammerausdruck rechts, der die Wärmestromdichte $\dot{q}$ enthält, den Exponent 0,56 statt 0,7 bekommen. Den Exponenten 0,7 der Wärmestromdichte $\dot{q}$ in Gl. (3.25) ermittelte Stephan aus seinen oben erwähnten Messungen. Die Messungen von Steiner [28] an verdampfendem Stickstoff im Rohr von 14 mm Durchmesser ergeben mit geringer Abweichung den Exponenten 0,56. Manche Meßreihen von Chawla, Tab. 4.1, besonders die mit 6 mm Rohrdurchmesser ermöglichen kein klares Urteil über den Exponenten von $\dot{q}$. Ein Teil dieser Meßreihen und besonders die mit 14 mm Rohrdurchmesser lassen aber deutlich etwa 0,7 als Exponenten von $\dot{q}$ erkennen. Die Messungen von Bandel [3], Tab. 4.1, mit R11, R12 und R22 bestätigen dies durchweg. Steiner [4], Tab. 4.1, stellte dagegen mit R12 und R22 Werte des Exponenten zwischen etwa 0,4 und 0,7 fest. Der Mittelwert liegt nahe bei 0,56. Daher wurde dieser Wert in Gl. (4.79) eingesetzt.

Der Faktor 0,010 5 in Gl. (4.81) stammt ursprünglich aus der Auswertung der mit Stickstoff von Steiner [23] gewonnenen Meßergebnisse. Für die Funktion $\varphi(x^*)$ gelten für Stickstoff besondere Formeln [23]. Für R12 und R22 ermittelte Steiner aus

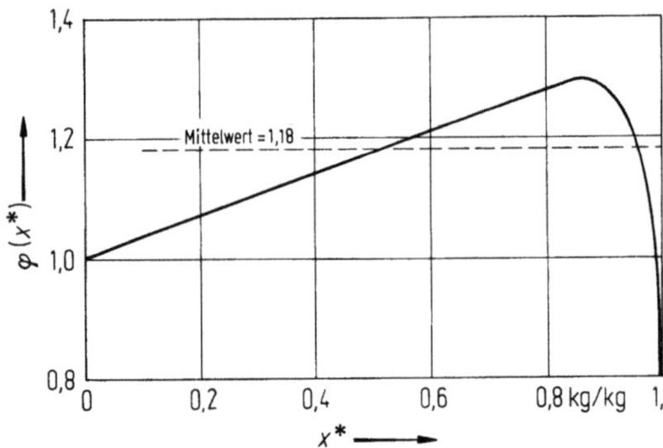

Abb. 4.21. Funktion $\varphi(x^*)$ nach Gl. (4.80) und (4.81) und Integralmittelwert im Bereich des Dampfgehalts von $x^* = 0{,}1$ bis $x^* = 1$.

den Meßwerten im Bereich des Dampfgehalts von $x^* = 0$ bis $x^* = 0{,}85$ die Abhängigkeit

$$\varphi(x^*) = 1 + 0{,}35\,x^*. \tag{4.80}$$

Diese Funktion ist in Abb. 4.21 dargestellt. Für $x^* = 1$ sollte sie bei den niedrigen, für reinen Dampf geltenden Wert des Wärmeübergangskoeffizienten enden. Mit ausreichender Annäherung kann man den an Gl. (4.80) anschließenden Verlauf durch

$$\varphi(x^*) = 1 + [0{,}088\,5 - 3{,}93\,(x^* - 0{,}85)^2]^{0,5} \tag{4.81}$$

ausdrücken, gültig im Bereich von $x^* = 0{,}85$ bis $x^* = 1$, eingezeichnet in Abb. 4.21.

Setzt man Gl. (4.79) in Gl. (4.77) ein und verwendet die Gl. (3.30), (3.31) und den Faktor $(0{,}014/d)^n$, so läßt sich Gl. (4.77) auf die einfache Form

$$\alpha_B = Z\,\dot{m}^{0,27}\,\dot{q}^{0,56}\,\varphi(x^*) \cdot (0{,}014/d)^n \tag{4.82}$$

bringen, mit

$$Z = 0{,}044\,4\,K_R\,(p/p_{kr})^{0,35}\,R_p^{0,133} \tag{4.83}$$

und

$$K_R = \frac{\lambda_L^{0,74}\,(\varrho_L - \varrho_G)^{0,07}\,\varrho_L^{0,03}\,\varrho_G^{0,133}\,\Delta h_d^{0,133}\,\sigma^{0,227}}{T_S^{*\,0,26}\,\eta_L^{1,03}} \tag{4.84}$$

als Stoffwertfaktor. Für $\varphi(x^*)$ gelten die Gl. (4.80) und (4.81). Die Sättigungstemperatur T_S^* ist zum Druck

$$p = 0{,}03\,p_{kr} \tag{4.85}$$

zu bilden. Die für diese Temperatur geltenden Stoffwerte sind in Gl. (4.84) einzusetzen. Der Faktor K_R hat somit für ein bestimmtes Kältemittel unabhängig von der Verdampfungstemperatur immer den gleichen Wert. Durch den Faktor $(p/p_{kr})^{0,35}$ wird dem Einfluß der Verdampfungstemperatur auf α_B Rechnung getragen. Der Faktor $R_p^{0,133}$, der die Rauhigkeit berücksichtigt, stammt aus Gl. (3.25) von STEPHAN. R_p ist die Glättungstiefe in m nach DIN 4762.

Eine Nachprüfung ergab, daß Meß- und Rechenwerte für R12 recht gut übereinstimmen, während für R22 die Rechnung Werte liefert, die bis zu 20 % unter den Meßwerten von BANDEL liegen.

Der Faktor $K_R\,(p/p_{kr})^{0,35}$, der für den Einfluß des Kältemittels und der Verdampfungstemperatur maßgebend ist, ist in Abb. 4.22 dargestellt. Danach sollten Wärmeübergangskoeffizienten bei Blasenverdampfung von R22 etwa um 55 % größer als die von R12 sein, was gegen die Erfahrung spricht, wonach der Unterschied geringer ist.

Tabelle 4.10. *Zur Berechnung der Wärmeübergangskoeffizienten beim Blasensieden von* R12 *und* R22

		STEINER [4]						BANDEL [3]
1	Kältemittel	R12			R22			
2	t_0 in °C	0	-10	-20	0	-10	-20	-10
3	Stoffwertfaktor K_R	740			1 039			
4	p/p_{kr}	0,075	0,053 5	0,036 7	0,101 3	0,072 1	0,049 8	0,072 1
5	Glättungstiefe R_p in mm				$0{,}19 \cdot 10^{-6}$			$1 \cdot 10^{-6}$
6	Faktor Z in Gl. (4.83)	1,69	1,5	1,32	2,64	2,34	2,06	2,96

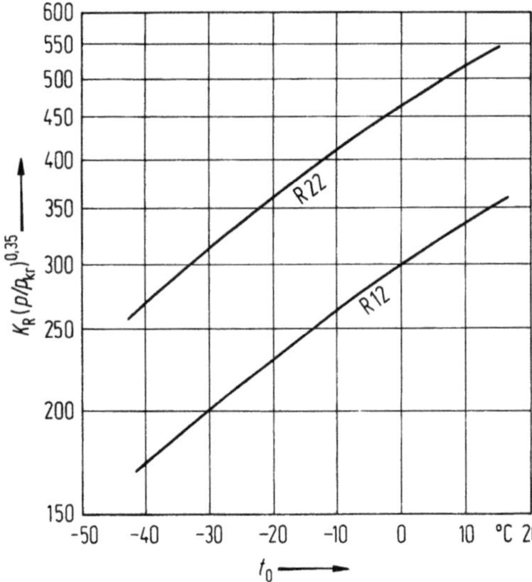

Abb. 4.22. Faktor $K_R (p/p_{kr})^{0,35}$ in Gl. (4.83) in Abhängigkeit von der Verdampfungstemperatur t_0 für R12 und R22.

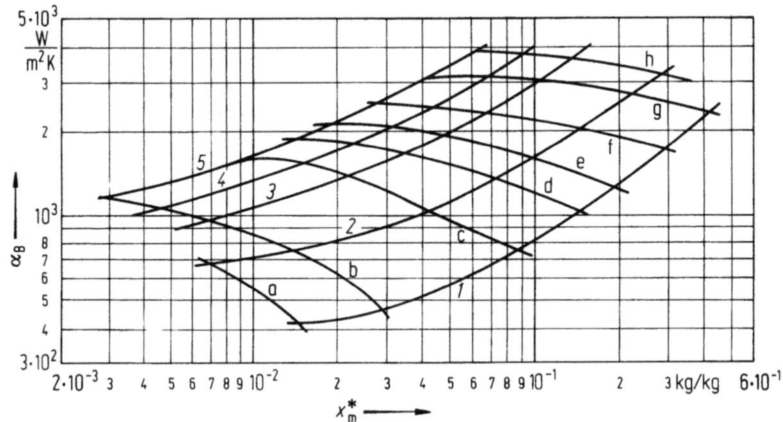

Abb. 4.23. Meßwerte der Wärmeübergangskoeffizienten mit R12 bei $t = +10\,°C$ nach [37] im waagerechten Rohr von 12 mm Durchmesser und 1,5 m Länge, abhängig vom mittleren Dampfgehalt x_m^*, der Massenstromdichte $\dot m$ (*1* bis *4*) und der Wärmestromdichte (a bis h). *1:* $\dot m = 66,3\ kg/m^2s$, *2:* $\dot m = 135\ kg/m^2s$, *3:* $\dot m = 273\ kg/m^2s$, *4:* $\dot m = 408\ kg/m^2s$, *5:* $\dot m = 664\ kg/m^2s$, a: $\dot q = 581\ W/m^2$, b: $\dot q = 1\,163\ W/m^2$, c: $\dot q = 3\,488\ W/m^2$, d: $\dot q = 5\,814\ W/m^2$, e: $\dot q = 8\,139\ W/m^2$, f: $\dot q = 11\,628\ W/m^2$, g: $\dot q = 17\,442\ W/m^2$, h: $\dot q = 23\,250\ W/m^2$.

Messungen von Bogdanow [29] mit dem Kältemittel R12 bei 10 °C an einem waagerechten Rohr von 12 mm Innendurchmesser und 1,5 m Länge sind in Abb. 4.23 dargestellt. Der mittlere Dampfgehalt betrug bei diesen Messungen höchstens 0,4 und die Funktion $\varphi(x^*) = 1 + 0,35x^*$ nach Abb. 4.21 daher höchstens 1,14, so daß der mittlere Dampfgehalt in der von Bogdanow aufgestellten Gleichung

$$\alpha_B = 2,83\,\dot m^{0,2}\,\dot q^{0,6} \tag{4.86}$$

nicht auftritt. In Abb. 4.24 sind die Meßwerte mit den Rechenwerten nach Gl. (4.86) und (4.82) verglichen. Die Übereinstimmung ist zufriedenstellend.

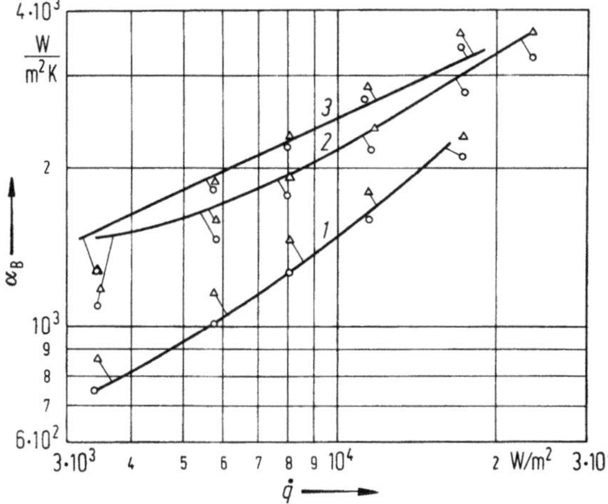

Abb. 4.24. Meßwerte der Wärmeübergangskoeffizienten α_B nach
Abb. 4.23. (Kurven), verglichen mit
Rechenwerten nach Gl. (4.86) ($\triangle$)
von Bogdanow und nach Gl. (4.82)
($\circ$). 1: $\dot m = 66{,}2\ \mathrm{kg/m^2s}$,
2: $\dot m = 273\ \mathrm{kg/m^2s}$,
3: $\dot m = 664\ \mathrm{kg/m^2s}$.

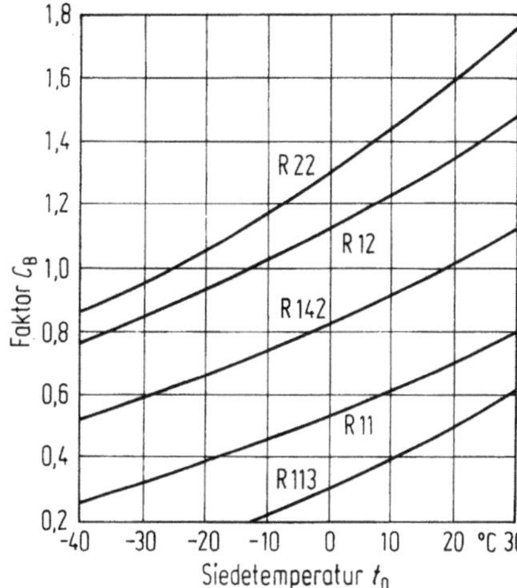

Abb. 4.25. Faktor C_B in Gl. (4.87) für verschiedene
Kältemittel, abhängig von der Siedetemperatur.

Weitere Versuche von Bogdanow [30] mit den Kältemitteln R12, R22 und R142
bei $-10 \leqq t_0 \leqq +10\,°\mathrm{C}$ und Wärmestromdichten bis etwa 23 000 W/m² zeigten, daß die
Wärmeübergangskoeffizienten beim Blasensieden von R22 etwa um den Faktor 1,3
größer sind als die von R12 und um den Faktor 1,6 größer als die von R142. Die Ergebnisse ließen sich durch

$$\alpha_B = C_B\,\dot m^{0,2}\,\dot q^{0,6}/d^{0,2} \tag{4.87}$$

darstellen mit $\dot m$ in kg/m²s, $\dot q$ in W/m², d in m und α_B in W/m²K. Werte für C_B aufgrund der Messungen von Bogdanow und der anderer Autoren findet man in Abb. 4.25
für die Kältemittel R11, R12, R22, R113 und R142. Sie zeigt, daß C_B jedoch keine
Konstante, sondern noch mit der Siedetemperatur veränderlich ist.

   Wie eine Nachprüfung ergab, werden die Messungen an R11 [2, 3] durch die
Gl. (4.82) nur unbefriedigend wiedergegeben. Um zu einer einheitlichen Gleichung zu
kommen, die auch diese Messungen befriedigend wiedergibt, sei in Gl. (4.83) noch die

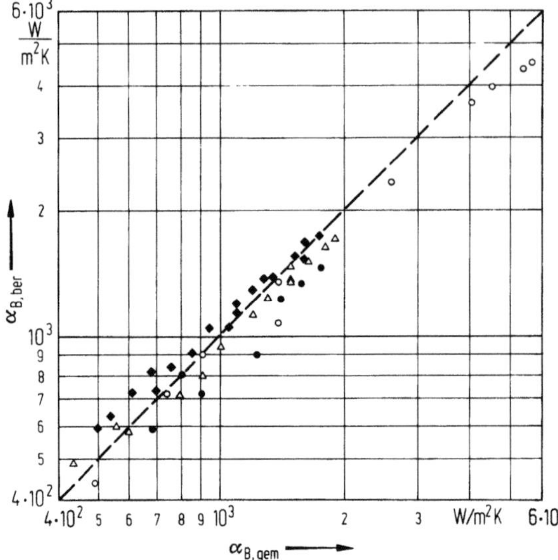

Abb. 4.26. Wärmeübergangskoeffizienten beim Blasensieden von R11 bei $t_0 = +10\,°C$ im waagerechten Rohr von 14 mm Durchmesser. Rechenwerte $\alpha_{B,\,ber}$ nach Gl. (4.82), verglichen mit Meßwerten $\alpha_{B,\,gem}$ nach [2] und [3]. ($\bullet$) $x^* = 0,1$; ($\times$) $x^* = 0,3$; ($\blacklozenge$) $x^* = 0,5$; ($\circ$) $x^* = 0,1$ und $x^* = 0,3$ nach [3].

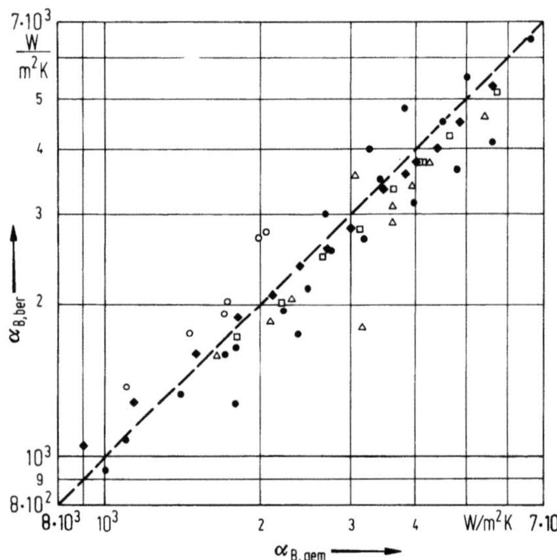

Abb. 4.27. Wie in Abb. 4.26, jedoch für $d = 6$ mm Rohrdurchmesser. Meßwerte nach [2]: ($\bullet$) $x^* = 0,1$; ($\times$) $x^* = 0,3$; ($\square$) $x^* = 0,4$; ($\blacklozenge$) $x^* = 0,5$.

zur Siedetemperatur beim Druck $p = 0,03\,p_{kr}$ gehörende Prandtl-Zahl Pr_L der Flüssigkeit eingeführt

$$Z = 0,005\,6\,K_R\,Pr_L^{1,7}\,(p/p_{kr})^{0,35}\,R_p^{0,133}. \tag{4.88}$$

Dadurch erhält man, wie die Abb. 4.26 und 4.27 zeigen, eine recht befriedigende Übereinstimmung mit den Meßergebnissen. Auch die Messungen an den Kältemitteln R12 und R22 werden zufriedenstellend wiedergegeben. Um diese Beziehung auch auf andere Kältemittel zu erweitern, wird der in Gl. (4.88) vorkommende Faktor

$$F = K_R\,Pr^{1,7}\,(p/p_{kr})^{0,35} \tag{4.89}$$

Tabelle 4.11. *Faktor F nach Gl. (4.89)*

Kälte-mittel	Faktor F abhängig von der Verdampfungstemperatur t_0 in °C							
	-60	-50	-40	-30	-20	-10	0	$+10$
R11	—	—	—	—	1 005	1 193	1 403	1 619
R12	—	—	1 443	1 691	1 945	2 218	2 503	2 794
R13	2 789	3 207	3 646	4 099	4 553	5 006	5 508	—
R13 B1	1 463	1 727	1 996	2 293	2 579	2 887	3 189	—
R21	—	—	792	979	1 166	1 382	1 605	—
R22	—	—	1 982	2 318	2 669	3 050	3 424	3 812
R40	—	—	—	—	1 817	2 093	2 375	2 673
NH$_3$	1 784	2 220	2 704	3 233	3 803	4 413	5 055	5 734

	Verdampfungstemperatur t_0 in °C					
	0	$+10$	$+20$	$+30$	$+40$	$+50$
R113	1 620	1 923	2 226	2 528	2 874	3 242
R114	2 648	3 027	3 426	3 834	4 137	4 745

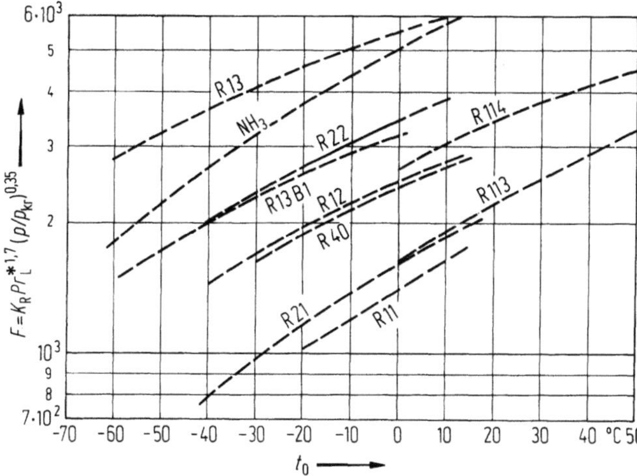

Abb. 4.28. Faktoren $F = K_R Pr_L^{*\,1,7}\,(p/p_{kr})^{0,35}$ aus Gl. (4.89).

betrachtet, von dem in Tab. 4.11 Werte für verschiedene Kältemittel aufgeführt sind. Der Faktor F ist außerdem in Abb. 4.28 für verschiedene Kältemittel dargestellt. Hieraus erkennt man, wie sich die Wärmeübergangskoeffizienten verschiedener Kältemittel zueinander verhalten, wenn man sie durch Gl. (4.88) darstellt. Abb. 4.29 zeigt darüber hinaus, daß der Wärmeübergangskoeffizient mit der Siedetemperatur zunimmt. Dort ist

$$\frac{\alpha_{B,\,t_0}}{\alpha_{B,\,0\,°C}}$$

über der Siedetemperatur dargestellt.

Führt man den Faktor Z nach Gl. (4.88) in die Gl. (4.82) ein, so erhält man unter Beachtung des durch Gl. (4.89) definierten Faktors F die Beziehung

$$\alpha_B = 0,005\,6F\,\dot{m}^{0,27}\,\dot{q}^{0,56}\,R_p^{0,133}\,(0,014/d)^n\,\varphi(x^*), \qquad (4.90)$$

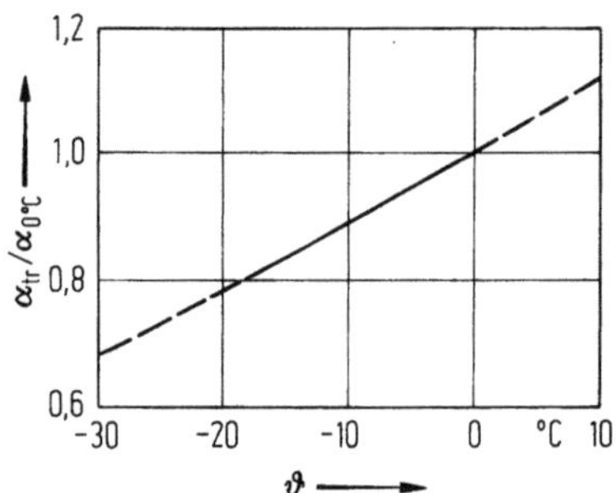

Abb. 4.29. $\alpha_t/\alpha_{0\,°C}$ für R12 und R22 über der Siedetemperatur, $d = 14\,\text{mm}$; (————) experimentell bestätigt, (— — — —) extrapoliert.

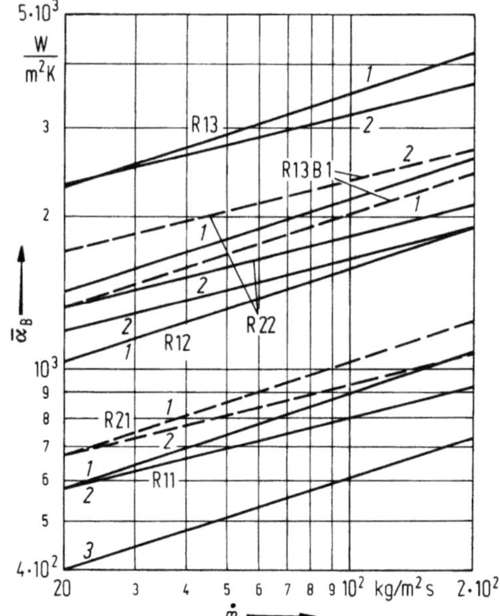

Abb. 4.30. Mittlere Wärmeübergangskoeffizienten beim Blasensieden im waagerechten Rohr, $d = 14\,\text{mm}$, $\dot{q} = 10^4\,\text{W/m}^2$. Kurve *1* nach Gl. (4.94), Kurve *2 nach Gl. (4.96)*, *Kurve 3* nach Gl. (4.90).

oder für den mittleren Wärmeübergangskoeffizienten

$$\alpha_B = 0,006\,7 F\,\dot{m}^{0,27}\,\dot{q}^{0,56}\,R_p^{0,133}\,(0,014/d)^n\,\varphi(x^*). \tag{4.91}$$

Wie eingangs erwähnt, folgt hierin aus Messungen der Exponent n zu $n = 0,3$, während Chawla den Wert $n = 0,5$ fand.

Meßwerte besonders für kleine gleichwertige Rohrdurchmesser, wie sie bei Rohren mit Innenrippen vorkommen, bestätigen den Exponenten $n = 0,3$, während der Exponent $n = 0,5$ besonders für kleine Rohrdurchmesser zu große Werte des Wärmeübergangskoeffizienten liefert.

Es sei darauf hingewiesen, daß man die Gl. (4.90) und (4.91) auch noch in folgender, sehr zweckmäßiger Weise schreiben kann:

$$\alpha_B = C_1\,(p/p_{kr})^{0,5}\,\dot{m}^{0,27}\,\dot{q}^{0,56}\,(0,014/d)^n\,\varphi(x^*) \tag{4.92}$$

mit

$$C_1 = 0,005\,66 K_R\,Pr_L\,R_p^{1,33}, \tag{4.93}$$

wobei Pr_L beim Druck $p = 0,03 p_{kr}$ zu nehmen ist. Es ist

$$\bar{\alpha}_B = C_2\,(p/p_{kr})^{0,35}\,\dot{m}^{0,27}\,\dot{q}^{0,56}\,(0,014/d)^n \tag{4.94}$$

mit

$$C_2 = 1,18 C_1. \tag{4.95}$$

Danilowa, Bogdanow und Schirew [31] haben eine Gleichung empfohlen, die im hier verwendeten Maßsystem

$$\alpha_B = 2,69\dot{m}^{0,2}\,\dot{q}^{0,6}\,(p/p_{kr})^{0,343}/d^{0,2} \tag{4.96}$$

lautet. Der normierte Druck p/p_{kr} hat hierin fast denselben Exponenten wie in Gl. (4.83). Die Abweichung gegenüber Gl. (4.112) beträgt bei den Kältemitteln R11, R142, R12 und R22 bis zu 15%, bei R113 allerdings 10 bis 37%.

Die Gl. (4.90) und (4.96) kann man als Versuche ansehen, eine allgemeingültige Formel für den Wärmeübergang bei Blasenverdampfung im waagerechten Rohr zu

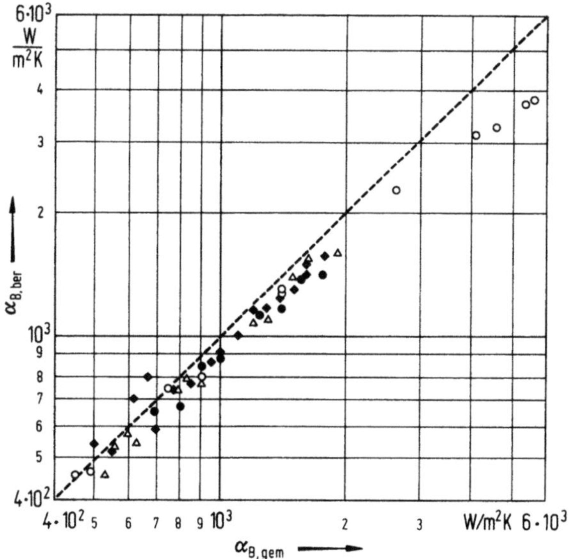

Abb. 4.31. Wärmeübergangskoeffizienten beim Blasensieden von R11 bei $t_0 = +10\,°C$ im Rohr von 14 mm Durchmesser. Vergleich von Rechenwerten $\alpha_{B,\,ber}$ nach Gl. (4.97) mit Meßwerten nach [2] und [3]: ($\bullet$) $x^* = 0{,}1$; ($\times$) $x^* = 0{,}3$; ($\blacklozenge$) $x^* = 0{,}5$; ($\circ$) $x^* = 0{,}8$.

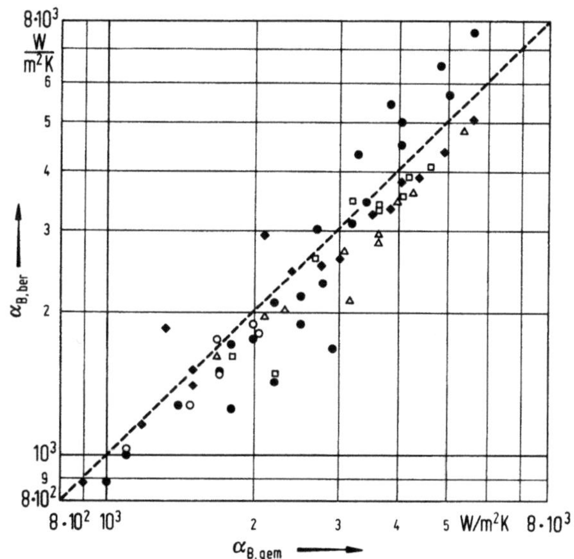

Abb. 4.32. Wie in Abb. 4.31, jedoch für 6 mm Rohrdurchmesser.
($\bullet$) $x^* = 0{,}1$; ($\times$) $x^* = 0{,}3$; ($\square$) $x^* = 0{,}4$; ($\blacklozenge$) $x^* = 0{,}5$; ($\circ$) $x^* = 0{,}8$.

entwickeln. Abb. 4.30 vergleicht die Ergebnisse nach beiden Formeln, wobei die Verdampfungstemperatur zu 0 °C, die Wärmestromdichte zu 10 000 W/m^2 und der Rohrdurchmesser zu 14 mm angenommen wurden.

Dennoch zeigt sich, daß man mit Gl. (4.90) dem Ziel, eine möglichst allgemein gültige Gleichung aufzustellen, näher gekommen ist, während Gl. (4.92) offenbar insbesondere die Meßwerte an NH$_3$ nicht genau genug wiederzugeben vermag. Auch die Reihenfolge in der Größe der Wärmeübergangskoeffizienten, wie sie sich aus Gl. (4.90) ergibt, ist ähnlich der für den Wärmeübergang bei Blasenverdampfung an der Außenfläche von Rohren. Auch diese Übereinstimmung kann man als Bestätigung für die bssere Allgemeingültigkeit von Gl. (4.90) auffassen.

CHAWLA [2] stellte zur Wiedergabe seiner Messungen mit R11 bei $t_0 = +10\,°C$ im Bereich des Blasensiedens die Formel auf

$$\alpha_B = 0{,}103\,\dot{m}^{0,1}\,\dot{q}^{0,7}\,(1 - x^*)^{0,1}/d^{0,5}. \tag{4.97}$$

In Abb. 4.31 und 4.32 sind Werte nach dieser Gleichung mit Messungen von CHAWLA [2] an Rohren von 14 und 6 mm Innendurchmesser verglichen. Trotz der unterschiedlichen Exponenten in der Massenstromdichte und in der Wärmestromdichte in den Gl. (4.93) und (4.90) werden die Messungen durch beide Gleichungen befriedi-

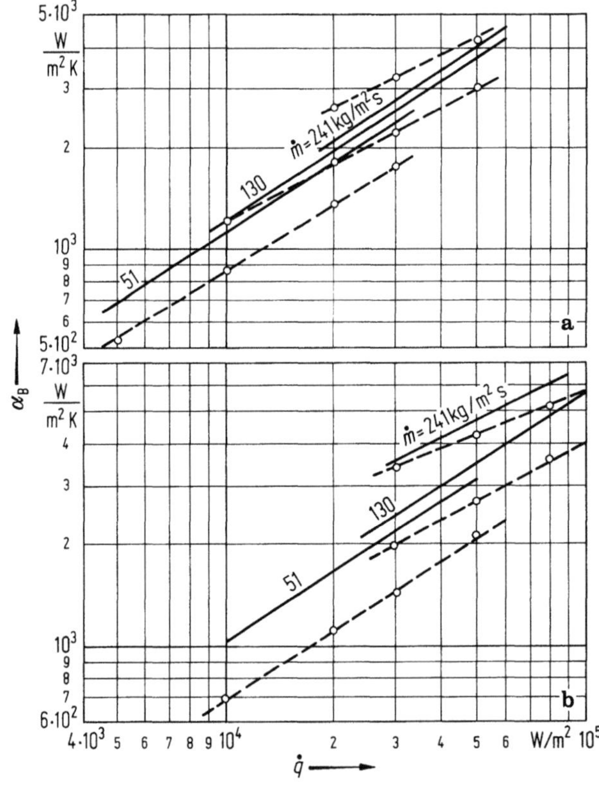

Abb. 4.33a, b. Wärmeübergangskoeffizienten beim Blasensieden von R12 bei a) $t_0 = 0\,°C$ bzw. b) $-20\,°C$ im waagerechten Rohr von 14 mm Durchmesser bei einem Dampfgehalt $x^* = 0{,}5$, abhängig von der Wärmestromdichte $\dot{q}$. Vergleich von Rechenwerten α_B aus Gl. (4.99) (durchgezogene Linien) mit Meßwerten nach [4] (gestrichelte Linien).

gend wiedergegeben. Allerdings bezieht sich dieser Vergleich nur auf die genannten Messungen und Durchmesser.

Eine allgemeingültige Gleichung für den Bereich des Blasensiedens lautet nach CHAWLA [2]

$$\frac{\alpha_B}{\alpha_{St}} = 29 \, \frac{Fr^{0,2}}{Re_L^{0,3}}.$$
(4.98)

Sie enthält die Reynolds-Zahl nach Gl. (4.28) und die Froude-Zahl nach Gl. (4.53) des im Rohr allein strömenden flüssigen Anteils. α_{St} ist durch Gl. (3.25) von STEPHAN gegeben. Setzt man die Gln. (3.25), (3.30), (3.38), (4.28) und (4.53) in Gl. (4.98) ein, so entsteht

$$\alpha_B = B \, \dot{m}^{0,1} \, \dot{q}^{0,7} \, (1 - x^*)^{0,1} / d^{0,5}$$
(4.99)

mit

$$B = 1{,}66 \, \frac{(\varrho_L - \varrho_G)^{0,133} \, \varrho_L^{0,6} \, (\Delta h_d \, \varrho_G \, R_p)^{0,133}}{\sigma^{0,433\,5} \, \varrho_L^{0,233} \, T_S^{0,4}}.$$
(4.100)

Die Gln. (4.99) und (4.100) hat man auch auf andere Kältemittel als R11 angewendet. SLIPČEVIĆ [40] berechnete die Größe B für mehrere Kältemittel. Da nur Meßwerte mit R12 und R22 vorliegen, ist es von Interesse, Gl. (4.99) mit an R12 und R22 bei

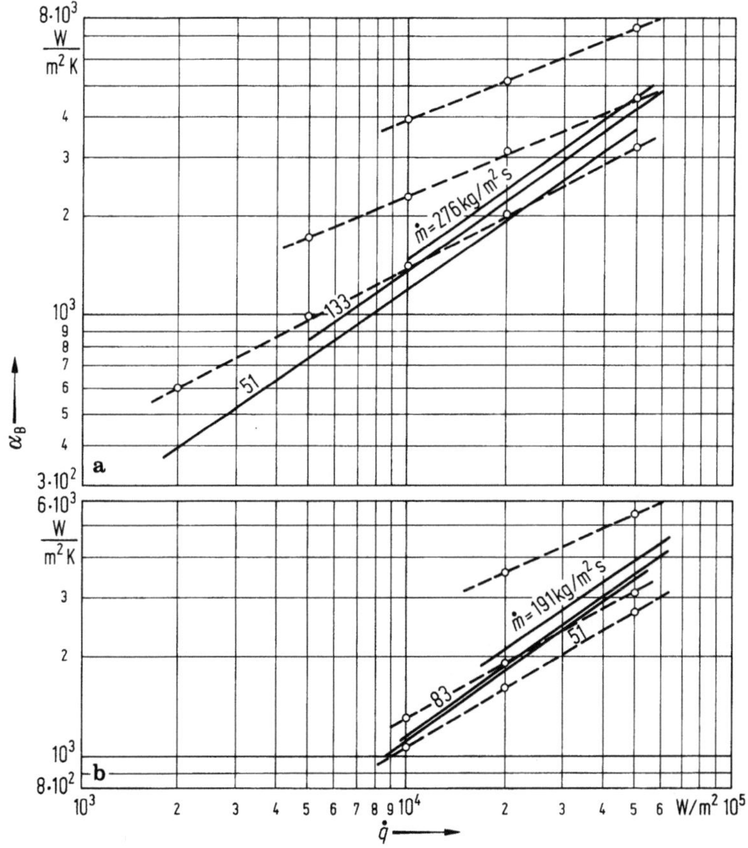

Abb. 4.34a, b. Wie Abb. 4.33, jedoch für R22 bei a) $t_0 = 0\,°C$ und b) $t_0 = -20\,°C$.

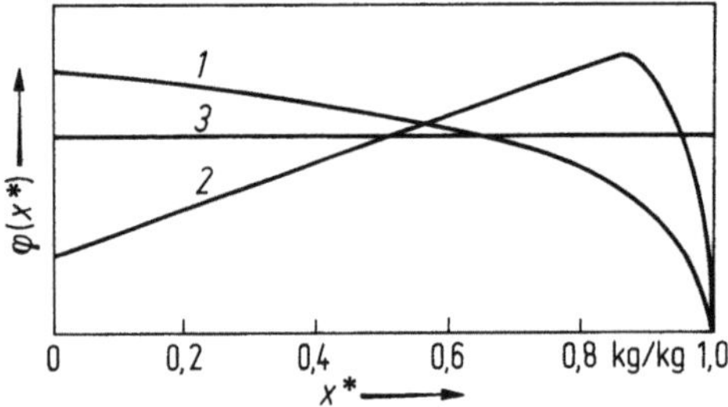

Abb. 4.35. Abhängigkeit des Wärmeübergangskoeffizienten beim Blasensieden im waagerechten Rohr vom Dampfgehalt x^*. Kurve _1_ nach Gl. $\varphi(x^*) = (1 - x^*)^{0,1}$, Kurve _2_ nach Gl. (4.80) und Gl. (4.81), Kurve _3_ gemeinsamer Mittelwert.

$t_0 = 0\,°C$ und $-20\,°C$ von STEINER [4] gewonnenen Meßwerten zu vergleichen. Einige Beispiele dafür enthalten die Abb. 4.33 und 4.34. Man erkennt daraus teils befriedigende Übereinstimmung, teils aber auch beträchtliche Abweichungen.

Bemerkenswert ist noch, daß die Funktion $\varphi(x^*) = 1 + 0{,}35x^*$, die STEINER aus seinen Messungen mit R12 und R22 ermittelte, von der Funktion $\varphi(x^*) = (1 - x^*)^{0,1}$ abweicht, die sich aus den Messungen von Chawla mit R11 ergab. Abb. 4.35 zeigt den Verlauf beider Funktionen, wobei die Funktion von STEINER durch die Näherungsgleichung (4.81) ergänzt wurde. Der unterschiedliche Verlauf beider Kurven zeigt, daß unsere Kenntnis über die Funktion $\varphi(x^*)$ noch unzureichend ist.

4.4.2 Wärmeübergangskoeffizienten bei konvektivem Sieden

Wie bereits in Abschn. 4.1.1 erörtert wurde, hat im konvektiven Bereich die Wärmestromdichte im Gegensatz zum Blasensieden keinen Einfluß auf den Wärmeübergangskoeffizienten. Für ein bestimmtes Kältemittel und eine bestimmte Verdampfungstemperatur sind die Wärmeübergangskoeffizienten α_κ von der Massenstromdichte $\dot{m}$, vom Dampfgehalt x^* und vom Rohrdurchmesser d abhängig. Wie schon im vorhergehenden Abschn. 4.4.1 über Blasenverdampfung mitgeteilt wurde, ergab sich aus Messungen an Verdampfern mit $d = 1{,}9$; $3{,}25$; 6; $8{,}6$ und $17\,mm$ Rohrdurchmesser, daß sich die Wärmeübergangskoeffizienten auf der Kältemittelseite mit $1/d^{0,3}$ ändern. Dies trifft auch für den Konvektionsbereich zu, wie Ergebnisse von Messungen in Abschn. 4.5.2 zeigen werden.

CHAWLA [2] hat bei Messungen örtlicher Wärmeübergangskoeffizienten mit R11 bei $t_0 = +10\,°C$ Rohre vom Durchmesser $d = 6$, 14 und $25\,mm$ benutzt. Im Blasensiedebereich wurde aufgrund dieser Meßergebnisse $\alpha_B \sim 1/d^{0,5}$ gesetzt. Für den Konvektionsbereich zeigt Abb. 4.36 Meßwerte α_κ von CHAWLA, abhängig vom Dampfgehalt x^*, für die genannten Rohrdurchmesser und für einige Werte der Massenstromdichte $\dot{m}$. Auch Meßwerte von BANDEL [3] mit Rohren von $14\,mm$ Durchmesser sind in der Abb. 4.36 eingezeichnet. Mittlere Wärmeübergangskoeffizienten sind in Abb. 4.37 in Abhängigkeit von der Massenstromdichte dargestellt, und es sind Ausgleichslinien mit der Neigung $\alpha_\kappa \sim \dot{m}^{1,1}$ eingezeichnet. Um die gesuchte Abhängigkeit vom Rohrdurchmesser festzustellen, sind die Bezugspunkte _1_, _2_ und _3_ in Abb. 4.38 abhängig vom Rohrdurchmesser aufgetragen. Die Verbindungsgerade hat die Neigung $\alpha_\kappa \sim 1/d^{0,8}$. Auffällig ist, daß die Meßpunkte von BANDEL in Abb. 4.37 (gestrichelte Gerade) eine ganz andere Steigung hatten als die von CHAWLA.

Für die unterschiedliche Abhängigkeit vom Rohrdurchmesser gibt es noch keine befriedigende Erklärung. Allerdings kann man die Proportionalität $\alpha_0 \sim 1/d^{0,8}$ sicher nicht auf kleine hydraulische Durchmesser von 1 bis 2 mm, wie sie bei Rohren mit Innenrippen vorkommen, anwenden, weil die so berechneten Wärmeübergangskoeffizienten viel zu groß würden.

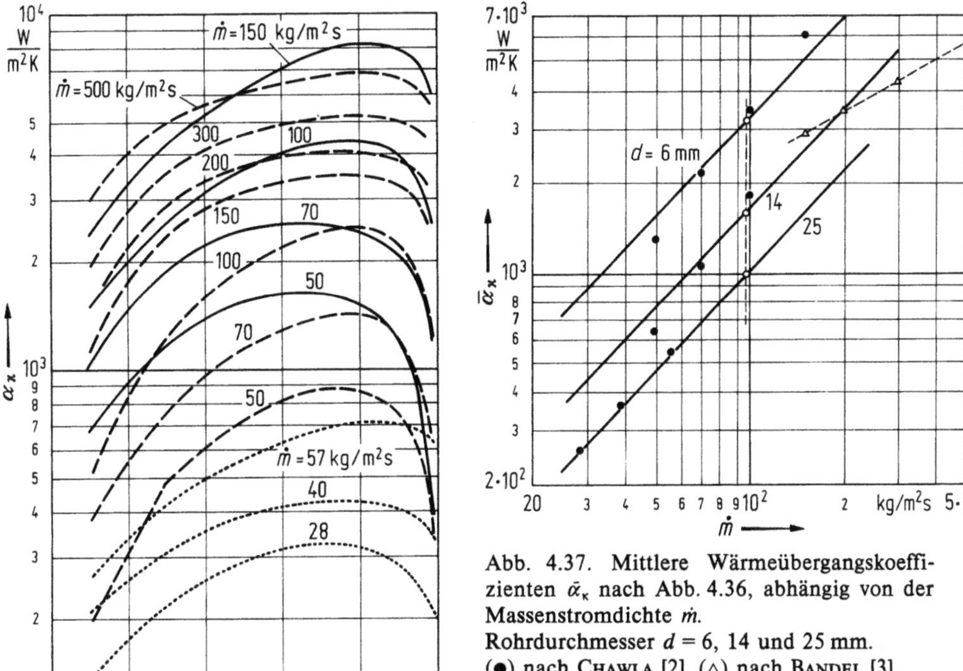

Abb. 4.37. Mittlere Wärmeübergangskoeffizienten $\bar{\alpha}_\kappa$ nach Abb. 4.36, abhängig von der Massenstromdichte $\dot{m}$. Rohrdurchmesser $d = 6$, 14 und 25 mm. (●) nach CHAWLA [2], (△) nach BANDEL [3].

Abb. 4.36. Ausgeglichene Meßwerte des Wärmeübergangskoeffizienten α_κ bei konvektivem Sieden nach [2] und [3]. R11 bei $t_0 = +10\,°\mathrm{C}$, abhängig vom Dampfgehalt x^* für verschiedene Werte der Massenstromdichte $\dot{m}$. Punktierte Kurven: $d = 25$ mm; gestrichelte Kurven: $d = 14$ mm; ausgezogene Kurven: $d = 6$ mm.

Zunächst sollen die in Tab. 4.12 genannten Meßreihen ausgewertet werden. STEINER [4] fand aus Messungen mit R12 und R22, daß die Änderung von α_κ mit der Verdampfungstemperatur durch den Faktor $(T_{\mathrm{kr}}/T_\mathrm{S})^{2,6}$ dargestellt werden kann. Eine Analyse der Meßergebnisse durch den Verfasser führte zu der Formel

$$\alpha_\kappa = C N_\mathrm{x}\, \dot{m}^n\, (T_{\mathrm{kr}}/T_\mathrm{S})^{2,6}/d^{0,3}. \tag{4.101}$$

Darin sind

$$N_\mathrm{x} = [f_1 - (f_2 x^* - f_3)^2]^{0,5} + f_4 \tag{4.102}$$

und

$$n = f_5 + f_6 x^*. \tag{4.103}$$

Die Werte für C und für f_1 bis f_6 enthält Tab. 4.12. Der Faktor N_x und der Exponent n sind Funktionen des Dampfgehalts x^*. Vorangegangenen Ausführungen gemäß enthält die Formel die Abhängigkeit vom Rohrdurchmesser mit $1/d^{0,3}$. Für die Auswertung der genannten Messungen ist diese Abhängigkeit bedeutungslos, da stets $d = 0,014$ m war. Wie die Nachprüfung ergab, werden die Messungen von STEINER für R12 gut wiedergegeben. Einige Meßpunkte von BANDEL bei $x^* = 0,8$ und $t = -20\,°\mathrm{C}$ sind etwas größer als die Rechenwerte. Für R11 und R22 ergeben sich etwas größere Abweichungen mit einem mittleren Fehler von ca. 19%.

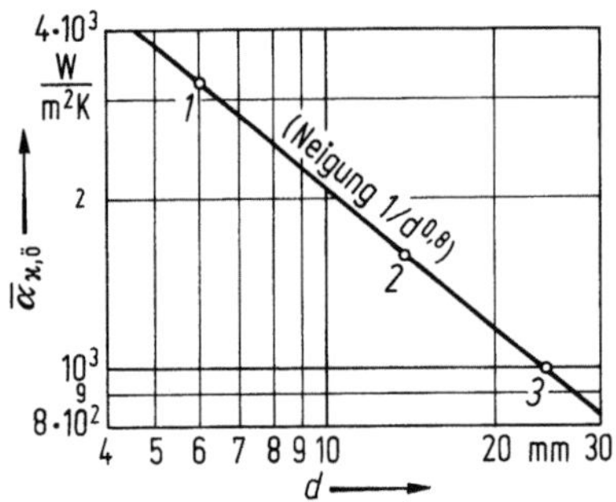

Abb. 4.38. Mittlere Wärmeübergangskoeffizienten $\bar{\alpha}_\kappa$ der Punkte *1*, *2* und *3* in Abb. 4.37, abhängig vom Rohrdurchmesser d.

▶

Abb. 4.39. Wärmeübergangskoeffizienten α_κ bei konvektivem Sieden von R12 im Rohr von 14 mm Durchmesser, abhängig vom Dampfgehalt x^* nach Gl. (4.101). Mittelwerte $\bar{\alpha}_\kappa$ im Bereich des Dampfgehaltes von $x^* = 0{,}1$ bis 1 sind gestrichelt eingetragen.

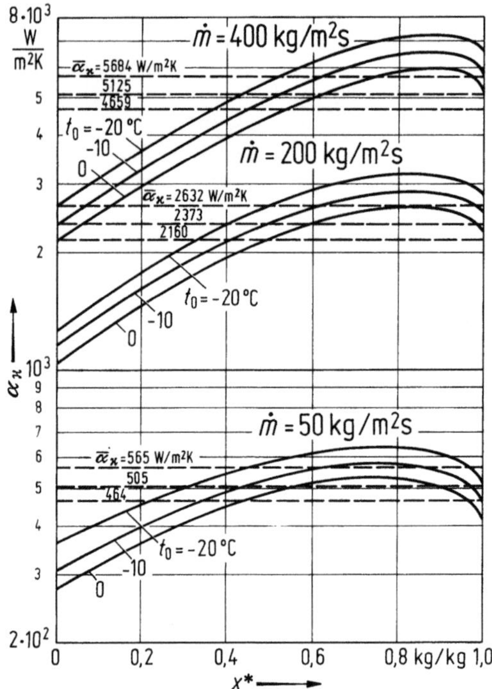

Einen charakteristischen Kurvenverlauf, aus dem man erkennt, wie sich der Wärmeübergangskoeffizient mit dem Strömungsdampfgehalt ändert, zeigt die Abb. 4.39. Hierzu ist ein Anfangsdampfgehalt von $x_1^* = 0{,}1$ und ein Endwert von $x_2^* = 1$ angenommen.

Die Wärmeübergangskoeffizienten für die Kältemittel R11, R12 und R22 lassen sich nach Gl. (4.101) gut wiedergeben durch die folgenden Beziehungen

$$\bar{\alpha}_\kappa = 0{,}506\,\dot{m}^{\,1{,}165}\,(T_{\mathrm{kr}}/T_\mathrm{S})^{2{,}6}/d^{0{,}3} \quad \text{(für R11)}, \tag{4.104}$$

$$\bar{\alpha}_\kappa = 0{,}57\,\dot{m}^{\,1{,}145}\,(T_{\mathrm{kr}}/T_\mathrm{S})^{2{,}6}/d^{0{,}3} \quad \text{(für R12)}, \tag{4.105}$$

$$\bar{\alpha}_\kappa = 1{,}2\,\dot{m}^{\,1{,}09}\,(T_{\mathrm{kr}}/T_\mathrm{S})^{2{,}6}/d^{0{,}3} \quad \text{(für R22)}. \tag{4.106}$$

Tabelle 4.12. *Faktor C und Werte f_1 bis f_6, ermittelt aus Messungen*

Kältemittel	Messungen von	Faktor C	Werte für f_1 bis f_6 in den Gl. (4.102) und (4.103)					
			f_1	f_2	f_3	f_4	f_5	f_6
R11	Chawla [2] Bandel [3]	0,069	21,16	10	5,4	4,2	1,02	0,23
R12	Steiner [4] Bandel [3]	0,113	116,6	10	2	3,5	0,95	0,27
R22	Steiner [4] Bandel [3]	0,12	73,1	10	1,9	3,9	0,86	2,36

Die folgenden Gleichungen geben an, wie sich die mittleren Wärmeübergangskoeffizienten dieser drei Kältemittel zueinander verhalten:

$$(\bar{\alpha}_{\text{k, R22}}/\bar{\alpha}_{\text{k, R12}}) = 1{,}87/\dot{m}^{0{,}055}, \tag{4.107}$$

$$(\bar{\alpha}_{\text{k, R11}}/\bar{\alpha}_{\text{k, R12}}) = 1{,}49\,\dot{m}^{0{,}02}, \tag{4.108}$$

$$(\bar{\alpha}_{\text{k, R11}}/\bar{\alpha}_{\text{k, R22}}) = 0{,}749\,\dot{m}^{0{,}075}. \tag{4.109}$$

Bei $\dot{m} = 150$ kg/m²s ist beispielsweise $\bar{\alpha}_{\text{k, R22}}$ um 42 % größer als $\bar{\alpha}_{\text{k, R12}}$ und $\bar{\alpha}_{\text{k, R11}}$ um 64 % größer als $\bar{\alpha}_{\text{k, R12}}$.

Nach SLIPČEVIĆ [32] ist der Exponent der Massenstromdichte etwas größer als nach den Gl. (4.104) bis (4.106). Danach gilt

$$\bar{\alpha}_{\text{k}} = K_{\text{Sl}}\,\dot{m}^{1{,}4}/d^{0{,}5}, \tag{4.110}$$

mit

$$K_{\text{Sl}} = 0{,}005\,8 \cdot \frac{\lambda_{\text{L}}\varrho_{\text{L}}^{0{,}06}}{\varrho_{\text{G}}^{0{,}66}\,\varrho_{\text{L}}^{0{,}575}\,\eta_{\text{G}}^{0{,}225}}. \tag{4.111}$$

Die Größe K_{Sl} ist mit den Stoffwerten des betreffenden Kältemittels bei der jeweiligen Verdampfungstemperatur zu bilden. Vermutlich ist der Exponent 1,4 der Massenstromdichte etwas zu groß.

Der Verfasser fand, daß sich die Messungen am Rohr von 14 mm Durchmesser mit den Kältemitteln R11, R12 und R22 befriedigend genau durch

$$\bar{\alpha}_{\text{k}} = (83{,}1 - 0{,}125 \cdot T_{\text{kr}})\,K_{\text{Sl}}\,\dot{m}^{(0{,}823 + 0{,}000\,725\,T_{\text{kr}})}\,(T_{\text{S}}/T_{\text{kr}})^{3{,}2}/d^{0{,}3} \tag{4.112}$$

darstellen lassen. Werte K_{Sl} nach Gl. (4.111) enthält Tab. 4.13. Es ist anzunehmen, daß Gl. (4.112) auch für andere Kältemittel brauchbare Werte $\bar{\alpha}_{\text{k}}$ im Bereich der Dampfgehalte von 0,1 bis 1 liefert. Für eine Massenstromdichte von $\dot{m} = 100$ kg/m²s zeigt Abb. 4.40 den mittleren Wärmeübergangskoeffizienten einiger Kältemittel, abhängig von der Verdampfungstemperatur. Eine Änderung der Massenstromdichte hat auf die relative Lage der Kurven zueinander nur geringen Einfluß.

Für den Ringspalt und für die von Innenrippen gebildeten Kanäle ist in obigen Gleichungen für d der hydraulische Durchmesser (s. Einleitung bzw. Abschn. 1.4.1) zu setzen.

Bezeichnet man mit $\bar{\alpha}_{\text{k}}$ den mittleren Wärmeübergangskoeffizienten bei einer Verdampfungstemperatur von 0 °C und mit $\bar{\alpha}_{\text{k, 0}}$ den bei einer beliebigen Verdampfungs-

Tabelle 4.13. *Werte K_{Sl} nach Gl. (4.111)*

Kälte-mittel	Verdampfungstemperatur t_0 in °C							T_{kr} K
	-50	-40	-30	-20	-10	0	$+10$	
R11	—	—	—	0,835	0,640	0,490	0,380	471,2
R12	0,525	0,399	0,310	0,256	0,194	0,156	0,126	385,2
R13	0,113	0,090	0,073	0,062	0,053	0,045	—	302,0
R13 B1	0,148	0,115	0,092	0,077	0,065	0,055	0,046	340,2
R21	—	1,748	1,290	0,949	0,705	0,557	0,440	451,7
R22	0,635	0,470	0,351	0,272	0,215	0,169	0,138	369,2
R40	—	—	—	1,167	0,925	0,710	0,540	416,2
R113	—	—	—	—	—	0,451	0,296	487,3
R114	—	—	—	—	—	0,208	0,163	418,9
R502	—	—	—	—	—	—	—	355,7

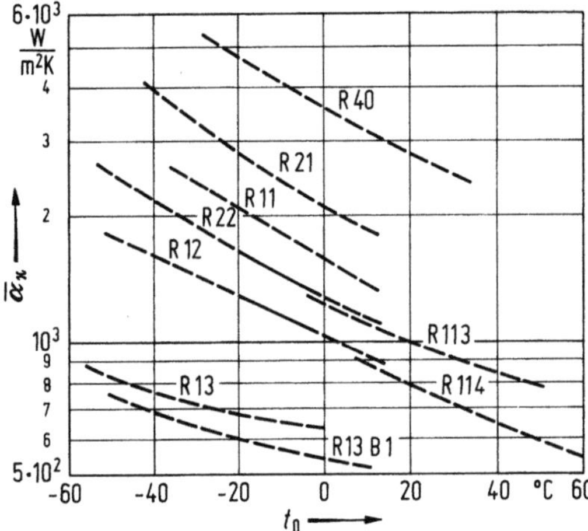

Abb. 4.40. Mittlere Wärmeübergangskoeffizienten bei konvektivem Sieden, x^* von 0,1 bis 1, Massenstromdichte $\dot{m} = 100\ \text{kg/m}^2\text{s}$.

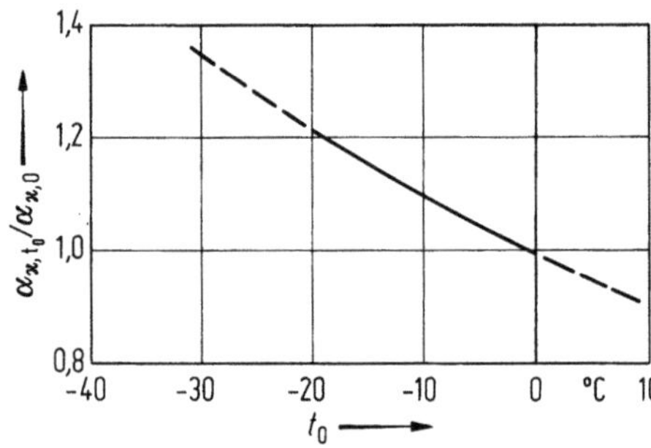

Abb. 4.41. Faktor $\bar{\alpha}_{\kappa,\,t0}/\bar{\alpha}_{\kappa,\,0}$ für konvektives Sieden, durchgezogenes Kurvenstück experimentell, gestricheltes extrapoliert.

temperatur, so zeigt Abb. 4.41 das Verhältnis beider Wärmeübergangskoeffizienten für konstante Werte $\dot{m}$ und d. Der dargestellte Verlauf ist allerdings nur für die Kältemittel R12 und R22 experimentell bestätigt.

Wie sich ein veränderlicher Dampfgehalt auf den Wärmeübergang auswirkt, zeigt Abb. 4.42. Falls der Dampfgehalt linear mit der Rohrlänge zunähme, würden die Kurven *1* und *1'* gelten. In Wirklichkeit wird man jedoch einen Verlauf des Dampfgehalts über der Rohrlänge entsprechend den Kurven *2* oder *3* feststellen. An der Stelle *l* des Rohrs hat der Dampfgehalt daher nicht den eingezeichneten Wert *b*, sondern den davon abweichenden Wert a_2 bzw. a_3. Dazu gehören die Wärmeübergangskoeffizienten c_2 bzw. c_3, denen man wiederum gleich große Werte d_2 bzw. d_3 zuordnen kann. Auf diese Weise kann man die Kurven *2'* und *3'* konstruieren, die zu den oberen Kurven *2* und *3* gehören. Sie zeigen, daß man je nach angenommenem Verlauf des Dampfgehalts über der Rohrlänge auch unterschiedliche Abhängigkeiten des Wärmeübergangskoeffizienten von Rohrlänge und Dampfgehalt erhält.

4.4.3 Vergleich der Wärmeübergangskoeffizienten am Einzelrohr mit Meßwerten am Verdampfer

Die Formeln, die in den beiden vorangegangenen Abschnitten für die Wärmeübergangskoeffizienten verdampfender Kältemittel in horizontalen Rohren im Bereich der Blasenverdampfung und der Konvektion mitgeteilt wurden, beruhen auf Meßwerten,

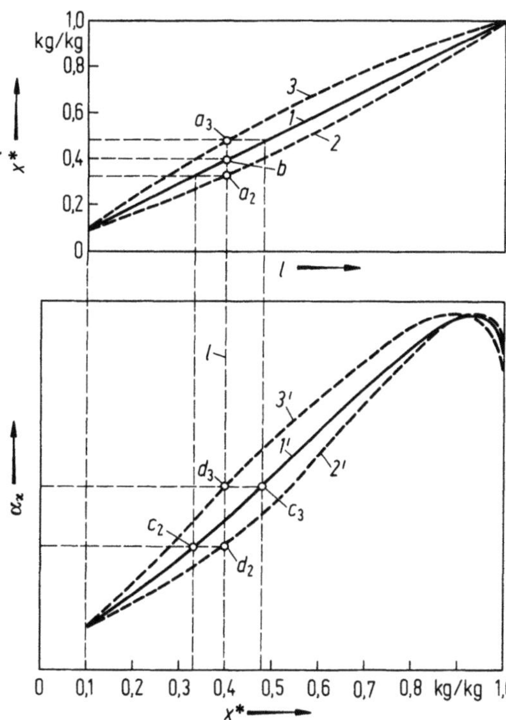

Abb. 4.42. Wirklicher Verlauf des Dampfgehalts x^* längs eines Verdampferrohrs, nach Kurve *2* bzw. *3*, und Verlauf des Wärmeübergangskoeffizienten α_κ längs des Rohrs, Kurve *2'* bzw. Kurve *3'*. Kurve *1'* stellt Meßwerte α_κ dar.

die an kurzen Rohrstücken mit vorgeschalteter Anlaufstrecke gewonnen wurden, wobei Massenstromdichte, Wärmestromdichte, Dampfgehalt, Verdampfungstemperatur, Wandtemperatur und Wandrauhigkeit jeweils eindeutig bekannt waren. Auch Fremdschichten auf der Wand und Ölbeimischung zum Kältemittel waren ausgeschlossen.

In Abschn. 4.5.2 werden Meßwerte der Wärmeübergangskoeffizienten auf der Kältemittelseite von Versuchs-Einspritzverdampfern mitgeteilt. Diese sind Mittelwerte, bezogen auf die gesamte Rohrfläche. Sie besteht aus Rohrsträngen, die kältemittelseitig parallel geschaltet sind. Bei der üblichen Bauart der Verdampfer, bei denen man auf niedrige Herstellungskosten bedacht ist, wird eine wirklich gleichmäßige Verteilung des Kältemittels auf die parallel geschalteten Rohrstränge nicht erreicht, so daß in einem Teil der Rohrstränge Flüssigkeitsmangel herrscht. Bei den üblichen Kälteanlagen mit Ölabscheider enthält das in den Verdampfer gelangende Kältemittel Öl, wenn auch in geringerer Konzentration. Gegen Ende eines Rohrstrangs ist das Kältemittel weitgehend ausgedampft, so daß sich ein stark ölhaltiger Film entlang der Rohrwand bewegt und die Wärmeübertragung beeinträchtigt. Auch Fremdschichten irgendwelcher Art und stellenweise Ölansammlungen können die Wärmeübertragung verschlechtern. Darin mag die Feststellung begründet sein, daß Versuchswerte an Verdampfern etwa 60 bis 80 % der Meßwerte am Einzelrohr mit ölfreiem Kältemittel erreichen. Es liegen zwar Beobachtungen vor (s. Abschn. 3.1.6), wonach sich der Wärmeübergangskoeffizient etwas verbessern kann, wenn das Kältemittel einige Prozent Öl enthält. Jedoch reicht dieser Effekt nicht aus, die genannten Beeinträchtigungen auszugleichen. Die Konstruktionserfahrung bestätigt, daß sich die Wärmeübertragung durch Maßnahmen zur gleichmäßigen Kältemittelverteilung verbessern läßt. Man ersieht daraus, daß die mittleren Wärmeübergangskoeffizienten auf der Kältemittelseite eines Einspritzverdampfers auch von der Apparatekonstruktion abhängen. Es gibt daher keine allgemein gültigen Formeln für genau zutreffende Werte. Unter diesen Gesichtspunkten sind die Wärmeübergangskoeffizienten, die man mit den auf örtlichen Meßwerten beruhenden Formeln berechnet, als Maximalwerte anzusehen, die bei Einspritzverdampfern bestenfalls erreichbar sind. Man kann sich aber an den auf örtlichen Meßwerten beruhenden Formeln orientieren, und die Konstruktion der in Abschn. 4.5.2 dargestellten Versuchsapparate und die dafür geltenden Formeln, die ebenfalls mitgeteilt werden, bieten Anhaltspunkte für eine genügend zuverlässige Apparateberechnung.

Im folgenden werden die auf örtlichen Meßwerten beruhenden Formeln in geeigneter Weise den Meßwerten an Verdampfern angepaßt. Diese neue Formeln bilden die Grundlage für die sogenannten Einspritzverdampfer-Diagramme (EV-Diagramme), die den Vergleich von Meßwerten an Verdampfern mit Rechenwerten ermöglichen.

4.4.3.1 Vergleich zwischen Wärmeübergangskoeffizienten am Einzelrohr mit Meßwerten an Verdampfern bei Blasenverdampfung

Meßwerte des Wärmeübergangskoeffizienten an einigen mit R22 betriebenen Versuchsverdampfern sollen im folgenden mit Werten verglichen werden, die auf Formeln für örtliche Meßwerte beruhen. Die Meßwerte an den Versuchsverdampfern beziehen sich auf vollständige Verdampfung ohne Überhitzung am Rohrende. Es wurde bereits erwähnt, daß Meßwerte des Wärmeübergangskoeffizienten $\bar{\alpha}_{\mathrm{B},0}$ an Versuchsverdampfern mit $d = 1{,}9$; $3{,}25$; 6; $8{,}6$ und $17\,\mathrm{mm}$ Rohrdurchmesser auf eine Proportionalität $\bar{\alpha}_{\mathrm{B},0} \sim 1/d^{0{,}3}$ schließen lassen.

Im Bereich der Blasenverdampfung von R22 führen die Meßwerte an den Versuchsverdampfern zu der Formel

$$\bar{\alpha}_{\mathrm{B},0} = 3{,}3\,\dot{m}^{0{,}1}\,\dot{q}^{0{,}56}\,(p/p_{\mathrm{kr}})^{0{,}35}/d^{0{,}3}. \tag{4.113}$$

Darin ist der Faktor $(p/p_{\mathrm{kr}})^{0{,}35}$ für den Einfluß der Verdampfungstemperatur auf $\bar{\alpha}_{\mathrm{B},0}$ aus Gl. (4.83) übernommen worden. Die Wärmeübergangskoeffizienten folgen aus Gl. (4.91) mit dem Faktor F für R22 aus Tab. 4.11. Der Exponent 0,27 von $\dot{m}$ in dieser Gleichung wird von Meßwerten nicht bestätigt. Es muß dafür vielmehr, wie in Gl. (4.113), der Wert 0,1 eingesetzt werden.

Arbeitet ein Einspritzverdampfer ausschließlich im Bereich der Blasenverdampfung, was durchaus möglich ist, so erreichen Wärmeübergangskoeffizienten an Verdampfern bei $\dot{m} = 20\,\mathrm{kg/m^2s}$ 88 %, bei $\dot{m} = 200\,\mathrm{kg/m^2s}$ 60 % der Werte des Einzelrohrs. Aus Gl. (4.91) erhält man, wenn man $n = 0{,}3$ setzt,

$$\alpha_{\mathrm{B},0} = 0{,}002\,3F\,\dot{m}^{0{,}1}\,\dot{q}^{0{,}56}\,R_{\mathrm{p}}^{0{,}133}\,\varphi(x^*)/d^{0{,}3}, \tag{4.114}$$

und für den mittleren Wärmeübergangskoeffizienten

$$\bar{\alpha}_{\mathrm{B},0} = 0{,}002\,7F\,\dot{m}^{0{,}1}\,\dot{q}^{0{,}56}\,R_{\mathrm{p}}^{0{,}133}/d^{0{,}3}. \tag{4.115}$$

Für den Ringspalt oder Rohre mit Innenrippen hat man anstelle des Rohrdurchmessers den hydraulischen Durchmesser, d_{h} (s. Einleitung bzw. Abschn. 1.4.1) einzusetzen. Der Faktor F kann Tab. 4.11 oder Abb. 4.28 entnommen werden. Für die Funktion $\varphi(x^*)$ gelten Gl. (4.80) und (4.81). Für technisch glatte Rohre setze man $R_{\mathrm{p}} = 10^{-6}\,\mathrm{m}$.

4.4.3.2 Vergleich zwischen Wärmeübergangskoeffizienten am Einzelrohr mit Meßwerten an Verdampfern bei konvektivem Sieden

Die an Versuchsverdampfern gemessenen mittleren Wärmeübergangskoeffizienten auf der Kältemittelseite für R22 ($t_0 \sim 0\,^\circ\mathrm{C}$), über die in Abschn. 4.5.2 berichtet wird, lassen sich im Bereich des konvektiven Siedens durch

$$\bar{\alpha}_{\mathrm{K},0} = 1{,}46\,\dot{m}^{1{,}1}/d^{0{,}3} \tag{4.116}$$

wiedergeben. Mittlere Wärmeübergangskoeffizienten zwischen $x_1^* = 0,1$ und $x_2^* = 1$ ergeben sich aus Gl. (4.106), wenn man $(T_{kr}/T_S)^{2,6} = 2,19$ einsetzt, zu

$$\bar{\alpha}_\kappa = 2,63 \, \dot{m}^{1,09}/d^{0,3}, \qquad (4.117)$$

und für das Verhältnis der beiden Wärmeübergangskoeffizienten bekommt man

$$(\bar{\alpha}_{\kappa,0}/\bar{\alpha}_\kappa) = 0,56 \dot{m}^{0,01}, \qquad (4.118)$$

wobei $\bar{\alpha}_{\kappa,0}$ für mehrere Kältemittel durch Gl. (4.112) gegeben ist.

Es gilt also auch

$$\alpha_{\kappa,0} = 0,56 \dot{m}^{0,01} \alpha_\kappa \qquad (4.119)$$

mit α_κ nach Gl. (4.101).

Die Gleichungen gelten streng genommen nur für R22, weil sie auf Messungen mit diesem Kältemittel beruhen. Man kann sie aber auch auf die Kältemittel R11 und R12 übertragen, und mit Hilfe der Gln. (4.104) bis (4.106) erhält man dann

für R11: $\quad \bar{\alpha}_{\kappa,0} = 0,28 \dot{m}^{1,175} (T_{kr}/T_S)^{2,6}/d^{0,3},$ (4.120)

für R12: $\quad \bar{\alpha}_{\kappa,0} = 0,32 \dot{m}^{1,155} (T_{kr}/T_S)^{2,6}/d^{0,3},$ (4.121)

für R22: $\quad \bar{\alpha}_{\kappa,0} = 0,67 \dot{m}^{1,1} (T_{kr}/T_S)^{2,6}/d^{0,3}.$ (4.122)

4.5 Wärmeübergang und Druckabfall in Einspritzverdampfern

4.5.1 Formeln für den Wärmeübergang in Einspritzverdampfern

Für den auf die Rohraußenfläche bezogenen Wärmedurchgangskoeffizienten k_a genügt die einfache Formel

$$k_a = 1 \Big/ \left(\frac{d_a/d_i}{\alpha_i} + W \right), \qquad (4.123)$$

worin α_i den Wärmeübergangskoeffizienten für verdampfendes Kältemittel im Rohr bedeutet. W ist der Wärmeübergangswiderstand außerhalb der Rohrinnenfläche, der

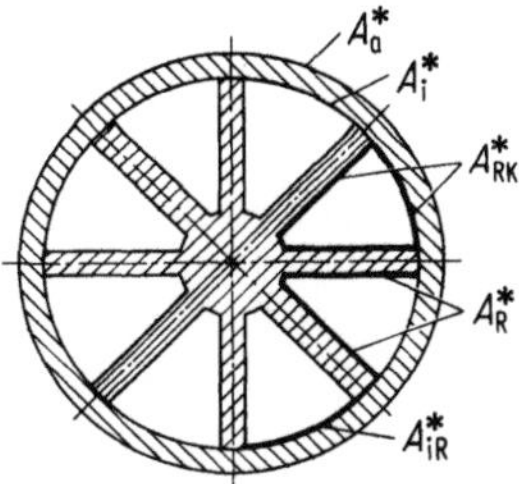

Abb. 4.43. Rohr mit sternförmiger Längsrippe.

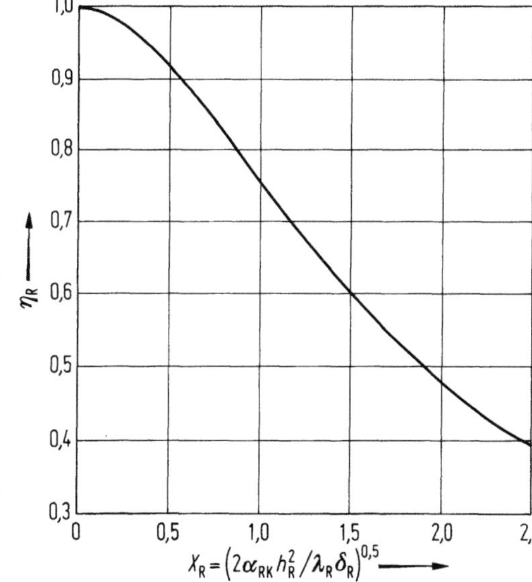

Abb. 4.45. Rippenwirkungsgrad η_R von Längsrippen mit rechteckigem Querschnitt, abhängig von X_R nach Gl. (4.133).

sich aus den Wärmeübergangswiderständen der Rohrwand, eventuell vorhandener Fremdschichten und des Kälteträgers außerhalb der Rohrwand zusammensetzt.

Der auf den Rohrinnendurchmesser bezogene Wärmedurchgangskoeffizient ist

$$k_i = k_a\,(d_a/d_i) = \dot q_i/\vartheta_m,\tag{4.124}$$

wenn $\dot q_i$ die Wärmestromdichte an der Rohrinnenfläche und ϑ_m den Temperaturabstand zwischen Verdampfungstemperatur und Kälteträgertemperatur außerhalb des Rohrs bedeuten. Aus Gl. (4.123) ergeben sich daher folgende Beziehungen:

$$\alpha_i = k_a\,(d_a/d_i)/(1 - k_a\,W) = k_i\Big/\Big(1 - \frac{k_i\,W}{d_a/d_i}\Big) = 1\Big/\Big(\frac{\vartheta_m}{\dot q_i} - \frac{W}{d_a/d_i}\Big).\tag{4.125}$$

Es gilt auch

$$\dot q_i = \vartheta_m\Big/\Big(\frac{1}{\alpha_i} + \frac{W}{d_a/d_i}\Big).\tag{4.126}$$

Die Größen k_a, k_i, α_i, $\dot q_i$, W und ϑ_m sind als Mittelwerte für eine ganze Stranglänge aufzufassen.

Handelt es sich um Verdampfer mit Innenrippen, so müssen diese Gleichungen noch ergänzt werden. Mit ausreichender Annäherung gilt, bezogen auf die Rohrinnenfläche A_i,

$$\dot q_i = \dot q_{RK}\,(A_{RK}^*/A_i^*)\tag{4.127}$$

und

$$\alpha_i = \alpha_{RK}\,(\eta_R\,A_R^* + A_{iR}^*)/A_i^*,\tag{4.128}$$

oder

$$\alpha_{RK} = \alpha_i\,A_i^*/(\eta_R\,A_R^* + A_{iR}^*).\tag{4.129}$$

Die Größe $\dot q_{RK}$ und α_{RK} beziehen sich auf die Oberfläche der Rippenkanäle, die übrigen Bezeichnungen werden durch Abb. 4.43 erläutert. η_R ist der Rippenwirkungsgrad.

Mit den Gl. (4.125) bis (4.128) gilt

$$\alpha_{RK} = 1\Big/\Big[(\eta_R\,A_R^* + A_{iR}^*)\Big(\frac{\vartheta_m}{\dot q_{RK}\,A_{RK}^*} - \frac{W}{A_a^*}\Big)\Big]\tag{4.130}$$

und

$$\dot q_{RK} = \vartheta_m/A_{RK}^*\Big(\frac{1}{\alpha_{RK}\,(\eta_R\,A_R^* + A_{iR}^*)} + \frac{W}{A_a^*}\Big).\tag{4.131}$$

Der Rippenwirkungsgrad η_R ist eine Funktion von α_{RK}, und zwar gilt nach Bd. II des Handbuches der Kältetechnik S. 120, Gl. (80)

$$\eta_R = \frac{\tanh X_R}{X_R} = \frac{e^{2X_R} - 1}{X_R\,(e^{2X_R} + 1)}\tag{4.132}$$

mit

$$X_R = (2\alpha_{RK}\,h_R^2/\lambda\,\delta_R)^{0,5}.\tag{4.133}$$

Als Beispiel werde das Rohr nach Abb. 4.43 des Versuchsverdampfers 2, (Tab. 4.14) mit zehnarmigem Rippenstern aus Aluminiumlegierung betrachtet. Hierfür ist $h_R = 0,006\,\mathrm{m}$, $\delta_R = 0,001\,25\,\mathrm{m}$ und $\lambda = 160\,\mathrm{W/m \cdot K}$. Weiterhin ist mit den Bezeichnungen nach Abb. 4.43: $A_R^* = 0,126$; $A_{iR}^* = 0,039$ und $A_i^* = 0,053\,4\,\mathrm{m^2/m}$. In Abb. 4.44 ist der Zusammenhang zwischen α_{RK} und α_i nach Gl. (4.128) für verschiedene Werte von α_R dargestellt. Abb. 4.45 zeigt α_R abhängig von $(2\alpha_{RK}\,h_R^2/\lambda\,\delta_R)^{0,5}$ nach Gl. (4.132). Für das genannte Rippenrohr kann man daraus die zu bestimmten Werten η_R gehörenden Werte α_{RK} ermitteln, die in Abb. 4.44 eingetragen und durch eine Kurve miteinander verbunden sind. Mit Hilfe dieser Kurve kann man α_{RK} auf α_i umrechnen, wobei

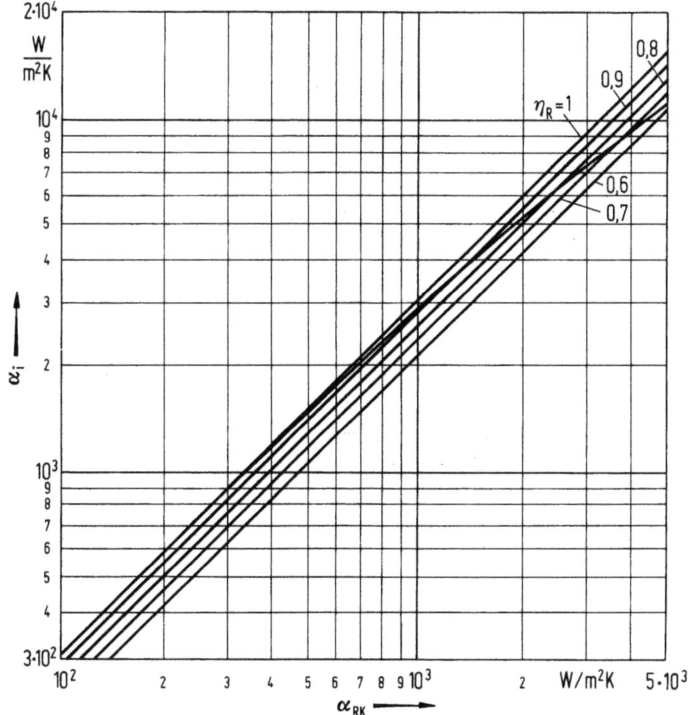

Abb. 4.44. Zusammenhang zwischen dem auf die Rohrinnenfläche A_i bezogenen Wärmeübergangskoeffizienten α_i, dem in den Rippenkanälen wirksamen Wärmeübergangskoeffizienten α_{RK} und dem Rippenwirkungsgrad η_R, Gl. (4.128). Rohre des Verdampfers 2, Tab. 4.14.

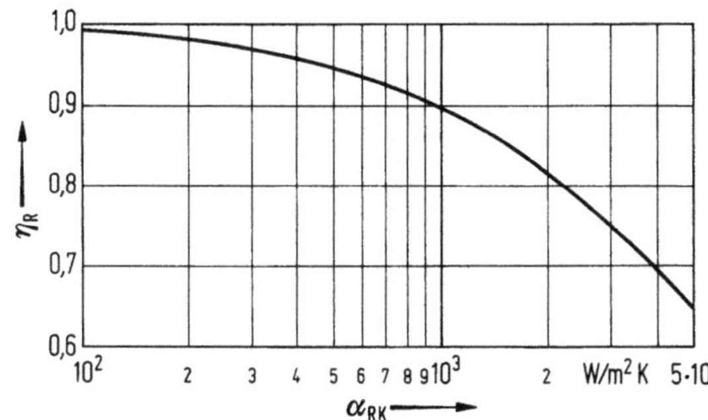

Abb. 4.45. siehe S. 211

Abb. 4.46. Rippenwirkungsgrad η_R, abhängig vom Wärmeübergangskoeffizienten α_{RK} in den Rippenkanälen des Versuchsverdampfers 2, Tab. 4.14.

man jeweils auch über den Rippenwirkungsgrad orientiert ist. Der Zusammenhang zwischen α_i und α_{RK} für den vorliegenden Fall nach Gl. (4.132) geht auch aus Abb. 4.44 hervor.

Abb. 4.46 zeigt, wie der Rippenwirkungsgrad von dem Wärmeübergangskoeffizienten in den Rippenkanälen abhängt.

Für die Versuchsverdampfer mit Wellbandinnenrippen (vgl. Abb. 4.58 und Tab. 4.15), die in Abschn. 4.5.2 noch besprochen werden, findet man in den Abb. 4.47 und 4.48 die entsprechenden Ergebnisse.

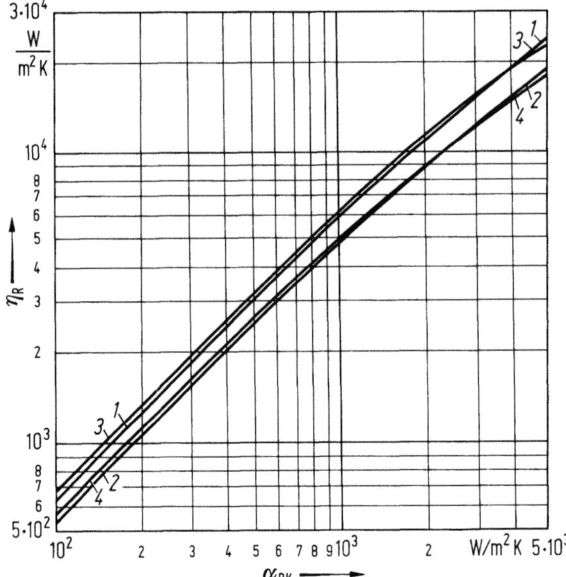

Abb. 4.47. Einfluß der Innenrippen auf den auf den Rohrinnendurchmesser bezogenen Wärmeübergangskoeffizienten α_d, wenn α_{RK} den mittleren Wärmeübergangskoeffizienten in den Rippenkanälen bedeutet, für die Versuchsverdampfer *1* bis *4* in Tab. 4.15.

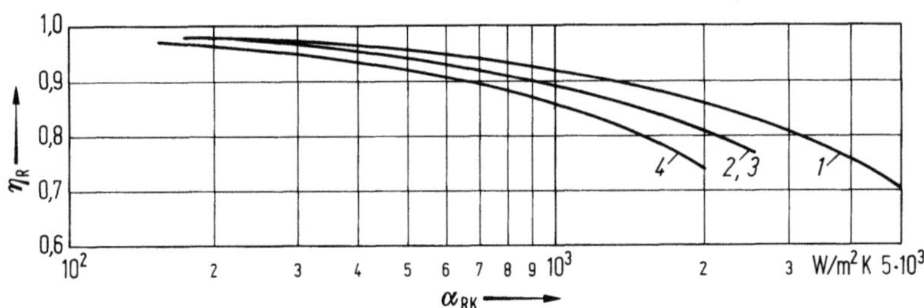

Abb. 4.48. Wie Abb. 4.44, jedoch für die Rohre mit Wellbandinnenrippen, Versuchsverdampfer *1* bis *4*, Tab. 4.15.

a) Beziehungen zwischen Mengen- und Wärmestromdichte

Abb. 4.49 zeigt schematisch Einspritzverdampfer mit einem, zwei und vier Durchgängen. Die Summe der nacheinander vom Kältemittel durchflossenen Rohrlängen L nennt man Stranglänge

$$l = zL, \qquad (4.134)$$

wenn z die Anzahl der Durchgänge ist. Statt der in Abb. 4.49 gezeichneten Umlenkkammern kann man die Rohre auch mit 180°-Rohrbogen verbinden. So entstehen dann Rohrschlangensysteme (Darstellung e).

Um den kältemittelseitigen Druckabfall bei mehreren Durchgängen nicht allzusehr ansteigen zu lassen, ist es meist üblich, die Anzahl der parallel geschalteten Rohre von Durchgang zu Durchgang zu vergrößern (Abb. 4.49 d).

Wenn $\dot{M}_R$ der einen Verdampfer durchströmende Kältemittelmengenstrom und $\Delta x^* \Delta h_d$ die genutzte spezifische Verdampfungsenthalpie bedeuten, so gilt für die Verdampferleistung

$$\dot{Q}_0 = \dot{M}_R \, \Delta x^* \, \Delta h_d = n_m \, U l \dot{q}. \qquad (4.135)$$

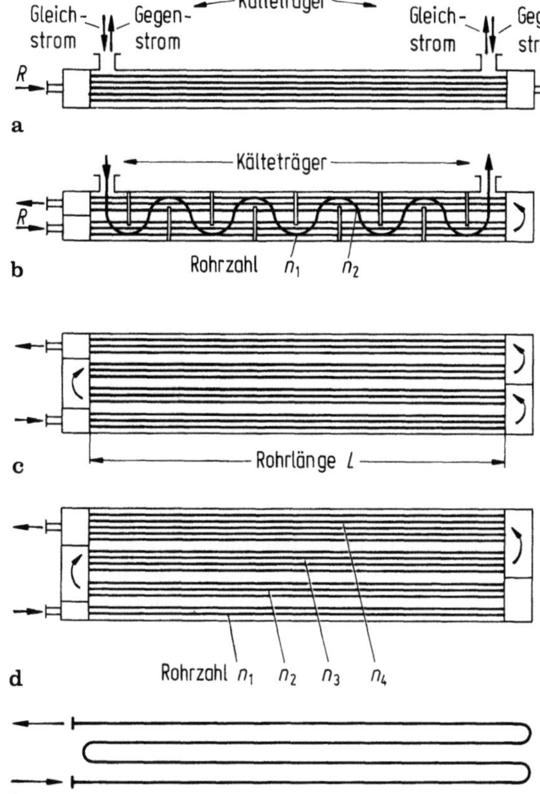

Abb. 4.49a–e. Schematische Darstellung von Einspritzverdampfern. a) Ein Durchgang für das Kältemittel, mehrere parallel geschaltete Rohre; b) zwei Durchgänge, U-Führung, Rohrzahl $n_2 = n_1$ oder $n_2 > n_1$; c) mehrere Durchgänge mit gleicher Rohrzahl; d) mehrere Durchgänge $n_4 > n_3 > n_2 > n_1$; e) Rohrschlange eines Strangs.

Darin ist U der wärmeübertragende und vom Kältemittel berührte Umfang eines Rohrs, $\dot{q}$ die auf diesem Umfang wirksame Wärmestromdichte und n_m das arithmetische Mittel der parallel geschalteten Rohrquerschnitte n_1, n_2, n_3, ... aus z aufeinanderfolgenden Durchgängen

$$n_m = \frac{1}{z} \sum_1^z n_i. \tag{4.136}$$

Mit von Durchgang zu Durchgang zunehmender Rohrzahl nimmt die Massenstromdichte entsprechend ab. Weil der kältemittelseitige Wärmeübergangskoeffizienten nahezu linear von der Massenstromdichte abhängt, sei empfohlen, mit dem arithmetischen Mittelwert der Massenstromdichte

$$\dot{m}_m = \frac{\dot{M}_R}{S} \frac{1}{z} \sum_1^z \frac{1}{n_i} \tag{4.137}$$

zu rechnen. Hierin ist S der freie Querschnitt eines Rohrs. Aus den Gl. (4.135) bis (4.137) entsteht als Beziehung zwischen $\dot{m}_m$ und $\dot{q}$:

$$\dot{m}_m = \frac{\dot{q}Ul}{S \Delta x^* \Delta h_d} \left(\frac{1}{z^2} \sum_1^z n_i \right) = \frac{4\dot{q}l}{\Delta x^* \Delta h_d \, d} \left(\frac{1}{z} \sum_1^z n_i \right). \tag{4.138}$$

Der Ausdruck in der Klammer wird gleich Eins für $z = 1$ oder wenn $n_i = n_1 = \text{const}$ ist.

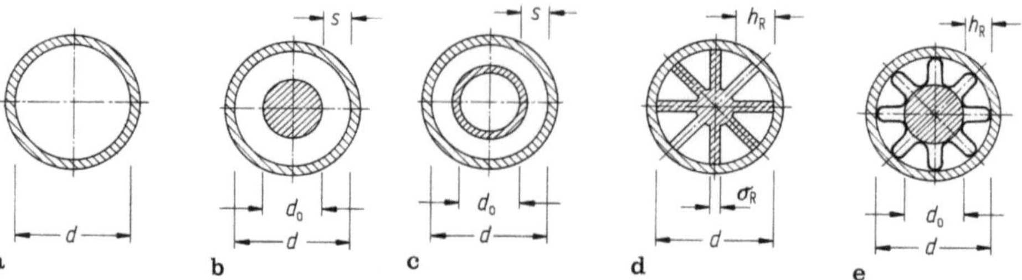

Abb. 4.50a–e. Rohrarten für Einspritzverdampfer 1 bis 5. a) Rohr ohne Einbauten; b) Rohr mit zentralem Blindstab; c) Doppelrohr, Wärmeübertragung außen und innen; d) Rohr mit innerem Sternprofil als Innenrippen; e) Rohr mit zentralem Blindstab und Wellbandrippen aus dünnem Blech.

Ein Merkmal der Einspritzverdampfer besteht darin, daß das Kältemittel die Verdampferrohre als Dampf verläßt, der auch überhitzt sein kann. Als weiteres Merkmal ist, wie Gl. (4.138) zeigt, die mittlere Wärmestromdichte $\dot{q}$ eines Einspritzverdampfers bei vorgegebener Massenstromdichte $\dot{m}$ nicht mehr frei wählbar.

Abb. 4.50a bis e zeigt einige Rohrarten im Querschnitt, bei denen der Kälteträger außerhalb der Rohre strömt. Nur bei Rohrart c fließt der Kälteträger auch im Innenrohr. In Gl. (4.138) hat man für nichtkreisförmige Querschnitte für d den hydraulischen Rohrdurchmesser $d_h = 4S/U$ einzusetzen. Dieser Durchmesser wird auch in den Formeln des Druckabfalls und des Wärmeübergangs verwendet. Für Druckabfall und Wärmeübergang verwendet man also beispielsweise für Rohr b und c den Wert $d_h = 2s$.

b) Der mittlere Temperaturabstand

Abb. 4.51 zeigt schematisch den Temperaturverlauf in einem Einspritzverdampfer bei Gleichstrom (Abb. 4.51a) und bei Gegenstrom (Abb. 4.51b), was für den in Abb. 4.49a skizzierten Verdampfer zutrifft. Man ist bestrebt, die durch den Druckabfall bedingte Änderung der Verdampfungstemperatur Δt_0 zwischen Ein- und Austritt des Kältemittels möglichst klein zu halten, weil eine sinkende Verdampfungstemperatur ein größeres Ansaugvolumen und einen höheren Leistungsbedarf des Verdichters

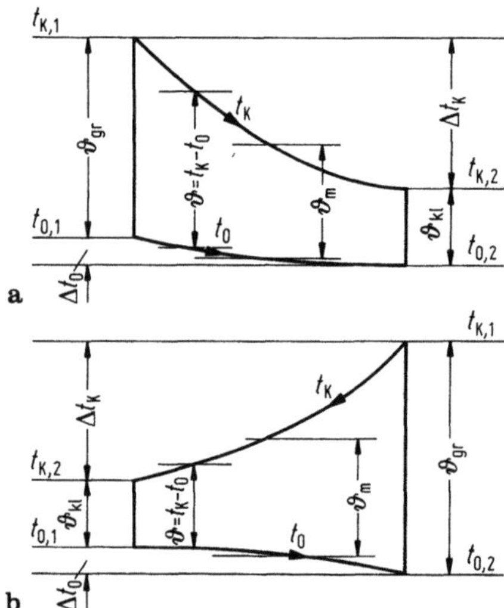

Abb. 4.51a, b. Temperaturverlauf in Einspritzverdampfern a) bei Gleichstrom, b) bei Gegenstrom und bei einseitig gerührtem Kreuzstrom.

zur Folge hat. Bei kleinen Werten von Δt_0 kann man näherungsweise mit dem mittleren logarithmischen Temperaturabstand

$$\vartheta_{\mathrm{m}} = (\vartheta_{\mathrm{gr}} - \vartheta_{\mathrm{kl}})/\ln(\vartheta_{\mathrm{gr}}/\vartheta_{\mathrm{kl}}) \tag{4.139}$$

rechnen, obwohl die Voraussetzungen hierfür bei Einspritzverdampfern nicht streng erfüllt sind.

Mit den in Abb. 4.51 eingetragenen Bezeichnungen ergibt sich aus Gl. (4.139) die mittlere Verdampfungstemperatur $\bar{t}_0$ näherungsweise zu

$$t_{0,\,\mathrm{m}} = (t_{\mathrm{K},\,1} - e^b\,t_{\mathrm{K},\,2})/(1 - e^b) \tag{4.140}$$

Dann ist

$$b = (t_{\mathrm{K},\,1} - t_{\mathrm{K},\,2})/\vartheta_{\mathrm{m}}.$$

Bei den Bauarten b bis e in Abb. 4.49 soll der Kälteträger wie in Darstellung b eingezeichnet, strömen, während das Kältemittel in den Strängen von unten nach oben strömt. Bezüglich des mittleren Temperaturabstands liegt somit Kreuzstrom vor. Hierfür ist die Gleichung für den einseitig geführten Kreuzstrom maßgebend:

$$\vartheta_{\mathrm{m}} = \cfrac{\Delta t_{\mathrm{K}}}{\ln \cfrac{1}{1 - \cfrac{\Delta t_{\mathrm{K}}}{\Delta t_0}\ln \cfrac{\vartheta_{\mathrm{gr}}}{\vartheta_{\mathrm{gr}} - \Delta t_0}}}. \tag{4.141}$$

Die Frage nach dem wirklich zutreffenden Temperaturabstand erübrigt sich bei der Stufenberechnung von Einspritzverdampfern, weil dabei in jeder Stufe zwangsläufig der Temperaturabstand mit vorgegebenen Temperaturen von Kälteträger und Kältemittel entsprechend der Gleichung für den Wärmeübergangskoeffizienten gebildet wird. Die Stufenberechnung von Einspritzverdampfern zur Kühlung flüssiger Kälteträger wird im Abschn. 4.5.4 für Gleichstrom, Gegenstrom und U-Führung des Kältemittels behandelt. Einige Rechenbeispiele aus den genannten Abschnitten zeigen, daß die Werte ϑ_{m} wenig von denen nach Gl. (4.139) abweichen.

Die abschnittsweise Rechnung liefert gleichzeitig Aussagen über die jeweils vorliegende Art des Wärmeübergangs, nämlich reine Konvektion, Blasenverdampfung oder konvektives Sieden. Rechnet man nicht abschnittsweise, so muß man kontrollieren, ob sich die Temperaturen von Kälteträger und verdampfender Flüssigkeit nicht zu sehr nähern. Ist dies der Fall, so muß man, da in Wirklichkeit Kreuzstrom herrscht, nach Gl. (4.141) für einseitig geführten Kreuzstrom rechnen.

4.5.2 Messungen der Wärmeübergangskoeffizienten an Versuchseinspritzverdampfern

Charakteristische Daten von Versuchsverdampfern sind in den Tab. 4.14 und 4.15 zusammengestellt. Die Abb. 4.52 bis 4.56 zeigen die zugehörigen Verdampfer. Die Rohre der Verdampfer 1 bis 5 bestanden aus Kupfer. Das zehnarmige Sternprofil von Verdampfer 2 war aus einer Aluminiumlegierung gefertigt. Das verdampfende Kältemittel strömte in den Rippenkanälen. Bei Verdampfer 3 strömte es im Ringspalt zwischen Rohr und Blindrohr. Das zu kühlende Wasser floß bei allen Verdampfern außerhalb der Rohre. Als Kältemittel diente R22. Die Verdampfer wurden im Kreislauf von Kälteanlagen mit Kolbenverdichtern und Ölabscheidern betrieben. Die inneren Längsrippen des Rohrs in Spalte 1, Tab. 4.14, bildeten enge Kanäle für den Durchgang des Kältemittels mit einem hydraulischen Durchmesser von $d = 1{,}9$ mm.

Verdampfer nach Abb. 4.57 wurden mit verschiedenen Rohren, 1 bis 4 entsprechend Tab. 4.15 untersucht. Rohre und Wellband bestanden aus Kupfer. Abb. 4.58 zeigt den Querschnitt eines Rohrs des Verdampfers 1 und Abb. 4.59 eine Ansicht des

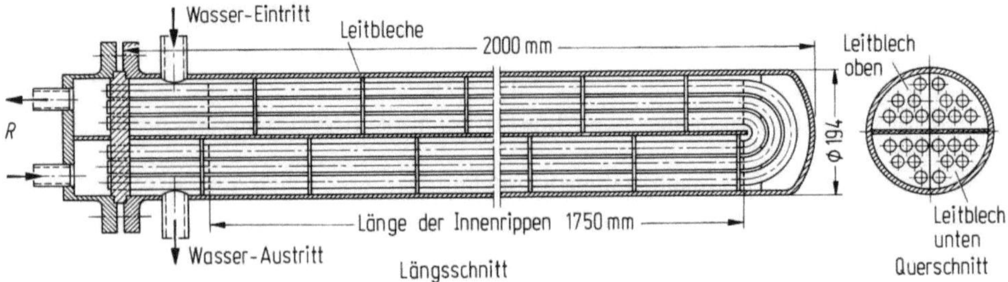

Abb. 4.52. Einspritzverdampfer mit innen gerippten Rohren. U-Führung des Kältemittels. Daten in Tab. 4.14.

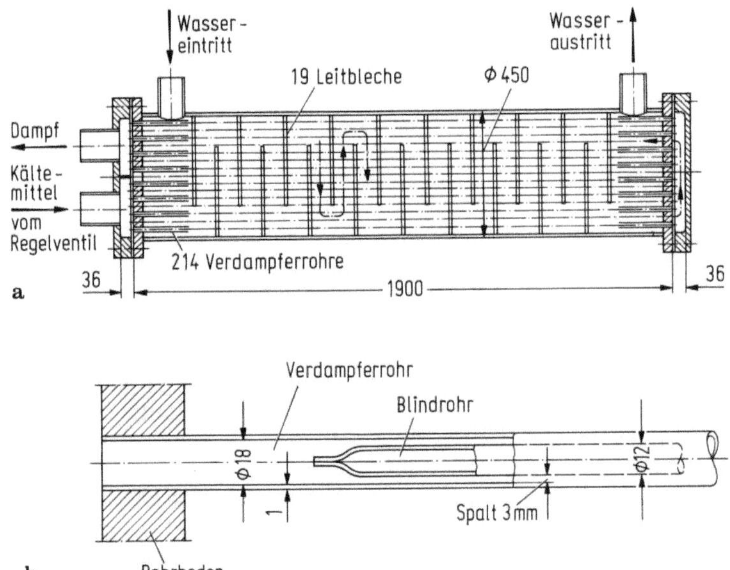

Abb. 4.53a, b. Einspritzverdampfer mit inneren Blindrohren und U-Führung des Kältemittels. Daten in Tab. 4.14, Maße in mm.

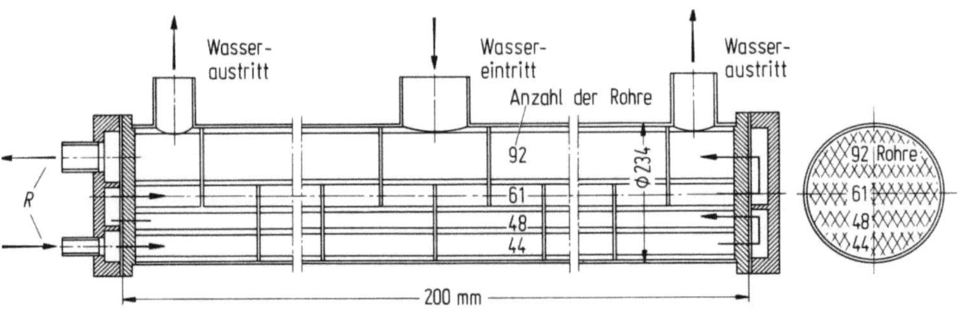

Abb. 4.54. Einspritzverdampfer mit Rohren ohne Einbauten mit vier Durchgängen für das Kältemittel. Daten in Tab. 4.14.

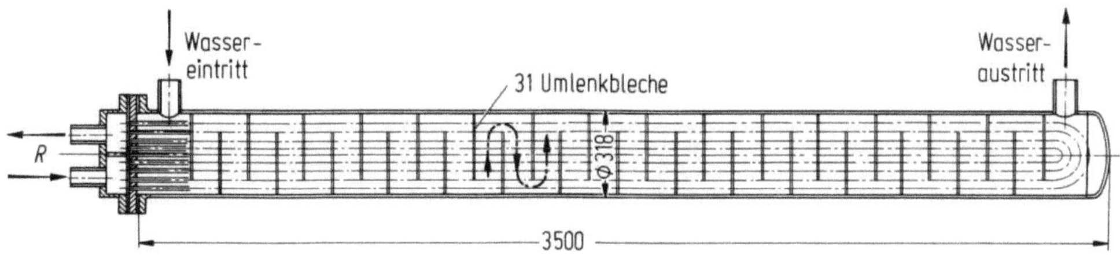

Abb. 4.55. Einspritzverdampfer mit Rohren ohne Einbauten mit acht Durchgängen für das Kältemittel. Daten in Tab. 4.14.

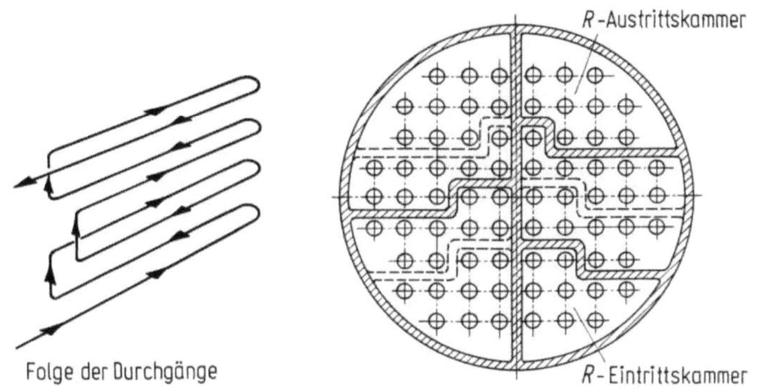

Abv. 4.56. Ausbildung der Umlenkkammer und der Durchgänge für das Kältemittel.

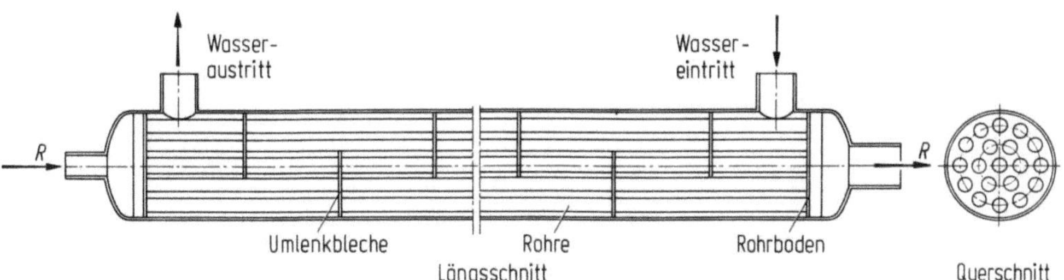

Abb. 4.57. Einspritzverdampfer 1 bis 4 mit Wellbandinnenrippen und einem Durchgang für das
Kältemittel. Daten in Tab. 4.15.

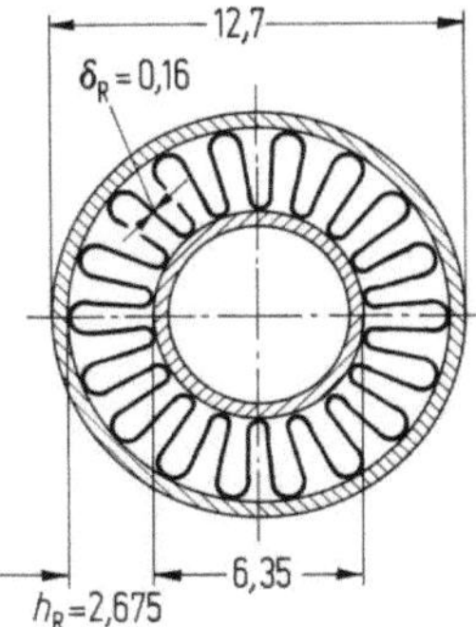

Abb. 4.58. Verdampferrohr mit Wellbandinnenrippen von Verdampfer 1, Tab. 4.15, Maße in mm.

Tabelle 4.14. *Charakteristische Daten von Versuchsverdampfern*

Verdampfer-Nr.		1	2	3	4	5
Abb.-Nr.			4.52	4.53	4.54	4.55 und 4.56
Rohrart: Maßgebender Rohrdurchmesser d oder hydraul. Durchmesser d_h	mm	enger Kanal eines Rohrs mit inneren Längsrippen 1,9	3,2	6	8,6	17
Anzahl der Rohre im Mantelquerschnitt			24	214	245	74
Anzahl der Durchgänge z			2	2	4	8
Anzahl der parallel geschalteten Rohrquerschnitte n			12	107	n von unten nach oben 44, 48, 61, 92	einer der Durchgänge hat 10 Rohre 9
Länge eines Durchgangs L	m	1,9	1,75 mit Rippen versehene Länge	1,9	2	3,5
Stranglänge $l = zL$	m	1,9	3,5	3,8	8	28
Verdampferfläche, bezogen auf Rohraußendurchmesser A_a	m²		2,65	24,7	15	15,4
Mittenabstand der Umlenkbleche	mm		80	83	93	100
Bereich der Verdampfungstemperatur t_0	°C	nahe 0	−8...+8	−6...+10	−4...+10	−3...+13
Wassergeschwindigkeit zwischen den Rohren auf der Linie des Manteldurchmessers	m/s		0,25...1,2	0,5...1,5	1,6	0,12...0,36
mittlere genutzte Enthalpiedifferenz $\Delta x^* \Delta h_d$	J/kg	166 000	174 000	168 000	163 000	176 000
Bereich der Massenstromdichte $\dot{m}$	kg/m²s	100...400	65...200	30...200	60...300	50...350
Größe $\dot{q}/\dot{m}$	J/kg	41	39,8	111	43,8	26,7

Teilflächen des Rohrs 2 mit Innenstern: $A_a^* = 0{,}062\,8$, $A_R^* = 0{,}126$, $A_i^* = 0{,}053\,4$, $A_{iR}^* = 0{,}039 \text{ m}^2/\text{m}$ (Abb. 4.43)

Tabelle 4.15. *Charakteristische Daten von Versuchsverdampfern mit Wellbandinnenrippen*

1	Verdampfer-Nr. (Abb. 4.57)		1	2	3	4
2	Innendurchmesser des Mantels	mm	101	102	102	102
3	Rohraußendurchmesser d_a	mm	12,7	16	16	16,1
4	Rohrinnendurchmesser d_i	mm	11,7	14,4	14,4	14,5
5	Blindrohrdurchmesser	mm	6,35	8	8	6,8
6	Anzahl der Rippen im Querschnitt	—	36	26	36	24
7	Rippendicke δ_R	mm	0,16	0,2	0,2	0,2
8	Außenfläche des Rohrs A_a^*	m²/m	0,04	0,050 2	0,050 2	0,050 5
9	Innenfläche des Rohrs A_i^*	m²/m	0,036 8	0,045 2	0,045 2	0,045 5
10	Rippenfläche A_R^*	m²/m	0,221	0,191	0,265	0,212
11	Fläche der Rippenkanäle $A_R^* + A_{iR}^*$	m²/m	0,252	0,234	0,308	0,256
12	freier Strömungsquerschnitt eines Rohrs S	cm²	0,58	0,93	0,86	1,07
13	hydraulischer Durchmesser des Rippenkanals d_h	cm²	0,92	1,38	1,08	1,55
14	Anzahl der Rohre im Mantelquerschnitt		37	19	19	19
15	Rohrlänge = Stranglänge l	m	0,95	1,0	1,0	0,992
16	Apparatefläche bez. auf $d_a A_a$	m²/m	1,41	0,953	0,953	0,952
17	Größe $\dot{q}/\dot{m}$	J/kg	33,6	49,3	37,7	55

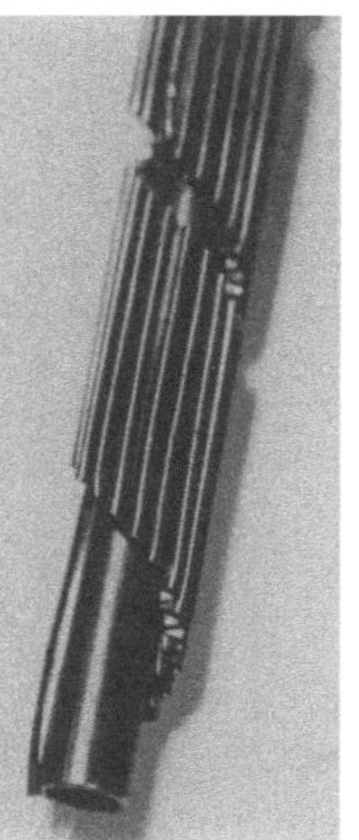

Abb. 4.59. Wellband nach Abb. 4.58.

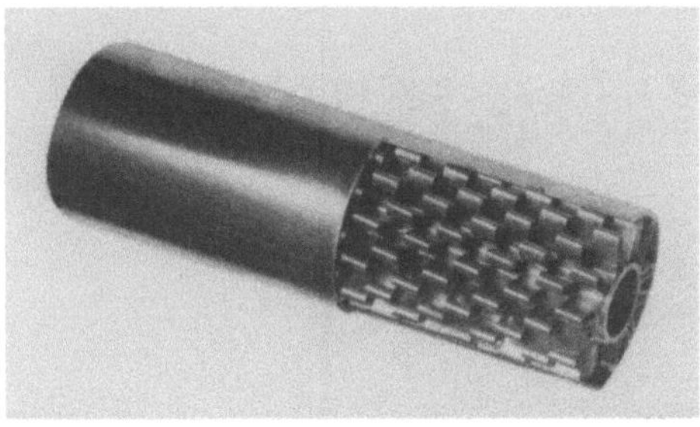

Abb. 4.60. Rohr und Wellband des Verdampfers 3, Tab. 4.15 (Ausführung Wieland-Werke AG, Ulm).

Wellbands. Das Innenrohr war ein Blindrohr; das Kältemittel strömte im Ringraum zwischen Innen- und Außenrohr durch die von den Wellbandrippen gebildeten Kanäle. Das zu kühlende Wasser floß außerhalb der Rohre im Gegenstrom zum Kältemittel. Ähnlich wie das Rohr des Verdampfers 1 war auch das Rohr von Verdampfer 4 ausgebildet; allerdings hatte es 24 Rippen im Querschnitt und nicht 36 wie die Rohre von Verdampfer 1. Abb. 4.60 zeigt die Rohre von Verdampfer 3. Die Rippen waren versetzt. Beim Verdampfer 2 waren sie fluchtend angeordnet. Das Kältemittel war R12 und die Verdampfungstemperatur lag in der Nähe von $t_0 = 0\,°C$. Die Verdampfer wurden ebenfalls im Kreislauf einer Kältemaschine mit Ölabscheider betrieben.

Aus dem gemessenen Wärmestrom $\dot{Q}$, der auf den Rohraußendurchmesser d_a bezogenen Apparatefläche A_a und dem mittleren Temperaturabstand ϑ_m wird für jeden Meßpunkt $k_a = \dot{Q}/(A_a\,\vartheta_m)$ und aus Gl. (4.125) der Wärmeübergangskoeffizient auf der Kältemittelseite α_i berechnet, worin

$$W = \frac{1}{\alpha_K} + W_S \qquad (4.142)$$

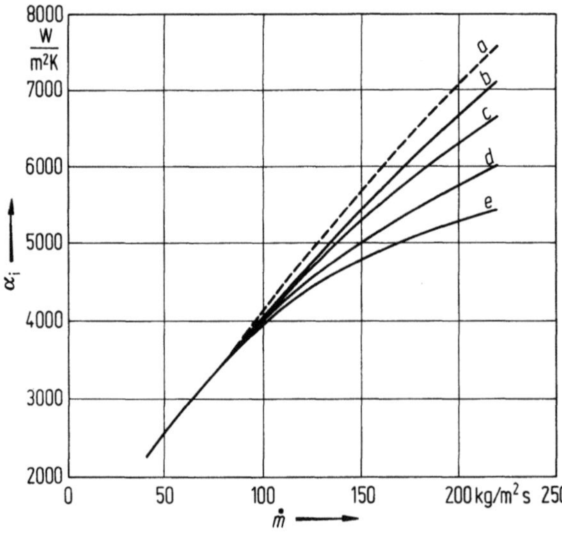

Abb. 4.61. Gemessene (durchgezogen) und extrapolierte (gestrichelt) Wärmeübergangskoeffizienten α_i von R22 bei $t_0 \approx 0\,°C$. Versuchsverdampfer 2, Tab. 4.14. Überhitzung gegenüber der zum Austrittsdruck gehörenden Sättigungstemperatur: *a:* 0 K, *b:* 2 K, *c:* 3,5 K, *d:* 6 K, *e:* 8 K.

gesetzt wird. Dabei ist α_K der Wärmeübergangskoeffizient auf der Wasserseite und $W_S = 10^{-5}\,\mathrm{m^2\,K/W}$ der für neue Versuchsapparate angenommene Fremdschichtwiderstand. Für Verdampfer mit Innenrippen erhält man den Wärmeübergangskoeffizienten im Rippenkanal α_{RK} aus Gl. (4.129). Darin kommt der Rippenwirkungsgrad η_R vor, den man für die Versuchsverdampfer 1 bis 4 in den Abb. 4.46 und 4.48 dargestellt findet. Den Abb. 4.44 bzw. 4.47 kann man α_{RK} bei gegebenem α_i unmittelbar entnehmen.

Die Verdampfer 2 und 3 (Tab. 4.14) haben U-Führung; die Verdampfer 4 und 5 haben vier und acht Durchgänge für das Kältemittel. Wie in Abschn. 4.5.1 dargelegt, wird der mittlere Temperaturabstand ϑ_m für diese Verdampfer nach Gl. (4.139) berechnet. Dies gilt auch für die Verdampfer 1 bis 4 (Tab. 4.15).

Die Kältemitteltemperaturen $t_{0,1}$ und $t_{0,2}$ sind die zu den Drücken am Ein- und Austritt gehörenden Sättigungstemperaturen, auch wenn der Dampf überhitzt austritt.

Die Wärmeübergangskoeffizienten der Versuchsapparate auf der Wasserseite α_K wurden nach dem Verfahren von DONOHUE [35] berechnet, wobei eine Kontrolle zufriedenstellende Übereinstimmung zwischen Meß- und Rechenwerten ergab.

Der mittlere Wärmeübergangskoeffizient α_i für verdampfendes Kältemittel eines Verdampfers wird beträchtlich von der Überhitzung des Dampfes am Austritt beeinflußt. Daher wurden die Meßwerte je nach Größe der Überhitzung in Gruppen eingeteilt. Die ermittelten Werte α_i sind für die Verdampfer 2 bis 5 in den Abb. 4.61 bis 4.64 dargestellt. Die dargestellten Kurven enthalten bereits die Extrapolation auf verschwindende Überhitzung (gestrichelt), womit eine einheitliche Grundlage für den Vergleich mit Rechenwerten gegeben ist.

Meßergebnisse am Verdampfer 1, die den Einfluß der Überhitzung auf den Wärmeübergangskoeffizienten zeigen, sind in Abb. 4.65 dargestellt.

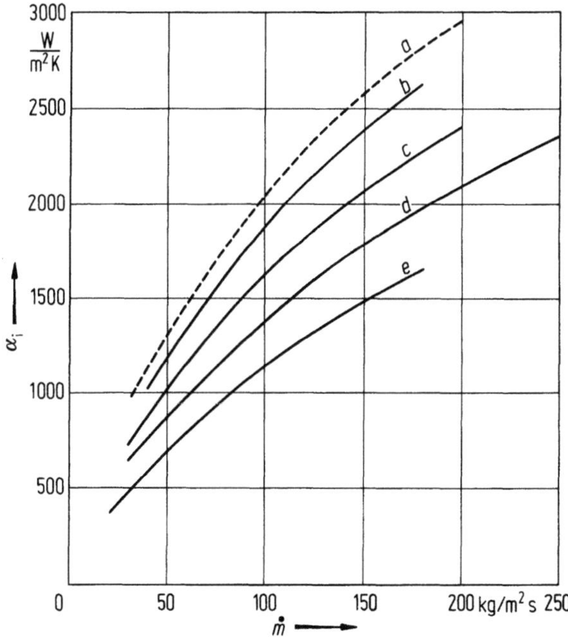

Abb. 4.62. Wie Abb. 4.61, jedoch Versuchsverdampfer 3, Tab. 4.14. Überhitzung gegenüber der zum Austrittsdruck gehörenden Sättigungstemperatur: *a:* 0 K, *b:* 0,5 K, *c:* 1,5 K, *d:* 3 K, *e:* 7 K.

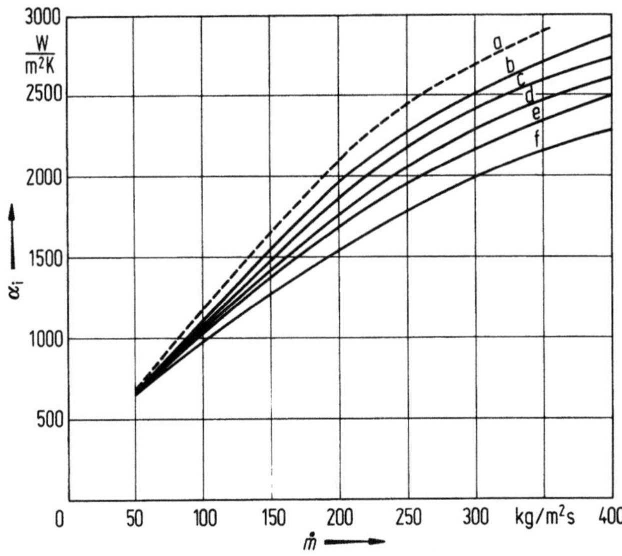

Abb. 4.63. Wie Abb. 4.61, jedoch Versuchsverdampfer 4, Tab. 4.14. Überhitzung gegenüber der zum Austrittsdruck gehörenden Sättigungstemperatur: *a:* 0 K, *b:* 1,5 K, *c:* 2,5 K, *d:* 3,5 K, *e:* 4,5 K, *f:* 6 K.

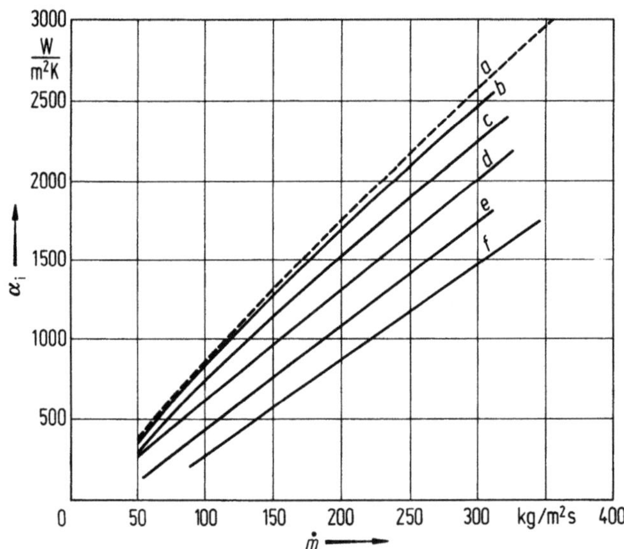

Abb. 4.64. Wie Abb. 4.61, jedoch Versuchsverdampfer 5, Tab. 4.14. Überhitzung gegenüber der zum Austrittsdruck gehörenden Sättigungstemperatur: *a:* 0 K, *b:* 1 K, *c:* 3 K, *d:* 5 K, *e:* 7 K, *f:* 9 K.

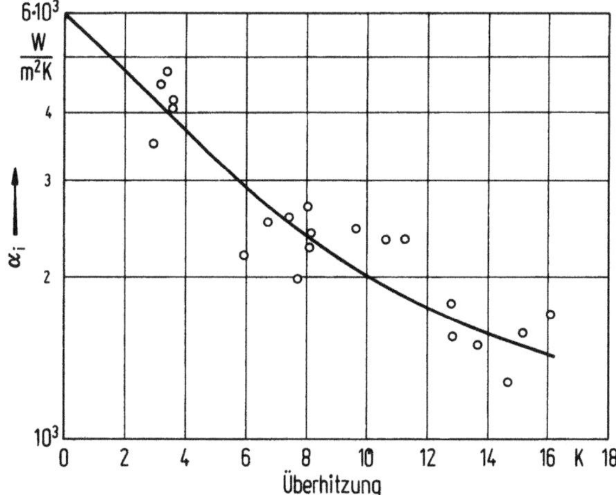

Abb. 4.65. Einfluß der Überhitzung des austretenden Kältemitteldampfes auf den Wärmeübergangskoeffizienten α_i. Verdampfer 1, Tab. 4.15. Massenstromdichte $\dot{m} = 65$ kg/m²s, $t_0 \approx 0\,°C$, Kältemittel R12.

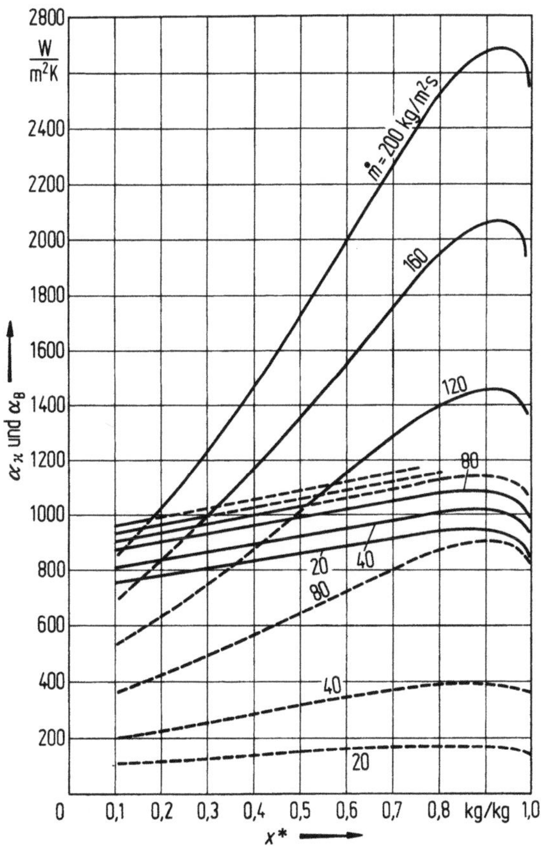

Abb. 4.66. Örtliche Wärmeübergangskoeffizienten α_B und α_κ abhängig vom Dampfgehalt x^*, durchgezogene Kurven. Die flacheren Kurven stellen den Bereich der Blasenverdampfung nach Gl. (4.99) dar, die steilen den des konvektiven Siedens nach Gl. (4.101). R22, $t_0 = 0\,°C$, $d = 14$ mm und $\dot{q} = 5000$ W/m².

4.5.3 Das Einspritzverdampfer-Diagramm (EV-Diagramm)

In Abb. 4.66 ist der Verlauf des Wärmeübergangskoeffizienten von R22 bei einer Verdampfungstemperatur $t_0 = 0\,°C$, einem Rohrinnendurchmesser von $d = 14$ mm und einer Wärmestromdichte von $\dot q = 5\,000$ W/m² abhängig vom Dampfgehalt x^* für Blasenverdampfung und für konvektives Sieden für verschiedene Werte der Massenstromdichte $\dot m$ dargestellt. Von den beiden Werten $\alpha_{B,0}$ und $\alpha_{x,0}$ gilt immer der größere Wert.

An den durchgezogenen Kurven kann man verfolgen, bei welchem Wert des Dampfgehalts x^* Blasensieden in konvektives Sieden übergeht. Nur bei kleinen Massenstromdichten $\dot m < 80$ kg/m²s herrscht auf der ganzen Länge des Rohrs Blasenverdampfung. Mit steigender Massenstromdichte $\dot m$ verschiebt sich der Bereich des konvektiven Siedens zu kleineren Dampfgehalten, der sich von $\dot m = 250$ kg/m²s an über die ganze Rohrlänge erstreckt.

Für die Verdampferberechnung interessieren die Integralmittelwerte des Wärmeübergangskoeffizienten längs des Rohrs. Diese sind in Abb. 4.67 dargestellt. Unterhalb von $\dot m = 80$ kg/m²s gilt Gl. (4.115) für Blasenverdampfung, dargestellt durch Linie *1*, und oberhalb von $\dot m = 250$ kg/m²s gilt Gl. (4.122) für konvektives Sieden, dargestellt durch Linie *2*. Beide werden durch die Übergangskurve *3* verbunden. Man erkennt übrigens, daß man keinen allzugroßen Fehler macht, wenn man die Übergangskurve *3* nicht beachtet und den Wechsel von Blasensieden zum konvektiven Sieden im Schnittpunkt *S* annimmt.

Führt man dieselbe Rechnung auch für andere Werte der Wärmestromdichte $\dot q$ aus, so entsteht ein EV-Diagramm (Abb. 4,68, die für R22 bei $t_0 = 0\,°C$ gilt), das in dieser Form zuerst von Schlünder, Chawla und Thomé [33, 34] ausgearbeitet wurde.

Es soll nun gezeigt werden, auf welche Weise man dem Diagramm Wärmeübergangskoeffizienten für bestimmte Einspritzverdampfer entnehmen kann. Diese Werte sollen mit Meßwerten aus Abschn. 4.5.2 verglichen werden.

Aus Tab. 4.14 entnimmt man die Größe $\dot q/\dot m$ der fünf Versuchsverdampfer, so daß man zu den Kurven $\dot q = $ const im EV-Diagramm die zugehörigen Werte $\dot m$ bestimmen kann. Damit ergeben sich die den Verdampfern 1 bis 5 entsprechenden Kurven *1* bis *5* in Abb. 4.68, für die jeweils $\dot q/\dot m = $ const ist, weil $\dot q/\dot m = \Delta h\, S/A$ ein fester Wert ist. An diesen Kurven kann man die Wärmeübergangskoeffizienten der Versuchsverdampfer ablesen, allerdings nur für $d = 14$ mm Rohrdurchmesser, weil Abb. 4.68 nur für diesen

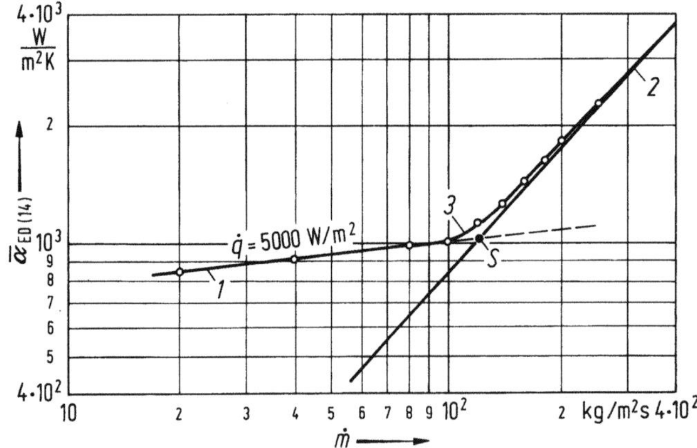

Abb. 4.67. Mittlere Wärmeübergangskoeffizienten $\bar\alpha_{ED(14)}$ aus Abb. 4.66, abhängig von der Massenstromdichte $\dot m$. *1* Blasenverdampfung, *2* konvektives Sieden, *3* Übergangskurve.

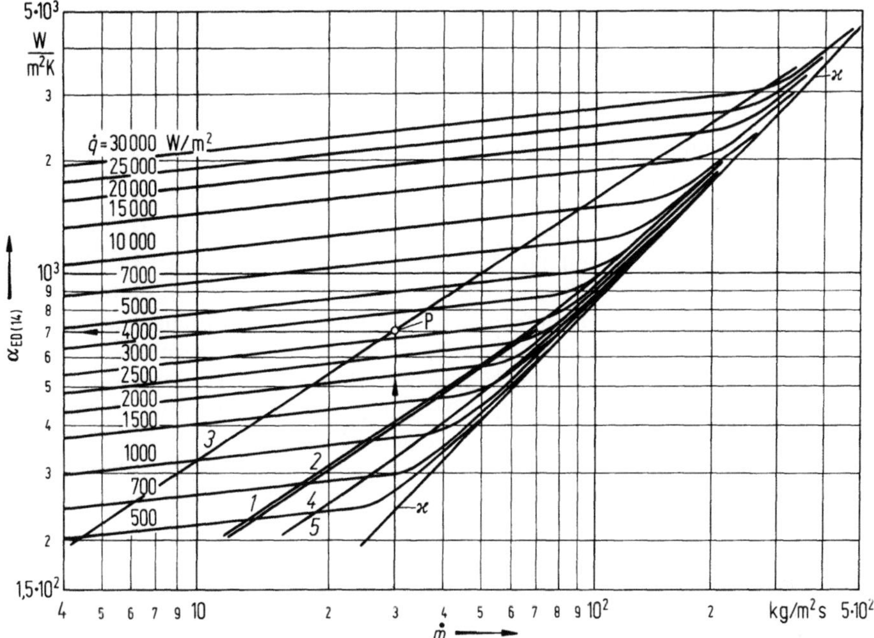

Abb. 4.68. EV-Diagramm für R22, $t = 0\,°C$ und $d = 14\,mm$. Kurven *1* bis *5*: $\dot{q}/\dot{m}$ = const. Versuchsverdampfer nach Tab. 4.14.

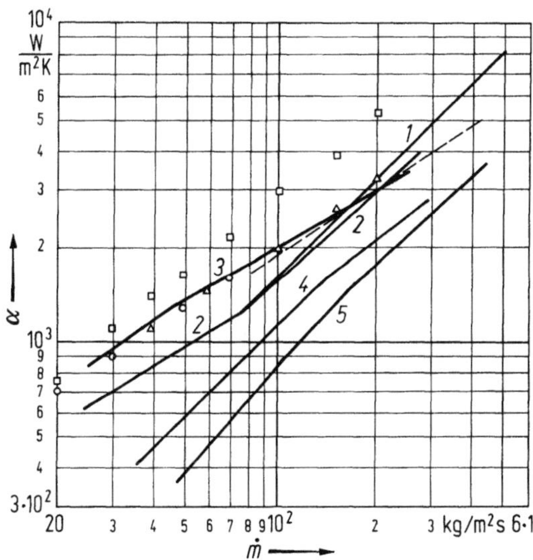

Abb. 4.69. Wärmeübergangskoeffizienten α_i bzw. α_{RK} aus Messungen an Versuchsverdampfern 1 bis 5, Tab. 4.14. Für den Verdampfer 3 sind zum Vergleich Rechenwerte mit eingetragen. $\alpha_{ED,\,d}$: (○) aus EV-Diagramm Abb. 4.68. $\alpha_{ED,\,d}$: (□) aus EV-Diagramm Abb. 4.70. $\bar{\alpha}_{i,\,\mu}$: (△) aus abschnittsweiser Berechnung.

Rohrdurchmesser gilt. Die Werte sind mittels des Faktors $(0{,}014/d)^{0,3}$ auf die Durchmesser d der jeweiligen Verdampfer umzurechnen.

Dem beschriebenen EV-Diagramm liegt die Annahme zugrunde, daß sich der Dampfgehalt linear mit der Rohrlänge ändert. Die Wärmeübergangskoeffizienten, die man dem Diagramm entnimmt, weichen daher von denjenigen ab, die eine genauere abschnittsweise Berechnung liefern. Je nachdem, ob Kältemittel und Kälteträger im Gleichstrom, Gegenstrom oder in U-Führung geschaltet sind, weicht der Verlauf des Dampfgehalts x^* in verschiedener Weise vom linearen Verlauf ab (Abb. 4.42). Entsprechend ändern sich auch die Integralmittelwerte des Wärmeübergangskoeffizienten etwas. Wenn auch das EV-Diagramm diese Besonderheiten nicht erfaßt, so ist es doch ein einfaches Hilfsmittel, das Richtwerte für die mittleren Wärmeübergangskoeffizienten verschiedener Kältemittel liefert.

Dies wird durch einen Vergleich zwischen gemessenen Wärmeübergangskoeffizienten und solchen, die mit Hilfe des EV-Diagramms berechnet wurden, bestätigt.

In Abb. 4.69 sind als Beispiel dafür aus Messungen ermittelte mittlere Wärmeübergangskoeffizienten für das Kältemittel R22 bei einer Verdampfungstemperatur von etwa 0 °C für die Einspritzverdampfer 1 bis 5 der Tab. 4.14 als durchgezogene Kurven dargestellt. Das Kältemittel wurde bei diesen Versuchen nicht überhitzt.

Die zum Vergleich eingetragenen Punkte O sind dem EV-Diagramm von Abb. 4.68 entnommen und mit dem Faktor $(0{,}014/d)^{0{,}3}$ auf den Durchmesser des Versuchsrohrs umgerechnet. Die Übereinstimmung ist durchaus befriedigend.

Von Interesse ist auch ein Vergleich zwischen den örtlichen Wärmeübergangskoeffizienten mit den entsprechenden Meßwerten. Zu diesem Zweck sind in Abb. 4.70 die an den Verdampfern 1 bis 5 der Tab. 4.14 gemessenen Wärmeübergangskoeffizienten eingezeichnet. Die Werte $\alpha_{ED(14)}$ gelten für einen Rohrdurchmesser von 14 mm. Als Beispiel liest man für Verdampfer 3, Punkt P in Abb. 4.70, den Wert $\alpha_{ED(14)} = 850$ W/m²K ab. Diesem Wert entspricht für ein Rohr von 6 mm Durchmesser der Punkt P_2 in Abb. 4.69, zu dem der Wert $\alpha_{ED(6)} = 850 \cdot (0{,}014/0{,}006)^{0{,}3} = 1\,100$ W/m²K gehört. Allerdings erkennt man aus Abb. 4.69 auch, daß Meßwerte des örtlichen Wär-

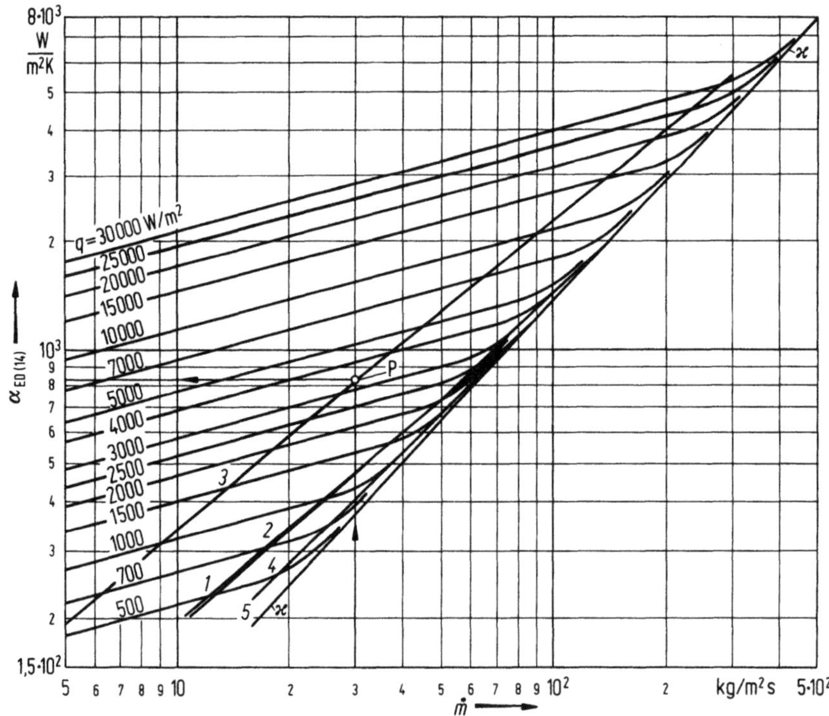

Abb. 4.70. EV-Diagramm R22, $t_0 = 0$ °C, $d = 14$ mm, aus Meßwerten.

meübergangskoeffizienten stärker von den Rechenwerten abweichen. Offenbar ist der Exponent der Massenstromdichte mit 0,27 zu groß und durch den kleineren Wert 0,1 zu ersetzen, während die Abhängigkeit $\alpha \sim (1/d)^{0,3}$ für die hier untersuchten Verdampferrohre mit Durchmessern zwischen 1,9 und 17 mm die Meßwerte befriedigend wiedergibt.

Für Rohre mit inneren Längsrippen hat DJATSCHKOW [27] die mittleren Wärmeübergangskoeffizienten von verdampfendem R22 durch $\bar{\alpha} = 100\ \dot{m}^{0,7}\,(1/d_\mathrm{h})^{0,1}\,(p/p_\mathrm{kr})^{0,4}$ beschrieben. Dem entspricht die gestrichelte Linie für Verdampfer 1 in Abb. 4.69. Diese Linie verläuft flacher als die ausgezogene Kurve für die Meßwerte.

Für die Versuchsverdampfer 1 bis 5 mit Wellbandrippen, Tab. 4.15, ergab sich für R12 bei einer Verdampfungstemperatur von annähernd 0 °C die Beziehung $\bar{\alpha}_\mathrm{B} \sim \dot{m}^{0,27}$ entsprechend Gl. (4.91). Aus ihr findet man für ein Rohr von 14 mm Durchmesser und dem Druckverhältnis $p/p_\mathrm{kr} = 0,75$ den Zusammenhang $\bar{\alpha}_\mathrm{B} = 2,66\ \dot{m}^{0,27}\,\dot{q}^{0,56}$. Die Meßwerte entsprechen hingegen der Beziehung

$$\bar{\alpha}_\mathrm{B} = 1,91\ \dot{m}^{0,27}\,\dot{q}^{0,356}, \tag{4.143}$$

liegen also unter den Werten aus Gl. (4.91). Entsprechend erhält man für den Bereich des konvektiven Siedens aus Gl. (4.105) $\bar{\alpha}_\kappa = 5,02\ \dot{m}^{1,145}$, während die Meßwerte wieder unter den berechneten Werten liegen und durch

$$\bar{\alpha}_\kappa = 3,91\ \dot{m}^{1,1} \tag{4.144}$$

wiedergegeben werden.

Im EV-Diagramm Abb. 4.71 entsprechen die Kurven $\dot{q} = \mathrm{const}$ der Gl. (4.143) und die Linie $\kappa - \kappa$ Gl. (4.144). Die Übergangskurven zwischen den Linien $\dot{q} = \mathrm{const}$ und

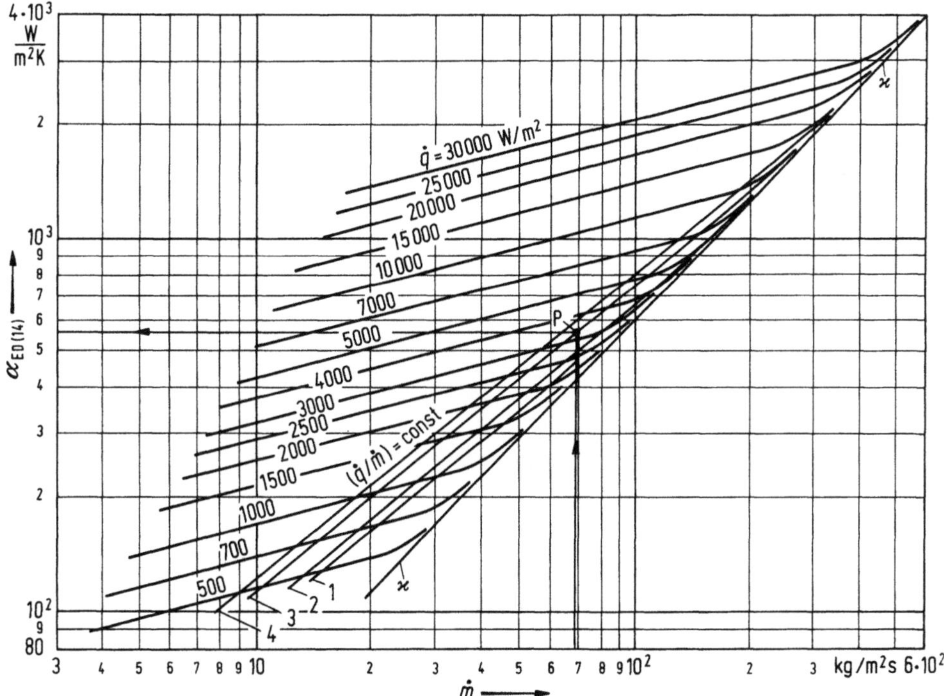

Abb. 4.71. EV-Diagramm für R13, $t_0 = 0$ °C, $d = 14$ mm, Werte $\dot{q}/\dot{m}$ nach Gl. (4.138), Versuchsverdampfer 1 bis 4 mit Wellbandinnenrippen, Tab. 4.15.

der Linie $\kappa - \kappa$ sind in Anlehnung an Abb. 4.67 eingezeichnet. Die genutzte Enthalpie-differenz lag bei den Verdampfermessungen in der Nähe von $\Delta x^* \Delta h_{\mathrm{d}}$ = 130 000 J/kg.

Das Diagramm gilt für einen Rohrdurchmesser von 14 mm. Die Umrechnung auf andere Durchmesser zeigt das eingetragene Beispiel, wonach man für den Verdampfer W2 bei $\dot{m}$ = 70 kg/m²s, Punkt P, den Wert $\alpha_{\mathrm{ED}(14)}$ = 570 W/m²K abliest. Mit dem hydraulischen Durchmesser d = 0,001 38 m nach Tab. 4.15, Zeile 13, erhält man $\alpha_{\mathrm{ED}(1,38)}$ = 570 · (0,014/0,013 8)^{0,3} = 1 142 W/m²K.

Will man EV-Diagramme für Verdampfer mit Wellbandinnenrippen für andere Kältemittel als R12 aufstellen, so empfiehlt es sich offenbar, die Konstante in Gl. (4.91) und in Gl. (4.112) zu verringern, um bessere Übereinstimmung mit den Meß-werten zu erzielen. Es wird vorgeschlagen, die rechte Seite von Gl. (4.91) noch mit dem Faktor 0,72 und in Gl. (4.112) mit dem Faktor 0,62 zu multiplizieren.

4.5.3.1 Einige Rechenbeispiele

a) *Einspritzverdampfer für* R13. *EV-Diagramm*

Es sollen die Wärmeübergangskoeffizienten $\alpha_{\mathrm{ED}(8,6)}$ auf der Kältemittelseite des Verdampfers 4 nach Tab. 4.14 ermittelt werden, wenn er mit R13 bei t_0 = −40 °C Verdampfungstemperatur betrieben wird. Zu diesem Zweck soll das entsprechende EV-Diagramm für d = 8,6 mm Rohrdurchmesser erstellt werden.

Im Bereich des Blasensiedens gilt Gl. (4.91) mit dem Faktor F nach Tab. 4.11. Damit findet man wegen p/p_{kr} = 6,05/38,6 = 0,523 die Beziehung $\bar{\alpha}_{\mathrm{B},0}$ = 6,58 $\dot{m}^{0,1} \dot{q}^{0,56}$. Für den Bereich des konvektiven Siedens gilt Gl. (4.118) zusammen mit Gl. (4.112). Wegen $T_{\mathrm{S}}/T_{\mathrm{kr}}$ = 223/302 = 0,436 und mit dem Faktor K_{Sl} = 0,09 nach Tab. 4.13 erhält man die Beziehung $\bar{\alpha}_{\kappa,0}$ = 4,52 $\dot{m}^{1,052}$. Das entsprechende EV-Diagramm zeigt

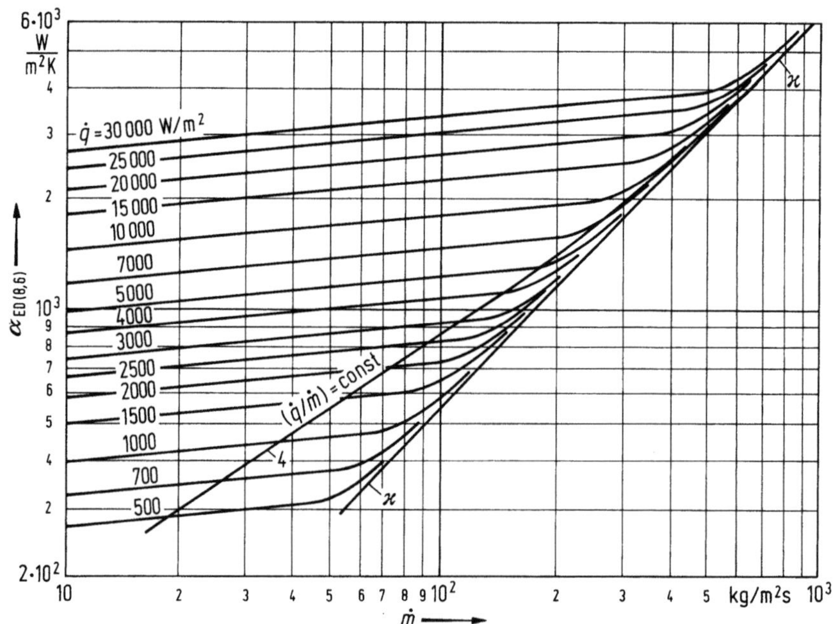

Abb. 4.72. EV-Diagramm für R13, t_0 = −40 °C, d = 8,6 mm, Werte $\dot{q}/\dot{m}$ = const für Verdampfer 4, Tab. 4.14.

Abb. 4.72. Der Dampfgehalt am Eintritt sei $x_1^* = 0{,}2$ und am Austritt $x_2^* = 1$. Daher ist $(\Delta x^* \Delta h_{\mathrm{d}}) = 0{,}80 \cdot 125\,600 = 100\,480$ J/kg. Die Stranglänge ist 1,8 m gemäß Tab. 4.14. Aus Gl. (4.144) ergibt sich dann $\dot{m} = \dot{q}/27$. Damit kann man die Kurve $\dot{q}/\dot{m} = $ const in das EV-Diagramm eintragen und an dieser die gewünschten Wärmeübergangskoeffizienten $\alpha_{\mathrm{ED}(8,6)}$ des Verdampfers, abhängig von der Massenstromdichte $\dot{m}$, unmittelbar ablesen. Bis etwa $\dot{m} = 150$ kg/m²s verläuft die Kurve im Bereich des Blasensiedens, darüber hinaus im Bereich des konvektiven Siedens. Eine Umrechnung auf andere Durchmesser als 8,6 mm ist leicht möglich, indem man die Wärmeübergangskoeffizienten mit dem Faktor $(0{,}008\,6/d)^{0,3}$ multipliziert.

b) *Bestimmung der Fläche eines Einspritzverdampfers für R22,*
$d = 8{,}6$ mm *Rohrdurchmesser*

Es sollen die in Spalte 1 von Tab. 4.16 genannten Daten eines Verdampfers nach Art von Abb. 4.49a mit einem Durchgang gelten.

Man geht von dem für R22 bei 0 °C und für einen Rohrdurchmesser von 14 mm geltenden EV-Diagramm aus, von dem ein Ausschnitt in Abb. 4.67 wiedergegeben ist, aus, und rechnet dieses mit Hilfe des Korrekturfaktors $(14/8{,}6)^{0,3} = 1{,}157$ auf ein Rohr von 8,6 mm Durchmesser um. Damit erhält man die Kurve *1* in Abb. 4.74. Kurve *2* stellt den Wärmeübergangskoeffizienten auf der Innenseite dar, der sich aus

Tabelle 4.16. *Daten zum Rechenbeispiel* b)

Spalte			1	2
Verdampferbauart			Verdampfer mit einem Durchgang nach Abb. 4.57, jedoch Rohre ohne Einbauten	Verdampfer Abb. 4.52, Tab. 4.14, Nr. 2 10armiger Alu-Stern, U-Führung
	Daten			
1	Rohraußendurchmesser d_{a}	mm	10	20
2	Rohrinnendurchmesser d_{i}	mm	8,6	17
3	Verhältnis $d_{\mathrm{a}}/d_{\mathrm{i}}$	—	1,16	1,276
4	Anzahl parallel geschalteter Rohre	—	100	12
5	freier Querschnitt aller Rohre von Zeile 4	m²	0,005 8	0,001 59
6	Kältemittel	—	R22	R22
7	Verdampfungstemperatur t_0	°C	0	+1,6
8	Dampfgehalt am Eintritt x_1^*	—	0,1	0,15
9	Dampfgehalt am Austritt x_2^*	—	1	1
10	$\Delta x^* = x_2^* - x_1^*$	—	0,9	0,85
11	nutzbare Verdampfungsenthalpie $(\Delta x^* \Delta h_{\mathrm{d}})$	J/kg	186 300	175 877
12	Massenstromdichte $\dot{m}$	kg/m²s	50	80
13	Wassereintrittstemperatur $t_{\mathrm{K},1}$	°C	14	9,3
14	Wasseraustrittstemperatur $t_{\mathrm{K},2}$	°C	5	4,7
15	Wärmeübergangswiderstand außerhalb der Rohrinnenfläche W	m²K/W	0,000 5	0,000 25
16	Verdampferleistung $\dot{Q}$	W	54 000	22 430
17	log. mittlere Temperaturdifferenz ϑ_{m}	K	8,75	5,08
18	Teilflächen des Rohrs mit 10armigem Alu-Stern: $A_{\mathrm{a}}^* = 0{,}053\,4$, $A_{\mathrm{R}}^* = 0{,}126$, $A_{\mathrm{i,R}}^* = 0{,}039$ m²/m (Abb. 4.43).			

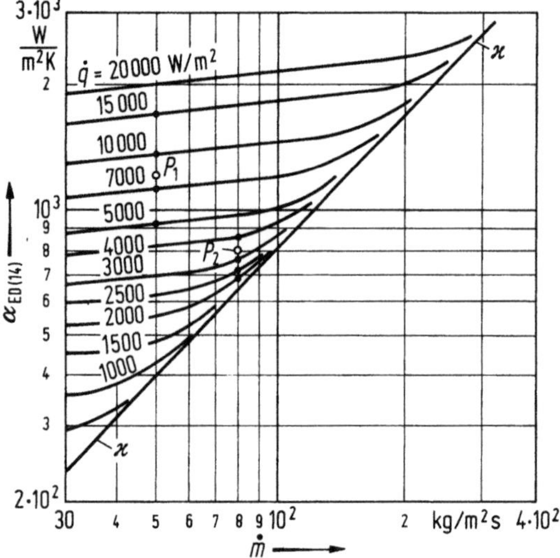

Abb. 4.73. EV-Diagramm für R22, $t_0 = 0\,°C$, Ausschnitt aus Abb. 4.68. Betriebspunkte P_1 und P_2 zu den Rechenbeispielen 4.5.3.1b und 4.5.3.1c.

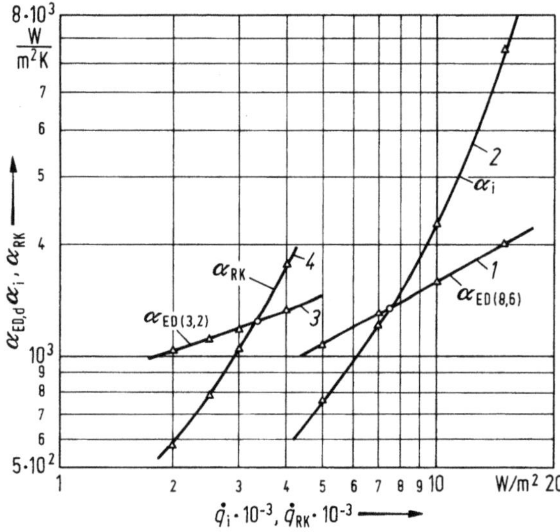

Abb. 4.74. Hilfskurven zu den Beispielen 4.5.3.1b und 4.5.3.1c. Kurven *1* und *3*: Wärmeübergang aus EV-Diagramm, Kurven *2* und *4* nach Gl. (4.125) und (4.130).

Gl. (4.125) ergibt. Beide Kurven schneiden sich bei: $\alpha_i = 1\,350\ \text{W/m}^2\text{K}$ und $\dot{q} = 7\,500\ \text{W/m}^2$.

Die erforderliche, auf $d = 8,6\ \text{mm}$ bezogene Fläche ist daher $A_i = 54\,000/7\,500 = 7,2\ \text{m}^2$ und $A_a = 1,16 \cdot 7,2 = 8,35\ \text{m}^2$, die erforderliche Rohrlänge $l = 2,7\ \text{m}$. Um den mittleren Betriebspunkt P_1 in das EV-Diagramm eintragen zu können, reduziert man $\alpha_i = 1\,350\ \text{W/m}^2\text{K}$ auf $d = 14\ \text{mm}$ Durchmesser zu $1\,350/(14/8,6)^{0,3} = 1\,170\ \text{W/m}^2\text{K}$. Dies ergibt den Betriebspunkt P_1 in Abb. 4.73. Er liegt so weit im Bereich des Blasensiedens, daß vermutlich über die gesamte Rohrlänge Blasensieden herrscht. Eine abschnittsweise Berechnung dieses Verdampfers (Abschn. 4.5.4) wird die hier gefundenen Ergebnisse im wesentlichen bestätigen.

c) Bestimmung der Fläche eines Einspritzverdampfers mit Innenrippen, R22 als Kältemittel

Für dieses Beispiel sei der Versuchsverdampfer 2, Tab. 4.14, mit 10armigem Sternprofil als Innenrippen gewählt. Die Daten für dieses Beispiel enthält Tab. 4.16, Spalte 2.

Dem EV-Diagramm (Abb. 4.73) entnimmt man für $\dot{m} = 80$ kg/m²s die Werte $\alpha_{ED(14)}$, woraus man durch Umrechnung mit dem Faktor $(14/3{,}2)^{0{,}3} = 1{,}557$ die für 3,2 mm Rohrdurchmesser gültigen Werte der Wärmeübergangskoeffizienten erhält. Diese sind in Abb. 4.74 als Kurve *3* eingetragen.

Der Wärmeübergangskoeffizient α_i auf der Innenseite enthält noch den Rippenwirkungsgrad, der seinerseits eine Funktion des Wärmeübergangskoeffizienten α_{RK} ist. Man muß daher den Rippenwirkungsgrad zunächst schätzen und den Schätzwert dann iterativ verbessern. Führt man die Rechnung für verschiedene Wärmestromdichten durch, so erhält man schließlich als Ergebnis die Kurve *4* in Abb. 4.74. Die Kurven *3* und *4* schneiden sich im Punkt $\alpha_{RK} = 1\,230$ W/m²K und $\dot{q}_{RK} = 3\,300$ W/m².

Die gesuchte Apparatefläche ergibt sich schließlich zu

$$A_a = \dot{Q} A_i^*(d_a/d_i)/(\dot{q} A_{RK}^*) = 22\,430 \cdot 0{,}053\,4 \cdot 1{,}176/(3\,300 \cdot 0{,}164\,5) = 2{,}6\ \text{m}^2.$$

Sie bezieht sich auf die Rohraußenfläche und entspricht einer Stranglänge von etwa $l = 3{,}5$ m oder 1,75 m berippte Länge für jeden der beiden Durchgänge der U-Führung.

Der zum Wärmeübergangskoeffizienten α_{RK} von $1\,230$ W/m²K gehörende Wert $\alpha_{ED(14)} = 1\,230 \cdot (3{,}2/14)^{0{,}3} = 790$ W/m²K ergibt einen Betriebspunkt P_2 in Abb. 4.73, der im Übergangsbereich zwischen Blasenverdampfung und konvektivem Sieden liegt, so daß im Verdampfer vermutlich beide Arten der Wärmeübertragung vorkommen.

d) Bestimmung der Verdampfungstemperatur eines Einspritzverdampfers
für R22 bei gegebener Fläche

Es sollen die Daten von Spalte 1 in Tab. 4.16 gelten. Außerdem sei die Apparatefläche $A_i = 7{,}2$ m² bzw. $A_a = 8{,}35$ m² gegeben. Die erforderliche Verdampfungstemperatur soll berechnet werden. Es ist $\dot{q} = \dot{Q}/A_i = 54\,000/7{,}2 = 7\,500$ W/m². Für diese Wärmestromdichte und $\dot{m} = 50$ kg/m²s entnimmt man dem EV-Diagramm Abb. 4.73 im Punkt P_1 den Wert $\alpha_{ED} = 1\,170$ W/m²K. Die Umrechnung auf $d = 8{,}6$ mm Durchmesser ergibt $\alpha_{ED} = 1\,170\,(14/8{,}6)^{0{,}3} = 1\,350$ W/m²K. Aus Gl. (4.123) folgt

$$k_a = 1/[((d_a/d_i)/\alpha_i) + W] = 1/[(1{,}16/1\,350) + 0{,}000\,5] = 736\ \text{W/m}^2\text{K}.$$

Weiter ist $\vartheta_m = \dot{Q}/(k_a A_a) = 54\,000/(736 \cdot 8{,}35) = 8{,}78$ K. Die gesuchte mittlere Verdampfungstemperatur t_0 ergibt sich dann aus Gl. (4.140) mit $b = (t_{K,1} - t_{K,2})/\vartheta_m = (14 - 5)/8{,}78 = 1{,}024$ zu $t_0 = (t_{K,1} - e^b t_{K,2})/(1 - e^b) = (14 - 2{,}785 \cdot 5)/(1 - 2{,}785) \approx 0\ °\text{C}$.

4.5.4 Abschnittsweise Berechnung von Einspritzverdampfern

Genauere Werte als nach den bisher besprochenen Verfahren erhält man nur durch eine abschnittsweise Berechnung (s. a. [37]) des Einspritzverdampfers. Solche Rechnungen lassen sich kaum ohne einen elektronischen Rechner ausführen, weshalb die nachstehenden Ausführungen Angaben für ein Rechenprogramm enthalten.

Die Abb. 4.75 zeigt schematisch einige Schaltungsarten von Kältemittel und Kälteträger. Das verdampfende Kältemittel strömt hierbei in den Rohren, der Kälteträger außerhalb.

Man teilt die Apparatefläche in Abschnitte ein, die in den genannten Abbildungen als Rechtecke dargestellt sind. Abb. 4.75a zeigt Gleich-, Abb. 4.75b Gegenstrom und in Abb. 4.75c ist das Kältemittel U-förmig durch den Apparat geführt.

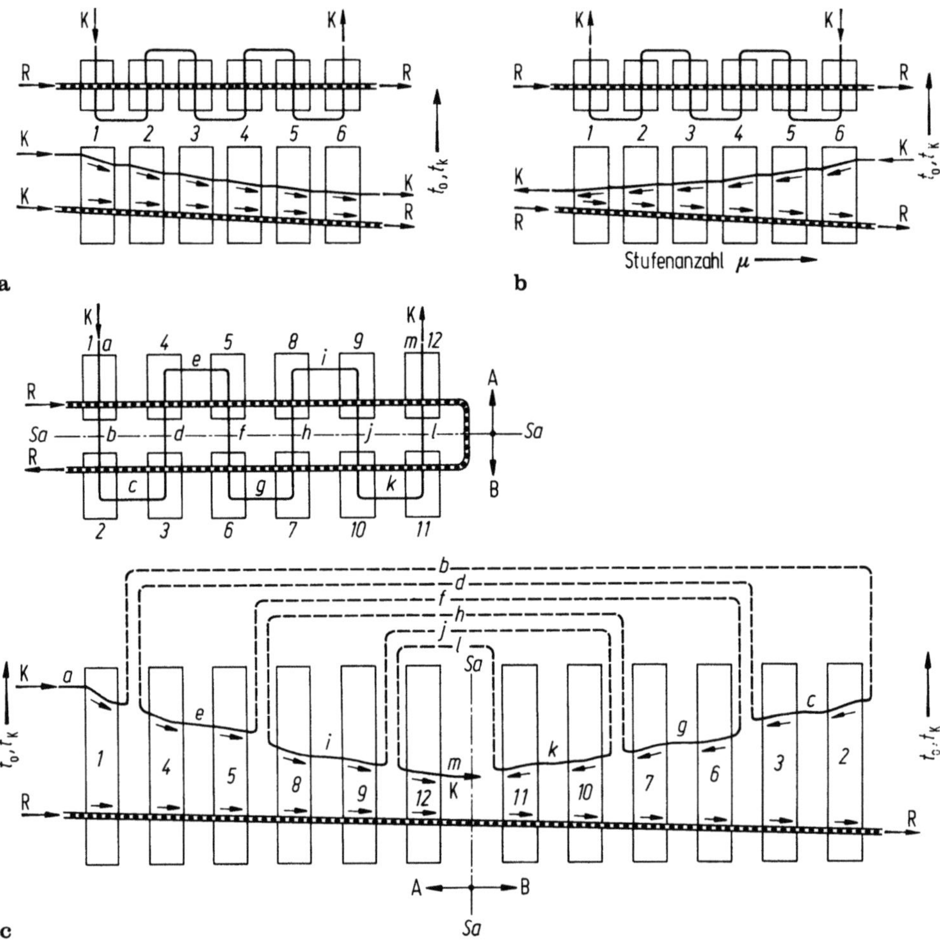

Abb. 4.75a–c. Schaltung und Temperaturverlauf des Kältemittels R — — — und des Kälteträgers K ——————— in Einspritzverdampfern. a) Gleichstrom; b) Gegenstrom; c) U-Führung.

Außerdem ist jeweils der Temperaturverlauf dargestellt, wobei die Eintrittstemperatur des Kältemittels infolge des Druckabfalls im Verdampfer um den Betrag Δt_0 höher angenommen ist als die Austrittstemperatur.

Bei U-Führung hat man im Bereich A der Abb. 4.75c Gleichstrom, im Bereich B
Gegenstrom.

Den Temperaturverlauf in den einzelnen Stufen zeigt Abb. 4.76.

Die bekannte oder bei manchen Aufgaben auch vorläufig zu schätzende Apparatefläche A_i wird in μ Abschnitte eingeteilt. Die Fläche eines Abschnitts ist dann
$A_{i,\mu} = A_i/\mu$. Üblicherweise wählt man je nach Stranglänge μ zwischen 20 und 50. Bei
linearem Verlauf der Verdampfungstemperatur ist $\Delta t_0 = \Delta t_0/\mu$, wobei Δt_0 gemäß
Abb. 4.51 den Abfall der Verdampfungstemperatur zwischen Austritt und Eintritt bedeutet.

Für den mittleren Temperaturabstand eines Abschnitts $t_{K,\mu} - t_{0,\mu}$ läßt sich aus
Abb. 4.76 folgende Beziehung ablesen

$$t_{K,m,\mu} - t_{0,m,\mu} = t_{K,1,\mu} \pm \Delta t_{K,\mu}/2 - t_{0,1,\mu} + \Delta t_{0,\mu}/2 , \qquad (4.145)$$

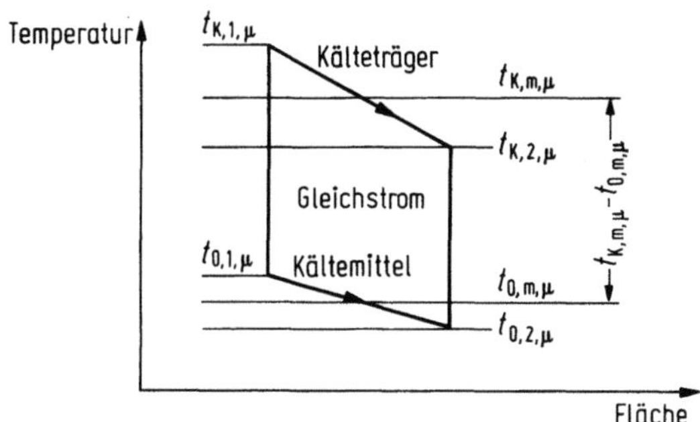

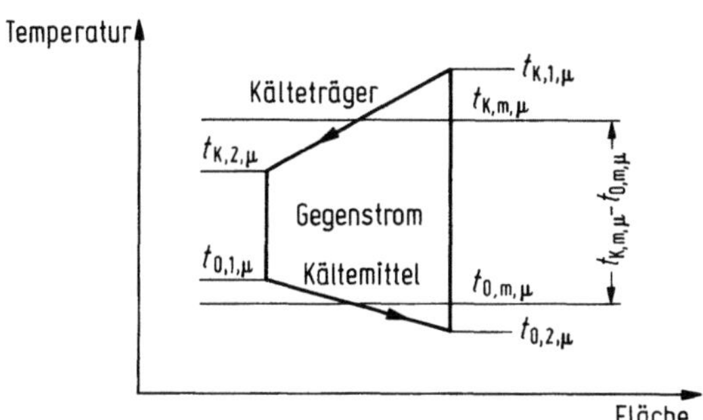

Abb. 4.76. Abschnittsweise Berechnung von Einspritzverdampfern. Temperaturen einer Stufe bei Gleich- und bei Gegenstrom.

worin das Minuszeichen für Gleichstrom und das Pluszeichen für Gegenstrom gilt. In den Abb. 4.75 a und 4.75 b schreitet die Rechnung im Sinne der angedeuteten Stufennumerierung von links nach rechts. Zu Beginn ist bei Gleichstrom $t_{K,1,\mu} = t_{K,1}$, bei Gegenstrom aber $t_{K,1,\mu} = t_{K,2}$. Bei Gegenstrom rechnet man entgegen der Strömungsrichtung des Kälteträgers.

Für die halbe Temperaturänderung des Kälteträgers in einer Stufe gilt

$$\Delta t_{K,\mu}/2 = \dot{Q}_{\mu}/(2\dot{M}_{K}c_{p}) = \dot{q}_{i,\mu}A_{i,\mu}/(2\dot{M}_{K}c_{p}), \tag{4.146}$$

worin $\dot{Q}_{\mu}$ die Stufenleistung, $\dot{q}_{i,\mu}$ die Wärmestromdichte, $A_{i,\mu}$ die Innenfläche der parallel geschalteten Rohre eines Abschnitts für Rohre ohne Einbauten, $\dot{M}_{K}$ den Massenstrom des Kälteträgers und c_{p} die spezifische Wärmekapazität bedeuten.

Wendet man Gl. (4.125) auf eine Stufe an, so ist

$$\alpha_{i,\mu} = 1\Big/\left(\frac{t_{K,m,\mu} - t_{0,m,\mu}}{\dot{q}_{i,\mu}} - \frac{W}{d_{a}/d_{i}}\right), \tag{4.147}$$

wenn $\alpha_{i,\mu}$ der mittlere Wärmeübergangskoeffizient des verdampfenden Kältemittels einer Stufe ist. Aus den Gl. (4.146) und (4.147) entsteht schließlich

$$\dot{q}_{i,\mu} = (t_{K,1,\mu} - t_{0,2,\mu} + \Delta t_{0,\mu}/2)\Big/\left(\frac{1}{\alpha_{i,\mu}} \pm \frac{A_{i,\mu}}{2\dot{M}_{K}c_{p}} + \frac{W}{d_{a}/d_{i}}\right). \tag{4.148}$$

Für Rohre mit Innenrippen wird noch eine entsprechende Gleichung für die auf die Innenfläche der Rippenkanäle bezogene Wärmestromdichte $\dot{q}_{RK,\mu}$ einer Stufe gebraucht. Bezieht man die Ausdrücke der Gl. (4.127) und (4.128) auf eine Stufe und setzt sie in Gl. (4.148) ein, so entsteht

$$\dot{q}_{RK,\mu} = \frac{t_{K,1,\mu} - t_{0,1,\mu} + \Delta t_{0,\mu}/2}{A_{RK,\mu}\left[\dfrac{1}{\alpha_{RK,\mu}(\eta_{R}A_{R,\mu} + A_{i,R,\mu})} \pm \dfrac{1}{2\dot{M}_{K}c_{p}} + \dfrac{W}{A_{i,\mu}}\right]}. \tag{4.149}$$

Wegen der Bedeutung der Teilflächen $A_{RK,\mu}$, $A_{R,\mu}$, $A_{i,\mu}$, $A_{i,R,\mu}$ sei auf Abb. 4.43 verwiesen.

In den Gln. (4.148) und (4.149) gilt das Pluszeichen im Nenner für Gleichstrom und das Minuszeichen für Gegenstrom.

Die Endtemperaturen und der Enddampfgehalt einer Stufe sind immer die Anfangswerte $t_{K,1,\mu}$, $t_{0,1,\mu}$ und x_1^* der nächsten Stufe. Es ist

$$t_{K,2,\mu} = t_{K,1,\mu} \pm \frac{\dot{q}_{i,\mu}A_{i,\mu}}{\dot{M}_R\,c_p} = t_{K,1,\mu} \pm \frac{\dot{q}_{RK,\mu}A_{RK,\mu}}{\dot{M}_R\,c_p} \tag{4.150}$$

und

$$t_{0,2,\mu} = t_{0,1,\mu} \mp \Delta t_{0,\mu} \tag{4.151}$$

mit dem Minuszeichen für Gleichstrom und dem Pluszeichen für Gegenstrom.

Der Enddampfgehalt einer Stufe ist

$$x_2^* = x_1^* + \frac{\dot{q}_{i,\mu}A_{i,\mu}}{\dot{M}_R\,\Delta h_d} = x_1^* + \frac{\dot{q}_{RK,\mu}A_{RK,\mu}}{\dot{M}_R\,\Delta h_d}, \tag{4.152}$$

ihr mittlerer Dampfgehalt

$$x_m^* = x_1^* + \frac{\dot{q}_{i,\mu}A_{i,\mu}}{2\dot{M}_R\,\Delta h_d} = x_1^* + \frac{\dot{q}_{RK,\mu}A_{RK,\mu}}{2\dot{M}_R\,\Delta h_d}. \tag{4.153}$$

Für den Wärmeübergangskoeffizienten $\alpha_{i,\mu}$ bzw. $\alpha_{RK,\mu}$ hat man die für Blasen- bzw. konvektives Sieden geltenden Ausdrücke einzusetzen.

Im Bereich der Blasenverdampfung gilt Gl. (4.114), die man hier zweckmäßig in der Form schreibt:

$$\alpha_{i,\mu} = \alpha_{B,0} = \Gamma_d\,\dot{q}_{i,\mu}^{0,56}\,\varphi(x_m^*) \tag{4.154}$$

$$\alpha_{RK,\mu} = \alpha_{B,0} = \Gamma_{dh}\,\dot{q}_{RK,\mu}\,\varphi(x_m^*) \tag{4.155}$$

mit

$$\Gamma_d = 0{,}023\,F\dot{m}^{0,1}\,R_p^{0,133}/d^{0,3}, \tag{4.156}$$

Γ_{dh} erhält man aus Gl. (4.156), wenn man den Durchmesser d durch den hydraulischen Durchmesser d_h ersetzt. Den Faktor F entnimmt man für verschiedene Kältemittel der Tab. 4.11. Im Bereich des konvektiven Siedens gilt Gl. (4.119) zusammen mit Gl. (4.101), die man hier zweckmäßigerweise auf folgende Form bringt:

$$\alpha_{i,\mu} = \alpha_{\kappa,0} = \Omega_d\,N_{x\bullet}\,\dot{m}^{(n_x + 0,01)} \tag{4.157}$$

$$\alpha_{RK,\mu} = \alpha_{\kappa,0} = \Omega_{dh}\,N_{x\bullet}\,\dot{m}^{(n_x + 0,01)} \tag{4.158}$$

mit

$$\Omega_d = 0{,}56\,C(T_{kr}/T_S)^{2,6}/d^{0,3}, \tag{4.159}$$

Ω_{dh} erhält man aus Gl. (4.159), indem man den Durchmesser d durch den hydraulischen Durchmesser d_h ersetzt. Gl. (4.148) bzw. (4.149) muß man iterativ lösen. Dies bedeutet, daß der Rechner in mehreren Suchschritten nacheinander verschiedene Werte $\dot{q}_{RK,i,\mu}$ bzw. $\dot{q}_{i,\mu}$ einsetzt, bis linke und rechte Seite der Gleichungen übereinstimmen. Damit sind $\dot{q}_{i,\mu}$ bzw. $\dot{q}_{RK,\mu}$ gefunden und $\alpha_{i,\mu}$ bzw. $\alpha_{RK,\mu}$ sowie $t_{K,2,\mu}$ und x_2^* aus den zuvor genannten Gleichungen berechenbar. $t_{0,2,\mu}$ ist aus Gl. (4.151) ohnehin bekannt. Damit sind die für die nächste Stufe benötigten Anfangswerte gegeben.

Die angegebenen Gleichungen kann man auch für U-Führung benutzen, weil man dabei im Strang A Gleichstrom und im Strang B Gegenstrom hat. Man muß daher die entsprechenden Gleichungen abwechselnd benutzen. Weil man zunächst nicht weiß, ob Blasenverdampfung oder konvektives Sieden vorliegt, rechnet man mit beiden Gesetzmäßigkeiten und verwendet den jeweils größeren Wärmeübergangskoeffizienten α. Nach Eingabe der Daten benötigt ein Personal-Computer für eine solche Rechnung nur wenige Sekunden.

Wird Überhitzung des austretenden Dampfes in die Rechnung einbezogen, so stellt sich der Zustand $x^* = 1$ schon vor dem Strangende ein. Von dieser Stelle ab wird mit dem niedrigen Wärmeübergangskoeffizienten für trockenen Dampf gerechnet. Dies ist allerdings nur ein Näherungsverfahren, weil trocken gesättigter Dampf ohne Flüssigkeitströpfchen in Wirklichkeit nicht auftritt und überhitzter Dampf noch Flüssigkeitströpfchen mit sich führt.

4.5.4.1 Vergleich von Rechenergebnissen mit Meßwerten an Versuchsverdampfern

Will man mit Hilfe der abschnittsweisen Berechnung ermittelte Werte $\alpha_{i,\mu}$ bzw. $\alpha_{RK,\mu}$ der Wärmeübergangskoeffizienten auf der Kältemittelseite eines Einspritzverdampfers mit Meßwerten vergleichen, so extrapoliert man zweckmäßigerweise Meßwerte, die zu verschiedenen Überhitzungsgraden des austretenden Dampfes gehören, auf den Dampfaustrittszustand bei Sättigung. Ein Beispiel dafür gibt die Abb. 4.65. Werte für den Temperaturabfall Δt_0 kann man gegebenenfalls den Versuchsdaten entnehmen.

Gelegentlich kann man den Temperaturabfall auch vernachlässigen oder näherungsweise mit einer mittleren, gleichbleibenden Verdampfungstemperatur rechnen.

Nimmt man der Einfachheit halber zunächst gleichbleibende Verdampfungstemperatur an, so beginnt man die Stufenrechnung mit $t_{0,1,\mu}$. Mit Annahme eines Wertes für $\dot m_{m}$ ist gemäß Gl. (4.138) $\dot Q = \dot m_{m}\Delta x^* \Delta h_d\, S/(1/z) \sum\limits_{1}^{z} (1/n_i)$. Bei gleichbleibender Rohrzahl in allen z Durchgängen ist $n_i = n_1 = \text{const}$ und $\dot Q = \dot m_{m}\Delta x^* \Delta h_d\, S n_1$.

Von seiten des Kälteträgers muß die Beziehung $\dot Q = \dot M_K c_p(t_{K,1} - t_{K,2})$ erfüllt sein. Aus den Meßdaten ist $\dot M_K$ gegeben, und der Wärmeübergangswiderstand außerhalb der Rohrinnenfläche W muß der Verdampferbauart entsprechend berechnet werden, s. Kap. 3.

Man berechnet zunächst iterativ die Kälteträger- und die Verdampfungstemperaturen längs der Flächen. Daraus folgen die mittleren Temperaturabstände ϑ_m, die mittleren Wärmedurchgangskoeffizienten $k_a = \dot Q/(A_a \vartheta_m)$ und die Wärmeübergangskoeffizienten $\alpha_{i,\mu}$.

In Tab. 4.17 sind die Rechenwerte mit den Werten verglichen, die mit Hilfe des EV-Diagramms berechnet wurden. Diese Werte beziehen sich auf Verdampfer mit den in Tab. 4.16, Spalte 1, gegebenen Daten. Tab. 4.18 gibt mittlere Wärmeübergangskoeffizienten für diese Verdampfer wieder. Die mittleren Wärmeübergangskoeffizienten sind außerdem als Dreiecke in Abb. 4.69 eingezeichnet und dort mit den als Kreise eingetragenen Werten verglichen, die mit Hilfe des EV-Diagramms berechnet wurden.

Tabelle 4.17. *Vergleich der Werte aus dem EV-Diagramm mit denen der abschnittsweisen Berechnung*

		EV-Diagramm Abb. 4.68	Abschnittsweise Berechnung Beispiel Abschn. 4.5.3.1c		
			Gleichstrom	Gegenstrom	U-Führung
ϑ_m	K	8,75	8,33	8,305	8,51
k_a	W/m²K	875	853	796	852
$A_{i,0}$	m²	7,2	7,6	8,17	7,45
$\alpha_{ED(8,6)}$	W/m²K	1 350	—	—	—
$\alpha_{i,\mu}$	W/m²K	—	1 349	1 212	1 346
$\dot q_{i}$	W/m²	7 500	—	—	—
$\dot q_{i,\mu}$	W/m²	—	7 100	6 610	7 250

Tabelle 4.18. *Mittlere Wärmeübergangskoeffizienten*

Versuchsverdampfer gemäß Tab. 4.14

$d_h = 3{,}2$ mm		$d_h = 6$ mm		$d = 8{,}6$ mm		$d = 17$ mm	
$\dot{m}$ kg/m²s	$\bar{\alpha}_{i,\mu}$ W/m²K	$\dot{m}$ kg/m²s	$\bar{\alpha}_{i,\mu}$ W/m²K	$\dot{m}$ kg/m²s	$\bar{\alpha}_{i,\mu}$ W/m²K	$\dot{m}$ kg/m²s	$\bar{\alpha}_{i,\mu}$ W/m²K
30	638	40	1 104	70	837	60	511
50	877	60	439	195	2 043	162	1 275
80	1 241	100	2 033	293	3 087	300	2 400
140	2 027	150	2 679	393	4 166	—	—
—	—	200	3 279	—	—	—	—

Die Übereinstimmung ist befriedigend. Man erkennt daraus, daß eine Rechnung mit Hilfe des EV-Diagramms durchaus ausreichend genaue Ergebnisse zu liefern vermag.

4.5.4.2 Leistungstabelle für eine Verdampfer-Typenreihe, Berechnung der Fläche bei gegebener Verdampfertemperatur

Man kann das zuvor geschilderte Verfahren auch dazu benutzen, Leistungstabellen einer konstruktiv vorliegenden Verdampfer-Typenreihe für ein bestimmtes Kältemittel aufzustellen. In einem solchen Fall sind die Konstruktionsdaten gegeben. Man nimmt der Reihe nach verschiedene Werte für den Kälteträgermassenstrom $\dot{M}_K$, den zugehörigen Wärmeübergangswiderstand W, die Ein- und Austrittstemperaturen $t_{K,1}$ und $t_{K,2}$ an, gibt die Daten dem Rechner ein und ermittelt die Verdampfungstemperatur t_0, die Werte $\dot{Q} = \dot{M}_K c_p(t_{K,1} - t_{K,2})$, $\dot{m}$ nach Gl. (4.138) und $k_a = \dot{Q}/(A_a \vartheta_m)$.

Als wesentliches Ergebnis kennt man nun zu jeder Verdampferleistung und zu jedem Wertepaar $t_{K,1}$ und $t_{K,2}$ die zugehörige Verdampfungstemperatur.

Der Temperaturabfall Δt_0 (Abb. 4.51) hängt von $\dot{m}$, d, l, t_0 und von der Art und der Anzahl der Umlenkungen ab. Aufgrund von Meßergebnissen, Erfahrungen und Berechnung muß man Zahlenwerte für Δt_0 festlegen. Man senkt dann die Verdampfungstemperaturen, die die Stufenrechnung ergeben hat, um $\Delta t_0/2$ und legt die so verminderten Werte t_0 der Leistungstabelle zugrunde. Wegen störender Ansammlung von Öl im Verdampfer ist darauf zu achten, daß die Massenstromdichte nach unten begrenzt ist, s. Abschn. 4.5.5. Je nachdem, ob als Schaltungsart zwischen Kälteträger und Kältemittel Gleichstrom, Gegenstrom oder U-Führung vorliegt, ist das Rechenprogramm so auszulegen, wie es in Abschn. 4.5.4 dargelegt wurde. Hat man Verdampfer mit mehr als zwei Kältemitteldurchgängen, so denkt man sie sich in solche mit U-Führung verwandelt.

Zur Berechnung der Verdampferfläche bei gegebener Verdampfungstemperatur wählt man zunächst, nachdem Rohrdurchmesser, Zahl der parallel geschalteten Rohre und Art der Strömungsführung festliegen, eine Massenstromdichte $\dot{m}$. Damit liegt der

Wärmestrom gemäß Gl. (4.138) $\quad \dot{Q} = \dot{m}\, x^* \Delta h_d\, S \Big/ \Big(1/z \sum_1^z (1/n_i) \Big)$ fest.

Bei gleichbleibender Rohrzahl in allen z Durchgängen ist $n_i = n_1 = $ const und $\dot{Q} = \dot{m}\, x^* \Delta h_d\, S n_1$. Andererseits ist $\dot{Q} = \dot{M}_K c_p(t_{K,1} - t_{K,2})$. Beide Gleichungen für $\dot{Q}$ werden durch geeignete Wahl von $\dot{M}_K$ und $(t_{K,1} - t_{K,2})$ miteinander in Einklang gebracht. Auch der Wärmeübergangswiderstand außerhalb der Rohrinnenfläche ist festzulegen. Als nächstes werden dann, ausgehend von einem Schätzwert für die Fläche und damit auch der Stufenlänge, diese Werte so lange iteriert, bis die Endtemperatur des Kälteträgers den zuvor festgelegten Wert erreicht hat. Damit liegen die Fläche, die Stufenlänge und die Werte ϑ_m, k_a und $\bar{\alpha}_{\mathrm{i},\mu}$ fest.

4.5.4.3 Beispiele für abschnittsweise Berechnung von Einspritzverdampfern

Bei kleinen Werten der Massenstromdichte hat die Schaltungsart kaum Einfluß auf Werte α_i, die bei Gegenstrom durchweg am niedrigsten sind. Der Einfluß der Überhitzung ist ähnlich, wie die Abb. 4.65 bereits erkennen läßt. Die Werte α_i bei U-Führung (Tab. 4.20) unterscheiden sich geringfügig von den Werten für Verdampfer 2 (Tab. 4.19). Dessen Fläche war schon mit Hilfe des EV-Diagramms, Abschn. 4.5.3.1 d, berechnet worden. Dabei ergab sich $\alpha_\mathrm{RK} = 1\,230\ \mathrm{W/m^2K}$, also ein Wert, der sich von den Werten $1\,241\ \mathrm{W/m^2K}$ (Tab. 4.19) und $1\,260\ \mathrm{W/m^2K}$ (Tab. 4.20) nicht sehr unterscheidet. Die Werte, die man mit Hilfe des EV-Diagramms ermittelt, unterscheiden sich also nicht sehr von denen der abschnittsweisen Berechnung, wie auch dieses Beispiel zeigt.

Meßergebnisse von KUWSCHINOW [38] mit dem Kältemittel R22 an 5 m langen Verdampferrohren von 17 mm Innendurchmesser mit 10armigem Innenstern zeigen den typischen Verlauf der örtlichen Wärmeübergangskoeffizienten über der Stranglänge bzw. dem Dampfgehalt, wie er sich auch aus den vorstehenden Berechnungen ergibt.

Tabelle 4.19. *Mittlere Wärmeübergangskoeffizienten für den Einspritzverdampfer 2, Tab. 4.14, $d_\mathrm{h} = 3{,}2$ mm, Kältemittel R22 bei 0 °C*

Massenstromdichte $\dot{m}$ in kg/m²s		30	50	80	140	200
		Werte $\bar{\alpha}_{\mathrm{i},\mu}$ in W/m²K				
Gleichstrom	ohne Überhitzung	637	917	1 330	2 168	3 042
	2,5 K Überhitzung	—	876	1 231	2 009	2 833
Gegenstrom	ohne Überhitzung	630	880	1 196	1 786	2 573
	2,5 K Überhitzung	—	821	1 095	1 580	2 196
U-Führung	ohne Überhitzung	645	900	1 260	2 033	2 890
	2,5 K Überhitzung	—	835	1 147	1 810	2 471

Tabelle 4.20. *Mittlere Wärmeübergangskoeffizienten für den Einspritzverdampfer 4, Tab. 4.14, $d = 8{,}6$ mm, Kältemittel R22 bei 0 °C*

Massenstromdichte $\dot{m}$ in kg/m²s		70	192	286	388
		Werte $\bar{\alpha}_{\mathrm{i},\mu}$ in W/m²K			
Gleichstrom	ohne Überhitzung	—	—	—	—
	2,5 K Überhitzung	722	1 868	2 822	3 918
Gegenstrom	ohne Überhitzung	—	—	—	—
	2,5 K Überhitzung	712	1 773	2 657	3 801
U-Führung	ohne Überhitzung	837	2 043	3 087	4 166
	2,5 K Überhitzung	732	1 840	2 795	3 725

4.5.5 Einige Angaben über die Berechnung
des kältemittelseitigen Druckabfalls von Verdampfern

In der Saugleitung zum Verdichter und im Verdampfer entsteht ein Druckabfall, der eine höhere mittlere Verdampfungstemperatur zur Folge hat als sie dem Druck im Saugstutzen des Verdichters entspricht. Man ist daran interessiert, den Druckabfall in der Saugleitung und im Verdampfer zu kennen, damit man die mittlere Temperatur im Verdampfer berechnen kann. Sie bestimmt die im Verdampfer verfügbare mittlere Temperaturdifferenz und damit die erforderliche Verdampferfläche. Je größer der Druckabfall im Verdampfer ist, um so kleiner ist die verfügbare mittlere Temperaturdifferenz und um so größer muß die Verdampferfläche sein.

Meßwerte des Gesamtdruckabfalls der Verdampfer 2, 4 und 5 gemäß Tab. 4.14 sind in Abb. 4.77 bis 4.79 dargestellt und mit Rechenwerten verglichen. Bei dem Vergleich muß man beachten, daß die Versuchsverdampfer im Kältemittelkreislauf mit Kolbenkompressor und Ölabscheider eingesetzt waren, so daß das Kältemittel im Verdampfer eine geringe Ölkonzentration hatte, während die Rechenwerte für ölfreies Kältemittel gelten. Wegen der höheren Viskosität von ölhaltigem gegenüber ölfreiem Kältemittel und wegen der Umlenkverluste, die in den Meßwerten enthalten sind, gehen Berechnung und Messung nicht von gleichen Voraussetzungen aus.

Unter Verwendung der Gl. (4.48) bis (4.50) haben Chawla und Gauler [39] Diagramme für R11, R12 und R22 entwickelt, aus denen man entnehmen kann, um wieviel sich der Druckabfall eines Einspritzverdampfers durch den Ölgehalt des Kältemittels erhöht.

Man erkennt aus den Abb. 4.77 bis 4.79, daß sich die Rechenwerte für Verdampfer 4 den Meßwerten nähern, während sie bei den Verdampfern 5 und 2 unterhalb der Meßwerte liegen. Aus dem Vergleich zwischen Meß- und Rechenwerten läßt sich nicht feststellen, welche Anteile des Gesamtdruckabfalls auf die Umlenkungen, den Eintritts- und Austrittsverlust und auf die Geradrohrstrecken entfallen.

In Abb. 4.80 ist der Druckabfall je m Stranglänge dargestellt. Die Abbildung enthält auch den Druckabfall, der an geraden Kanälen mit hydraulischen Durchmessern von $d_\mathrm{h} = 1{,}6$ und $1{,}9$ mm mit R22 bei etwa $0\,°\mathrm{C}$ gemessen wurde. Solche kleinen Durchmesser kommen bei Rohren mit Innenrippen vor. Des verhältnismäßig hohen Druckabfalls wegen haben Verdampfer mit solchen Rohren üblicherweise nur einen einzigen Durchgang für das Kältemittel. Bei größeren Rohrdurchmessern haben die Verdampfer eine oder mehrere Umlenkungen.

Das Diagramm gilt für R22 von rund $0\,°\mathrm{C}$, einen Dampfgehalt $x_1^* = 0{,}15$ am Eintritt und $x_2^* = 1$ am Austritt.

Sucht man entsprechende Werte für ein anderes Kältemittel RX oder eine andere Verdampfungstemperatur, so genügt es, einen mittleren Dampfgehalt $x^* = 0{,}55$ anzunehmen. Damit berechnet man nach Abschn. 4.3.1 die Werte $(\Delta p/\Delta l)_{\mathrm{R22},\,0\,°\mathrm{C}}$ und $(\Delta p/\Delta l)_{\mathrm{RX}}$ und multipliziert die aus Abb. 4.80 entnommenen Werte mit dem Faktor $(\Delta p/\Delta l)_{\mathrm{RX}}/(\Delta p/\Delta l)_{\mathrm{R22},\,0\,°\mathrm{C}}$. Sofern ein Verdampfer keine extrem engen Umlenkkammern hat, kann man so mit Hilfe von Abb. 4.80 ermitteln, welcher Gesamtdruckabfall zwischen Ein- und Austrittsstutzen des betreffenden Verdampfers etwa zu erwarten ist.

Häufig hat man Verdampfer aus parallel übereinander angeordneten geraden Rohren, die an den Enden durch 180°-Krümmer miteinander verbunden sind. Wegen der Berechnung des Zweiphasendruckabfalls solcher 180°-Krümmer sei auf die Beispiele in 4.3.3.2 und 4.3.3.3 verwiesen.

Ist der Druckabfall eines neuen Einspritzverdampfers kältemittelseitig beträchtlich größer als es die Richtwerte aus Abb. 4.80 angeben, so kann dies eine Folge mangelhafter Fertigung sein, durch die Verengungen beim Einschweißen oder Einlöten der Rohre in die Böden entstehen.

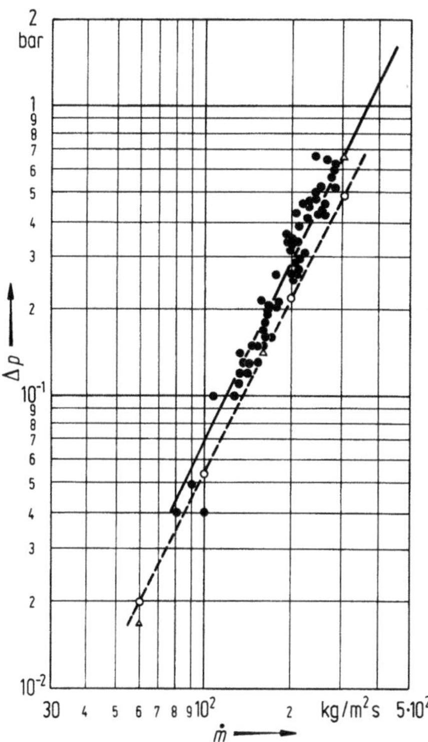

Abb. 4.77. Meßwerte (●) des kältemittelseitigen Gesamtdruckabfalls des Verdampfers 5, Tab. 4.14, abhängig von der bezogenen Massenstromdichte $\dot{m}$, Kältemittel R22 (△) Rechenwerte des Reibungsdruckabfalls der geraden Rohrstrecken nach BANDEL, Abschn. 4.3.1.2; (○) desgl. nach GRØNNERUD, Abschn. 4.3.1.4.

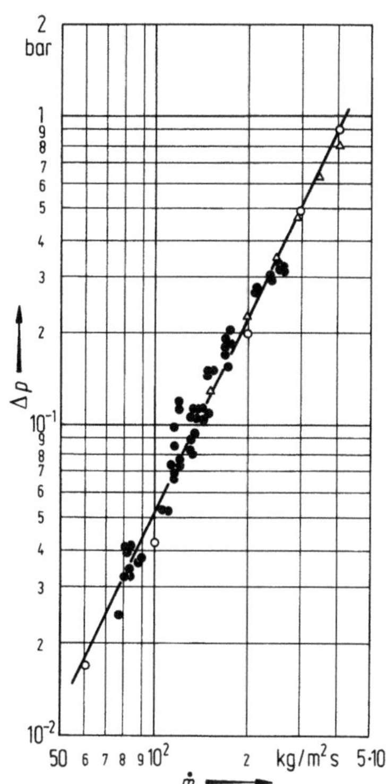

Abb. 4.78. Wie Abb. 4.77, jedoch für Verdampfer 4, Tab. 4.14, $d = 8,6$ mm.

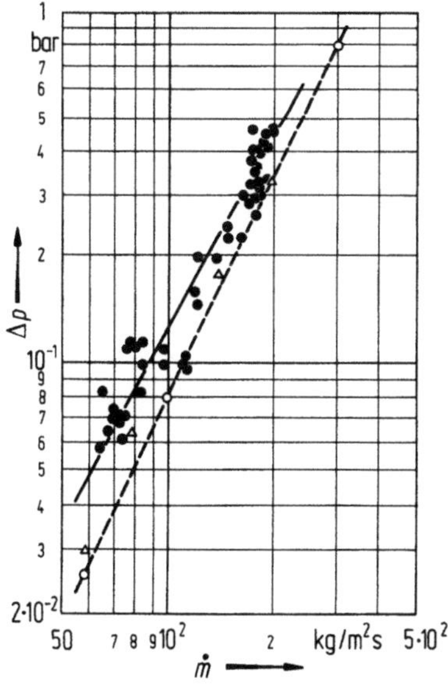

Abb. 4.79. Wie Abb. 4.77, jedoch für Verdampfer 2, Tab. 4.14, $d = 3,2$ mm.

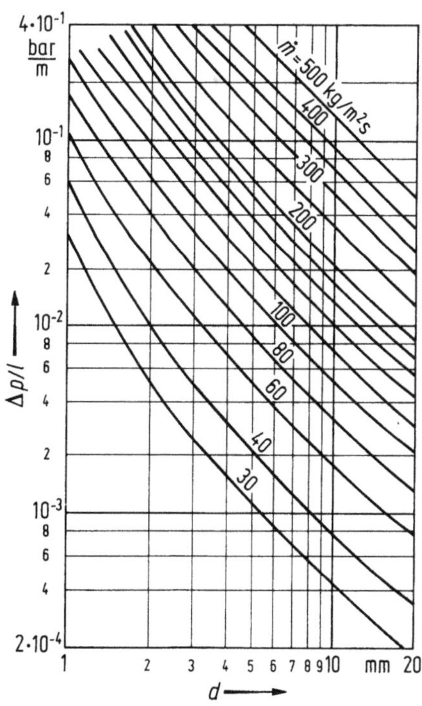

Abb. 4.80. Richtwerte für den kältemittelseitigen Gesamtdruckabfall von Einspritzverdampfern für R22. Siedetemperatur $t_0 \approx 0\,°\mathrm{C}$.

5 Wärmeübertragung bei Kondensation und Bemessung von Verflüssigern

Paul Paikert

Benutzte Formelzeichen in Kapitel 5
(s. auch Formelzeichenliste am Anfang des Bandes)

Formelzeichen, Einheiten

G	Faktor	—
l	Rohrlänge	m
p	Druck	bar
s	Rohrteilung	m
$X_{t,t}$	Martinelli-Parameter	—
x^*	Dampfgehalt	kg/kg
β	Neigungswinkel	°
δ	Wanddicke, Rippendicke	m
τ	Wasserwert-Verhältnis	—
Φ, φ	Betriebscharakteristik	—
ϑ	Temperaturdifferenz	K
Ψ	Zahl der Übertragungseinheiten	—

Indizes

B	Umlenkblech (Baffle)	M	Impuls (Momentum)
E	Eintritt	o	Kondensationsende
c	Kondensation	r, R	Rohr, Rippe, Reibung
D	Dampf	s	Schubkraft
F	Rippenfuß	v	vertikal
fl	flüssig	W	Wasser
g	Schwerkraft, Gravitation	w	wellig
K	Kühlmittel	ZP	Zwei-Phasen

5.1 Theorie der Kondensation

5.1.1 Kondensationsformen

Die Kondensation eines Dampfes erfolgt dann, wenn dieser durch Wärmeentzug zumindest örtlich unterkühlt wird und genügend Kondensationskeime vorhanden sind. Das Maß der erforderlichen Unterkühlung hängt von der Anzahl der Kondensationskeime und der Art des Wärmeentzugs ab. Sie liegt meist unter 1 K und ist für die Praxis ohne Bedeutung.

Der Wärmeentzug kann über feste Trennflächen erfolgen, die den Dampfraum umgrenzen oder durchsetzen, oder über Einspritzung kalten Kondensats direkt in den Dampfraum. Dementsprechend kondensiert der Dampf an den kalten Trennwänden (indirekte oder Trennwandkondensation) oder an den kalten Tropfen des eingespritzten Kondensats (direkte oder Einspritzkondensation).

Bei Kondensation an den kälteren Trennwänden entsteht ein zusammenhängender Kondensatfilm, wenn die Fläche vom Kondensat benetzbar ist (Filmkondensation), oder es entstehen an den Keimstellen einzelne Tröpfchen, die zu größeren zusammenwachsen und – durch Schwerkräfte oder Schubkräfte getrieben – abrollen, wodurch die Keimstellen wieder freigelegt werden (Tropfenkondensation).

In der Praxis hat die Tropfenkondensation keine größere Bedeutung, weil sie nicht lange genug stabil gehalten werden kann.

Die beherrschende Kondensationsform in der gesamten Technik – nicht nur der Kältetechnik – ist die laminare und turbulente Filmkondensation. Aufgrund ihrer überragenden Bedeutung ist sie auch am häufigsten untersucht und erforscht worden. Sie ist daher von allen Kondensationsformen in ihrer Leistung am sichersten vorauszuberechnen, obwohl die Vorgänge im einzelnen recht kompliziert und örtlich unterschiedlich sind. Die Einspritzkondensation hat in der Kältetechnik bisher keine große Verbreitung gefunden. Es wird daher hier nicht näher darauf eingegangen.

5.1.1.1 Filmkondensation

Bei Filmkondensation entsteht an der Kondensationsfläche ein zusammenhängender Kondensatfilm. Dieser fließt zunächst als laminarer, später als turbulenter Film unter dem Einfluß der Schwerkräfte oder Schubkräfte ab.

Der sprunghafte Übergang vom laminaren zum turbulenten Film hängt von der Reynolds-Zahl des kondensierenden Stoffes ab, d. h. vor allem von Masse und Geschwindigkeit des Kondensatfilms. Auch bei turbulentem Kondensatfilm verbleibt noch eine laminare Unterschicht an der Kondensationsfläche. Die Dicke dieser „Grenzschicht" genannten laminaren Restschicht bestimmt maßgeblich den örtlichen Wärmeübergangskoeffizienten, da die abzuführende Kondensationswärme diese Schicht nur durch Wärmeleitung durchdringen kann.

Abb. 5.1 a zeigt schematisch das Anwachsen des laminaren und später turbulenten Kondensatfilms über dem Kondensationsweg an einer senkrechten Fläche. Bis zum Ort für den sprunghaften Übergang wächst die Filmdicke zunächst kontinuierlich an, der Wärmedurchgangswiderstand nimmt mit dicker werdender laminarer Schicht zu, der Wärmeübergangskoeffizient α nimmt ab.

Der Ort x_{kr} des sprunghaftgen Übergangs ist durch die sog. kritische Reynolds-Zahl der Kondensation Re_{kr} gekennzeichnet. Danach wächst die turbulente Filmdicke nach

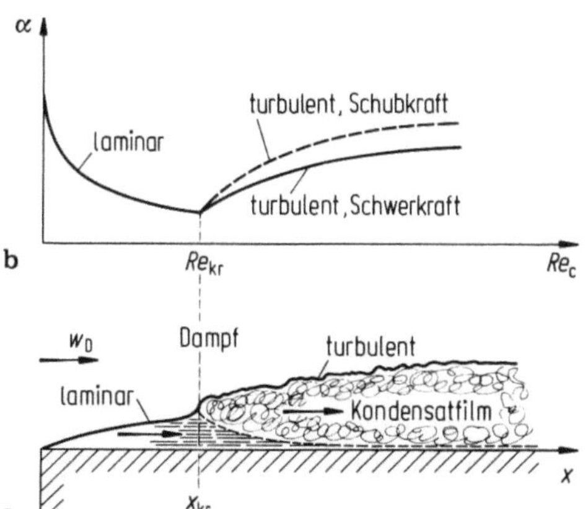

Abb. 5.1. a) Verlauf des laminaren und turbulenten Kondensatfilms über dem Kondensationsweg an einer senkrechten Fläche; b) Verlauf der zugehörigen Wärmeübergangskoeffizienten im laminaren und turbulenten Bereich.

sprunghaftem Anstieg bei Re_{kr} zwar ebenfalls kontinuierlich weiter, die laminare Unterschicht aber nimmt stetig ab und mit ihr der Wärmewiderstand. Folglich steigt der Wärmeübergangskoeffizient α wieder an. Abb. 5.1b zeigt den zugehörigen Verlauf des Wärmeübergangskoeffizienten α. Die Turbulenz im Kondensatfilm kann weiter gesteigert und der Wärmeübergangskoeffizient α erhöht werden, wenn außer der Schwerkraft auch noch die Schubkraft des in gleicher Richtung strömenden Dampfes auf den abfließenden Kondensatfilm einwirkt. Bei entgegengesetzter Dampfströmung verdickt sich der Kondensatfilm und erniedrigt den Wärmeübergangskoeffizienten entsprechend.

In horizontalen Rohren kann der Einfluß der Schwerkraft oder auch der Schubkraft überwiegen. In Abschn. 5.1.2.2 wird auf die Besonderheit der Kondensation *in* horizontalen Rohren eingegangen und in Abschn. 5.1.3 auf die Kondensation *um* horizontale Rohre.

5.1.2 Kondensation reiner gesättigter Dämpfe in Rohren, Spalten und zylindrischen Kanälen

Die Kondensationsleistung eines Verflüssigers für reinen, gesättigten Dampf ist gegeben durch die Definitionsgleichung

$$d\dot{Q} = \alpha_c (t_c - t_w)\, dA = d\dot{M} \Delta h_d$$

mit $d\dot{Q}$ örtlicher Wärmestrom,

        α_c örtlicher Wärmeübergangskoeffizient der Kondensation,

        t_c Kondensationstemperatur,

        t_w örtliche Wandtemperatur,

        dA Flächenelement,

        $d\dot{M}$ örtlich kondensierter Massenstrom und

        Δh_d spezifische Verdampfungs- bzw. Kondensationsenthalpie bei der Kondensationstemperatur.

Zur Berechnung der erforderlichen Teilfläche dA für die Kondensation des Massenstroms $d\dot{M}$ ist die Kenntnis des örtlichen Wärmeübergangskoeffizienten der Kondensation α_c erforderlich. Dieser ist in erster Linie abhängig vom Strömungszustand des Kondensatfilms an der Wand, d. h. von der Reynolds-Zahl der Kondensation. Je nach Lage des Rohrs, d. h. ob vertikal oder horizontal, sind zur genaueren Berechnung noch weitere Kenngrößen erforderlich, die später erläutert werden.

5.1.2.1 Ermittlung der Reynolds-Zahl der Kondensation

Für Rohre mit definiertem Querschnitt läßt sich ein einfacher Zusammenhang herstellen zwischen dem Massenstrom des einströmenden Dampfes $\dot{M}$ und der örtlichen Reynolds-Zahl der Kondensation. Ausgangspunkt ist die geschätzte oder vorgegebene Einströmgeschwindigkeit des Dampfes in das Rohr w_D. Dann ergibt sich der Massenstrom des einströmenden Dampfes zu

$$\dot{M} = w_D \varrho'' S, \tag{5.1}$$

mit
$$S = d_i^2 \pi/4 \quad \text{für runde Rohre.} \tag{5.2}$$

Für nicht runde Rohre ist für S der Innenquerschnitt direkt einzusetzen.

Der örtliche Massenstrom des Kondensats ist dann

$$\dot{M}_c = \dot{M}(1 - x^*) \tag{5.3}$$

mit
$$x^* = \frac{\dot{M}_D}{\dot{M}} \quad \text{als örtlichem Dampfgehalt.} \tag{5.4}$$

Bei Beginn der Kondensation ist $x^* = 1$, beim Ende $x^* = 0$.
Damit wird die örtliche Reynolds-Zahl der Kondensation zu

$$Re_c = \frac{4\dot{M}(1 - x^*)}{d_i \pi \eta'} \qquad \text{für runde Rohre} \tag{5.5}$$

oder

$$Re_c = \frac{\dot{M} d_h (1 - x^*)}{S \eta'} \qquad \text{für Rohre nicht runden Querschnitts mit dem hydraulischen Durchmesser } d_h. \tag{5.6}$$

5.1.2.2 Berechnung örtlicher und mittlerer Wärmeübergangskoeffizienten für Filmkondensation

Der Wärmeübergangskoeffizient ist örtlich mehr oder weniger stark veränderlich, entsprechend der Veränderung der Reynolds-Zahl der Kondensation.

Für vertikale oder horizontale Rohre kann der Verlauf der Reynolds-Zahl sehr unterschiedlich sein, weshalb diese getrennt betrachtet werden sollen.

a) Vertikale Rohre, örtliche und mittlere Werte
der Wärmeübergangskoeffizienten für vollständige Kondensation

Für vertikale Rohre lassen sich innerhalb des Bereichs gleicher Strömungsformen Gleichungen sowohl für örtliche Werte des Wärmeübergangskoeffizienten als auch für mittlere Werte bei vollständiger Kondensation angeben.

Für laminare Filmkondensation lautet die Gleichung nach Nusselt, jedoch umgeformt

$$Nu_l = \frac{\alpha_g d_g}{\lambda'} = C_1 Re_{c,o}^{-1/3} (1 - x^*) \tag{5.7}$$

mit $\quad C_1 = 1{,}1 \quad$ für örtliche Werte,
$\quad\quad\ C_1 = 1{,}47 \quad$ für mittlere Werte bei vollständiger Kondensation im laminaren Bereich.

$Re_{c,o}$ bedeutet darin die Reynolds-Zahl bei vollständiger Kondensation ($x^* = 0$).
Als kennzeichnende Abmessung d_g in der Nußelt-Zahl wird dabei eine Stoffwertgruppe mit der Dimension einer Länge benutzt.

$$d_g = \left(\frac{\nu^2}{g}\right)^{1/3} \tag{5.8}$$

Damit läßt sich die früher übliche und sehr umständliche iterative Berechnung der laminaren Filmdicke, der Kondensatfilmgeschwindigkeit und der Temperaturdifferenz über den Kondensatfilm umgehen.

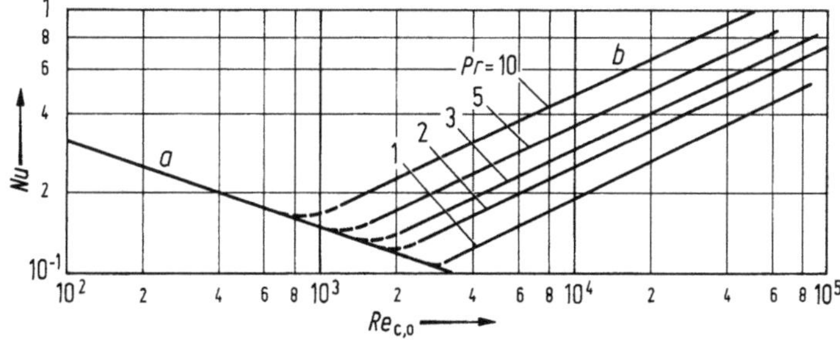

Abb. 5.2. Verlauf der mittleren Nußelt-Zahlen für laminare und turbulente Filmkondensation unter Schwerkrafteinfluß, *a* Laminar; *b* turbulent.

Der Übergang von der laminaren zur turbulenten Filmkondensation erfolgt, abhängig von der Prandtl-Zahl des Kondensats zwischen

$$Re_{c,o} = 1\,000 \quad \text{und} \quad Re_{c,o} = 2\,500 .$$

Für überwiegend durch Schwerkräfte ausgelöste Turbulenz im Kondensatfilm (vertikale oder geneigte Rohre) empfiehlt sich nach [2] zur Berechnung der mittleren Nußelt-Zahl bei vollständiger Kondensation

$$Nu_g = 0,002\,5 \; Re_{c,o}^{0,47} \; Pr'^{0,4} , \tag{5.9}$$

wobei wieder $Re_{c,o}$ für $x^* = 0$, d.h. nach vollständiger Kondensation einzusetzen ist.

Abb. 5.2 zeigt den Verlauf der mittleren Nußelt-Zahlen für laminare und turbulente Filmkondensation über der Reynolds-Zahl der vollständigen Kondensation $Re_{c,o}$, entsprechend Gl. (5.7) und (5.9).

Bei Kondensation schnellströmender Dämpfe überwiegt die Schubkraft über die Schwerkraft und bewirkt eine erhöhte Turbulenz im Kondensatfilm mit geringerer Dicke der laminaren Unterschicht. Ein stärkerer Anstieg der Nußelt-Zahl ist die Folge. Der Kondensatfilm verhält sich wie eine turbulent strömende Flüssigkeit längs der Rohrwand. Hierfür empfiehlt sich nach [3] sowohl für örtliche Werte des Wärmeübergangskoeffizienten als auch für Mittelwerte bei vollständiger Kondensation

$$Nu_s = \frac{\alpha_s d_s}{\lambda'} = 0,024 \; Re_c^{0,8} \; Pr'^{0,4} . \tag{5.10}$$

Als kennzeichnende Abmessung d_s bei dieser durch Schubkräfte ausgelösten Turbulenz gilt hier

$$d_s = d_i / F_{ZP} . \tag{5.11}$$

Der Zweiphasenkorrekturfaktor F_{ZP} wird aus dem Verhältnis der Flüssigkeits- und Dampfdichte gebildet und dem jeweiligen örtlichen Dampfanteil. Er kann als örtlicher oder mittlerer Wert zwischen zwei Orten 1 und 2 gebildet werden. Es ist

$$F_{ZP} = \frac{1}{2} \left[\left(\frac{\varrho'}{\varrho_{m,1}} \right)^{0,5} + \left(\frac{\varrho'}{\varrho'_{m,2}} \right)^{0,5} \right] \tag{5.12}$$

mit

$$\frac{\varrho'}{\varrho_m} = 1 + \left(\frac{\varrho' - \varrho''}{\varrho''} \right) x^* . \tag{5.13}$$

Für die Ermittlung örtlicher Werte setzt man $x_1^* = x_2^*$, für vollständige Kondensation im Rohr und trocken gesättigtem Dampf am Eintritt wird $x_1^* = 1$ und $x_2^* = 0$. Damit vereinfacht sich der Zweiphasenkorrekturfaktor nach Gl. (5.12) zu

$$F_{ZP} = \left(\frac{\varrho'}{\varrho_m} \right)^{0,5} \qquad \text{als örtlicher Wert} \tag{5.14}$$

und

$$F_{ZP} = \frac{1}{2} \left[1 + \left(\frac{\varrho'}{\varrho''} \right)^{0,5} \right] \qquad \text{als Mittelwert bei vollständiger Kondensation.} \tag{5.14a}$$

b) Abgrenzung und Gültigkeit der Gleichungen für die verschiedenen Kondensationsformen

Die größere Steigung der Nußelt-Zahl für Schubkraftturbulenz gegenüber der bei Schwerkraftturbulenz führt dazu, daß im vollturbulenten Bereich ($Re_c > 2\,500$) bei gleicher Reynolds-Zahl zwei verschiedene Nußelt-Zahlen möglich sind. Im Übergangsbereich ($Re_c = 1\,000$ bis $2\,500$) sind sogar drei verschiedene Nußelt-Zahlen bei gleicher Reynolds- und Prandtl-Zahl möglich (Abb. 5.3).

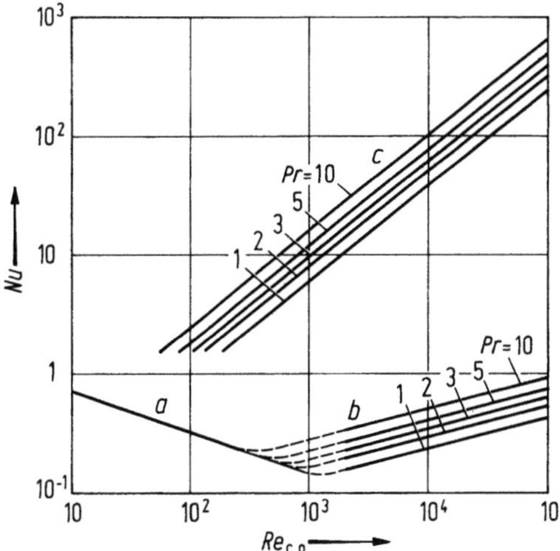

Abb. 5.3. Nußelt-Zahlen für laminare und turbulente Filmkondensation unter Schwerkrafteinfluß. *a* Laminar; *b* turbulent, schwerkraftorientiert; *c* turbulent, schubkraftorientiert.

Gültig ist aber nur jeweils diejenige, die dem wirklichen Zustand des Kondensatfilms entspricht. Da dieser aber nicht immer von vornherein bekannt ist, muß wie folgt vorgegangen werden:

— Um zu ermitteln, ob bei gegebener Reynolds-Zahl im Übergangsbereich noch laminare oder bereits turbulente Schwerkraftkondensation vorliegt, ist zu prüfen, ob die Reynolds-Zahl rechts oder links vom Schnittpunkt der beiden Geraden nach Gl. (5.7) oder (5.9) liegt (Abb. 5.2).
— Am Schnittpunkt endet stets die Gültigkeit der jeweiligen Gleichung. Es gilt somit stets der höhere Wert für die Nußelt-Zahl.
— Bei Überlagerung von Schwerkraft- und Schubkraftturbulenz, z. B. bei senkrechten oder stark geneigten Rohren mit Dampfströmung in Richtung der Schwerkraft, kann die Turbulenz durch Schubkräfte nur verstärkt, der turbulente Kondensatfilm und die laminare Unterschicht nur dünner werden. Der Wärmeübergangskoeffizient muß also größer werden. Es muß daher die Gl. (5.9) für Nu_g oder Gl. (5.10) für Nu_s gelten, welche den größeren Wärmeübergangskoeffizienten α liefert. Wegen der unterschiedlichen Definition der Nußelt-Zahlen nach Gl. (5.9) und (5.10) ist dies aber nicht direkt aus dem Vergleich der Nußelt-Zahlen nach Abb. 5.3 möglich. Es müssen die Wärmeübergangskoeffizienten verglichen werden.

Folgendes Berechnungsschema ergibt sich für den allgemeinen Fall einer vollständigen Kondensation strömenden Dampfes im Rohr, unabhängig von der Lage des Rohrs:

Berechnungsschema:

Man berechnet

— die Reynolds-Zahl $Re_{c,o}$ der vollständigen Kondensation nach Gl. (5.5) oder (5.6).
— die Prandtl-Zahl des Kondensats

$$Pr' = \frac{c_p' \eta'}{\lambda'}.$$

— die kennzeichnende Länge für die Nußelt-Zahl
schwerkraft-geprägt nach Gl. (5.6),
schubkraft-geprägt nach Gl. (5.11),
mit F_{ZP} nach Gl. (5.12) bis Gl. (5.14a).
— die Nußelt-Zahl

1. für $1\,000 < Re_{c,o} < 2\,500$ bei laminarer Filmkondensation nach Gl. (5.7)

$$Nu_l = 1{,}47\, Re_{c,o}^{-1/3}$$

und bei turbulenter Filmkondensation nach Gl. (5.9)

$$Nu_g = 0{,}002\,5\, Re_{c,o}^{0,47}\, Pr'\,0{,}4\,.$$

Der höhere Wert der beiden Nußelt-Zahlen ist gültig.

2. Für $Re_{c,o} > 2\,500$, turbulente Filmkondensation infolge überwiegendem Schubkraft- oder Schwerkraft-Einfluß: Nußelt-Zahl nach Gl. (5.9) und (5.10).

Da ein Vergleich der Nußelt-Zahlen keine direkte Aussage ergibt, ist ein Vergleich der Wärmeübergangskoeffizienten erforderlich.

Der Wärmeübergangskoeffizient der Kondensation ist bei Schwerkraft-Einfluß

$$\alpha_g = \frac{\lambda'}{d_g}\, Nu_g\,, \tag{5.15}$$

bei Schubkraft-Einfluß

$$\alpha_s = \frac{\lambda'}{d_s\, Nu_s}\,. \tag{5.16}$$

Der größere Wert von beiden ist gültig.

c) Ausführungsbeispiel

Kondensation von Kältemittel R12 in vertikalen Rohren. Berechne
— den mittleren Wärmeübergangskoeffizienten bei vollständiger Kondensation im Rohr und bestimme die Kondensationsform,
— den Verlauf der örtlichen Wärmeübergangskoeffizienten längs des Rohrs,
— den Verlauf der örtlichen gemittelten Wärmeübergangskoeffizienten längs des Rohrs.

Rohrdurchmesser, innen: $d_i = 10\ \text{mm}$,
Kondensationstemperatur: $t_c = 48\,°\text{C}$,
Kondensationsdruck: $p_c = 12\ \text{bar}$,
Stoffwerte:
     dynamische Viskosität, Dampf: $\eta'' = 11{,}9\cdot10^{-6}\ \text{Pa s}$,
     dynamische Viskosität, Flüssigkeit: $\eta' = 225\cdot10^{-6}\ \text{Pa s}$,
Wärmeleitfähigkeit, Flüssigkeit: $\varrho' = 0{,}065\ \text{W/m K}$,
Dichte, Flüssigkeit: $\varrho' = 1\,218\ \text{kg/m}^3$,
Dichte, Dampf: $\varrho'' = 66{,}8\ \text{kg/m}^3$,
Prandtl-Zahl: $Pr' = 3{,}5$,
spezifische Kondensationsenthalpie: $\Delta h_d = 124{,}527\ \text{kJ/kg}$,
Dampfgeschwindigkeit, Rohreintritt: $w_D = 8{,}0\ \text{m/s (gewählt), somit}$

Massenstrom, Rohreintritt:
$$\dot{M} = w_D\,\varrho''\,\frac{d_i^2\,\pi}{4} = \frac{8\cdot100\cdot10^{-6}\,\pi\cdot66{,}8}{4}$$
$$= 41{,}95\cdot10^{-3}\ \text{kg/s} \quad \text{und}$$

Massenstromdichte: $\dot{m} = w_D\,\varrho'' = 8\cdot66{,}8 = 534{,}4\ \text{kg/m}^2\text{s}\,.$

Mittlerer Wärmeübergangskoeffizient bei vollständiger Kondensation. Reynolds-Zahl der vollständigen Kondensation nach Gl. (5.5)

$$Re_{c,o} = \frac{4\,\dot{M}}{d_i\,\pi\,\eta'} = \frac{4\cdot41{,}95\cdot10^{-3}}{10\cdot10^{-3}\,\pi\cdot225\cdot10^{-6}} = 23\,750\,.$$

Da $Re_{c,o} > 2\,500$, ist die Kondensation turbulent. Falls Schwerkraft überwiegt, gilt Gl. (5.9):

$$Nu_g = 0,002\,5 \cdot 23\,750^{0,47} \cdot 3,5^{0,4} = 0,470$$

$$d_g = \left[\left(\frac{\eta'}{\varrho'}\right)^2 \frac{1}{g}\right]^{1/3} = \left[\left(\frac{225 \cdot 10^{-6}}{1\,218}\right)^2 \cdot \frac{1}{9,81}\right]^{1/3} = 1,52 \cdot 10^{-5}\,\text{m}.$$

Der Wärmeübergangskoeffizient ist also

$$\alpha_g = \frac{Nu_g \lambda'}{d_g} = \frac{0,47 \cdot 0,065}{1,52 \cdot 10^{-5}} = 2\,010\,\text{W/m}^2\text{K}.$$

Falls aber die Schubkraft überwiegt, gilt Gl. (5.10):

$$Nu_s = 0,024 \cdot 23\,750^{0,8} \cdot 3,5^{0,4} = 125,4.$$

Der Zweiphasenkorrekturfaktor ist nach Gl. (5.14)

$$F_{ZP} = \frac{1}{2}\left[\left(\frac{1\,218}{66,8}\right)^{1/2} + 1\right] = 2,63,$$

die kennzeichnende Abmessung nach Gl. (5.11)

$$d_s = \frac{10 \cdot 10^{-3}}{2,63} = 3,8 \cdot 10^{-3}$$

und der Wärmeübergangskoeffizient

$$\alpha_s = \frac{125,4 \cdot 0,065}{3,8 \cdot 10^{-3}} = 2\,145\,\text{W/m}^2\text{K}.$$

Da $\alpha_s > \alpha_g$ ist, gilt α_s, der Wert für Schubkraftkondensation.

Falls eine Eintrittsdampfgeschwindigkeit von $w_D = 4$ m/s gewählt worden wäre, ergäben sich:

$$\dot{M} = 21 \cdot 10^{-3}\,\text{kg/s},$$
$$Re_{c,o} = 11\,875,$$
$$Nu_g = 0,339 \quad \text{und} \quad \alpha_g = 1\,451\,\text{W/m}^2\text{K}$$
$$Nu_s = 72,0 \quad \text{und} \quad \alpha_s = 1\,232\,\text{W/m}^2\text{K}.$$

In diesem Fall wäre $\alpha_g > \alpha_s$ und die Schwerkraftkondensation wäre gültig. Die Ergebnisse des Berechnungsbeispiels sind in Abb. 5.4 dargestellt.

Verlauf der örtlichen Wärmeübergangskoeffizienten längs des Rohrs. Aus Gl. (5.10) und Gl. (5.11) erhält man, umgeformt, den örtlichen Wäremeübergangskoeffizienten für Schubkraftkondensation

$$\alpha_s = 0,024\, Re_{c,o}^{0,8}\, Pr'^{0,4} \frac{\lambda'}{d_i} F_{ZP} = \alpha_{s,o} F_{ZP}.$$

Er entspricht also einem Wärmeübergangskoeffizienten für reine Flüssigkeitsströmung am Ende der Kondensation, multipliziert mit einem örtlich veränderlichen Zweiphasenkorrekturfaktor.

Nach Gl. (5.14) ist der örtliche Korrekturfaktor für Zweiphasenströmung

$$F_{ZP} = \left(\frac{\varrho'}{\varrho_m}\right)^{0,5},$$

mit $\dfrac{\varrho'}{\varrho_m} = 1 + \dfrac{\varrho' - \varrho''}{\varrho''} x^*$ nach Gl. (5.13).

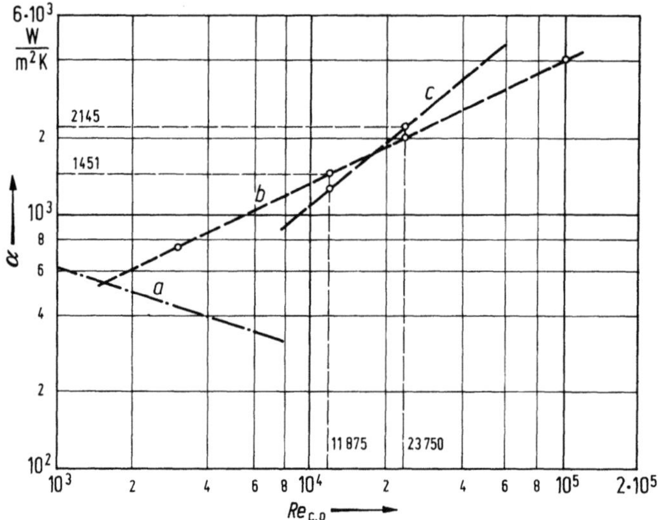

Abb. 5.4. Mittlere Wärmeübergangskoeffizienten für R12 bei vollständiger Kondensation im Rohr. *a* Laminare Schwerkraftkondensation, s. Gl. (5.7); *b* turbulente Schwerkraftkondensation, s. Gl. (5.9); *c* turbulente Schubkraftkondensation, s. Gl. (5.10).

Berechnung für $x^* = 0,9$:
Die Reynolds-Zahl für das Ende der Kondensationsstrecke ist

$$Re_{c,o} = \frac{4\,\dot{M}}{d_i\,\pi\,\eta'} = \frac{4\cdot 41,95\cdot 10^{-3}}{0,01\,\pi\cdot 225\cdot 10^{-6}} = 23\,750\,.$$

Der Zweiphasenkorrekturfaktor wird, mit

$$\frac{\varrho'}{\varrho_m} = 1 + \frac{1\,218 - 66,8}{66,8}\,x^* = 1 + 17,23\cdot 0,9 = 16,51\,,$$

$$F_{ZP} = (16,51)^{0,5} = 4,06\,.$$

Der örtliche Wärmeübergangskoeffizient ist somit

$$\alpha_s = 0,024\cdot 23\,750^{0,8}\cdot 3,5^{0,4}\cdot \frac{0,065}{0,01}\cdot 4,06 = 815,23\cdot 4,06$$

$$\alpha_s = 3\,310\ \text{W/m}^2\text{K}\,.$$

Für weitere Dampfgehalte x^* sind die entsprechenden Werte in Tab. 5.1 zusammengefaßt und in Abb. 5.5 dargestellt.

Verlauf der örtlich gemittelten Wärmeübergangskoeffizienten längs des Rohrs. Nach Gl. (5.12) gilt als Mittelwert für den Zweiphasenfaktor zwischen den Orten 1 und 2:

$$F_{ZP} = \frac{1}{2}\left[\left(\frac{\varrho'}{\varrho_m}\right)_1^{0,5} + \left(\frac{\varrho'}{\varrho_m}\right)_2^{0,5}\right]\,.$$

Setzt man für den Ort 1 den Beginn der Kondensation mit dem konstanten Wert $x^* = 1,0$ und für den Ort 2 den örtlich veränderlichen Wert $0 < x^* < 1$, so erhält man für jeden Dampfgehalt x^* den bis dorthin geltenden Mittelwert des Wärmeübergangskoeffizienten, der für $x^* = 0$ in den vorher ermittelten Wert übergehen muß.

Tabelle 5.1. *Örtliche und örtlich gemittelte Wärmeübergangskoeffizienten α_s bei Kondensation von R12 im senkrechten Rohr zu Ausführungsbeispiel c aus Abschn. 5.1.2.2*

x^*	Austritt $Re_{c,o}$	Eintritt $\left(\dfrac{\varrho'}{\varrho_m}\right)_1$	örtlich		Mittel F_{ZP}	örtlich α_s	Mittel α_s
			$\left(\dfrac{\varrho'}{\varrho_m}\right)_2$	F_{ZP}		W/m²K	W/m²K
1,0	18,23	—		4,27	4,27	3 480	3 480
0,95		17,37		4,17	4,22	3 400	3 440
0,90		16,51		4,06	4,17	3 310	3 400
0,70		13,06		3,61	3,94	2 942	3 210
0,50		9,62		3,10.	3,69	2 525	3 005
0,30		6,17		2,48	3,38	2 020	2 755
0,10		2,72		1,65	2,96	1 345	2 412
0,05		1,86		1,36	2,82	1 108	2 300
0,00	23 750	1,00		2,60	2,63	815	2 145

Berechne den mittleren Wärmeübergangskoeffizienten α_s im Bereich 1-2 für $x^* = 0,5$:

Ort 1, Beginn der Kondensation, $x^* = 1$:

$$\left(\frac{\varrho'}{\varrho_m}\right)_1 = 1 + \frac{1\,218 - 66,8}{66,8} \cdot 1 = 18,23 \, .$$

Ort 2, $x^* = 0,5$:

$$\left(\frac{\varrho'}{\varrho_m}\right)_2 = 1 + \frac{1\,218 - 66,8}{66,8} \cdot 0,5 = 9,62 \, .$$

Damit wird der Zweiphasenkorrekturfaktor

$$F_{ZP} = \frac{1}{2}\left[(18,23)^{0,5} + (9,62)^{0,5}\right] = 3,69$$

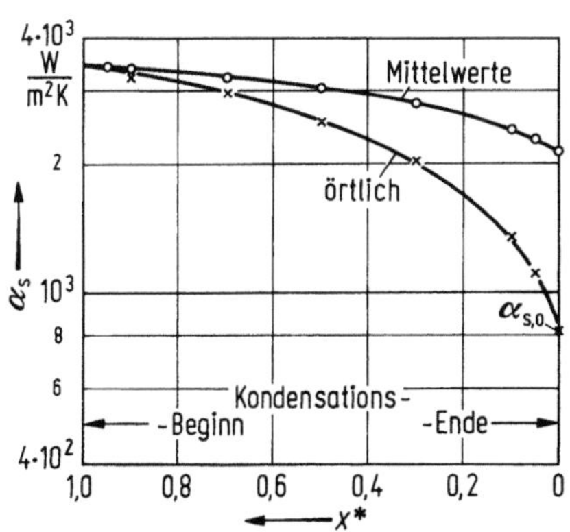

Abb. 5.5. Örtliche und mittlere Wärmeübergangskoeffizienten bei Kondensation von R12 im senkrechten Rohr über dem Dampfanteil x^*.

und der mittlere Wärmeübergangskoeffizient nach Gl. (5.10), mit Teilergebnis für $\alpha_{s,0}$ aus vorheriger Berechnung

$$\alpha_s = \alpha_{s,0}\, F_{ZP} = 815{,}23 \cdot 3{,}69 = 3\,005\ W/m^2K\,.$$

Weitere Ergebnisse für andere Werte x^* sind in Tab. 5.1 zusammengestellt.

Die Ergebnisse der Aufgaben sind in Abb. 5.5 dargestellt. Man sieht, daß sowohl die örtlichen als auch die örtlich gemittelten Wärmeübergangskoeffizienten monoton fallen und daß die Mittelwerte für $x^* = 0$ in den für vollständige Kondensation berechneten Mittelwert übergehen.

d) Horizontale Rohre, die örtlichen Wärmeübergangskoeffizienten für vollständige Kondensation

Bei horizontalen Rohren ist mit zwei grundlegend unterschiedlichen Strömungsformen für das Kondensat zu rechnen.

Bei *niedrigen Dampfgeschwindigkeiten* sammelt sich das Kondensat unter dem Einfluß der Schwerkraft im unteren Querschnitt des Rohrs an und füllt mit zunehmender Länge des Strömungswegs einen ständig wachsenden Anteil des Rohrquerschnitts mit Flüssigkeit, wodurch immer mehr Rohroberfläche für die Kondensation verlorengeht. Es gelten die Grundgesetze der Schwerkraftkondensation mit entsprechenden Korrekturfaktoren.

Bei *hoher Dampfgeschwindigkeit* verbleibt das Kondensat aufgrund der Schubkraft des Dampfes weitgehend am Rohrumfang und verhält sich ähnlich wie die Ringströmung im vertikalen Rohr. Hier gelten Gesetze der Schubkraftkondensation. Abb. 5.6 zeigt schematisch Längs- und Querschnitte durch das horizontale Kondensatorrohr bei geringer und hoher Dampfgeschwindigkeit nach [7]. Die für Zweiphasenströmungen gebräuchlichen Bezeichnungen der Strömungsformen sind dort eingetragen. Am Ende der Kondensation ist das Rohr in beiden Fällen gerade mit Kondensat gefüllt. Eine Verlängerung des Rohrs bewirkt nur noch eine Unterkühlung des Kondensats.

Wegen der stark veränderlichen Strömungsformen zwischen Eintritt und Austritt des Rohrs, sowohl für die Dampfphase als auch für die Flüssigkeitsphase, ist die Defi-

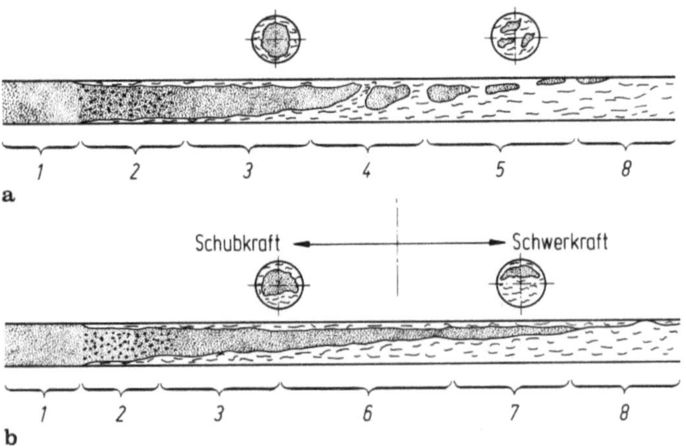

Abb. 5.6a, b. Zweiphasen-Strömungsformen bei Kondensation im horizontalen Rohr. a) Große Massenstromdichte; b) kleine Massenstromdichte; *1* überhitzter Dampf, trocken; *2* überhitzter Dampf, naß; *3* Ringstrom; *4* Schwallstrom; *5* Pfropfenstrom; *6* Wellenstrom; *7* Schichtstrom; *8* unterkühlter Flüssigkeitsstrom.

nition eines mittleren Strömungszustands für das ganze Kondensatorrohr nicht möglich. Daher ist eine Berechnung der mittleren Wärmeübergangskoeffizienten für vollständige Kondensation, die vom Strömungszustand ausgeht, nicht sinnvoll. Dagegen kann der örtliche Zustand der Strömungsform und damit auch der örtliche Wärmeübergangskoeffizient, z. B. für den Anfang des Rohrs, für die Mitte und für das Ende bestimmt werden, woraus sich dann ein Mittelwert bilden läßt (Abb. 5.7). Über die Zugehörigkeit zur Schubkraftkondensation oder zur Schwerkraftkondensation entscheidet nach [7] eine dimensionslose Kenngröße der Rohrströmungsform C_g, die das Verhältnis der Wirkung der Schwerkraft auf das Kondensat zur Schubkraft des strömenden Dampfes ausdrückt. Es ist

$$C_g = \frac{1}{\dot{m}} \left[d_i\, g\, \varrho'' (\varrho' - \varrho'') \frac{1 - x^*}{x^*} \right]^{0,5}.$$ (5.17)

Dieser Wert wird

$C_g \leqq 0,3$ bei Schubkraftkondensation und
$C_g > 0,3$ bei Schwerkraftkondensation.

Für *Schubkraftkondensation* gilt zunächst wieder Gl. (5.10), jedoch mit den örtlichen Werten für die Reynolds-Zahl des Kondensats nach Gl. (5.5) oder (5.6). Die so erhaltene örtliche Nußelt-Zahl ist dann mit einem örtlichen Zweiphasenfaktor G_{ZP} zu multiplizieren, der die Strömungsform und die Erhöhung der Turbulenz durch die Schwerkraft berücksichtigt und mit abnehmender Dampfgeschwindigkeit dem Wert 1 zustrebt. Der örtliche Zweiphasenkorrekturfaktor für horizontale Rohre nach [4]

$$G_{ZP} = \left[1 + \frac{20}{X_{t,t}} + \frac{1}{(X_{t,t})^2} \right]^{0,5}$$ (5.18)

beruht auf dem Martinelli-Parameter $X_{t,t}$ für turbulente Flüssigkeits- und turbulente Dampfphasen [5], wobei

$$X_{t,t} = \sqrt{\frac{\Delta p_{fl}}{\Delta p_D}} = \left(\frac{1 - x^*}{x^*} \right)^{0,9} \left(\frac{\varrho''}{\varrho'} \right)^{0,5} \left(\frac{\eta'}{\eta''} \right)^{0,1}$$ (5.19)

ist.

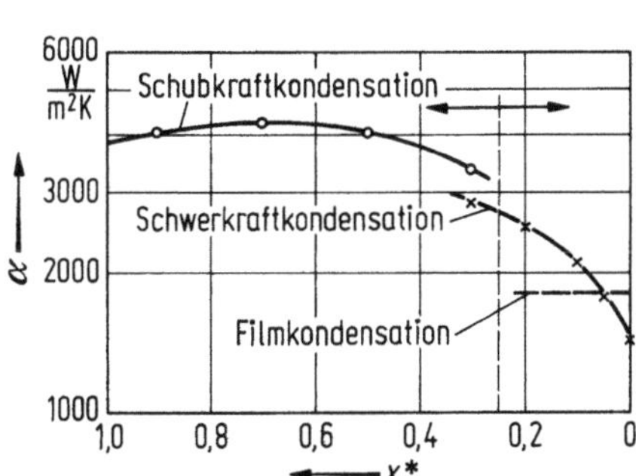

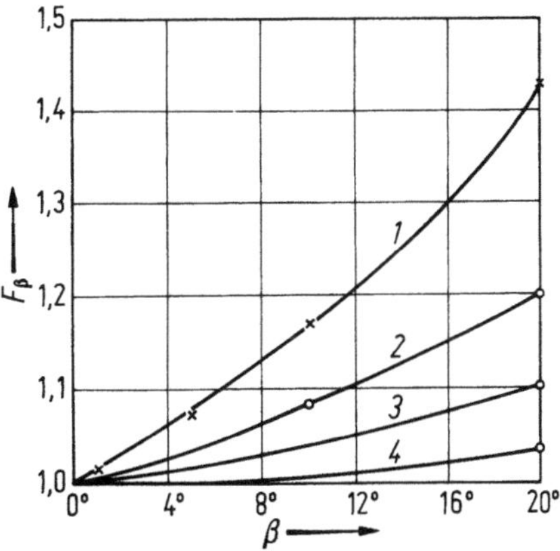

Abb. 5.7. Örtliche Wärmeübergangskoeffizienten bei Kondensation von R12 im horizontalen Rohr über dem Dampfanteil x^*.

Abb. 5.8. Korrekturfaktor F_β bei Kondensation in geneigten Röhren in Abhängigkeit vom Neigungswinkel β. *1:* $Re_D = 10\,000$; *2:* $Re_D = 20\,000$; *3:* $Re_D = 30\,000$; *4:* $Re_D = 40\,000$.

Damit ergibt sich der örtliche Wärmeübergangskoeffizient im Bereich der Schubkraftkondensation ($C_g \leqq 0{,}3$) zu

$$\alpha_s = \frac{Nu_s \lambda' G_{ZP}}{d_i} = 0{,}025\, Re_c^{0,8}\, Pr'^{0,4}\, \frac{\lambda'}{d_i}\, G_{ZP}. \tag{5.20}$$

Um den örtlichen Verlauf der Wärmeübergangskoeffizienten besser zu übersehen, empfiehlt es sich, diese Rechnung für mindestens drei Werte von x^* durchzuführen, z. B. $x^* = 0{,}9$, $0{,}6$ und $0{,}3$. Der Dampfgehalt $x^* = 0{,}3$ liegt oft schon an der Gültigkeitsgrenze für die Schubkraftkondensation mit $C_g \leqq 0{,}3$.

Für *Schwerkraftkondensation* im horizontalen Rohr, d. h. für $C_g > 0{,}3$, muß mit laminarer Filmkondensation als Grundform gerechnet werden, da das Kondensat entlang des inneren Rohrumfangs aufgrund der Schwerkräfte strömt. Je nach Größe der noch vorhandenen restlichen Dampfgeschwindigkeit und dem dadurch ausgelösten Schub auf das Kondensat, entstehen an dessen Oberfläche Wellen und in der Strömung Turbulenz. Dies verbessert den Wärmeübergang. Andererseits wird bei kleinen Dampfgeschwindigkeiten, insbesondere gegen Ende der Kondensation, ein Teil der unteren Rohrfläche vom Kondensat ganz bedeckt und erbringt somit kaum Kondensationsleistung. Man berücksichtigt beides mit einem Korrekturfaktor F_g, der abhängig ist von der örtlichen Reynolds-Zahl des Dampfes.

Für den Wärmeübergangskoeffizient gilt daher nach [6]:

$$\alpha_{g,\,s} = \alpha_g F_g, \tag{5.21}$$

mit dem Korrekturfaktor aufgrund der örtlichen Dampfgeschwindigkeit

$$F_g = 0{,}065\, Re_D^{0,27}. \tag{5.22}$$

Dabei gelten die Grenzen: $0{,}8 \leq F_g \leq 2{,}5$.

Ferner ist α_g der Wärmeübergangskoeffizient für laminare Filmkondensation an einer senkrechten Wand, entsprechend [1]. Zur Vereinfachung sei diese von Nußelt abgeleitete Beziehung hier wiederholt:

$$\alpha_g = 0{,}728 \left[\frac{\lambda'^3 \varrho'(\varrho' - \varrho'')\, g\, \Delta h_D}{\eta'\, d_i} \right]^{1/4} \left(\frac{1}{\vartheta} \right)^{1/4}. \tag{5.23}$$

Die zunächst noch unbekannte Temperaturdifferenz

$$\vartheta = t_c - t_w \tag{5.24}$$

muß iterativ bestimmt werden. Dies kann zunächst abgeschätzt werden, indem man für ϑ etwa 1/3 der Temperaturdifferenz zwischen Kondensationstemperatur t_c und Kühlmitteltemperatur einsetzt. Falls erforderlich, muß dieser Wert später korrigiert werden.

e) Ausführungsbeispiel

Kondensation in horizontalen Rohren: Berechnung des Verlaufs der örtlichen Wärmeübergangskoeffizienten längs des Rohrs. (Die Ausgangswerte sind die gleichen wie im Beispiel in Abschn. 5.1.2.1 c).)

Rohrdurchmesser, innen:	$d_i = 10$ mm,
Kondensationstemperatur:	$t_c = 48\,°C$,
Kondensationsdruck:	$p_c = 12$ bar,
Stoffwerte R12:	
dynamische Viskosität, Dampf:	$\eta'' = 11{,}9 \cdot 10^{-6}$ Pa s,
dynamische Viskosität, Flüssigkeit:	$\eta' = 225 \cdot 10^{-6}$ Pa s,
Wärmeleitfähigkeit, Flüssigkeit:	$\lambda' = 0{,}065$ W/m · K,

Tabelle 5.2. *Örtliche Wärmeübergangskoeffizienten* α_s
für Schubkraftkondensation nach Aufgabe e *in Abschn. 5.1.2.2*

x^*	Re_c	$C_{\mathrm{g,R}}$	Nu	$X_{\mathrm{t,t}}$	G_{ZP}	α_s
0,9	2 375	0,054	19,88	0,043 5	31,4	4 056
0,7	7 125	0,106	47,87	0,146	13,6	4 230
0,5	11 875	0,162	72,03	0,314	8,65	4 050
0,3	16 625	0,248	94,28	0,732	5,49	3 360

Dichte, Flüssigkeit:	$\varrho' = 1\,218\ \mathrm{kg/m^3}$,
Dichte, Dampf:	$\varrho'' = 66{,}8\ \mathrm{kg/m^3}$,
Prandtl-Zahl, Flüssigkeit:	$Pr' = 3{,}5$,
Massenstrom, Rohreintritt:	$\dot{M} = 41{,}95 \cdot 10^{-3}\ \mathrm{kg/s}$,
Massenstromdichte, Rohreintritt:	$\dot{m} = 534{,}4\ \mathrm{kg/m^2 s}$.

Die Berechnung wird zunächst für $x^* = 0{,}9$ durchgeführt. Die Ergebnisse für weitere Werte x^* sind in Tab. 5.2 aufgelistet. Für $x^* = 0{,}9$ wird die örtliche Re_c-Zahl nach Gl. (5.5)

$$Re_\mathrm{c} = \frac{4\dot{M}(1 - x^*)}{d_\mathrm{i}\,\pi\,\eta'} = \frac{4 \cdot 41{,}95 \cdot 10^{-3} \cdot 0{,}1}{1 \cdot 10^{-2}\pi \cdot 225 \cdot 10^{-6}} = 2\,375,$$

der Rohrströmungs-Formfaktor nach Gl. (5.17)

$$C_\mathrm{g} = \frac{1}{\dot{m}}\left[d_\mathrm{i}\,g\varrho''(\varrho' - \varrho'')\,\frac{1 - x^*}{x^*}\right]^{0,5}$$

$$= \frac{1}{534{,}4}\left[10^{-2} \cdot 9{,}81 \cdot 66{,}8\,(1\,218 - 66{,}8)\,\frac{0{,}1}{0{,}9}\right]^{0,5} = 0{,}054.$$

Da $C_\mathrm{g} < 0{,}3$ herrscht turbulente Schubkraftkondensation. Somit wird nach Gl. (5.10)

$$Nu_\mathrm{s} = 0{,}024\,Re_\mathrm{c}^{0,8}\,Pr'^{0,4} = 0{,}024 \cdot 2\,375^{0,8} \cdot 3{,}5^{0,4} = 19{,}88.$$

Der örtliche Zweiphasenparameter nach Martinelli, Gl. (5.19) ist

$$X_{\mathrm{t,t}} = \left(\frac{1 - x^*}{x^*}\right)^{0,9}\left(\frac{\varrho''}{\varrho'}\right)^{0,5}\left(\frac{\eta'}{\eta''}\right)^{0,1}$$

$$= \left(\frac{0{,}1}{0{,}9}\right)^{0,9}\left(\frac{66{,}8}{1\,218}\right)^{0,5}\left(\frac{225}{11{,}9}\right)^{0,1} = 0{,}043\,5.$$

Der örtliche Zweiphasenkorrekturfaktor Gl. (5.18) ist

$$G_{\mathrm{ZP}} = \left[1 + \frac{20}{X_{\mathrm{t,t}}} + \frac{1}{(X_{\mathrm{t,t}})^2}\right]^{0,5} = 31{,}4.$$

Damit wird der örtliche Wärmeübergangskoeffizient nach Gl. (5.20) für $x^* = 0{,}9$

$$\alpha_\mathrm{s} = \frac{Nu\,\lambda'\,G_{\mathrm{ZP}}}{d_\mathrm{i}} = \frac{19{,}88 \cdot 0{,}065 \cdot 31{,}4}{0{,}01} = 4\,058\ \mathrm{W/m^2 K}.$$

Für den weiteren Kondensationsverlauf bis $x^* = 0{,}3$ ergeben sich die in der Tab. 5.2 angegebenen Werte.

Ab $C_g > 0{,}3$, d. h. für $x^* \leq 0{,}3$ herrscht Schwerkraftkondensation. Es gelten somit Gl. (5.21) bis Gl. (5.24).

Für Dampfgehalt $x^* = 0{,}3$ ist die Reynolds-Zahl des Dampfes

$$Re_\mathrm{D} = \frac{w_{\mathrm{D,E}}\, d_\mathrm{i}\, \varrho''}{\eta''}\, x^* = \frac{8 \cdot 0{,}01 \cdot 66{,}8}{11{,}9 \cdot 10^{-6}}\, x^*$$
$$= 4{,}49 \cdot 10^5 \cdot 0{,}3 = 1{,}34 \cdot 10^5.$$

Der Verbesserungsfaktor F_g nach Gl. (5.22) ist

$$F_g = 0{,}065\, Re_\mathrm{D}^{0{,}27} = 0{,}065\,(1{,}34 \cdot 10^5)^{0{,}27} = 1{,}58,$$

der Wärmeübergangskoeffizient für laminare Filmkondensation nach Gl. (5.23) ist

$$\alpha_g = 0{,}725 \left[\frac{\lambda'^3\, \varrho'\, (\varrho' - \varrho'')\, g\, \Delta h_\mathrm{d}}{\eta'\, d_\mathrm{i}}\right]^{1/4} \left(\frac{1}{\vartheta}\right)^{1/4}$$
$$= 0{,}728 \left[\frac{0{,}065^3 \cdot 1\,218\,(1\,218 - 66{,}8) \cdot 9{,}81 \cdot 29{,}7 \cdot 4\,187}{225 \cdot 10^{-6} \cdot 0{,}01}\right]^{0{,}25} \left(\frac{1}{5}\right)^{0{,}25}$$
$$= 1\,851 \; \mathrm{W/m^2\,K},$$

wenn $\vartheta = 5\,\mathrm{K}$ angenommen wird.

Der örtliche Wärmeübergangskoeffizient für Schwerkraftkondensation bei $x^* = 0{,}3$, Gl. (5.21) wird damit

$$\alpha_{g,s} = \alpha_g\, F_g = 1\,843 \cdot 1{,}58 = 2\,924 \; \mathrm{W/m^2\,K}.$$

Für den weiteren Kondensationsverlauf bis $x^* = 0$ ergeben sich die in Tab. 5.3 dargestellten Werte.

Der Verlauf der örtlichen Wärmeübergangskoeffizienten für Schubkraft- und Schwerkraftkondensation ist in Abb. 5.7 über dem Dampfgehalt x^* dargestellt.

f) Wärmeübergangskoeffizient der Kondensation in geneigten Rohren

Für mäßig geneigte Rohre, die einen besseren Abfluß des Kondensats ermöglichen, gelten im wesentlichen die Gesetzmäßigkeiten der Kondensation in horizontalen Rohren. Im Bereich der Schubkraftkondensation ($Re_\mathrm{D} > 5 \cdot 10^4$) ist kein zusätzlicher Korrekturfaktor erforderlich. Im Bereich der Schwerkraftkondensation und insbesondere bei kleinen Dampfgeschwindigkeiten ($Re_\mathrm{D} < 10^4$) können nach [6] bis zu 40 % höhere örtliche Wärmeübergangskoeffizienten erreicht werden, bei einer maximalen Neigung gegen die Horizontale $10° < \beta < 20°$.

Bei mehrgängigen Kondensatoren braucht nur der letzte Durchgang diese Neigung zu besitzen, um einen besseren Kondensatabfluß zu ermöglichen. Bei ansteigenden

Tabelle 5.3. *Örtlicher Wärmeübergangskoeffizient*
für Schwerkraftkondensation
nach Aufgabe e *in Abschn. 5.1.2.2*

x^*	Re_D	F_g	α_s
0,3	$1{,}34 \cdot 10^5$	1,58	2 912
0,2	$8{,}98 \cdot 10^4$	1,41	2 604
0,1	$4{,}49 \cdot 10^4$	1,17	2 164
0,05	$2{,}25 \cdot 10^4$	0,97	1 794

Rohren sind dagegen schon bei weniger als 3° Steigung deutliche Verschlechterungen zu erwarten. Eine geringe Neigung ist daher stets zu empfehlen.

Für den Bereich der Schwerkraftkondensation und bis $Re_D = 5 \cdot 10^4$ kann ein Korrekturfaktor nach Abb. 5.8 auf die örtlichen Wärmeübergangskoeffizienten nach Gl. (5.23) angewendet werden.

Es ist dann

$$\alpha_\beta = F_\beta \, \alpha_g. \tag{5.25}$$

g) Druckverlust bei der Kondensation strömender Dämpfe im Rohr

Die Druckänderung eines im Rohr strömenden kondensierenden Dampfes hat Einfluß auf die Kondensationstemperatur und muß daher auch bei der thermischen Auslegung eines Kondensators berücksichtigt werden. Sie setzt sich ganz allgemein zusammen aus der Druckänderung im Rohreinlauf Δp_E, dem Reibungsdruckverlust zwischen strömendem Dampf und Kondensatfilm Δp_R und der Impulsänderung des kondensierenden Dampfes Δp_M. Die statische Druckänderung Δp_{st}, aufgrund des Höhenunterschieds ΔH zwischen Dampfeintritt und Kondens ataustritt, kommt noch additiv hinzu.

Es ist somit

$$\Delta p_c = \Delta p_E + \Delta p_R + \Delta p_M + \Delta p_{st}. \tag{5.26}$$

Für die einzelnen Teile gelten folgende Beziehungen:
Für den Rohreinlauf

$$\Delta p_E = (1 + \zeta_E) \, \frac{\varrho''}{2} \, w_{D, E}^2 \tag{5.27}$$

mit $\quad \zeta_E = 0{,}1 \quad$ für normalen, leicht entgrateten Rohreintritt, Rohre in Rohrplatte bündig eingeschweißt,

$\qquad \zeta_E = 0{,}3 \quad$ Rohre eingewalzt,

$\qquad \zeta_E = 0{,}5 \quad$ für vorstehende Rohre mit scharfkantigem Einlauf.

Die Rohrreibung verursacht den Druckabfall

$$\Delta p_R = \xi_R \, \frac{\varrho''}{2 d_i} \int_{x=0}^{x=l} w_D^2 \, dx. \tag{5.28}$$

Das gleiche gilt angenähert auch für den Reibungsdruckverlust des strömenden Dampfes am laminaren oder turbulenten Kondensatfilm bei Kondensation im vertikalen Rohr oder bei Ringströmung im horizontalen Rohr.

Bei vollständiger Kondensation im Rohr und nahezu gleichmäßiger Wärmeabgabe, d. h. linearer Abnahme der Dampfgeschwindigkeit mit der Rohrlänge, wird

$$w_{D(x)} = w_{D, E} \left(1 - \frac{x}{l} \right) \tag{5.29}$$

und

$$\Delta p_R = \xi_R \, \frac{\varrho''}{2} \, \frac{l}{3 d_i} \, w_{D, E}^2. \tag{5.30}$$

Für ξ_R kann man die Werte für voll ausgebildete Rauhigkeitsströmung nach PRANDTL-KÁRMÁN [11] einsetzen:

$$\frac{1}{\sqrt{\xi_R}} = 2 \lg\left(\frac{d_i}{R} \right) + 1{,}14, \tag{5.31}$$

worin R die absolute mittlere „Rauhigkeit", hier die mittlere Wellenhöhe des Kondensatfilms ist.

Der Wert ξ_R nach Gl. (5.31) mit $R = 0,5\,\text{mm}$ kann als guter Näherungswert für einen streng von den örtlichen Reynolds-Zahlen für Dampf und Kondensat sowie von der Wärmestromdichte $\dot{q}$ abhängigen Wert gelten.

Die Impulsänderung des kondensierenden Dampfes ist von der Rohrlänge unabhängig und ergibt sich zu

$$\Delta p_M = -\frac{\varrho''}{2}\, w_{D,E}^2.$$ (5.32)

Der Gesamtdruckverlust des im Rohr strömenden und vollständig kondensierenden Dampfes wird somit

$$\Delta p_c = \left(1 + \zeta_E + \xi_R \frac{l}{3d_i} - 1\right) \frac{\varrho''}{2}\, w_{D,E}^2 + \Delta H(\varrho' - \varrho'')$$ (5.33)

oder

$$\Delta p_c = \left(\zeta_E + \xi_R \frac{l}{3d_i}\right) \frac{\varrho''}{2}\, w_{D,E}^2 + \Delta H(\varrho' - \varrho'').$$ (5.34)

Für nicht vollständige Kondensation oder wenn man die Druckänderungen längs des Strömungswegs kennen möchte, ist eine Berechnung der Reibungsanteile nach der Zweiphasenmethode von LOCKHART-MARTINELLI zu empfehlen.

Diese beruht auf der klassischen Berechnung des örtlichen Reibungsdruckabfalls der einzelnen Phasen allein, korrigiert mit einem Zweiphasenfaktor in Abhängigkeit der örtlichen Anteile von Dampf und Flüssigkeit.

Unabhängig von der Lage des Rohrs, also ob vertikal, horizontal oder geneigt, kann man, sofern eine turbulente Zweiphasenströmung vorliegt oder $Re_{c,o} > 2\,000$ ist, was in üblichen Verflüssigern fast stets der Fall ist, mit genügender Genauigkeit ansetzen:

$$\frac{\Delta p_R}{l} = G_{ZP}^2 \frac{\Delta p_{fl}}{l}$$ (5.35)

mit

$$G_{ZP} = \left[1 + \frac{20}{X_{t,t}} + \frac{1}{X_{t,t}^2}\right]^{0,5}$$ (5.36)

und

$$X_{t,t} = \sqrt{\frac{\Delta p_{fl}}{\Delta p_D}} = \left(\frac{\eta'}{\eta''}\right)^{0,1} \left(\frac{\varrho''}{\varrho'}\right)^{0,5} \left(\frac{1 - x^*}{x^*}\right)^{0,9}$$ (5.37)

nach Gl. (5.19) als „Zweiphasenfaktor" und „Martinelli-Parameter", wie sie bereits im Abschn. 5.1.2.2 für die Schubkraftkondensation benutzt wurden.

Der Gradient des Reibungsdruckverlusts für das Kondensat $\Delta p_{fl}/l$ wird dabei mit der örtlichen Reynolds-Zahl und dem örtlichen Massenstrom des Kondensats berechnet und zwar so, als ob das Kondensat allein den ganzen Rohrquerschnitt eines glatten Rohrs ausfüllen würde.

Es ist dann

$$\frac{\Delta p_{fl}}{l} = \xi_R \frac{\varrho'}{2d_i} w'^2 = \frac{\xi_R}{2d_i} \frac{\dot{m}^2 (1 - x^*)^2}{\varrho'}$$ (5.38)

mit

$$\xi_R = 0,316 \left[Re_{c,o}(1 - x^*)\right]^{-0,25}.$$ (5.39)

h) Ausführungsbeispiel

Berechnung des Druckverlusts der Kondensation von R12 im horizontalen Rohr mit den Daten der Aufgabe in e).

Nach Gl. (5.26) ist

$$\Delta p_c = \Delta p_E + \Delta p_R + \Delta p_M + \Delta p_{st}.$$

— Der statische Druckunterschied Δp_{st}:
  Eintritts- und Austrittsstutzen liegen auf gleicher Höhe, daher ist $\Delta p_{st} = 0$.
— Der Druckunterschied durch Impulsänderung Δp_M nach Gl. (5.32):

$$\Delta p_M = -\frac{\varrho''}{2} w_{D,E}^2 = -\frac{66,8 \cdot 8^2}{2} = -2\,138\,\text{Pa}.$$

— Die Druckänderung im Rohreinlauf Δp_E ($\zeta_E = 0,3$ angenommen) nach Gl. (5.27):

$$\Delta p_E = (1 + \zeta_E)\,\frac{\varrho''}{2}\,w_{D,E}^2 = (1 + 0,3) \cdot 2\,138 = 2\,779\,\text{Pa}.$$

— Der Druckverlust durch Reibung Δp_R:
  Der Mittelwert für vollständige Kondensation ist nach Gl. (5.30):

$$\Delta p_R = \xi_R\,\frac{\varrho''}{2}\,\frac{l}{3d_i}\,w_{D,E}^2.$$

Da die Rohrlänge l noch nicht bekannt ist, wird zunächst der Druckverlustgradient berechnet:

$$\frac{\Delta p_R}{l} = \frac{\xi_R}{3d_i}\,\frac{\varrho''}{2}\,w_{D,E}^2 = \frac{\xi_R}{3 \cdot 0,01} \cdot 2\,138.$$

Nach Gl. (5.31) ergibt sich der Reibungsbeiwert zu

$$\frac{1}{\sqrt{\xi_R}} = 2\,\lg\left(\frac{10}{0,5}\right) + 1,14 = 2 \cdot 1,30 + 1,14 = 3,74$$

$$\xi_R = 0,071.$$

Damit wird

$$\frac{\Delta p_R}{l} = \frac{0,071}{0,03} \cdot 2\,138 = 5\,089\,\text{Pa}.$$

— Der örtliche Druckverlustgradient durch Zweiphasenreibung Δp_{fl}: Nach Gl. (5.35)
  ist

$$\frac{\Delta p_R}{l} = G_{ZP}^2\,\frac{\Delta p_{fl}}{l}$$

mit dem Gradienten des Reibungsdruckverlusts nach Gl. (5.38) und (5.39):

$$\frac{\Delta p_{fl}}{l} = 0,316\,[Re_{c,o}\,(1 - x^*)]^{-0,25}\,\frac{\dot{m}^2\,(1 - x^*)^2}{2d_i\,\varrho'}.$$

Für $x^* = 0,9$ wird dann:

$$\frac{\Delta p_{fl}}{l} = 0,316 \cdot [23\,750 \cdot 0,1]^{-0,25}\,\frac{534,4^2 \cdot 0,1^2}{2 \cdot 0,01 \cdot 1\,218} = 5,30\,\text{Pa/m}.$$

— Der Martinelli-Parameter nach Gl. (5.37) ist $X_{t,t} = 0,043\,5$, wie aus der Aufgabe in
  e). Damit wird der Zweiphasenkorrekturfaktor nach Gl. (5.36)

$$G_{ZP}^2 = 1 + \frac{20}{0,043\,5} + \frac{1}{0,043\,5^2} = 989$$

Tabelle 5.4. *Örtliche Reibungsdruckverluste für Kondensation, berechnet nach der Zweiphasenmethode von* LOCKHART-MARTINELLI *[5]*

x^*	Re_fl	ξ_fl	$X_{t,t}$	G^2_ZP	$\dfrac{\Delta p_\text{fl}}{l}$	$\dfrac{\Delta p_\text{R}}{l} = G^2_\text{ZP} \cdot \dfrac{\Delta p_\text{fl}}{l}$
1,0	—	—	—	—	—	0
0,9	2 375	0,045	0,043 5	989	5,30	5 242
0,7	7 125	0,035	0,146	185	37,0	6 847
0,5	11 875	0,030 3	0,314	74,8	88,1	6 591
0,3	16 625	0,028	0,732	30,1	161,2	4 852
0,1	21 375	0,026	2,27	9,8	247,5	2 425
0,0	23 750	0,025	—	—	—	0

$$\Sigma = \overline{25\,957}$$

$$\left(\frac{\Delta p_\text{R}}{l}\right)_\text{m} = \frac{1}{5}\,\Sigma = \frac{25\,957}{5} = 5\,190\ \text{Pa/m}$$

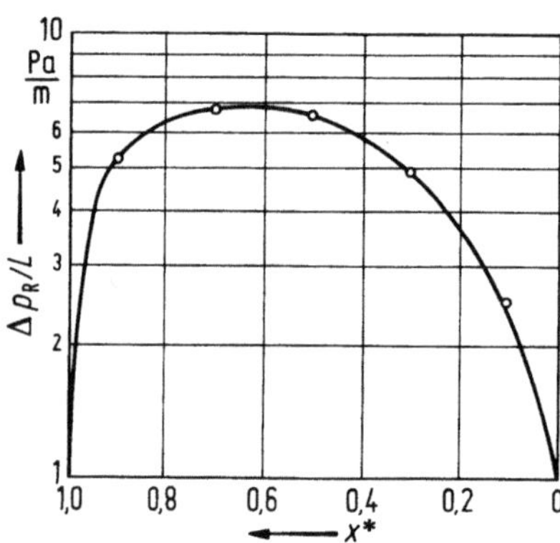

Abb. 5.9. Örtliche Reibungsverluste für Kondensation im Rohr nach Zweiphasenmethode LOCKHART-MARTINELLI zum unter g) im Abschn. 5.1.2.2 gebrachten Beispiel.

und man erhält

$$\frac{\Delta p_\text{R}}{l} = 989 \cdot 5,30 = 5\,242\ \text{Pa/m}.$$

Für weitere Dampfgehalte sind die Werte aus Tab. 5.4 zu entnehmen.

Man sieht, daß der Mittelwert des Reibungsdruckverlustgradienten gut mit dem vorigen Ergebnis übereinstimmt.

Abb. 5.9 zeigt den Verlauf der Gradienten, abhängig vom Dampfgehalt x^* und gibt damit ein Bild von den Druckänderungen während der Kondensation.

5.1.3 Kondensation reiner gesättigter Dämpfe auf der Außenseite horizontaler Rohre oder Rohrbündel

Die praktisch vorherrschende Kondensationsform ist auch bei Kondensation auf der Außenseite von horizontalen Rohren die laminare oder turbulente Filmkondensation. Wie bei der Filmkondensation in Rohren wird die Ausbildung des Films entweder überwiegend durch Schwerkräfte oder überwiegend durch Schubkräfte beeinflußt [14]. Je nach konstruktiver Ausführung des Kondensators liegt überwiegend

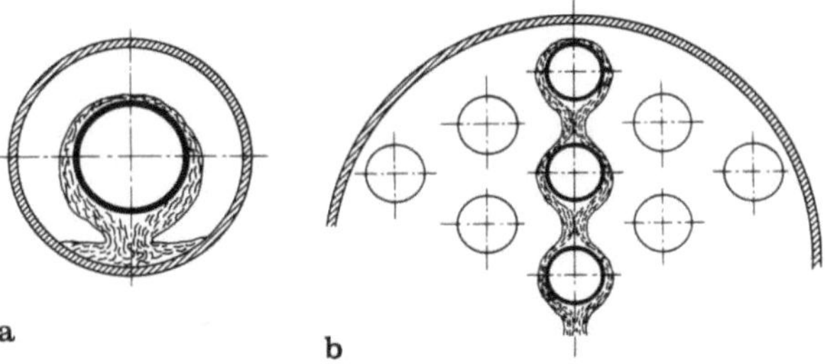

Abb. 5.10a, b. Laminare oder turbulente Filmkondensation um horizontale Rohre mit überwiegendem Schwerkrafteinfluß. a) Doppelrohrverflüssiger; b) Röhrenkesselverflüssiger.

Längsströmung oder Querströmung im Mantelraum vor. Bei Längsströmung gelten die Gesetzmäßigkeiten aus Abschn. 5.1.2.2 mit dem gleichwertigen hydraulischen Durchmesser $d_h = 4S/U$ anstelle des Rohrdurchmessers d, wie bei Längsströmung üblich. Hier soll nur der Fall mit überwiegender Querströmung behandelt werden.

Abb. 5.10 zeigt eine typische Kondensatfilmbildung um ein horizontales Einzelrohr in einem Doppelrohrverflüssiger sowie an übereinanderliegenden Rohren im Röhrenkesselverflüssiger bei Schwerkraftkondensation. Abb. 5.11 zeigt dagegen die Verhältnisse bei Schubkraftkondensation mit überwiegender Querströmung. Dementsprechend sind auch bei Querströmung zwei verschiedene Gesetzmäßigkeiten vorherrschend, die wieder durch einen berechenbaren Parameter der Strömungsform $C_{g,q}$ mit ähnlicher Definition wie in Abschn. 5.1.2.2 unter d) unterschieden werden können.

Der Strömungsform-Parameter für Querströmung ist

$$C_{g,q} = \frac{1}{\dot{m}} \left[(s_q - d)\, g\, \varrho''\, (\varrho' - \varrho'') \left(\frac{1 - x^*}{x^*} \right) \right]^{0,5} \tag{5.40}$$

mit s_q = Querteilung der Rohre.

Es gilt

$C_{g,q} \leqq 0{,}3$,   falls Schubkraftkondensation und

$C_{g,q} > 0{,}3$,   falls Schwerkraftkondensation vorherrscht.

5.1.3.1 Schwerkraftkondensation

Für Schwerkraftkondensation gelten die Gesetze der laminaren und turbulenten Filmkondensation. Ob laminare oder turbulente Filmkondensation vorliegt, entscheidet die Reynolds-Zahl der Kondensation Re_c. Diese ist abhängig vom Kondensatstrom bzw. der Wärmestromdichte $\dot{q} = \dot{Q}/A$ des Einzelrohrs und der Anzahl der übereinanderliegenden Rohre $Z_{r,v}$, deren Kondensat jeweils über das darunterliegende Rohr fließt.

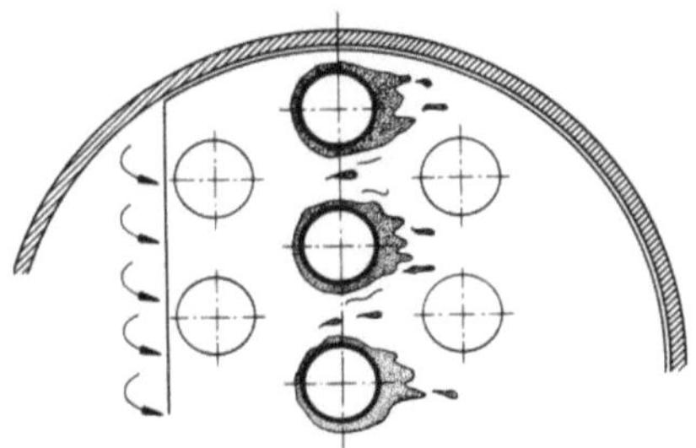

Abb. 5.11. Turbulente Filmkondensation mit überwiegendem Schubkrafteinfluß bei einem Röhrenkesselverflüssiger.

Der Umschlagpunkt von laminarer zu turbulenter Filmströmung liegt bei

$$Re_c = 800 \text{ bis } 2\,000 \text{ und ist abhängig von der Prandtl-Zahl.}$$

Ausgehend vom Massenstrom des einströmenden Dampfes $\dot{M}$ ist analog zu Gl. (5.6) die Reynolds-Zahl der Kondensation einer Rohrreihe

$$Re_c = \frac{\dot{M} d (1 - x^*)\, Z_{r,v}}{\eta'\, d\, l\, Z_{r,\text{ges}}} \tag{5.41}$$

oder für $x^* = 0$

$$Re_{c,0} = \frac{\dot{M}}{\eta'\, l}\, \frac{Z_{r,v}}{Z_{r,\text{ges}}} \tag{5.42}$$

für vollständige Kondensation

mit $Z_{r,v}$ = Anzahl der übereinanderliegenden Rohre,
         $Z_{r,\text{ges}}$ = Gesamtzahl aller Rohre im Bündel,
         l = Rohrlänge zwischen den Rohrböden bzw. zwischen zwei Trennblechen
            bei mehreren Durchgängen.

Für durchgehend laminare Filmströmung ergibt sich dann die mittlere Nußelt-Zahl bei vollständiger Kondensation, analog Gl. (5.6), zu

$$Nu_m = \frac{\alpha_m d_g}{\lambda'} = 1,51\, C_{l,w}\, Re_{c,0}^{-1/3} \tag{5.43}$$

mit $d_g = \left(\dfrac{\nu^2}{g}\right)^{1/3}$ und dem Korrekturwert $C_{l,w}$ für welligen Kondensatfilm. Dieser kann angesetzt werden mit

Reynolds-Zahl		$C_{l,w}$
von	bis	
0	60	1,0
60	300	$0,36\, Re_{c,0}^{1/4}$
300	∞	1,5

Für rein laminare Filmkondensation um das horizontale Einzelrohr kann auch Gl. (5.23) aus Abschn. 5.1.2.2 benutzt werden:

$$\alpha_g = 0,728 \left[\frac{\lambda^3 \varrho' (\varrho' - \varrho'')\, g\, \Delta h_d}{\eta'\, d_a}\right]^{1/4} \left(\frac{1}{\vartheta}\right)^{1/4}. \tag{5.44}$$

Setzt man statt d_i in Gl. (5.23) $Z_{r,v} d_a$, so ergibt sich der mittlere Wärmeübergangskoeffizient für $Z_{r,v}$ übereinanderliegende Rohre, der um den Faktor $(1/Z_{r,v})^{1/4}$ niedriger ist als für das Einzelrohr. Dies gilt aber nur unterhalb der kritischen Reynolds-Zahl der Kondensation.

Für turbulente Filmkondensation unter Schwerkrafteinfluß, also für $Re_{c,0} > 800$, lautet die entsprechende Gleichung für totale Kondensation $x^* = 0$:

$$Nu_g = \frac{\alpha_g d_g}{\lambda'} = 0,012\, (Re_{c,0})^{1/3}\, Pr'^{1/3}. \tag{5.45}$$

Durch Auflösung von Gl. (5.41) nach $Z_{r,v}$ läßt sich die Anzahl der übereinanderliegenden Rohre bei Erreichen der kritischen Reynolds-Zahl der Kondensation ermitteln.

Ein Vergleich mit der Gesamtzahl der übereinanderliegenden Rohre ergibt den Anteil
der Rohre mit laminarer oder mit turbulenter Filmkondensation.

5.1.3.2 Schubkraftkondensation

Für Schubkraftkondensation gilt auch für Querströmung um horizontale Rohre
und Rohrbündel die Modellvorstellung, daß der vollturbulente Kondensatfilm sich an
der Rohrwand verhält wie ein reiner, turbulenter Flüssigkeitsstrom unter den gleichen
Schubkraftverhältnissen.

Der Wärmeübergangskoeffizient der Schubkraftkondensation ist daher wieder eine
Funktion des Zweiphasendruckverlusts und des Wärmeübergangskoeffizienten der reinen Flüssigkeit.

Es gilt, analog zu Gl. (5.10) und (5.11), für die örtlichen Werte

$$Nu_{s,\,q} = \frac{\alpha_s \, d_{s,\,q}}{\lambda'} = 0{,}38 \, Re_{c,\,q}^{0,6} \, Pr'^{0,33} \tag{5.46}$$

mit

$$d_{s,\,q} = \frac{d}{(G_{ZP})_q},$$

$$Re_{c,\,q} = \frac{\dot{M} d \, C_B (1 - x^*)}{\eta' S_q}. \tag{5.47}$$

Es ist S_q der mittlere freie Querschnitt für Querströmung, z. B.

$$S_q = (s_q - d) \, l (Z_{r,\,q} - 1) \tag{5.48}$$

für ein rechteckiges Rohrbündel mit $Z_{r,\,q}$ Rohren nebeneinander. In Gl. (5.47) ist C_B
der Bypaßfaktor nach Abschn. 5.1.4.3, (Gl. 5.69).

Der örtliche Zweiphasenkorrekturfaktor für Querströmung um die Rohre $(G_{ZP})_q$
lautet

$$(G_{ZP})_q = \left[1 + \frac{8}{X_{t,\,t}} + \frac{1}{X_{t,\,t}^2} \right]^{0,5} \tag{5.49}$$

mit $X_{t,\,t}$ als Martinelli-Parameter nach Gl. (5.19)

$$X_{t,\,t} = \left(\frac{1 - x^*}{x^*} \right)^{0,9} \left(\frac{\varrho''}{\varrho'} \right)^{0,5} \left(\frac{\eta'}{\eta''} \right)^{0,1}. \tag{5.50}$$

5.1.4 Kondensation an horizontalen Rippenrohren

Für die Kondensation an Rippenrohren und Rippenrohrbündeln gelten nach [8]
praktisch die gleichen Gesetzmäßigkeiten wie für Glattrohre nach Abschn. 5.1.3. Der
Strömungsformparameter $C_{g,\,R}$ entscheidet darüber, ob Schwerkraftkondensation oder

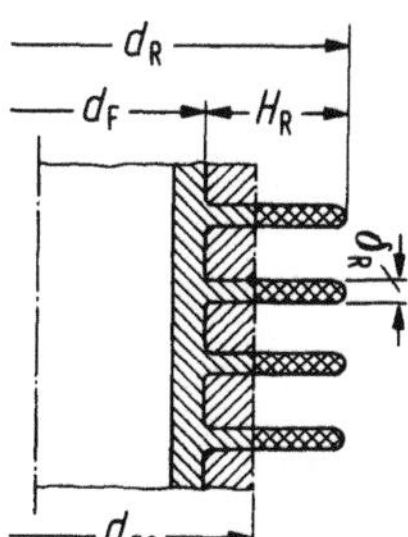

Abb. 5.12. Kennzeichnende Abmessungen bei Rippenrohren zur
Kondensation auf der Außenseite.

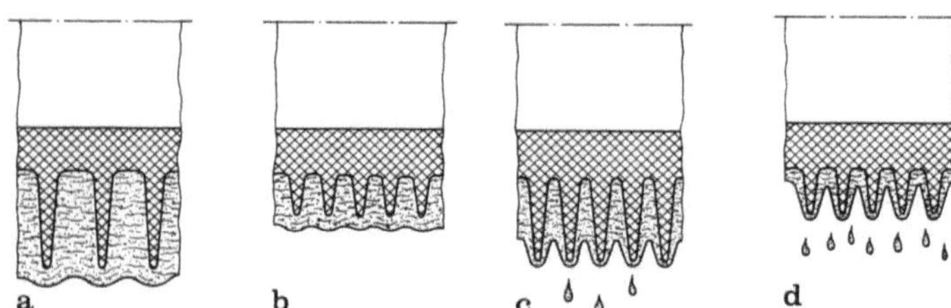

Abb. 5.13a–d. Einfluß der Oberflächenspannung δ des Kondensats auf die Wirksamkeit von Rippenrohren zur Kondensation. a), b) große Oberflächenspannung; a) geringste Wirksamkeit; c) und d) kleine Oberflächenspannung; d) höchste Wirksamkeit.

Schubkraftkondensation vorliegt. Für $C_{g,R} > 0,3$ liegt Schwerkraftkondensation und für $C_{g,R} \leqq 0,3$ Schubkraftkondensation vor. Anstelle des Rohrdurchmessers d tritt jedoch der äquivalente Rippenrohrdurchmesser d_{ae}.

Für Rippenrohre ist

$$C_{g,R} = \frac{1}{\dot{m}} \left[(s_q - d_{ae}) \, g \varrho'' (\varrho' - \varrho'') \left(\frac{1 - x^*}{x^*} \right) \right]^{0,5} \tag{5.51}$$

mit $\dot{m}$ als effektive Massenstromdichte, bezogen auf den freien Querschnitt im Bündel

$$\dot{m} = \frac{\dot{M} C_B}{S_q}, \tag{5.52}$$

wobei C_B der Bypaßfaktor nach Abschn. 5.1.4.3,
S_q der mittlere freie Querschnitt nach Gl. (5.68) ist.

Der äquivalente Rohrdurchmesser ist

$$d_{ae} = d_F + 2 h_R \, \delta_R \, \frac{Z_R}{l}. \tag{5.53}$$

d_F Rippenfuß-Durchmesser,
h_R Rippenhöhe,
δ_R mittlere Rippendicke,
$\dfrac{Z_R}{l}$ Anzahl der Rippen je Längeneinheit.

Abb. 5.12 zeigt anschaulich die geometrischen Zusammenhänge für d_{ae}.

Abb. 5.13 zeigt typische Formen der Kondensatfilmausbildung bei Kondensation an berippten Rohren.

Neben der Geometrie der Rippenrohre entscheidet die Oberflächenspannung σ des Kondensats über die Effektivität der Kondensation an Rippenrohren.

Die höchste Effektivität wird erreicht, wenn die Kontur der Berippung auch unter Benetzung durch den Kondensatfilm weitgehend erhalten bleibt, der Film also relativ dünn wird. Dies ist im Bereich der Schwerkraftkondensation der Fall bei geringer Oberflächenspannung des Kondensats, nicht zu engen Rippenspalten und nicht zu hohen Rippen.

Bei Schubkraftkondensation gelten für die Effektivität nicht so enge Grenzen.

5.1.4.1 Schwerkraftkondensation

Nach [8] läßt sich für Rippenrohre ein „effektiver Durchmesser für die Kondensation an Rippenrohren" definieren, der die unterschiedlichen Arten der Filmbildung an

Rippen (die als vertikale Platten behandelt werden) und um das horizontale Basisrohr
zusammenfaßt.

Danach ist

$$d_e = \left[\frac{A_F^*}{(d_F)^{1/4} A_{ae}^*} + 1{,}3\,\eta_R \frac{A_R^*}{(h_m)^{1/4} A_{ae}^*} \right]^{-4} \tag{5.54}$$

mit A_F^* = Glattrohrfläche (ohne Rippen) je m Länge,

       A_R^* = Rippenfläche (ohne Glattrohranteil), ferner sind

       $A_{ae}^* = A_F^* + \eta_R A_R^*$ die äquivalente Rippenrohrfläche, $\tag{5.55}$

       η_R = der Rippenwirkungsgrad

und

$$h_m = \frac{\pi}{4} \frac{d_R^2 - d_F^2}{d_R} \tag{5.56}$$

die mittlere Höhe der berippten Fläche bezogen auf den Rippendurchmesser.

Die übrigen Bezeichnungen wurden bereits definiert. Sie können in der Liste der
Formelzeichen am Anfang des Abschnitts nachgeschlagen werden.

Für laminare Filmkondensation läßt sich dann auch für Rippenrohre die Gl. (5.23)
anwenden, die jetzt lautet:

$$\alpha_g = 0{,}728 \left[\frac{\lambda'^3 \varrho' (\varrho' - \varrho'') g\,\Delta h_D}{\eta'\,\vartheta\,d_{ef}} \right]^{1/4} \left(\frac{1}{Z_{r,v}} \right)^{1/4}. \tag{5.57}$$

Da diese Gleichung nur für laminare Filmbildung gültig ist, diese aber nach einigen übereinanderliegenden Rohren in die turbulente übergeht, wodurch α_g wieder ansteigt, sollte Gl. (5.57) mehr als erster Überschlagswert benutzt werden, wobei dann
$Z_{r,v} = 1$ gesetzt werden kann.

Besser ist es, die Nußelt-Zahl der laminaren Filmkondensation wieder über die
Reynolds-Zahl der Kondensation zu berechnen.

Analog zu Gl. (5.43) ist

$$Nu_m = \frac{\alpha_m d_g}{\lambda'} = 1{,}51 C_{l,R}\, Re_{c,o}^{-1/3}\, A_{r,R}^{1/3} \tag{5.58}$$

mit

$$A_{r,R} = \frac{A_{ae}^*}{\pi\,d_{ef}}, \tag{5.59}$$

$$Re_{c,o} = \frac{\dot{M} Z_{r,v}}{\eta'\,l\,Z_{r,ges}}, \tag{5.60}$$

$$C_{l,R} = 1{,}0 \quad \text{für} \quad Re_{c,o} < 10, \tag{5.61}$$

$$C_{l,R} = (Pr')^{1/6} \quad \text{für} \quad Re_{c,o} \geqq 50 \tag{5.62}$$

und $C_{l,R}$ durch interpolation für dazwischenliegende Werte für $Re_{c,o}$ gemäß

$$C_{l,R} = (Re_{c,o} - 10) \frac{(Pr')^{1/6} - 1}{40} + 1. \tag{5.63}$$

Für turbulente Schwerkraft-Filmkondensation gilt, analog zu Gl. (5.45)

$$Nu_g = \frac{\alpha_g d_g}{\lambda'} = 0{,}012 Re_{c,o}^{1/3} (Pr')^{1/3} A_{r,R}^{1/3}. \tag{5.64}$$

Wegen der stark von der Prandtl-Zahl abhängigen kritischen Reynolds-Zahl für
den Umschlag von laminarer zu turbulenter Filmkondensation, die bei
$800 < Re < 2\,500$ liegen kann, ist in Zweifelsfällen wieder die in 5.1.2.2b beschriebene

Methode anzuwenden, wonach der jeweils höchste Wert gilt, der sich nach den Gleichungen für laminare oder turbulente Filmkondensation ergibt.

5.1.4.2 Einfluß der Oberflächenspannung bei Schwerkraftkondensation

Nach [9] kann für die Kondensation leichter Kohlenwasserstoffe an Rippenrohren und für praktisch alle Halogenkältemittel eine hohe Effektivität erwartet werden, so daß die Gl. (5.58) bis (5.64) ohne größere Korrektur benutzt werden können.

Für Stoffe mit hohen Oberflächenspannungen, wie z. B. Wasser, ist dagegen die Effektivität von eng berippten Rohren sehr gering, da die Rückhaltekraft in den Rippenspalten größer wird als die Schwerkraft. Rippenrohre mit engen Spalten werden dafür deshalb nicht empfohlen. Abb. 5.13 zeigt schematisch die Wirkung der Oberflächenspannung in engen und tiefen Rippenspalten.

5.1.4.3 Schubkraftkondensation

Sobald der Strömungsformparameter C_g für Querströmung zeigt, daß wegen $C_g \leq 0,3$ überwiegend Schubkraftkondensation vorliegt, gelten auch für Rippenrohrbündel analoge Gesetzmäßigkeiten wie für Glattrohrbündel nach Abschn. 5.1.3, wobei jedoch anstelle des Rohrdurchmessers d wieder der „äquivalente Durchmesser" d_{ae} gesetzt wird.

Damit wird

$$Nu_s = \frac{\alpha\, d_{s,R}}{\lambda'} = 0,38\, Re_{c,s}^{0,6}\, Pr'^{\,0,33} \tag{5.65}$$

und

$$Re_{c,s} = \frac{\dot{M}\, d_{ae}\,(1 - x^*)\, C_B}{\eta'\, S_q} \tag{5.66}$$

mit d_{ae} nach Gl. (5.53),

S_q = mittlerer freier Querschnitt für Querströmung.

Für einen vollberohrten Kessel vom Durchmesser D wird als Anzahl nebeneinanderliegender Rohre berechnet:

$$Z_{r,q} = \frac{0,75\, D}{s_q}, \tag{5.67}$$

$$S_q = (s_q - d_{ae})\, l\, (Z_{r,q} - 1). \tag{5.68}$$

Es ist

C_B der Bypaßfaktor zur Korrektur für den nicht durch das Bündel (5.69) strömenden Anteil des Massenstroms $\dot{M}$,

C_B $= 1,0$ für ein gut gegen Leckströme abgedichtetes Bündel,

C_B $= 0,85$ für ein herausziehbares Bündel, mehrgängig, mit Dichtstreifen,

C_B $= 0,6$ für ein herausziehbares Bündel, mehrgängig, ohne Dichtstreifen,

$d_{s,R}$ $= d_{ae}/G_{ZP,R}$ der kennzeichnende Durchmesser der Nußelt-Zahl für Rippenrohre,

$G_{ZP,R}$ = der örtliche Zweiphasenströmungsfaktor für Rippenrohre

$$= \left[1 + \frac{8}{X_{t,t}} + \frac{1}{X_{t,t}^2}\right]^{0,5}. \tag{5.70}$$

$X_{t,t}$ ist der Martinelli-Parameter nach Gl. (5.19):

$$X_{t,t} = \left(\frac{1 - x^*}{x^*}\right)^{0,9} \left(\frac{\varrho''}{\varrho'}\right)^{0,5} \left(\frac{\eta'}{\eta''}\right)^{0,1}. \tag{5.71}$$

5.1.5 Druckverlust bei Kondensation um Rohre und Rohrbündel

Die Berechnung des Druckverlusts bei Kondensation im Mantelraum von Röhrenkessel-Kondensatoren kann sehr aufwendig sein, wenn genaue Ergebnisse benötigt werden.

Allgemein gilt ein gleicher Ansatz wie in Gl. (5.26)

$$\Delta p_\mathrm{c} = \Delta p_\mathrm{E} + \Delta p_\mathrm{R} + \Delta p_\mathrm{M} + \Delta p_\mathrm{st} + \Delta p_\mathrm{U}. \tag{5.72}$$

Für Δp_st, Δp_M und Δp_E gilt das in Abschn. 5.1.2.2 unter g bereits Gesagte, wobei Δp_E jetzt für den Verlust im Eintrittsstutzen des Kesselmantels steht. Bei mehreren mantelseitigen Strömungsdurchgängen kommt noch der Umlenkverlust Δp_U hinzu, für den mangels näherer Kenntnis der Konstruktion je Umlenkung zwei Staudrücke angesetzt werden können, gebildet mit dem örtlichen Mittelwert aus Quer- und Längsströmung im Bündel:

$$\Delta p_\mathrm{U} = 2\,\frac{\varrho''}{2}\left(\frac{w_\mathrm{q}+w_\mathrm{L}}{2}\right)^2. \tag{5.73}$$

Die Größe Δp_R ist der Reibungsdruckabfall der Kondensation, der für Röhrenkessel die maßgebliche Größe ist. Dabei liegt die Schwierigkeit der Berechnung heute weniger in der grundsätzlichen Problematik der Zweiphasenströmung mit stetig veränderlichen Massenstromverhältnissen während des Kondensationsvorgangs, als in der stark von der gewählten Konstruktion abhängigen, bereits sehr aufwendigen Reibungsdruckverlustberechnung bei einphasiger Dampf- oder Flüssigkeitsströmung.

Die Strömungsverhältnisse um das Rohrbündel im Mantelraum eines Röhrenkesselkondensators sind sehr komplex, insbesondere, wenn das Bündel mit mehreren Trennblechen für mehrgängige Strömungsführung versehen ist.

Bei genauer Kenntnis konstruktiver Einzelheiten zur Ermittlung der verschiedenen Bypaß- und Einzelströme ist aber eine Berechnung für einphasige Strömung, z. B. nach [10] oder [13] mit guter Genauigkeit heute schon möglich, wenn auch mit erheblichem Aufwand. Sind konstruktive Einzelheiten aber nicht bekannt, z. B. bei der Projektierungsberechnung, so wird man sich zunächst mit einfacheren, weniger genauen Ansätzen begnügen müssen.

Eine der wesentlichsten Komponenten des Reibungsdruckverlusts in einem Röhrenkessel ist die der Querströmung um das Röhrenbündel. Die Berechnung erfolgt nach dem allgemeinen Ansatz für ein ideales Rohrbündel

$$\Delta p_\mathrm{R,\,q} = Z_\mathrm{r}\,\zeta_\mathrm{q}\,\frac{\varrho''}{2}\,w_\mathrm{D}^2, \tag{5.74}$$

worin w_D die Geschwindigkeit im engsten Querschnitt zwischen zwei Rohren ist und

ζ_q der Widerstandsbeiwert für Querströmung. Er kann, von der Rohranordnung abhängig, z. B. nach GRIMISON [12] bestimmt oder aus Angaben in Handbüchern [11] entnommen werden.

Z_r ist die Anzahl der hintereinander durchströmten Rohrreihen.

Ein ähnlicher Ansatz wie Gl. (5.74) ist für den Längsstrom, z. B. bei der Durchströmung des Ausschnitts im Umlenkblech geeignet:

$$\Delta p_\mathrm{R,\,1} = N_\mathrm{B}\,\frac{l'\,\xi_\mathrm{B}}{d_\mathrm{h}}\,\frac{\varrho''}{2}\,w_\mathrm{D,\,B}^2 \tag{5.75}$$

mit Z_B Anzahl der Umlenkbleche,

l' Längsstromanteil, angenähert $0{,}8 \times$ Abstand der Umlenkbleche voneinander,

d_h hydraulischer Durchmesser des Umlenkblechausschnitts,
ξ_B der Reibungsbeiwert für Längsstrom, z. B. nach Blasius oder nach
     Gl. (5.31) oder nach [11] zu bestimmen.

Der gesamte Längsstromanteil des einphasigen oder zweiphasigen Druckverlusts kann auch direkt nach Abschn. 5.1.2.2 berechnet werden.

Die Umrechnung vom einphasigen Druckverlust auf den der Kondensation erfolgt wieder über die Zweiphasenparameter nach Lockhart-Martinelli, entsprechend Abschn. 5.1.2.2 und Gl. (5.35).

Dies gilt auch für Querströmung, sofern $Re_\mathrm{c,\,o} \geqq 2\,000$ ist:

$$(\Delta p_\mathrm{R})_\mathrm{ZP} = G_\mathrm{ZP}^2 \,(\Delta p_\mathrm{R,\,q})_\mathrm{fl} \tag{5.76}$$

mit G_ZP nach Gl. (5.36),
      $X_\mathrm{t,\,t}$ nach Gl. (5.37),
      $(\Delta p_\mathrm{R,\,q})_\mathrm{fl}$ nach Gl. (5.74).

5.2 Berechnung und Bemessung von Verflüssigern

Verflüssiger werden überwiegend in standardisierten Bauarten hergestellt. Solche Bauarten sind Röhrenkessel, Doppelrohrwendeln, Rohrschlangen oder ebene Platten, wenn Wasser als Kühlmittel verwendet wird und Rippenrohrbündel, wenn Luft als Kühlmittel zum Einsatz kommt. Zur Bemessung des Verflüssigers wird zunächst die erforderliche Wärmeübertragungsfläche ermittelt, unter Beachtung vorgegebener Randbedingungen, wie kältemittel- und kühlmittelseitiger Druckverlust, Korrosions- oder Erosionsvermeidung, zusätzliche Druckbeanspruchung unter extremen aber möglichen Umgebungsbedingungen usw.

Obwohl die absolute Größe der erforderlichen Wärmeübertragungsfläche für die verschiedenen Ausführungsformen stark unterschiedlich ist, kann ihre Berechnung nach einheitlichen Gesetzen erfolgen. Es ist stets

$$A = \int\limits_0^{\dot Q} \frac{d\dot Q}{k\,\vartheta}. \tag{5.77}$$

Der zur Verflüssigung erforderliche Wärmetransportprozeß kann sich aus mehreren Teilprozessen zusammensetzen,
— der Abkühlung des überhitzten Dampfes auf oder in die Nähe der Verflüssigungstemperatur, wobei der Dampf weiterhin gasförmig verbleibt,
— der Kondensation des Dampfes bei annähernd konstanter Verflüssigungstemperatur und
— der Unterkühlung des Kondensats um eine vorgegebene Temperaturspanne zur Vermeidung von Ausdampfvorgängen in der nachfolgenden Rohrleitung.

Für jeden der vorgenannten drei Teilprozesse gilt Gl. (5.77) gleichermaßen, jedoch mit unterschiedlichen Werten für den abzuführenden Wärmestrom $d\dot Q$, den Wärmedurchgangskoeffizienten k und den örtlichen Temperaturunterschied ϑ. Der gesamte Wärmestrom $\dot Q$ setzt sich dabei etwa wie folgt zusammen: Enthitzung $\Delta \dot Q_1 = 6$ bis 12 %, Verflüssigung $\Delta \dot Q_2 = 85$ bis 90 % und Unterkühlung $\Delta \dot Q_3 = 3$ bis 5 %.

Selbst innerhalb eines Teilprozesses werden sowohl der örtliche Temperaturunterschied ϑ als auch der Wärmedurchgangskoeffizient k im allgemeinen nicht konstant, sondern örtlich veränderlich sein, wodurch die Berechnung weiterer Teilflächen durch nochmalige Unterteilung des Prozesses in berechenbare Einzelschritte erforderlich sein kann.

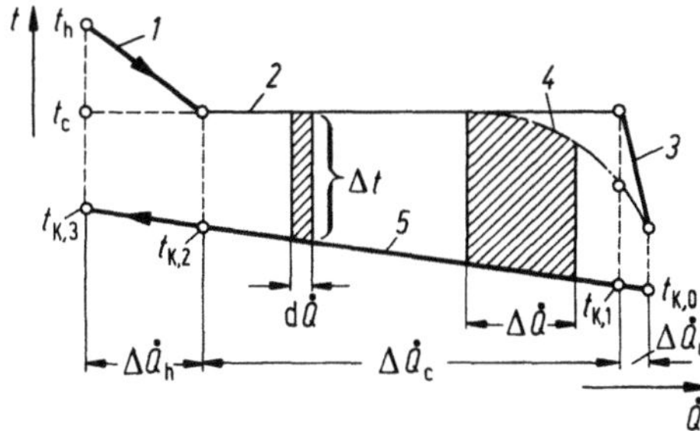

Abb. 5.14. Temperatur/Wärmestrom-Verlauf für idealen Verflüssigungsprozeß mit Dampfenthitzung. *1* Dampfkühlung, Enthitzung; *2* Verflüssigung; *3* Flüssigkeitsunterkühlung; *4* Verflüssigung bei hohem Inertgasgehalt im Dampf; *5* Kühlmittel; t_h Überhitzungstemperatur; t_c Kondensationstemperatur; t_K Kühlmitteltemperatur.

Abb. 5.14 zeigt das Temperaturbild eines Idealprozesses zur Verflüssigung eines Kältemittels, bestehend aus den drei Teilprozessen Dampfenthitzung, Verflüssigung und Kondensatunterkühlung mit der entsprechenden Kühlmittelaufwärmung bei gegensinniger Schaltung von Kühlmittel und Prozeßstrom. Die Kurve *4* zeigt den entsprechenden Verlauf bei starkem Gehalt nichtkondensierbarer Gase im Dampf. In diesem Fall müßte auch der Teilprozeß der reinen Verflüssigung noch weiter unterteilt werden, so daß für jeden der einzelnen Teile eine Linearisierung des Temperaturverlaufs entsprechend Abb. 5.14 zur Bildung einer mittleren Temperaturdifferenz sinnvoll möglich ist.

Für den jeweils verbliebenen Teilprozeß ermittelt man die dazu erforderliche Teilfläche aus

$$A = \frac{\dot{Q}}{k\,\vartheta_m}. \tag{5.78}$$

Trotz erheblicher geometrischer Unterschiede der verschiedenen Bauarten kann die Dimensionierung für jeden einzelnen Teilprozeß mit den gleichen dimensionslosen Kenngrößen erfolgen, die mit den bekannten oder vorgegebenen Massenströmen des Kühlmittels und ihrer Temperaturänderung gebildet werden. Diese dimensionslosen Kenngrößen sind nach [16] die Aufwärm- oder Abkühlzahl (Betriebs-Charakteristik)

$$\Phi_K = \frac{\Delta t_K}{\vartheta_0}, \tag{5.79}$$

$$\Phi_c = \frac{\Delta t_c}{\vartheta_0}, \tag{5.80}$$

die sowohl die Temperaturänderungen des Kühlmittelstroms Δt_K und des Verflüssigungsstroms Δt_c enthalten als auch den größten Temperaturabstand ϑ_0 zwischen dem Verflüssigungsstrom und dem Kühlmittelstrom (Abb. 5.15).

Eine weitere dimensionslose Kenngröße ist die Zahl der Übertragungseinheiten

$$\Psi_K = \frac{kA}{\dot{M}_K\, c_p}. \tag{5.81}$$

Für jeden Teilprozeß, d. h. für Enthitzung, Verflüssigung oder Unterkühlung gibt es einen bestimmten Zusammenhang zwischen den beiden vorgenannten dimensionslosen Kenngrößen unter Einbeziehung der gegenseitigen Verläufe der beiden im Wärmeaustausch stehenden Prozeßströme.

Für den reinen Verflüssigungsprozeß mit konstanter Verflüssigungstemperatur lautet der Zusammenhang z. B.

$$\Psi_K = -\ln(1 - \Phi_K). \tag{5.82}$$

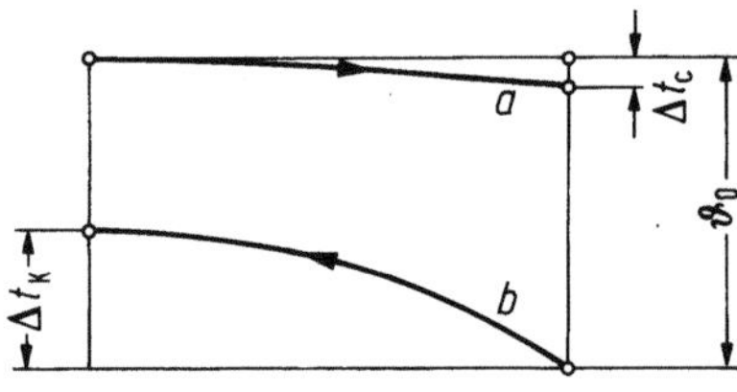

Abb. 5.15. Kenngrößen zur Dimensionierung von Verflüssigern. *a:* Verflüssigungsstrom; *b:* Kühlmittelstrom, Betriebscharakteristik (Aufwärm- bzw. Abkühlzahl) $\Phi = \Delta t_{K,c}/\vartheta_0$; Zahl der Übertragungseinheiten $\Psi = kA/(M_K c_p) = \ln(1 - \Phi_K)$; spezifische Austauschergröße $kA = \dfrac{\dot{Q}}{\vartheta_0}[-\ln(1-\Phi)/\Phi]$; Wärmeaustauscherfläche $A = kA/k$.

Für beidseitig veränderliche Temperaturen, wie z. B. für den Enthitzungs- und Unterkühlungsteil, sind die Zusammenhänge komplizierter, aber bei vorgegebener Stromführung, z. B. nach [11] oder [16], ebenfalls zu bestimmen.

Der abzuführende Wärmestrom eines jeden Teilprozesses, der vom Kühlmittelstrom aufgenommen wird, ergibt sich zu

$$\dot{Q} = \dot{M}_K c_p \Delta t_K = \dot{M}_K c_p \Phi_K \vartheta_0 \tag{5.83}$$

oder nach Auflösung von Gl. (5.77) zu

$$\dot{Q} = kA \vartheta_m. \tag{5.84}$$

Aus der Gleichheit von Gl. (5.83) und (5.84) erhält man einen dimensionslosen Ausdruck für die mittlere Temperaturdifferenz des Wärmeübertragungsprozesses, gebildet aus der dimensionslosen Aufwärmzahl des Kühlmittels Φ_K und der dimensionslosen Abkühlzahl des Verflüssigungsstroms Φ_c. Es ist

$$\frac{\vartheta_m}{\vartheta_0} = \frac{\Phi_K - \Phi_c}{\ln[(1-\Phi_c)/(1-\Phi_K)]}. \tag{5.85}$$

Sie ist identisch mit der allgemein bekannten dimensionslosen mittleren Temperaturdifferenz für Gleich- und Gegenstrom einphasiger Fluide nach [11], wobei die Indizes K und c für die beiderseitigen im Wärmeaustausch miteinander befindlichen Fluide Kühlmittel (K) und Kondensationsstrom (c) stehen.

Zur Berechnung der jeweils erforderlichen Teilfläche nach Gl. (5.78) ist nun noch der Wärmedurchgangskoeffizient k zu bestimmen. Er ist hauptsächlich durch die beiderseitigen Wärmeübergangskoeffizienten α_a (außenseitig) und α_i (innenseitig) festgelegt. Zusätzlichen Einfluß hat die Art der gewählten Wärmeaustauschfläche nach Geometrie und Material, da beides den Wärmefluß durch die trennenden Wände hindurch mitbestimmt. Der Wärmedurchgangskoeffizient ist stets auf die definierte Austausch-

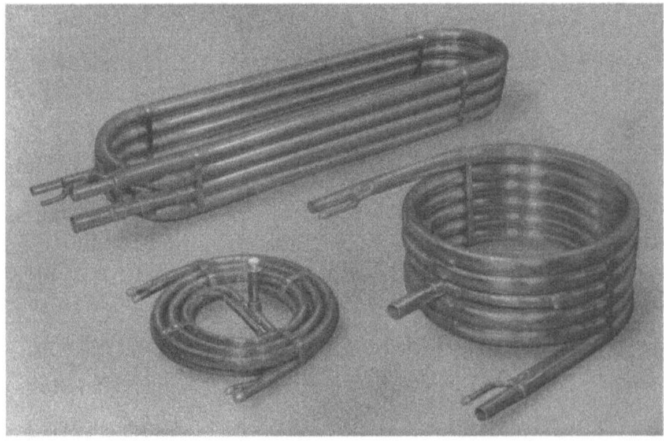

Abb. 5.16. Doppelrohrverflüssiger (Werkbild Wieland-Werke Ulm).

fläche A bezogen und hat, entsprechend Gl. (5.84), nur mit dieser zusammen einen definierbaren Wert. Für ebene oder dünnwandige zylindrische Wärmeaustauschflächen ergibt sich der Wärmedurchgangskoeffizient zu

$$\frac{1}{k} = \frac{1}{\alpha_a} + f_a + \frac{A}{A_m}\frac{\delta_w}{\lambda_w} + \frac{A}{A_i}\left(\frac{1}{\alpha_i} + f_i\right). \tag{5.86}$$

Außer den beiderseitigen Wärmeübergangskoeffizienten α_a und α_i, die nach Abschn. 5.1.2 für den Verflüssigungsprozeß und nach [11] für den Kühlmittelstrom berechnet werden können, enthält Gl. (5.86) noch die beiderseitigen Verschmutzungsfaktoren als mögliche Wärmeleitwiderstände (f_a und f_i), z. B. nach [15], sowie die Flächenverhältnisse A/A_i bzw. A/A_m bei zylindrischen oder berippten Wärmeübertragerflächen, die nach Wahl der Art der Wärmeübertragungsfläche bekannt sind.

5.2.1 Wassergekühlte Verflüssiger

Die häufigste Bauart für wassergekühlte Verflüssiger ist das Röhrenbündel, wobei der Verflüssigungsprozeß sowohl in den Rohren als auch im Mantelraum stattfinden kann. Welche Seite für den Verflüssigungsprozeß gewählt wird, hängt oft nicht nur von thermodynamischen Vorteilen, sondern auch von praktischen Erwägungen ab.

So läßt sich die Rohrinnenseite z. B. einfacher reinigen, weshalb man besonders bei stärker verschmutzenden Kühlwässern diese Seite für das Kühlmittel vorsieht. Auch aus Korrosionsgründen wird oft das Kühlmittel auf die Rohrinnenseite verlegt, da es leichter ist, die Rohrinnenseite, den Rohrboden und die Wasserverteilkammer gegen kühlmittelseitige Korrosion zu schützen als die Rohraußenseite und den Mantelraum des Kessels. Bei hohen Kondensationsdrücken und gleichzeitig großen Volumenströmen neigt man dagegen dazu, die Rohrinnenseite für das Kältemittel zu benutzen, um den aus Festigkeitsgründen sonst erforderlichen dickwandigen Kesselmantel zu vermeiden, denn größere Drücke lassen sich auf der Rohrinnenseite mit erheblich geringerem Aufwand beherrschen.

5.2.1.1 Doppelrohrverflüssiger

Die einfachste Ausführung eines Röhrenkesselverflüssigers, jedoch nur für kleine Wärmeleistungen geeignet, ist das koaxiale Doppelrohr. Abb. 5.16 zeigt typische Ausführungsformen von Doppelrohrwendeln, wobei im allgemeinen das Kältemittel im Ringraum des Doppelmantelrohrs strömt und das Wasser im Kernrohr. Bei dieser Ausführung wird oft das wasserführende Kernrohr auf der Außenseite als Kurzrippenrohr ausgeführt, was für die Kältemittelverflüssigung eine deutliche Leistungserhöhung bei gleicher Rohrlänge ergibt.

Die koaxiale Doppelrohrausführung ist ein idealer Gegenströmer. Er erlaubt mit geringstem Aufwand, die drei Teilprozesse Enthitzung, Verflüssigung und Unterkühlung mit großer Effektivität auszuführen. Wegen des begrenzten Querschnitts im Ringraum des Koaxialverflüssigers ist eine hohe Dampfgeschwindigkeit und eindeutige Strömungsführung gesichert. Obwohl der Verflüssigungsprozeß auf der Außenseite des Kernrohrs, d. h. im Mantelraum stattfindet, herrscht überwiegend turbulente Längsströmung, und es gelten zur Ermittlung der Wärmeübergangskoeffizienten die Gesetzmäßigkeiten nach Abschn. 5.1.2 für den reinen Verflüssigungsprozeß. Gegebenenfalls muß in mehrere Abschnitte unterteilt werden, wenn der Verlauf der verflüssigungsseitigen Wärmeübergangskoeffizienten eine sinnvolle Mittelwertbildung nicht ermöglicht.

Für die rohrseitige Kühlmittelströmung lassen sich die Wärmeübergangskoeffizienten aus bekannten Gesetzen bestimmen, z. B. nach [11] oder Abschn. 1.2, wonach der Wärmedurchgangskoeffizient nach Gl. (5.86) und der mittlere wirksame Temperaturunterschied nach Gl. (5.85) gebildet werden können. Die erforderliche Wärmeübertragungsfläche ergibt sich dann aus Gl. (5.78). Somit hat man gleichzeitig einen ersten Hinweis für die Länge des koaxialen Doppelrohrverflüssigers. Der für die Enthitzung des Kältemitteldampfes benötigte Flächenanteil könnte nun separat berechnet werden, indem der strömende noch nicht kondensierende Dampf als Gas behandelt und der Wärmeübergang nach den Gesetzen der Zwangskonvektion berechnet wird.

In der Praxis ist dies jedoch aus den nachstehenden Gründen für die Dimensionierung nicht erforderlich:

— Die Wandtemperatur im Enthitzerteil *1* nach Abb. 5.14 bestimmt, ob der überhitzte Dampf an dieser Stelle kondensiert oder nicht. Liegt die Wandtemperatur unterhalb der Kondensationstemperatur, so setzt die Kondensation des Dampfes ein; es gelten also die gleichen Gesetzmäßigkeiten wie im Verflüssigungsteil. Die Kondensationstemperatur ist die maßgebliche Kältemitteltemperatur.

— Liegt die Wandtemperatur höher als die Kondensationstemperatur, was außerordentlich selten und nur bei sehr hohen Überhitzungstemperaturen der Fall ist, so ist die Wärmestromdichte in diesem Bereich stets etwas größer als im Bereich der reinen Verflüssigung.

— Die größere Wärmestromdichte im Enthitzungsteil führt aber zu einer nur geringfügig kleineren erforderlichen Austauschfläche für diesen Prozeßteil. Auf die Gesamtaustauschfläche hat dies noch geringere Auswirkungen wegen des relativ kleinen Anteils der Wärmeleistung im Enthitzungsteil, die maximal 10 % beträgt.

Die gesonderte Berechnung der erforderlichen Austauschfläche für den Enthitzungsteil kann daher entfallen und in die Berechnung der Austauschfläche für den Verflüssigungsprozeß einbezogen werden, wobei die Enthitzungswärme voll zu berücksichtigen ist, jedoch nicht die Überhitzung. Die so ermittelte Austauschfläche für den gemeinsamen Enthitzungs- und Kondensationsprozeß wird stets auf der sicheren Seite liegen, d. h. sie wird etwas größer sein als die Summe der beiden einzeln berechneten Austauschflächen für Enthitzungs- und Verflüssigungsprozeß.

Für die Druckverlustberechnung des kondensierenden Dampfes muß der Enthitzerteil jedoch gesondert berechnet werden, wenn eine hohe Überhitzung vorlag und die dadurch verursachte Volumenvergrößerung gegenüber Sattdampf mehr als 20 % ausmacht. Jedoch wird dies nicht häufig der Fall sein.

Die für die Unterkühlung der Flüssigkeit erforderliche Austauschfläche bzw. Rohrlänge des Koaxialverflüssigers wird ermittelt unter der Annahme, daß am Ende des Verflüssigungsprozesses der gesamte Ringraum mit Kondensat gefüllt ist und somit Längsströmung für das Kondensat vorliegt. Damit gelten für beide Seiten die Gesetzmäßigkeiten der Zwangskonvektion einphasiger Fluide nach [11].

5.2.1.2 Röhrenkesselverflüssiger

Wassergekühlte Röhrenkesselverflüssiger sind in verschiedenen Ausführungen und für einen großen Bereich von Rohr- und Kesseldurchmessern auf dem Markt. Die Kondensation des Dampfes erfolgt überwiegend auf der Mantelseite.

Abb. 5.17 zeigt einen typischen Kältemittelverflüssiger in Röhrenkesselausführung für kleine Leistungen.

Abb. 5.18 zeigt das Schema der Dampfführung für drei typische Ausführungen von großen industriellen Röhrenkesselverflüssigern mit Kondensation im Mantelraum des Apparats. Abb. 5.18a zeigt eine reine Längsstromführung für den kondensierenden Dampf, b zeigt eine Mischung aus Längs- und Querstrom mit Umlenkblechen zur Erhöhung der Strömungsgeschwindigkeit und c eine reine Querstromführung für große Volumenströme.

Obwohl Rohrbündelwärmeaustauscher zum Stand der Technik gehören und auch für die Kühlung und Erhitzung einphasiger Fluide häufig verwendet werden, ist die si-

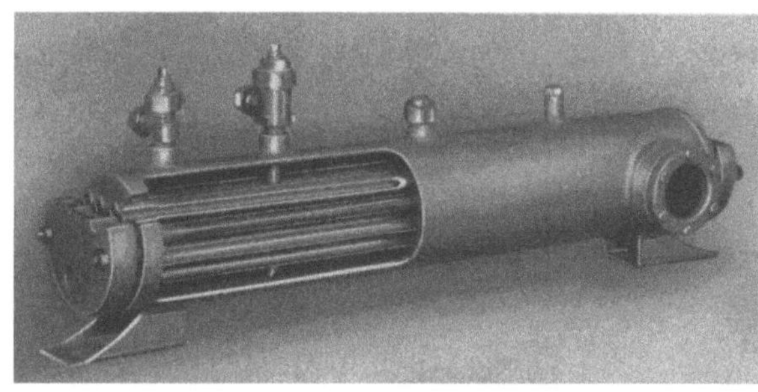

Abb. 5.17. Kältemittelverflüssiger in Röhrenkesselausführung für kleine Leistungen (Werkbild Wieland-Werke Ulm).

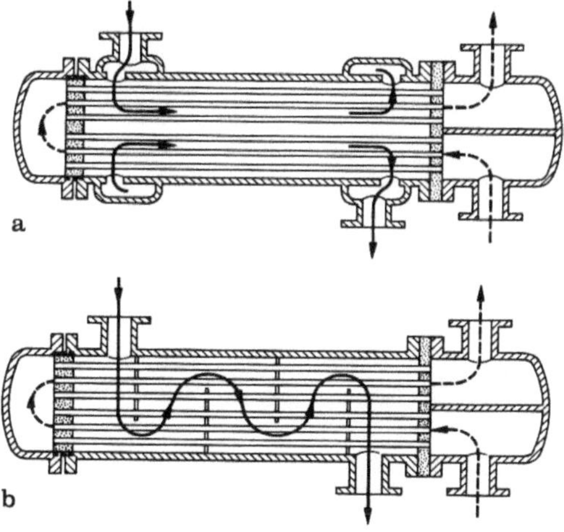

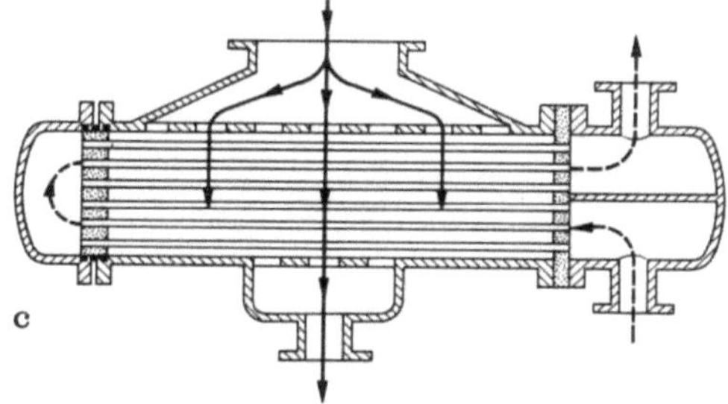

Abb. 5.18a–c. Typische Strömungsformen im Mantelraum bei Rohrbündelwärmeaustauschern. a) reine Längsstromführung; b) Mischung aus Längsstrom und Querstrom; c) reine Querstromführung für große Volumenströme.

chere Berechnung der thermo- und fluiddynamischen Vorgänge im Mantelraum solcher Apparate sehr aufwendig und schon bei einphasigen Fluiden fast nur noch mit aufwendigen Computerprogrammen möglich. Die Berechnung zweiphasiger Vorgänge für den Mantelraum eines solchen Wärmeaustauschers ist mit erheblichen zusätzlichen Problemen verbunden. Dies hat dazu geführt, daß die Hersteller solche Berechnungen fast ausschließlich mit Computerunterstützung durchführen.

Dies gilt in verstärktem Maße, wenn der Mantelraum des Rohrbündelverflüssigers zur Erzielung hoher effektiver Strömungsgeschwindigkeiten mit Trennblechen (Schikanen) versehen ist. Dadurch entstehen abwechselnd Abschnitte mit Längs- und Querströmung mit jeweils unterschiedlichen Gesetzmäßigkeiten entsprechend Abschn. 5.1.2 und 5.1.3.

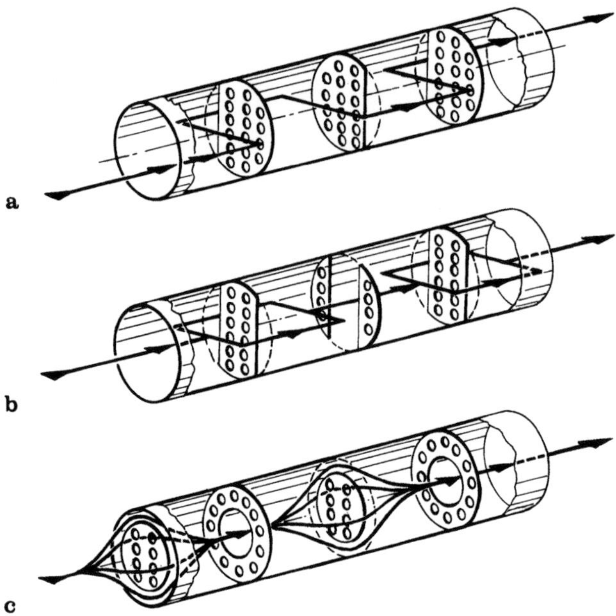

Abb. 5.19a–c. Typische Ausführungsformen der Trennbleche. a) Normales Trennblech „Halbmond" — oder Segmentausführung; b) Doppelsegmentausführung; c) Ring- und Scheibenausführung.

Über den Anteil an Längs- und Querströmung entscheidet in hohem Maße der Segmentausschnitt S_A, der etwa zwischen 20 und 40 % des Kesselquerschnitts ausmacht, und der Trennblechabstand l', der zur Vermeidung von Rohrschwingungen nicht zu groß und zur Vermeidung von Toträumen und ungleicher Beaufschlagung nicht zu klein sein soll. Es wird empfohlen, das Verhältnis von Trennblechabstand und Kesseldurchmesser l'/D zwischen 0,2 und 1,0 zu halten. Die Längs- und Querströmgeschwindigkeiten sollten etwa gleich groß sein, um Beschleunigungs- und Verzögerungsverluste möglichst zu vermeiden.

Abb. 5.19 zeigt drei typische Ausführungen von Trennblechen in Rohrbündelverflüssigern.

Bei Kondensation auf der Mantelseite eines solchen Apparats werden die Segmentausschnitte stets vertikal ausgeführt, damit der Kondensatabfluß von den Rohren nicht behindert, sondern durch die Querströmung nur gefördert wird. Zusätzlich enthalten die Trennbleche an ihrer Unterseite eine Öffnung zum ungehinderten Kondensatabfluß. Die höchste Wärmeleistung, aber auch den höchsten Druckverlust hat die Ausführung nach Abb. 5.19a, das sogenannte „Halbmond"-Segment. Die Ausführung b mit Doppelsegmenten wird benutzt bei größeren Volumenströmen zur Reduzierung der kesselseitigen Druckverluste und die Ausführung c mit Ring- und Scheibentrennblechen für noch größere Volumenströme. Die Druckverluste sind hier die kleinsten.

Alle drei Ausführungen mit mantelseitigen Trennblechen sind besonders dann am Platze, wenn der zu kondensierende Dampf stark mit Inertgasen durchsetzt ist. In diesem Fall werden auch ungleiche Trennblechabstände vorgesehen, die in Richtung der Dampfströmung kleiner werden, um die Dampfgeschwindigkeit auch gegen Ende der Kondensation noch genügend hoch zu halten.

5.2.2 Luftgekühlte Verflüssiger

Bei großen Kühlleistungen wird zur Abführung der Verflüssigungswärme in steigendem Maße Umgebungsluft als Kühlmittel eingesetzt.

Dies erfolgt teilweise aus Gründen der Kühlwasserknappheit, teilweise aber auch wegen der größeren Betriebssicherheit und Wirtschaftlichkeit. Trotz der relativ ungünstigen thermischen Eigenschaften der Luft kann die Wärmeabfuhr bei der Verflüssigung wirtschaftlich gestaltet werden durch entsprechende Wahl geeigneter Wärmeübertragungssysteme (Rippenrohre) und geeignete Konstruktionen (Zwangskonvektion durch Ventilatoren).

Den schlechten thermischen Eigenschaften der Luft stehen viele schätzenswerte Eigenschaften gegenüber:

— Luft ist in unbegrenzten Mengen an allen Orten vorhanden,
— ihre Reinheit ist größer und meist gleichmäßig über das ganze Jahr,
— Stein-, Kalk-, Salz- oder Schlammablagerungen sind nicht zu befürchten und ebenso wenig
— Algenbildung oder sonstiges biologisches Wachstum.
— Deshalb sind auch die Korrosions- und Reinigungsprobleme geringer.
— Die Ersparnisse durch Wegfall der Beschaffungs- und Entsorgungskosten, die bei Wasser entstehen, sind beträchtlich.
— Die Umweltbelästigung ist meist geringer.

5.2.2.1 Typische Bauformen zwangsbelüfteter Ventilatorverflüssiger

Der Ventilator zwangsbelüfteter Verflüssiger kann die Kühlluft durch die Rippenrohre drücken oder saugen. Bei drückender Anordnung fördert der Ventilator Kühlluft von Umgebungstemperatur, während bei saugender Anordnung die bereits aufgewärmte Luft vom Ventilator erfaßt wird.

Abb. 5.20 zeigt das Schema üblicher Bauformen größerer luftgekühlter Verflüssigungseinheiten mit saugender und drückender Anordnung der Ventilatoren, Abb. 5.21 die Darstellung einer kleinen Einheit mit Dampfverteilung und Kondensatsammler.

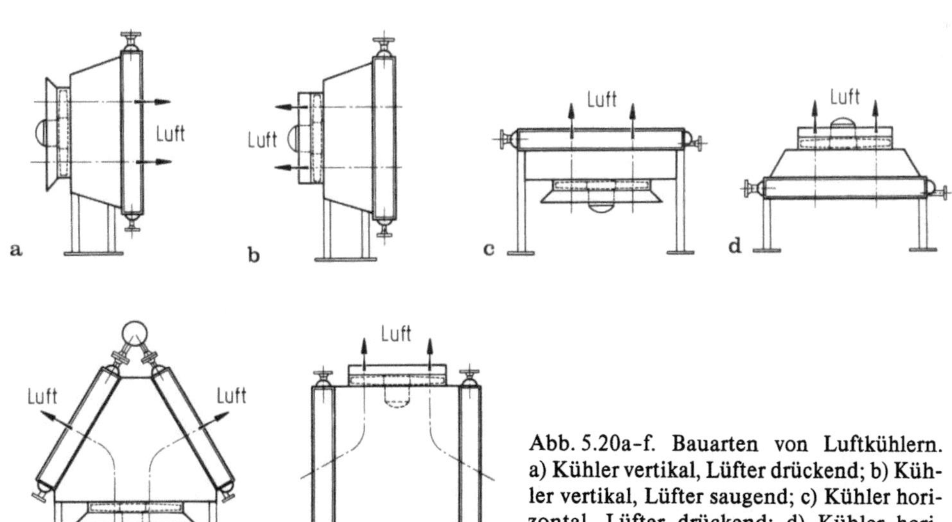

Abb. 5.20a–f. Bauarten von Luftkühlern. a) Kühler vertikal, Lüfter drückend; b) Kühler vertikal, Lüfter saugend; c) Kühler horizontal, Lüfter drückend; d) Kühler horizontal, Lüfter saugend; e) Dachbau, Lüfter drückend; f) Reihenbau, Lüfter saugend.

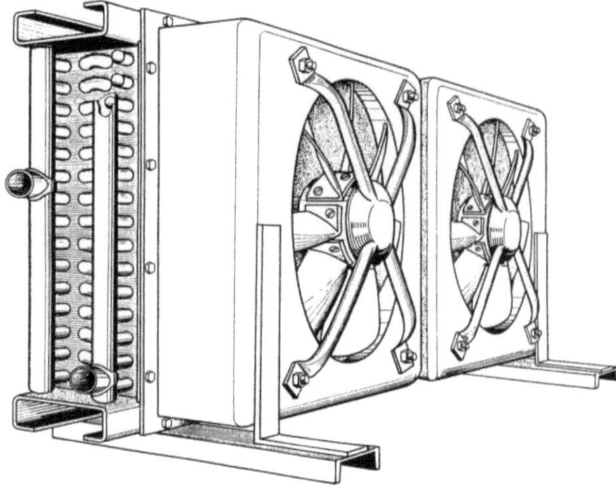

Abb. 5.21. Ansicht einer
kleinen Verflüssigungsein-
heit mit drückender Kühl-
luftförderung.

Ventilatoren sind Volumenförderer, d. h., daß bei gleicher Drehzahl das gleiche Volumen gefördert und daher bei tieferer Kühllufttemperatur ein größerer Massenstrom durchgesetzt wird. Deshalb ist auch die Motorleistung in diesem Fall größer, was oft übersehen wird.

Bei gleicher Kühlleistung erfordert die saugende Anordnung des Ventilators einen größeren Volumenstrom, was im gleichen System auf höhere Druckverluste und höhere Antriebsleistung führt. Trotz dieser eindeutigen energetischen Nachteile wird die saugende Anordnung bei luftgekühlten Verflüssigern häufig gewählt, da sie eine gleichmäßigere Kühlluftströmung durch den Wärmeaustauscher gewährleistet, weniger anfällig ist gegen Kühlluftrezirkulation und die Wärmeaustauschfläche vor Beschädigung durch extreme Witterungseinflüsse, wie Hagelschlag, Sturzregen, Schnee, Sonneneinstrahlung usw. in stärkerem Maße schützt.

5.2.2.2 Rippenrohrsysteme für luftgekühlte Verflüssiger

Rippenrohre mit vergrößerten Oberflächen auf der kühlluftumströmten Außenseite können die stoffwertbedingten niedrigen Wärmeübergangskoeffizienten strömender Luft durch ihre vergrößerten Oberflächen zum Teil kompensieren. Die Flächenvergrößerung durch die Berippung der Außenseite beträgt etwa das 10- bis 20fache und wird nach wirtschaftlichen und herstellungstechnischen Gesichtspunkten optimiert.

Abb. 5.22 zeigt eine Zusammenstellung typischer auf dem Markt befindlicher Rippenrohrsysteme für den Einsatzbereich luftgekühlter Verflüssiger.

Für die Herstellung der Rippenrohre werden im allgemeinen unterschiedliche Techniken angewendet, als deren Folge sich unterschiedliches Leistungs- und Betriebsverhalten, insbesondere bei extremen und stark wechselnden Bedingungen einstellen können. Die Rippenfläche kann als endloses Band auf das Kernrohr aufgewikkelt werden, oder sie kann aus ebenen Scheiben unterschiedlicher Formgebung bestehen, die auf das Kernrohr aufgeschoben werden. Eine weitere Möglichkeit ist das gewindeähnliche Auswalzen der Rippen aus dem ursprünglich dickeren Rundrohrmaterial. Beim Aufwickeln und beim Auswalzen sind die erzielbaren Rippenhöhen begrenzt. Auch lassen sich bei dieser Herstellung keine besonderen turbulenzverstärkenden Formgebungen in die Wärmeübertragungsfläche einbringen.

Kontaktwiderstand. Nicht metallisch mit dem Kernrohr verbundene Rippen haben einen ständigen Kontaktwiderstand, der sich insbesondere bei unterschiedlichen Ma-

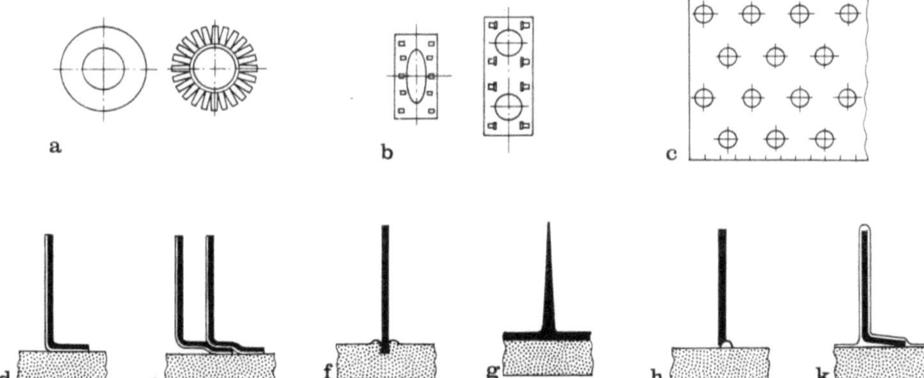

Abb. 5.22a–k. Gebräuchliche Rippenrohrsysteme verschiedener Geometrie und verschiedener Rippenfußbefestigungen. a) Rundrippenrohre, Rippen mit Vorspannung aufgewickelt; b) Lamellenrippenrohre, Rippen aufgeschoben und verlötet; c) Blockrippenrohre, Rohre in Blockrippen eingeschoben und aufgeweitet oder verlötet; d) L-Fuß, einfach; e) L-Fuß, überlappt; f) eingenutet; g) extrudiert; h) geschweißt/gelötet; k) Metallüberzug verzinkt, verzinnt.

terialien für Kernrohr und Rippe mit der Temperatur verändert und im Laufe der Zeit ständig größer wird. Die Wirksamkeit turbulenzverstärkender Maßnahmen an Scheibenrippen auf die Verflüssigungsleistung hängt vom Rippenwirkungsgrad ab. Beides spielt eine große Rolle bei der Wahl des geeigneten Rippenrohrs und bei der Optimierung eines luftgekühlten Verflüssigers.

Auf Einzelheiten der Probleme optimaler Rippenrohrgestaltung und Anwendung kann hier nicht weiter eingegangen werden, hier sei auf entsprechende Literatur [17] hingewiesen.

Abb. 5.23 zeigt schematisch den typischen radialen Temperaturverlauf in einem Rippenrohr mit zusätzlichem Kontaktwiderstand am Rippenfuß. Dieser Kontaktwiderstand, der infolge schlechter Herstellungsqualität des Rippenrohrs oder ungeeigneter Materialwahl erheblich werden kann, ist in der üblichen Definition des Rippenwirkungsgrads nicht enthalten. Der Rippenwirkungsgrad berücksichtigt nur den Temperaturabfall in der Rippe selbst.

5.2.2.3 Wärmetechnische Dimensionierung

Die wärmetechnische Dimensionierung setzt eine sinnvolle Anpassung der zu wählenden Mittel an die gestellte Aufgabe voraus, was eine gewisse Erfahrung bedingt. Außer der Wahl der Rippenrohre nach Form, Größe, Berippung und Material ist die Wahl der Kühlluftgeschwindigkeit in starkem Maße entscheidend für die Größe der Wärmeübertragungsfläche und den Energiebedarf der Kühlluftventilatoren.

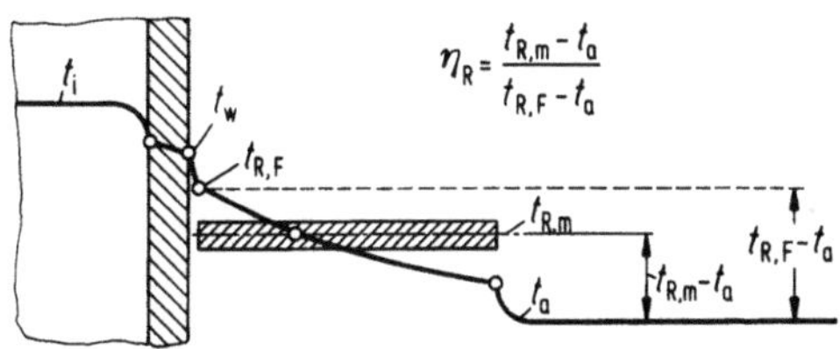

Abb. 5.23. Radialer Temperaturverlauf im Rippenrohr. Definition des Rippenwirkungsgrads.

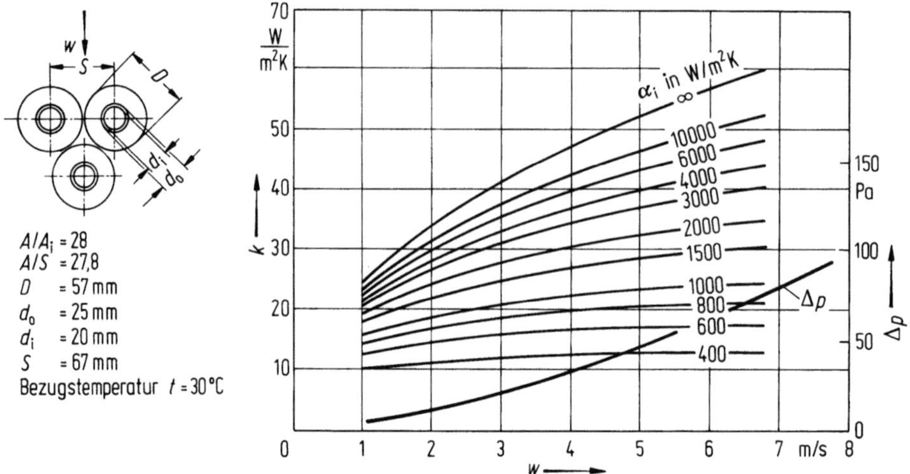

Abb. 5.24. Leistungscharakteristik eines Rundrippenrohrs mit L-Fuß.

Eine übliche Darstellung der Leistungscharakteristik eines bestimmten Rippenrohrs zeigt Abb. 5.24. Diese muß vom Rippenrohrhersteller angegeben werden. In diesem Beispiel sind die Wärmedurchgangskoeffizienten über der Kühlluftgeschwindigkeit dargestellt mit dem rohrseitigen Wärmeübergangskoeffizienten α_i als Parameter. Gleichzeitig enthält die Charakteristik auch den kühlluftseitigen Druckverlust je Rohrreihe bei versetzter Anordnung und mindestens drei Rohrreihen Bautiefe. Die Bezugstemperatur der Kühlluft muß dabei angegeben sein und bei größeren Abweichungen bei der Dimensionierung berücksichtigt werden.

Die übliche Kühlluftgeschwindigkeit liegt meist zwischen $w_l = 2$ m/s und 4 m/s und ist bezogen auf die Stirnfläche des Wärmeaustauschelements.

Die Anzahl der Rohrreihen in Strömungsrichtung der Kühlluft wird so gewählt, daß bei der vorgesehenen Kühlluftgeschwindigkeit eine statische Pressung zwischen 120 und 200 Pa entsteht, denn in diesem Bereich haben axiale Kühlluftventilatoren einen guten Wirkungsgrad.

Die Dimensionierung selbst erfolgt nun mit Hilfe der bereits genannten dimensionslosen Kenngrößen, entsprechend Gl. (5.77) bis (5.83).

Ausgehend von der geschätzten Kühlluftgeschwindigkeit und dem zu erwartenden rohrseitigen Wärmeübergangskoeffizienten der Verflüssigung ermittelt man den Wärmedurchgangskoeffizienten nach Gl. (5.86) oder aus der gegebenen Leistungscharakteristik Abb. 5.24. Gl. (5.81) kann jetzt in eine für Rippenrohre besonders geeignete Form gebracht werden mit $A/S = $ Verhältnis der Oberfläche zur Anströmfläche (Kenngröße) und $Z_r = $ Anzahl der Rohrreihen:

$$\Psi_l = \Psi_K = \frac{k(A/S)\,Z_r}{w_l\,\varrho_l\,c_{p,l}}.\tag{5.87}$$

Für eine optimale Dimensionierung liegt Ψ_l gewöhnlich bei

$$0,8 \leqq \Psi_l \leqq 1,5.\tag{5.88}$$

Für bestimmte bevorzugte Stromführungen bei luftgekühlten Verflüssigern kann die dimensionslose Kühlluftaufwärmzahl Φ_l als Funktion von Ψ_l nach Gl. (5.87) und

$$\tau = \frac{\dot{m}_l\,c_{p,l}}{\dot{m}_c\,c_{p,c}}\tag{5.89}$$

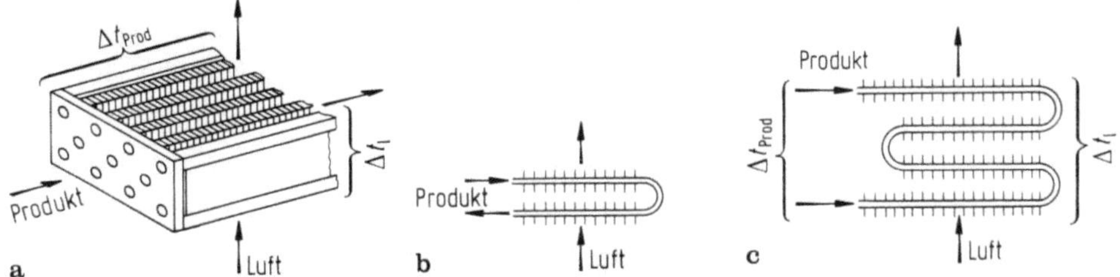

Abb. 5.25a–c. Bevorzugte Stromführungen bei luftgekühlten Verflüssigern. a) Querstrom; b) Gegensinnwende; c) doppelte Gegensinnwende ≈ Gegenstrom.

gebildet werden. Für Verflüssigung bei konstanter Temperatur wird, wegen $\tau = 0$, unabhängig von der Stromführung:

$$\Phi_1 = 1 - e^{-\Psi_1}. \tag{5.90}$$

Für Dampfenthitzung oder Kondensatunterkühlung kann die Stromführung von Einfluß sein. Es wird dann bei Schaltung im Querstrom nach Abb. 5.25a

$$\Phi_1 = [1 - e^{-\tau(1 - e^{-\Psi_1})}]\,\frac{1}{\tau}, \tag{5.91}$$

bei Schaltung als Gegensinnwende nach Abb. 5.25b

$$\Phi_1 = \frac{1}{\tau}\left[1 - \frac{1}{1 + (1 - \varphi_0/2)(e^{2\tau\varphi_0} - 1)}\right] \tag{5.92}$$

mit

$$\varphi_0 = 1 - e^{-1/2\Psi_1} \tag{5.93}$$

und bei Schaltung im Gegenstrom nach Abb. 5.25c, die praktisch in Form einer doppelten oder mehrfachen Gegensinnwende angenähert wird

$$\Phi_1 = \frac{1 - e^{-(1 - \tau)\Psi_1}}{1 - \tau\,e^{-(1 - \tau)\Psi_1}}. \tag{5.94}$$

Die erforderliche Austauschfläche ergibt sich dann für beliebige Stromführungen des jeweiligen Teilprozesses aus Gl. (5.78), die umgeformt lautet:

$$\Delta A = \frac{\Delta\dot{Q}}{k\,\vartheta_{\mathrm{m}}} = \frac{\Delta\dot{Q}\,\Psi_1}{k\,\Phi_1\,\vartheta_0}. \tag{5.95}$$

Die stirnseitige Anströmfläche S erhält man zu

$$S = \frac{A}{(A/S)\,Z_{\mathrm{r}}}. \tag{5.96}$$

Die Anströmflächen der drei Teilprozesse werden so aneinandergefügt und aufgeteilt, daß sich sinnvolle Bündelabmessungen ergeben.

Nach Festlegung von Länge und Breite eines nach Gl. (5.96) ermittelten Kühlelements ist eine Kontrolle der rohrseitigen Querschnitte und Strömungsgeschwindigkeiten sowie eine Nachrechnung der rohrseitigen Wärmeübergangskoeffizienten nach Abschn. 5.1.2 sowie der Druckverluste nach Abschn. 5.1.4 erforderlich.

5.2.2.4 Energiebedarf der Kühlluftventilatoren

Nach Festlegung der endgültigen Kühlluftgeschwindigkeit w_1 und der Stirnfläche S der Wärmeaustauschelemente ergibt sich der kühlluftseitige Energiebedarf für die Ventilatoren zu

$$P = \frac{w_1 S (\Delta p_{stat} + \Delta p_{dyn})}{\eta_v} \tag{5.97}$$

mit $\quad \Delta p_{stat}$ = statische Pressung (aus der Rippenrohrcharakteristik) in Pa,
Δp_{dyn} = dynamische Pressung im Lüfterquerschnitt S_v in Pa,

$$\Delta p_{dyn} = \left(\frac{w_1 S}{S_v}\right)^2 \frac{\varrho_1}{2}. \tag{5.98}$$

Der Lüfterquerschnitt S_v sollte dabei so gewählt werden, daß $\Delta p_{dyn} = 40$ bis 60 Pa nicht überschreitet.

Der Ventilatorwirkungsgrad liegt meist bei etwa $\eta_v = 0,6$; er kann im Einzelfall aus Leistungskennblättern von Ventilatoren entnommen werden.

5.2.3 Ausführungsbeispiele

5.2.3.1 Dimensionierung eines wassergekühlten Verflüssigers

Ein Kältemittelverflüssiger in Rohrbündelbauweise ist zu berechnen und zu dimensionieren, alternativ in Glattrohr- und in Rippenrohrausführung mit Kondensation auf der Mantelseite des Apparats.

Kühlturmwasser steht mit $t_w = 18\,°C$ zur Verfügung.

Kältemittel ist R12, die Kondensationsleistung beträgt $\dot{Q} = 300$ kW bei einem Kältemittelmassenstrom von $\dot{M} = 2,41$ kg/s.

Die Kondensationstemperatur ist $t_c = 48\,°C$,
der Kondensationsdruck $p_c = 12$ bar.

a) Glattrohrausführung, erster Rechenschritt

Es werden Kupferrohre mit $d_a = 16$ mm $\varnothing$ und $\delta_w = 1$ mm Wanddicke gewählt.
Der Wärmedurchgangskoeffizient k. Bei Kühlturmwasser kann rohrseitig ein Wärmeübergangskoeffizient $\alpha_i = 3\,000$ W/m²K erwartet werden, jedoch ist nach [15] ein Wärmeleitwiderstand durch Verschmutzen von $f_i = 0,000\,4$ m²K/W einzusetzen. Damit wird bei zunächst geschätzten Wärmeübergangskoeffizienten der Kondensation $\alpha_a = 1\,300$ W/m²K der Wärmedurchgangskoeffizient k nach Gl. (5.86), wenn der kältemittelseitige Wert des Wärmeleitwiderstands durch Verschmutzen $f_a = 0$ gesetzt wird,

$$k = \frac{1}{\dfrac{1}{1\,300} + \dfrac{16/14}{3\,000} + 0,000\,4 \cdot \dfrac{16}{14}},$$

$$k = 622 \text{ W/m}^2\text{K}.$$

Der mittlere Temperaturunterschied ϑ_m. Bei einer Kühlwassererwärmung $\Delta t_w = 10$ K und gleichbleibendem Druck des kondensierenden Kältemittels wird nach Gl. (5.79) und (5.80) $\Phi_c = 0$

und

$$\Phi_K = \frac{10}{30} = 0,333.$$

Nach Gl. (5.85) ergibt sich

$$\frac{\vartheta_m}{\vartheta_0} = \frac{0{,}333}{\ln\dfrac{1}{0{,}666}} = 0{,}819$$

und somit $\qquad \vartheta_m = 0{,}819 \cdot 30 = 24{,}6 \text{ K}.$

Die Austauschfläche A wird nach Gl. (5.76)

$$A = \frac{\dot{Q}}{k\vartheta_m} = \frac{300 \cdot 10^3}{622 \cdot 24{,}6} = 19{,}6 \text{ m}^2.$$

Die erforderliche Rohrzahl Z wird damit bei gewählter Rohrlänge $l = 2{,}25$ m:

$$Z = \frac{19{,}6}{16 \cdot 10^{-3}\,\pi \cdot 2{,}25} = 173.$$

Der Kesseldurchmesser D ergibt sich bei einem Teilungsverhältnis von $t_q = s_q/d_a = 1{,}25$ (als kleinster zulässiger Rohrteilung) zu $D = 350$ mm, mit $Z = 206$ bei voller Berohrung, wenn die Näherung nach [10] verwendet wird:

$$Z = (D - 3d_a)^2\,\frac{\pi}{4}\,\frac{1}{A'}.$$

Darin ist $A' = 0{,}866\,(s_q)^2$ die anteilige Rohrbodenfläche je Rohr, die einem Rohrnetz aus gleichseitigen Dreiecken entspricht. Für ein quadratisches Rohrnetz wäre $A' = s_q^2$ einzusetzen.

Zur besseren Dampfverteilung werden ca. 6 % der oberen Rohre des Rohrbündels, d. h. 12 Rohre, weggelassen, ebenso werden zur guten Kondensableitung auch auf der Unterseite des Rohrbündels ca. 2 %, d. h. 5 Rohre entfernt.

Das Bündel enthält somit $Z = 189$ Rohre, also 16 Rohre mehr als erforderlich. Diese sind jedoch zur üblichen und unvermeidlichen Kondensatunterkühlung notwendig und eine geringe Leistungsreserve von rund 5 % verbleibt.

Überprüfung des vorher geschätzten Wärmeübergangskoeffizienten α_a:

Die mittlere Massenstromdichte $\dot{m}$. Im Mittel werden etwa 12 Rohre übereinander und 15 Rohre nebeneinander liegen. Der freie Querschnitt für die Dampfströmung im Rohrbündel ist dann

$$S_B = (t_q - 1)\,d_a\,l\,15 = 0{,}25 \cdot 16 \cdot 10^{-3} \cdot 15 \cdot 2{,}25 = 0{,}135 \text{ m}^2$$

und die mittlere Massenstromdichte ist

$$\dot{m} = \frac{2{,}41}{0{,}135} = 17{,}85 \text{ kg/m}^2\text{s}.$$

Für die Strömungsform der Filmkondensation ergibt sich nach Gl. (5.40) bereits für den Beginn der Kondensation, d. h. beim Dampfgehalt $x^* = 0{,}95$, die kennzeichnende Größe $C_{g,q}$ zu

$$C_{g,q} = \frac{1}{17{,}85}\left[(0{,}020 - 0{,}016)\cdot 9{,}81 \cdot 66{,}8\,(1\,218 - 66{,}8)\left(\frac{1 - 0{,}95}{0{,}95}\right)\right]^{0{,}5} = 0{,}706.$$

Somit herrscht von Beginn an Schwerkraftfilmkondensation (s. Abschn. 5.1.3).

Die Reynolds-Zahl der Kondensation ist nach Gl. (5.42) für $x^* = 0$:

$$Re_{c,o} = \frac{2{,}41}{225 \cdot 10^{-6} \cdot 2{,}25}\,\frac{12}{189} = 302.$$

Der Wärmeübergangskoeffizient der Filmkondensation ergibt sich nach Gl. (5.43) aus

$$Nu_m = 1{,}51 \cdot 1{,}5 \cdot (302)^{-1/3} = 0{,}338$$

mit $C_{l,w} = 1{,}5$ nach Abschn. 5.1.3.1, da $Re_{c,o} > 300$.

Der Wärmeübergangskoeffizient wird damit

$$\alpha_a = \frac{0{,}338 \cdot 0{,}065}{1{,}5 \cdot 10^{-5}} = 1465 \; \text{W/m}^2\text{K}$$

mit
$$d_g = \left[\frac{(225 \cdot 10^{-6})^2}{1218^2 \cdot 9{,}81} \right]^{1/3} = 1{,}5 \cdot 10^{-5}\,\text{m}.$$

Damit ist der anfangs geschätzte Wert gut bestätigt.

b) Rippenrohrausführung

Es wird ein typisches Kurzrippenrohr folgender Abmessungen gewählt (vgl. auch Abb. 5.13 d):

Rippenrohrdurchmesser:	d_R	$= 19{,}5$ mm,
Rippenfußdurchmesser:	d_F	$= 12{,}5$ mm,
Rippenhöhe:	h_R	$= 3{,}5$ mm,
Rippendicke:	δ_R	$= 0{,}3$ mm,
Anzahl der Rippen je m:	z_R	$= 455$ m^{-1},
Kernrohr-(Einwalz-)durchmesser:	d_1	$= 16$ mm,
Rohrteilung (gleichseitiges Dreieck):	s_q	$= 20$ mm,
Wärmeübertragungsfläche je m Länge:		
Gesamt:	A^*	$= 0{,}199$ m^2/m,
Berippung:	A_R^*	$= 0{,}165$ m^2/m,
Glattrohr:	A_F	$= 0{,}034$ m^2/m,
Flächenverhältnis:	A^*/A_i^*	$= 6{,}04$ m^2/m.

Zuerst wird nach Gl. (5.56) *die mittlere Höhe* h_m der berippten Fläche des Rippenrohrs gebildet. Sie ist identisch mit der Höhe eines Rechtecks der Breite d_R und dem gleichen Flächeninhalt wie die Rippenfläche.

$$h_m = \frac{\pi}{4} \frac{d_R^2 - d_F^2}{d_R} = \frac{\pi}{4} \frac{19{,}5^2 - 12{,}5^2}{19{,}5} \cdot 10^{-3} = 9{,}0 \cdot 10^{-3}\,\text{m}.$$

Nach Gl. (5.54) wird nun ein *effektiver Durchmesser des Rippenrohrs für Kondensation* gebildet:

$$d_e = \left[\frac{A_F^*}{(d_F)^{1/4} A_{ae}^*} + 1{,}3\,\eta_R \frac{A_R^*}{(h_M)^{1/4} A_{ae}^*} \right]^{-4}$$

$$= \left[\frac{0{,}034}{(0{,}0125)^{1/4} \cdot 0{,}191} + 1{,}3 \cdot 0{,}95 \frac{0{,}165}{(0{,}009)^{1/4} \cdot 0{,}191} \right]^{-4} = 3{,}93 \cdot 10^{-3}\,\text{m}.$$

Hierbei wurde für die *äquivalente Rippenrohrfläche* nach Gl. (5.55)

$$A_{ae}^* = A_F^* + \eta_R A_R^*$$
$$= 0{,}034 + 0{,}95 \cdot 0{,}165 = 0{,}191\,\text{m}^2/\text{m}$$

und für den Rippenwirkungsgrad

$$\eta_R = 0{,}95$$

gesetzt.

Weiterhin wurde nach Gl. (5.53) ein *äquivalenter Rohrdurchmesser* ermittelt.

$$d_{ae} = d_F + 2h_r\,\delta_R\,N_R$$
$$= 12{,}5 \cdot 10^{-3} + 2 \cdot 3{,}5 \cdot 0{,}3 \cdot 455 \cdot 10^{-6} = 13{,}46 \cdot 10^{-3}\,\text{m}$$

Nun wird nach Gl. (5.51) überprüft, ob *Schwerkraft- oder Schubkraftkondensation* vorliegt, wobei die „effektive Massenstromdichte" allerdings noch unbekannt ist. Sie ergibt sich nach Gl. (5.52) aus dem freien Strömungsquerschnitt S_q im Bündel, der aber ebenfalls noch nicht bekannt ist und zunächst abgeschätzt werden muß. In Anlehnung an das vorhergehende Beispiel (Glattrohrausführung) wird erwartet, daß durch die Verwendung von Rippenrohren der *Kesseldurchmesser D_k und die Rohrzahl Z* verringert werden kann. Es sei angenommen, daß $D_k = 320$ mm wird mit $Z = 124$ Rippenrohren bei gleicher Rohrlänge $l = 2,25$ m wie im vorhergehenden Beispiel. Dabei wurde wieder die Rohrzahlermittlung nach [10] benutzt, was bei voller Berohrung Z Rohre ergibt:

$$Z = \frac{(320 - 3 \cdot 19,5)^2 \pi}{0,866 \cdot 20^2 \cdot 4} = 154.$$

Davon werden oben 24 Rohre und unten 6 Rohre weggelassen, um bessere Dampfverteilung und besseren Kondensatabfluß zu erreichen.

Im Mittel werden somit etwa 12 Rohre nebeneinander und 10 Rohrreihen übereinander das Rohrbündel bilden.

Die *Massenstromdichte* bei der Durchströmung des Rippenrohrbündels wird dann mit Gl. (5.68) für S_q und $C_B = 1$ (für ein nicht ausziehbares Rohrbündel)

$$\dot{m} = \frac{\dot{M}C_B}{S_q} = \frac{2,41 \cdot 1}{(20 - 13,46) \cdot 10^{-3} \cdot 2,25 \,(12 - 1)} = 14,9 \text{ kg/m}^2\text{s}.$$

Damit wird bereits für den Beginn der Kondensation, bei $x^* = 0,95$ nach Gl. (5.51)

$$C_{g,R} = \frac{1}{\dot{m}} \left[(S_q - d_{ae}) g \varrho''(\varrho' - \varrho'') \left(\frac{1 - x^*}{x^*} \right) \right]^{0,5}$$

$$= \frac{1}{14,9} \left[(20 - 13,46) \cdot 10^{-3} \cdot 9,81 \cdot 67 \,(1\,218 - 67) \cdot \frac{1 - 0,95}{0,95} \right]^{0,5} = 1,08.$$

Es herrscht somit auch hier von Beginn der Kondensation an Schwerkraftfilmkondensation, da $C_{g,R} > 0,3$ ist.

Nunmehr ist zu prüfen, ob *laminare oder turbulente Schwerkraft-Filmkondensation* im Mittel vorherrscht. Hierzu bildet man die Reynolds-Zahl der vollständigen Kondensation nach Gl. (5.60)

$$Re_{c,o} = \frac{2,41 \cdot 10}{225 \cdot 10^{-6} \cdot 2,25 \cdot 124} = 384.$$

Es liegt also laminare Filmkondensation vor, da $Re_{c,o} < 800$ ist.

Für die Berechnung der *Nußelt-Zahl Nu_m* der laminaren Filmkondensation wird nun Gl. (5.58) benutzt.

$$Nu_m = 1,51 C_{l,R} \, Re_{c,o}^{-1/3} \, A_{r,R}^{1/3}.$$

Darin sind die Größen $C_{l,R}$ und $A_{r,R}$ noch zu bestimmen.

Wegen $Re_{c,o} > 50$ wird nach Gl. (5.62) $C_{l,R} = (Pr')^{1/6} = 3,5^{1/6} = 1,23$ und nach Gl. (5.59) wird

$$A_{r,R} = \frac{0,191}{\pi \cdot 3,92 \cdot 10^{-3}} = 15,52.$$

Damit wird

$$Nu_m = 1,51 \cdot 1,23 \cdot 384^{-1/3} \cdot 15,52^{1/3} = 0,638$$

und

$$\alpha_m = \frac{0,638 \cdot 0,065}{1,5 \cdot 10^{-5}} = 2\,765 \text{ W/m}^2\text{ K}.$$

Der Wärmedurchgangskoeffizient wird nach Gl. (5.86), wenn der rohrseitige Wärmeübergangskoeffizient mit $\alpha_i = 4\,000$ W/m^{2}K angenommen wird

$$k = \cfrac{1}{\cfrac{1}{\alpha_a} + \cfrac{A/A_i}{\alpha_i} + (A/A_i)\,Ri} = \cfrac{1}{\cfrac{1}{2\,765} + \cfrac{6{,}04}{4\,000} + 6{,}04 \cdot 0{,}000\,4} = 233 \text{ W/m}^2\text{K}.$$

Die abzuführende Wärmeleistung wird dann

$$\dot{Q} = 233 \cdot 0{,}199 \cdot 2{,}25 \cdot 124 \cdot 24{,}6 = 318 \text{ kW}.$$

Dabei wurde die mittlere wirksame Temperaturdifferenz $\vartheta_m = 24{,}6$ K wieder dem vorhergehenden Beispiel entnommen. Die geforderte Wärmeleistung von $\dot{Q} = 300$ kW wird somit gut erreicht.

5.2.3.2 Dimensionierung eines luftgekühlten Verflüssigers

Ein luftgekühlter Verflüssiger für R12 ist zu berechnen und zu dimensionieren für den gleichen Massenstrom $\dot{M} = 2{,}41$ kg/s und die gleiche Kondensationstemperatur $t_c = 48\,°C$, wie in Abschn. 5.2.3.1, jedoch mit zusätzlicher Überhitzungstemperatur von $\Delta t_h = 40$ K und zusätzlicher Kondensatunterkühlung von $\Delta t_u = 10$ K. Die Kühllufttemperatur beträgt $t_l = 24\,°C$.

Es wird ein Rippenrohr gewählt mit durchgehenden Blockrippen aus Aluminium und Kupferrohren von $d_a = 12$ mm bei 1 mm Wanddicke (Abb. 5.22 c).

Die weiteren Daten und Kennwerte des Rippenrohrs sind:

Flächenverhältnis, Außenfläche zu Innenfläche $\qquad\qquad A/A_i = 24{,}5$,
Flächenverhältnis, Außenfläche zu Anströmfläche $\qquad\quad\; A/S = 25$,
Kühlluftgeschwindigkeit $\qquad\qquad\qquad\qquad\qquad\qquad\quad w_l \;\;\; = \;2{,}8$ m/s,
Scheinbarer luftseitiger Wärmeübergangskoeffizient $\qquad \alpha_a \;\;\; = 28$ W/m^{2}K,
und Druckverlust je Rohrreihe $\qquad\qquad\qquad\qquad\qquad\;\; \Delta p_a \;\;\; = 24$ Pa,
Querteilung der Rohre in der Blockrippe $\qquad\qquad\qquad s_q \;\;\; = 32$ mm.

Die Stoffwerte für das Kältemittel und die Massenstromdichte je Rohr sind die gleichen wie in Abschn. 5.1.2.2. Damit werden

$$Z = \frac{2{,}41}{41{,}95 \cdot 10^{-3}} = 58 \text{ Rohre}$$

erforderlich, die vom Kältemittel parallel durchströmt werden.

Die Berechnung der Wärmeübergangskoeffizienten α_i und deren Verlauf über dem Kondensationsweg wird Abschnitt 5.1.2.2 unter c entnommen.

Aufgrund der stark unterschiedlichen Wärmeübergangskoeffizienten α_i (vgl. Abb. 5.7 oder Tab. 5.2/5.3) wird der Kondensator in drei Abschnitten berechnet, entsprechend dem jeweiligen Dampfgehalt x^*.

1. Abschnitt: $\qquad 0{,}5 \leqq x^* \leqq 1$: $\qquad \alpha_i = 4\,200$ W/m^{2}K,
2. Abschnitt: $\qquad 0{,}2 \leqq x^* < 0{,}5$: $\qquad \alpha_i = 2\,800$ W/m^{2}K,
3. Abschnitt: $\qquad 0 \;\;\; \leqq x^* < 0{,}2$: $\qquad \alpha_i = 2\,100$ W/m^{2}K.

Entsprechend dem jeweiligen Anteil der einzelnen Abschnitte an der Kondensationswärmeleistung kann ein gewogenes Mittel der Wärmeübergangskoeffizienten $\alpha_{i,m}$ gebildet werden.

Der Überhitzungswärmestrom von $\Delta \dot{Q}_h = 8{,}1$ kW, entsprechend 2,7 % des Kondensationswärmestroms, wird dabei im 1. Abschnitt mit abgeführt, während der Unterkühlungsanteil später separat ermittelt wird. Es ist

$$\alpha_{i,m} = 0{,}5 \cdot 1{,}027 \cdot 4\,200 + 0{,}3 \cdot 2\,800 + 0{,}2 \cdot 2\,100 = 3\,416 \text{ W/m}^2\text{K}.$$

Der Wärmeübergangskoeffizient k ergibt sich nach Gl. (5.86), wenn die Wärmeleitwiderstände durch Verschmutzung unberücksichtigt bleiben, was bei Kältemittelverflüssigern üblich ist, sofern der Ölgehalt des Kältemittels nicht überdurchschnittlich hoch ist und ein Rippenrohr nicht zu enger Rippenteilung ($t_R \geqq 2,5$ mm) gewählt wurde.

Der Wärmeleitwiderstand eines dünnwandigen Kupferrohrs kann gegenüber dem luftseitigen Wärmeübergangskoeffizienten α_a ebenfalls vernachlässigt werden. Es ist daher

$$k = \frac{1}{\dfrac{1}{28} + \dfrac{24,5}{3\,416}} = 23,3 \; \text{W/m}^2\text{K}.$$

Die Zahl der Übertragungseinheiten Ψ_1 nach Gl. (5.87) wird, wenn $Z_r = 4$ Rohrreihen gewählt wird,

$$\Psi_1 = \frac{23,3 \cdot 25 \cdot 4}{2,8 \cdot 1,15 \cdot 1\,000} = 0,724$$

und die Kühlluftaufwärmzahl Φ_1 berechnet sich nach Gl. (5.90) zu

$$\Phi_1 = 1 - e^{-\Psi_1} = 1 - e^{-0,724} = 0,515.$$

Damit ergibt sich die erforderliche Wärmeaustauscherfläche A nach Gl. (5.95) zu

$$A = \frac{308,1 \cdot 0,724 \cdot 10^3}{23,3 \cdot 0,515\,(48 - 24)} = 774,6 \; \text{m}^2.$$

Die luftseitige Anströmfläche S ergibt sich aus Gl. (5.96) zu

$$S = \frac{774,6}{25 \cdot 4} = 7,75 \; \text{m}^2.$$

Bei $Z = 58$ Rohren nebeneinander und einer Querteilung $s_q = 32$ mm ergibt sich eine Breite B des Kondensatorbündels von

$$B = 58 \cdot 32 = 1\,855 \; \text{mm}.$$

Die Bündellänge wird dann

$$l = \frac{S}{B} = \frac{7,75}{1,855} = 4,18 \; \text{m}.$$

Für die geforderte Unterkühlung von $t_c = 48\,°\text{C}$ auf $t_u = 38\,°\text{C}$, $\Delta t_u = 10$ K, ergibt sich eine abzuführende zusätzliche Wärmeleistung von

$$\Delta \dot{Q}_u = \dot{M} \Delta h_d = 2,41 \cdot 10,26 = 24,73 \; \text{kW}.$$

Der Wärmeübergangskoeffizient für die Flüssigkeitskühlung ergibt sich aus der bekannten Nußelt-Gleichung für einphasige Fluide, Gl. (5.10), wobei $Re = 23\,750$ und $Pr^* = 3,4$ aus dem in Abschn. 5.1.2.2 unter c gebrachten Beispiel und Tab. 5.1 bereits bekannt sind:

$$Nu = 0,024 \cdot 23\,750^{0,8} \cdot 3,4^{0,4} = 124$$

und somit

$$\alpha_i = \frac{124 \cdot 0,065}{0,010} = 806 \; \text{W/m}^2\text{K}.$$

Damit wird für den Bereich der Kondensatunterkühlung in der untersten Rohrreihe eines vierreihigen Bündels

$$k = \frac{1}{\dfrac{1}{28} + \dfrac{24,5}{806}} = 15,1 \text{ W/m}^2\text{K},$$

$$\Psi_1 = \frac{15,1 \cdot 25 \cdot 1}{2,8 \cdot 1,15 \cdot 1\,000} = 0,117,$$

$$\Phi_1 = 1 - e^{-0,117} = 0,110 \quad \text{und}$$

$$\Delta A = \frac{24,7 \cdot 10^3 \cdot 0,117}{15,1 \cdot 0,110 \cdot 19} = 91,6 \text{ m}^2.$$

Die Vergrößerung ist

$$\Delta S = \frac{91,6}{25} = 3,7 \text{ m}^2 \quad \text{und schließlich}$$

$$\Delta l_1 = \frac{3,7}{1,85} = 2,0 \text{ m} \quad \text{als Länge der untersten Rohrreihe,}$$

die für die Kondensatkühlung benutzt wird.

Bezogen auf die vierreihige Ausführung verlängert sich das ganze Rippenrohrbündel um $\Delta l_4 = 0,5$ auf

$$l = 4,18 + \frac{2,0}{4} = 4,68 \text{ m}$$

und die Anströmfläche erhöht sich demgemäß auf

$$S = 4,68 \cdot 1,85 = 8,65 \text{ m}^2.$$

Der zu fördernde Volumenstrom der Kühlluft wird

$$\dot{V}_1 = Sw_1 = 8,65 \cdot 2,8 = 24,2 \text{ m}^3/\text{s}$$

und der Energiebedarf für die Kühlluftförderung nach Gl. (5.97)

$$P = \frac{2,8 \cdot 8,65 \cdot (24 \cdot 4 + 50)}{1\,000 \cdot 0,6} = 5,9 \text{ kW.}$$

Zur besseren Kühlluftverteilung über dem rechteckigen Querschnitt werden zwei Axialventilatoren von $D_v = 1\,400$ mm $\varnothing$ gewählt.

6 Bereifung

Siegfried Haaf

Benutzte Formelzeichen in Kapitel 6
(s. auch Formelzeichenliste am Anfang des Bandes)

Formelzeichen, Einheiten

A_m	mittlere Fläche zwischen Wand und Reifoberfläche	m^2
C_{12}	Strahlungsaustauschkoeffizient	$W/m^2\,K^4$
C_{st}	Strahlungskonstante des schwarzen Körpers	$W/m^2\,K^4$
D	Diffusionskoeffizient von Wasserdampf in Luft	m^2/s
d_F	Durchmesser eines bereiften Rohrs	m
F_1	Faktor zur Reifdickenbestimmung	—
F_2	Faktor zur Bestimmung des wirksamen Wasserdampfdrucks im Reif	—
F_3	Faktor für die Reifmassenstrombestimmung	—
F_4	Faktor zur Bestimmung des Wärmeübergangs an Reif	—
F_5	Faktor zur Bestimmung der Wärmeleitfähigkeit von Reif	—
$p'_{D,F}$	Wasserdampfsättigungsdruck an der Reifoberfläche	Pa
$\bar{p}_{D,F}$	wirksamer Wasserdampfdruck im Reif	Pa
$p_{D,L}$	Wasserdampfpartialdruck in der Luft	Pa
$p'_{D,L}$	Wasserdampfsättigungsdruck in der Luft	Pa
$p'_{D,W}$	Wasserdampfsättigungsdruck an der Wand	Pa
R_p	Glättungstiefe einer Oberfläche	m
$\bar{t}_F$	wirksame Reiftemperatur	°C
$t_{L,F}$	mittlere Temperatur zwischen Luft und Reifoberfläche	°C
$t_{L,p}$	Taupunkttemperatur der feuchten Luft	°C
t_W	Wandtemperatur	°C
δ_p	laminare Partialdruckgrenzschichtdicke	m
δ_T	laminare Temperaturgrenzschichtdicke	m

Indizes

D	Wasserdampf		m	auf mittleren Bereich bezogen
E	Eis		s	sensibel
F	Reif		W	Wand
F,o	Reifoberfläche		—	ein Strich über einem Symbol
l	latent			kennzeichnet einen Mittelwert
L	Luft			

Von Bereifung wird gesprochen, wenn der Dampf aus einem Gas-Dampf-Gemisch desublimiert und die sich bildenden Kristalle an einer festen Wand haften bleiben. Dies tritt ein, wenn die Wandtemperatur sowohl den Taupunkt des Gemischs als auch den Erstarrungspunkt des Dampfes unterschreitet.

Von praktischer Bedeutung sind Bereifungsvorgänge vor allem bei der Kühlung feuchter Luft im Temperaturbereich um oder unter 0 °C sowie in verfahrenstechnischen Anlagen, in denen außer Wasser auch andere Stoffe, z. B. Kohlendioxid, in fester Form ausgeschieden werden können.

Die Bereifung wirkt sich auf das Verhalten eines Wärmeaustauschers in mehrfacher Hinsicht nachteilig aus: Die mit der Zeit ständig anwachsende Reifschicht vergrößert den Wärmeleitwiderstand und behindert den Wärmetransport vom Gasstrom zur Wand. Außerdem verringert der Reif den freien Strömungsquerschnitt des Apparates und bewirkt somit einen Anstieg des Druckverlustes. Soll der Druckverlust eines Wärmeaustauschers einen gewissen Maximalwert nicht überschreiten, so muß die Reifschicht von Zeit zu Zeit entfernt werden.

Die im folgenden dargelegten Betrachtungen und Berechnungen von Bereifungsvorgängen beziehen sich auf Wasserdampf-Luft-Gemische; teilweise lassen sie sich auch auf andere Gemische übertragen.

6.1 Die Vorgänge bei der Bereifung

Für die Bildung und die Eigenschaften von Reifschichten sind vor allem zwei Merkmale charakteristisch:

Zum einen handelt es sich um ein poröses System mit durchlässiger Oberfläche, und zum anderen stellt die Bereifung einen instationären Vorgang dar. Beide Merkmale zusammen bewirken, daß die Bereifungsvorgänge sehr komplex verlaufen, wodurch eine genaue Beschreibung und Berechnung erschwert werden.

6.1.1 Reifstruktur, Transportmechanismen

Der sich an einer festen Wand aufbauende Reif besteht aus einem Kristallgerüst von Eis, welches von Hohlräumen und Kanälen durchsetzt ist. Die Kanäle durchdringen auch die dem Gasraum zugewandte Oberfläche, hierdurch reicht die Gas-Dampf-Phase ins Innere der Reifschicht hinein und beeinflußt deren Eigenschaften maßgebend.

Wesentlich für die physikalischen Eigenschaften eines porösen Systems, wie es Reif darstellt, ist zunächst der Hohlraumanteil am gesamten Reifvolumen. Je geringer der Hohlraumanteil, d. h. je größer die Reifdichte ist, desto geringer wird der Wärmedurchgangswiderstand einer Reifschicht.

Weitere wesentliche Merkmale für die Struktur und Wärmetransporteigenschaften einer Reifschicht sind:

— Feinheit des Systems, die abhängig ist von Kristall- und Porengröße;
— Form und Ausrichtung der Eiskristalle (längs oder quer zur Wärmestromrichtung);
— Homogenität des Reifs;
— Form der Reifoberfläche, die glatt oder zerklüftet, konvexe oder konkave Rauhigkeiten aufweisen kann.

Aufgrund der nicht geschlossenen Oberfläche des Reifs und des innerhalb der Schicht bestehenden Temperaturgefälles dringt der Wasserdampfstoffstrom in das Innere des Reifs ein und führt durch Kondensation und Erstarren einen Strom latenter Wärme zu. Dem Wärmetransport durch Wärmeleitung ist somit ein zweiter durch Diffusion innerhalb der Reifschicht überlagert. Dieser Anteil des Wärmestroms nimmt in Richtung auf die Wand hin ab, da ständig Eiskristalle ausgeschieden werden. In Abb. 6.1 sind die Verhältnisse schematisch dargestellt. Die Größe des Diffusionsstroms hängt vom Dampfdruckgefälle und damit von den Temperaturen innerhalb der Reifschicht ab. Der Einfluß des Diffusionsstroms auf die gesamten Wärmetransporteigen-

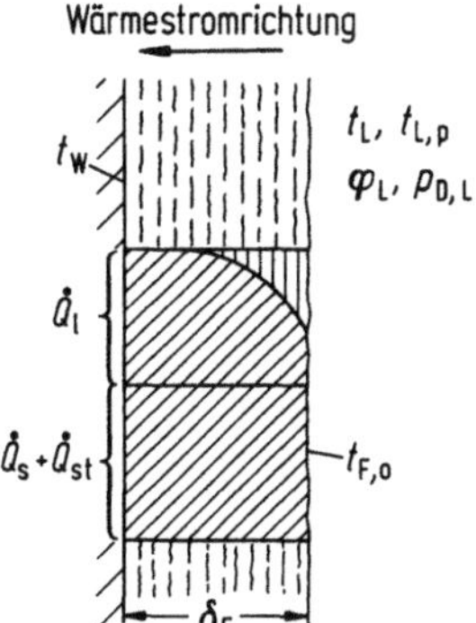

Abb. 6.1. Schematische Darstellung des Wärmetransports in einer Reifschicht.

schaften des Reifs ist beträchtlich und kann zu einem wesentlich größeren Wärmestrom führen als es bei reiner Wärmeleitung möglich wäre.

6.1.2 Zeitlicher Verlauf der Reifschichtbildung

Die aus der Gas-Dampf-Phase ausgeschiedenen Eiskristalle bewirken eine stetige Änderung der Reifschicht. Diese Veränderungen betreffen sowohl die räumliche Ausdehnung der Reifschicht als auch — bedingt durch die nicht geschlossene Oberfläche — das Innere des Reifs. Der instationäre Charakter beschränkt sich somit nicht nur auf die äußeren Abmessungen, sondern gilt auch für die innere Struktur des Reifs.

Zu Beginn des Bereifungsvorgangs bilden sich vertikal zur gekühlten Wand ausgerichtete Eiskristalle in Form von Reifnadeln, die eine statistische Verteilung aufweisen (Abb. 6.2, Phase a). Die Anzahl der Nadeln steigt mit der Zeit stetig an; gleichzeitig beginnen sie sich zu verzweigen. So bildet sich eine feinere, teppichartige Struktur mit geringerer Rauhigkeit aus. Mit zunehmender Dauer verringert sich das Reifdickenwachstum, während die Reifdichte durch eindiffundierenden Wasserdampf ständig ansteigt (Abb. 6.2, Phase b). Bedingt durch diesen Diffusionsvorgang stellt sich innerhalb der Reifschicht eine sich ständig ändernde Reifdichte ein, wobei die Dichte mit wachsendem Abstand von der Wand abnimmt. Gleichzeitig wird die Reifoberfläche immer glatter, und die vorzugsweise konvexe Rauhigkeitsstruktur kann in eine konkave übergehen (Abb. 6.2, Phase c).

Parallel zur wachsenden Reifdicke und -dichte steigt die Oberflächentemperatur des Reifs stetig an. Sie ist nach oben hin durch den Taupunkt der feuchten Luft begrenzt. Nach Untersuchungen von PRINS [1] pendelt sich die Oberflächentemperatur

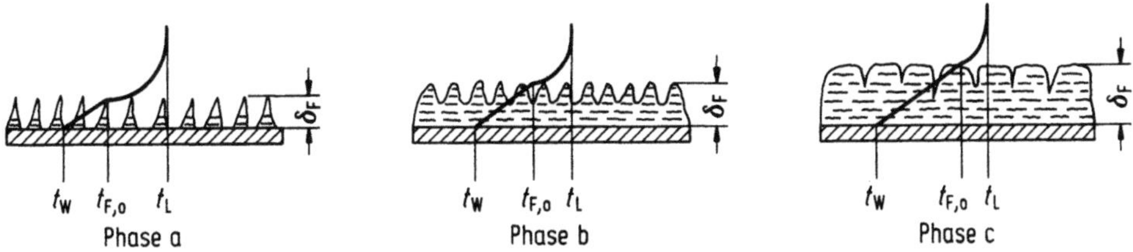

Abb. 6.2. Zeitliche Entwicklung einer Reifschicht.

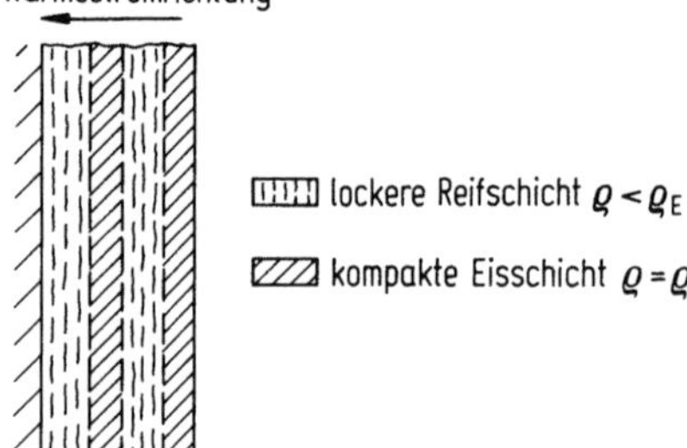

Abb. 6.3. Vergletscherte Reifschicht.

nach längerer Betriebszeit bei einem konstanten Wert ein, der zwischen dem Taupunkt der Luft und der Wandtemperatur liegt. Nach Prins ergibt sich für die Oberflächentemperatur ein Wert von

$$t_{F,o} = t_{L,p} - 0{,}22\,(t_{L,p} - t_W)\,, \tag{6.1}$$

falls $t_{F,o} < 0\,°\mathrm{C}$.

Meßwerte von Hofmann [2] und Kamei u. a. [3] bestätigen diese Angaben von Prins befriedigend.

Nach Untersuchungen von Chung und Algren [4], Javnel [5] und Schneider [6] kann man für den Reifbildungsvorgang zwei Phasen unterscheiden, eine erste „dynamische Phase" und eine zweite „quasistationäre Phase".

Dynamische Phase:
Die Reifdicke und die Reifoberflächentemperatur steigen ständig an, der Wärme- und der Stoffstrom sinken langsam ab.

Quasistationäre Phase:
Die Reifdicke nimmt weiter zu, aber die Reifoberflächentemperatur, der Wärme- und der Stoffstrom nehmen ziemlich konstante Werte an. Der Transportwiderstand der Reifschicht ändert sich nur noch wenig. Der Einfluß der steigenden Reifdicke wird durch die gleichzeitig zunehmende Wärmeleitfähigkeit — bedingt durch eine Zunahme der Reifdichte — weitgehend kompensiert.

Liegt der Taupunkt der umgebenden Luft über $0\,°\mathrm{C}$, so kann die Reifoberflächentemperatur im Laufe der Zeit bis auf $0\,°\mathrm{C}$ ansteigen. An der Reifoberfläche scheidet sich dann Wasser ab, das in den porösen Reif eindringt und aufgrund der niedrigen Temperaturen im Reifinnern gefriert. Die Reifdicke kann hierbei abnehmen, die Reifschicht wird an der Oberfläche wesentlich kompakter und bildet schließlich eine geschlossene Eisschicht. Da die Wärmeleitfähigkeit dieser Schicht erheblich besser als die des porösen Reifs ist, sinkt die Oberflächentemperatur wieder unter den Gefrierpunkt ab, und es beginnt die Reifbildung von neuem. Diese Vorgänge können sich mehrfach wiederholen, wodurch sich abwechselnd lockere und kompakte Reifschichten aufbauen. Auch Schwankungen der Luft- und der Wandtemperatur und der Luftfeuchte können zu dieser Erscheinung führen. Man spricht von „Vergletscherung" (s. Abb. 6.3).

6.2 Rechnerische Behandlung von Bereifungsvorgängen

Über Bereifungsvorgänge liegen viele meßtechnische und rechnerische Untersuchungen vor. Tab. 6.1 zeigt eine Zusammenstellung von Arbeiten, gegliedert nach den Strömungsverhältnissen und nach der Art der bereifenden Wand. Trotz dieser mannigfaltigen Untersuchungen sind keine einfachen und für technische Anwendungen genügend genaue Berechnungsmethoden vorhanden. Die Begründung hierfür ist darin zu

Tabelle 6.1. *Veröffentlichungen über Bereifungsvorgänge*

Strömung und Art der gekühlten Wand	Veröffentlichungen
längs angeströmte Platte	JAVNEL [5], HOSADA und UZUHASHI [8], YONKO und SEPSY [11], BIGURIA und WENZEL [12], TRAMMEL, LITTLE u. KILLGORE [31]
durchströmter Kanal	HOFMANN [2], KAMEI, MIZUSHINA, KIFUNE und KOTO [3], HAUSMANN [7, 20], BEATTY, FINCH und SCHOENBORN [17], CHEN und ROHSENOW [18]
quer angeströmtes Rohr	PRINS [1], CHUNG und ALGREN [4], SCHNEIDER [6, 29], RICHARDS, EDMONDS und JACOBS [26]
Lamellenrohrkühler	HOSADA und UZUHASHI [8], LOTZ [13, 24], GATES, SEPSY und HUFFMAN [19], HEIMBACH und PONATH [21], HUFFMAN und SEPSY [22], SALÉ, SIMONATO und LAINE [27], SALÉ, DESSAUX und SIMONATO [28], STOECKER [30]
vertikale Wand bei freier Konvektion	NAKAMURA [9], WHITEHURST [32]
horizontales Rohr bei freier Konvektion	SCHROPP [10], PIENING [25]

sehen, daß alle die Reifstruktur beeinflussenden Größen, wie Reifdichte, Homogenität, Kristallgröße, Ausrichtung der Kristalle und Oberflächenbeschaffenheit, sehr verschieden sein können und von einer Vielzahl von äußeren Bedingungen, wie Strömungsverhältnisse, Abmessungen der bereifenden Wand, Zeit, Wandtemperatur, Lufttemperatur und relative Feuchte der Luft, abhängen.

Besonders unübersichtlich sind die Verhältnisse bei den im Luftkühlerbau häufig verwendeten berippten Rohrsystemen, weil, abgesehen von den komplizierten Strömungsverhältnissen, die Temperatur der gekühlten Wand nicht einheitlich ist und somit an jeder Stelle unterschiedliche Bedingungen für die Reifbildung vorliegen. Für die rechnerische Auswertung eignen sich deshalb Meßwerte besser, die an einfachen Oberflächen gewonnen wurden. Tab. 6.2 gibt einen Überblick über die Untersuchungen, deren Ergebnisse bei den folgenden Betrachtungen verwendet wurden, mit Angabe der untersuchten Größen und der jeweiligen Betriebsbedingungen. Die Angaben beziehen sich vorwiegend auf die zweite, „quasistationäre Phase" der Reifbildung, also auf Bedingungen, wie sie ab etwa ein bis zwei Stunden nach Beginn des Bereifungsvorgangs zu erwarten sind. Betrachtet werden Reifdicke, Strömungswiderstand, Reifmassenstrom sowie Wärmestrom und Wärmeleitfähigkeit der Reifschicht unter der Annahme gleichbleibenden Luftzustands. Will man die Verhältnisse während der „dynamischen Phase" zu Beginn der Bereifung abschätzen, so wird eine Interpolation zwischen den Werten, die sich für die „quasistationäre Phase" und den unbereiften Betriebszustand ergeben, empfohlen.

Große Abweichungen sind zu erwarten, wenn Vergletscherungsvorgänge eintreten. Der Einfluß der Bereifung auf die Strömung sowie den Wärme- und Stofftransport ist dann erheblich vermindert.

6.2.1 Reifdickenwachstum

Nach den Untersuchungen [3, 6–11] lassen sich folgende Einflüsse der Betriebsbedingungen auf das Dickenwachstum von Reifschichten erkennen:

— Mit fortschreitender Zeit steigt die Reifdicke ständig an. Die Wachstumsgeschwindigkeit nimmt dabei stetig ab, es ergibt sich ein parabelförmiger Verlauf.

Tabelle 6.2. *Zusammenstellung der ausgewerteten Untersuchungen*

Autor	Strömung und Art der gekühlten Wand	Haupt-abmessungen mm	Betriebsbedingungen w_L m/s	t_L °C	φ_L %	t_W °C	τ h	Untersuchte Größen Reif-dicke	Druck-verlust	Reif-massen-strom	Wärme-strom	Wärme-leitfähig-keit des Reifs
Hosada/Uzuhashi [8]	längs angeströmte Platte	$l \times b = 300 \times 150$	0,5...5	10...12	60...65	−13...−23	<3,5	×				×
Javnel [5]		$l \times b = 400 \times 250$	3,0...6,5	2...12	75	−5...−15	<10					
Yonko/Sepsy [11]		$l \times b = 340 \times 190$	1,3...5,3	21...23	46...95	−6...−29	<3	×				
Hausmann [7]	durchströmter ebener Spalt	$d_{ae} = 18...30$[a]	4...14[a]	−2...+7	62...85	−11...−18	<11	×	×	×	×	×
Hofmann [2]		$d_{ae} = 40$[a]	2,2...7,0[a]	−11...+2	77...93	−11...−23	<6		×	×	×	×
Kamei/Mizushina/Kifune/Koto [3]	durchströmter Ringraum	$d_{ae} = 38$[a]	2,5...14[a]	7	55...60	−24...−29	<2	×		×		×
Chung/Algren [4]	quer angeströmtes Rohr	$d_a = 25{,}4$ und 28,6	1,3...5,0	15...21	25...50	−12...−23	<3			×		
Schneider [6]		$d_a = 47{,}5$	1,2...9,5	5...15	50...100	−5...−25	<28	×		×	×	×
Nakamura [9]	vertikale Wand bei freier Konvektion	$h = 4{,}5$; 8,5 und 17	—	13...28	38...76	−10...−17	<2	×		×		
Schropp [10]	horizontales Rohr bei freier Konvektion	$d_a = 50$	—	10...21	50...60	−10...−18	<350	×		×	×	×

[a] Bezogen auf unbereiften Zustand.

— Sowohl die Abmessungen der gekühlten Wand als auch die Strömungsgeschwindigkeit der Luft haben keinen erkennbaren Einfluß auf die Reifdicke.
— Das Reifdickenwachstum nimmt mit steigender Differenz zwischen Luft- und Wandtemperatur zu.
— Bei konstanter Luft- und Wandtemperatur steigt die Reifdicke mit wachsender relativer Feuchte der Luft an.

SCHNEIDER [6] gibt für die Reifdicke an einem quer angeströmten Rohr folgende empirische Beziehung an:

$$\delta_F = F_1 \sqrt{\frac{\lambda_E}{\Delta h_{sub}\varrho_E}} \; \sqrt{\tau(t_{F,o} - t_W)} \left(\frac{p_{D,L} - p'_{D,F}}{p'_{D,L} - p'_{D,F}}\right)^{0,27} f(t_L, t_W) \tag{6.2}$$

mit $F_1 = 0,435$ und $f(t_L, t_W) = 1$ für $t_L < 0\,°C$ und $f(t_L, t_W) = (1 - 0,061\, t_L/t_W)$ für $t_L > 0\,°C$.

Der Zusammenhang zwischen der Reifdicke δ_F und dem Produkt $\sqrt{\lambda_E/\Delta h_{sub}\varrho_E} \; \sqrt{\tau(t_{F,o} - t_W)}$ ergibt sich aus einer theoretischen Betrachtung des Wachstums von Reifnadeln, wobei ein von der Reifnadelhöhe nicht abhängiger, konstanter Querschnitt und ein linearer Temperaturverlauf angenommen sind. Neben dem zeitlichen Einfluß wird hierbei das zur Abfuhr der Sublimationswärme erforderliche Wärmetransportvermögen der Reifnadeln berücksichtigt, gekennzeichnet durch die wirksame Temperaturdifferenz $t_{F,o} - t_W$ und die Wärmeleitfähigkeit λ_E.

Der Ausdruck $[(p_{DL} - p'_{D,F})/(p'_{D,L} - p'_{D,F})]^{0,27}$ gibt den Einfluß der Luftfeuchtigkeit auf das Reifdickenwachstum wieder. Bei Versuchen mit Luft von sehr unterschiedlichem Wasserdampfgehalt, jedoch von gleicher relativer Feuchte, stellte SCHNEIDER zeitlich annähernd dasselbe Reifdickenwachstum fest. Hiernach ist nicht die absolute, sondern die relative Luftfeuchte von wesentlichem Einfluß. Dies bedeutet, daß das Reifdickenwachstum unabhängig vom Wasserdampfmassenstrom ist. Beobachtungen

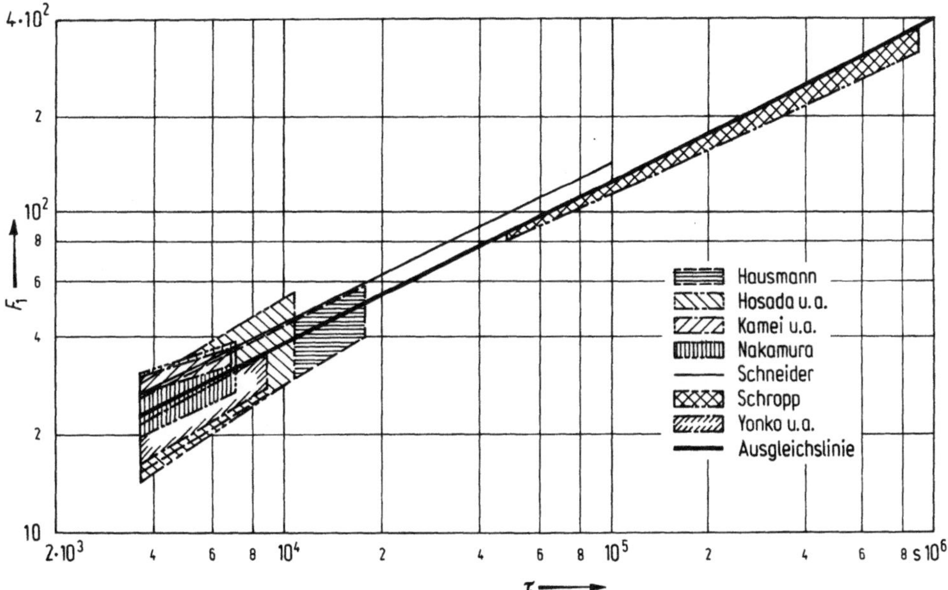

Abb. 6.4. Meßergebnisse von Reifdicken der in Tab. 6.2 genannten Untersuchungen, ausgewertet nach Gl. (6.2).

von Schneider [6] und Hausmann [7], die keinen Einfluß der Reynolds-Zahl der strömenden Luft und damit des Stoffübergangskoeffizienten auf das Reifdickenwachstum feststellen konnten, bestätigen dies. Diese Unabhängigkeit des Reifdickenwachstums vom Wasserdampf- bzw. Reifmassenstrom erklärt Schneider damit, daß der Adsorptionswiderstand, der zum Einbau von Wasserdampfmolekülen in das vorhandene Kristallgitter einer Reifnadel zu überwinden ist, gegenüber dem Stofftransportwiderstand in der Strömungsgrenzschicht überwiegt. Die Wahrscheinlichkeit, mit der es gelingt, die an der Reifnadelspitze auftreffenden Moleküle ins Kristallgitter einzubauen, scheint vom Wasserdampfsättigungsgrad des Luftstroms abzuhängen und nicht von der Zahl der in die Nähe der Reifnadelspitze gelangenden Wasserdampfmoleküle. Nach Biguria und Wenzel [12] bewirken günstige Stofftransportverhältnisse vielmehr einen Anstieg der Zahl der sich bildenden Reifnadeln und führen somit zu einer Erhöhung der Reifdichte.

Die Funktion $f(t_L, t_W)$ ist eine Korrektur, mit der die besonderen Verhältnisse bei Reifoberflächentemperaturen in der Nähe des Schmelzpunktes berücksichtigt werden können.

Da die Strömung keinen wesentlichen Einfluß auf die Reifdicke ausüben, ist Gl. (6.2) nicht nur auf quer angeströmte Rohre beschränkt. Sie gestattet einen Vergleich unterschiedlicher Untersuchungen. Eine Auswertung der in Tab. 6.2 genannten Untersuchungen nach Gl. (6.2) ist in Abb. 6.4 dargestellt. Für die Reifoberflächentemperatur $t_{F,o}$ wurde ein nach Gl. (6.1) ermittelter Rechenwert verwendet. Im Mittel liegen die Werte aller Autoren niedriger als die nach Schneider [6] berechneten. Für die in Abb. 6.4 eingezeichnete Ausgleichslinie gilt $F_1 = 0,39$. Die überwiegende Zahl der Meßergebnisse weicht nicht mehr als $\pm 15\%$ von dieser Ausgleichsgeraden ab, die maximalen Abweichungen betragen etwa 35%. Die Unterschiede sind um so größer, je kleiner τ ist.

Eine Bestätigung für den geringen Einfluß der Strömung auf das Reifdickenwachstum ist darin zu sehen, daß sich auch die bei freier Konvektion gewonnenen Ergebnisse von Nakamura [9] und Schropp [10] zwanglos in die gewählte Darstellung einfügen.

6.2.2 Strömungswiderstand bereifender Oberflächen

Bei der Durchströmung von Wärmeaustauschern mit bereifenden Oberflächen stellt sich gegenüber dem unbereiften Zustand ein erhöhter Strömungswiderstand ein. Betrachtet man die für die Ermittlung des Druckverlustes gebräuchliche Gleichung

$$\Delta p_L = \xi_F \frac{l}{d_{ae}} \frac{w_L^2 \varrho_L}{2}, \qquad (6.3)$$

so verändern sich bei Bereifung die Werte für die effektive Strömungsgeschwindigkeit w_L, den äquivalenten Durchmesser d_{ae} und den Widerstandsbeiwert ξ_F im Sinne einer Erhöhung des Druckverlustes:

— Durch die Reifablagerung wird der freie Strömungsquerschnitt verengt; hieraus ergibt sich ein Anstieg der Strömungsgeschwindigkeit, sofern der Volumenstrom nicht in entsprechendem Maße abnimmt.
— Die Querschnittsverengung bewirkt gleichzeitig eine Abnahme des äquivalenten Durchmessers.
— Die Oberflächen von Reifschichten sind meist weit weniger glatt als die von metallischen Flächen; dies führt zu einer Erhöhung des Widerstandsbeiwerts.

Während sich die Änderungen des Strömungsquerschnitts und des äquivalenten Durchmessers aus dem Reifdickenwachstum ermitteln lassen, ist der Widerstandsbeiwert abhängig von den Strömungsverhältnissen und von der Reifoberflächenstruktur.

Den größten Einfluß auf den Widerstandsbeiwert übt die Struktur der Reifoberfläche bei längs durchströmten Wärmeaustauschern in turbulenter Strömung aus. Maßgebend ist hierbei die relative Rauhigkeit $2\,R_\mathrm{p}/d_\mathrm{ae}$. Ihr Einfluß auf den Widerstandsbeiwert läßt sich aus einer für turbulente Strömung gültigen Beziehung von COLEBROOK und WHITE erkennen (s. Bd. III des Handbuches der Kältetechnik, S. 248). Einfache Beziehungen zur Ermittlung der Oberflächenrauhigkeit von bereiften Flächen oder des Widerstandsbeiwerts von bereiften Kanälen sind nicht bekannt. Messungen an durchströmten Spaltkanälen führte HAUSMANN [7] durch, von HOFMANN [4] stammen Versuchswerte bei ähnlichen Strömungsbedingungen. In Abb. 6.5 sind die Verhältnisse der von diesen Autoren gemessenen Widerstandsbeiwerte ξ_F zu denen glatter Oberflächen in Abhängigkeit von der relativen Reifdicke $2\,\delta_\mathrm{F}/d_\mathrm{ae}$ dargestellt. Als äquivalenter Durchmesser wurde hierbei die doppelte lichte Weite zwischen den bereiften Platten verwendet. Die Widerstandsbeiwerte für glatte Oberflächen ξ wurden nach dem Blasiusschen Widerstandsgesetz für turbulente Strömung $\xi = 0{,}316\,4\,Re^{-0{,}25}$ ermittelt. Die Bereiche der relativen Reifdicken $2\,\delta_\mathrm{F}/d_\mathrm{ae}$ für die in Abb. 6.5 eingetragenen Felder ergeben sich durch die Verwendung von Meßwerten für Zeiten oberhalb einer Stunde seit Bereifungsbeginn bis zum Ende der Messungen. Für geringere Reifdicken zu Beginn des Bereifungsvorgangs ist die Streuung der Meßergebnisse noch größer, was auf die stärkere Zerklüftung der Reifschicht zu Beginn zurückzuführen sein dürfte.

Die Werte für das Verhältnis ξ_F/ξ liegen im Bereich von 1,5 bis 6. Tendenziell ergeben sich aus den Messungen folgende Abhängigkeiten:

— Mit zunehmender relativer Reifdicke $2\,\delta_\mathrm{F}/d_\mathrm{ae}$ wächst das Verhältnis ξ_F/ξ. Dies dürfte vor allem darauf zurückzuführen sein, daß ein sinkender äquivalenter Durchmesser d_ae einen Anstieg der relativen Rauhigkeit $2\,R_\mathrm{p}/d_\mathrm{ae}$ bewirkt.

— Niedrige Reifoberflächentemperaturen ergeben höhere Reifrauhigkeiten und damit höhere Widerstandsbeiwerte. So liegen die Werte von HAUSMANN für Oberflächentemperaturen im Bereich von -5 bis $-10\,°\mathrm{C}$ etwa doppelt so hoch wie diejenigen im Bereich von -1 bis $-5\,°\mathrm{C}$, bei sonst vergleichbaren Bedingungen.

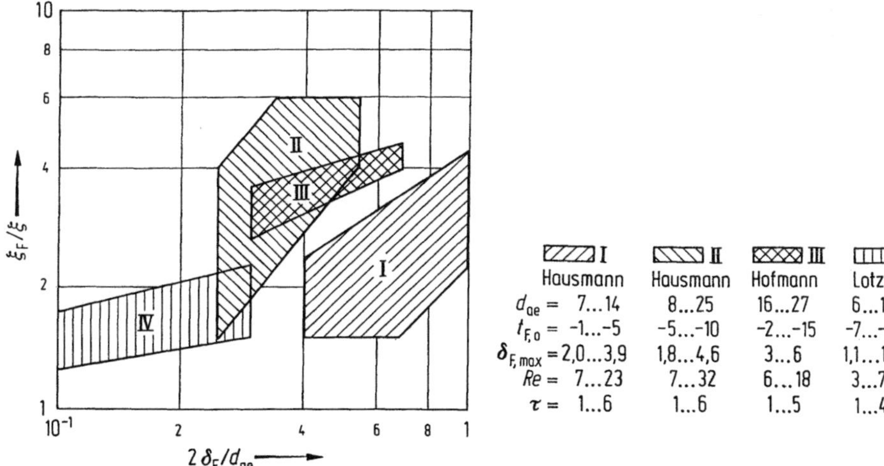

Abb. 6.5. Verhältnis der Widerstandsbeiwerte von durchströmten ebenen Spalten und von Lamellenrohrluftkühlern für bereifte Flächen zu denen für glatte Flächen, in Abhängigkeit von der relativen Reifdicke $2\,\delta_\mathrm{F}/d_\mathrm{ae}$.

— Steigende Reynolds-Zahlen ergeben meist glattere Oberflächen. Da gleichzeitig ξ abnimmt, ändert sich das Verhältnis ξ_F/ξ nicht wesentlich.

— Höhere relative Luftfeuchten φ_L bzw. schneller wachsende Reifschichten ergeben meist geringere Widerstandsbeiwerte.

Unter Berücksichtigung dieser Tendenzen können im Rahmen der für die Untersuchungen von Hausmann und Hofmann gültigen Randbedingungen Widerstandsbeiwerte abgeschätzt werden, wobei für ξ_F/ξ meist Werte von 3 bis 4 zu erwarten sind.

Bei Querstrom-Wärmeaustauschern hat die Oberflächenrauhigkeit einen weit geringeren Einfluß auf den Strömungswiderstand als bei Längsdurchströmung, da die Druckverluste in erster Linie durch Ablösungsvorgänge und Wirbelbildung verursacht werden. Quer angeströmte Rippenrohr- und Lamellenrohr-Wärmeaustauscher liegen in bezug auf die Strömungsverhältnisse zwischen der Quer- und Längsstromanordnung, entsprechend ist der Einfluß der Bereifung auf den Strömungswiderstand. In Abb. 6.5 ist ein Bereich (IV) eingetragen, innerhalb dessen die meisten der von Lotz [13] an einem bereiften Lamellenrohrsystem mit 10 mm Rippenteilung für Zeiten von 1 bis 4 h nach Bereifungsbeginn ermittelten relativen Widerstandsbeiwerte liegen. Der hydraulische Durchmesser wurde hierbei nach der Beziehung $d_{ae} = 4 \times$ freies Volumen/Reifoberfläche berechnet. Die meisten Messungen liefern Werte ξ_F/ξ zwischen 1,5 und 2. Übereinstimmend mit den Ergebnissen für Längsdurchströmung stellte Lotz für niedrigere Reifoberflächentemperaturen höhere Widerstandsbeiwerte fest. Hosada und Uzuhashi [8] konnten an zwei Lamellenrohrsystemen mit 6 und 10 mm Rippenteilung Werte für ξ_F/ξ zwischen 1,5 und 2,8 feststellen, wobei für $d_{ae} = 3$ bis 12 mm, $t_{F,o} = (-2...-15)\,°C$, $\delta_{F,max} = 3\,mm$, $2\delta_F/d_{ae} = 0,1...1,0$ und $Re = 1\,000...10\,000$ abgeschätzt werden kann. Zusammenfassend ist zu sagen, daß bei Lamellenrohr-Wärmeaustauschern, wie sie im Luftkühlerbau gebräuchlich sind, bei Bereifung mit Verhältnissen für ξ_F/ξ von 1,5 bis 2 zu rechnen ist, wobei steigende Bereifungsdauer und niedrige Reiftemperaturen tendenziell zu einer Erhöhung der Werte führen.

6.2.3 Reifmassenstrom

Eine Anwendung der bekannten Stoffübertragungsgesetze auf die bei der Reifbildung vorliegenden Verhältnisse führt zu der Beziehung

$$\dot{M}_F = \beta_F\, A_F \frac{p_{D,L} - \bar{p}_{D,F}}{R_D\, \bar{T}_{L,F}}. \tag{6.4}$$

Bei seinen Untersuchungen am quer angeströmten bereifenden Rohr stellte Schneider [6] fest, daß nicht der an der Reifoberfläche vorhandene Sättigungsdruck $p'_{D,F}$, sondern wegen der durchlässigen Oberfläche ein mittlerer, im Innern des Reifs vorliegender Dampfdruck $\bar{p}_{D,F}$ wirksam ist. Für ihn kann nach Schneider

$$\bar{p}_{D,F} = p'_{D,W} + F_2\,(p'_{D,F} - p'_{D,W}) \tag{6.5}$$

gesetzt werden, wobei $p'_{D,W}$ den der Wandtemperatur t_W entsprechenden Sättigungsdruck darstellt. Der Faktor F_2 wurde von Schneider angenähert zu $F_2 = 0,65$ bestimmt. $p_{D,L}$ ist der mittlere Dampfteildruck der außerhalb der Reifschicht strömenden Luft. Für $\bar{T}_{L,F}$ kann mit ausreichender Genauigkeit das arithmetische Mittel aus der Lufttemperatur t_L und der dem Dampfteildruck $\bar{p}_{D,F}$ entsprechenden Sättigungstemperatur $\bar{t}_F$ eingesetzt werden (Erläuterungen dazu in Bd. III des Handbuches der Kältetechnik, S. 317).

Da die wirkliche, durch die Rauhigkeiten geprägte Reifoberfläche nicht bekannt ist, wird in Gl. (6.4) für A_F der Wert der glatten, die Reifschicht umhüllenden Oberfläche verwendet. Somit sind im Wert β_F sowohl die Einflüsse der Rauhigkeit auf den

Stoffübergangskoeffizienten als auch auf die Veränderung der Oberfläche enthalten. Man kann dies durch Verwendung eines zusätzlichen Faktors F_3 berücksichtigen:

$$\beta_F = F_3\,\beta. \tag{6.6}$$

Hierbei stellt β den Stoffübergangskoeffizienten für die geschlossene, glatte Oberfläche dar. Der Reifmassenstrom kann somit durch die Gleichung

$$\dot{M}_F = F_3\,\beta\,A_F\,\frac{p_{D,L} - \bar{p}_{D,F}}{R_D\,\bar{T}_{L,F}} \tag{6.7}$$

bestimmt werden.

Für den Faktor F_3 empfiehlt SCHNEIDER beim quer angeströmten Rohr die Beziehung

$$F_3 = \frac{1{,}80}{(d_F/d_a)^{0{,}62}\,Re^{0{,}05}[(\tau\nu_L)/(d_a^2)]^{0{,}05}}. \tag{6.8}$$

Es sei erwähnt, daß die von SCHNEIDER in [6] angegebene Beziehung etwas anders lautet und nicht dimensionslos ist. Sie wurde deshalb vom Verfasser auf eine dimensionslose Form umgerechnet.

Danach ergibt sich eine geringe Abnahme des Faktors F_3 mit steigender Reifschichtdicke und Strömungsgeschwindigkeit sowie mit fortschreitender Bereifungsdauer.

Man kann sich vorstellen, daß in Analogie zum Fourierschen Grundgesetz des molekularen Wärmetransports, dem Stoffübergangswiderstand $1/\beta$ eine angenommene Schicht von der Dicke δ_p entspricht; es ist also $\delta_p = D/\beta$. Da der Wasserdampfdiffusionsstrom teilweise durch die offenen Poren ins Innere des Reifs gelangt, kommt zum Diffusionswiderstand außerhalb der Reifschicht noch derjenige innerhalb der porösen Reifschicht hinzu. Letzterer hängt wesentlich von der Tiefe der im Reif vorhandenen Poren und damit auch von der Reifschichtdicke δ_F ab. Er ist vor allem dann von Bedeutung, wenn die angenommene, äußere Laminarschichtdicke im Vergleich zur Reifschichtdicke gering ist. Man kann daher erwarten, daß der Faktor F_3 eine Funktion des Quotienten (δ_p/δ_F) ist.

Wie aus Tab. 6.2 zu ersehen ist, liegen Untersuchungen des Reifmassenstroms sowohl bei erzwungener als auch bei freier Konvektion vor [2-4, 6, 7, 9]. Auswertungsergebnisse dieser Untersuchungen für den Faktor F_3 nach Gl. (6.7) sind in Abb. 6.6 in Abhängigkeit vom Verhältnis δ_p/δ_F dargestellt. Die kennzeichnenden Betriebsbedingungen sowie die der Berechnung der Stoffübergangskoeffizienten zugrunde liegenden Beziehungen sind in Tab. 6.3 angegeben. Die Reifoberflächentemperaturen wurden nach Gl. (6.1) bestimmt.

Die Meßwerte ordnen sich entlang einer Ausgleichskurve ein, für die

$$F_3 = 1{,}8\left(\frac{\delta_p}{\delta_F}\right)^{0{,}5} = 1{,}8\left(\frac{D}{\beta\delta_F}\right)^{0{,}5} \tag{6.9}$$

gilt. Die meisten Ergebnisse werden mit einer Streuung von $\pm 30\,\%$ wiedergegeben, wenige Meßwerte weichen um mehr als $50\,\%$ ab. Setzt man den Wert für den Faktor F_3 aus Gl. (6.9) in die Beziehung (6.6) ein, so erhält man für den Stoffübergangskoeffizienten bei Bereifung

$$\beta_F = 1{,}8\,\frac{D}{(\delta_p\,\delta_F)^{0{,}5}}. \tag{6.10}$$

Hiernach ergibt sich, daß der Stoffübergangskoeffizient β_F in gleicher Weise von einer angenommenen Grenzschichtdicke $\delta_p = D/\beta$ außerhalb der „Reifoberfläche" und von der Reifdicke δ_F abhängt. Am deutlichsten spiegelt sich dieser Zusammenhang in den Untersuchungen von Hausmann [7] wieder, bei denen mit zunehmender Reifdicke eine Abnahme des äußeren Stoffübergangwiderstands $1/\beta$ verbunden ist, der Reifmassenstrom jedoch ziemlich konstant bleibt. Nach der von Schneider angegebenen Beziehung (6.8) ist der Einfluß der Reifdicke wesentlich geringer. Dies ist wahrscheinlich auf die relativ geringe Zerklüftung der Reifoberfläche zurückzuführen, die die konstante Temperatur von 0 °C aufwies. Die Messungen, bei denen die Reifoberflächentemperatur deutlich unter 0 °C liegen [2, 3], ergeben meist etwas höhere Werte für F_3 als diejenigen mit Temperaturen von 0 °C oder knapp unter 0 °C [4, 9].

Die mit den Gln. (6.7) und (6.9) ermittelbaren Reifmassenströme beziehen sich auf die „quasistationäre Phase" der Reifbildung. Zu Beginn der Reifbildung können bei niedrigerer Reifoberflächentemperatur auch größere Massenströme auftreten. Für Bereifungszeiten von mehr als 5 h ist dieser Einfluß auf die insgesamt abgelagerte Reifmenge jedoch als gering anzusehen.

6.2.4 Wärmestrom

Der gesamte Wärmestrom, der an eine gekühlte, bereifende Wand abgegeben wird, setzt sich aus einem konvektiven latenten und sensiblen Anteil sowie aus einem Strahlungsanteil zusammen:

$$\dot{Q}_g = \dot{Q}_l + \dot{Q}_s + \dot{Q}_{st}. \tag{6.11}$$

Für den latenten Anteil des Wärmestroms gilt

$$\dot{Q}_l = \dot{M}_F \left[\Delta h_{sub} + (c_{p,D} t_L - c_{p,E} t_{F,m}) \right]. \tag{6.12}$$

Unterscheiden sich die Luft- und die mittlere Reiftemperatur um weniger als 20 K, so kann anstelle von Gl. (6.12) für den latenten Wärmestrom vereinfachend

$$\dot{Q}_l = \dot{M}_F \, \Delta h_{sub} \tag{6.13}$$

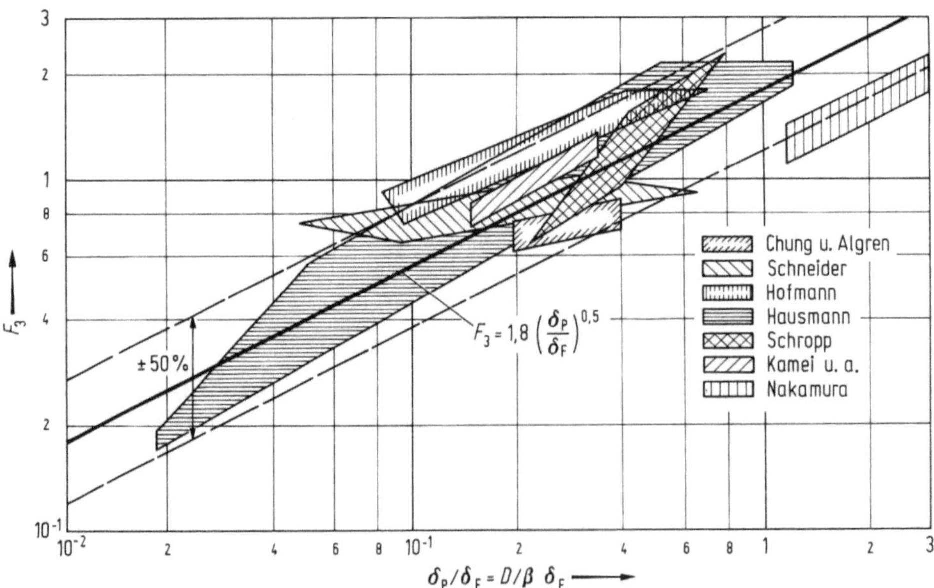

Abb. 6.6. Meßergebnisse der in den Tab. 6.2 und 6.3 genannten Untersuchungen für den Faktor F_3 nach Gl. (6.7) zur Bestimmung des Reifmassenstroms.

Tabelle 6.3. *Betriebsbedingungen der für die Mengen- und Wärmestromberechnung ausgewerteten Untersuchungen*

Autor	Strömungs-kennzahl	Reifober-flächentem-peratur $t_{F,o}$ [a]	Reif-dicke δ_F	Laminar-schichtdicke [c] $\delta_p = D/\beta$ bzw. $\delta_T = \lambda_L/\alpha$	Zur Ermittlung von β bzw. α [b] verwendete Gleichung
		°C	mm	mm	
HAUSMANN [7]	$Re = (6...25) \cdot 10^3$	$0...-11$	$0,7...5$	$0,05...1,0$	
HOFMANN [2]	$Re = (6...17) \cdot 10^3$	$-2...-13$	$2...7$	$0,5...1,4$	$Sh = 0,021\,4\,(Re^{0,8} - 100)\,Sc^{0,4}\left[1 + \left(\frac{d_{ae}}{l}\right)^{2/3}\right]$, [14]
KAMEI/MIZUSHINA/ KIFUNE/KOTO [3]	$Re = (12...31) \cdot 10^3$	$-7...-8$	$2...4$	$0,5...1,0$	
CHUNG/ALGREN [4]	$Re = (2,5...9) \cdot 10^3$	$-2...-5$	~ 3	$0,5...1,1$	$Sh = f\,(Re)$ nach Messungen von [4]
SCHNEIDER [6]	$Re = (4...44) \cdot 10^3$	0	$2,5...10$	$0,5...1,8$	$Sh = 0,205\,Re^{0,618}\,Sc^{1/3}$, [6]
NAKAMURA [9]	$Gr = (1,4...2,6) \cdot 10^6$	0	$2...4$	$4,5...5,5$	$Sh = 0,517\,(Gr\,Sc)^{1/4}$, [14]
SCHROPP [6]	$Gr = (0,6...5) \cdot 10^6$	$0...-2$	$8...32$	$6...7$	$Sh = 0,402\,(Gr\,Sc)^{1/4}$, [14]

[a] Ermittelt nach Gl. (6.1).
[b] Für die Bestimmung von α sind in den genannten Gleichungen Sh bzw. Sc durch Nu bzw. Pr zu ersetzen.
[c] Die Werte für λ/α sind um etwa 5 % niedriger als die Werte für D/β.

geschrieben werden, wobei die mögliche Abweichung gegenüber Gl. (6.12) maximal etwa 1 % betragen kann.

Der latente Wärmestrom läßt sich somit direkt aus dem Reifmassenstrom ermitteln. Unter Verwendung der Beziehung (6.13) und der Gl. (6.7) für den Reifmassenstrom ergibt sich für den latenten Wärmestrom

$$\dot{Q}_l = \Delta h_{sub} \, F_3 \, \beta \, A_F \, \frac{p_{D,L} - \bar{p}_{D,F}}{R_D \, \bar{T}_{L,F}} \,. \qquad (6.14)$$

Der sensible Wärmestrom $\dot{Q}_s$ wird durch das zwischen der Lufttemperatur und der wirksamen Reiftemperatur herrschende Temperaturgefälle an die Reifschicht durch konvektiven Wärmeübergang abgegeben

$$\dot{Q}_s = \alpha_F \, A_F \, (t_L - \bar{t}_F) \,. \qquad (6.15)$$

Ähnlich den Verhältnissen bei der Stoffübertragung liegt die wirksame Reiftemperatur $\bar{t}_F$ zwischen der Reifoberflächentemperatur $t_{F,o}$ und der Wandtemperatur t_W. Schneider [6] empfiehlt für $\bar{t}_F$ die zum Dampfteildruck $\bar{p}_{D,F}$ gehörende Sättigungstemperatur; $\bar{p}_{D,F}$ kann angenähert nach Gl. (6.5) ermittelt werden. In Gl. (6.15) bedeutet A_F die äußere, die Reifschicht umhüllende Oberfläche. Der Wert α_F enthält somit alle Einflüsse, die die Rauhigkeiten der Reifoberfläche auf den Wärmeübergangskoeffizienten ausüben einschließlich der Vergrößerung der tatsächlich luftberührten Reifoberfläche gegenüber der umhüllenden Oberfläche A_F. Dies kann durch die Beziehung

$$\alpha_F = F_4 \, \alpha \qquad (6.16)$$

berücksichtigt werden, wobei α den Wärmeübergangskoeffizienten für geschlossene, glatte Oberflächen bedeutet und die oben genannten Einflüsse im Faktor F_4 enthalten sind. Analog zu den Überlegungen beim Stofftransport kann man sich den äußeren Wärmeübergangswiderstand $1/\alpha$ einer Laminarschicht von der Dicke $\delta_T = \lambda_L/\alpha$ zugeordnet denken. Zu diesem äußeren Wärmeleitwiderstand kommt derjenige innerhalb

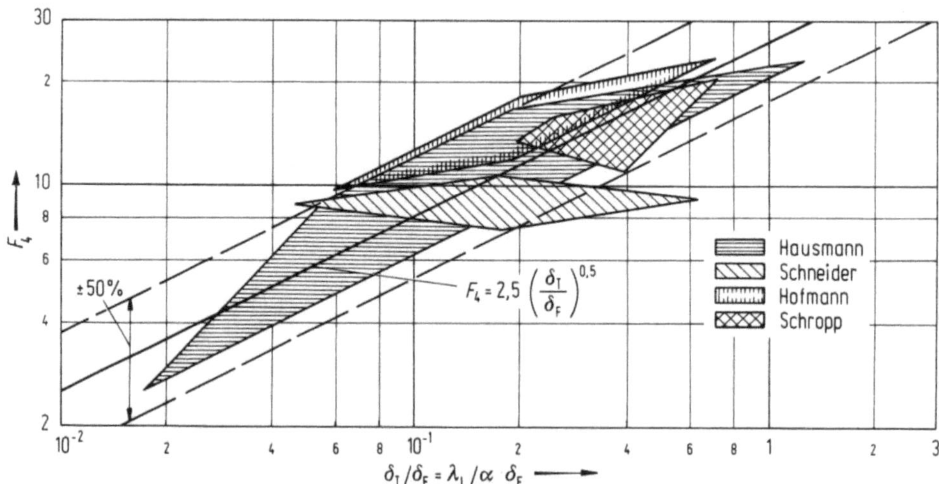

Abb. 6.7. Meßergebnisse der in den Tab. 6.2 und 6.3 genannten Untersuchungen für den Faktor F_4 nach den Gl. (6.15) und (6.16) zur Bestimmung des Wärmestroms.

der porösen Reifschicht von der Dicke δ_F hinzu, der besonders bei großer Reifschichtdicke, aber geringem äußeren Wärmeübergangswiderstand $1/\alpha$ von Bedeutung ist. Man kann daher erwarten, daß der Faktor F_4 eine Funktion des Quotienten (δ_T/δ_F) ist.

In Abb. 6.7 sind die sich nach den Gln. (6.15) und (6.16) ergebenden Werte F_4 für die Meßergebnisse der in Tab. 6.2 aufgeführten Untersuchungen [2, 6, 7] und [10] in Abhängigkeit vom Schichtdickenverhältnis δ_T/δ_F aufgetragen. Die zugehörigen Betriebsbedingungen sind Tab. 6.3 zu entnehmen. Während die von SCHNEIDER ermittelten Meßergebnisse keine Abhängigkeit von δ_T/δ_F aufweisen und im Mittel $F_4 = 0,9$ ergeben, ordnen sich die übrigen Meßwerte entlang der Ausgleichskurve

$$F_4 = 2,5 \left(\frac{\delta_T}{\delta_F} \right)^{0,5} = 2,5 \left(\frac{\lambda_L}{\alpha \delta_F} \right)^{0,5} \tag{6.17}$$

ein, wobei die Abweichungen maximal etwa 50 % betragen. Die Meßwerte von HOFMANN [2] sowie einige Meßwerte von HAUSMANN [7], bei denen die Reifoberflächentemperatur die 0 °C-Grenze nicht erreichten, liegen im Mittel etwas höher als die Ergebnisse, bei denen die Reifoberflächentemperaturen 0 °C betrugen oder nur wenig hiervon abwichen. Dies stimmt qualitativ mit Angaben von LOTZ [13] überein, der bei abnehmenden Reiftemperaturen eine Verbesserung des Wärmeübergangs feststellte.

Vergleicht man die Gln. (6.16) und (6.17) mit den für den Stofftransport genannten Gln. (6.6) und (6.9), so ergeben sich für die Übertragung sensibler Wärme Werte F_4, die um nahezu 40 % größer sind als die Werte F_3 für den Stofftransport. Dies kann dadurch erklärt werden, daß der Transport von sensibler Wärme innerhalb der „äußeren" Reifschicht, die durch die Reifoberfläche einerseits und die Fläche mit der „wirksamen" Reiftemperatur $\bar{t}_F$ andererseits begrenzt ist, zu einem beträchtlichen Teil durch die Eiskristalle erfolgt, während der Stoffstrom hauptsächlich im Gasraum zwischen den Eiskristallen transportiert wird.

Der Strahlungsanteil läßt sich nach den bekannten Gesetzmäßigkeiten für Wärmestrahlung ermitteln

$$\dot{Q}_{st} = C_{12} A_F \left[\left(\frac{T_{amb}}{100} \right)^4 - \left(\frac{T_{F,o}}{100} \right)^4 \right], \tag{6.18}$$

wobei T_{amb} die Temperatur der mit der Reifoberfläche im Strahlungsaustausch stehenden Flächen bedeutet und zur Ermittlung des Strahlungsaustauschkoeffizienten C_{12} für rauhe Reifoberflächen nach [14] mit einem Emissionsverhältnis von 0,985 gerechnet werden kann (s. Kap. 12 „Wärmeübertragung bei Luftkühlern").

6.2.5 Wärmeleitfähigkeit von Reifschichten und Reifoberflächentemperatur

Mit den in den Abschn. 6.2.1 bis 6.2.4 genannten Beziehungen lassen sich die für Bereifungsvorgänge wesentlichen Größen — Reifdickenwachstum, Reifmassen- und Wärmestrom — unter der Voraussetzung ermitteln, daß die Reifoberflächentemperatur bekannt ist. Diese muß zwischen der Taupunkttemperatur der Luft t_p und der Temperatur der gekühlten Wand t_W liegen. Ob sie sich näher am Taupunkt oder an der Wandtemperatur befindet, hängt vom Verhältnis der Wärmetransportwiderstände zwischen Luft und Reifoberfläche und dem Verhältnis von Reif- und Wandoberfläche ab.

Weil die komplexen Wärmetransportvorgänge innerhalb der Reifschicht im einzelnen schwer zu erfassen sind, gehen die meisten Untersuchungen von dem vereinfachenden Modell einer homogenen Reifschicht aus, bei dem der gesamte Wärmestrom, sowohl der sensible als auch der latente Anteil, von der Reifoberfläche durch Wärmeleitung an die Wand transportiert wird. Mit dieser Betrachtungsweise wird die mittlere Wärmeleitfähigkeit einer Reifschicht durch die Beziehung

$$\dot{Q}_\text{g} = \frac{\lambda_\text{F}}{\delta_\text{F}}(t_{\text{F},\text{o}} - t_\text{W})\,A_\text{F} \tag{6.19}$$

definiert. Wenn λ_F bekannt ist, können aus Gl. (6.19) und den Gln. (6.2), (6.11), (6.14), (6.15) und (6.18) iterativ die Reifoberflächentemperatur $t_{\text{F},\text{o}}$ und der Wärmestrom ermittelt werden.

Nach Angaben von Lotz [13] hängt die mittlere Wärmeleitfähigkeit einer Reifschicht im Temperaturbereich zwischen 0 und $-30\,^\circ\text{C}$ vorwiegend von der Reifdichte ab.

Abb. 6.8 zeigt nach Lotz eine Zusammenstellung der Meßwerte von neun verschiedenen Autoren. Die eingezeichnete Kurve entspricht einer parabolischen Abhängigkeit zwischen der Reifdichte und der mittleren Wärmeleitfähigkeit nach der Beziehung

$$\lambda_\text{F} = 0{,}030 + 1{,}99 \cdot 10^{-6}\,\varrho_\text{F}^2, \quad \varrho_\text{F} \leqq 800\,\text{kg/m}^3. \tag{6.20}$$

Hierin ist ϱ_F in kg/m^3 einzusetzen und man erhält λ_F in $\text{W/m} \cdot \text{K}$. Da sowohl die Wärmeleitfähigkeit als auch die Dichte von Reif maximal die Werte von Eis ($\lambda_\text{E} = 2{,}23\,\text{W/m} \cdot \text{K}$, $\varrho_\text{E} = 917\,\text{kg/m}^3$) erreichen können, kann Gl. (6.20) in die dimensionslose Form

$$\frac{\lambda_\text{F}}{\lambda_\text{E}} = 0{,}013\,5 + 0{,}75 \left(\frac{\varrho_\text{F}}{\varrho_\text{E}}\right)^2, \quad \varrho_\text{F} \leqq 800\,\text{kg/m}^3 \tag{6.21}$$

überführt werden.

Die Reifdichte ϱ_F ihrerseits läßt sich aus der Reifmasse und der Reifdicke ermitteln

$$\varrho_\text{F} = \frac{M_\text{F}}{A_\text{m}\,\delta_\text{F}}, \tag{6.22}$$

wobei A_m die mittlere Fläche zwischen Wand und Oberfläche darstellt.

Neuere Untersuchungen [5-7, 11] widersprechen dieser einfachen Abhängigkeit zwischen der Wärmeleitfähigkeit und der Reifdichte. So stellte insbesondere Javnel [5] fest, daß je nach vorliegenden Betriebsbedingungen die Werte für die Wärmeleitfähigkeit gegenüber den in Abb. 6.8 angegebenen erheblich höher oder niedriger liegen können. Von Schneider [6] wird für ein quer angeströmtes bereifendes Rohr die Beziehung

$$\frac{\lambda_\text{F}}{\lambda_\text{E}} = 1{,}53 \cdot 10^{-4} Re^{0{,}57} \left(\frac{\tau\nu_\text{L}}{d_\text{a}^2}\right)^{0{,}44} \left(\frac{t_\text{L} - t_{\text{F},\text{o}}}{t_{\text{F},\text{o}} - t_\text{W}}\right)^{0{,}25} \left(\frac{p_{\text{D},\text{L}} - p'_{\text{D},\text{W}}}{p'_{\text{D},\text{F}} - p'_{\text{D},\text{W}}}\right)^{0{,}91} \tag{6.23}$$

angegeben, die hier in eine dimensionslose Form gebracht wurde. Nimmt man an, daß die in Gl. (6.23) angegebene Abhängigkeit von der Reynolds-Zahl unterschiedliche Wärmeübergangskoeffizienten berücksichtigt, so kann für andere Strömungsverhältnisse die Gleichung

$$\frac{\lambda_\text{F}}{\lambda_\text{E}} = F_5 \left(\frac{\alpha d_\text{a}}{\lambda_\text{L}}\right)^{\text{b}} \left(\frac{\tau\nu_\text{L}}{d_\text{a}^2}\right)^{0{,}44} \left(\frac{t_\text{L} - t_{\text{F},\text{o}}}{t_{\text{F},\text{o}} - t_\text{W}}\right)^{0{,}25} \left(\frac{p_{\text{D},\text{L}} - p'_{\text{D},\text{W}}}{p'_{\text{D},\text{F}} - p'_{\text{D},\text{W}}}\right)^{0{,}91} \tag{6.24}$$

abgeleitet werden. Für d_a ist hierbei der Wert des von Schneider verwendeten Versuchsrohrs mit $47{,}5 \cdot 10^{-3}\,\text{m}$ einzusetzen. Abb. 6.9 zeigt die nach dieser Beziehung ausgewerteten Meßergebnisse der in Tab. 6.2 genannten Untersuchungen. Für die eingezeichnete Ausgleichslinie gilt $F_5 = 1{,}21 \cdot 10^{-3}$ und $b = 0{,}5$. Die überwiegende Zahl der Meßwerte weicht um weniger als $\pm 50\,\%$ von dieser Beziehung ab.

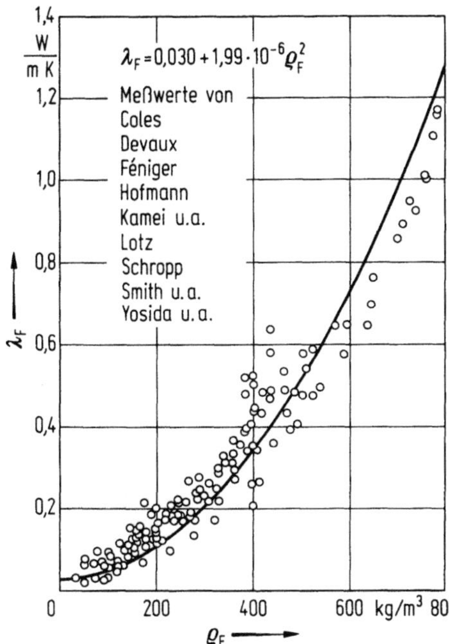

Abb. 6.8. Wärmeleitfähigkeit von Reif in Abhängigkeit von der Reifdichte nach LOTZ [13]. Meßwerte von COLES, DEVAUX, FÉNIGER, HOFMANN, KAMEI u. a.; LOTZ, SCHROPP, SMITH u. a.; YOSIDA u. a.

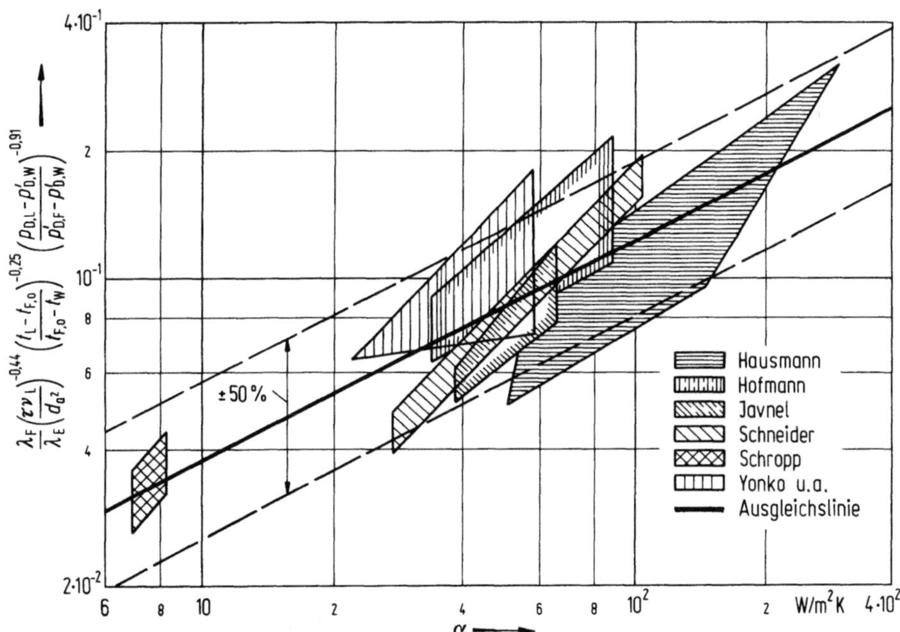

Abb. 6.9. Meßergebnisse der in den Tab. 6.2 und 6.3 genannten Untersuchungen für die Wärmeleitfähigkeit von Reifschichten nach Gl. (6.24).

Zusammenfassend ist festzustellen, daß befriedigend genaue Berechnungsmöglich-
keiten für die Wärmeleitfähigkeit von Reifschichten nicht angegeben werden können.
Es erscheint deshalb zweckmäßiger und für die Ermittlung des Reifdickenwachstums,
des Reifmassen- und Wärmestroms besser, nach einer Empfehlung von SCHNEIDER [6]
die Reifoberflächentemperatur $t_{F,o}$ für den Bereich der quasistationären Phase nach
der einfachen Beziehung (6.1) abzuschätzen. Diese Methode ist nicht nur einfacher,
sondern die möglichen Fehler sind auch geringer als diejenigen, die auftreten können,
wenn man mit Wärmeleitfähigkeit nach Gl. (6.20) oder (6.24) rechnet.

6.2.6 Zahlenbeispiele

Die verwendeten Stoffwerte sind der Literatur [14-16] entnommen.

a) Längs durchströmter Spaltkanal

Ein von zwei parallelen Platten gebildeter Spaltkanal mit einer Länge von 585 mm und einer
Spaltbreite von 12 mm wird mit einer auf den unbereiften Zustand bezogenen Geschwindigkeit
von 8,9 m/s durchströmt. Die mittlere Lufttemperatur beträgt $-4,5\,°C$, die mittlere relative Luft-
feuchte 79% und die Plattentemperatur $-18\,°C$. Wie groß sind Reifdicke, Strömungswiderstand,
Massen- und Wärmestromdichte nach einer Zeit von 4,4 h?
Taupunkt der Luft: $t_{L,p} = -7,24\,°C$.
Reifoberflächentemperatur nach Gl. (6.1):

$$t_{F,o} = -7,24 - 0,22\,(-7,24 + 18) = -9,61\,°C.$$

Stoffwerte, bezogen auf $t_{L,F} = -7,05\,°C$, $t_{F,m} = -13,8\,°C$:

$\lambda_L = 0,0240\ \text{W/m}\cdot\text{K},\quad \nu_L = 12,8\cdot 10^{-6}\ \text{m}^2/\text{s},\quad a_L = 18,25\cdot 10^{-6}\ \text{m}^2/\text{s},$

$\varrho_L = 1,31\ \text{kg/m}^3,\qquad D = 21,0\cdot 10^{-6}\ \text{m}^2/\text{s},\quad Pr = 0,701,\quad Sc = 0,609,$

$\lambda_E = 2,23\ \text{W/m}\cdot\text{K},\qquad \varrho_E = 917\ \text{kg/m}^3,\qquad \Delta h_{sub} = 2,834\cdot 10^6\ \text{J/kg}.$

Reifdicke. Mit $F_1 = 0,39$, $p_{D,L} = 331,1\ \text{Pa}$, $p'_{D,L} = 419,1\ \text{Pa}$, $p'_{D,F} = 268,9\ \text{Pa}$ ergibt sich nach
Gl. (6.2) eine Reifdicke von

$$\delta_F = 0,39\ \sqrt{\frac{2,23}{2,834\cdot 10^6\cdot 917}}\ \sqrt{4,4\cdot 3\,600\,(-9,61 + 18)}\ \left(\frac{331,1 - 268,9}{419,1 - 268,9}\right)^{0,27} = 3,28\cdot 10^{-3}\ \text{m}.$$

Strömungswiderstand. Mit $d_{ae} = 2\,(12 - 2\cdot 3,28) = 10,88\ \text{mm}$ und

$$2\delta_F/d_{ae} = 2\cdot 3,28/10,88 = 0,60$$

kann aus Abb. 6.5 ein Wert $\xi_F/\xi = 4$ abgeschätzt werden.
Der Widerstandsbeiwert für eine glatte Oberfläche ergibt sich mit

$$Re = \frac{8,9\cdot 2\cdot 12\cdot 10^{-3}}{12,8\cdot 10^{-6}} = 16\,690$$

nach der Beziehung von Blasius zu

$$\xi = \frac{0,3164}{16\,690^{0,25}} = 0,0278.$$

Damit berechnet sich der Strömungswiderstand nach Gl. (6.3) zu

$$\Delta p_L = \frac{1,31}{2}\left(8,9\ \frac{12}{12 - 2\cdot 3,28}\right)^2\cdot 4\cdot 0,0278\ \frac{585}{10,88} = 1\,509\ \text{Pa}.$$

Reifmassenstromdichte. Der luftseitige Stoffübergangskoeffizient läßt sich in Analogie zur
Wärmeübertragung für turbulent durchströmte Kanäle nach [14] mit der Gleichung

$$\beta = 0,0214\ \frac{D}{d_{ae}}\,(Re^{0,8} - 100)\,Sc^{0,4}\left[1 + \left(\frac{d_{ae}}{l}\right)^{2/3}\right]\quad \text{zu}$$

$$\beta = 0,021\,4 \,\frac{21,0 \cdot 10^{-6}}{10,88 \cdot 10^{-3}}\,(16\,690^{0,8} - 100)\,0,609^{0,4}\left[1 + \left(\frac{10,88}{585}\right)^{2/3}\right] = 8,29 \cdot 10^{-2}\,\text{m/s}$$

bestimmen.

Nach Gl. (6.9) ergibt sich

$$F_3 = 1,8\left[\frac{21,0 \cdot 10^{-6}}{8,29 \cdot 10^{-2} \cdot 3,28 \cdot 10^{-3}}\right]^{0,5} = 0,500$$

und mit $p'_{\text{D,W}} = 124,7\,\text{Pa}$ nach Gl. (6.9)

$$\bar{p}_{\text{D,F}} = 124,7 + 0,65\,(268,9 - 124,7) = 218,4\,\text{Pa}.$$

Die zugehörige Sättigungstemperatur beträgt $\bar{t}_\text{F} = -11,93\,°\text{C}$.

Somit wird die Reifmassenstromdichte nach Gl. (6.7)

$$\dot{M}_\text{F}/A_\text{F} = 0,500 \cdot 8,29 \cdot 10^{-2}\,\frac{331,1 - 218,4}{461,5\,[273,15 + (-4,5 - 11,93)/2]} = 3,82 \cdot 10^{-5}\,\text{kg/m}^2\text{s}.$$

Wärmestromdichte. Der Wärmestrom setzt sich aus einem latenten und einem fühlbaren Anteil zusammen, Wärmestrahlung ist zu vernachlässigen. Die latente Wärmestromdichte beträgt nach Gl. (6.13)

$$\dot{Q}_\text{l}/A_\text{F} = 3,82 \cdot 10^{-5} \cdot 2,834 \cdot 10^6 = 108,2\,\text{W/m}^2.$$

Der Wärmeübergangskoeffizient kann nach [14] zu

$$\alpha = 0,021\,4\,\frac{\lambda_\text{L}}{d_\text{ae}}\,(Re^{0,8} - 100)\,Pr^{0,4}\left[1 + \left(\frac{d_\text{ae}}{l}\right)^{2/3}\right],$$

$$\alpha = 0,021\,4\,\frac{0,024\,0}{10,88 \cdot 10^{-3}}\,(16\,690^{0,8} - 100)\,0,701^{0,4}\left[1 + \left(\frac{10,88}{585}\right)^{2/3}\right] = 100,2\,\text{W/m}^2\text{K}$$

bestimmt werden.

Aus Gl. (6.17) ergibt sich

$$F_4 = 2,5\left(\frac{0,024\,0}{100,2 \cdot 3,28 \cdot 10^{-3}}\right)^{0,5} = 0,676.$$

Damit errechnet sich nach Gl. (6.15) und (6.16) die sensible Wärmestromdichte zu

$$\dot{Q}_\text{s}/A_\text{F} = 0,676 \cdot 100,2\,(-4,5 + 11,93) = 503,3\,\text{W/m}^2.$$

Die gesamte Wärmestromdichte beträgt somit

$$\dot{Q}_\text{g}/A_\text{F} = 108,2 + 503,3 = 611,5\,\text{W/m}^2.$$

Von HAUSMANN [7] wurden für die genannten Betriebsbedingungen folgende Werte gemessen:

$$\delta_\text{F} = 2,78\,\text{mm}, \quad \Delta p_\text{L} = 837\,\text{Pa}, \quad \dot{M}_\text{F}/A_\text{F} = 4,40 \cdot 10^{-5}\,\text{kg/m}^2\text{s}, \quad \dot{Q}_\text{g}/A_\text{F} = 841\,\text{W/m}^2.$$

Die große Abweichung beim Druckverlust von 80 % erklärt sich aus der um 18 % zu groß berechneten Reifdicke. Hätte man bei der Druckverlustberechnung die tatsächlich gemessene Reifdicke eingesetzt, würde die Abweichung nur 7 % betragen. Hier wird der sehr große Einfluß der Reifdicke auf den Druckverlust deutlich.

b) Waagerechtes Rohr bei freier Konvektion

Ein waagerechtes Rohr mit einem Außendurchmesser von 50 mm und einer Rohrwandtemperatur von $-17,7\,°\text{C}$ befindet sich in ruhender Luft von 1 bar, 12,5 °C und einer relativen Feuchte von 54,1 %. Wie groß sind Reifdicke, Reifmassen- und Wärmestromdichte nach einer Betriebszeit von 75 h?

Taupunkt der Luft: $t_\text{L,p} = +3,57\,°\text{C}$

Reifoberflächentemperatur nach Gl. (6.1):

$$t_\text{F,o} = 3,57 - 0,22\,(3,57 + 17,7) = -1,11\,°\text{C}.$$

Stoffwerte, bezogen auf $t_{L,F} = +5{,}70\,°C$ bzw. $t_{F,m} = -9{,}40\,°C$:

$\lambda_L = 0{,}0250\,W/m \cdot K$, $\quad \nu_L = 13{,}9 \cdot 10^{-6}\,m^2/s$, $\quad a_L = 19{,}9 \cdot 10^{-6}\,m^2/s$, $\quad D = 22{,}7 \cdot 10^{-6}\,m^2/s$,

$Pr = 0{,}698$, $\quad Sc = 0{,}612$, $\quad \lambda_E = 2{,}23\,W/m \cdot K$, $\quad \varrho_E = 917\,kg/m^3$, $\quad \Delta h_{sub} = 2{,}834 \cdot 10^6\,J/kg$.

Reifdicke. Mit $F_1 = 0{,}39$, $p_{D,L} = 789\,Pa$, $p'_{D,L} = 1459\,Pa$, $p'_{D,F} = 557\,Pa$ errechnet sich die Reifdicke nach Gl. (6.2) zu

$$\delta_F = 0{,}39\,\sqrt{\frac{2{,}23}{2{,}834 \cdot 10^6 \cdot 917}}\,\sqrt{75 \cdot 3600\,(-1{,}11 + 17{,}7)}\,\left(\frac{789 - 557}{1459 - 557}\right)^{0{,}27}\left(1 + 0{,}061\,\frac{12{,}5}{17{,}7}\right)$$

$$= 17{,}5 \cdot 10^{-3}\,m.$$

Reifmassenstromdichte. In Analogie zum Wärmeübergang kann der Stoffübergangskoeffizient nach [14] aus der Beziehung

$$\beta = 0{,}042\,\frac{D}{d_F}\,(Gr\,Sc)^{0{,}25}$$

ermittelt werden.

Mit $Gr = \dfrac{9{,}81\,[(50 + 2 \cdot 17{,}5) \cdot 10^{-3}]\,(12{,}5 + 1{,}11)}{(13{,}9 \cdot 10^{-6})^2\,(273{,}15 + 12{,}5)} = 1{,}49 \cdot 10^6$ ergibt sich

$$\beta = 0{,}402\,\frac{22{,}7 \cdot 10^{-6}}{(50 + 2 \cdot 17{,}5) \cdot 10^{-3}}\,(1{,}49 \cdot 10^6 \cdot 0{,}612)^{0{,}25} = 0{,}332 \cdot 10^{-2}\,m/s.$$

Mit Gl. (6.9) wird

$$F_3 = 1{,}8\,\left[\frac{22{,}7 \cdot 10^{-6}}{0{,}332 \cdot 10^{-2} \cdot 17{,}5 \cdot 10^{-3}}\right]^{0{,}5} = 1{,}125$$

und mit $p'_{D,W} = 128\,Pa$ ist nach Gl. (6.5)

$$\bar{p}_{D,F} = 128 + 0{,}65\,(557 - 128) = 407\,Pa.$$

Die zugehörige Sättigungstemperatur beträgt $\bar{t}_F = -4{,}83\,°C$.

Nach Gl. (6.7) wird die Reifmassenstromdichte damit

$$\dot{M}_F/A_F = 1{,}125 \cdot 0{,}332 \cdot 10^{-2}\,\frac{789 - 407}{461{,}5\,[273{,}15 + (12{,}5 - 4{,}83)/2]} = 1{,}11 \cdot 10^{-5}\,kg/m^2 s.$$

Wärmestromdichte. Der Wärmestrom setzt sich aus einem latenten und fühlbaren Anteil zusammen, auch Wärmestrahlung ist zu berücksichtigen.

Die latente Wärmestromdichte beträgt nach Gl. (6.13)

$$\dot{Q}_l/A_F = 1{,}11 \cdot 10^{-5} \cdot 2{,}834 \cdot 10^6 = 31{,}4\,W/m^2.$$

Der Wärmeübergangskoeffizient errechnet sich nach [14] mit der Beziehung

$$\alpha = 0{,}402\,\frac{\lambda_L}{d_F}\,(Gr\,Pr)^{0{,}25}$$

zu

$$\alpha = 0{,}402\,\frac{0{,}0250}{(50 + 2 \cdot 17{,}5) \cdot 10^{-3}}\,(1{,}49 \cdot 10^6 \cdot 0{,}698)^{0{,}25} = 3{,}78\,W/m^2 K.$$

Nach Gl. (6.17) ergibt sich

$$F_4 = 2{,}5\,\left(\frac{0{,}0250}{3{,}78 \cdot 17{,}5 \cdot 10^{-3}}\right)^{0{,}5} = 1{,}54.$$

Für die sensible Wärmestromdichte ergibt sich somit nach Gl. (6.15) und (6.16)

$$\dot{Q}_s/A_F = 1{,}54 \cdot 3{,}78\,(12{,}5 + 4{,}83) = 100{,}9\,W/m^2.$$

Für die Bestimmung der Wärmestrahlung wird angenommen, daß die mit der Reifoberfläche im Strahlungsaustausch stehenden Flächen groß gegenüber der Reifoberfläche sind und ihre Oberflächentemperatur der Lufttemperatur von $+12{,}5\,°C$ entspricht. Mit einem Emissionsverhältnis des Reifs von 0,985 und dem Strahlungskoeffizienten des schwarzen Körpers von 5,67 W/m²K⁴ ergibt sich ein Strahlungsaustauschkoeffizient

$$C_{12} = 0{,}985 \cdot 5{,}67 = 5{,}58 \ \mathrm{W/m^2 K^4}$$

und nach Gl. (6.18) eine Wärmestromdichte durch Strahlung von

$$\dot{Q}_{st}/A_F = 5{,}58 \left[\left(\frac{273{,}15 + 12{,}5}{100} \right)^4 - \left(\frac{273{,}15 - 1{,}11}{100} \right)^4 \right] = 65{,}9 \ \mathrm{W/m^2}.$$

Die gesamte Wärmestromdichte beläuft sich somit auf

$$\dot{Q}_g/A_F = 31{,}4 + 100{,}9 + 65{,}9 = 198{,}2 \ \mathrm{W/m^2}.$$

SCHROPP [10] stellte für die vorliegenden Betriebsbedingungen folgende Meßwerte fest:

$$\delta_F = 15{,}5 \ \mathrm{mm}, \quad \dot{M}_F/A_F = 1{,}28 \cdot 10^{-5} \ \mathrm{kg/m^2 s}, \quad \dot{Q}_g/A_F = 178 \ \mathrm{W/m^2}.$$

7 Plattenwärmeaustauscher

Helmut Lotz

Benutzte Formelzeichen in Kapitel 7
(s. auch Formelzeichenliste am Anfang des Bandes)

Formelzeichen, Einheiten

$\dot{E}$	Einstrahlung	W
K	Absorptions-Transmissionsfaktor eines Solarkollektors als Verhältnis der von der	—
	Kollektorfläche aufgenommenen Wärmeenergie zur Solareinstrahlung	
Nu	Nußelt-Zahl	—
Pr	Prandtl-Zahl	—
Re	Reynolds-Zahl	—
Δp	Druckabfall	Pa
δ	Dicke	mm

Indizes

a	Plattenseite (auf der wärmeabgebenden Seite)	R	Innenfläche (auf der wärme- aufnehmenden oder Kältemittelseite)
d	Deckblech	v	Verdampferoberfläche, verdampfer- seitig
D	Draht		
e	auf die Ebene projiziert	1	Fluid 1
g	Grundblech	2	Fluid 2
pl	Platte		

7.1 Allgemeines

Die hier behandelten Plattenwärmeaustauscher werden ebenso wie berippte Wärmeaustauscher dort eingesetzt, wo die beiden wärmeübertragenden Fluide stark unterschiedliche Wärmeübergangskoeffizienten aufweisen, um durch den Flächenausgleich auf der Seite mit dem niedrigen Wärmeübergangskoeffizienten den Wärmedurchgangskoeffizienten k zu erhöhen.

Zur Erläuterung ist die durch die Vernachlässigung des Wärmeleitwiderstands vereinfachte Gleichung für den Wärmedurchgangskoeffizienten k_R, bezogen auf die Innenfläche A_R

$$\frac{k_\mathrm{R}}{\alpha_\mathrm{R}} = \frac{1}{1 + \dfrac{A_\mathrm{R}\,\alpha_\mathrm{R}}{A_\mathrm{a}\,\alpha_\mathrm{a}}} \tag{7.1}$$

in Abb. 7.1 dargestellt, wobei die Indizes „a" die Plattenseite und „R" die Kältemittelseite bezeichnen und k_R auf die kältemittelseitige Fläche A_R bezogen ist:

$$\dot{Q} = A_\mathrm{R}\,k_\mathrm{R}\,\vartheta_\mathrm{m} \tag{7.2}$$

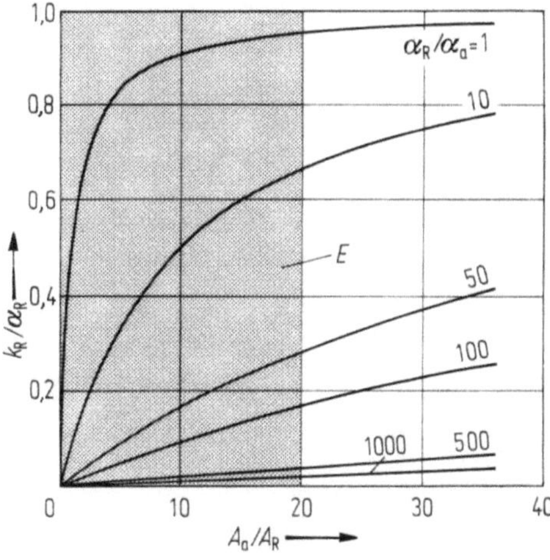

Abb. 7.1. Wärmedurchgangskoeffizienten k_R in Abhängigkeit von den Wärmeübergangskoeffizienten α_R und α_a sowie dem Flächenverhältnis A_a/A_R gemäß Gl. (7.1). Schraffierter Bereich E: Einsatzgebiet von Plattenwärmeaustauschern.

Tabelle 7.1 *Schematische Einteilung der Plattenwärmeaustauscher*

überwiegender Wärmetransport durch →		Konvektion			Wärmeleitung
Wärmeabgebender Stoff I	Wärmeaufnehmender Stoff II	gasförmig 1	flüssig/ gasförmig im Phasenübergang (Verdampfen) 2	flüssig 3	fest/flüssig im Phasenübergang (Schmelzen) 4
gasförmig 1				Solarkollektoren	
		Platten-Wärmeaustauschblöcke	Kühl/ Gefriergeräteverdampfer	Platten-Wärmeaustauschbatterien	
gasförmig/flüssig im Phasenübergang (Kondensation) 2		Blechwand-Verflüssiger			
flüssig 3		Plattenheizkörper	Tankkühler Rieselkühler	Plattenkühler	
flüssig/fest im Phasenübergang (Gefrieren) 4			Eisspeicherverdampfer		
			Kontakt-Gefrierapparate		

(überwiegender Wärmetransport durch: Strahlung — Konvektion — Wärmeleitung)

Aus Gl. (7.1) erkennt man, daß sich der auf die kältemittelseitige Fläche bezogene Wärmedurchgangskoeffizient k_R mit steigendem Flächenverhältnis A_a/A_R stark erhöht. Eine optimale Lösung ist häufig erreicht, wenn $\alpha_R A_R = \alpha_a A_a$ wird, d. h. gemäß Gl. (7.1) k_R/α_R den Wert 0,5 erreicht. Das Einsatzgebiet für Plattenwärmeaustauscher erstreckt sich von A_a/A_R gleich 1 bis etwa 20 als technisch machbarer Obergrenze; es ist in Abb. 7.1 schraffiert dargestellt.

Plattenwärmeaustauscher werden im Vergleich zu berippten Wärmeaustauschern immer dann eingesetzt, wenn folgende Anforderungen an die nicht kältemittelseitige Fläche gestellt werden:
— raumsparend,
— glatt und leicht zu reinigen,
— in der Form dem Kühlraum oder Kühlgut angepaßt.

Da Plattenwärmeaustauscher durchweg höhere flächenspezifische Herstellkosten aufweisen als berippte Wärmeaustauscher, bleibt ihre Anwendung zumeist auf die Fälle beschränkt, in denen diese Forderungen zu erfüllen sind.

Schematisch lassen sich die Anwendungsgebiete der Plattenwärmeaustauscher so einordnen, wie dies in Tab. 7.1 gezeigt ist. Hier sind in einer Matrix jeweils für den wärmeabgebenden Stoff I bzw. den wärmeaufnehmenden Stoff II die Aggregatzustände dieser Stoffe (gasförmig/flüssig, Phasenübergang gasförmig/flüssig bzw. flüssig/fest) und der überwiegende Wärmetransportmechanismus vorgegeben und darunter die möglichen Ausführungsformen der Plattenwärmeaustauscher eingetragen, wie sie in der Kälte-, Wärmepumpen- und Raumlufttechnik Bedeutung erlangt haben. Man erkennt, daß man die Betriebsweise von Plattenwärmeaustauschern je nach Art und Zustandsänderung (1 bis 4) des wärmeabgebenden (I) und des wärmeaufnehmenden (II) Stoffs verschiedenen Kategorien zuordnen kann.

Bis auf die fast ausschließlich in der Heiztechnik verwendeten Plattenheizkörper nach Kategorie I/3-II/1 werden alle in Tab. 7.1 aufgeführten Plattenwärmeaustauscher in den folgenden Kapiteln beschrieben.

7.2 Apparate zur Wärmeübertragung an Luft oder Gas

7.2.1 Apparate zur Kühlung

Plattenwärmeaustauscher werden bei der Luft- oder Gaskühlung vorwiegend dann eingesetzt, wenn der Wärmeübergang auf der Luft- bzw. Gasseite mit freier Konvektion erfolgt. Dabei wird eine Auslegung der Wärmeaustauscher dahingehend angestrebt, daß die auf eine charakteristische Übertragerfläche bezogenen Wärmestromdichten auf der wärmeabgebenden und -aufnehmenden Seite annähernd gleich sind.

Das wirtschaftlich bedeutendste Anwendungsgebiet zur Luftkühlung stellen die Verdampfer von Kühl- und Gefrierschränken sowie Gefriertruhen dar (Kategorie I/1-II/2), die sich unterscheiden lassen nach Kühlschrank-, Kombinations- und Gefrätegeräteverdampfern. Auch Plattenwärmeaustauscher für Gas/Gas-Kühlung (Kategorie I/1-II/1) haben eine gewisse Bedeutung.

Bei allen Verdampfern fällt bei der Kühlung der Luft Feuchtigkeit in Form von Wasser oder Eis aus. Die Form der Verdampfer ist daher der Aufgabe angepaßt, dieses Tau- oder Schmelzwasser in geeigneter Art und Weise abzuführen.

Kühlschrankverdampfer

Man unterscheidet hier tunlichst nach solchen mit direkter Luftkühlung, bei denen der Plattenwärmeaustauscher direkt luftberührt ist (s. Abb. 7.2) und nach solchen mit indirekter Luftkühlung, bei denen zwischen Plattenwärmeaustauscher und Luft noch ein Kunststoff, wie Abb. 7.3 zeigt, zwischengeschaltet ist.

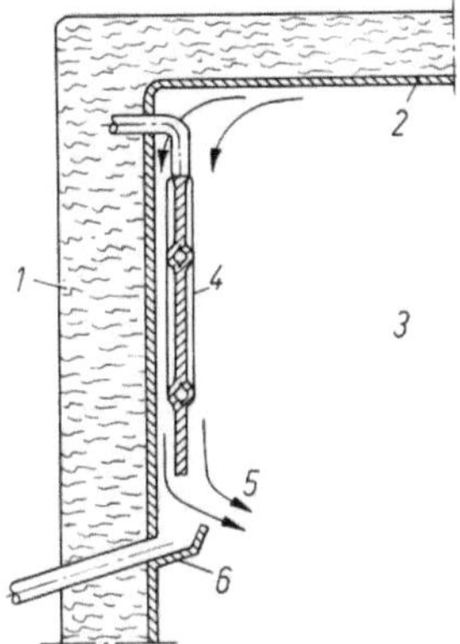

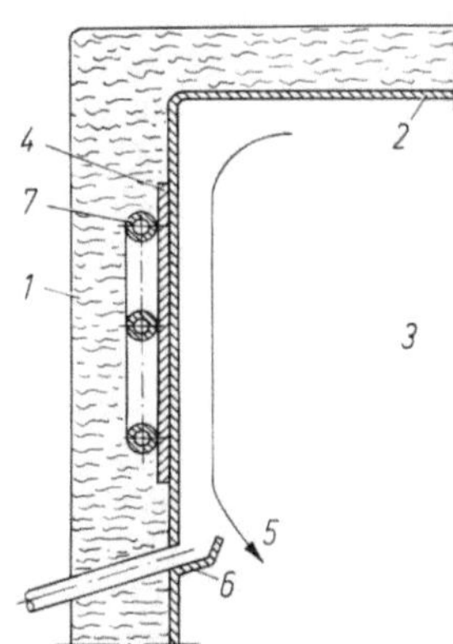

Abb. 7.2. Anordnung von Verdampferplatten zur direkten Luftkühlung von Kühlfächern in Kühlschränken. *1* Isolierung, *2* Schrankinnenbehälter, *3* Kühlfach, *4* Verdampferplatte, *5* Luftzirkulation, *6* Ablaufrinne.

Abb. 7.3. Anordnung von Verdampferplatten zur indirekten Luftkühlung von Kühlfächern in Kühlschränken. *1* Isolierung, *2* Kunststoffinnenbehälter, *3* Kühlfach, *4* Blechplatine, *5* Luftzirkulation, *6* Ablaufrinne, *7* Verdampferrohre.

Kühlschrankverdampfer sind meist für vollautomatische Abtauung ausgelegt, wie sie im folgenden beschrieben wird.

a) Direkte Kühlung

Für die vollautomatische periodische Abtauung werden im Kühlraum senkrecht hängende Platten gewählt (s. Abb. 7.2), die beidseitig von der Raumluft umspült werden. Unter diesem Verdampfer *4* befindet sich eine Ablaufrinne *6* in einem bestimmten Abstand, um eine einwandfreie Luftzirkulation *5* zu gewährleisten. Sie fängt das am Verdampfer abgetaute Wasser auf und leitet es nach außen, wo es zumeist mittels einer geeigneten Verdunstungseinrichtung wieder in die Umgebung verdunstet wird.

Der Abtauprozeß ist in Abb. 7.4 als Temperaturverlauf an der Verdampferoberfläche in Abhängigkeit von der Zeit τ dargestellt. Der die Temperatur der Verdampferoberfläche abfühlende Regler schaltet bei τ_1, d. h. bei $t_v \approx +5\,°C$, die Kältemaschine ein. Der Verdampfer kühlt nun mit zunehmender Temperaturabsenkung die Luft; gleichzeitig schlägt sich die Luftfeuchtigkeit in Form von Eis auf der Verdampferoberfläche nieder, bis die Kältemaschine bei τ_2 (hier $t_v \approx -25\,°C$) abschaltet. Danach erwärmt sich der Verdampfer, indem er weiter Wärme aus der Kühlraumluft aufnimmt. Bei verschiedenen Ausführungen wird dies noch durch eine elektrische Heizung unter-

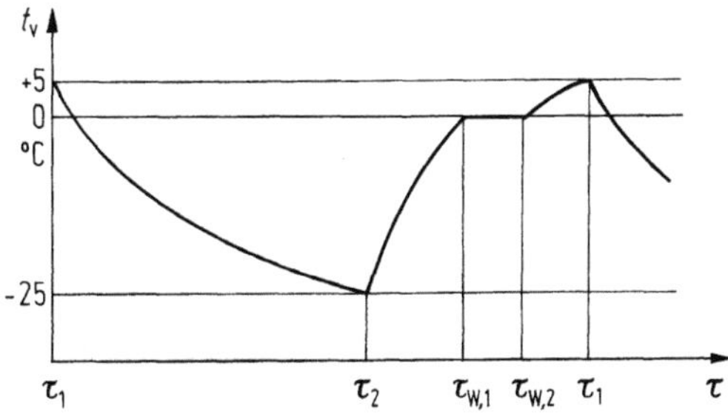

Abb. 7.4. Temperaturen t_v von Kühlfachverdampfern und Schaltvorgänge in Abhängigkeit von der Zeit τ.

stützt, die als Platten- oder Rohrheizung an geeigneten Stellen des Verdampfers angebracht ist. Bei $\tau_{W,1}$ erreicht die Oberflächentemperatur t_v die 0 °C-Grenze: Das Eis schmilzt und läuft in der oben beschriebenen Weise als Abtauwasser ab. Bei $\tau_{W,2}$ ist dieser Vorgang beendet. Um ein vollständiges Enteisen sicherzustellen, läßt man den Verdampfer noch etwas wärmer werden, ehe der Regler bei τ_1 (hier $t_v \approx +5\,°C$) wieder einschaltet und die Kühlung von neuem beginnt.

b) Indirekte Kühlung

Die indirekte Luftkühlung erfolgt über das Zwischenmedium „Kunststoffinnenbehälter", das zwischen dem Verdampfer und der abzukühlenden Luft angebracht ist. Diese Kühlung hat in jüngerer Zeit deshalb stark an Bedeutung gewonnen, weil dabei die Kühlfläche sauber, glatt, leicht zu reinigen und raumsparend ist und auch die Ausführung des Wasserablaufs weniger Anlaß zu Schwierigkeiten gibt.

Die Abb. 7.3 zeigt den prinzipiellen Aufbau. Auf einer Blechplatine sind die Verdampferrohre aufgeschweißt, -geschellt oder -geklebt. Die Blechplatine ihrerseits ist auf den Kunststoffinnenbehälter des Kühlschranks aufgeklebt und insgesamt in die Isolierung eingeschäumt. In der englischsprachigen Literatur bezeichnet man dieses System als „Coldwall"-Kühlung.

Die Funktion entspricht im Prinzip den Verdampfersystemen, die unter a) beschrieben sind.

Kombinationsverdampfer

Diese Verdampfersysteme kühlen gleichzeitig das Kühlfach, das sich auf Temperaturen über 0 °C befindet, und das Verdampfer- oder Tiefkühlfach, das auf Temperaturen unter 0 °C gehalten wird. Gemäß der Norm DIN 8950 werden Fächer unter $-6\,°C$ mit einem Stern und Fächer unter $-12\,°C$ mit zwei Sternen gekennzeichnet.

Da diese Fächer zum Abtauen nicht andauernd erwärmt werden dürfen, entfällt hier die vollautomatische Abtauung. Man kann nur ein gelegentliches, von Hand eingelegtes Abschalten der Kältemaschine zum Abtauen anwenden, weswegen diese Systeme auch als „halbautomatisch abtauende" Systeme bezeichnet werden, wenn das Wiedereinschalten der Kältemaschine von der Verdampferoberflächentemperatur (z. B. bei $+5\,°C$) gesteuert erfolgt.

Je nach Ausbildung der Tiefkühlfächer haben sich verschiedene Verdampferbauarten durchgesetzt, s. auch [1], wie sie schematisch in Abb. 7.5a bis 7.5c dargestellt sind.

Der Flachverdampfer in Abb. 7.5a kühlt mit seiner Unterseite das Verdampferfach auf Temperaturen meist bis $-6\,°C$ und mit der Ober- bzw. Rückseite die vorwiegend im hinteren Spalt herunterströmende Luft, die das Kühlfach auf Temperaturen über 0 °C hält. Der Kastenverdampfer nach Abb. 7.5b erzeugt Temperaturen, die zur Eisbe-

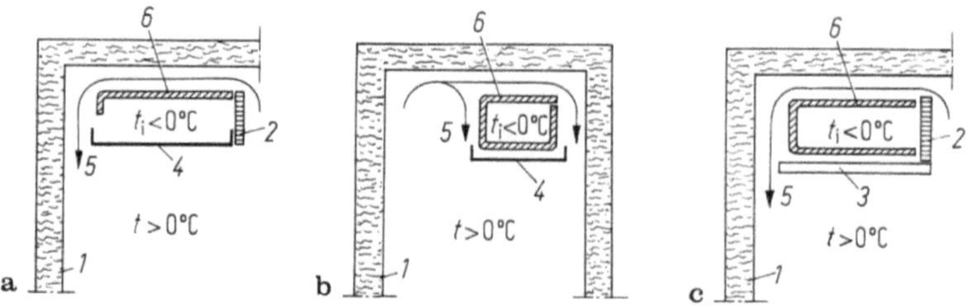

Abb. 7.5a–c. Systeme aus Rollbond-Plattenverdampfern für Kühlschränke. a) Flachverdampfer; b) Kastenverdampfer; c) U-Verdampfer. *1* Isolierung, *2* Verdampferfachtür, *3* Isolierplatte, *4* Wasserauffangschale, *5* Luftzirkulation, *6* Verdampfer.

reitung im Inneren des Kastens ausreichend sind. Das Kühlfach wird vorwiegend durch die Außenflächen gekühlt.

Der U-Verdampfer nach Abb. 7.5 c schließlich hält in Verbindung mit einer bis auf einen Rückwandspalt nach unten abschließenden Isolierplatte das Verdampferfach auf Temperaturen unter $-12\,°C$. Die vorwiegend im äußeren Spalt zwischen Kühlgutinnenbehälter und Verdampfer zirkulierende Luft kühlt das Kühlfach.

Gefriergeräteverdampfer

Gefriergeräte sind gemäß der Norm DIN 8953 Geräte, die entweder eine Lagerung bei Temperaturen unter $-18\,°C$ gestatten („Drei-Sterne-Fächer") oder die zusätzlich das Einfrieren einer bestimmten Mindestmenge ermöglichen („Vier-Sterne-Fächer").

a) Verdampfer für Gefrierschränke

Da das Kontaktgefrieren bei Gefrierschränken dominiert, das horizontal angeordnete Verdampfer erfordert, sind die meisten Schränke mit einer unterschiedlichen Anzahl von Verdampferplatten ausgerüstet. Diese können Rollbondplatinen sein (s. Abb. 7.6) oder bestehen aus Aluminiumplatten mit angeschweißten, -geklebten oder -geschellten Rohren. Man benutzt auch Verdampfersysteme, die aus Rohrschlangen mit Rippen aus quer verlaufenden Drähten bestehen, sogenannte „Drahtrohrverdampfer" gem. Abb. 7.7, s. auch [1].

Ferner gibt es Bauarten, bei denen die Verdampfer der Geräte „Coldwall"-Verdampfer sind, d. h. auf der Rückseite der umfassenden Wand angeordnet sind. So entsteht ein den Gefriertruhen ähnliches System, bei denen zumeist noch ein oder zwei horizontale Verdampfer zusätzlich eingebaut sind, um das Kontaktgefrieren zu ermöglichen.

b) Verdampfer für Tiefkühlfächer von Kühlschränken

Fächer mit Temperaturen unter $-18\,°C$ können in Kühlschränken nur betrieben werden, wenn sie durch eine Isolierung vollständig vom Kühlfach getrennt sind. Das hat die Bauart dieser Verdampfer bestimmt, die hauptsächlich in zwei Versionen zu finden sind: Entweder sind es U-Verdampfer (meist Rollbondverdampfer, s. Abb. 7.8), im Isolierstoff direkt eingeschäumt oder in den Fachraum mit Abstand zu den Wän-

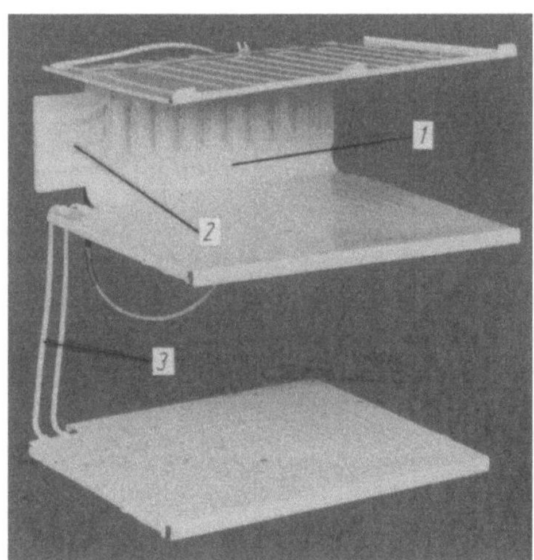

Abb. 7.6. Verdampfersystem für Gefrierschrank mit drei Rollbondplatinen (Bosch-Siemens Hausgeräte GmbH, München). *1* obere U-Verdampferplatine, *2* Abscheidesystem, *3* Verbindungsrohre.

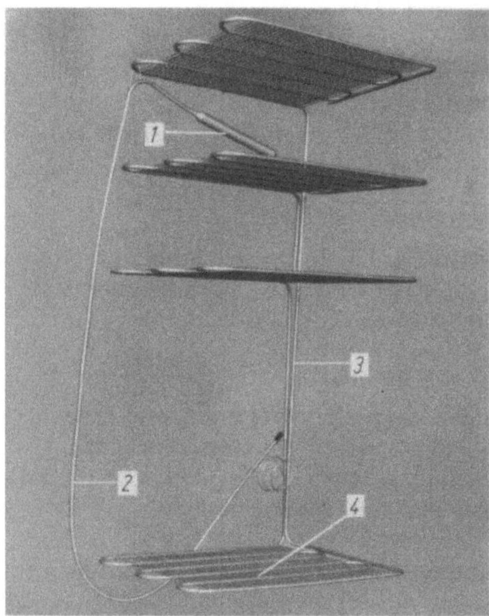

Abb. 7.7. Verdampfersystem für Gefrierschrank mit vier Drahtrohrplatinen (System AEG-Telefunken, Kassel-Bettenhausen). *1* Dampfabscheider, *2* Saugrohr, *3*
Drosselkapillarrohr, *4* Drahtrohrplatine.

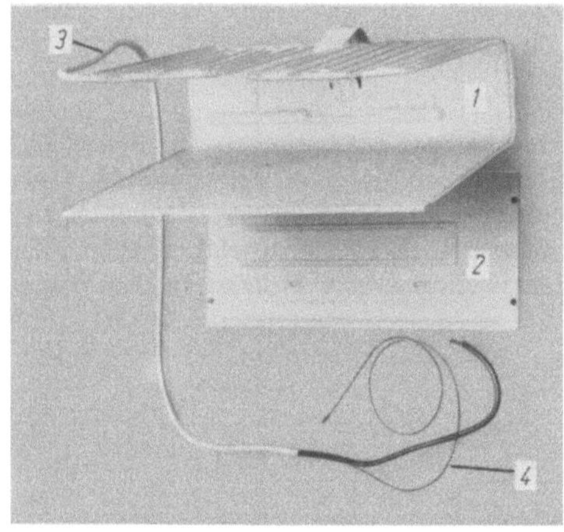

Abb. 7.8. *1* System eines Dreisterne-U-Ver-
dampfers, *2* anhängende Kühlfach-Verdampferplatte, *3* Saugrohr, *4* Drosselkapillarrohr (G. Bauknecht GmbH, Stuttgart).

den eingebaut, oder es sind Kastenverdampfer mit auf dem Kastenblech angeschweißten, -geschellten oder -geklebten Verdampferrohren, häufig ebenfalls direkt eingeschäumt, Abb. 7.9.

Solche Systeme sind meist in Kühlschränken eingebaut, deren Kühlfach wegen der
bereits erwähnten vollautomatischen Abtauung einen Verdampfer besitzen muß, der
eine möglichst vollkommene Unterbindung des Wärmeflusses zum Tiefkühlfachver-
dampfer hin verlangt. Man kann dies gut in den beiden Abb. 7.8 und 7.9 erkennen.
Aus Kostengründen sind beide Verdampfer bei den U-Verdampfersystemen häufig aus
einer Platte hergestellt und werden dann anschließend in stoffsparender Form ausge-
schnitten und -gestanzt.

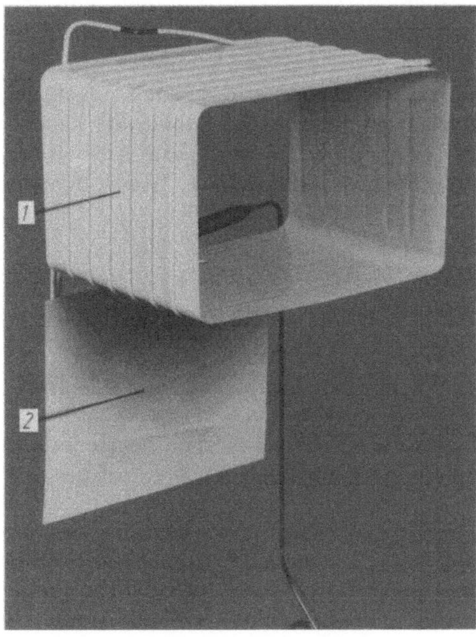

Abb. 7.9. System eines berohrten Dreistern-Kastenverdampfers (*1*) mit anhängender Kühlfach-Verdampferplatte (*2*) (Bosch-Siemens Hausgeräte GmbH, München)

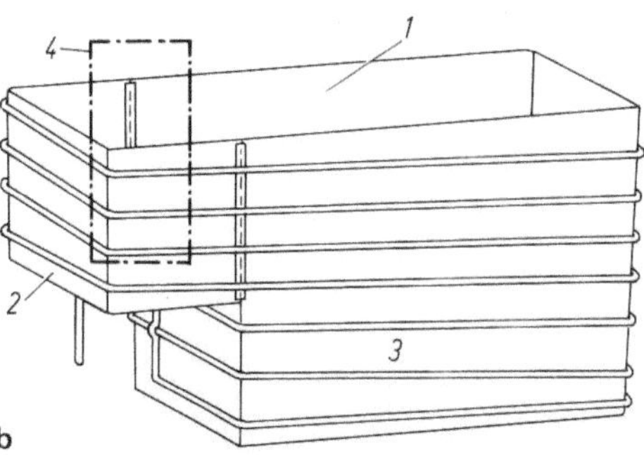

Abb. 7.10 a, b. Berohrter Verdampferinnenbehälter (*1*) einer Gefriertruhe (Bosch-Siemens Hausgeräte GmbH, München). a) Fotoausschnitt; b) Schema der Rohrführung auf Vorgefrierfach (*2*) und Lagerfach (*3*) mit Lage des Fotoausschnitts (*4*)

c) Verdampfer für Gefriertruhen

In Gefriertruhen bilden die Truhenwände und der Boden direkt den Verdampfer. Man findet kastenförmige Rollbondsysteme oder Truhenwände aus Blech (lackiertes Schwarzblech oder Aluminiumblech), die mit den Verdampferrohren durch Anschweißen, -schellen oder -kleben verbunden sind, s. auch [1]. Ein Beispiel einer solchen Berohrung ist in Abb. 7.10 dargestellt.

Allen beschriebenen Tiefkühl- bzw. Gefriergeräteverdampfern ist gemeinsam, daß sie nur durch Ausschalten abgetaut werden können. Deshalb findet man in den Verdampfern als Abtauhilfen Löcher oder Rinnen zur Ableitung des Schmelzwassers.

Systeme, die ein kontinuierliches automatisches Abtauen ermöglichen („Nofrost-Systeme"), müssen einen vom Gefrierfach getrennten Verdampfer haben. Sie benötigen deshalb eine Zwangs-Luftumwälzung mit Ventilatoren. Das wiederum bedingt andere Verdampfersysteme als solche mit Platten-Wärmeaustauschern. Meist benutzt man Lamellenrippenkühler.

<h3 style="text-align:center">7.2.2 Apparate zur Erwärmung, Kühlschrank-
und Gefriergeräteverflüssiger</h3>

In der Kälte- bzw. Wärmepumpentechnik werden Plattenwärmetauscher zur Wärmeabgabe an die Luft als Verflüssiger und als Wärmeaustauschblöcke für die Wärmerückgewinnung bei raumlufttechnischen Anlagen eingesetzt.

Große wirtschaftliche Bedeutung haben ferner die Plattenheizkörper. Da sie jedoch ausschließlich in der Heizungstechnik zur Anwendung kommen, sei hier auf die heizungstechnische Fachliteratur verwiesen.

Im Gegensatz zu den Kühl- und Gefriergeräteverdampfern treten auf der Kältemittelseite der Verflüssiger, bedingt durch den Verdichteranlaufvorgang, sehr hohe Drücke bis 25 bar auf. Daher werden die Plattenverflüssiger aus Festigkeitsgründen mit kältemittelführenden Rohren ausgestattet, die in geeigneter Weise mit den Platten verbunden werden. Man unterscheidet im wesentlichen drei Bauarten.

a

b

Abb. 7.11 a, b. Blechwandverflüssiger (Thermal-Werke J. Reiert GmbH, Walldorf). a) Horizontalschnitt; b) Gesamtansicht. *1* Blechlamellen, *2* Rohre.

a) Blechwandverflüssiger

Wie Abb. 7.11b als Foto und 7.11a als Horizontalschnitt zeigt, sind die Rohre schellenartig mit dem Blech verbunden, wozu meist das Blech selbst in seiner ganzen Länge genutet wird und das Rohr in dieser Nut eingepreßt wird. Die Bleche selber weisen gestanzte Schlitze auf, die die Luftzirkulation erleichtern und damit die Wärmeübertragung verbessern.

Diese Verflüssiger sind zumeist auf der Rückseite der Kühl- oder Gefriergeräte angebracht und hängen damit beim Betrieb senkrecht in einem Spalt, der durch die Rückwand des Geräts und die umschließende Raumwand gebildet wird. Oft wird die Kaminwirkung für die nach oben strömende erwärmte Luft noch dadurch verbessert, daß das Blech des Verflüssigers am Außenrand selber zu den Anschraubpunkten hin abgekantet ist, wie dies Abb. 7.11 zeigt.

b) Drahtrohrverflüssiger

Ebenso wie die Drahtrohrverdampfer stellen die in Abb. 7.12 gezeigten Drahtrohrverflüssiger im strengen Sinne keine Plattenwärmeaustauscher dar, sondern drahtberippte Rohrschlangenwärmeaustauscher. Da sie jedoch in gleicher Weise wie die Blechwandverflüssiger eingesetzt werden, werden sie hier mit aufgeführt.

c) Außenhautverflüssiger

Diese Bauart ähnelt derjenigen von Verdampfern für Gefriertruhen. An das Außenblech, meist von Gefriergeräten, sind die Verflüssigerrohre von innen angeschellt, -angeschweißt oder -geklebt (Abb. 7.13).

Der Wärmeübergangskoeffizient, bezogen auf die projizierte Fläche des Verflüssigers A_e, ist abhängig von der Spaltbreite s. Er ist für diese Verflüssigerbauart und ebenso für die Drahtrohrverflüssiger in Abb. 7.14 aufgetragen (die letztere für die einseitig projizierte Fläche A_e des Verflüssigers). Unterhalb einer Spaltbreite von $s = 45$ mm weist der Außenhautverflüssiger höhere Wärmedurchgangskoeffizienten auf. Da die Fläche des Drahtrohrverflüssigers (wie auch die eines Blechwandverflüssi-

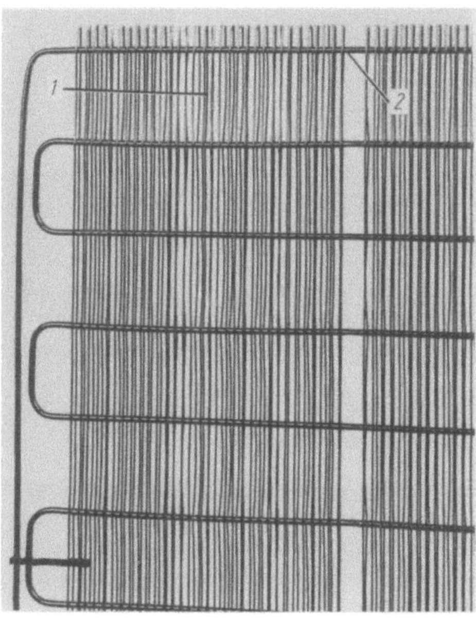

Abb. 7.12. Teilansicht eines Drahtrohrverflüssigers (Bosch-Siemens Hausgeräte GmbH, München). *1* Drähte, *2* Rohre.

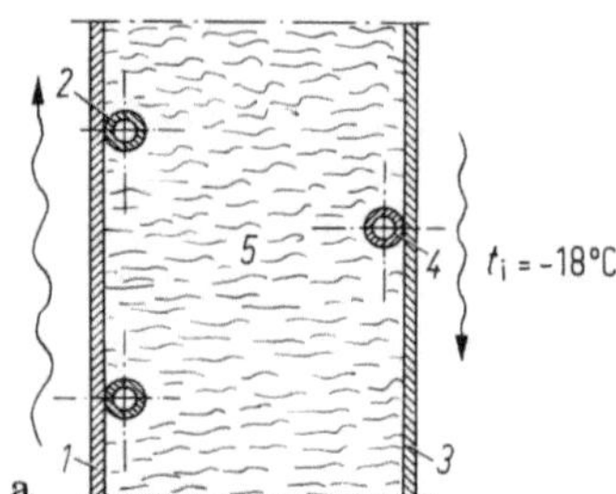

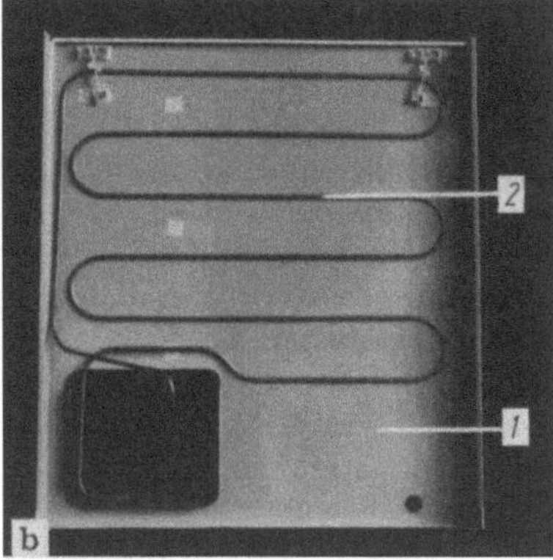

Abb. 7.13. a) Schnitt durch die Wand einer Gefriertruhe und b) Foto eines Außenhautverflüssigers (AEG-Telefunken, Kassel-Bettenhausen). *1* Außenblech, *2* Verflüssigerrohre, *3* Innenwand, *4* Verdampferrohre, *5* Isolierung.

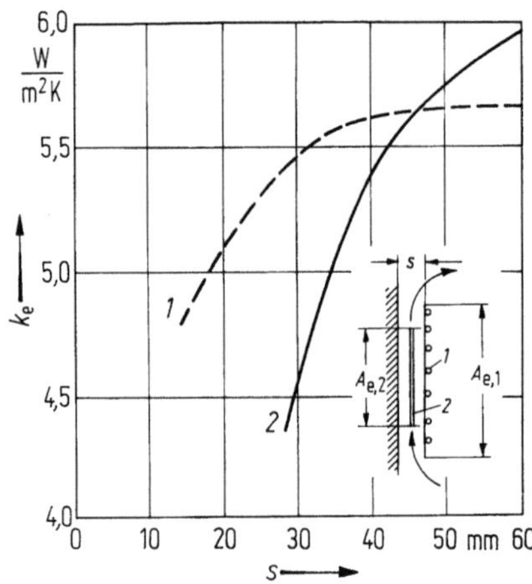

Abb. 7.14. Auf die einseitig projizierte Verflüssigerfläche A_e bezogene Wärmedurchgangskoeffizienten k_e von Außenhautverflüssiger (Kurve *1*) und Drahtrohrverflüssiger (Kurve *2*), in Abhängigkeit von der Spaltbreite s.

gers) aber doppelseitig genutzt werden kann, d. h. $2\,A_e$ beträgt, ist die Wärmeaustauscherleistung des Außenhautverflüssigers erst ab Spaltenbreiten $s < 15\,\text{mm}$ größer. Solche Spaltenbreiten sind wegen der niedrigen Wärmedurchgangskoeffizienten nicht mehr zu empfehlen.

Die Außenhautverflüssiger besitzen den Vorteil, daß die Außenwände deutlich über die Umgebungstemperatur erwärmt werden, so daß sie auch in feuchter Luft nicht beschlagen. Im Vergleich zu Geräten mit Blechwand- oder Drahtrohrverflüssigern muß die Isolierung allerdings wegen dieser höheren Temperatur entsprechend verstärkt werden.

7.2.3 Wärmeaustauschblöcke aus Platten

Plattenwärmeaustauscher finden ein bevorzugtes Anwendungsgebiet auch beim Wärmeaustausch Gas/Gas bzw. Luft/Luft, also dort, wo die Wärmeübergangseigenschaften beider Medien einander ähnlich sind, sofern es auf kompakte Bauweise und leichte Reinigung ankommt. So haben sich z. B. bei Wärmerückgewinnungsanlagen als Rekuperatoren wirkende Plattenwärmeaustauscher gut eingeführt.

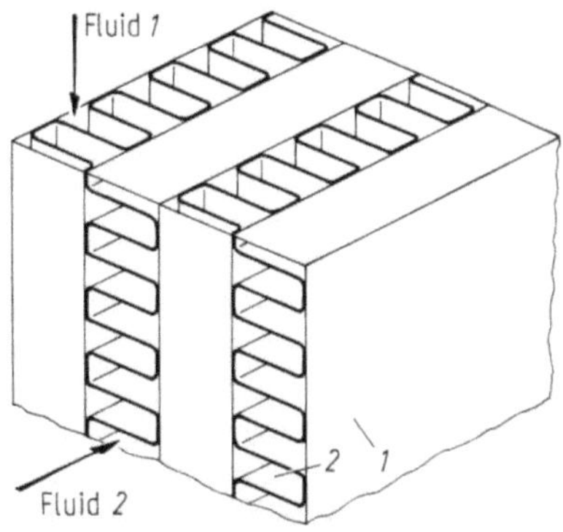

Abb. 7.15. Aufbau und -durchströmung eines Wärme-
austauschblocks für die Fluide 1 und 2 im Kreuzstrom. *1* seitliche Abdeckungen, *2* Platten.

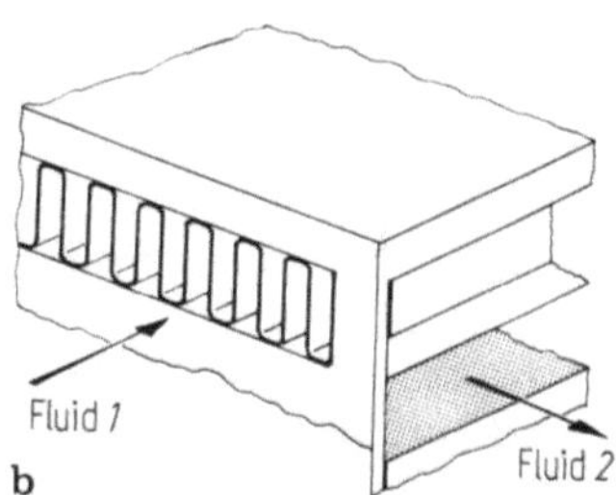

Abb. 7.16 a, b. Wärmeaustauschblock für zwei Fluide im Kreuzstrom. a) teilweise herausgezoge-
nes Paket *1* (Südd. Kühlerfabrik J. F. Behr GmbH + Co, Stuttgart-Feuerbach); b) Schema der
Strömung für Fluid 1 (berippte Seite im Wärmeaustauschblock) und Fluid 2 (glatte Seite).

Da die Wärmeleistung der Platten durch das Anbringen wellenförmig gelegter Rippen vergrößert wird, kommt man mit kleinem Raumvolumen aus. Die miteinander
verbundenen Platten und Rippen bilden rechteckige Systeme hoher Steifigkeit in
Blockform, weswegen diese Wärmeaustauscher häufig als „Wärmeaustauschblöcke"
bezeichnet werden.

Das Prinzip eines solchen Wärmeaustauschers ist für Kreuzstrom in Abb. 7.15 dargestellt. Beide Fluide berühren sich nicht; sie sind durch die Platten vollständig getrennt und auch die nicht dargestellten Verteilhauben erlauben eine vollständige gegenseitige Abdichtung. Die Wärmeübertragung kann auch im Gegen- oder
Parallelstrom erfolgen, je nach Ausführung der Verteilhauben. Auch Kombinationen
aus derartigen Wärmeaustauschern z. B. für mehrere Ströme sind möglich, um bestimmte Anforderungen an Temperaturführungen zu erfüllen. Solche Konstruktionen
werden besonders in der Tieftemperaturtechnik angewendet.

Die Wärmestromdichten können bei Fluiden mit verschiedenen Wärmeübergangseigenschaften einander dadurch angenähert werden, daß auf den beiden Seiten Rippen
unterschiedlicher Teilung und Konfiguration eingefügt werden, die auch noch in Seg-
mentabständen versetzt angebracht werden können.

Wenn auf der Seite eines wärmeübertragenden Gases die Wärmeaustauschleistung
wegen Feuchteausfall überwiegt oder wenn das Medium verschmutzt ist, wird diese
Seite der Platten häufig auch ohne Rippen ausgeführt, um den Kondensatablauf oder
die Reinigung zu erleichtern. Abb. 7.16 zeigt das Prinzip eines so ausgeführten Wär-
meaustauschblocks; zur Veranschaulichung ist ein Blockelement etwas herausgezo-
gen.

7.2.4 Konstruktion, Fertigung, Eigenschaften und Anwendung von Kühlschrank- und Gefriergeräteverdampfern

Die wichtigsten Bauarten dieser Verdampfer sind:

a) Aluminium-Rollbond-Verdampfer für direkte Kühlung

Diese Verdampferplatten bestehen aus zwei Aluminiumplatinen, die miteinander druckverschweißt werden. Vor der Druckverschweißung werden die späteren Kanäle mit einem Trennmittel aufgedruckt, damit die Platten an diesen bedruckten Stellen beim Preßschweißvorgang keine Verbindung eingehen. Anschließend werden diese Stellen hydraulisch unter Zuhilfenahme von Gegenhaltestempeln aufgeweitet, so daß ein spezielles Kanalsystem entsteht, das allen Anforderungen, wie gleichmäßige Kältemittelverteilung, geringe Geräuschentwicklung durch Vermeiden von Toträumen oder Engstellen und ausreichende Abscheidung des flüssigen Kältemittels gerecht wird. Abb. 7.17 zeigt einen solchen Rollbond-Plattenwärmeverdampfer. Darüber hinaus bietet sich auch die Möglichkeit, das in Kühl- und Gefriergeräten verwendete Kapillardrosselrohr, das aus Gründen des Wärmetauschs innerhalb des Saugrohrs verläuft, direkt in die Rollbondplatine mit einzusetzen, wie dies Abb. 7.18 schematisch zeigt. So ist zur Verbindung des Verdampfers mit dem Saugrohr nur eine einzige Schweißstelle notwendig, da das Drosselrohr zwischen den Platinen dicht verprägt werden kann.

Da diese Platinen frei im Kühlfach hängen und daher chemisch beständig gegen Fruchtsäuren, Alkohole, Fette, Säfte, Reinigungsmittel usw. sein müssen, ferner ansprechend aussehen sollen, werden sie mit einem Oberflächenschutz versehen, d. h. in den meisten Fällen lackiert.

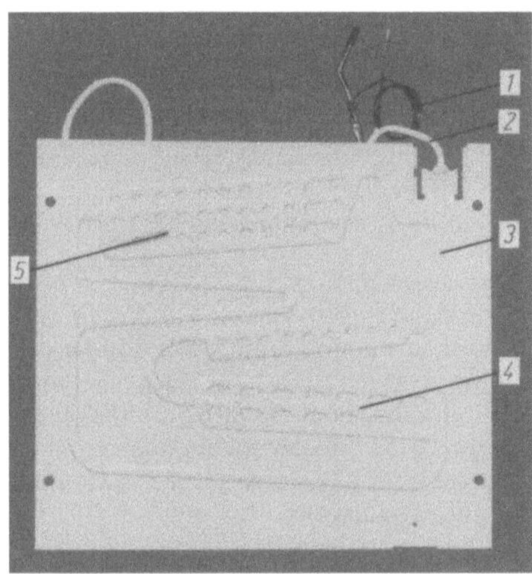

Abb. 7.17. Rollbond-Plattenverdampfer (VDM Vereinigte Deutsche Metallwerke AG, Werdohl). *1* Drosselkapillarrohr, *2* Saugrohr, *3* Prägestelle, *4* Verdampferkanäle, *5* Abscheidemuster.

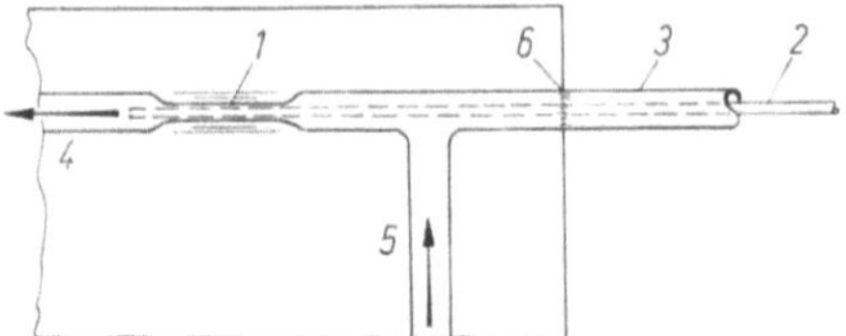

Abb. 7.18. Rohranschlüsse an einem Rollbond-Plattenverdampfer. *1* Prägestelle, *2* Drosselkapillarrohr, *3* Saugrohr, *4* Kältemittelkanal für flüssiges Kältemittel, *5* Kältemittelkanal für dampfförmiges Kältemittel, *6* Schweißstelle.

Als Anhaltswert kann ein mittlerer, auf die einseitige Platinenfläche bezogener Wärmedurchgangskoeffizient von $k_a \approx 3\ \mathrm{W/m^2 K}$ genannt werden.

Im übrigen sind die Verdampfer „eigensicher", d. h. die maximal in warmer Umgebung auftretenden Drücke werden von den Verdampfern ohne Verformung oder gar Undichtwerden aufgenommen.

b) Aluminium-Z-Bondverdampfer für direkte Kühlung

Diese Verdampfer haben im Prinzip die gleichen Eigenschaften wie die soeben beschriebenen Rollbondverdampfer, unterscheiden sich von ihnen jedoch in der Herstellung.

Die Z-Bondverdampfer bestehen ebenfalls aus zwei Aluminiumplatinen, wobei in eine Platine das gewünschte Kanalbild konturengenau eingeprägt wird. Auf die mechanisch gereinigten Flächen wird eine die Konturen aussparende Zinkfolie gelegt. Beide Platinen werden dann durch Preßdruck miteinander verschweißt, wobei die Temperatur so eingestellt wird, daß das Zink infolge Kapillarwirkung in die Spalten einzieht.

c) Rohrblechverdampfer für direkte Kühlung

Diese zumeist bei Gefriergeräten angewandten Verdampfer sind entweder aus Stahl (mit schützender Oberfläche) ausgeführt oder aus Aluminium, wobei die Rohre angeschellt, -geschweißt oder -geklebt sind.

Als Richtwert kann, bei einer Rohrteilung von $s = 80\ \mathrm{mm}$ und einer Blechdicke von $\delta = 0{,}8\ \mathrm{mm}$ mit einem auf die einseitige Platinenfläche bezogenen Wärmedurchgangskoeffizienten von $k_a \cong 2{,}75\ \mathrm{W/m^2 K}$ gerechnet werden.

Wie sich die spezifische Wärmeaustauschleistung abhängig von Blechdicke δ und Rohrteilung s_r ändert, zeigt Abb. 7.19.

d) Rohrblechverdampfer für indirekte Kühlung

Diese Verdampfer werden in Stahl (Oberfläche teilweise geschützt oder ungeschützt) oder in Aluminium (Oberfläche ungeschützt) ausgeführt. Die Rohre sind angeschellt, -geklebt oder, bei Stahl, auch -geschweißt. Die Klebeverbindung mit dem Kunststoff wurde bereits in Abschn. 7.2.1 unter b) indirekte Kühlung beschrieben.

Als Anhaltswert kann ein mittlerer, auf die Blechplatinenfläche bezogener Wärmedurchgangskoeffizient von $k_a \approx 3{,}5\ \mathrm{W/m^2 K}$ bei einer Kunststoffdicke von rd. 1 mm genannt werden. Er ist deshalb mit dem Wärmedurchgangskoeffizienten von Rollbondplatinen vergleichbar, weil die Wärmeleitung des Kunststoffs am Platinenrand die effektive Wärmeaustauschfläche erhöht.

e) Drahtrohrverdampfer

Diese meist bei Gefrierschränken angewendeten Verdampfer werden, ebenso wie die Drahtrohrverflüssiger, durch Widerstandsschweißung im Kreuzungspunkt Draht/Rohr hergestellt (Abb. 7.7). Sie erhalten oft einen galvanischen Überzug.

Bei einer Rohrteilung von $s = 65\ \mathrm{mm}$ und einer Drahtteilung von $s_D = 6\ \mathrm{mm}$ kann als Richtwert ein auf die projizierte Plattenfläche bezogener Wärmeübergangskoeffizient von $k_a \approx 2{,}75\ \mathrm{W/m^2 K}$ genannt werden.

f) Blechwandverdampfer in Kastenform

Für diese bei Gefriertruhen bzw. Tiefkühlfächern von Kühlschränken angewandte Bauart wird Stahlblech (oberflächengeschützt) oder Aluminium benutzt, wobei die Rohre entweder angeschweißt, -geschellt oder -geklebt werden.

Bei einer vor allem bei Tiefkühlfächern verbreiteten Bauart hat der Innenbehälter mit den aufgelegten Rohren zunächst Kreisform und wird durch eine rechteckige Ex-

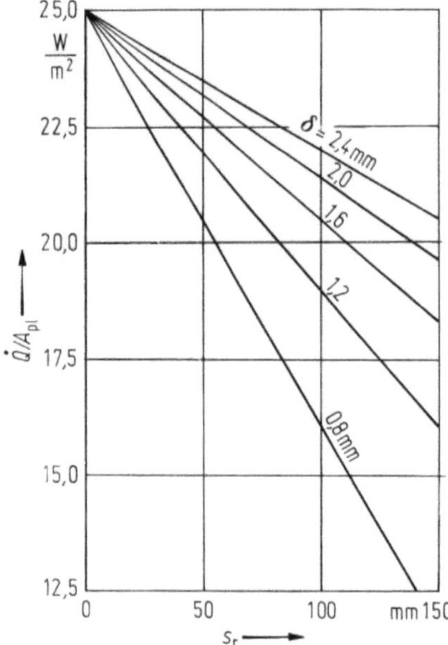

Abb. 7.19. Wärmestromdichten $\dot{Q}/A_{pl}$ an Blechwandverdampfern abhängig von Rohrteilung s und Blechdicke δ. Temperaturdifferenz zwischen Luft- und Verdampfungstemperatur $\vartheta = 6\,\mathrm{K}$, Rohr-Außendurchmesser $d_a \approx 8\,\mathrm{mm}$.

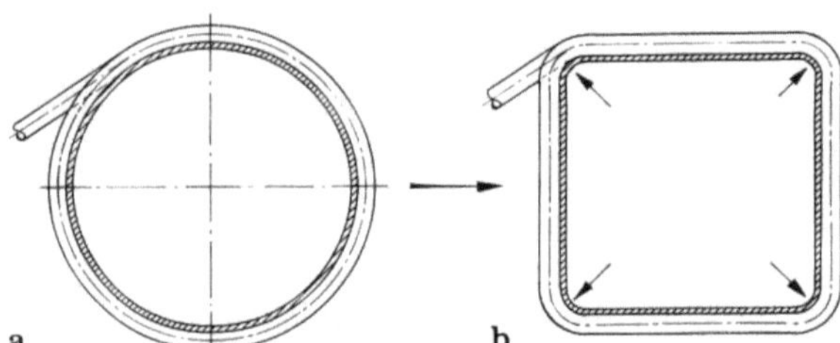

Abb. 7.20 a, b. Herstellungsprinzip eines expandierten Kastenverdampfers. a) Urform; b) Fertigform nach dem Expandieren.

pandereinrichtung „aufgeweitet", dadurch gleichzeitig in die Kastenform gebracht. Man erzielt so einen guten Wärmeleitverbund zwischen Rohr und Blechwand, Abb. 7.20 und 7.8.

7.2.5 Konstruktion, Fertigung, Eigenschaften und Anwendung von Kühlschrank- und Gefriergeräteverflüssigern und von Wärmeaustauschblöcken aus Platten

Konstruktive Einzelheiten zu diesen Verflüssigern wurden bereits in Abschn. 7.2.2 mitgeteilt. Als Oberflächenschutz für Blechwand- und Drahtrohrverflüssiger hat sich eine schwarze Lackierung mit guten Strahlungseigenschaften bewährt. Richtwerte für die Wärmedurchgangskoeffizienten k_a können der Abb. 7.14 entnommen werden.

Wärmeaustauschblöcke bestehen zumeist aus Aluminium, ihre gewellten Rippen sind an die Platten angelötet oder in neueren Ausführungen mit einem Kunststoffüberzug versehen und durch diesen an die Platten geheftet, womit gleichzeitig ein

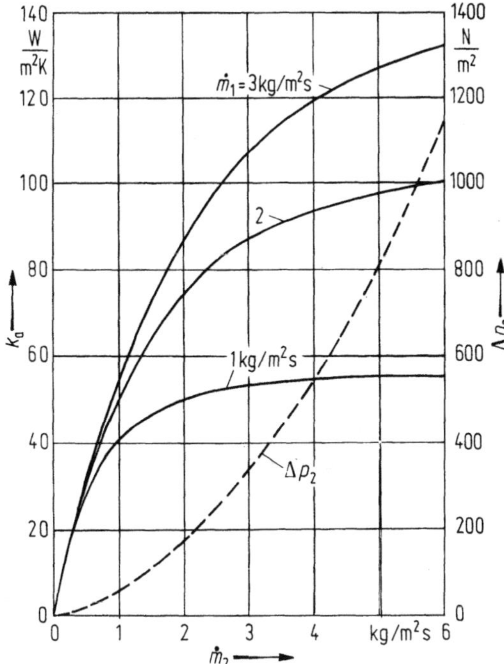

Abb. 7.21. Wärmedurchgangskoeffizient k_a und Druckverlust Δp_2 für einen Platten-Wärmeaustauschblock, abhängig von den Massenstromdichten $\dot{m}_1$ und $\dot{m}_2$; Luftdruck 1 bar.

Korrosionsschutz erreicht wird. Die Blöcke sind in einer Tragrahmenkonstruktion gehalten und können im Baukastensystem zu verschiedenen Leistungsgrößen zusammengestellt werden. Der Einsatzbereich geht bis zu etwa 400 °C. Die auf das Bauvolumen bezogene Wärmeaustauschfläche liegt bei diesen Platten-Wärmeaustauschblöcken in der Größenordnung von 350 m²/m³.

Abb. 7.21 zeigt ein Leistungsdiagramm eines solchen beidseitig gleich berippten Wärmetauschblocks für trockene Luft von $p = 1$ bar. Angegeben ist in Abhängigkeit von der auf die Stirnanströmfläche bezogenen Massenstromdichte $\dot{m}_1$ des Fluids 1 der auf die Plattenfläche bezogene Wärmedurchgangskoeffizient k_a. Parameter ist die Massenstromdichte $\dot{m}_2$ des Fluids 2. Die Druckverlustkurve gilt für $\dot{m}_2 = $ const.

Für besonders aggressive Medien sind auch Wärmeaustauschblöcke aus Glasplatten bekannt, jedoch sind diese zumeist ohne Rippen ausgeführt.

7.3 Apparate zur Wärmeübertragung bei Phasenübergang gasförmig/flüssig

Nach der Definition gemäß Tab. 7.1 handelt es sich hierbei in der Kategorie I/2-II/2 um Apparate, die auf der einen Seite Verdampfung und auf der anderen Seite Kondensation aufweisen. Im Anwendungsgebiet Kältetechnik bzw. Wärmepumpen sind dies ausschließlich Apparate zum inneren Wärmeaustausch, z. B. in Kaskadenschaltungen, wobei in den Kreisläufen teilweise recht hohe Drücke auftreten. Daher sind diese Apparate aus Festigkeitsgründen meist Röhrenwärmetauscher.

Aus diesem Grund gibt es, von Spezialfällen abgesehen, für die Kategorie I/2-II/2 keine Wärmeaustauscher in Plattenform.

7.4 Apparate zur Wärmeübertragung an Flüssigkeiten

7.4.1 Flüssigkeitskühler

a) Rieselkühler

Rieselkühler haben sich bewährt, wenn man Flüssigkeiten bis nahe an ihren Gefrierpunkt bei kleinen Temperaturunterschieden kühlen will, ohne daß die Gefahr des Einfrierens besteht. Sie gestatten es, große Kälteleistungen bezogen auf die Grundfläche des Apparats zu übertragen.

Abb. 7.22 zeigt einen derartigen Kühler, s. auch [1]. Aus einer Verteilrinne rieselt die Flüssigkeit über die Kühlflächen nach unten, wird im Sammler aufgefangen und wieder abgeleitet. Auf der Innenseite der Wärmeaustauschplatten, die im folgenden als „Thermoplatten" bezeichnet werden, verdampft das Kältemittel, das bei K_1 ein-, bei K_2 austritt und das entweder im Schwerkraft-Abscheidebetrieb oder im Zirkulations-Pumpbetrieb umläuft.

b) Tankkühler

Es sind im Prinzip zwei Ausführungen bekannt, nämlich Tanks mit eingehängten Wärmeaustauschplatten und solche, bei denen die Wärmeaustauschplatten selbst die Tankwände bilden.

Abb. 7.23 zeigt Tankwände, die durch Wärmeaustauschplatten gebildet werden. Diese Platten bestehen aus zwei oder drei Blechen unterschiedlicher Wanddicke und auch Legierungen, die in Punktreihen verschiedener Anordnungen miteinander verschweißt werden. Durch Expandieren wird ein Zwischenraum geschaffen, in dem flüssige oder gasförmige Wärmeträger strömen können. Allen Anforderungen, die unterschiedliche Kältemitteldrücke und unterschiedlich aggressive Flüssigkeiten auf der Tankinnenseite stellen, kann jeweils durch Wahl von Material und Fertigungsverfahren entsprochen werden. Durch Einschweißen von Trennstegen bzw. durch bestimmte Punktanordnungen können auch unterschiedliche Kältemittelstromführungen verwirklicht werden.

Solche Tanks werden auch in rechteckiger Form, z.B. für drucklose Beanspruchung, hergestellt. Weiter können auch die Tankböden zusätzlich als Thermoplatten-Wärmeaustauscher gestaltet werden. Ferner können Tanks mit Thermoplatten hergestellt werden, die in Segmentform eingeschweißt nur bestimmte Stellen im Tank kühlen. Tanks mit eingehängten Thermoplatten werden nur dann eingesetzt, wenn aus

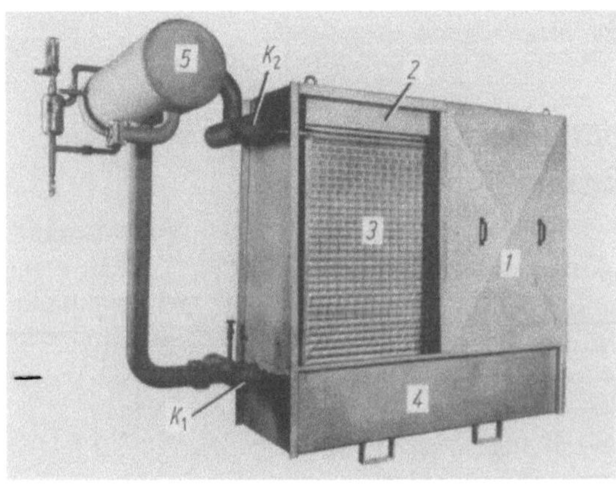

Abb. 7.22. Berieselungskühler (BUCO Johs. Burmester + Co GmbH, Geesthacht). *1* Gehäuse, *2* Wasserverteilrinne, *3* Verdampferplatten, *4* Sammelrinne, *5* Kältemittelabscheider; K_1 Kältemitteleintritt, K_2 Kältemittelaustritt.

Abb. 7.23. Ausführungen von Tankkühlern aus Thermoplatten (Elektrogeno AS, Kolding, Däne-mark). *1* Einfachsegmente, *2* Doppelsegment, *3* Doppelsegment beim Zusammenbau.

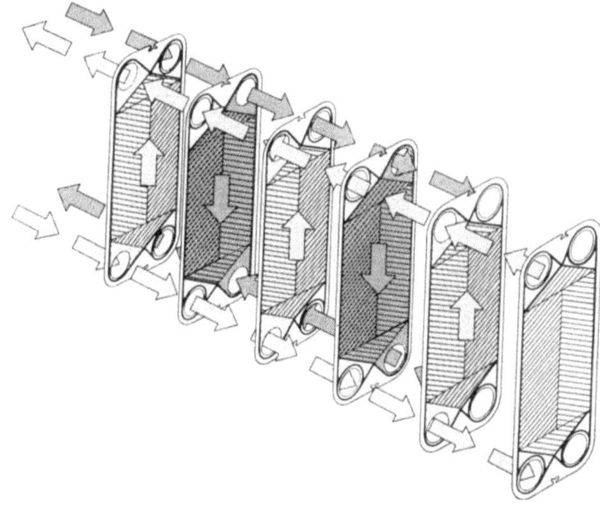

Abb. 7.24. Durchflußprinzip bei einem Plattenkühler.

bestimmten Gründen die Wände nicht aus Thermoplatten hergestellt werden können oder wenn die Tanks so groß sind, daß die Wandflächen als Wärmeaustauscher nicht ausreichen.

c) Plattenkühler

Plattenkühler werden entweder als Verdampfersysteme hergestellt (die Beschreibung dieser Systeme erfolgt in Abschn. 7.5.1 unter „Eisspeicherverdampfer"), oder als flüssig/flüssig-Wärmeaustauscher und sind damit in die Kategorie I/3–II/3 gem. Tab. 7.1 einzuordnen.

Abb. 7.24 zeigt das Durchflußprinzip eines solchen flüssig/flüssig-Plattenkühlers. Die beiden wärmeaustauschenden Fluide sind durch Blechplatten mit geeigneter Profilierung voneinander getrennt. Sie werden durch ein Gestell fest gegeneinander gepreßt, wie es Abb. 7.25 als Beispiel für einen Plattenkühler zeigt, der bei einer Maxi-

Abb. 7.25. Plattenkühler (Alfa-Laval AB, Lund, Schweden). *1* Grundgestell, *2* obere Tragstange, *3* interne Tragstange, *4* Plattenpaket, *5* Druckplatte, *6* Spannbolzen.

mallänge von 5,3 m (Höhe 2,1 m, Breite 0,74 m) eine Wärmeaustauschfläche von bis zu 377 m² erreicht. Die Platten sind gegeneinander mit Gummidichtungen abgedichtet und an den Ecken mit runden Durchbrüchen versehen. Diese sind so angeordnet und mit den Gummidichtungen so abgedichtet, daß die beiden wärmeaustauschenden Fluide abwechselnd durch die von jeweils zwei benachbarten Platten gebildeten Kanälen fließen. Die Fluide sind im allgemeinen im Gegenstrom geführt; es kann aber auch Gleich- oder Kreuzstrom eingestellt werden oder eine Kombination aus diesen mit mehreren parallel laufenden Kanalführungen. In Abb. 7.26 sind als Beispiel die Kombinationsmöglichkeiten „dreimal einfach", „dreimal zweifach" und „einmal sechsfach" gezeigt, s. auch [2].

Wie Abb. 7.25 zeigt, hat das Plattentraggestell eine feste Seite *1* mit verbundener oberer Tragstange *2* und unterer horizontaler Tragstange *3*, die auf der gegenüberliegenden Seite durch eine Säule abgestützt wird. Die Wärmeaustauschplatten *4* sind mittels Nuten in diesen Stangen geführt. Durch die bewegliche Druckplatte *5* werden sie gegen das Traggestell gepreßt und durch die seitlichen Spannbolzen *6* gehalten.

Vorteile der Plattenkühler sind
— hohe Wärmeaustauschleistung auf kleinem Raum,

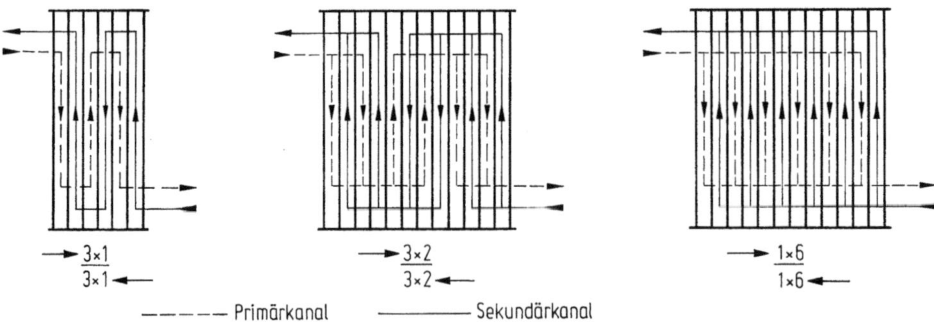

Abb. 7.26. Beispiele für Kanalführungen in Plattenkühlern.

— durch Änderung der Plattenzahl anpaßbar an unterschiedliche Wärmeaustausch-
leistungen,
— leicht zu öffnen und zu reinigen.

7.4.2 Apparate zur Flüssigkeitserwärmung

a) Solarkollektoren und -absorber

Die auf die Erde treffende Sonnenstrahlung kann entweder durch fotovoltaische
Konversion zur direkten Elektrizitätserzeugung oder durch fotothermale Konversion
zur Umwandlung in Wärmeenergie dienen. Im Niedertemperaturbereich bis etwa
100 °C werden hierzu Plattenwärmeaustauscher eingesetzt, die eine relativ gute Nutzung der diffusen Solarstrahlung gestatten. Im höheren Temperaturbereich werden
ausschließlich fokussierende Wärmeaustauscher angewendet, da die theoretisch erreichbare Grenztemperatur des Flachkollektors, bei durchschnittlichen Einstrahlun-
gen, zwischen 100 und 105 °C liegt.

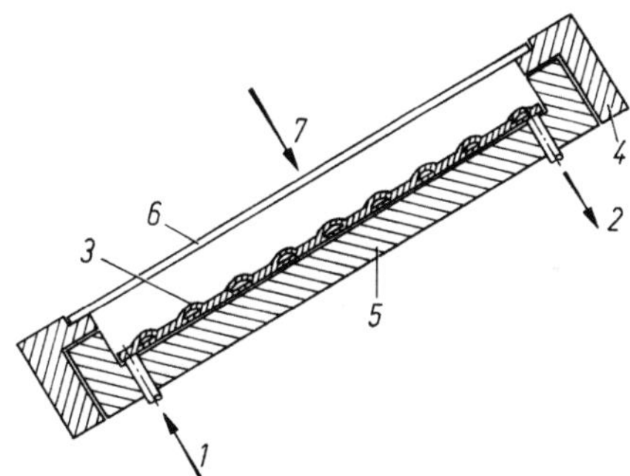

Abb. 7.27. Aufbau eines Solarkollektors. *1* Flüssig-
keitseinlaß, *2* Flüssigkeitsauslaß, *3* Absorberplatte, *4* Rahmen, *5* Isolierung, *6* Abdeckscheibe,
7 Solareinstrahlung.

Tabelle 7.2 *Merkmale und Anwendung von Solarflachkollektoren*

Absorberplatte	— Rollbond — Z-Bond — berohrte Bleche — Kunststoff
Scheibenmaterial	— Glas — Kunststoff (Acryl)
Scheibenanzahl	1…2
Scheibenbeschichtung	— ohne — wärmereflektierende Filter
Absorberbeschichtung	— schwarz — selektiv (Metalloxid bzw. -sulfid oder Metallwhisker)
Gasfüllung	— Luft — evakuiert
Wärmeabfuhr	— Wasser oder Wärmeträgerflüssigkeit — Dampf/Kondensat (Wärmerohr) — Dampf (Vakuumverdampfer) [3]
Weiterverwendung	— direkt vom Wärmeverbraucher — mit zwischengeschalteter Wärmepumpe

In der Kälte- bzw. Wärmepumpentechnik werden die Niedertemperaturplattenwär-meaustauscher als Wärmequelle für Wärmepumpen benutzt sowie als Austreiber für Niedertemperatur-Absorptionskühlanlagen.

Den Aufbau eines Kollektors zeigt Abb. 7.27. Von der auftreffenden überwiegend kurzwelligen Solarstrahlung wird ein kleiner Teil an der Scheibe reflektiert und absor-biert, der größere Teil gelangt auf die Kollektorplatte und wird dort absorbiert. Eine Rückstrahlung, nun im langwelligen Bereich der thermischen Strahlung, wird durch die Scheibe weitgehend verhindert. Die konvektive Verlustwärme wird durch die Gas-füllung des Abdeckraums (meist Luft) und durch die auf der Kollektorrückseite ange-brachte Isolierung gering gehalten.

Da eine Aufzählung aller Bauarten zu weit führen würde, sind die wichtigsten Merkmale von Flachkollektoren in Tab. 7.2 schematisch aufgelistet. Der Aufbau des eigentlichen Plattenwärmeaustauschers, der Absorberplatte, unterscheidet sich im Prinzip bei Rollbond-, Z-Bondplatten und berohrten Blechen nicht von den in Abschn. 7.2 beschriebenen Plattenwärmeaustauschern.

Im Gegensatz zu den Solarkollektoren sollen Solarabsorber auch die konvektiv durch Wind bzw. Niederschlag zugeführten Wärme nutzen. Da dies nur bei Absorber-temperaturen unterhalb der Umgebungstemperatur geschehen kann, muß die aufge-nommene Wärme mit Wärmepumpen auf das gewünschte höhere Temperaturniveau gebracht werden.

Von den anfänglich im „Energiedach" benutzten plattenförmigen Wärmeaustau-schern unterscheiden sich die z. B. bei „Energiezäunen" benutzten Wärmeaustauscher stark, so daß hier auf die entsprechende Fachliteratur verwiesen wird.

b) Platten-Wärmeaustauschbatterien

Zur Wärmerückgewinnung in raumlufttechnischen Anlagen wird, wenn aus räum-lichen Gründen keine direkte Wärmeübertragung Luft/Luft und damit kein Einsatz von Plattenwärmeaustauschblöcken möglich ist, ein Sekundärwärmeträger zwischen-geschaltet. In den meisten Fällen ist dies Wasser, womit diese Wärmeaustauscher der Kategorie I/1–II/3 in Tab. 7.1 zuzuordnen sind.

Das Schema der Beaufschlagung dieser Wärmeaustauschbatterien ist in Abb. 7.28 dargestellt. Vorteile dieser Wärmeaustauscher sind:
— geringer Raumbedarf (bei 12 mm Plattenabstand etwa 160 m² Übertragerfläche je m³ Austauschervolumen),
— niedriger Druckverlust, etwa 1/3 desjenigen vergleichbarer Rohr-Wärmeaustau-scher,
— leicht zu reinigen,
— einfache Kondensatwasserabfuhr durch Mitführung nach unten durch den Abluft-strom.

7.4.3 Konstruktion, Fertigung, Eigenschaften und Anwendung von Apparaten zur Flüssigkeitskühlung

Die Wärmeaustauscher dieser Apparate sind überwiegend sog. Thermoplatten, also zwei Bleche gleicher oder unterschiedlicher Dicke aus gleichem oder unterschiedli-chem Material, die an verschiedenen Punkten oder Strecken miteinander verschweißt werden, Abb. 7.29. Die Blechkanten werden zum dichten Abschluß mit einer kontinu-ierlichen Schweißnaht geschlossen. Die Rohranschlußstutzen werden meist rechtwink-lig auf das Blech an vorher gebohrten Durchbrüchen angeschweißt.

Wie bei den Rollbondplatten werden die Zwischenräume danach hydraulisch auf die gewünschte Spaltbreite expandiert. Die Thermoplatten werden dann, wenn not-

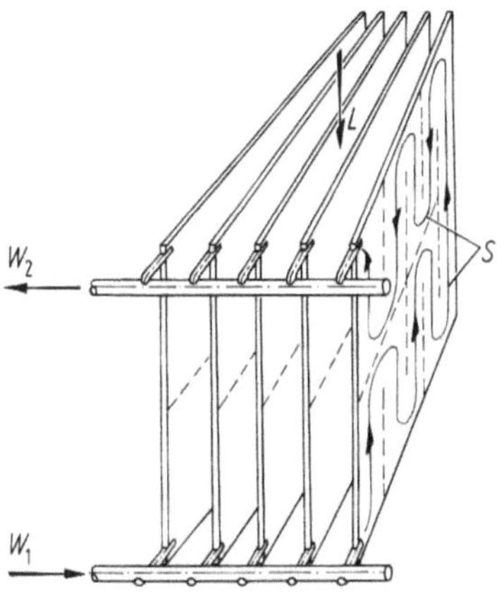

Abb. 7.28. Prinzip einer Platten-Wärmeaustauschbatterie. L Luft, W_1 Wassereintritt, W_2 Wasseraustritt, S Strömungsrichtung des Wassers in einer Platte.

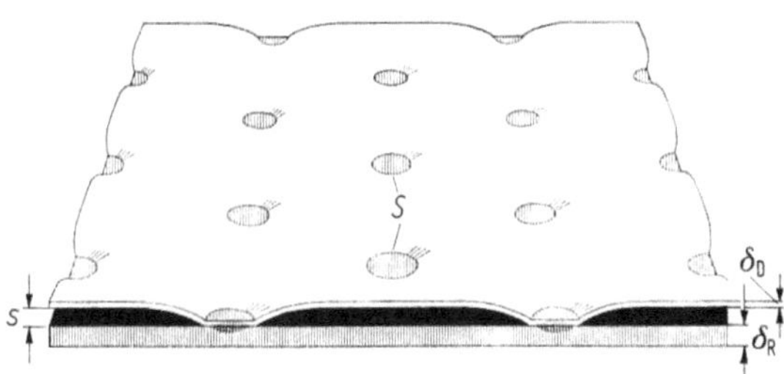

Abb. 7.29. Aufbau einer geschweißten Thermoplatte. S Schweißpunkt, δ_R Grundplattendicke, δ_D Deckplattendicke, s Spaltbreite.

wendig, noch gebogen, z. B. zu Kreissegmenten verformt. Thermoplatten werden im Temperaturbereich zwischen etwa -100 bis $+250\,°C$ verwendet.

a) Rieselkühler

In Rieselkühlern bestehen die Thermoplatten zumeist aus rostfreiem Stahl. Die Wärmedurchgangskoeffizienten können bis zu $1\,400\,\mathrm{W/m^2\,K}$ betragen.

b) Tankkühler

In Tankkühlern bilden die Thermoplatten selbst die Tankwände, und das Material der Grundbleche hat die Druckbeanspruchung des Tankinhalts aufzunehmen und den Korrosionsanforderungen zu entsprechen. Meist besteht das Material aus rostfreiem Stahl. Die zulässigen Innendrücke werden durch angepaßte Kombinationen der Dicken von Grundblech δ_g und Deckblech δ_d erreicht (s. Tab. 7.3), wobei die Bleche an bestimmten Punkten S miteinander verschweißt werden (Abb. 7.29). Die Berstdrücke betragen etwa das siebenfache der Arbeitsdrücke. Der Temperaturbereich liegt zwischen -50 und $+200\,°C$.

Bei eingehängten Thermoplatten sind Material und Dicke beider Bleche gleich. Die hydraulische Aufweitung der Platten erfolgt nach dem Schweißen so, daß beide Platten gleichmäßig nach außen verformt sind. Einen Überblick über die zulässigen Arbeitsdrücke bei den verschiedenen Materialdicken gibt Tab. 7.3.

Die Druckverluste können durch Anpassung der Spaltbreiten s verhältnismäßig gering gehalten werden, wobei wegen der Zugbeanspruchung in den Schweißpunkten und der Verformbarkeit der Bleche die wirtschaftlich sinnvoll herstellbare Grenze der Spaltbreite bei $s \cong 10\,\mathrm{mm}$ liegt. So ist beispielsweise im Zirkulationsbetrieb bei ver-

Tabelle 7.3. *Materialdicke und Arbeitsdrücke von Thermoplatten nach* [4].
(*Temperaturbereich* -50 *bis* $+200\,°C$, *Dicken* δ_g *von Grundblech und* δ_d *von Deckblech in* mm)

Thermoplattendicke in mm		Arbeitsdrücke gem. AISI 304 in bar				
		10	12	15	20	25
Tankwand	δ_g	2,5	2,0	2,0...4,0	5,0	6,0
	δ_d	0,8	1,0	1,2	1,5	1,5
Einhängeplatte	$\delta_g = \delta_D$	0,8	1,2	1,5	2,5	3,0

dampfendem Ammoniak (dreifache Zirkulationsmenge, Wärmebelastung $\dot{q} = 1,75\ \text{kW/m}^2$ bei $t_0 = -3\,°C$ Verdampfungstemperatur, Plattenhöhe ca. 1,2 m) und $s = 3$ mm Spaltbreite ein Druckabfall $\Delta p_v = 800$ Pa gemessen worden [4].

Die Wärmedurchgangskoeffizienten hängen in starkem Maß von den äußeren Wärmeübergangskoeffizienten ab. Bei Milchkühlung mit verdampfendem R12 werden Werte von $k = 150$ bis $600\ \text{W/m}^2\text{K}$ angegeben [4].

Bei Sonderfällen schließlich, in denen eine Wärmeübertragung zwischen drei Fluiden gewünscht ist oder noch höhere Systemdrücke gefordert werden als in Tab. 7.3 angegeben, haben sich Dreifach-Thermoplatten bewährt. Bei ihnen werden auf das Grundblech von beiden Seiten Deckbleche so aufgeschweißt, wie es in einseitiger Ausführung die Abb. 7.29 zeigt.

c) *Plattenkühler*

Es wird auf Abschn. 7.4.1 c verwiesen.

7.4.4 Konstruktion, Fertigung, Eigenschaften und Anwendung von Apparaten zur Flüssigkeitserwärmung

a) *Solarkollektoren und -absorber*

Die Konstruktion und Fertigung der Kollektorplatten entspricht den in Abschn. 7.2.3 beschriebenen Ausführungen. Die Druckfestigkeit beträgt $p \leq 20$ bar, die Maximaltemperaturen liegen zwischen $t = 130$ bis $150\,°C$. Als Beschichtung werden für die Absorberplatten neben Schwarzlacken selektive Halbleiterbeschichtungen wie Metalloxid oder -sulfid [5] gewählt.

Als Abdeckscheiben zur Eindämmung von Konvektionsverlusten an die Umgebungsluft und zur Reflexion der an der Absorberplatte entstehenden langwelligen

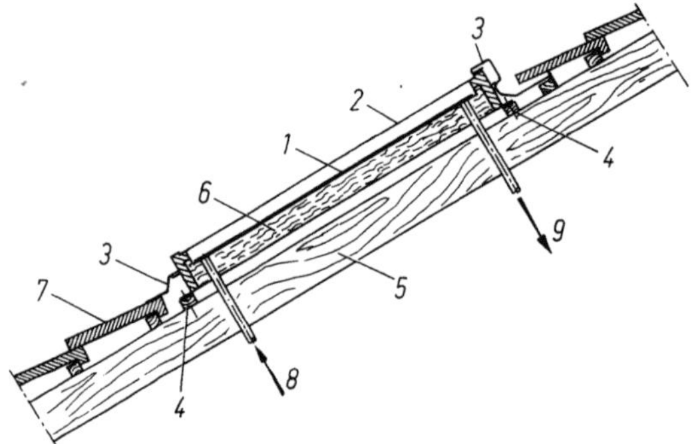

Abb. 7.30. Anordnung eines Solarkollektors auf dem Dach. *1* Absorberplatte, *2* transparente Scheibe, *3* Bleischürze, *4* Montagedachlatten, *5* Dachsparren, *6* Isolierung, *7* Dachpfannen, *8* Wärmeträgerzulauf, *9* Wärmeträgerablauf.

Wärmerückstrahlung werden meist Fensterglas oder durchsichtige Acrylhauben eingesetzt, entweder als einfache Scheibe oder mit einem Zwischenabstand als Zweifachscheiben.

Die Platten werden meist in Tragrahmen zusammen mit der Isolierung und den Abdeckscheiben oder -hauben eingebaut und mit Tragkonstruktionen auf Dächern, Beispiel s. Abb. 7.30, oder auf geeigneten ebenen Flächen wie Garagendächern usw. aufgesetzt.

Bedeuten K_{st} den Absorptions-Transmissionsfaktor der Solareinstrahlung $\dot{E}_{st}$, so ergibt sich infolge der thermischen Verluste durch Konvektion, Abstrahlung und der Wärmeableitung durch die Isolierung mit dem Wärmedurchgangskoeffizienten k_m bei dem Temperaturunterschied zwischen Platte und Umgebung ϑ als Wirkungsgrad η

$$\eta = K_{st} - \frac{k_m\,\vartheta}{\dot{E}_{st}/A_{st}} \tag{7.3}$$

Der Wirkungsgrad stellt das Verhältnis des vom Sonnenkollektor mit der Oberfläche A_{st} gelieferten Nutzwärmestroms $\dot{Q}$ und der auf ihn fallenden Solareinstrahlung $\dot{E}_{st}$ dar.

Für zwei typische Kollektoren ist dieser Zusammenhang in Abb. 7.31 bei drei Strahlungsintensitäten,

$$\begin{aligned}\dot{E}_{st}/A_{st} &= 800\ \text{W/m}^2 \quad \text{(Sommer)}\\ &= 300\ \text{W/m}^2\\ &= 200\ \text{W/m}^2 \quad \text{(Winter)}\end{aligned}$$

aufgetragen. Man erkennt den überragenden Einfluß der Strahlungsintensität. Im Winter lassen sich lediglich Übertemperaturen von etwa 20 K erreichen. Deshalb ist im Winter in unseren Breiten eine Nutzung der Solareinstrahlung nur mit Wärmepumpen möglich, wohingegen die Werte im Sommer Temperaturen t liefern, die für die direkte Brauchwassererwärmung oder für die Kühlung mittels Niedertemperaturabsorbern ausreichen, wofür Temperaturen $t > 100\,°C$ erforderlich sind. Zur eingehenden Berechnung, auch in Abhängigkeit von der Solareinstrahlung, sei auf die umfangreiche Fachliteratur verwiesen, beispielsweise [6].

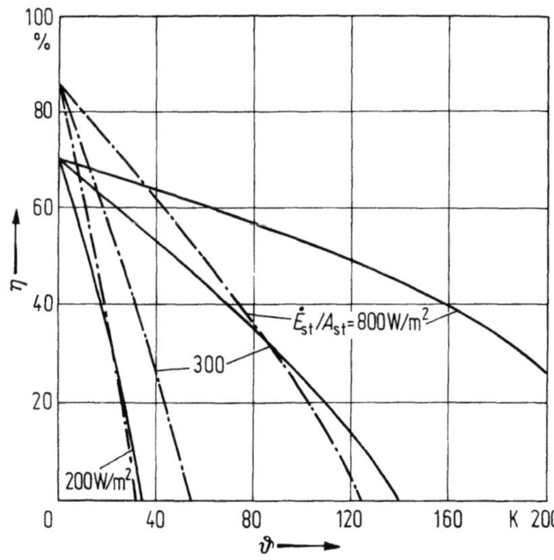

Abb. 7.31. Wirkungsgrade η von Solarflachkollektoren nach Gl. (7.3), abhängig von Einstrahlung $\dot{E}_{st}$ der Absorberfläche A_{st} und Temperaturunterschied ϑ für eine Umgebungstemperatur von 10 °C. —·—·— Einscheibenkollektor, $K_{st} = 0{,}86$, $k_e = 5\,\dfrac{\text{W}}{\text{m}^2\,\text{K}}$; ———— Zweischeibenkollektor, $K_{st} = 0{,}7$, $k_e = 1{,}5\,\dfrac{\text{W}}{\text{m}^2\,\text{K}}$

Tabelle 7.4. *Leistungsdaten von Plattenwärmeaustauschbatterien (Flüssigkeitsseitiger Wärmeübergangskoeffizient $\alpha_W \cong 2\,000$ W/m²K, Anströmgeschwindigkeit auf freien Querschnitt bezogen, Druckverlust zwischen Ein-/Austritt bei 1 bar und 20 °C)*

Plattenabstand s_{pl} in mm	5			15			25		
Bezogene Übertragungsfläche A/V in m⁻¹	202			103			70		
Anströmgeschwindigkeit in m/s	1	5	10	1	5	10	1	5	10
Druckverlust luftseitig Δp in Pa	5	122	490	2,2	54	218	1,8	44	176
Wärmedurchgangskoeffizient k_a in W/m²K	46	156	256	27	93	157	22	78	132

Der Wärmetransport erfolgt meist durch Wasser, das durch die Rohre gepumpt wird, oder gelegentlich nach dem Prinzip der Schwerkraftheizung umläuft. Vielfältige Schaltungskombinationen aus Parallel- und Hintereinanderschaltung erlauben die Anpassung an die jeweils vorliegenden Bedingungen.

Nachteile des Wassers sind seine Temperaturgrenzen von $0 < t < 100\,°C$ und die Möglichkeit, daß Wärme durch freie Konvektion wieder zum Kollektor zurücktransportiert wird, wenn die Außentemperaturen niedriger als die Wassertemperaturen sind, z. B. nachts. Zur Erweiterung der Einsatzgrenzen sind Zusätze von gefrierpunktserniedrigenden Mitteln wie Glykol und/oder organische Wärmeträgerflüssigkeiten üblich. Teilweise wird durch Sicherheitsorgane oder Steuerungen eine automatische Entleerung des Systems bei Temperaturen, die unter dem Gefrierpunkt des Wärmeträgers liegen, bewirkt. Der Wärmerückfluß läßt sich mit Kollektoren vermeiden, die nach dem Wärmerohrprinzip arbeiten.

b) Platten-Wärmeaustauschbatterien

Da die luftbeaufschlagten Flächen möglichst glatt sein sollen, kommen vorwiegend Rollbond- oder Z-Bondplatten oder die in Abschn. 7.4.3 b beschriebenen Thermoplatten in Frage.

Die Plattenabstände s_{pl} können $5 \leqq s_{pl} \leqq 25$ mm betragen. Mit einer größeren Thermoplattendicke von 5 mm ergeben sich auf das Bauvolumen V bezogene Übertragungsflächen A/V, Wärmedurchgangskoeffizienten k_a und Druckverluste Δp_v, wie sie beispielsweise in Tab. 7.4 angegeben sind. Die Werte gelten für Luft von $p = 1$ bar und $t = 20\,°C$.

7.5 Apparate zur Wärmeübertragung bei Phasenübergang fest/flüssig

7.5.1 Apparate zum Gefrieren von Flüssigkeiten

a) Kontaktgefrierapparate

Um ein schnelles Einfrieren der Ware mit anschließendem sauberen Ablösen ohne Verunreinigung oder Beschädigung zu gewährleisten, müssen die Kontaktflächen der Verdampferplatten oder an soledurchflossenen Kühlplatten dieser Apparate glatt und korrosionsfest sein und eine hohe Druckfestigkeit aufweisen.

Dies wird in den meisten Fällen erreicht durch eine Trennung der Kontaktdrückplatten von den dazwischenliegenden Verdampfer- oder Kälteträgerrohren, die ihrerseits wärmeleitend (meist verschweißt) mit den Kontaktandrückplatten verbunden sind. Die Platten, die entweder horizontal oder vertikal angeordnet sind, werden zum

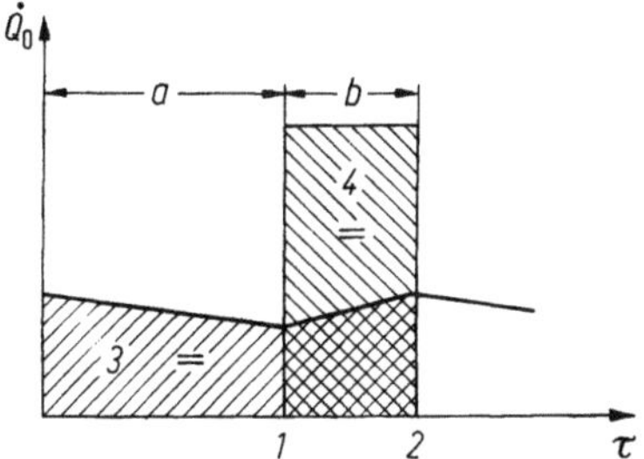

Abb. 7.32. Verlauf der Kälteleistung $\dot{Q}_0$ eines Eisspeichers mit Verdampferplatten. *a* Phase der Eisbereitung, *b* Phase der Kälteabnahme mit Abschmelzen des Eises. *1* Beginn der Kälteabnahme, *2* Ende der Kälteabnahme. Maschinenleistung (Fläche *3*) = abgenommene Leistung (Fläche *4*).

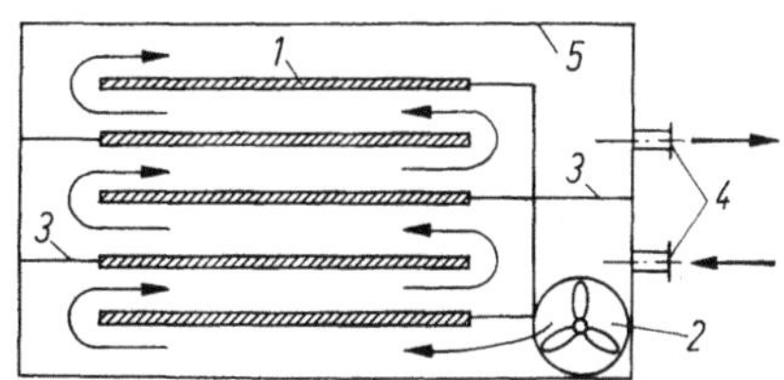

Abb. 7.33. Aufbau eines Eisspeichers. *1* Verdampferplatten, *2* Rührwerk, *3* Leitbleche, *4* Wasseranschlüsse, *5* isolierter Tank.

Andrücken hydraulisch oder mechanisch bewegt, die Kälteträgerleitungen sind deshalb flexibel mit den Platten verbunden.

Eingefroren wird durchweg nur rechteckig geformtes Gefriergut. Zum Lösen des gefrorenen Gutes wird kurz angetaut, bei Verdampferplatten durch Heißgasabtauung oder bei soledurchflossenen Platten durch kurzzeitiges Einleiten von warmer Kälteträgerflüssigkeit. Die Beschickung dieser Apparate geschieht meist absatzweise, es gibt jedoch auch kontinuierlich wirkende Apparate. Eine genauere Beschreibung von Kontaktgefrierapparaten ist in [7] zu finden.

b) Eisspeicherverdampfer

Eisspeicheranlagen werden vorwiegend dort eingesetzt, wo stoßweise über kurze Zeiten hohe Kälteleistungen bei verhältnismäßig konstanten Temperaturen benötigt werden. Abb. 7.32 zeigt schematisch, daß dazu eine Maschine mit relativ geringer Kälteleistung eingesetzt werden kann, die in Zeiten ohne Kältebedarf an den Wärmeaustauschplatten Eis erzeugt. Das geschieht, wie Abb. 7.33 mit dem Schema eines Eisspeichers zeigt, unter Umwälzung des Wassers durch die Spalten zwischen den Platten *1* mittels eines Rührwerks *2*, wobei an den Oberflächen der Platten Eis anfriert. In der Zeit der Kälteabnahme wird von außen das Wasser mit nahezu $t_W = 0\,°C$ abgenommen und das angefrorene Eis durch den warmen Rücklauf zum Abschmelzen gebracht.

7.5.2 Konstruktion, Fertigung, Eigenschaften und Anwendung von Apparaten zum Gefrieren von Flüssigkeiten

a) Kontaktgefrierapparate

Apparate, mit beweglichen Wärmeaustauschplatten sind meistens Spezialausführungen, die in Material und Plattenform dem jeweiligen Anwendungsanfall angepaßt sind. Charakteristische Ausführungen sind in [7] dargestellt.

Die Kontaktgefrierplatten von Tiefkühlmöbeln wurden bereits in Abschn. 7.2.4 beschrieben.

b) Eisspeicherverdampfer

Abb. 7.34 zeigt ein aus elf Platten zusammengesetztes Eisspeicher-Verdampfersystem mit Trockenverdampfung. Man erkennt an der Oberseite die Einspritzverteilung *1* und unten das Absaug-Sammelrohr *2*, über die Platten gelegt die Eisbanda-

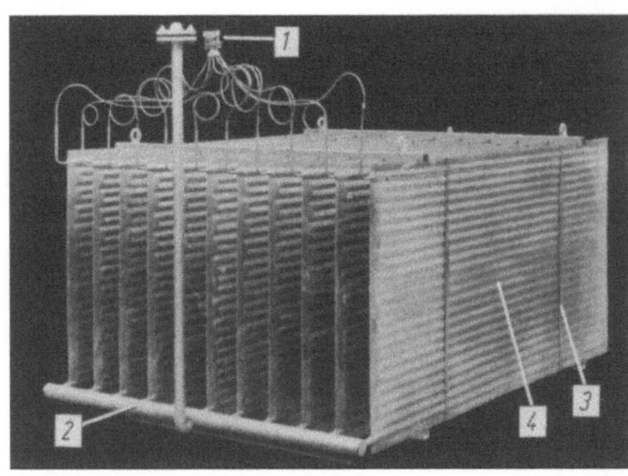

Abb. 7.34. Eisspeicher-Verdampfersystem mit Anschlüssen (BUCO Johs. Burmester + Co GmbH, Geesthacht). *1* Einspritzverteilung, *2* Absaugsammelrohr, *3* Fixierbandagen, *4* Verdampferplatten.

gen *3* zum Fixieren der Platten und ferner ist die Wellenform der Platten *4* zu sehen. Diese Wellen ergeben sich aus den vorgeformten linsenförmigen Kanalquerschnitten der beiden Plattenbleche, die an den Berührungslinien miteinander rollnahtverschweißt sind.

Für den flüssigkeitsseitigen Wärmeübergang in den Spalten gilt

$$Nu = 0{,}057 Re^{0{,}8} Pr^{1/3}, \tag{7.4}$$

wenn die Kennzahlen Nu und Re mit der doppelten Spaltbreite gebildet werden [8].

Für die Phase der Eisbereitung wird in der Praxis überschlagsmäßig die Kälteleistung zur Eiserzeugung so ermittelt, daß mit Klareis von $\varrho = 916\ \text{kg/m}^3$ und verschwindendem Wärmeleitwiderstand gerechnet wird, d. h. mit kontinuierlich wachsender Eisschicht. Für die Abschmelzphase gilt für die Eisschicht mit geändertem Vorzeichen dasselbe, hinzu kommt die Kälteleistung der weiterlaufenden Maschine.

8 Rohrbündelwärmeaustauscher

Boris Slipčević

Die Rohrbündelwärmeaustauscher können geordnet werden
— nach den Fluiden, die sie durchströmen und
— nach Bauarten.

8.1 Einteilung nach Fluiden

Die Einteilung nach Fluiden ist aus dem in Abb. 8.1 dargestellten Schema ersichtlich. Bei dieser Einteilung unterscheidet man:
— Wärmeaustauscher ohne Änderung des Aggregatzustands,
— Wärmeaustauscher mit Änderung des Aggregatzustands bei nur einem Fluid,
— Wärmeaustauscher mit Änderung des Aggregatzustands der beiden Fluide.

8.1.1 Wärmeaustauscher ohne Änderung des Aggregatzustands

Diese Apparate werden als Gleich-, Gegen- oder Kreuzgegenstrom-Wärmeaustauscher ausgeführt, wobei die letztgenannte Ausführung eine der meistgebauten ist.

Bei den *Gas/Gas*-Wärmeaustauschern wird die Wärme von einem heißen auf einen kalten Gasstrom übertragen. Falls es sich bei beiden Gasen um Niederdruckgas handelt, kann überschlägig mit Wärmedurchgangskoeffizienten von $k = 6...35\,\mathrm{W/m^2 K}$, bei Hochdruckgas beiderseits mit $k = 170...450\,\mathrm{W/m^2 K}$ gerechnet werden.

Bei den *Gas/Flüssigkeit*-Wärmeaustauschern wird die Wärme von einem Gas auf eine Flüssigkeit — oder umgekehrt — übertragen. Der größere Wärmeübergangswiderstand befindet sich auf der Gasseite. Die Wärmeübergangskoeffizienten liegen im Bereich $k = 17...70\,\mathrm{W/m^2 K}$ bei Niederdruckgas bzw. $k = 230...700\,\mathrm{W/m^2 K}$ bei Hochdruckgas.

Die *Flüssigkeit/Flüssigkeit*-Wärmeaustauscher erreichen Wärmedurchgangskoeffizienten von $k = 170...1\,200\,\mathrm{W/m^2 K}$. Die untere Grenze für den Wärmedurchgangskoeffizienten gilt z. B. für kleine Strömungsgeschwindigkeit, zähe Flüssigkeiten, freie Konvektion, starke Verschmutzung — die obere Grenze gilt für günstigere Bedingungen.

8.1.2 Wärmeaustauscher mit Änderung des Aggregatzustands bei nur einem Fluid

a) Verdampfer

Dem Verwendungszweck nach werden Rohrbündelverdampfer für die Kühlung von Flüssigkeiten oder Gasen eingesetzt.

In *Trockenexpansionsverdampfern* verdampft das Kältemittel in den Rohren, während das zu kühlende Fluid im Mantelraum strömt. Als Innenrohre werden glatte oder

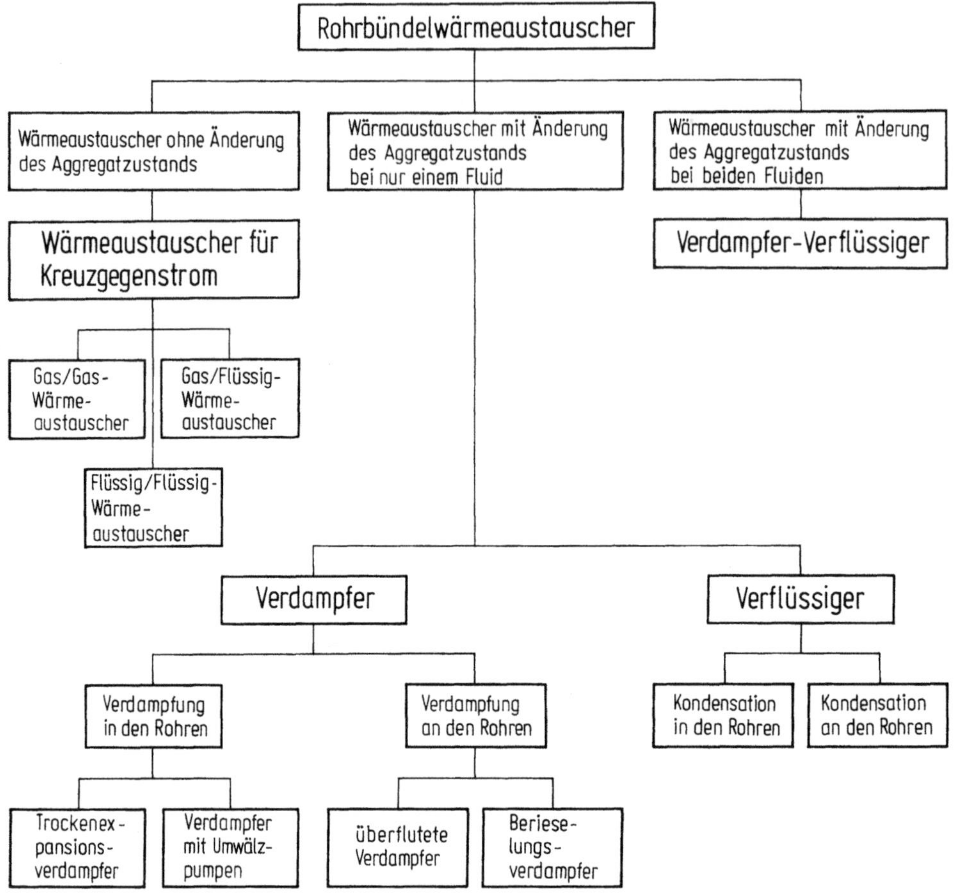

Abb. 8.1. Einteilung der Rohrbündelwärmeaustauscher nach Fluiden.

innenberippte Rohre verwendet. Der Mantelraum kann ohne oder mit Einbauten versehen werden. Die Umlenkeinbauten werden als Umlenksegmente bzw. als Kreisscheiben und -ringe ausgeführt. Für die Wärmedurchgangskoeffizienten können für Trokkenexpansionsverdampfer mit glatten Rohren Werte von $k = 250...900\ \mathrm{W/m^2 K}$ und für solche mit innenberippten Rohren $k = 500...1\,500\ \mathrm{W/m^2 K}$ erwartet werden.

In den Verdampfern für *Umwälzpumpenbetrieb* verdampft das Kältemittel ebenfalls in den Rohren. Das flüssige Kältemittel wird mit Hilfe einer Kältemittelpumpe umgewälzt, der umgepumpte Massenstrom ist um ein Vielfaches größer als der verdampfende. Man erreicht Wärmedurchgangskoeffizienten, die etwas größer sind als diejenigen der überfluteten Verdampfer, benötigt jedoch eine größere Kältemittelfüllung und mehr Energie für den Pumpenbetrieb.

In *überfluteten Verdampfern* findet die Verdampfung im Mantelraum an einem Rohrbündel aus glatten oder außen berippten Rohren statt, während das zu kühlende Fluid durch die Innenrohre strömt. Für überflutete mit Ammoniak betriebene Verdampfer aus glatten Rohren betragen die Wärmeübergangskoeffizienten $k = 700...1\,100\ \mathrm{W/m^2 K}$ bei der Kühlung von Wasser bzw. $k = 200...570\ \mathrm{W/m^2 K}$ bei der Kühlung von Kälteträgern. Für die mit Halogen-Kältemitteln betriebenen überfluteten Verdampfer aus Rippenrohren können bei der Kühlung von Wasser Wärmedurchgangskoeffizienten von $k = 500...800 \, \text{W/m}^2\text{K}$ und bei der Kühlung von Kälteträgern $k = 170...700 \, \text{W/m}^2\text{K}$ angenommen werden.

In den *Berieselungsverdampfern* strömt das zu kühlende Fluid durch die Rohre, das Kältemittel rieselt über die Rohre und verdampft somit im Mantelraum. Diese Verdampfer haben im Vergleich zu überfluteten Verdampfern eine viel kleinere Kältemittelfüllung. Wegen des sehr niedrigen Kältemittel-Flüssigkeitsstands kommt es nur zu einem geringen Siedeverzug. Die Wärmedurchgangskoeffizienten sind sehr von der Berieselungsdichte abhängig; im allgemeinen sind sie denen der überfluteten Verdampfer gleich oder etwas größer.

b) Verflüssiger

Die Kondensation des Kältemittels kann in den Rohren oder um die Rohre — im Mantelraum — erfolgen. Die meisten Rohrbündelverflüssiger werden mit Wasser gekühlt, das durch die Rohre strömt, während das Kältemittel außen an den glatten oder berippten Rohren kondensiert.

Die Wärmedurchgangskoeffizienten solcher Verflüssiger aus glatten Rohren betragen $k = 700...1\,300 \, \text{W/m}^2\text{K}$ für Ammoniak, $k = 700...1\,000 \, \text{W/m}^2\text{K}$ für Chlor und $k = 600...800 \, \text{W/m}^2\text{K}$ für Propan und Propylen, wobei Wassergeschwindigkeiten von 1 bis 3 m/s angenommen wurden.

Verflüssiger mit Rippenrohren werden hauptsächlich für Halogen-Kältemittel eingesetzt, da deren kältemittelseitige Wärmeübergangskoeffizienten im Vergleich zu denen auf der Wasserseite wesentlich kleiner sind. Bei normaler Verschmutzung und Wassergeschwindigkeiten von $w = 1...3$ m/s können Wärmedurchgangskoeffizienten von $k = 400...900 \, \text{W/m}^2\text{K}$ erreicht werden.

Turmverflüssiger werden hauptsächlich für Ammoniak als Kältemittel gebaut. Das Wasser strömt durch die Rohre von oben nach unten als Rieselfilm, das Ammoniak kondensiert an der Außenfläche der glatten Rohre. In solchen Apparaten können Wärmedurchgangskoeffizienten von $k = 600...1\,400 \, \text{W/m}^2\text{K}$ erreicht werden.

8.1.3 Wärmeaustauscher mit Änderung des Aggregatzustands der beiden Fluide

In diesen Wärmeaustauschern verdampft das eine Fluid, während das andere kondensiert. Solche Wärmeaustauscher werden deswegen auch Verdampfer-Verflüssiger genannt und als Kaskadenwärmeaustauscher bei mehrstufigen Kälteanlagen verwendet. Sie werden in liegender oder stehender Bauart mit glatten oder berippten Rohren gebaut. Die ersteren erreichen in Ammoniak/Ammoniak-Wärmeaustauschern Wärmedurchgangskoeffizienten von $k = 800...1\,100 \, \text{W/m}^2\text{K}$ mit Halogen-Kältemitteln $k = 300...400 \, \text{W/m}^2\text{K}$ bei Verwendung von glatten Rohren bzw. $k = 350...400 \, \text{W/m}^2\text{K}$ bei Verwendung von Rippenrohren.

8.2 Einteilung nach Bauarten

Die Einteilung nach Bauarten unterscheidet die in den Abschn. 8.2.1 bis 8.2.5 beschriebenen Ausführungen.

8.2.1 Rohrbündelwärmeaustauscher mit zwei festen Rohrböden

Die in der Kältetechnik meist benutzte Bauart der Rohrbündelwärmeaustauscher mit zwei festen Rohrböden ohne Dehnungsausgleich ist in Abb. 8.2 dargestellt. Die charakteristischen Bauelemente sind dort angegeben.

Bei Wärmeaustauschern mit sehr unterschiedlichen Temperaturen der beiden Fluide oder bei Verwendung von Werkstoffen mit verschiedenen Wärmeausdehnungskoeffizienten muß dem Dehnungsunterschied zwischen den Innenrohren und dem Mantelrohr Rechnung getragen werden. Unterschiedliche Dehnungen können zu unzulässig hohen Spannungen im Mantelrohr, in den Innenrohren und an den Verbindungen zwischen den Innenrohren und dem Rohrboden führen. Auch bei der Inbetriebnahme des Apparats sollte beachtet werden, daß kurzzeitig Temperaturspitzen auftreten können. Für praktische Zwecke genügt es, wenn man mit Mittelwerten der Temperaturen rechnet. Die konstruktive Berücksichtigung der Dehnungen führt zu den nachstehend beschriebenen Ausführungen.

8.2.2 Rohrbündelwärmeaustauscher mit Kompensatoren

Abb. 8.3 zeigt einen Wärmeaustauscher mit Dehnungsausgleich durch einen Wellrohrkompensator. Für niedrige Innendrücke werden solche Dehnungselemente aus Blech hergestellt. An der tiefsten Stelle, im unteren Teil des Dehnungsausgleichelements, ist ein Ablaß anzubringen, damit der Wärmeaustauscher völlig entleert werden kann.

Die Berechnung von metallischen, einwandigen Balgkompensatoren mit parallelen oder leicht lyraförmig gebogenen Wellenflanken wird nach AD-Merkblatt B 13 durchgeführt.

8.2.3 Rohrbündelwärmeaustauscher mit Mantelstopfbüchse

Für höhere Drücke wird zum Dehnungsausgleich eine Mantelstopfbüchse entsprechend Abb. 8.4 verwendet. Die Stopfbüchse muß einen solchen Abstand vom Rohrboden haben, daß das Herausziehen der Brille und der Einbau der Packung ohne Behinderung möglich sind. Von Nachteil sind die sehr hohen Kosten und die Gefahr, daß die Packung der Stopfbüchse bei ungenügender Wartung undicht werden kann.

8.2.4 Rohrbündelwärmeaustauscher mit schwimmendem Kopf

Eine Ausführung mit freier Ausdehnungsmöglichkeit der Innenrohre ist in Abb. 8.5 dargestellt. Bei dieser Ausführung mit schwimmendem Kopf ist der eine Rohrboden einschließlich Haube frei im Mantelraum beweglich. Der bewegliche Rohrboden kann freistehend ausgeführt oder durch Rollen oder Gleitschuhe abgestützt sein.

8.2.5 Rohrbündelwärmeaustauscher mit Haarnadelrohren

Eine weitere Möglichkeit, die Spannung infolge von Dehnungsunterschieden zwischen den Innenrohren und dem Mantelrohr zu vermeiden, zeigt die in Abb. 8.6 dargestellte Ausführung. Auch hierbei bleibt das Mantelrohr von der Dehnung der zu einem U gebogenen Innenrohre unbeeinflußt. Es muß aber beachtet werden, daß die beiden Schenkel der U-Rohre verschiedene Temperatur haben können, so daß ihre Länge differieren kann. Meistens sind diese Temperaturunterschiede aber so gering, daß sie keinen Einfluß haben; bei größeren Temperaturunterschieden können sich die Innenrohre jedoch so stark deformieren, daß dies bei der Festigkeitsberechnung und beim Einbau im Mantelraum berücksichtigt werden muß.

Um reinen Gegenstrom mit relativ hoher Strömungsgeschwindigkeit im Mantelraum zu erzielen, wird die Ausführung des Wärmeaustauschers entsprechend Abb. 8.7 verwendet.

Ausführungen gemäß Abb. 8.4 bis 8.7 haben gegenüber den Ausführungen mit festen Rohrböden (Abb. 8.2 und 8.3) den Vorteil, daß das Rohrbündel ausziehbar und damit auch einfach zu reinigen ist.

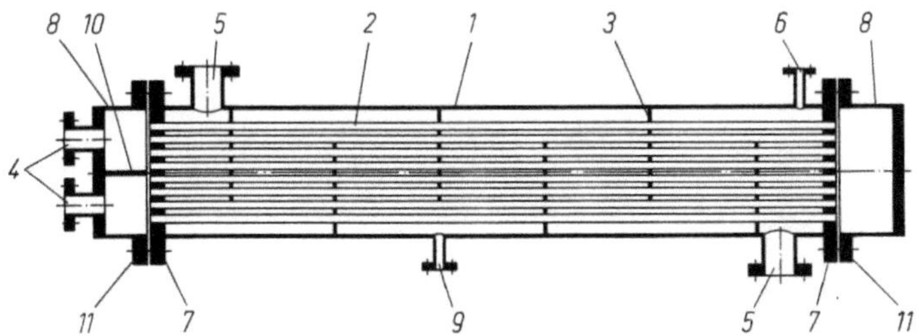

Abb. 8.2. Rohrbündelwärmeaustauscher mit zwei festen Rohrböden. *1* Mantel, *2* Innenrohre, *3* Umlenksegmente, *4* Haubenstutzen, *5* Mantelstutzen, *6* Entlüftungsstutzen, *7* Rohrboden, *8* Hauben, *9* Entleerungsstutzen, *10* Trennwand, *11* Apparateflanschen.

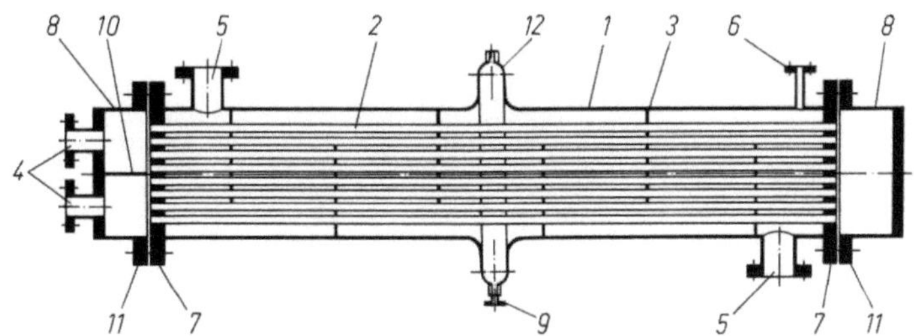

Abb. 8.3. Rohrbündelwärmeaustauscher mit zwei festen Rohrböden und einem Dehnungsausgleich. Bezeichnungen wie Abb. 8.2 jedoch: *12* Dehnungsausgleicher.

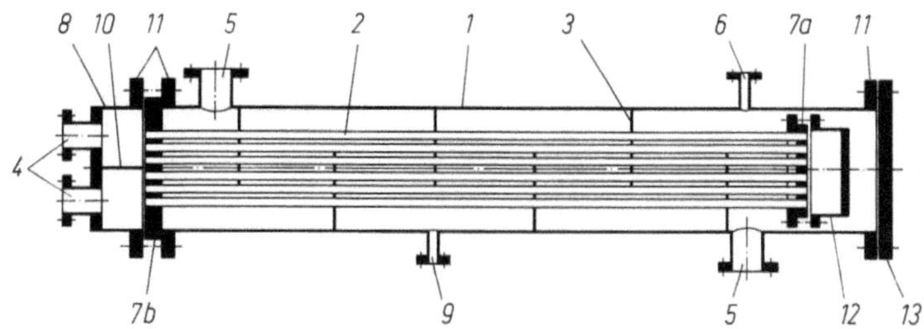

Abb. 8.4. Rohrbündelwärmeaustauscher mit Mantelstopfbüchse. Bezeichnungen wie Abb. 8.2 jedoch: *12* Stopfbüchse, *13* Brille, *14* Packung.

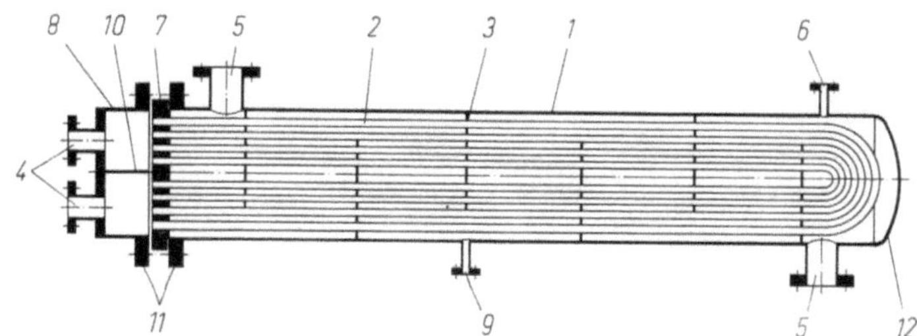

Abb. 8.5. Rohrbündelwärmeaustauscher mit schwimmendem Kopf. Bezeichnungen wie Abb. 8.2 jedoch: *7a* Schwimmkopf-Rohrboden, *7b* Festkopf-Rohrboden, *12* Schwimmkopf-Haube, *13* Boden.

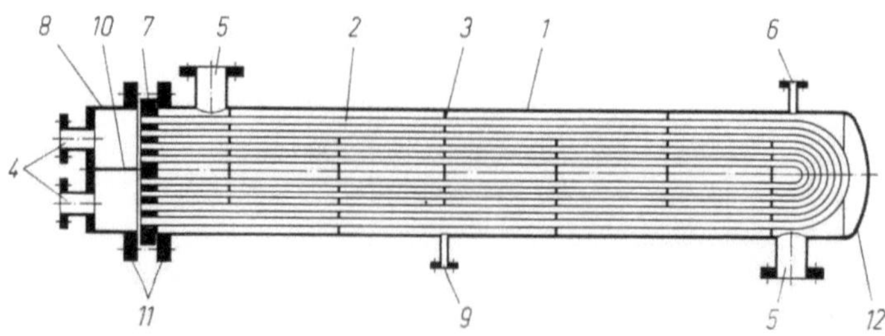

Abb. 8.6. Rohrbündelwärmeaustauscher mit Haarnadelrohren und Umlenksegmenten. Bezeichnungen wie Abb. 8.2 jedoch: *7* Festkopf-Boden, *12* Boden.

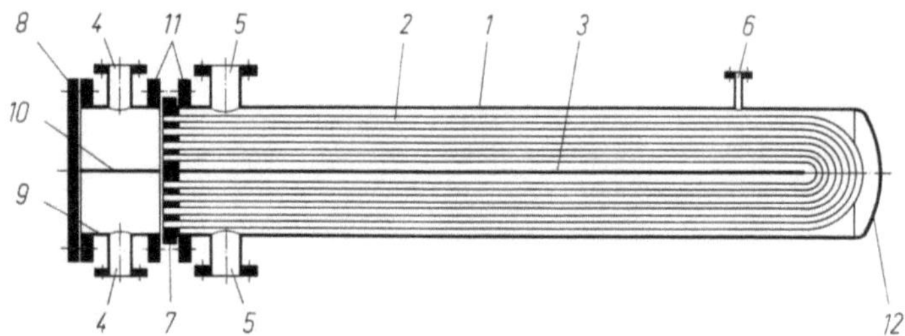

Abb. 8.7. Rohrbündelwärmeaustauscher mit Haarnadelrohren und Längstrennwand. Bezeichnungen wie Abb. 8.2 jedoch: *3* Längstrennwand, *8* Kammerdeckel, *9* Kammermantel, *10* Trennwand.

9 Bauelemente und deren Gestaltung

Alfred Schuster; Boris Slipčević

Benutzte Formelzeichen in Kapitel 9
(s. auch Formelzeichenliste am Anfang des Bandes)

Formelzeichen, Einheiten

A	Fläche	mm^2
A_{BF}	Belastungsfläche	mm^2
A_p	druckbelastete Fläche	mm^2
A_σ	tragende Querschnittsfläche	mm^2
b	Breite	mm
b_s	kleinster Stutzenabstand	mm
c	Zuschlag zur Wanddicke	mm
c_1	Zuschlag zur Wanddickenunterschreitung	mm
c_2	Abnutzungszuschlag zur Wanddicke	mm
D	Manteldurchmesser	mm
D'	Durchmesser des Teilkreises	mm
d	Durchmesser	mm
d_K	Kerndurchmesser	mm
d_S	Schaftdurchmesser	mm
E	Elastizitätsmodul	N/mm^2
h	Höhe	mm
K	Festigkeitskennwert	N/mm^2
K_D	Formänderungswiderstand des Dichtungswerkstoffs	mm
k	Dichtungskennwert	mm
L	Länge	mm
L	Abstand	mm
l_s	Stutzenlänge	mm
M_A	Anfahrbiegemoment	$N\,mm$
M_B	Betriebsbiegemoment	$N\,mm$
M_0	Einbaumoment	$N\,mm$
m	von der Anzahl der Innenrohre abhängige Größe	—
N	Rohrzahl	—
p	höchstzulässiger Betriebsüberdruck	bar
S	Querschnitt	mm^2
S	Sicherheitsbeiwert	—
S_K	Sicherheitsbeiwert	—
s	Dicke	mm
s_0	Mindestdicke	mm
s_w	wirksame Wanddicke	mm
s_e	ausgeführte Wanddicke	mm
t	Rohrteilung	mm
t	höchste Betriebstemperatur	°C

t_B	Berechnungstemperatur	°C
u	Abstand zwischen dem äußersten Innenrohr und der Mantelinnenfläche	mm
v	Schweiß-(Löt-)faktor	—
W_F	Flanschwiderstandsmoment	mm³
w	Geschwindigkeit	m/s
w_K	Korrosionsgeschwindigkeit	mm/Jahr
β	Berechnungsbeiwert	—
μ	Kontraktionszahl	—
σ_D	Druckbeanspruchung	N/mm²
σ_{ges}	Gesamtbeanspruchung	N/mm²
σ_{th}	thermische Beanspruchung	N/mm²
σ_{zul}	zulässige Beanspruchung	N/mm²
τ	Lebensdauer des Apparats	Jahre

Indizes

B	Bohrung		q	Umlenksegment
D	Dichtung		s	Umlenkeinbauten
M	Mantelrohr		W	Walz

9.1 Bauelemente von Rohrbündelwärmeaustauschern

Die Benennung der einzelnen Bauelemente findet man in DIN 28183.

9.1.1 Mantelrohr

Als Mantelrohre für Wärmeaustauscher können nahtlose Rohre nach DIN 2448 oder geschweißte Rohre nach DIN 2458 verwendet werden. Sonst werden Mantelrohre aus gerollten Blechen, deren Kanten vorbereitet sind, geschweißt.

Die Festigkeitsberechnung wird nach AD-Merkblättern der Reihe B durchgeführt. Die Festigkeitskennwerte und die Wärmeleitfähigkeiten der Kesselbleche sind in DIN 17155 zusammengestellt. Nach [1] sollen die in der Tab. 9.1 angegebenen Mindestdicken der Mantelrohre nicht unterschritten werden, unabhängig von der Festigkeitsberechnung.

Nenndurchmesser für chemische Apparate sind in DIN 28001 genormt.

9.1.2 Innenrohre

Für den Bau von Rohrbündelwärmeaustauschern werden verschiedenartige Innenrohre benutzt. Die Wahl des Durchmessers der Innenrohre richtet sich nach den zu erwartenden Ablagerungen und Verschmutzungen. Je kleiner der Rohrdurchmesser ist, desto besser ist die Ausnutzung des Mantelraums, jedoch wird die Anfälligkeit gegen Verschmutzung größer.

Tabelle 9.1. *Mindestdicken der Mantelrohre nach* [1]

Mantelnenndurch-messer D in mm	Mindestdicke des Mantelrohrs $s_{M,min}$ in mm	
	Kohlenstoffstahl	nichtrostender Stahl
$330 \leqq D \leqq 740$	9,5	4,8
$760 \leqq D \leqq 990$	11,1	6,4
$1016 \leqq D \leqq 1520$	12,7	7,9

Tabelle 9.2. *Zusammenstellung der DIN-Blätter für Glattrohre*

DIN	Benennung
	Kupferrohre
1754/1 bis 3	Rohre aus Kupfer, nahtlos gezogen
1755/1 bis 3	Rohre aus Kupfer-Knetlegierungen, nahtlos gezogen
1785	Rohre aus Kupfer und Kupfer-Knetlegierungen für Kondensatoren und Wärmeaustauscher
17671/1	Festigkeitseigenschaften der Rohre aus Kupfer und Kupfer-Knetlegierungen
	Stahlrohre
2391	Nahtlose Präzisionsstahlrohre
2393	Geschweißte Präzisionsstahlrohre mit besonderer Maßgenauigkeit
2394	Geschweißte Präzisionsstahlrohre
2413	Stahlrohre – Berechnung der Wanddicke gegen Innendruck
2448	Nahtlose Stahlrohre
2458	Geschweißte Stahlrohre
2462	Nahtlose Rohre aus nichtrostenden Stählen
2463	Geschweißte Stahlrohre aus austenitischen nichtrostenden Stählen

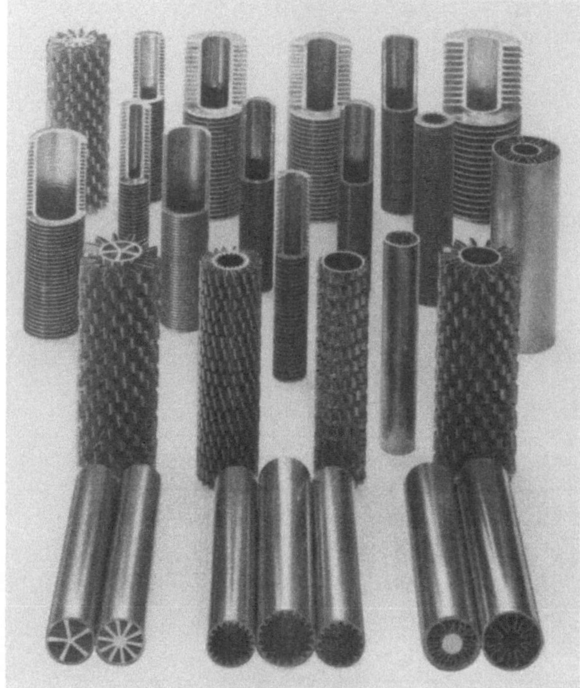

Abb. 9.1. Auswahl verschiedener Innenrohre für den Bau von kältetechnischen Apparaten (Wieland Werke AG, Ulm).

Die Rohrwanddicke richtet sich nach den mechanischen Beanspruchungen, aber auch nach den Korrosionsbeanspruchungen. Bei üblichen Betriebsbedingungen reicht für Stahl und nichtrostenden Stahl eine Rohrwanddicke von 1 bis 2 mm, bei Kupferrohren beträgt die Rohrwanddicke gewöhnlich 1 mm oder weniger.

In der Tab. 9.2 sind die wichtigsten für glatte Rohre geltenden DIN-Blätter zusammengestellt.

Abb. 9.1 zeigt eine Auswahl verschiedener, für den Bau von Wärmeaustauschern meist benutzter Innenrohre.

Die zwei in der untersten Reihe links dargestellten Rohre mit innerem Sternprofil werden für den Bau von Trockenexpansionsverdampfern verwendet. Das Innenprofil ist an den Rohrenden zurückgesetzt, so daß die Rohre in Rohrböden eingewalzt oder eingelötet werden können. Zur Verbesserung des kältemittelseitigen Wärmeübergangs und zur Vergrößerung der Rohrinnenfläche ist ein Sternprofil aus AlMgSi0,5 in das Rohr eingelegt und mit diesem gut wärmeleitend verbunden. Das Sternprofil ist normalerweise ohne Verwindung ausgeführt, kann aber auch mit einem Drall von zwei oder mehreren Umdrehungen pro m hergestellt werden. Die wichtigsten geometrischen Abmessungen der Rohre mit innerem Sternprofil sind in der Tab. 9.3 zusammengestellt.

Tabelle 9.3. *Geometrische Daten der Rohre mit innerem Sternprofil*

Profil-form	Rohrdurchmesser		Strömungs-querschnitt S mm^2
	außen d_a in mm	innen d_i in mm	
5-Stern	19	17	176
	19	17,4	186
	17	15	132
	16	14	112
	16	14,4	120
	15	13	94
	15	13,4	101
10-Stern	20	18	154
	19	17	132
	19	17,4	141
	16	14	78
	16	14,4	84

Tabelle 9.4. *Rohrwerkstoffe für Rohre mit innerem Sternprofil*

Kurzzeichen	Werkstoff Nr.	Zusammensetzung nach DIN
SF-Cu	2.0090	1787
CuNi 10 Fe	2.0872	17 664
CuNi 30 Fe	2.0882	17 664
St 35	1.0308	1629
St 35.8	1.0305	17 175

Die Rohrwerkstoffe für Rohre mit innerem Sternprofil sind in Tab. 9.4 aufgeführt.

Die oberen Reihen der Abb. 9.1 zeigen eine Auswahl verschiedener außenberippter Rohre. Diese Rohre werden für den Bau wassergekühlter Verflüssiger, überfluteter Verdampfer, Dampferzeuger und -überhitzer, Ölvorwärmer und -kühler, Gaskühler und Produkterhitzer oder -kühler verwendet. Sie werden mit niedrigen, mittelhohen und hohen Rippen aus verschiedenen Werkstoffen mit verschiedener Geometrie hergestellt. Der Kernrohrdurchmesser beträgt $d_a = 9,5$ bis 42 mm, der Rippendurchmesser $D_R = 12,5$ bis 64 mm und das Flächenverhältnis $A_a/A_i = 3,1$ bis 20. DIN 17679 gibt Vorzugsmaße für gewalzte Rippenrohre mit einer Rippenhöhe von $h_R = 1,5$ mm und mit 26 bzw. 19 Rippen je 25,4 mm (= 1 020 bzw. 740 Rippen je m) sowie die entsprechenden Werkstoffe und Hinweise für die Verwendung.

Die restlichen der in Abb. 9.1 dargestellten Rohre sind MAN-Wieland-Rohre und EWE-Rippenrohre. Sie wurden für besondere Anwendungen entwickelt und werden hier nicht näher beschrieben.

Über die Rippenrohre besonderer Bauart, die von der Fa. R & G Schmöle, Menden, hergestellt werden, berichtete VON CUBE [2]. Dort findet man Angaben über Anwendung, Geometrie und Wärmeübergangskoeffizienten dieser Rohre. Auch Rippenrohre in Bimetallausführung werden hergestellt.

Stahlrippenrohre verschiedener Geometrie für unterschiedliche Anwendungen stellt u. a. die Fa. Mannesmann AG her, Längsrippenrohre mit homogen aufgeschweißtem Profil u. a. die Fa. Uhde. Diese Rohre werden besonders in der chemischen Verfahrenstechnik eingesetzt und aus Stahl, austenitischen Stählen oder NE-Metallen gefertigt.

Die Wahl der Strömungsgeschwindigkeit in den Innenrohren ist nicht nur eine Frage des Druckabfalls, sondern auch der Erosion und der Korrosion der Rohre [3]. Hohe Strömungsgeschwindigkeiten vermindern die Ablagerung von Verschmutzungen und liefern hohe Wärmeübergangskoeffizienten, fördern jedoch Erosion und Korrosion und ergeben hohe Druckverluste. Es ist also unmöglich, allgemein gültige Richtwerte für die zulässige Strömungsgeschwindigkeit in Rohren anzugeben, denn diese hängt von einer Vielzahl von Parametern ab, insbesondere von der Aggressivität und der Temperatur des Fluids, sowie von den Rohrwerkstoffen. Grundsätzlich sollte die Strömungsgeschwindigkeit nicht unter $w = 1,2$ m/s liegen.

Tabelle 9.5. *Höchstzulässige Wassergeschwindigkeit in Rohren w_{max} nach WEBER [4]*

Werkstoff	Maximale Wassergeschwindigkeit in m/s
Aluminium	$1,2 \leq w_{max} \leq 1,5$
Kupfer	1,8
CuZn 28 Sn	2,1
Admiralitäts-Messing	$2,0 \leq w_{max} \leq 2,4$
Al-Bronze	3,0
CuNi 10 Fe	3,0
CuNi 30 Fe	4,5
Stahl	$3,0 \leq w_{max} \leq 6,0$
Kunststoffe	$6,0 \leq w_{max} \leq 8,8$

Weber [4] schlägt für reines Wasser die in der Tab. 9.5 angegebenen Werte als höchste zulässige Geschwindigkeit vor.

Auch Sick [5] ermittelte für einige Werkstoffe die für den Dauerbetrieb zulässige Strömungsgeschwindigkeit von Wasser. Als Richtwerte für die Auslegung von Wärmeaustauschern werden bei der Strömung von Wasser durch Rohre Geschwindigkeiten von $w = 1$ bis 3 m/s bei Stahlrohren, bzw. $w = 1$ bis 2 m/s bei Kupferrohren empfohlen. Für Kälteträger (Solen) werden Werte von $w = 1$ bis 2 m/s angegeben.

Die Vereinigte Deutsche Metallwerke AG empfiehlt, die in der Tab. 9.6 angegebenen Höchstgeschwindigkeiten für Metallrohre auf Kupferbasis nicht zu überschreiten.

Weyrauch [7] empfiehlt für Meerwasser die in Tab. 9.7 zusammengestellten maximalen Geschwindigkeiten.

9.1.3 Einbauten im Mantelraum

Da der Wärmeübergangskoeffizient vor allem von der Strömungsgeschwindigkeit abhängt, soll diese auf beiden Seiten der Wärmeübertragungsfläche möglichst groß sein.

In Wärmeaustauschern ohne Umlenkeinbauten strömt das eine Fluid durch die Innenrohre, das andere im Mantelraum zwischen den Rohren, und zwar parallel zur Rohrachse. Die Rohrteilung wird so gewählt, daß man möglichst viele Innenrohre unterbringen kann. Die Innenrohre sollen den Mantelraum gleichmäßig ausfüllen. Da sie im Mantelraum nicht beliebig eng angeordnet werden können, ist der Querschnitt für die Strömung um die Innenrohre größer als der durch die Innenrohre. Aus diesem

Tabelle 9.6. *Höchstgeschwindigkeiten für Metallrohre auf Kupferbasis* [6]

Werkstoff	Höchstgeschwindigkeit in m/s
Reinkupfer	1,8
CuZn 28 Sn (SoMs 70)	2,1
CuZn 20 Al (SoMs 76)	3,0
CuNi 10 Fe	3,0
CuNi 30 Fe	3,5

Tabelle 9.7. *Maximale Strömungsgeschwindigkeit w_{max} für Meerwasser nach Weyrauch* [7]

Kurzzeichen	Werkstoff Nr. nach DIN 1785	Maximale Geschwindigkeit w_{max} in m/s
SF-Cu	2.0090	1,5
SB-Cu	2.0150	2,0
CuNi 10 Fe	2.0872	2,5
CuNi 30 Fe	2.0882	3,0
CuZn 28 Sn	2.0470	2,5
CuZn 20 Al	2.0460	3,0

Grunde empfiehlt es sich, den größeren der beiden Ströme um die Innenrohre, den kleineren durch die Innenrohre zu führen. Bei etwa gleichen Strömen wird man denjenigen, der auf Grund seiner Stoffeigenschaften den größeren Wärmeübergangskoeffizienten aufweist, um die Rohre führen.

Bei der Entscheidung, welcher der Ströme im Mantelraum geführt wird, muß folgendes berücksichtigt werden:

— Druck und Temperatur der strömenden Fluide,
— die korrodierende Wirkung der Fluide,
— Dehnungsausgleich infolge von Temperaturunterschieden der Bauteile.

Außerdem ist unabhängig von den bisherigen Überlegungen wichtig, daß man wegen der Reinigungsmöglichkeiten denjenigen Strom durch die Innenrohre führt, bei dem eine Verschmutzungsgefahr durch Ablagerungen besteht, da dann die Reinigung der Wärmeaustauschfläche wesentlich einfacher ist.

Eine Erhöhung der Strömungsgeschwindigkeit im Mantelraum kann erzielt werden, wenn man den Manteldurchmesser verkleinert, was zur Erhöhung der Apparatelänge führt und zugleich die Anzahl der Innenrohre verringert. Die Nennlänge L ist nach DIN 28180 die Länge der Innenrohre. Sie ist angenähert gleich dem Abstand der Außenflächen der Rohrböden. Der Abstand der Rohrböden ist von der zulässigen Längenabweichung der Innenrohre und der Rohrverbindung nach DIN 28182 abhängig. Der Vergrößerung der Apparatelänge sind aber technische Grenzen gesetzt. Nach DIN 28180 werden Rohrlängen von 1 000, 2 500 und 5 000 mm bevorzugt. Rohrlängen von 500, 1 500, 2 000, 3 000 und 4 000 mm werden ebenfalls benutzt; Rohrlängen von 6 000 und 8 000 mm sollten eine Ausnahme sein. Nach [1] werden Rohrlängen von 2 400, 3 000, 3 600, 4 900 und 6 000 mm als Standardlängen betrachtet; andere Längen dürfen aber auch verwendet werden.

Sehr lange Innenrohre werden üblicherweise durch entsprechende gelochte Stützbleche gehalten. In Tab. 9.8 sind die nach [1] empfohlenen, maximalen, nicht unterstützten Rohrlängen angegeben.

Eine weitere Möglichkeit zur Erhöhung der Strömungsgeschwindigkeit im Mantelraum ist die Ausführung einer Längstrennwand in der Wärmeaustauschermitte, so daß die Strömung durch jeweils die Hälfte des ursprünglichen Querschnitts führt, s. Abb. 8.7. Die Dicke der Trennwand soll bei Stahl größer als 7 bis 8 mm, bei nichtrostendem Stahl größer als 4 mm sein.

Tabelle 9.8. *Die nach [1] empfohlenen maximalen Stützweiten*[a]

Rohraußendurchmesser d_a mm	Maximale Stützweite in mm	
	Hoch- und niedriglegierter Stahl, Kohlenstoffstahl, Kupfer-Nickel, Nickel, Chrom-Nickel-Eisen	Aluminium und Aluminium-Legierungen, Kupfer und Kupfer-Legierungen
20	1 500	1 300
25	1 900	1 600
32	2 200	1 900
38	2 500	2 200
50	3 200	2 800

[a] Die tabellierten Werte gelten für Betriebstemperaturen von 300 bis 540 °C

Tabelle 9.9. *Toleranzen für den Spalt*
zwischen den Bohrungen und den Innenrohren nach [1]

Ungestützte Rohrlänge L in mm	Spaltgröße $d_B - d_a$ in mm
$L \leqq 900$	0,8
$L > 900$	0,4

Tabelle 9.10. *Toleranzen für den Spalt zwischen dem*
inneren Manteldurchmesser D_i und dem Durchmesser
der Umlenkeinbauten D_s

Innerer Manteldurchmesser D_i in mm	Spaltgröße $D_i - D_s$ in mm
$150 \leqq D_i \leqq\ 300$	2,5
$350 \leqq D_i \leqq\ 400$	3,2
$450 \leqq D_i \leqq\ 550$	3,8
$600 \leqq D_i \leqq\ 950$	4,4
$1\,000 \leqq D_i \leqq 1\,350$	5,7
$1\,400 \leqq D_i$	7,6

Um die Strömungsgeschwindigkeit im Mantelraum noch mehr zu erhöhen, werden die Wärmeaustauscher mit Umlenkeinbauten in Form von Umlenksegmenten, bzw. Kreisscheiben und -ringen ausgerüstet, welche eine wechselnde Längs- und Querströmung bewirken. Die Gassen zwischen dem Mantelrohr und dem Rohrbündel sind so klein wie möglich zu halten, um die Bypaßströmung zu verringern.

Die Spaltflächen zwischen den Innenrohren und den Bohrungen in den Umlenkeinbauten sollen — genauso wie der Spalt zwischen dem inneren Manteldurchmesser und dem Durchmesser der Umlenkeinbauten — möglichst klein sein, um Leckageströmungen zu vermeiden. Die entsprechenden Toleranzen nach [1] sind in Tab. 9.9 und 9.10 zusammengestellt.

Der Abstand zwischen den Umlenkeinbauten beträgt üblicherweise 20 bis 45 % des inneren Manteldurchmessers, mindestens jedoch 50 mm. Ein Abstand von weniger als 15 % des inneren Manteldurchmessers oder von mehr als dem inneren Manteldurchmesser ist nicht zu empfehlen.

Die Umlenkeinbauten werden entweder an den Innenrohren selbst oder an besonders dafür vorgesehenen Abstandshaltern befestigt wie dies in Abb. 9.2 ersichtlich ist.

In Abb. 9.2 ist ein Umlenksegment für das Einführen der Innenrohre dargestellt. Die Umlenksegmente werden von vier vollen kreisförmigen Rundprofilen gehalten, die gleichzeitig als Abstandshalter dienen.

Der freie Querschnitt in der Umlenksegmentöffnung soll erfahrungsgemäß 15 bis 20 % des Mantelquerschnitts $(S_M = D_i^2 \pi/4)$ betragen.

Da der Wärmeübergangskoeffizient bei der Strömung parallel zu den Rohren kleiner ist als bei der Strömung quer zu den Rohren, schlug Söhngen [8] vor, den Abstand zwischen den Umlenksegmenten so zu wählen, daß die Geschwindigkeit in der Umlenksegmentöffnung fast doppelt so groß ist wie bei der Strömung quer zu den Rohren.

Abb. 9.2. Segmenteinbau
(Werkfoto Sulzer-Escher Wyss
GmbH, Lindau).

Da aber die Beschleunigung der Strömung die Druckverluste erhöht, wird oft empfohlen, den freien Querschnitt für die Längsströmung in der Umlenksegmentöffnung und den für die Querströmung um das Rohrbündel etwa gleich groß zu wählen.

Kühn [9] hat die in Tab. 9.11 angegebenen Abstände für Umlenksegmente vorgeschlagen.

Um Rohrschwingungen zu vermeiden, werden für die Dicke der Umlenksegmente, Kreisscheiben und -ringe die in Tab. 9.12 angegebenen Werte empfohlen.

Sind Schwingungen zu erwarten, so ist die Dicke der Umlenkeinbauten größer als nach Tab. 9.12 zu wählen. Als Werkstoffe für die Umlenkeinbauten kommen hauptsächlich Stahl oder andere Metalle in Frage. Zahlreiche theoretische und experimen-

Tabelle 9.11. *Abstände der Umlenksegmente nach* Kühn [9]

Manteldurch-messer D_i in mm	Abstand der Umlenksegmente L_q in mm									
150	63	80	100	125	160					
200		80	100	125	160	200				
250		80	100	125	160	200				
300			100	125	160	200	250			
350			100	125	160	200	250			
400				125	160	200	250	315		
500				125	160	200	250	315		
600				125	160	200	250	315	400	
700					160	200	250	315	400	500
800					160	200	250	315	400	500
900						200	250	315	400	500
1 000						200	250	315	400	500
1 100							250	315	400	500
1 200							250	315	400	500

Tabelle 9.12. *Empfohlene Dicke der Umlenkeinbauten in* mm

Manteldurchmesser D_i in mm	Abstand der Umlenkeinbauten L_q in mm					
	150	300	450	600	750	> 750
$150 \leqq D_i \leqq 350$	2	3	5	6	8	10
$350 \leqq D_i \leqq 700$	3	5	6	8	10	12
$700 \leqq D_i \leqq 1\,000$	5	6	8	10	13	15
$1\,000 \leqq D_i$	7	8	10	13	15	17

telle Untersuchungen über Rohrschwingungen hat GREGORIG [10-13] angestellt. Weitere Angaben über die Rohrschwingungen findet man in [14-19].

9.1.4 Hauben

Um keine zu großen Rohrlängen, aber doch genügend große Strömungsgeschwindigkeiten in den Innenrohren zu erhalten, wird der ganze Wärmeaustauscher in etwa gleich große Teilapparate unterteilt, die in Serie geschaltet sind. Das Fluid durchströmt den Wärmeaustauscher in mehreren Durchgängen. Diese Unterteilung erfolgt dadurch, daß die Innenrohre in sogenannten Umlenkhauben münden, welche mit Trennwänden ausgerüstet sind. Einige Ausführungen der Umlenkhauben sind in Abb. 9.3 schematisch dargestellt.

Die Hauben werden bei Serienapparaten immer gleich ausgeführt, nur die Anzahl der Trennwände und damit die Anzahl der Durchgänge wird geändert. Bei gerader Anzahl der Durchgänge befinden sich die Haubenstutzen immer an der gleichen Haube, während bei der Ausführung mit ungerader Anzahl der Durchgänge die vordere sowie die hintere Haube jeweils einen Stutzen hat.

Bei beschränkten Platzverhältnissen ist die Ausführung der Haube nach Abb. 9.3 b von Vorteil. Die Haube hat seitlich angebrachte Stutzen, wodurch der Platz für Rohrbögen entfällt. Ähnlich ausgeführt ist die Reinigungshaube, deren Deckel abschraubbar ist (Abb. 9.3 b unten). So ist der Rohrboden ohne Lösen der angeschlossenen Rohrleitung zugänglich und die Innenrohre sind leicht zu reinigen. Diese Ausführung wird trotz der Mehrkosten verwendet, wenn man es mit verhältnismäßig schmutzigen Fluiden zu tun hat.

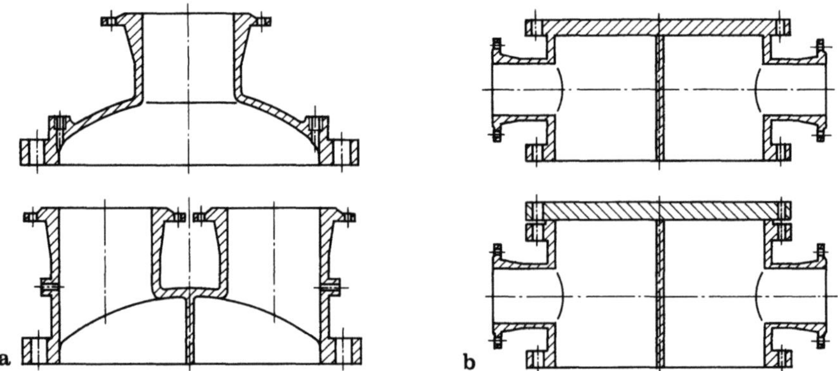

Abb. 9.3 a, b. Ausführungen von Umlenkhauben. a) Haube für einen (oben) und zwei Durchgänge; b) Hauben mit seitlichem Stutzen, Haube mit abnehmbarem Deckel (unten).

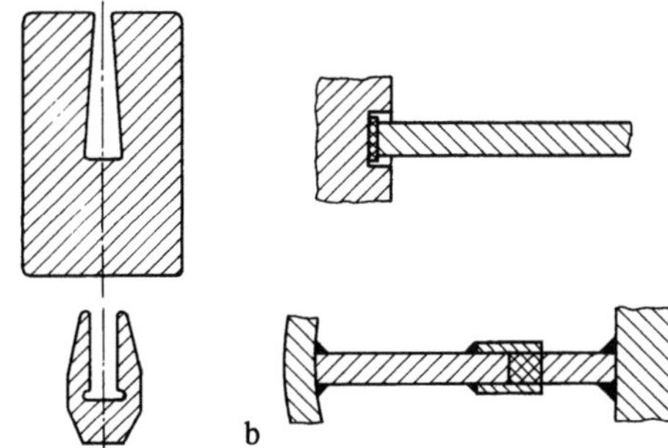

Abb. 9.4a, b. Abdichtungen für Trennwände der Hauben. a) Profil-Gummiabdichtung; b) Verschiedene Ausführungen der Abdichtung der Trennwand.

Die Hauben werden je nach den Erfordernissen aus unterschiedlichen Werkstoffen hergestellt, am meisten werden jedoch Stahl, Gußeisen und Gußbronze benutzt.

Da die geschweißten Stahlhauben relativ teuer sind, werden für Serienapparate Hauben aus Gußeisen (z. B. Grauguß GG 26) verwendet. In der chemischen und der Nahrungsmittelindustrie werden Hauben aus legierten Stählen benutzt. Im Schiffbau, bzw. bei Brack- und Seewasser sind die Hauben aus Gußbronze (z. B. GSnBz 12). Ihr Einsatz erfolgt hauptsächlich in Verbindung mit CuNi- und Sondermessingrohren.

In vielen Fällen werden die Hauben mit einem zusätzlichen Korrosionsschutzanstrich versehen.

Die Trennwände reichen bis zum Rohrboden und werden gegen diesen mittels Profilgummi, Gummiplatte oder Gummiring abgedichtet. Einige Ausführungen der Abdichtung für Trennwände der Hauben sind aus Abb. 9.4 ersichtlich.

Solche Gummidichtungen sind wasser- und solebeständig und können im Temperaturbereich von $+60$ bis $-40\,^{\circ}\mathrm{C}$ eingesetzt werden. In Sonderfällen werden auch andere Werkstoffe für die Dichtungen verwendet.

Mit der zweckmäßigen Formgebung und Dimensionierung der Hauben hat sich LINKE [20] befaßt. Gestützt auf Untersuchungen erarbeitete er Vorschläge für die Gestaltung von Hauben.

9.1.5 Rohrböden

Die Rohrböden werden von den beiden Fluiden beaufschlagt. Da an der Rohrbodenoberfläche eine relativ kleine Strömungsgeschwindigkeit herrscht, sind die Rohrböden weniger erosionsgefährdet als die Innenrohre. Sie sind auch wesentlich dicker als die Innenrohre, so daß selbst im Falle eines Korrosionsangriffs mit einer längeren Lebensdauer der Rohrböden zu rechnen ist. Aus diesem Grunde können oft Rohrböden bei Neuberohrung weiter verwendet werden. Vielfach werden die Rohrböden auf der korrosionsgefährdeten Seite mit einer Kunststoffbeschichtung geschützt.

Das Korrosionsverhalten von metallischen Werkstoffen, die als Werkstoffe für die Rohrböden in Frage kommen, ist in DIN 50930 behandelt.

Wenn die Innenrohre aus unlegiertem Stahl sind, kann man auch Rohrböden aus unlegiertem Stahl (z. B. H I) einsetzen. Häufiger wird jedoch für die Rohrböden H II verwendet. In der chemischen und der Nahrungsmittelindustrie werden Rohrböden aus legierten Stählen benutzt, da sie eine hohe Säure- und Laugenbeständigkeit haben. Der Einsatz ist jedoch sehr vom Chlorgehalt des Fluids abhängig. Bei Innenrohren aus Kupfer und Kupferlegierungen werden Rohrböden aus Muntzmetall verwendet. Als besonders korrosionsbeständige Werkstoffe gegenüber Süß- und Meerwasser können Marinemessing (Naval Brass) sowie Kupfer-Nickel-Legierungen empfohlen werden.

Tabelle 9.13. *Werkstoffe für Rohrböden*

Werkstoff	Werkstoff Nr.	Kurzzeichen	DIN
Kesselblech	1.0345	H I	17155
Kesselblech	1.0425	H II	17155
legierter Stahl	1.4541	X10CrNiTi 18 9	17440
SD-Kupfer	2.0110	SD-Cu	1787
Muntzmetall	2.0360	CuZn 40	17660
Sondermessing 71	2.0470	CuZn28Sn	17660
Sondermessing 76	2.0460	CuZn20Al	17660
Kupfer Nickel 10Fe	2.0872	CuNi10Fe	17664
Kupfer Nickel 30Fe	2.0882	CuNi30Fe	17664
Marinemessing (Naval Brass)	2.0530	CuZn39Sn	17664

In Tab. 9.13 ist eine Übersicht über die Werkstoffe für Rohrböden zusammengestellt.

Bei Verwendung von Ammoniak oder Ammoniak-Lösungen darf kein Kupfer verwendet werden.

9.1.6 Rohrspiegel

Die Innenrohre werden an ihren Enden in den Rohrböden befestigt. Man ist bemüht, die Apparate möglichst kompakt zu bauen. Aus Herstellungs- und Festigkeitsgründen darf aber die Rohrteilung nicht zu eng sein. Beim Einwalzen der Innenrohre wird nicht nur das Rohr, sondern auch der Rohrboden stark beansprucht. Die Mindest-Rohrteilung der eingewalzten Innenrohre wird dadurch bestimmt, daß die Stege zwischen den benachbarten Bohrungen nicht bleibend verformt werden dürfen, da sich sonst die Verbindungen an den Einwalzstellen lockern können. Bei eingeschweißten Innenrohren muß die Mindest-Rohrteilung außerdem so groß sein, daß sich die Schweißnähte nicht gegenseitig beeinflußen und überdecken.

Aussum [21] empfiehlt für die Rohrteilung t von eingewalzten Innenrohren

$$t = (1{,}3 \ldots 1{,}5)d_\mathrm{a}, \tag{9.1}$$

mindestens jedoch

$$t_\mathrm{min} = d_\mathrm{a} + (3 \ldots 4)s_\mathrm{r}. \tag{9.2}$$

Für dünnwandige Kupfer- und Messingrohre wählt man

$$t = 1{,}2d_\mathrm{a}. \tag{9.3}$$

In den obigen Gleichungen ist d_a der Rohraußendurchmesser und s_r die Rohrwanddicke.

Danilowa [22] schlägt die in Tab. 9.14 zusammengestellten Werte für die Mindest-Rohrteilung vor.

Nach [1] ist

$$t_\mathrm{min} = 1{,}25d_\mathrm{a}. \tag{9.4}$$

Wenn die Innenrohre außen mechanisch gereinigt werden sollen, kann die Dreieckteilung nicht verwendet werden. In diesem Fall ist die fluchtende quadratische Teilung zu bevorzugen. Die Reinigungsgassen sollen wenigstens 6 mm breit sein.

Tabelle 9.14. *Mindest-Rohrteilungen nach* DANILOWA [22]

Rohraußendurchmesser d_a mm	Mindest-Rohrteilung t_{min} mm
$d_a \leqq 16$	$t_{min} = 1{,}2 d_a + 3$ mm
$17 \leqq d_a \leqq 60$	$t_{min} = 1{,}2 d_a + 2$ mm
$61 \leqq d_a \leqq 77$	$t_{min} = 1{,}2 d_a + 1$ mm
$78 \leqq d_a \leqq 109$	$t_{min} = 1{,}2 d_a$

Da die Innenrohre mit einer gewissen Durchmessertoleranz hergestellt werden, müssen die Bohrungen im Rohrboden größer sein als der Außendurchmesser der Innenrohre. Für den Durchmesser der Bohrungen d_B wird nach [22] empfohlen

$$d_B = (1{,}016 \dots 1{,}02) d_a. \tag{9.5}$$

Beim Einwalzen der Innenrohre wird

$$d_B = d_a + 0{,}3 \text{ mm} \quad (\text{für } d_a \leqq 38 \text{ mm}) \tag{9.6}$$

bzw.

$$d_B = d_a + 0{,}5 \text{ mm} \quad (\text{für } d_a > 38 \text{ mm}) \tag{9.7}$$

gewählt.

Nach DIN 28182 werden die in Abb. 9.5 dargestellten Schweiß- und Walzverbindungen empfohlen. Für die in Abb. 9.5 empfohlenen Rohr/Rohrboden-Verbindungen sind die in Tab. 9.15 zusammengestellten Werte zu wählen.

Die eingeklammerten Werte sollen möglichst vermieden werden. Die Rohrteilung in der mittleren Spalte ist die gebräuchlichste. Eine kleinere Teilung ist möglich, wenn man sie fertigen kann. Eine größere Teilung ist dann angebracht, wenn eine bessere Reinigungsmöglichkeit des Rohrbündels wichtig ist.

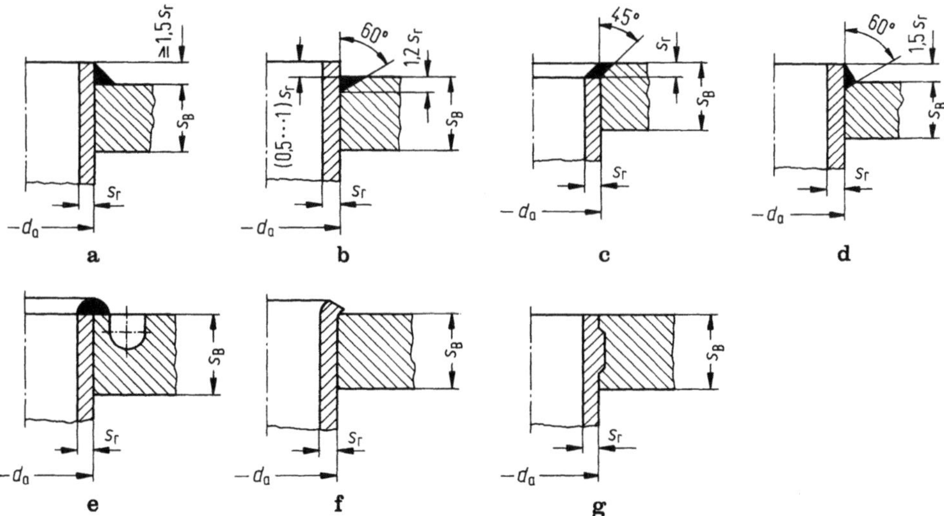

Abb. 9.5 a–g. Schweiß- und Walzverbindungen an Rohrböden nach DIN 28182. d_a Rohraußendurchmesser, s_r Rohrwanddicke, s_B Rohrbodendicke.

Tabelle 9.15. *Rohrteilungen t für Schweiß- und Walzverbindungen nach* DIN 28182

Rohrabmessungen in mm $d_a \times s_r$	Bohrung im Rohrboden d_B in mm	Rohrteilung t in mm bei der Ausführung nach Abb. 9.5		
		a, b, c	a, b, c, d, f, g	d, e
$10 \times 1{,}5$	10,4	13,5	13,5	—
$(12 \times 1{,}5)$	12,4	15,5	15,5	20
14×2	14,5	18	19	23
(16×2)	16,5	20	21	25
18×2	18,5	23	24	27
20×2	20,5	25	26	29
$(22 \times 2{,}5)$	22,5	27	29	32
$25 \times 2{,}5$	25,5	30	32	35
$30 \times 2{,}5$	30,5	36	38	40
$38 \times 2{,}6$	38,5	45	47	48
$44{,}5 \times 2{,}5$	45	53	55	54,5
$57 \times 2{,}5$	57,5	68	71	69

Im Hinblick auf den Wärmeübergang und den Raumbedarf ist ein Innenrohr um so günstiger, je kleiner sein Durchmesser ist. Da jedoch ein Rohr mit $d_a = 25$ mm auch bei starken Verschmutzungen innen immer noch sehr gut mechanisch gereinigt werden kann, ist dieses das meistbenutzte und in der chemischen Industrie bevorzugte Rohr.

DIN 28184 bringt eine Aufstellung genormter Wärmeaustauscher mit zwei festen Rohrböden bei quadratischer und bei Dreieckteilung mit Innenrohren $d_a = 25$ mm und unterschiedlicher Anzahl der Durchgänge. Eine Auswahl von Rohrbündeln mit eingewalzten und eingeschweißten Innenrohren von $d_a \times s_r = 30 \times 2{,}5$, $20 \times 2{,}5$ und $18 \times 2{,}5$ mm mit verschiedenen Rohranordnungen ist im VDI-Wärmeatlas [23] zu finden.

Für die Ermittlung des Mantelrohrdurchmessers bei gegebener Rohrzahl N und gegebener Rohrteilung t kann das in [23] beschriebene Verfahren benutzt werden. Entsprechend Abb. 9.6 beträgt der Außendurchmesser des Mantelrohrs

$$D_a = D' + d_a + 2u + 2s_M. \tag{9.8}$$

Für den Durchmesser des Teilkreises D', auf dem die Achsen der äußersten Innenrohre liegen, gilt

$$D' = mt, \tag{9.9}$$

wobei t die Rohrteilung und m eine von der Anzahl der Innenrohre N abhängige Größe ist, die in [23] tabellarisch dargestellt ist.

Nach [24] gilt mit sehr guter Näherung

$$m = 0{,}7 N^{0,59} \quad \text{für } N \leqq 100, \tag{9.10}$$

bzw.

$$m = 1{,}05 N^{0,5} \quad \text{für } N \geqq 100. \tag{9.11}$$

Die überschlägige Anzahl der Innenrohre, welche man bei gleichseitiger Dreieckteilung in einem vorgegebenen Mantelrohr unterbringen kann, ergibt sich nach [22] zu

$$N = C(D'/t)^2, \tag{9.12}$$

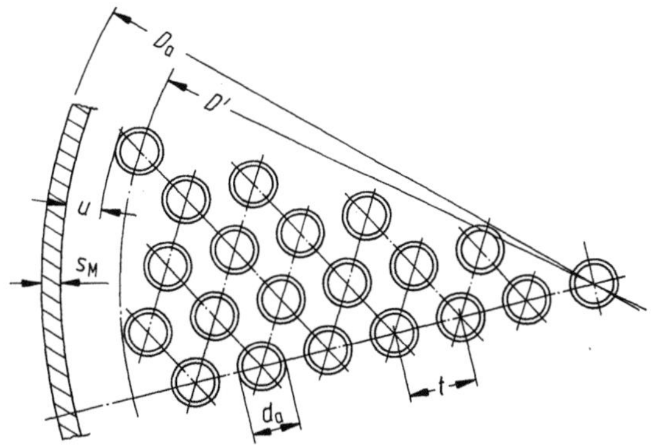

Abb. 9.6. Zur Bestimmung der Anzahl der Innenrohre im Rohrbündel nach VDI-Wärmeatlas [23]. D_a Außendurchmesser des Mantelrohrs, d_a Rohraußendurchmesser, D' Durchmesser des Teilkreises, s_M Wanddicke des Mantelrohrs, t Rohrteilung, u minimaler Abstand zwischen dem Innenrohr und dem Mantelrohr.

Abb. 9.7. Zur überschlägigen Bestimmung der Anzahl der Innenrohre nach einem Vorschlag des Verfassers.

wobei $0{,}63 \leqq C \leqq 0{,}77$ ist. Niedrigere Werte gelten für Wärmeaustauscher mit kleineren Manteldurchmessern oder mit mehreren Durchgängen.

Für die vollberohrten Apparate mit gleichseitiger Dreieckteilung schlägt der Verfasser für die Bestimmung der überschlägigen Anzahl der Innenrohre das folgende Näherungsverfahren vor:

Entsprechend der Abb. 9.7 sind die Innenrohre in Form von Sechsecken um das Mittelrohr angeordnet. Die Anzahl der Innenrohre der einzelnen Sechsecke — gerechnet vom Mittelrohr nach außen — beträgt

für das erste Sechseck	$N_1 = 1 \times 6$ Rohre,
für das zweite Sechseck	$N_2 = 2 \times 6$ Rohre,
für das dritte Sechseck	$N_3 = 3 \times 6$ Rohre usw.

Damit beträgt die Anzahl aller Innenrohre

$$N = 1 + 6 \sum z_i = 1 + 3 z_i (1 + z_i), \qquad (9.13)$$

wobei z_i die Anzahl der Sechsecke

$$z_i = D'/2t \qquad (9.14)$$

ist. Da aber auch außerhalb des letzten Sechsecks noch Innenrohre untergebracht werden können, gibt Gl. (9.13) die Mindestwerte für die Anzahl der Innenrohre.

Beispiel

Man bestimme den Manteldurchmesser eines vollberohrten Wärmeaustauschers, bestehend aus $N = 110$ Rohren mit Abmessungen $d_a \times s_r = 30 \times 2{,}5$ mm mit einer Anordnung in Form gleichseitiger Dreiecke mit $t = 38$ mm. Man prüfe die Anzahl der Innenrohre nach Gl. (9.12) und (9.13).

Nach [23] ist für $N = 109$ der Wert $m = 10{,}583$ und damit nach Gl. (9.9) $D' = 10{,}583 \times 38 = 402{,}15$ mm.

Wählt man weiter $2u = d_a = 30$ mm und $s_M = 6{,}3$ mm, so ergibt sich mit der Gl. (9.8) $D_a = 474{,}6$ mm.

Gewähltes Mantelrohr: $D_a \times s_M = 475 \times 6{,}3$ mm.

Die überschlägige Anzahl der Innenrohre nach Gl. (9.12) ist $N = (0,63\ldots0,77) \cdot (402,15/38)^2 = 70\ldots86$. Diese Gleichung ist also sehr ungenau.

Mit Gl. (9.14) ist $z_i = 5,29$. Da die Anzahl der Sechsecke einen ganzzahligen Wert haben muß, ist aus Gl. (9.13) mit $z_i = 5$, $N_{min} = 91$, während mit $z_i = 6$ die Anzahl der Innenrohre $N_{max} = 121$ ist. Die Anzahl der Innenrohre ist also $91 < N < 121$.

9.1.7 Verbindung Rohr/Rohrboden

Die Verbindung der Innenrohre mit dem Rohrboden muß so ausgeführt werden, daß ein Vermischen der beiden Fluide im Wärmeaustauscher sicher verhindert wird und daß sie gleichzeitig den auftretenden Beanspruchungen standhält. Von dieser Verbindung wird also neben der Dichtheit auch die Festigkeit bei verschiedenen Beanspruchungen verlangt. Diese Beanspruchungen entstehen durch

— *Längskräfte*, hervorgerufen durch den auf den Rohrböden lastenden Druck (Druckkraft), sowie durch unterschiedliche Wärmeausdehnung in Folge unterschiedlicher Temperaturen des Mantelrohrs und der Innenrohre (thermische Kraft).
— *Radialkräfte*, die durch unterschiedliche Wärmedehnung des Rohrbodens und der Innenrohre verursacht werden und
— *Rohrschwingungen*, hervorgerufen durch die Strömung des Fluids. Diese Schwingungen können bei gewissen Betriebsbedingungen auch bei Abstützung der Innenrohre durch Umlenkeinbauten nicht vollständig vermieden werden. Die Schwingungen sind sehr verwickelt und immer noch unvollständig erforscht. Hier ist besonders auf die schon früher erwähnten Arbeiten [10-19] hinzuweisen.

Je nach Werkstoff und Abmessungen haben sich für die Verbindung der Innenrohre mit den Rohrböden folgende Verfahren durchgesetzt:

— Aufdornen,
— Löten,
— Einwalzen,
— Schweißen.

Das *Aufdornen* wird bei kleinen Rohren verwendet, da es für diese keine Einwalzwerkzeuge gibt. Die Innenrohre ($d_a < 12$ mm) werden in den Rohrboden konisch aufgedornt. Die Rohrteilung beträgt üblicherweise $t = 1,2d_a$.

Die Verbindung der Innenrohre mit dem Rohrboden durch *Löten* erfolgt mit Hilfe eines zum Schmelzen gebrachten metallischen Bindeglieds — des Lotes — dessen Schmelzpunkt niedriger ist als derjenige der zu verbindenden Teile. Die Innenrohre können über den Rohrboden überstehen und werden eingedornt oder angewalzt und dann mit Weich- oder Hartlot dicht eingelötet. Lötverbindungen werden hauptsächlich bei Wärmeaustauschern mit großen Rohrzahlen und kleinen Durchmessern, sowie bei geringen thermischen und mechanischen Beanspruchungen angewandt. Die Weichlötung wird oft bei sehr dünnen Innenrohren und dickwandigen Rohrböden verwendet.

Vor dem Löten müssen die Verbindungsflächen sorgfältig gereinigt werden. Auf die kalten Teile wird das Flußmittel (Lötfett, Borax, Lötpaste usw.) aufgebracht. Das Flußmittel soll nach dem Erwärmen und Schmelzen die Oxidschichten im Lötspalt lösen und die Spaltflächen bis zum Schmelzen des Lotes vor neuer Oxidierung schützen. Das Flußmittel muß also leichter schmelzen als das Lot selbst. Nach Erreichen der Schmelztemperatur wird das Lot dünnflüssig und wird durch die Oberflächenspannungskräfte in den Lötspalt hineingezogen. Die Teile, die zusammengelötet werden sollen, müssen so gefertigt werden, daß das Aufbringen von Lot unter der Mitwirkung von Gravitations- und Oberflächenspannungskräften zu einer guten Lötung führt. Ist der Spalt zu eng, so kann das Lot wegen der hohen Reibung nicht tief genug in den

Spalt einsickern. Bei zu großem Spalt besteht die Gefahr, daß das Flußmittel aus dem Lötspalt nicht verdrängt wird.

GREGORIG [25] empfiehlt für glatte und weniger glatte Oberflächen für dünn- und dickflüssiges Lot eine Spaltbreite von 0,05 bis 0,2 mm (niedrigere Werte gelten für glatte Flächen und dünnflüssiges Lot). TITZE [26] gibt für die Spaltbreite Werte von 0,1 bis 0,2 mm an. Für dünnflüssiges Lot wird eine Spaltbreite von 0,05 mm, für Handlötung 0,5 mm empfohlen.

Wenn der Lötspalt gefüllt ist, wird die Wärmezufuhr unterbunden und das Lot erstarrt. Man sollte beachten, daß Lot und Innenrohr bzw. Rohrboden die gleiche Korrosionsfestigkeit haben und daß die Betriebstemperatur immer niedriger ist als die Schmelztemperatur des Lotes.

Für mechanisch niedrig belastete, bei niedrigen Temperaturen betriebene Wärmeaustauscher bedient man sich der Weichlötung. Der Schmelzpunkt der Weichlote liegt unter 400 °C. Für größere mechanische Beanspruchung oder für höhere Betriebstemperaturen eignet sich die Hartlötung. Der Schmelzpunkt des Lotes ist in diesem Falle höher als 500 °C.

Im Vergleich zum Schweißen weist das Löten folgende Vorteile auf: niedrigere Temperatur, geringerer Verzug, geringerer apparativer Aufwand und kürzere Arbeitszeit. Durch die niedrigere Temperatur wird bei vielen Werkstoffen die Festigkeit nicht beeinflußt. Als nachteilig kann der erforderliche Aufwand an Lotmenge angesehen werden. Außerdem sind Schweißverbindungen fester als Lötverbindungen. Bei der Herstellung ist zu beachten, daß am gleichen Teil nach dem Löten nicht mehr geschweißt werden darf, da Lötnähte durch die hohe Erwärmung beim Schweißen unbrauchbar werden.

Die Wahl des Lotes hängt von der zulässigen Temperatur ab und ist in den DIN-Blättern für verschiedene Lote zusammengestellt. DIN 8512 bringt eine Auswahl an Hart- und Weichloten für Aluminium-Werkstoffe, während man in DIN 8513 eine Auswahl an Kupferloten und DIN 1707 eine Auswahl von Weichloten für Schwermetalle findet.

Beim *Einwalzen* wird das Innenrohr durch rotierende Walzen von innen her an die Wandung der Bohrung gepreßt, bis eine plastische Verformung des Innenrohrs eintritt, welche zu einer elastischen Verspannung zwischen dem Innenrohr und dem Rohrboden führt. Die Innenrohre werden mit einem Überstand von üblicherweise 3 mm in die beiderseitigen Bohrungen eingesetzt und dann eingewalzt. Bei stehenden Apparaten sollen nach dem Einwalzen die überstehenden Enden entfernt werden, damit man den Wärmeaustauscher völlig entleeren kann.

Der Vorteil des Einwalzens gegenüber anderen Verfahren besteht darin, daß im Falle der Undichtheit einzelne Rohre durch Ausbohren ausgebaut und ausgewechselt werden können. Nachteilig ist allerdings, daß bei wechselnden thermischen Beanspruchungen und unterschiedlicher Wärmedehnung von Innenrohren diese Verbindung besonders bei hohen Drücken und hohen Betriebstemperaturen auf die Dauer nicht ausreicht, sondern nachläßt und sogar völlig verschwinden kann.

Für dünne Rohrböden soll ein härterer Werkstoff als für die Innenrohre verwendet werden. Harte Werkstoffe eignen sich nicht zum Einwalzen, weil die Dehnung kaum im plastischen Bereich liegt. Besonders die Einwalzenden sollen einen Härtezustand haben, der die notwendige Verformung noch zuläßt.

Walzverbindungen können glatt, mit Rille und mit Bördel ausgeführt werden. Bei Rohrbodendicken unter 25 mm und bei nichtrostenden Stahlrohren sollen Walzrillen vermieden werden. Die Rillenbreite beträgt 4 mm, die Rillentiefe 1 mm. Die Rillen sollen keine scharfe Kanten haben, damit das Innenrohr nicht beschädigt wird. Um eine zuverlässige Dichtheit zu erzielen, soll die Hafterweiterung, d. h. die Vergrößerung des Außendurchmessers des Rohrs, nach dem Einwalzen bis zum Festwalzen zwischen 20 und 30 % der Rohrwanddicke betragen. Eine Erhöhung über 30 % hinaus bringt bei glatten Bohrungen keine Erhöhung der Festigkeit mehr.

Aus Herstellungsgründen muß der Rohrboden oft dicker ausgeführt werden, als es aus Festigkeitsgründen nötig wäre. Die Einwalzlänge sollte mindestens gleich dem Rohraußendurchmesser sein. Bei dicken Rohrböden und nichtkorrodierenden Fluiden reicht es aus, wenn die Innenrohre nur in einem Teil des Rohrbodens eingewalzt sind. Bei korrodierenden Fluiden soll über die ganze Rohrbodendicke eingewalzt werden, damit im Spalt keine Korrosion auftreten kann.

In Abb. 9.5f und 9.5g sind zwei übliche Walzverbindungen dargestellt. Abb. 9.5f zeigt die Walzverbindung mit überstehendem Innenrohr ohne Rille. Bei Beanspruchung durch Längszug entstehen am unteren Rohrende Spannungsspitzen. Die in Abb. 9.5g dargestellte Ausführung mit einer Rille ergibt auch bei höheren Temperaturen eine sichere Aufnahme der Rohrkräfte. Die minimale Rohrbodendicke soll 12 mm betragen. Es werden auch Walzverbindungen mit zwei Rillen verwendet. Ebenfalls werden kombinierte Walz-Schweißverbindungen angewandt, wobei das Innenrohr auch überstehen kann.

Nach DIN 1910 ist *Schweißen* die Verbindung metallischer oder nichtmetallischer Werkstoffe unter Anwendung von Wärme oder Druck oder von beiden und zwar mit oder ohne Zusatzwerkstoff.

Es besteht immer noch keine Einigkeit darüber, ob Walzen oder Schweißen für die Rohrbefestigung besser ist, obwohl vieles für das Schweißen spricht. Die immer höher werdenden Forderungen der Verfahrenstechnik hinsichtlich thermischer und mechanischer Beanspruchung führen zu zunehmender Anwendung der Schweißverbindung. Verschiedene Untersuchungen zeigten eindeutig, daß hinsichtlich der Festigkeit, besonders bei hohen Temperaturen, die Walzverbindung der Schweißverbindung unterlegen ist. Ein weiterer Vorteil der Schweißverbindung ist die kleinere Rohrteilung und die Tatsache, daß man Rohrbodendicken verwenden kann, welche sich für das Einwalzen nicht eignen würden.

Abgesehen von Werkstoffproblemen werden die Innenrohre u. a. nach der Durchmessertoleranz ausgewählt. Diese und auch die Toleranz der Bohrungen üben damit einen Einfluß auf die Kosten des Wärmeaustauschers aus. Enge Toleranzen sind teuer, aber für hochwertige Arbeit notwendig. Um eine Exzentrizität von Innenrohr und Bohrung zu vermeiden, empfiehlt Sudasch [27], die Innenrohre vor dem Schweißen leicht einzuwalzen, bzw. Einwalzen des Innenrohrs und leichtes Umbördeln des innen vorstehenden Teils. Dies soll zu einer fehlerfreien Schweißverbindung beitragen. Andere Autoren sind dagegen der Meinung, daß diese Maßnahme bei guter Schweißung völlig unnötig ist. Das Einwalzen der Innenrohre kann jedoch die Fertigung erleichtern. Ein Festwalzen der Innenrohre nach dem Schweißen ergibt eine Erhöhung der Festigkeit und der Dichtheit der Verbindung. Beim Schweißen soll besonders sorgfältig vermieden werden, daß überhängendes Schweißgut in das Rohrinnere gelangt, da dieser Überhang nur kompliziert und kostspielig zu entfernen ist.

Söhngen [28] hat die in Abb. 9.5 dargestellten Schweißverbindungen bei dynamischer Belastung untersucht. Die Untersuchung zeigte, daß die Ausführung b hinsichtlich der Zahl der Lastwechsel bis zum Bruch den anderen Verbindungen überlegen ist. Diese Ausführung hat den größten Scherquerschnitt und wird besonders dann angewendet, wenn hohe Rohrkräfte aufzunehmen sind. Die Ausführungen a und c liefern ebenfalls brauchbare Werte. Die Ausführung a bietet dabei wegen der einfacheren Schweißkantenvorbereitung wesentliche fertigungstechnische Vorteile, während bei der Ausführung c die Gefahr besteht, daß das Schweißgut in das Rohrinnere gelangt. Ihr Vorteil ist, daß die Rohrteilung sehr klein sein kann, was eine kompakte und materialsparende Bauweise ermöglicht. Die Ausführung e ist eine reine Dichtschweißung und sollte nur in Verbindung mit einer Haftwalzung verwendet werden.

Abb. 9.5a, 9.5b und 9.5c zeigen Ausführungen mit überstehendem Innenrohr. Der Überstand ist nach DIN 28182 je nach der Ausführung $\geq 1{,}5s_r$ oder mehr, höchstens jedoch 5 mm, bzw. $(0{,}5$ bis $1)$ s_r. Häufig wird auch für den Überstand der Wert $s_r + 2$ mm empfohlen. Der Überstand darf nicht zu klein gewählt werden, da sonst die Rohrkante angeschmolzen wird. Für dünne Rohrböden und dünnwandige Innenrohre $(s_r \leq 2$ mm$)$, vor allem bei hochlegierten Stählen und Nichteisenmetallen, wird die Ausführung gemäß Abb. 9.5c empfohlen. Diese Verbindung ist billig und bietet außerdem den Vorteil, daß die Innenrohre leicht auswechselbar sind.

Eine Vielzahl von anderen Möglichkeiten für Schweißverbindungen von Innenrohr und Rohrboden findet man in [26, 27, 29]. Einige Sonderausführungen von Rohr/Rohrboden-Verbindungen, die zur Vermeidung der Spaltkorrosion dienen, hat STÜCKRAD [30] beschrieben.

In DIN 8558 sind empfohlene Schweißverbindungen zwischen dem Rohrboden und dem Mantelrohr zusammengestellt.

9.1.8 Sonstige Bauelemente

Für die Konstruktion der Wärmeaustauscherelemente sind die DIN-Normen maßgebend. Für die Ausführung gewölbter Klöpperböden gelten DIN 28011 und 28014. Für Flanschverbindungen an Behältern und Apparaten ist DIN 28030 zu berücksichtigen. Für Vorschweißflansche, wie man sie gewöhnlich für Hauben verwendet, gelten vorzugsweise DIN 28034 und DIN 28032; in Sonderfällen werden Schweißflansche nach DIN 28036 und DIN 28038 eingesetzt. Für die Anschlußmaße PN 10 bis PN 40 gilt für Stutzen aus Stahl mit festem Flansch DIN 28115. Die genormten Vorschweißflansche für Mantelstutzen für Temperaturen bis $+120\,°C$ werden für Nenndrücke bis PN 40 bar aus C 22.3 und St 37-2 nach DIN 2630 bis DIN 2635, bzw. für Nenndrücke von PN 40 bar bis PN 160 bar aus C 22.2 nach DIN 2636 bis DIN 2638 hergestellt.

9.2 Festigkeitsberechnung

Im Gegensatz zu anderen Abschnitten dieses Handbuchs werden bei der Festigkeitsberechnung nicht dimensionslose, sondern dimensionsbehaftete Gleichungen verwendet, wie sie z. B. in den AD-Merkblättern oder anderen Bauvorschriften angegeben sind. Auch die Bezeichnungen werden in Anlehnung an die AD-Merkblätter beibehalten. Bei der Verwendung der in diesem Abschnitt angegebenen Gleichungen muß also für jede Größe die dazu angegebene Einheit eingesetzt werden.

9.2.1 Allgemeines

Für alle unter Druck stehenden Elemente des Wärmeaustauschers muß eine Festigkeitsberechnung durchgeführt werden. Diese erfolgt üblicherweise erst nach der thermodynamischen Auslegung und Festlegung der Hauptabmessungen. Die Festigkeitsberechnung wird nach anerkannten technischen Regelwerten, z.B. den AD-Merkblättern der Reihe B, durchgeführt. Dazu ist die Kenntnis der größten wirksamen Kraft erforderlich.

Im allgemeinen muß mit Beanspruchungen gerechnet werden, die entstehen durch

— Innendruck im Stillstand und während des Betriebs,
— Außendruck, z. B. durch Evakuieren des Apparats,
— Temperatur im Stillstand und während des Betriebs,
— chemischen Angriff,
— von außen einwirkende Schwingungen und Wechselbeanspruchungen,
— Druckwellen, z. B. Erdbeben, Flugzeugabsturz, Windlasten,
— Zusatzlasten, z. B. durch Aufsattelung von Bauteilen,

— Stutzenkräfte angeschlossener Rohrleitungen,
— Montage und Transportbelastungen, speziell bei dünnwandigen Behältern,
— erhöhte Druckprüfung,
— dynamische Beanspruchung durch fließende Medien.

Zunächst wird der Werkstoff für den Bau des Apparats bestimmt. Die Auswahl erfolgt nach wirtschaftlichen Gesichtspunkten, wobei die chemische Beständigkeit des verwendeten Materials zu beachten ist.

Die Berechnung wird im allgemeinen mit dem höchstzulässigen Betriebsüberdruck p und der höchsten Betriebstemperatur t durchgeführt. Wird ein Bauelement gleichzeitig durch Innen- und Außendruck beansprucht, so darf in der Regel nicht mit der Differenz zwischen dem äußeren und dem inneren Überdruck gerechnet werden. Die Berechnung ist sowohl für den äußeren als auch für den inneren Überdruck getrennt durchzuführen. Ausnahmen sind zulässig, wenn nachgewiesen wird, daß eine höhere Beanspruchung als durch die Druckdifferenz nicht auftreten kann. Wenn gleichzeitig mit äußerem Überdruck auch innerer Unterdruck oder umgekehrt auftreten kann, so wird als Berechnungsdruck die Druckdifferenz eingesetzt. Ist der Unterdruck nicht zuverlässig bekannt, so ist die Berechnung mit dem um 1 bar erhöhten Überdruck durchzuführen.

Nach DIN 8975 sind die höchstzulässigen Betriebsüberdrücke für die Hoch- und Niederdruckseite der Kälteanlagen unterschiedlich. Für den höchstzulässigen Betriebsüberdruck ist bei der Hochdruckseite für übliche Bedingungen eine Sättigungstemperatur von rund 40 °C, für erschwerte Bedingungen eine solche von rund 57 °C und für die Niederdruckseite eine Sättigungstemperatur von mindestens 32 °C angesetzt. Der höchstzulässige Betriebsüberdruck muß jedoch mindestens 1 bar betragen. Die höchstzulässigen Betriebsüberdrücke nach DIN 8975 sind für verschiedene Kältemittel in der Tab. 9.16 zusammengestellt.

Tabelle 9.16. *Empfohlene Betriebsüberdrücke nach* DIN 8975

Kältemittel Kurzzeichen nach DIN 8962	Betriebsüberdruck p in bar			
	Niederdruckseite	Hochdruckseite		
		wassergekühlt	luftgekühlt	
			Regelfall	Sonderfall
R11	1	1	1,8	2,5
R12	7	9,5	13	16
R12 B1	2,5	3,5	5,5	6,5
R13	kritische Temperatur bei +28,8 °C			
R13 B1	19	24	31	36
R22	12	16	21	25
R113	1	1	1	1
R114	1,7	3	4,5	6
R500	9	12	16	19
R502	13	17	23	27
R717 (NH$_3$)	12	16	22	28

Bei tiefen Temperaturen dürfen die in der Tabelle angegebenen Betriebsüberdrücke niedriger gewählt werden, wenn die Anlage so abgesichert ist, daß eine Überschreitung des festgelegten Drucks zuverlässig verhindert wird.

Als Berechnungstemperatur ist die höchste zu erwartende Wandtemperatur maßgebend. Liegt diese zwischen $-10\,°C$ und $20\,°C$, so ist für die Berechnung $20\,°C$ einzusetzen. Für Temperaturen unter $-10\,°C$ ist das AD-Merkblatt W 10 zu beachten. Die Berechnungstemperatur ist von der Beheizungsart abhängig und ist im AD-Merkblatt B 0, Tafel 1, zusammengestellt.

Die Festigkeitskennwerte K sind gemäß den Festlegungen in den AD-Merkblättern der Reihe W entsprechend der Berechnungstemperatur zu wählen.

Durch notwendige Vereinfachungen bezüglich Spannungsverteilung, Überlagerungen und Lastaufnahmen ist die Berechnung mit Unsicherheiten behaftet. In allen Regelwerken wird dies durch die Einführung von Sicherheitsbeiwerten S berücksichtigt. Der Sicherheitsbeiwert bestimmt den Ausnutzungsgrad der Streck- oder Fließgrenze des Materials, wobei der Festigkeitskennwert des Materials für die Berechnungstemperatur einzusetzen ist. Die Sicherheitsbeiwerte sind entweder aus dem AD-Merkblatt B 0 oder aus den entsprechenden AD-Merkblättern der Reihe W zu entnehmen. Einige Sicherheitsbeiwerte nach AD-Merkblatt B 0 sind in der Tab. 9.17 ersichtlich.

Diese Sicherheitsbeiwerte können für besonders beanspruchte Werkstoffe (z. B. für tiefe Temperaturen) auch höhere Werte aufweisen. Nach AD-Merkblatt W 10 unterscheidet man drei verschiedene Beanspruchungsfälle:

Beanspruchungsfall I. Zu diesem Beanspruchungsfall zählen Druckbehälter und Bauteile von Druckbehältern, bei denen für die Werkstoffe die Festigkeitskennwerte

Tabelle 9.17. *Sicherheitsbeiwerte S zur Ausnutzung der zulässigen Materialbeanspruchung (Auszug aus dem AD-Merkblatt B 0)*

Werkstoff und Ausführung	Sicherheitsbeiwert gegen			
	Streck-, Dehngrenze und Zeitstandsfestigkeit		Zugfestigkeit	
	Beiwert S bei Berechnungstemperatur	Beiwert S' beim Prüfdruck	Beiwert S bei Berechnungstemperatur	Beiwert S' bei Prüfdruck
Walz- und Schmiedestahl	1,5	1,1		
Stahlguß	2,0	1,5		
Gußeisen mit Kugelgraphit DIN 1693 GGG 40 ungeglüht	4,5	1,7		
Grauguß ungeglüht DIN 1691			9,0	3,5
Aluminium und Aluminium-Legierungen (Knetwerkstoffe)	1,5	1,1		
Kupfer und Kupfer-Legierungen einschl. Walz- und Gußbronze				2,5

Tabelle 9.18. *Erhöhte Sicherheitsbeiwerte zur Ausnutzung der zulässigen Materialbeanspruchung bei tiefen Temperaturen (Auszug aus dem AD-Merkblatt* W 10)

Beanspruchungsfall	I	II		III
Sicherheitsbeiwert S_r, bei Betriebstemperatur und Berechnungsdruck	$S_r = S$	$S_r = 4S/3$	$S_r = 2S$	$S_r = 4S$
oder				
zulässiger Betriebsdruck gegenüber Berechnungsdruck bei Betriebstemperatur	p	$0,75p$	$0,5p$	$0,25p$

der AD-Merkblätter der Reihe W mit den im AD-Merkblatt B 0 genannten Sicherheitsbeiwerten voll ausgenutzt sind. In diesen Fällen beträgt der für die Berechnung einzusetzende Sicherheitsbeiwert $S_r = S$.

Beanspruchungsfall II. Dieser liegt bei Druckbehältern und Bauteilen von Druckbehältern vor, bei denen für die Werkstoffe die Festigkeitskennwerte der AD-Merkblätter der Reihe W mit den im AD-Merkblatt B 0 genannten Sicherheitsbeiwerten nur bis zu 75 % oder 50 % ausgenutzt sind. Der in der Rechnung einzusetzende Sicherheitsbeiwert beträgt $S_r = 4S/3$ oder $S_r = 2S$, je nach dem Dampfdruck des Beschickungsmittels, falls dieser für die Dimensionierung des Druckbehälters maßgebend ist.

Beanspruchungsfall III. Dieser liegt bei Druckbehältern und deren Teilen vor, bei denen für die Werkstoffe die Festigkeitskennwerte der AD-Merkblätter der Reihe W mit den im AD-Merkblatt B 0 genannten Sicherheitsbeiwerten nur bis 25 % ausgenutzt werden. In diesem Falle ist $S_r = 4S$.

In Tab. 9.18 sind die nach AD-Merkblatt W 10 empfohlenen Sicherheitsbeiwerte zusammengestellt.

Die Sicherheitsbeiwerte oder die möglichen geringeren Betriebsdrücke gelten nur für die in Tafel 1 des AD-Merkblatts W 10 aufgeführten Werkstoffe. Die zusätzlichen Forderungen zur Herstellung und Prüfung von Bauelementen nach AD-Merkblatt W 10 sind zu beachten. Für hochbeanspruchte Bauteile, wie z.B. Schrauben, sind die erweiterten Einsatzgrenzen nicht zugelassen, wie dies das folgende Beispiel zeigt.

Die Materialausnutzung bei tiefen Temperaturen wird am Beispiel eines überfluteten mit Ammoniak betriebenen Verdampfers für Solekühlung gezeigt. Folgende Betriebsbedingungen seien gegeben:

Verdampfungstemperatur:	t_0	$= -40\,°\mathrm{C}$,
Soleeintrittstemperatur:	$t_{S,1}$	$= -33\,°\mathrm{C}$,
Soleaustrittstemperatur:	$t_{S,2}$	$= -36\,°\mathrm{C}$,
tiefste Betriebstemperatur:	t_B	$= -50\,°\mathrm{C}$,
Berechnungsdruck der NH_3-Seite nach Tab. 9.16:	p	$= 12$ bar,
Betriebsdruck der NH_3-Seite:	$p_{B,1}$	$= 0,72$ bar,
Betriebsdruck und Berechnungsdruck der Soleseite:	$p_{B,2}$	$= 7$ bar,

eingesetztes Material:

Mantel und Rohrboden: Kesselblech H II nach DIN 17155,
Innenrohre: RSt 35 nach DIN 1629,
Umlenkhauben, Soleseite: Kesselblech H II nach DIN 17155,
Schrauben: 12 Ni 19, SEW 680.

Damit ergeben sich folgende Einsatzgrenzen (s. Tabelle I).

Bestimmung der Sicherheitsbeiwerte

a) Ammoniakseite

Materialeinsatz nach Beanspruchungsfall II. Da $p_{B,1} < p$ ist, wird der Berechnungsdruck für Mantel und Rohrboden mit dem größten Betriebsdruck verglichen. Für eine Verdampfungstem-

Tabelle I

Tiefste Anwendungstemperatur für das gewählte Material	Beanspruchungsfall		
	I	II	III
Kesselblech H II, RSt 35	$-10\,°C$	$-60\,°C$	$-85\,°C$
Schraubenwerkstoff 12 Ni 19	$-140\,°C$	$-190\,°C$	$-240\,°C$
Sicherheitsbeiwert nach Tab. 9.18	$S_r = S$	$S_r = 4S/3$ bzw. $S_r = 2S^a$	$s_r = 4S$
Zulässiger Betriebsdruck verglichen mit Berechnungsdruck p bei Betriebstemperatur (nach Tab. 9.18)	p	$0,75...0,5\,p$	$0,25\,p$

^{a} Bei $S_r = 2S$ bzw. Dampfdruck $\leq 0,5\,p_B$ kann die Toleranzgrenze für Spannungsarmglühen größer gewählt werden.

peratur von $t_0 = -10\,°C$ ergibt sich ein Betriebsüberdruck von 1,91 bar. Der Ausnutzungsgrad ist somit $p_{B,1}/p = 1,91/12 = 0,16$. Somit sind die Bedingungen $p_{B,1}/p \leq 0,50$ für den Beanspruchungsfall II erfüllt. Es gilt $S_r = S = 1,5$.

b) Soleseite
Materialeinsatz nach Beanspruchungsfall II. Der Betriebsdruck $p_{B,2}$ ist gleich dem Berechnungsdruck. Wegen der zu erwartenden Wanddicken wird mit $S_r = 2S = 3$ gerechnet.

c) Schrauben
Für Schrauben gilt immer der Beanspruchungsfall I. Es dürfen nur Werkstoffe nach AD-Merkblatt W 7 eingesetzt werden.

Die Ausnutzung der zulässigen Berechnungsspannung in der Fügeverbindung (Schweißen und Löten) wird in der Berechnung durch einen Faktor v berücksichtigt. Dieser ist aus dem AD-Merkblatt HP 0 zu entnehmen. Sofern für die dort nicht genannten Werkstoffe keine anderen Werte festgelegt sind, wird $v = 0,85$ gesetzt. Für hartgelötete Verbindungen kann mit $v = 0,8$ gerechnet werden, falls nicht in der Verfahrensprüfung ein höherer Wert festgelegt wird. Für weichgelötete Verbindungen ist unter gewissen Bedingungen (AD-Merkblatt B 0, S. 3) ebenfalls $v = 0,8$ einzusetzen.

Angaben über den Zuschlag zur Berücksichtigung der Wanddickenunterschreitung, den Abnutzungszuschlag und die kleinsten Wanddicken sind ebenfalls im AD-Merkblatt B 0 zu finden.

9.2.2 Bauvorschriften und Regelwerke

Unter Druck stehende Apparate und Behälter sind genehmigungspflichtige Bauteile, deren Herstellung, Prüfung und Betrieb nach sicherheitstechnischen Gesichtspunkten zu erfolgen hat. In der Regel müssen die am Aufstellungsort gültigen Verordnungen und Gesetze beachtet werden. Für die Bundesrepublik Deutschland gilt die „Verordnung über Druckbehälter, Druckgasbehälter und Füllanlagen (DruckbehV)" als gesetzliche Grundlage für die sicherheitstechnische Ausführung druckführender Bauteile und Anlagen [31]. Diese Verordnung löst die bisher bekannten Unfallverhütungsvorschriften ab. Nach dieser Verordnung gelten die in den „Technischen Regeln Druckbehälter (TRB)" [32] festgelegten Ausführungsvorschriften und -richtlinien als anerkannte Regeln der Technik. Die TRB gibt Richtlinien und Hinweise, die zur Gestaltung von druckführenden Apparaten notwendig sind. Die AD-Merkblätter [33] sind Bestandteile der TRB.

Tabelle 9.19. *Verordnung über Druckbehälter, Druckgasbehälter und Füllanlagen (Druckbehälterverordnung — DruckbehV)* [31]

Technische Regeln Druckbehälter — TRB

TRB 003	TRB 004	TRB 005	TRB 100	TRB 200	TRB 300	TRB 051
Ausrüstung	Aufstellung	Betrieb	Werkstoffe	Herstellung	Berechnung	Richtlinien für das Verfahren und die Registrierung der Baumusterprüfung, sowie für die Herstellerprüfung von Druckbehältern

AD-Merkblätter — Anerkannte Regeln der Technik

G	A	B	H	W	N	S	P
Grundsätze	Ausrüstung	Berechnung	Herstellung	Werkstoffe	Druckbehälter aus nichtmetallischen Werkstoffen	Sonderfälle	Prüfungen
		RB Berechnung	RH Herstellung	RW Werkstoffe			
		von Kernreaktoranlagen					
		Druckbehälter aus metallischen Werkstoffen					

Die Anwendung der Regelwerke ist zwingend. Betriebszulassungen druckführender Anlagen durch Behörden und deren beauftragte Stellen (TÜV) sind von der Einhaltung der anerkannten Technischen Regeln abhängig. Aufbau und Gliederung der Regelwerke ist aus Tab. 9.19 ersichtlich.

Für den exportierenden Apparatebau und für Hersteller von Apparaten für Seeschiffe müssen die Vorschriften der nationalen Behörden und Klassifikationsgesellschaften beachtet werden. In Tab. 9.20 sind die bekanntesten Bauvorschriften und Regelwerke verschiedener Länder unter Mithilfe des Fachverbands Dampfkessel-, Behälter- und Rohrleitungsbau e. V. (FDBR) zusammengestellt. Tab. 9.21 gibt eine Übersicht über ausländische Abnahmeorganisationen.

9.2.3 Mantelrohr

Neben der Wärmeaustauschfläche ist das Mantelrohr das wichtigste Bauelement eines Rohrbündelwärmeaustauschers. Das gilt entsprechend auch für sonstige kältetechnische Apparate (Abscheider, Sammler). Der Form nach unterscheidet man zwischen zylindrischen Mantelrohren und solchen mit elliptischem Querschnitt. Beide Formen werden sowohl als dünnwandige ($D_a/D_i \leq 1{,}2$ mit D_a als dem äußeren und D_i als dem inneren Manteldurchmesser) als auch als dickwandige Mantelrohre ($D_a > 1{,}2$) gefertigt. Sonderausführungen sind der Kugelbehälter (z. B. für Speichertanks) sowie die Gehäuse für eckig geformte Wärmeaustauscher für niedrige Drücke ($p < 1$ bar), die als Kühler mit Lamellensystemen oder Rohrschlangen benutzt werden.

Tabelle 9.20. *Nationale Vorschriften und Regelwerke verschiedener Länder*

Land	Kurzbezeichnung	Name
Belgien	ARAB	Règlement général pour la protection du travail, Kap. IV
DDR	TGL-WBV	Arbeitsschutzanordnung 840/1 Druckgefäße, Werkstoffe und Bauvorschriften
Finnland	391/53	Allgemeine Bestimmung für Dampfkessel und Druckbehälter mit Verordnungen über Anwendung
Frankreich	S.N.C.T.	Schweißvorschrift für Druckbehälter
Frankreich	A.P.A.V.E.	Bauvorschrift für Druckbehälter
Großbritannien	BS 1500/BS 5500	Unbefeuerte schmelzgeschweißte Druckbehälter
Großbritannien	LRS/Rules	Lloyd's Register of Shipping. Vorschriften für den Bau und die Klassifikation von stählernen Schiffen
Italien	ANCC	Assoziazione Nazionale per il Controllo della Combustione Racolta VSG, VSR, M, S, E
Jugoslawien	JUS	Jugoslawischer Standard
Niederlande	Grondslagen	Regeln für Druckbehälter
Österreich	ÖNORM	Dampfkesselverordnung
Polen	UDT	Technisches Überwachungsamt
Schweden	A No. 1E	Schwedische Dampfkesselvorschrift
Schweiz	SVDB	Schweizer Verein von Dampfkessel-Besitzern
UdSSR	GOST	Allgemeine Normen
USA	ASME	Boiler and pressure vessel code
USA	TEMA	Standards of tubular exchanger manufacturers association

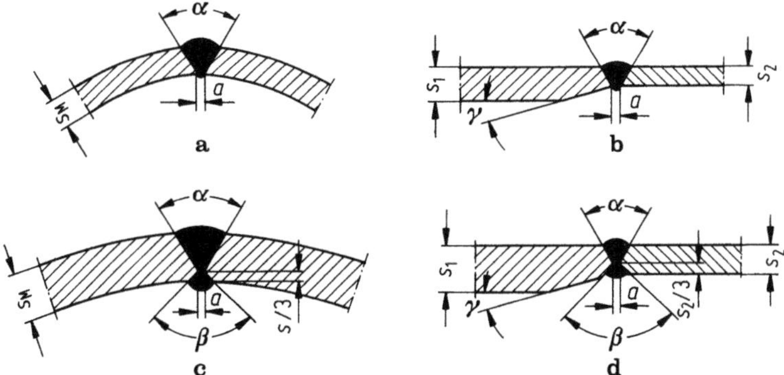

Abb. 9.8 a–d. Schweißnähte für Mantelrohre. a) Mantelschuß-Längsnaht, V-Form. $s_M \leqq 20$ mm, $a = 2$ bis 3 mm, $\alpha = 50°$ bis $60°$; b) Boden-Mantel-Rundnaht für ungleiche Wanddicken, V-Form. $s_1 - s_2 \geqq 3$ mm, $s_2 \leqq 20$ mm, $a = 3$ bis 4 mm, $\alpha = 50°$ bis $60°$, $\gamma = 15°$; c) Mantelschuß-Längsnaht, X-Form. $s_M > 20$ mm, $a = 0$ bis 2 mm, $\alpha = 60°$ bis $70°$, $\beta = 50°$ bis $60°$; d) Boden-Mantel-Rundnaht für ungleiche Wanddicken, X-Form. $s_2 > 20$ mm, $a = 0$ bis 2 mm, $\alpha = 60°$ bis $70°$, $\beta = 50°$ bis $60°$, $\gamma = 15°$.

Tabelle 9.21. *Übersicht über ausländische Abnahmeorganisationen*[a]

Land	Kurzbezeichnung	Name
Belgien	APRAGAZ	Association des propriétaires de recipients à gaz comprimés, liquefiés ou dissous
Belgien	Vincotte	Association Vincotte
DDR	TÜ	Technische Überwachung der DDR
Frankreich	S.I.I.M.	Service interdépartemental de l'industrie et des mines
Großbritannien	A.O.T.C.	The associated offices technical comittee
Großbritannien	LRS	Lloyd's register of shipping
Großbritannien	LRS	Lloyd's register of industrial services
Italien	ANCC	Assoziazione nazionale per il controllo della combustione
Jugoslawien	IPK	Inspektorat parnih kotlova
Niederlande	—	Dienst voor het stoomwezen
Österreich	TÜV-Wien	Technischer Überwachungsverein Wien
Polen	UDT	Technisches Überwachungsamt
Schweden	A.B.	A.B. Statens anlagningsprovning
Skandinavien	B.V.	Bureau Veritas
Schweiz	SVDB	Inspektion-Schweizer Verein von Dampfkessel-Besitzern
USA	—	The national board of boiler and pressure vessel inspectors

[a] Ausgewählte Angaben unter Mithilfe des Fachverbands Dampfkessel-, Behälter- und Rohrleitungsbau e. V. (FDBR).

In den meisten Fällen wird das zylindrische Mantelrohr durch Kaltwalzen hergestellt. Die Herstellung und die Prüfung der Verbindungsstellen sind im AD-Merkblatt HP 5/1 und in der DIN 8562 festgelegt. Je nach Wanddicke und Fertigungsmöglichkeiten sind die Schweißnähte als V- oder X-Nähte ausgeführt, wie dies aus der Abb. 9.8 ersichtlich ist.

Bei kleinen Wanddicken < 6 mm wird die V-Naht bevorzugt; die Wurzel muß geschliffen und nachgeschweißt werden. Bei größeren Wanddicken wird die X-Naht verwendet. Infolge der gleichzeitigen doppelseitigen Schweißung und symmetrischen Erwärmung ergibt sich der kleinste Verzug. Bohrungen, Ausschnitte und Stutzen in der Schweißnaht oder ihrer unmittelbaren Nähe muß man vermeiden. Die Längsnähte der einzelnen Schüsse werden gegenseitig versetzt, um das Zusammentreffen mehrerer Nähte (Kreuzstoß mit Überschweißung) zu vermeiden.

Eine Wärmebehandlung des kaltverformten Mantels ist nach AD-Merkblatt HP 7/2 und W 10 nur erforderlich, wenn der Verformungsgrad $s_e/D_m = s_M/D_m$ bei C-Stählen weniger als 5 % und bei Feinkorn- und kaltzähen Stählen weniger als 2 % beträgt. Hier bedeutet $s_e = s_M$ die ausgeführte Wanddicke des Mantelrohrs und D_m den mittleren Manteldurchmesser.

Die rechnerisch erforderlichen Wanddicken von Druckbehältern aus Stahl, deren Berechnungsdruck $p \leq 60$ bar beträgt, ergeben einen Verformungsgrad unter 2 %. Eine Wärmebehandlung ist demnach nur bei Berechnungsdrücken über 60 bar erforderlich.

Bei Verwendung von C-Stählen und einem Innendruck p_i über 250 bar müssen dickwandige Mantelrohre verwendet werden.

a) Behältermäntel unter innerem Überdruck

Für die Festigkeitsberechnung der unter innerem Überdruck stehenden zylindrischen Mäntel mit $D_a/D_i \leqq 1{,}2$ gilt das AD-Merkblatt B 1. Die erforderliche Wanddicke des unverschwächten zylindrischen Mantels beträgt

$$s = s_0 + c_1 + c_2 \quad (s \text{ in mm}), \tag{9.15}$$

wobei die Mindestdicke des Mantelrohres

$$s_0 = \frac{D_a p}{20 \dfrac{K}{S} v + p} \quad (s_0 \text{ in mm}) \tag{9.16}$$

beträgt. In Gl. (9.16) müssen der Außendurchmesser D_a in mm, der Berechnungsdruck p in bar und der Festigkeitskennwert K in N/mm² eingesetzt werden.

Angaben über die Festigkeitskennwerte K enthalten die DIN- und die AD-Merkblätter der Reihe W. Eine Auswahl ist in Tab. 9.22 zusammengestellt.

Der Sicherheitsbeiwert S berücksichtigt im wesentlichen die Unsicherheiten der Berechnung und kann unter der Voraussetzung sorgfältiger Herstellung und Formgebung aus dem AD-Merkblatt B 0, bzw. den AD-Merkblättern der Reihe W entnommen werden.

Der Zuschlag zur Wanddicke beträgt

$$c = c_1 + c_2. \quad \text{Werte in mm} \tag{9.17}$$

Als Zuschlag für die Wanddickenunterschreitung c_1 ist bei ferritischen Stählen die zulässige Minustoleranz nach DIN 1543 einzusetzen. Bei austenitischen Stählen und Nichteisenmetallen bleiben Minustoleranzen unberücksichtigt. Im russischen Schrifttum wird für diesen Zuschlag für $s_0 \leqq 20$ mm der Wert $c_1 = 1$ mm genommen, während für eine Wanddicke $s_0 > 20$ mm mit keinem Zuschlag gerechnet wird.

Der Abnutzungszuschlag c_2 hängt von der Aggressivität des Fluids, der chemischen Beständigkeit des Werkstoffs und der verlangten Lebensdauer des Apparats ab. Für ferritischen Stahl kann $c_2 = 1$ mm genommen werden. Für Wanddicken von $s_e \geqq 30$ mm entfällt der Abnutzungszuschlag. Er entfällt außerdem, wenn die Stähle ausreichend gegen Einflüsse der Beschickungsmittel geschützt sind. Bei austenitischen Stählen und Nichteisenmetallen beträgt der Abnutzungszuschlag im allgemei-

Tabelle 9.22. *Angaben über die Festigkeitskennwerte K*

AD-Merkblatt	DIN	Werkstoff
W 1	17100 1629	unlegierte und legierte Stähle für Bleche
W 2	17440	austenitische Stähle
W 3/2		Grauguß (unlegiert und niedrig legiert)
W 5	17245 17445	Stahlguß Aluminium und Aluminium-Legierungen
W 6/1		Aluminium und Aluminium-Legierungen
W 7	267 17240	Schrauben und Muttern aus Stahl

nen $c_2 = 0$. Abweichend von diesen Regelungen kann zwischen dem Hersteller und dem Betreiber ein höherer Zuschlag c_2 vereinbart werden; dieser ist dann in der Zeichnung zu vermerken.

Ein besonders hoher Abnutzungszuschlag wird im russischen Schrifttum für die aus Kohlenstoffstählen gebauten Apparate empfohlen, welche atmosphärischer Korrosion ausgesetzt sind. Der Abnutzungszuschlag beträgt in diesem Falle:

$$c_2 = w_k \tau, \quad c_2 \text{ in mm} \tag{9.18}$$

wobei τ die geforderte Lebensdauer des Apparats in Jahren und w_k die durch die Versuche ermittelte Korrosionsgeschwindigkeit in mm/Jahr ist. Diese beträgt je nach Werkstoff 0,1 bis 0,5 mm/Jahr, was bei einer Lebensdauer von 10 Jahren einen Abnutzungszuschlag von $c_2 = 1$ bis 5 mm ergibt.

Die kleinste zulässige Wanddicke beträgt bei nahtlosen, geschweißten oder hartgelöteten zylindrischen Mänteln 2 mm, bei Aluminium und dessen Legierungen 3 mm.

Die in der Achsrichtung des Zylinders auftretende Spannung ist halb so groß wie die Tangentialspannung, d. h. die Belastung der Rundnaht ist halb so groß wie die der Längsnaht. Nach AD-Merkblatt B 1 errechnet sich die Wanddicke eines Kugelbehälters zu

$$s = \frac{D_a p}{40 \dfrac{K}{S} v + p} + c_1 + c_2, \quad s \text{ in mm} \tag{9.19}$$

wobei die Größen die gleiche Bedeutung haben wie in Gl. (9.16) und in den gleichen Einheiten wie dort eingesetzt werden müssen.

Die in den nationalen Regelwerken als verbindlich angegebenen Formeln sind Abwandlungen der Kesselformel. Die Unterschiede sind jedoch gering.

Sehr unterschiedlich sind dagegen die Festigkeitskennwerte, die Sicherheitsbeiwerte und die Zuschläge in den einzelnen Regelwerken. Dadurch können sich unter sonst gleichen Bedingungen Unterschiede in der Wanddicke bis zum Faktor zwei ergeben. Einen Vergleich rechnerisch ermittelter Wanddicken nach den in verschiedenen Ländern geltenden Bestimmungen für die Auslegung von Druckbehältern findet man bei Pasenau [34].

b) Behältermäntel unter äußerem Überdruck

Äußeren Überdruck muß man vor allem bei den Innenrohren und den Umlenkhauben von Wärmeaustauschern mit schwimmendem Kopf berücksichtigen.

Für Mantelrohre mit $D_a \leq 200$ mm und Normalwanddicken nach DIN 2448 ist eine Nachprüfung auf Einbeulen nicht erforderlich. In diesem Falle genügt die Bestimmung der Wanddicken nach Gl. (9.19). Behältermäntel unter Außendruck mit $D_a > 200$ mm und einem Durchmesserverhältnis von $D_a/D_i \leq 1,2$ sowie Kugelkalotten

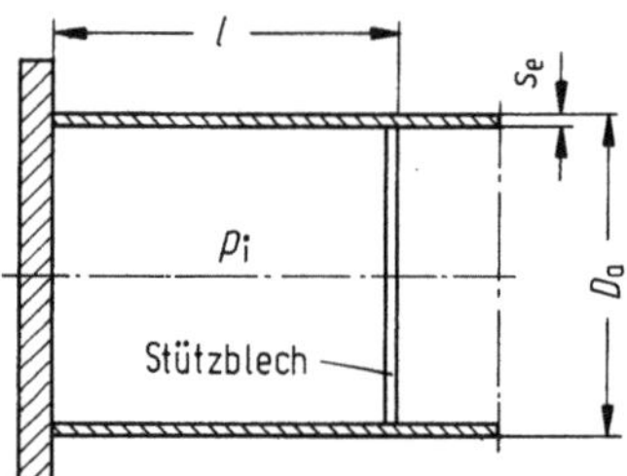

Abb. 9.9. Zur Berechnung der Behältermäntel unter äußerem Überdruck. D_a Außendurchmesser des zylindrischen Mantels, l Beullänge, p_i Innendruck, s_e ausgeführte Wanddicke.

Tabelle 9.23. *Bedingungen zur vakuumsicheren Dimensionierung von zylindrischen Mänteln*

Berechnung nach AD-*Merkblatt* B 1 *und* B 6

Sicherheitsbeiwerte	$S = 1{,}5$, $S_K = 1{,}6$				
Elastizitätsmodul	$E = 2 \cdot 10^5 \, \text{N/mm}^2$				
Festigkeitskennwert	$K = 260 \, \text{N/mm}^2$				
Kennwert	$p S_K \cdot 10^5 / E = 0{,}8$				

D_a/l	0,1	0,2	0,4	1,0	3,0
$D_a/(s_e - c_1 - c_2) \cdot 10^2$	1,5[a]	2,1[a]	2,8[a]	4,0[a]	6,5[a]
p_i in bar	23,2	16,5	12,4	8,7	5,4

[a] Entnommen aus Bild 6 des AD-Merkblatts B 6.

gewölbter Böden müssen auf elastisches Einbeulen und eventuell auf plastische Verformung nachgeprüft werden.

Falls die Querkontraktionszahl $\mu \approx 0{,}3$ und die Unrundheit $U \leqq 1{,}5\%$ beträgt, kann die Nachprüfung nach AD-Merkblatt B 6 erfolgen. Diese Voraussetzungen gelten praktisch für alle aus metallischen Werkstoffen hergestellten Mäntel, deren Fertigungstoleranz der DIN 8563 entspricht. Eine Nachprüfung des zylindrischen Mantels auf Vakuumsicherheit ist nicht erforderlich, wenn der Behälter für einen inneren Überdruck p_i entsprechend Tab. 9.23 mit den Bezeichnungen der Abb. 9.9 ausgelegt ist.

9.2.4 Gewölbte Böden

Behältermäntel der Apparate werden an beiden Seiten durch Böden verschlossen. Die möglichen Bodenformen liegen zwischen Flachböden und Halbkugelböden und sind aus Tab. 9.24 ersichtlich. Gewölbte Böden gewährleisten in allen Formen eine gute Materialausnutzung. Für gewölbte Böden gilt DIN 28011 bis DIN 28013.

Der gewölbte Boden besteht aus Kalotte, Krempe und dem zylindrischen Bord. Die notwendige Schweißkante am zylindrischen Bord kann unterschiedlich ausgebildet sein. Die möglichen Formen sind ebenfalls in den erwähnten DIN-Normen festgelegt.

Ob ein Klöpperboden oder ein Korbbogenboden eingesetzt werden soll, wird meistens durch wirtschaftliche Gesichtspunkte bestimmt. Der Korbbogenboden ist in der Herstellung teurer. Wegen der besser angenäherten Kugelform ergibt sich gegenüber dem Klöpperboden eine geringere Wanddicke. Der Klöpperboden besitzt einen im Verhältnis zum Durchmesser größeren Kalottenteil als der Korbbogenboden. Bei Ausschnitten $d_a > 0{,}6 \, D_a$ (Bezeichnungen entsprechend Tab. 9.23) kann dies von Vorteil sein.

Der gekrempte Flachboden wird wegen der ungünstigen Materialausnutzung nur für niedrige Drücke und Behälterdurchmesser bis etwa 700 mm eingesetzt. In der Regel wird diese Bodenform nur für Wasser- und Soleumlenkhauben verwendet. Der flache Boden bringt gewisse fertigungstechnische Vorteile, besonders beim Einbau von Trennwänden.

a) Gewölbte Böden unter innerem Überdruck

Die größte Beanspruchung eines unter innerem Überdruck stehenden gewölbten Bodens tritt im Bereich der Krempe auf. Diese vornehmlich als Biegespannung auftretende Belastung bewirkt im überelastischen Bereich eine gewisse Versteifung des unter gleichmäßiger Zugspannung stehenden Kalotten- und Mantelteils. Die Belastbarkeit der Krempe ist abhängig vom Verhältnis s_w/D_a. Mit zunehmender Wanddicke, d. h. mit größerem Verhältnis s_w/D_a wird die Belastbarkeit der Krempe größer.

Tabelle 9.24. *Behälterböden nach* DIN 28011 *und* DIN 28013

Bodenart	Bemerkungen
Flachboden	Bordkanten wie DIN 28011 $r = 30...50$ mm $h_2 = r + s_e$ $h_1 = 20...100$ mm gültig für $D_a = 300...700$ mm
Klöpperboden	DIN 28011: Bordkanten $R = D_a$; $r = 0,1\,D_a$ $h_2 = 0,1935\,D_a - 0,455\,s_e$ $h_{1,min} \geqq 3,5\,s_e$ Volumen ohne Bord: $V \approx 0,1\,(D_a - 2\,s_e)^3$
Korbbogenboden	DIN 28013 $R = 0,8\,D_a$; $r = 0,154\,D_a$ $h_2 = 0,255\,D_a - 0,365\,s_e$ $h_{1,min} \geqq 3\,s_e$ Volumen ohne Bord: $V \approx 0,1298\,(D_a - 2\,s_e)^3$
Halbkugelboden	Bordkanten wie DIN 28011 $R = 0,5\,D_i$; $h_2 = 0,5\,D_i$ $h_1 = 10...30$ mm $h_{1,min} \geqq s_e$ Volumen ohne Bord: $V \approx 0,2618\,D_i^3$

Bezeichnet man mit s_w die wirksame Wanddicke und mit s_e die ausgeführte Wanddicke, so gilt

$$s_w = s_e - c_1 - c_2, \quad \text{Werte in mm} \tag{9.20}$$

wobei $s_e \geqq s_w$ ist.

Nach AD-Merkblatt B3 gilt für die erforderliche Wanddicke der Krempe

$$s = \frac{D_a p \beta}{40\,\dfrac{K}{S}\,v + p} + c_1 + c_2, \quad s \text{ in mm} \tag{9.21}$$

wobei die erhöhte Spannung in der Krempe durch den Berechnungsbeiwert β berücksichtigt wird, der aus dem AD-Merkblatt B3 zu entnehmen ist. Die Größen der Gl. (9.21) haben die gleiche Bedeutung wie in der Gl. (9.16) und sind in den dort angegebenen Einheiten einzusetzen.

Gl. (9.21) gilt nur für dünnwandige gewölbte Böden in den Grenzen

$$0,0001 \leqq s_w/D_a \leqq 0,1 \tag{9.22}$$

und für Halbkugelböden in den Grenzen

$$\frac{D_a}{D_a - 2 s_e} \leqq 1,2 . \tag{9.23}$$

Für den Halbkugelboden ist kein zylindrischer Bord erforderlich. Aus fertigungstechnischen Gründen ist jedoch immer ein zylindrischer Ansatz vorhanden. Im unverschwächten Kalottenteil gilt Gl. (9.19) für die Berechnung der Wanddicke.

Der in Tab. 9.24 dargestellte gekrempte Flachboden wird nach AD-Merkblatt B 5 als ebene, eingespannte Platte berechnet. Der für das Biegemoment maßgebende Einspanndurchmesser bestimmt sich aus

$$D_1 = D_a - (r + 2s). \qquad (9.24)$$

Mit dem Berechnungsbeiwert $C = 0,3$ entsprechend dem AD-Merkblatt B 5, Tafel 1, errechnet sich die erforderliche Wanddicke des Flachbodens zu

$$s = 0,3\, D_1 \sqrt{\frac{p}{10\dfrac{K}{S}}} + c_1 + c_2. \qquad s \text{ in mm} \qquad (9.25)$$

Auch hier haben die Größen die gleiche Bedeutung wie in Gl. (9.16) und sind in den dort angegebenen Einheiten einzusetzen.

b) Gewölbte Böden unter äußerem Überdruck

Der gewölbte Boden ist bei Belastung unter Außendruck wesentlich stabiler als der zylindrische Mantel. Zur Bestimmung des zulässigen Beuldruckes nach AD-Merkblatt B 3 gilt

$$p \leqq 3,66\, \frac{E}{S_K} (s_w/R)^2. \qquad p \text{ in bar} \qquad (9.26)$$

Für Klöpperböden mit $R = D_a$ ergibt sich bei einem äußeren Überdruck von etwa 1 bar eine ausreichende Beulfestigkeit des Klöpperbodens, wenn die Auslegung für einen Innendruck von $p \geqq 2$ bar nach Gl. (9.21) erfolgt.

c) Berechnungsbeispiel

Für folgende Bedingungen

Außendurchmesser:	$D_a = 2\,500$ mm,
Berechnungsdruck:	$p = 9$ bar,
Berechnungstemperatur:	$t_B = +50$ bis $-10\,°C$,
Werkstoff:	Kesselblech H II nach DIN 17155,

sollen der Behältermantel und der Boden nach

1. DIN 28011 — gewölbter Boden und
2. DIN 28013 — Korbbogenboden

dimensioniert werden.

Die Wanddicke des unverschwächten zylindrischen Mantels wird nach Gln. (9.15) und (9.16) berechnet. Der Festigkeitskennwert des Kesselblechs H II ist $K = 260$ N/mm², der Sicherheitsbeiwert entsprechend der Tab. 9.17 ist $S = 1,5$. Für den Schweißfaktor v kann der Wert $v = 0,85$ angenommen werden. Damit ergibt sich aus Gl. (9.16) die Mindestdicke des Mantelrohrs zu

$$s_0 = \frac{2\,500 \cdot 9}{20 \cdot \dfrac{260}{1,5} \cdot 0,85 + 9} = 7,61 \text{ mm}.$$

Nach DIN 1543 beträgt der Zuschlag zur Wanddicke $c_1 = 0,5$ mm, während für den Abnutzungszuschlag $c_2 = 1$ mm angenommen wird. Damit ist die erforderliche Wanddicke nach Gl. (9.15):

$$s = 7,61 + 0,5 + 1,0 = 9,11 \text{ mm}.$$

Die ausgeführte Wanddicke beträgt $s_e = s_M = 10$ mm.

1. Gewölbter Boden nach DIN 28011. Für die Berechnung der erforderlichen Wanddicke der Krempe des Klöpperbodens nach Gl. (9.21) muß zunächst der Berechnungsbeiwert β nach AD-

Merkblatt B 3 bestimmt werden. Unter der Annahme einer wirksamen Wanddicke nach Gl. (9.20) von $s_w = 11$ mm ergibt sich das Verhältnis s_w/D_a zu $11/2\,500 = 0{,}004\,4$ und damit nach Bild 2 des AD-Merkblatts B 3 der Wert $\beta = 3{,}4$. Nun muß die Annahme $s_w = 11$ mm geprüft werden. Aus Gl. (9.21) ergibt sich für den nahtlosen Boden mit $v = 1{,}0$:

$$s = \frac{2\,500 \cdot 9 \cdot 3{,}4}{40 \cdot \dfrac{260}{1{,}5} \cdot 1 + 9} = 12{,}52 \text{ mm}.$$

Damit ist aus Gl. (9.20): $s_w = 11{,}02$ mm, was mit der Annahme $s_w = 11$ mm sehr gut übereinstimmt. Die gewählte Wanddicke beträgt $s_e = 13$ mm.

2. Korbbogenboden nach DIN 28013. Für den Korbbogenboden wird die wirksame Wanddicke mit $s_w = 8$ mm geschätzt. In Abhängigkeit des Verhältnisses $s_w/D_a = 8/2\,500 = 0{,}003\,2$ ergibt sich aus Bild 3 des AD-Merkblattes B 3 der Wert $\beta = 2{,}4$ und damit nach Gl. (9.21) und Gl. (9.20): $s = 9{,}28$ mm und $s_w = 7{,}78$ mm, was mit der Schätzung $s = 8$ mm sehr gut übereinstimmt. Die gewählte Wanddicke beträgt $s_e = 10$ mm.

In diesem Falle dürfte die Verwendung des spezifisch teureren Korbbogenbodens kostengünstiger sein. Die Wanddicken des Behältermantels und des Korbbogenbodens können gleich ausgeführt werden. Ein Anschrägen der Schweißkanten ist nicht erforderlich. Für Berechnungsdrücke über 16 bar wird der Unterschied zwischen der Wanddicke des geschweißten Behältermantels und des Klöpperbodens geringer.

9.2.5 Ausschnitte an Behältern und Böden

Die an jedem Apparat notwendigen Ausschnitte zum Anschluß von Leitungen, Verschlüssen, Besichtigungsöffnungen und dergleichen bedeuten eine Schwächung des Mantels oder des Bodens. Die Ausschnittverschwächung wird durch eine gegenüber der ungeschwächten Zylinderschale vergrößerte Wanddicke des Grundkörpers ausgeglichen. Sonst muß jeder Ausschnitt gegenüber dem geschwächten Querschnitt verstärkt werden. Die Verstärkung kann

— scheibenförmig,
— rohrförmig oder
— kombiniert, d. h. scheiben- und rohrförmig

ausgeführt werden.

Eine besondere Form der scheibenförmigen Verstärkung ist der in Abb. 9.10 schematisch dargestellte Blockflansch. Abb. 9.10a zeigt den eingesetzten Blockflansch, während Abb. 9.10b einen aufgesetzten Blockflansch darstellt.

Abb. 9.11 zeigt die verschiedenen Ausführungsformen einer rohrförmigen Verstärkung. Abb. 9.11a zeigt einen durchgesteckten bündig abgeschlossenen Stutzen, während Abb. 9.11b einen aufgesetzten Stutzen für $s_s > s_A$ darstellt. Abb. 9.11c stellt den durchgesteckten Stutzen mit Überstand dar, der für $d_i < $ DN 300 und $s_A \leqq 16$ mm verwendet wird, während die gleiche Stutzenart, die für $d_i > $ DN 300 und $s_A > 16$ mm verwendet wird, in der Abb. 9.11d dargestellt ist. Abb. 9.11e zeigt einen ausgehalsten Stutzen für $d_i \leqq $ DN 40.

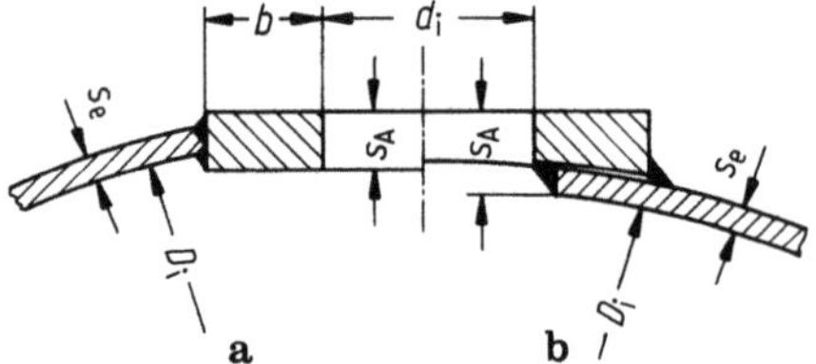

Abb. 9.10a, b. Scheibenförmige Verstärkungen. a) eingesetzter Blockflansch; b) aufgesetzter Blockflansch.

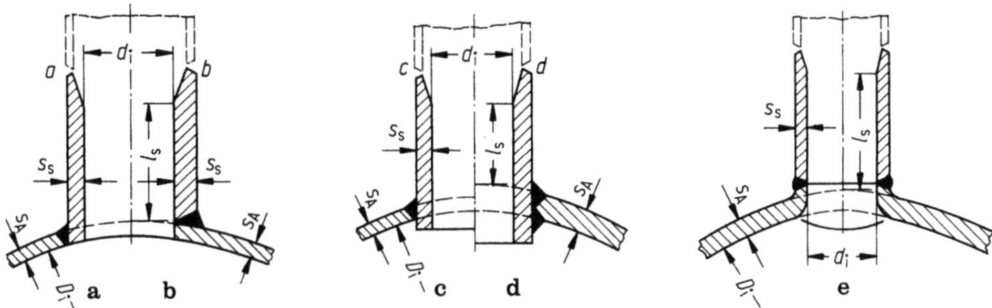

Abb. 9.11 a–e. Rohrförmige Verstärkungen. a) durchgesteckter, bündig abschließender Stutzen für Behälterabschlüsse; b) aufgesetzter Stutzen für $s_S > s_A$; c) durchgesteckter Stutzen mit Überstand für $d_i > DN\,300$ und $s_A > 16\,mm$; e) ausgehalster Stutzen für $d_i \leqq DN\,40$.

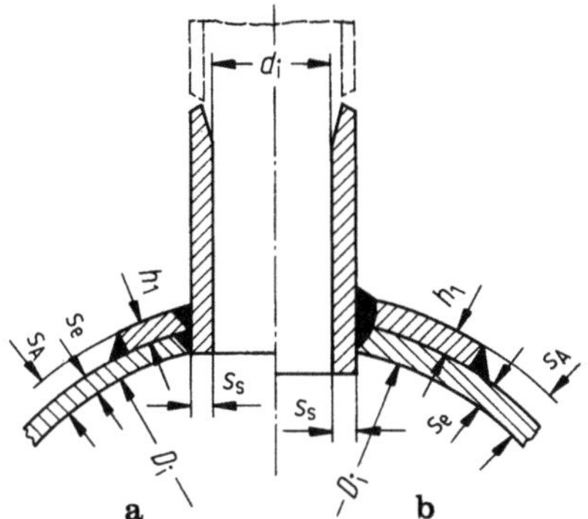

Abb. 9.12 a, b. Scheiben- und rohrförmige Verstärkung. a) für $s_A > 30\,mm$; b) für $s_A \leqq 30\,mm$.

Die Ausführung einer scheiben- und rohrförmigen Verstärkung zeigt die Abb. 9.12. Die Ausführung a wird für $s_A > 30\,mm$ und die Ausführung b für $s_A \leqq 30\,mm$ verwendet.

Ausschnitte der geschwächten Schale bewirken eine erhöhte Beanspruchung im Bereich der Randzonen. Versuche haben ergeben, daß in verstärkten Ausschnitten eingeschweißte Stutzen oder Platten beträchtliche Verformungsreserven aufweisen [35]. Gestützt auf diese Untersuchungen werden im Bereich des Ausschnitts örtlich begrenzte Verformungen zugelassen und für die Berechnung eine mittlere Beanspruchung zugrundegelegt. Darauf aufbauend sind in den Regelwerken einfache Berechnungsformeln angegeben, welche davon ausgehen, daß im Bereich des Ausschnitts Kräftegleichgewicht zwischen der äußeren Kraft und der in der Wand erzeugten inneren Kraft besteht.

Die Verschwächung durch Ausschnitte wird in der Regel durch den Verschwächungsbeiwert v_A berücksichtigt. In diesem Falle gilt für die Berechnung der erforderlichen Wanddicke die Gl. (9.15) und (9.16), in welcher jedoch statt des Faktors v zur Berücksichtigung der Ausnutzung der zulässigen Berechnungsspannung in Fügeverbindungen der Verschwächungsbeiwert v_A eingesetzt werden muß. Die Verschwächungsbeiwerte v_A für Ausschnitte in zylindrischen, kegeligen und kugeligen Grundkörpern sind in Abb. 9.13 und 9.14 als Funktion des bezogenen Ausschnittdurchmessers

$$\frac{d_i}{\sqrt{(D_i + s_A - c_1 - c_2)(s_A - c_1 - c_2)}} \tag{9.27}$$

und des Wanddickenverhältnisses

$$\frac{s_s - c_1 - c_2}{s_A - c_1 - c_2} \leqq 2{,}0 \tag{9.28}$$

als Parameter dargestellt.

Ist der Festigkeitskennwert K für die Verstärkung kleiner als der entsprechende Wert für die zu verstärkende Wand, so ist bei der Ermittlung des Wertes v_A bei scheibenförmiger Verstärkung die Fläche des Verstärkungsquerschnitts und bei rohrförmiger Verstärkung die Wanddicke des Stutzens im entsprechenden Verhältnis zu reduzieren.

Die Berücksichtigung der Schwächung kann auch mit Hilfe der allgemein gültigen Beziehung

$$\frac{p}{10}\,(A_p/A_\sigma + 1/2) \leqq K/S \tag{9.29}$$

erfolgen, die auf einer Gleichgewichtsbetrachtung zwischen der druckbelasteten Fläche und der tragenden Querschnittsfläche beruht. Die so ermittelte Wanddicke darf jedoch nicht kleiner gewählt werden als für Behälter ohne Ausschnitte. Die in Gl. (9.29) einzusetzende druckbelastete Fläche A_p sowie die tragende Querschnittsfläche

$$A_\sigma = \sum A_{\sigma_i} = A_{\sigma_0} + A_{\sigma_1} + A_{\sigma_2} \tag{9.30}$$

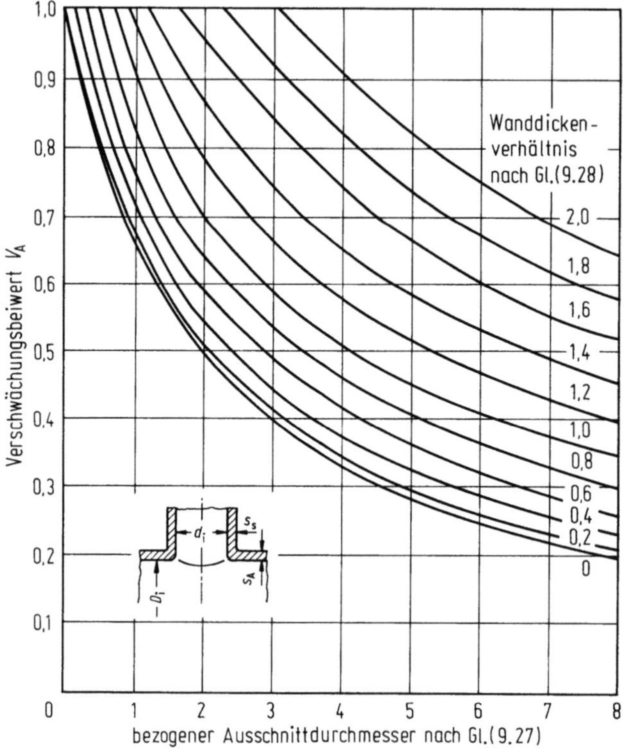

Abb. 9.13. Verschwächungsbeiwerte v_A für Ausschnitte und senkrechte Abzweige in zylindrischen und kegeligen Grundkörpern nach AD-Merkblatt B 9.

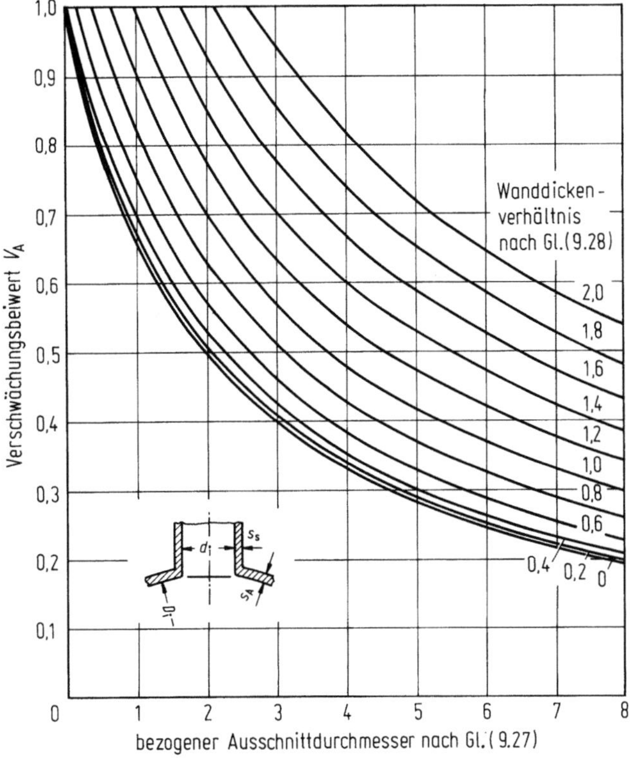

Abb. 9.14. Verschwächungsbeiwerte v_A für Ausschnitte und senkrechte Abzweige in kugeligen Grundkörpern nach AD-Merkblatt B 9.

ergeben sich entsprechend den Abb. 9.15 und 9.16, bzw. aus dem späteren Berechnungsbeispiel.

Bezeichnet man mit b_s den kleinsten Stutzenabstand entsprechend Abb. 9.15, bzw. 9.16 und mit b die Breite der scheibenförmigen Verstärkung nach Gl. (9.33), so kann die gegenseitige Beeinflussung der Ausschnitte vernachlässigt werden, wenn

$$b_s \geqq 2b \qquad (9.31)$$

beträgt.

Der kleinste Stutzenabstand sollte nach praktischen Erfahrungen 50 mm nicht unterschreiten.

Der größte Ausschnitt am Behältermantel oder -boden soll

$$d_i/d_a \leqq 0,8 \qquad (9.32)$$

betragen. Ausnahmen sind jedoch möglich.

a) Scheibenförmige Verstärkungen

Falls die ausgeführte Wanddicke $s_e = s_M$ des Mantels geringer ist als die erforderliche Wanddicke des Ausschnitts s_A, dann genügt es, wenn die Wanddicke s_A in einer Breite von

$$b = \sqrt{(D_i + s_A - c_1 - c_2)(s_A - c_1 - c_2)} \qquad (9.33)$$

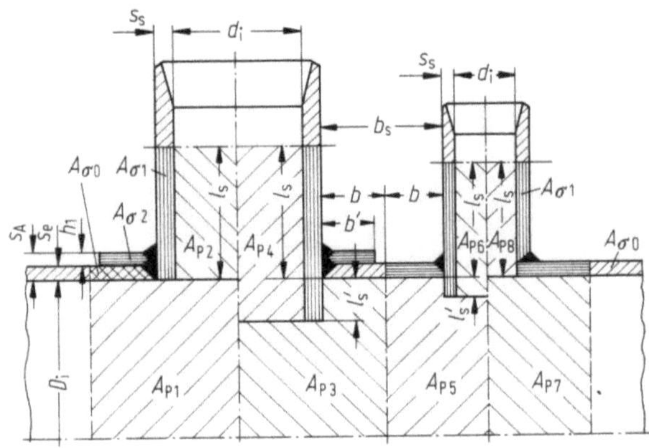

Abb. 9.15. Zur Berechnung der Verstärkung benachbarter Ausschnitte am zylindrischen Grundkörper nach dem Flächenvergleich nach Gl. (9.29).

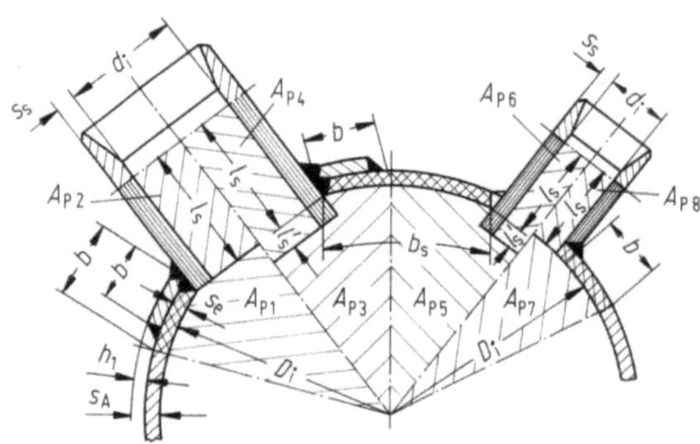

Abb. 9.16. Zur Berechnung der Verstärkung benachbarter Ausschnitte am kugeligen Grundkörper nach dem Flächenvergleich nach Gl. (9.29).

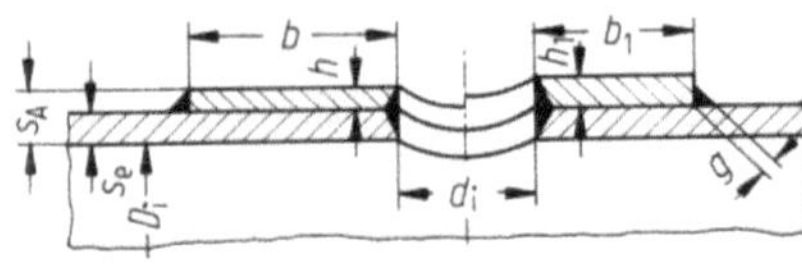

Abb. 9.17. Zur Bestimmung der Scheibenbreite und -höhe nach Gl. (9.36).

mindestens jedoch in einer Breite von

$$b_{min} = 3s_A \tag{9.34}$$

um den Ausschnitt vorhanden ist.

Für die Scheibenhöhe wird üblicherweise

$$h \leqq 2s_A \tag{9.35}$$

gewählt.

Die Scheibenbreite kann auf das Maß b_1 verringert werden, wenn gleichzeitig die Scheibenhöhe h_1 nach Bedingung

$$b_1 h_1 \geqq bh \tag{9.36}$$

erhöht wird, wie dies in Abb. 9.17 dargestellt ist.

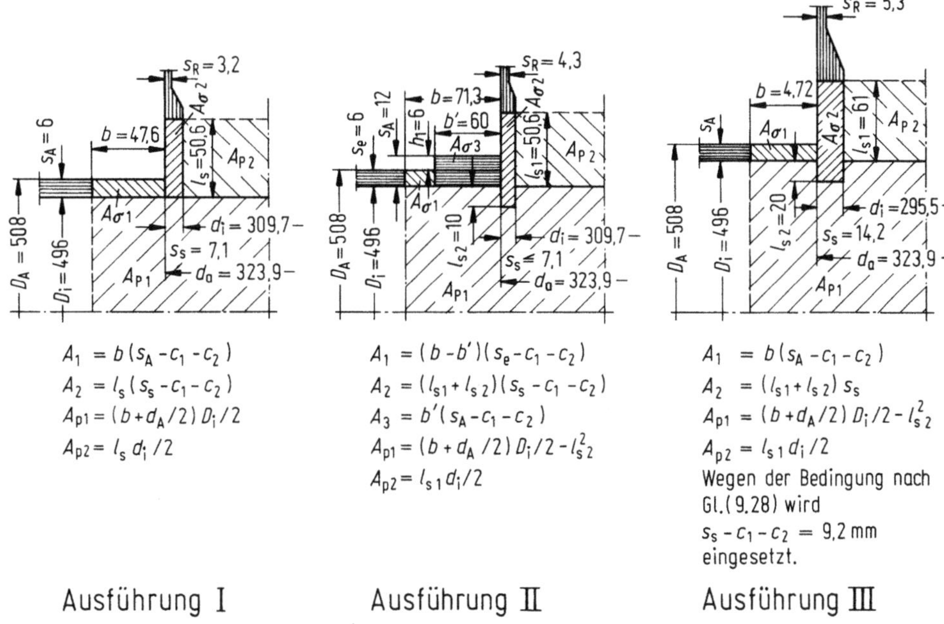

$$A_1 = b\,(s_A - c_1 - c_2)$$
$$A_2 = l_s\,(s_s - c_1 - c_2)$$
$$A_{p1} = (b + d_A/2)\,D_i/2$$
$$A_{p2} = l_s\,d_i/2$$

$$A_1 = (b - b')\,(s_e - c_1 - c_2)$$
$$A_2 = (l_{s1} + l_{s2})\,(s_s - c_1 - c_2)$$
$$A_3 = b'\,(s_A - c_1 - c_2)$$
$$A_{p1} = (b + d_A/2)\,D_i/2 - l_{s2}^2$$
$$A_{p2} = l_{s1}\,d_i/2$$

$$A_1 = b\,(s_A - c_1 - c_2)$$
$$A_2 = (l_{s1} + l_{s2})\,s_s$$
$$A_{p1} = (b + d_A/2)\,D_i/2 - l_{s2}^2$$
$$A_{p2} = l_{s1}\,d_i/2$$

Wegen der Bedingung nach Gl.(9.28) wird
$$s_s - c_1 - c_2 = 9,2\ \text{mm}$$
eingesetzt.

Ausführung I   Ausführung II   Ausführung III

Abb. 9.18. Zum Berechnungsbeispiel eines Stutzenausschnitts.

b) Rohrförmige Verstärkungen

Das Wanddickenverhältnis einer rohrförmigen Verstärkung soll der Gl.(9.28) genügen, während die erforderliche Länge des Stutzens

$$l_s = 1{,}25 \cdot \sqrt{(d_i + s_s - c_1 - c_2)(s_s - c_1 - c_2)} \tag{9.37}$$

ist.

Auch hier kann die Stutzenlänge auf das Maß $l_{s,1}$ verringert werden, wenn die Wanddicke des Stutzens s_s gleichzeitig auf $s_{s,1}$ erhöht wird. Es gilt

$$l_{s,1}s_{s,1} \geqq l_s s_s. \tag{9.38}$$

c) Scheiben- und rohrförmige Verstärkungen

Die Berechnung von scheiben- und rohrförmigen Verstärkungen, die gemeinsam zur Ausschnittverstärkung herangezogen werden, erfolgt unter gleichzeitiger Anwendung der in a) und b) angegebenen Beziehungen.

d) Berechnungsbeispiel

Es soll ein Stutzenausschnitt an einem liegenden Abscheider entsprechend den Ausführungen der Abb. 9.18 nach AD-Merkblatt B9 für folgende Bedingungen nachgerechnet werden:

Vorgegebene Werte			Ausführung nach Abb. 9.18		
			I	II	III
Berechnungsdruck	p	bar	13	24	24
Berechnungstemperatur	t	°C		$+50...-10$	
Außendurchmesser des Mantels	D_a	mm		508	

Vorgegebene Werte			Ausführung nach Abb. 9.18		
			I	II	III
Wanddicke des Mantels	s	mm		6	
Werkstoff des Mantels			Kesselblech nach DIN 17 155		
Wanddickenunterschreitung nach DIN 1543	c_1	mm		0,4	
Festigkeitskennwerte des Mantels und des Verstärkungsringes	K	N/mm²		260	
Außendurchmesser des Stutzens	d_a	mm		323,9	
Wanddicke des Stutzens	s_s	mm	7,1	7,1	14,2
Werkstoff des Stutzens			Rohr nahtlos nach DIN 1629, Bl. 3		
Wanddickenunterschreitung nach DIN 1629	c_1	mm	0,9	0,9	1,8
Festigkeitskennwert des Rohrstutzens	K	N/mm²		235	
Abnutzungszuschlag	c_2	mm		1,0	

Die berechneten Werte sind in der nachfolgenden Tabelle zusammengestellt.

Lfd. Nr.	Berechnete Werte Benennung	Gl.	Bezeichnung		Ausführung		
					I	II	III
1	gewählte Scheibenhöhe		h_1	mm		6	
2	Scheibenbreite	(9.33)	b	mm	48,0	71,8	48,0
3	Stutzenlänge	(9.37)	l_s	mm	50,6	50,6	66,1
4	Wanddickenverhältnis	(9.28)			1,13	0,61	2 max. Wert
5	bezogener Ausschnittdurchmesser	(9.27)			6,45	4,31	6,15
6	Verschwächungsbeiwert nach Abb. 9.13		v_A		0,39	0,38	0,645
7	erforderliche Wanddicke im Ausschnitt[a]	(9.15) (9.16)	s_A	mm	6,2	10,6	6,8
8	Nachprüfung nach dem Flächenvergleich	(9.29)		N/mm²	161	162	147
9	erforderliche Wanddicke des unverschwächten Stutzens[b]	(9.15) (9.16)	s_R	mm	3,2	4,3	5,3

[a] Mit v_A statt v.
[b] Mit $D_\mathrm{a} = d_\mathrm{a}$ und $v = 1,0$.

Die Berechnung der erforderlichen Wanddicke s_A mit Hilfe des Verschwächungsbeiwerts v_A ergibt immer größere Werte als nach dem Flächenvergleich. Da beide Verfahren zugelassen sind, wird empfohlen, in kritischen Fällen nach beiden Verfahren zu rechnen.

9.2.6 Rohrböden

Die Festigkeit von Rohrböden wird nach AD-Merkblatt B 5 berechnet. Für runde, ebene Rohrböden nach Abb. 9.19, welche durch Innenrohre und das Mantelrohr beidseitig verankert sind, beträgt die erforderliche Rohrbodendicke

$$s = 0,4\,d_2 \sqrt{\frac{pS}{10\,K}} + c_2\,, \quad s \text{ in mm}\,, \tag{9.39}$$

wobei als p der größere der beiden Drücke p_i in den Innenrohren oder p_a um die Innenrohre in bar einzusetzen ist. Weiterhin ist

d_2 der Durchmesser des größten, im unberohrten Teil eingeschriebenen Kreises gemäß Abb. 9.19 in mm,

S der Sicherheitsbeiwert,

K der Festigkeitskennwert des Werkstoffes in N/mm^2,

c_2 der Zuschlag zur Wanddicke in mm.

Für den Sicherheitsbeiwert S und den Festigkeitskennwert K gilt auch hier das gleiche wie in Abschn. 9.2.1.

Für Behälter, die man im Betrieb innen nicht besichtigen kann, ist zwischen dem Hersteller und dem Betreiber der Zuschlag c_2 zur Wanddicke zu vereinbaren. Das gleiche gilt für Behälter mit gefährlichem und stark korrodierendem Inhalt. Der vereinbarte Zuschlag c_2 ist in diesem Falle in der Zeichnung zu vermerken, andernfalls ist $c_2 = 0$.

Im AD-Merkblatt ist weiterhin die Berechnung für

— runde, ebene vollberohrte Rohrböden mit Haarnadel-Rohren,

— runde, ebene Rohrböden der Wärmeaustauscher mit schwimmendem Kopf,

— Rohrböden von Wärmeaustauschern mit dem Kompensator im Mantel,

— runde, ebene Rohrböden von Wärmeaustauschern mit der Stopfbüchse im Mantel und

— runde, ebene Rohrböden von Wärmeaustauschern mit einer am beweglichen Boden abdichtenden Stopfbüchse

angegeben. Auf diese Rohrbodenarten wird jedoch hier nicht eingegangen.

BARP und ANGHERN [36, 37] stellten fest, daß eine Rohrbodenberechnung nach dem AD-Merkblatt B 5 außerhalb gewisser Grenzen sowohl zu dünne als auch zu dicke Rohrböden ergeben kann. Eine Berechnung nach dem von ihnen entwickelten Verfahren oder nach einem anderen genaueren Verfahren ist deshalb bei Wärmeaustauschern mit sehr hohen Druckdifferenzen und bei Wärmeaustauschern ohne Aus-

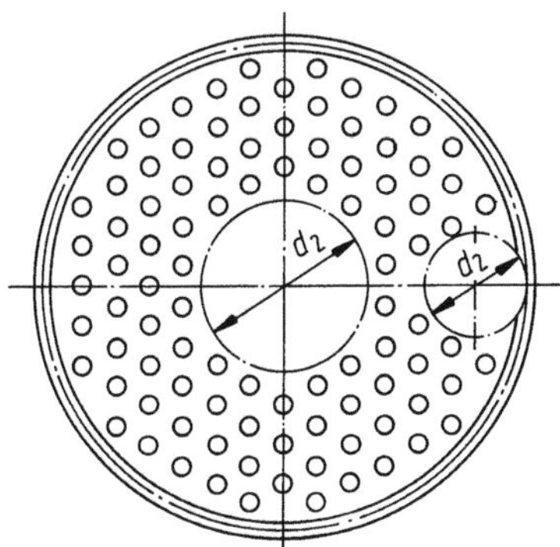

Abb. 9.19. Zur Berechnung des Rohrbodens nach AD-Merkblatt B 5. Definition des Durchmessers d_2.

dehnungselemente mit hohen, temperaturbedingten Dehnungsunterschieden zwischen dem Mantel und den Innenrohren immer angebracht.

Auch Sterr [38] stellte fest, daß das AD-Merkblatt B 5 eine Formel angibt, welche lediglich die Verschwächung des Querschnitts durch Bohrungen, nicht aber die Stützwirkung des Bündels berücksichtigt. Er entwickelte ein Verfahren für die Berechnung von Rohrböden, die durch ein gerades Rohrbündel gegenseitig versteift sind. Dieses Verfahren erfordert die Verwendung eines elektronischen Rechners.

Einen Überblick über den Stand der Festigkeitsberechnungen von Rohrbündelwärmeaustauschern findet man in [39].

Nach Tema [1], Klasse R, wird der Rohrboden auf Biegungs- und Scherbeanspruchung berechnet, sowohl für den rohrseitigen als auch für den mantelseitigen Druck. Für die Konstruktion ist die größere der so berechneten Dicken des Rohrbodens maßgebend.

Die für die Biegebeanspruchung gültige Beziehung lautet

$$s = \frac{F_{\mathrm{K}} D_{\mathrm{D}}}{2} \sqrt{\frac{p}{\sigma}} \quad (s \text{ in mm}), \tag{9.40}$$

während für die Scherbeanspruchung

$$s = \frac{0{,}31\, d_{\mathrm{ae}}}{1 - d_{\mathrm{a}}/t} \frac{p}{\sigma} \quad (s \text{ in mm}) \tag{9.41}$$

gilt. In den obigen Gleichungen ist

s die erforderliche Dicke des Rohrbodens in mm,

F_{K} ein Korrekturfaktor (für Wärmeaustauscher mit zwei festen Rohrböden ist $F_{\mathrm{K}} = 1$),

D_{D} der mittlere Durchmesser des Dichtungsrings in mm

p der Berechnungsdruck,

σ die zulässige Spannung,

d_{ae} der äquivalente Durchmesser in mm,

t die Rohrteilung in mm.

Der äquivalente Durchmesser beträgt

$$d_{\mathrm{ae}} = 4\, S/U, \tag{9.42}$$

wobei — entsprechend den Bezeichnungen der Abb. 9.20 — U der Umfang (die Länge) der dick ausgezogenen Linie und S_{U} die von diesem Umfang eingeschlossene Gesamtfläche ist.

In den Gl. (9.40) und (9.41) sollen Berechnungsdruck und zulässige Spannung in der gleichen Einheit eingesetzt werden.

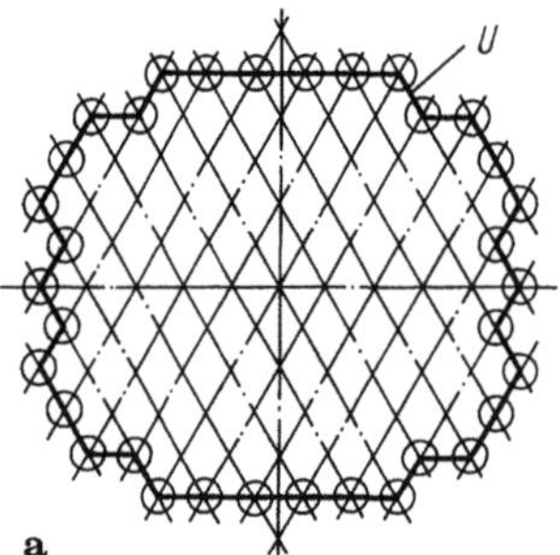
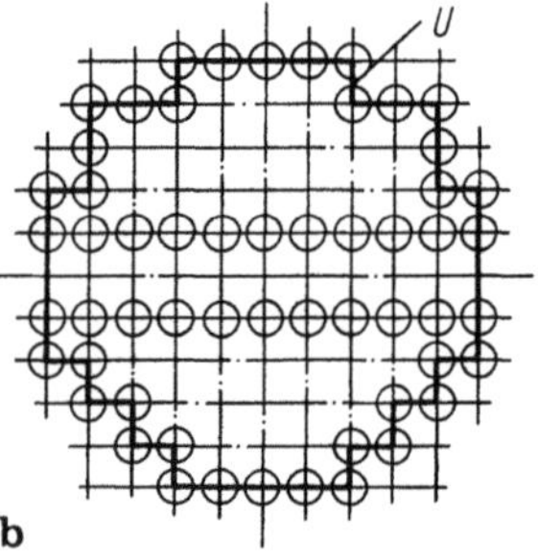

Abb. 9.20a, b. Zur Definition des äquivalenten Durchmessers nach Gl. (9.42). a) versetzte Rohranordnung; b) fluchtende Rohranordnung.

Im russischen Schrifttum [22] wird die Rohrbodendicke als Mittelwert der minimal erforderlichen Dicke s_{min} und der maximal erforderlichen Dicke s_{max} gewählt. Die minimal erforderliche Dicke ergibt sich aus der Bedingung, daß der Stegquerschnitt zwischen den benachbarten Innenrohren S_{min} ein zuverlässiges Einwalzen der Innenrohre gewährleistet. Dieser minimale Stegquerschnitt wurde experimentell ermittelt und beträgt

$$S_{min} = 4{,}7\, d_a, \qquad \text{für } d_a \leqq 60 \text{ mm} \tag{9.43}$$

bzw.

$$S_{min} = 4{,}35\, d_a + 19, \quad \text{für } d_a \geqq 60 \text{ mm}. \tag{9.44}$$

In den Gl. (9.43) und (9.44) soll der Rohraußendurchmesser d_a in mm eingesetzt werden, wobei sich die Querschnittsfläche in mm^2 ergibt.

Berücksichtigt man den Zuschlag zur Wanddicke c_2, so beträgt die minimal erforderliche Rohrbodendicke

$$s_{min} = \frac{S_{min}}{t_{min} - d_B} + c_2 \quad (s_{min} \text{ in mm}). \tag{9.45}$$

In Gl. (9.45) sind mit t_{min} die Mindest-Rohrteilung nach Tab. 9.14 und mit d_B der Durchmesser der Bohrung nach Gl. (9.5) bezeichnet. Der Zuschlag zur Wanddicke beträgt $c_2 = 4$ bis 8 mm.

Die maximal erforderliche Rohrbodendicke ergibt sich zu

$$s_{max} = D_i \sqrt{\frac{0{,}3\, p_1}{F\, \sigma_{zul}}} + c_2 \quad (s_{max} \text{ in mm}). \tag{9.46}$$

Für den Faktor F gilt mit guter Näherung

$$F = 1 - d_B/t_{min}, \tag{9.47}$$

während der Berechnungsdruck

$$p_1 = p\,(1 - N d_a^2 / D_i^2) \tag{9.48}$$

beträgt. Mit p ist dabei der höchstzulässige Betriebsdruck bezeichnet, während N die Anzahl der Innenrohre im Rohrboden ist.

9.2.7 Rohrspiegel

Die meisten verwendeten Rohrspiegel sind solche mit versetzter Rohranordnung in Form gleichseitiger Dreiecke oder mit fluchtender (quadratischer) Rohranordnung. Die Mindest-Rohrteilung ist aus Abschn. 9.1.6 zu entnehmen.

Bei eingewalzten Innenrohren muß ausreichende Sicherheit für festen Sitz der Innenrohre gewährleistet sein. Diese ist vorhanden, wenn die Beanspruchung der Walzverbindung

$$\sigma_W = F_r / S_W \tag{9.49}$$

kleiner ist, als die in der Tab. 9.25 zusammengestellten zulässigen Werte $\sigma_{W,zul}$.

Tabelle 9.25. *Zulässige Beanspruchung $\sigma_{W,zul}$ von Walzverbindungen nach AD-Merkblatt B 5*

Art der Walzverbindung	Zulässige Beanspruchung $\sigma_{W,zul}$ in N/mm^2
glatte Bohrung	150
Bohrung mit Rille	300
Rohr mit Bördel	400

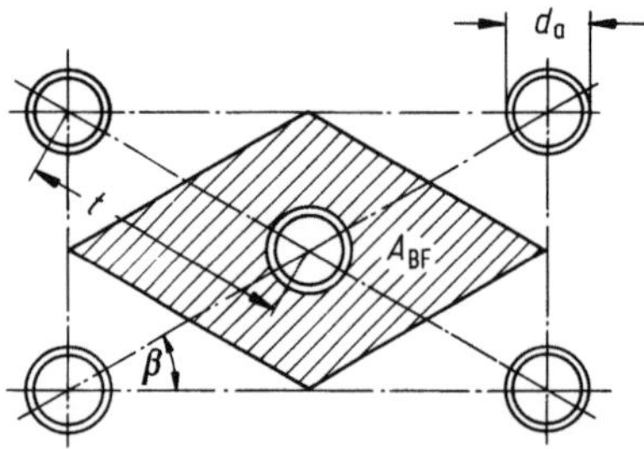

Abb. 9.21. Zur Bestimmung der Belastungsfläche A_{BF} eines Rohrbodens.

Die Rohrkraft F_r beträgt

$$F_r = p\, A_{BF}, \qquad (9.50)$$

wobei die Belastungsfläche A_{BF} die auf ein Innenrohr entfallende Fläche des Rohrbodens ist.

Mit den Bezeichnungen der Abb. 9.21 gilt für die Belastungsfläche allgemein

$$A_{BF} = 2\, t^2 \sin\beta \cos\beta - \pi d_a^2/4. \qquad (9.51)$$

Für die gleichseitige Dreieckteilung mit $\beta = 60°$ ist

$$A_{BF} = 0{,}866\, t^2 - \pi d_a^2/4, \qquad (9.52)$$

während für die quadratische Teilung

$$A_{BF} = t^2 - \pi d_a^2/4 \qquad (9.53)$$

gilt.

Die wirksame Stützfläche S_w beträgt

$$S_w = (d_a - d_i)\, L_W, \qquad (9.54)$$

jedoch höchstens

$$S_{w,max} = 0{,}1\, d_a\, L_W. \qquad (9.55)$$

Die Walzlänge L_W muß $L_W \geqq 12$ mm sein und darf höchstens mit $L_{W,max} = 40$ mm in die Rechnung eingesetzt werden.

Nach [22] ist eine ausreichende Sicherheit gegen das Lockern der Innenrohre gegeben, wenn die spezifische Beanspruchung infolge der auf den Rohrumfang bezogenen Rohrkraft

$$F_r^* = F_r/\pi d_a \quad \text{in N/mm} \qquad (9.56)$$

kleiner ist als die zulässige Beanspruchung $F_{r,zul}^*$. Diese beträgt $F_{r,zul}^* = 40$ N/mm beim glatten Einwalzen bzw. 70 N/mm beim Einwalzen mit Bördeln des Innenrohrs oder bei Rillen in der Bohrung.

Für die Rohrkraft F_r gilt auch hier Gl. (9.50), wobei aber die Bestimmung der Belastungsfläche A_{BF} davon abhängt, ob der Druck im Mantelraum p_a größer oder kleiner ist als der Druck in den Rohren p_i. Für $p_a > p_i$ gelten für die Belastungsfläche die Gl. (9.51), (9.52) und (9.53), für $p_a < p_i$ ist in diesen Gleichungen d_a durch d_i zu ersetzen.

Für die Rohrkraft gilt auch

$$F_r = S_{1r}\, \sigma_{ges} \qquad (9.57)$$

mit der Ringfläche eines Rohrs

$$S_{1r} = \pi\, (d_a^2 - d_i^2)/4 \qquad (9.58)$$

und σ_{ges} als der gesamten Beanspruchung. Diese setzt sich zusammen aus der Druckbeanspruchung σ_{D} infolge der Druckwirkung der beiden Fluide und der thermischen Beanspruchung σ_{th} infolge der thermischen Spannung. Es ist also

$$\sigma_{\text{ges}} = \sigma_{\text{D}} + \sigma_{\text{th}}. \tag{9.59}$$

Die Druckbeanspruchungen des Mantels und der Innenrohre sind gleich groß und betragen

$$\sigma_{\text{D}} = F_{\text{D}}/(S_{\text{r}} + S_{\text{M}}), \tag{9.60}$$

wobei die Ringfläche aller Innenrohre durch die Gleichung

$$S_{\text{r}} = N\, S_{\text{1r}} \tag{9.61}$$

und die Ringfläche des Mantels durch die Gleichung

$$S_{\text{M}} = \pi\,(D_{\text{a}}^2 - D_{\text{i}}^2)/4 = \pi\,(D_{\text{i}} + s_{\text{M}})\, s_{\text{M}} \tag{9.62}$$

gegeben ist.

Die Druckkraft beträgt

$$F_{\text{D}} = [(D_{\text{i}}^2 - N\, d_{\text{a}}^2)\, p_{\text{a}} + N\, d_{\text{i}}^2\, p_{\text{i}}]\,\pi/4. \tag{9.63}$$

Bei der Berechnung wird für p_{a} der höchstzulässige Betriebsdruck eingesetzt.

Bezeichnet man mit $(\text{d}L/\text{d}t)_{\text{r}}$ und $(\text{d}L/\text{d}T)_{\text{M}}$ die Längenausdehnungskoeffizienten der Innenrohre und des Mantels, mit t_{r} und t_{M} die entsprechenden Temperaturen und mit E_{r} und E_{M} die entsprechenden Elastizitätsmodule, so entsteht bei $t_{\text{r}} > t_{\text{M}}$ und $(\text{d}L/\text{d}T)_{\text{r}} > (\text{d}L/\text{d}T)_{\text{M}}$ die thermisch bedingte Kraft

$$F_{\text{th}} = \frac{[(\text{d}L/\text{d}T)_{\text{r}} - (\text{d}L/\text{d}T)_{\text{M}}]\,(t_{\text{M}} - t_{\text{a}}) + (\text{d}L/\text{d}T)_{\text{r}}\,(t_{\text{r}} - t_{\text{M}})}{\dfrac{1}{E_{\text{r}}\, S_{\text{r}}} + \dfrac{1}{E_{\text{M}}\, S_{\text{M}}}}, \tag{9.64}$$

die auf das Rohr und auf den Mantel in entgegensetzten Richtungen wirkt. Dies bedeutet, daß bei Druckbeanspruchung der Rohre der Mantel auf Zug beansprucht wird und umgekehrt.

In der Gl. (9.64) bedeutet t_{a} die Bezugstemperatur, bei welcher keine thermische Kraft herrscht, der Apparat also spannungsfrei ist. Dies ist die bei der Herstellung des Apparats herrschende Umgebungstemperatur, für welche $t_{\text{a}} = +20\,^\circ\text{C}$ angenommen werden kann.

Die thermische bedingte Beanspruchung der Rohre beträgt damit

$$\sigma_{\text{th,r}} = F_{\text{th}}/S_{\text{r}} \tag{9.65}$$

und die des Mantels

$$\sigma_{\text{th,M}} = F_{\text{th}}/S_{\text{M}}. \tag{9.66}$$

Falls der Werkstoff der Innenrohre und des Mantels der gleiche ist und außerdem $E_{\text{r}} = E_{\text{M}} = E$ und $(\text{d}L/\text{d}T)_{\text{r}} = (\text{d}L/\text{d}T)_{\text{M}} = (\text{d}L/\text{d}T)$ ist, ergibt sich in diesem Falle mit $(t_{\text{r}} - t_{\text{M}}) = \Delta t$ für die thermisch bedingte Beanspruchung der Rohre

$$\sigma_{\text{th,r}} = \frac{(\text{d}L/\text{d}T)\,\Delta t\, E\, S_{\text{M}}}{S_{\text{r}} + S_{\text{M}}}, \tag{9.67}$$

bzw. des Mantels

$$\sigma_{\text{th,M}} = \frac{(\text{d}L/\text{d}T)\,\Delta t\, E\, S_{\text{r}}}{S_{\text{r}} + S_{\text{M}}}. \tag{9.68}$$

Für diesen speziellen Fall folgt aus den Gl. (9.67) und (9.68)

$$\frac{\sigma_{\text{th,r}}}{\sigma_{\text{th,M}}} = \frac{S_{\text{M}}}{S_{\text{r}}}, \tag{9.69}$$

d. h. die thermisch bedingte Beanspruchung der Rohre und des Mantels ist umgekehrt proportional zu den Ringflächen.

Für die Kontrolle der zulässigen Beanspruchung nach Gl. (9.56) soll die größere der beiden nach Gl. (9.50) und (9.57) berechneten Rohrkräfte eingesetzt werden.

Zimmer [40] untersuchte die Wärmespannungen in einem quergeteilten Rohrboden eines Haarnadelwärmeaustauschers, sowie die Möglichkeiten, diese Spannungen durch andersartige Strömungsführung des Fluids auf der Mantelseite zu vermeiden. Er zeigte, daß sich die Spannungen bei einem vierfach längsgeteilten Rohrboden auf etwa die Hälfte senken lassen.

9.2.8 Flanschverbindungen

a) Allgemeines

Flanschverbindungen sind notwendige Bauelemente an lösbaren Apparateteilen und -anschlüssen. Eine auf die Dauer absolut dichte lösbare Flanschverbindung gibt es nicht. Speziell in geschlossenen Kreisläufen von Kälteanlagen sollten nur die notwendigsten Flanschverbindungen vorgesehen werden. Durch Auswertung einschlägiger Erfahrungen gibt es Richtwerte über Leckraten von Flanschverbindungen, die zur Bestimmung von Betriebs- und Wartungskosten und zur Beurteilung von Schadensfällen herangezogen werden können [41].

Eine Flanschverbindung besteht aus dem Flanschpaar, der Dichtung und einer bestimmten Anzahl von Schrauben. Die einzelnen Bauteile sind in Form, Belastbarkeit und Größe voneinander abhängig. Zur Konstruktion müssen neben Nenngröße, Berechnungsdruck und Werkstoff auch die äußere Flanschform, die Dichtungsart und die Anzahl der Schrauben nach gewissen konstruktiven Erfahrungen festgelegt werden. Mit diesen vorgewählten Flanschabmessungen prüft man nach, ob die gewählte Dimensionierung mit den zulässigen Beanspruchungen im Einklang steht. Zur Optimierung muß die Berechnung mehrmals wiederholt werden. In vielen Fällen läßt sich unter Anlehnung an bereits optimierte Flanschausführungen — wie z. B. Flansche nach DIN, ANSI oder BS — dieser scheinbar aufwendige Vorgang sehr vereinfachen und rechnerisch schnell durchführen.

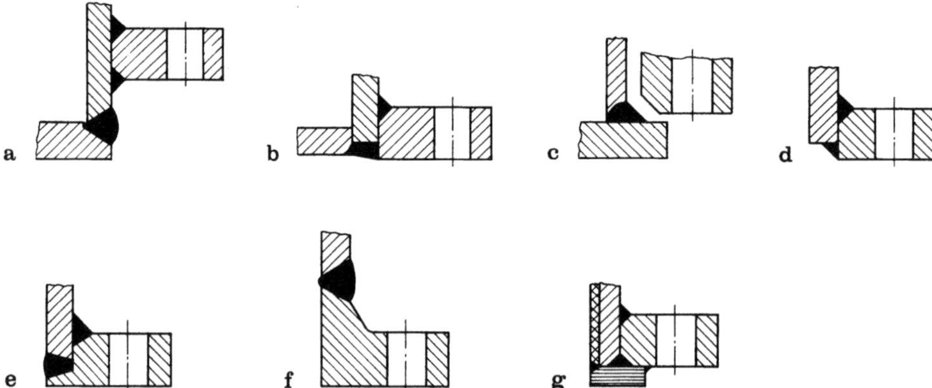

Abb. 9.22 a–g. Ausführungen von Apparateflanschen. a) Flansch mit separat angeschweißtem Rohrboden; b) Flansch und Rohrboden gemeinsam verschweißt; c) Rohrboden als Flanschansatz mit losem Flanschring; d) Schweißflansch für Hauben ($p_i < 6$ bar); e) Schweißflansch für Hauben ($6 \leqq p_i \leqq 10$ bar); f) Flansch mit konischem Ansatz ($p_i > 6$ bar), ähnlich wie DIN 28034; g) Schweißflanschausführung mit Dichtleiste aus Sonderwerkstoff.

Einige im kältetechnischen Apparatebau übliche Ausführungen von Flanschen und Dichtleisten sind in Abb. 9.22 und 9.23 dargestellt.

Die einzelnen Apparatehersteller und -betreiber besitzen zum Teil sehr umfangreiche Normen, welche es gestatten, die tatsächliche Flanschausführung zügig und einfach festzulegen. Daneben gibt es Bemühungen, Flanschbemessungen in einem einzigen Rechnungsgang durchzuführen, jedoch muß man auch in diesem Fall von bestimmten Kennwerten ausgehen [42].

b) Flanschberechnung

Apparateflansche werden nach der Vornorm DIN 2505 und dem AD-Merkblatt B 8 bemessen. Außerdem wird, vornehmlich in der chemischen Industrie, das Berechnungsverfahren nach den TEMA-Bauvorschriften Class R [1] und nach dem ASME-Code, Section VIII [43] angewandt. Diese Berechnungsverfahren beruhen hinsichtlich ihrer Genauigkeit auf Näherungsbetrachtungen, verbunden mit Erfahrungswerten, und sind in vielen anderen Industriestaaten als verbindliche Berechnungsvorschriften anerkannt.

Die am Flansch nach DIN 2505 angreifenden Biegemomente — das Einbaumoment M_0, das Anfahrbiegemoment M_A und das Betriebsbiegemoment M_B — müssen mit dem inneren Moment des Flansches als Produkt aus Flanschwiderstandsmoment W_F und auftretender Spannung im Gleichgewicht stehen. Es gilt also

$$M_0 = W_F \, K/S \tag{9.70a}$$

oder

$$M_A = W_F \, K/S \tag{9.70b}$$

oder

$$M_B = W_F \, K/S. \tag{9.70c}$$

Zur Bestimmung der maximalen Biegemomente müssen auch die von außen durch Zug, Druck oder Biegung einwirkenden Kräfte berücksichtigt werden. Die Vornorm DIN 2505 gibt Richtlinien zur Bestimmung dieser Kräfte.

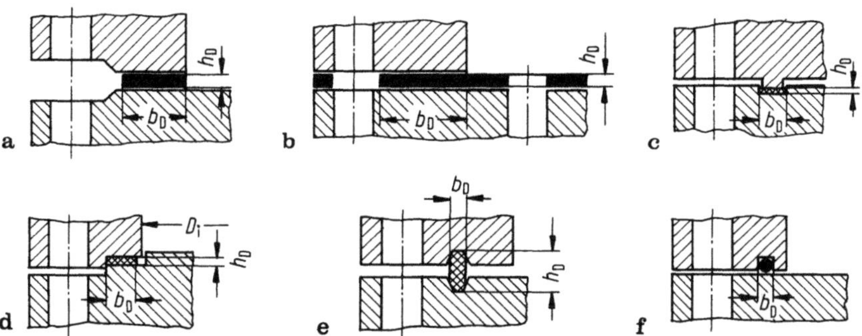

Abb. 9.23 a–f. Ausführung von Dichtungen: a) abgesetzte Dichtleisten, Dichtung frei aufliegend, geeignet für Weichstoffdichtungen (z. B. Gummi). Einsatzbereich: Flüssigkeiten ($p_i < 10$ bar); b) glatte Dichtleisten mit gelochter Weichstoffdichtung. Einsatzbereich: Umlenkhauben für Rohrböden ($p_i < 15$ bar); c) Nut- und Federabdichtung für Weichstoff- oder Metallflachdichtung. Einsatzbereich: Hauben u. ä., zum Abdichten von Gasen und Flüssigkeiten ($p_i > 10$ bar); d) Vor- und Rücksprungabdichtung für Weichstoff- oder Metallflachdichtung. Einsatzbereich: wie c) vornehmlich $D_i > 800$ mm; e) Ring-Joint-Abdichtung für metallische Dichtungswerkstoffe. Einsatzbereich: Hochdruck-Apparatebau mit starker Wechselbeanspruchung; f) O-Ring-Abdichtung für Weichstoffringe verschiedener Ausführungen. Einsatzbereich: Spaltfreie Abdichtung auf bearbeiteten Flächen.

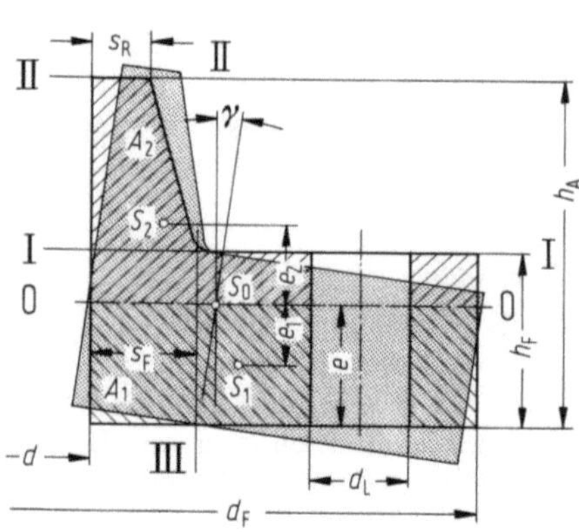

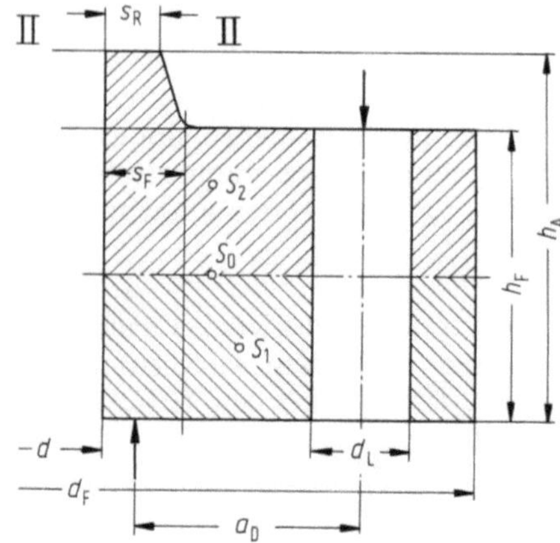

Abb. 9.24. Verformungsschema eines festen Flansches.

Abb. 9.25. Flansch mit kurzem Hals.

Das Flanschwiderstandsmoment W_F gilt als Rechengröße, wobei die Schnittstelle II-II als plastisches Gelenk angenommen wird und der Flanschkörper sich rotationssymmetrisch um den Flächenschwerpunkt S_0 dreht, wie dies in Abb. 9.24 dargestellt ist.

In der Festigkeitsberechnung ist das sich aus einer Gleichgewichtsbetrachtung der beiden Teilflächen A_1 und A_2 ergebende kleinste Flanschwiderstandsmoment einzusetzen. Dieses kann am Flanschhals, am Rohransatz oder im Flanschblatt auftreten.

Der gefährdete Querschnitt des in der Abb. 9.24 dargestellten Flansches liegt in der Regel beim Schnitt I-I, wenn die Flanschabmessungen entsprechend DIN 28034 gewählt werden. Nach DIN 2505 gilt für das Flanschwiderstandsmoment im Querschnitt I-I

$$W_I = \tfrac{\pi}{4}[(d_F - d - 2\,d_L')\,h_F^2 + (d + s_F)\,(s_F^2 - s_R^2/4)]. \tag{9.71}$$

Bei Flanschblättern mit kurzem Hals, wie in Abb. 9.25 dargestellt, kann der gefährdete Querschnitt im Bereich des Rohransatzes II-II liegen. Nach DIN 2505 gilt in diesem Fall

$$W_{II} = \pi\,[(2\,d_F - d - 2\,d_L')\,e_1(e_1 + e_2) + 3/16\,(d + s_R)\,s_R^2]. \tag{9.72}$$

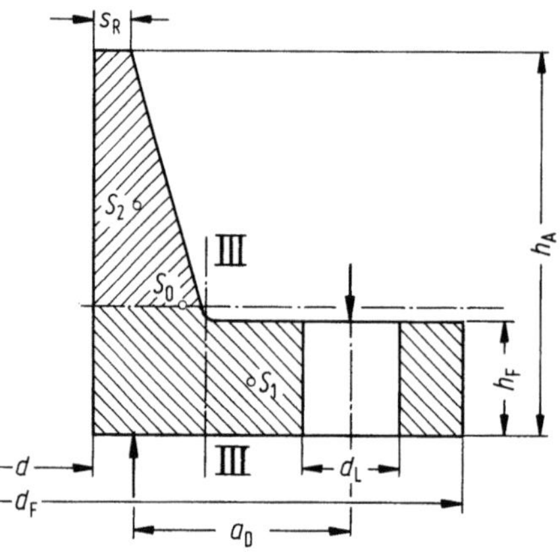

Abb. 9.26. Flansch mit konischem Ansatz.

Tabelle 9.26. *Grenzwerte für* $W_{\mathrm{II}} < W_{\min}$

d in mm	400...700	700...1 100	1 100...1 600
$h_{\mathrm{F}}/h_{\mathrm{A}}$	>0,7	>0,6	>0,4
$s_{\mathrm{R}}/h_{\mathrm{F}}$		$\leqq 2,0$	

Tabelle 9.27. *Grenzwerte für* $W_{\mathrm{III}} \triangleq W_{\min}$

d in mm	400...700	700...1 100	1 100...1 600
h_{F}/d	<0,06	<0,05	<0,04
$h_{\mathrm{F}}/h_{\mathrm{A}}$	>2,0	>2,0	>2,0
s_{R}/d	<0,02	<0,015	<0,01

Die Grenzwerte für $W_{\mathrm{II}} < W_{\min}$ sind in Tab. 9.26 zusammengestellt.

Mit e_1 und e_2 sind in Abb. 9.24 die Schwerpunktabstände der durch verschiedene Schraffuren dargestellten Teilflächen A_1 und A_2 zu der im vollplastischen Zustand geltenden neutralen Linie 0-0 bezeichnet.

Flansche nach Abb. 9.26 mit verhältnismäßig langem Hals und geringer Blattdicke, müssen im Querschnitt III-III nachgerechnet werden. Es gilt

$$W_{\mathrm{III}} = \tfrac{\pi}{4}\left(d_{\mathrm{F}} - 2\,d'_{\mathrm{L}}\right) h_{\mathrm{F}}^2. \tag{9.73}$$

Die Grenzwerte $W_{\mathrm{III}} \triangleq W_{\min}$ sind in Tab. 9.27 zusammengestellt.

Die Größen in Gl. (9.71) bis (9.73) sind aus den entsprechenden Abbildungen ersichtlich. Darüber hinaus ist mit d'_{L} der Berechnungsdurchmesser des Schraubenlochs und mit s_1 die rechnerische Rohrwanddicke zur Aufnahme der gesamten Rohrlängskraft bezeichnet. Für diese Rohrwanddicke gilt

$$s_1 = \frac{F_{\mathrm{r}}}{\pi\,(d + s_{\mathrm{r}})\,K}, \quad s_1 \text{ in mm} \tag{9.74}$$

wobei F_{r} die Rohrkraft in N und K der Festigkeitskennwert in N/mm² sind.

Bei Flanschdurchmessern $d_{\mathrm{F}} > 1\,000$ mm findet man in DIN 2505 für W_{I} und W_{II} Gleichungen, in welchen den auftretenden Scherkräften Rechnung getragen wird.

9.2.9 Schrauben

a) Berechnung

Die Schrauben von Flanschverbindungen gelten im Apparatebau als hochbeanspruchte Bauteile. Die Dimensionierung erfolgt nach der größten zu erwartenden Kraft, die beim Einbau, beim Betrieb oder während des Anfahrens auftreten kann.

Nach AD-Merkblatt B 7 beträgt die Mindestschraubenkraft für den Einbauzustand

$$F_{\mathrm{DV}} = \pi\,d_{\mathrm{D}}\,k_0\,K_{\mathrm{D}}. \tag{9.75}$$

Die als Vorpreßkraft bezeichnete Schraubenkraft F_{DV} muß die Dichtung so verformen, daß alle auf der Dichtfläche vorhandenen Unebenheiten ausgeglichen werden. Versuche mit It-Dichtungen haben gezeigt, daß selbst bei geringen Innendrücken zunächst erhebliche Vorpreßkräfte nötig sind, um die Flanschverbindung abzudichten

[35]. Einmal „eingepreßte" Dichtungen benötigen zum wiederholten Abdichten wesentlich geringere Schraubenkräfte.

Die Mindestschraubenkraft für den Betriebszustand von kreisförmigen Schraubenverbindungen mit Dichtungen innerhalb des Lochkreises beträgt

$$F_{SB} = F_{RB} + F_{FB} + F_{DB} \tag{9.76}$$

wobei

$$F_{RB} = p\pi\, d_i^2/40 \tag{9.77}$$

die Rohrkraft,

$$F_{FB} = p\pi\, (d_D^2 - d_i^2)/40 \tag{9.78}$$

die Ringflächenkraft und

$$F_{DB} = p\pi\, d_D\, S_D\, k_1/10 \tag{9.79}$$

die zum Abdichten notwendige Betriebskraft ist.

In den Gl. (9.75) bis (9.79) bedeutet

d_D den mittleren Dichtungsdurchmesser in mm,
d_i den Innendurchmesser eines Flansches in mm,
k_1 den Dichtungskennwert für den Betriebszustand in mm,
K_D den Formänderungswiderstand des Dichtungswerkstoffs in N/mm^2,
p den Berechnungsdruck in bar,
S_D den Sicherheitsbeiwert.

Die Dichtungskennwerte k_0, k_1 und K_D, bzw. $k_0\, K_D$ sind aus den Tab. 9.28 und 9.29 zu entnehmen, wobei normalerweise für den Betriebszustand nur die Werte für Gase und Dämpfe infrage kommen. Kennwerte für andere Dichtungsarten und -formen sind durch Versuche festzustellen.

Für den Sicherheitsbeiwert S_D können folgende Werte angenommen werden:

Für Weichstoffdichtungen $S_D = 1{,}2$
für Metalldichtungen $S_D = 1{,}3$.

Die Gln. (9.76) bis (9.79) gelten sinngemäß auch für den Anfahr- oder Prüfzustand, wobei $S_D = 1$ gesetzt werden kann.

Nach AD-Merkblatt B 7 ist bei einem Prüfdruck von $p_P > 1{,}3\, p$ eine Nachrechnung der Schraubenkraft nicht erforderlich.

Mit Rücksicht auf eine gleichmäßige und symmetrische Kraftverteilung soll die Anzahl der Schrauben n möglichst groß und durch vier teilbar gewählt werden.

Als Richtwert für die Schraubenteilung gilt

$$t \leqq 5\, d_S, \tag{9.80}$$

Tabelle 9.28. *Formänderungswiderstand K_D und K_{Dt} von metallischen Werkstoffen nach AD-Merkblatt B 7*

Dichtungswerkstoff	K_D	K_{Dt} in N/mm^2 [a]				
	20 °C	100 °C	200 °C	300 °C	400 °C	500 °C
Aluminium, weich	100	40	20	(5)	—	—
Kupfer	200	180	130	100	(40)	—
Weicheisen	350	310	260	210	170	(80)
Stahl St 35	400	380	330	260	190	(120)
Legierter Stahl 13CrMo44	450	450	420	390	330	280
austenitischer Stahl	500	480	450	420	390	350

[a] Zwischenwerte sind zu interpolieren.

Tabelle 9.29

Dichtungsart	Dichtungsform	Benennung	Werkstoff	Dichtungskennwerte[1]					
				für Flüssigkeiten			für Gase u. Dämpfe		
				Vorverformen[2]		Betriebszustand	Vorverformen[2]		Betriebszustand
				k_0 mm	$k_0 \cdot K_D$ N/mm	k_1 mm	k_0 mm	$k_0 \cdot K_D$ N/mm	k_1 mm
Weichstoffdichtungen		Flachdichtungen nach DIN 2690 bis DIN 2692	Dichtungspappe getränkt	—	$20b_D$	b_D	—	—	—
			Gummi	—	b_D	$0,5b_D$	—	$2b_D$	$0,5b_D$
			PTFE[3]	—	$20b_D$	$1,1b_D$	—	$25b_D$	$1,1b_D$
			lt	—	$15b_D$	b_D	—	[4] $200\sqrt{\dfrac{b_D}{h_0}}$	$1,3b_D$
			lt PTFE-ummantelt	—	$12b_D$	$0,8b_D$	—	$12b_D$	$0,8b_D$
Metall-Weichstoffdichtungen		Spiral-Asbestdichtung	unlegierter Stahl	—	$15b_D$	b_D	—	$50b_D$	$1,3b_D$
		Welldichtring	Al	—	$8b_D$	$0,6b_D$	—	$30b_D$	$0,6b_D$
			Cu,Ms	—	$9b_D$	$0,6b_D$	—	$35b_D$	$0,7b_D$
			weicher Stahl	—	$10b_D$	$0,6b_D$	—	$45b_D$	$1b_D$
		Blech-ummantelte Dichtung	Al	—	$10b_D$	b_D	—	$50b_D$	$1,4b_D$
			Cu,Ms	—	$20b_D$	b_D	—	$60b_D$	$1,6b_D$
			weicher Stahl	—	$40b_D$	b_D	—	$70b_D$	$1,8b_D$
Metalldichtungen		Metall-Flachdichtung	—	$0,8b_D$	—	b_D+5	b_D	—	b_D+5
		Metall-Spießkantdichtung	—	$0,8$	—	5	1	—	5
		Metall-Ovalprofildichtung	—	$1,6$	—	6	2	—	6
		Metall-Runddichtung	—	$1,2$	—	6	$1,5$	—	6
		Ring-Joint-Dichtung	—	$1,6$	—	6	2	—	6
		Linsendichtung nach DIN 2696	—	$1,6$	—	6	2	—	6
		Kammprofildichtung nach DIN 2697[5]	—	$0,4\sqrt{X}$	—	$9+0,2\sqrt{X}$	$0,5\sqrt{X}$	—	$9+0,2\sqrt{X}$
		Membran-Schweißdichtung nach DIN 2695	—	0	—	0	0	—	0
		Rundschnur-Ring[6]	Gummi und gummiähnliche Kunststoffe	0	—	0	0	—	0

X = Anzahl der Kämme

[1] Sie gelten für bearbeitete, ebene und unbeschädigte Dichtflächen. Abweichungen sind bei entsprechendem Nachweis möglich.

[2] Sofern k_0 nicht angegeben werden kann, ist hier das Produkt $k_0 \cdot K_D$ aufgeführt.

[3] Polytetrafluorethylen

[4] Gasdichte Qualität vorausgesetzt.

[5] Die Werte gelten nicht für Kammprofildichtungen mit Auflage.

[6] Die Schraubenkräfte sind um das Verhältnis der Hebelarme y_1/y_2 zu erhöhen.

wobei d_S der Schaftdurchmesser einer Schraube ist. Die Mindestteilung beträgt erfahrungsgemäß $t_{min} = 50$ mm.

Nach AD-Merkblatt B 7 dürfen Schrauben unter M 10 nur in Sonderfällen eingesetzt werden. In den TEMA-R-Bauvorschriften wird als kleinster Schaftdurchmesser $d_S = (1/2)''$ angegeben.

Um eine möglichst elastische Schraubenverbindung zu erhalten, wird besonders bei hoher Wechselbeanspruchung der Einsatz von Dehnschrauben nach DIN 2510 empfohlen. Flanschverbindungen für Berechnungsdrücke über 40 bar oder Berechnungstemperaturen über 300 °C sind nach AD-Merkblatt B 7 nur mit Dehnschrauben zugelassen.

Als Dehnschrauben gelten Schrauben, deren Maße DIN 2510 entsprechen oder die einen Schaftdurchmesser von

$$d_S \leqq 0{,}9\, d_K \tag{9.81}$$

haben, wobei d_K der Gewinde-Kerndurchmesser ist.

Zur Vermeidung einer zu engen Staffelung der Nennlängen von Dehnschrauben, wird der Einbau von Dehnhülsen nach DIN 267, Teil 13, empfohlen.

Kopfschrauben sollten wegen der beim Anziehen zusätzlich auftretenden Verdrehspannung möglichst nicht eingesetzt werden. Nach TEMA-R sind für Apparateflansche nur Bolzenschrauben zugelassen.

Der erforderliche Kerndurchmesser d_K bzw. der Schaftdurchmesser d_S errechnen sich nach AD-Merkblatt B 7 zu

$$d_K \text{ bzw. } d_S = Z\,\sqrt{F_{SB}/K\,n} + c_5, \quad d_K \text{ in mm} \tag{9.82}$$

wobei für die Schraubenkraft F_{SB} die größte nach Gl. (9.76) berechnete Kraft einzusetzen ist.

Für den Prüfzustand ist

$$d_K \text{ bzw. } d_S = Z\,\sqrt{F_{SP}/K_{20}\,n}, \quad d_K \text{ in mm} \tag{9.83}$$

Tabelle 9.30. *Sicherheitsbeiwert S, Hilfswerte φ und Z nach AD-Merkblatt* B 7

Zustand und Gütewert	Werkstoffe mit bekannter Streckgrenze und Sicherheit gegen Streckgrenze bzw. $\sigma_B/100\,000$		Werkstoffe ohne bekannte Streckgrenze mit Sicherheit gegen Zugfestigkeit
	Bei Dehnschrauben z. B. nach DIN 2510	Bei Vollschaftschrauben z. B. nach DIN 2509 und DIN 931	
für den Betriebszustand	$S = 1{,}5$	$S = 1{,}8$	$S = 5{,}0$
bei $\varphi = 0{,}75$	$Z = 1{,}6$	$Z = 1{,}75$	$Z = 2{,}91$
$\varphi = 1{,}00$	$Z = 1{,}38$	$Z = 1{,}51$	$Z = 2{,}52$
für den Einbau- und Prüfzustand	$S = 1{,}1$	$S = 1{,}3$	$S = 3{,}0$
bei $\varphi = 0{,}75$	$Z = 1{,}37$	$Z = 1{,}49$	$Z = 2{,}26$
$\varphi = 1{,}00$	$Z = 1{,}18$	$Z = 1{,}29$	$Z = 1{,}95$

Tabelle 9.31. *Konstruktionszuschläge c_5 in mm*

$Z\sqrt{F_{SB}/K\,n}$	c_5 in mm
$\leqq 20$ mm	3 mm
$\geqq 50$ mm	1 mm

während für den Einbauzustand

$$d_K \text{ bzw. } d_S = Z\sqrt{F_{DV}/K_{20}\,n}\,, \quad d_K,\, d_S \text{ in mm} \tag{9.84}$$

gilt. Mit K_{20} ist dabei der Festigkeitskennwert des Schraubenwerkstoffs bei $t = +20\,°C$ bezeichnet.

Der Wert Z kann entweder aus Tab. 9.30 entnommen oder nach Gleichung

$$Z = \sqrt{4\,S/\pi\varphi} \tag{9.85}$$

berechnet werden, wobei der Hilfswert φ in Tab. 9.30 zu finden ist.

Die Konstruktionszuschläge c_5 können entsprechend Tab. 9.31 gewählt werden. Im Zwischenbereich kann nach der Beziehung

$$c_5 = \frac{65 - Z\sqrt{F_{SB}/K\,n}}{15}\,, \quad c \text{ in mm} \tag{9.86}$$

linear interpoliert werden. Für Dehnschrauben ist $c_5 = 0$ einzusetzen.

b) Schraubenwerkstoffe

Schraubenwerkstoffe müssen neben den geforderten Festigkeitseigenschaften hohe Dehnungswerte und eine ausreichende Zähigkeit besitzen. Die Bruchdehnung für den kurzen Proportionalstab A_5 soll nicht weniger als 14 % in Längsrichtung betragen. Die Kerbschlagzähigkeit nach ISO-V-Probe soll in Längsrichtung bei Raumtemperatur mindestens 50 J/cm² bei unlegierten Stählen und 65 J/cm² bei legierten Stählen betragen. Thomasstahl und Automatenstahl sind als Schraubenwerkstoff für Flanschverbindungen im Apparatebau nicht geeignet.

Zugelassen sind Werkstoffe nach DIN 267, Teil 13, und DIN 17240, sowie Sonderwerkstoffe in Verbindung mit dem VdTÜV-Werkstoffblatt. Schrauben und Muttern werden nach DIN 267, Teil 3, in Festigkeitsklassen eingeteilt. Der gewählte Ausgangswerkstoff muß nach der Verarbeitung der gewünschten Festigkeitsklasse entsprechen. Die Anwendungsgrenzen der einzelnen Festigkeitsklassen, sowie deren Prüfumfang sind im AD-Merkblatt W 7, Tafel 1 und Tafel 3, festgelegt.

Für Betriebstemperaturen unter $-10\,°C$ dürfen nur Schraubenwerkstoffe aus kaltzähem Material nach AD-Merkblatt W 10, Tafel 1, Beanspruchungsfall I, verwendet werden.

Auch andere Regelwerke, z. B. der ASME-Code, fordern bei tiefen Temperaturen den Einsatz von kaltzähen Werkstoffen. Nach ASME ist dies allerdings erst ab $-29\,°C$ erforderlich. In der Regel werden für tiefe Temperaturen austenitische Schrauben der Klassen A2 und A4 nach DIN 267, Teil 11, oder kaltzähe Stähle nach Stahl-Eisen-Werkstoffblatt 680, z. B. 12Ni19 (V), verwendet.

Die Festigkeitskennwerte sind den aufgeführten DIN-Normen im Zusammenhang mit dem VdTÜV-Werkstoffblatt zu entnehmen. Für Sonderwerkstoffe gelten die vom Sachverständigen anerkannten Werte.

Als Sicherheitsbeiwerte sind die in Tab. 9.30 angegebenen Werte einzusetzen.

9.2.10 Dichtungen

Dichtungen sind lösbar, sie sollen Räume mit unterschiedlichen Drücken und Stoffen voneinander abschließen. Sie werden für bewegte Teile mit Längs- oder Drehbewegung (Kolbenstange, Rührwerke) oder für ruhende Teile, z. B. Flansche, verwendet. Hier werden nur die letzteren erläutert.

Statische Dichtungen werden nach dem Formänderungswiderstand und der Zeitstandfestigkeit beurteilt. Weiterhin müssen die chemische Beständigkeit (Quellen, Schrumpfen), die zulässigen Einsatztemperaturen des Dichtungswerkstoffs und die Dichtheit gegen Flüssigkeiten und Gase beachtet werden.

Die zum Abdichten der Flanschverbindung notwendige Vorpreßkraft F_{DV} nach Gl. (9.75) ist unabhängig vom Innendruck. Um die Dichtungskräfte und somit auch die Schraubenkräfte klein zu halten, empfiehlt es sich, die Flanschdichtungen unter Beachtung der zulässigen Flächenpressung, z. B. nach DIN 3754, möglichst schmal auszuführen, z. B. nach DIN 28040. Bei Weichstoff- und Metallweichstoffdichtungen kann nach der ersten Lastaufgabe mit bleibender Verformung gerechnet werden. Dieses muß durch Nachziehen der Schrauben ausgeglichen werden. In jedem Fall muß nachgeprüft werden, ob beim Aufbringen der gesamten Schraubenkraft F_S im drucklosen Zustand die zulässige Flächenpressung des Dichtungswerkstoffes nicht überschritten wird.

Für Weichstoffdichtungen gilt

$$F_{D,\,max} = \pi \, d_D \, b_D \, \sigma_{D,\,max} = F_{S,\,max}, \qquad (9.87)$$

wobei d_D der Dichtungsdurchmesser in mm,
     b_D die Dichtungsbreite in mm,
     $\sigma_{D,\,max}$ die maximale Flächenpressung der Dichtung in N/mm^2,
     F_S die tatsächliche Schraubenkraft in N

sind.

Werte für $\sigma_{D,\,max}$ können der DIN 3757 entnommen werden. In Sonderfällen sind die Angaben des Dichtungsherstellers zu beachten.

Für geformte Metalldichtungen beträgt die zulässige Belastung bei der Betriebstemperatur t:

$$F_{D,\,max} = \pi \, d_D \, k_0 \, K_{Dt} \qquad (9.88)$$

und für kammprofilierte Dichtungen

$$F_{D,\,max} = d_D \, k_0 \, K_{Dt} \, \sqrt{X}, \qquad (9.89)$$

wobei X die Anzahl der tragenden Dichtkämme ist.

Die Werte für k_0 und K_{Dt} sind Tab. 9.28 und 9.29 zu entnehmen.

Dichtungsflächen können sein:

— eben, Dichtungsfläche am Flansch voll, oder reduziert vertieft;
— Vor- und Rücksprung (Fläche nach DIN 2513 und 2517, Dichtung nach DIN 2692);
— Nut und Feder (Fläche nach DIN 2512, Dichtung nach DIN 2691).

Bei hohem Druck besteht die Gefahr, daß die Flachdichtung herausgedrückt und zerrissen wird. Um dies zu vermeiden, verwendet man Dichtungsflächen mit Vor- und Rücksprung, bzw. mit Nut und Feder, die auch bei Vakuum brauchbar ist. Bei Vakuum ist aber das Verschweißen immer noch die beste Dichtungsart.

Der Form nach unterscheidet man folgende Dichtungen (s. a. Abb. 9.23):

— ebene Flachdichtung mit rechteckigem, quadratischem, rundem oder ovalem Querschnitt;

— Profildichtung mit rechteckigem oder quadratischem Querschnitt;
— Wellen-, Rillen- oder Kammprofildichtung verschiedener Formen (Kreis, Linse, oval usw.).

Als Werkstoffe für Dichtungen werden verwendet

1. Weichstoffe

— Asbest,
— It-Platten,
— Graphit,
— Gummi mit oder ohne Einlage,
— Teflon (bis +200 °C).

Asbest ist gut druck- und temperaturbeständig, bei Erwärmung gibt es jedoch gebundenes Wasser ab, wird spröde und verliert an Festigkeit.

Gummi mit Einlage (GiE) ist gegen Meerwasser, Abwasser, Laugen, Säuren und Ethylenglykol beständig und im Temperaturbereich von −40 bis +100 °C einsetzbar.

It-Platten bestehen aus Asbest, der durch Gummi verbunden ist. Die Benennung It wird auf die beiden letzten Buchstaben der ursprünglichen Hauptbestandteile Gumm*i* und Asbes*t* zurückgeführt, welche weitgehend die technologischen Eigenschaften der daraus gefertigten Dichtungen bestimmen. Für It-Dichtungen gilt die DIN 3754. Die Güteklassen It 200, It 300 und It 400 sind für Dampf und Wasser geeignet. It Ö wird für heiße Lösungsmittel und Öle, sowie für Kältemittel und Sole im Temperaturbereich von −80 bis +300 °C verwendet, während It S bei Säuren eingesetzt wird.

It-Dichtungen, deren chemische Beständigkeit gegenüber dem abzudichtendem Stoff nicht ausreicht, können durch Verwendung einer PTFE-Schicht (Polytetrafluorethylen, z. B. Teflon, Hostaflon) geschützt werden. PTFE-ummantelte Flachdichtungen werden nach DIN 2690, 2691 und 2692 geliefert.

Eine besonders hohe chemische Beständigkeit haben It C Dichtungen.

2. Hartstoffe

— reine Kunststoffe,
— Hartgummi,
— blechummantelte Weichstoffe, wie z. B. It, Asbest usw.

3. Metalle

— C-Stahl,
— Weicheisen (ARMCO),
— Monel,
— Aluminium,
— Nickel,
— Blei usw.

Metalldichtungen werden für höchste Drücke, Temperaturen und bei Korrosion verwendet. Der weiche Zustand wird durch Reinheit oder Glühen erzeugt.

10 Verschmutzung

Heinz Schnell

Benutzte Formelzeichen in Kapitel 10
(s. auch Formelzeichenliste am Anfang des Bandes)

Formelzeichen, Einheiten

$\dot{M}_f$	Verschmutzungsstrom	kg/s
R_f	Verschmutzungswiderstand	m^2K/W
β	Zeitkonstante	—
δ	Verschmutzungsschichtdicke	mm
ε	Reinheitsgrad	—

Indizes

f	Verschmutzung		∞	asymptotischer Zustand
F	Fluid		ab	Verschmutzungsabtrag
0	Anfangszustand		zu	Verschmutzungszuwachs

Anmerkung: Als Symbol für die Verschmutzung wurde f (= fouling) gewählt, da dieser Begriff auch in der deutschen Fachliteratur bekannt ist. Dagegen konnten die Begriffe d (= deposit) und r (= removal) nicht verwendet werden, hierfür stehen die Indizes „ab" und „zu", also:

— $F(\dot{M}_f)_{zu}$ = Funktion des Verschmutzungszuwachses
— $F(\dot{M}_f)_{ab}$ = Funktion des Verschmutzungsabtrages

10.1 Einführung

Ein wichtiges Problem der Berechnung und Konstruktion von Wärmeaustauschern ist die Beurteilung der Verschmutzung (fouling), da diese den Wärmeleitwiderstand infolge von Ablagerungen auf den Wärmeübertragungsflächen ständig verändert. Die Verschmutzung läßt sich bei Wärmeübertragungsvorgängen kaum vermeiden, unabhängig, ob diese ohne oder mit Phasenänderungen verlaufen. Die Ablagerungen können an den Außen- oder Innenwänden der Rohre bzw. Übertragungselemente auftreten; sie sind meist strömungsbedingt oder die Folge der Luftverschmutzung (z. B. Luftkühler und -kondensatoren). Abb. 10.1 zeigt schematisch die beidseitige Rohrverschmutzung.

In Kap. 2 wird der Wärmedurchgangskoeffizient k bei vorhandenen Fremdschichten durch Gl. (2.103) definiert. Der zusätzliche Wärmeleitwiderstand (R_a, R_i) kann durch Korrosionsschutz (Lackierung, galvanischer Überzug, Kunststoffbeschichtung) und/oder Verschmutzung (Ölfilm, Niederschlag, Korrosionsprodukte) entstehen.

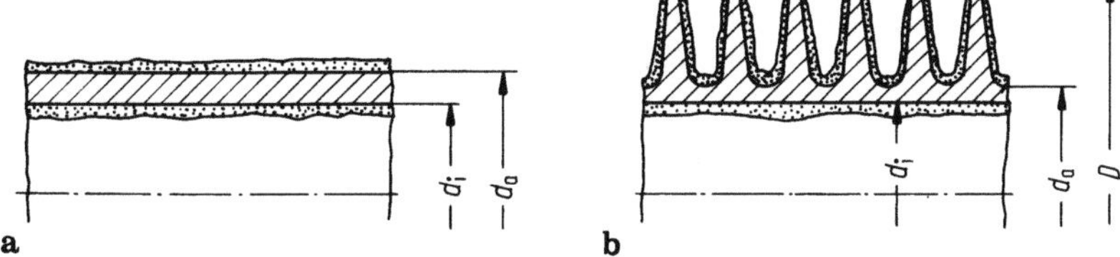

Abb. 10.1a, b. Schema der beidseitigen Verschmutzung. a) Glattrohr eines Rohrbündelaustauschers; b) Rippenrohr eines Luftkühlers.

Wenn die experimentelle Bestimmung des Wärmedurchgangskoeffizienten sämtliche Herstellungsmaßnahmen einschließt, beschreibt Gl. (2.103) ausschließlich den Verschmutzungszustand:

$$(1/k)_f = \frac{1}{\alpha_a} + \frac{A_a}{A_m}\frac{s}{\lambda} + \frac{1}{\alpha_i}\frac{A_a}{A_i} + R_a + R_i\frac{A_a}{A_i} \tag{10.1}$$

$$(1/k)_f = R_0 + R_f \tag{10.2}$$

bzw.

$$R_f = (1/k)_f - (1/k)_0 . \tag{10.3}$$

Unter Berücksichtigung von $R_0 = (1/k)_0$ wird für die vorgegebenen Auslegungsbedingungen die erforderliche Wärmeübertragungsfläche A_0 des sauberen Wärmeaustauschers berechnet. Der Verschmutzungswiderstand R_f wächst während des Betriebs bis zu einem quasi-asymptotischen Wert $R_{f\infty}$. Hieraus ergibt sich der zeitabhängige Verschmutzungswiderstand eines Betriebsintervalls:

$$R_{f(\tau)} = R_{f\infty}[1 - \exp(-\beta\tau)] \tag{10.4}$$

mit β als Zeitkonstante, vgl. Abschn. 10.3.

In vielen Fällen ist jedoch das Betriebsverhalten unbefriedigend, da der Wärmestrom

$$\dot{Q} = kA\vartheta \tag{10.5}$$

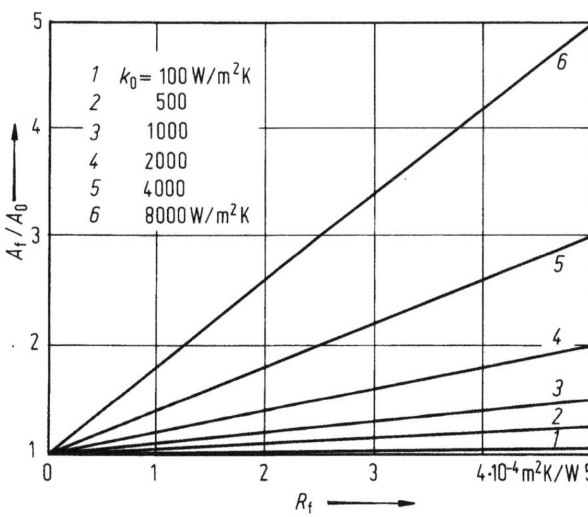

Abb. 10.2. Verhältnis A_f/A_0 für verschiedene Wärmeaustauscher und Verschmutzungswiderstände R_f (Beispiele). A_0 Wärmeübertragungsfläche (sauber), A_f Wärmeübertragungsfläche (verschmutzt), k_0 Wärmedurchgangskoeffizient (sauber), R_f Verschmutzungswiderstand.

Tabelle 10.1. *Verschmutzungswiderstand R_f nach* TEMA [1][a]
Werkstoffe: A = *Kohlenstoffstahl, unbehandelt,*
B = *Edelstahl, NE-Metalle.*

Apparatetyp	Fluid	Bemerkung	R_f in 10^{-4} m²K/W	
			A	B
Kondensatoren und Kühler	Meerwasser		1,7	0,9
	Brackwasser	$w < 1$ m/s	6,9	3,4
		$w > 1$ m/s	3,4	1,7
	Fluß- und Seewasser	$w < 1$ m/s	10,3	5,2
		$w > 1$ m/s	6,9	3,4
	Stadt- und Brunnenwasser		3,4	1,7
	Rückkühlwasser	unbehandelt	10,3	5,2
		behandelt	3,4	1,7
	schmutziges Wasser	$w < 1$ m/s	10,3	5,2
		$w > 1$ m/s	6,9	3,4
	hartes Wasser	GH = 5,15 mVal/kg	5,2	5,2
	destilliertes Wasser		1,7	0,9
	Ammoniak	ölfrei	0,6	
		mit Öl	1,7	
	Halogen-Kältemittel	ölfrei	0,34	
Verdampfer	Kaltwasser	geschlossener Kreislauf offener Kreislauf		
	Kühlsole	mit Inhibitor	1,7	0,9
		ohne Inhibitor	3,4	1,7
	Ammoniak	ölfrei	0,34	
		mit öl	1,7	
	Halogen-Kältemittel	ölfrei	0,34	
	organische Kälteträger		1,7	1,7
Ölkühler	Schmieröl		1,7	1,7

[a] Die TEMA-Werte wurden auf SI-Einheiten umgerechnet und gerundet, z. B. $w \lesssim 3$ ft/s in $w \lesssim 1$ m/s.

bzw. die Wärmestromdichte $\dot{q}$ sich infolge $(1/k)_f > (1/k)_0$ und $\vartheta = $ const wie

$$\dot{q}_f/\dot{q}_0 = (1 + k_0 R_f)^{-1} \tag{10.6}$$

oder die Temperaturdifferenz ϑ sich bei $\dot{Q} = $ const wie

$$\vartheta_f/\vartheta_0 = 1 + k_0 R_f \tag{10.7}$$

verändern, wobei das wirkliche Betriebsverhalten zwischen diesen Grenzwerten liegt.

Aufgrund firmeneigener Optimierungsprogramme oder allgemeiner Erfahrungswerte für den Verschmutzungswiderstand R_f [1] — häufig auch Verschmutzungsfaktor (fouling factor) genannt — kompensiert der Konstrukteur die Minderleistung des verschmutzten Wärmeaustauschers durch eine vergrößerte Wärmeübertragungsfläche A_f:

$$A_f/A_0 = 1 + k_0 R_f. \tag{10.8}$$

Tab. 10.1 enthält Beispiele für den Verschmutzungswiderstand R_f nach TEMA (Tubular Exchanger Manufacturer's Association), sein Einfluß auf die Auslegung verschiedener Wärmeaustauscher wird in Abb. 10.2 dargestellt.

Die Überdimensionierung der Wärmeaustauscher ist keine grundsätzliche Lösung, sondern vielfach die Weitergabe des Verschmutzungsproblems an die Betreiber, wie folgende Beispiele zeigen.

Beispiel 1

Wassergekühlte Wärmeaustauscher, die für den Grenzwert des Verschmutzungswiderstands ausgelegt werden, führen in der Anfangsphase evtl. zu unerwünschten Unterkühlungen, so daß eine Verringerung des Kühlwasserstroms mittels Regelung erforderlich wird. Durch die veränderten Strömungsbedingungen wächst aber der Verschmutzungswiderstand schneller und verkürzt somit die erwartete Betriebsdauer.

Beispiel 2

Bei der Verdampferauslegung dominiert ein großer Verschmutzungswiderstand den relativ geringen Wärmeübergangswiderstand der Verdampfung, so daß sich der Prozeß in den Bereich der Filmverdampfung verlagert. Hierdurch wird eine besonders große Verschmutzung infolge chemischer Reaktionen ausgelöst.

Ähnliche Beispiele wurden von KERN und SEATON [2] zusammengestellt und beschrieben.

Die Betreiber müssen bei der Auswahl ihrer Anlagen neben technischen Daten auch wirtschaftliche Faktoren berücksichtigen, z. B.

— Mehrkosten für überdimensionierte Wärmeaustauscher,
— Mehraufwand an einzusetzender Energie,
— Wartungskosten für erforderliche Reinigungsmaßnahmen,
— Produktionsverluste während der Reinigungsperioden,
— usw.

Diese Kosten fanden früher wenig Beachtung, erhielten aber durch die steigenden Energiepreise eine größere Bedeutung. Die jährlichen Gesamtkosten infolge Verschmutzung betrugen in Großbritannien (1979) 300 bis $500 \cdot 10^6$ £ (ca. 1,5 bis $2,5 \cdot 10^9$ DM); dieser Verlust wurde aufgrund von Erfahrungswerten der Petrochemie auch für die USA geschätzt [3].

Zusammenfassende Darstellungen über Verschmutzung findet man vorwiegend in der englischen und amerikanischen Fachliteratur, z. B. [3–6].

10.2 Verschmutzungsursachen

Trotz unterschiedlicher Einsatz- und Betriebsbedingungen der Wärmeaustauscher läßt sich nach BOTT [7] eine Klassifizierung der Verschmutzungsursachen vornehmen, die heute allgemein übernommen wird:

— Sedimentation,
— Kristallisation,
— chemische Reaktion,
— Korrosion,
— biologisches Wachstum.

Diese Verschmutzungsklassen dienen hauptsächlich der Ursachenforschung, denn die Verschmutzung der Wärmeaustauscher läßt sich selten durch eine einzige Verschmutzungsform erklären, sondern ist meist ein komplexer Vorgang. So führen drei bis vier Verschmutzungsursachen zur Kühlwasserverschmutzung, vgl. Tab. 13.9 in Kap. 13.

10.2.1 Verschmutzung durch Sedimentation

Dieser Verschmutzungsform wird nur die Ablagerung von Festkörperpartikelchen aus den Fremdstoffen der Fließsysteme (z. B. Sand) zugeordnet, obwohl die Niederschläge anderer Stoffe (z. B. Salzkristalle, Korrosionsprodukte) sich ähnlich verhalten. Die Sedimentation gefährdet besonders Wärmeaustauscher (Kondensatoren) in Kühlwassersystemen, da die Schmutzlasten bei der Frischwasserkühlung, vgl. Kap. 13, kaum dazu neigen, im Fließsystem zu verbleiben, sondern in Abhängigkeit von der jeweiligen Strömungsgeschwindigkeit ausfallen und an den Wärmeübergangsflächen bzw. Oberflächen des Kühlwassersystems haften. Im Gegensatz zu anderen Ablagerungen werden diese Niederschläge nur lose in die Verschmutzungsschicht eingebettet und machen sie dadurch brüchig. Allerdings führt die Schleifwirkung der Fremdstoffe zur Aufrauhung der Wandflächen und somit zur Vorbereitung als Verschmutzungsträger.

Zusätzlich werden offene Kühlwassersysteme durch die Luftverschmutzung belastet, z. B. bei
— Frischwasserkühlung: durch Staubablagerung auf der Wasseroberfläche,
— Kreislaufkühlung: durch eine prozeßbedingte Luftwäsche während des Stoff- und Wärmeaustauschs im Kühlturm.

Tab. 10.2 gibt die Zusammenfassung einer Untersuchung von McAdams [8] über den Einfluß verschiedener Frischwassersysteme auf die Verschmutzung von Dampfkondensatoren wieder.

Die Verschmutzung luftbeaufschlagter Wärmeaustauscher ist standortabhängig (verunreinigte Luft durch z. B. Zementstaub, Kohlenstaub, evtl. Pollen) und erfolgt durch Ablagerung von Staubpartikeln an den Wärmeübertragungsflächen (z. B. Rippenrohre), meist verbunden mit einer erheblichen Veränderung ihrer Oberflächengeometrie (Abb. 10.1 b). Die Situation ist ähnlich bei der Wärmerückgewinnung aus warmen Gasströmen, wobei die gasseitige Verschmutzung zu Ablagerungen bemerkenswerter Schichtdicke mit rauher Oberfläche an den Wärmeaustauscherwänden führen kann.

10.2.2 Verschmutzung durch Kristallisation

Eine häufige Verschmutzungsursache ist die Kristallisation von Salzen. Infolge Verdampfung (Verdunstung) wächst die Salzkonzentration bis zur Sättigung bzw.

Tabelle 10.2. *Verschmutzung von Dampfkondensatoren durch verschiedene Frischwassersysteme, vgl. Gl. (10.10). Nach [8]* [a]

Kondensatorzustand bzw. Kühlwasserqualität	λ/δ W/m²K	k_0 bzw. k_f W/m²K	ε
sauber (Anfangszustand)	∞	3 325	1,00
Meerwasser	11 630	2 580	0,78
Trink- und Quellwasser, Fluß- und Seewasser	5 815	2 120	0,64
Fluß- und Kühlteichwasser, schlammig	2 910	1 550	0,47
extrem hartes Wasser (3,5 mVal/kg)	1 745	1 145	0,35

[a] Ursprungswerte wurden auf SI-Einheiten umgerechnet und gerundet.

Übersättigung der Lösungen. Durch Ausfällung entstehen kristalline Ablagerungen auf den Wärmeaustauscherwänden, deren Kristallformen sich unter Temperatureinfluß ständig ändern können, so daß Gegenmaßnahmen oftmals ohne Wirkung bleiben. Kristallaufbau und Einflußgrößen wurden von EPSTEIN [9] beschrieben.

Das Verhalten der Ablagerungen wird durch den Löslichkeitscharakter der Stoffe bestimmt:

— Salze direkter Löslichkeit haften auch auf kalten Wandflächen, z. B. Silikate aus geothermischen Wässern;
— Salze umgekehrter Löslichkeit setzen sich unter Übersättigungsbedingungen vorwiegend auf warmen Wandflächen ab, z. B. Härtebildner in Kühlwassersystemen ($CaCO_3$, $CaSO_4$ usw.). Diese Ablagerungen führen zur Verkrustung (scaling), sie werden durch Oberflächenzustand und -temperatur maßgeblich beeinflußt.

Tab. 10.3 nennt wasserseitige Ablagerungen unter verschiedenen Bedingungen.

Zum Aufbau der Verkrustung ist eine ausreichende Zahl von Kristallisationskeimen erforderlich, die den Wachstumsprozeß einleiten. Dieser wurde von McCABE [10] in drei grundlegende Schritte unterteilt:

— Diffusion von Stoffteilchen in die Oberfläche,
— Eingliederung der Stoffteilchen in das Kristallgitter,
— Abgabe der entstehenden Prozeßwärme.

Lösungen mit dominierenden Einzelsalzen führen zu Verkrustungen großer Schichtdicke, dichtem Kristallgefüge und hoher Adhäsionsfähigkeit. Dagegen bilden Mischsalze Ablagerungen begrenzter Schichtdicke, die aus Kristallklumpen bestehen und

Tabelle 10.3. *Wasserseitige Ablagerungen unter verschiedenen Bedingungen. Nach* [14]

Bedingung	Name	Chem. Formel
(A)	Aragonit	$\gamma - CaCO_3$
$t \leq 100\,°C$,	Calcit	$\beta - CaCO_3$
ohne Verdunstung	Gips	$CaSO_4 \cdot 2\,H_2O$
	Goethit	$\alpha - Fe_2O_3 \cdot H_2O$
	Hydroxylapatit	$Ca_{10}(PO_4)_6(OH)_2$
(B)	(A), zusätzlich:	
$t > 100\,°C$,	Anhydrit	$CaSO_4$
ohne Verdampfung	Magnesiumphosphat	$Mg_3(PO_4)_2 \cdot Mg(OH)_2$
	Brucit	$Mg(OH)_2$
	Magnetit	Fe_3O_4
	Serpentin	$3\,MgO \cdot 2\,SiO_2 \cdot 2\,H_2O$
(C)	(A + B), zusätzlich:	
$t > 100\,°C$,	Akmit	$Na_2O \cdot Fe_2O_3 \cdot 4\,SiO_2$
mit Verdampfung	Analkit	$Na_2O \cdot Al_2O_3 \cdot 4\,SiO_2 \cdot 2\,H_2O$
	Calciumhydroxid	$Ca(OH)_2$
	Kupfer	Cu
	Cuprit	Cu_2O
	Eisen(II)-oxid	FeO
	Hämatit	Fe_2O_3
	Natrium-Eisen-Phosphat	$NaFePO_4$
	Tenorit	CuO
	Themerdit	Na_2SO_4
	Xonolit	$5\,CaO \cdot 5\,SiO_2 \cdot H_2O$

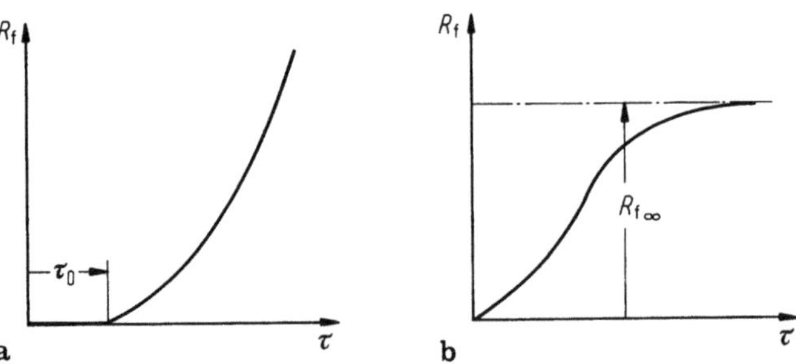

Abb. 10.3 a, b. Verschmutzung durch Kristallisation (Verschmutzung-Zeit-Funktion). a) Einzelsalz mit Anfangsphase τ_0; b) Mischsalz mit asymptotischem Verschmutzungswiderstand $R_{f\infty}$.

vielfach Weichstellen enthalten. Ein Einfluß der Strömungsgeschwindigkeit auf die Schichtdicke ist nicht festzustellen. Abb. 10.3 erklärt das Verhalten der Kristallsysteme mittels ihrer Verschmutzung-Zeit-Funktionen. Einzelsalze haben eine ausgeprägte Anfangsphase mit geringem Verschmutzungswiderstand (wahrscheinlich die Folge der Keimbildungsbedingungen), der dann steil ansteigt (Abb. 10.3 a). Der Verschmutzungsverlauf bei Mischsalzen ist asymptotisch und evtl. auf einen natürlichen Abtrag der Ablagerungen zurückzuführen (Abb. 10.3 b).

Ausführliche Untersuchungen des Verkrustungsproblems wurden von Taborek und Mitarbeitern im Rahmen eines HTRI-Forschungsprogramms (HTRI = Heat Transfer Research Inc., Alhambra/USA) durchgeführt [6, 11].

10.2.3 Verschmutzung durch chemische Reaktion

Diese Verschmutzung tritt regelmäßig bei der Aufbereitung von Kohlenwasserstoffen auf, wenn die Prozeßströme mit den erwärmten Wandflächen in Berührung kommen. Als Hauptverschmutzer petrochemischer Anlagen gelten jedoch die Rohölbegleiter, die zu Ablagerungen von Ölschlamm und organischen Oxidationsprodukten führen. Wichtig für die chemische Reaktion sind Oxidationshilfen, wobei metallische Verunreinigungen der Rohrwände evtl. als Katalysatoren wirken, während die Oberflächentemperatur die Reaktionsrate bestimmt. Hohe Temperaturen fördern Hartkrustenablagerungen (Verkokung). Epstein [9] hat vorgeschlagen, Selbstoxidation und Polymerisation (als Ursache der meisten Kohlenwasserstoffverschmutzungen) durch Verhinderung des Sauerstoffeintritts in den Kohlenwasserstoffstrom und Entsalzung bzw. Entschwefelung zu kontrollieren. Lambourn und Durrieu [12] ermittelten, daß die TEMA-Verschmutzungsfaktoren für Rohöl $>180\,°C$ zu gering sind, aber Dispergiermittel die Verschmutzung verringern.

Eine besondere Art der Verschmutzung durch chemische Reaktion entsteht beim Zerfall organischer Kühlmittel von Kernreaktoren. Der Verschmutzungsvorgang wird hierbei durch die Oberflächentemperatur, evtl. auch durch Strahlungseffekte beeinflußt. Die umfangreichen Forschungsergebnisse wurden von Benson und Martini [13] zusammengestellt.

Besondere Aufmerksamkeit erfordert die Reaktionsverschmutzung bei der Lebensmittelherstellung. Bei diesen komplexen physikalisch-chemischen Prozessen ist die Verschmutzung biologischen Ursprungs. Wärmeaustauscher für Flüssigkeiten mit hohem Fettgehalt zeigen überraschenderweise nur geringe Verschmutzungstendenzen [3].

10.2.4 Verschmutzung durch Korrosion

Korrosion ist die von der Wärmeübertragungsfläche ausgehende, durch einen unbeabsichtigten chemischen oder elektrochemischen Angriff eingeleitete schädliche Veränderung des Werkstoffs. Hierbei entstehen metallische Korrosionsprodukte, die folgende Verschmutzungsmechanismen auslösen:

— Aufbau einer Verkrustung mit großem Wärmeleitwiderstand, wobei die Korrosionsprodukte als Katalysatoren für andere Verschmutzungsursachen wirken;
— Verstärkung der Oberflächenrauheit, so daß Sedimentationsablagerungen und die Keimbildung für eine Kristallisationsverschmutzung gefördert werden. Dieser Effekt ist besonders bei Verdampfern zu beachten.

Abb. 10.4 zeigt die wichtigsten Erscheinungsformen der Korrosion:

— Gleichmäßiger Werkstoffabtrag (Abb. 10.4 a),
— örtliche Korrosion bzw. Lochfraß (Abb. 10.4 b),
— interkristalline Korrosion (Abb. 10.4 c).

Der gleichmäßige Werkstoffabtrag ist relativ harmlos, wenn bei der Konstruktion entsprechende Korrosionszuschläge für die Wanddicke berücksichtigt wurden. Die örtliche Korrosion (Lochfraß) entsteht durch den Angriff auf Einzelstellen der Oberfläche; sie ist meist erst nach Schadenseintritt (z.B. Leckagen) feststellbar. Bei Legierungen mit einem heterogenen Gefügeaufbau beginnt die interkristalline Korrosion an den Korngrenzen und dringt von hier in das Innere des Werkstoffs. Diese Korrosionsform ist nicht zu erkennen und dadurch besonders gefährlich.

Außerdem können folgende Erscheinungsformen der Korrosion auftreten:

— *Narbenkorrosion*, d.h. örtlich flache Werkstoffanfressungen;
— *selektive Korrosion*, d.h. konzentrierter Angriff auf bestimmte Gefügebestandteile, z.B. Modifikationen von Messing;
— *Spaltkorrosion*, als Folge ungünstiger Formgebung der Wärmeaustauscher;
— *Schichtkorrosion*, die aufgrund der Gefügeausrichtung parallel zur Verformungsrichtung verläuft und abwechselnd Schichten aus Metall und Korrosionsprodukten bildet;
— *Spannungsrißkorrosion*, die infolge hoher mechanischer Belastung und gleichzeitiger Korrosionseinwirkung entsteht und zum Aufreißen des Werkstoffes führt (z.B. Leichtmetalle, Cu-Zn-Legierungen);
— *Grenzflächenkorrosion*, z.B. an der Grenzfläche Luft/Wasser;
— usw.

Eine eindeutige Korrosionsverschmutzung liegt vor, wenn die Korrosionsprodukte direkt auf der sie produzierenden Oberfläche haften und zur Verkrustung beitragen. Sie können aber von ihrem Ursprungsort weggeschwemmt und an anderer Stelle des Systems abgelagert werden, dann entspricht ihr Verhalten den Niederschlägen der Sedimentationsverschmutzung.

Bei offenen Kühlwasserkreisläufen handelt es sich fast immer um Sauerstoffkorrosionen, da das Kühlwasser gelösten Sauerstoff enthält. Dabei hat der pH-Wert einen

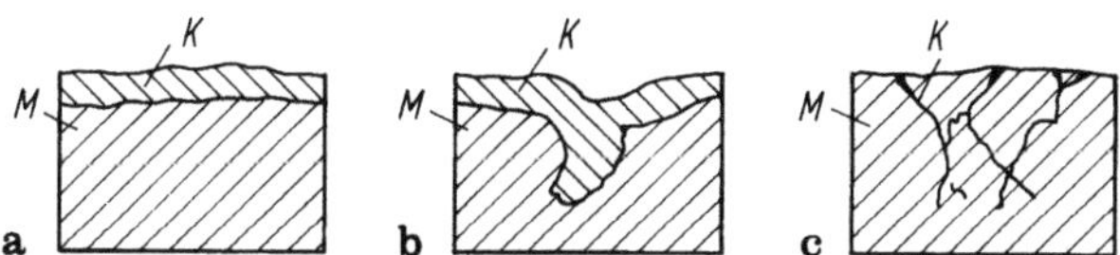

Abb. 10.4 a–c. Erscheinungsformen der Korrosion. a) gleichmäßiger Werkstoffabtrag; b) örtliche Korrosion (Lochfraß); c) interkristalline Korrosion; *M* Metall, *K* Korrosionsprodukte.

wesentlichen Einfluß auf die Erscheinungsform der Korrosion. Niedrige pH-Werte führen zu einem flächenmäßigen Abtragen des Stahls, während neutrales oder schwach alkalisches Kühlwasser Lochfraß erzeugt.

Eine Ausnahme besteht bei der Meerwasserkühlung. Hier werden bei Strömungsgeschwindigkeiten über 1,8 m/s loch- oder hufeisenförmige Auswaschungen beobachtet, die frei von Korrosionsprodukten sind. Ursache ist die Stoßkorrosion (bzw. -erosion), die zunächst örtliche Schutzschichten zerstört und verstärkt bei mechanischen Hindernissen (z. B. Muscheln) auftritt. Oftmals werden nur 10 bis 15 cm am Rohreintritt von der Korrosion betroffen, in ungünstigen Fällen auch die gesamte Rohrlänge. Zu vermeiden sind Richtungsänderungen des Kühlwasserstroms [14].

10.2.5 Biologische Verschmutzung

Mikroorganismen (z. B. Bakterien, Algen) und ihre Produkte erzeugen auf den Wärmeaustauscherflächen einen biologischen Film, der häufig durch Ablagerungen von Makroorganismen (z. B. Muscheln) verstärkt wird. Bakterien führen stets zu einer biologischen Verschmutzung, vorwiegend durch Schleimbildung, eine besonders komplizierte Verschmutzungsform, die evtl. auch ausgeschiedene Feststoffe und Korrosionsprodukte aufnimmt. Die schleimartigen Substanzen haften an der Werkstoffoberfläche und hemmen den Wärmestrom durch ihre Isolierwirkung.

Algen, eine Hauptgruppe der Mikroorganismen, sind in jedem offenen Kühlwassersystem an lichtdurchlässigen Stellen zu finden. Ihr Wachstum erfolgt autotroph, d. h. sie benötigen für ihre Vermehrung nur anorganische Stoffe und Licht (photosynthetisches Wachstum). Algenüberzüge vermindern erheblich die Wärmeleistung der Wärmeaustauscher. Algen sind ebenfalls Schleimbildner, jedoch ist ihr Einfluß mangels Licht unbedeutend. Allerdings können abgestorbene Algen, die im Kühlwasser suspendiert sind, in Ablagerungen schleimbildender Bakterien eingebettet werden und somit die biologische Verschmutzung vergrößern. Tab. 10.4 nennt die Süßwasseralgen nach ihrer Farbtönung [14].

Die Entstehung biologischer Filme erklärt CHARACKLIS [15] mit folgenden Vorgängen:

— Transport und Anhäufung biologischen Materials an der Wärmeaustauscherfläche,
— mikrobiologisches Wachstum innerhalb des Films in Abhängigkeit von Oberflächenwerkstoff und -rauheit.

Der Verschmutzungswiderstand eines biologischen Films von der Dicke $\delta = 25{,}4\,\mu\text{m}$ wird mit $R_f = 4{,}1 \cdot 10^{-5}\,\text{m}^2\text{K/W}$ angegeben, d. h. bei einem Wärmedurchgangskoeffizienten $k_0 = 11\,360\,\text{W/m}^2\text{K}$ reduziert sich der Wärmestrom um ca. 30 %. Trotz konstanter Biofilmdicke wächst der Verschmutzungswiderstand, wahrscheinlich aufgrund eines wechselnden mikrobiologischen Aufbaus.

Tabelle 10.4. *Biologische Verschmutzung durch Süßwasseralgen. Nach* [14]

Farbtönung	Botanischer Name
Blaualgen	Cyanophyceae
Braunalgen	Phaeophyceae
Grünalgen	Chlorophyceae
Rotalgen	Rodophyceae

Epstein [9] erwähnt ca. 2 000 Organismen, die bei der Meerwasserkühlung zu Verschmutzungen führen können. Hier hat aber die biologische Verschmutzung nur einen geringen Einfluß auf die Wärmeleistung der Wärmeaustauscher (vgl. Abschn. 10.2.4).

Probleme der biologischen Verschmutzung wurden von Knudsen und Roy [3] zusammenfassend dargestellt.

10.3 Verschmutzungsmodelle

Verschiedene Grundmodelle wurden entwickelt, die den Verschmutzungsprozeß jedoch nur unvollkommen erfassen, da sie u. a. von folgenden Vereinfachungen ausgehen:
— Es tritt jeweils nur eine Verschmutzungsursache auf;
— die Verschmutzungsschicht ist gleichmäßig dick;
— die Anfangsbedingungen und das Verschmutzungsverhalten werden vernachlässigt;
— Veränderungen der physikalischen Stoffwerte sind zulässig.

Die Einflußgrößen der Verschmutzung werden auf die üblichen Variablen des Stoffaustauschs begrenzt, also:
— Zeit, Geschwindigkeit, Temperatur, Konzentration.

Unberücksichtigt bleiben:
— Auslegungs- und Betriebsbedingungen;
— Art der Wärmeübertragung (bzw. Wärmeaustauscherprozeß);
— Oberflächenbedingungen, z. B. Werkstoff, geometrische Form, Zustand, Temperatur usw.;
— gleichzeitige Wirkung mehrerer Verschmutzungsursachen.

Außerdem entstanden branchenspezifische Bewertungen des Wärmeaustauscherverhaltens bei Verschmutzung, z. B. in der Kraftwerkswirtschaft [14]:
— Messung des Druckverlustes als Maßstab der Rohrrauhigkeit und der Ablagerungsdicke;
— Ermittlung der Grädigkeit ϑ eines Kondensators, d. h. die Differenz zwischen Kondensationstemperatur t_K der Dampfseite und der Warmwassertemperatur $t_{w,1}$ auf der Kühlwasserseite:

$$\vartheta = t_K - t_{w,1}. \tag{10.9}$$

— Berechnung des Reinheitsgrades ε eines Wasserdampfkondensators (vgl. Tab. 10.2):

$$\frac{\lambda}{\delta} = k_0 \frac{\varepsilon}{1 - \varepsilon}. \tag{10.10}$$

10.3.1 Verschmutzung-Zeit-Funktion

Wie in der Einführung, Gl. (10.4), erwähnt und in Abb. 10.3 für die Kristallisationsverschmutzung dargestellt, ist der Verschmutzungswiderstand R_f zeitabhängig, dabei sind Verschmutzungszuwachs und -abtrag zu berücksichtigen. Hierdurch ergeben sich verschiedene Kurvenformen für die Verschmutzung-Zeit-Funktion (Abb. 10.5):

1: linear
— zähe und harte Ablagerungen mit großer Adhäsionsfähigkeit, dichter Gefügeaufbau,

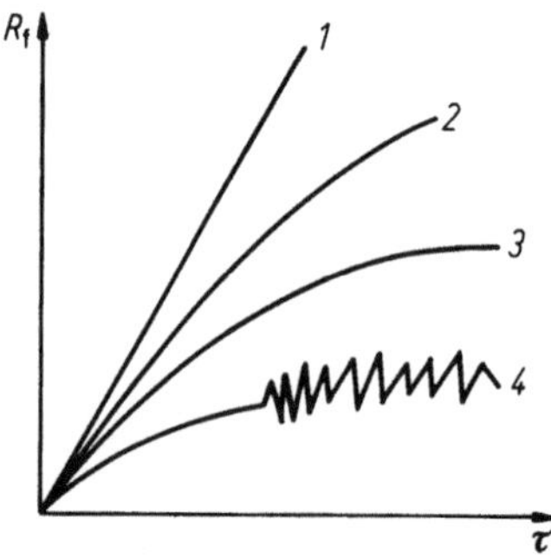

Abb. 10.5. Verschmutzung-Zeit-Funktion. *1* linear, *2* fallend, *3* asymptotisch, *4* sägezahnförmig; R_f Verschmutzungswiderstand, τ Zeit.

— fehlender Verschmutzungsabtrag,
— Verschmutzungszuwachs > Verschmutzungsabtrag;

2: fallend
— Ablagerungen geringer Festigkeit, so daß Scherkräfte der Strömung wirksam werden,
— verringerter Verschmutzungszuwachs nach dem Erreichen einer bestimmten Schichtdicke;

3: asymptotisch
— weiche Ablagerungen, loser Gefügeaufbau,
— Verschmutzungszuwachs konstant und Verschmutzungsabtrag proportional zur Schichtdicke,
— Verschmutzungszuwachs = Verschmutzungsabtrag;

4: sägezahnförmig
— hauptsächlich bei Kühlwassersystemen mit wechselnder Zusatzwasserbehandlung.

Die beobachtete Anfangsphase (Abb. 10.3 a), ohne bemerkenswerten Anstieg des Wärmeleitwiderstands, läßt sich durch den Keimbildungsprozeß (vgl. Abschn. 10.2.2) oder durch die fehlende Oberflächenrauhigkeit neuer Wärmeaustauscher erklären.

Der lineare und der fallende Verschmutzungsverlauf werden allgemein als Frühformen der asymptotischen Verschmutzung beurteilt. Die mechanische Festigkeit der Ablagerungen bestimmt den Übergang zur Asymptote und somit den Verschmutzungswiderstand $R_{f\infty}$. Deshalb muß für Verschmutzungsversuche eine ausreichende Versuchsdauer vorgesehen werden, um Fehlinterpretationen zu vermeiden.

Die Annahme, daß die TEMA-Werte [1] den asymptotischen Verschmutzungswiderstand $R_{f\infty}$ nennen, wurde durch Versuche nicht bestätigt. Es handelt sich meist um konstante Faktoren; eine evtl. Abhängigkeit von der Geschwindigkeit und/oder der Temperatur charakterisiert nicht die wirklichen Betriebsbedingungen. Trotzdem sind die TEMA-Tabellen ein wichtiges Hilfsmittel des Konstrukteurs.

10.3.2 Analytisches Verschmutzungsmodell

Mit Einführung der *Nettoverschmutzungsrate* schufen Kern und Seaton [2] die Grundlage für ein analytisches Verschmutzungsmodell, welches die Verschmutzungsursachen — mit Ausnahme von Sonderfällen der biologischen Verschmutzung — allgemein beschreibt.

Die Nettoverschmutzungsrate $dR_f/d\tau$ definiert den funktionellen Zusammenhang des Verschmutzungszuwachses $F(\dot{M}_f)_{zu}$ und des Verschmutzungsabtrages $F(\dot{M}_f)_{ab}$:

$$dR_f/d\tau = F(\dot{M}_f)_{zu} - F(\dot{M}_f)_{ab}. \tag{10.11}$$

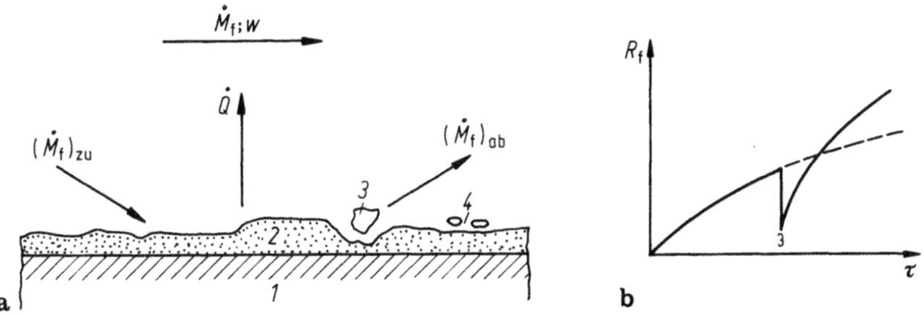

Abb. 10.6 a, b. Verschmutzungsstrom. a) Verschmutzungszuwachs und -abtrag ($F(\dot{M}_f)_{zu}$ und $F(\dot{M}_f)_{ab}$); b) Geschwindigkeitsabriß; *1* Wärmeübertragungsfläche, *2* Verschmutzungsablagerung, *3* Geschwindigkeitsabriß, *4* Erosion; $\dot{Q}$ Wärmestrom, w Strömungsgeschwindigkeit, R_f Verschmutzungswiderstand.

Der Verschmutzungsstrom $\dot{M}_f$ durchläuft dabei folgende Teilprozesse (Abb. 10.6 a):

1: Transport zu den Wänden,

2: Aufbau der Verschmutzungsschicht an der festen Oberfläche,

3: Abtragung und Weitertransport.

Der Verschmutzungszuwachs umfaßt die Teilprozesse *1* und *2*, er ist unabhängig vom Verschmutzungswiderstand. Sein Wert wird durch die Verschmutzungskonzentration des Fluids c_F und die Strömungsgeschwindigkeit w bestimmt.

$$F(\dot{M}_f)_{zu} = C_1 c_F w. \tag{10.12}$$

Der Verschmutzungsabtrag, Teilprozeß *3*, ist zeitabhängig und dem jeweiligen Verschmutzungswiderstand $R_{f(\tau)}$ direkt proportional; außerdem wird er durch die Ablagerungsdicke δ_f und ihrer Scherfestigkeit τ_s beeinflußt.

$$F(\dot{M}_f)_{ab} = \beta R_{f(\tau)}, \tag{10.13}$$

$$= C_2 \tau_s \delta_f, \tag{10.14}$$

$$= C_3 w^2 R_{f(\tau)}. \tag{10.15}$$

Die Integration der Gl. (10.11) führt zu

$$R_f = \frac{F(\dot{M}_f)_{zu}}{\beta}[1 - \exp(-\beta\tau)], \tag{10.16}$$

Tabelle 10.5. *Einfluß der Strömungsgeschwindigkeit w auf die Verschmutzungsdaten $F(\dot{M}_f)_{zu}, R_f, \beta$. Teilprozesse: 1 = Materialtransport; 2 = Adhäsionsfähigkeit.*

Autor	Teilprozeß	$F(\dot{M}_f)_{zu}$	R_f	β	Modell
KERN/SEATON [2]	1	w	$1/w$	w^2	Wasser — Sand
WATKINSON [16]	1	w	$1/w$	w^2	
	1 u. 2	$1/w$	w^3	w^2	
	2	—	$1/w^2$	w^2	Gas — Öl
GUDMUNDSON [18]	1 u. 2	$1/w$	$1/w^2$	w	
	2	—	$1/w$	w	

d. h. zu einer Beziehung von der Form der Gl. (10.4), wobei

$$R_{f\infty} = F(\dot{M}_f)_{zu}/\beta \tag{10.17}$$

ist. Durch Einsetzen der Gln. (10.13) und (10.15) in Gl. (10.16) wird der Verschmutzungswiderstand wie folgt definiert:

$$R_f = \frac{C_1}{C_3}\,\frac{c_F}{w}\,[1 - \exp(-k_3 w^2 \tau)]. \tag{10.18}$$

Der Einfluß der Strömungsgeschwindigkeit auf die Verschmutzungsdaten wird — unter Berücksichtigung der Ergebnisse mehrerer Autoren — in Tab. 10.5 erläutert. So bestätigte WATKINSON [16] die Abhängigkeiten nach KERN und SEATON [2] anhand eines Wasser-Sand-Modells, jedoch nicht für ein Gas-Öl-Modell. Hierfür ermittelte er den Verschmutzungszuwachs aus der Summe ablagerungsfähiger Partikel des Verschmutzungsstroms (N) und der Möglichkeit ihres Anhaftens an der Oberfläche (S).

$$F(\dot{M}_f)_{zu} = NS, \tag{10.19}$$

$$N = C_4 w(c_F - c_w), \tag{10.20}$$

$$S = \frac{C_5}{w^2}\,\exp(-E/R\,t_w), \tag{10.21}$$

folglich:

$$F(\dot{M}_f)_{zu} = \frac{C_4 C_5}{w}\,(c_F - c_w)\exp(-E/Rt_w) \tag{10.22}$$

bzw.

$$R_f = \frac{C_4 C_5}{C_3}\,\frac{(c_F - c_w)\exp(-E/R\,t_w)}{w^3}\,[1 - \exp(-C_3 w^2 \tau)]. \tag{10.23}$$

Wichtige Einflußgrößen der Verschmutzungsfaktoren N und S sind die „treibende Kraft" des Stoffaustauschs ($c_F - c_w$), d. h. die Differenz der Verschmutzungskonzentrationen von Fluid und Wandoberfläche, sowie der Quotient aus kinetischer Energie E und Wandtemperatur t_w, mit der allgemeinen Gaskonstanten R.

Abb. 10.6 b zeigt den Abriß von Verschmutzungsablagerungen infolge hoher Strömungsgeschwindigkeiten, während Abb. 10.7 die Abhängigkeit des Verschmutzungswiderstands R_f von der Strömungsgeschwindigkeit w bei $CaCO_3$-Verkrustungen kennzeichnet, die von WATKINSON [17] ermittelt wurde.

PINHEIRO [4] stellte die bisher veröffentlichten Verschmutzungsmodelle zusammen und untersuchte ihre analytische Übereinstimmung. Auffällig ist die Anzahl der Koeffizienten C_z ($z = 1, 2, 3, \ldots$), die jeweils den Einfluß der Stoffaustauschvariablen charakterisieren. Hier wäre eine bessere Aussagefähigkeit durch Forschungsergebnisse wünschenswert.

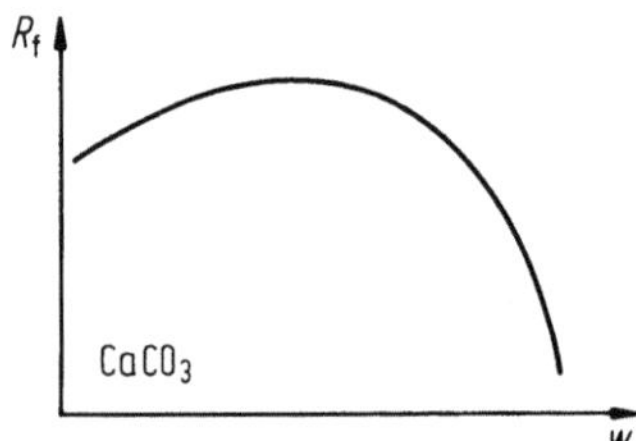

Abb. 10.7. Verschmutzungswiderstand R_f in Abhängigkeit von der Strömungsgeschwindigkeit w bei $CaCO_3$-Verkrustungen. Nach Versuchen von WATKINSON [17].

10.4 Konstruktionsempfehlungen

Die Konstruktion von Wärmeaustauschern sollte neben der wärmetechnischen Berechnung, der Werkstoffauswahl, der Bestimmung des Apparatetyps und seiner Abmessungen, auch die Untersuchung der Verschmutzungseinflüsse umfassen. Diese beginnen mit den Auslegungsbedingungen, denn überdimensionierte Wärmeaustauscher können zu verlängerten Betriebsintervallen, aber auch zu Prozeßänderungen mit verstärkter Verschmutzung führen. Deshalb erfordert die Schätzung des Verschmutzungswiderstands genaue Kenntnisse des Prozeßablaufs und der Verschmutzungsursachen.

Die Korrosionsbeständigkeit des Werkstoffs gegenüber dem jeweiligen Fluid ist kein ausreichendes Auswahlkriterium, sein Verhalten bei späteren Reinigungsverfahren muß ebenfalls berücksichtigt werden. Metallische Oberflächen können als Katalysatoren zur Einleitung chemischer Reaktionen mit entsprechender Verschmutzungsfolge dienen, in diesem Falle sind Kunststoffbeschichtungen vorteilhafter. Allerdings ist dann ihr Wärmeleitwiderstand mit dem Verschmutzungswiderstand zu vergleichen.

Der Oberflächenzustand (Rauhigkeit, Härte, Größe und Häufigkeit von Poren) einer Wärmeübertragungsfläche bestimmt weitestgehend den Zeitpunkt spürbarer Verschmutzung. Extrem glatte Oberflächen verzögern den Verschmutzungsbeginn (Anfangsphase ohne Verschmutzungszuwachs (Abb. 10.3 a)), während rauhe Oberflächen die kristalline Keimbildung und somit die Festigkeit der Verschmutzungsschicht fördern. Die Werkstoffe verhalten sich bei den Reinigungsprozessen recht unterschiedlich. Ihre Oberflächen werden dabei mehr oder minder stark aufgerauht, so daß Reinigungspausen in immer kürzeren Zeitabständen folgen.

Eine störungsfreie Betriebsweise der Wärmeaustauscher ist u. a. von optimalen Strömungsbedingungen abhängig. Deshalb sind Apparate mit einfacher Geometrie und gleichmäßiger Geschwindigkeitsverteilung empfehlenswert. Um die Verschmutzung der Apparate mit komplizierter Geometrie (hierzu zählen auch extrem große Oberflächen) ebenfalls zu verringern, sollten folgende Hinweise beachtet werden:

— Vermeidung von Flächen geringen Wärmeübergangs (tote Zonen, Spalte, Ecken usw.),
— Begrenzung der Prallplatten und Umlenkbleche auf ein Mindestmaß,
— Einbau von Zusatzeinrichtungen, z. B. Ausblasventile für korrosive Gase, Filter gegen Feststoffe usw.,
— Berücksichtigung von Reinigungsmaßnahmen durch eine wartungsfreundliche Konstruktion,
— usw.

Platten- und Spiralwärmeaustauscher haben eine sehr komplizierte Geometrie; trotzdem sind sie allgemein weniger verschmutzungsanfällig als Rohrbündelapparate. Dieses Phänomen wird auf die ständige Turbulenz zurückgeführt, die Verschmutzungsablagerungen behindert. Für Wärmeaustauscher mit Rohrbündeln wurde die Theorie bestätigt, da unter gleichen Strömungsbedingungen Rippenrohre geringere Verschmutzungsansätze als Glattrohre aufweisen.

In vielen Fällen wurde eine hohe Verschmutzungsrate bei großen Temperaturdifferenzen zwischen Oberfläche (Wand) und Fluid festgestellt. Über den Einfluß der Strömungsgeschwindigkeit wurde bereits berichtet. Hohe Strömungsgeschwindigkeiten führen zu gegensätzlichen Tendenzen. Zunächst wachsen die Verschmutzungsablagerungen mit der Strömungsgeschwindigkeit, gleichzeitig entstehen aber stärkere Scherkräfte, so daß sich Verschmutzungszuwachs und -abtrag aufheben [5]. Für Kühlwasserströme sind stets hohe Geschwindigkeiten, jedoch unter Berücksichtigung von Druckverlust und Energiebedarf, vorzusehen.

10.5 Reinigungsmethoden

Die Beurteilung von Reinigungsmethoden für Wärmeaustauscher erfordert zunächst eine Untersuchung des Aufbaus der Schmutzschicht und der natürlichen Abtragsmechanismen. Taborek u. a. [6, 11] haben mit Hilfe von Zeitrafferfilmen nachgewiesen, daß die Schmutzschicht heterogen aufgebaut wird (Abb. 10.8):

1: Obere Lage, bestehend aus lose gepackten Schmutzteilchen, die leicht abtragbar sind (Beispiel: Sanddüne). Diese Lage wird bei hohen Strömungsgeschwindigkeiten wahrscheinlich nicht gebildet.

2: Mittlere Lage, bestehend aus Kristallgittern mit eingelagerten Schmutzprodukten anderer Herkunft. Sie entsteht bei starkem Temperaturanstieg unter sonst konstanten Wärmestrombedingungen.

3: Untere Lage, eine eindeutige Kristallformation (Verkrustung).

Die Reinigung der Wärmeaustauscher war allgemein mit einer Betriebsunterbrechung verbunden, da der Apparat ganz oder teilweise geöffnet werden mußte, um ihn durch Bürsten, Schaben oder mittels spezieller Waschlösungen zu säubern und Oberflächenbeschädigungen auszubessern. Auch der Einsatz von Säuren zur Auflösung der Verkrustungen erforderte einen Betriebsstillstand, um Säure und Waschflüssigkeit wieder entfernen zu können.

Heute werden vorwiegend kontinuierliche Reinigungsverfahren eingesetzt, die Schmutzablagerungen sofort beseitigen sollen, z. B.

— das Schwammgummikugelverfahren (Taprogge-Verfahren, Amertap-Verfahren),
— das Kunststoffbürstenverfahren (MAN-Verfahren, Kalvo-Verfahren).

Die Reinigungselemente des Schwammgummikugelverfahrens sind im Durchmesser etwas größer als die Wärmeaustauscherrohre und werden vom Kühlwasser mitgerissen. Dabei reiben sie an den Rohrwänden die abgelagerten, aber noch nicht fest anhaftenden Feststoffpartikelchen (= obere Lage) ab, die dann ausgespült werden. Kugeln und Kühlwasser haben etwa die gleiche Dichte, so daß eine gleichmäßige Verteilung (Kugelzahl = 0,06 bis 0,10 · Rohrzahl) innerhalb des Wärmeaustauschers erreicht wird. Zur Anwendung kommen verschiedene Schwammgummikugelarten (max. 7 Härtestufen) mit folgenden Mindestdruckdifferenzen zwischen Ein- und Austritt der Wärmeaustauscher:

Zustand	Übermaß mm	Mindestdruckdifferenz bar
weich	1	0,05
mittelhart	2	0,15
hart	3	0,25

Für festere Ablagerungen (z. B. mittlere Lage) ist auch der kurzfristige Einsatz von Karborundkugeln möglich.

Eine Umwälzpumpe fördert die Kugeln in den Kühlwasserstrom, aus dem sie nach Durchlauf des Wärmeaustauschers mittels Filter abgetrennt und ihrem Sammelbehälter zugeleitet werden. Hier besteht die Möglichkeit, das Kugelsystem auszutauschen bzw. defekte Kugeln zu entnehmen, bevor sie wieder in den Kreislauf zurückströmen (Abb. 10.9). Die Lebensdauer ist hauptsächlich vom Oberflächenzustand der Rohrwände abhängig und beträgt ca. 500 bis 1 000 Betriebsstunden.

Das Kunststoffbürstenverfahren erfordert zwei Auffanghülsen und eine Bürste für jedes Rohr des Wärmeaustauschers. Die Auffanghülsen werden an den Rohrenden be-

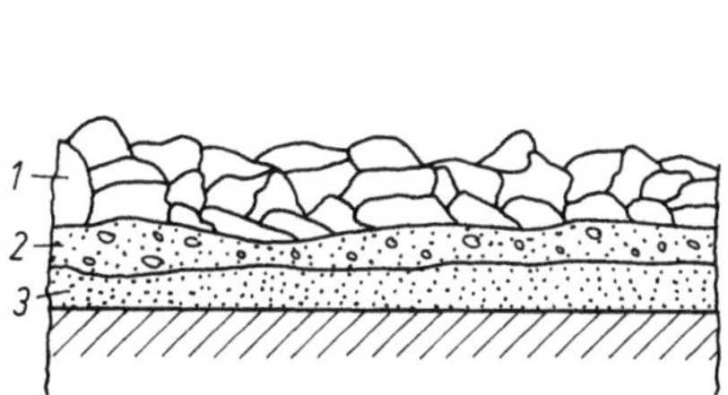
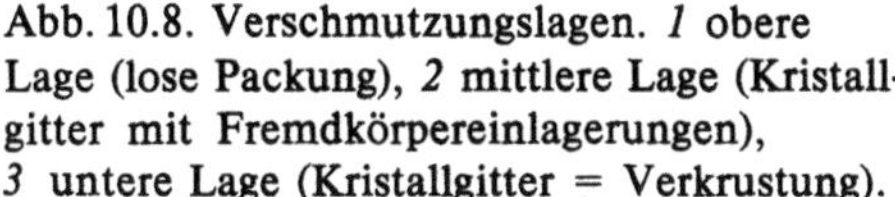

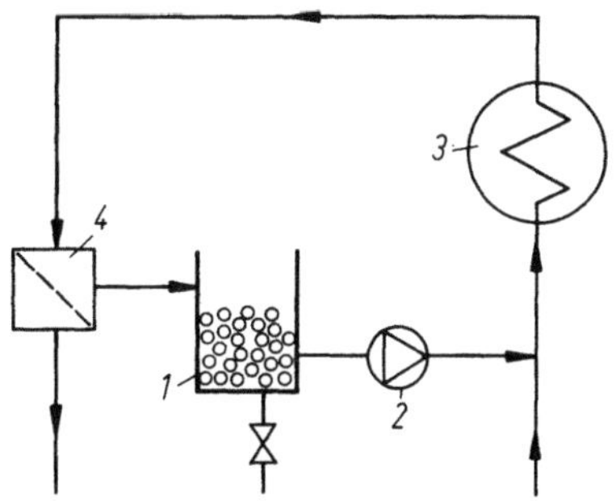

Abb. 10.8. Verschmutzungslagen. *1* obere Lage (lose Packung), *2* mittlere Lage (Kristallgitter mit Fremdkörpereinlagerungen), *3* untere Lage (Kristallgitter = Verkrustung).

Abb. 10.9. Schema des Schwammgummikugelverfahrens. *1* Sammelbehälter (Kugelschleuse), *2* Umwälzpumpe, *3* Wärmeaustauscher, *4* Filter (Sieb).

festigt und dienen zur Aufnahme der Bürste, die in beiden Richtungen durch das Rohr gedrückt wird und dabei lose schlamm- bzw. gelatineartige Ablagerungen beseitigt, um die Bildung fester Schmutzschichten zu verhindern (Abb. 10.10). Hierzu ist eine Vorrichtung zur Umkehr der Strömungsrichtung (z. B. manuell, pneumatisch oder elektronisch gesteuertes Vierwegeventil, Stellmotor usw.) erforderlich. Zur Fortbewegung der Bürsten sind folgende Mindestwerte einzuhalten:

— Strömungsgeschwindigkeit $w \geqq 0{,}6$ m/s,
— Druckdifferenz $\Delta p \geqq 0{,}06$ bar.

Da die Bürste selbst nur die halbe Strömungsgeschwindigkeit erreicht, sind Erosionseinflüsse auf die Oberfläche nicht zu befürchten.

Es stehen Bürsten (Innendraht aus beschichtetem Titan, Kappen aus Polypropylen) mit einer Temperaturbeständigkeit von 110 bis 120 °C für Rohre von 11 bis 30 mm Innendurchmesser zur Verfügung, Reinigungselemente für Ovalrohre sind ebenfalls vorhanden [20].

Die Anwendung physikalisch-chemischer Reinigungsmethoden ist vorwiegend im Kühlwasserbereich möglich. Mechanische Verschmutzungen aus Betriebsprozessen lassen sich oftmals durch Teilstromfiltrationen verringern, wobei darauf zu achten ist, daß keine neuen Verschmutzungsprobleme durch Rückstände der Kiesfilter entstehen. Chemische Verfahren sind bei der Frischwasserkühlung kaum anwendbar, da sonst zusätzliche Umweltbelastungen der öffentlichen Gewässer auftreten können.

Die Zusatzwasseraufbereitung ist die wichtigste Maßnahme der Kreislauf-Naßkühlung. Dabei wird die Wasserhärte durch Ionenaustausch oder Säureimpfung herabge-

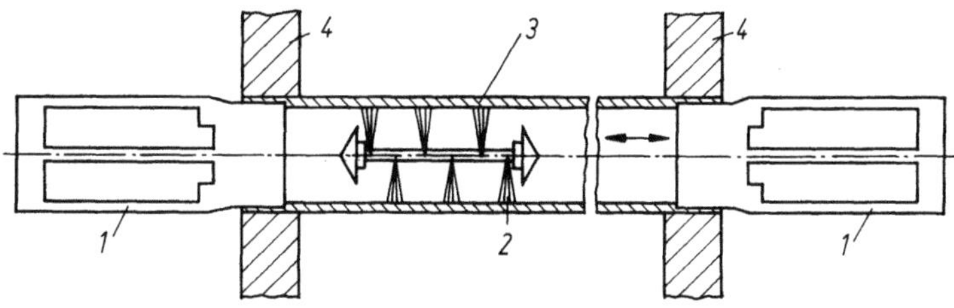

Abb. 10.10. Schema des Kunststoffbürstenverfahrens. *1* Auffanghülse, *2* Kunststoffbürste, *3* verschmutztes Rohr, *4* Rohrboden.

setzt, um die Karbonathärte des Kühlkreislaufs konstant zu halten. Weiterhin erfolgt die Kontrolle der Härtebildner durch Inhibitoren (Härtestabilisatoren), die außerdem als Dispergiermittel und Korrosionsschutz eingesetzt werden [19]. Allerdings ist auch das Verschmutzungsverhalten der Inhibitoren zu untersuchen.

Eine wirkungsvolle Präventivmaßnahme gegen biologische Verschmutzung ist die Stoßchlorung, sowie ein geringfügiger Chlorüberschuß im Kühlkreislauf. Diese Betriebsweise erfordert jedoch einen ständigen Korrosionsschutz für die Wärmeaustauscher, der bereits bei der Werkstoffauswahl berücksichtigt wurde (vgl. Abschn. 10.4) oder durch betriebliche Maßnahmen (z.B. Zugabe eines Inhibitors) gewährleistet wird. Allgemein sind in Kühlwassersystemen komplexe Verfahren erforderlich, so daß eine automatische Überwachung empfehlenswert ist, vgl. Kap. 9.

11 Meßmethoden zur Wärmeübertragung und Leistungsabnahme

Albert Schütz

Benutzte Formelzeichen in Kapitel 11
(s. auch Formelzeichenliste am Anfang des Bandes)

Formelzeichen, Einheiten

G'	maximale Ergebnisfehlergrenze	—
G''	statistische Ergebnisfehlergrenze	—
p	Absolutdruck	bar
$\bar{w}$	mittlere Strömungsgeschwindigkeit	m/s

Indizes

d	dynamisch	WP	Wärmepumpe
E	Zusatzeinrichtungen	1	Stoffstrom 1
F	Fördereinrichtung	2	Stoffstrom 2
V	Verdichter		

Zur Untersuchung des Leistungs- und Betriebsverhaltens kältetechnischer Geräte und Apparate müssen Mengenströme, Temperaturen und Temperaturdifferenzen, Drücke und Druckdifferenzen, sowie auch elektrische Größen gemessen werden. Die folgenden Abschnitte sollen eine Einführung in die vielfältigen, auf dem Gebiete der Kältetechnik zur Anwendung kommenden Meßverfahren und -geräte geben.

11.1 Zusammenstellung von Normen und Richtlinien für Abnahme- und Leistungsversuche

Abnahmeversuche an kältetechnischen Anlagen, Geräten oder Apparaten sollten zwischen Besteller und Lieferer schon bei Vertragsabschluß vereinbart werden. Dabei ist es unerläßlich, sich über die anzuwendenden Meßverfahren und über die mit vertretbarem Aufwand zu erzielende Genauigkeit zu einigen. Nur so können schon während der Montagezeit mit geringem Aufwand die erforderlichen Meßstutzen oder -fühler eingebaut werden.

Die nachstehende Aufstellung soll einen Überblick über anerkannte Normen und Meßverfahren geben. Darüber hinaus gibt es vielfach firmeneigene Abnahmeregeln, mit denen die den Betreiber interessierenden Daten ermittelt werden können.

11.1.1 Deutsche Normen und Richtlinien

11.1.1.1 Betriebsfertige Anlagen

DIN 1946: Raumlufttechnik (VDI-Lüftungsregeln) [1]

Im Teil 1 (Grundlagen) werden die Grundbegriffe der Raumlufttechnik und die verwendeten Formelzeichen erläutert. Die Raumlufttechnischen Anlagen (RLT-Anlagen) werden nach ihren Luftbehandlungsfunktionen klassifiziert und Systembenennungen nach der verfahrenstechnischen Arbeitsweise festgelegt. Graphische Symbole für die Darstellung aller Bauelemente von RLT-Anlagen sind in einer mehrseitigen Tabelle enthalten.

Im Teil 2 (Gesundheitstechnische Anforderungen) werden die physiologisch-hygienischen und die technischen Anforderungen an die RLT-Anlage genannt, mit denen ein behagliches, gesundes Raumklima erreicht werden kann.

Weitere Teile dieser Norm gehen auf die Klimatisierung spezieller Räume wie z. B. Schulen, Versammlungsräume und Krankenhäuser ein.

Erwähnt sei auch Blatt 1 vom April 1960 (Grundregeln), in dem noch die Prüfung und technische Abnahme einer RLT-Anlage erläutert wird, wobei insbesondere auf die zu verwendenden Meßgeräte und deren Eigenschaften eingegangen wird.

DIN 8976: Leistungsprüfung von Verdichterkältemaschinen [10]

Diese Norm basiert auf der ISO-Empfehlung ISO/R 916-1968 [34]. Sie enthält Angaben über die zu vereinbarenden Betriebsbedingungen für die gewährleisteten Leistungsdaten einer Kälteanlage und Vorschläge für den Gewährleistungsumfang.

Die Voraussetzungen für die Durchführung von Abnahmeversuchen an Kälteanlagen, Art und erforderliche Genauigkeit der Meßgeräte und die Methoden zur Messung der Kälte- und Verflüssigerleistung sowie des Leistungsbedarfs des Verdichters werden behandelt. Die beim Abnahmeversuch am Aufstellungsort hiermit zu erreichenden Fehlergrenzen werden angegeben.

Kältemaschinenregeln [38]

Die vom Deutschen Kälte- und Klimatechnischen Verein herausgegebenen „Berechnungsunterlagen und Regeln für Leistungsversuche an Kältemaschinen und Kälteanlagen" enthalten in ihrem *Teil I* Erläuterungen der in der Kältetechnik verwendeten Begriffe, die Darstellung der für die Beurteilung und den Vergleich von Kältemaschinen heranzuziehenden Vergleichsprozesse und die Erklärung der Berechnung der Leistungen und Gütegrade von Verdichter- und Absorptionsmaschinen. Für die Leistungsmessung an Kältemaschinen werden verschiedene Verfahren beschrieben und deren Genauigkeit angegeben.

Der *Teil II* enthält Tabellen, Gleichungen und Diagramme über Stoffeigenschaften von Kältemitteln und Kälte- und Wärmeträgern, die man sowohl zum Auslegen von Anlagen als auch zur Auswertung von Versuchen braucht.

VDI 2079: Abnahmeprüfung an raumlufttechnischen Anlagen [20]

Die Abnahmeprüfung einer Anlage besteht aus einer Vollständigkeitsprüfung, einer Funktionsprüfung und einer Funktionsmessung. Der Umfang der Funktionsmessung richtet sich nach der Art der Anlage. Vorschläge hierfür sind in einer Tabelle zusammengefaßt.

Die zur Anwendung kommenden Meßverfahren für die Bestimmung des Luftvolumenstroms, der Lufttemperatur und -feuchte und der Raumluftgeschwindigkeiten sind in VDI 2080 näher erläutert.

VDI 2080: Meßverfahren und Meßgeräte für Raumlufttechnische Anlagen [21]

Die Durchführung von Leistungsmessungen an raumlufttechnischen Anlagen soll Gegenstand einer besonderen Vereinbarung sein. Hierbei müssen auch die Meßgeräte, die Meßstellen und die zu erreichende Meßgenauigkeit mit einbezogen werden.

Zu diesem Zweck sind in der vorliegenden Richtlinie die für die verschiedenen Meßgrößen zu verwendenden Meßgeräte mit Meßbereich und -genauigkeit angegeben. Außerdem werden die Erfordernisse des richtigen Einbaus genannt.

Für die Messung des Luftvolumenstroms werden u. a. Netzmessungen in Rechteck- und Kreisquerschnitten beschrieben und die Meßunsicherheit abhängig von der Geschwindigkeitsverteilung abgeschätzt.

Die Bestimmung der gesamten Meßunsicherheit wird an praktischen, durchgerechneten Beispielen für alle Meßgrößen erläutert.

11.1.1.2 Anschlußfertige Seriengeräte

DIN 8900: Anschlußfertige Wärmepumpen mit elektrisch angetriebenen Verdichtern [4]

Die Norm gilt für Wärmepumpen, die vorzugsweise im haustechnischen Bereich angewendet werden.

Im Teil 1 werden die Begriffe erläutert. Hierbei wird in einem anschaulichen Systembild die Abgrenzung der einzelnen Anlagenteile einer mit einer Wärmepumpe betriebenen Heizungsanlage erklärt.

Im Teil 2 werden die Prüfbedingungen und der Prüfumfang festgelegt, damit bei den Prüfungen vergleichbare Daten erzielt werden. So wird z. B. die Leistung von Wasser/Wasser-Wärmepumpen, die für frost- oder wettergeschützte Aufstellung bestimmt sind, bei einer Umgebungstemperatur von $+25\,°C$, einem Wassereintritt in die kalte Seite von $+10\,°C$ und Wasseraustritt aus der warmen Seite von $+35\,°C$ oder $+55\,°C$ gemessen. Genauso werden die Temperaturbedingungen bei der Prüfung der unteren und oberen Einsatzgrenze festgelegt.

Im Teil 3, Prüfung von Wasser/Wasser- und Sole/Wasser-Wärmepumpen, werden die während der Messung zulässigen Abweichungen von den in Teil 2 genannten Prüfbedingungen definiert. An die Prüfanlage wird die Forderung gestellt, daß die Massenströme und Eintrittstemperaturen der warmen und kalten Seite konstant gehalten werden können, auch wenn der Prüfling abgeschaltet ist; ferner wird die Genauigkeit der Meßgeräte vorgeschrieben.

Zur Leistungsaufnahme einer Wärmepumpe gehört auch der Anteil der Pumpenleistung, der zur Überwindung der internen Apparatedruckverluste benötigt wird. Er wird aus dem gemessenen Druckverlust und Mengenstrom rechnerisch ermittelt.

Im Teil 4, Prüfung von Luft/Wasser-Wärmepumpen, wird darüberhinaus noch auf die besonderen Bedingungen bei einem vereisenden Luftkühler eingegangen, wie z. B. die Funktionsprüfung der Abtaueinrichtung und die mittlere Heizleistung der Wärmepumpe, die verbleibt, wenn auch die Abtauperioden in die Zeitmittelung mit einbezogen werden.

In Zeitschemen wird der empfohlene Ablauf der Prüfungen nach Teil 3 und 4 dargestellt.

DIN 8901: Wärmepumpen mit halogenierten Kohlenwasserstoffen. Schutz von Erdreich, Grund- und Oberflächenwasser. Anforderungen und Prüfung [5]

In dieser Norm werden die besonderen Anforderungen und deren Prüfung für Wärmepumpen festgelegt, die Erdreich, Grund- und Oberflächenwasser als Wärmequelle benutzen. So dürfen z. B. die verwendeten Kältemaschinenöle aus dem Kältekreislauf im Störfall keine Gefährdung des Grund- oder Oberflächenwassers erwarten lassen, die Kältemittel dürfen keine Zusatzstoffe enthalten und bei einem Leck auf der kalten Seite des Kältekreislaufs müssen die Wärmepumpe und die Kälteträgerförderpumpe abgeschaltet werden.

Die Prüfung kann als Baumusterprüfung, die beim Fachnormenausschuß Kältetechnik registriert wird, von neutralen Prüfstellen durchgeführt werden und berechtigt zu einer entsprechenden Kennzeichnung der geprüften Geräte.

DIN 8957, Teil 3: Raumklimageräte. Prüfung bei Kühlbetrieb [7]

Die Norm basiert auf der ISO-Empfehlung ISO/R 859-1968 [33].

Unter den in Teil 2 genannten Prüfbedingungen wird die Kühlleistung in einem Kalorimeterraum durch Messung des Kompensationswärmestroms und des zugesetzten Befeuchtungswassers bestimmt. Gleichzeitig wird die Kühlleistung zur Wärmebilanzkontrolle aus dem im Verflüssiger abgeführten Wärmestrom abzüglich der elektrischen Leistungsaufnahme des Geräts berechnet. Die beiden Ergebnisse dürfen nicht mehr als 4 % voneinander abweichen.

Die Anforderungen an den Kalorimeterraum, die zulässigen Abweichungen von den Sollbetriebsbedingungen während der Messung und die Anforderungen an die verwendeten Meßgeräte werden definiert.

Außerdem werden Funktionsprüfungen, wie z. B. Einsatzgrenzen, Vereisungs- und Regelverhalten beschrieben.

DIN 8958, Blatt 1: Prüfung von Kühleinrichtungen für isolierte Fahrzeuge und Behälter; Kältemaschine mit zwangsbelüftetem Verdampfer [8]

Zweck der Norm ist das Festlegen einheitlicher Betriebsbedingungen für die Abnahmemessungen, die Ermittlung der Betriebswerte nach einheitlichen Meßverfahren und eine einheitliche Kennzeichnung.

Die Prüfung umfaßt u. a. die Ermittlung der Kälteleistung und des Leistungsbedarfs, die Messung des Ventilatorluftstroms des Kühlteils und die Funktionsfähigkeit der Abtaueinrichtung.

Zur Durchführung der Prüfung ist ein warmer Meßraum für die Aufstellung des Verdichter-Verflüssigerteils und ein kalter Meßraum für die Aufstellung des Kühlteils erforderlich. Die Anforderungen an diese Meßräume werden spezifiziert und die Temperaturmeßstellen festgelegt. Die Kälteleistung wird durch elektrische Gegenheizung im kalten Meßraum kompensiert und kann so mit einem Zähler gemessen werden.

Die Prüfung erfolgt unter Normalbedingungen bei einer Warmraumtemperatur von $+30\,°C$ und den Kaltraumtemperaturen von $+12$, -10 oder $-20\,°C$.

11.1.1.3 Apparate des inneren und äußeren Kreislaufs

DIN 1947: Leistungsversuche an Kühltürmen (VDI-Kühlturmregeln) [2]

Die Norm enthält allgemein gültige Grundlagen für Leistungsversuche an Kühltürmen. Beispiele für die empfohlene Darstellung von Garantiekurven und für Berichtigungskurven bei vom Auslegungspunkt abweichenden Betriebsbedingungen werden angegeben.

Die Auswirkung aller Meßungenauigkeiten (Meßspiele) bei den vorgeschriebenen Meßmethoden werden mit Hilfe dieser Garantie- und Berichtigungskurven auf die Kaltwassertemperatur umgerechnet und als Meßtoleranz deselben zugelassen.

Eine eingehende Beschreibung von Abnahmeversuchen mit Beispielen bildet den Schluß.

DIN 8955: Ventilator-Luftkühler; Begriffe, Prüfung, Norm-Leistung [6]

In diesem Normblatt werden keine Messungen im eingebauten Zustand beim Betreiber, sondern Prüfstandsmessungen beschrieben, die aber als Hinweis auf den meßtechnischen Aufwand an dieser Stelle erwähnt werden sollen.

Vorgeschrieben werden sieben verschiedene Norm-Temperaturbedingungen für die Leistungsmessung.

Die geforderte Genauigkeit der zu verwendenden Meßgeräte ist angegeben, ebenso der Einbau des Prüflings unter den im praktischen Betrieb vorliegenden räumlichen Bedingungen in eine Meßzelle, die ihrerseits in einem thermostatisierten Raum steht. Die Leistung des Kühlers wird durch Gegenheizung ermittelt, der Luftmengenstrom durch eine gesonderte Messung in einem Luftmeßkanal mit einer Durchflußmeßstrecke nach DIN 1952.

DIN 8970: Ventilatorbelüftete Verflüssiger und Trockenkühltürme; Begriffe, Prüfung, Norm-Wärmeleistung [9]

Auch diese Norm behandelt die Leistungsmessung auf speziellen Prüfeinrichtungen, nämlich elektrisch beheizten Kalorimetern. Die Durchführung der Messungen einschließlich der Kalibrierung der Kalorimeter und die Umrechnung der Meßwerte auf die in der Norm definierten Normbedingungen wird beschrieben. Vorangestellt ist eine ausführliche Erläuterung der verwendeten Formelzeichen und Begriffe.

DIN 24163: Lufttechnische Anlagen, Ventilatoren, [11]

Im Teil 1 (Leistungsmessung, Normkennlinien) werden einheitliche Bedingungen für die Leistungsmessung an Ventilatoren, die Auswertung der Meßergebnisse und deren Darstellung in Form von Normkennlinien festgelegt. In einer Tabelle werden Benennungen definiert und die zugehörige Berechnungsformel angegeben. In Abbildungen werden Einbauten und mögliche Prüfstandsanordnungen gezeigt.

Im Teil 2 (Leistungsmessung, Normprüfstände) werden der Aufbau von Ventilator-Prüfständen zur Ermittlung von Kennlinien detailliert beschrieben und die Abmessungen der Prüfstandsteile und die Meßverfahren festgelegt. In zwei Tabellen sind Angaben über die zu erwartenden Meßunsicherheiten enthalten.

VDI 2044: Abnahme- und Leistungsversuche an Ventilatoren [16]

Die Regeln enthalten Grundlagen für die Vorbereitung und nennen die Voraussetzungen für die Durchführung von Abnahmeversuchen entweder auf dem Prüfstand oder in eingebautem Zustand.

Die zu messenden Leistungsdaten werden ausführlich erklärt. Vorschläge für die erforderlichen Meßgeräte und Meßverfahren, sowie für die Anordnung der Meßstellen werden gemacht. So wird z. B. die Druckverteilung über einen Querschnitt mit dem Prandtl-Rohr und mit Flüssigkeitsmanometern ermittelt, der Volumenstrom mit Düsen oder Blenden nach DIN 1952 [3] bzw. VDI 2040 [14] oder mit Anemometern gemessen.

Die korrekte Mittelwertbildung wird für gemessene Druck- und Geschwindigkeitsverteilungen erläutert. Anhaltswerte für die zu erwartende Meßunsicherheit bei einer Abnahmemessung werden angegeben und in Beispielen durchgerechnet.

Schließlich werden noch Verfahren zur Umrechnung von Versuchs- auf Garantiebedingungen erläutert.

VDI 2049: Wärmetechnische Abnahme- und Leistungsversuche an Trockenkühltürmen [18]

Diese Richtlinie enthält vor allem Bestimmungen für die Vorbereitung, Durchführung und Auswertung von Abnahmeversuchen.

Angaben über die zulässigen Abweichungen der Betriebsbedingungen während des Abnahmeversuchs von den Auslegungsdaten und Vorschläge über geeignete Meßgeräte und -verfahren werden gemacht. Die Umrechnung der Garantiegrößen auf die Meßbedingungen des Abnahmeversuchs und die Berechnung des Meßspiels der Lufteintrittstemperatur werden erklärt.

VDI 2076: Leistungsnachweis für Wärmeaustauscher mit zwei Massenströmen [19]

Die Grundlagen für eine einheitliche Durchführung des Leistungsnachweises an Wärmeaustauschern und für die Prüfung von Leistungszusicherungen durch Abnahmeversuche werden angegeben und an Beispielen erläutert. Es lassen sich 16 Gewährleistungsarten unterscheiden, für die der Verlauf von Garantie- bzw. Korrekturkurven gezeigt wird.

11.1.2 Einschlägige Normen und Richtlinien des Auslands

11.1.2.1 Amerikanische Standards der ASHRAE: [35]

Standard 20-70: Methods of Testing for Rating Remote Mechanical-Draft Air-Cooled and Evaporative Condensers.
Standard 22-71: Methods of Testing for Rating Water-Cooled Refrigerant Condensers.
Standard 24-71: Methods of Testing for Rating Liquid-Coolers.
Standard 25-77: Methods of Testing for Rating Forced Convection and Natural Convection in Air Coolers for Refrigeration.
Standard 33-77: Methods of Testing for Rating Forced Circulation Air Cooling and Air Heating Coils.
Standard 39-61: Methods of Testing for Rating Unitary Heat Pump Equipment.

11.1.2.2 Britische Standards: [36]

BS 2852, (1970): Rating and testing room air-conditioners.
BS 4485, Part 2 (1969): Methods of test and acceptance testing of cooling towers.
BS 4856, (1975): Methods for testing and rating fan coil units — unit heaters and unit coolers.
BS 5141, Part 1 (1975): Method of testing for rating of cooling coils.

BS 5491 (1977): Specification for rating and testing unit air conditioners of above 7 kW cooling capacity.

11.1.2.3 Französische Normen der AFNOR: [37]

NF E 35-201 (1973): Essais des Machines Frigorifiques.

NF E 36-101 (1979): Climatiseurs (conditioneurs d'air de pièce) à condenseur refroidi par air, generalités, caractéristiques de construction, méthodes d'essais, marquage.

NF E 36-103 (1979): Climatiseurs à condenseur refroidi par eau, generalités, caractéristiques de construction, méthodes d'essais, marquage.

X 10-251 (1974): Tours de refroidissement, essais de reception (Classe A).

11.2 Meßgeräte

11.2.1 Übersicht über gebräuchliche Meßgeräte und deren Einsatzgebiete

Am gebräuchlichsten sind die in Tab. 11.1 aufgeführten Meßgeräte für die genannten Einsatzgebiete. Die Fehlergrenzen in der letzten Spalte beziehen sich auf den Meßbereichsendwert, soweit nichts anderes angegeben ist.

Zur Vermeidung von Meßfehlern sind beim Anschluß von Druckmeßgeräten VDE/VDI 3512, Blatt 3 [28], beim Einbau von Thermometern VDE/VDI 3512, Blatt 2 [28], sowie VDI 3511 [27] und beim Einsatz von Drosselmeßgeräten zur Durchflußmessung VDE/VDI 3512, Blatt 1 [28] zu beachten. In den genannten Richtlinien werden ausführliche, bebilderte Beispiele für die Anwendung der Meßgeräte gezeigt.

11.2.2 Spezielle Meßwertgeber und -anordnungen

Bei der Durchflußmessung in großen Querschnitten, wie sie an luftgekühlten Verflüssigern, Luftkühlern und auch an Kühltürmen vorkommen, werden Durchflußmeßgeräte, die den ganzen Querschnitt erfassen, zu teuer. Hier hilft man sich durch eine Netzmessung nach VDI/VDE 2640 [25], bei der z. B. ein Kreisquerschnitt in flächengleiche Kreisringe und ein Rechteckquerschnitt in flächengleiche Rahmen eingeteilt werden, auf denen die Strömungsgeschwindigkeit gemessen wird. Bei dieser Einteilung ergibt sich in Wandnähe, wo sich die Geschwindigkeit in der Regel stark ändert, eine größere Zahl von Meßpunkten zur Erfassung des Geschwindigkeitsprofils. Die Auswertung nach VDI/VDE 2640 liefert die mittlere Geschwindigkeit.

Eine einfache überschlägliche Mengenmessung an Luftein- oder -austritten ist die „Fahrmessung" mit einem integrierenden Anemometer, wobei der Querschnitt langsam und gleichmäßig innerhalb der Meßzeit abgefahren wird. Man erhält hierdurch ebenfalls die mittlere Geschwindigkeit.

Für die Bestimmung der mittleren Strömungsgeschwindigkeit aus der dynamischen Druckverteilung

$$\bar{w} = \frac{\sum\limits_{i=1}^{i=z} \sqrt{2 p_{d,i}/\varrho}}{z} \tag{11.1}$$

mit dem dynamischen Druck $p_{d,i}$ an der Stelle i und der Dichte ϱ des Mediums kann das radizierende Summenmanometer nach Horn [39] eingesetzt werden (Abb. 11.1). Mit diesem Gerät wird an mehreren, im Meßquerschnitt angeordneten Pitot-Rohren gleichzeitig der Gesamtdruck abgenommen und der mittlere radizierte Druck gegen den statischen Druck geschaltet.

Tabelle 11.1. *Einsatz der Meßgeräte*

Beispiele für Meßgeräte (Normen und Richtlinien)	Anwendungsbeispiele	Fehlergrenzen
1. Mengen- und Massenströme		
direkt- oder fernanzeigende Volumenzähler, z. B. nach dem Woltmannprinzip	Wassermengenmessung an Wasserkühlsätzen und Kühltürmen	± 2
Turbinenzähler	dto. für kleine Mengen und Kältemittel in der Flüssigkeitsleitung	± 1
Schwebekörper-Durchflußmesser (VDE/VDI 3513 [29])	Kälteträger an Flüssigkeitskühlern, Kältemittel in der Flüssigkeitsleitung	$\pm 1...2$
Ovalradzähler	Ölmengenstrom in Ölkühlern, Kältemittel in der Flüssigkeitsleitung (mit geringem Ölgehalt zur Schmierung)	$\pm 0,5$
induktive Durchflußmeßgeräte (VDI/VDE 2641 [26])	mittlere Geschwindigkeit in Wasser- und Soleleitungen	± 1
Durchflußmeßblende oder -düse, mit U-Rohr oder Differenzdruckmeßwandler als Anzeigegerät (DIN 1952 [3] und VDI 2040 [14])	alle bisher genannten Einsatzgebiete, bei Beachtung des Druckverlusts; darüber hinaus hauptsächlich zur Massenstrommessung in Kältemitteldampfleitungen und in Luftkanälen	$\pm 1,5$
Einlaufdüse (VDI/VDE 2041 [15])	Luftmengenstrommessung an Luftkühlern, Ventilatoren u. a.	± 2
Drehkolben-Gaszähler, Gasuhr	Kältemittel-Dampfleitungen	± 2
Kolben-Flüssigkeitszähler	für zähflüssige Meßstoffe	$\pm 0,5$
2. Temperaturen und Temperaturdifferenzen		
Quecksilberthermometer	an allen gut zugänglichen Meßstellen	je nach Ausführg. $\pm 0,5...0,02$ K
Widerstandsthermometer Pt 100 (DIN 43 760 [13]), in Verbindung mit Anzeige- oder Registriergeräten mit eingebauten automatisch abgleichenden Widerstandsmeßbrücken	Fernmessung bei langsam veränderlichen Meßwerten für alle Anwendungsgebiete, auch für Temperaturdifferenzen	nach Norm $\pm 0,3$ K (bei 0 °C), eingeengte Toleranz möglich
Norm-Thermoelemente oder Miniaturthermoelemente (DIN 43 710 [12]), mit Anzeige- oder Registriergeräten, z. B. Mikro-Voltmeter mit 1 µV Auflösung	an schwer zugänglichen Meßstellen, in engen Rohrleitungen; zur Messung kleiner Temperaturdifferenzen, sowie zur Temperaturmittelwertbildung, insbesondere in Luftkanälen mit hintereinandergeschalteten Thermoketten; Oberflächentemperaturen	nach Norm 3 K; für genaue Messungen ist individuelle Kalibrierung erforderlich
Beckmann-Thermometer	für genaue Temperaturdifferenzen	$\pm 0,01$ K
Halbleiter-Oberflächentemperatur-Meßgeräte	zur schnellen Bestimmung von Oberflächentemperaturen, bzw. bei Cu-Leitungen Bestimmung der Medientemperatur über die Oberflächentemperatur	$\pm 0,2$ K

(Fortsetzung)

Tabelle 11.1. *(Fortsetzung)*

Beispiele für Meßgeräte (Normen und Richtlinien)	Anwendungsbeispiele	Fehlergrenzen
3. *Luftfeuchtemessung*		
Haarhygrometer, Haarhygrographen	Feuchtemessung in Kühl- und Klimaräumen	±2 % rel. Feuchte
Kunststoffaser-Hygrometer	dto.	±3 % rel. Feuchte
LiCl-Taupunktfühler	Feuchtemessung in Luftkanälen	±0,5 K des Taupunkts
Aspirationspsychrometer	Raumluftfeuchte; Umgebungsfeuchte bei Kühlturmmessungen	±1 % rel. Feuchte
4. *Drücke und Druckdifferenzen*		
Feinmeßmanometer, anzeigend oder mit Ferngeber zur Registrierung	Betriebsdrücke an Kälteanlagen zur Feststellung des Betriebszustands	Kl 0,6 = ±0,6 % mit Ferngeber ±1 %
Präzisionsdruckmesser für Absolutdruck oder Überdruck	zur genauen Messung der Sättigungsdrücke, mit denen die Sättigungstemperaturen bestimmt werden; in Meßkreisläufen bei Wärmedurchgangsmessungen u. ä.; Messung von Apparate-Druckverlusten	Kl 0,1 = ±0,1 %, für Laboranwendung auch ±0,05 % möglich
druckfeste U-Rohre	zur genauen Messung von Apparate-Druckverlusten; zur Messung der Druckdifferenz an einer Durchflußmeßblende in Kältemittelleitungen	±1 mm Fl.-Säule, also ab 100 mm Ausschlag kleiner ±1 %
Mikromanometer (Tauchglockenmanometer)	zur genauen Druckverlustmessung an Luftkühlern, Kühltürmen und in Luftkanälen	±0,01 mbar, bei üblichem Meßbereich ±0,05 %
Schrägrohrmanometer	Druckverlustmessungen an lufttechnischen Anlagen	±0,2 mm Fl.-Säule, bei Alkohol z. B. 0,016 mbar
Meßumformer für Druck- oder Differenzdruck (VDI/VDE 2183, 2184 [22, 23]) a) Doppelmembran mit Umwandlung von Weg in Drehwinkel b) induktiver Abgriff an Membranen c) kapazitiver Abgriff an Membranen	zur Druck- und Differenzdruck-Registrierung in allen Meßbereichen	je nach Qualität des Meßsystems und der Elektronik: ±0,15 %
5. *Geschwindigkeiten, Geschwindigkeits- und Druckverteilungen*		
integrierende Anemometer	mittlere Geschwindigkeiten in Luftkanälen und an Luftauslässen; Geschwindigkeiten an luftgekühlten Verflüssigern, Luftkühlern und Kühltürmen	±2 % von max. Belastung
Momentanwert anzeigende Anemometer	Geschwindigkeitsverteilung an lufttechnischen Geräten	±2 %

Schalenkreuzanemometer	Windgeschwindigkeit	±2,5 %
Prandtl- oder Pitot-Rohr	Staudruckverteilungen in Luftkanälen, aus denen die mittlere Luftgeschwindigkeit berechnet werden kann	±1 % des Staudrucks
Strömungssonde, die die Geschwindigkeit anzeigt	Geschwindigkeit und Geschwindigkeitsverteilung in Luftkanälen	±2 %
Hitzdrahtanemometer	Raumluftgeschwindigkeit	±5...10 %

6. Elektrische Leistung

Wattmeter, elektrischer Leistungsmeßkoffer (VDE 0410, 0414 [30, 31])	Leistungsaufnahme von Ventilatoren, Verdichtern, Pumpen	Betriebsgeräte ±1 %, Laborgeräte ±0,5 %
Leistungsschreiber, kWh-Zähler (VDE 0418 [32])	Leistungsaufnahme von Heizungen und Kompensationsheizungen	±1 %

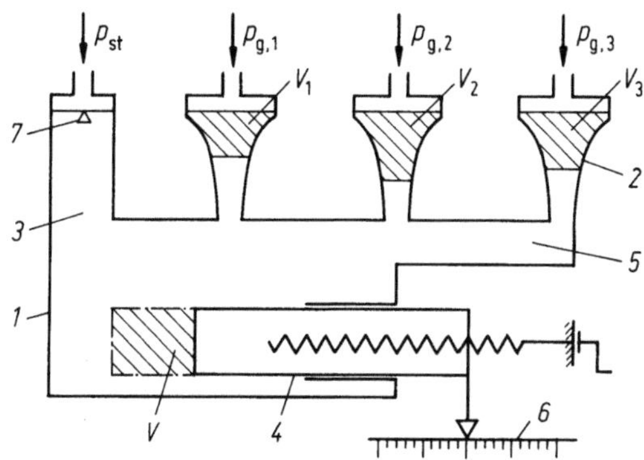

Abb. 11.1. Radizier-Summenmanometer nach HORN [39]. *1* Gehäuse, *2* radizierend wirkende Primärgefäße, *3* Sekundärgefäß, *4* verschiebbarer Verdrängerkolben, *5* Verbindungskanäle, *6* Anzeigeskala, *7* justierbare Marke zur Einstellung des gleichbleibenden Spiegels im Sekundärgefäß. Es ist

$$\sum_{i=1}^{i=z} \sqrt{p_{d,i}} \sim V \sim \bar{w},$$

mit $V = V_1 + V_2 + V_3$.

Abb. 11.2. Sequentieller Meßstellenumschalter für Drücke oder Differenzdrücke. (Werkfoto Scanivalve Corp., San Diego).

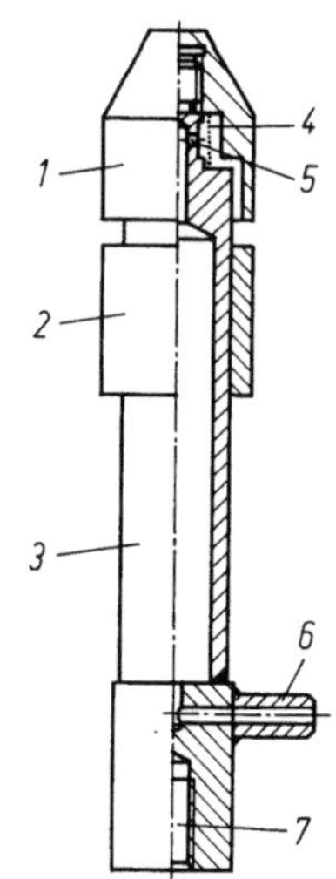

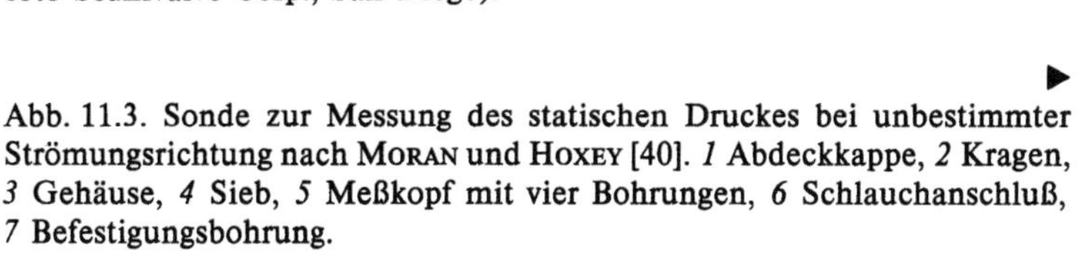

Abb. 11.3. Sonde zur Messung des statischen Druckes bei unbestimmter Strömungsrichtung nach MORAN und HOXEY [40]. *1* Abdeckkappe, *2* Kragen, *3* Gehäuse, *4* Sieb, *5* Meßkopf mit vier Bohrungen, *6* Schlauchanschluß, *7* Befestigungsbohrung.

Abb. 11.4. Meßtrichter mit Hitzdrahtane-
mometer. (Werkfoto Lab Instruments).

Zur schnellen Umschaltung von mehreren Druck- oder Differenzdruckmeßstellen auf einen Manometer oder Druckmeßumformer kann der elektrisch steuerbare Meßstellenumschalter nach Abb. 11.2 verwendet werden.

Für die Messung des statischen Drucks in zweidimensionalen Strömungen haben P. Moran und R. P. Hoxey [40] eine Sonde entwickelt (Abb. 11.3), die in Räumen mit turbulenten Strömungen und unbekannter Strömungsrichtung eingesetzt werden kann.

Ein Thermoanemometer mit einem nach der Form einer Venturidüse ausgebildeten Meßtrichter, wie in Abb. 11.4, erlaubt die Messung der Geschwindigkeit an Ein- und Austrittsöffnungen lufttechnischer Geräte.

11.3 Meßmethoden

11.3.1 Lokale Messungen

Bei der Messung des örtlichen Wärmeübergangskoeffizienten werden Thermoelemente auf oder unmittelbar unter der wärmeübertragenden Oberfläche angebracht.

Chawla hat den Verlauf des Wärmeübergangskoeffizienten sowie den Druckverlust längs der Rohrlänge bei der Verdampfung im einzelnen Rohr gemessen und konnte dadurch den Wärmeübergangskoeffizienten und den Druckverlust abhängig vom Dampfgehalt angeben [41]. Seine Meßeinrichtung mit einem thermosyphonartigen Meßstoffkreislauf zeigt Abb. 11.5. Die Rohre der Heiz- und Meßstrecken wurden elektrisch beheizt.

Das Anbringen der Thermoelemente unter der Oberfläche zeigt Abb. 11.6, wobei insbesondere auf die parallele Führung der Thermodrähte mit der Oberfläche hingewiesen sei.

Gorenflo [42], Wickenhäuser [43] und Engelhorn [44] befaßten sich mit der Verdampfung am überfluteten Einzelrohr in einem sehr weiten Leistungs- und Druckbereich mit allen gebräuchlichen FKW-Kältemitteln. Der in eine thermostatisierte Kammer eingebaute Meßkreislauf ist in Abb. 11.7 zu sehen.

Die Miniatur-Mantelthermoelemente zur Messung der Temperaturdifferenz waren unmittelbar unter der Oberfläche der Meßrohre eingebaut und wärmeleitend vergossen. Zimmermann [45] baute für das Vergießen solcher Rohre eine Gießpresse (Abb. 11.8), mit der das flüssige Lot in das mit dem eigenen Heizstab erwärmte Rohr gedrückt werden kann. In der Gießpresse *1* wird das Lot zuerst geschmolzen. Dann werden die Verbindungsleitung *4* und das Meßrohr *5* bis auf die Schmelztemperatur

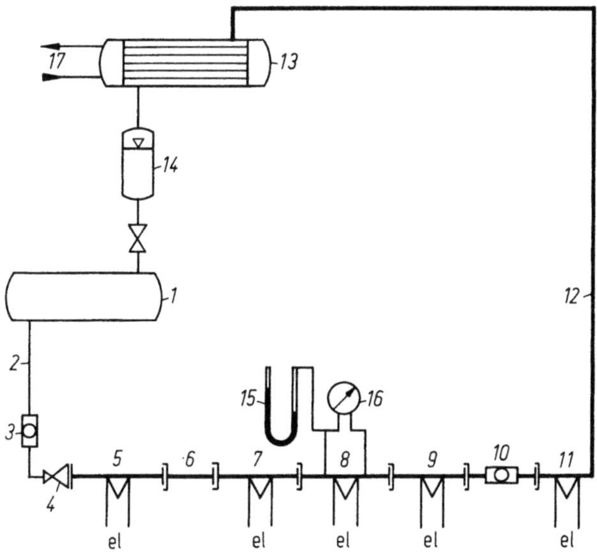

Abb. 11.5. Prüfstand zur Messung örtlicher Wärmeübergangskoeffizienten bei der Verdampfung im Rohr nach CHAWLA [41]. *1* Sammelbehälter, *2* Flüssigkeitsleitung, *3* Schauglas, *4* Expansionsventil, *5* Vorverdampfer, *6* Anlaufstrecke, *7* Heizstrecke, *8, 9* Meßstrecken, *10* Beobachtungsstrecke, *11* Nachverdampfer, *12* Dampfleitung, *13* Verflüssiger, *14* Mengenmeßgefäß, *15* U-Rohr-Manometer, *16* Differenzdruck-Manometer (Ringwaage), *17* Soledurchfluß.

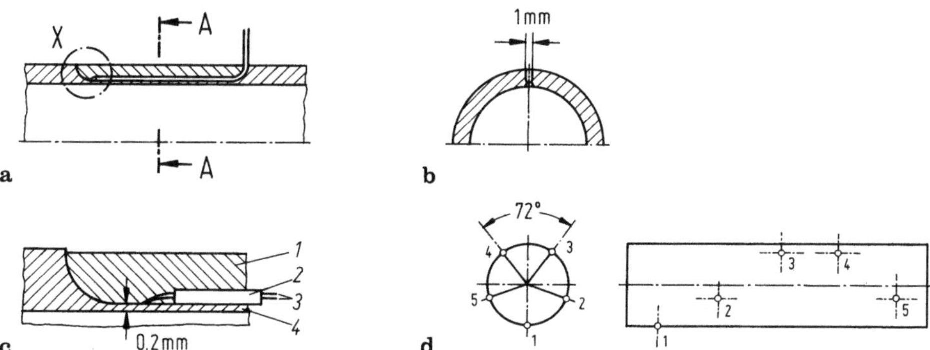

Abb. 11.6a–d. Schnitt durch das Meßrohr mit der Anordnung der Thermoelemente nach CHAWLA [41]. a) Längsschnitt; b) Schnitt *A–A*; c) Einzelheit *X*; d) Lage der Thermoelemente; *1* Lötzinn, *2* Neusilberkapillare 0,6 mm Durchmesser, *3* Thermodraht 0,1 mm Durchmesser (Cu-CuNi), *4* Kupfer.

des Lots geheizt. Durch Verschieben des Kolbens *2* wird das Lot von unten in das von den Spannankern *6* gehaltene Meßrohr gedrückt. Stickstoffzufuhr in die Schutzhülse *7* verhindert Oberflächenoxydation während des Gießvorgangs. Den Aufbau eines solchen elektrisch beheizten Meßrohrs zeigt Abb. 11.9.

Eine interessante Meßmethode der mittleren Oberflächentemperatur haben GÜTTINGER und WALLNER [46] angewandt, indem sie auf ein elektrisch beheiztes Keramikrohr ein Metallfilm-Widerstandsthermometer aufdampften.

STEPHAN und HOFFMANN [47] verwendeten eine mit Wasser beheizte Meßstrecke zur Messung des Wärmeübergangs bei konvektiver Verdampfung im Rohr mit extrem hohen Massenstromdichten. Der Meßaufbau ist aus Abb. 11.10 zu ersehen. Die Temperaturdifferenzen und Temperaturen wurden mit Thermoelementen, die Volumenströme mit Turbinenzählern gemessen.

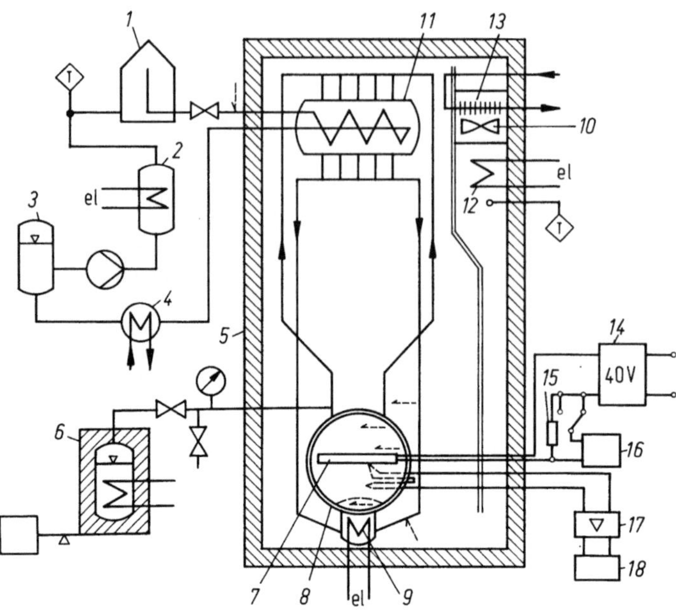

Abb. 11.7. Versuchsanlage zur Messung des Wärmeübergangs bei überfluteter Verdampfung nach Gorenflo [42]. *1* Mischgefäß, *2* Durchlauferhitzer, *3* Vorratsbehälter, *4* Rückkühler, *5* Klimazelle, *6* Zusatzbehälter, *7* Versuchsrohr, *8* Verdampfer/Versuchsgefäß, *9* Vorheizung, *10* Gebläse, *11* Verflüssiger/Kühler, *12* Regelheizung, *13* Gegenkühlung, *14* Regelgerät für Versuchsrohrheizung, *15* Präzisionswiderstand, *16* Digitalvoltmeter, *17* Galvanometerverstärker, *18* Digitalvoltmeter und Digitaldrucker; ∠ _ _ Thermoelement, ⊕ Temperaturregler.

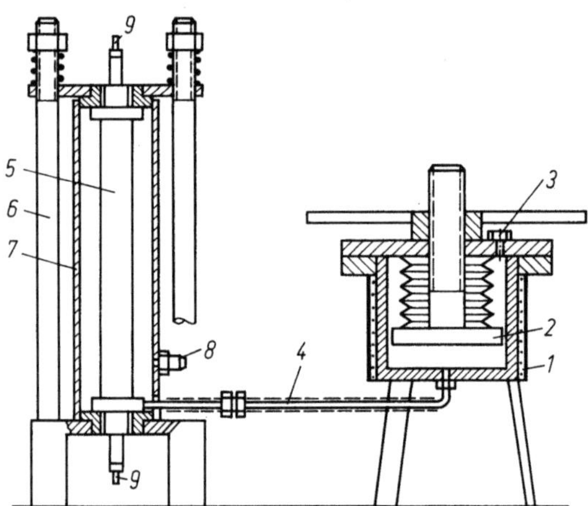

Abb. 11.8. Gießpresse und Meßrohrhalter für das Eingießen von Meßrohren. (Werkbild Sulzer-Escher Wyss GmbH, Lindau). *1* Gießpresse mit Heizmantel, *2* Kolben mit Faltenbalg, *3* Einfüllstutzen, *4* beheizte Verbindungsleitung, *5* Meßrohr, *6* Spannanker, *7* Schutzhülse, *8* Stickstoffanschluß, *9* Stromzufuhr.

Kesper [48] beschrieb eine Methode zur Messung des Druckabfalls bei beschleunigter Flüssigkeits/Dampfströmung im Rohr: Auf ein zwischen zwei Faltenbälgen fliegend gelagertes Rohr wirkt die Wandreibung, die das Rohr zu verschieben versucht. Mit einer Gegenkraft, die gemessen werden kann, wird die Reibungskraft kompensiert. Damit kann für jede beliebige Strömungsform der örtliche Druckabfall bestimmt werden. Abb. 11.11 zeigt den Aufbau des Meßrohrs.

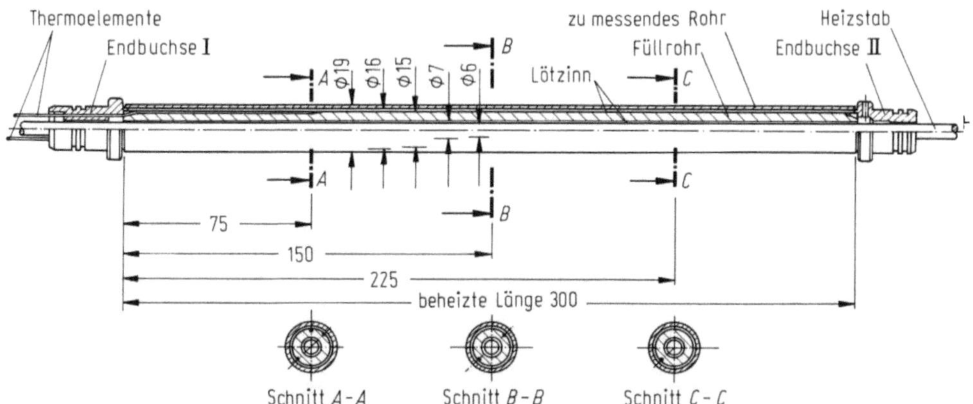

Abb. 11.9. Aufbau eines elektrisch beheizten Meßrohrs für Verdampfung am Rohr. (Werkbild Sulzer-Escher Wyss GmbH, Lindau)

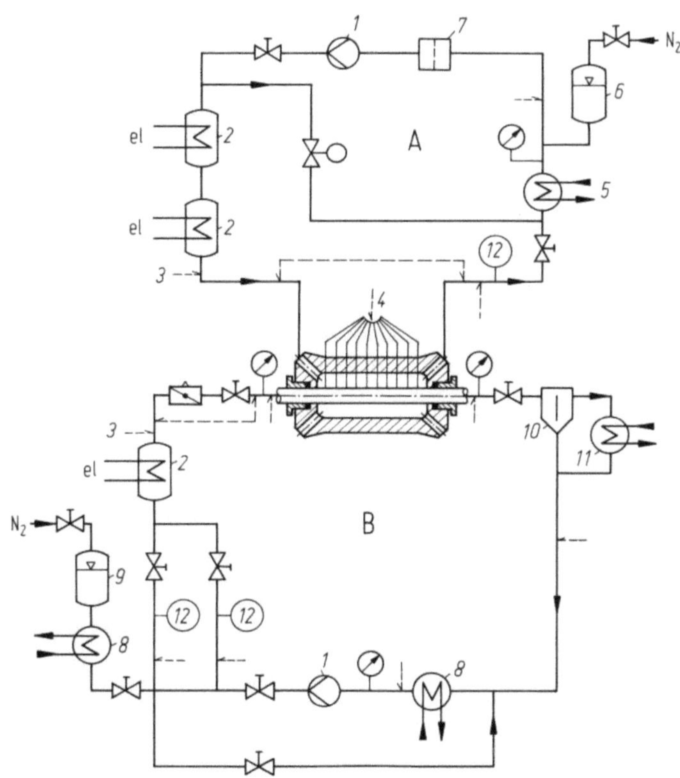

Abb. 11.10. Meßaufbau zur Messung des Wärmeübergangs bei konvektiver Verdampfung im Rohr nach STEPHAN und HOFFMANN [47]. *1* Pumpe, *2* Heizung, *3* Thermoelemente zur Heizungsregelung, *4* Thermoelemente zur Messung der Oberflächentemperatur, *5* Vorratsbehälter und Kühler, *6* Expansionsgefäß, *7* Filter, *8* Kühler, *9* Druckhaltegefäß, *10* Abscheider, *11* Verflüssiger, *12* Durchflußmesser (Turbinenzähler), *A* Wasserkreislauf, *B* Verdampfungskreislauf.

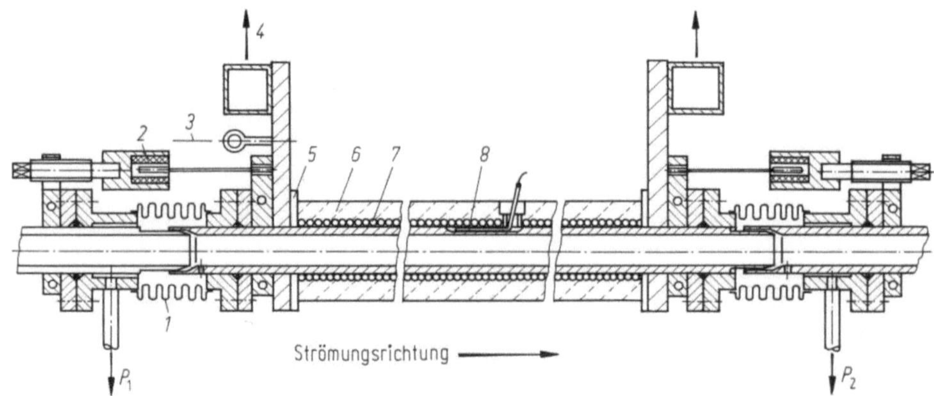

Abb. 11.11. Meßrohr zur Bestimmung des Wandreibungsverlusts nach Kesper [48]. *1* Faltenbalg, *2* induktiver Weggeber, *3* Angriffspunkt der Kompensationskraft, *4* Aufhängung, *5* Isolierung, *6* Glaswolle, *7* Heizleiter, *8* Thermoelement; P_1, P_2 Druckmeßstellen.

11.3.2 Globale Messungen

Aus der Leistungsmessung an kältetechnischen Apparaten läßt sich in der Regel auch noch der Wärmedurchgangskoeffizient bestimmen. Um den Einfluß der Wärmeübergangskoeffizienten der beiden Fluide auf den Wärmedurchgangskoeffizienten ermitteln zu können, sind zwei Meßreihen erforderlich, bei welchen jeweils der nicht interessierende Wärmeübergangskoeffizient konstant und möglichst groß gehalten wird. Beispielsweise wird ein Trockenexpansionsverdampfer bei der Ermittlung des Einflusses der Wassergeschwindigkeit auf den Wärmedurchgangskoeffizienten bei konstanter Kälteleistung — und damit konstantem inneren Wärmeübergang — betrieben.

Röhrenkessel-Verdampfer und -Verflüssiger

Ein Prüfstand zur Leistungsmessung an Röhrenkessel-Verdampfern und -Verflüssigern ist in Abb. 11.12 dargestellt. Dieser Prüfstand hat die von Holldorff [49] be-

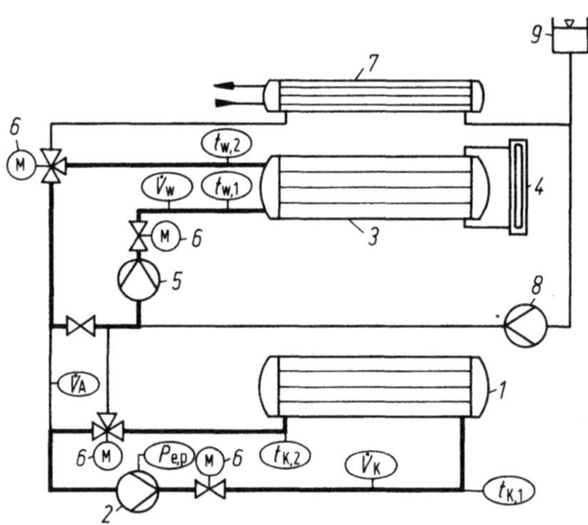

Abb. 11.12. Prüfstand zur Leistungsmessung an Röhrenkessel-Verdampfern und -Verflüssigern (Wasserkreislauf). (Werkbild Sulzer-Escher Wyss GmbH, Lindau). *1* Verdampfer, *2* Kaltwasserpumpe, *3* Verflüssiger, *4* Standglas, *5* Kühlwasserpumpe, *6* Regelventile, *7* Zusatzwärmeaustauscher, *8* Zusatzwasserpumpe, *9* Ausgleichsgefäß. Die erforderlichen Meßstellen sind in der Darstellung oval eingerahmt. *t* Temperaturmeßstellen; $P_{e,P}$ elektrische Leistungsmessung; $\dot{V}$ Volumenstrommeßstellen.

schriebene Kreuzschaltung der Verflüssiger- und Verdampferwasserströme zum Prinzip, besteht aber aus einem vollkommen geschlossenen Kreislauf, so daß die zu messenden Apparate mit einem kontrollierbaren, verschmutzungsfreien Wasser betrieben werden können. Auf dem Prüfstand kann bei Verdampfern die Kälteleistung auf zweierlei Arten gemessen werden, nämlich zu

$$\dot{Q}_0 = \dot{M}_K\, c_{p,K}\, (t_{K,1} - t_{K,2}) \tag{11.2}$$

und über den in der Kreuzschaltung geführten Wasserstrom $\dot{M}_A$

$$\dot{Q}_0 = \dot{M}_A\, (c_{p,w}\, t_{w,2} - c_{p,K}\, t_{K,2}) + P_{e,P}. \tag{11.3}$$

Bei Einbau eines Mengenstrommeßgeräts in den Kältemittelkreislauf (Tab. 11.1) kann die Kälteleistung auch auf direktem Wege gemessen werden. Bei der Leistungsmessung an Röhrenkessel-Verflüssigern, die z. B. in Klima-Wasserkühlsätzen ohne Sammler betrieben werden, ist auf einen definierten Flüssigkeitsstand im Verflüssiger zu achten. Deshalb wird ein Flüssigkeitsstandglas angeschlossen. Die Überhitzungswärme muß mit einem Vorkühler abgeführt werden, wenn der Wärmedurchgangskoeffizient für reine Kondensation gemessen werden soll.

Luftkühler

Ein Kalorimeterraum zur Messung von Luftkühlerelementen, auch bei Bereifung, ist in Abb. 11.13 dargestellt. Die Ein- und Austrittstemperaturen werden mit mehreren auf den Querschnitt verteilten Widerstandsthermometern gemessen. Die relative Luftfeuchte wird am Auslaß je eines Prüfrohrs für Luftein- und -austritt erfaßt, dessen Einlaß aus vielen über den Strömungsquerschnitt verteilten Bohrungen besteht.

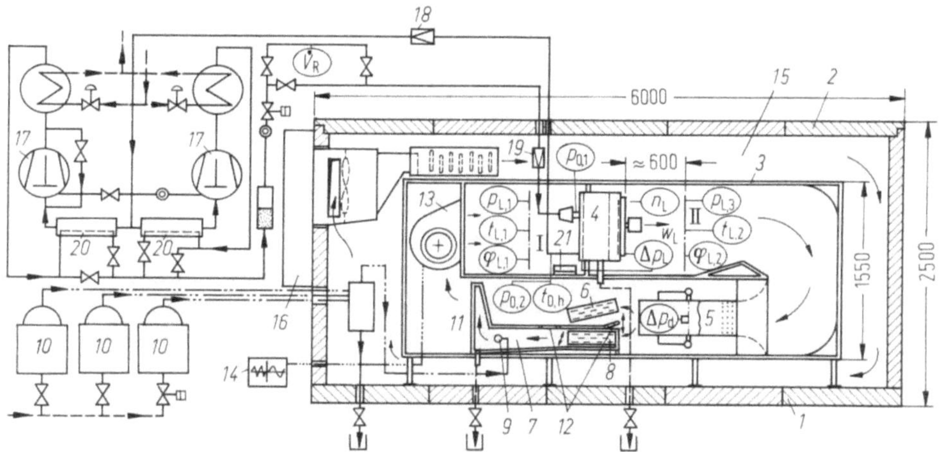

Abb. 11.13. Kalorimeterraum zur Untersuchung von Luftkühlern nach HEIMBACH und PONATH [50]. (Werkbild Linde AG) *1* Außenzelle, *2* Dachplatte, *3* Innenzelle, *4* Prüfling, *5* Luftmengen-Meßstrecke, *6* Elektro-Gegenheizung, *7* Luftaufbereiter, *8* Elektro-Gegenheizung (Nebenstrom), *9* Dampf-Verteilrohr, *10* Dampferzeuger, *11* Verteilerkamm, *12* Steuerklappen, *13* Radialventilatoren, *14* Frequenzumformer, *15* Mantelraum, *16* Container-Kältesatz, *17* Motorverdichter-Satz, *18* Regelventil in der Saugleitung, *19* Expansionsventil, *20* Wärmeaustauscher, *21* Schale mit Trockenmittel. Die erforderlichen Meßstellen sind in der Darstellung oval eingerahmt. p_L Luftdrücke, t_L Lufttemperatur, φ_L relative Luftfeuchte, Δp_L Differenzdrücke, n_L Lüfterdrehzahl, p_0 Verdampferdrücke, $t_{0,h}$ Sauggastemperatur.

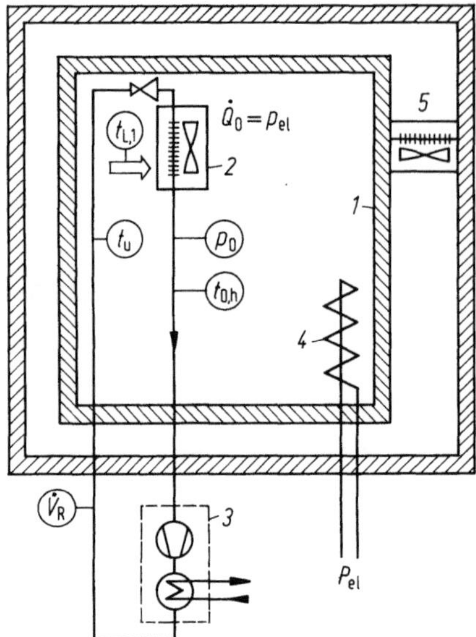

Abb. 11.14. Meßraum zur Leistungsermittlung an Ventilator-Luftkühlern. *1* Meßraum (Raum im Raum), *2* Prüfling, *3* Kältemaschine, *4* Gegenheizung, *5* Zwischenraumtemperierung, $\dot{Q}_0$ Kälteleistung, $\dot{V}_R$ Kältemittel-Volumenstrom, $t_{L,1}$ Lufteintrittstemperatur, p_0 Verdampfungsdruck, $t_{0,h}$ Sauggastemperatur, t_u Flüssigkeitstemperatur, P_{el} elektrische Heizleistung.

Die Einstellung einer bestimmten Eintrittsluftfeuchte erfolgt mit Dampf, der einem mit der gesamten Kompensations-Heizleistung erwärmten Teilluftstrom zugeführt wird, so daß beim Zumischen des Hauptluftstroms kein Nebel entstehen kann. Die Luftmengenstrommessung erfolgt in einem mit einer Einlaufdüse versehenen rechteckigen Luftkanal, der für die Untersuchungen kalibriert wurde.

Für die Leistungsmessung von Ventilatorluftkühlern gilt die DIN-Norm 8955 [6], die hohe Anforderungen an die Beschaffenheit der Meßzelle stellt (s. Abb. 11.14). Insbesondere müssen die Einbauverhältnisse denen des praktischen Betriebs entsprechen. In DIN 8955 sind auch die Norm-Temperaturbedingungen angegeben, auf die die Leistungsangaben zu beziehen sind. Auf den Einfluß des Überhitzungsgrads $\Delta t_{0,h}/\vartheta_1$ haben Huelle [51], Heimbach und Ponath [50] und Schmitz [52] hingewiesen. Die Einhaltung eines bestimmten Überhitzungsgrads ist deshalb in den Norm-Temperaturbedingungen gefordert.

Luftgekühlte Verflüssiger

Für die Leistungsmessung von luftgekühlten Verflüssigern ist in Abb. 11.15 eine Meßeinrichtung gezeigt. Die in dem isolierten Verdampfer zur Verdampfung des flüssigen Kältemittels aufgebrachte elektrische Heizleistung entspricht recht genau der

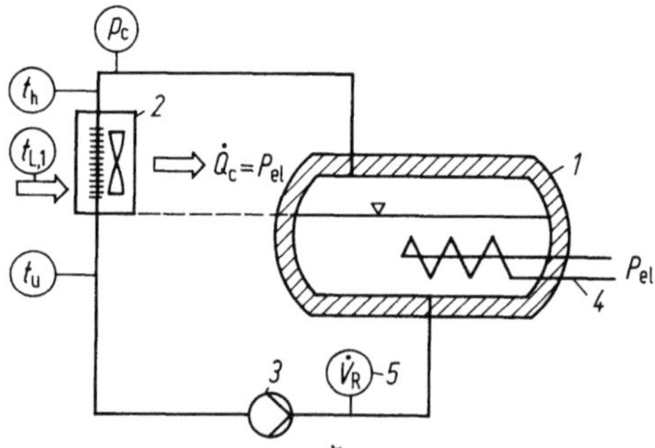

Abb. 11.15. Meßeinrichtung zur Leistungsmessung an luftgekühlten Verflüssigern. *1* Meßverdampfer, *2* Prüfling, *3* Kältemittelpumpe, *4* Gegenheizung, *5* Durchflußmesser, $\dot{Q}_c$ Verflüssigerleistung, $t_{L,1}$ Lufteintrittstemperatur, p_c Verflüssigungsdruck, t_h Dampftemperatur, t_u Flüssigkeitstemperatur, $\dot{V}_R$ Kältemittel-Volumenstrom, P_{el} elektrische Heizleistung.

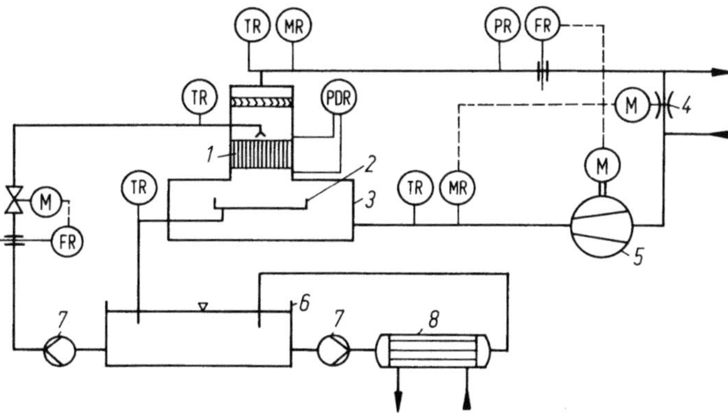

Abb. 11.16. Prüfstand für Kühlturmeinbauten. (Werkbild Sulzer-Escher Wyss GmbH, Lindau).
1 Füllkörper-Prüfling, *2* Auffangbecken, *3* Druckkammer, *4* Drosselklappe zur Feuchteregelung,
5 regelbarer Ventilator, *6* Mischbecken, *7* Wasserpumpe, *8* Wärmeaustauscher; TR Temperaturmeßstellen; FR Mengenstrommessung; PR, PDR Druck- bzw. Differenzdruckmessung; MR Luft-
feuchtemessung.

Verflüssigerleistung. Das Kondensat wird mit einer Umwälzpumpe wieder dem Verdampfer zugeführt. Durch die Messung des umlaufenden Kältemittelmengenstroms
und der Ein- und Austrittszustände am Verflüssiger kann eine Wärmebilanz zur Ver-
dampfungsleistung gebildet werden.

Die an diesem Prüfstand gemessene Verflüssigerleistung berücksichtigt allerdings
nicht die beim praktischen Verdichterbetrieb vorhandene Dampfüberhitzung am Ver-
flüssigereintritt, weil dem Prüfling nur Sattdampf zuströmt, s. auch [9].

Raumklimageräte

In DIN 8957, Teil 3 [7] und in [53] sind Kalorimeter zur Untersuchung von Raumklimageräten beschrieben. Das zu messende Klimagerät wird hierbei in eine Zwi-
schenwand in einem „Raum im Raum" eingebaut, so daß ein Innenraum und ein Außenraum entstehen. Beide Räume können auf definierte Lufttemperaturen und
-feuchten geregelt werden. Ferner können die elektrischen Leistungen und die zu- und
abgeführten Wärmeströme gemessen werden. Auf diese Weise kann das Gesamtverhal-
ten eines Klimageräts sowohl beim Kühl- als auch beim Heizbetrieb ermittelt werden.

Kühltürme

In Abb. 11.16 ist ein Prüfstand für Kühlturmeinbauten dargestellt, mit dem sich
die Wärme- und Stoffaustauschleistung bei verschiedenen, kontrollierten Luftzustän-
den am Eintritt und bei Wassereintrittstemperaturen bis $t_{W,1} = +65\,°C$ messen lassen.
Wesentlich an diesem Meßaufbau ist, daß das ganze Kanalsystem unter einem
leichten Überdruck steht, so daß durch kleine Undichtigkeiten keine unkontrollierten
Luftströme eindringen können, die die Lufttemperaturmessung verfälschen. Damit lassen sich Wärmebilanzen zwischen Luft und Wasser mit einer Toleranz von $\pm5\%$ erzielen.

Für den Vergleich verschieden hoher Kühlturmeinbauten ist noch gleiche Fall-
höhe H_F des Wassers zwischen Unterkante Füllkörper und Auffangbecken maßgebend.
Die Berieselung erfolgt wie in der Praxis vorgesehen, d. h. meistens mit Sprühdüsen.

Mit diesem Prüfstand können Einbauten für Kühltürme bei Regendichten bis
$r = 30\ t/m^2 h$ und Luftgeschwindigkeiten bis $w = 4\ m/s$ verglichen werden, wobei auch

der Druckverlust gemessen werden kann. Alle Meßwerte werden zur Beurteilung eines konstanten Betriebszustands registriert.

Walter beschreibt einen Prüfstand für komplette Kühltürme in Naß- oder Trockenbauart [54]. Durch zwei Wärmeaustauscher verschiedener Größe im Sekundärkreislauf und eine 70-kW-Heizung läßt sich die Kühlturmleistung sehr fein regeln. Die Temperaturen werden dort mit Thermoelementen gemessen und von einem Mehrfach-Punktdrucker aufgezeichnet. Auf diese Weise lassen sich die atmosphärischen Einflüsse auf die Leistung eines Kühlturms verfolgen.

11.4 Auswerten von Messungen

11.4.1 Meßgenauigkeit

Die mit den einzelnen Meßgeräten zu erwartende Meßunsicherheit kann aus Tab. 11.1 entnommen werden. Darüber hinaus sind in der Regel die Klassengenauigkeit bzw. die Fehlerkurven der eingesetzten Meßgeräte aus Herstellerangaben bekannt.

Bei der Beurteilung der Meßgenauigkeit einer ganzen Meßeinrichtung müssen zusätzlich folgende Faktoren beachtet werden:

— richtige Mittelwertbildung bei schwankenden Meßgrößen,
— Gültigkeit bzw. Zusammengehörigkeit einzelner Meßwerte bei nicht konstanten Meßbedingungen,
— Unsicherheit bei der Ablesung der Meßgeräte,
— Fremdeinflüsse auf die Geber am Meßort,
— Unsicherheit der für die Auswertung benutzten Stoffwerte.

Die Meßgenauigkeit einer Meßeinrichtung bei der Prüfung von Apparaten kann nach VDI/VDE 2620 „Fortpflanzung von Fehlergrenzen bei Messungen" [24] abgeschätzt werden, während in VDI 2048 „Meßungenauigkeiten bei Abnahmeversuchen, Grundlagen" [17] die verschiedenen Fehlerarten und deren rechnerische Erfassung behandelt werden.

Tabelle 11.2. *Fortpflanzung der Fehlergrenzen G bei Verknüpfung zweier Meßwerte x_1 und x_2*

Verknüpfung durch	Funktion y	Ergebnisfehlergrenzen maximal G'_y	relativ maximal G'_y/y	statistisch G''_y	relativ statistisch G''_y/y
Addition	$x_1 + x_2$	$\pm(\lvert G_1\rvert + \lvert G_2\rvert)$	—	$\pm\sqrt{G_1^2 + G_2^2}$	—
Subtraktion	$x_1 - x_2$	$\pm(\lvert G_1\rvert + \lvert G_2\rvert)$	—	$\pm\sqrt{G_1^2 + G_2^2}$	—
Multiplikation	$x_1 x_2$	—	$\pm\left(\dfrac{\lvert G_1\rvert}{x_1} + \dfrac{\lvert G_2\rvert}{x_2}\right)$	—	$\pm\sqrt{\left(\dfrac{G_1}{x_1}\right)^2 + \left(\dfrac{G_2}{x_2}\right)^2}$
Division	x_1/x_2	—	$\pm\left(\dfrac{\lvert G_1\rvert}{x_1} + \dfrac{\lvert G_2\rvert}{x_2}\right)$	—	$\pm\sqrt{\left(\dfrac{G_1}{x_1}\right)^2 + \left(\dfrac{G_2}{x_2}\right)^2}$
Potenzierung	x^n	—	$\pm\left\lvert n\dfrac{G}{x}\right\rvert$	—	$\pm\left\lvert n\dfrac{G}{x}\right\rvert$
Radizierung	$\sqrt[n]{x}$	—	$\pm\left\lvert\dfrac{1}{n}\dfrac{G}{x}\right\rvert$	—	$\pm\left\lvert\dfrac{1}{n}\dfrac{G}{x}\right\rvert$

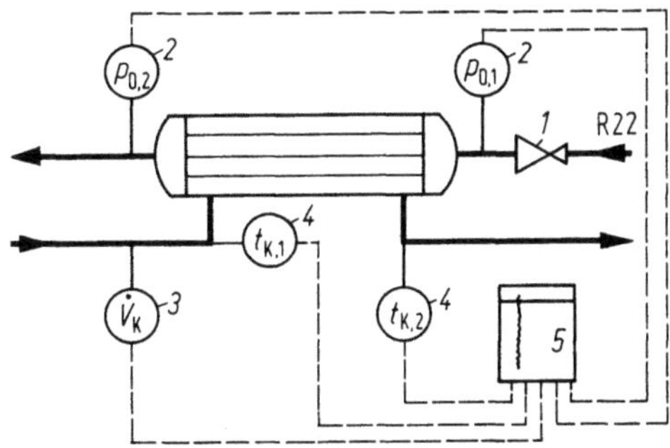

Abb. 11.17. Leistungsmessung an einem Flüssigkeitskühler. *1* Expansionsventil, *2* Druckmessung, *3* Volumenstrommessung, *4* Temperaturmessung, *5* Registriergerät.

Sind nur die Fehlergrenzen der Meßgeräte bekannt, so wird man im allgemeinen die statistischen Ergebnisfehlergrenzen berechnen, weil nicht anzunehmen ist, daß sich alle Fehler der einzelnen Meßgeräte in einer Richtung auswirken. Die Wahrscheinlichkeit, daß diese Fehlergrenzen eingehalten werden, liegt in der Regel bei 95 % [55]. Die Gesetze der Fehlerfortpflanzung sind in Tab. 11.2 zusammengestellt, die auszugsweise aus VDI/VDE 2620 [24] entnommen ist.

An dem Beispiel der Leistungsmessung eines mit R22 betriebenen Flüssigkeitskühlers soll die Fortpflanzung der Meßgerätefehler näher erläutert werden. Für das Beispiel nach Abb. 11.17 sei gegeben:

1. Volumenstrom $\dot{V}_K = 20\ \mathrm{m^3/h}$.
   Meßgerät: magnetischer Durchflußmesser $\dot{V}_K = 0$ bis $25\ \mathrm{m^3/h}$,
           Fehlergrenze $\pm 1\,\%$ vom Endwert,
           registriert mit Mehrfach-Punktdrucker 0 bis 100 % Durchfluß,
           Fehlergrenze $\pm 0{,}25\,\%$ vom Endwert.
2. Wassereintrittstemperatur $t_{K,1} = +12{,}0\,^\circ\mathrm{C}$,
   Wasseraustrittstemperatur $t_{K,2} = +6{,}0\,^\circ\mathrm{C}$.
   Meßgerät: ausgesuchte Widerstandsthermometer Pt 100,
           Fehlergrenze $\pm 0{,}1\ \mathrm{K}$,
           registriert mit Mehrfach-Punktdrucker 0 bis 20 °C,
           Fehlergrenze $\pm 0{,}25\,\%$ vom Endwert.
3. Druck am Verdampfereintritt $p_{0,1} = 5{,}17\ \mathrm{bar}$ ($\mathrel{\hat{=}} t_{0,1} = +1{,}0\,^\circ\mathrm{C}$),
   Druck am Verdampferaustritt $p_{0,2} = 4{,}98\ \mathrm{bar}$ ($\mathrel{\hat{=}} t_{0,2} = \pm 0\,^\circ\mathrm{C}$).
   Meßgerät: Absolutdruckmesser 0 bis 16 bar,
           Fehlergrenze $\pm 0{,}1\,\%$ vom Endwert.

Bei der Auswertung der Messungen werden folgende Größen berechnet:

1. Temperaturdifferenz
$$\Delta t = t_{K,1} - t_{K,2}, \tag{11.4}$$

2. Kälteleistung
$$\dot{Q}_0 = \dot{V}_K \varrho_K c_{p,K} \Delta t, \tag{11.5}$$

3. mittlerer Temperaturabstand
$$\vartheta_m = \frac{(t_{K,1} - t_{0,2}) - (t_{K,2} - t_{0,1})}{\ln \dfrac{t_{K,1} - t_{0,2}}{t_{K,2} - t_{0,1}}}, \tag{11.6}$$

4. Wärmedurchgangskoeffizient
$$k = \dot{Q}_0 / A \vartheta_m. \tag{11.7}$$

Aus den o. g. Fehlergrenzen werden nachstehende statistische Fehlergrenzen der einzelnen Meßwerte und des gesamten Ergebnisses berechnet, wobei nur der Einfluß der Meßgerätefehler untersucht wird.

1. Temperaturdifferenz. Statistische Ergebnisfehlergrenze der Temperaturmessung:

$$G_t'' = \pm \sqrt{(0{,}1\ \mathrm{K})^2 + ((20 - 0)\ \mathrm{K} \cdot 0{,}0025)^2} = \pm 0{,}112\ \mathrm{K}. \tag{11.8}$$

Damit ist die statistische Ergebnisfehlergrenze der Temperaturdifferenzmessung

$$G''_{\Delta t} = \pm \sqrt{(G''_t)^2 + (G''_t)^2} = \pm 0{,}158 \text{ K} \qquad (11.9)$$

und die relative statistische Ergebnisfehlergrenze der Temperaturdifferenzmessung

$$\frac{G''_{\Delta t}}{\Delta t} = \pm \frac{0{,}158}{6} = \pm 0{,}026\,4 \cong \pm 2{,}64\,\%. \qquad (11.10)$$

2. Kälteleistung. Die statistische Ergebnisfehlergrenze der Durchflußmeßeinrichtung ist

$$G''_{\dot V_K} = \pm \sqrt{(25 \text{ m}^3/\text{h} \cdot 0{,}01)^2 + (25 \text{ m}^3/\text{h} \cdot 0{,}0025)^2} = \pm 0{,}258 \text{ m}^3/\text{h}, \qquad (11.11)$$

die relative statistische Ergebnisfehlergrenze des Durchflusses

$$\frac{G''_{\dot V_K}}{\dot V_K} = \pm \frac{0{,}258}{20} = \pm 0{,}0129 \cong \pm 1{,}29\,\%. \qquad (11.12)$$

Da der Durchfluß und die Temperaturdifferenz zur Berechnung der Kälteleistung multipliziert werden, ergibt sich die relative statistische Ergebnisfehlergrenze der Kälteleistung

$$\frac{G''_{\dot Q_0}}{\dot Q_0} = \pm \sqrt{\left(\frac{G''_{\dot V_K}}{\dot V_K}\right)^2 + \left(\frac{G''_{\Delta t}}{\Delta t}\right)^2} = \pm \sqrt{1{,}29^2 + 2{,}64^2} = \pm 2{,}94\,\%. \qquad (11.13)$$

Die maximale Ergebnisfehlergrenze der Druckmessung beträgt $G'_p = \pm 16 \cdot 0{,}001 = \pm 0{,}016 \text{ bar}$. Im Bereich von 0 °C hat die Damfdruckkurve von R22 einen Gradienten von ca. 0,16 bar/K, d. h. die maximale Fehlergrenze der Verdampfungstemperatur beträgt $G'_{t_0} = \pm 0{,}1 \text{ K}$.

3. Mittlerer Temperaturabstand. Für die Berechnung der Fehlergrenze des mittleren Temperaturabstands genügt es, das arithmetische Mittel zu bilden, d. h. der Ausdruck für ϑ_m kann in der vereinfachten Form geschrieben werden:

$$\vartheta_m \approx \frac{(t_{K,1} - t_{0,2}) + (t_{K,2} - t_{0,1})}{2}. \qquad (11.6\,a)$$

Demnach sind die Temperaturen additiv miteinander verbunden und damit wird die statistische Ergebnisfehlergrenze

$$G''_{2\vartheta_m} = \pm \sqrt{(G''_t)^2 + (G'_{t,0})^2 + (G''_t)^2 + (G'_{t,0})^2} = \pm \sqrt{2\,(0{,}112^2 + 0{,}1^2)} = \pm 0{,}212 \text{ K}. \qquad (11.14)$$

Zur Berechnung der relativen statistischen Ergebnisfehlergrenze muß allerdings der mittlere Temperaturabstand nach Gl. (11.6) ermittelt werden:

$$\vartheta_m = \frac{(12 - 0) - (6 - 1)}{\ln \dfrac{12 - 0}{6 - 1}} = 8{,}0 \text{ K}.$$

Damit wird die relative statistische Fehlergrenze des mittleren Temperaturabstands

$$\frac{G'_{2\vartheta_m}}{2\vartheta_m} = \pm \frac{0{,}212}{16} = \pm 0{,}013\,3 \cong \pm 1{,}33\,\%. \qquad (11.15)$$

4. Wärmedurchgangskoeffizient. Schließlich wird die relative statistische Fehlergrenze des Wärmedurchgangskoeffizienten, für dessen Berechnung die Kälteleistung durch den mittleren Temperaturabstand dividiert wird

$$\frac{G''_k}{k} = \pm \sqrt{\left(\frac{G''_{\dot Q_0}}{\dot Q_0}\right)^2 + \left(\frac{G''_{2\vartheta_m}}{2\vartheta_m}\right)^2} = \pm \sqrt{2{,}94^2 + 1{,}33^2} = \pm 3{,}23\,\%. \qquad (11.16)$$

Weitere ausführliche Beispiele von Fehlerrechnungen findet man in den VDI-Richtlinien 2048 [17] und 2080 [21] sowie in den Kältemaschinenregeln [38].

11.4.2 Auswertmethoden

Kann bei Labormessungen im allgemeinen ein guter Beharrungszustand der gesamten Meßeinrichtung eingeregelt werden, so muß bei Abnahmemessungen vor Ort mit schwankenden Meßgrößen gerechnet werden. In solchen Fällen müssen mehrere Messungen in gleichen Zeitintervallen durchgeführt werden, die umso kürzer gewählt werden müssen, je stärker die Schwankungen sind. Dabei ist noch zu beachten, daß auch die Reihenfolge der Meßwertablesungen eingehalten wird und daß zusammengehörige Werte möglichst gleichzeitig abgelesen werden. Die Messungen werden einzeln ausgewertet und, falls keine systematischen Veränderungen der Meßgrößen während der ganzen Versuchszeit stattgefunden haben, wird der arithmetische Mittelwert des Ergebnisses gebildet.

Bei der Auswertung von Wärmeleistungsmessungen an Wärmeaustauschern, die im *Laboratorium* unter genauen, vorgegebenen Bedingungen gemessen wurden, sind neben dem Wärmestrom $\dot{Q}$, den Druckverlusten Δp und dem Wärmedurchgangskoeffizienten k auch die Wärmeübergangskoeffizienten α_a und α_i von Interesse, weil man ihren Anteil am Wärmedurchgang beurteilen möchte.

Nach einem von WILSON [56] angegebenen und von ZIMMERMANN [57] modifizierten Verfahren lassen sich die beiden Wärmeübergangswiderstände voneinander trennen. Diese Methode soll nun näher erläutert werden:

In der Regel sind die grundlegenden Gesetze des Wärmeübergangs bekannt, doch enthalten die Grundgleichungen bauartabhängige Faktoren, deren genaue Größe durch Versuche bestimmt werden kann.

Beispielsweise gilt für Kondensation am Rohr die Gleichung von NUSSELT [58, 59]

$$Nu = C \sqrt[4]{\frac{g\varrho\,\Delta h}{4\nu\lambda\vartheta}\,d^3}\,, \tag{11.17}$$

die über die Beziehung

$$\dot{q} = \alpha_c\,\vartheta \tag{11.18}$$

umgeformt werden kann zu

$$\alpha_c = C_c\,S_c\,(1/\dot{q}^{1/3}), \tag{11.19}$$

wobei in der Konstanten C_c der Einfluß des Rohrdurchmessers und der -anordnung und in S_c der Einfluß aller Stoffwerte zusammengefaßt sind [60].

Für den Wärmeübergang im Rohr kann bei Röhrenkesseln z. B. die Gleichung von HAUSEN [61] angesetzt werden:

$$\alpha_i = C_i\,S_i\,(Re_i^{0,8} - 230), \tag{11.20}$$

in der S_i wiederum von den Stoffwerten abhängt und der Faktor C_i die Bauart charakterisiert. Der Wärmedurchgangskoeffizient k eines Verflüssigers setzt sich hiernach — zur Vereinfachung ohne Berücksichtigung von Verschmutzung und Wärmeleitung — zusammen aus

$$\frac{1}{k} = \frac{1}{C_c\,S_c}\,\dot{q}^{1/3} + \frac{A_a}{A_i}\,\frac{1}{C_i\,S_i\,(Re^{0,8} - 230)}\,. \tag{11.21}$$

Wird nun, wie in Abb. 11.18, bei der Auswertung von Messungen, die mit konstanter Verflüssigerleistung und Verflüssigungstemperatur, bei variiertem Wasserstrom durchgeführt wurden, $1/k$ über $1/(S_i\,(Re^{0,8} - 230))$ in einem Diagramm aufgetragen, so ergeben die Meßpunkte eine Gerade, aus deren Steigung m die Konstante C_i und aus deren Ordinate y_0 bei $x = 0$ die Konstante C_c berechnet werden können. Nach den

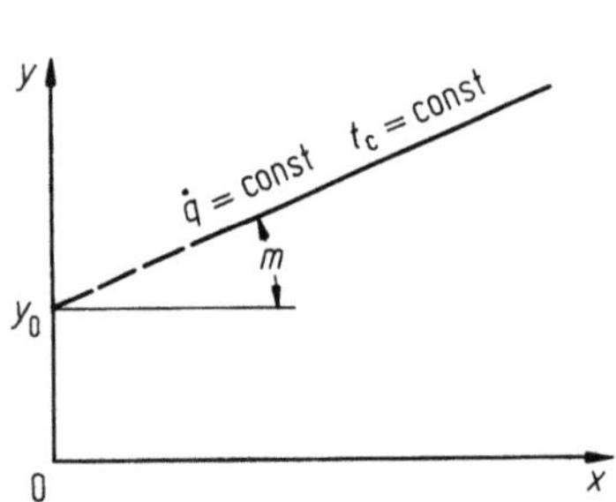

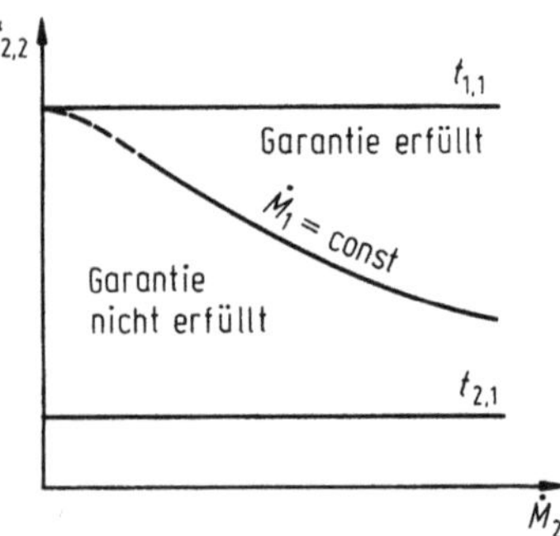

Abb. 11.18. Auswertung von Messungen an einem Röhrenkesselverflüssiger bei konstanter Verflüssigerleistung und Verflüssigungstemperatur.

$$y = \frac{1}{k}, \quad \text{(linke Seite der Gl. (11.21)),}$$

$$x = \frac{1}{S_i(Re_i^{0,8} - 230)}, \quad \begin{array}{l}\text{(Teil des zweiten}\\ \text{Terms der Gl. (11.21)),}\end{array}$$

$$y_0 = \frac{\dot{q}^{1/3}}{C_c\,S_c}, \quad \text{(erster Term der Gl. (11.21)),}$$

$$m = \frac{A_a/A_i}{C_i}, \quad \begin{array}{l}\text{(Teil des zweiten Terms der Gl.}\\ \text{(11.21)).}\end{array}$$

Abb. 11.19. Garantiekurve eines Wärmeaustauschers bei konstanten Eintrittstemperaturen. $t_{1,1}$ Eintrittstemperatur des warmen Massenstroms; $t_{2,1}$ Eintrittstemperatur des kalten Massenstroms; $t_{2,2}$ garantierte Austrittstemperatur des kalten Massenstroms; $\dot{M}_1$ warmer Massenstrom; $\dot{M}_2$ kalter Massenstrom.

Gln. (11.19) bzw. (11.20) lassen sich dann die beiden Wärmeübergangskoeffizienten für die gemessene Verflüssigerbauart bestimmen.

Die Auswertung von Messungen an Trockenexpansionsverdampfern nach dieser Methode ist in [62] näher beschrieben. Auf die gleiche Art lassen sich natürlich auch Messungen an Wärmeaustauschern ohne Phasenänderung eines Mediums auswerten.

Gegenstand von *Abnahmemessungen* sind dagegen i. allg. zugesagte Leistungen und der ihnen zugeordnete Aufwand bzw. Verbrauch. Bei der Auswertung dieser Messungen benutzt man als Kriterium häufig Kennzahlen und spezifische, aus den Auslegungsdaten abgeleitete Werte.

Ein solcher Wert ist z. B. die Temperaturänderungszahl oder Betriebscharakteristik

$$\Phi = \frac{t_{1,1} - t_{1,2}}{t_{1,1} - t_{2,1}} = \frac{\Delta t_1}{\vartheta_g}, \tag{11.22}$$

also das Verhältnis der erzielten Abkühlung zur theoretisch möglichen maximalen. Bei Trockenkühltürmen ist Φ nach VDI 2049 [18], in Verbindung mit dem Massenstrom des Wassers, Gegenstand der Garantie

$$\left(\frac{\dot{Q}}{\vartheta_g}\right)_{\text{gemessen}} = \dot{M}_W\,c_W\,\Phi_W \geqq \left(\frac{\dot{Q}}{\vartheta_g}\right)_{\text{soll}} - V_g \tag{11.23}$$

mit dem Meßspiel V_g.

Auch der elektrische Leistungsbedarf zur Verwirklichung des Wärmetransports ist von Interesse. So wird z. B. in DIN 8900, Teil 3 [4] bei der Auswertung der gesamten Leistungsaufnahme P_{WP} einer Wärmepumpe

$$P_{WP} = P_V + P_E + P_W + P_K \tag{11.24}$$

mit $\quad P_V$ = Leistungsaufnahme des Verdichters,

$\quad\quad P_E$ = Leistungsaufnahme von Zusatzeinrichtungen,

$\quad\quad P_W$ = Leistungsäquivalent zur Überwindung des internen Druckverlusts auf der warmen Seite,

$$= \dot{M}_W \Delta p_W v_W / \eta_F$$

mit $\quad \eta_F$ = 0,3 als einheitlich festgelegtem Wirkungsgrad der Fördereinrichtungen,

$\quad\quad P_K$ = dasselbe auf der kalten Seite,

$$= \dot{M}_K \Delta p_K v_K / \eta_F,$$

auch der Leistungsanteil zur Förderung der Wärmeträger durch die Wärmepumpe auf der warmen und kalten Seite berücksichtigt. P_W und P_K werden aus den gemessenen Apparatedruckverlusten Δp_W bzw. Δp_K berechnet. Mit der Heizleistung einer Wärmepumpe

$$\dot{Q}_{WP} = \dot{M}_W c_W \Delta t_W \tag{11.25}$$

ergibt sich deren Leistungszahl zu

$$\varepsilon_{WP} = \frac{\dot{Q}_{WP}}{P_{WP}} \tag{11.26}$$

als Kenngröße, die als Funktion des Temperaturniveaus angegeben werden kann.

Die Grundlagen der Bewertung solcher mit Kennzahlen verglichenen Meßergebnisse von Abnahmeuntersuchungen sind die in den Lieferverträgen festgelegten Angaben. Fehlen diese, so können die in Abschn. 11.1 aufgeführten Regeln für Abnahmeversuche zur Beurteilung herangezogen werden.

11.4.3 Umrechnung auf Sollbedingungen

Nur in den seltensten Fällen ist es möglich, eine Abnahmemessung beim Betreiber unter den genauen vertraglichen Auslegungsbedingungen durchzuführen. Deshalb werden in der Regel die Auslegungsdaten auf die Meßbedingungen umgerechnet und mit den Meßwerten verglichen. Die Umrechnung erfolgt i. allg. mit Hilfe von Kennlinien, die vorher mit den auch für die Auslegung benutzten Beziehungen berechnet wurden.

Grundsätzlich sollten die Massenströme und der Eintrittstemperaturabstand ϑ_g bei Meßbedingungen um nicht mehr als $\pm 10\%$ von den Auslegungswerten abweichen.

In VDI 2076 [19] werden in 16 verschiedenen Garantieziffern unterschiedliche Arten der Leistungsgarantie für einen Wärmeaustauscher unterschieden. Davon sollen hier die drei wichtigsten herausgegriffen werden:

a) Punktgarantie (Garantieziffer 1)

Es wird nur die Leistung am Auslegungspunkt garantiert. Aber auch in diesem Falle müssen Korrekturkurven vorhanden sein, wenn während des Abnahmeversuchs die Auslegungsbedingungen nicht eingestellt werden können.

Beispiele solcher Korrekturkurven sind in VDI 2049 [18] und in DIN 1947 [2].

b) Garantie bei konstanten Eintrittstemperaturen und veränderlichem kalten Massenstrom (Garantieziffer 3)

Hier wird über dem kalten Massenstrom als Abszisse die errechnete Austrittstemperatur aufgetragen (Abb. 11.19). Diese Austrittstemperaturen müssen bei Abnahmemessungen erreicht werden. Für von der Auslegung abweichende Eintrittstemperaturen müssen zur Beurteilung dieser Abweichungen weitere Kurvenscharen gegeben sein.

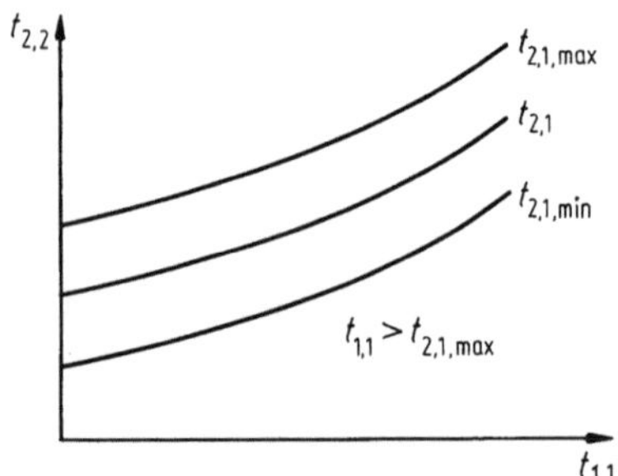

Abb. 11.20. Garantiekurven eines Wärmeaustauschers bei konstanten Massenströmen $\dot{M}_1$ und $\dot{M}_2$. Die Garantie ist jeweils bei einer Austrittstemperatur $t_{2,2}$ erfüllt, die auf der für die Eintrittstemperatur des kalten Massenstroms $t_{2,1}$ geltenden Kurve oder darüber liegt.

c) Garantie bei konstanten Massenströmen und veränderlichen Eintrittstemperaturen (Garantieziffer 13)

Über der Eintrittstemperatur des warmen Massenstroms wird die erreichbare Austrittstemperatur des kalten Massenstroms aufgetragen, wobei die Eintrittstemperatur des letzteren als Parameter dient (Abb. 11.20). In der Regel ist es bei Abnahmemessungen einfacher, die Massenströme genau einzustellen, so daß diese Art der Garantieaussage leichter nachkontrollierbar ist.

Generell sollen bereits bei Vertragsabschluß die Garantiewerte und die Methoden ihrer Nachprüfung vereinbart werden.

12 Wärmeübertragung in Luftkühlern

Siegfried Haaf

Benutzte Formelzeichen in Kapitel 12
(s. auch Formelzeichenliste am Anfang des Bandes)

Formelzeichen, Einheiten

A_G	Grundrohroberfläche	m^2
A_R	Rippenoberfläche	m^2
A_0	Oberfläche eines unberippten Rohrs	m^2
C_{12}	Strahlungsaustauschkoeffizient	$W/m^2 K^4$
F_{fr}	Faktor zur Bestimmung des Reibungsdruckabfalls bei Zweiphasen-strömung	—
F_1	Faktor zur Reifdickenbestimmung	—
F_2	Faktor zur Bestimmung des wirksamen Wasserdampfdrucks im Reif	—
F_3	Faktor für die Reifmassenstrombestimmung	—
F_4	Faktor zur Bestimmung des Wärmeübergangs an Reif	—
Fr_{fl}	Froude-Zahl des allein im Rohrquerschnitt strömend gedachten flüssigen Anteils des Massenstroms	—
h_w	wirksame Rippenhöhe	m
$\dot{M}_W$	Tauwassermassenstrom	kg/s
O	Faktor zur Bestimmung des Reibungsdruckabfalls bei Zweiphasenströmung	—
$p'_{D,F}$	Wasserdampfsättigungsdruck an der Reifoberfläche	Pa
$\bar{p}_{D,F}$	wirksamer Wasserdampfdruck im Reif	Pa
$p_{D,L}$	Wasserdampfpartialdruck in der Luft	Pa
$p'_{D,L}$	Wasserdampfsättigungsdruck in der Luft	Pa
$p'_{D,W}$	Wasserdampfsättigungsdruck an der Wand	Pa
r	Exponent	—
R	Wärmeleitwiderstand	$m^2 K/W$
R_p	Glättungstiefe einer Oberfläche	m
R_r	Rohrbiegeradius	m
s_l	Rohrteilung in Strömungsrichtung der Luft	m
s_q	Rohrteilung quer zur Strömungsrichtung der Luft	m
s_S	große Schlüsselweite von Sechseckrippen	m
$S_{L,0}$	luftseitiger Anströmungsquerschnitt	m^2
$S_{L,e}$	engster Querschnitt auf der Luftseite	m^2
Sc	Schmidt-Zahl	—
$t_{L,p}$	Taupunkttemperatur der feuchten Luft	°C
$w_{L,e}$	Luftgeschwindigkeit im engsten Querschnitt eines Rohrbündels	m/s
$w_{L,m}$	mittlere Luftgeschwindigkeit im Rohrbündel	m/s
$w_{L,0}$	Luftgeschwindigkeit im Anströmungsquerschnitt	m/s
x_R	Wasserdampfgehalt der Luft an der Rippenoberfläche	kg/kg
x_R^*	Dampfgehalt des Kältemittel-Massenstroms	kg/kg

x_W	Wasserdampfgehalt der Luft an der Wand	kg/kg
X	Faktor zur Bestimmung des Rippenwirkungsgrades	—
z_l	Rohranzahl in Strömungsrichtung der Luft	—
z_p	Anzahl parallelgeschalteter Rohrstränge	—
z_q	Rohranzahl quer zur Strömungsrichtung der Luft	—
α_{as}	scheinbarer äußerer Wärmeübergangskoeffizient	W/m^{2}K
$\alpha_{B,s}$	Wärmeübergangskoeffizient bei Blasenverdampfung	W/m^{2}K
α_κ	Wärmeübergangskoeffizient bei Konvektion	W/m^{2}K
$\alpha_{\kappa,s}$	Wärmeübergangskoeffizient bei Konvektionssieden	W/m^{2}K
ε	Querschnittsanteil des Dampfanteils	m^2/m^2
ξ_e	Widerstandsbeiwert, bezogen auf Strömungsgeschwindigkeit im engsten Querschnitt $w_{L,e}$	—
ξ_m	Widerstandsbeiwert, bezogen auf mittlere Strömungsgeschwindigkeit $w_{L,m}$	—
ϱ	Durchmesserverhältnis	—
ϱ_K	Durchmesserverhältnis bei Kreisrippen	—
ϱ_R	Durchmesserverhältnis bei Rechteckrippen	—
ϱ_S	Durchmesserverhältnis bei Sechseckrippen	—
Φ	Faktor zur Bestimmung des Reibungsdruckabfalls bei Zweiphasenströmung	—
Φ_{12}	Einstrahlzahl	—
ψ	Hohlraumanteil eines Rohrbündels	—
ψ_F	Hohlraumanteil eines Rohrbündels bei bereifter Oberfläche	—

Indizes

B	Beschleunigung		m	auf mittleren Bereich bezogen
D	Wasserdampf		o	Oberfläche
E	Eis		p	Platte
F	Reif		s	scheinbar
fl	flüssige Phase		s	sensibel
fr	Reibung		sub	Sublimation
Fr	Froude-Zahl		w	wirksam
G	auf dampfförmige Phase bezogen		W	Tauwasser, feuchte Oberfläche, Wand
G	Grundrohr		zph	zweiphasig
Gd	Grønnerud		0	auf Anströmquerschnitt bezogen
h	hydrostatisch		0	auf unberipptes Rohr bezogen
h	Höhe		$^{-}$	ein Strich über einem Symbol kennzeichnet einen Mittelwert
l	latent			
L	auf flüssige Phase bezogen			

In diesem Kapitel werden zunächst die Wärmeübertragungs- und Strömungsverhältnisse auf der Luftseite behandelt. Anschließend erfolgt die Berechnung der Kühlmittelseite, wobei hier weitgehend auf die in Kap. 4 „Druckabfall und Wärmeübergang der Zweiphasenströmung in Verdampferrohren" beschriebenen Grundlagen zurückgegriffen wird. Das Zusammenwirken beider Vorgänge führt schließlich zur Ermittlung der Kühlerleistung.

12.1 Wärmeübergang und Druckabfall auf der Luftseite

Wärmeübergang und Strömungswiderstand der zu kühlenden Luft werden vor allem durch drei Einflußgrößen bestimmt. Diese bestehen in der Art der Zustandsänderung der feuchten Luft, in den Strömungsverhältnissen der Luft sowie in der Ausbildung der Kühleroberfläche.

Liegt die Temperatur auf der gesamten Kühleroberfläche über dem Taupunkt der Luft, so findet keine Feuchtigkeitsausscheidung statt, man spricht vom „trockenen

Luftkühler". Bei Unterschreitung des Taupunkts an der Kühleroberfläche bildet sich ein Feuchtigkeitsniederschlag, der bei Temperaturen über 0 °C als Tauwasser abläuft. Durch die hierbei freiwerdende Kondensationswärme des Wasserdampfes tritt eine Steigerung des Wärmeübergangs auf; außerdem steigt der luftseitige Strömungswiderstand des Luftkühlers an. Für Oberflächentemperaturen unter 0 °C erfolgt der Niederschlag des Wasserdampfes in Form von Reif unter Abgabe der Desublimationswärme. Da der Reif an der Kühleroberfläche haften bleibt, stellen sich instationäre Verhältnisse ein, die mit fortschreitender Bereifungsdauer von einer Abnahme des Wärmeübergangs und einer Zunahme des Strömungswiderstands gekennzeichnet sind.

Die Durchströmung des Luftkühlers kann sowohl mit freier als auch mit erzwungener Konvektion erfolgen. Mit zunehmender Luftgeschwindigkeit wird eine Steigerung des Wärmeübergangs bei gleichzeitig starkem Anwachsen des Strömungswiderstands erzielt.

Die Kühloberfläche kann sowohl von Glattrohren wie von Rippen- oder Lamellenrohren gebildet werden, wobei die Rohranordnung in Luftströmungsrichtung gesehen fluchtend oder versetzt sein kann. Rohre mit versetzter Anordnung, kleinem Durchmesser und geringem Rohrabstand sowie mit enger Berippung führen zu hoher Leistungsdichte. Für bereifenden Betrieb sind sie jedoch ungeeignet, da sie dem abzulagernden Reif zu wenig Raum bieten.

12.1.1 Luftkühlung ohne Entfeuchtung

12.1.1.1 Glatte Rohre

Für stille Kühlung sind die Gesetzmäßigkeiten der freien Konvektion von Luft an vertikalen oder horizontalen Rohren anzuwenden. Bei vertikalen Rohren kann nach [1] im Bereich $Gr_h Pr_L < 10^9$ die für laminare Strömung an der vertikalen Platte gültige Beziehung

$$Nu_p = \frac{\alpha h}{\lambda_L} = 0,517 \, (Gr_h \, Pr_L)^{1/4} \tag{12.1}$$

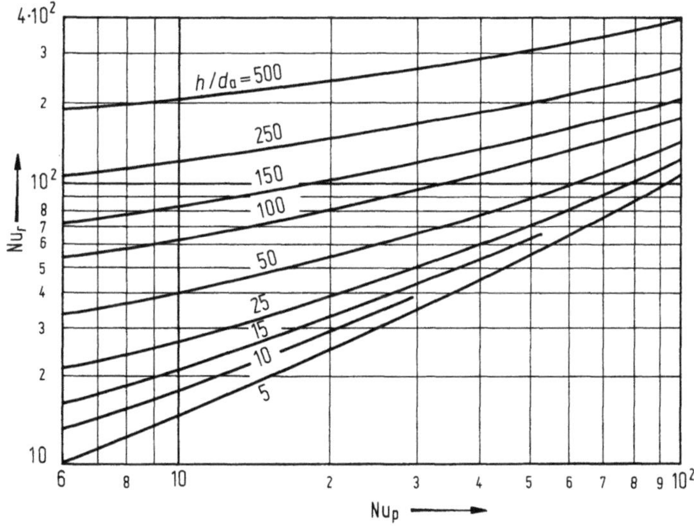

Abb. 12.1. Erhöhung des Wärmeübergangs an vertikalen Rohren gegenüber den für die vertikale Platte gültigen Werten nach [1, Abschn. Fa].

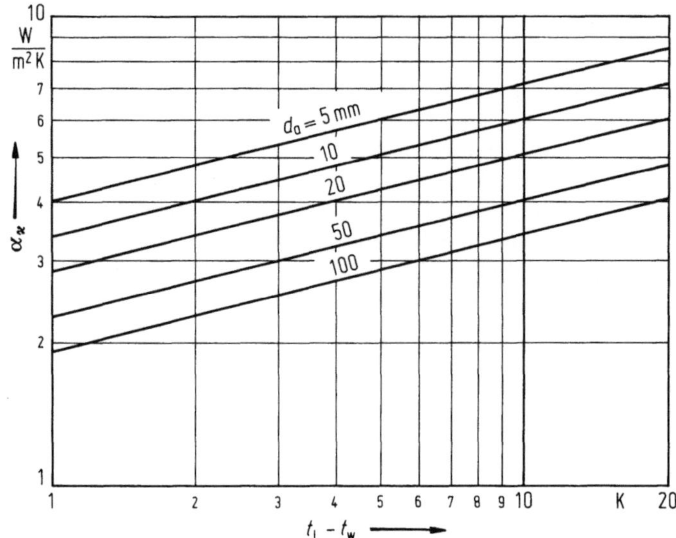

Abb. 12.2. Wärmeübergang für Luft von 0 °C bei freier Konvektion an horizontalen Rohren nach Gl. (12.4).

benutzt werden. Zur Umrechnung der für die Platte gültigen Nußelt-Zahl Nu_p auf die für Rohre gültige Zahl Nu_r in Abhängigkeit vom Verhältnis der Rohrhöhe h zum Rohraußendurchmesser d_a dient Abb. 12.1, [2]. Für die Grashof-Zahl gilt unter Anwendung des idealen Gasgesetzes für Luft

$$Gr_h = \frac{gh^3(t_L - t_w)}{T_L \nu_L^2},\tag{12.2}$$

wobei die Indizes w für die Wandoberfläche und L für die ungestörte Luftmasse stehen. Die Stoffwerte sind auf die Mitteltemperatur $(t_L + t_w)/2$ zu beziehen.

Bei Rohrhöhen von 1 m und darüber wird meist $Gr_h Pr_L > 10^9$, und es tritt turbulente Strömung auf. Nach [3] kann in diesem Bereich mit der Beziehung

$$Nu_h = 0,10\,(Gr_h\,Pr_L)^{1/3}\tag{12.3}$$

gerechnet werden.

Für horizontale Rohre, bei denen aufgrund der geringen überströmten Länge praktisch nur laminare Strömung auftritt, gilt nach [4]

$$Nu_d = 0,402\,(Gr_d\,Pr_L)^{1/4},\tag{12.4}$$

wobei Nu_d und Gr_d mit dem Rohraußendurchmesser d_a zu bilden sind.

Abb. 12.2 zeigt nach Gl. (12.4) ermittelte Wärmeübergangskoeffizienten für Luft von 0 °C, Rohre von 5 bis 100 mm Außendurchmesser und Temperaturunterschiede zwischen Luft und Rohroberfläche von 1 bis 20 K. Für um 10 K höhere beziehungsweise niedrigere Lufttemperaturen sinken beziehungsweise steigen die Wärmeübergangskoeffizienten durch geänderte Stoffwerte um etwa 1 %.

Wegen der niedrigen Wärmeübergangskoeffizienten bei freier Konvektion von ruhender Luft ist der Wärmeaustausch durch Strahlung nicht zu vernachlässigen. Nach [5] kann in dem für Raumkühlung zutreffenden Temperaturbereich ein äquivalenter Wärmeübergangskoeffizient für Strahlung mit der Beziehung

$$\alpha_{st} = 0,04\,C_{12}\,\Phi_{12}\,(T_m/100)^3\tag{12.5}$$

bestimmt werden, wobei C_{12} der Strahlungsaustauschkoeffizient, Φ_{12} die Einstrahlzahl und $T_m = (T_L + T_W)/2$ bedeuten. Für den stark von der Oberflächenstruktur abhängigen Strahlungsaustauschkoeffizienten C_{12} kann nach [1, Abschn. Ka] für trockene verzinkte Stahlrohre mit einem Wert von etwa $C_{12} = 1{,}5\ \text{W/m}^2\text{K}^4$ gerechnet werden, während für feuchte und bereifte Oberflächen Werte von $C_{12} = 5{,}6\ \text{W/m}^2\text{K}^4$ gelten, die nahezu mit denen des schwarzen Körpers übereinstimmen. Für einzelne Rohre sowie angenähert für eine Rohrreihe mit weit auseinanderliegenden Rohren kann man für die Einstrahlzahl den Wert $\Phi_{12} = 1{,}0$ annehmen; bei einer Rohrreihe mit eng aneinanderliegenden Rohren oder in einem Rohrbündel ist die Einstrahlzahl nach [5] näherungsweise mit dem Verhältnis von Umhüllungsfläche zu Rohroberfläche zu bilden. In Abb. 12.3 sind nach Gl. (12.5) ermittelte Wärmeübergangskoeffizienten für Luft im Temperaturbereich von $t_m = -50\,^\circ\text{C}$ bis $+20\,^\circ\text{C}$ dargestellt. Man erkennt, daß die Werte in derselben Größenordnung wie die Wärmeübergangskoeffizienten für freie Konvektion liegen.

Die gesamte Wärmeaufnahme der Kühlrohre kann mit einem gesamten Wärmeübergangskoeffizienten

$$\alpha_g = \alpha_\kappa + \alpha_{st} \tag{12.6}$$

bestimmt werden, wobei α_κ den konvektiven Anteil darstellt.

Bei zwangsdurchströmten Luftkühlern kann nach [1, Abschn. Ge] der mittlere Wärmeübergangskoeffizient für ein quer angeströmtes Glattrohrbündel aus dem für eine einzelne Rohrreihe gültigen Wärmeübergangskoeffizienten nach der Beziehung

$$\alpha_{\text{Bündel}} = f_A\,\alpha_{\text{Einzelrohrreihe}} \tag{12.7}$$

bestimmt werden. Hierbei gilt

$$Nu_{\text{Einzelrohrreihe}} = \frac{\alpha_{\text{Einzelrohrreihe}}\,l}{\lambda} = 0{,}3 + \sqrt{Nu_l^2 + Nu_t^2} \tag{12.8}$$

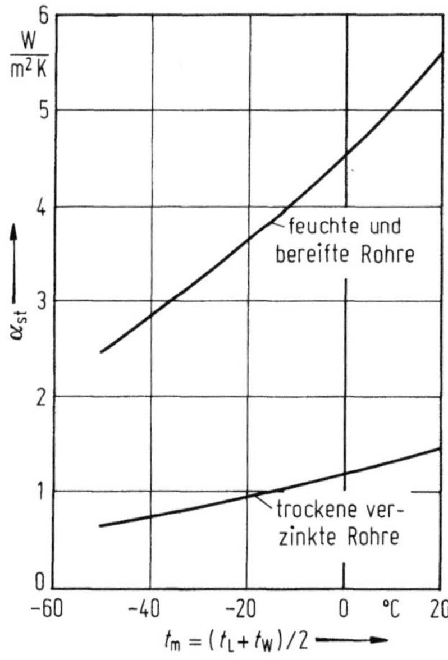

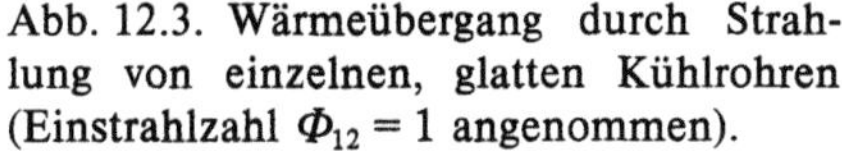

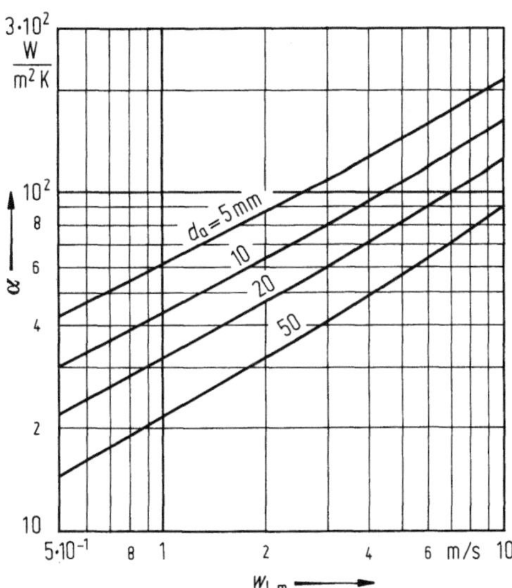

Abb. 12.3. Wärmeübergang durch Strahlung von einzelnen, glatten Kühlrohren (Einstrahlzahl $\Phi_{12} = 1$ angenommen).

Abb. 12.4. Wärmeübergang für Luft von $0\,^\circ\text{C}$ an einer einzelnen quer angeströmten Glattrohrreihe.

mit

$$Nu_1 = 0{,}664 Re^{0{,}5} Pr^{1/3} \tag{12.9}$$

und

$$Nu_t = \frac{0{,}037 Re^{0{,}8} Pr}{1 + 2{,}443 Re^{-0{,}1}(Pr^{2/3} - 1)} . \tag{12.10}$$

Darin ist

$$Re = \frac{w_{L,m}\, l}{\nu_L} \quad \text{für} \quad 10 < Re < 10^6$$

mit der Überströmlänge $l = \pi d_a$. Die mittlere Geschwindigkeit im Rohrbündel $w_{L,m}$ ergibt sich aus der Anströmgeschwindigkeit $w_{L,0}$ im freien Querschnitt vor dem Rohrbündel und dem Hohlraumanteil ψ zu

$$w_{L,m} = w_{L,0}/\psi \tag{12.11}$$

mit

$$\psi = 1 - \frac{\pi}{4}\frac{d_a}{s_q} \quad \text{für} \quad s_l/d_a \geqq 1 \tag{12.12}$$

und

$$\psi = 1 - \frac{\pi}{4}\frac{d_a^2}{s_q s_l} \quad \text{für} \quad s_l/d_a < 1, \tag{12.13}$$

wobei s_q und s_l die Rohrteilungen quer und längs zur Strömungsrichtung der Luft bedeuten. Abb. 12.4 zeigt Wärmeübergangskoeffizienten an Einzelrohrreihen für Luft von 0 °C, die im Temperaturbereich zwischen +20 und −20 °C um weniger als 2 % hiervon abweichen.

Für mehrreihige Rohrbündel gelten höhere Werte als für die Einzelrohrreihe, wobei vor allem das Verhältnis von Rohrteilung zu Rohraußendurchmesser sowie die Art der Rohranordnung von Bedeutung sind. Der Rohranordnungsfaktor f_A in Gl. (12.7) kann nach [1, Abschn. Ge] für versetzte Rohranordnung mit der Beziehung

$$f_{A,v} = 1 + \frac{2}{3}\frac{d_a}{s_l} \tag{12.14}$$

und für fluchtende Anordnung mit

$$f_{A,f} = 1 + \frac{0{,}7}{\psi^{1{,}5}}\frac{(s_l/s_q - 0{,}3)}{(s_l/s_q + 0{,}7)^2} \tag{12.15}$$

berechnet werden.

Die Berechnung des Druckabfalls ist ebenfalls in [1, Abschn. Ld] dargestellt.

12.1.1.2 Rippen- und Lamellenrohre

Aufbau und Bezeichnungen der Hauptabmessungen von im Luftkühlerbau gebräuchlichen Rippen- und Lamellenrohrbündeln mit fluchtender und versetzter Rohranordnung sind in Abb. 12.5 dargestellt. Während bei Rippenrohrbündeln mit kreisförmigen Rippen die Rohrteilung immer etwas größer als der Rippendurchmesser ist, entstehen die Rechteck- und Sechseckrippen bei Lamellenrohrbündeln durch eine Aufteilung der durchgehenden Lamellenfläche.

Die Berechnungsformeln für die Oberflächen von Rippen- und Lamellenrohrbündeln sind in Tab. 12.1 aufgelistet. Für die strömungsmäßige Berechnung dieser Rohrbündel sind zwei unterschiedliche Methoden gebräuchlich. Die eine Methode, die sich vor allem für Lamellenrohrbündel eignet, basiert auf der Vorstellung durchströmter Kanäle. Hierbei wird eine mittlere Strömungsgeschwindigkeit $w_{L,m}$ unter Berücksichtigung des Hohlraumanteils ψ des Rohrbündels nach Gl. (12.11) verwendet. Als charak-

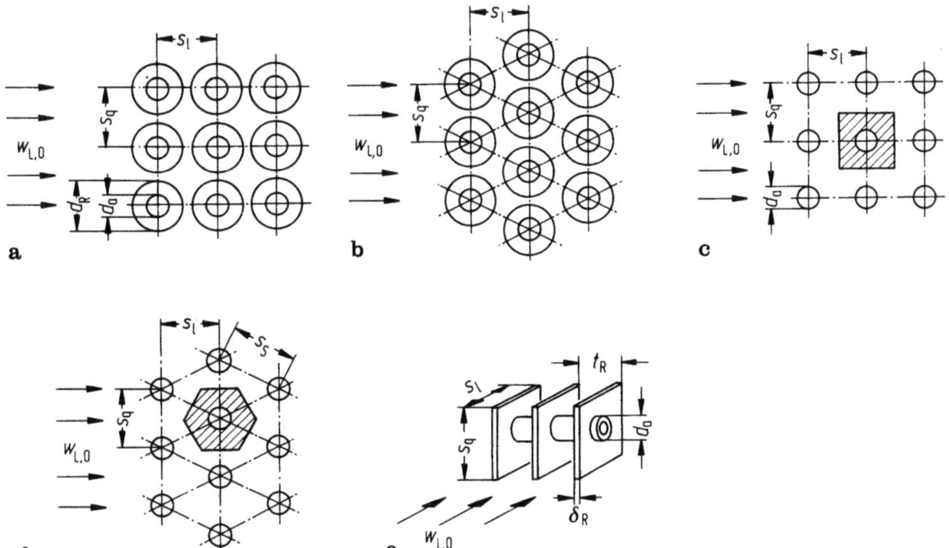

Abb. 12.5a–e. Charakteristische Abmessungen von Rippen- und Lamellenrohrbündeln für Luftkühler. a) Rippenrohrbündel fluchtende Anordnung; b) Rippenrohrbündel versetzte Anordnung; c) und e) Lamellenrohrbündel fluchtende Anordnung; d) Lamellenrohrbündel versetzte Anordnung

teristische Länge dient ein äquivalenter Durchmesser d_{ae}, der durch den Quotienten aus vierfachem Hohlraumvolumen zu äußerer Oberfläche des Rohrbündels

$$d_{ae} = 4 V \psi / A_a \qquad (12.16)$$

mit dem Rohrbündelvolumen

$$V = l s_q s_l z_q z_l \qquad (12.17)$$

gebildet wird, wobei die Gleichung für ψ aus Tab. 12.1 entnommen werden kann. Für die Reynolds-Zahl gilt

$$Re_{d,ae} = \frac{w_{L,m} d_{ae}}{\nu_L} . \qquad (12.18)$$

Bei der zweiten Methode, die vor allem für Rippenrohrbündel angewendet wird, geht man von quer angeströmten Rohren aus. Die Strömungsgeschwindigkeit wird auf den engsten Querschnitt des Rohrbündels S_e bezogen, es gilt

$$w_{L,e} = w_{L,0}/(S_{L,e}/S_{L,0}), \qquad (12.19)$$

mit $S_{L,e}/S_{L,0}$ nach Tab. 12.1. Der Index 0 bezieht sich auf den Anströmquerschnitt. Als charakteristische Länge wird bei dieser Methode der Kernrohraußendurchmesser d_a benutzt, so daß die Reynolds-Zahl mit der Beziehung

$$Re_d = \frac{w_{L,e} d_a}{\nu_L} \qquad (12.20)$$

ermittelt wird.

Bei der Berechnung der Wärmeübertragungsleistung von Luftkühlern mit berippten Rohren ist zu berücksichtigen, daß die Rippen einen Wärmeleitwiderstand aufweisen und sich die mittlere Rippentemperatur t_R von der Temperatur des Grundrohrs t_G

Tabelle 12.1. *Berechnungsformeln für Oberflächen und spezifische Kenngrößen von Rippen- und Lamellenrohrbündeln*

Bezeichnung	Symbol	Einheit	Rippenrohrbündel	Lamellenrohrbündel
Glattrohroberfläche	A_G	m²	$\pi d_a (1 - \delta_R / t_R)\, l z_q z_l$	$\pi d_a (1 - \delta_R / t_R)\, l z_q z_l$
Rippenoberfläche	A_R	m²	$\pi \left(\dfrac{d_R^2 - d_a^2}{2} + d_R \delta_R \right) \dfrac{l}{t_R} z_q z_l$	$\left(2 s_q s_l - \dfrac{\pi}{2} d_a^2 \right) \dfrac{l}{t_R} z_q z_l$
äußere Oberfläche	A_a	m²	$\pi \left[d_R \left(\dfrac{d_R}{2} + \delta_R \right) + d_a \left(t_R - \delta_R - \dfrac{d_a}{z} \right) \right] \dfrac{l}{t_R} z_q z_l$	$\left[2 s_q s_l + \pi d_a \left(t_R - \delta_R - \dfrac{d_a}{2} \right) \right] \dfrac{l}{t_R} z_q z_l$
Hohlraumanteil	ψ	—	$1 - \dfrac{\pi [d_R^2 \delta_R + d_a^2 (t_R - \delta_R)]}{4 s_q s_l t_R}$	$1 - \dfrac{\delta_R}{t_R} - \dfrac{\pi d_a^2 (t_R - \delta_R)}{4 s_q s_l t_R}$
Verhältnis von engstem Quer- schnitt zu Anströmquerschnitt	$S_{L,e}/S_{L,0}$	—	$1 - \dfrac{d_a}{s_q} - \dfrac{\delta_R (d_R - d_a)}{s_q t_R}$	$1 - \dfrac{d_a}{s_q} - \dfrac{\delta_R (s_q - d_a)}{s_q t_R}$

unterscheidet. Es ist gebräuchlich, dies durch einen Rippenwirkungsgrad η_R zu berücksichtigen, der durch die Beziehung

$$\eta_R = \frac{t_L - t_R}{t_L - t_G} \tag{12.21}$$

definiert ist als das Verhältnis der Differenzen zwischen der Luft- und der mittleren Rippentemperatur einerseits sowie zwischen der Luft- und der Grundrohrtemperatur andererseits.

Für den von der Luft an das Rippenrohrbündel abgegebenen Wärmestrom gilt somit

$$\dot{Q} = \alpha_G A_G (t_L - t_G) + \alpha_R A_R (t_L - t_R) = (\alpha_G A_G + \alpha_R \eta_R A_R)(t_L - t_G). \tag{12.22}$$

Bei Luftkühlern mit trockener Oberfläche wird für den Wärmeübergang am Grundrohr und an den Rippen ein einheitlicher Wärmeübergangskoeffizient α_a benutzt, womit sich die vereinfachte Beziehung

$$\dot{Q} = \alpha_a (A_G + \eta_R A_R)(t_L - t_G) \tag{12.23}$$

ergibt.

Für die praktische Rechnung ist es zweckmäßig, einen auf die gesamte äußere Oberfläche A_a bezogenen „scheinbaren Wärmeübergangskoeffizienten" α_{as} einzuführen, der durch die Beziehung

$$\dot{Q} = \alpha_{as} A_a (t_L - t_G) \tag{12.24}$$

definiert ist, wobei für

$$\alpha_{as} = \alpha_G \frac{A_G}{A_a} + \alpha_R \eta_R \frac{A_R}{A_a} \tag{12.25}$$

beziehungsweise bei Verwendung eines einheitlichen Wärmeübergangskoeffizienten α_a

$$\alpha_{as} = \alpha_a \left(\frac{A_G}{A_a} + \eta_R \frac{A_R}{A_a} \right) \tag{12.26}$$

gilt.

Der Rippenwirkungsgrad η_R ist um so niedriger, je größer der Wärmeübergangskoeffizient und die Rippenhöhe und je kleiner die Wärmeleitfähigkeit und die Dicke der Rippen sind. Er kann in guter Annäherung durch die Beziehung

$$\eta_R = \frac{\tanh(X)}{X} \tag{12.27}$$

bestimmt werden, wobei

$$X = \left(\frac{2\alpha_R}{\delta_R \lambda_R} \right)^{0,5} h_w \tag{12.28}$$

und h_w die „wirksame Rippenhöhe" bedeuten. Bei aus einem Band hergestellten Spiralrippen mit gewelltem Rippenfuß, bei denen das Rippenband während der Fertigung nicht gereckt wird, entspricht die wirksame Rippenhöhe der tatsächlichen, d. h. es gilt

$$h_w = (d_R - d_a)/2. \tag{12.29}$$

Für andere Rippenformen läßt sich die wirksame Rippenhöhe nach [6] angenähert durch die Beziehung

$$h_w = \frac{d_a}{2}(\varrho - 1)(1 + 0,35 \ln \varrho) \tag{12.30}$$

ermitteln, wobei ϱ ein dimensionsloses Durchmesserverhältnis darstellt und die maximalen Abweichungen von einer exakten Lösung im praktisch vorkommenden Bereich kleiner als 1 % sind. Bei Kreisrippen gilt für das Durchmesserverhältnis

$$\varrho_K = d_R/d_a, \tag{12.31}$$

für Rechteckrippen kann

$$\varrho_R = 1{,}28 \frac{s_q}{d_a} \left(\frac{s_l}{s_q} - 0{,}2 \right)^{0,5} \tag{12.32}$$

mit $s_l > s_q$, (wenn $s_l < s_q$, sind s_l und s_q in Gl. (12.32) zu vertauschen) und für Sechseckrippen

$$\varrho_s = 1{,}27 \frac{s_q}{d_a} \left(\frac{s_s}{s_q} - 0{,}3 \right)^{0,5} \tag{12.33}$$

gesetzt werden.

a) Wärmeübergang bei freier Konvektion

Bei stiller Kühlung mit horizontalen Rippen- oder Lamellenrohrbündeln wird die sich ausbildende freie Konvektion vor allem von den vertikal ausgerichteten Rippen oder Lamellen geprägt. Die Wärmeübergangs- und Strömungsverhältnisse zwischen den Rippen ähneln denjenigen, die sich zwischen parallelen vertikalen Platten einstellen. Elenbaas [7] gibt dafür die Formel

$$Nu = \frac{1}{24} \frac{t_R - \delta_R}{h} Gr Pr \left\{ 1 - \exp \left[-\frac{35h}{(t_R - \delta_R) Gr Pr} \right] \right\} \tag{12.34}$$

an, wobei Nußelt- und Grashof-Zahl mit dem lichtem Plattenabstand $t_R - \delta_R$ gebildet werden. Hiernach ermittelte Wärmeübergangskoeffizienten für Luft von 0 °C und eine Temperaturdifferenz zwischen Luft- und Oberflächentemperatur $t_L - t_R = 10\,K$ zeigt Abb. 12.6 in Abhängigkeit vom lichten Plattenabstand $t_R - \delta_R$ und von der Plattenhöhe h. Man erkennt, daß der Wärmeübergang bei einer Reduzierung des lichten Plattenabstands von 10 auf 5 mm stark abnimmt, weil ein gegenseitiges Berühren der sich ausbildenden Grenzschichten bereits bei einer geringen Höhe erreicht wird. Die Abnahme ist so stark, daß durch eine Erhöhung der auf die Rohrlänge bezogenen Rip-

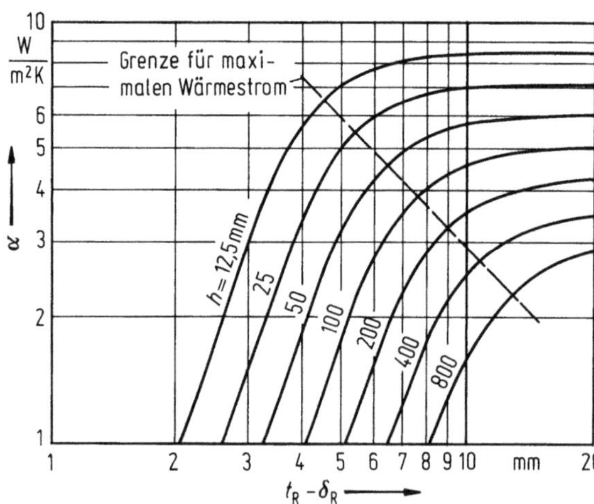

Abb. 12.6. Wärmeübergang an vertikalen parallelen Rippen für Luft von 0 °C und $t_L - t_R = 10\,K$ nach Gl. (12.34).

penzahl der übertragbare Gesamtwärmestrom sogar abnehmen kann. Der Grenzwert des lichten Rippenabstands bei dem der maximale Wärmestrom von parallelen vertikalen Platten und angenähert auch von hochberippten Rohren übertragen werden kann, ist nach [7] durch die Beziehung

$$t_R - 1{,}3\,\delta_R = \left[\frac{46\,h\,\nu_L^2\,T_L}{g\,(t_L - t_R)\,Pr_L} \right]^{0{,}25} \tag{12.35}$$

gegeben. Für dünne Rippen oder Lamellen, bei denen $t_R - 1{,}3\,\delta_R \approx t_R - \delta_R$ gilt, ist die entsprechende Grenzkurve in Abb. 12.6 eingetragen. Sie verschiebt sich zu etwas geringeren lichten Rippenabständen mit steigender Temperaturdifferenz $t_L - t_R$ und sinkender Lufttemperatur.

b) Wärmeübergang und Druckabfall bei erzwungener Konvektion

Bei der Berechnung des Wärmeübergangs von berippten zwangsdurchströmten Rohrbündeln, die bei den meisten Luftkühlern Verwendung finden, ist es zweckmäßig, zwischen Rippen- und Lamellenrohrbündeln zu unterscheiden. Bei den Lamellenrohrbündeln bilden die Lamellen abgeschlossene Strömungskanäle, in denen die Strömung im Bereich der Kernrohre beschleunigt und durch Ablösungserscheinungen hinter den Kernrohren verwirbelt wird. Diese geschlossenen Kanäle treten bei Rippenrohren mit kreisförmigen Rippen nicht auf; außerdem wird die Strömung in jeder Rohrreihe zusätzlich durch die Rippen, die in verschiedenen Rohrreihen meist nicht in derselben Ebene liegen, umgelenkt.

Als Einflußgrößen, die die Strömung und den Wärmeübergang bei *Rippenrohrbündeln* bestimmen, sind, neben der Strömungsgeschwindigkeit, die durch die Hauptabmessungen festgelegten Parameter Kernrohraußendurchmesser d_a, Rohrteilung längs und quer zur Strömungsrichtung s_l und s_q, fluchtende oder versetzte Rohranordnung, Durchmesser d_R, Teilung t_R und Dicke δ_R der Rippen von Bedeutung. In der Literatur werden verschiedene Verfahren zur Berechnung des Wärmeübergangs angegeben, bei denen die große Zahl der genannten Parameter in unterschiedlicher Weise auf wenige charakteristische Kenngrößen reduziert wird. Die in [1, Abschn. Mb] angegebene Methode, die vor allem auf Untersuchungen von KRISCHER und KAST [8] beruht, basiert auf einer für Glattrohrbündel gültigen Berechnungsart, wobei die Einflüsse der Rippen durch Bildung einer geeigneten Überströmlänge berücksichtigt werden. Diese Methode kann zwar auf ein sehr breites Spektrum von berippten Oberflächen angewendet werden; nachteilig ist jedoch, daß der Berechnungsaufwand relativ hoch ist und daß in [1] keine Angaben zur Genauigkeit des Verfahrens angegeben sind. Eine einfachere Methode wird von SCHMIDT [9] angegeben, der Messungen von BRAUER [10, 11], JAMESON [12], KAYS und LONDON [12], HIRSCHBERG [13] und SCHMIDT [14] an 23 verschiedenen Rippenrohrbündeln mit versetzter Rohranordnung und 29 mit fluchtender Rohranordnung auswertete. Hiernach läßt sich der mittlere Wärmeübergangskoeffizient für Rohrbündel mit drei und mehr Rohrreihen nach der Beziehung

$$Nu_d = C\,Re_d^{0{,}625}\,(A_a/A_0)^{-0{,}375}\,Pr^{1/3} \tag{12.36}$$

ermitteln, mit $C = 0{,}30$ für fluchtende und $C = 0{,}45$ für versetzte Rohranordnung. Als charakteristische Länge in Gl. (12.36) wird der Kernrohraußendurchmesser d_a benutzt, die Reynolds-Zahl Re_d wird mit der Geschwindigkeit im engsten Querschnitt $w_{L,e}$ nach Gl. (12.20) gebildet. In der Abhängigkeit des Wärmeübergangskoeffizienten vom Verhältnis der gesamten äußeren Oberfläche A_a zu der des unberippten Kernrohrs A_0 kommen die Einflüsse von Rippenhöhe und lichtem Rippenabstand zum Ausdruck. Hiernach bewirken Vergrößerungen der Rippenhöhe und Verkleinerungen des Rippenabstands eine Verminderung des Wärmeübergangskoeffizienten. Die Abweichungen der

Tabelle 12.2. *Abmessungen von Rippenrohrbündeln, die den Meßergebnissen von Abb. 12.7, 12.9, 12.10 und 12.11 zugrunde liegen*

Nr.	Autor	Rohr-anordnung	d_a mm	d_R mm	t_R mm	δ_R mm	s_q mm	s_L mm	z_1
1	Ward/Young [16]	versetzt	15,875	18,72	1,30	0,41	23,81	20,62	6
2	Ward/Young [16]	versetzt	13,87	19,36	2,24	0,43	23,81	20,62	6
3	Ward/Young [16]	versetzt	14,07	22,71	2,26	0,46	26,99	23,37	6
4	Ward/Young [16]	versetzt	11,125	22,73	3,52	0,56	26,99	23,37	6
5	Ward/Young [16]	versetzt	28,96	49,78	4,95	0,56	55,56	48,12	4
6	Ward/Young [16]	versetzt	28,52	49,73	2,45	0,53	55,56	48,12	4
7	Ward/Young [16]	versetzt	29,13	58,50	3,175	0,43	61,91	53,62	8
8	Briggs/Young [15]	versetzt	13,49	22,56	2,35	0,53	111,0	96,13	6
9	Briggs/Young [15]	versetzt	13,95	22,56	3,175	1,06	27,43	23,76	6
10	Briggs/Young [15]	versetzt	13,59	22,71	4,06	2,02	27,43	23,76	6
11	Briggs/Young [15]	versetzt	23,60	49,94	2,59	0,52	57,15	49,49	6
12	Briggs/Young [15]	versetzt	24,13	57,28	2,63	0,55	62,33	53,98	6
13	Briggs/Young [15]	versetzt	40,89	69,85	3,215	0,46	71,53	61,94	6
14	Briggs/Young [15]	versetzt	27,81	51,31	2,82	0,43	55,70	48,24	6
15	Briggs/Young [15]	versetzt	26,19	50,67	2,515	0,33	55,70	48,24	6
16	Thiel [17]	versetzt	9,8	22,5	2,5	0,30	25,4	22,0	1…6
17	Weyrauch [18]	versetzt	13,9	27,7	2,5	0,30	28,5	24,7	4
18	Weyrauch [18]	versetzt	17,9	37,85	2,75	0,35	38,5	33,0	4
19	Brauer [11]	versetzt	28,0	58,0	5,5	1,5	59,0	59,0	4
20	Kays/London [12]	versetzt	9,65	23,37	2,91	0,46	24,77	20,32	—
21	Hufschmidt [30]	fluchtend	16,0	36,5	2,0	0,15	37,0	37,0	1…10
22	Hufschmidt [30]	fluchtend	16,0	36,5	3,08	0,15	37,0	37,0	1…10
23	Thiel [17]	fluchtend	9,8	22,5	2,5	0,30	25,4	25,4	1…6
24	Hirschberg [13]	fluchtend	15,0	29,0	4,0	0,30	30,0	30,0	4…7
25	Hirschberg [13]	fluchtend	15,0	29,0	2,0	0,30	30,0	30,0	4…7
26	Brauer [11]	fluchtend	28,0	58,0	3,5	1,5	59,0	59,9	4
27	Brauer [11]	fluchtend	28,0	58,0	5,5	1,5	59,0	59,0	4

von Schmidt ausgewerteten Meßergebnisse von Gl. (12.36) betragen maximal 25 %, wobei die Streuung bei fluchtender Rohranordnung größer als bei versetzter Anordnung ist. Dies ist darauf zurückzuführen, daß die versetzte Rohranordnung die Durchmischung und die rasche Ausbildung einer mit fortschreitender Reihenzahl kaum mehr sich ändernden Turbulenz begünstigt, während bei fluchtender Anordnung die Turbulenz der ankommenden Strömung hingegen von merklichem Einfluß ist. In Abb. 12.7 sind weitere Meßergebnisse nach Briggs und Young [15], Ward und Young [16], Thiel [17] und Weyrauch [18], die an 18 verschiedenen Rippenrohrbündeln mit versetzter Rohranordnung gewonnen wurden, im Vergleich zu Gl. (12.36) dargestellt. Die kennzeichnenden Abmessungen der Rippenrohrbündel sind in Tab. 12.2 angegeben. Im Mittel werden die Ergebnisse dieser Messungen von Gl. (12.36) gut wiedergegeben; die maximalen Abweichungen betragen etwa 40 %.

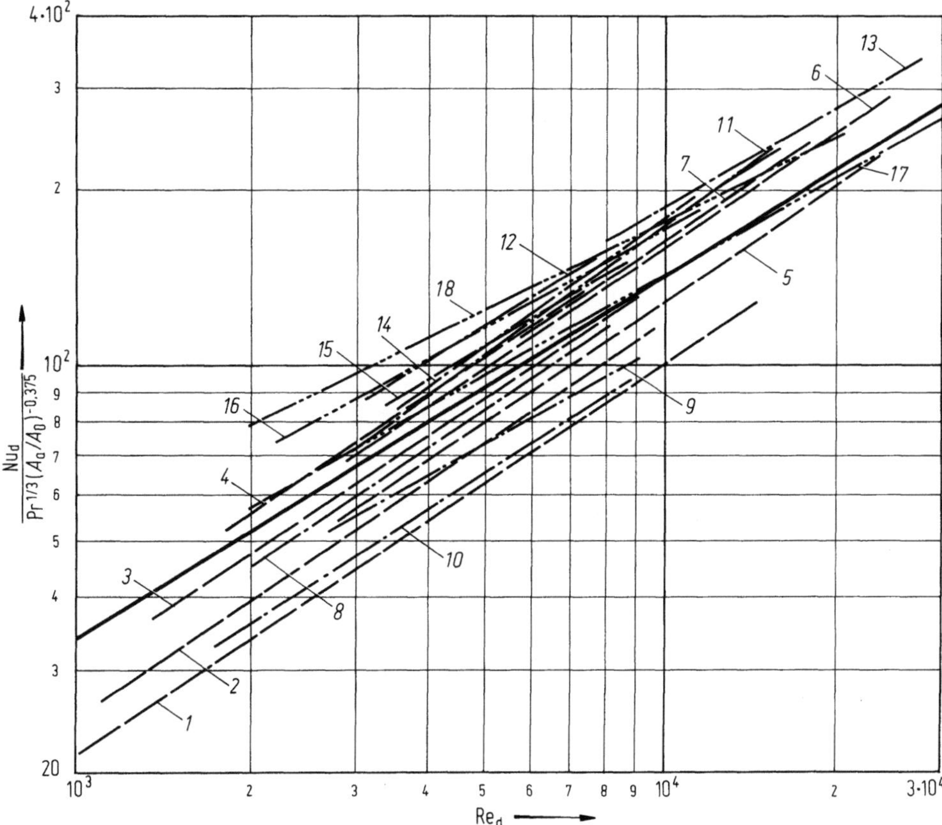

Abb. 12.7. Wärmeübergangsmeßwerte an Rippenrohrbündeln mit versetzter Rohranordnung im Vergleich zur Gl. (12.36).

——————— Gl. (12.36) mit $C = 0,45$;
1 bis 7 — — — — WARD und YOUNG [16],
8 bis 15 —— · —— · —— BRIGGS und YOUNG [15],
16 — ·· — ·· — THIEL [17],
17, 18 — ··· — ··· — WEYRAUCH [18].

Von BRIGGS und YOUNG [15] wird für versetzte Rippenrohrbündel die Beziehung

$$Nu_{\mathrm{d}} = 0,134 Re_{\mathrm{d}}^{0,681}\, Pr^{1/3} \left(\frac{t_{\mathrm{R}} - \delta_{\mathrm{R}}}{h_{\mathrm{R}}} \right) \left(\frac{t_{\mathrm{R}} - \delta_{\mathrm{R}}}{\delta_{\mathrm{R}}} \right)^{0,1134} \tag{12.37}$$

angegeben, mit der die an zehn verschiedenen Rippenrohrbündeln gewonnenen Meßergebnisse mit einer maximalen Abweichung von etwa 10 % wiedergegeben werden konnten. Hiernach ergibt sich ein etwas größerer Einfluß der Strömungsgeschwindigkeit als nach Gl. (12.36); außerdem wurde eine geringe Abhängigkeit des Wärmeübergang von der Rippendicke festgestellt.

Abb. 12.8 zeigt am Beispiel von drei Rippenrohrbündeln mit versetzter Rohranordnung, wie sich Unterschiede in der Rippenteilung und in der Rippenhöhe auf den Wärmeübergang nach den Gln. (12.36) und (12.37) auswirken; zum Vergleich sind auch die nach [1, Abschn. Mb] ermittelten Werte eingetragen. Der vermindernde Ein-

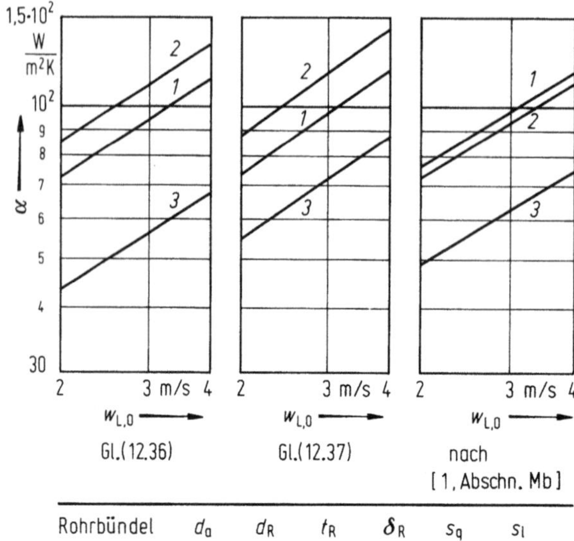

Rohrbündel	d_a	d_R	t_R	δ_R	s_q	s_l
1	15	25	2	0,3	25	21,7
2	15	25	4	0,3	25	21,7
3	15	40	4	0,3	40	34,6

Alle Abmessungen in mm

Abb. 12.8. Wärmeübergang für Luft von 20 °C an Rippenrohrbündeln mit versetzter Rohranordnung nach verschiedenen Berechnungsmethoden.

fluß auf den Wärmeübergang durch kleine Rippenteilung und große Rippenhöhe ist nach Gl. (12.36) am größten; nach [1] ist die Rippenteilung ohne Einfluß.

Die höchsten Werte für alle Rohrbündel ergibt Gl. (12.37), wobei sich Unterschiede in den variierten Parametern in der Tendenz wie nach Gl. (12.36) auswirken.

Unter Berücksichtigung der Tatsache, daß Gl. (12.36) eine sehr große Zahl von Meßergebnissen im Mittel richtig wiedergibt, dürfte diese Beziehung zur Ermittlung des Wärmeübergangs an Rippenrohrbündeln am zuverlässigsten sein.

Über die Berechnung des Druckabfalls quer durchströmter Rippenrohrbündel findet man in der Literatur weit weniger Angaben als über den Wärmeübergang. WARD und YOUNG [16] geben die mit der Geschwindigkeit im engsten Querschnitt gebildete Formel

$$\Delta p_L = z_l \, \xi_e \, \frac{s_l}{d_a} \, \frac{s_L \, w_{L,e}^2}{2} \tag{12.38}$$

mit dem Widerstandsbeiwert

$$\xi_e = 0{,}512 \, Re_d^{-0{,}264} \left(\frac{\delta_R}{d_R} \right)^{-0{,}377} \left(\frac{t_R - \delta_R}{d_a} \right)^{-0{,}396} \tag{12.39}$$

an. Hierdurch konnten die von ihnen ermittelten Meßergebnisse an sieben Rippenrohrbündeln mit versetzter Rohranordnung (Tab. 12.2) im Bereich $10^3 < Re_d < 3 \cdot 10^4$ bei maximalen Abweichungen von 50 % wiedergegeben werden. Abb. 12.9 zeigt einen Vergleich der Beziehung von WARD und YOUNG mit weiteren Meßergebnissen, die an 12 der in Tab. 12.2 aufgeführten Rippenrohrbündel gewonnen wurden. Diese wiesen, wie bei den Untersuchungen von WARD und Young, meistens vier und sechs Rohrreihen auf. Die maximalen Abweichungen zu Gl. (12.39) betragen bis etwa 100 %.

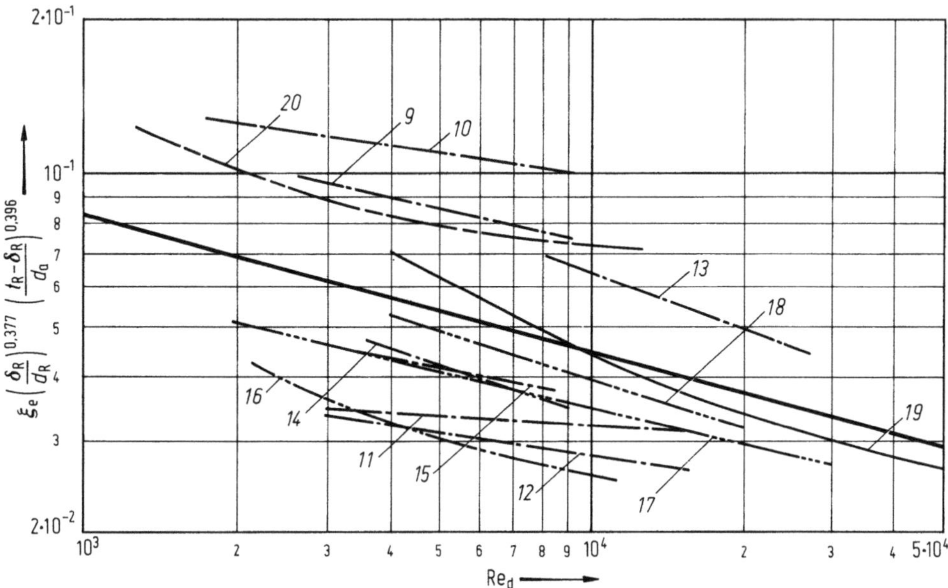

Abb. 12.9. Widerstandsbeiwerte von Rippenrohrbündeln mit versetzter Rohranordnung im Vergleich zu den Gln. (12.38) und (12.39) nach WARD und YOUNG.

———————— Gl. (12.39);
9 bis 15 —— · —— · —— BRIGGS und YOUNG [15],
16 —— ·· —— ·· — THIEL [17],
17, 18 —— ··· —— ··· — WEYRAUCH [18],
19 ———————— BRAUER [11],
20 —— — —— KAYS und LONDON [12].

Eine Auswertung derselben Meßergebnisse einschließlich derjenigen von WARD und YOUNG nach der Beziehung

$$\Delta p_\mathrm{L} = z_1\, \xi_\mathrm{m}\, \frac{s_1}{d_\mathrm{ae}}\, \frac{\varrho_\mathrm{L}\, w_\mathrm{L,m}^2}{2} \tag{12.40}$$

ist in Abb. 12.10 dargestellt, wobei d_ae nach Gl. (12.16), $w_\mathrm{L,m}$ nach Gl. (12.11) und $Re_\mathrm{d,ae}$ nach Gl. (12.18) zu bilden sind. Für die in Abb. 12.10 eingetragenen Ausgleichskurve, mit der sich im Bereich $2 \cdot 10^2 < Re_\mathrm{d,ae} < 10^4$ nahezu sämtliche Meßwerte mit einer maximalen Abweichung von 50 % wiedergeben lassen, gilt

$$\xi_\mathrm{m} = C\, Re_\mathrm{d,ae}^{-0,25} \left(\frac{d_\mathrm{ae}}{s_1}\right)^{0,6} \tag{12.41}$$

mit $C = 8{,}5$.

Widerstandsbeiwerte, die an sieben Rippenrohrbündeln mit fluchtender Rohranordnung gemessen und die nach Gl. (12.40) ausgewertet wurden, sind in Abb. 12.11 aufgetragen. Sie liegen erwartungsgemäß erheblich niedriger als bei versetzter Rohranordnung. Für die eingetragene Ausgleichskurve gilt die Gl. (12.41) mit $C = 5{,}0$, wobei die meisten Meßwerte weniger als 50 % hiervon abweichen.

Bei *Lamellenrohrbündeln* entfallen im Vergleich zu Rippenrohrbündeln als Parameter die Rippendicke und der Rippendurchmesser, dafür kommen Einflüsse unterschiedlicher Lamellenformen, die glatt, gewellt und mit Ausstanzungen oder Ausklin-

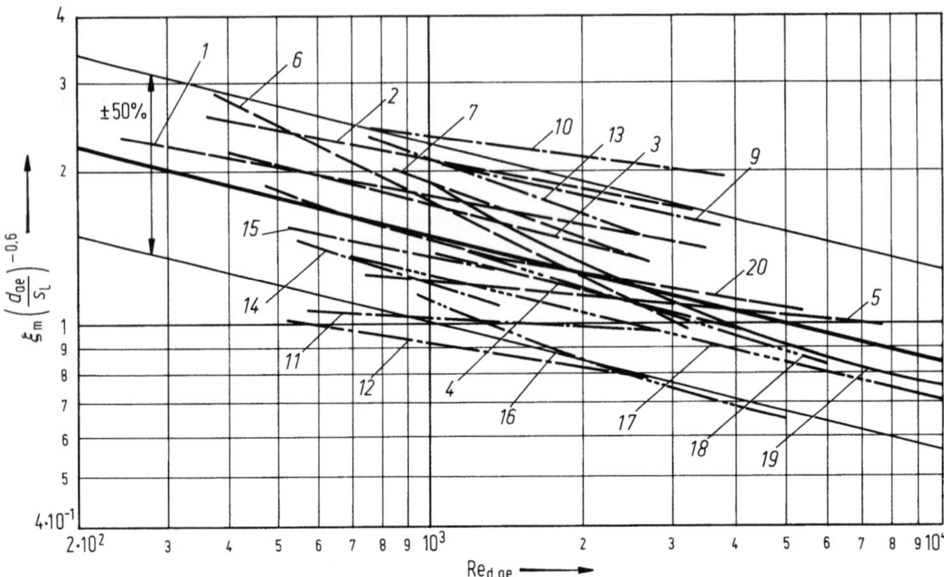

Abb. 12.10. Widerstandsbeiwerte von Rippenrohrbündeln mit versetzter Rohranordnung im Vergleich zur Gl. (12.41).
————————— Gl. (12.41) mit $C = 8,5$;
1 bis 7 — — — — Ward und Young [16],
9 bis 15 — · — · — Briggs und Young [15],
16 — ·· — ·· — Thiel [17],
$17, 18$ — ··· — ··· — Weyrauch [18],
19 ————————— Brauer [11],
20 — — —— Kays und London [12].

kungen versehen sein können, hinzu. Um den Tauwasserabfluß bei Kondensatbildung nicht zu behindern, verwendet man im Luftkühlerbau allerdings meist glatte oder leicht gewellte Lamellen.

Abb. 12.12 zeigt Meßergebnisse für den Wärmeübergang, die an 15 unterschiedlichen Lamellenrohrbündeln mit versetzter Rohranordnung und überwiegend vier bis sechs Rohrreihen gewonnen wurden, im Vergleich zur Gl. (12.36). Die kennzeichnenden Abmessungen der untersuchten Lamellenrohrbündel sind in Tab. 12.3 angegeben. Im Mittel werden die Meßergebnisse durch Gl. (12.36) gut wiedergegeben. Die Abweichungen für einige Lamellenrohrbündel sind allerdings recht beträchtlich. Insbesondere kann eine starke Abnahme des Wärmeübergangskoeffizienten mit sinkender Lamellenteilung, wie er nach Gl. (12.36) zu erwarten ist, durch mehrere Meßergebnisse [19-22] nicht bestätigt werden. Eine Auswertung derselben Meßergebnisse unter Verwendung der durch die Gln. (12.11), (12.16) und (12.18) definierten Kenngrößen im Bereich $2 \cdot 10^2 < Re_{d,ae} < 6 \cdot 10^3$, ist in Abb. 12.13 dargestellt. Für die eingetragene Ausgleichskurve gilt

$$Nu_{d,ae} = C\,Re_{d,ae}^{0,625}\,Pr^{1/3}\,(d_{ae}/s_l)^{1/3} \qquad (12.42)$$

mit $C = 0,31$, wobei maximale Abweichungen von etwa 25 % auftreten. Hiernach ist der Einfluß des vor allem durch den lichten Lamellenabstand bestimmten äquivalenten Durchmessers d_{ae} auf den Wärmeübergang gering.

Für fluchtende Lamellenrohrbündel liegen nur wenige Meßergebnisse vor [23, 17, 24], so daß eine Auswertung mit Mittelwertbildung keine zuverlässigen Angaben lie-

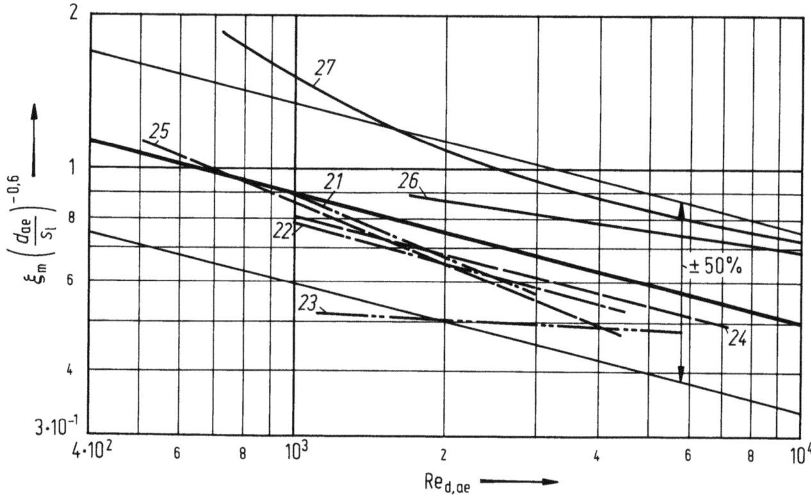

Abb. 12.11. Widerstandsbeiwerte von Rippenrohrbündeln mit fluchtender Rohranordnung im Vergleich zur Gl. (12.41).

——————— Gl. (12.41) mit $C = 5{,}0$;
21, 22 ——·——·—— HUFSCHMIDT [30],
23 ——··——··— THIEL [17],
24, 25 —— —— —— — HIRSCHBERG [13],
26, 27 ——————— BRAUER [11].

fern kann. Vergleicht man die Ergebnisse, die THIEL [17] und UHLIG [24] mit jeweils gleichen Versuchsanordnungen an Lamellenrohrbündeln mit fluchtender und versetzter Rohranordnung ähnlicher Abmessungen erzielten, so ergeben sich für die fluchtende Anordnung um etwa 1/3 niedrigere Werte, was mit den Angaben von SCHMIDT [9] für Rippenrohrbündel übereinstimmt.

Zur Bestimmung des bei der Durchströmung von Lamellenrohrbündeln auftretenden Druckabfalls der Luft zeigt Abb. 12.14 eine Auswertung der verfügbaren Meßergebnisse von 12 der in Tab. 12.3 genannten Lamellenrohrbündel mit versetzter Rohranordnung nach Gl. (12.40). Im Mittel liegen die Widerstandsbeiwerte deutlich niedriger als diejenigen für Rippenrohrbündel, was auf die nicht vorhandenen Rippenränder der durchgehenden Lamellen zurückzuführen sein dürfte. Für die in Abb. 12.14 eingezeichnete Ausgleichskurve gilt im Bereich $2 \cdot 10^3 < Re_{d,ae} < 6 \cdot 10^3$ die Beziehung

$$\xi_m = C\,Re_{d,ae}^{-1/3}\,(d_{ae}/s_l)^{0,6} \tag{12.43}$$

mit $C = 10{,}5$. Die maximalen Abweichungen der Meßwerte hiervon betragen etwa 40 %.

Ein Vergleich der von THIEL [17] und UHLIG [24] ermittelten Druckabfallmeßwerte an Lamellenrohrbündeln mit fluchtender und versetzter Rohranordnung zeigt für die fluchtende Anordnung Widerstandsbeiwerte, die im Bereich $5 \cdot 10^2 < Re_{d,ae} < 4 \cdot 10^3$ nur 50 bis 60 % der für die versetzte Anordnung geltenden Werte betragen. Dies entspricht etwa dem Verhältnis von 5 zu 8,5, das bei Rippenrohrbündeln gefunden wurde. Für die Ermittlung von Widerstandsbeiwerten für Lamellenrohrbündel mit fluchtender Rohranordnung wird Gl. (12.43) mit $C = 6{,}0$ empfohlen.

Den genannten Berechnungsgleichungen zur Ermittlung des Wärmeübergangs und des Druckabfalls an luftdurchströmten Rippen- und Lamellenrohrbündeln liegen mei-

Tabelle 12.3. *Abmessungen von Lamellenrohrbündeln, die Meßergebnissen von den Abb. 12.12 bis 12.14 zugrunde liegen*

Nr.	Autor	Rohr-anordnung	d_a mm	t_R mm	δ_R mm	s_q mm	s_l mm	z_l
1	THIEL [17]	versetzt	10,6	2,5	0,25	25,4	22,0	1...6
2	McQUISTON [22]	versetzt	10,34	1,78	0,165	20,32	20,32	6
3	McQUISTON [22]	versetzt	10,34	3,175	0,165	17,60	17,60	6
4	KAYS/LONDON [12]	versetzt	10,21	3,175	0,33	25,4	22,0	—
5	KAYS/LONDON [12]	versetzt	17,17	3,277	0,41	38,1	44,45	—
6	SMITH/HOCKLEY [21]	versetzt	16,36	2,54	0,24	38,1	38,1	1...6
7	SMITH/HOCKLEY [21]	versetzt	16,36	3,175	0,24	38,1	38,1	1...6
8	SMITH/HOCKLEY [21]	versetzt	16,36	4,23	0,24	38,1	38,1	1...6
9	GATES/HUFFMAN/SEPSY [19, 20]	versetzt	10,24	1,59	0,15	25,4	22,0	4
10	GATES/HUFFMAN/SEPSY [19, 20]	versetzt	10,24	2,12	0,15	25,4	22,0	4
11	GATES/HUFFMAN/SEPSY [19, 20]	versetzt	10,24	3,175	0,15	25,4	22,0	4
12	GATES/HUFFMAN/SEPSY [19, 20]	versetzt	10,24	6,35	0,15	25,4	22,0	4
13	GATES/HUFFMAN/SEPSY [19, 20]	versetzt	10,24	12,7	0,15	25,4	22,0	4
14	UHLIG [24]	versetzt	10,1	2,5	0,25	25,4	22,0	1...6
15	UHLIG [24]	versetzt	10,1	1,8	0,20	25,4	22,0	1...6
16	LOTZ [23]	fluchtend	26,5	10,0	0,81	60	60	4
17	THIEL [17]	fluchtend	10,6	2,5	0,25	25,4	25,4	1...6
18	UHLIG [24]	fluchtend	10,1	2,5	0,25	25,4	25,4	1...6
19	UHLIG [24]	fluchtend	10,1	1,8	0,20	25,4	25,4	1...6

stens Messungen zugrunde, die an Bündeln mit vier und mehr Rohrreihen durchgeführt wurden. Bei geringerer Anzahl der Rohrreihen können für Bündel mit versetzter Anordnung dieselben Gleichungen verwendet werden. Bei fluchtender Anordnung ergeben sich sowohl hinsichtlich des Wärmeübergangs wie für den Druckabfall etwas höhere Werte [17, 24]. Da bei zwangsdurchströmten Luftkühlern nur selten weniger als vier Rohrreihen zur Anwendung kommen, kann auf eine genauere diesbezügliche Untersuchung verzichtet werden.

12.1.2 Luftkühlung mit Tauwasserbildung

12.1.2.1 Zusammenhang zwischen Wärme- und Stoffübergang bei Kühlung feuchter Luft

Für die Übertragung sensibler Wärme von Luft mit der Temperatur t_L an eine gekühlte Wand der Temperatur t_w gilt

$$\dot{Q}_s = \alpha A (t_L - t_W). \tag{12.44}$$

Liegt der zur Wandtemperatur t_w gehörige Sättigungsdruck des Wasserdampfes $p'_{D,w}$ niedriger als der in der feuchten Luft herrschende Wasserdampfdruck $p_{D,L}$, so stellt sich ein Wasserdampfmassenstrom in Richtung zur gekühlten Wand ein. Bei einer Wandtemperatur t_w oberhalb des Gefrierpunkts von Wasser, also über 0 °C, kondensiert der Wasserdampf und läuft unter Bildung eines Kondensatfilms an der Wand ab. Der Wärmeleitwiderstand dieses Kondensatfilms ist sehr gering, so daß für die Be-

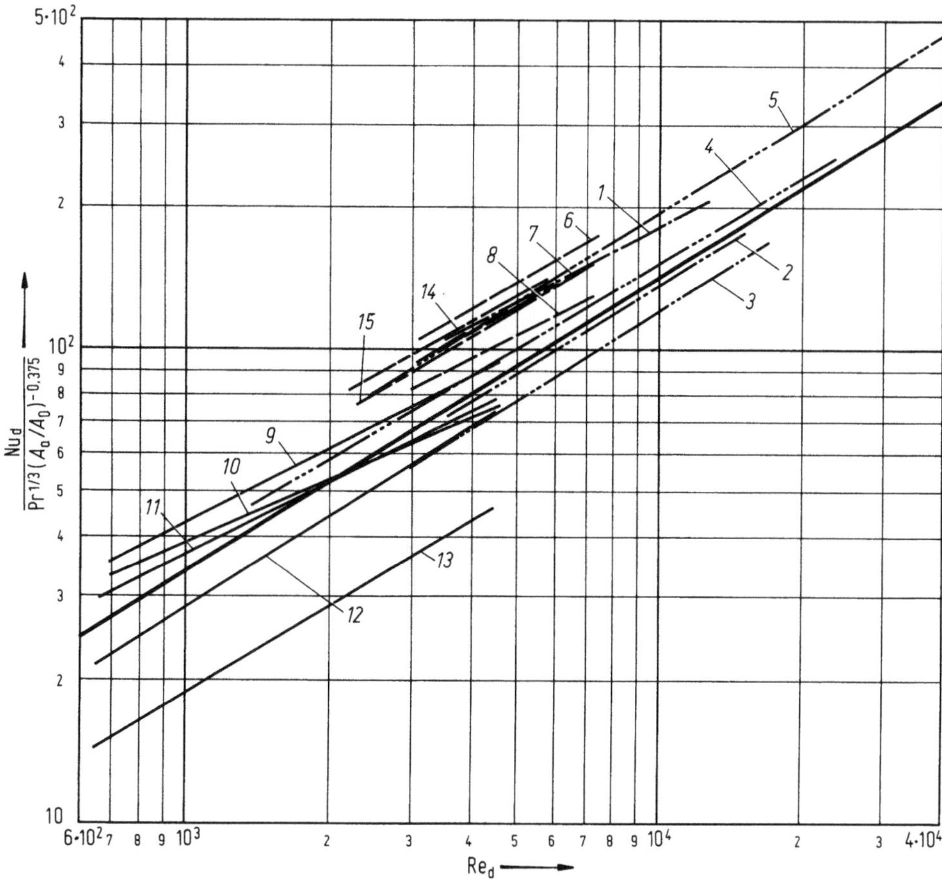

Abb. 12.12. Wärmeübergangsmeßwerte an Lamellenrohrbündeln mit versetzter Rohranordnung im Vergleich zur Gl. (12.36).

———————— Gl. (12.36) mit $C = 0{,}45$;
1 —·——·—— THIEL [17],
2, 3 —··——··— McQUISTON [22],
4, 5 —···——···— KAYS und LONDON [12],
6 bis *8* — — — — — SMITH und HOCKLEY [21],
9 bis *13* ———————— GATES, HUFFMAN und SEPSY [19, 20],
14, 15 ——— — ——— UHLIG [24].

rechnung von Luftkühlern die Kondensatoberflächentemperatur mit der Wandtemperatur gleichgesetzt werden kann.

Der Wasserdampfmassenstrom läßt sich durch die Beziehung

$$\dot{M}_\mathrm{D} = \beta A \frac{p_\mathrm{D,L} - p'_\mathrm{D,W}}{R_\mathrm{D}\,T_\mathrm{L,W}} \tag{12.45}$$

ermitteln, wobei $T_\mathrm{L,W}$ mit dem arithmetischen Mittel aus Lufttemperatur t_L und Wandtemperatur t_W gebildet wird (vgl. Bd. III des Handbuches der Kältetechnik, S. 317). Mit dem Wasserdampfmassenstrom wird ein latenter Wärmestrom

$$\dot{Q}_\mathrm{l} = \dot{M}_\mathrm{D}\,[\Delta h_\mathrm{d} + (c_\mathrm{p,D}\,t_\mathrm{L} - c_\mathrm{p,W}\,t_\mathrm{W})] \tag{12.46}$$

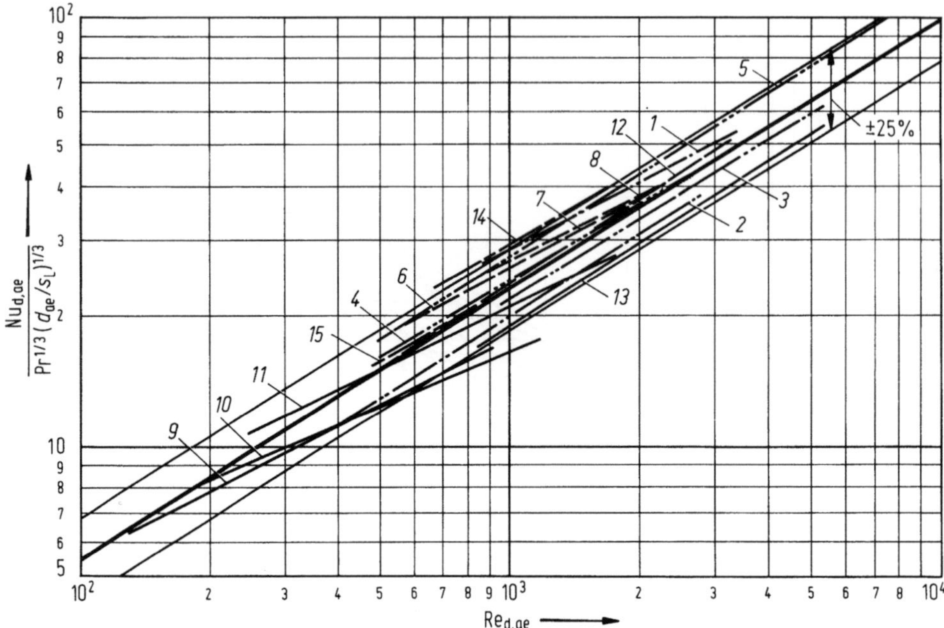

Abb. 12.13. Wärmeübergangsmeßwerte an Lamellenrohrbündeln mit versetzter Rohranordnung im Vergleich zur Gl. (12.42).
——————— Gl. (12.42) mit $C = 0,31$;
1 — · — · — Thiel [17],
2, 3 — ·· — ·· — McQuiston [22],
4, 5 — ··· — ··· — Kays und London [12],
6 bis *8* — — — — — Smith und Hockley [21],
9 bis *13* ——————— Gates, Huffman und Sepsy [19, 20],
14, 15 — — — —— Uhlig [24].

transportiert. Berücksichtigt man, daß bei Luftkühlern die Temperaturdifferenz $t_L - t_W$ nur selten mehr als 20 K beträgt, so kann der zweite Teil des Ausdrucks in eckigen Klammern von Gl. (12.46) vernachlässigt und für Δh_d mit einem Wert von 2 500 kJ/kg gerechnet werden. Der hierbei im Temperaturbereich von 0 bis 30 °C maximal auftretende Fehler beträgt 1,5 %. Der gesamte Wärmestrom $\dot{Q}_g$ berechnet sich damit zu

$$\dot{Q}_g = \dot{Q}_s + \dot{Q}_l = \left[\alpha(t_L - t_W) + \beta \frac{p_{D,L} - p'_{D,W}}{R_D T_{L,W}} \Delta h_d \right] A. \qquad (12.47)$$

Im Bereich der bei Luftkühlern auftretenden kleinen Wasserdampfpartialdrücke gilt unter Anwendung der zwischen Wärme- und Stofftransport bestehenden Analogie für das Verhältnis von Wärmeübergangskoeffizient α zu Stoffübergangskoeffizient β

$$\frac{\alpha}{\beta} = \frac{\lambda_L}{D}\left(\frac{D}{a_L}\right)^n = \left(\frac{\lambda_L}{D}\right)^{1-n}(\varrho_L c_{p,L})^n. \qquad (12.48)$$

Für den Fall einer laminaren Temperatur- und Partialdruck-Grenzschicht konstanter Dicke ist $n = 0$ und damit

$$\frac{\alpha}{\beta} = \frac{\lambda_L}{D}. \qquad (12.49)$$

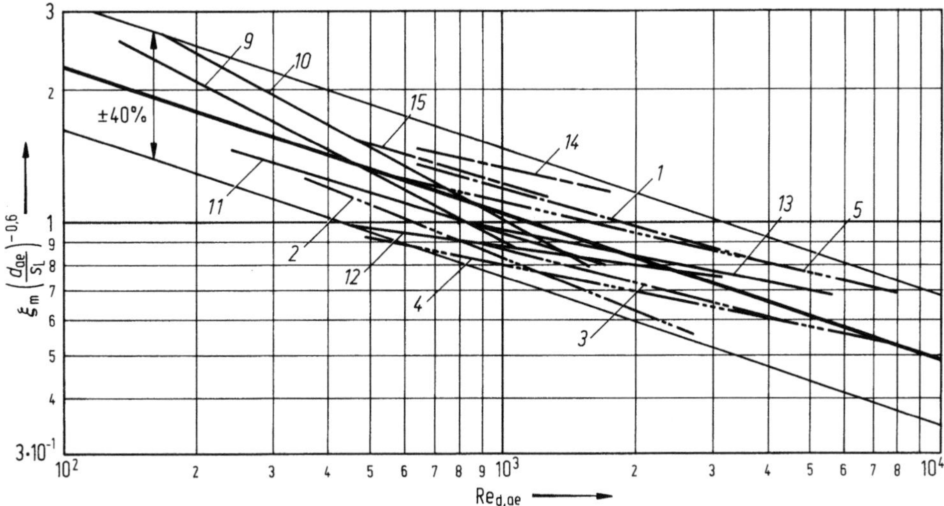

Abb. 12.14. Widerstandsbeiwerte von Lamellenrohrbündeln mit versetzter Rohranordnung im Vergleich zur Gl. (12.43).

——————— Gl. (12.43) mit $C = 10{,}5$;

1 — · — · — THIEL [17],

2, 3 — ·· — ·· — McQUISTON [22],

4, 5 — ··· — ··· —KAYS und LONDON [12],

9 bis *13* ——————— GATES, HUFFMAN und SEPSY [19, 20],

14, 15 —— — —— UHLIG [24].

Bei vollkommen turbulentem Austausch ohne Grenzschicht ist $n = 1$, und es gilt die Beziehung

$$Le = \frac{\alpha}{\beta \varrho_{\mathrm{L}} c_{\mathrm{p,L}}} = 1. \qquad (12.50)$$

Bei turbulenter Strömung in Rohren und Kanälen findet man meist $n = 1/3$, womit Gl. (12.48) in die Form

$$\frac{\alpha}{\beta} = \left(\frac{\lambda_{\mathrm{L}}}{D}\right)^{2/3} (\varrho_{\mathrm{L}} c_{\mathrm{p,L}})^{1/3} \qquad (12.51)$$

übergeht.

Für den Fall der freien Konvektion mit laminarer Grenzschicht gilt $n = 1/4$ und damit

$$\frac{\alpha}{\beta} = \left(\frac{\lambda_{\mathrm{L}}}{D}\right)^{3/4} (\varrho_{\mathrm{L}} c_{\mathrm{p,L}})^{1/4}. \qquad (12.52)$$

Bei den in der Praxis gebräuchlichen Verfahren zur Berechnung von Luftkühlern mit Wasserdampfkondensation wird meist von der Gl. (12.50) ausgegangen, obwohl diese strenggenommen nur für vollkommene Turbulenz zutrifft. Nach den Gln. (12.51) und (12.52) ergeben sich im Temperaturbereich von 0 bis 30 °C für die Lewis-Zahl Werte von $0{,}90 < Le < 0{,}93$ und somit Stoffübergangskoeffizienten, die um 7 bis 10 % höher liegen als diejenigen, die man nach Gl. (12.50) erhält. Messungen von SCHROPP [25] und BRYAN [26] bestätigen, daß die Lewis-Zahlen bei Kühlung feuchter Luft erheblich vom Wert 1 abweichen können, insbesondere bei laminarer Strömung und bei freier Konvektion.

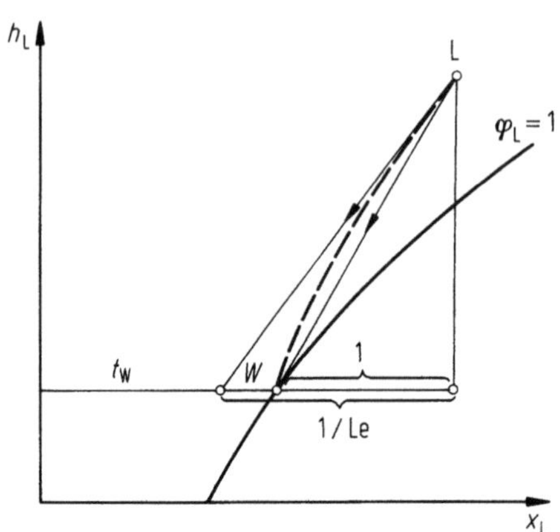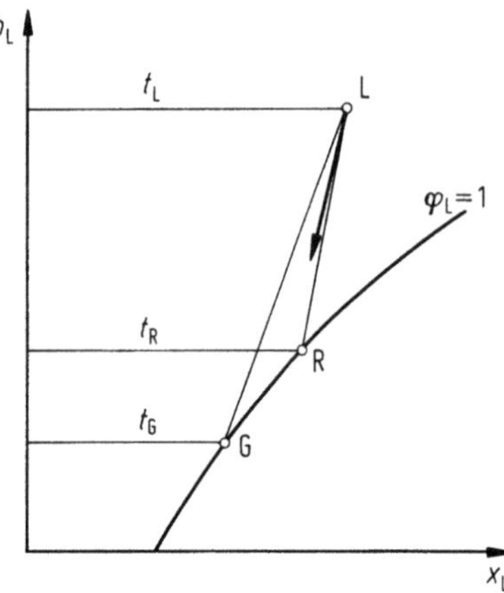

Abb. 12.15. Zustandsänderung bei Kühlung feuchter Luft im $h_\mathrm{L}\cdot x_\mathrm{L}$-Diagramm für $Le = 1$ und für $Le \neq 1$.

Abb. 12.16. Zustände feuchter Luft am Rippenrohr im $h_\mathrm{L}\cdot x_\mathrm{L}$-Diagramm.

In Abb. 12.15 ist dargestellt, wie sich die Richtung der Zustandsänderung bei Kühlung feuchter Luft im h_L, x_L-Diagramm in Abhängigkeit von der Lewis-Zahl ermitteln läßt [27, 28]. Während für $Le = 1$ alle Luftzustände auf der geradlinigen Verbindung zwischen dem Zustand der ungekühlten Luft L und dem Zustand gesättigter Luft W mit der Wandtemperatur t_W liegen, ergibt sich für $Le < 1$ ein gekrümmter Verlauf mit anfänglich größerer Entfeuchtung. Die Auswirkungen dieser Abweichungen vom Lewisschen Gesetz auf die Leistung von Luftkühlern sind jedoch, wie Usemann [29] nachgewiesen hat, relativ gering. Aus diesem Grunde und im Hinblick auf einen überschaubaren Aufwand für die Darstellung und Berechnung der Luftzustandsänderungen wird im weiteren von der Gl. (12.50) ausgegangen. Unter Anwendung des idealen Gasgesetzes für feuchte Luft erhält man damit für den gesamten Wärmestrom

$$\dot{Q}_\mathrm{g} = \alpha_\mathrm{W}\, A\,(t_\mathrm{L} - t_\mathrm{W}) \left(1 + \frac{\Delta h_\mathrm{d}}{c_\mathrm{p,L}}\, \frac{x'_\mathrm{L} - x'_\mathrm{w}}{t_\mathrm{L} - t_\mathrm{w}}\right), \tag{12.53}$$

wobei α_W den Wärmeübergangskoeffizienten für sensible Wärme bei feuchter Oberfläche bedeutet und der zweite Klammerausdruck in Gl. (12.53) das Verhältnis $\dot{Q}_\mathrm{g}/\dot{Q}_\mathrm{s}$ darstellt.

Bei ungestörtem Kondensatablauf kann angenommen werden, daß α_W ausreichend genau mit dem Wärmeübergangskoeffizienten bei trockener Oberfläche übereinstimmt. Definiert man einen auf den gesamten Wärmestrom bezogenen Wärmeübergangskoeffizienten α_g durch die Beziehung

$$\dot{Q}_\mathrm{g} = \alpha_\mathrm{g}\, A\,(t_\mathrm{L} - t_\mathrm{W}), \tag{12.54}$$

so beträgt

$$\alpha_\mathrm{g} = \alpha_\mathrm{W} \left(1 + \frac{\Delta h_\mathrm{d}}{c_\mathrm{p,L}}\, \frac{x_\mathrm{L} - x_\mathrm{W}}{t_\mathrm{L} - t_\mathrm{W}}\right) = \alpha_\mathrm{W}\, \frac{\dot{Q}_\mathrm{g}}{\dot{Q}_\mathrm{s}}. \tag{12.55}$$

12.1.2.2 Berechnung des Zustandsverlaufs feuchter Luft bei Kühlung mit Rippen- und Lamellenrohrkühlern

Bei Luftkühlern mit berippten Oberflächen und Tauwasserbildung ist für die Bestimmung des gesamten Wärmestroms zu berücksichtigen, daß die Temperatur des Grundrohrs t_G und die mittlere Rippentemperatur t_R verschieden sind. Hieraus ergeben sich unterschiedliche Richtungen im h_L, x_L-Diagramm für die Luftzustandsänderungen am Grundrohr und an den Rippen. Sie lassen sich unter der Annahme, daß die Beziehung $Le = 1$ Gültigkeit besitzt, im h_L, x_L-Diagramm durch geradliniges Verbinden des Luftzustands L mit dem Zustandspunkt G am Grundrohr sowie mit dem Zustandspunkt R an den Rippen ermitteln, worauf nachfolgend noch eingegangen wird (Abb. 12.16). Die Richtung der Zustandsänderung des gesamten Massenstroms der Luft muß zwischen beiden Richtungen liegen. Sie ergibt sich unter Berücksichtigung der unterschiedlichen Flächen am Grundrohr A_G und an den Rippen A_R als Vektorsumme beider Zustandsänderungen aus der Beziehung

$$\frac{\Delta x_L}{\Delta t_L} = \frac{x_L - x_G}{t_L - t_G} \cdot \frac{1 + \dfrac{A_R}{A_G}\dfrac{x_L - x_R}{x_L - x_G}}{1 + \dfrac{A_R}{A_G}\dfrac{t_L - t_R}{t_L - t_G}}. \tag{12.56}$$

Da die Rippenoberfläche A_R immer ein Vielfaches der Grundrohroberfläche A_G beträgt, wird die Zustandsänderung des gesamten Luftmassenstroms vor allem durch die Verhältnisse an den Rippen bestimmt. Die Aussage darüber, ob ein Feuchtigkeitsniederschlag überhaupt erfolgt, hängt dagegen von der Grundrohrtemperatur t_G ab, da diese immer niedriger als die mittlere Rippentemperatur t_R ist.

Der gesamte auf die äußere Oberfläche A_a bezogene Wärmestrom eines Rippenrohrkühlers kann aus der Summe der am Grundrohr und an den Rippen übertragenen Wärmeströme ermittelt werden:

$$\frac{\dot{Q}_g}{A_a} = \frac{\dot{Q}_{g,G}}{A_G}\frac{A_G}{A_a} + \frac{\dot{Q}_{g,R}}{A_R}\frac{A_R}{A_a}. \tag{12.57}$$

Für die Wärmestromdichte am Grundrohr gilt

$$\frac{\dot{Q}_{g,G}}{A_G} = \alpha_{g,G}(t_L - t_G) \tag{12.58}$$

mit

$$\alpha_{g,G} = \alpha_W\left(1 + \frac{\Delta h_d}{c_{p,L}}\frac{x_L - x_G}{t_L - t_G}\right), \tag{12.59}$$

und analog ergibt sich für die Rippen

$$\frac{\dot{Q}_{g,R}}{A_R} = \alpha_{g,R}(t_L - t_R) \tag{12.60}$$

mit

$$\alpha_{g,R} = \alpha_W\left(1 + \frac{\Delta h_d}{c_{p,L}}\frac{x_L - x_R}{t_L - t_R}\right). \tag{12.61}$$

Die mittlere Rippentemperatur t_R hängt gemäß Gl. (12.13) vom Rippenwirkungsgrad η_R ab; letzterer wird, entsprechend den Gln. (12.27) und (12.28), von den Eigenschaften des Rippenrohrs und von $\alpha_{g,R}$ bestimmt. Hieraus ist ersichtlich, daß bei vorgegebenem Luftzustand L und bei bekannter Grundrohrtemperatur t_G die Werte für η_R und $\alpha_{g,R}$ iterativ ermittelt werden müssen, während sich der gesamte Wärmeübergangskoeffizient am Grundrohr $\alpha_{g,G}$ direkt aus Gl. (12.59) ergibt. Bezieht man den gesamten Wärmestrom $\dot{Q}_g$ entsprechend Gl. (12.24) unter Bildung eines scheinbaren Wärmeübergangskoeffizienten α_{as} auf die Temperaturdifferenz zwischen Luft und Grundrohr, so erhält man

$$\frac{\dot{Q}_g}{A_a} = \alpha_{as}(t_L - t_G) \tag{12.62}$$

mit

$$\alpha_{as} = \alpha_{g,G} \frac{A_G}{A_a} + \alpha_{g,R} \, \eta_R \frac{A_R}{A_a}. \tag{12.63}$$

Für die Leistungsberechnung eines Luftkühlers ist häufig der Luftzustand am Eintritt des Kühlers (Index 1) gegeben. Ist die Temperatur des Grundrohrs t_G bekannt, dann errechnet sich die Luftaustrittstemperatur $t_{L,2}$ zu

$$t_{L,2} = t_{L,1} - (t_{L,1} - t_G) \left\{ 1 - \exp\left[- \frac{\alpha_{as} A_a}{\dot{M}_L \, (\Delta h_L/\Delta t_L)} \right] \right\}. \tag{12.64}$$

mit

$$\frac{\Delta h_L}{\Delta t_L} = c_{p,L} + \frac{\Delta x_L}{\Delta t_L} \, \Delta h_d \tag{12.65}$$

und $\Delta x_L/\Delta t_L$ nach Gl. (12.56). Den Wasserdampfgehalt am Kühleraustritt erhält man aus der Beziehung

$$x_{L,2} = x_{L,1} - \frac{\Delta x_L}{\Delta t_L} \, (t_{L,1} - t_{L,2}); \tag{12.66}$$

der gesamte Wärmestrom $\dot{Q}_g$ errechnet sich zu

$$\dot{Q}_g = (t_{L,1} - t_{L,2}) \frac{\Delta h_L}{\Delta t_L} \, \dot{M}_L. \tag{12.67}$$

Bei der Verwendung der Gln. (12.64) und (12.28) ist zu berücksichtigen, daß sich mit fortschreitender Luftabkühlung eine Veränderung der Rippentemperatur t_R und damit auch von $\Delta x_L/\Delta t_L$ einstellt (Abb. 12.17). Die Abnahme der Rippentemperatur kann nur unter der Voraussetzung kleiner Luftabkühlungsgrade $(t_{L,1} - t_{L,2})/(t_{L,1} - t_G)$ vernachlässigt werden, was z. B. beim Überströmen nur einer Rohrreihe einigermaßen zutrifft. Bei Luftkühlern mit mehreren Rohrreihen berechnet man entweder jede Rohrreihe für sich, oder man verwendet — bei etwas geringeren Genauigkeitsanforderungen — eine mittlere Rippentemperatur $t_{R,m}$, die der mittleren Lufttemperatur $t_{L,m}$ im Kühler entspricht. Für diese gilt

$$t_{L,m} = t_{L,1} - (t_{L,1} - t_G) \left\{ 1 - \exp\left[- \frac{\alpha_{as} A_a}{2 \, \dot{M}_L \, (\Delta h_L/\Delta t_L)} \right] \right\}. \tag{12.68}$$

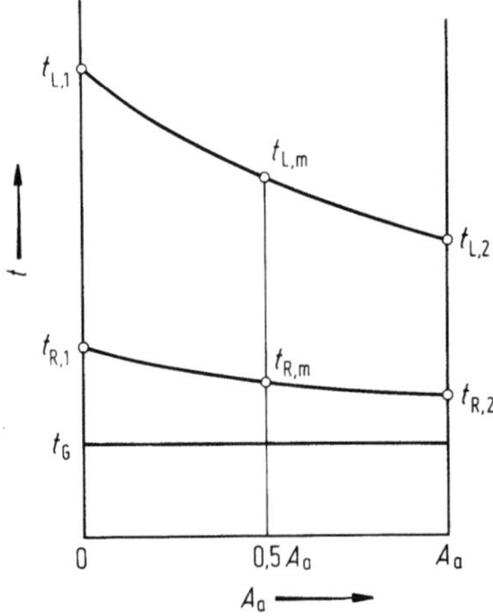

Abb. 12.17. Temperaturverlauf am Rippenrohrkühler bei konstanter Grundrohrtemperatur.

Für den Fall, daß auch die Grundrohrtemperatur t_G nicht konstant ist, was bei Luftkühlern meistens der Fall ist, wird auch für die Grundrohrtemperatur eine schrittweise Berechnung oder eine Mittelwertbildung notwendig (s. Abschn. 12.3).

Beispiel

Luft von $t_L = 32\,°C$, $p = 1$ bar und einer relativen Feuchte $\varphi_L = 40\,\%$ soll in einem einreihigen Lamellenrohrkühler, dessen Grundrohrtemperatur $t_G = 8\,°C$ beträgt, gekühlt werden. Die äußere Oberfläche des Kühlers beträgt $10\,m^2$ mit einem Grundrohranteil von $5\,\%$ und einem Rippenanteil von $95\,\%$. Der Luftmassenstrom beläuft sich auf $\dot{M}_L = 1,32$ kg/s, und für den Wärmeübergangskoeffizienten gilt $\alpha_W = 50\,W/m^2\,K$. Der Zusammenhang zwischen dem gesamten Wärmeübergangskoeffizienten an den Rippen $\alpha_{g,R}$ und dem Rippenwirkungsgrad η_R ist durch folgende Wertepaare festgelegt:

$\alpha_{g,R}$	$W/m^2\,K$	60	70	80
η_R	—		0,804	0,781	0,759.

Welche Werte ergeben sich für die Temperatur und den Wasserdampfgehalt der Luft am Kühleraustritt und wie groß ist die gesamte Kühlerleistung?

Der Wasserdampfgehalt der Luft am Kühlereintritt beträgt $x_{L,1} = 12,05 \cdot 10^{-3}$ kg/kg und für die Grundrohrtemperatur t_G von $8\,°C$ gilt $x_G = 6,75 \cdot 10^{-3}$ kg/kg. Für den gesamten Wärmeübergangskoeffizienten am Grundrohr ergibt sich nach Gl. (12.59):

$$\alpha_{g,G} = 50 \left[1 + \frac{2,5 \cdot 10^6}{1007} \frac{(12,05 - 6,75)\,10^{-3}}{32 - 8} \right] = 77,4\,W/m^2\,K.$$

Da die Entfeuchtung an den Rippen geringer als am Grundrohr ist, wird der gesamte Wärmeübergangskoeffizient an den Rippen $\alpha_{g,R}$ kleiner als am Grundrohr sein. Für eine erste Schätzung kann man z. B.

$$\alpha_{g,R} = (\alpha_W + \alpha_{g,G})/2 = (50 + 77,4)/2 = 63,7\,W/m^2\,K$$

annehmen. Der zugehörige Rippenwirkungsgrad ist $\eta_R = 0,795$ und die Rippentemperatur $t_{R,1}$ — bezogen auf die Lufteintrittstemperatur $t_{L,1}$ — nach Gl. (12.21)

$$t_{R,1} = t_{L,1} - (t_{L,1} - t_G)\,\eta_{R,1} = 32 - (32 - 8)\,0,795 = 12,92\,°C.$$

Der zugehörige Wasserdampfgehalt ergibt sich zu $x_{R,1} = 9,41 \cdot 10^{-3}$ kg/kg. Damit errechnet sich nach Gl. (12.61) der gesamte Wärmeübergangskoeffizient zu

$$\alpha_{g,R,1} = 50 \left[1 + \frac{2,5 \cdot 10^6}{1007} \frac{(12,05 - 9,41)\,10^{-3}}{32 - 12,92} \right] = 67,2\,W/m^2\,K.$$

Eine Iterationsrechnung in zwei weiteren Schritten ergibt schließlich

$$\eta_{R,1} = 0,789, \quad t_{R,1} = 13,06\,°C, \quad x_{R,1} = 9,49 \cdot 10^{-3}\,kg/kg, \quad \alpha_{g,R,1} = 66,8\,W/m^2\,K.$$

Für den scheinbaren Wärmeübergangskoeffizienten α_{as} erhält man damit nach Gl. (12.63)

$$\alpha_{as} = 77,4 \cdot 0,05 + 66,8 \cdot 0,789 \cdot 0,95 = 53,9\,W/m^2\,K.$$

Für das Verhältnis $\Delta x_L / \Delta t_L$ gilt nach Gl. (12.56)

$$\frac{\Delta x_L}{\Delta t_L} = \frac{(12,05 - 6,75)\,10^{-3}}{32 - 8} \cdot \frac{1 + \dfrac{0,95}{0,05} \cdot \dfrac{12,05 - 9,49}{12,05 - 6,75}}{1 + \dfrac{0,95}{0,05} \cdot \dfrac{32 - 13,06}{32 - 8}} = 0,140\,5 \cdot 10^{-3}\,kg/kg\,K.$$

Damit wird nach Gl. (12.65)

$$\frac{\Delta h_L}{\Delta t_L} = 1\,007 + 0,140\,5 \cdot 10^{-3} \cdot 2,5 \cdot 10^6 = 1\,358\,J/kg\,K$$

und die Luftaustrittstemperatur nach Gl. (12.64)

$$t_{L,2} = 32 - (32 - 8) \left[1 - \exp\left(- \frac{53,9 \cdot 10}{1,32 \cdot 1\,358} \right) \right] = 25,77\,°C.$$

Für den Wasserdampfgehalt am Kühleraustritt ergibt sich nach Gl. (12.66)

$$x_{L,2} = 12,05 \cdot 10^{-3} - 0,140\,5 \cdot 10^{-3}\,(32 - 25,77) = 11,17 \cdot 10^{-3}\,\text{kg/kg}$$

und der gesamte Wärmestrom beträgt nach Gl. (12.67)

$$\dot{Q}_g = (32 - 25,77)\,1\,358 \cdot 1,32 = 11\,170\,\text{W}.$$

Führt man eine zweite Berechnung unter Verwendung einer mittleren Lufttemperatur nach Gl. (12.68) von

$$t_{L,m} = 31 - (32 - 8) \left[1 - \exp\left(- \frac{53,9 \cdot 10}{2 \cdot 1,32 \cdot 1\,358} \right) \right] = 28,65\,°C$$

durch, so erhält man

$$t_{R,m} = 12,36\,°C, \quad t_{L,2} = 25,80\,°C, \quad x_{L,2} = 11,10 \cdot 10^{-3}\,\text{kg/kg}, \quad \dot{Q}_g = 11\,380\,\text{W},$$

d. h. eine um etwa 1,9 % größere Kühlerleistung, als wenn man mit der für den Kühlereintritt geltenden Rippentemperatur $t_{R,1}$ rechnet.

12.1.2.3 Einfluß der Tauwasserbildung auf Wärmeübergang und Druckabfall bei Rippen- und Lamellenrohrkühlern

Die in der Klimatechnik verwendeten Kühler haben kleine lichte Abstände zwischen den Rippen beziehungsweise Lamellen, die minimal 1,5 mm betragen können, so daß der Tauwasserabfluß nicht mehr völlig ungehindert erfolgt, da ihm die Adhäsions- und Kapillarkräfte entgegenwirken. Eine gewisse Masse an Tauwasser wird zwischen den Rippen beziehungsweise Lamellen festgehalten. Dies führt zu einer Verringerung des für die Luftströmung verfügbaren freien Querschnitts, einer Vergrößerung des Strömungswiderstands sowie einer Reduzierung der am Wärmeübergang unmittelbar teilnehmenden Oberfläche. Das Tauwasser sammelt sich bevorzugt an der Unterseite der Rohre an, wodurch eine zusätzliche Verwirbelung der Luftströmung hervorgerufen wird. Dies führt zu einer weiteren Erhöhung des Druckabfalls, der Wärmeübergang wird hierdurch jedoch verbessert. Die Summe beider Effekte wirkt sich meist so aus, daß die Widerstandsbeiwerte bei feuchter Oberfläche ξ_W deutlich über denen für trockene Oberflächen liegen, während die Wärmeübergangskoeffizienten α_W nur geringfügig niedriger als bei trockener Oberfläche sind.

Tab. 12.4 zeigt eine Übersicht gemessener Werte von α_W/α und ξ_W/ξ einschließlich der zugehörigen Betriebsbedingungen für Rippen- und Lamellenrohrkühler. Einer Auswertung dieser Meßergebnisse kann entnommen werden, daß von wesentlichem Einfluß die Art der Berippung (kreisförmige Rippen oder Lamellen), die Luftgeschwindigkeit, der lichte Rippenabstand $t_R - \delta_R$ und der auf die äußere Oberfläche bezogene Tauwassermassenstrom $\dot{M}_W/A_a$ sind, während der Art der Rohranordnung sowie der Anzahl der Rohre quer und längs zur Luftrichtung meist nur geringe Bedeutung zukommt.

Aus den Untersuchungen von Thiel [17] ergibt sich, daß bei Rippenrohrbündeln, bedingt durch die häufige Unterbrechung der vertikalen Ablaufflächen, der Tauwasserabfluß viel stärker behindert ist als bei Lamellenrohrbündeln. Dies führt dazu, daß bei Rippen- gegenüber Lamellenrohrkühlern im Mittel die Verhältnisse der Widerstandsbeiwerte ξ_W/ξ um 40 % höher und die Verhältnisse der Wärmeübergangskoeffizienten α_W/α um 25 % niedriger sind, wobei sich die sonstigen Abmessungen der Rohrbündel praktisch nicht unterscheiden.

Tabelle 12.4. *Untersuchungen über den Einfluß der Tauwasserbildung auf den Wärmeübergang und den Druckabfall bei Rippen- und Lamellenrohrkühlern*

Nr. Autor	Daten der Rohrbündel				Betriebs-bedingungen		Bereich der Meßwerte	
	Rippenart[a]/ Anordnung	$t_R - \delta_R$ mm	z_l	z_q	$w_{L,m}$ m/s	$\dot{M}_W/A_a$ g/m²s	α_W/α	ξ_W/ξ
1 HUFSCHMIDT [30]	R/f	1,85	2...6	3	1 ...12	0 ...0,7	—	1,2...2,8
2 HUFSCHMIDT [30]	R/f	2,93	2...6	3	1 ...12	0 ...0,7	—	1,5...2,2
3 BRYAN [31]	R/v	2,21	6	6	0,8... 2,5	0,5...1,1	0,8...1,0	1,4...1,8
4 THIEL [17]	R/f	2,20	1...6	12	2 ...12	0 ...2,5	0,7...1,2	1,3...3,7
5 THIEL [17]	R/v	2,20	1...6	12	2 ...12	0 ...2,5	0,7...1,1	1,3...2,5
6 THIEL [17]	L/f	2,25	1...6	12	2 ...12	0 ...2,5	0,7...1,1	1,1...2,0
7 THIEL [17]	L/v	2,25	1...6	12	2 ...12	0 ...2,5	1,0...1,4	1,1...2,0
8 UHLIG [24]	L/f	1,60	1...6	12	2 ... 6	0 ...0,6	0,7...1,1	1,4...1,5
9 UHLIG [24]	L/v	1,60	1...6	12	2 ... 6	0 ...0,6	0,6...1,1	1,2...1,5
10 UHLIG [24]	L/f	2,25	1...6	12	2 ... 6	0 ...0,6	0,7...1,1	1,4...1,7
11 UHLIG [24]	L/v	2,25	1...6	12	2 ... 6	0 ...0,6	0,8...1,0	1,2...1,7

[a] R Rippenrohr, L Lamellenrohr, f fluchtend, v versetzt.

Von wesentlichem Einfluß auf den Tauwasserabfluß ist auch die Luftgeschwindigkeit. Nach Beobachtungen von HUFSCHMIDT [30] wird bei horizontaler Luftströmung und mittleren Luftgeschwindigkeiten $w_{L,m}$ von über 6 m/s das Tauwasser in Tropfenform von den Rippen abgerissen. Mit abnehmender Geschwindigkeit fließt das Tauwasser immer mehr in vertikaler Richtung ab. Gleichzeitig nimmt die im Rohrbündel gespeicherte Kondensatmasse zu. Im Bereich mittlerer Luftgeschwindigkeiten von $w_{L,m} = 2$ bis 4 m/s scheint sich ein Maximum an gespeichertem Tauwasser einzustellen, was sich in den in Abb. 12.18 dargestellten Meßergebnissen für die Widerstandsbeiwertverhältnisse ξ_W/ξ widerspiegelt. Vermutlich ist dies darauf zurückzuführen, daß mit weiter sinkender Luftgeschwindigkeit auch der Stoffübergang abnimmt und damit bei sonst konstanten Betriebsbedingungen geringe Tauwassermassenstromdichten $\dot{M}_W/A_a$ auftreten. Eine eindeutige Abhängigkeit des Wärmeübergangsverhältnisses α_W/α von der Luftgeschwindigkeit kann aus den vorliegenden Messungen nicht abgeleitet werden.

Eine Verringerung des lichten Rippenabstands von 2,93 auf 1,85 mm erhöht nach Untersuchungen von HUFSCHMIDT [30] bei Rippenrohrbündeln die Widerstandsbeiwerte erheblich. So ergeben sich im Bereich mittlerer Luftgeschwindigkeiten $w_{L,m} = 1$ bis 4 m/s beim System mit 1,85 mm lichtem Rippenabstand um bis zu 50 % höhere Verhältnisse ξ_W/ξ. Bei Lamellenrohrkühlern fand UHLIG [24] diese Tendenz nicht bestätigt, er konnte für das Verhältnis ξ_W/ξ beim Rohrbündel mit einem lichten Lamellenabstand von 1,60 mm gegenüber dem mit 2,25 mm sogar um 10 % niedrigere Werte feststellen, während sich für das Verhältnis α_W/α keine signifikanten Unterschiede ergaben. Dies kann als Bestätigung dafür gelten, daß der Tauwasserabfluß bei Lamellenrohrkühlern vor allem bei geringen Rippenabständen wesentlich weniger als bei Rippenrohren gestört ist.

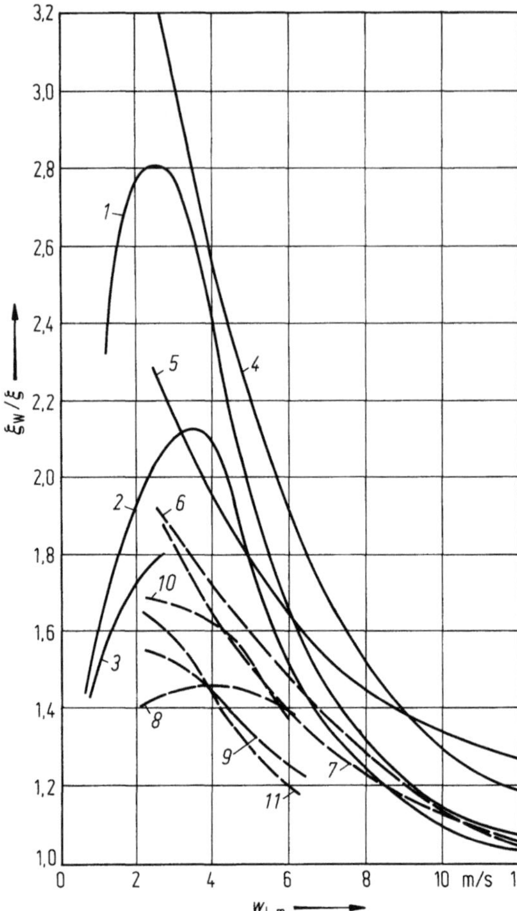

Abb. 12.18. Verhältnis der Reibungsbeiwerte ξ_W/ξ mit und ohne Tauwasserbildung für Rippen- und Lamellenrohrkühler. ———— Rippenrohre; — — — — Lamellenrohre. Die Bezeichnungen der Kurven entsprechen der Benummerung in Tab. 12.4.

Der Wärmeübergangskoeffizient α_W nimmt nach Untersuchungen von Thiel [17] und Uhlig [24] mit einer Vergrößerung der Tauwassermassenstromdichte $\dot{M}_W/A_a$ ab. Abb. 12.19 zeigt Meßwerte von Uhlig für das Verhältnis von α_W/α für vier verschiedene Lamellenrohrbündel. Man erkennt, daß der Abfall der Werte α_W/α mit steigender Kondensatdichte bei den Systemen mit engem Lamellenabstand wesentlich ausgeprägter ist. Nach Uhlig kann das Verhältnis α_W/α durch die empirische Beziehung

$$\frac{\alpha_W}{\alpha} = \left[1 + 0{,}015\,4\,\frac{\dot{M}_W}{A_a}\,\frac{\sqrt{z_1}}{\varrho_L\,w_{L,0}}\left(\frac{1}{t_R}\right)^2\frac{s_q - d_a}{t_R - \delta_R}\left(\frac{d_a}{s_1}\right)^2 \right]^{-0{,}29} \tag{12.69}$$

berechnet werden, wobei der Ausdruck $1/t_R$ die Lamellenanzahl je Meter Rohr angibt. Es ist ersichtlich, daß das Verhältnis α_W/α bei kleinen Kondensatmassenstromdichten $\dot{M}_W/A_a$ und bei großen Luftgeschwindigkeiten dem Wert 1 zustrebt. Paikert [32] empfiehlt für die Bestimmung des Wärmeübergangskoeffizienten α_W die Beziehung

$$\frac{\alpha_W}{\alpha} = \left(\frac{\dot{Q}_g}{\dot{Q}_s}\right)^{r-1} \tag{12.70}$$

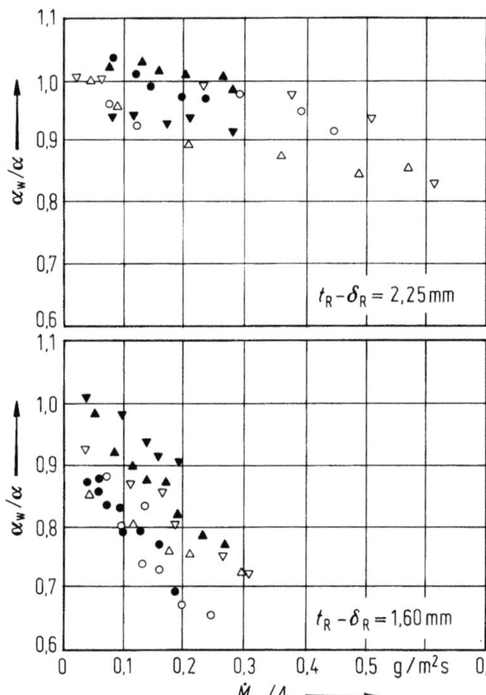

Abb. 12.19. Verhältnis der Wärmeübergangskoeffizienten α_W/α mit und ohne Tauwasserbildung für Lamellenrohrkühler mit vier Rohrreihen in Strömungsrichtung nach UHLIG [24].

$\varrho_L w_{L,0}$ kg/m²s	Rohranordnung	
	versetzt	fluchtend
2,2	○	●
3,9	△	▲
5,6	▽	▼

mit $r = 0,7$. Hiernach nimmt α_W mit steigendem Anteil an latenter Wärme bzw. mit einer Zunahme der Kondensatmassenstromdichte ab. Bei einer Auswertung seiner Meßergebnisse nach Gl. (12.70) erhielt UHLIG den Wert $r = 0,81$, wobei die mittlere Abweichung von den Meßergebnissen nur um 3 % größer als nach Gl. (12.69) war.

Zusammenfassend ist festzustellen, daß der Einfluß der Tauwasserbildung auf den Wärmeübergangskoeffizienten α_W relativ gering ist. Im Bereich der Luftkühlung in Kühlräumen wird das Verhältnis α_W/α den Wert 0,9 und im Bereich der Klimatisierung den Wert 0,8 meist nicht unterschreiten. Der Widerstandsbeiwert ξ_W dagegen wird durch das Kondensat erheblich über den für trockene Oberflächen gültigen Wert ξ angehoben. Bei Lamellenrohrkühlern mit lichten Rippenabständen unter 3 mm ist für die häufig auftretenden Luftgeschwindigkeiten von 2 bis 6 m/s für das Verhältnis ξ_W/ξ mit Werten von 1,3 bis 1,7 zu rechnen. Bei Rippenrohrkühlern ist die Erhöhung des Widerstands noch deutlich größer; besonders bei lichten Rippenabständen von etwa 2 mm oder darunter kann das Verhältnis ξ_W/ξ Werte von 2 bis 3 annehmen.

12.1.3 Luftkühlung mit Reifbildung

Liegt die Oberflächentemperatur eines Luftkühlers unter 0 °C und unterhalb der Taupunkttemperatur der feuchten Luft, so desublimiert der auftretende Wasserdampfmassenstrom an der Kühleroberfläche und bleibt als Reif an der Oberfläche hängen. Im Gegensatz zur Tauwasserbildung ergeben sich bei der Bereifung instationäre Verhältnisse, die dadurch gekennzeichnet sind, daß mit fortschreitender Zeit die Reifdicke anwächst, der Wärmestrom abnimmt und der Strömungswiderstand ansteigt. Nur zu Beginn, wenn noch keine Reifschicht vorhanden ist, kann mit den für Tauwasserbildung gültigen Beziehungen gerechnet werden, wobei anstelle der spezifischen Verdampfungsenthalpie Δh_d die spezifische Sublimationsenthalpie für die mit ausrei-

Tabelle 12.5. *Berechnungsformeln für Oberflächen und Hohlraumanteil bereifter Lamellenrohrbündel*

Bezeichnung	Symbol	Einheit	Berechnungsformel
Reifoberfläche am Grundrohr	$A_{F,G}$	m^2	$\pi(d_a + 2\,\delta_{F,G})\,[1 - (\delta_R + 2\,\delta_{F,R})/t_R]\,l z_q z_l$
Reifoberfläche an den Rippen	$A_{F,R}$	m^2	$\left[2\,s_q s_l - \dfrac{\pi}{2}(d_a + 2\,\delta_{F,G})^2\right]\dfrac{l}{t_R}\,z_q z_l$
Hohlraumanteil	ψ_F	—	$1 - (\delta_R + 2\,\delta_{F,R})/t_R - \dfrac{\pi(d_a + 2\,\delta_{F,G})^2\,(t_R - \delta_R - 2\,\delta_{F,R})}{4\,s_q s_l t_R}$

chender Genauigkeit der Wert $\Delta h_{\text{sub}} = 2{,}834 \cdot 10^6$ J/kg angenommen werden kann, zu verwenden ist.

Eine Beschreibung der bei der Bereifung auftretenden Vorgänge sowie die Grundlagen zur Berechnung der Reifdicke, des Wasserdampfmassenstroms, des Wärmestroms und des Druckabfalls an nichtberippten Oberflächen findet man in Kap. 6 „Bereifung". Grundsätzlich ist zu berücksichtigen, daß die Genauigkeit einer Berechnung der Reifbildung wesentlich geringer ist, als die der Tauwasserbildung. Im folgenden wird die Anwendung der in Kap. 6 beschriebenen Berechnungsmethode auf Rippenbeziehungsweise Lamellenrohrkühler dargestellt. Hierbei wird davon ausgegangen, daß der größte Teil des Bereifungsvorgangs sich innerhalb der „quasistationären Phase" abspielt. Für den davorliegenden Zeitraum zu Beginn der Bereifung kann eine Interpolation zwischen den Werten, die für den Zeitpunkt 0 einerseits und für den Bereich der „quasistationären Phase" andererseits gelten, erfolgen. Bei bereifenden Luftkühlern ist außerdem zu berücksichtigen, daß die Reifoberfläche nicht mehr der Kühleroberfläche entspricht. Während bei Glattrohren die Reifoberfläche immer größer als die Rohroberfläche ist, nimmt bei Lamellenrohrbündeln die Reifoberfläche mit fortschreitender Bereifungsdauer ab.

Mit wachsender Reifschicht verringern sich auch der Hohlraumanteil ψ_F und der äquivalente Durchmesser $d_{ae,F}$. Für die im Luftkühlerbau meistens verwendeten Lamellenrohrbündel sind die Berechnungsformeln für $A_{F,G}$, $A_{F,R}$ und ψ_F in Tab. 12.5 angegeben. Der äquivalente Durchmesser kann entsprechend Gl. (12.16) aus der Beziehung

$$d_{ae,F} = \frac{4\,V\,\psi_F}{A_{F,G} + A_{F,R}} \tag{12.71}$$

ermittelt werden.

Bedingt durch die unterschiedlichen Temperaturen am Grundrohr und an den Rippen sind sowohl die Reifdicken δ_F als auch der Wärme- und Stoffübergang am Grundrohr und an den Rippen verschieden. Bei Vorgabe des Luftzustands und der Grundrohrtemperatur ist die zunächst nicht bekannte Rippentemperatur entsprechend dem im Abschn. 12.1.2 beschriebenen Verfahren iterativ zu ermitteln. Die Zustandsänderung des gesamten Luftmassenstroms läßt sich aus den am Grundrohr und an den Rippen übertragenen latenten und sensiblen Wärmeströmen bestimmen.

Die Berechnung kann mit nachfolgendem Schema für verschiedene Zeiten durchgeführt werden. Hierbei ist vorausgesetzt, daß die Grundrohrtemperatur t_G sowie die Wärme- und Stoffübergangskoeffizienten gegeben sind. (Wie bei der Auslegung von Luftkühlern, bei der diese Werte im allgemeinen zunächst nicht bekannt sind, verfahren wird, ist in Abschn. 12.3.3 beschrieben.)

Grundrohr:

$t_{L,p} = f(t_L, x_L),$

$t_{F,o,G}$ nach Gl. (6.1),

$\delta_{F,G}$ nach Gl. (6.2),

$\bar{p}_{D,F,G}$ nach Gl. (6.5),

$T_{F,G}$ = Sättigungstemperatur zum Druck $\bar{p}_{D,F,G}$,

$\dot{Q}_{l,G}/A_{F,G}$ nach Gl. (6.7), (6.9) und (6.13),

$\dot{Q}_{s,G}/A_{F,G}$ nach Gl. (6.15), (6.16) und (6.17)

$$\frac{\dot{Q}_{g,G}}{A_{F,G}} = \frac{\dot{Q}_{l,G}}{A_{F,G}} + \frac{\dot{Q}_{s,G}}{A_{F,G}}. \tag{12.72}$$

Rippen:

Die Rippentemperatur t_R wird zunächst entweder geschätzt oder über einen angenommenen gesamten Wärmeübergangskoeffizienten $\alpha_{g,R}$ und den Rippenwirkungsgrad η_R ermittelt. Danach erfolgt, analog zum Rechengang für das Grundrohr, die Bestimmung der Reifdicke und der auf die Reifoberfläche $A_{F,R}$ bezogene Wärmestrom $\dot{Q}_{g,R}$. Mit Kenntnis der am Grundrohr vorhandenen Reifdicke $\delta_{F,G}$ kann die Reifoberfläche an den Rippen $A_{F,R}$ und mit der Beziehung

$$\alpha_{g,R} = \frac{\dot{Q}_{g,R}}{A_{F,R}} \frac{A_{F,R}}{A_R} \frac{1}{t_L - t_R} \tag{12.73}$$

der gesamte Wärmeübergangskoeffizient an den bereiften Rippen errechnet werden. Dieser Rechengang wird so lange wiederholt, bis der zur Ermittlung der Rippentemperatur angenommene Wert für $\alpha_{g,R}$ mit dem nach Gl. (12.73) ermittelten Wert ausreichend genau übereinstimmt.

Nun läßt sich die Reifoberfläche am Grundrohr $A_{F,G}$ ermitteln. Für den gesamten Wärmeübergangskoeffizienten am Grundrohr ergibt sich damit

$$\alpha_{g,G} = \frac{\dot{Q}_{g,G}}{A_{F,G}} \frac{A_{F,G}}{A_G} \frac{1}{t_L - t_G}. \tag{12.74}$$

Die weitere Berechnung kann nach dem in Abschn. 12.1.2 beschriebenen Verfahren erfolgen, wobei zunächst der scheinbare Wärmeübergangskoeffizient α_{as} nach Gl. (12.63) bestimmt wird. Da im Falle der Bereifung zur Ermittlung der Luftzustandsänderungsrichtung Gl. (12.56) nicht benutzt werden kann, wird hier der Zusammenhang

$$\frac{\Delta h_L}{\Delta t_L} = \frac{\dot{Q}_g}{\dot{Q}_s} c_{p,L} = \frac{\dot{Q}_{g,G} + \dot{Q}_{g,R}}{\dot{Q}_{s,G} + \dot{Q}_{s,R}} c_{p,L} \tag{12.75}$$

und zur Bestimmung der Austrittsfeuchte die Beziehung

$$x_{L,2} = x_{L,1} - \frac{\left(\dfrac{\Delta h_L}{\Delta t_L} - c_{p,L}\right)(t_{L,1} - t_{L,2})}{\Delta h_{sub}} \tag{12.76}$$

verwendet.

Hinsichtlich der bei der Berechnung der Rippentemperatur t_R auftretenden Ungenauigkeiten, wenn zur Ermittlung von t_R die Lufttemperatur am Kühlereintritt $t_{L,1}$ anstelle der mittleren Lufttemperatur $t_{L,m}$ verwendet wird, gelten die Ausführungen von Abschn. 12.12 entsprechend.

Beispiel

Luft mit $t_{L,1} = 0\,°C$ und $p = 1$ bar und $\varphi_{L,1} = 40\%$ soll in einem einreihigen Lamellenrohrkühler, dessen Grundrohrtemperatur $t_G = -6\,°C$ beträgt, gekühlt werden. Der Luftmassenstrom ist

$\dot{M}_L = 3,8$ kg/s, der Wärmeübergangskoeffizient $\alpha = 40$ W/m² K und der Stoffübergangskoeffizient $\beta = 3,46 \cdot 10^{-2}$ m/s. Für den aus Kupferrohren und Aluminiumlamellen bestehenden Kühler gelten folgende Daten:

$$d_a = 16 \text{ mm}, \quad s_q = 50 \text{ mm}, \quad s_1 = 50 \text{ mm, Rohranordnung fluchtend,}$$
$$t_R = 10 \text{ mm}, \quad \delta_R = 0,3 \text{ mm}, \quad l = 1\,000 \text{ mm}, \quad z_q = 20.$$

Welche Reifdicken stellen sich nach einer Betriebszeit von fünf Stunden am Grundrohr und an den Lamellen ein, und welche Werte ergeben sich für Lufttemperatur und Wasserdampfgehalt am Kühleraustritt sowie für den gesamten übertragenen Wärmestrom?

Nach Tab. 12.1 erhält man $A_G = 0,975$ m², $A_R = 9,195$ m² und $A_a = 10,17$ m². Der Wasserdampfgehalt der Luft am Kühlereintritt beträgt $x_{L,1} = 3,248 \cdot 10^{-3}$ kg/kg. Damit ergibt sich folgender Rechengang:

Grundrohr:

$t_{L,p} = -1,950\,°C,$

$t_{F,o,G} = -1,950 - (-1,950 + 6,0)\,0,22 = -2,841\,°C$

Stoffwerte: $\lambda_L = 0,024\,4$ W/mK, $D = 21,7 \cdot 10^{-6}$ m²/s, $\lambda_E = 2,23$ W/mK, $\varrho_E = 917$ kg/m³.

Mit $F_1 = 0,39$, $p_{D,L} = 519,4$ Pa, $p'_{D,L} = 611,0$ Pa, $p'_{D,F,G} = 482,2$ Pa ergibt sich nach Gl. (6.2) eine Reifdicke am Grundrohr von

$$\delta_{F,G} = 0,39 \left(\frac{2,23}{2,834 \cdot 10^6 \cdot 917} \right)^{0,5} [5 \cdot 3\,600\,(-2,841 + 6,0)]^{0,5} \left(\frac{519,4 - 482,2}{611,0 - 482,2} \right) \cdot 1 = 1,948 \cdot 10^{-3} \text{ m.}$$

Mit $p'_{D,G} = 368,3$ Pa und $F_2 = 0,65$ wird der wirksame Wasserdampfdruck im Reif nach Gl. (6.5)

$$\bar{p}_{D,F,G} = 368,3 + 0,65\,(482,2 - 368,3) = 442,3 \text{ Pa}$$

und die zugehörige Sättigungstemperatur $T_{F,G} = -3,860\,°C$. Nach Gl. (6.9) ist

$$F_{3,G} = 1,8 \left(\frac{21,7 \cdot 10^{-6}}{3,46 \cdot 10^{-2} \cdot 1,948 \cdot 10^{-3}} \right)^{0,5} = 1,021$$

und nach den Gln. (6.7) und (6.13) wird der auf die Reifoberfläche am Grundrohr bezogene latente Wärmestrom

$$\dot{Q}_{l,G}/A_{F,G} = 1,021 \cdot 3,46 \cdot 10^{-2} \frac{519,4 - 442,3}{461,5\,[273,15 + (0 + 3,860/2)]} \cdot 2,834 \cdot 10^6 = 61,7 \text{ W/m².}$$

Für die sensible Wärmestromdichte erhält man nach Gl. (6.17)

$$F_{4,G} = 2,5 \left(\frac{0,024\,4}{40 \cdot 1,948 \cdot 10^{-3}} \right)^{0,5} = 1,399$$

und mit den Gln. (6.15) und (6.16)

$$\dot{Q}_{s,G}/A_{F,G} = 1,399 \cdot 40\,(0 + 3,860) = 216,0 \text{ W/m².}$$

Damit beträgt die gesamte auf die Reifoberfläche bezogene Wärmestromdichte am Grundrohr nach Gl. (12.72)

$$\dot{Q}_{g,G}/A_{F,G} = 61,7 + 216,0 = 277,7 \text{ W/m².}$$

Rippen:

Es wird geschätzt

$$\alpha_{g,R} = 1,4\,\alpha = 1,4 \cdot 40 = 56 \text{ W/m² K.}$$

Der Rippenwirkungsgrad nach den Gln. (12.27), (12.28), (12.30) und (12.32) ergibt sich zu

$$\eta_R = 0,6865.$$

Damit erhält man nach Gl. (12.21) die Rippentemperatur zu

$$t_R = 0 - (0 + 6)\,0,6865 = -4,119\,°C.$$

Entsprechend der für das Grundrohr durchgeführten Rechnung ergeben sich für die Rippen die folgenden Werte, wobei dieselben Stoffwerte wie beim Grundrohr verwendet werden können:

$$t_{F,o,R} = -1{,}950 - (-1{,}950 + 4{,}119)\, 0{,}22 = -2{,}427\,°C,$$

$$p'_{D,F,R} = 499{,}5\,Pa,$$

$$\delta_{F,R} = 0{,}39 \left(\frac{2{,}23}{2{,}834 \cdot 10^6 \cdot 917} \right)^{0{,}5} [5 \cdot 3\,600\,(-2{,}427 + 4{,}119)]^{0{,}5} \left(\frac{519{,}4 - 499{,}5}{611{,}0 - 499{,}5} \right)^{0{,}27} \cdot 1$$

$$= 1{,}252 \cdot 10^{-3}\,m,$$

$$p'_{D,R} = 432{,}7\,Pa,$$

$$\bar{p}_{D,F,R} = 432{,}7 + 0{,}65\,(499{,}5 - 432{,}7) = 476{,}1\,Pa,$$

$$\bar{t}_{F,R} = -2{,}987\,°C,$$

$$F_{3,R} = 1{,}8 \left(\frac{21{,}7 \cdot 10^{-6}}{3{,}46 \cdot 10^{-2} \cdot 1{,}252 \cdot 10^{-3}} \right)^{0{,}5} = 1{,}745,$$

$$\dot{Q}_{l,R}/A_{F,R} = 1{,}274 \cdot 3{,}46 \cdot 10^{-2}\, \frac{519{,}4 - 476{,}1}{461{,}5\,[273{,}15 + (0 - 2{,}987)/2]} \cdot 2{,}834 \cdot 10^6 = 43{,}1\,W/m^2,$$

$$F_{4,R} = 2{,}5 \left(\frac{0{,}024\,4}{40 \cdot 1{,}252 \cdot 10^{-3}} \right)^{0{,}5} = 1{,}745,$$

$$\dot{Q}_{s,R}/A_{F,R} = 1{,}745 \cdot 40\,(0 + 2{,}987) = 208{,}5\,W/m^2,$$

$$\dot{Q}_{g,R}/A_{F,R} = 43{,}1 + 208{,}5 = 251{,}6\,W/m^2.$$

Für die Reifoberfläche ergibt sich nach Tab. 12.5

$$A_{F,R} = 2 \cdot 50 \cdot 50 - \tfrac{\pi}{2}(16 + 2 \cdot 1{,}948)^2\, \frac{10^3}{10} \cdot 20 \cdot 1 \cdot 10^{-6} = 8{,}756\,m^2$$

und nach Gl. (12.73) der gesamte Wärmeübergangskoeffizient an den Lamellen zu

$$\alpha_{g,R} = 251{,}6 \cdot \frac{8{,}756}{9{,}195}\, \frac{1}{0 + 4{,}119} = 58{,}2\,W/m^2\,K$$

und der entsprechende Rippenwirkungsgrad zu

$$\eta_R = 0{,}679\,0.$$

Die Abweichung vom zunächst angenommenen Wert ist so klein, daß auf eine zweite Durchrechnung mit geringfügig geänderter Rippentemperatur verzichtet werden kann.

Nach Tab. 12.5 erhält man damit für die Reifoberfläche am Grundrohr

$$A_{F,G} = \pi\,(16 + 2 \cdot 1{,}948)\,[1 - (0{,}3 + 2 \cdot 1{,}252)/10] \cdot 10^3 \cdot 20 \cdot 1 \cdot 10^{-6} = 0{,}900\,m^2$$

und mit Gl. (12.74) den gesamten Wärmeübergangskoeffizienten am Grundrohr

$$\alpha_{g,G} = 277 \cdot \frac{0{,}900}{0{,}975}\, \frac{1}{0 + 6} = 42{,}6\,W/m^2\,K.$$

Mit dem scheinbaren Wärmeübergangskoeffizienten nach Gl. (12.73)

$$\alpha_{as} = 42{,}6 \cdot \frac{0{,}975}{10{,}17} + 58{,}2 \cdot 0{,}679\, \frac{9{,}185}{10{,}17} = 39{,}8\,W/m^2\,K$$

und der durch Gl. (12.75) festgelegten Richtung der Luftzustandsänderung

$$\frac{\Delta h_L}{\Delta t_L} = \frac{277{,}7 \cdot 0{,}900 + 251{,}6 \cdot 8{,}756}{216{,}0 \cdot 0{,}900 + 208{,}5 \cdot 8{,}756} \cdot 1\,006 = 1\,222\,J/kg\,K$$

errechnet sich die Austrittstemperatur der Luft mit Gl. (12.64) zu

$$t_{L,2} = 0 - (0 + 6) \left[1 - \exp\left(-\frac{39{,}8 \cdot 10{,}17}{3{,}8 \cdot 1\,222} \right) \right] = -0{,}501\,°C$$

und der Wasserdampfgehalt am Kühleraustritt nach Gl. (12.76) zu

$$x_{L,2} = 3{,}248 \cdot 10^{-3} - \frac{(1\,222 - 1\,006)\,(0 + 0{,}501)}{2{,}834 \cdot 10^6} = 3{,}210 \cdot 10^{-3}\,kg/kg.$$

Der gesamte Wärmestrom beträgt nach Gl. (12.67)

$$\dot{Q}_g = (0 + 0{,}501)\,1\,222 \cdot 3{,}8 = 2\,326\,\text{W}.$$

Wegen der geringen Luftabkühlung ergibt eine zweite Durchrechnung mit mittleren Luft- bzw. Rippentemperaturen nur sehr geringe Abweichungen.

Bei der Bestimmung des Druckabfalls bereifender Luftkühler ist zu berücksichtigen, daß — neben einer Verringerung des freien Strömungsquerschnitts und des äquivalenten Durchmessers — der Widerstandsbeiwert ξ_F wegen der rauhen Reifoberfläche größer ist als bei trockener Kühleroberfläche. Wie in Kap. 6 dargestellt ist, kann man bei Lamellenrohrluftkühlern mit Werten ξ_F/ξ von 1,5 bis 2 rechnen.

12.2 Wärmeübergang und Druckabfall auf der Kühlmittelseite

Die bei der Luftkühlung anfallende Wärme wird entweder auf ein verdampfendes Kältemittel oder auf einen flüssigen Kälteträger übertragen. Die Berechnung von Wärmeübergang und Druckabfall auf der Kühlmittelseite bereitet hierbei im Falle des verdampfenden Kältemittels, bedingt durch die auftretende Zweiphasenströmung, wesentlich größere Schwierigkeiten als beim flüssigen Kälteträger.

12.2.1 Verdampfende Kältemittel

Beim Betrieb von Luftkühlern ist zu unterscheiden zwischen Einspritzbetrieb einerseits, bei dem das Kältemittel vollständig verdampft und anschließend noch im Kühler überhitzt wird und zwischen Umpump- und Schwerkraftbetrieb andererseits, bei denen der umgewälzte Kältemittelmassenstrom den Kühler als Zweiphasengemisch verläßt.

12.2.1.1 Einspritzbetrieb

Das Kältemittel tritt als Zweiphasengemisch mit einem Dampfgehalt $x^*_{R,1}$ und der Temperatur $t_{R,1}$ in die Rohrschlange des Luftkühlers ein. Der Dampfgehalt $x^*_{R,1}$ des Kältemittelstroms kann je nach Kältemittel und Betriebsbedingung Werte zwischen 0,1 und 0,4 kg Dampf/kg Kältemittel annehmen. Beim Durchströmen der Rohrschlangen bildet sich Dampf, solange flüssiges Kältemittel vorhanden ist. Während dieser Durchströmung tritt ein Druckabfall im Kältemittel auf, wodurch die Siedetemperatur von der Eintrittstemperatur $t_{R,1}$ auf den Wert t'_R abfällt. Im zweiten Teil der Rohrschlange erfolgt die Überhitzung des Kältemitteldampfes; die Temperatur steigt bis auf den zum Betrieb des thermostatischen Expansionsventils notwendigen Wert $t_{R,2}$ an (Abb. 12.20).

Im Bereich der Überhitzungszone ist die Wärmestromdichte im Vergleich zur Verdampfungszone erheblich geringer, da sowohl der kältemittelseitige Wärmeübergangskoeffizient als auch der mittlere Temperaturabstand zwischen der Luft und dem Kälte-

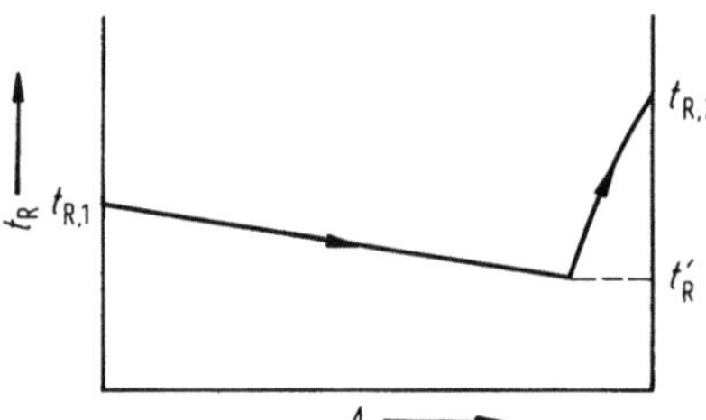

Abb. 12.20. Schema des Temperaturverlaufs des Kältemittels in einem Einspritzverdampfer.

mittel niedrigere Werte aufweisen. Somit kann die zur Kältemittelüberhitzung notwendige Fläche einen erheblichen Anteil an der Gesamtfläche ausmachen, obwohl der zugehörige Wärmestrom nur wenige Prozent vom gesamten Wärmestrom beträgt. Aus diesem Grunde ist es zweckmäßig, für beide Zonen getrennte Rechnungen durchzuführen, wenngleich eine scharfe Grenze zwischen beiden Abschnitten in Wirklichkeit nicht vorhanden ist, da innerhalb der Überhitzungszone immer noch Tröpfchen nachverdampfen. Will man, um den Rechenaufwand niedrig zu halten, auf getrennte Rechnungen verzichten, so kann man für gut konstruierte Kühler bei Gegenstromführung für den Überhitzungsteil mit einem Aufschlag auf die Verdampferfläche von 10 bis 20 % rechnen.

a) Wärmeübergang in der Verdampfungszone

Eine ausführliche Darstellung von Berechnungsverfahren zur Bestimmung des Wärmeübergangs bei verdampfenden Kältemitteln in horizontalen Rohren findet man in Kap. 4. Hierbei wird zwischen zwei Mechanismen des Wärmeübergangs, dem Blasensieden und dem Konvektionssieden, unterschieden. Man ermittelt zunächst die Wärmeübergangskoeffizienten nach beiden Verdampfungsarten und verwendet anschließend für die weitere Rechnung den jeweils größeren Wert. Aus den in Abschn. 4.4.1 für Blasensieden und in Abschn. 4.4.2 für Konvektionssieden angegebenen Beziehungen, die auf örtlichen Meßwerten beruhen, lassen sich die maximal möglichen Wärmeübergangskoeffizienten errechnen, die bei vollkommen gleichmäßiger Strömung in geraden horizontalen Rohren erreicht werden. Für den Fall des Blasensiedens ist der Wärmeübergang in Abhängigkeit vom Dampfgehalt x^* nach Gl. (4.90) zu bestimmen. Unter der Voraussetzung, daß der Dampfgehalt sich linear mit der durchströmten Rohrlänge zwischen den Werten 0,1 und 1,0 kg Dampf/kg Kältemittel ändert, ergeben sich mittlere Wärmeübergangskoeffizienten für die gesamte Verdampfungsstrecke mit der Beziehung (4.91). Da bei den als Einspritzverdampfer ausgeführten Luftkühlern meist Kupferrohre verwendet werden, kann man eine Rohrrauhigkeit $R_p = 1 \cdot 10^{-6}$ m annehmen und damit die etwas einfacheren Beziehungen (4.92) und (4.94) benutzen. Für den Bereich des Konvektionssiedens ist der Wärmeübergang in Abhängigkeit vom Dampfgehalt nach Gl. (4.101) zu bestimmen. Mittlere Wärmeübergangskoeffizienten, für deren Ermittlung dieselben Voraussetzungen wie beim Blasensieden gelten, ergeben sich für R12 mit Gl. (4.105) und für R22 mit Gl. (4.106).

Da sich sowohl beim Blasensieden wie auch beim Konvektionssieden die Wärmeübergangskoeffizienten in Abhängigkeit vom Dampfgehalt beträchtlich verändern und außerdem in Einspritzverdampfern die für die Mittelwertbildungen zugrunde gelegten Voraussetzungen nur selten genau erfüllt sind, tritt bei Verwendung der Mittelwerte eine gewisse Ungenauigkeit in der Wärmeübergangsbestimmung auf. Dieser Mangel läßt sich durch eine stufenweise Berechnung ausschalten; dafür nimmt allerdings der Berechnungsaufwand beträchtlich zu.

In Abschn. 4.4.3 ist dargestellt, daß die Beziehungen zur Berechnung des Wärmeübergangs aus örtlichen Meßwerten abgeleitet wurden, die bei Rohrbündelwärmeaustauschern nur zu 60 bis 80 % erreicht werden. Die dafür verantwortlichen Ursachen — ungleichmäßige Verteilung des Kältemittelmassenstroms und des Dampfgehalts auf verschiedene parallele Rohrstränge, örtliche Unterschiede des Wärmetransports auf der Seite des zu kühlenden Fluids, Störung der Kältemittelströmung in Umlenkungen sowie die Anwesenheit von Öl — treffen prinzipiell auch für die bei Luftkühlern auftretenden Verhältnisse zu. Zwar ist bei Luftkühlern eine günstigere Verteilung des Kältemittels auf die parallel liegenden Rohrstränge möglich, dafür müssen jedoch häufig — besonders bei Ventilatorluftkühlern — mit Rücksicht auf eine kompakte Apparatekonstruktion Ungleichmäßigkeiten bei der luftseitigen Durchströmung in Kauf genommen werden. Unter Berücksichtigung dieser Umstände werden deshalb die in

Abschn. 4.4.3 angegebenen Wärmeübergangsbeziehungen, die auf Messungen an ausgeführten Rohrbündelwärmeaustauschern beruhen, den bei Luftkühlern auftretenden Verhältnissen eher gerecht als die auf den örtlichen Meßwerten beruhenden Beziehungen. Bei Blasenverdampfung ist dann in Abhängigkeit vom Dampfgehalt die Gl. (4.114) und bei Mittelwertbildung (4.115) anzuwenden; beim Konvektionssieden die entsprechenden Gl. (4.119) sowie (4.121) und (4.122). Bei sehr gleichmäßiger Luftdurchströmung, die z.B. beim Einbau des Luftkühlers in einem geradlinigen Kanal erreicht werden kann, ist zu erwarten, daß sich etwas höhere Wärmeübergangskoeffizienten erzielen lassen, die dann zwischen den auf den örtlichen Meßwerten beruhenden und den an Rohrbündelwärmeaustauschern gewonnenen Beziehungen liegen werden.

b) Druckabfall in der Verdampfungszone

Der gesamte in der Verdampfungszone auftretende kältemittelseitige Druckabfall setzt sich grundsätzlich aus vier Teilen zusammen, dem Reibungsdruckabfall der Zweiphasenströmung im geraden Rohrteil $\Delta p_{R,fr}$, dem Druckabfall in den Umlenkbogen $\Delta p_{R,U}$, dem Beschleunigungsdruckabfall $\Delta p_{R,B}$ und dem hydrostatischen Druckabfall $\Delta p_{R,h}$:

$$\Delta p_R = \Delta p_{R,fr} + \Delta p_{R,U} + \Delta p_{R,B} + \Delta p_{R,h}. \tag{12.77}$$

Die Grundlagen zur Berechnung der einzelnen Druckabfälle können den Abschn. 4.1 und 4.3 entnommen werden.

Reibungsdruckabfall $\Delta p_{R,fr}$: Wie in Abschn. 4.3.1 dargestellt, gibt es mehrere Verfahren zur Berechnung des Reibungsdruckabfalls bei Zweiphasenströmung. Die im Abschn. 4.3.1.5 durchgeführten Vergleiche von Rechen- mit Meßwerten zeigen, daß die Verfahren von Bandel und Schlünder sowie von Grønnerud zufriedenstellende Ergebnisse liefern. Im Hinblick auf den geringeren Rechenaufwand kann für Luftkühler das Verfahren von Grønnerud empfohlen werden, wobei die Beziehungen (4.59) bis (4.66) anzuwenden sind. Hiermit läßt sich der Reibungsdruckabfall in Abhängigkeit vom Dampfgehalt x^* berechnen. Im Falle der stufenweisen Berechnung ergibt sich der gesamte Reibungsdruckabfall dann durch Addition der für die Einzelabschnitte geltenden Werte. Setzt man vereinfachend einen mit der Rohrlänge linear verlaufenden Dampfgehalt x^* des Kältemittelmassenstroms voraus, so kann man einen mittleren Reibungsdruckabfall bestimmen, wenn man den Ausdruck $(\Delta p/l)_{fr}$ nach Gl. (4.63) durch einen Integralmittelwert zwischen x_1^* und $x_2^* = 1,0$

$$\left(\frac{\overline{\Delta p}}{l}\right)_{fr} = \frac{f_{Fr}}{1 - x_1^*}[0,5\,(1 - x_1^{*2}) + 1,429\,(1 - x_1^{*2,8}) - 0,364\,f_{Fr}^{0,5}\,(1 - x_1^{*11})] \tag{12.78}$$

ersetzt.

Druckabfall in den Umlenkungen $\Delta p_{R,U}$: Die ausführliche Darstellung des Berechnungsverfahrens findet man in Abschn. 4.3.2, wobei für Einspritzbetrieb diejenigen Beziehungen angewendet werden können, die aus den von Pierre an 180°-Bogen gewonnenen Meßergebnissen abgeleitet sind. Hiernach wird der Druckabfall in der Umlenkung als Summe aus dem Reibungsdruckabfall der Zweiphasenströmung eines geraden Rohrstücks mit der gestreckten Länge des Rohrbogens und einem durch die Rohrbiegung hervorgerufenen Störanteil ermittelt.

In Abschn. 4.3.3.2 ist die vollständige Durchrechnung des gesamten Druckabfalls für einen von unten nach oben durchströmten Einspritzverdampfer in Rohrschlangenbauart einschließlich der Ermittlung des Umlenkdruckabfalls dargestellt. Der auf den Störanteil entfallende Druckabfall beträgt hierbei nur 3,1 % des gesamten Druckabfalls (412 Pa von 13 419 Pa), wobei Zuschläge mit den Faktoren 1,4 und 1,5, durch die einem relativ hohen Ölgehalt und den eingelöteten Rohrbogen Rechnung getragen wird, bereits enthalten sind. Demgegenüber beläuft sich der reibungsbedingte Druckabfall in den Rohrbogen auf 7,0 % des gesamten Druckabfalls (937 Pa von 13 419 Pa). Da man erwarten kann, daß sich auch bei von diesem Beispiel abweichenden Abmessungen und Betriebsbedingungen keine völlig anderen Relationen einstellen, kann man im Hinblick auf den beträchtlichen Aufwand zur Berechnung des Störanteils vereinfachend zur Bestimmung des gesamten Druckabfalls in der Umlenkung mit dem 1,5fachen Wert des Reibungsdruckabfalls im Rohrbogen rechnen. Hierin wird in den meisten Fällen ein gewisser Sicherheitszuschlag enthalten sein.

Beschleunigungsdruckabfall $\Delta p_{R,B}$: Es kann die in Abschn. 4.1.2 beschriebene Methode angewendet werden. Hiernach läßt sich der durch die Beschleunigung des im Einspritzverdampfer entstehenden Kältemitteldampfes auftretende Druckabfall näherungsweise durch die einfache Beziehung (4.14) bestimmen. Er beläuft sich meist auf Werte, die zwischen 5 und 15 % des Gesamtdruckabfalls betragen. Im Falle des Beispiels Abschn. 4.3.3.2 werden 10,9 % (1 470 Pa von 13 419 Pa) erreicht.

Hydrostatischer Druckabfall $\Delta p_{R,h}$: Dieser tritt nur auf, wenn der Kältemittelaustritt höher als der Kältemitteleintritt liegt. Bei umgekehrter Durchströmung ergibt sich ein hydrostatischer Druckgewinn, bei kältemittelseitig horizontaler Durchströmung ist $\Delta p_{R,h} = 0$. Die Berechnung erfolgt nach Gl. (4.20) unter Verwendung der Querschnittsanteile der Flüssigkeit $(1 - \varepsilon)$ nach den Beziehungen (4.9) und (4.10) in Abhängigkeit von x^* und einer anschließenden Mittelwertbildung. Da bei Einspritzverdampfern der mittlere Querschnittsanteil der Flüssigkeit meist weniger als 20 % beträgt, ist der Anteil des hydrostatischen Druckabfalls am Gesamtdruckabfall gering. Im Rechenbeispiel Abschn. 4.3.3.2, bei dem die Höhendifferenz zwischen Kältemittelein- und -austritt den verhältnismäßig großen Wert von 0,675 m besitzt, werden 6,7 % des Gesamtdruckabfalls (900 Pa von 13 419 Pa) erreicht.

c) Überhitzungszone

Der Wärmeübergang für die Dampfüberhitzung kann unter Vernachlässigung der noch vorhandenen Flüssigkeitströpfchen nach einer Beziehung des konvektiven Wärmeübergangs bei erzwungener Rohrströmung bestimmt werden. Da bei einem gut konstruierten Einspritzverdampfer zur Luftkühlung hierbei immer turbulente Strömung vorliegt, läßt sich nach [1, Abschn. Gb] die Beziehung

$$\alpha_{i,h} = 0,021\,4 \cdot \frac{\lambda_{R,G}}{d_i}(Re_{R,G}^{0,8} - 100)\,Pr_{R,G}^{0,4}[1 + (d_i/l)^{2/3}] \qquad (12.79)$$

verwenden.

Den in der Überhitzungszone auftretenden Druckabfall kann man angenähert nach den für Einphasenströmung geltenden Gesetzmäßigkeiten berechnen. Die entsprechenden Beziehungen für gerade Rohre sind in Abschn. 1.2 und für Rohrbogen in Abschn. 1.5 dargestellt. Berücksichtigt man, daß die im Überhitzungsbereich liegende Rohrstrecke im allgemeinen weniger als 20 % der gesamten durchströmten Rohrlänge ausmacht sowie die Tatsache, daß in Wirklichkeit auch innerhalb der Überhitzungszone noch Flüssigkeitströpfchen auftreten, so kann man vereinfachend die für den Verdampfungsbereich geltende Berechnungsmethode auf die gesamte durchströmte Rohrlänge des Einspritzverdampfers anwenden. Es ergibt sich dann ein geringfügig

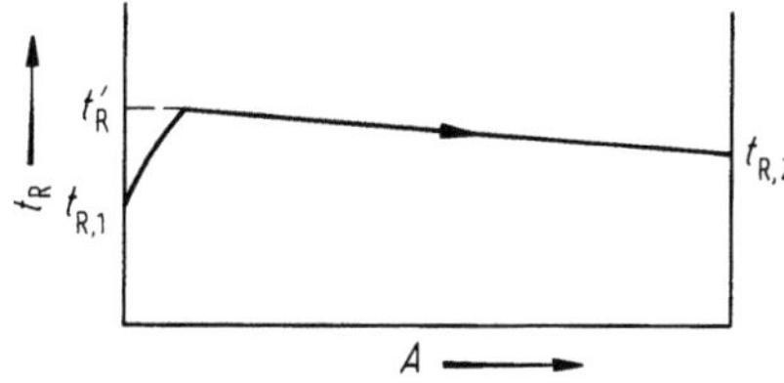

Abb. 12.21. Schema des Temperaturverlaufs des Kältemittels in einem Verdampfer mit Umpumpbetrieb.

größerer Gesamtdruckabfall als bei Berechnung des Druckabfalls in der Überhitzungszone nach einer für Einphasenströmung geltenden Beziehung.

12.2.1.2 Umpump- und Schwerkraftbetrieb

Bei einem mit Kältemittel-Umpumpbetrieb arbeitenden Luftkühler befindet sich
das in den Luftkühler mit der Temperatur $t_{R,1}$ eintretende Kältemittel im unterkühlten
Zustand. Im ersten Teil der Rohrschlange erwärmt es sich zunächst bis auf die Siedetemperatur t'_R, die dem an dieser Stelle herrschenden Druck entspricht. Im zweiten
Teil der Rohrschlange verdampft ein Teil des Kältemittelstroms, wobei durch den auftretenden Druckabfall die Siedetemperatur des Kältemittels bis auf den Austrittswert
$t_{R,2}$ absinkt (Abb. 12.21). Der Dampfgehalt $x^*_{R,2}$ des den Kühler verlassenden Kältemittelmassenstroms nimmt im allgemeinen Werte zwischen 15 und 50 % an.

Die Temperatur des flüssigen Kältemittels $t_{R,1}$ am Kühlereintritt hängt vor allem
von der im Flüssigkeitsabscheider herrschenden Sättigungstemperatur $t_{R,3}$ ab, ist aber
um einen geringen Betrag höher als diese, was auf die Energiezufuhr in der Umwälzpumpe und den Wärmeeinfall in die Flüssigkeitsleitung zwischen Abscheider und
Luftkühler zurückzuführen ist. Da die Sättigungstemperatur $t_{R,3}$ im Flüssigkeitsabscheider entsprechend dem in der Rohrleitung zwischen Kühler und Abscheider auftretenden Druckabfall niedriger als die Kältemitteltemperatur $t_{R,2}$ am Luftkühleraus-
tritt ist, kann eine genaue Ermittlung der am Kühlereintritt vorhandenen
Unterkühlung $t'_R - t_{R,1}$ nur für das Gesamtsystem Luftkühler-Rohrleitung-Abscheider-
Umwälzpumpe erfolgen. Man wird deshalb im allgemeinen bei der Ermittlung der
Wärmeübertragungsleistung des Luftkühlers auf eine gesonderte Berechnung der Anwärmzone verzichten. Der hierdurch entstehende Fehler ist relativ gering. Zwar ist der
Wärmeübergang der strömenden Flüssigkeit etwas niedriger als in der Verdampfungszone, dies wird jedoch zumindest teilweise durch den höheren mittleren Temperaturabstand zur Luft in der Anwärmzone kompensiert. Außerdem ist zu berücksichtigen,
daß die Unterkühlung im allgemeinen 5 K nicht übersteigt und damit der auf die Anwärmzone entfallende Anteil am gesamten im Luftkühler übertragenen Wärmestrom
meist weniger als 10 % ausmacht.

Für die Berechnung des Wärmeübergangs und des Druckabfalls in der Verdampfungszone gelten grundsätzlich wie im Falle des Einspritzbetriebs die in Abschn. 4.3
und 4.4 dargestellten Beziehungen. Bezüglich des Wärmeübergangs können hierbei
die auf den örtlichen Meßwerten beruhenden Gleichungen der Abschn. 4.4.1 für Blasensieden und 4.4.2 für Konvektionssieden ohne größere Korrekturen Verwendung finden, da bei Umpumpbetrieb am Austritt aller Rohre eine Zweiphasenströmung vorliegt, selbst wenn bei der Kältemittelverteilung auf die parallel liegenden Rohrstränge
beträchtliche Ungleichmäßigkeiten auftreten.

In Luftkühlern, die mit Fluorchlorkohlenwasserstoffen als Kältemittel betrieben
werden, kann, wie im Falle des Einspritzbetriebs, sowohl Blasensieden wie Konvektionssieden auftreten. Dabei ist zu berücksichtigen, daß sich die beim Umpumpbetrieb
erzielbaren höheren Massenstromdichten zugunsten des Konvektionssiedens auswirken, während die niedrigen Werte des mittleren im Luftkühler vorhandenen Dampfgehalts den konvektiven Wärmeübergang negativ beeinflussen.

Für das bei Umpumpbetrieb häufig verwendete Kältemittel Ammoniak kann man
sich auf die Anwendung der für Blasensieden geltenden Beziehung (4.90) beschränken. Abgesehen davon, daß im Bereich des Konvektionssiedens für Ammoniak keine
ausreichend abgesicherte Beziehung vorliegt, ist dies dadurch gerechtfertigt, daß die
beim Blasensieden von Ammoniak auftretenden Wärmeübergangskoeffizienten ohnehin deutlich über den für Fluorchlorkohlenwasserstoffe geltenden Werten liegen.

Hinsichtlich des im Verdampfer auftretenden Druckabfalls gelten Gl. (12.77) sowie
die in den Abschn. 4.1 und 4.3 dargestellten Einzelbeziehungen. Für den Reibungs-

druckabfall ist, wie im Falle des Einspritzbetriebs, das Verfahren von Grønnerud empfehlenswert, für die Umlenkverluste wendet man am besten das in Abschn. 4.3.2.4 beschriebene Berechnungsverfahren an, dem ebenfalls die Messungen von Grønnerud zugrunde liegen. Der Beschleunigungsdruckabfall kann nach Gl. (4.17) ermittelt werden. Die ausführliche Berechnung des Druckabfalls bei einem Rohrschlangenverdampfer mit Umpumpbetrieb ist im Beispiel Abschn. 4.3.3.3 für das Kältemittel R12 bereits dargestellt.

Da der mittlere im Luftkühler vorliegende Dampfgehalt x^* bei Umpumpbetrieb viel niedriger als bei Einspritzbetrieb ist, stellt sich ein wesentlich größerer mittlerer Flüssigkeitsanteil $\overline{1-\varepsilon}$ und damit ein höherer hydrostatischer Druckabfall ein. So beträgt im Falle des in Abschn. 4.3.3.2 behandelten Einspritzverdampfers der Anteil des hydrostatischen Druckabfalls am Gesamtdruckabfall nur 6,7 %, während sich im Beispiel Abschn. 4.3.3.3 für Umpumpbetrieb ein Anteil von 42 % ergibt, obwohl das verwendete Rohrsystem in beiden Fällen dasselbe ist. Bedenkt man, daß das Kältemittel am Eintritt in den Luftkühler noch eine Unterkühlung aufweist, was im Beispiel Abschn. 4.3.3.3 nicht berücksichtigt ist, so ist der hydrostatische Druckabfall noch um 10 bis 20 % höher anzusetzen. Für die Berechnung von Luftkühlern ist dies um so mehr von Bedeutung, als bei Umpumpbetrieb — im Hinblick auf eine einfache und gleichmäßige Verteilung — die Kältemittelführung von unten nach oben bevorzugt wird.

Für Schwerkraftbetrieb gelten dieselben Zusammenhänge wie für Umpumpbetrieb, sofern ein ausreichender Kältemittelumlauf sichergestellt ist. Dieser stellt sich hierbei so ein, daß die Summe der im Luftkühler und in den Rohrleitungen auftretenden Druckabfälle dem statischen Druck der Flüssigkeitssäule entspricht, deren Höhe die Differenz zwischen der Lage des Flüssigkeitsspiegels im Abscheider und der Lage des Kältemitteleintritts am Luftkühler ist.

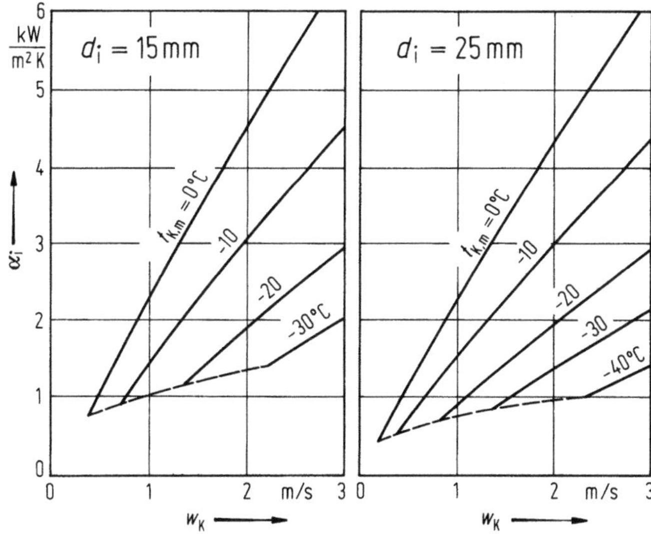

Abb. 12.22. Wärmeübergangskoeffizienten von $CaCl_2$-Solen bei turbulenter Rohrströmung nach der in [1, Abschn. Gb] angegebenen Gl. (10) für $Pr_K/Pr_{K,w} = 1$ und $d_i/l = 0$ (Gefrierbeginn der Sole liegt 12 K unter der mittleren Kühlmitteltemperatur $t_{K,m}$). — — — — Grenzkurve für turbulente Strömung ($Re_K = 2\,300$).

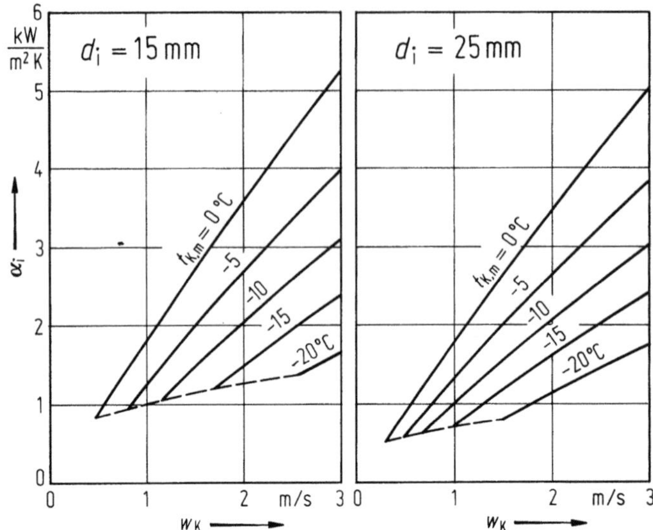

Abb. 12.23. Wärmeübergangskoeffizienten von Ethylenglykol-Wasser-Gemisch bei turbulenter Rohrströmung nach der in [1, Abschn. Gb] angegebenen Gl. (10) für $Pr_K/Pr_{K,w} = 1$ und $d_i/l = 0$ (Gefrierbeginn des Gemischs liegt 12 K unter der mittleren Kühlmitteltemperatur $t_{K,m}$).
— — — — Grenzkurve für turbulente Strömung ($Re_K = 2\,300$).

12.2.2 Flüssige Kälteträger

Bei der Durchströmung der in Luftkühlern verwendeten Rohrschlangen wird der Wärmeübergang entscheidend von der Strömungsform, die laminar oder turbulent sein kann, bestimmt. Da die Wärmeübergangskoeffizienten bei laminarer Strömung bedeutend niedriger als bei turbulenter Strömung sind, ist, soweit möglich, turbulente Strömung anzustreben.

Laminarer Bereich: Bei laminarer Rohrströmung ($Re < 2\,300$) kann nach [1, Abschn. Gb] mit den dort angegebenen Beziehungen gerechnet werden, wobei die Stoffwerte auf die mittlere Kälteträgertemperatur zwischen Ein- und Austritt bezogen werden.

Turbulenter Bereich: Für turbulente Rohrströmung ($Re > 2\,300$) gilt im Bereich $1,5 < Pr_K < 500$, in dem sich die Prandtl-Zahlen von Kälteträgern nahezu immer bewegen, die in [1, Abschn. Gb] angegebene Gl. (10).

Die Abb. 12.22 und 12.23 zeigen Wärmeübergangskoeffizienten für die häufig verwendeten Kälteträger $CaCl_2$-Sole und Ethylenglykol-Wasser-Gemische im turbulenten Bereich, wobei $Pr_K/Pr_{K,w} = 1$ und $d_i/l = 0$ gesetzt wurde.

Der kälteträgerseitige Druckabfall kann nach den Beziehungen in [1, Abschn. La bis Lc] berechnet werden.

12.3 Wärmeübertragungsleistung

Für den in einem Luftkühler auftretenden Wärmestrom gilt die Beziehung

$$\mathrm{d}\dot{Q} = k\vartheta\,\mathrm{d}A_a \tag{12.80}$$

wobei k den auf die äußere Oberfläche des Luftkühlers bezogenen Wärmedurchgangskoeffizienten und ϑ den Abstand zwischen der Lufttemperatur t_L und der Kühlmitteltemperatur t_R bedeuten. Für den Fall, daß sich der Wärmedurchgangskoeffizient längs der Oberfläche des Luftkühlers nicht oder nur wenig ändert, ergibt sich der gesamte im Kühler übertragene Wärmestrom unter Verwendung eines mittleren Temperaturabstands ϑ_m zu

$$\dot{Q} = k A_a \vartheta_m. \tag{12.81}$$

ϑ_m wird hierbei je nach Strömungsführung nach den bekannten Gesetzmäßigkeiten für Gleich-, Gegen- oder Kreuzstrom ermittelt (s. Band III des Handbuches der Kältetechnik).

Der auf die äußere Oberfläche bezogene Wärmedurchgangskoeffizient läßt sich aus der Beziehung

mit

$$k = \frac{1}{\dfrac{A_a}{A_i}\left(\dfrac{1}{\alpha_i} + R_i + R_G\right) + \dfrac{1}{\alpha_{as}} + R_a} \tag{12.82}$$

$$R_G = \frac{\delta_G^*}{\lambda_G} \tag{12.83}$$

bestimmen. Hierbei kann der auf die Rohrinnenseite bezogene Verschmutzungswiderstand R_i bei Luftkühlern, die als Verdampfer eines geschlossenen Kältemittelkreislaufs betrieben werden, meist vernachlässigt werden. Bei der Verwendung flüssiger Kälteträger sind geringe Verschmutzungswiderstände, die Werte $R_i = 0{,}5 \cdot 10^{-4}...2 \cdot 10^{-4}\ \mathrm{m^2\,K/W}$ annehmen können, zu berücksichtigen. Der Wärmeleitwiderstand R_G setzt sich aus dem Wärmeleitwiderstand des Grundrohrs und dem Übergangswiderstand zwischen Grundrohr und Rippe zusammen. Er hängt vor allem von der Dicke und der Wärmeleitfähigkeit des Grundrohrs sowie von der Ausbildung, der Fertigungssorgfalt und vom Material des Rippenfußes ab. Die in Gl. (12.83) einzusetzende Dicke δ_G^* ist, bedingt durch die zweidimensionale Richtung des Wärmestroms im Grundrohr, stets größer als der Wert $(d_a - d_i)/2$. Sie kann nach einem in [33] angegebenen Verfahren berechnet werden.

Wenn Grundrohr und Lamellen aus Kupfer oder Aluminium bestehen, ist R_G zu vernachlässigen. Bei Stahlrohren hingegen kann der Wärmedurchgangskoeffizient um bis zu 10 % verringert werden. Der äußere Verschmutzungswiderstand R_a ist vernachlässigbar, sofern die zu kühlende Luft nicht einen besonders hohen Verschmutzungsgrad aufweist.

Wie man aus Gl. (12.82) erkennt, ergibt sich ein konstanter Wärmedurchgangskoeffizient für die gesamte Kühleroberfläche nur dann, wenn die Werte für α_i und α_{as} konstant sind. Diese Bedingung ist nur im Falle der Übertragung konvektiver Wärme sowohl auf der Luft- wie auf der Kühlmittelseite zufriedenstellend erfüllt. In allen übrigen Fällen, insbesondere wenn auf der Luftseite Wasserdampfkondensation stattfindet, sind für eine genaue Berechnung mehrere Rechenschritte erforderlich. Hierbei wird Gl. (12.81) auf kleine Teilflächen, für die jeweils konstante mittlere Wärmedurchgangskoeffizienten vorausgesetzt werden können, angewendet.

Die Veränderung der Lufttemperatur beim Überströmen einer solchen Teilfläche ergibt sich in Anlehnung an die in Abschn. 12.1 beschriebene Rechenmethode aus der Beziehung

$$t_{L,2} = t_{L,1} - (t_{L,1} - t_R)\left\{1 - \exp\left[-\frac{k\,A_a}{\dot{M}_L(\Delta h_L/\Delta t_L)}\right]\right\}. \tag{12.84}$$

Die Luftaustrittstemperatur $t_{L,2}$ wird dann als Ausgangswert für den zweiten Rechenschritt verwendet. Bei Luftkühlern mit mehreren Rohrreihen erzielt man häufig eine zufriedenstellende Rechengenauigkeit, wenn die Anzahl der Rechenschritte der Anzahl der luftseitig überströmten Rohrreihen entspricht.

Im folgenden werden Berechnungsgänge für trockene, feuchte und bereifende Lamellenrohrluftkühler mit Rechenbeispielen dargestellt. Da bei allen Rechnungen Iterationen erforderlich sind, ist eine Handrechnung nur mit erheblichem Zeitaufwand möglich. Für die Praxis empfiehlt sich deshalb die Verwendung eines programmierbaren elektronischen Rechners.

Bei allen Rechenbeispielen wird davon ausgegangen, daß die Kühlerabmessungen, der Massenstrom und der Eintrittszustand der Luft, sowie der Ein- oder Austrittszustand des Kühlmittels bekannt sind. Andere Aufgabenstellungen, wie z.B. die Dimensionierung eines Luftkühlers für eine vorgegebene Leistung, lassen sich durch ergänzende Rechenschritte prinzipiell ebenfalls mit dem Verfahren der Nachrechnung eines vorgegebenen Kühlers lösen.

12.3.1 Luftkühler ohne Feuchtigkeitsausscheidung, Kältemitteleinspritzbetrieb

Folgende Größen werden als bekannt vorausgesetzt:

Luftseite: Massenstrom, Lufteintrittszustand.

Kältemittelseite: Art des Kältemittels, Verdampfungstemperatur bzw. -druck sowie Überhitzungstemperatur am Kühleraustritt, Temperatur vor dem Expansionsventil.

Luftkühler: Abmessungen, Werkstoffe und Rohrschaltung.

Gesucht werden die Luftaustrittstemperatur, der übertragene Wärmestrom, der luftseitige Druckabfall.

Der im Kühler auftretende Temperaturverlauf für Gegenstromschaltung ist qualitativ in Abb. 12.24 dargestellt. Da auf der Luftseite nur konvektiver Wärmeübergang auftritt, kann für den gesamten Kühler mit einem einheitlichen Wert für den luftseitigen Wärmeübergang gerechnet werden. Auf der Kältemittelseite wird zwischen der Verdampfungs- und der Überhitzungszone unterschieden, wobei für den Wärmeübergang in der Verdampfungszone ein Mittelwert verwendet wird. Der kältemittelseitige Druckabfall wird vereinfacht so berechnet, als ob zwischen Kühlereintritt und -austritt eine lineare Änderung des Dampfgehalts stattfände. Die am Übergang zwischen der Verdampfungs- und Überhitzungszone herrschende Temperatur t'_R wird der am Kühleraustritt entsprechenden Sättigungstemperatur gleichgesetzt. Außerdem werden die Wärmeleitwiderstände R_i und R_a vernachlässigt. Da auf der Kältemittelseite sowohl der Wärmeübergang als auch der Druckabfall vom zunächst nicht bekannten Massen-

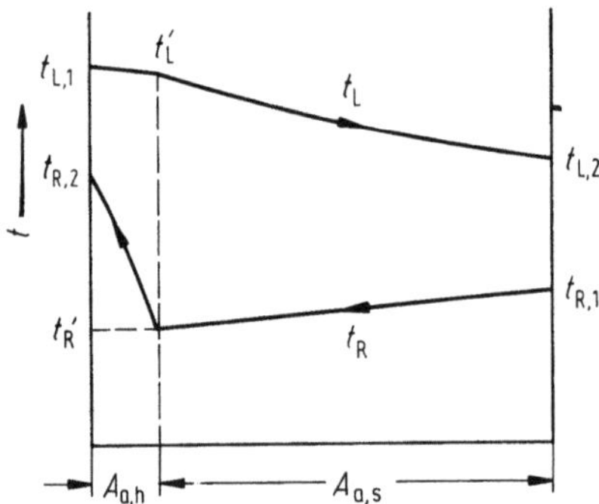

Abb. 12.24. Schema des Temperaturverlaufs in einem als Einspritzverdampfer arbeitenden Luftkühler bei Gegenstromschaltung.

strom abhängen, muß für letzteren zunächst eine Annahme getroffen und anschließend eine Iteration durchgeführt werden. Hierbei geht man von einem geschätzten Wärmestrom $\dot{Q}$ aus und ermittelt den Kältemittelmassenstrom aus der Beziehung

$$\dot{M}_R = \dot{Q}/(h_{R,2} - h_{R,1}). \qquad (12.85)$$

Im folgenden Rechenschema wird zunächst die Überhitzungszone (Rechenschritt 5 bis 11) und anschließend die Verdampfungszone (Rechenschritt 12 bis 20) berechnet, wobei für beide Zonen Gegenstrom vorausgesetzt wird. Letzteres ist in der Praxis nicht genau einzuhalten, jedoch ist der hierdurch entstehende Fehler gering.

Rechenschema

1. $\alpha_a = f$ $(\dot{V}_L, t_L, \text{Kühlerabmessungen})$

2. $\eta_R = f$ $(\alpha_a, \text{Rippenrohr})$

3. $\alpha_{as} = \alpha_a \left(\dfrac{A_G}{A_a} + \eta_R \dfrac{A_R}{A_a} \right)$

4. $\dot{M}_R = \dot{Q}/(h_{R,2} - h_{R,1})$, bei der ersten Rechnung mit Schätzwert für $\dot{Q}$

5. $\dot{Q}_h = \dot{M}_R (h_{R,2} - h_R')$

6. $\dot{m}_R = \dot{M}_R / \sum S_R$

7. $\alpha_{i,h} = f$ $(\text{Kältemittel}, \dot{m}_R, t_R', d_i)$

8. $k_h = \left[\dfrac{A_a}{A_i} \left(\dfrac{1}{\alpha_{i,h}} + R_G \right) + \dfrac{1}{\alpha_{as}} \right]^{-1}$

9. $t_L' = t_{L,1} - \dot{Q}_h/(\dot{M}_L c_{p,L})$

10. $\vartheta_{m,h} = \dfrac{(t_L' - t_R') - (t_{L,1} - t_{R,2})}{\ln \left(\dfrac{t_L' - t_R'}{t_{L,1} - t_{R,2}} \right)}$

11. $A_{a,h} = \dot{Q}_h/(k_h \vartheta_{m,h})$

12. $A_{a,s} = A_a - A_{a,h}$

13. $\dot{q}_{i,s} = \dfrac{\dot{Q} - \dot{Q}_h}{A_{a,s}} \dfrac{A_a}{A_i}$

14. $\alpha_{i,s} = f$ $(\text{Kältemittel}, \dot{m}_R, \dot{q}_{i,s}, t_R', x_{R,1}^*, d_i)$

15. $k_s = \left[\dfrac{A_a}{A_i} \left(\dfrac{1}{\alpha_{i,s}} + R_G \right) + \dfrac{1}{\alpha_{as}} \right]^{-1}$

16. $\Delta p_R = \Delta p_{R,fr} + \Delta p_{R,U} + \Delta p_{R,B} + \Delta p_{R,h}$
    $= f$ $(\text{Kältemittel}, \dot{m}_R, t_R', x_{R,1}^*, d_i, \text{Rohrschaltung})$

17. $t_{R,1} = t_R' + f(\Delta p_R)$

18. $t_{L,2} = t_{L,1} - \dot{Q}/(\dot{M}_L c_{p,L})$

19. $\vartheta_{m,s} = \dfrac{(t_L' - t_R') - (t_{L,2} - t_{R,1})}{\ln \left(\dfrac{t_L' - t_R'}{t_{L,2} - t_{R,1}} \right)}$

20. $\dot{Q}_s = k_s A_{a,s} \vartheta_{m,s}$

21. $\dot{Q} = \dot{Q}_h + \dot{Q}_s$

Wiederholung der Rechnung ab Rechenschritt 4, bis eine befriedigende Übereinstimmung zwischen dem in Rechenschritt 4 verwendeten und dem in Rechenschritt 21 errechneten Wärmestrom erreicht ist.

22. $\Delta p_L = z_1 \xi_m \dfrac{s_1}{d_{ae}} \dfrac{\varrho_L w_{L,m}^2}{2}$

Zahlenbeispiel

Ein trockener Luftvolumenstrom von 5 200 m³/h mit dem Druck $p = 1{,}0$ bar tritt mit der Temperatur $t_{L,1} = 10\,°C$ in einen mit R22-Einspritzbetrieb gekühlten Lamellenrohrkühler ein. Die dem Sättigungsdruck am Kühleraustritt entsprechende Verdampfungstemperatur des Kältemittels beträgt $t_R' = 0\,°C$, die Überhitzungstemperatur am Kühleraustritt $t_{R,2} = +6\,°C$ und die Temperatur des flüssigen Kältemittels vor dem Expansionsventil $t_{R,u} = +30\,°C$.

Für den Luftkühler gelten folgende Daten:

Werkstoff	Rohr/Lamelle	Kupfer/Aluminium
Rohrdurchmesser	d_a/d_i	$= 16{,}2/14{,}6$ mm
Rohrteilung	$s_q/s_1/s_s$	$= 50/43{,}3/50$ mm
Rohranordnung		versetzt
Lamellenteilung	t_R	$= 7{,}5$ mm
Lamellendicke	δ_R	$= 0{,}3$ mm
berippte Rohrlänge	l	$= 0{,}9$ m
Anzahl der Rohre	z_q/z_1	$= 12/6$
Anzahl der kältemittelseitig parallelgeschalteten Rohrstränge	z_p	$= 2$
Rohrschaltung		Gegenstrom
Luftführung		horizontal
luftseitiger Anströmquerschnitt	$S_{L,0}$	$= 0{,}54$ m²

Stoffwerte für Luft bei $t_L = 10\,°C$:

$$\varrho_L = 1{,}23 \text{ kg/m}^3, \quad c_{p,L} = 1\,007 \text{ J/kg K}, \quad \lambda_L = 0{,}025\,25 \text{ W/m} \cdot \text{K},$$
$$\nu_L = 14{,}25 \cdot 10^{-6} \text{ m}^2/\text{s}, \quad Pr_L = 0{,}698.$$

Enthalpie- und Stoffwerte für R22 bei $t_R = 0\,°C$:

$$h_{R,1} = 236{,}69 \text{ kJ/kg}, \quad h_R' = 404{,}93 \text{ kJ/kg}, \quad h_{R,2} = 409{,}21 \text{ kJ/kg}.$$

Flüssigkeit:

$$\varrho_{R,fl} = 1\,286 \text{ kg/m}^3, \quad c_{p,R,fl} = 1\,176 \text{ J/kg K}, \quad \lambda_{R,fl} = 0{,}100\,1 \text{ W/m} \cdot \text{K},$$
$$\eta_{R,fl} = 235{,}8 \cdot 10^{-6} \text{ kg/ms}, \quad Pr_{R,fl} = 2{,}770.$$

Dampf:

$$\varrho_{R,G} = 21{,}19 \text{ kg/m}^3, \quad c_{p,R,G} = 714 \text{ J/kg K}, \quad \lambda_{R,G} = 9{,}41 \cdot 10^{-3} \text{ W/m} \cdot \text{K},$$
$$\eta_{R,G} = 11{,}98 \cdot 10^{-6} \text{ kg/ms}, \quad Pr_{R,G} = 0{,}909.$$

1. Kenngrößen und Abmessungen des Lamellenrohrbündels nach Tab. 12.1, Gl. (12.17) und (12.16):

$$\psi = 1 - \frac{0{,}3}{7{,}5} - \frac{\pi \cdot 16{,}2^2\,(7{,}5 - 0{,}3)}{4 \cdot 50 \cdot 43{,}3 \cdot 7{,}5} = 0{,}868\,6,$$

$$A_a = \left[2 \cdot 50 \cdot 43{,}3 + \pi \cdot 16{,}2\left(7{,}5 - 0{,}3 - \frac{16{,}2}{2}\right)\right] \frac{900}{7{,}5} \cdot 12 \cdot 6 \cdot 10^{-6} = 37{,}02 \text{ m}^2$$

$$V = 900 \cdot 50 \cdot 43{,}3 \cdot 12 \cdot 6 \cdot 10^{-9} = 0{,}140\,3 \text{ m}^3,$$

$$d_{ae} = \frac{4 \cdot 0{,}140\,3 \cdot 0{,}868\,6}{37{,}02} = 13{,}17 \cdot 10^{-3} \text{ m}.$$

Mittlere Luftgeschwindigkeit nach Gl. (12.11):

$$w_{L,m} = \frac{5\,200}{3\,600 \cdot 0{,}54 \cdot 0{,}868\,6} = 3{,}08 \text{ m/s}.$$

Wärmeübergangskoeffizient α_a nach Gl. (12.42) mit Reynolds-Zahl nach Gl. (12.18):

$$Re_{d,ae,L} = \frac{3{,}08 \cdot 13{,}17 \cdot 10^{-3}}{14{,}25 \cdot 10^{-6}} = 2\,847$$

$$\alpha_a = 0{,}31 \, \frac{0{,}025\,25}{0{,}013\,17} \cdot 2\,847^{0{,}625} \cdot 0{,}698^{1/3} \, (13{,}17/43{,}3)^{1/3} = 51{,}1 \text{ W/m}^2\,\text{K}.$$

2. Rippenwirkungsgrad nach Gl. (12.27), (12.28), (12.30) und (12.33) mit $\lambda_R = 221$ W/m · K für Aluminium:

$$\varrho_S = 1{,}27 \cdot \frac{50}{16{,}2} \left(\frac{50}{50} - 0{,}3 \right)^{0{,}5} = 3{,}280,$$

$$h_w = \frac{0{,}016\,2}{2} \, (3{,}280 - 1) \, (1 + 0{,}35 \ln 3{,}280) = 26{,}15 \cdot 10^{-3} \text{ m},$$

$$X = \left(\frac{2 \cdot 51{,}1}{0{,}3 \cdot 10^{-3} \cdot 221} \right)^{0{,}5} \cdot 26{,}15 \cdot 10^{-3} = 1{,}027$$

$$\eta_R = \frac{\tanh (1{,}027)}{1{,}027} = 0{,}752\,4.$$

3. Scheinbarer Wärmeübergangskoeffizient nach Gl. (12.56) mit A_G und A_R nach Tab. 12.1:

$$A_G = \pi \cdot 16{,}2 \, (1 - 0{,}3/7{,}5) \, 900 \cdot 12 \cdot 6 \cdot 10^{-6} = 3{,}17 \text{ m}^2,$$

$$A_R = (2 \cdot 50 \cdot 43{,}3 - \tfrac{\pi}{2} \cdot 16{,}2^2) \, \frac{900}{7{,}5} \cdot 12 \cdot 6 \cdot 10^{-6} = 33{,}85 \text{ m}^2,$$

$$\alpha_{as} = 51{,}1 \left(\frac{3{,}17}{37{,}02} + 0{,}752\,4 \, \frac{33{,}85}{37{,}02} \right) = 39{,}55 \text{ W/m}^2\,\text{K}.$$

4. Mit einem geschätzten Wärmestrom von $\dot{Q} = 7\,000$ W ergibt sich ein Kältemittelmassenstrom nach Gl. (12.85) von

$$\dot{M}_R = \frac{7\,000}{(409{,}21 - 236{,}69) \cdot 10^{-3}} = 0{,}040\,58 \text{ kg/s}.$$

5. Wärmestrom in der Überhitzungszone:

$$\dot{Q}_h = 0{,}040\,58 \, (409{,}21 - 404{,}93) \cdot 10^3 = 174 \text{ W}.$$

6. Massenstromdichte des Kältemittels bei zwei parallelen Strängen:

$$\dot{m}_R = \frac{0{,}040\,58}{2 \cdot \tfrac{\pi}{4} (14{,}6 \cdot 10^{-3})^2} = 121{,}2 \text{ kg/m}^2\,\text{s}.$$

7. Wärmeübergangskoeffizient in der Überhitzungszone nach Gl. (12.79):

$$Re_{R,G} = 121{,}2 \cdot 14{,}6 \cdot 10^{-3}/11{,}98 \cdot 10^{-6} = 1{,}477 \cdot 10^5,$$

$$\alpha_{i,h} = 0{,}021\,4 \, \frac{9{,}41 \cdot 10^{-3}}{14{,}6 \cdot 10^{-3}} \, [(1{,}477 \cdot 10^5)^{0{,}8} - 100] \, 0{,}909^{0{,}4} \, [1 + (14{,}6/900)^{2/3}] = 191{,}6 \text{ W/m}^2\,\text{K}.$$

8. Wärmedurchgangskoeffizient für die Überhitzungszone nach Gl. (12.86), wobei R_G wegen der hohen Wärmeleitfähigkeit des Grundrohrs vernachlässigt werden kann:

$$A_i = \pi \cdot 14{,}6 \cdot 10^{-3} \cdot 900 \cdot 10^{-3} \cdot 12 \cdot 6 = 2{,}97 \text{ m}^2,$$

$$k_h = \left(\frac{37{,}02}{2{,}97} \, \frac{1}{191{,}6} + \frac{1}{39{,}55} \right)^{-1} = 11{,}07 \text{ W/m}^2\,\text{K}.$$

9. Lufttemperatur am Übergang von Überhitzungs- zu Verdampfungszone:

$$\dot{M}_L = \frac{5\,200}{3\,600} \cdot 1{,}23 = 1{,}777 \text{ kg/s},$$

$$t_L' = 10{,}0 - 174/(1{,}777 \cdot 1\,007) = 9{,}903 \,°\text{C}.$$

10. Mittlerer Temperaturabstand in der Überhitzungszone bei Gegenstrom:

$$\vartheta_{m,h} = \frac{(9{,}903 - 0) - (10 - 6)}{\ln\left(\dfrac{9{,}903 - 0}{10 - 6}\right)} = 6{,}51 \text{ K}.$$

11. Äußere Oberfläche der Überhitzungszone nach Gl. (12.81):

$$A_{a,h} = 174/(11{,}07 \cdot 6{,}51) = 2{,}41 \text{ m}^2.$$

12. Äußere Oberfläche der Verdampfungszone:

$$A_{a,s} = 37{,}02 - 2{,}41 = 34{,}61 \text{ m}^2.$$

13. Auf die innere Oberfläche bezogene Wärmestromdichte in der Verdampfungszone:

$$\dot{q}_{i,s} = \frac{7\,000 - 174}{34{,}61} \; \frac{37{,}02}{2{,}97} = 2\,460 \text{ W/m}^2.$$

14. Mittlerer Wärmeübergangskoeffizient für Blasensieden nach Gl. (4.115) für R22:
Mit $F = 3\,424$ und $R_p = 10^{-6}$ m wird

$$\bar{\alpha}_{B,s} = 0{,}002\,7 \cdot 3\,424 \; \frac{121{,}2^{0,1}\, 2\,460^{0,56}\, (10^{-6})^{0,133}}{(14{,}6 \cdot 10^{-3})^{0,3}} = 670 \text{ W/m}^2 \text{ K}.$$

Mittlerer Wärmeübergangskoeffizient für Konvektionssieden nach Gl. (4.122) für R22:
Mit $T_{kr} = 369{,}3$ K und $T_S = 273{,}1$ K wird

$$\bar{\alpha}_{k,s} = 0{,}67 \cdot 121{,}2^{1,1} \; (369{,}3/273{,}1)^{2,6}/(14{,}6 \cdot 10^{-3})^{0,3} = 1\,022 \text{ W/m}^2 \text{ K}.$$

Es wird mit dem Wert für Konvektionssieden gerechnet, also mit $\alpha_{i,s} = 1\,022$ W/m^2 K.

15. Wärmedurchgangskoeffizient für die Verdampfungszone nach Gl. (12.82):

$$k_s = \left(\frac{37{,}02}{2{,}97} \; \frac{1}{1\,022} + \frac{1}{39{,}55}\right)^{-1} = 26{,}68 \text{ W/m}^2 \text{ K}.$$

16. Reibungsdruckabfall nach Grønnerud mit den Gln. (4.59) bis (4.66) und (12.78), wobei $x_1^* = 0{,}179$ kg Dampf/kg Kältemittel:

$$\left(\frac{\Delta p}{\Delta l}\right)_L = 0{,}158 \cdot \frac{(235{,}8 \cdot 10^{-6})^{0,25} \cdot 121{,}2^{1,75}}{(14{,}6 \cdot 10^{-3})^{1,25} \cdot 1\,286} = 13{,}28 \text{ Pa/m},$$

$$O = \frac{(1\,286/21{,}19)}{(235{,}8/11{,}98)^{0,25}} - 1 = 27{,}81,$$

$$Fr_L = \frac{121{,}2^2}{1\,286^2 \cdot 14{,}6 \cdot 10^{-3} \cdot 9{,}81} = 0{,}062\,1 < 1,$$

$$f_{Fr} = 0{,}062\,1^{0,3} + 0{,}005\,5 \left(\ln \frac{1}{0{,}062\,1}\right)^2 = 0{,}477,$$

$$\left(\frac{\overline{\Delta p}}{\Delta l}\right)_{fr} = \frac{0{,}477}{1 - 0{,}179} [0{,}5(1 - 0{,}179) + 1{,}429(1 - 0{,}179^{2,8}) - 0{,}364 \cdot 0{,}477^{0,5}(1 - 0{,}179)^{11}] = 0{,}959,$$

$$\overline{\Phi}_{Gd} = 27{,}81 \cdot 0{,}959 + 1 = 27{,}66,$$

$$\left(\frac{\overline{\Delta p}}{\Delta l}\right)_{zph} = 13{,}28 \cdot 27{,}66 = 367 \text{ Pa/m},$$

$$\Delta p_{R,fr} = 367 \cdot 0{,}9 \cdot \frac{12 \cdot 6}{2} = 11{,}89 \text{ kPa}.$$

Für den Druckabfall in der Umlenkung wird mit dem 1,5fachen Druckabfall der Zweiphasenströmung im Umlenkbogen gerechnet:

$$\Delta p_{R,U} = 367 \cdot 1{,}5 \cdot \pi \cdot 50 \cdot 10^{-3} \frac{12 \cdot 6}{2} = 3{,}11 \text{ kPa}.$$

Beschleunigungsdruckabfall nach Gl. (4.14):

$$\Delta p_{R,B} = 121{,}2^2/21{,}19 = 0{,}69 \text{ kPa}.$$

Ein hydrostatischer Druckabfall tritt nicht auf.
Gesamter Druckabfall des Kältemittels im Luftkühler:

$$\Delta p_R = 11{,}89 + 3{,}11 + 0{,}69 = 15{,}69 \text{ kPa}.$$

17. Verdampfungstemperatur des Kältemittels am Kühlereintritt:

$$t_{R,1} = 0 + 0{,}958 = +0{,}958\,°C.$$

18. Luftaustrittstemperatur:

$$t_{L,2} = 10 - 7\,000/(1{,}777 \cdot 1\,007) = 6{,}088\,°C.$$

19. Mittlerer Temperaturabstand in der Verdampfungszone bei Gegenstrom:

$$\vartheta_{m,s} = \frac{(9{,}903 - 0) - (6{,}088 - 0{,}958)}{\ln\left(\dfrac{9{,}903 - 0}{6{,}088 - 0{,}958}\right)} = 7{,}257 \text{ K}.$$

20. Übertragener Wärmestrom in der Verdampfungszone nach Gl. (12.81):

$$\dot{Q}_s = 26{,}68 \cdot 34{,}61 \cdot 7{,}257 = 6\,701 \text{ W}.$$

21. Gesamter übertragener Wärmestrom:

$$\dot{Q} = 174 + 6\,701 = 6\,875 \text{ W}.$$

Der geschätzte Wärmestrom von 7 000 W unterscheidet sich hiervon nicht sehr, so daß eine zweite Durchrechnung nur eine geringfügige Änderung des berechneten gesamten Wärmestroms auf $\dot{Q} = 6\,895$ W und der Luftaustrittstemperatur auf 6,147 °C bewirkt.

22. Luftseitiger Druckabfall nach den Gln. (12.43) und (12.40):

$$\xi_m = 10{,}5 \cdot 2\,847^{-1/3}\left(\frac{13{,}17}{43{,}3}\right)^{0{,}6} = 0{,}363,$$

$$\Delta p_L = 6 \cdot 0{,}363 \cdot \frac{43{,}3}{13{,}17}\,\frac{1{,}23}{2} \cdot 3{,}08^2 = 41{,}8 \text{ Pa}.$$

12.3.2 Luftkühler mit Feuchtigkeitsausscheidung, Kältemitteleinspritzbetrieb

Die Aufgabenstellung entspricht derjenigen des Abschn. 12.3.1, wobei zusätzlich der durch die Feuchtigkeitsausscheidung bedingte Stoffaustausch auf der Luftseite zu berücksichtigen ist. Sofern die Luft am Kühlereintritt nicht bereits in gesättigtem Zustand vorliegt, wird in der Überhitzungszone praktisch keine Entfeuchtung stattfinden. Die Überhitzungszone wird deshalb im folgenden Rechenschema ohne Stoffaustausch wie im Abschn. 12.3.1 behandelt.

Da der Entfeuchtungsvorgang von den zunächst unbekannten Oberflächentemperaturen an den Grundrohren und an den Rippen abhängt, ergeben sich im Rechenschema für die Bestimmung der Oberflächentemperaturen zwei weitere Iterationsschritte, wobei die Rechnung zunächst mit geeigneten Schätzwerten begonnen wird. Wenn die Kühlmitteltemperaturen sich innerhalb des Kühlers nicht allzusehr voneinander unterscheiden, wie dies innerhalb der Verdampfungszone eines Einspritzverdampfers im allgemeinen der Fall ist, so sind auch die auftretenden Oberflächentemperaturen nicht sehr unterschiedlich. Man kann dann für die Berechnung der Luftzustandsänderung von mittleren Oberflächentemperaturen ausgehen, ohne daß ein beträchtlicher Fehler entsteht. Für hohe Genauigkeitsansprüche empfiehlt sich eine schrittweise Berechnung einzelner Rohrreihen.

Rechenschema

1. $\alpha_a = f\ (\dot{V}_L, t_L, \text{Kühlerabmessungen})$

2. $\eta_{R,h} = f\ (\alpha_a, \text{Rippenrohr})$

3. $\alpha_{as,h} = \alpha_a \left(\dfrac{A_G}{A_a} + \eta_{R,h} \dfrac{A_R}{A_a} \right)$

4. $\dot{M}_R = \dot{Q}/(h_{R,2} - h_{R,1})$, bei der ersten Rechnung mit Schätzwert für $\dot{Q}$

5. $\dot{Q}_h = \dot{M}_R (h_{R,2} - h'_R)$

6. $\dot{m}_R = \dot{M}_R / \sum S_R$

7. $\alpha_{i,h} = f\ (\text{Kältemittel}, \dot{m}_R, t'_R, d_i)$

8. $k_h = \dfrac{1}{\dfrac{A_a}{A_i} \left(\dfrac{1}{\alpha_{i,h}} + R_G \right) + \dfrac{1}{\alpha_{as,h}}}$

9. $t'_L = t_{L,1} - \dot{Q}_h/(\dot{M}_L c_{p,L})$

10. $\vartheta_{m,h} = \dfrac{(t'_L - t'_R) - (t_{L,1} - t_{R,2})}{\ln \left(\dfrac{t'_L - t'_R}{t_{L,1} - t_{R,2}} \right)}$

11. $A_{a,h} = \dot{Q}_h/(k_h \vartheta_{m,h})$

12. $A_{a,s} = A_a - A_{a,h}$

13. $t_{G,m,s} = t_{L,m,s} - \dfrac{k_s}{\alpha_{as,s}} (t_{L,m,s} - t_{R,m,s})$ bei der ersten Rechnung wird $t_{G,m,s}$ geschätzt

14. $x_{G,m,s} = f(t_{G,m,s})$

15. $(\dot{Q}_g/\dot{Q}_s)_{G,s} = 1 + \dfrac{\Delta h_d}{c_{p,L}} \dfrac{x_{L,1} - x_{G,m,s}}{t'_L - t_{G,m,s}} \geqq 1$

16. $\alpha_{G,g,s} = \alpha_a (\dot{Q}_g/\dot{Q}_s)'_{G,s}$

17. $t_{R,m,s} = t_{L,m,s} - (t_{L,m,s} - t_{G,m,s}) \eta_{R,s}$ bei der ersten Rechnung mit Schätzwerten für $t_{L,m,s}$ und $\eta_{R,s}$

18. $x_{R,m,s} = f(t_{R,m,s})$

19. $(\dot{Q}_g/\dot{Q}_s)_{R,s} = 1 + \dfrac{\Delta h_d}{c_{p,L}} \dfrac{x_{L,1} - x_{R,m,s}}{t'_L - t_{R,m,s}} \geqq 1$

20. $\alpha_{R,g,s} = \alpha_a (\dot{Q}_g/\dot{Q}_s)'_{R,s}$

21. $\eta_{R,s} = f(\alpha_{R,s}, \text{Rippenrohr})$, Wiederholung ab Rechenschritt 17

22. $\left(\dfrac{\Delta x_L}{\Delta t_L} \right)_s = \dfrac{x_{L,1} - x_{G,m,s}}{t'_L - t_{G,m,s}} \dfrac{1 + \dfrac{A_R}{A_G} \dfrac{x_{L,1} - x_{R,m,s}}{x_{L,1} - x_{G,m,s}}}{1 + \dfrac{A_R}{A_G} \dfrac{t'_L - t_{R,m,s}}{t'_L - t_{G,m,s}}}$

23. $(\Delta h_L/\Delta t_L)_s = c_{p,L} + (\Delta x_L/\Delta t_L)_s \Delta h_d$

24. $\alpha_{as,s} = \alpha_{G,s} \dfrac{A_G}{A_a} + \alpha_{R,s} \eta_{R,s} \dfrac{A_R}{A_a}$

25. $\dot{q}_{i,s} = \dfrac{\dot{Q} - \dot{Q}_h}{A_{a,s}} \cdot \dfrac{A_a}{A_i}$

26. $\alpha_{i,s} = f\ (\text{Kältemittel}, \dot{m}_R, \dot{q}_{i,s}, t'_R, x^*_{R,1}, d_i)$

27. $k_s = \dfrac{1}{\dfrac{A_a}{A_i} \left(\dfrac{1}{\alpha_{i,s}} + R_G \right) + \dfrac{1}{\alpha_{as,s}}}$

28. $\Delta p_R = \Delta p_{R,fr} + \Delta p_{R,U} + \Delta p_{R,B} + \Delta p_{R,h}$
$= f\ (\text{Kältemittel}, \dot{m}_R, t'_R, x^*_{R,1}, d_i, \text{Rohrschaltung})$

29. $\Delta t_{R,s} = f(\Delta p_R)$

30. $t_{R,m,s} = t'_R + \Delta t_{R,s}/2$

$\quad$ 31. $t_{L,m,s} = t'_L - (t'_L - t_{R,m,s})\left\{1 - \exp\left[-\dfrac{k_s A_{a,s}}{2\dot{M}_L(\Delta h_L/\Delta t_L)_s}\right]\right\}$

Wiederholung ab Rechenschritt 13, bis $t_{L,m,s}$ sich praktisch nicht mehr verändert

$\quad$ 32. $t_{L,2} = t'_L - (t'_L - t_{R,m,s})\left\{1 - \exp\left[-\dfrac{k_s A_{a,s}}{\dot{M}_L(\Delta h_L/\Delta t_L)_s}\right]\right\}$

$\quad$ 33. $\dot{Q}_s = (t'_L - t_{L,2})(\Delta h_L/\Delta t_L)\dot{M}_L$

$\quad$ 34. $\dot{Q} = \dot{Q}_h + \dot{Q}_s$, Wiederholung ab Rechenschritt 4

$\quad$ 35. $x_{L,2} = x_{L,1} - (\Delta x_L/\Delta t_L)(t'_L - t_{L,2})$

$\quad$ 36. $\Delta p_L = z_1 \xi_{m,w} \dfrac{s_L}{d_{ae}} \dfrac{\varrho_L}{2} w_{L,m}^2$

Zahlenbeispiel

Es sollen dieselben Bedingungen wie im Beispiel von Abschn. 12.3.1 gelten, jedoch weist die Luft am Kühlereintritt nunmehr eine relative Feuchte $\varphi_{L,1} = 85\%$ bzw. einen Dampfgehalt $x_{L,1} = 6{,}573 \cdot 10^{-3}$ kg/kg auf.

Die Rechenschritte 1 bis 12 verlaufen wie im Beispiel von Abschn. 12.3.1. Mit einem geschätzten Wärmestrom $\dot{Q} = 9\,000$ W erhält man folgende Werte:

1. $\alpha_a = 51{,}1\,\text{W/m}^2\text{K}$ $\quad$ 2. $\eta_{R,h} = 0{,}752\,4$ $\quad$ 3. $\alpha_{as,h} = 39{,}55\,\text{W/m}^2\text{K}$
4. $\dot{M}_R = 0{,}052\,17\,\text{kg/s}$ $\quad$ 5. $\dot{Q}_h = 223\,\text{W}$ $\quad$ 6. $\dot{m}_R = 155{,}8\,\text{kg/m}^2\text{s}$
7. $\alpha_{i,h} = 234{,}6\,\text{W/m}^2\text{K}$ $\quad$ 8. $k_h = 12{,}76\,\text{W/m}^2\text{K}$ $\quad$ 9. $t_L = 9{,}875\,°\text{C}$
10. $\vartheta_{m,h} = 6{,}50\,\text{K}$ $\quad$ 11. $A_{a,h} = 2{,}69\,\text{m}^2$ $\quad$ 12. $A_{a,s} = 34{,}33\,\text{m}^2$

13. Schätzwert für die mittlere Temperatur des Grundrohrs in der Verdampfungszone: $t_{G,m,s} = +2{,}0\,°\text{C}$.

14. $x_{G,m,s} = f(t_{G,m,s}) = 4{,}418 \cdot 10^{-3}$ kg/kg.

15. Verhältnis des gesamten Wärmestroms zum sensiblen Wärmestrom für die Verdampfungszone nach Gl. (12.55):

$$(\dot{Q}_g/\dot{Q}_s)_{G,s} = 1 + \frac{2{,}5 \cdot 10^6}{1\,007} \frac{(6{,}573 - 4{,}418) \cdot 10^3}{9{,}875 - 2{,}0} = 1{,}679.$$

16. Gesamter Wärmeübergangskoeffizient am Grundrohr nach Gl. (12.59) und (12.70) mit $r = 0{,}81$:

$$\alpha_{G,g,s} = 51{,}1 \cdot 1{,}679^{0{,}81} = 77{,}8\,\text{W/m}^2\text{K}.$$

17. Für $t_{L,m,s}$ wird zunächst t'_L und für $\eta_{R,s}$ wird $\eta_{R,h}$ angenommen:

$$t_{R,m,s} = 9{,}875 - (9{,}875 - 2{,}0)\,0{,}752\,4 = 3{,}950\,°\text{C}.$$

18. $x_{R,m,s} = f(t_{R,m,s}) = 5{,}083 \cdot 10^{-3}$ kg/kg.

19. $(\dot{Q}_g/\dot{Q}_s)_{R,s} = 1 + \dfrac{2{,}5 \cdot 10^6}{1\,007} \dfrac{(6{,}573 - 5{,}083)\,10^{-3}}{9{,}875 - 3{,}950} = 1{,}624.$

20. $\alpha_{R,g,s} = 51{,}1 \cdot 1{,}624^{0{,}81} = 75{,}7\,\text{W/m}^2\text{K}.$

21. $\eta_{R,s} = 0{,}678\,6$.

Mit dem berechneten Wert für $\eta_{R,s}$ werden die Rechenschritte 17 bis 21 wiederholt, und man erhält schließlich:

$$t_{R,m,s} = 4{,}506\,°\text{C}, \quad x_{R,m,s} = 5{,}288 \cdot 10^{-3}\,\text{kg/kg}, \quad (\dot{Q}_g/\dot{Q}_s)_{R,s} = 1{,}594,$$

$$\alpha_{R,g,s} = 74{,}6\,\text{W/m}^2\text{K}, \quad \eta_{R,s} = 0{,}681\,7.$$

22. Die Richtung der Luftzustandsänderung in der Verdampfungszone ergibt sich nach Gl. (12.56):

$$\left(\frac{\Delta x_L}{\Delta t_L}\right)_s = \frac{(6{,}573 - 4{,}418)\,10^{-3}}{9{,}875 - 2{,}0} \frac{1 + \dfrac{33{,}85}{3{,}17}\dfrac{6{,}573 - 5{,}288}{6{,}573 - 4{,}418}}{1 + \dfrac{33{,}85}{3{,}17}\dfrac{9{,}875 - 4{,}506}{9{,}875 - 2{,}0}} = 0{,}243\,5 \cdot 10^{-3}\,\text{kg/kg K}.$$

23. Entsprechend Gl. (12.65) ergibt sich für die Enthalpieänderung:
$(\Delta h_{\mathrm{L}}/\Delta t_{\mathrm{L}})_{\mathrm{s}} = 1\,007 + 0{,}243\,5 \cdot 10^{-3} \cdot 2{,}5 \cdot 10^6 = 1\,616\ \mathrm{J/kg\,K}$.

24. $\alpha_{\mathrm{as,s}} = 77{,}8\,\dfrac{3{,}17}{37{,}02} + 74{,}6 \cdot 0{,}681\,7\,\dfrac{33{,}85}{37{,}02} = 53{,}2\ \mathrm{W/m^2K}$.

Die Rechenschritte 25 bis 28 entsprechen den Schritten 13 bis 16 des Beispiels in Abschn. 12.3.1:

25. $\dot{q}_{\mathrm{i,s}} = 3\,190\ \mathrm{W/m^2}$, 26. $\alpha_{\mathrm{i,s}} = 1\,347\ \mathrm{W/m^2K}$, 27. $k_{\mathrm{s}} = 35{,}63\ \mathrm{W/m^2K}$,

28. $\Delta p_{\mathrm{R}} = 27{,}14\ \mathrm{kPa}$,

29. $\Delta t_{\mathrm{R,s}} = f(\Delta p_{\mathrm{R}}) = 1{,}656\ \mathrm{K}$,

30. $t_{\mathrm{R,m,s}} = t'_{\mathrm{R}} + \Delta t_{\mathrm{R,s}}/2 = 0 + 1{,}656/2 = +0{,}828\,°\mathrm{C}$.

31. Die Ermittlung der mittleren Lufttemperatur in der Verdampfungszone erfolgt nach Gl. (12.84) unter Verwendung von $A_{\mathrm{a,s}}/2$ und der mittleren Verdampfungstemperatur $t_{\mathrm{R,m,s}}$:

$$t_{\mathrm{L,m,s}} = 9{,}875 - (9{,}875 - 0{,}828)\left[1 - \exp\left(-\frac{35{,}63 \cdot 34{,}33}{2 \cdot 1{,}777 \cdot 1\,616}\right)\right] = 8{,}136\,°\mathrm{C}.$$

Mit diesem Wert für $t_{\mathrm{L,m,s}}$ werden die Rechenschritte 13 bis 21 wiederholt und man erhält:

$t_{\mathrm{G,m,s}} = 3{,}242\,°\mathrm{C}$, $\alpha_{\mathrm{G,g,s}} = 76{,}6\ \mathrm{W/m^2K}$, $\alpha_{\mathrm{R,g,s}} = 73{,}8\ \mathrm{W/m^2K}$,
$(\Delta x_{\mathrm{L}}/\Delta t_{\mathrm{L}})_{\mathrm{s}} = 0{,}235\,1 \cdot 10^{-3}\ \mathrm{kg/kg\,K}$, $(\Delta h_{\mathrm{L}}/\Delta t_{\mathrm{L}})_{\mathrm{s}} = 1\,595\ \mathrm{J/kgK}$, $\alpha_{\mathrm{as,s}} = 52{,}7\ \mathrm{W/m^2K}$,
$k_{\mathrm{s}} = 35{,}44\ \mathrm{W/m^2K}$, $t_{\mathrm{L,m,s}} = 8{,}127\,°\mathrm{C}$.

Da sich der neue Wert für $t_{\mathrm{L,m,s}}$ vom alten Wert kaum unterscheidet, kann die Iteration hier abgebrochen werden.

32. Die Austrittstemperatur der Luft wird unter Verwendung der mittleren Verdampfungstemperatur $t_{\mathrm{R,m,s}}$ nach demselben Verfahren wie die mittlere Lufttemperatur bestimmt. Bei hohen Genauigkeitsansprüchen muß dieser Rechenschritt etwas aufwendiger unter Berücksichtigung des Verdampfungstemperaturverlaufs erfolgen:

$$t_{\mathrm{L,2}} = 9{,}875 - (9{,}875 - 0{,}828)\left[1 - \exp\left(-\frac{35{,}44 \quad 34{,}33}{1{,}777 - 1\,595}\right)\right] = 6{,}718\,°\mathrm{C}.$$

33. $\dot{Q}_{\mathrm{s}} = (9{,}875 - 6{,}718)\,1\,595 \cdot 1{,}777 = 8\,948\ \mathrm{W}$.

34. $\dot{Q} = 223 + 8\,948 = 9\,171\ \mathrm{W}$.
    Da der Unterschied zum eingangs geschätzten Wärmestrom relativ gering ist, wird hier auf eine zweite Durchrechnung verzichtet.

35. $x_{\mathrm{L,2}} = 6{,}573 \cdot 10^{-3} - 0{,}235\,1 \cdot 10^{-3}(9{,}875 - 6{,}718) = 5{,}831 \cdot 10^{-3}\ \mathrm{kg/kg}$.

36. Es wird angenommen, daß der Widerstandsbeiwert ξ_{W} um 20 % höher liegt als für trockene Kühlung. Hiermit ergibt sich ein luftseitiger Druckabfall von $\Delta p_{\mathrm{L}} = 50{,}2\ \mathrm{Pa}$.

12.3.3 Luftkühler mit Feuchtigkeitsausscheidung, Kühlung durch flüssigen Kälteträger

Für die Berechnung wird angenommen, daß die Ein- und Austrittstemperaturen des Kälteträgers bekannt sind, ansonsten gelten dieselben Voraussetzungen wie bei den Berechnungen für Einspritzverdampfer. Wenn seitens des Kälteträgers andere Ausgangsgrößen bekannt sind, z. B. bei Vorgabe der Ein- oder Austrittstemperatur sowie des Massenstroms des Kälteträgers, so kann der Berechnungsgang weitgehend auf dasselbe Rechenschema zurückgeführt werden.

Abb. 12.25 zeigt den prinzipiellen Temperaturverlauf bei Gegenstromschaltung. Die auf der Kälteträgerseite auftretenden Temperaturunterschiede sind hierbei meist beträchtlich größer als bei verdampfendem Kältemittel. Das im Falle des Einspritzverdampfers benutzte Verfahren mit einer mittleren Temperatur innerhalb der Verdampfungszone würde für den Kälteträgerbetrieb zu größeren Fehlern führen. Es ist deshalb notwendig, die Berechnung schrittweise durchzuführen, wobei es bei Kühlern mit

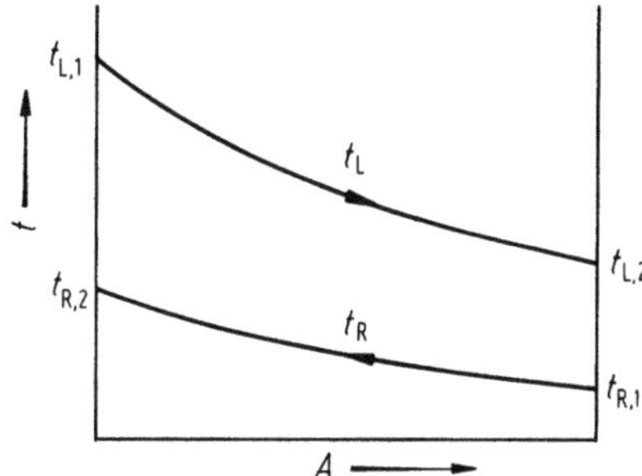

Abb. 12.25. Schema des Temperaturverlaufs in einem mit flüssigem Kälteträger arbeitenden Luftkühler bei Gegenstromschaltung.

mehreren Rohrreihen meist genügt, wenn die Anzahl der Rechenschritte der Rohrreihenzahl z_1 entspricht. Der Luftaustrittszustand einer Rohrreihe ist dann Eintrittszustand für die nächste Rohrreihe. Innerhalb einer Rohrreihe wird mit einer mittleren Temperatur des Kälteträgers $t_{K,m,i}$ gerechnet, wobei für die auftretende Erwärmung je Rohrreihe die Beziehung

$$\frac{\Delta t_{K,i}}{\Delta t_{K,g}} = \frac{\dot{Q}_i}{\dot{Q}_g} \qquad (12.86)$$

gilt.

Da bei Vorgabe der Ein- und Austrittstemperatur des Kälteträgers der Kälteträgermassenstrom und damit auch der innere Wärmeübergangskoeffizient zunächst nicht bekannt sind, müssen diese für die erste Kühlerdurchrechnung angenommen und anschließend iterativ bestimmt werden. Gleiches gilt für die Temperaturänderung des Kälteträgers, da der in Gl. (12.86) genannte gesamte Wärmestrom $\dot{Q}_g$ zunächst nicht bekannt ist.

Rechenschema für Gegenstromschaltung

Rechnung für Rohrreihe I:

1. $\alpha_a = f$ $(\dot{M}_L, t_L,$ Kühlerabmessungen)

2. $t_{K,m,1} = t_{K,2} - 0,5 \dfrac{\dot{Q}_I}{\dot{Q}_g}(t_{K,2} - t_{K,1})$, bei der ersten Rechnung wird für $\dot{Q}_I/\dot{Q}_g$ der Näherungswert $A_{a,I}/A_{a,g}$ verwendet.

   Die folgenden Rechenschritte 3 bis 14 entsprechen den Rechenschritten 13 bis 24 des Rechenschemas in Abschn. 12.3.2.

15. $k_I = \dfrac{1}{\dfrac{A_a}{A_i}\left(\dfrac{1}{\alpha_i} + R_i + R_G\right) + \dfrac{1}{\alpha_{as,I}}}$, bei der ersten Rechnung mit Schätzwert für α_i.

   Die Rechenschritte 16 bis 19 entsprechen den Rechenschritten 31, 32, 33 und 35 des Rechenschemas in Abschn. 12.3.2.

   Rechnung für Rohrreihe II mit

   $$t_{L,1,II} = t_{L,2,I}, \quad x_{L,1,II} = x_{L,2,I},$$

   $$t_{K,m,II} = t_{K,2} - \frac{\dot{Q}_I + 0,5\,\dot{Q}_{II}}{\dot{Q}_g}(t_{K,2} - t_{K,1}),$$

   sonst wie für Rohrreihe I.

   Durchrechnung bis zur letzten Rohrreihe z_1.

   $$\dot{Q}_g = \dot{Q}_I + \dot{Q}_{II} + \dots + \dot{Q}_{zl},$$

   $$\dot{M}_K = \dot{Q}_g / c_{p,K}(t_{K,2} - t_{K,1}),$$

   $$w_K = \dot{M}_K / \varrho_K \sum S_K,$$

$\alpha_i = f$ (Kälteträger, w_K, d_i), Wiederholung der gesamten Rechnung ab Rechenschritt 2, bis $\dot{Q}_g$ und α_i sich nicht mehr wesentlich verändern.

Zahlenbeispiel

Ein Luftvolumenstrom $\dot{V}_L = 10\,000\ \mathrm{m^3/h}$ mit einem Druck $p = 1,0$ bar tritt mit der Temperatur $t_{L,1} = 32\,°\mathrm{C}$ und der relativen Feuchte $\varphi_{L,1} = 40\,\%$ in einen wassergekühlten Lamellenrohrluftkühler ein. Das Wasser erwärmt sich hierbei von $t_{K,1} = 6\,°\mathrm{C}$ auf $t_{K,2} = 12\,°\mathrm{C}$, der innere Verschmutzungswiderstand soll $R_i = 0,5 \cdot 10^{-4}\ \mathrm{m^2K/W}$ betragen, der Wärmeleitwiderstand R_G wird vernachlässigt.

Für den Luftkühler gelten folgende Daten:

Werkstoff	Rohr/Lamelle	Kupfer/Aluminium
Rohrdurchmesser	d_a/d_i	$= 16,6/14$ mm
Rohrteilung	$s_q/s_l/s_s$	$= 60/30/42,4$ mm
Rohranordnung		versetzt
Lamellenteilung	t_R	$= 3,0$ mm
Lamellendicke	δ_R	$= 0,3$ mm
Berippte Rohrlänge	l	$= 1,5$ m
Anzahl der Rohre	z_q/z_l	$= 12/6$
Anzahl der wasserseitig parallelgeschalteten Rohrstränge	z_p	$= 12$
Rohrschaltung		Gegenstrom
luftseitiger Anströmquerschnitt	$S_{L,0}$	$= 1,08\ \mathrm{m^2}$

Stoffwerte für Luft bei $t_L = 32\,°\mathrm{C}$ und $\varphi_L = 40\,\%$.
$$\varrho_L = 1,12\ \mathrm{kg/m^3}, \quad c_{p,L} = 1\,007\ \mathrm{J/kgK}, \quad \lambda_L = 0,026\,9\ \mathrm{W/m \cdot K},$$
$$\nu_L = 16,2 \cdot 10^{-6}\ \mathrm{m^2/s}, \quad Pr_L = 0,692, \quad x_{L,1} = 12,05 \cdot 10^{-3}\ \mathrm{kg/kg}$$

Stoffwerte für Wasser bei $t_{K,m} = 9\,°\mathrm{C}$:
$$\varrho_K = 1\,000\ \mathrm{kg/m^3}, \quad c_{p,K} = 4\,193\ \mathrm{J/kgK}, \quad \lambda_K = 0,585\ \mathrm{W/m \cdot K},$$
$$\nu_K = 1,35 \cdot 10^{-6}\ \mathrm{m^2/s}, \quad Pr_K = 9,58$$

Geometrische Daten:
$$A_a = 119,09\ \mathrm{m^2}, \quad A_G = 5,07\ \mathrm{m^2}, \quad A_R = 114,02\ \mathrm{m^2}, \quad A_i = 4,75\ \mathrm{m^2},$$
$$\psi = 0,791\,8, \quad d_{ae} = 5,17 \cdot 10^{-3}\ \mathrm{m}$$

Mit $w_{L,m} = 3,25$ m/s und $\alpha_a = 60,9\ \mathrm{W/m^2K}$ sowie einem geschätzten Wert für α_i von $6\,000\ \mathrm{W/m^2K}$ erhält man bei der ersten Durchrechnung mit linearem Temperaturverlauf des Wassers:
$$\dot{Q}_I = 13\,900\ \mathrm{W}, \quad \dot{Q}_{II} = 11\,870\ \mathrm{W}, \quad \dot{Q}_{III} = 11\,340\ \mathrm{W}, \quad \dot{Q}_{IV} = 10\,890\ \mathrm{W},$$
$$\dot{Q}_V = 10\,450\ \mathrm{W}, \quad \dot{Q}_{VI} = 10\,040\ \mathrm{W}, \quad \dot{Q}_g = 68\,490\ \mathrm{W}.$$
Mit $\dot{M}_K = 68\,490/4\,193\,(12-6) = 2,72$ kg/s und $w_K = 2,72/1\,000 \cdot \frac{4}{\pi}(14 \cdot 10^{-3})^2 \cdot 12 = 1,47$ m/s ergibt sich nach der in [1, Abschn. Gb] angegebenen Gl. (10) $\alpha_i = 5\,270\ \mathrm{W/m^2K}$.

Tabelle 12.6. *Luftzustandsänderungen und Leistungsverhalten für die einzelnen Rohrreihen I bis VI eines wassergekühlten Luftkühlers mit Feuchtigkeitsausscheidung bei Gegenstromschaltung (s. Zahlenbeispiel in Abschn. 12.3.3)*

Rohr-reihe	$t_{K,m}$ °C	$t_{L,1}$ °C	$t_{L,2}$ °C	$x_{L,1}$ 10^{-3} kg/kg	$x_{L,2}$ 10^{-3} kg/kg	$\Delta h_L/\Delta t_L$ J/kgK	α_{as} W/m²K	η_R %	k W/m²K	$\dot{Q}$ W
I	11,39	32,00	27,68	12,05	12,04	1\,015	48,40	78,07	37,43	13\,620
II	10,26	27,68	24,10	12,04	11,98	1\,049	49,54	77,76	38,12	11\,710
III	9,25	24,10	21,33	11,98	11,64	1\,304	56,90	74,69	42,40	11\,200
IV	8,27	21,33	19,11	11,64	11,17	1\,550	63,30	72,10	45,90	10\,720
V	7,34	19,11	17,23	11,17	10,60	1\,754	68,20	70,14	48,44	10\,220
VI	6,44	17,23	15,60	10,60	10,01	1\,909	71,68	68,78	50,20	9\,730

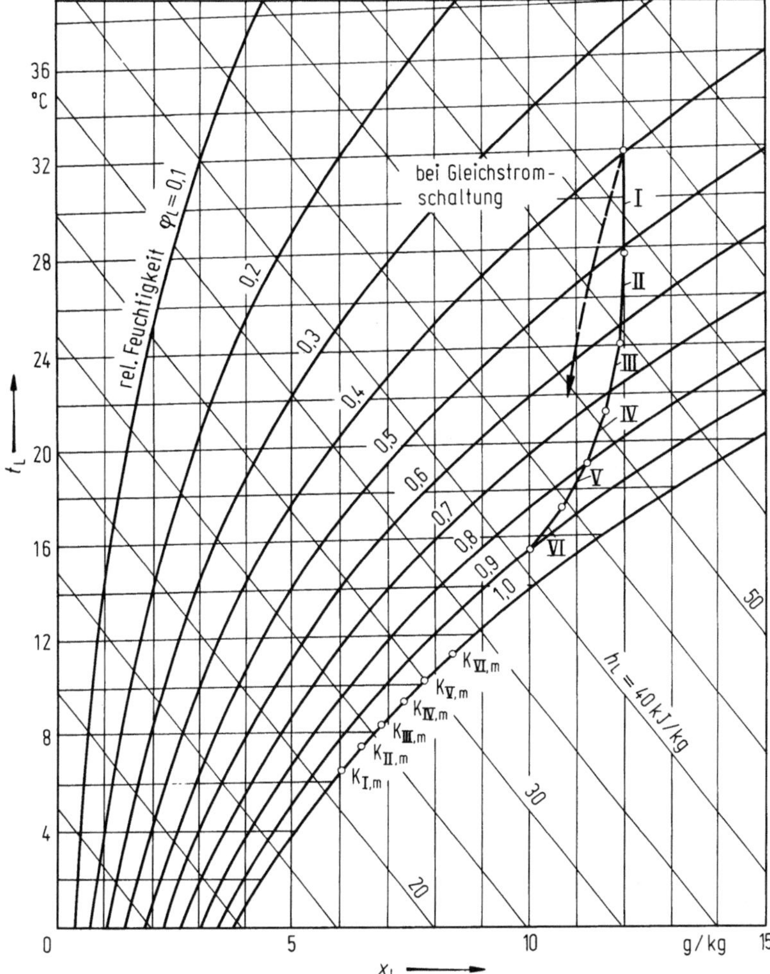

Abb. 12.26. Luftzustandsänderungen im t_L, x_L-Diagramm für einen wassergekühlten Luftkühler mit Feuchtigkeitsausscheidung bei Gegenstromschaltung (s. Zahlenbeispiel)

Eine zweite Durchrechnung ergibt die in Tab. 12.6 und Abb. 12.26 dargestellten Ergebnisse. Man erkennt, daß in den ersten beiden Rohrreihen nahezu keine Entfeuchtung stattfindet, da hier die mittlere Rippentemperatur t_R den Taupunkt der Luft nicht wesentlich unterschreitet. Mit fortschreitender Abkühlung nimmt der Anteil an latenter Wärme stetig zu und der Wärmedurchgangskoeffizient steigt von 37,43 W/m²K in der ersten Rohrreihe auf 50,20 W/m²K in der sechsten Rohrreihe an, während gleichzeitig der Rippenwirkungsgrad von 78,07 % auf 68,78 % abfällt.

Die Krümmung des Luftzustandsverlaufs ist wesentlich auf die Gegenstromschaltung zurückzuführen. Bei Gleichstromschaltung würde bereits in den ersten Rohrreihen eine beträchtliche Entfeuchtung stattfinden und die Krümmung des Zustandsverlaufs kann, wie in Abb. 12.26 angedeutet, sogar in die entgegengesetzte Richtung umschlagen. Man erkennt, daß bei vorgegebener Luftabkühlung der Grad der Entfeuchtung durch die Wahl der Rohrschaltung beeinflußt werden kann.

12.3.4 Luftkühler mit Bereifung

Da der Bereifungsvorgang instationär ist, muß das Leistungsverhalten eines bereifenden Luftkühlers in Abhängigkeit von der Zeit bestimmt werden. Die für das Gesamtsystem „Kühlraum — Luftkühler — Kälteanlage" ebenfalls wichtige Abtauperiode wird in der hier beschriebenen Rechenmethode nicht behandelt.

Durch die mit zunehmender Bereifungsdauer wachsende Reifschichtdicke erhöht sich vor allem der luftseitige Strömungswiderstand des Luftkühlers. Hierdurch vermindert sich bei zwangsdurchströmten Luftkühlern der vom Ventilator geförderte Luftvolumenstrom. Dies gilt insbesondere für frei in den Raum ausblasende Ventilatorluftkühler, bei denen praktisch der gesamte statische Druckabfall im Lamellenrohrbündel erfolgt. Man muß deshalb für den jeweiligen Bereifungszustand den Förderstrom des Ventilators in Abhängigkeit vom Druckabfall im Kühler bestimmen. Bei Luftkühlern mit Kanalanschluß sind zusätzlich die in den Kanälen auftretenden Druckabfälle zu berücksichtigen; hierdurch vermindert sich der Einfluß des im Lamellenrohrbündel auftretenden Druckabfalls auf den Förderstrom des Ventilators.

Die Bestimmung der luftseitigen Wärme- und Stoffaustauschvorgänge erfolgt nach dem im Abschn. 12.1.3 beschriebenen Verfahren. Für den Zusammenhang zwischen mittlerer Grundrohr-, Luft- und Kühlmitteltemperatur gelten dieselben Beziehungen wie bei Luftkühlung mit Tauwasserbildung.

Zu Beginn des Bereifungsvorgangs, wo noch keine Reifschicht vorhanden ist, kann man das für den Wärmetransport bei Tauwasserbildung gültige Rechenverfahren anwenden. Zur Ermittlung des latenten Wärmestroms ist anstelle der Verdampfungs- die Sublimationsenthalpie einzusetzen. Da das bei bereifter Oberfläche verwendete Rechenverfahren nur für den Bereich der „quasistationären Phase" gilt (s. Kap. 6), ist für die ersten beiden Stunden nach Bereifungsbeginn eine Interpolation zwischen beiden Rechenverfahren zu verwenden.

Im folgenden Rechenschema wird davon ausgegangen, daß sich sowohl die Kühlmitteltemperatur als auch der innere Wärmeübergangskoeffizient im Kühler nicht wesentlich ändern, so daß auf eine schrittweise Berechnung einzelner Rohrreihen verzichtet werden kann, ohne daß große Fehler in Kauf genommen werden müssen. Bei Luftkühlern, die mit Kältemittelverdampfung und Umpumpbetrieb arbeiten, sind diese Voraussetzungen einigermaßen erfüllt. Der einfachen Darstellung wegen wird hier die Kenntnis des inneren Wärmeübergangskoeffizienten vorausgesetzt.

Rechenschema für bereifte Oberfläche
(„quasistationäre Phase")

Als Schätzwerte für die erste Rechnung können die Werte Verwendung finden, die für den Beginn des Bereifungsvorgangs gelten.

1. α_a, β schätzen
2. $x_{L,m} = x_{L,1} - (\Delta x_L/\Delta t_L)(t_{L,1} - t_{L,m})$, bei erster Rechnung mit Schätzwerten für $(\Delta x_L/\Delta t_L)$ und $t_{L,m}$
3. $t_{L,p,m} = f(x_{L,m})$
4. $t_{G,m} = t_{L,m} - (t_{L,m} - t_{R,m})(k/\alpha_{as})$, bei erster Rechnung mit Schätzwert für (k/α_{as})
5. $t_{F,0,G,m}$ nach Gl. (6.1)
6. $\delta_{F,G,m}$ nach Gl. (6.2)
7. $\bar{p}_{D,F,G,m}$ nach Gl. (6.5)
8. $\bar{t}_{F,G,m}$ = Sättigungstemperatur zum Druck $\bar{p}_{D,F,G,m}$
9. $\dot{Q}_{l,G}/A_{F,G}$ nach Gl. (6.7), (6.9) und (6.13)
10. $\dot{Q}_{s,G}/A_{F,G}$ nach Gl. (6.15), (6.16) und (6.17)
11. $\dot{Q}_{g,G}/A_{F,G}$ nach Gl. (12.72)

12. $t_{R,m} = t_{L,m} - (t_{L,m} - t_{G,m})\,\eta_R$, bei erster Rechnung mit Schätzwert für η_R

Die Rechenschritte 13 bis 19 für die Rippen entsprechen den Rechenschritten 5 bis 11 für das Grundrohr

20. $A_{F,R}/A_R$ nach Tab. 12.1 und Tab. 12.5

21. $\alpha_{g,R}$ nach Gl. (12.73)

22. $\eta_R = f(\alpha_{g,R},\ \text{Rippenrohr})$, Wiederholung ab Rechenschritt 12

23. $A_{F,G}/A_G$ nach Tab. 12.1 und Tab. 12.5

24. $\alpha_{g,G}$ nach Gl. (12.74)

25. α_{as} nach Gl. (12.63)

26. k nach Gl. (12.82)

27. ψ_F nach Tab. 12.5

28. $d_{ae,F}$ nach Gl. (12.71)

29. $\Delta_{pL} = z_1 \xi_{m,F}\,\dfrac{s_L}{d_{ae,F}}\,\dfrac{\varrho_L}{2}\,w_{L,m}^2$

30. $\dot{V}_L = f(\Delta p_L,\ \text{Ventilatorkennlinie})$

31. $\alpha_a,\ \beta = f(w_{L,m},\ \text{Rippenrohr},\ \delta_{F,G,m},\ \delta_{F,R,m})$

32. $\Delta h_L/\Delta t_L$ nach Gl. (12.75)

33. $\Delta x_L/\Delta t_L$ nach Gl. (12.65)

34. $t_{L,m} = t_{L,1} - (t_{L,1} - t_{R,m})\left\{1 - \exp\left[-\dfrac{kA_a}{2\,\dot{M}_L(\Delta h_L/\Delta t_L)}\right]\right\}$

Wiederholung ab Rechenschritt 2, bis alle Rechenwerte sich nicht mehr wesentlich ändern

35. $t_{L,2} = t_{L,1} - (t_{L,1} - t_{R,m})\left\{1 - \exp\left[-\dfrac{kA_a}{\dot{M}_L(\Delta h_L/\Delta t_L)}\right]\right\}$

36. $\dot{Q} = (t_{L,1} - t_{L,2})(\Delta h_L/\Delta t_L)\,\dot{M}_L$

37. $x_{L,2} = x_{L,1} - (\Delta x_L/\Delta t_L)(t_{L,1} - t_{L,2})$

Zahlenbeispiel

Gegenstand sei dasselbe Lamellenrohrbündel wie in den Abschn. 12.3.1 und 12.3.2. Die Luft tritt mit der Temperatur $t_{L,1} = 0\,°\mathrm{C}$ und der relativen Feuchte $\varphi_{L,1} = 85\%$ in den Luftkühler ein. Die mittlere Kühlmitteltemperatur soll $t_{R,m} = -10\,°\mathrm{C}$ und der mittlere Wärmeübergangskoeffizient des Kühlmittels $\alpha_{i,m} = 1\,000\ \mathrm{W/m^2K}$ betragen, Verschmutzungswiderstände werden nicht berücksichtigt. Für die Ventilatorkennlinie wird eine parabolische Funktion $\Delta p = \Delta p_0[1 - (\dot{V}_L/\dot{V}_{L,max})^2]$ mit $\Delta p_0 = 150\ \mathrm{Pa}$ und $\dot{V}_{L,max} = 7\,200\ \mathrm{m^3/h}$ zugrundegelegt.

Stoffwerte für Luft bei $t_L = 0\,°\mathrm{C}$ und $p = 1\ \mathrm{bar}$:

$\varrho_L = 1{,}27\ \mathrm{kg/m^3}$, $\quad c_{p,L} = 1\,006\ \mathrm{J/kgK}$, $\quad \lambda_L = 0{,}024\,5\ \mathrm{W/m\cdot K}$,

$\nu_L = 13{,}4\cdot10^{-6}\ \mathrm{m^2/s}$, $\quad Pr_L = 0{,}700$, $\quad D = 22{,}0\cdot10^{-6}\ \mathrm{m^2/s}$, $\quad Sc = 0{,}609$

1. Rechnung für Zeitpunkt $\tau = 0$:

Mit einem Widerstandsbeiwert nach Gl. (12.43) erhält man $\Delta p_L = 51{,}3\ \mathrm{Pa}$ und $\dot{V}_L = 5\,840\ \mathrm{m^3/h}$. Die Rechnung nach dem für Entfeuchtung mit Tauwasserbildung geltenden Schema ergibt folgende Werte:

$\alpha_a = 55{,}5\ \mathrm{W/m^2K}$, $\quad \alpha_{as} = 55{,}3\ \mathrm{W/m^2K}$, $\quad \eta_R = 0{,}669$, $\quad k = 32{,}7\ \mathrm{W/m^2K}$,

$\Delta x_L/\Delta t_L = 0{,}151\cdot10^{-3}\ \mathrm{kg/kgK}$, $\quad t_{L,m} = -1{,}855\,°\mathrm{C}$, $\quad t_{L,2} = -3{,}365\,°\mathrm{C}$,

$x_{L,1} = 3{,}248\cdot10^{-3}\ \mathrm{kg/kg}$, $\quad x_{L,2}^{\,r} = 2{,}741\cdot10^{-3}\ \mathrm{kg/kg}$, $\quad \dot{Q} = 9\,940\ \mathrm{W}$

2. Rechnung für $\tau = 2\,\mathrm{h}$:

Diese Rechnung muß iterativ erfolgen. Für die erste Durchrechnung erhält man unter Verwendung von Schätzwerten aus der Rechnung für $\tau = 0$:

$x_{L,m} = 2{,}968\cdot10^{-3}\ \mathrm{kg/kg}$, $\quad t_{L,p,m} = -3{,}016\,°\mathrm{C}$, $\quad t_{G,m} = -6{,}678\,°\mathrm{C}$, $\quad t_{F,0,G,m} = -3{,}822\,°\mathrm{C}$,

$\delta_{F,G,m} = 1{,}27\cdot10^{-3}\ \mathrm{m}$, $\quad \bar{p}_{D,F,G,m} = 410{,}1\ \mathrm{Pa}$, $\quad t_{F,G,m} = -4{,}751\,°\mathrm{C}$, $\quad \dot{Q}_{l,G}/A_{F,G} = 76{,}3\ \mathrm{W/m^2}$,

$\dot{Q}_{s,G}/A_{F,G} = 236{,}9\ \mathrm{W/m^2}$, $\quad \dot{Q}_{g,G}/A_{F,G} = 313{,}2\ \mathrm{W/m^2}$, $\quad t_{R,m} = -5{,}077\,°\mathrm{C}$,

$t_{F,0,R,m} = -3,469\,°C, \quad \delta_{F,R,m} = 0,858 \cdot 10^{-3}\,m, \quad \bar{p}_{D,F,R,m} = 436,9\,Pa, \quad t_{F,R,m} = -4,002\,°C,$

$\dot{Q}_{l,R}/A_{F,R} = 54,4\,W/m^2, \quad \dot{Q}_{s,R}/A_{F,R} = 213,6\,W/m^2, \quad \dot{Q}_{g,R}/A_{F,R} = 268,0\,W/m^2,$

$A_{F,R}/A_R = 0,9644, \quad \alpha_{g,R} = 80,2\,W/m^2K, \quad \eta_R = 0,667, \quad A_{F,G}/A_G = 0,8811,$

$\alpha_{g,G} = 57,2\,W/m^2K, \quad \alpha_{as} = 53,8\,W/m^2K, \quad k = 32,2\,W/m^2K, \quad \psi_F = 0,6380,$

$d_{ae,F} = 10,11 \cdot 10^{-3}\,m, \quad \Delta p_L = 102,2\,Pa \text{ mit } \xi_{m,F}/\xi_m = 1,8, \quad \dot{V}_L = 4063\,m^3/h,$

$\alpha_a = 54,2\,W/m^2K, \quad \beta = 4,646 \cdot 10^{-2}\,m^2/s, \quad \Delta h_L/\Delta t_L = 1268\,J/kgK,$

$\Delta x_L/\Delta t_L = 0,0925 \cdot 10^{-3}\,kg/kgK, \quad t_{L,m} = -2,795\,°C.$

Nach weiteren Durchrechnungen erhält man schließlich die in Tab. 12.7 für die Zeit $\tau = 2$ h aufgelisteten Werte. Ergänzend sind in derselben Tabelle auch Rechenergebnisse für die Zeiten $\tau = 4$ und 8 h eingetragen. Abb. 12.27 zeigt den zeitlichen Verlauf einiger wichtiger Größen. Man erkennt den parabolischen Anstieg der Reifdicke, wobei sich am Grundrohr immer eine etwas größere Reifdicke einstellt als an den Rippen. Der Wärmedurchgangskoeffizient fällt in der betrachteten Zeit um etwa 30 % ab, der Wärmestrom vermindert sich jedoch um etwa 50 %. Letzteres ist auf die gleichzeitige Verringerung des mittleren Temperaturabstands im Luftkühler zurückzuführen, die sich aus der starken Abnahme des Luftvolumenstroms ergibt.

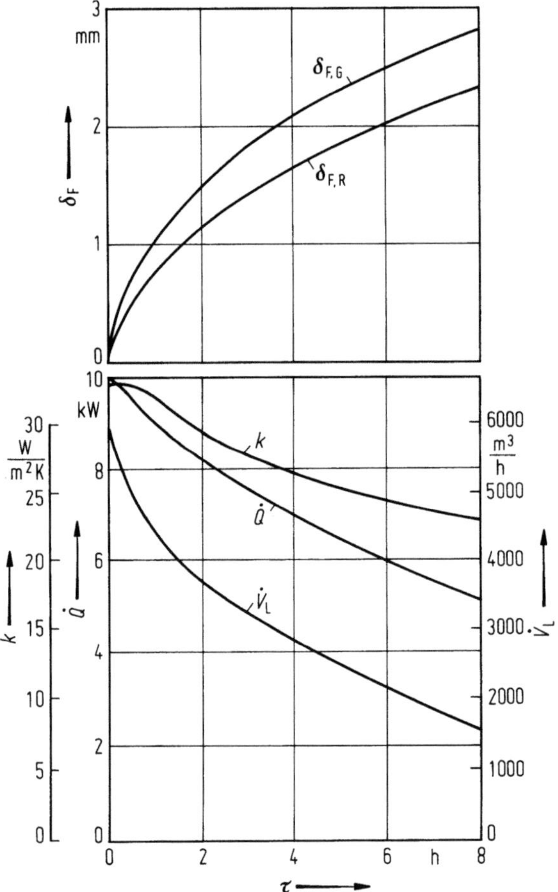

Abb. 12.27. Zeitlicher Verlauf des Betriebsverhaltens eines Ventilatorluftkühlers bei Bereifung (s. Zahlenbeispiel)

Tabelle 12.7. *Betriebswerte eines Ventilatorluftkühlers bei Bereifung für verschiedene Zeiten (s. Zahlenbeispiel in Abschn. 12.3.4)*

| Zeit | $\delta_{F,G}$ | $\delta_{F,R}$ | $\dot{V}_L$ | α_{as} | k | $t_{L,2}$ | $x_{L,2}$ | $\dot{Q}$ |
h	mm	mm	m³/h	W/m²K	W/m²K	°C	10^{-3} kg/kg	W
0	0	0	5 840	55,3	32,7	−3,36	2,74	9 940
2	1,47	1,13	3 660	46,6	29,5	−4,59	2,65	8 150
4	2,05	1,64	2 800	39,2	26,3	−5,08	2,56	6 980
8	2,83	2,34	1 540	31,9	22,9	−6,70	2,31	5 110

13 Rückkühlwerke und Verdunstungsverflüssiger

Heinz Schnell

Benutzte Formelzeichen in Kapitel 13
(s. auch Formelzeichenliste am Anfang des Bandes)

Formelzeichen, Einheiten

A^*	Flächenverhältnis A/S_r	m^2/m^2
a	Kühlgrenzabstand	K
b	Barometerstand (Luftdruck)	Pa
c_K	Kühlturmkoeffizient	—
D_V	Ventilatordurchmesser	m
H_{eff}	effektive Höhe	m
H_L	Lufteintrittshöhe	m
H_P	Pumpförderhöhe	m
H_V	Ventilatordeckhöhe	m
H_W	Wassereintrittshöhe	m
K_0	spez. Verdunstungskennzahl für $\lambda = 1$	—
K_V	Verdunstungskennzahl	—
L_p	unbewerteter Schalldruckpegel	dB
Me	Merkel-Zahl	—
$\dot{M}_{W,0}$	Verdunstungsverlust	kg/s
$\dot{M}_{W,a}$	Abschlämmung	kg/s
$\dot{M}_{W,f}$	Filterteilstrom	kg/s
$\dot{M}_{W,Kr}$	Kreislaufverlust	kg/s
$\dot{M}_{W,s}$	Tropfenauswurf	kg/s
$\dot{M}_{W,z}$	Zusatzwasserbedarf	kg/s
n	Motornenndrehzahl	s^{-1}
n_V	Ventilatordrehzahl	s^{-1}
P	Motornennleistung	kW
P_M	Ventilatorleistung an der Motorwelle	kW
P_V	Ventilatorleistung an der Ventilatorwelle ($=$ Ventilatorenenergiebedarf)	kW
p_D	Düsenvordruck	Pa
r	Regendichte	$kg/m^2 h$
S	Salzkonzentration	ppm; mVal
S_L	belüftete Fläche (Kreuzstrom)	m^2
S_r	beregnete Fläche	m^2
s_h	horizontale Teilung	m
s_v	vertikale Teilung	m
t_f	Feuchtlufttemperatur	°C
$t_{W,z}$	Zusatzwassertemperatur	°C
u_V	Umfangsgeschwindigkeit	m/s
x	Wassergehalt	kg/kg

x_I	Wassergehalt an der Grenzfläche Wasser/Luft	kg/kg
Z	Konstruktionszahl	—
z	Kühlzonenbreite	K
η_A	Abkühlungsgrad	—
η_M	Motorwirkungsgrad	—
η_V	Ventilatorwirkungsgrad	—
Λ	Luftverhältnis	—
λ	Luftzahl	—

Indizes

0	Ursprungswert

13.1 Definitionen

Kühlwasser dient zur Abfuhr von Prozeßwärme, die im jeweiligen System nicht mehr sinnvoll genutzt werden kann. Die Einleitung dieser Abwärme in Abwasserkanäle oder öffentliche Gewässer ist nur selten zulässig, so daß besondere Methoden erforderlich werden.

Kühltürme bieten die Möglichkeit, durch kombinierten Wärme- und Stoffaustausch die Umgebungsluft zur Entsorgung zu nutzen. Da heute für jeden Kühlwasserbedarf Anlagen unterschiedlicher Bauform zur Verfügung stehen, ist die Bezeichnung *Rückkühlwerk* empfehlenswert.

Der Kühlprozeß wird wesentlich durch die Form des Wasser/Luft-Kontakts charakterisiert. Daher sind zu unterscheiden:

Naßkühlung mit direktem Kontakt Wasser — Luft im Rückkühlwerk, so daß mittels Konvektion und Verdunstung eine weitgehende Rückkühlung möglich ist, wobei ein geringer Wasserverlust entsteht.

Trockenkühlung, d. h. indirekter Kontakt, da das Wasser durch geschlossene Rohrsysteme — meist Rippenrohre — geführt wird. Die Rückkühlung erfolgt ausschließlich durch Konvektion; die Wasserqualität bleibt unverändert. Diese Anlagen werden als *Luftkühler*, besser jedoch als *luftgekühlte Wärmeaustauscher* bezeichnet.

Verdunstungskühler sind Doppelsysteme mit einem geschlossenen Primärkreislauf, der durch Wasser und Luft in einem offenen Sekundärkreislauf gekühlt wird. Enthält das geschlossene System ein kondensierendes Kältemittel, so wird die Anlage zum *Verdunstungsverflüssiger*.

Die Auswahl des optimalen Kühlsystems wird durch Betriebs- und Umweltbedingungen bestimmt.

13.2 Kühlverfahren

Abb. 13.1 zeigt verschiedene Möglichkeiten der Naßkühlung. Voraussetzung für eine *Frischwasserkühlung* ist ein ausreichendes Versorgungssystem zur Deckung des Kühlwasserbedarfs. Bei der *Durchlaufkühlung* wird das Kühlwasser dem System, z. B. einem Fluß, entnommen und diesem nach Aufwärmung wieder zugeführt (Abb. 13.1a). Der wesentliche Vorteil des Kühlverfahrens ist die Nutzung der natürlichen Wassertemperatur, jedoch können durch ständige Wärmeeinleitung ökologische Störungen in den Gewässern bzw. Überlastungen in den Abwasseranlagen auftreten.

Unzulässige thermische Belastungen lassen sich durch Anwendung der *Ablaufkühlung* vermeiden (Abb. 13.1b). Auch hier wird das Kühlwasser dem System entnommen, aber vor der Rückgabe in einem Rückkühlwerk so weit abgekühlt, daß vorgegebene Grenzwerte nicht überschritten werden. Diese entsprechen den Umweltschutz-

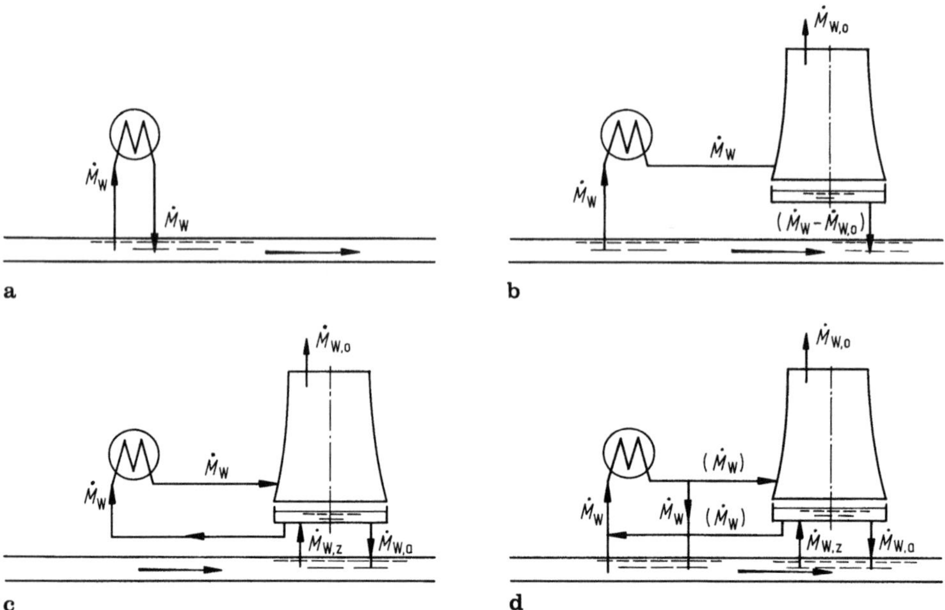

Abb. 13.1a–d. Kühlverfahren. a) Durchlaufkühlung; b) Ablaufkühlung; c) Kreislaufkühlung; d) kombinierte Frischwasser- und Kreislaufkühlung (alternative Schaltung).

auflagen · für den jeweiligen Industriestandort und beinhalten die zulässige Temperaturdifferenz zwischen Einlauf- und Auslaufbauwerk, sowie die maximale Einleitungstemperatur. Eine wichtige Zusatzwirkung der Ablaufkühlung ist die Sauerstoffanreicherung im Kühlprozeß, die zu einer Verbesserung der Wasserqualität führt (Tab. 13.1).

Kreislaufkühlung bedeutet eine funktionelle Trennung von Versorgungs- und Kühlsystem, lediglich das Zusatzwasser — allgemein weniger als 5% des Kühlwasserbedarfs — wird dem Versorgungssystem entnommen (Abb. 13.1c). Mittelpunkt des Kühlkreislaufs ist das Rückkühlwerk. Die Kühlwasserpumpen fördern das Kühlwasser vom Kaltwasserbecken zu den Verbrauchern und von dort direkt auf das Rückkühlwerk. Von hier läuft das rückgekühlte Wasser wieder dem Kaltwasserbecken zu.

Anstelle dieses Einkreissystems wird in der Kältetechnik oftmals ein Zweikreissystem mit getrennten Kalt- und Warmwasserbecken angewendet (Abb. 13.2). Kaltwasserpumpen sorgen für die Kühlwasserversorgung der Verbraucher, während zusätzliche Warmwasserpumpen das Rückkühlwerk beaufschlagen. Der größere Anlagenaufwand bietet bessere Anpassungsmöglichkeiten bei Verbrauchern mit unterschiedlichen Betriebsbedingungen, meist eine größere Speicherkapazität, eine optimale Auslastung des Rückkühlwerks und ist somit energiesparend. Besonders vorteilhaft ist das Zweikreissystem bei einem höheren Aufstellungsniveau des Rückkühlwerks, da die Kühlwasserversorgung der Verbraucher durch den freien Zulauf auch bei Stromausfall gesichert ist.

Optimallösungen für Kühlwassersysteme mit Berücksichtigung von Umweltschutz- und Wirtschaftlichkeitsproblemen sind im Bereich der Großverbraucher — z. B. Kraftwerke, Stahlwerke, chemische Industrie (unter Einschluß der Kältetechnik) — nur durch kombinierte Kühlverfahren möglich, wobei wahlweise Frischwasser — und/oder Kreislaufkühlung als Alternativschaltungen zur Anwendung kommen (Abb. 13.1d).

Tabelle 13.1. *Vor- und Nachteile der Frischwasserkühlung*

System	Versorgung	Entsorgung
öffentliches Wasser- und Abwassernetz	● konstante Wassertemperatur ● geringe Investitionen ● begrenzte Entnahme ● hohe Betriebskosten durch Wasserpreis ● Trinkwasserversorgung gefährdet	● geringe Investitionen ● begrenzte Aufnahmekapazität ● hohe Ablauftemperaturen unzulässig ● hohe Betriebskosten durch Abwasserpreis
Grundwasser	● ideale Wassertemperatur ● evtl. Mehrfachnutzung ● niedrige Betriebskosten ● Entnahme beeinflußt Grundwasserspiegel	● Einleitung in Grundwasser nicht zulässig
Industriekanäle	● örtliche Industrieversorgung ● oft mit Hochwasserregulierung kombiniert ● niedrige Betriebskosten ● unterschiedliche Wasserführung, daher Entnahmebeschränkungen ● Vorbelastung durch Nachbarn	● einfache Entsorgung ● niedrige Betriebskosten ● begrenzte Ablauftemperatur ● Umweltbelästigung durch Schwadenbildung (Nebel)

Wasserstraßen	● natürliche Wassertemperatur
	● ausreichende Wasserführung
	● Entnahme saisonabhängig
	● Vorbelastung durch:
	  — andere Industriestandorte
	  — Abwassereinleitung
	  — Schiffahrt
		● große thermische Aufnahme- und Abbaufähigkeit
		● bei guten Strömungsverhältnissen schneller Wärmetransport
		● vielfältige Nutzung, daher begrenzte Wärmebelastung

Binnenseen	● natürliche Wassertemperatur ● Entnahme begrenzt ● Landschaftsschutz ist zu beachten	● einfache Entsorgung ● geringer Wärmeabbau, da selten Strömung vorhanden
Meer- und Brackwasser	● fast unbegrenzte Entnahme ● natürliche Wassertemperatur ● Korrosionsprobleme ● Versorgungssystem aufwendig	● fast unbegrenzte Aufnahme ● selten ausgeprägte Strömung ● Windwechsel führt zu Wärmefeldern an der Küste

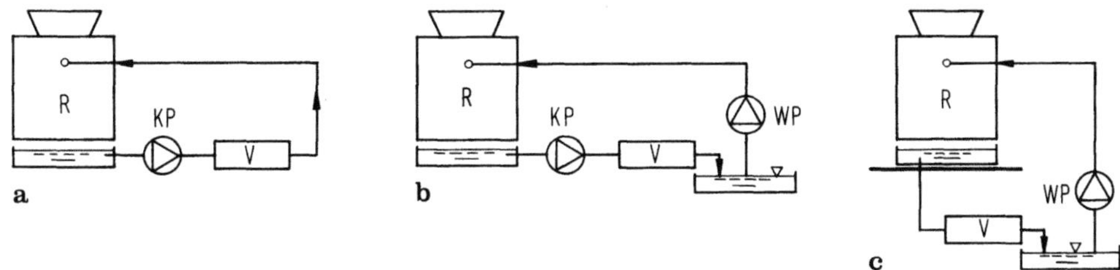

Abb. 13.2 a–c. Einkreis- und Zweikreissysteme. a) Einkreissystem; b) und c) Zweikreissysteme; *R* Rückkühlwerk; *V* Verbraucher; *KP* Kaltwasserpumpe; *WP* Warmwasserpumpe.

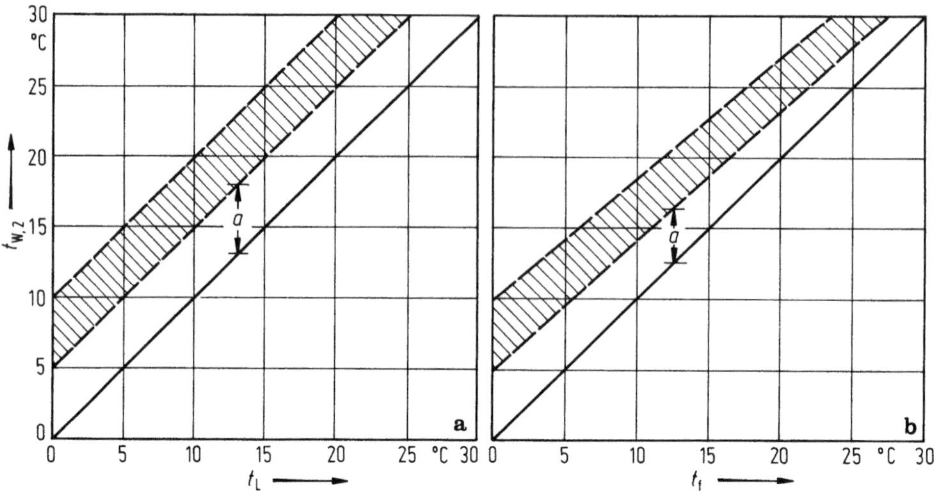

Abb. 13.3a, b. Theoretische und praktisch übliche Kühlgrenztemperatur bei Naß- und Trockenkühlung ($b_0 = 1\,013$ mbar). a) Naßkühlung; b) Trockenkühlung. t_L Umgebungslufttemperatur; t_f Feuchtlufttemperatur; $t_{W,2}$ Kaltwassertemperatur; a Kühlgrenzabstand; theoretische Kühlgrenze (————); Bereich der praktischen Kühlgrenze (— — — —).

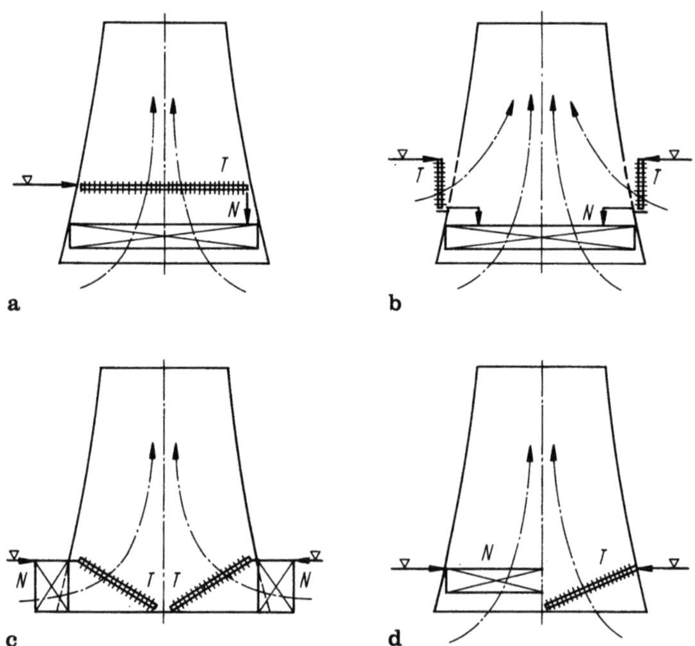

Abb. 13.4a–d. Kombination von Naß- und Trockenkühlelementen. a) Wasserseitig hintereinander, luftseitig hintereinander; b) wasserseitig hintereinander, luftseitig parallel; c) wasserseitig parallel, luftseitig hintereinander; d) wasserseitig parallel, luftseitig parallel. N Naßkühlelement; T Trockenkühlelement.

Tabelle 13.2. *Vergleich von Naß-, Verdunstungs- und Trockenkühlung*

Kriterium	Naßkühlung (NK)	Verdunstungskühlung (VK)	Trockenkühlung (TK)
Kreislauf	offen	a) geschlossen b) offen	geschlossen
Kondensation	indirekt	direkt oder indirekt	direkt oder indirekt
— Wasserdampf	Oberflächen- oder Mischverflüssiger	Verdunstungsverflüssiger oder wie NK (Verdunstungskühler)	luftgekühlter Verflüssiger oder wie NK (Luftkühler)
— Kältemittel	Oberflächenverflüssiger		
Kühlgrenzabstand a		a (NK) $< a$ (VK) $< a$ (TK)	
Kühlwassertemperatur $(t_f \leqq t_L)$	$t_{W,2} = f(t_f)$ $= t_f + a$ (NK)	$t_{W,2} = f(t_f)$ $= t_f + a$ (VK)	$t_{W,2} = f(t_L)$ $= t_L + a$ (TK)
Kondensationstemperatur t_C	$t_C = t_{W,1} + \Delta t_C$	$t_C = t_f + a$ (VK)	$t_C = t_L + a$ (TK)
Zusatzwasserbedarf $\dot{M}_{W,z}$		ca. $0{,}02 \ldots 0{,}05 \, \dot{M}_W$	entfällt
Betriebskosten		NK $\lesseqgtr$ VK $\lesseqgtr$ TK	
Anlagenkosten		NK $<$ VK $<$ TK (ca. $1:2:4$)	
Kreislaufverschmutzung durch	Versorgungssystem, Kreislaufbedingungen, Umweltbedingungen	a) keine b) Versorgungssystem, Umweltbedingungen	keine, da geschlossenes System
Umweltprobleme:			
— Dampffahne	vorhanden	vorhanden	entfällt
— Tropfenauswurf	$\dot{M}_{W,s} \leqq 0{,}002 \, \dot{M}_W$	$\dot{M}_{W,s} \leqq 0{,}002 \, \dot{M}_{W,z}$	entfällt
— Geräusche	Wasser und Ventilator	Wasser und Ventilator	Strömung und Ventilator
Entscheidungshilfe		Kühlwassergrenzpreis	

Der Kühlkreislauf ist oftmals Bestandteil einer Kondensationsanlage, so daß bei der Zuordnung von Verflüssiger und Rückkühlwerk auch das Kühlverfahren beachtet werden muß. In der Kältetechnik ist bei Naßkühlung eine Kombination mit *Oberflächenverflüssigern* erforderlich, während die Trockenkühlung eine direkte Kondensation mittels *luftgekühlter Verflüssiger* zuläßt. Dadurch kann die Kondensationsanlage — trotz Mehraufwand für den Verflüssiger — vereinfacht werden, vorausgesetzt, daß die erforderliche Verflüssigungstemperatur unter den jeweiligen klimatischen Bedingungen erreichbar ist. Abb. 13.3 zeigt die theoretischen und praktisch üblichen Kühlgrenztemperaturen von Naß- und Trockenkühlung in Abhängigkeit vom Luftzustand. Somit ist die Anwendung von Trockenkühlwerken unter Sommerbedingungen begrenzt.

Als zusätzliche Entscheidungshilfe nennt Tab. 13.2 den *Kühlwassergrenzpreis*. Dieser ist ein Vergleichspreis für die Kosten des Zusatzwassers von Naßkühlsystemen, der

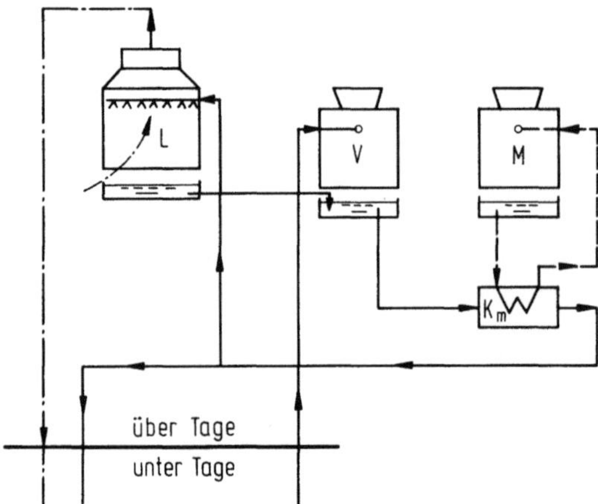

Abb. 13.5. Kombination von Rückkühlwerken und Kältemaschinen zum Kühlen von Wasser und Luft. K_m Kältemaschine; M Wasserkühler für Kältemaschine; V Wasservorkühler; L Luftkühler. Kühlwasserkreis für Grubenluftkühlung (————); Kühlwasserkreis für Kältemaschine (— — — —); Grubenluft (— · — · —).

sich aus den Anlagen- und Betriebsmehrkosten der Trockenkühlung bei gleichen Prozeßbedingungen ergibt. Der Kühlwassergrenzpreis ist eine wichtige Planungsgröße bei Dampfkraftwerken [1].

Wasserknappheit und Umweltbelästigungen führten zur Kombination von Naß- und Trockensystemen in einem Rückkühlwerk. Allerdings hat sich die Entwicklung der *Hybridkühltürme* infolge der allgemeinen Energiekrise stark verlangsamt. Die Wirtschaftlichkeit der möglichen Lösungen ist sehr von der luft- und wasserseitigen Anordnung der Kühlelemente in Parallel- oder Reihenanordnung abhängig, vgl. Abb. 13.4, [2–5].

Verdunstungsverflüssiger sind in der Kältetechnik üblich und in ihrer Wirkung den Hybridsystemen ähnlich. Der kühltechnische Nachteil der Trockenkühlung wird durch Berieselung der Kühlelemente und gleichzeitiger Wasserverdunstung teilweise ausgeglichen. Dadurch wird die theoretische Kühlgrenztemperatur auf einen Wert zwischen Trockenluft- und Feuchtlufttemperatur verbessert.

Eine Diskussion der Kühlverfahren wäre unvollständig ohne Berücksichtigung der Kombination von Kühl- und Kältetechnik. So ist die Erzeugung von Kaltwassertemperaturen unterhalb der Feuchtlufttemperatur durch Rückkühlwerke physikalisch nicht möglich. Daher kommen Kaltwassersätze zum Einsatz, wobei das wirtschaftlichere Rückkühlwerk weitestgehend genutzt werden soll, um die energieaufwendige Kältemaschine zu entlasten. Abb. 13.5 zeigt eine Kombination von Rückkühlwerken und Kältemaschinen unter Einschluß von Naßluftkühlern, wie sie beispielsweise in den südafrikanischen Goldminen zur Anwendung kommt.

13.3 Theorie der Rückkühlung

Die Einführung wissenschaftlicher Berechnungsmethoden für Rückkühlwerke erfolgte relativ spät, obwohl Merkel [6] bereits 1925 eine Gleichung zur Erfassung von Wärme- und Stoffaustausch während des Kühlprozesses vorlegte. Der umfangreiche Rechenaufwand führte zunächst zur weiteren Anwendung von Erfahrungswerten. Heute ist die Merkel-Theorie international anerkannt, wurde aber weiterentwickelt.

Merkel benutzte für seine Ansätze mehrere Vereinfachungen, z. B.

— setzte er die Lewis-Zahl $Le = 1$ und damit $Le = \alpha/(\delta c_p)$;
— vernachlässigt werden

der Unterschied zwischen der Wasseroberflächentemperatur und der mittleren Wassertemperatur;

die Abnahme des Wassermassenstroms infolge Verdunstung;

die Temperaturabhängigkeit der spezifischen Verdampfungsenthalpie des Wassers und der spezifischen Wärmekapazität der Luft;

— die Austauschflächen für Wärme- und Stoffaustausch sind identisch und werden der Rieselfläche gleichgesetzt;

— ein Wärmeaustausch mit der Umgebung wird vernachlässigt. Folglich entspricht die Wärmeabgabe des Wassers der Wärmeaufnahme der Luft.

Nach den Überlegungen von MERKEL gelten dann die Beziehungen

$$\mathrm{d}\dot{Q}_W = \mathrm{d}\dot{Q}_L = \mathrm{d}\dot{Q}_K + \mathrm{d}\dot{Q}_V. \tag{13.1}$$

Hierin beträgt die Wärmeübertragung durch Konvektion

$$\mathrm{d}\dot{Q}_K = \dot{M}_L\, c_p\, \mathrm{d}t_L = \alpha(t_W - t_L)\, \mathrm{d}A \tag{13.2}$$

und Verdunstung

$$\mathrm{d}\dot{Q}_V = \dot{M}_L \Delta h_d\, \mathrm{d}x = \sigma \Delta h_d (x_I - x)\, \mathrm{d}A, \tag{13.3}$$

mit x_I als Wert für die Grenzfläche Wasser/Luft.

Die Wärmebilanz lautet dann

$$\dot{M}_W\, c_W\, \mathrm{d}t_W = \dot{M}_L (c_p\, \mathrm{d}t_L + \sigma \Delta h_d\, \mathrm{d}x) = [\alpha(t_W - t_L) + \sigma \Delta h_d (x_I - x)\, \mathrm{d}A. \tag{13.4}$$

Der Wasserverlust $\mathrm{d}\dot{M}_W$ infolge Verdunstung wird aus der Stoffbilanz ermittelt:

$$\mathrm{d}\dot{M}_W = \dot{M}_L\, \mathrm{d}x_L = -\sigma(x_I - x)\, \mathrm{d}A. \tag{13.5}$$

Aus Gl. (13.4) und mit $Le = 1$ ergibt sich

$$\dot{M}_W\, c_W\, \mathrm{d}t_W = \sigma\left[\frac{\alpha}{\sigma}(t_W - t_L) + \Delta h_d (x_I - x)\right] \mathrm{d}A$$

$$= \sigma[c_p\, t_W + \Delta h_d\, x_I - (c_p\, t_L + \Delta h_d x)]\, \mathrm{d}A, \tag{13.6}$$

d. h. die spezifische Enthalpie des Lufteintrittszustands

$$h_1 = c_p\, t_L + \Delta h_d\, x$$

und des Luftaustrittszustands

$$h_2 = c_p\, t_W + \Delta h_d\, x_I$$

führen analog der Newtonschen Gleichung für den Wärmetransport zur *Merkelschen Hauptgleichung*

$$\dot{M}_W\, c_W\, \mathrm{d}t_W = \sigma(h_2 - h_1)\, \mathrm{d}A. \tag{13.7}$$

Die erwähnten Vereinfachungen waren zwar häufig Gegenstand der Kritik bzw. von Korrekturen, z. B. [7, 8], aber die Merkel-Theorie wurde grundsätzlich beibehalten. Durch Einführung einer dimensionslosen Verdunstungskennzahl K_V — hierfür wurde die Bezeichnung *Merkel-Zahl Me* vorgeschlagen — entsteht die heute übliche Darstellung der Merkelschen Hauptgleichung:

$$Me \triangleq K_V = \frac{\sigma A}{\dot{M}_W} = \int_{t_{w,1}}^{t_{w,2}} \frac{c_W\, \mathrm{d}t_W}{h_2 - h_1}. \tag{13.8}$$

[9] enthält eine Übersicht der Lösungsmöglichkeiten.

So definiert BERLINER [10]

$$\dot{Q} = Z\Delta h \tag{13.9}$$

mit Z als „Konstruktionskennzahl" und Δh als „treibende Kraft". Die Konstruktionskennzahl ist

$$Z = \frac{1}{\dfrac{1}{\sigma A} + \dfrac{1}{2\dot{M}_L}}.\tag{13.10}$$

SPANGEMACHER [11] hat eine einfache Näherungslösung empfohlen:

$$K_V \approx f\,\frac{c_W\,t_W}{h_{W,m} - h_{L,m}}.\tag{13.11}$$

Hierfür liegt der Korrekturfaktor $f = g(H_1, H_2)$ mit

$$H_1 = \frac{h_{W,1} - h_{L,1}}{h_{W,m} - h_{L,m}} \quad \text{und} \quad H_2 = \frac{h_{W,2} - h_{L,2}}{h_{W,m} - h_{L,m}}$$

als Diagramm vor [9]. Für die Überschlagsrechnungen kann $f = 1$ angenommen werden. Wesentlich ist aber die Abhängigkeit der Verdunstungskennzahl K_V von der *Luftzahl* λ:

$$\lambda = \frac{\dot{M}_L}{\dot{M}_W}.\tag{13.12}$$

Mit einem spezifischen Wert $K_0\,(\lambda = 1)$ lautet die Funktionsgleichung

$$K_V = K_0 \lambda^m.\tag{13.13}$$

Abb. 13.6 zeigt folgende Anwendungsmöglichkeiten:
— rechnerisch bestimmte Kurven $K_{V,\text{Soll}}$ für verschiedene Betriebsbedingungen,
— experimentell ermittelte Geraden $K_{V,\text{Ist}}$ für verschiedene Kühleinbauformen,
— Schnittpunkt S von $K_{V,\text{Soll}}$ und $K_{V,\text{Ist}}$ als Auslegungspunkt der Rückkühlwerke mit
  der erforderlichen Luftzahl λ_{erf}.

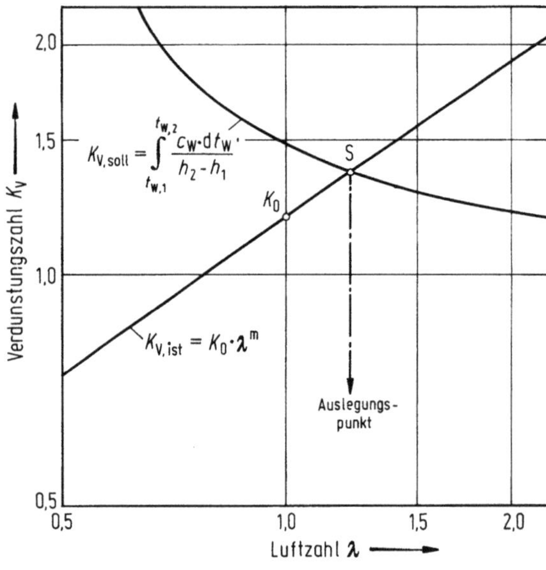

Abb. 13.6. Anwendung der Verdunstungskennzahl K_V, Soll- und
Ist-Werte.

Diese Darstellung ermöglicht die Optimierung der Rückkühlwerke hinsichtlich Ausführung und Betriebsbedingungen. Deshalb wird K_V auch als *Kühlturmcharakteristik* bezeichnet, die z. B. Grundlage der CTI-Abnahmevorschriften ist [12, 13]. Amerikanische Kühlturmberechnungen basieren auf den sog. NTU (= number of transfer units), die üblicherweise auf $1/\lambda = \dot{M}_W/\dot{M}_L$ (= L/G: liquid/gas) bezogen werden. Hierfür ergibt sich nach [14]

$$\text{NTU} = K_V/\lambda. \tag{13.14}$$

Eine andere Berechnungsmethode wurde 1966 von KLENKE [15] vorgestellt, die das Verhalten der Rückkühlwerke bei wechselnden Betriebs- und Umweltbedingungen, wie sie z. B. bei Ablaufkühltürmen auftreten, gut beschreibt. Der Abkühlungsgrad

$$\eta_A = \frac{t_{W,1} - t_{W,2}}{t_{W,1} - t_{f,1}} < 1 \tag{13.15}$$

charakterisiert das thermische Verhalten und vergleicht die erzielte Abkühlung des Wassers mit dem Verhältnis der effektiven Luftzahl λ zur theoretischen (minimalen) Luftzahl $\lambda_{\min}$, also dem Luftverhältnis

$$\Lambda = \lambda/\lambda_{\min} > 1. \tag{13.16}$$

Die Kühlturmkennlinie entspricht der Funktion

$$\eta_A = c_K (1 - e^{-\Lambda}) \tag{13.17}$$

mit dem konstruktiv bedingten Kühlturmkoeffizienten $0 \leq c_K \leq 1$ (Abb. 13.7). Das jeweilige Rückkühlwerk kann mit einem „idealen" Kühlturm ($\eta_A = 1$, $\Lambda = 1$, da $t_{W,2} = t_{f,1}$ und $\lambda = \lambda_{\min}$) bzw. „halbidealen" Kühlturm (bei $\Lambda \neq 1$) verglichen werden. Die Vorteile dieser Betrachtungsweise für Auslegung und Optimierung beschreibt THUMM [16].

Die genannten Theorien beruhen auf der Annahme einer Gegenstromführung von Wasser und Luft. Erweiterungen auf die Bedingungen der Kreuzstromkühlung wurden in [17, 18] zusammengestellt.

Für die Verdunstungsverflüssiger gelten im Prinzip die Beziehungen der Rückkühlwerke, obwohl der Wärmetransport in zwei Stufen erfolgt, nämlich

— von den Rohrelementen (Verflüssiger) an das Kühlwasser durch konvektiven Wärmeübergang,

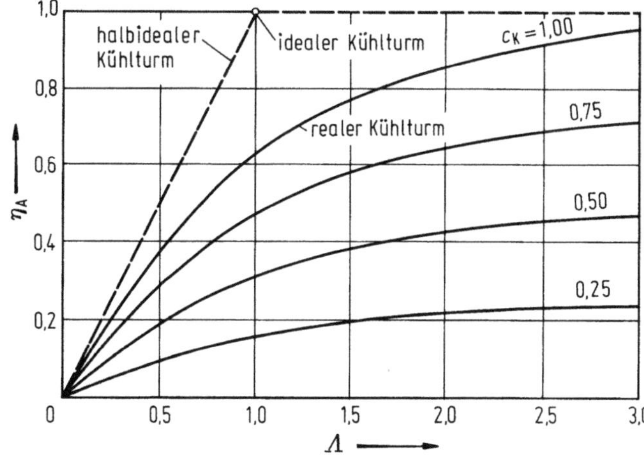

Abb. 13.7. Kühlturmkennlinien nach KLENKE [15]. ε_A Abkühlungsverhältnis; Λ Luftverhältnis; c_K Kühlturmkoeffizient.

— vom Kühlwasser an die Umgebungsluft durch Wärme- und Stoffübergang an der Wasseroberfläche.

Dabei beeinflussen sich die beiden Teilprozesse gegenseitig. Ausgehend vom Wärmestrom des Verflüssigers

$$\dot{Q}_c = k\,A\,(t_c - t_{W,m}) \tag{13.18}$$

läßt sich die Wärmebilanz des Verdunstungsverflüssigers ableiten:

$$\dot{Q}_c + \dot{Q}_W + \dot{M}_{W,z}\,c_W\,t_{W,z} = \dot{Q}_L + (\dot{M}_{W,z} - \dot{M}_{W,0})\,c_W\,t_{W,m}$$

bzw.

$$\dot{Q}_c = \dot{Q}_L - \dot{M}_{W,0}\,c_W\,t_{W,z} + (\dot{M}_{W,z} - \dot{M}_{W,0})\,(t_{W,m} - t_{W,z})\,c_W. \tag{13.19a}$$

Hierbei wird der Wärmedurchgangskoeffizient k vom Kältemittel zum Kühlwasser gebildet aus den Wärmeübergangskoeffizienten α_i für die Kondensation in den Rohren, α_a für die Strömung um die Rohre und dem Wärmewiderstand der Rohrwand durch Verschmutzung und Verkrustung.

Auch bei Vernachlässigung des letzten Glieds wird das Wärmegleichgewicht hinreichend genau beschrieben durch

$$\dot{Q}_c = \dot{Q}_L - \dot{M}_{W,0}\,c_W\,t_{W,z}. \tag{13.19b}$$

Die Wärmeaufnahme der Luft durch Konvektion und Verdunstung wird durch die Merkel-Theorie beschrieben. Im Gegensatz zu den Verhältnissen in Rückkühlwerken ist bei Verdunstungsverflüssigern die Wassertemperatur $t_{W,1} \approx t_{W,2}$, d. h. $\Delta t_W = 0$, deshalb muß in Gl. (13.4), (13.6) und (13.7)

$$\dot{M}_W\,c_W\,\mathrm{d}t_W \triangleq \dot{Q}_L$$

eingesetzt werden. Die Ableitungen wurden von Schmidt [19] in praktische Berechnungsformen und ein Auslegungsdiagramm umgewandelt. Experimentelle Überprüfungen von Berechnungsmethoden für Verdunstungskondensatoren beschreiben [20, 21].

13.4 Auslegungsbedingungen

Die erforderlichen Auslegungsdaten zur Berechnung der Rückkühlwerke und Verdunstungsverflüssiger lassen sich in drei Hauptgruppen einteilen:
— Prozeßdaten,
— Klimadaten,
— Betriebsdaten.

Obwohl die Hersteller Leistungs- und Betriebsdaten ihrer Produkte in Form von Tabellen und Diagrammen veröffentlichen, ist die genaue Kenntnis der Auslegungsdaten erforderlich, da diese die Betriebssicherheit und Wirtschaftlichkeit einer Anlage schon während der Planung bestimmen.

13.4.1 Prozeßdaten

13.4.1.1 Wärmestrom bzw. Kühlleistung $\dot{Q}$

$$\dot{Q} = \dot{M}_W\,c_W\,z. \tag{13.20}$$

Wegen seiner Abhängigkeit von den jeweiligen Abkühlungsbedingungen ist der Wärmestrom kein allgemeines Kriterium für Rückkühlwerke. Dagegen ist er für Verdunstungsverflüssiger die Auslegungsgrundlage, Gl. (13.18).

13.4.1.2 Wassermassenstrom $\dot{M}_W$

Eine Optimierung des Wassermassenstroms ist notwendig, da er die Prozeß- und Betriebsdaten der Gesamtanlage und des Rückkühlwerks erheblich beeinflußt. Grundsätzlich gelten dabei folgende Zusammenhänge:

a) Wassermassenstrom zu groß

Folge:
— hoher Pumpenenergiebedarf,
— kleine Kühlzonenbreite, d. h. mangelnde Nutzung der Leistungsreserven des Rückkühlwerks bzw. Verdunstungsverflüssigers.

b) Wassermassenstrom zu klein

Folge:
— verringerter Kühlgrenzabstand, d. h. größeres Rückkühlwerk, oder
— große Kühlzonenbreite, d. h. größerer Verflüssiger oder Wärmeaustauscher infolge höherer Prozeßtemperaturen.

13.4.1.3 Warmwassertemperatur $t_{W,1}$

Die Warmwassertemperatur ist direkt vom Prozeß abhängig, z. B. von der Verflüssigungstemperatur t_c und der Verflüssigergrädigkeit Δt_c. Es ist also

$$t_{W,1} = t_c - \Delta t_c.$$

Unter normalen klimatischen Bedingungen wird $t_{W,1} = 30$ bis $40\,°C$. Andere Prozesse, z. B. Destillationen, können zu wesentlich höheren Warmwassertemperaturen führen, etwa $t_{W,1} = 90$ bis $95\,°C$, so daß auf die Temperaturbeständigkeit der verwendeten Werkstoffe zu achten ist (vgl. Abschn. 13.6). Durch Aufbau eines Zweikreissystems mit Mischbecken (Abb. 13.8) kann die Temperaturbelastung des Rückkühlwerks gesenkt werden.

13.4.1.4 Kaltwassertemperatur $t_{W,2}$

Die Kaltwassertemperatur ist die wichtigste Auslegungsgröße der Rückkühlwerke und somit auch die wichtigste Meßgröße beim Leistungsnachweis. Bei der Planung ist vor allem ihre Abhängigkeit vom jahreszeitlichen Verlauf der Feuchtlufttemperatur zu berücksichtigen. Abb. 13.9 ist eine Darstellung der Funktion $t_{W,2} = f(t_f)$ bei sonst unveränderlichen Betriebsbedingungen.

Innerhalb bestimmter Grenzwerte kann ein Richtwert angenommen werden, z. B. $\Delta t_{W,2} = \pm 0,5\,K$ je Veränderung der Feuchtlufttemperatur um $\Delta t_f = \pm 1\,K$.

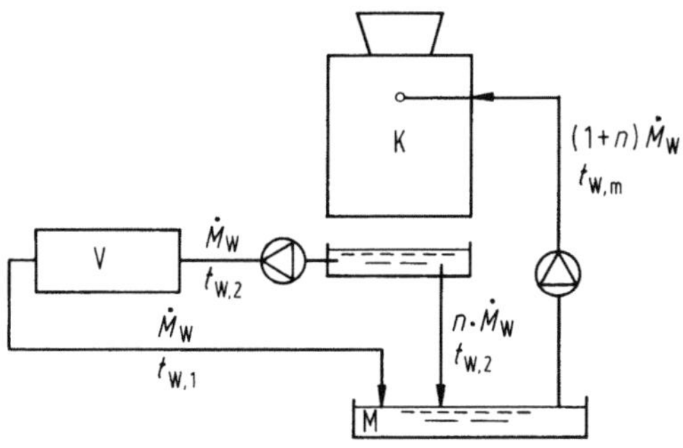

Abb. 13.8. Zweikreissystem mit Mischbecken zum Abbau hoher Warmwassertemperaturen ($t_{W,1}$) bzw. großer Kühlzonenbreiten (z). K Rückkühlwerk; V Verbraucher; M Mischbecken; $\dot{M}_W$ Wassermassenstrom; $t_{W,1}$ Warmwassertemperatur; $t_{W,2}$ Kaltwassertemperatur; $t_{W,m}$ Mischwassertemperatur.

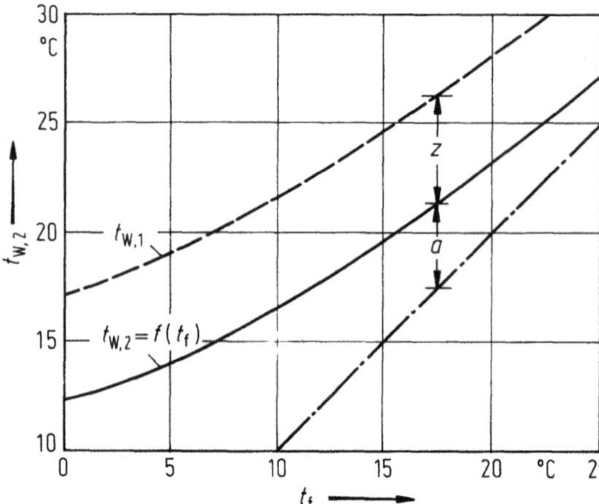

Abb. 13.9. Verlauf der Kaltwassertemperatur $t_{\mathrm{W},2} = f(t_{\mathrm{f}})$ (Richtwerte). $t_{\mathrm{W},1}$ Warmwassertemperatur; $t_{\mathrm{W},2}$ Kaltwassertemperatur; t_{f} Feuchtlufttemperatur; a Kühlgrenzabstand; z Kühlzonenbreite.

13.4.1.5 Mittlere Wassertemperatur $t_{\mathrm{W,m}}$

Zur Ermittlung der Verdunstungskennzahl (Kühlturmcharakteristik) K_{V} ist die mittlere Wassertemperatur

$$t_{\mathrm{W,m}} = \frac{t_{\mathrm{W},1} + t_{\mathrm{W},2}}{2} \tag{13.21}$$

eine Hilfsgröße. Sie nimmt bei der Berechnung der Verdunstungsverflüssiger eine Schlüsselstellung ein, da sie den Zusammenhang zwischen dem geschlossenen Rohrsystem, Gl. (13.18) und dem offenen Kühlsystem, Gl. (13.19) darstellt. Die mittlere Wassertemperatur ist für die praktische Berechnung der Rückkühlwerke jedoch von geringer Bedeutung.

Bei der Bildung logarithmischer Mittelwerte, wie für die Berechnung der Wärmeaustauscher üblich, wird die Krümmung der Sättigungslinie vernachlässigt, so daß erfahrungsgemäß zu kleine Werte der Verdunstungskennzahl K_{V} als Bemessungsgrundlage der Rückkühlwerke und Verdunstungsverflüssiger ermittelt werden. Diese Schwierigkeiten lassen sich durch Einsetzen arithmetischer Mittelwerte vermeiden.

13.4.1.6 Kühlzonenbreite z

Die Abkühlung des Wassers innerhalb des Rückkühlwerks wird Kühlzonenbreite genannt. Sie ist also

$$z = t_{\mathrm{W},1} - t_{\mathrm{W},2}. \tag{13.22}$$

Die Kühlzonenbreite soll im Bereich $z = 5$ bis $30\,\mathrm{K}$ liegen, um einen sicheren und wirtschaftlichen Betrieb zu gewährleisten. Während bei $z < 5\,\mathrm{K}$ das Rückkühlwerk ungenügend genutzt wird, ist bei $z > 30\,\mathrm{K}$ damit zu rechnen, daß die gewünschte Kaltwassertemperatur nicht erreicht wird. Gründe hierfür sind Randgängigkeit und kurze Kontaktzeit von Luft und Wasser, vorwiegend bei den heute üblichen Kompaktanlagen geringer Bauhöhe. Als Problemlösungen bieten sich in diesen Fällen Zweikreissysteme (Abb. 13.8) oder Kaskadenschaltungen an, wobei die Aufteilung der Kühlzonenbreite

$$z = z_1 + z_2 = (t_{\mathrm{W},1} - t_{\mathrm{W,x}}) + (t_{\mathrm{W,x}} - t_{\mathrm{W},2})$$

mittels identischer Rückkühlwerke die zuverlässigste Methode ist (2-Stufen-Abkühlung).

Tabelle 13.3. *Statistische Häufigkeitssummen der Feuchtlufttemperatur t_f — bezogen auf langfristige Tagesmittelwerte — für ausgewählte deutsche Städte* [22]

Häufigkeitssumme	$\bar{a}$	$\bar{m}$	$\overline{360}$	$\overline{363}$	$\overline{365}$	$\overline{max}$
Aufstellungsort			$\leqq t_f\,(^\circ C)$			
Bochum	7,3	17,2	18,9	19,9	20,6	22,0
Hannover	6,1	16,6	18,6	19,5	20,0	22,0
Kassel	6,2	16,8	18,2	19,2	20,1	22,1
Köln	7,8	18,2	19,8	20,8	21,7	23,8
Mannheim	7,1	18,1	19,4	20,3	21,2	22,3
München	5,2	17,0	18,1	19,0	19,5	21,3
Nürnberg	5,6	17,0	18,1	19,4	20,2	21,5
Saarbrücken	6,5	17,4	18,9	19,7	20,5	22,4

$\bar{a}$ Jahresmittelwert ($\hat{=} 180$ d/a); $\bar{m}$ Mittelwert des wärmsten Monats ($\hat{=} 350$ d/a); $\overline{360}$ bis $\overline{365}$ Häufigkeitssumme (d/a) der genannten Feuchtlufttemperatur t_f ($^\circ$C); $\overline{max}$ Mittelwert der aufgezeichneten maximalen Tagesmittelwerte.

13.4.1.7 Kühlgrenzabstand a

Die Differenz der erreichten Kaltwassertemperatur $t_{W,2}$ und der theoretischen Kühlgrenztemperatur t_f wird als Kühlgrenzabstand bezeichnet, also

$$a = t_{W,2} - t_f. \tag{13.23}$$

Der Kühlgrenzabstand ist indirekt ein Maß für die Baugröße bzw. bei ausgeführten Anlagen ein Kriterium der Leistungsfähigkeit von Rückkühlwerken (vgl. Abb. 13.3 und 13.9).

13.4.2 Klimadaten

13.4.2.1 Feuchtlufttemperatur t_f

Die genaue Kenntnis des jahreszeitlichen Verlaufs der Feuchtlufttemperatur am Aufstellungsort ist eine Voraussetzung für die wirtschaftliche Auslegung von Rückkühlwerken und Verdunstungsverflüssigern. Hierfür stehen Aufzeichnungen des deutschen Wetterdiensts [22] zur Verfügung, jedoch ist die Anwendung regionaler Richtwerte nur dann empfehlenswert, wenn die Ermittlung lokaler Klimadaten zu aufwendig ist. Geländeform, Bebauung, Industrie- und Verkehrseinflüsse können zu erheblichen Abweichungen vom Regionalklima führen. Trotz tageszeitlicher Schwankungen arbeitet man allgemein mit den Tagesmittelwerten.

In Tab. 13.3 wurden statistische Häufigkeitssummen der Feuchtlufttemperatur für mehrere deutsche Städte zusammengestellt. Die Spalten nennen die Anzahl der Tage/Jahr, an welchen die auftretende Feuchtlufttemperatur t_f kleiner oder gleich dem statistischen Zahlenwert ist.

13.4.2.2 Umgebungsluftzustand t_L und φ

Umgebungslufttemperatur (Trockenlufttemperatur) t_L und relative Luftfeuchtigkeit φ bestimmen den jeweiligen Luftzustand, der mit der Feuchtlufttemperatur t_f durch die gleiche Enthalpie h verbunden ist, z. B. für $b = 1\,013$ mbar:

Richtwerte des Luftzustands:

t_L in °C	φ in %	t_f in °C
0	100	0
5	90	4
10	80	8
15	70	12
20	60	15
25	50	18
30	40	20

Um Mißverständnisse zu vermeiden, wird darauf hingewiesen, daß die als Richtwerte erwähnten Zuordnungen von t_L und φ zwar häufig auftreten, der Umgebungsluftzustand aber variabel gebildet wird. Abb. 13.10 zeigt den Zusammenhang zwischen t_L und t_f für $b_0 = 1013$ mbar.

In Unkenntnis der tatsächlichen Zusammenhänge zwischen der Umgebungstemperatur t_L und der zugehörigen relativen Luftfeuchtigkeit φ wird häufig die Auslegungsfeuchtlufttemperatur t_f aus den Maximalwerten der Lufttemperatur und der relativen Luftfeuchtigkeit gebildet. Dies führt zu wenig wirtschaftlichen Rückkühlwerken. Tab. 13.4 enthält einen Vergleich der Jahresmittelwerte für Trocken- und Feuchtlufttemperatur verschiedener Städte sowie deren Mittelwerte für den wärmsten Monat (häufiges Auslegungskriterium).

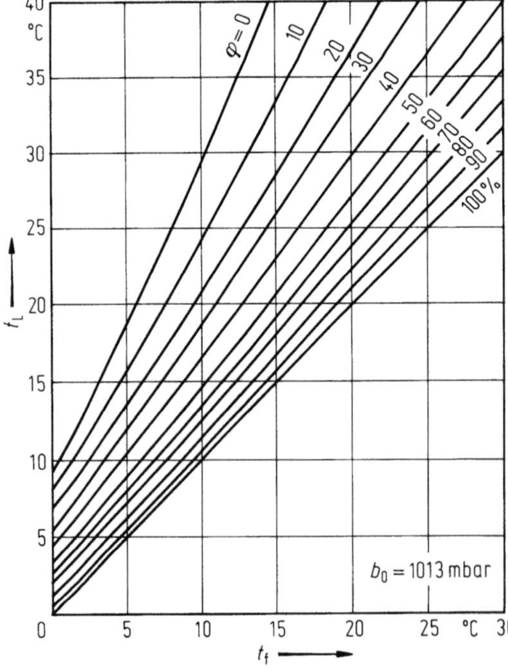

Abb. 13.10. Zusammenhang zwischen Luftzustand t_L, φ und Feuchtlufttemperatur t_f ($b_0 = 1013$ mbar).

Tabelle 13.4. *Mittelwert der Trockenluft- und Feuchtlufttemperatur in verschiedenen Ländern (Beispiele)*

Lfd. Nr.	Land	Aufstellungsort	Höhe/NN	$\bar{a}$		$\bar{m}$	
				t_L	t_f	t_L	t_f
	1. Europa						
1.01	Deutschland	Berlin	40	8,6	6,5	18,0	14,5
		Frankfurt	100	9,5	7,5	18,6	16,5
		Hamburg	30	8,3	6,5	16,9	14,5
1.02	Frankreich	Paris	70	13,8	10,0	22,3	16,0
1.03	Griechenland	Athen	110	17,7	13,5	27,0	19,5
1.04	Großbritannien	London	40	9,8	8,0	17,3	14,0
1.05	Italien	Rom	50	15,4	12,0	24,8	18,0
1.06	Jugoslawien	Belgrad	140	11,1	8,0	21,6	17,0
1.07	Österreich	Wien	200	9,2	7,5	19,6	16,5
1.08	Schweiz	Genf	400	9,5	7,5	19,5	16,5
		Zürich	470	8,5	7,0	18,4	15,0
1.09	Spanien	Barcelona	40	15,2	12,0	23,3	19,0
		Madrid	650	13,3	10,0	24,3	17,5
1.10	UdSSR	Leningrad	10	3,7	2,5	17,7	14,5
		Moskau	140	3,9	2,5	18,9	15,5
	2. Übersee						
2.01	Argentinien	Buenos Aires	20	16,6	14,5	23,1	20,5
2.02	Brasilien	Rio de Janeiro	60	22,5	20,0	25,6	23,0
2.03	Indien	Calcutta	10	25,5	22,5	29,8	27,0
		New Delhi	220	25,1	18,0	33,4	22,0
2.04	Iran	Isfahan	1 630	15,2	13,0	27,8	18,5
		Teheran	1 100	14,0	12,0	26,0	17,0
2.05	Peru	Lima	160	19,0	16,5	23,0	20,5
2.06	Singapur	Singapur	0	26,3	23,5	27,0	24,0
2.07	Südafrika	Johannesburg	1 920	14,6	11,0	18,5	15,5
		Kapstadt	10	16,4	13,5	20,7	17,0
2.08	Thailand	Bangkok	10	27,3	24,0	29,4	26,0
2.09	USA	Chikago	250	9,2	7,0	22,4	19,0
		Los Angeles	110	15,7	12,5	20,3	17,0
		New York	40	10,9	8,5	23,1	19,0
2.10	Venezuela	Maracaibo	10	28,0	25,0	29,1	26,0

t_L Trockenlufttemperatur (= Umgebungslufttemperatur); t_f Feuchtlufttemperatur; $\bar{a}$ Jahresmittelwert; $\bar{m}$ Mittelwert des wärmsten Monats (Temperaturen in °C, Höhen in m).

13.4.2.3 Ablufttemperatur $t_{f,2}$

$$t_{f,2} = f(h_2),$$

$$h_2 = h_1 \frac{c_W z}{\lambda}. \tag{13.24}$$

Es wird dabei angenommen, daß die Abluft gesättigt ($\varphi = 100\%$) das Rückkühlwerk verläßt, eine Annahme, die nur bedingt richtig ist. Obwohl die Ablufttemperatur nicht zu den Auslegungsdaten gehört, ist ihre Kenntnis zur Aufstellung der Wärmebilanz erforderlich.

13.4.3 Betriebsdaten

13.4.3.1 Beregnete Fläche S_r

$$S_r = \frac{\dot{M}_W}{r} \tag{13.25}$$

Da die Wärme- und Stoffaustauschfläche A nicht genau ermittelt werden kann, ist es zweckmäßiger, die beregnete Querschnittsfläche (Arbeitsfläche) eines Rückkühlwerks als Bezugsgröße einzuführen, da man hieraus auch praktische Planungsdaten ableiten kann. Zur Bestimmung dieser Fläche dienen der Wassermassenstrom $\dot{M}_W$ und die zulässige Regendichte r. Diese wird von der thermischen Belastbarkeit des Kühleinbaus nach Gl. (13.12)

$$\lambda = \dot{M}_L/\dot{M}_W = \varrho_L w_L/r,$$

$$r = \varrho_L w_L/\lambda \tag{13.26}$$

abgeleitet bzw. den Herstellerangaben, z. B. [23], entnommen. Dabei sind Minimal- und Maximalwerte zu beachten. Der Minimalwert ist von der guten Benetzung des Kühleinbaus abhängig, der Maximalwert von der Wasserverteilung, der Schluckfähigkeit und dem Druckverlust. Es gelten folgende Richtwerte:

$$r_{max} \approx 30 \cdot 10^3 \ \text{kg/m}^2\text{h} \quad \text{für Gegenstromsysteme,}$$

$$\approx 50 \cdot 10^3 \ \text{kg/m}^2\text{h} \quad \text{für Kreuzstromsysteme.}$$

13.4.3.2 Luftvolumenstrom $\dot{V}_L$

$$\dot{V}_L = w_L S_r. \tag{13.27}$$

Zur Aufnahme des Wärmestroms durch die Umgebungsluft ist ein ausreichender Luftvolumenstrom $\dot{V}_L = \dot{M}_L/\varrho_L$ erforderlich. Aus Gl. (13.12) wird auch die Luftgeschwindigkeit w_L im freien Querschnitt des Rückkühlwerkes ermittelt (vgl. Gl. (13.27)). Diese ist außerdem abhängig von

— den Grenzwerten der Regendichte,
— dem Druckverlust des Kühleinbaus,
— der Leistung des Tropfenabscheiders.

Als optimale Luftgeschwindigkeit kann angenommen werden

$$w_{L,\text{opt}} = 2,5 \ \text{bis} \ 3,5 \ \text{m/s}.$$

13.4.3.3 Druckverlust Δp_L

$$\Delta p_L = \zeta \varrho_L w_L^2/2 \tag{13.28}$$

Der Druckverlust Δp_L der Rückkühlwerke und Verdunstungsverflüssiger ist gleich der Summe ihrer Einzelwiderstände (Bauform, Jalousien, kühltechnischer Teil usw.). Für die Einbauelemente sind in der Regel Herstellerangaben, z. B. [23], vorhanden, dagegen müssen die bauformabhängigen Werte experimentell ermittelt werden. Die

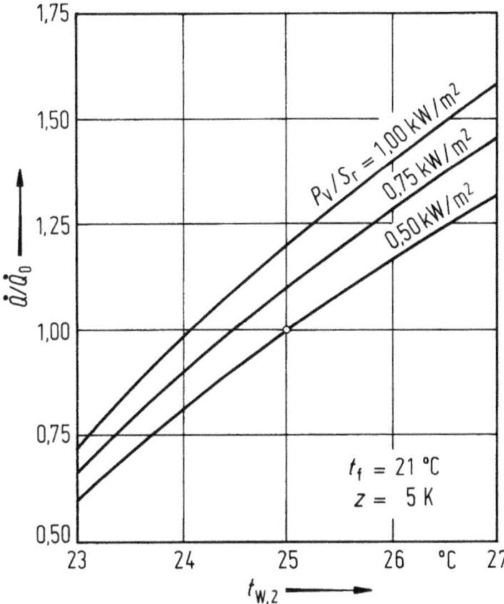

Abb. 13.11. Einfluß des Ventilatorleistungsbedarfs auf die Kühlleistung eines vorgegebenen Kühleinbaus (Richtwerte). $\dot{Q}$ Kühlleistung; $\dot{Q}_0$ Kühlleistung bei $t_{W,2} = 25\,°C$ und $P_V/S_r = 0,5\,kW$ (Bezugswert); P_V Ventilatorleistungsbedarf; $t_{W,2}$ Kaltwassertemperatur; t_f Feuchtlufttemperatur; z Kühlzonenbreite.

Kenntnis des Druckverlusts ist bei natürlicher Belüftung zur Berechnung der Turmhöhe, bei mechanischer Belüftung für die Ventilatorauswahl erforderlich (vgl. Kap. 14).

13.4.3.4 Ventilatorleistungsbedarf P_m

$$P_V = \frac{\dot{V}_L \Delta p_L}{\eta_V}, \qquad (13.29)$$

$$P_m = 1,0 \text{ bis } 1,1 P_V.$$

Aus der Ventilatorleistung P_V, gemessen an der Ventilatorwelle, wird die Ventilatorleistung P_m an der Motorwelle abgeleitet, die dann die mechanischen Verluste des Antriebs berücksichtigt. Die Betriebskosten werden erheblich durch den Ventilatorleistungsbedarf beeinflußt. Die Nutzung der jahreszeitlichen Veränderungen der Feuchtlufttemperatur ermöglicht jedoch den Einsatz energiesparender Antriebe (vgl. Abschn. 13.6 und 13.8).

Eine wichtige Planungsgröße zur Optimierung von Anlagen- und Betriebskosten ist die jährliche Betriebsstundenzahl. Dabei kann von folgenden Richtwerten für den Ventilatorleistungsbedarf ausgegangen werden:

$$P_m/S_r = 0,5 \text{ bis } 0,7\,kW/m^2 \text{ bei Grundlastanlagen,}$$
$$= 0,7 \text{ bis } 0,9\,kW/m^2 \text{ bei Spitzenlastanlagen.}$$

Abb. 13.11 zeigt den Einfluß der spezifischen Ventilatorleistung P_V/S_r auf die Kühlleistung $\dot{Q}$ eines bestimmten Kühleinbaus bei verschiedenen Auslegungsbedingungen.

13.5 Bauformen

Verschiedene Gesichtspunkte bestimmen die Bauform der Rückkühlwerke und Verdunstungsverflüssiger:

— Art der Luftförderung,
— Rund- oder Zellenbauweise,

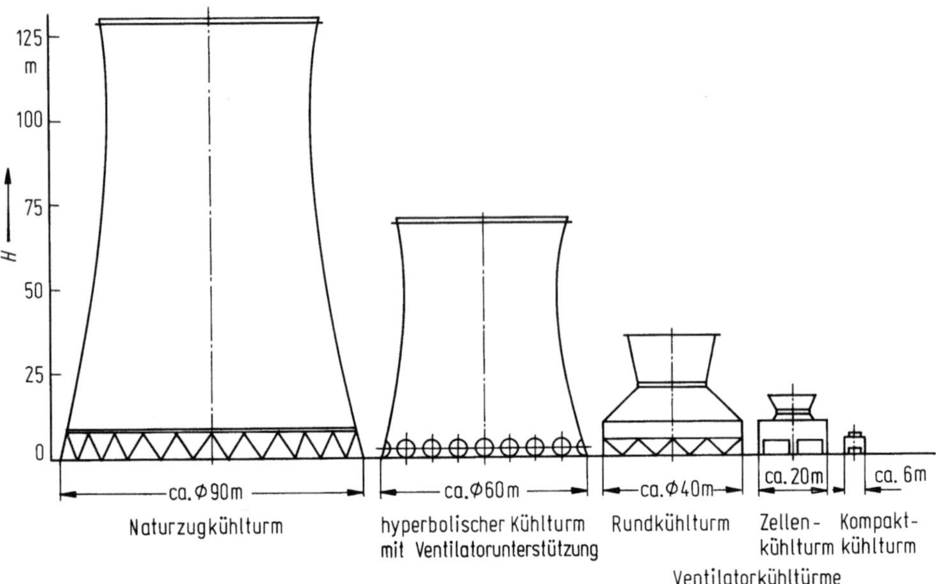

Abb. 13.12. Bauformen und Größenverhältnisse von Kühltürmen.

— Reihen- oder Blockaufstellung,
— Ventilatoranordnung,
— Gegenstrom- oder Kreuzstromsystem.

Naß- und Trockenkühlung wurden bereits in Abschn. 13.1 besprochen (vgl. Tab. 13.2). Beide Kühlverfahren kommen als Naturzug- oder Ventilatorkühlturm zur Ausführung. Kraftwerke mit großen Blockleistungen — 300 bis 600 MW — werden heute mit Naturzugkühltürmen — Basisdurchmesser $D \geqq 100$ m, Turmhöhe $H \geqq 120$ m — errichtet, deren hyperbolische Bauform hauptsächlich statisch bedingt ist. Die Turmhöhe ist vom erforderlichen Zug zur Luftförderung und Überwindung des Druckverlusts abhängig, der durch den Gewichtsunterschied zwischen der Luft im Kühlturminneren und der Umgebungsluft zustande kommt.

Hyperbolische Kühltürme mit drückend angeordneten Ventilatoren, eine Kombination von Naturzug- und Ventilatorkühlturm, werden in der Ablaufkühlung verwendet.

Naturzugkühltürme standen in Großbritannien stets im Vordergrund; dagegen wurden deutsche Kraftwerke bis 1965 vielfach mit Ventilatorrundkühltürmen ausgerüstet, wobei Axialventilatoren bis $D_V = 25$ m zum Einsatz kamen. In den USA wurde die Zellenbauweise empfohlen, um den Kapazitätsverlust bei Ausfällen zu verringern.

Diese Auffassung wird auch für deutsche Industriekühltürme vertreten. Abb. 13.12 zeigt die verschiedenen Bauformen und ihre Größenverhältnisse.

In der Kältetechnik — mit einem Leistungsbereich $\dot{Q} \leqq 15$ MW bzw. $\dot{M}_W \leqq 3\,000$ t/h — ist ebenfalls die Zellenbauweise üblich. Hierzu gehören auch die modernen Kompaktanlagen, d. h. Rückkühlwerke geringer Bauhöhe mit Kühleinbauten großer Wärmeaustauschfläche ($A^* > 100$ m²/m³). Je nach Kühlleistung, Aufstellungs- und Betriebsbedingungen werden Einzelzellen oder Zellengruppen gewählt.

Rückkühlwerke und Verdunstungsverflüssiger kleiner Leistung ($\dot{Q} \leqq 1,5$ MW bzw. $\dot{M}_W \leqq 300$ t/h) werden meist als Einzelzellen vorgesehen. Abmessungen und Betriebsgewicht sollen die Aufstellung auf Dächern oder Stahlgerüsten ermöglichen, besonders

Abb. 13.13. Einzelaufstellung von Rückkühlwerken mit Auffangschale. (Werkfoto Sulzer-Escher Wyss GmbH, Lindau). Baugröße EWK 144, Hauptabmessungen $L \times B = 1,25 \times 1,25$ m, $H = 2,75$ m, Leistung $\dot{Q} = 175$ kW/Einheit Richtwerte).

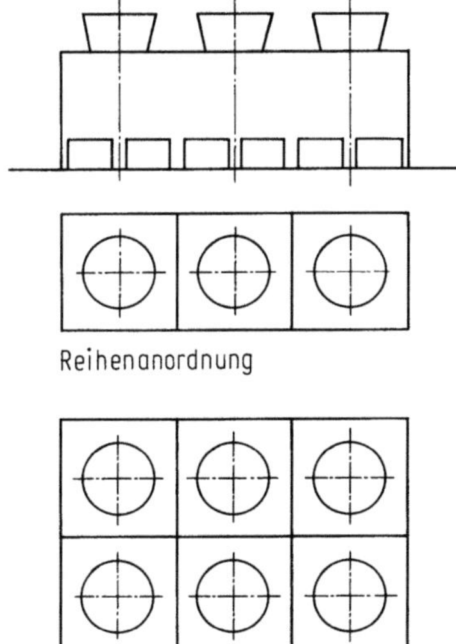

Reihenanordnung

Blockanordnung

Abb. 13.14. Reihen- oder Blockanordnung von Rückkühlwerken.

bei Anwendung von Auffangschalen anstelle größerer Kaltwasserbecken (Abb. 13.13). Ein Vorteil der Einzelzellen ist der allseitige Lufteintritt, der die Bauhöhe verringert und den ungünstigen Windeinfluß weitgehend mindert. Für Erweiterungen soll eine ausreichende Aufstellfläche vorgesehen werden, um eine gegenseitige Beeinflussung der Einheiten zu vermeiden. Der Abstand zwischen den Zellen muß mindestens der Turmhöhe entsprechen, sonst ist mit einem Leistungsverlust von ca. 6 % bei der Reihenanordnung bzw. ca. 12 % bei der Blockanordnung — nicht zu verwechseln mit der Reihen- oder Blockbauweise — zu rechnen. Eine runde Bauform hat die günstigsten Luftansaugverhältnisse; dagegen wird die Aufstellfläche durch die rechteckige Bauform besser genutzt.

Folgende Gründe können zur Wahl von Zellengruppen in Reihen- oder Blockbauweise, Abb. 13.14, führen:

— Vergrößerung der Gesamtleistung,
— Verbesserung des Teillastverhaltens,

— Wartung (Reinigung) einer Teilanlage ohne Betriebsunterbrechung,
— Erhöhung der Betriebssicherheit (Anlagenzuverlässigkeit).

Die Merkmale der Zellengruppen sind einheitliches Gehäuse und gemeinsames Rohrleitungssystem (Abb. 13.15). Ein ungeteiltes Becken ermöglicht eine gute Wasserdurchmischung. Falls es aus Reinigungsgründen zellenweise getrennt wird, sollte außerhalb der Zellen ein Vorlaufkanal oder eine Sammelleitung als Mischstrecke vorgesehen werden. Die Blockbauweise ist eine platzsparende Ausführung; jedoch neigt sie — auch bei saugender Ventilatoranordnung — stärker zur Rezirkulation der Luft. Die Reihenbauweise zeigt hier ein besseres Betriebsverhalten und ist besonders bei großen Zellen ($S_r \geq 200$ m^2) empfehlenswert. Zusätzliche Wasserverluste infolge Windeinfluß können durch Einbau einer Trennwand in Zellenmitte vermieden werden. Bei Parallelaufstellung ist zwischen den Reihen ein Abstand von mindestens der Turmhöhe, ähnlich wie bei den Einzelzellen, zu beachten.

Die Ventilatoranordnung — ob saugend (Abb. 13.16) oder drückend (Abb. 13.17) — beeinflußt die Formgebung der Rückkühlwerke oder Verdunstungsverflüssiger. Für eine saugende Ventilatoranordnung kommen vorwiegend Axialventilatoren mit senkrechter Achse zur Anwendung. Ihre Vorteile sind eine gleichmäßige Luftverteilung innerhalb der Zellen und bei entsprechender Bauhöhe die gute Abluftführung, welche die Rezirkulation der Luft mindert. Weiterhin bleiben maschineller und kühltechnischer Teil konstruktiv unabhängig.

Abb. 13.15. Zellengruppen von Rückkühlwerken. (Werkfoto Sulzer-Escher Wyss GmbH, Lindau). Baugröße EWB 5750, Hauptabmessungen: L = 10 m, B = 5,2 m, H = 5,7 m, Leistung $\dot{Q} = 7\,500$ kW (Richtwerte).

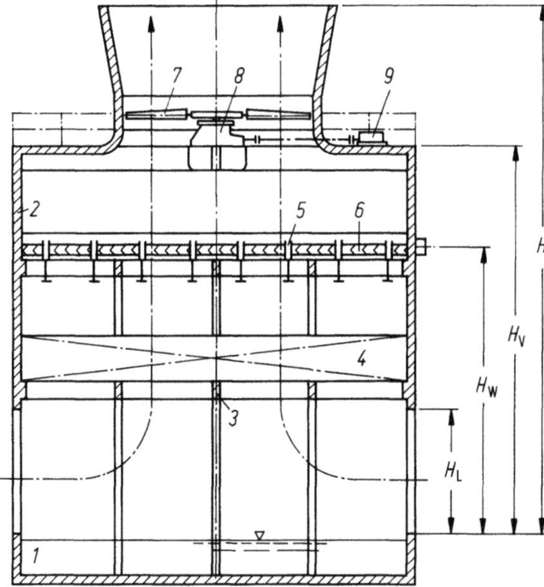

Abb. 13.16. Rückkühlwerk mit saugender Ventilatoranordnung. *1* Becken, *2* Turmmantel, *3* Unterstützungskonstruktion, *4* Kühleinbau, *5* Wasserverteilung, *6* Tropfenabscheider, *7* Ventilator, *8* Antriebssystem, *9* Elektromotor. H_L Lufteintrittshöhe; H_W Wassereintrittshöhe; H_V Ventilatordeckhöhe; H Turmhöhe.

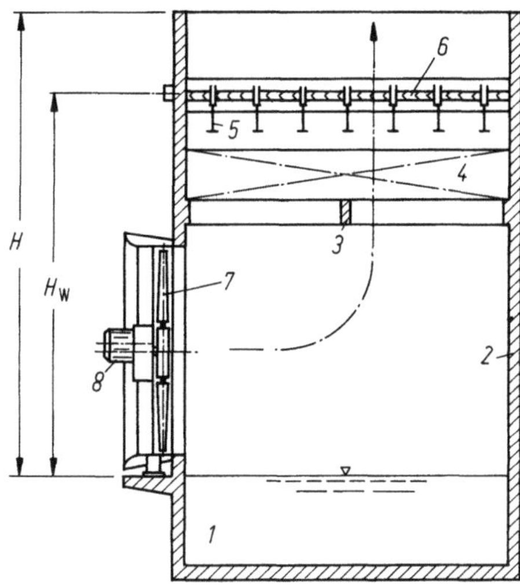

Abb. 13.17. Rückkühlwerk mit drückender Ventilatoranordnung. *1* Becken, *2* Turmmantel, *3* Unterstützungskonstruktion, *4* Kühleinbau, *5* Wasserverteilung, *6* Tropfenabscheider, *7* Ventilator, *8* Getriebemotor. H_W Wassereintrittshöhe; H Turmhöhe.

Bei der drückenden Ventilatoranordnung mit horizontaler Achse wird die erforderliche Wassereintrittshöhe H_W und damit die Pumpförderhöhe stark erhöht.

Der Einsatz von Radialventilatoren ist für kleine und mittlere Anlagen eine mögliche Lösung. Diese ist vorteilhaft, wenn zusätzliche Druckverluste von Schalldämpfern, Drosselklappen, Abluftkanälen usw. zu überwinden sind. Außerdem kann die Bauhöhe verringert werden, was bei geeigneten Zu- und Abluftbedingungen die Aufstellung in geschlossenen Räumen erleichtert. Trotzdem sind die Nachteile einer drückenden Ventilatoranordnung nicht zu übersehen. Diese sind:

— größere Kühlleistungen erfordern mehr Zellen als bei saugender Ventilatoranordnung,

Tabelle 13.5. *Bauformen, Baugrößen und Leistungsbereiche (Richtwerte)*

Bauform Bauweise	Werkstoff Gehäuse	Kühleinbau	Ventilator Anordnung	Abb.	S_r m²	$\dot{M}_W$ 10³ kg/h	$\dot{Q}$ MW
1. *Rückkühlwerke*							
Fertigbauweise	Stahlblech	Plastik	Radialv., dr.[a]	—	≤ 5	≤ 100	$\leq 0,5$
	Polyester	Plastik	Axialv., s.	13.13	≤ 10	≤ 250	≤ 3
Elementbauweise	Stahl, Holz oder Polyester	Holz oder Plastik	Axialv., s.	13.15	005... 50	100... 1 000	1... 10
Zellenbauweise	Stahlbeton (Stahl oder Holz)	Plastik, Holz (Asbestzement)	Axialv., dr. / Axialv., s.	13.17 / 13.12; 13.16	20... 75 / 50... 400	200... 1 500 / 500... 5 000	2... 15 / 5... 50
Rundbauweise	Stahlbeton	Asbestzement oder Plastik (Holz)	Axialv., s.	13.12	500... 2 500	5 000... 25 000	50... 300
Hyperbolische Bauform	Stahlbeton	Asbestzement oder Plastik (Holz)	Axialv., dr.	13.12	2 000... 5 000	20 000... 50 000	300... 600
Naturzugkühlturm (hyperbolische Bauform)	Stahlbeton	Asbestzement (Holz oder Plastik)	ohne Ventilator	13.12	4 000...10 000	30 000...100 000	300...1 250
2. *Verdunstungsverflüssiger*		*Verflüssigerausführung*					
Fertigbauweise	Stahlblech	Glattrohrbündel	Radialv., dr.	13.20	≤ 5	≤ 20	$\leq 0,1$
	Stahlblech oder Polyester	Glattrohrbündel (evtl. + Rippen- rohrbündel)	Radialv., s.	—	≤ 10	≤ 50	$\leq 0,25$
Elementbauweise	Stahlblech oder Polyester	Glattrohr- u./o. Rippenrohr- bündel	Radialv., dr.	13.20	5... 50	20...200	0,1 ...1
Zellenbauweise	Stahlbeton	Glattrohr- u./o. Rippenrohr- bündel	Axialv., s.	13.19	10...100	50...500	0,25...2,5

[a] dr = drückend, s = saugend

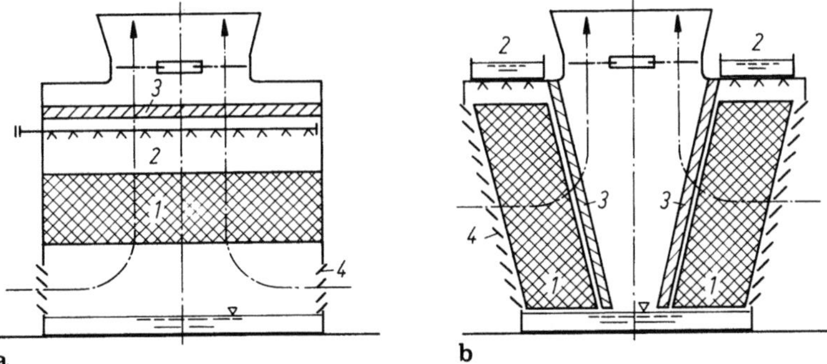

Abb. 13.18 a, b. Vergleich von Gegenstrom- und Kreuzstromsystemen mit saugender Ventilatoranordnung. a) Gegenstromsystem; b) Kreuzstromsystem. *1* Kühleinbau, *2* Wasserverteilung, *3* Tropfenabscheider, *4* Jalousien.

— hoher Ventilatorleistungsbedarf (bzw. niedriger Ventilatorwirkungsgrad),
— bei freiem Ausblasen meist relativ starke Rezirkulationserscheinungen wegen der kleinen Abluftgeschwindigkeit, besonders bei geringem Abstand von Lufteintritt und -austritt.

Tab. 13.5 vergleicht Bauform, Baugröße und Leistungsbereich.

Trotz unterschiedlicher Voraussetzungen gibt es heute gleichwertige Gegenstrom- und Kreuzstromsysteme. Abb. 13.18 zeigt die konstruktiven Unterschiede der Bauweisen, wobei für Rückkühlwerke teilweise dieselben Kühleinbauelemente verwendet werden [23].

Das Gegenstromsystem hat die günstigste Strömungsführung und ist deshalb für einen kleinen Kühlgrenzabstand und hohe Abkühlungsgrade, vgl. Gl. (13.15), geeignet. Beim Kreuzstromsystem liegen die Einrichtungen zur Wasserverteilung nicht im Luftstrom, so daß der Kühleinbau den Raum bis zur Wasseroberfläche vollständig ausfüllen kann. Hierdurch ist eine hohe Regendichte möglich, die z. B. vorteilhaft für die Ablaufkühlung ist.

13.6 Funktioneller Aufbau

Der Aufbau der Rückkühlwerke (Abb. 13.16 und 13.17) und Verdunstungsverflüssiger (Abb. 13.19 und 13.20) ist ähnlich und entspricht der in diesem Abschnitt behandelten Einteilung in Haupt- und Funktionsgruppen. Konstruktion und Werkstoffauswahl müssen die jeweilige Wasserqualität berücksichtigen.

13.6.1 Bautechnischer Teil

13.6.1.1 Becken

Das Auffang- und Sammelbecken sollte für einen Wasservorrat, ausreichend für mindestens 10 min Normalbetrieb, bemessen werden, um bei Störfällen ein sicheres Abfahren der Anlage zu gewährleisten. Vorteilhaft ist eine durch Schwimmerventil geregelte Frischwassereinspeisung. Aus Gewichtsgründen wird oftmals anstelle eines Beckens nur eine Auffangschale vorgesehen; diese muß aber zusammen mit der Kaltwasserleitung das Ansaugen von Luft beim Anfahren der Pumpen sicher verhindern. Getrennte Becken für Kalt- und Warmwasser sind in solchen Fällen empfehlenswert (Abb. 13.2). Becken und Auffangschale sind außerdem mit Entleerungs- und Überlauf-

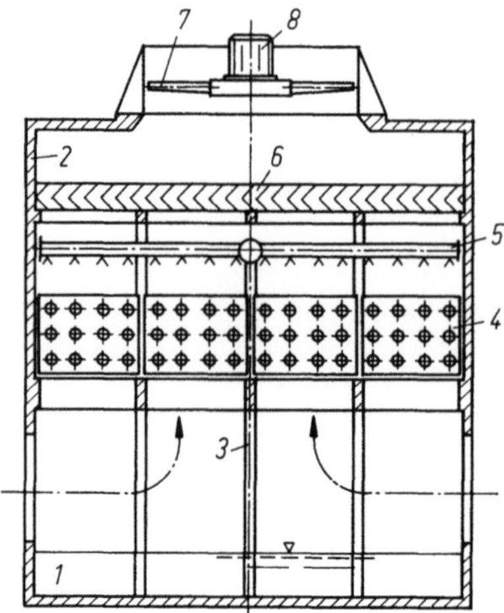

Abb. 13.19. Verdunstungsverflüssiger mit saugender Ventilatoranordnung (Axialventilator). *1* Becken, *2* Turmmantel, *3* Unterstützungskonstruktion, *4* Verflüssiger, *5* Wasserverteilung, *6* Tropfenabscheider, *7* Ventilator, *8* Getriebemotor.

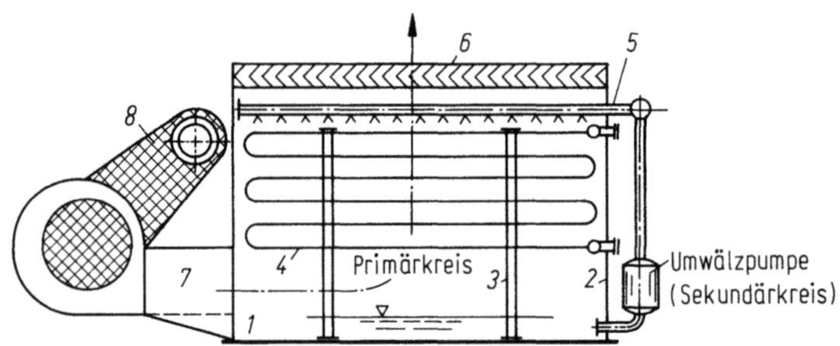

Abb. 13.20. Verdunstungsverflüssiger mit drückender Ventilatoranordnung (Radialventilator). *1* Becken, *2* Gehäuse, *3* Unterstützungskonstruktion, *4* Verflüssiger, *5* Wasserverteilung, *6* Tropfenabscheider, *7* Ventilator, *8* Antriebssystem.

anschlüssen auszurüsten. Stahlbetonbecken erhalten Gefälle und einen vertieften Pumpensumpf oder Vorlaufkanal.

Im allgemeinen bestehen Becken und Gehäuse aus dem gleichen Werkstoff, da das Becken vielfach gleichzeitig Fundament der Mantelkonstruktion ist. Kleine und mittlere Anlagen werden aus feuerverzinktem Stahl, bei minderer Wassergüte auch aus Edelstahl, gefertigt (Tab. 13.5). Für Standardkühltürme in Fertigbauweise kommt immer mehr glasfaserverstärktes Polyester zur Anwendung. Bei größerer Beckentiefe (≥ 2 m) und Großanlagen wird Stahlbeton gewählt. Zur Vermeidung einer Betonkorrosion sind hochwertiger Zement und Zusatzstoffe erforderlich. Dabei ist besonders auf den Sulfatgehalt des Wassers zu achten, (vgl. [24, Tab. 8b]). Becken und Gehäuse müssen unbedingt wasserdicht sein.

13.6.1.2 Mantel

Bei saugender Ventilatoranordnung erhalten die vertikalen Wände oberhalb des Beckens Lufteintrittsöffnungen, deren Zahl und Höhe von Bauform und -größe abhängig sind. Jalousien sollen den Wasseraustrag verhindern, allerdings erhöhen sie auch den Druckverlust. Ausgleichend wirken hier Spritzbretter im oberen Drittel des Lufteintritts.

Kompaktanlagen und runde Bauformen haben meist einen direkten Übergang — günstig ist eine konische Form unter 45° Neigung — zum Ventilatoraufbau. Dieser Aufbau — bestehend aus Anströmdüse, Ventilatorlaufring und Diffusor — wird bei der Zellenbauweise von einem begehbaren Ventilatordeck getragen. Eine strömungsgerechte Diffusorausführung verbessert den Ventilatorleistungsbedarf erheblich.

Bei drückender Ventilatoranordnung wird der Mantel nur aus den vertikalen Wänden gebildet. Die Ventilatoröffnungen befinden sich jeweils im Fußteil der Vorderwand.

Die Werkstoffauswahl richtet sich nach der Baugröße. Kompaktanlagen ($S_r \leqq 10\,m^2$) sind geschlossene Stahlblech- oder Polyesterkonstruktionen, die unter Beachtung der Transportmöglichkeiten (Normalladebreite = 2,4 m) anschlußfertig geliefert werden. Für mittlere Baugrößen ($S_r = 10$ bis $100\,m^2$) sind vielfach Werkstoffkombinationen üblich, z. B. feuerverzinkte Stahlgerüste mit Verkleidungen aus Stahltrapezblechen, Asbestzement oder Plastik, Holzkonstruktionen kommen für Rückkühlwerke aus Preisgründen vielfach bei Industriezweigen mit kurzen Abschreibungszeiten zur Anwendung. In den USA ist diese Bauweise (aus Redwood) vorwiegend als Kreuzstromsystem — sehr beliebt. Die Aufstellung muß dort zu ebener Erde erfolgen, da die amerikanischen Feuerschutzbestimmungen eine Dachaufstellung brennbarer Werkstoffe verbieten. Erfahrungsgemäß kann bei längerer Lebenserwartung — auch bei Redwood — auf eine spezielle Holzimprägnierung nicht verzichtet werden.

Ein geeigneter Baustoff ist Stahlbeton, besonders bei Nutzung der modernen Bautechnologie. Hierzu gehören die Kletterschalung zum Bau von Großkühltürmen und Normfertigteile für Wiederholfertigungen. So sind wirtschaftliche Lösungen für Zellengruppen durch eine Kombination von Ortsbeton für den Mantel und Betonfertigteile für die Unterstützungskonstruktion möglich.

13.6.1.3 Unterstützungs- und Hilfskonstruktion

Zur Unterstützung des kühltechnischen Teils dienen Balkenroste, die vom Mantel oder einem Pfeilersystem im Becken getragen werden. Ein Kreuzbalken in Höhe des Ventilatordecks sorgt für die Zellenaussteifung und ist, bei Ausbildung als Getriebeplattform, gleichzeitig Maschinenfundament. Den Zugang zum Ventilatordeck ermöglichen Treppen oder Leitern, wobei ab 5 m Höhe Sicherheitskorbleitern vorgeschrieben sind. Außerdem ist das Ventilatordeck durch Geländer zu sichern. Der kühltechnische und maschinelle Teil ist durch Mannlochtüren erreichbar. Bei genügender Kopffreiheit werden Laufgänge oberhalb der Wasserverteilung vorgesehen.

Montage und Demontage erfolgen heute vorwiegend mittels Autokran. Früher wurden die Zellen mit Montageträgern im Ventilatoraufbau bzw. Hebezeugen auf dem Ventilatordeck ausgerüstet. Da diese relativ selten gebraucht werden, sind die Wartungskosten größer als ihr Nutzen.

13.6.2 Kühltechnischer Teil

13.6.2.1 Kühleinbau oder Verflüssiger

a) Kühleinbau

Zunächst sind Tropfenfall- und Filmkühlung zu unterscheiden. Bei der *Tropfenfallkühlung* — hierzu gehören Latteneinbauten — werden die Wassertropfen beim Aufprall weiter zerteilt und somit die Wasseroberfläche, die mit dem Luftstrom in Berührung kommt, vergrößert. Dagegen bilden bei der *Filmkühlung* die eingebauten Rieselflächen Luftgassen, die eine innige Berührung von Wasserfilm und Kühlluft erreichen. Die Weite der Luftgassen (ca. 10 bis 50 mm) wird hauptsächlich durch die Wasserverschmutzung festgelegt. Hier sind Tropfenfallsysteme weniger empfindlich;

sie erfordern aber eine größere Wassereintrittshöhe. Schikanen stören laminare Strömungen und erzwingen Turbulenz zur Verbesserung der Kühlwirkung.

Folgende Voraussetzungen bestimmen die Wahl des Kühleinbaus:

— guter Wärmeübergang bei geringem Druckverlust,
— gute chemische Beständigkeit und hohe Lebenserwartung,
— geringe Verschmutzungsgefahr,
— Eignung für Saison- und Dauerbetrieb.

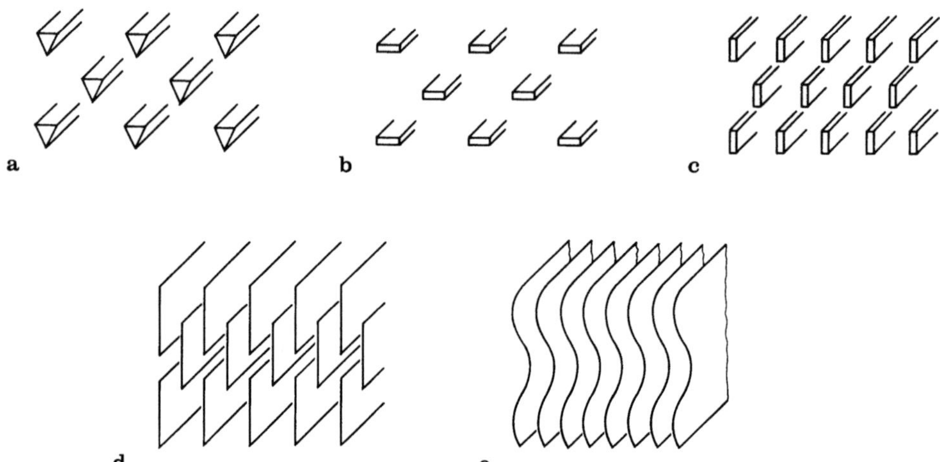

Abb. 13.21a–e. Kühleinbauformen aus Holz und Asbestzement (Beispiele). a) Tropfenfallsystem mit Holz-Dreikantlatten; b) und c) Tropfenfallsystem mit Holz-Flachlatten; d) Filmsystem mit glatten Asbestzementplatten; e) Filmsystem mit gewellten Asbestzementplatten.

Abb. 13.22a–c. Verschiedene Kühleinbauelemente aus Plastikfolie [23]. (Werkfoto Munters Euroform, Aachen). *1* Bauform ME-C 10 mit gewellten PVC-Folien; *2* Bauform ME-C 20 mit Skelettplatten aus Thermoplast; *3* Bauform ME-C 30 mit Zick-Zack-Folien aus Polystyrol 475 K oder Hart-PVC.

Aufgrund seiner Faserstruktur ist *Holz* für Tropflatten und Rieselflächen gleichermaßen ein guter Werkstoff. Es ist widerstandsfähig gegen chemische Einflüsse und hohe Wassertemperaturen, aber weniger geeignet für den Saisonbetrieb. Verwendet werden vorwiegend Nadelholzqualitäten, deren Auswahl und Behandlung in der Fachliteratur beschrieben wird [25]. Einbaubeispiele vgl. Abb. 13.21a bis 13.21c.

Asbestzement verhält sich ähnlich wie Stahlbeton. Er ist ebenfalls nicht brennbar und hat eine hohe Lebenserwartung. Eine ständige pH-Wert-Kontrolle ist notwendig, da die Grenzwerte $6 \leq pH \leq 8$ unbedingt einzuhalten sind. Es kommen glatte oder gewellte Asbestzementplatten in Standardabmessungen zum Einsatz, wobei die erforderliche Einbauhöhe zur Verbesserung des Stoffübergangs auf mehrere versetzt angeordnete Lagen aufgeteilt wird (Abb. 13.21d und e). Aus Gründen des Umweltschutzes ist heute der Einsatz von Asbestzement nicht mehr empfehlenswert.

In der Kältetechnik werden die Rückkühlwerke meist mit Kompakteinbauten aus Plastik ausgerüstet (Abb. 13.22). Neben der Widerstandsfähigkeit gegen Kohlenwasserstoffe ist besonders die Temperaturbeständigkeit zu beachten:

— Polyvinylchlorid (PVC), Polystyrol, Polyethylen 60 bis 65 °C,
— Polyester 80 °C,
— Polypropylen, Polyacetal 90 bis 95 °C.

Tabelle 13.6. *Leistungsverhalten verschiedener Kühleinbauformen (Beispiele),*
nach Messungen von Munters Euroform, Aachen [23] und Sulzer Escher Wyss, Lindau, vgl. Gl. (13.13)

Kühleinbau	Abb.	Beschreibung		Randbedingungen	A^*	K_0	m
Tropflatten (Holz)	13.21a	Dreikantlatten $50 \times 50/2$ mm $s_h = s_v = 200$ mm		$h = 5\,000$ mm $1{,}0 \leq w_L \leq 3{,}0$	17	1,45	0,54
	13.21b, c	Flachlatten 50×20 mm $s_h = 200$ mm; $s_v = 100$ mm		$5 \leq r \leq 20$	28	1,72	0,63
Platten (Asbestzement)	—	glatte Platten,	$s_h = 20$ mm	$h = 1\,000$ mm $1{,}5 \leq w_L \leq 3{,}0$	100	1,15	0,49
	13.21e	gewellte Platten,	$s_h = 50$ mm	$5 \leq r \leq 20$	50	1,17	0,86
	13.21d	glatte Platten,	$s_h = 25$ mm	$h = 2\,500$ mm	200	1,77	0,73
			$s_h = 40$ mm	$1{,}5 \leq w_L \leq 3{,}0$	125	1,46	0,75
	—	gewellte Platten,	$s_h = 50$ mm	$5 \leq r \leq 20$	125	1,69	0,65
Kompaktelemente	13.22a	gewellte und strukturierte Folien in Diagonalanordnung		$h = 900$ mm $2{,}5 \leq w_L \leq 3{,}5$			
		ME–C 10,	$s_h = 12$ mm	$r \geq 8$	218	2,48	0,86
			$s_h = 19$ mm	$r \geq 5$	133	1,58	0,86
			$s_h = 27$ mm	$r \geq 3$	100	0,93	0,86
		ME – C 10.19: $h =$	600 mm	$2{,}5 \leq w_L \leq 3{,}5$	89	1,05	0,86
		$h =$	900 mm	$r \geq 8$	133	1,58	0,86
		$h =$	1\,200 mm		178	2,00	0,86
		$h =$	1\,500 mm		222	2,38	0,86
	13.22b	Skelettplatten ME – C 20,	$s_h = 30$ mm	$h = 1\,000$ mm $2{,}5 \leq w_L \leq 3{,}5$ $r \geq 5$	99	1,44	0,88
	13.22c	Zick-Zack-Folien, strukturiert ME – C 30,	$s_h = 20$ mm	$h = 1\,000$ mm $2{,}5 \leq w_L \leq 3{,}5$ $r \geq 5$	189	1,15	0,79

h Einbauhöhe, s_h horizontale Teilung, s_v vertikale Teilung, w_L (m/s), r(t/m²h).

Bei Anwesenheit von Kohlenwasserstoffverbindungen im Kühlwasser ist PVC nur bedingt, Polystyrol nicht anwendbar. Wegen der glatten Oberfläche ist eine besondere Formgebung erforderlich, damit eine gute Benetzung und eine ausreichende Verweilzeit des Wassers erreicht wird. Da die Verarbeitung von Asbest nur eingeschränkt zulässig ist, verbleiben als nichtbrennbare Werkstoffe nach [26] Keramik oder Edelstahl, auch spezielle PVC-Arten, die als selbstverlöschend gelten [23].

Tab. 13.6 enthält eine Übersicht des Leistungsverhaltens verschiedener Kühleinbauten und Richtwerte für ihre Wärmeaustauschflächen.

b) Verflüssiger

Der Kondensationsteil von Verdunstungsverflüssigern wird aus geschlossenen Rohrschlangen gebildet, die einer doppelten Korrosionsbeanspruchung unterliegen. Im Inneren stehen sie mit Kältemittel im Kontakt; außen wirken Industrieatmosphäre und Berieselungswasser ein. Früher galt der Grundsatz, Gehäuse und Verflüssiger einheitlich zu fertigen. Feuerverzinkter Stahl genügt bei mäßiger Beanspruchung. Trotz Verschlechterung des Wärmeübergangs werden verzinkte Rohre häufig noch mit Plastik beschichtet. Für höhere Anforderungen muß man zu Edelstahl übergehen. Kupfer und Kupferlegierungen können als Werkstoff gewählt werden, wenn das Kältemittel nicht aggressiv ist. Allerdings sollte man dann Stahlblechgehäuse vermeiden. Moderne Konstruktionen werden auch mit Polyestergehäuse ausgerüstet, vgl. Tab. 13.5.

Glattrohre werden bevorzugt, denn sie sind leicht zu reinigen. Ihre Übertragungsleistung ist jedoch begrenzt. Deshalb kommen auch Rippenrohre zum Einsatz, besonders dann, wenn die Anlage während des Winterbetriebs als Trockensystem, d. h. ohne Berieselung betrieben werden kann. Der Korrosionsschutz ist dabei besonders wichtig. Rippen und Rohre sollten aus dem gleichen Werkstoff bestehen, und eine innige Verbindung muß gewährleistet sein. Die Reinigung der Rippenrohre ist üblich, aber nicht immer wirkungsvoll. Bei den Verdunstungsverflüssigern nach Tab. 13.5 wird zur Leistungssteigerung ein Rippenrohrelement dem Glattrohrelement nachgeschaltet. Für Kühlsysteme mit geschlossenem Wasser- oder Flüssigkeitskreis werden — unter Beachtung der jeweiligen Fluidanalyse und der Temperaturbeständigkeit — auch Plastikrohre verwendet.

13.6.2.2 Wasserverteilung

Zur Wasserverteilung bedient man sich eines vorgegebenen Wasservordrucks oder der Schwerkraft. Kompaktanlagen erhalten meist eine *Druckwasserverteilung*, bestehend aus einem geschlossenen Rohrsystem und gleichförmig angeordneten Vollkegelsprühdüsen, Abb. 13.23 a. Diese verteilen das Wasser unter einem Sprühkegelwinkel von 90 bis 120°, wobei der Wasserdurchsatz (ca. 10 bis 15 t/h je Düse) durch den Düsenvordruck und die Sprühfläche (ca. 1 m²) durch die Düsenhöhe über dem Kühleinbau bestimmt werden. Infolge der runden Sprühfläche entstehen Naß- und Trockenzonen, die der Kühleinbau ausgleichen muß. Es ist zwar möglich, mittels Nuten im Düsenmund, quadratische Sprühprofile zu erzeugen, aber normale Vollkegelsprühdüsen gelten als zuverlässiger.

Abb. 13.24 zeigt das mittlere Tropfenspektrum hinter der Wasserverteilung. Dabei führt die Druckverteilung (linkes Feld) zu einer größeren Wasseroberfläche infolge einer größeren Anzahl kleiner Tropfen, d. h. zu einer größeren Wärme- und Stoffaustauschfläche, als eine Schwerkraftverteilung (rechtes Feld). Jedoch muß die Bildung eines Wasserschleiers durch einen zu großen Düsenvordruck vermieden werden. Als optimaler Düsenvordruck wird $p_D = 0{,}3$ bis $0{,}5$ bar angegeben. Allgemein sprühen die Düsen senkrecht nach unten, nur wenige Verteilungssysteme führen den Wasserstrahl nach oben und gegen Prallteller. Die Neigung zu einem größeren Tropfenauswurf muß dann durch bessere Tropfenabscheider beseitigt werden.

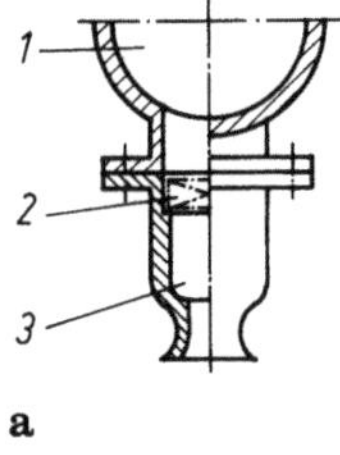

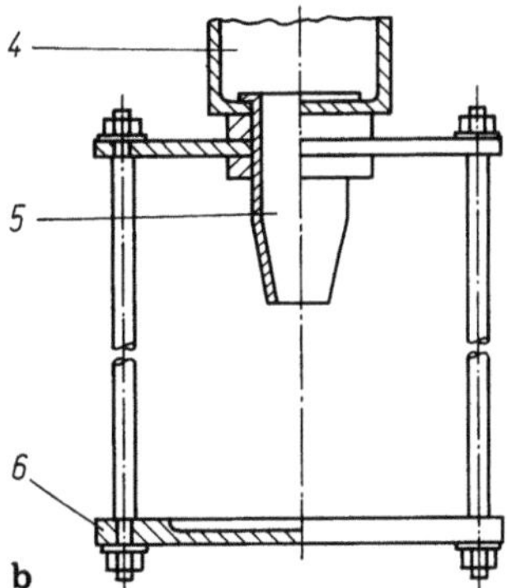

Abb. 13.23 a, b. Verteilungseinrichtungen. a) Druckverteilung; b) Schwerkraftverteilung. *1* Verteilungsrohr, *2* Drallkörper, *3* Vollkegelspiraldüse, *4* Verteilungsrinne, *5* Sprühdüse, *6* Spritzteller.

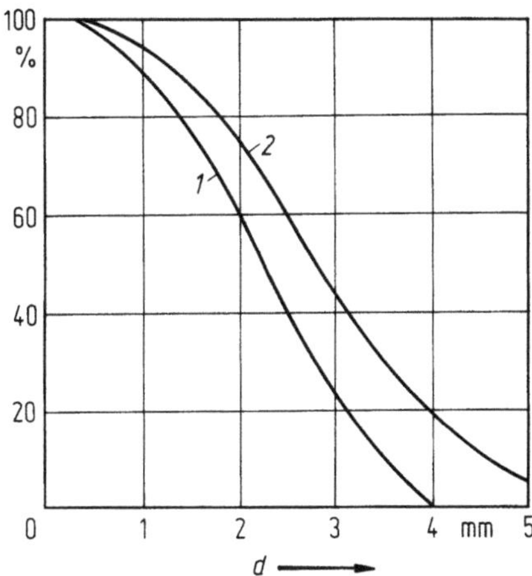

Abb. 13.24. Tropfenspektrum nach der Wasserverteilung. Häufigkeitssumme in % der Tropfen $\geq d$. *1* Druckverteilung (geschlossen), *2* Schwerkraftverteilung (offen).

Eine *Schwerkraftverteilung* ist besonders bei hohen Lufteintrittsquerschnitten geeignet, da die Pumpförderhöhe im wesentlichen durch die geodätische Wassereintrittshöhe bestimmt wird. Vorteilhaft ist auch das offene System, das aus einem Hauptkanal und Verteilungsrinnen — Abb. 13.16 und 13.17 — besteht. Im Boden der Rinnen sind Sprühdüsen angeordnet, die mit Spritztellern verbunden sind. Der Wasserdurchsatz ist von der Stauhöhe der Rinnen abhängig. Wichtig ist, daß die Sprühdüsen nicht durch Befestigungselemente blockiert werden (Abb. 13.23 b). Die Verteilungsdüsen werden heute vorwiegend aus hochwarmfestem Plastik, für Seewasser auch aus Edelstahl oder Keramik, gefertigt. Zu den Schwerkraftverteilungen gehören auch die Verteilungseinrichtungen der Kreuzstromkühlung. Hierbei handelt es sich um Wassertröge oberhalb des Kühleinbaus, die mit einer Vielzahl von Bohrungen zum Wasseraustritt versehen sind, Abb. 13.18.

13.6.2.3 Tropfenabscheider

Der Tropfenauswurf entsteht durch Mitreißen von Wassertropfen im Luftstrom. Seine Größe wird aus der Differenz der Abluftgeschwindigkeit und Fallgeschwindig-

Abb. 13.25. Tropfenabscheider 23. (Werkfoto Munters Euroform, Aachen), Bauform ME-D 15 aus PVC-Folien.

keit der Wassertropfen bestimmt, d. h. sie ist vom Tropfenspektrum abhängig. Der Tropfenauswurf muß durch konstruktive Maßnahmen auf ein Minimum reduziert werden. Die Wirkung der Tropfenabscheider beruht auf einer mehrfachen Umlenkung der Abluft, um die Wassertropfen zu eliminieren und rückzuleiten.

Als Abscheideleistung wird das Verhältnis Tropfenauswurf/Wassermassenstrom = $\dot{M}_{\mathrm{W,s}}/\dot{M}_{\mathrm{W}}$ angegeben. Der Einbau einfacher Wellprofile bzw. diagonal angeordneter Flachlatten mit einer Abscheideleistung von $1{,}5 \cdot 10^{-3}$ bis $2 \cdot 10^{-3}$ bei zweifacher Umlenkung ist heute nicht mehr ausreichend. Spezialtropfenabscheider aus Plastik, Abb. 13.25, begrenzen den Tropfenauswurf auf ca. $5 \cdot 10^{-4}$. Bei Vermeidung von Nebenschlüssen und Anordnung mehrerer Lagen ist eine Abscheideleistung $\leq 10^{-4}$ möglich. Dabei ist aber zu beachten, daß nicht nur Sprühtropfen, sondern auch Rekondensationstropfen auftreten können, die sich erst hinter dem Tropfenabscheider bilden und dann mitgerissen werden.

13.6.3 Maschineller Teil

13.6.3.1 Ventilator

In der Regel erhält jede unabhängige Zelle einen Ventilator zur Förderung der Kühlluft. Hierfür kommen Axial- und Radialventilatoren zur Anwendung (vgl. Kap. 14).

Axialventilatoren in saugender oder drückender Anordnung, allgemein mit 3 bis 8 Flügeln aus glasfaserverstärktem Polyester oder Siluminguß ausgerüstet, erzeugen einen Nutzdruck $\Delta p_{\mathrm{L}} \leq 200 \, \mathrm{Pa}$, notfalls mit zusätzlicher Anordnung eines Vor- oder Nachleitrads. Aus Geräuschgründen wird die Ventilatorumfangsgeschwindigkeit oftmals auf $u_{\mathrm{V}} = 50 \, \mathrm{m/s}$ begrenzt, obwohl hohe Umfangsgeschwindigkeiten — besonders bei größeren Ventilatordurchmessern — zu besseren Ventilatorleistungen führen. Bei saugender Anordnung ist ein Ventilatorwirkungsgrad $0{,}5 \leq \eta_{\mathrm{V}} \leq 0{,}7$, bezogen auf den Nutzdruck, zu erwarten. Dieser ist bei drückender Anordnung mit $0{,}4 \leq \eta_{\mathrm{V}} \leq 0{,}5$ geringer. Zur Begrenzung der Wassereintrittshöhe auf den hydraulisch erforderlichen Wert sollte der Ventilatordurchmesser bei drückend angeordneten Ventilatoren $D_{\mathrm{V}} = 5{,}0 \, \mathrm{m}$ nicht überschreiten. Die Ventilatorleistung kann durch Flügelverstellung, meist im Stillstand, berichtigt werden. Eine automatische Flügelverstellung während des Betriebs ist konstruktiv möglich. Jedoch wird diese Lösung aus Kostengründen nur selten ausgeführt.

Stahlblechkonstruktionen erhalten vielfach drückend angeordnete *Radialventilatoren*, obwohl die Arbeitsbedingungen der Rückkühlwerke und Verdunstungsverflüssiger nicht ihrem optimalen Leistungsbereich entsprechen. Die Folge sind geringe Ventilatorwirkungsgrade, die sich aber verbessern, wenn externe Druckverluste auf der Zuluft-

und Abluftseite vorhanden sind, die einstufige Axialventilatoren nicht überwinden können. Als Vorteile der Radialventilatoren werden genannt: gleicher Werkstoff wie das Gehäuse des Rückkühlwerks (bei Stahlblechausführungen), geringe Anschlußhöhe und die Möglichkeit des Antriebs mehrerer Laufräder mit einer Welle.

13.6.3.2 Antrieb

Die einfachste Antriebsform ist der direkte Antrieb mittels Elektro- oder Getriebemotor. Dabei sitzt der Ventilator direkt auf der Motorwelle. Motor- und Ventilatordrehzahl sind also identisch. Infolge vorgeschriebener Umfangsgeschwindigkeiten ist die Anwendung von *Normmotoren* nur bei kleinen Ventilatordurchmessern möglich. Der Einsatz *vielpoliger Elektromotoren* kann vorteilhaft sein, wird aber durch größere Abmessungen und Gewichte erschwert. Sie werden hauptsächlich aus Gründen der Schallminderung eingesetzt. Dagegen bieten Getriebemotoren gute Anpassungsmöglichkeiten an die jeweiligen Betriebsbedingungen. Allerdings stehen diese nur bis ca. 50 kW zur Verfügung.

Die Übertragung größerer Motorleistungen erfolgt durch indirekte Antriebe, z. B. *Keilriemenantriebe* zur elastischen Leistungsübertragung bei drückender Ventilatoranordnung, wobei die gewünschte Ventilatordrehzahl leicht durch Wahl der geeigneten Keilrimenscheiben erreicht wird. Schwierigkeiten bei dieser Antriebsart sind meist auf zu kleine Achsabstände und auf extrem feuchte Luft zurückzuführen.

Als Antriebskombination saugend angeordneter Ventilatoren haben sich Normmotor, Horizontalwelle und *Kegelstirnradgetriebe* bewährt, während in den USA *Schraubenradgetriebe* vorgezogen werden. Zahnräder, Lagerungen und Schmiersysteme sind so zu bemessen, daß die Lebenserwartung mindestens 20 000 Betriebsstunden beträgt, bzw. daß nach amerikanischen Normen ein AGMA-Faktor > 2 erreicht wird [27] (AGMA = American Gear Manufacturers Association).

Die Ventilatorsteuerung erfolgt zweckmäßigerweise in Abhängigkeit von der Kaltwassertemperatur. Durch Anwendung *polumschaltbarer Elektromotoren* ist eine stufenweise Drehzahländerung möglich, die besonders bei Anlagen mit mehreren Zellen zu einem energiesparenden Betrieb führt. Stufenlose Drehzahlregelungen, z. B. *ölhydraulische Turbokupplungen* mit einem Regelbereich von dem ca. 0,3 bis 1,0fachen der Nenndrehzahl, sind aufwendig und führen auch zu Leistungsverlusten.

Es wurden mehrfach Versuche unternommen, die Ventilatoren mit Wasserturbinen zu betreiben, die mit dem abzukühlenden Warmwasser beschickt werden. Diese Lösungen konnten sich bisher nicht durchsetzen.

13.6.3.3 Elektromotor

Aufgrund der leichten Austauschbarkeit kommen vorwiegend IEC-Normmotoren zum Einsatz. Die elektrische Anschlußwerte sind vom jeweiligen Netz und der Motorleistung abhängig. Bis ca. 200 kW werden allgemein Niederspannungsmotoren (z. B. 380 V), darüber Hochspannungsmotoren (z. B. 3 000 V) vorgeschrieben. Die Elektromotoren arbeiten infolge der feuchtwarmen Luftverhältnisse unter schwierigen Einsatzbedingungen, so daß als Mindestschutzart IP 44, bei direkter Anordnung im Abluftstrom IP 65 vorzusehen ist.

13.7 Kühlwasserkreislauf

Tab. 13.8 führt die Komponenten verschiedener Kühlwassersysteme auf. In Abb. 13.26 ist der Kühlwasserkreislauf schematisch dargestellt.

Der *Zusatzwasserbedarf* $\dot{M}_{W,z}$ entspricht der Summe aus Verdunstungsverlust, Tropfenauswurf, Abschlämmung und evt. Kreislaufverlusten.

Tabelle 13.7. *Grenzwerte für die Wasserbeschaffenheit*

Salzkonzentration	S_{max} (ppm)	
Karbonathärte		
— ohne Zusatz von Härtestabilisatoren	125... 140	$CaCO_3$
— mit Zusatz von Härtestabilisatoren	250... 350	$CaCO_3$
Nichtkarbonathärte	900...1 200	$CaCO_3$
Sulfate bei Verwendung von		
— Normalzement	150	SO_4
— Hochofenzement	600	SO_4
— Spezialzement	1 500	SO_4
Chloride		
abhängig von der Stahlqualität	300...500	Cl_2
Trübstoffe	10...50	
Gesamtsalzgehalt	5 000	

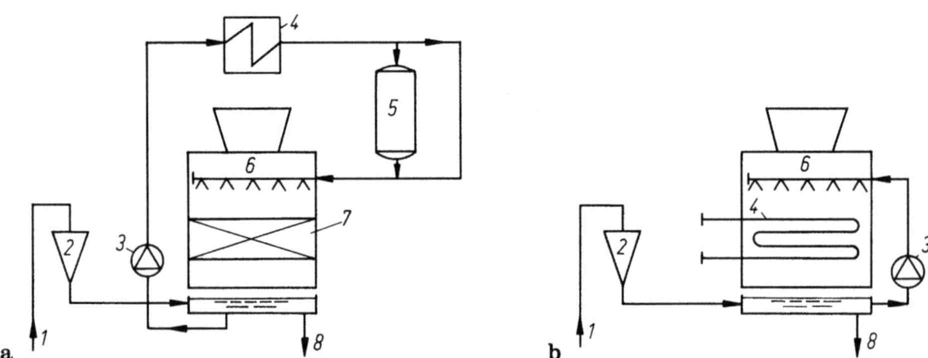

Abb. 13.26a, b. Kühlwasserkreislauf (Schema). a) Rückkühlwerk; b) Verdunstungsverflüssiger.
1 Zusatzwasser, *2* Zusatzwasseraufbereitung, *3* Pumpen und Rohrleitungen, *4* Verflüssiger (Wärmequelle), *5* Wasserreinigung, *6* Wasserverteilung, *7* Kühlsystem, *8* Abwasser.

Der *Verdunstungsverlust*, als Folge des Verdunstungsvorgangs im Kühlprozeß (vgl. auch Abschn. 13.3), ist nach [28]

$$\dot{M}_{W,0} = \frac{\dot{M}_W \, c_W \, z}{\dfrac{h_2 - h_1}{x_2 - x_1} - c_W \, t_{W,2}}. \tag{13.30}$$

Als Näherungslösung kann $\dot{M}_{W,0} = \dot{M}_W \, z/600$ verwendet werden.

In Abschn. 13.6.2.3 wurde die Entstehung von *Tropfenauswurf* erläutert, seine Zusammensetzung entspricht dem Kreislaufwasser.

Da infolge Verdunstung die Salzkonzentration S im Kreislauf ansteigt, ist zur Einhaltung zuverlässiger Grenzwerte bzw. Vermeidung von Betriebsstörungen eine *Abschlämmung* von Kühlwasser erforderlich. Dieser Abwasserstrom ist hauptsächlich vom Verdunstungsverlust und der Zusatzwasserqualität abhängig und beträgt, unter Vernachlässigung des Tropfenauswurfs und der Kreislaufverluste,

$$\dot{M}_{W,a} = \dot{M}_{W,0} \, \frac{S}{S_{max} - S}. \tag{13.31}$$

Tabelle 13.8. *Komponenten verschiedener Kühlwassersysteme*

Kühlwassersystem	Frischwasserkühlung		Kreislaufkühlung	
Komponenten	Rückkühlwerk (Ablaufkühlung)	Berieselungs-verflüssiger	Verdunstungs-verflüssiger	Rückkühlwerk (Kreislauf-kühlung)
Entnahme-einrichtung	Hoch- und Niedrigwasserausgleich, Siebrechenanlage gegen Schwimmgut, Absetzbereich für Kies und Sand		(Absetz- und Vorratsbecken)	
Wasser-aufbereitung	(offene Kiesfilter), Wasserimpfung (bzw. Stoß-chlorung)		Enthärtung und/oder Härte-stabilisierung	Enthärtung, pH-Wert-Kontrolle, Zugabe von Chlor, Phosphat und Inhibitoren
Verteilungs-system	Kühlwasserpumpen, Rohrleitungsnetz, (Speicherbecken), MSR-System			
Verbraucher	Wärme-austauscher, Verflüssiger	Berieselungs-kühler bzw. -verflüssiger	Verdunstungs-kühler bzw. -verflüssiger	Wärme-austauscher, Verflüssiger
Rückkühlung	Rückkühlwerk (zulässige Rest-wärme)	geringe Rück-kühlung	V und R kombiniert	Rückkühlwerk (keine Rest-wärme)
Wasserreinigung	bei Verschmut-zung: — mechanisch — biologisch — chemisch		Abschlämmung	Teilstrom-filtration, Abschlämmung
Ablauf-einrichtung	Vermeidung von Rückströmungen, Abkürzung der Mischzone, Einleitung in das Entsorgungssystem		Kontrolle der Abwasserqualität, Abwasserkanal	
Entsorgungs-system (vgl. Tab. 13.1)	Kühlwasserrückgabe (Abwasser)		Aufnahme der Abschlämmung (Abwasser)	

Die *Kreislaufverluste* sind nicht verfahrensbedingt und bei entsprechender Wartung vermeidbar. Als *Zusatzwasserbedarf* ergibt sich somit

$$\dot{M}_{W,z} = \dot{M}_{W,0} + \dot{M}_{W,a} - (\dot{M}_{W,s} + \dot{M}_{W,Kr}). \tag{13.32}$$

Allgemeine Grenzwerte der Salzkonzentration lassen sich nicht festlegen, denn das Verhalten der Mineralien wird vom jeweiligen Gesamtzustand des Kühlwassers und von der Umgebungsluft beeinflußt. Richtwerte für übliche Bedingungen in der Kälte-technik nennt Tab. 13.7.

Von diesen Richtwerten hat die Karbonathärte eine besondere Bedeutung, da durch Karbonatausfall ($CaCO_3$) und Gipsbelagbildung ($CaSO_4$) Kühleinbau und Trop-fenabscheider verkrusten, Rohrleitungen blockiert werden und die Wärmeübertragung in den Apparaten zurückgeht. Andererseits ist ein dünner Karbonatfilm auf den Rohr-schlangen ein wirkungsvoller Korrosionsschutz. Ein hoher Sulfatgehalt führt zu Beton-schäden (vgl. Abschn. 13.6.1), die durch eine zweckmäßige Zementauswahl verhindert werden. Das Auftreten von Lochfraßkorrosion innerhalb des Kühlkreislaufs ist meist auf den Chloridgehalt des Wassers zurückzuführen. Der Chloridgrenzwert läßt sich wegen der Vorbelastung auch durch eine Zusatzwasserbehandlung selten herabsetzen, so daß in diesen Fällen eine geeignete Stahlqualität und/oder der Zusatz eines Korrosionsinhibitors erforderlich ist. Früher wurden die Trübstoffe — dispers oder kolloid gelöste Substanzen — weniger beachtet; heute sind ihr nachteiliger Einfluß auf Entkarbonisierungsanlagen und ihre Erosionswirkung auf Wärmeaustauscherrohre bekannt. Zur Vermeidung von Schlammbildung in den Sammelbecken und dem Wasserverteilungssystem wird auch der Gesamtsalzgehalt limitiert.

Um den Zusatzwasserbedarf zu verringern, kommen — besonders bei Verdunstungsverflüssigern — Härtestabilisatoren zur Anwendung, die eine höhere Härte zulassen. Hierbei handelt es sich um Polyphosphate oder spezielle Inhibitoren, die oftmals zusätzlich eine Antikorrosionswirkung haben. Dieses Verfahren wird auch bei extrem hohen Zusatzwasserbedarf neben der Wasseraufbereitung vorgesehen.

Tab. 13.9 nennt mögliche Vorbelastungen des Zusatzwassers und Verschmutzungen des Kreislaufwassers. Dementsprechend muß die Zusatzwasseraufbereitung eine mechanische Vorbehandlung, die Enthärtung und eine Nachbehandlung umfassen.

Die Wasserreinigung wird vom Kreislaufverhalten bestimmt und soll eine Abwasserbehandlung einschließen. Wasseraufbereitung und -reinigung haben ähnliche Funktionen und können bei sorgfältiger Planung in gemeinsamen Anlagen zusammengefaßt werden.

Absetzbecken mit Siebrechen und Schikanen ermöglichen Vorklärung und gleichmäßige Zusatzwasserentnahme. Bei hohen Trübstoffwerten unterstützen Kiesfilter den Kläreffekt und entlasten dadurch die Entkarbonisierung. Häufig kann auf *Flockungs-*

Tabelle 13.9. *Kühlwasserverschmutzung und mögliche Ursachen*

Art der Verschmutzung	Mögliche Ursachen
1. Vorbelastung des Wassers	
— Sand und Kies	Niedrigwasser
— Schwimmgut (Grobschmutz)	Flußabfälle
— Fette und Öle	Industrie und Schiffahrt
— Kleinlebewesen, Fische	defekte Filter
— Algen, Bakterien, Pflanzenteile	jahreszeitlich bedingt
— Gifte, Chloride, Nitrate, Sulfate	Industrieabwässer
— Phosphate	Landwirtschaft
2. Verschmutzung aus der Luft	
— Ruß, Teer, Schwefeldioxid	Industrieabluft
— Industrie- und Flugstaub	Industrie und Verkehr
— Flugsand	Windeinfluß (landschaftsbedingt)
3. Niederschläge aus dem Kühlwasser	
— Calciumcarbonat und -sulfat	Härtebildner
— Chloride, Sulfate, Silikate	Kühlprozeß (Eindickung)
— Kochsalz, Trübstoffe, Inhibitoren und Flockungsmittel	Rückstände der Wasseraufbereitung
— Korrosionsprodukte	aggressives Kühlwasser
4. Sonstige Kreislaufverschmutzung	
— Kohlenwasserstoffe	Petrochemie (Leckagen)
— Eisenstaub, Zunder usw.	Stahlwerke (mangelhafte Klärung)
— Zellulose, Fasern usw.	Textil- und Papierfabriken
— Fette und Öle	Schmiermittel (produktionsbedingt)
— usw.	

verfahren nicht verzichtet werden. Hierunter ist die Überführung von Schmutzstoffen in eine absetz- bzw. filtrierbare Form durch Zugabe von Flockungsmitteln (z. B. Eisen- oder Aluminiumsalze) zu verstehen. Um die Verweilzeiten des Wassers abzukürzen, kommt das Schlammkontaktverfahren zur Anwendung, d. h. die Rückführung von Schlamm zur früheren Einleitung der Flockung. Außerdem wird der Platzbedarf durch Reaktoren für gemeinsame Mischung, Flockung und Klärung verringert.

Vielfach besteht die Wasseraufbereitung nur aus der *Enthärtungsanlage* unter Nutzung folgender Verfahren:

— Säureimpfung,
— Kalkenthärtung,
— Ionenaustausch.

Eine *Säureimpfung* ist bei kleinem Zusatzwasserbedarf ($\dot{M}_{W,z} \leq 10$ t/h) empfehlenswert, da Anlagen- und Betriebskosten niedrig sind und gleichzeitig eine Korrektur des pH-Wertes erfolgt. Zur Verwendung kommen Salzsäure (HCl) oder Schwefelsäure (H_2SO_4). Schwefelsäure ist trotz evt. Gipsausfalls vorteilhafter, da Salzsäure die Gefahr der Lochfraßkorrosion vergrößert. Allerdings wird die Säureimpfung meist mit einer Inhibitierung kombiniert. Eine andere Methode ist die *Kalkenthärtung* durch Zugabe von Kalkhydrat in Form gesättigten Kalkwassers oder Kalkmilch. Das Kalkwasserverfahren wird kostengünstig bei mittlerem Zusatzwasserbedarf ($\dot{M}_{W,z} \leq 50$ t/h), das Kalkmilchverfahren bei großem Zusatzwasserbedarf ($\dot{M}_{W,z} \geq 50$ t/h) eingesetzt. *Ionenaustauscher* kommen besonders bei schwankender Rohwasserhärte zur Anwendung, da sie das Zusatzwasser mit gleichbleibender Resthärte abgeben. Sie sind empfindlich gegen Verschmutzung, so daß eine aufwendige Vorbehandlung erforderlich ist. Eine *Vollenthärtung* des Zusatzwassers ist nicht üblich. Allgemein wird die Entkarbonisierung durch Anwesenheit von Natriumchlorid (NaCl) und Kaliumchlorid (KCl) behindert.

International wird die Wasserhärte unterschiedlich bewertet (vgl. hierzu: Wärmeträger, Abschn. 16.3.1).

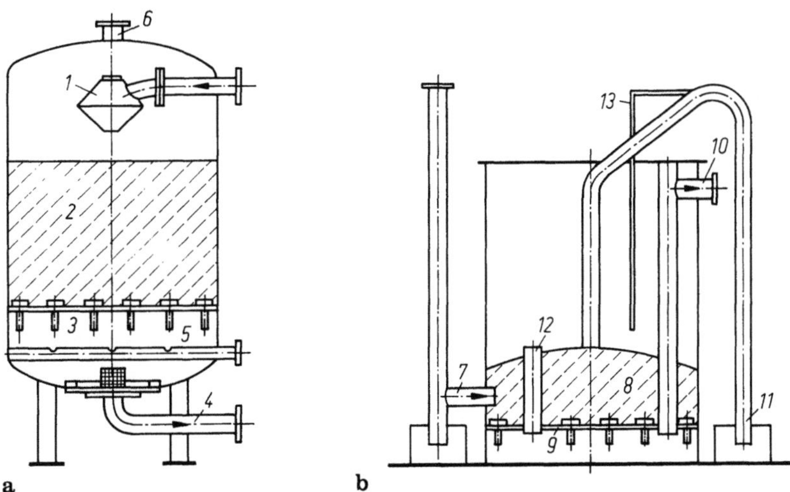

Abb. 13.27 a, b. Teilstromfilter (Schema). a) Druckfilter (System Sulzer); b) Schwerkraftfilter (System Pfaudler). *1* Rohwassereinlauf (Spülwasserablauf); *2* Filtermasse (Kies); *3* Düsenboden; *4* Filtratablauf (Spülwassereinlauf); *5* Spülluft; *6* Entlüftung; *7* Rohwassereinlauf; *8* Filtermasse (Kies); *9* Düsenboden; *10* Filtratablauf; *11* Spülwasserablauf; *12* Ausgleichsrohr; *13* Unterbrecherrohr.

Zur Nachbehandlung gehört die Entfernung der freien Kohlensäure (CO_2) in einem Rieselentgaser. Falls ein solcher nicht vorgesehen ist, wird das Zusatzwasser nicht in das Kaltwasserbecken, sondern gemeinsam mit dem Warmwasser in das Wasserverteilungssystem eingeleitet. Die Kontrolle des Sollwertes $7 \leq pH \leq 8$, notfalls durch eine Schwefelsäure- und Phosphatdosierung, übernehmen heute Geräte zur automatischen Messung und Regelung der Wasserwerte, die gleichzeitig das Abwasser überwachen.

Ein besonderes Problem sind Algenwachstum und Schleimbildung. Während Algen an allen vom Licht erreichten Stellen entstehen können, sind schleimbildende Bakterien auf Produkteeinbrüche (Leckagen der Wärmeaustauscher), organische Verunreinigungen von Wasser und Luft oder auf das Holz im Kühlturm zurückzuführen. Am wirkungsvollsten ist ihre Bekämpfung durch Stoßchlorung im Abstand von 4 bis 8 Stunden, bei einem ständigen Chlorüberschuß von etwa 5 mg/1 im Kühlkreislauf. Zur Unterstützung werden Algizide bzw. Biozide dosiert, deren Art aber nach einer bestimmten Anwendungszeit geändert werden muß, damit die Wirkung erhalten bleibt. Die Passivierung der Kühlwassersysteme gegen biologische Verschmutzung bereits vor der Inbetriebnahme ist heute durchaus üblich.

Kühlwassereigenschaften (Tab. 13.7) und Methoden der Kühlwasserbehandlung beschreibt Held [24]. Dort werden auch Einzelheiten über *Inhibitoren* angegeben. Je nach Zusammensetzung haben diese verschiedene Funktionen. Sie sind Dispergiermittel, Härtestabilisatoren, Korrosionsschutz und/oder Schutz gegen biologische Verschmutzung. Der Dispergiereffekt besteht — ähnlich wie bei der Härtestabilisierung im Falle von Calciumkarbonat — in der Verhinderung von Ablagerungen, so daß die Schwebestoffe an vorbestimmten Stellen des Kühlkreislaufs abtrennbar sind. Zur Vermeidung von Nebenwirkungen, z. B. Korrosion durch Biozide, müssen oftmals mehrere Inhibitoren gleichzeitig eingesetzt werden. Infolge ihres toxischen Charakters können Inhibitorüberschüsse zu unzulässigen Belastungen des Abwassers führen, deshalb sind die Hinweise der Hersteller, z. B. [29], unbedingt zu beachten. Weiterhin sind die steigenden Betriebskosten zu berücksichtigen.

Die *Teilstromfiltration* ist ein Mittel zur Schmutzentlastung des Kühlkreislaufs. Die Teilstrommenge richtet sich nach dem Verschmutzungsgrad und dem totalen Wassermassenstrom. Allgemein kommen geschlossene Druckfilter mit einer Kapazität $\dot{M}_{W,f} = 0{,}01$ bis $0{,}1\dot{M}_W$ zur Anwendung. Das Filtermedium Kies übernimmt die Schmutzlast des Wassers. Sobald der maximal zulässige Druckverlust (ca. 0,5 bar) erreicht ist, erfolgt die Rückspülung des Filters mit einem Luft-Wasser-Gemisch. Dabei wird zunächst die Schmutzschicht durch Druckluft aufgelockert und anschließend vom Spülwasser ausgetragen. Schwerkraftfilter werden selten angewendet, obwohl sie völlig bedienungsfrei und ohne Zusatzeinrichtungen arbeiten. Auch die Rückspülung erfolgt automatisch durch die entstehende Druckdifferenz. Abb. 13.27 zeigt das Prinzip der Druck- und Schwerkraftfilter. Bei annähernd gleichen Anlagenkosten sind die Betriebskosten der Schwerkraftfilter wesentlich geringer.

Die Wahl der *Kühlwasserpumpen* ist von den Kreislaufbedingungen abhängig.

a) Einkreissystem mit Sammelleitung: Der Förderstrom wird druck- oder mengenabhängig geregelt. Der Förderdruck muß die Druckverluste der Verbraucher, des Rohrleitungsnetzes und des Rückkühlwerks decken.

b) Zweikreissystem mit Sammelleitung: Die Kaltwasserpumpen erhalten eine druckabhängige Förderstromregelung. Ihr Förderdruck muß die Druckverluste der Verbraucher und der Rohrleitung bis zum Warmwasserbecken überwinden; die getrennten Warmwasserpumpen werden vom Beckenniveau geregelt, ihr Förderdruck muß die Verluste in der Rohrleitung zum Rückkühlwerk und dessen Druckverlust ausgleichen.

c) Parallele Kühlkreise: Die Pumpen werden nach dem Kühlwasserbedarf der Einzelverbraucher, der Förderdruck nach a) oder b) ausgelegt. Das Warmwasserbecken kann gemeinsam sein, dann sind die Warmwasserpumpen einheitlich.

d) Verdunstungsverflüssiger: Sie benötigen u. U. Umlaufpumpen für zwei getrennte Kreisläufe. Die Auslegung für den Verflüssigerkreislauf muß meist anderen Forderungen entsprechen, während der Kühlkreislauf abhängig von der geodätischen Wassereintrittshöhe und dem Druckverlust der Wasserverteilung ist.

e) Teillastverhalten: Zur Anpassung an unterschiedliche Betriebsbedingungen wird die gesamte Förderkapazität auf verschiedene Pumpengrößen verteilt. Man wählt z. B. für $\dot{M}_W = 1\,000$ t/h zwei Pumpen je 250 t/h und eine Pumpe mit 500 t/h.

f) Reservepumpen: Für jede Pumpengruppe muß mindestens eine Reservepumpe vorgesehen werden, die bei Ausfall einer Arbeitspumpe eingeschaltet wird. Eine Kombination von e) und f) ist möglich, wenn man z. B. wählt: 1 Pumpe 250 t/h (= Halblast), 1 Pumpe 500 t/h (= Vollast) und 1 Pumpe 250 t/h (= Reserve). Auch eine Sicherung gegen Stromausfall durch einen nichtelektrischen Antrieb für die Reservepumpe kann erforderlich sein.

g) Ergänzungspumpen: Weitere Pumpen werden für Zusatzwasser, Bypass oder Druckerhöhung, Abwasser, Chemikaliendosierung usw. benötigt.

Als Kühlwasserpumpen sind Kreiselpumpen in Normalausführung üblich, während für Abwasser auch Spezialausführungen (z. B. Kanalradpumpen) zur Anwendung kommen. Dosierpumpen sind meist regelbare Kolbenpumpen. Sie müssen aus fluidgerechten Werkstoffen bestehen.

Horizontalpumpen sind wirtschaftlicher und leichter austauschbar als die platzsparenden Vertikalpumpen. Bei direkter Montage über dem Vorlaufkanal ist darauf zu achten, daß Pumpen und Rohrleitungen nicht den Lufteintritt behindern. Im allgemeinen werden die Pumpen zentral in Maschinenräumen aufgestellt. Dort wird nach Möglichkeit auch die Wasseraufbereitung untergebracht. Unterwasserpumpen sind selten erforderlich.

Zu den Herstellerangaben gehören Pumpenkennlinien ($\dot{V}$-H-Kurven) mit Aussagen über das Verhalten bei Parallel- und Teillastbetrieb.

Folgende Bedingungen beeinflussen die Planung des *Rohrleitungssystems*:
— wirtschaftliche Strömungsgeschwindigkeit,
— einheitliche Druckstufung,
— MSR-System (= messen — steuern — regeln).

Grundlage jeder Rohrleitungsplanung ist die Wahl einer wirtschaftlichen Strömungsgeschwindigkeit ($w_{opt.} \approx 2$ bis 3 m/s), denn $w_W < w_{opt.}$ bedeutet große Rohr- und Armaturenabmessungen, d. h. hohe Anlagenkosten; evt. Betriebsstörungen durch Ablagerungen.

$w_W > w_{opt.}$ bedeutet hohen Druckverlust, d. h. hohe Betriebskosten; evt. Schäden durch Strömungserosion.

Zur Vereinfachung der Verbindungselemente ist die Druckstufung (z. B. PN 10) einheitlich für den Kühlkreislauf festzulegen. Rohrleitungen dürfen Rückkühlwerke und Verdunstungsverflüssiger nicht belasten, sie müssen selbsttragend konstruiert werden. Formänderungen entstehen kaum durch die Wassertemperaturen des Kühlkreislaufs, wohl aber durch klimatische Veränderungen, da das Rohrleitungssystem durch geschlossene Räume, im Freien und unter der Erde, verläuft. Es sind daher Längenausgleichsmöglichkeiten vorzusehen.

Der Einsatz von Maschinen und motorgesteuerten Armaturen führt zu mechanischen Schwingungen, die mittels Rohrleitungskompensatoren zu dämpfen sind. Überhaupt sollten viele Ausbaustrecken vorgesehen werden, um bei Defekten die Austauschzeiten abzukürzen.

Aufgabe des MSR-Systems ist ein störungsfreier und energiesparender Kreislaufbetrieb. Einzelheiten der Rohrleitungsplanung und praktische Erfahrungen sind in [30] bzw. [31], Grundlagen der Meß- und Regeltechnik in [32] enthalten.

13.8 Betriebsbedingungen

13.8.1 Energieeinsparung

Kühlwasserpumpen und Ventilatoren bestimmen den Energiebedarf eines Kühlkreislaufs. Sofern Wassermassenstrom und Pumpenauslegung optimiert wurden, ist eine Energieeinsparung nur noch bei den Ventilatoren möglich.

Zunächst werden Pumpen- und Ventilatorschaltung so aufeinanderabgestimmt, daß ein Ventilatoranlauf nur bei bereits laufenden Pumpen erfolgen kann. Wie erläutert und in Abb. 13.9 dargestellt, ändert sich die Kaltwassertemperatur $t_{W,2}$ mit dem Umgebungsluftzustand (t_L, φ, t_f). Das ist manchmal vorteilhaft, oftmals aber ohne Nutzen für die Verbraucher. So ist z. B. im Winter die Unterschreitung einer bestimmten Kaltwassertemperatur meist unerwünscht. Der Einsatz regelbarer Ventilatorantriebe — z. B. polumschaltbarer Elektromotoren $n = 1\,500/1\,000\ \mathrm{min}^{-1}$ bzw. $1\,500/750\ \mathrm{min}^{-1}$ bei $f = 50\ \mathrm{Hz}$ — ist eine energiesparende Methode zur Beeinflussung der Luftzahl λ Gl. (13.12). Die Umschaltung kann in Abhängigkeit von der Kaltwassertemperatur automatisch oder entsprechend Jahreszeit von Hand erfolgen. Hierzu ist die Kenntnis des Betriebsverhaltens und der Umschaltpunkte erforderlich (Abb. 13.28). Die Energieeinsparung ergibt sich aus dem jeweiligen Drehzahlverhältnis:

n/min^{-1}	$1\,500\ (\hat{=}\,100\,\%)$	$1\,000\ (\hat{=}\,67\,\%)$	$750\ (\hat{=}\,50\,\%)$
P_V (theor.)	1,0	0,296	0,125
P_V (prakt.)	1,0	0,35 bis 0,40	0,15 bis 0,20

In Abschn. 13.5 wurde auf die Verbesserung der Betriebssicherheit durch Zellengruppen anstelle einer Einzelzelle hingewiesen. Häufig wird dabei auf polumschaltbare Ventilatorantriebe verzichtet und der Luftstrom durch Abschalten von Ventilatoren angepaßt. Diese Lösung ist aber unwirtschaftlich. Der Mehraufwand für polumschaltbare Elektromotoren einschließlich Ventilatorsteuerung beträgt ca. 5 bis 10 % der Anlagenkosten. Dieser wird durch die Senkung des Jahresenergiebedarfs relativ schnell amortisiert.

Auch Verdunstungsverflüssiger können mit polumschaltbaren Ventilatorantrieben ausgerüstet werden. Meist wird jedoch in der kälteren Jahreszeit von Verdunstungskühlung auf Trockenkühlung umgeschaltet und so die Energie für die Umlaufpumpen eingespart.

13.8.2 Umweltschutz

Die Rückkühlung entlastet den öffentlichen Wasserhaushalt und ist somit ein wichtiger Beitrag zum Umweltschutz. Offene Rückkühlwerke verursachen aber infolge Tropfenauswurf, Schwadenbildung und Geräuschverhalten Umweltprobleme.

Wie in Abschn. 13.6.2.3 beschrieben, kann der *Tropfenauswurf* durch konstruktive Maßnahmen so begrenzt werden, daß diese Belästigung weitgehend vermeidbar ist. Neben den Sprühtropfen enthält die Abluft auch Rekondensationstropfen, die den

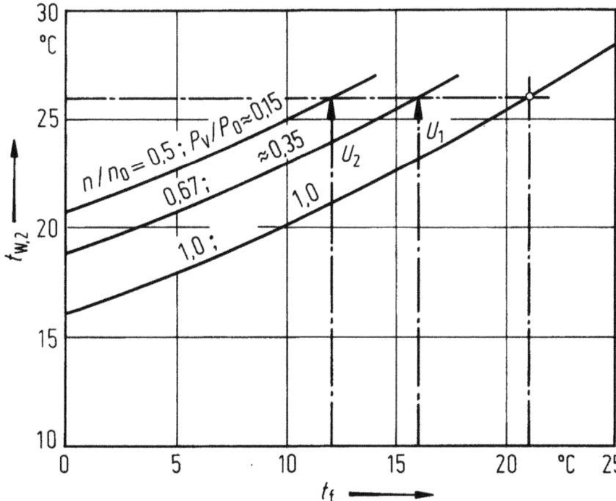

Abb. 13.28. Betriebsverhalten und Umschaltpunkte bei Anwendung polumschaltbarer Ventilatorantriebe (Beispiel), $U1$, $U2$ Umschaltpunkte; n Drehzahl; P_V Ventilatorleistungsbedarf; t_f Feuchtlufttemperatur; $t_{W,2}$ Kaltwassertemperatur.

sichtbaren Schwaden bilden und unter bestimmten klimatischen Bedingungen zu Niederschlägen in der Nachbarschaft offener Rückkühlanlagen führen. Außerdem können Windeinfluß und Inversionswetterlagen die Schwaden herabdrücken und dadurch die Rezirkulationsneigung der Rückkühlwerke vergrößern. Solche Auswirkungen — Bodennebel und Glatteisbildung — untersuchten HENNING und KLIEMANN [33]. Die Standortplanung für Großkraftwerke hat die Forschungstätigkeit auf diesem Gebiet intensiviert [34]. Als Problemlösung wurde die Trockenkühlung empfohlen [35], jedoch bedeutet das einen ganzjährigen Verzicht auf die thermischen und wirtschaftlichen Vorteile der Naßkühlung. Als Kompromiß stehen Hybridsysteme zur Verfügung, vgl. [2–5].

Ein anderer Weg ist die Entwicklung spezieller Kühleinbauten für schwadenarmen Betrieb, auch bei Lufttemperaturen $t_L \leqq 5\,°C$. Diese nutzen z. B. das Kreuzstromprinzip zur Schaffung von Luftgassen, um Umgebungsluft der gesättigten Abluft beizumischen. Der neue Abluftzustand ($t_{f,2}$, $\varphi < 100\%$) verhindert eine Schwadenbildung [23, 36, 37].

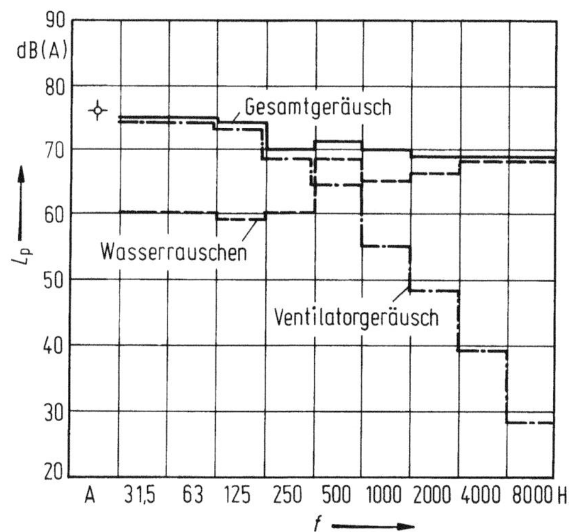

Abb. 13.29. Schalldruckpegel eines Rückkühlwerks. Summenpegel und Einzelpegel im Oktavbandspektrum, gemessen 10 m vor dem Lufteintritt (Beispiel). L_p Schalldruckpegel; f Frequenz des Oktavpegels; A A-bewerteter Summenpegel.

Verdunstungsverflüssiger können zusätzlich mit einem Rippenrohrelement oberhalb des Tropfenabscheiders ausgerüstet werden. Durch Abgabe der Überhitzungswärme des Kältemittels an den Luftstrom wird eine Nachtrocknung der Abluft erreicht, ein geeignetes Mittel zur Bekämpfung der Schwadenbildung.

Das *Geräuschverhalten* der Rückkühlwerke und Verdunstungsverflüssiger ergibt sich aus dem Zusammenwirken von Ventilator-, Antriebs- und Wassergeräuschen. Abb. 13.29 zeigt den Einfluß der Einzelgeräusche auf das Gesamtgeräusch. Der Schalldruckpegel L_p wird in einem bestimmten Abstand zum Rückkühlwerk gemessen und nach der Frequenzbewertungslinie A korrigiert, um den Einfluß der Einzelfrequenzen auszugleichen. Bei den heute üblichen Schallpegelmeßgeräten erfolgt diese Korrektur bereits durch Umschalten in den A-bewerteten Meßbereich. Es können dann der Summenpegel und die Einzelpegel des Oktavband- oder Terzbandspektrums, je nach Meßgerät, direkt abgelesen werden [38–40].

Der bewertete Schalldruckpegel $L_{p(A)}$ ist ein Maß für die empfundene Lautstärke am Meßpunkt. Er beträgt in 1 m Entfernung zum Lufteintritt und -austritt von Rückkühlwerken und Verdunstungsverflüssigern $L_{p(A)} = 85$ bis 90 dB (A) und verringert sich bei Verdoppelung der Entfernung jeweils um etwa 5 dB (A). Mehrere gleichartige Schallquellen, z. B. Rückkühlwerke mit n Zellen, erhöhen den Schalldruckpegel einer Zelle um den Wert $10 \log n$. Bei der Beurteilung der Lautstärke ist auch der Einfluß des Umweltpegels zu berücksichtigen. Die zulässigen Schalldruckpegel in den verschiedenen Wohngebieten nennt die TA Lärm [41].

Durch einen guten Kompromiß zwischen thermischer Leistung und Schallbildung wird bei Kompaktbaureihen eine Schallpegelsenkung um etwa 10 dB (A) möglich. Wichtigste Einflußgröße der Ventilatorgeräusche ist die Umfangsgeschwindigkeit u_V, vgl. Kap. 14. Daher lassen sich die geforderten unterschiedlichen Tag- und Nachthöchstwerte der TA Lärm durch polumschaltbare Ventilatormotoren erfüllen. Die Antriebsgeräusche erhöhen die Ventilatorgeräusche um 2 bis 3 dB (A), während die Wassergeräusche ein breites Frequenzband überdecken und etwa gleiche Lautstärke aufweisen, vgl. Abb. 13.29.

Voraussetzungen für eine geräuscharme Betriebsweise sind stabile Konstruktionen, einwandfreie Auswuchtung rotierender Maschinenteile und Beachtung der Eigenfrequenzen. Der Schallschutz beginnt bei der Wahl des Aufstellungsorts: Dieser soll ein Minimum an Zusatzmaßnahmen erforderlich machen. Der Einsatz saug- und druckseitiger Schalldämpfer soll auf Extremforderungen beschränkt bleiben, denn sie führen zu einer Minderung der Kühlleistung oder zu zusätzlichen Anlagen- und Betriebskosten infolge höherer Druckverluste, die oftmals sogar stärkere Ventilatoren und Antriebe verlangen.

13.8.3 Betriebserschwernisse

Unter *Rezirkulation* ist eine Rückströmung der Abluft und ihr Wiederansaugen als Kühlluft zu verstehen. Die Gründe hierfür sind vor allem zu geringe Höhenunterschiede zwischen Lufteintritt und -austritt sowie eine niedrige Abluftgeschwindigkeit. Diese Bedingungen liegen besonders bei Bauarten mit drückender Ventilatoranordnung vor. Die Rezirkulationsneigung wird durch starke Windströmungen und klimatische Einflüsse verstärkt. Rezirkulation führt zu einem Leistungsverlust und damit zu einer höheren Kaltwassertemperatur als erwartet, da die Feuchtlufttemperatur durch Beimischung von Abluft ansteigt. Eine Minderung der Rezirkulation bestehender Anlagen ist nur durch Verbesserung der Abluftführung möglich.

In den USA berücksichtigt man die Rezirkulation durch Annahme einer höheren Feuchtlufttemperatur bei der Auslegung [42]. In Deutschland ist der Hersteller für eine rezirkulationsfreie Konstruktion verantwortlich. Beim Leistungsvergleich ist

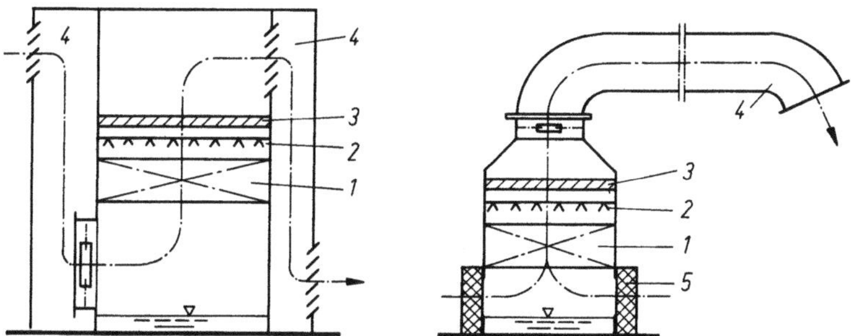

Abb. 13.30. Schutzmaßnahmen gegen Sandsturm (Beispiel). *1* Kühleinbau; *2* Wasserverteilung; *3* Tropfenabscheider; *4* Umlenkkammer; *5* Sandfilter.

keine besondere Toleranz für eine evt. Minderleistung infolge Rezirkulation vorgesehen.

In Aufstellungsgebieten mit häufigen *Sandstürmen* sind Schutzvorrichtungen gegen das Eindringen von Sand — Beispiele s. Abb. 13.30 — notwendig. Sonst behindert dieser die Arbeitsweise der Rückkühlwerke, führt zu Störungen im Kühlkreislauf und erhöht den Verschleiß.

Ein störungsfreier *Winterbetrieb* erfordert ebenfalls Zusatzmaßnahmen. Grundsätzlich wird der Luftstrom verringert, um eine Abkühlung unterhalb der zulässigen Kaltwassertemperatur zu vermeiden, vgl. Abb. 13.28. Je nach Bauart kommen hierfür Drosselklappen oder polumschaltbare Ventilatorantriebe zur Anwendung. Bei extrem niedrigen Umgebungslufttemperaturen kann der natürliche Auftrieb der Luft zum Betrieb ausreichen. Die Einfriergefahr ist bei ständigem Wasserumlauf gering; sie besteht aber während der Stillstandszeiten. Da der gesamte Beckeninhalt meist nicht beheizt werden kann, wird nur der Kaltwasservorlauf mittels einer thermostatgeregelten Elektroheizung eisfrei gehalten. Bei längeren Stillstandsperioden muß das Becken entleert werden. Eis bildet sich im Lufteintritt bereits oberhalb des Nullpunkts. Hierdurch wird der Wärmeaustausch erheblich behindert und die Konstruktion zusätzlich belastet. Im Stillstand entstehen Eisansätze auch an den Ventilatorflügeln, so daß Unwucht beim Anlauf auftritt. Deshalb soll die Inbetriebnahme mit dem Warmwasserzulauf beginnen, um die Wasserwärme zur Enteisung zu nutzen. Diese Maßnahme läßt sich bei saugender Ventilatoranordnung durch einen reversiblen Anlauf unterstützen. Außerdem kann ein Warmwasserfilm hinter dem Lufteintritt die Eisbildung verhindern.

Verdunstungsverflüssiger arbeiten im Winter ohne Wasserberieselung und werden nur durch die Umgebungsluft gekühlt. Falls der Primärkreis eine Wasserfüllung hat, besteht trotzdem die Gefahr des Einfrierens. Als Gegenmaßnahme wird dann die Verwendung eines Gemisches aus Wasser und Ehylenglykol (30 bis 50 Gew.-%) empfohlen. Allerdings ändern sich damit die Auslegungs- und Betriebsbedingungen.

13.8.4 Wartung

Die Wartung der Rückkühlwerke und Verdunstungsverflüssiger ist relativ einfach, ihr Betriebsverhalten läßt sich durch Überwachung der Kaltwassertemperatur und der elektrischen Leistungsaufnahme leicht kontrollieren. Wichtig ist die Einhaltung der vorgeschriebenen Schmierintervalle. Reinigungen sind regelmäßig durchzuführen, ihre Häufigkeit richtet sich nach den Umwelt- und Betriebsbedingungen, vgl. Tab. 13.9. Je nach Verschmutzungsart kann diese Reinigung bei Rückkühlwerken eine Spülung des kühltechnischen Teils einschließen. Hierzu wird das Becken entleert. Das Spülwasser muß getrennt abgeführt werden. Die Reinigung der Verdunstungsverflüssiger umfaßt auch das Rohrsystem, welches durch Bürsten oder Waschen von Ablagerungen befreit wird.

13.8.5 Alternativen zur Rückkühlung

Die Rückkühlung ist ebenfalls Gegenstand der allgemeinen Energiediskussion. Dabei wird untersucht, ob für den Abwärmestrom zweckmäßige Nutzungsmöglichkeiten bestehen, anstatt ihn an die Umgebungsluft abzuführen. Die Abwärme fällt meist in einem Temperaturbereich von ca. 30 bis 50 °C an, so daß sie meist nur in Kombination mit einer Wärmepumpe genutzt werden kann. Voraussetzung ist jedoch, daß jeweils Abwärmestrom, Speicherkapazität und Wärmeabnahme übereinstimmen. Es sind nur wenig industrielle Anwendungsfälle bekannt. Vorwiegend kommen Wärmepumpen in Heizsystemen zum Einsatz. Trotzdem ist diese Möglichkeit — Rückkühlwerke mit integrierter Wärmepumpe — für Kühlwasserkreisläufe mit konstanten Betriebsbedingungen und jahreszeitlich begrenzter Wärmeabnahme wichtig. Einzelheiten zu Wärmepumpen s. Fachliteratur, z. B. [43].

13.9 Technische Abnahme

Zugesicherte Eigenschaften müssen durch einen technischen Abnahmeversuch nachweisbar sein. Dieser ist bereits bei Vertragsabschluß zu vereinbaren. Er kann gemeinsam von Hersteller und Betreiber oder von einer unabhängigen Institution durchgeführt werden. Der Aufwand soll dem Anlagenwert angemessen sein. Deshalb ist eine rechtzeitige Kostenregelung zu empfehlen.

Man unterscheidet Gewährleistungen und technische Garantien.

Die Gewährleistungen umfassen Materialgüte und Funktionstüchtigkeit innerhalb eines vereinbarten Zeitraums, meist eines Jahres ab Inbetriebnahme. Dabei wird vorausgesetzt, daß der Betreiber die Betriebs- und Wartungsvorschriften beachtet.

Die Garantien nennen die technischen Meßwerte bei vertragsgemäßer Nutzung, also

— Kaltwasser- bzw. Kondensationstemperatur,
— Ventilatorenergiebedarf,
— Wasservordruck.

Hinzu kommen evtl. Forderungen des Umweltschutzes, z. B.

— Tropfenauswurf,
— Schalldruckpegel.

Abnahmeversuche dienen lediglich der Leistungskontrolle und sind keine wissenschaftlichen Versuchsreihen zur Erfassung sonstiger Meßgrößen.

Abnahmeregeln schaffen allgemein gültige Grundlagen für Versuchsdurchführung und -auswertung. In Deutschland ist die Norm DIN 1947 „Leistungsversuche an Kühltürmen" [28] verbindlich. International wird häufig CTI-Bulletin ATR-105 „Acceptance Test Procedure for Industrial Water Cooling Towers" [12] vorgeschrieben.

Während nach der bestehenden Norm DIN 1947 (Juli 1959) die Versuchsergebnisse auf die vom Hersteller vorgelegten Kennfelder bzw. Berichtigungskurven umgerechnet werden, soll nach der erwarteten Neufassung dieser Norm die Umrechnung nur noch nach der allgemeinen Theorie der Rückkühlung erfolgen. Für den erforderlichen Rechenaufwand stehen heute EDV-Anlagen zur Verfügung. Programmansätze bietet hierfür der VDI-Wärmeatlas [14]. Außerdem soll die Neuausgabe der DIN 1947 die Anwendung einheitlicher Benennungen und Begriffe verstärken, die in Form der

VDI-Richtlinie 2047 [44] vorliegen. Auch in den USA wird die Merkel-Theorie zur Leistungskontrolle herangezogen [13].

Die Abnahmeregeln für Rückkühlwerke können sinngemäß für Verdunstungsverflüssiger angewendet werden, jedoch sind auch die Abnahmeregeln für Trockenkühltürme zu beachten. Hierzu gehören DIN 8970 „Ventilatorbelüftete Verflüssiger und Trockenkühltürme: Begriffe, Prüfung, Norm-Wärmeleistung" [45] und die VDI-Richtlinie 2049 „Wärmetechnische Abnahme- und Leistungsversuche an Trockenkühltürmen" [46].

Einzelheiten der Versuchsdurchführung und -bedingungen können den jeweiligen Abnahmeregeln entnommen werden.

14 Ventilatoren

Heinz Schnell

Benutzte Formelzeichen in Kapitel 14

(s. auch Formelzeichenliste am Anfang des Bandes)

Formelzeichen, Einheiten

b	Schaufelkanalbreite	m
c	Absolutgeschwindigkeit	m/s
d	Schaufelraddurchmesser	m
e	Diffusorverhältnis	—
H	Förderhöhe	m
i	Nabenverhältnis	—
K_{Ist}	vorhandene Konzentration	mg/s
K_n	Laufzahl	—
$\dot{K}$	Schadstoffanfall	mg/s
L_p	Schalldruckpegel	dB
L_W	Schalleistungspegel	dB
MAK	max. Arbeitsplatzkonzentration	mg/s
n	Motornenndrehzahl	min^{-1}
P	Motornennleistung	kW
P_V	Ventilatorleistungsbedarf	kW
S_c	freie Ventilatorfläche	m^2
S_D	Düsenfläche (= gleichwertige Öffnung)	m^2
S_r	Rohr- bzw. Kanalfläche	m^2
S_V	Ventilatorfläche	m^2
s	Spaltbreite	m
u	Umfangsgeschwindigkeit	m/s
v	Strömungsgeschwindigkeit	m/s
w	Relativgeschwindigkeit	m/s
z	Schaufelzahl	—
β	Schaufelwinkel	—
β_s	Flügeleinstellwinkel	—
Δp	Druckerhöhung, Druckverlust; auch: Nutzdruck	Pa
δ	Durchmesserzahl	—
ε	Diffusoröffnungswinkel	—
η	Wirkungsgrad	—
σ	Betriebs- oder Drosselzahl	—
φ	Lieferzahl	—
ψ	Druckzahl	—

Indizes

dyn	dynamisch		tot	gesamt
N	Nabe		V	Ventilator
opt	optimal		∞	unendliche Schaufelzahl

14.1 Einleitung

In der Klima- und Kältetechnik bestehen vielseitige Einsatzmöglichkeiten für Ventilatoren, wobei sie den Kühlprozeß direkt (z. B. Luftkühlung) oder indirekt (z. B. Verdunstungskühlung) beeinflussen. Ventilatoren verschiedener Bauformen finden häufig Anwendung in *Lufterneuerungsanlagen* zur Be- und Entlüftung von Auto- und Eisenbahntunneln, Bergwerken, Küchen und Gaststätten, elektrischen Zentralen, Gießereien, Kesselhäusern, Laboratorien usw. Diese dienen zum Austausch der in einem Raum befindlichen Luft, die aus folgenden Gründen unbrauchbar wurde:

— Erwärmung (Wärmeabgabe durch Maschinen und/oder Menschen, Sonneneinwirkung),
— zu hohe oder zu geringe Luftfeuchtigkeit,
— störende Gas- oder Staubentwicklung.

Wärmeaufnahme der Luft und zulässige Raumtemperatur bestimmen den erforderlichen Luftstrom.

Luftmassenstrom:

$$\dot{M}_{\mathrm{L}} = \dot{Q}/\Delta h_{\mathrm{L}}. \tag{14.1}$$

Luftvolumenstrom:

$$\dot{V}_{\mathrm{L}} = \dot{Q}/\varrho_{\mathrm{L}}\Delta h_{\mathrm{L}}, \quad \text{falls} \quad \varrho_{\mathrm{L}} = \text{const.} \tag{14.2}$$

Für Industrieanlagen mit schädlichen Gasen, Lösungsmitteldämpfen und gefährlichen Staubentwicklungen werden von den Aufsichtsbehörden „maximale Arbeitsplatz-Konzentrationen" (= MAK-Werte) vorgeschrieben, so daß sich der Frischluftbedarf $\dot{V}_{\mathrm{L}}$ aus dem Verhältnis des Schadstoffanfalls $\dot{K}$ und dem zulässigen MAK-Wert ableitet [1]:

$$\dot{V}_{\mathrm{L}} \geqq \dot{K}/\mathrm{MAK}, \tag{14.3}$$

vorausgesetzt, daß der jeweilige Schadstoff nicht in der Außenluft vorhanden ist.

Zur Berücksichtigung verschiedener Einflußgrößen ist es zweckmäßig, den erforderlichen Luftvolumenstrom mit Hilfe der Luftwechselzahl/Stunde für den jeweiligen Anwendungsfall zu berechnen [2].

Klimaanlagen kühlen bzw. erwärmen die dem Raum zugeführte Luft und korrigieren meist auch die Luftfeuchtigkeit [3]. Eine Luftbefeuchtung ist für folgende Einsatzgebiete von besonderer Bedeutung: Textil-, Papier- und Tabakindustrie, Druckereien, Museen usw. Bestandteil jeder Klimaanlage ist ein Luftkühl- bzw. Kältesystem oder eine Kombination beider Systeme. Da durch die ausschließliche Verwendung von Ventilatoren die Raumtemperatur nicht unter die Umgebungslufttemperatur abgesenkt werden kann, sind besondere Hilfsmittel erforderlich, z. B. Verdunstungskühlung, Oberflächenkühlung mit kälterem Wasser oder Eis.

Anwendungsbereich: Verwaltungs- und Versammlungsräume, Telefon- und Rechenzentralen, Schiffskühlung, Klimatisierung von Verkehrsmitteln, Kühlräume (nicht Tiefkühlräume), Gewächshäuser usw.

Innerhalb der Rückkühlwerke — Ventilatorkühltürme, Verdunstungskondensatoren und luftgekühlte Wärmeaustauscher — sind Ventilatoren wichtige Komponenten zur Förderung der erforderlichen Kühlluft (vgl. Kap. 13).

14.2 Grundlagen

Ventilatoren, auch Lüfter genannt, sind einstufige Strömungsmaschinen zur Förderung gasförmiger Stoffe bis zu einem Druckverhältnis $p_2/p_1 = 1{,}1$ [4] bzw. einer Druckerhöhung $\Delta p_{\mathrm{tot}} = 10$ kPa [5]. Für. Druckverhältnisse $p_2/p_1 > 1{,}1$ kommen zwei- oder

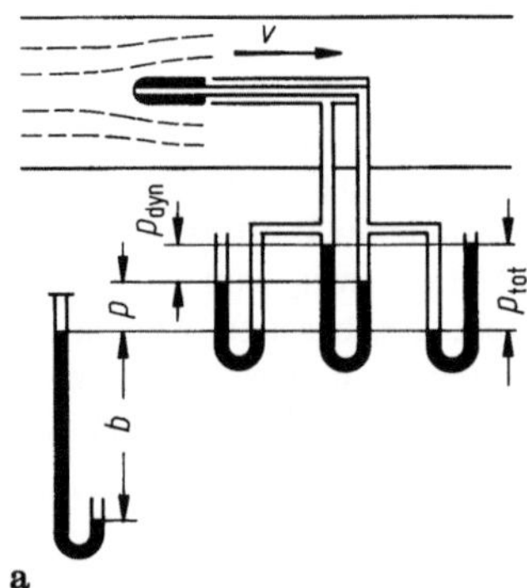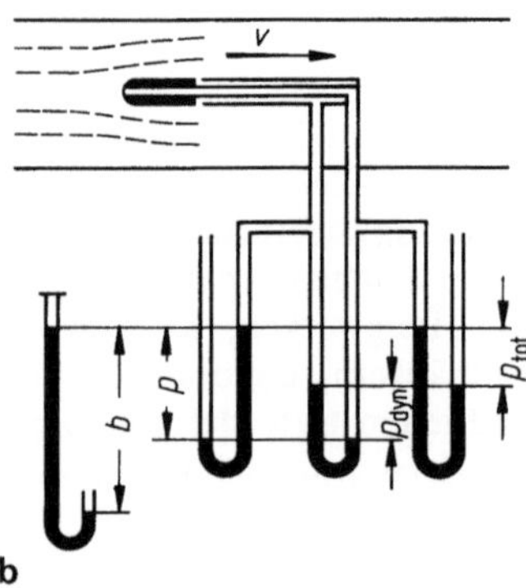

Abb. 14.1 a, b. Messungen mit dem Prandtl-Rohr. a) Überdruck; b) Unterdruck. v Strömungsgeschwindigkeit; b Luftdruck; p statischer Druck; p_{dyn} dynamischer Druck; p_{tot} Gesamtdruck.

mehrstufige Gebläse und Verdichter zur Anwendung, deren Aufbau und Arbeitsweise ähnlich sind [6]. Nach der Hauptströmungsrichtung im Laufrad unterscheidet man Axial- und Radialventilatoren. Als *Ventilatoranlagen* werden Ventilatoren einschließlich Antriebssystem und direktem Zubehör — z. B. Saug- und Druckleitungen, Luftfilter, Schalldämpfer, Regeleinrichtungen usw. — bezeichnet [3].

Die Druckerhöhung im Ventilator entspricht der Gesamtdruckdifferenz zwischen Ein- und Austritt:

$$\Delta p_{tot} = p_{tot,2} - p_{tot,1}, \tag{14.4}$$

wobei die *Bernoullische Gleichung* die Druckänderung zwischen Eintritts- und Austrittszustand beschreibt. Es ist

$$\Delta p_{tot} = \left(p_2 + \frac{\varrho}{2} c_2^2\right) - \left(p_1 + \frac{\varrho}{2} c_1^2\right). \tag{14.5}$$

Der Gesamtdruck p_{tot} wird als Summe des statischen Drucks p und des dynamischen Drucks p_{dyn} (= Staudruck) definiert [7]. Hieraus folgt:

$$\Delta p_{tot} = \Delta p + \Delta p_{dyn} = (p_2 - p_1) + \frac{\varrho}{2} (c_2^2 - c_1^2). \tag{14.6}$$

Gesamtdruck und statischer Druck lassen sich mit dem *Prandtl-Rohr* messen (Abb. 14.1); aus der Differenz der Meßwerte (= dynamischer Druck) wird die Strömungsgeschwindigkeit ermittelt.

Innerhalb eines Raums bleibt der Gesamtdruck gasförmiger Stoffe konstant; etwaige Geschwindigkeitsänderungen werden durch entsprechende Druckänderungen kompensiert (Bernoulli-Prinzip). Die Verringerung der Geschwindigkeit im Diffusor führt zu einer begrenzten Vergrößerung des nutzbaren Drucks (= statischer Druck), vorausgesetzt, daß der Öffnungswinkel so bemessen wurde, daß Strömungsverluste infolge Wirbelbildung vermieden werden. Reibungsverluste sind in jedem Falle zu berücksichtigen. Die Druckerhöhung im Ventilator ist um seine Eigenverluste geringer als die theoretische Druckerhöhung:

$$\Delta p_{tot} = \Delta p_{th} - \Delta p_v. \tag{14.7}$$

Das Verhältnis $\Delta p_{tot}/\Delta p_{th}$ wird als hydraulischer Wirkungsgrad bezeichnet.

Als Folge der Geschwindigkeitsablenkungen am Laufradeintritt bzw. -austritt ist die theoretische Druckerhöhung stets kleiner als für den Idealfall $\Delta p_{th,\infty}$ angenommen, da die Geschwindigkeitsrichtungen mit denen an den Schaufelenden nur bei unendlicher Schaufelzahl übereinstimmen. Die Umfangsgeschwindigkeit u des Laufrads, die Strömungsgechwindigkeiten c_1 und c_2 an den Eintritts- und Austrittskanten der Schaufeln und der Schaufelwinkel β_s sind die maßgeblichen Größen für die Druckerhöhung. Sie bestimmen die Relativgeschwindigkeit w der Strömung im Schaufelkanal. Den Zusammenhang zwischen Absolut- und Relativgeschwindigkeiten der Strömung und der Umfangsgeschwindigkeit des Laufrads ersieht man aus der vektoriellen Darstellung für jeden Ort des Strömungswegs, dem „Geschwindigkeitsdreieck". Mit Hilfe der Geschwindigkeiten, Abb. 14.2, kann die Bernoullische Gleichung in die Eulersche Gleichung für Strömungsmaschinen umgewandelt werden:

$$\Delta p_{\text{th},\infty} = \frac{\varrho}{2}\left[(c_2^2 - c_1^2) + (u_2^2 - u_1^2) + (w_1^2 - w_2^2)\right], \tag{14.8}$$

bzw.

$$\Delta p_{\text{th},\infty} = \varrho\,(u_2\,c_{2,\text{u}} - u_1\,c_{1,\text{u}}). \tag{14.9}$$

Die Ähnlichkeitsmechanik ermöglicht die Einführung dimensionsloser Kennzahlen als praktisches Hilfsmittel zum Aufbau von Ventilatorbaureihen, vgl. Abschn. 14.3.

Es ist üblich, den Leistungsbedarf des Ventilators aus Volumenstrom, Druckerhöhung und Ventilatorwirkungsgrad zu bestimmen:

$$P_\text{V} = \frac{\dot{V}\Delta p_\text{tot}}{\eta_{\text{V, tot}}}. \tag{14.10}$$

Jedoch gilt Gl. (14.10) exakt nur für die Förderung inkompressibler Medien bzw. für gasförmige Stoffe, deren Dichteänderung im Ventilator vernachlässigbar klein ist. In [4] wird bei einer relativen Druckerhöhung $\Delta p/p_1 \leqq 0,03$ eine Fehlergrenze $\leqq 1\%$ angegeben. Größere Druckerhöhungen erfordern die Anwendung der Berechnungsmethoden für Verdichter. Anstelle der Druckerhöhung Δp_tot tritt dann die Förderhöhe H_tot:

$$P_\text{V} = \frac{\dot{M}g\,H_\text{tot}}{\eta_{\text{V, tot}}}. \tag{14.11}$$

Somit können auch Gl. (14.8) und (14.9) als theoretische Förderhöhe formuliert werden:

$$H_\text{th} = \tfrac{1}{2}\left[(c_2^2 - c_1^2) + (u_2^2 - u_1^2) + (w_1^2 - w_2^2)\right] = u_2\,c_{2,\text{u}} - u_1\,c_{1,\text{u}}. \tag{14.12}$$

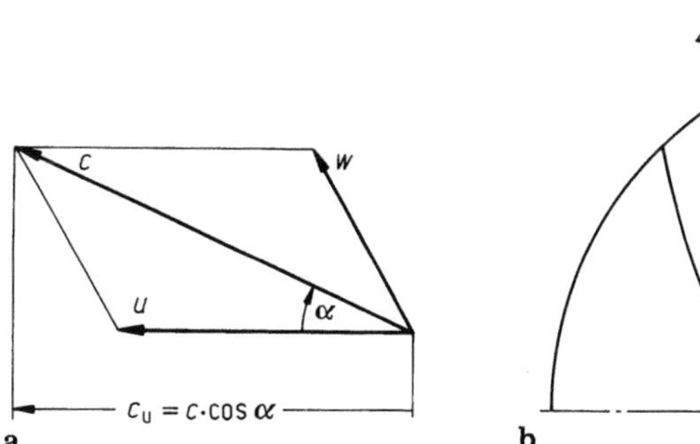
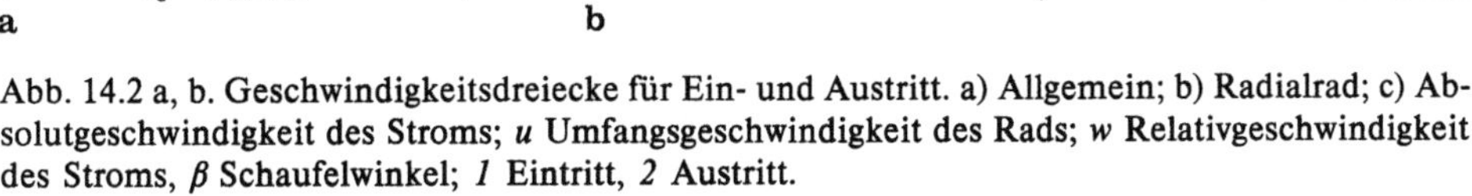

Abb. 14.2 a, b. Geschwindigkeitsdreiecke für Ein- und Austritt. a) Allgemein; b) Radialrad; c) Absolutgeschwindigkeit des Stroms; u Umfangsgeschwindigkeit des Rads; w Relativgeschwindigkeit des Stroms, β Schaufelwinkel; 1 Eintritt, 2 Austritt.

Für eine relative Druckerhöhung $\Delta p/p_1 < 0,1$ — also im Arbeitsbereich der Ventilatoren — ist bei der Förderung kompressibler Medien die Annahme einer isentropen Zustandsänderung ($pv^{\varkappa} = \text{const}$, $\varkappa = c_p/c_v$) zulässig. Die Förderhöhe ist dann

$$H_{\text{tot}} = \frac{\varkappa}{\varkappa - 1}\, \frac{p_{\text{tot},1}}{\varrho_1} \left[\left(\frac{p_2}{p_1} \right)^{\frac{\varkappa - 1}{\varkappa}}_{\text{tot}} - 1 \right] \tag{14.13}$$

$$= \frac{\varkappa}{\varkappa - 1}\, RT_1 \left[\left(\frac{p_2}{p_1} \right)^{\frac{\varkappa - 1}{\varkappa}}_{\text{tot}} - 1 \right]. \tag{14.14}$$

Als Vereinfachung ist in [4] die Näherungslösung für den nutzbaren Anteil (= statische Förderhöhe)

$$H = f \frac{\Delta p}{\varrho_1} \tag{14.15}$$

angegeben und in einem Diagramm der Korrekturfaktor $f = g(\Delta p/\varrho_1)$ dargestellt.

14.3 Bauformen und konstruktiver Aufbau

Die wichtigsten Bauformen sind Axial- und Radialventilatoren. Axialventilatoren werden für einen großen Volumenstrom gegen einen geringen Widerstand vorgesehen, während Radialventilatoren bei hohem Gegendruck zum Einsatz kommen. Da ihr Betriebsverhalten und die Lage des Bestförderstroms verschieden sind, führt die Vernachlässigung der Auswahlkriterien in der Regel zu einem höheren Energiebedarf. Auf die Einteilung in Nieder-, Mittel- und Hochdruckventilatoren wird verzichtet, da bisher keine einheitliche Regel für die Druckstufung vorliegt (vgl. Abschn. 14.2).

14.3.1 Axialventilatoren

Zur Förderung großer Volumenströme $\dot{V}$ gegen kleine Druckerhöhungen Δp werden vorwiegend Axialventilatoren verwendet. Ihr konstruktiver Aufbau ist relativ einfach und besteht im wesentlichen aus Gehäuse, Laufrad, Leitvorrichtung und Diffusor (Abb. 14.6). Hieraus wurden folgende Bauarten entwickelt:

1.1　　nur Laufrad (Abb. 14.3a),
1.2　　Laufrad mit Vorleitrad (Abb. 14.3b),
1.3　　Laufrad mit Nachleitrad (Abb. 14.3c),
1.4　　Laufrad mit Vor- und Nachleitrad (Abb. 14.3d).

Am häufigsten kommt Bauart 1.1 wegen ihres großen Leistungsbereichs und der guten Regelmöglichkeiten zur Anwendung. Der Volumenstrom $\dot{V}$ wird von der freien Ventilatorfläche S_c und dem Flügeleinstellwinkel β_s bestimmt, während die Druckerhöhung Δp mit der Flügelzahl ($z_{\text{opt}} = 3$ bis 12) und dem Nabenverhältnis $i = D_N/D_V$ steigt. Durch den Einbau von Leitvorrichtungen werden die Strömungsverhältnisse verbessert und somit die Ventilatorverluste verringert.

Das Vorleitrad der Bauart 1.2 erzeugt einen Drall, der durch das Laufrad aufgehoben wird, so daß eine axiale Abströmung resultiert. Hierdurch verschiebt sich das Ventilatorkennfeld in ein Gebiet größerer Volumenströme und Druckerhöhungen. Allerdings ist der mit diesem Leistungsanstieg wachsende Ventilatorenergiebedarf zu beachten.

Für kleine Volumenströme kann die Druckerhöhung auch mittels Bauart 1.3 vergrößert werden, wobei das Nachleitrad die Abströmung hinter dem Laufrad in die Axialrichtung umlenkt. Bei großen Volumenströmen ist der Einsatz eines Diffusors vorteilhafter.

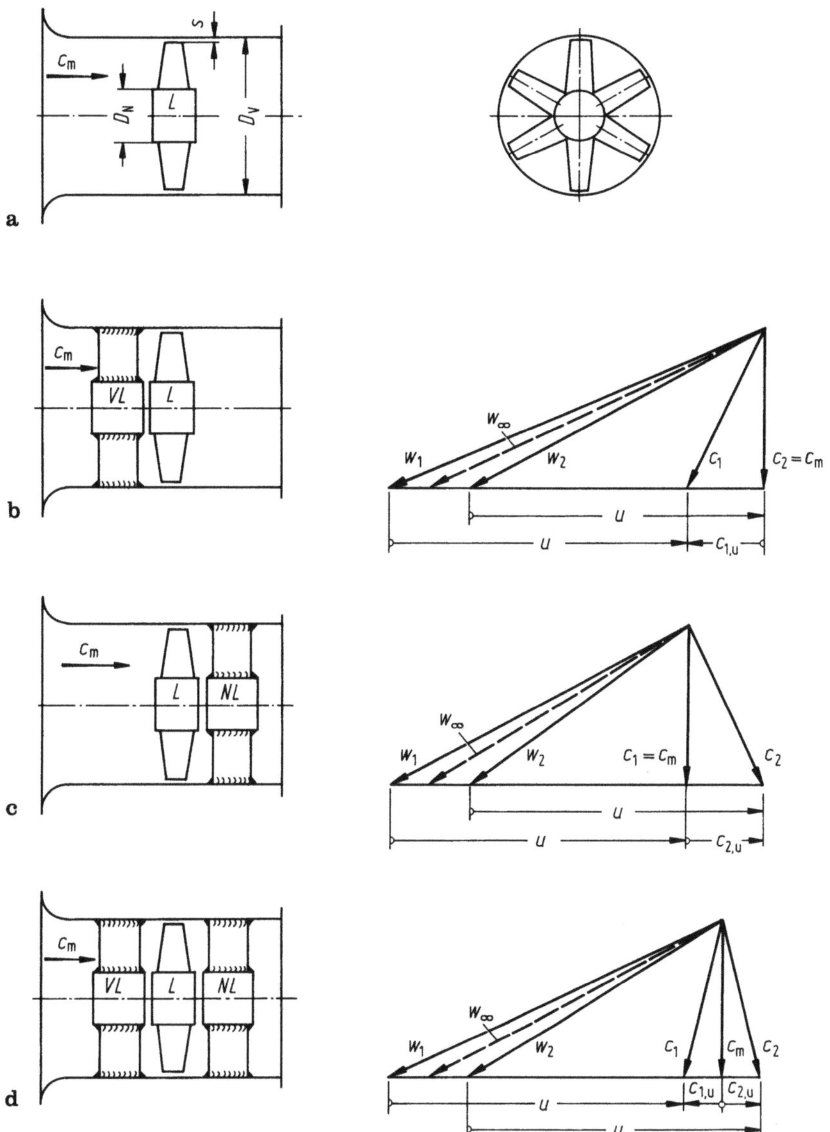

Abb. 14.3 a-d. Bauarten von Axialventilatoren. a) Nur Laufrad; b) Laufrad und Vorleitrad; c) Laufrad und Nachleitrad; d) Laufrad mit Vor- und Nachleitrad. L Laufrad; VL Vorleitrad; NL Nachleitrad; D_N Nabendurchmesser; D_V Ventilatordurchmesser; c Axialgeschwindigkeit; s Spaltbreite; u Umfangsgeschwindigkeit; w Relativgeschwindigkeit; 1 Eintritt; 2 Austritt; m Mittelwert; ∞ unendliche Schaufelzahl.

Bauart 1.4 entspricht dem Prinzip mehrstufiger Axialverdichter. Sie erfordert für einstufige Ventilatoren einen zu hohen Aufwand.

Die universellen Anwendungsmöglichkeiten der Axialventilatoren erlauben die gehäuselose Ausführung (Deckenlüfter) ebenso wie den Einbau in Mauerwerk (Wandlüfter) oder Betonkanälen (Kühlturmventilatoren). Im Durchmesserbereich $D_V = 0{,}5$ bis

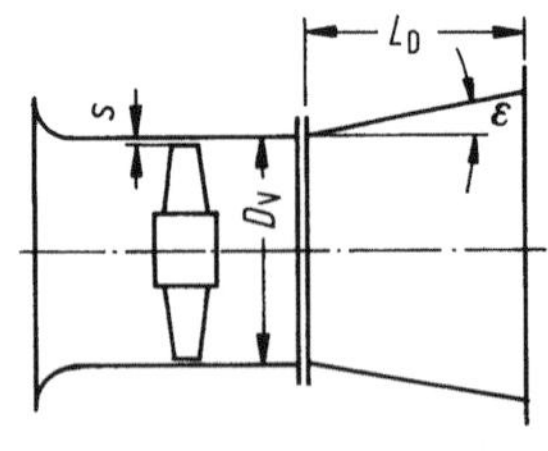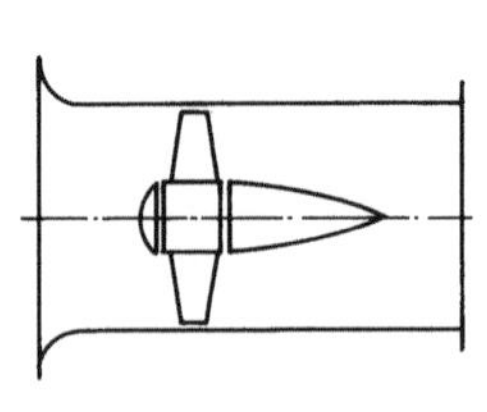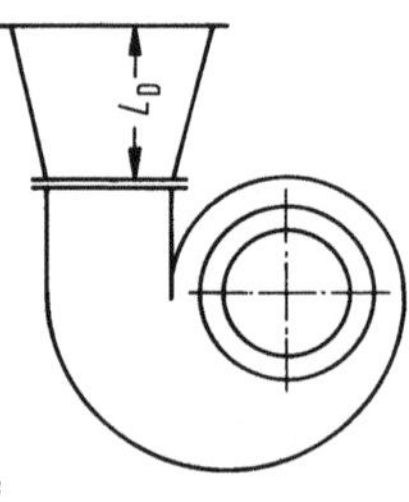

a   b   c

Abb. 14.4a–c. Diffusorformen. a) Normaldiffusor $e = L_D/D_V = 0{,}15$ bis $0{,}75$, $\varepsilon = 7°$ bis $9°$; b) Nabenverkleidungen vor und hinter dem Laufrad; c) Diffusor für Radialventilator (Ausführung wie a). D_V Ventilatordurchmesser; L_D Diffusorlänge; e Diffusorverhältnis; s Spaltbreite; ε Diffusoröffnungswinkel.

5,0 m werden vorwiegend Gehäuse aus Stahlblech, seltener aus Kunststoff, zum Einbau in Rohrstrecken oder Anlagen vorgesehen. Auf der Saugseite wird das zylindrische Gehäuse häufig zu einer gut gerundeten Anströmdüse erweitert, während auf der Druckseite meist ein Konus mit einem Öffnungswinkel $\varepsilon = 7$ bis $9°$ als Diffusor dient (Abb. 14.4a). Die Abströmung läßt sich auch durch entsprechende Nabenverkleidungen verbessern (Abb. 14.4b). Weitere Diffusorformen beschreibt Eck [5].

Axiallaufräder bestehen aus der Radnabe und mehreren Flügeln (bzw. Schaufeln), wobei das Durchmesserverhältnis von Nabe und Laufrad (= Nabenverhältnis) $i = 0{,}3$ bis $0{,}7$ betragen sollte. Für sehr große Volumenströme werden aus Kostengründen häufig Baureihen mit $i < 0{,}3$ ausgeführt. Jedoch erfüllen diese infolge der Rückströmung im Nabenbereich nur selten die Erwartungen.

Einfache Ventilatoren haben Laufräder mit fest angeordneten Flügeln, entweder als Schweißkonstruktion (Stahlblech) oder in Gußausführung (GG, G-Al, Polyurethan). Verstellbare Flügel — zumindest im Stillstand einstellbar — ermöglichen eine Leistungsregelung. Allerdings ist der Aufwand hierfür — besonders bei pneumatischen, hydraulischen oder elektronischen Verstellmöglichkeiten während des Betriebs — beachtlich. Die Ventilatorflügel entsprechen Kreisbogen- bzw. Vollprofilen, deren Berechnung von Eck [5] und Eckert-Schnell [6] ausführlich erläutert wird. Wichtig ist eine möglichst gleichmäßige Druckverteilung über die gesamte Flügellänge.

Kleinventilatoren werden allgemein mit unprofilierten Stahlblechflügeln ausgerüstet, Mittel- und Großventilatoren erhalten — auch aus Festigkeitsgründen — profilierte Flügel (Stahlgerippe mit Al-Verkleidung, Siluminguß, GFK = glasfaserverstärkter Kunststoff, hauptsächlich Polyester- und Epoxidharz). Bei der Werkstoffauswahl sind die betriebs- und strömungsbedingten Korrosions- und Erosionserscheinungen zu berücksichtigen. Der Laufradspalt, d. h. die Differenz $2s$ zwischen Gehäuse- und Laufraddurchmesser, beeinflußt den Ventilatorwirkungsgrad und bei Ungleichmäßigkeit über den Umfang das Geräuschverhalten. Die Spaltverluste werden in der Literatur unterschiedlich angegeben, Eck [5] nennt für einen spaltlosen Axialventilator als theoretischen Maximalwert $\eta_{V,tot} = 0{,}90$ und einen mittleren Abfall des Ventilatorwirkungsgrads $\Delta\eta_{V,tot} = 0{,}2\,\dfrac{s}{D_V}\cdot 10^{-4}$.

Für die Profilierung des Leitrads gelten die gleichen Grundsätze wie für das Laufrad. Trotzdem kommen vorwiegend zylindrische Kreisbogenprofile aus Stahlblech zum Einsatz. Häufig wird das Nachleitrad bevorzugt, da es dann auch die erforderliche Antriebsaufhängung darstellt. Bei Axialventilatoren überwiegt der Direktantrieb mittels Elektro- oder Getriebemotoren, wobei die zulässige Ventilatorumfangsgeschwindigkeit $u_{V,max}$ nicht überschritten werden darf.

14.3.2 Radialventilatoren

Innerhalb des definierten Arbeitsbereichs von Ventilatoren sind Radialventilatoren besonders für große Druckerhöhungen Δp geeignet. Ihre Hauptkomponenten — Spiralgehäuse, Laufrad, Leitvorrichtung und Diffusor — erfordern mehr Konstruktionsaufwand als Axialventilatoren, da verschiedene Parameter zu berücksichtigen sind, z. B. das Verhältnis von Eintritts- und Austrittsdurchmesser d_1/d_2, die Eintritts- und Austrittsbreite b_1 und b_2, der Eintritts- und Austrittswinkel β_1 und β_2, die Schaufelzahl z und die Schaufelform als wichtigste Größen. Im wesentlichen entstanden folgende Bauarten:

2.1 Trommelläufer mit geraden, vorwärts gekrümmten, radial endenden oder rückwärts gekrümmten Schaufeln (Abb. 14.5 a–d),
2.2 Querstromläufer, d. h. zweimal durchströmte Laufräder (Abb. 14.6).

Es kommen vorwiegend Trommelläufer (Bauart 2.1) zum Einsatz, deren Schaufelzahl und -form durch die jeweiligen Betriebsbedingungen bestimmt werden. Zur Förderung atmosphärischer Luft und sauberer Gase gegen kleine Druckerhöhungen Δp sind Laufräder mit vorwärts gekrümmten Schaufeln wegen ihres ruhigen Laufs — als Folge der großen Schaufelzahl ($z \leq 60$) — vorteilhaft. Bessere Wirkungsgrade η_V und Druckerhöhungen Δp erreichen Laufräder mit rückwärts gekrümmten Schaufeln ($z \leq 30$), allerdings bei höheren Umfangsgeschwindigkeiten u_V für die gleiche Förderleistung. Außerdem ist das Betriebsverhalten von Laufrädern mit rückwärts gekrümmten Schaufeln bei einer Parallelschaltung der Ventilatoren günstiger als bei vorwärts gekrümmten Schaufeln. Die Förderung staubhaltiger Gase bzw. der Transport von Stoffen sollte durch gerade Schaufeln großer radialer Tiefe und schwerer Ausführung erfolgen, jedoch ist ein niedriger Wirkungsgrad η_V anzunehmen. Der theoretische Maximalwert des Gesamtwirkungsgrades beträgt auch für Radialventilatoren $\eta_{V,tot} = 0{,}90$. Er wird aber durch verschiedene mechanische und hydraulische Verluste gemindert.

Die Konstruktion des Laufrads beginnt mit der Wahl des Durchmesserverhältnisses d_1/d_2 (Abb. 14.7). Große Durchmesserverhältnisse führen — besonders bei großen Laufrädern — zu Festigkeitsproblemen an den Schaufeln und somit zu kostenaufwendigen Ausführungen, während kleine Durchmesserverhältnisse Beschaufelungen mit großer radialer Tiefe ergeben. Für Hochleistungsventilatoren nennt ECK [5] folgende Richtwerte:
— Durchmesserverhältnis $d_1/d_2 = 0{,}3$ bis $0{,}7$,
— Schaufelkanalbreite:
   Eintrittsbreite $b_1 = 1/3$ bis $(1/2)\,d_1$,
   Austrittsbreite $b_2 \leq b_1$,
— Schaufeleintrittswinkel:
   $\beta_1 = 10$ bis $20°$ für $d_1/d_2 = 0{,}7$,
   $> 20°$ für $d_1/d_2 < 0{,}7$,
— Schaufelzahl und -form $z = 5$ bis 8, rückwärts gekrümmt.

Die Schaufeln sind als Kreisbögen oder logarithmische Spiralen ausgebildet, durch zusätzliche Verwindungen werden Druckverteilung und Festigkeitseigenschaften verbessert.

Im Gegensatz zu mehrstufigen Gebläsen ist bei Ventilatoren das Spiralgehäuse die alleinige Leitvorrichtung. Es besteht aus einem in Drehrichtung des Laufrads sich ständig erweiternden Ring beliebiger Querschnittsform und einer inneren ringförmigen Öffnung, die den Laufradabmessungen entspricht. Dadurch ergibt sich eine stetige Druckumsetzung durch Verzögerung der Gasgeschwindigkeit. Da die Abmessungen

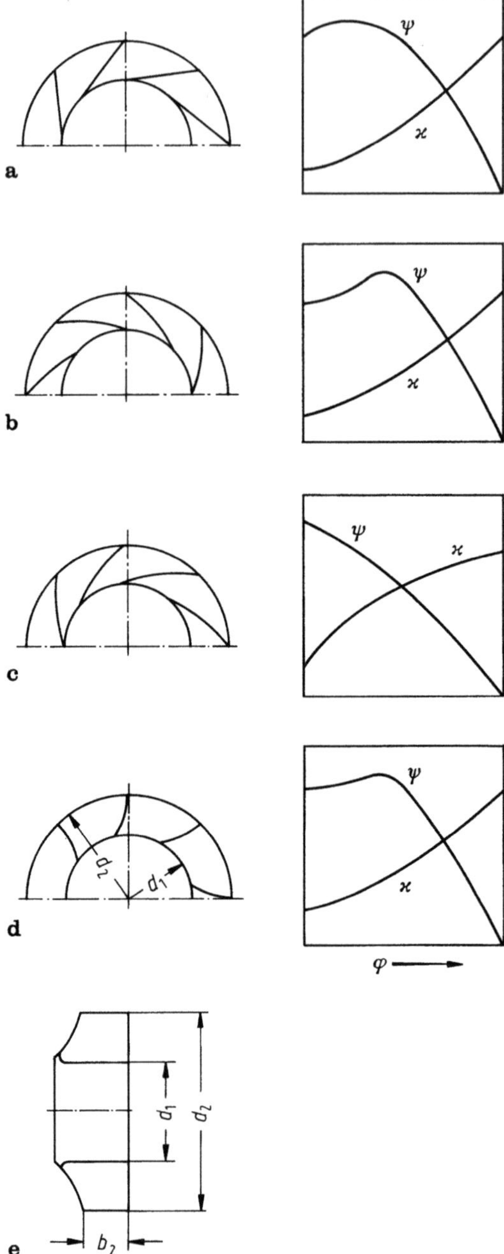

Abb. 14.5 a–e. Bauarten von Radialventilatoren (Schaufelformen und Ventilatorcharakteristik).
a) Gerade Schaufeln; b) vorwärts gekrümmte Schaufeln; c) rückwärts gekrümmte Schaufeln; d) radial endende Schaufeln; e) Laufrad, allgemein. φ Lieferzahl; ψ Druckzahl; λ Leistungszahl.

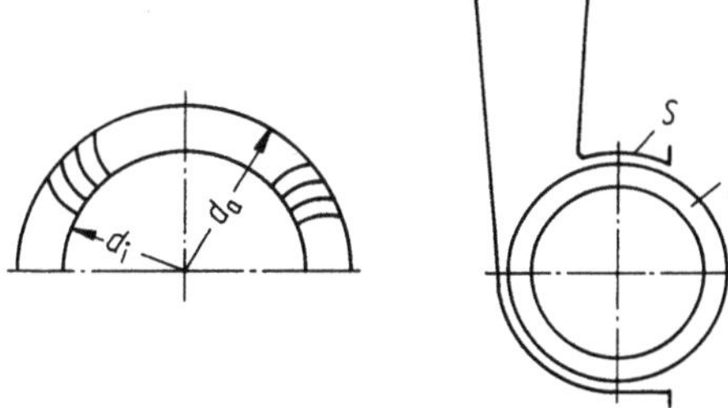

Abb. 14.6. Querstromventilator. *L* Laufrad; *S* Spiralgehäuse.

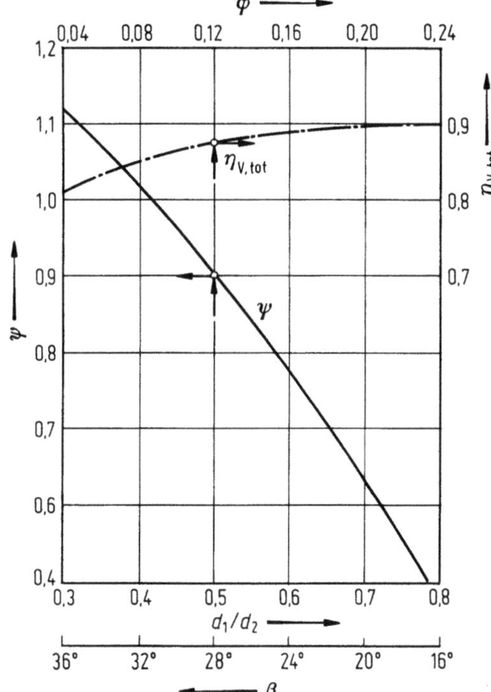

Abb. 14.7. Durchmesserverhältnis d_1/d_2 als Auswahlkriterium von Radialventilatoren (Richtwerte). *d* Durchmesser; β Schaufelwinkel; φ Lieferzahl; ψ Druckzahl; $\varepsilon_{V,tot}$ Gesamtwirkungsgrad; (vgl. Abschn. 14.4.3, 2. Beispiel).

des Spiralgehäuses nicht beliebig gewählt werden können, entsteht am Ausblas oft eine so große Austrittsgeschwindigkeit, daß der Anschluß eines Diffusors erforderlich wird. Grundsätzlich gelten für diesen die gleichen Auslegungsbedingungen wie für Axialventilatoren. Trotzdem werden auch größere Öffnungswinkel (ε = 15 bis 20°) ausgeführt, da der Diffusor vielfach als Verlängerung des Spiralgehäuses angesehen wird. Durch Gehäuse mit doppelseitigen Eintritt kann der Volumenstrom $\dot{V}$ mit einfachen Mitteln vergrößert werden, was aber voraussetzt, daß aus der Umgebung frei angesaugt wird. Eine andere Möglichkeit der Volumenstromsteigerung ist die parallele Anordnung von Laufrädern begrenzter Breite mit einheitlichem Antriebssystem.

 Zu den Radialventilatoren gehören auch die *Querstromventilatoren* (Walzenlüfter). Bei ihnen wird durch Außenbeschaufelung und Innenleitrad eine zweifache Durchströmung des Laufrads erzwungen. Moderne Konstruktionen mit einem Durchmesserverhältnis d_i/d_a = 0,7 bis 0,85 verzichten auf die innere Leitvorrichtung, da diese die mögliche Walzenlänge begrenzt. Die Schaufelauslegung ist unabhängig vom Druck, da die erzielbare Druckerhöhung Δp und der Wirkungsgrad η_V nur gering sind. Die besondere Bedeutung der Querstromventilatoren liegt in ihrem geräuscharmen Lauf. Obwohl die Entwicklung jahrelang in Europa vernachlässigt wurde, sind heute mehrere Millionen Querstromventilatoren im Einsatz, vorwiegend in Haushaltsgeräten (z. B. Heizlüfter). Als Großanlagen kommen sie u. a. in Luftschleieranlagen von Gebäudeeingängen zur Anwendung.

Radialventilatoren sind meist Stahlblechkonstruktionen mit geschweißten oder genieteten Schaufeln. Kleine Einheiten erhalten Gußlaufräder. Auch Kunststoffausführungen (PVC) sind üblich. Aufgrund der konstruktiven Voraussetzungen sind Direktantriebe selten. Dagegen werden häufiger Keilriemenantriebe verwendet. Beispiele für Kombinationen von Anschlußarten und Antrieben einschließlich Maßbezeichnungen werden in [8] dargestellt.

14.4 Auslegung und Betrieb

Tab. 14.1 gilt eine Übersicht technischer Daten für Auslegung und Betrieb von Ventilatoren. Die Auslegungsbedingungen werden durch die Ausschreibung vorgegeben und bilden zusammen mit den spezifischen Ventilatordaten die Betriebsbedingungen. Grundlage hierfür ist das Arbeitsblatt [9] des VDMA. Es enthält typenbestimmende Begriffe für Bau- und Anschlußarten, welche die Betriebsdaten beeinflussen, sowie Nenngrößen und Nenndruckdifferenzen zur Bestimmung der Leistungsstufen.

Tabelle 14.1. *Erforderliche Daten für Ausschreibung und Angebot von Ventilatoren (s. VDMA 24 166 – Technische Gewährleistungen [12])*

Ausschreibung	Angebot
1. Technische Beschreibung	
— Bauform	— Bauform
— Verwendungszweck	— Bauart und -größe
— Aufstellungsbedingungen	— Ventilatorabmessungen
2. Fördermedium	
— Gaszusammensetzung	
— Gasdichte	
— Gastemperatur	
3. Auslegungs- und Betriebsbedingungen	
— Volumenstrom	— Volumenstrom
— Nutzdruck	— Nutz- und Gesamtdruck
— zulässiger Schallpegel	— Ventilatorwirkungsgrad
	— Ventilatorleistungsbedarf
	— Ventilatordrehzahl
	— erforderliche Motorleistung
	— Anlaufverhalten
	— Schalleistungspegel
4. Sonstiges	
— Antriebsform	— Antriebsform
— Motorlieferant	— Zubehör
— Zubehör	— technische Gewährleistungen
	— Werkstoffgarantie

14.4.1 Technische Daten

Der *Volumenstrom* $\dot{V}$ wird aus den Prozeßbedingungen ermittelt. Er bestimmt die Baugröße des Ventilators, so daß auch ohne Kenntnis der Hersteller-Baureihen eine Vorauswahl des Laufraddurchmessers erfolgen kann. Nach Annahme einer mittleren Axialgeschwindigkeit (Richtwert: $c_{\mathrm{m}} \approx 10$ m/s) gilt für Axialventilatoren:

$$\dot{V} = c_{\mathrm{m}} S_{\mathrm{V}} = c_{\mathrm{m}} \tfrac{\pi}{4} D_{\mathrm{V}}^2, \tag{14.16}$$

bzw.

$$\dot{V} = c_{\mathrm{m}}' S_{\mathrm{c}} = c_{\mathrm{m}} \tfrac{\pi}{4} D_{\mathrm{V}}^2 (1 - i^2). \tag{14.17}$$

In der Literatur wird die mittlere Axialgeschwindigkeit c_{m} entweder auf die Ventilatorfläche S_{V} (= Kreisfläche), Gl. (14.16), oder auf die freie Ventilatorfläche S_{c} (= Ringfläche) mit dem Nabenverhältnis $i = D_{\mathrm{N}}/D_{\mathrm{V}}$, Gl. (14.17), bezogen. In den VDI-Ventilatorregeln [4] wurde die Ventilatorfläche S_{V} gewählt. Hier werden die Werte c_{m}, die mit der freien Ventilatorfläche S_{c} gebildet sind, besonders gekennzeichnet (z. B. c_{m}'). Bei Radialventilatoren sind für D_{V} der jeweilige Laufradaußendurchmesser d_2 bzw. d_{a} und für c_{m} die Austrittsgeschwindigkeit $c_{2,\mathrm{m}}$ einzusetzen.

Unter *Nutzdruck* Δp ist die statische Druckerhöhung im Ventilator zu verstehen, die zur Überwindung der Widerstände im System erzeugt werden muß. Der erforderliche Nutzdruck ist also anlagenbedingt (vgl. Abschn. 14.5). Die Gl. (14.10) und (14.11) formulieren die Ventilatorleistung als Funktion der Gesamtdruckerhöhung Δp_{tot} bzw. der Gesamtförderhöhe H_{tot} sowie des Gesamtwirkungsgrads $\eta_{\mathrm{V,tot}}$. Diese spezifischen Ventilatordaten sind dem Anwender zunächst nicht bekannt, so daß die Einführung

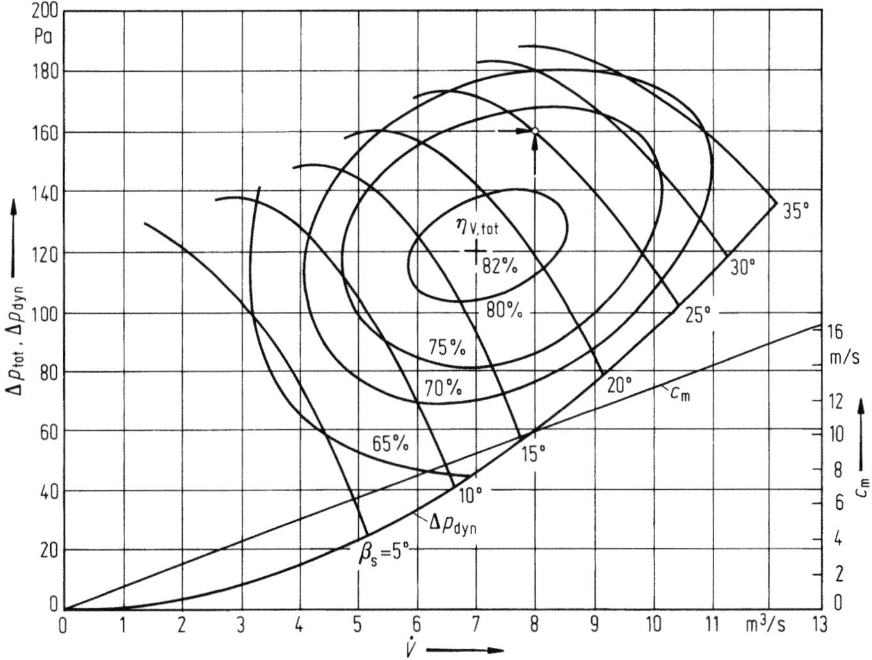

Abb. 14.8. Leistungsdiagramm eines Axialventilators. Technische Daten: $D_{\mathrm{V}} = 1{,}0$ m, $z = 4$, $n_{\mathrm{V}} = 725$ min^{-1}, $\varrho = 1{,}2$ kg/m³. D_{V} Ventilatordurchmesser; $\dot{V}$ Volumenstrom; Δp_{tot} Gesamtdruckerhöhung; c_{m} mittlere Axialgeschwindigkeit; n_{V} Ventilatordrehzahl; z Flügelzahl; β_{s} Flügeleinstellwinkel; $\varepsilon_{\mathrm{V,tot}}$ Gesamtwirkungsgrad; ϱ Gasdichte; (vgl. Abschn. 14.4.3, 1. Beispiel).

eines Ventilatorwirkungsgrads η_V, bezogen auf den Nutzdruck Δp bzw. die Nutzförderhöhe H als zweckmäßig erkannt wurde. Der Ventilatorleistungsbedarf P_V ist

$$P_V = \frac{\dot{V}\Delta p_{tot}}{\eta_{V,tot}} = \frac{\dot{V}\Delta p}{\eta_V},\tag{14.18}$$

bzw.

$$P_V = \frac{\dot{M}gH_{tot}}{\eta_{V,tot}} = \frac{\dot{M}gH}{\eta_V}.\tag{14.19}$$

Zur Überwindung der Übertragungsverluste sollte die Motornennleistung P ca. 10 bis 20% größer als der Ventilatorleistungsbedarf P_V gewählt werden. Die Umfangsgeschwindigkeit

$$u_V = \frac{D_V \pi n_V}{60}\tag{14.20}$$

wird durch die Ventilatorcharakteristik und den zulässigen Schallpegel — entfernungsabhängiger Schalldruckpegel L_P oder Schalleistungspegel L_W — gleichermaßen bestimmt. Dabei geht der Schalleistungspegel des Ventilators

$$L_W = 20 + 10 \log\left[\left(\frac{u_V}{m/s}\right)^4 \frac{P_V/kW}{D_V/m}\right]\tag{14.21}$$

in das allgemeine Geräuschverhalten der Ventilatoranlage ein.

Die endgültige Ventilatorwahl wird an Hand von Leistungsdiagrammen der Hersteller getroffen (Abb. 14.8). Die Durchmesserstufung entspricht meist der Normzahlreihe (DIN 323), die Baureihen von Radialventilatoren berücksichtigen weitere Kriterien [8, 9].

14.4.2 Kennzahlen

In Abschn. 14.1 — Gln. (14.8) und (14.9) — wurde bereits darauf hingewiesen, daß man Modellversuche bzw. das Betriebsverhalten einer Baugröße mit Hilfe dimensionsloser Kennzahlen auf andere Ventilatordurchmesser übertragen kann.

14.4.2.1 Lieferzahl

Die Lieferzahl (Volumenzahl) φ kennzeichnet den jeweiligen Betriebszustand des Ventilators als Verhältnis der Strömungs- und Umfangsgeschwindigkeit. Somit gilt für Axialventilatoren

$$\varphi_A = c_m/u_V = \frac{\dot{V}}{S_V u_V} = \frac{240}{\pi^2} \frac{\dot{V}}{D_V^3 u_V}\tag{14.22}$$

bzw.

$$\varphi_A' = c_m'/u_V = \frac{\dot{V}}{S_c u_V} = \frac{\dot{V}}{S_V(1 - i^2) u_V}\tag{14.23}$$

mit $\qquad \varphi_A' = \varphi_A/(1 - i^2)$.

Die Berücksichtigung der Laufradbreite b_2 führt bei Radialventilatoren zur Beziehung

$$\varphi_R = \dot{V}/S_2 u_2 = \frac{c_{2,m}\pi d_2 b_2}{\frac{\pi}{4} d_2^2 u_2} = 4 \frac{c_{2,m}}{u_2} \frac{b_2}{d_2}.\tag{14.24}$$

Für Querstromventilatoren empfiehlt Eck [5] die Projektion der Laufradfläche als Bezugsfläche, also

$$\varphi_{Qu} = \frac{\dot{V}}{b d_a u_V}.\tag{14.25}$$

14.4.2.2 Druckzahl

Die Druckzahl ψ kennzeichnet die Gesamtdruckerhöhung des Ventilators

$$\psi = \frac{\Delta p_{tot}}{\frac{\varrho}{2}\,u_V^2} = \frac{\Delta p_{tot}}{\frac{\varrho}{2}\left(\dfrac{D_V\,\pi\,n_V}{60}\right)^2} = \frac{7\,200}{\pi^2}\,\frac{\Delta p_{tot}}{\varrho\,D_V^2\,n_V^2}\,. \tag{14.26}$$

Für Radialventilatoren ist wieder d_2 anstelle D_V einzusetzen. Gln. (14.7), (14.8) und (14.9) definieren die theoretische Druckerhöhung Δp_{th} bzw. $\Delta p_{th,\infty}$, gleichermaßen lassen sich die korrespondierenden Druckzahlen ψ_{th} bzw. $\psi_{th,\infty}$ durch Verwendung der Ausgangswerte bilden.

14.4.2.3 Betriebs- oder Drosselzahl

Die Betriebs- oder Drosselzahl $\sigma = f(\varphi;\,\psi)$ erklärt zusammenfassend das Betriebsverhalten des Ventilators. Es ist

$$\sigma = \frac{\varphi^2}{\psi_2} = \frac{c_m^2\,\varrho/2}{\Delta p_{tot}} = \left(\frac{\dot V}{A_V}\right)^2\frac{\varrho/2}{\Delta p_{tot}}\,. \tag{14.27}$$

Anstelle der Betriebs- oder Drosselzahl verwendet man auch die „gleichwertige Düse" („gleichwertige Öffnung"):

$$S_D = \dot V\left(\frac{\Delta p_{tot}}{\varrho/2}\right)^{-1/2}\,. \tag{14.28}$$

Hieraus ergibt sich der Zusammenhang

$$\sigma = (S_D/S_V)^2\,. \tag{14.29}$$

14.4.2.4 Leistungszahl

Die Leistungszahl λ ist ein Maß für die Energieumsetzung bei dem jeweiligen Betriebsverhalten. Sie ist

$$\lambda = \frac{\varphi\,\psi}{\eta_{V,tot}}\,, \tag{14.30}$$

bzw.

$$\lambda = \frac{c_m\,\Delta p_{tot}}{\frac{\varrho}{2}\,u_V^3\,\eta\,\eta_{V,tot}} = \frac{P_V}{\frac{\varrho}{2}\,S_V\,u_V^3}\,. \tag{14.31}$$

14.4.2.5 Durchmesserzahl

Die Durchmesserzahl δ dient dem Aufbau von Ventilatorbaureihen bei Vorgabe des Volumenstroms $\dot V$ und der Gesamtdruckerhöhung Δp_{tot}. Sie wird aus der Lieferzahl φ und der Druckzahl ψ abgeleitet:

$$\delta = \frac{\psi^{1/4}}{\varphi^{1/2}} \tag{14.32}$$

$$= \sigma^{-1/4}\,, \tag{14.33}$$

bzw.

$$\delta = \left[\frac{\Delta p_{tot}}{\varrho/2}\left(\frac{S_V}{\dot V}\right)^2\right]^{1/4}\,. \tag{14.34}$$

Tabelle 14.2. *Kennzahlen für Ventilatoren*

Nr.	Benennung	Symbole	Definition	Vergleich
1. Betriebsverhalten (Vorgabe: D_V, n_V)				
1.1	Lieferzahl (Volumenzahl)	φ	$\varphi = \dfrac{c_m}{u_V} = \dfrac{\dot{V}}{S_V\,u_V}$	—
1.2	Druckzahl	ψ	$\psi = \dfrac{\Delta p_{tot}}{\dfrac{\varrho}{2}\,u_V^2}$	—
1.3	Betriebszahl	σ	$\sigma = \dfrac{c_m^2\,\varrho/2}{\Delta p_{tot}} = \left(\dfrac{\dot{V}}{S_V}\right)^2 \dfrac{\varrho/2}{\Delta p_{tot}}$	$\sigma = \dfrac{\varphi^2}{\psi}$
1.4	Leistungszahl	λ	$\lambda = \dfrac{c_m\,\Delta p_{tot}}{\dfrac{\varrho}{2}\,u_V^3\,\eta_{V,tot}} = \dfrac{P_V}{\dfrac{\varrho}{2}\,S_V\,u_V^3}$	$\lambda = \dfrac{\varphi\psi}{\eta_{V,tot}}$
2. Baureihen (Vorgabe: $\dot{V}$, Δp bzw. H)				
2.1	Durchmesserzahl	δ	$\delta = \left[\dfrac{\Delta p_{tot}}{\varrho/2}\left(\dfrac{S_V}{\dot{V}}\right)^2\right]^{1/4}$	$\delta = \dfrac{\omega^{1/4}}{\varphi^{1/2}} = \sigma^{-1/4}$
2.2	Laufzahl	K_n	$K_n = \left[\dfrac{\varrho/2}{\Delta p_{tot}}\left(\dfrac{\dot{V}}{S_V}\right)^2\right]^{1/4}$	$K_n = \delta^{-1} = \sigma^{1/4}$

14.4.2.6 Laufzahl

Die Laufzahl K_n ist eine spezifische Drehzahl und entspricht dem Kehrwert der Durchmesserzahl δ, also

$$K_n = 1/\delta \tag{14.35}$$

$$= \delta^{1/4} = \frac{\varphi^{1/2}}{\psi^{1/4}}. \tag{14.36}$$

Cordier [10] entwickelte mit Hilfe des K_n, δ-Diagramms ein Auswahlprinzip, welches zur geeigneten Bauform und -art führt.

Die Kennzahlen sind in Tab. 14.2 zusammengestellt. Mit ihnen werden Ventilatorkennfelder gebildet, in denen auch der Flügeleinstellwinkel vermerkt ist. Für die Bauarten von Radialventilatoren enthält Abb. 14.5 eine schematische Darstellung der Kennfelder. Das Leistungsdiagramm eines Axialventilators (Abb. 14.8) wird in Abb. 14.9 mit dem Kennfeld seiner Baureihe verglichen.

14.4.3 Beispiele

1. Beispiel: Vorauswahl eines Axialventilators zur Förderung von Luft bei folgenden Auslegungsbedingungen: $\dot{V} = 8\ \mathrm{m^3/s}$, $\Delta p = 100\ \mathrm{Pa}$, $\varrho = 1{,}20\ \mathrm{kg/m^3}$, Antrieb durch Elektromotor $n = 725\ \mathrm{min^{-1}}$.

(1) Gl. (14.16): $\quad D_V = 2\sqrt{\dfrac{\dot{V}}{\pi\,c_m}} = 2\sqrt{\dfrac{8}{\pi\,10}} = 1{,}00\ \mathrm{m}$,

Gl. (14.18): $\quad P_V = \dfrac{\dot{V}\,\Delta p}{\eta_V} = \dfrac{8\cdot 100}{0{,}5}\cdot 10^{-3} = 1{,}6\ \mathrm{kW}$,　$(\eta_V = 0{,}5$ geschätzt$)$

Gl. (14.20): $\quad u_V = \dfrac{D_V\,\pi\,n_V}{60} = \dfrac{1\cdot\pi\cdot 725}{60} = 38\ \mathrm{m/s}$.

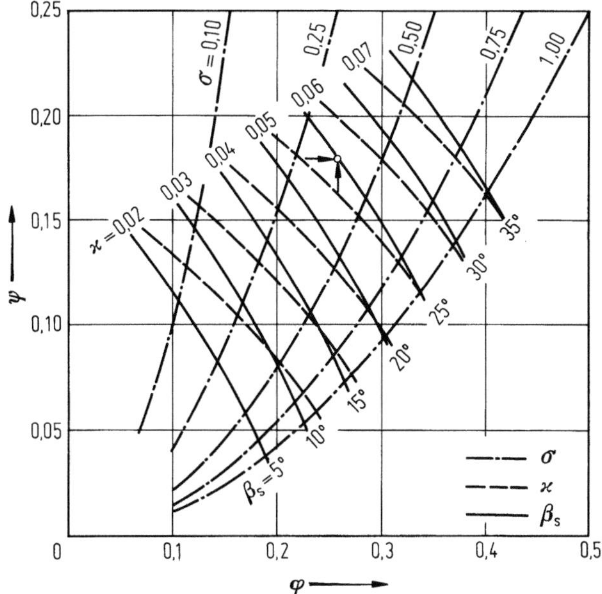

Abb. 14.9. Kennfeld einer Axialventilator-Baureihe. i Nabenverhältnis; z Flügelzahl; β_s Flügeleinstellwinkel; φ Lieferzahl; ψ Druckzahl; σ Betriebszahl; λ Leistungszahl; (vgl. Abschn. 14.4.3, 1. Beispiel).

(2) Aus dem Leistungsdiagramm, Abb. 14.7, entnimmt man

$$\Delta p_{\text{tot}} = 100 + 60 = 160 \, \text{Pa} \rightarrow \eta_{\text{V,tot}} = 0,77; \quad \beta_s = 25°.$$

Somit wird nach Gl. (14.6)

$$P_V = \frac{8 \cdot 160}{0,77} \cdot 10^{-3} = 1,66 \, \text{kW}.$$

Aus der Elektromotorenliste wird folgender Antriebsmotor gewählt:

$$P = 2,0 \, \text{kW}, \quad n = 725 \, \text{min}^{-1}.$$

Der Schalleistungspegel des Ventilators beträgt nach Gl. (14.21)

$$L_W = 20 + 10 \log\left(u_V^4 \frac{P_V}{D_V}\right)$$

$$= 20 + 10 \log\left(38^4 \cdot \frac{1,66}{1,00}\right) = 85 \, \text{dB}.$$

(3) Zusammenstellung der Kennzahlen:

Gl. (14.22): $\quad \varphi_A = c_m/u_V = 10/38 = 0,26,$

Gl. (14.26): $\quad \psi \;= \dfrac{\Delta p_{\text{tot}}}{\varrho/2 \cdot u_V^2} = \dfrac{2 \cdot 160}{1,20 \cdot 38^2} = 0,18,$

Gl. (14.27): $\quad \sigma \;= \varphi^2/\psi = 0,26^2/0,18 = 0,38,$

Gl. (14.30): $\quad \lambda \;= \dfrac{\varphi \psi}{\eta_{\text{V,tot}}} = \dfrac{0,26 \cdot 0,18}{0,77} = 0,063,$

Gl. (14.33): $\quad \delta \ = \sigma^{-1/4} = \dfrac{1}{\sqrt[4]{0,38}} = 1,28$,

Gl. (14.35): $\quad K_n = 1/\delta = 1/1,28 = 0,78$.

2. Beispiel: Berechnung eines Radialventilators für folgende technische Daten: $\dot{V} = 3,75 \ \mathrm{m^3/s}$, $\Delta p_{tot} = 3\,200 \ \mathrm{Pa}$, $\varrho = 1,20 \ \mathrm{kg/m^3}$.

(1) Nach Abb. 14.7: $\quad d_1/d_2 = 0,5$ (gewählt) $\varphi_R = 0,12$, $\psi = 0,90$, $\beta_1 = 28°$, $\eta_{V,tot} = 0,88$.

(2) Gl. (14.26): $\qquad u_2 \ = \dfrac{\Delta p_{tot}}{\varrho/2 \cdot \psi} = \sqrt{\dfrac{2 \cdot 3\,200}{1,20 \cdot 0,90}} = 77 \ \mathrm{m/s}$,

Gl. (14.10): $\qquad S_2 \ = \dfrac{\dot{V}}{\varphi_R \, u_2} = \dfrac{3,75}{0,12 \cdot 77} = 0,41 \ \mathrm{m^2}$,

$\qquad\qquad\qquad d_2 \ = 0,722 \ \mathrm{m}, \quad n_2 = 2\,034 \ \mathrm{min^{-1}}$.

(3) Abschn. 14.2: $\quad z \ = 5...8 = 8$ (gewählt),

$\qquad\qquad\qquad d_1 \ = 0,5 d_2 = 0,5 \cdot 0,722 = 0,366 \ \mathrm{m}$,

$\qquad\qquad\qquad b_1 \ = 0,5 d_1 = 0,183 \ \mathrm{m}$,

$\qquad\qquad\qquad b_2 \ = b_1 = 0,183 \ \mathrm{m}$ (parallele Deckscheiben).

14.4.4 Betriebsverhalten

Im Vordergrund steht die Regelung als Folge veränderter Betriebsbedingungen, nicht als Korrektur fehlerhafter Ventilatorauslegung. Grundsätzlich bestehen hierfür folgende Möglichkeiten:

— Drosselung mittels Klappen, Jalousien usw.,
— Schaufelverstellung im Stillstand oder während des Betriebs,
— stufenweise oder stufenlose Drehzahlregelung.

Die Drosselung sollte nur für geringe Regulierungen eingesetzt werden, jedoch nicht als Saisonregelung, da hierfür energiesparendere Lösungen vorhanden sind.

Die Schaufelverstellung im Stillstand ist eine Maßnahme zum Einstellen des zulässigen Ventilatorleistungsbedarfs (z. B. anläßlich des Probebetriebs) oder zur saisonalen Anpassung (Sommer- und Winterbetrieb). Die ständige Verstellmöglichkeit mittels pneumatischen, hydraulischen oder elektronischen Regelsystemen ist für bestimmte Anwendungsfälle notwendig, für Normalfälle meist zu aufwendig. Ähnliches gilt für die stufenlose Drehzahlregelung, die Sondermotoren oder elektrische Regeleinrichtungen erfordert. Dagegen läßt sich die stufenweise Drehzahlregelung relativ einfach durchführen, z. B. durch unterschiedliche Keilriemenscheibendurchmesser oder polumschaltbare Elektromotoren. In jedem Falle ist die Kenntnis des Betriebsverhaltens wichtig. Die wichtigsten Zusammenhänge seien hier angeführt:

a) $D_V, \varrho = $ const:

$$\frac{\dot{V}_1}{\dot{V}_2} = \frac{n_{V,1}}{n_{V,2}}; \qquad \frac{\Delta p_1}{\Delta p_2} = \left(\frac{n_{V,1}}{n_{V,2}}\right)^2; \qquad \frac{P_{V,1}}{P_{V,2}} = \left(\frac{n_{V,1}}{n_{V,2}}\right)^3 .$$

b) $n_V, \varrho = $ const:

$$\frac{\dot{V}_1}{\dot{V}_2} = \left(\frac{D_{V,1}}{D_{V,2}}\right)^3; \qquad \frac{\Delta p_1}{\Delta p_2} = \left(\frac{D_{V,1}}{D_{V,2}}\right)^2; \qquad \frac{p_{V,1}}{p_{V,2}} = \left(\frac{D_{V,1}}{D_{V,2}}\right)^5 .$$

c) $D_V, n_V = $ const:

$$\frac{\dot{V}_1}{\dot{V}_2} = 1; \qquad \frac{\Delta p_1}{\Delta p_2} = \frac{\varrho_1}{\varrho_2}; \qquad \frac{P_{V,1}}{P_{V,2}} = \frac{\varrho_1}{\varrho_2} .$$

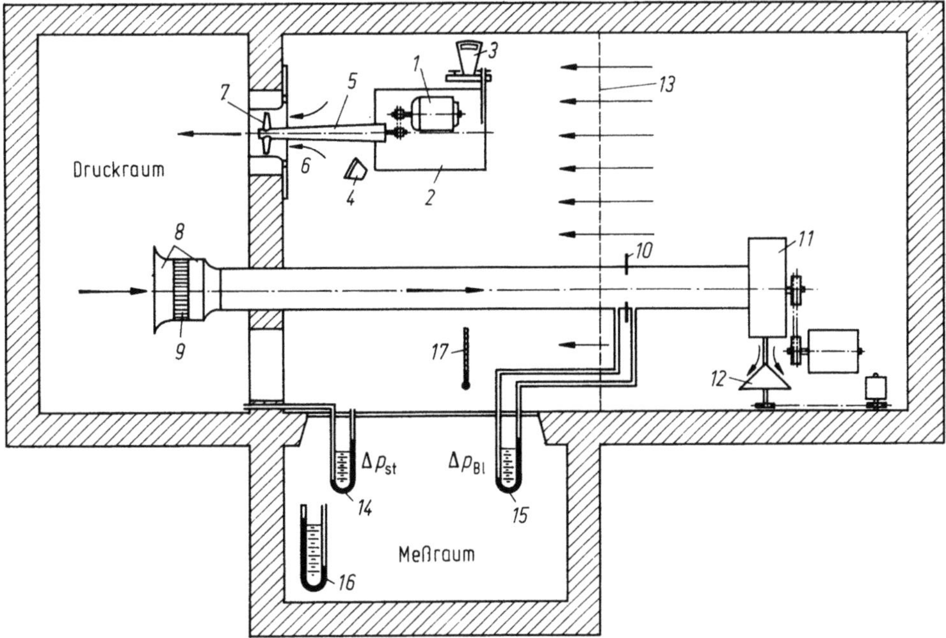

Abb. 14.10. Ventilatorprüfstand (Beispiel), (mit Genehmigung der Univ. Karlsruhe, Inst. f. Strömungslehre und Strömungsmaschinen). *1* Pendelmotor, *2* Grundplatte, *3* Tachowaage, *4* Stroboskop, *5* Wellenarm, *6* Einlaufdüse, *7* Laufrad, *8* doppelte Einlaufdüse, *9* Gleichrichter, *10* Blende, *11* Hilfsventilator, *12* Drossel, *13* Siebwand, *14* Manometer für statischen Druck, *15* Manometer für Blendenwirkdruck, *16* Manometer für atmosphärischen Druck, *17* Thermometer.

Ventilatoranlagen mit parallel arbeitenden Ventilatoren sind möglichst so zu konstruieren, daß jeder Ventilator seine eigene Kammer erhält. Falls sich diese Forderung nicht verwirklichen läßt, muß das spezielle Parallelverhalten der Bauformen und -arten berücksichtigt werden [11]. Bei der Hintereinanderschaltung von Ventilatoren verhalten sich diese ähnlich wie Druckerhöhungspumpen.

Oftmals sollen Ventilatoren reversibel arbeiten (z. B. Be- und Entlüftung). Hierzu kommen meist Axialventilatoren mit Schaufeln, die abwechselnd in Gegenrichtung ausgerichtet sind, zum Einsatz. Auf jeden Fall ist sicherzustellen, daß das Antriebssystem für einen gegenläufigen Betrieb vorbereitet wurde.

Axialventilatoren mit gegenläufigen Laufrädern (z. B. in der Textilindustrie) dienen zur Vergrößerung der Druckerhöhung, gleichzeitig für einen geräuscharmen Betrieb.

14.4.5 Gewährleistung und technische Abnahme

Die Richtlinie VDMA 24 166 [12] beschreibt die Angaben seitens des Bestellers und des Lieferers (Tab. 14.1), die technischen Gewährleistungen des Lieferers und den erforderlichen Nachweis der gewährleisteten Betriebswerte. Die technische Abnahme der Ventilatoren erfolgt nach VDI „Abnahme und Leistungsversuche an Ventilatoren" [4] unter Berücksichtigung der VDI-Verdichterregeln (DIN 1945), VDI-Durchflußregeln (1952) und VDI-Temperaturmeßregeln (DIN 1953). Ferner wird auf die VDE-Regeln für elektrische Meßgeräte (VDE 0410) hingewiesen.

Die Abnahmeversuche können am Aufstellungsort der Ventilatoren, auf dem Prüfstand oder als Modellversuch (Abb. 14.9) durchgeführt werden. Die wichtigsten Meßwerte sind hierbei Volumenstrom, Nutzdruck und Ventilatorleistungsbedarf als Nachweis der zugesicherten Eigenschaften. Die Bestimmung des Volumenstroms ist bei eingebauten Ventilatoranlagen oftmals sehr schwierig, so daß hierfür die Druckkompensationsmethode (Nullmethode) empfohlen wird [13].

Der Versuchsaufwand ist bereits bei der Bestellung zu klären. Laut [12] trägt der Besteller die Versuchskosten. Falls keine Umrechnungen vereinbart wurden, müssen die Versuchsbedingungen den Einsatzbedingungen entsprechen. Die Messungen sind in einem übersichtlichen Versuchsbericht zu beschreiben und das Ergebnis auszuweisen.

14.5 Ventilatoranlagen

Für verschiedene Einsatzgebiete erläutert Mode [3] ausführlich die Ventilatoranlagen und anwendungsspezifische Einzelheiten. Hier sei eine Zusammenfassung der Standardbedingungen gegeben.

14.5.1 Volumenstrom

Gln. (14.16) bzw. (14.17) nennen den Einfluß des erforderlichen Volumenstroms $\dot{V}$ auf die Ventilatorbaugröße. Ebenso ist der Rohrleitungs- oder Kanalquerschnitt S_r bzw. die mittlere Strömungsgeschwindigkeit v_m der Ventilatoranlage festzulegen, um optimale Anlagen- und Betriebskosten zu gewährleisten.

Für den Volumenstrom

$$\dot{V} = S_r v_m \qquad \text{(allgemein)} \tag{14.37}$$

$$= \tfrac{\pi}{4} d^2 v_m \qquad \text{(Kreisquerschnitt)} \tag{14.38}$$

wählt man im Industriebereich bei

— Normalausführung $\qquad v_m \;\; = 10 \text{ m/s}$
— geräuscharmer Ausführung $\quad v_{max} = \;\; 6 \text{ m/s}$

vorausgesetzt, daß die Strömungsgeschwindigkeit nicht von anderen Einflußgrößen abhängig ist. Soll z. B. das Absetzen von Fördergut in pneumatischen Förderanlagen verhindert werden, so wählt man $15 \leqq v_m \leqq 25$ m/s.

14.5.2 Nutzdruck

Zur Bestimmung des Nutzdrucks Δp werden sämtliche Druckverluste innerhalb der Ventilatoranlage addiert. Sie setzen sich aus den Einzelverlusten der Einbauelemente (Wärmeübertrager, Filter, Schalldämpfer, Regeleinrichtungen, Krümmer usw.) und dem der Kanallänge proportionalen Druckverlust des Kanals zusammen, also

$$\Delta p = \sum \Delta p_i, \tag{14.39}$$

mit

$$\Delta p_i = \zeta_i \frac{\varrho}{2} v^2. \tag{14.40}$$

Die zur Berechnung erforderlichen Widerstandsbeiwerte sind in zahlreichen technischen Handbüchern, z. B. in [14], zusammengestellt. Rietschel-Raiss [2] und Moog [15] beschreiben Einzelheiten der Kanalausführung.

15 Rührkessel

H. G. Hirschberg

Benutzte Formelzeichen in Kapitel 15
(s. auch Formelzeichenliste am Anfang des Bandes)

Formelzeichen, Einheiten

a	— Breite von Rührarmen und -blättern (s. Abb. 15.3 und 15.5)	m
	— Spaltbreite des Kesselmantels; $a = (D_a - D_i)/2$	
B	Breite von Rohrstegen (s. Abb. 15.15)	m
b	— Breite von Rührarmen und -blättern (s. Abb. 15.3)	m
C_A, C_B, C_N	Konstanten	–
C_R	Rührerspiel. $C_R = (D_T - D)/2$	m
c	Breite von Rührarmen und -blättern (s. Abb. 15.3)	m
D	Rührerdurchmesser	m
D_a	Innendurchmesser des Behälterkühlmantels	m
D_i	— Außendurchmesser des Behälters	m
	— Innendurchmesser eines Wendelrührers	
D_m	mittlerer Mantelraumdurchmesser	m
D_R	Leitrohrinnendurchmesser	m
$D_{s,i}$	Innendurchmesser der Rohrschlange	m
D_T	Kesselinnendurchmesser	m
D_W	Durchmesser der Mischerwelle	m
d	Rohraußendurchmesser	m
d_R	Rohrdurchmesser beim Rohrrührer	m
H	Rührerhöhe	m
H_a	Höhe des Kesselmantelraums	m
H_B	Balkenabstand beim Kreuzbalkenrührer (s. Abb. 15.3d)	m
H_L	Füllstandshöhe der Flüssigkeit im Kessel	m
H_L'	Abstand zwischen Rührer und Flüssigkeitsspiegel	m
H_s	Höhe der Kühlschlange (s. Abb. 15.15)	m
H_T	lichte Behälterhöhe	m
h	größter Abstand zwischen Rührerunterkante und Kesselboden	m
h_t	Rührtrombentiefe	m
$h_{t,kr}$	kritische Rührtrombentiefe	m
h_w	Trombenrandhöhe nach Abb. 15.7	m
L	— charakteristische Länge	m
	— Strömungsweg	
	— Kantenlänge eines Kessels mit quadratischem Querschnitt	
$\dot{M}_d$	aus der Düse austretender Massenstrom	kg/s
$\dot{M}_t$	tangential zirkulierender Massenstrom	kg/s
n	Rührerdrehzahl	1/s
n_1, n_2, n_3	Exponenten	–

n_k	kritische Rührerdrehzahl	1/s
P	Leistung; Rührleistung	W
$\dot{Q}_k$	durch den Kondensator abgeführter Wärmestrom	W
$\dot{Q}_v$	Wärmeverluste	W
$\dot{Q}_w$	Wärmestrom durch die Kesselwand	W
$R_1 \ldots R_4$	Wärmeleitwiderstände	m^2 K/W
S	Steigung der Schaufel beim Axialrührer bzw. der Wendel beim Wendelrührer	m
s	Rohrabstand (Mitte/Mitte) bei Rohreinbauten	m
t_a	Temperatur im Kesselmantel	K
t_i	Temperatur des Kesselinhalts	K
$\dot{V}_G$	Gasvolumenstrom im begasten Behälter	m^3/s
w	Geschwindigkeit	m/s

Indizes zu w

a	Axialgeschwindigkeit	
d	Düsenaustrittsgeschwindigkeit	
G	Gasgeschwindigkeit	
k	Geschwindigkeit der freien Konvektion im Mantelraum	
t	Tangentialgeschwindigkeit	

Z	Schaufelzahl	–
Z_R	Rohrzahl bei Rohrstegen	–
Z_{str}	Anzahl der Stromstörer im Kessel	–
β	Anstellwinkel des Rührblatts bzw. der Rührwendel	°
δ	Dicke der Kesselwand	m
Φ	Korrekturfaktor für den Einfluß des wandnahen Viskositätsgradienten	–
Ψ	Korrekturfaktor in der Gleichung für Nu	–

Dimensionslose Kennzahlen

Fr	$= n^2 D/g$	Froude-Zahl
Ga	$= Re^2/Fr$	Galilei-Zahl
Ne	$= P/(\varrho n^3 D^5)$	Newton-Zahl, Leistungskennzahl des Rührers
Nu	$= \alpha L/\lambda$	Nußelt-Zahl
	$L = 2a$	für Nußelt-Zahl im Kesselmantel
	$L = d$	für Nußelt-Zahl bei Rührkesseln mit innenliegenden Rohren (Durchmesser d); mit Index d
	$L = D_T$	für Nußelt-Zahl im Rührkessel
Pr	$= \eta c/\lambda$	Prandtl-Zahl
Re	$= w\,2a/v$	Reynolds-Zahl im Doppelmantel
	$= nD^2/v$	Reynolds-Zahl im Rührkessel

Der Rührwerksbehälter dient als Misch-, Reaktions- und Aufarbeitungsgefäß für nichtkontinuierliche chemische Prozesse und ist als solcher noch immer der am meisten verbreitete Apparat der chemischen Verfahrenstechnik. Die Wärme wird durch den Behältermantel zu- oder abgeführt oder durch eine innenliegende Rohrschlange, durch einen Rückflußkondensator, in Sonderfällen auch durch gekühlte Rührer oder durch Begasen.

Dem Inhalt des Kessels (3) in Abb. 15.1 kann man beispielsweise den Wärmestrom $\dot{Q}$ entziehen, der sich im stationären Falle zusammensetzt aus dem Wärmestrom $\dot{Q}_w$ durch die Kesselwand und der Kondensationsleistung $\dot{Q}_k$ des Rückkühlers, vermindert um die vom Rührer abgegebene Leistung P und die durch den Wärmeeinfall entstehenden Verluste $\dot{Q}_v$:

$$\dot{Q} = \dot{Q}_w + \dot{Q}_k - P - \dot{Q}_v. \tag{15.1}$$

Zur Berechnung von $\dot{Q}_k$ können die in Kapitel 5 beschriebenen Verfahren herangezogen werden. Für die Ermittlung von $\dot{Q}_w$ ist die Kenntnis der Wärmeübergangskoeffi-

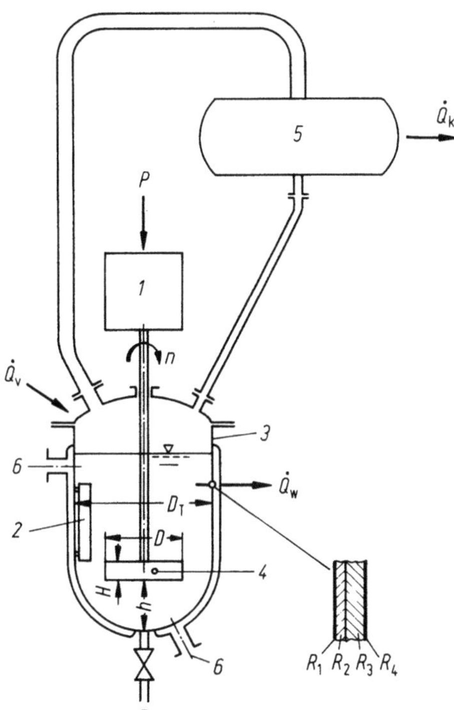

Abb. 15.1. Gekühlter Doppelmantelrührkessel.
1 Rührerantrieb, *2* Strombrecher oder -störer,
3 Kessel, *4* Rührer, *5* Rückflußkühler,
6 Kühlmittelstutzen, *7* Bodenventil. (Übrige
Bezeichnungen s. Text).

zienten α_i auf der Kesselinnenseite, α_a auf der Mantelseite, sowie der Wärmeleitwiderstände R_1 (Schmutzschicht innen), R_2 (Korrosionsschutzbelag), R_3 (Kesselwandung) und R_4 (Schmutzschicht auf der Mantelseite) erforderlich:

$$\dot{Q}_w = \frac{(t_i - t_a)_m A_i}{1/\alpha_i + \sum_4 R_i + A_i/(\alpha_a A_a)} \qquad (15.2)$$

Darin ist A_i die wärmeübertragende Innenfläche, A_a die entsprechende Fläche auf der Mantelseite, und $(t_i - t_a)_m$ der mittlere Temperaturunterschied zwischen Kesselinhalt und Temperierflüssigkeit.

Diese summarische Behandlung ist nicht ganz unbedenklich, da in den verschiedenen Zonen der Kesselwand unterschiedliche Wärmeübergangskoeffizienten und Temperaturgefälle auftreten. Ausgeprägte Unterschiede bestehen vor allem zwischen dem zylindrischen Teil der Wand und dem Boden. Im allgemeinen liegen jedoch nur Meßwerte für den gesamten Wärmeübergang vor, so daß diese Unsicherheiten in Kauf genommen werden müssen.

Schließlich müssen noch die Rührerleistung P und der Wärmeverlust berücksichtigt werden, wobei letzterem die durch die Dissipation der Strömungsenergie im Mantel freiwerdende Wärme zugeschlagen werden muß, sofern diese erheblich ist.

15.1 Kesselbauarten und Rührerformen

Bezüglich der konstruktiven Ausführung der Rührwerkskessel unterscheidet man Kessel mit aufgeschweißten Rohrschlangen aus Halb- oder (seltener) aus Vollrohren,

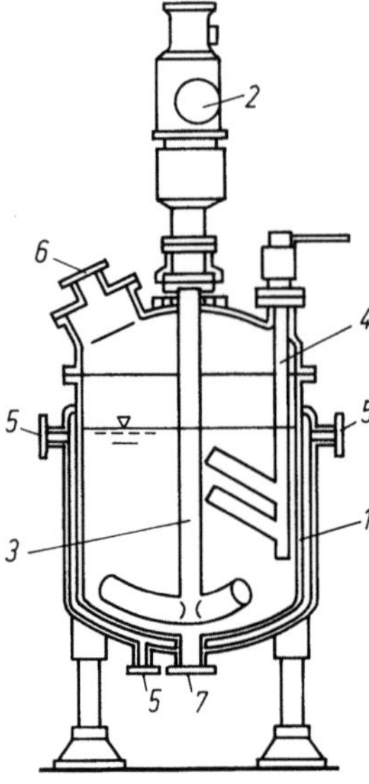

Abb. 15.2. Rührwerkskessel mit Turborührer. *1* Kessel, *2* Getriebemotor, *3* Rührer, *4* Stromstörer, *5* Ein- und Austrittsstutzen für die Heiz- bzw. Kühlflüssigkeit, *6* Einfüllstutzen, *7* Entleerungsstutzen.

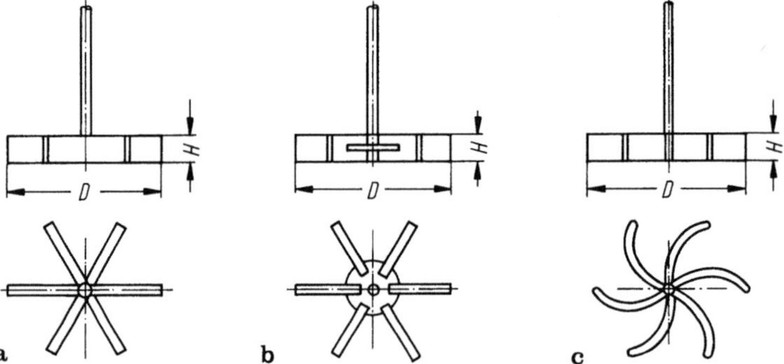

Abb. 15.4a–c. Radialrührer. a) Geradschaufeliger Turbo- oder Impellerrührer; b) Geradschaufeliger Scheibenturborührer; c) Turborührer mit gekrümmten Schaufeln.

Kessel mit Doppelmänteln und Kessel mit innenliegenden Rohrschlangen oder -gittern. Die Doppelmantelausführung herrscht bei emaillierten Kesseln vor, da sich Behälter mit aufgeschweißten Kühlrohren schwerer emaillieren lassen. Hier sind allerdings bedeutende Fortschritte erzielt worden. Zur Verbesserung des Wärmeübergangs können im Doppelmantel Leitbleche eingebaut werden. In gleichem Sinne wirken in den Außenmantel eingepreßte Vertiefungen, die am Grunde mit dem Innenmantel verschweißt sind (vgl. Markovitz [1]). Am gebräuchlichsten ist allerdings der Einbau von Dralldüsen (s. Abschn. 15.6).

Abb. 15.2 zeigt einen Doppelmantelrührkessel mit Turborührer, Stromstörer und Bodenstutzen zur Aufstellung auf Tragfüßen. Der besseren Beschickbarkeit wegen werden die Rührbehälter häufig in den Boden eingelassen. Sie sind dann mit seitlichen Tragpratzen versehen, mit denen sie auf einer Ringzarge aufsitzen.

Eine außerordentliche Vielfalt findet man bei den Rührerformen. Hier sei auf die Zusammenstellung von Kneule [2] und auf die Arbeiten von Ullrich [3], Zlokarnik [4] und Ho und Kwong [5] hingewiesen. Um zu einer Systematik zu gelangen, kann

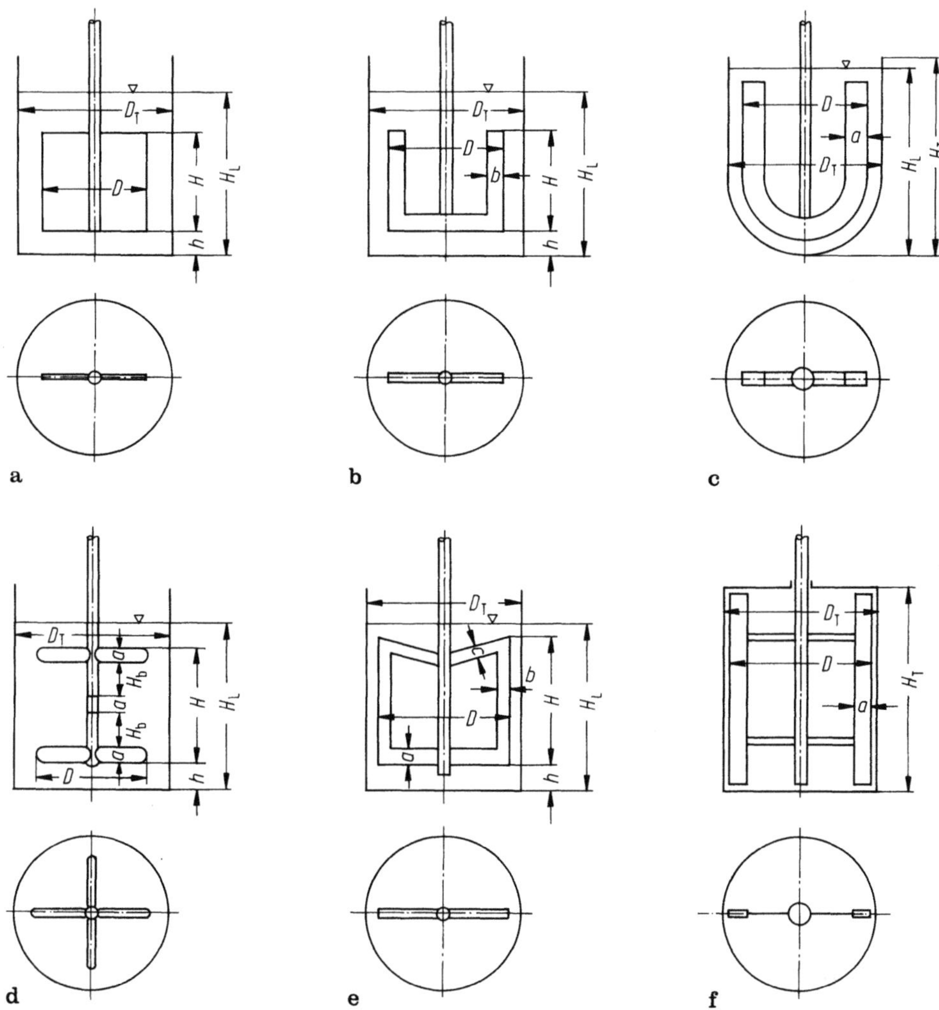

Abb. 15.3 a–f. Tangentialrührer. a) Blattrührer, bei H/D < 1/4: Paddel- oder Balkenrührer; b) Ankerrührer; c) Ankerrührer in Kessel mit Halbkugelboden; d) Kreuzbalkenrührer; e) Gitter- oder Rahmenrührer; f) Grenzschichtrührer; nach [16].

man die Rührer nach ihrer Einwirkung auf die Flüssigkeit einteilen in Tangentialrührer (Abb. 15.3), Radialrührer (Abb. 15.4) und Axialrührer (Abb. 15.5). Daneben gibt es Sonderformen wie Mammutrührer und Begasungsrührer (Rohrrührer und Lochtrommelrührer), die vor allem in der Gärtechnik Anwendung finden.

15.2 Wärmeübergang und Rührleistung

Der Wärmeübergang von der gerührten Flüssigkeit an die Kesselwand läßt sich, wie bei anderen konvektiven Wärmeübertragungsvorgängen, durch eine dimensionslose Gleichung der Form

$$Nu = f(Re,\ Pr,\ \Phi,\ x_1,\ x_2,\ \dots, x_n) \tag{15.3}$$

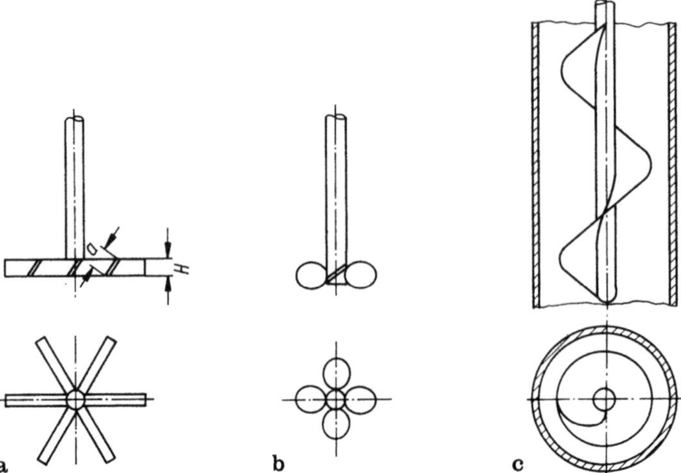

Abb. 15.5a–c. Axialrührer. a) Schrägblattrührer; b) Propellerrührer; c) Schraubenspindelrührer mit Leitrohr.

darstellen. Als charakteristische Länge für die Nußelt-Zahl Nu wählt man im allgemeinen den Kesseldurchmesser D_T. Die Reynolds-Zahl muß mit einer für die Strömung charakteristischen Geschwindigkeit und mit einer charakteristischen Länge gebildet werden. Die gebräuchlichste Definition ist

$$Re = \frac{n\,D^2}{\nu}.$$

(n Rührerdrehzahl (1/s), D Rührerdurchmesser (m).)

Die Prandtl-Zahl hat die übliche Definition. Bezugstemperatur ist die mittlere Temperatur des Kesselinhalts. Der Einfluß des wandnahen Viskositätsgradienten auf den Wärmeübergang ist wie bei der Rohrströmung durch eine Korrekturgröße Φ zu berücksichtigen. Mit x_1 bis x_n werden geometrische Einflußgrößen wie Rührerform und -stellung, Füllhöhe, Kesselform, Anzahl und Form von Strömungsbrechern usw. berücksichtigt.

Auch beim Wärmeübergang im Rührkessel läßt sich die Nußelt-Zahl in gewissen Bereichen von Re als Potenzfunktion darstellen:

$$Nu = C_A\,Re^a\,Pr^b\,\Phi\,f(x_1)\,f(x_2)...f(x_n). \tag{15.3a}$$

Bei sehr niedrigen Reynolds-Zahlen besteht nur eine geringe Abhängigkeit zwischen Nu und Re, was den Verhältnissen bei ausgebildeter Laminarströmung in Kanälen entspricht.

In einem mittleren Bereich hat der Exponent den Wert

$$a = 1/2.$$

Im turbulenten Gebiet liegt er bei

$$a = 2/3.$$

Der Exponent der Prandtl-Zahl liegt zwischen

$$0{,}24 \leqq b \leqq 1/3.$$

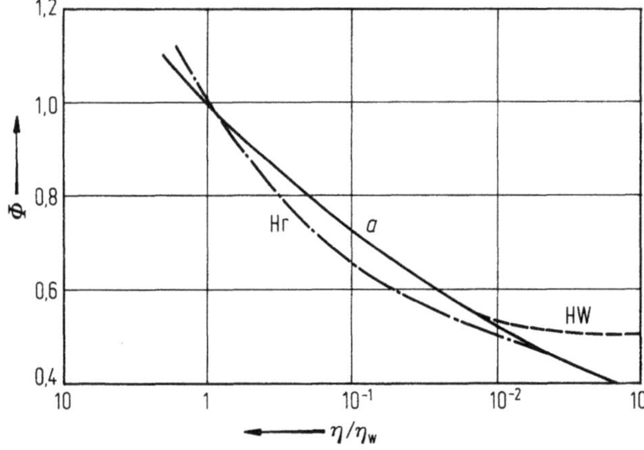

Abb. 15.6. Viskositätskorrekturkoeffizient Φ als Funktion des Viskositätsverhältnisses η/η_w. $a\Phi = (\eta/\eta_w)^{0,14}$; HW Kurve nach [7]; Hr Korrelation der Untersuchungen von HRUBY [6].

Für die Größe Φ übernehmen zahlreiche Autoren die von Sieder und Tate angegebene Beziehung

$$\Phi = (\eta/\eta_w)^c \quad \text{mit} \quad c = 0,14. \tag{15.4}$$

HRUBY [6] hat die Funktion näher untersucht und findet bei hohen Viskositätsverhältnissen für den Exponenten $c = 0,2$. Bei niedrigeren Werten von η/η_w geht der Exponent auf $c = 0,14$ zurück. Die Verhältnisse werden durch die Funktion

$$\Phi = [1 - 0,5 \log (\eta/\eta_w)]^{-1} \tag{15.5}$$

im Bereich $0,005 < \eta/\eta_w < 1,6$ näherungsweise beschrieben. HACKL und WITTMER [7] finden den Exponenten $c = 0,14$ bis $\eta/\eta_w = 0,01$ hinab bestätigt, bei niedrigeren Viskositätsverhältnissen dagegen tiefere Werte für c.

In Abb. 15.6 ist der Verlauf der Funktion Φ nach Gl. (15.4) und (15.5) sowie nach Hackl und Wittmer dargestellt. Man erkennt, daß Gl. (15.5) bei der Kühlung sichere Werte liefert. Im Falle der Heizung verwendet man zweckmäßigerweise Gl. (15.4).

Der Leistungsbedarf beim Rühren folgt, wie BÜCHE [8] in seiner grundlegenden Arbeit zeigte, der Beziehung

$$P \sim \varrho\, n^3\, L^5.$$

P ist außerdem eine Funktion der Reynolds-Zahl und der Froude-Zahl. Als charakteristische Länge L wählt man im allgemeinen den Rührerdurchmesser D und bildet damit die als Newton-Zahl bezeichnete Rührerkennzahl

$$Ne = P/(\varrho\, n^3\, D^5),$$

die man als Funktion

$$Ne = f(Re, Fr, y_1, y_2, \dots, y_n) \tag{15.6}$$

darstellen kann, wobei y_1 bis y_n geometrische Einflußgrößen sind.

Die Froude-Zahl $Fr = n^2\, D/g$ ist nur dann von Bedeutung, wenn Vorgänge an der Flüssigkeitsoberfläche bestimmenden Einfluß haben, etwa weil der Rührer teilweise aus der Flüssigkeit herausragt und Wellen schlägt, oder weil sich eine Rührtrombe ausbildet, die Gas in die Flüssigkeit hineinzieht, und bei Mischvorgängen im Kessel mit ausgebildeten Grenzflächen.

RIEGER, DITL und NOVAK [9] untersuchten die Trombenbildung in Rührbehältern verschiedener Größe mit flachem Boden ohne Strombrecher mit fünf verschiedenen

	h/D	Bereich	Galilei–Zahlen	C_B
	1	I	$3{,}0\cdot10^7 < Ga < 5{,}0\cdot10^{10}$	$1{,}51\pm0{,}03$
	1	II	$2{,}6\cdot10^5 < Ga < 3{,}0\cdot10^7$	$0{,}055\pm0{,}002$
	$1/3$	I	$3{,}0\cdot10^7 < Ga < 5{,}0\cdot10^{10}$	$1{,}43\pm0{,}03$
	$1/3$	II	$3{,}4\cdot10^5 < Ga < 3{,}0\cdot10^7$	$0{,}046\pm0{,}002$
	1	I	$8{,}0\cdot10^6 < Ga < 1{,}0\cdot10^{10}$	$1{,}52\pm0{,}02$
	1	II	$4{,}0\cdot10^5 < Ga < 8{,}0\cdot10^6$	$0{,}073\pm0{,}002$
	$1/3$	I	$8{,}0\cdot10^6 < Ga < 1{,}0\cdot10^{10}$	$1{,}57\pm0{,}03$
	$1/3$	II	$4{,}0\cdot10^5 < Ga < 8{,}0\cdot10^6$	$0{,}071\pm0{,}004$
	1	I	$1{,}0\cdot10^8 < Ga < 2{,}0\cdot10^{10}$	$1{,}13\pm0{,}03$
	1	II	$5{,}6\cdot10^5 < Ga < 1{,}0\cdot10^8$	$0{,}037\pm0{,}002$
	$1/3$	I	$1{,}0\cdot10^8 < Ga < 2{,}0\cdot10^{10}$	$1{,}04\pm0{,}02$
	$1/3$	II	$7{,}5\cdot10^5 < Ga < 1{,}0\cdot10^8$	$0{,}029\pm0{,}002$
	1	I	$1{,}0\cdot10^8 < Ga < 1{,}0\cdot10^{10}$	$0{,}84\pm0{,}04$
	1	II	$1{,}2\cdot10^5 < Ga < 1{,}0\cdot10^8$	$0{,}019\pm0{,}002$
	$1/3$	I	$1{,}0\cdot10^8 < Ga < 1{,}0\cdot10^{10}$	$0{,}71\pm0{,}03$
	$1/3$	II	$1{,}2\cdot10^5 < Ga < 1{,}0\cdot10^8$	$0{,}013\pm0{,}001$

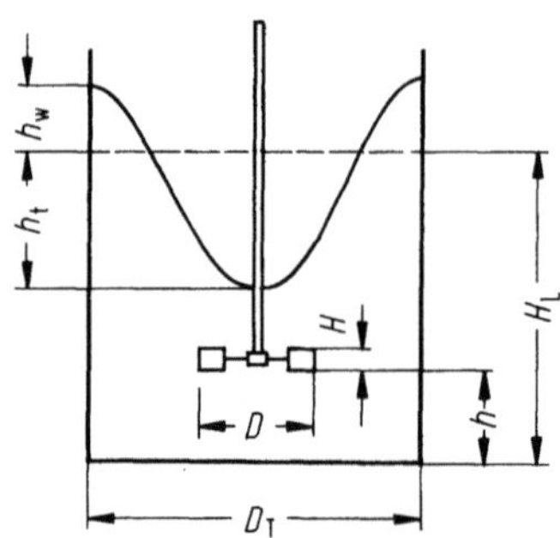

Abb. 15.7. Trombentiefe bei Rührgefäßen mit Axial- und Radialrührern nach RIEGER et al. [9]. Geometrische Angaben und Konstanten.

Rührern. Angaben über die geometrischen Verhältnisse bei den Radial- und Axialrührern findet man in Abb. 15.7.

Die auf den Rührerdurchmesser bezogene Trombentiefe h_t/D konnte durch Potenzfunktionen dargestellt werden, in denen die Froude-Zahl, die Galilei-Zahl $Ga = Re^2/Fr$ und geometrische Parameter als Einflußgrößen auftreten:

$$h_t/D = C_B \, Fr^{n_1} \, Ga^{n_2} \, (D_T/D)^{n_3}. \tag{15.7}$$

Im Bereich I (hohe Galilei-Zahlen) gilt

$$
\begin{aligned}
n_1 &= 1{,}14 \, Ga^{-0{,}08} \, (D_T/D)^{0{,}08}, \\
n_2 &= 0{,}069, \\
n_3 &= -0{,}38.
\end{aligned}
\tag{15.7a}
$$

Im Bereich II (niedrige Galilei-Zahlen) gilt

$$
\begin{aligned}
n_1 &= 3{,}38 \, Ga^{-0{,}074} \, (D_T/D)^{0{,}08}, \\
n_2 &= 0{,}33, \\
n_3 &= -1{,}18.
\end{aligned}
\tag{15.7b}
$$

Die Konstante C_B und die Abgrenzung der Bereiche entnimmt man ebenfalls Abb. 15.7.

ZLOKARNIK [10] untersuchte Scheibenturbo- und Propellerrührer in Behältern mit flachem Boden ohne Strombrecher mit den geometrischen Verhältnissen

$$D_T/D = 3{,}33; \qquad h/D = 1$$

und gelangte zu folgenden Korrelationsgleichungen:
Scheibenturborührer

$$h_t/D = 62{,}0 \, Fr(0{,}1 - Ga^{-0{,}18}) \, |(H_L - h)/D|^{-0{,}16}, \tag{15.8}$$

Propellerrührer

$$h_t/D = 13{,}8 \, Fr(0{,}25 - Ga^{-0{,}10}) \, |(H_L - h)/D|^{-0{,}33}. \tag{15.9}$$

Bei niedrigen Froude-Zahlen liefert Gl. (15.8) etwas höhere Werte als Gl. (15.7).

Messungen mit einem Ankerrührer (Abb. 15.3b) konnten RIEGER et al. [9] durch die Beziehungen

$$h_t/D = 2{,}82 \, Fr^{1{,}07}; \qquad h_w/D = 0{,}39 \, Ga^{0{,}067} \, Fr^{0{,}97} \tag{15.10}$$

korrelieren.

ZLOKARNIK [10] fand für einen Gitterrührer (wie Abb. 15.3e, jedoch mit geradem oberen Steg) die Korrelationsgleichung

$$h_t/D = 20 \, Fr(0{,}25 - Ga^{-0{,}19}). \tag{15.11}$$

Sobald der tiefste Punkt der Rührtrombe die Rühreroberkante erreicht, wird Gas in das Rührgut dispergiert, was — nicht zuletzt wegen des unruhigen Laufs des Rührwerks — nicht immer erwünscht ist. Der so definierten kritischen Trombentiefe $h_{t,k}$ entspricht eine kritische Rührerdrehzahl n_k, (die in 1/s ausgedrückt werden muß) die man durch Einsetzen von

$$h_t/D = h_{t,k}/D = H_L/D - h/D - H/D$$

in die Gleichungen für h_t/D errechnen kann. Die kritische Rührerdrehzahl ist nur wenig von der Viskosität abhängig und steigt mit abnehmendem relativen Rührerdurchmesser D/D_T an.

Auf Wärmeübergang und Rührerleistung bei mehrphasigen und nichtnewtonschen Flüssigkeiten soll hier nicht näher eingegangen werden. Verwiesen sei auf Arbeiten

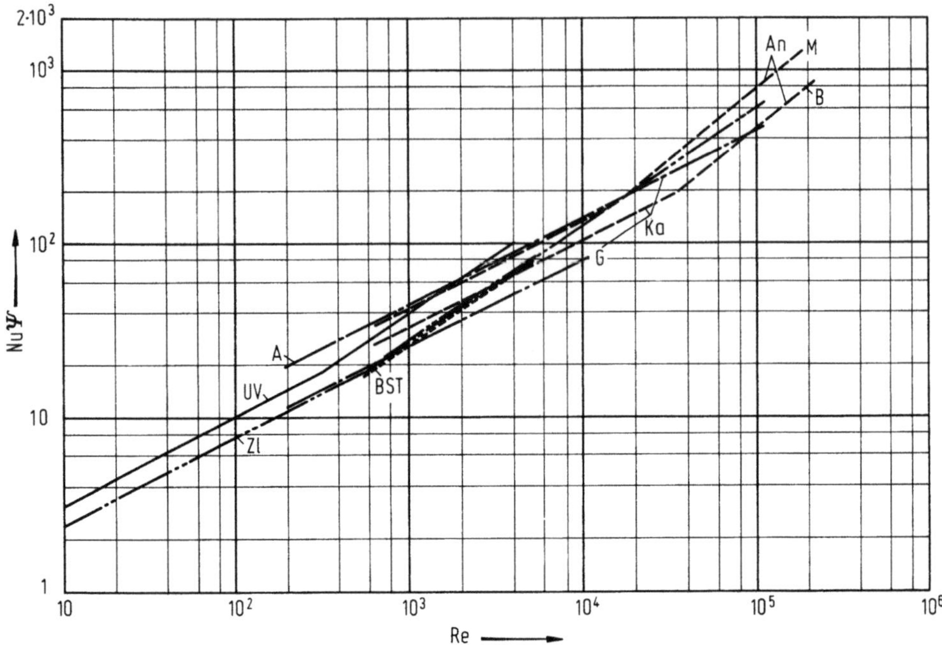

Abb. 15.8. Wärmeübergang in Gefäßen mit Anker- und Gitterrührern nach Untersuchungen verschiedener Autoren. A Ankerrührer, B Blattrührer, G Gitterrührer, M Grenzschichtrührer. An ANDERSEN [16]; BST BROWN, SCOTT, TOYNE [17]; Ka KAPUSTIN [18]; UV UHL, VOZNICK [19]; Zl ZLOKARNIK [20].

und Übersichten von STEIFF, POGGEMANN und WEINSPACH [11], BRAUER und SCHMIDT-TRAUB [12], HEINLEIN und SANDALL [13], YORULMAZ, DICKSON und KIDNAY [14] und PROCOPEC und ULBRECHT [15].

15.3 Tangentialrührer

15.3.1 Wärmeübergang

In Abb. 15.8 sind Korrelationsgleichungen für die Wärmeübertragung in Gefäßen mit Anker und Gitterrührern in der Form

$$Nu\,\Psi = f(Re)$$

graphisch dargestellt. Die Größe Ψ erfaßt Einflüsse der Geometrie und der Stoffwerte und hat bei den einzelnen Kurven folgende Bedeutung:

An:	$\Psi = (D/D_T)^{1/2}\,Pr^{-1/3}$	[16]
BST:	$\Psi = Pr^{-1/4}\,(\eta_w/\eta)^{0,14}$	[17]
Ka: Anker	$\Psi = Pr^{-0,28}\,(\eta_w/\eta)^{0,14}$	[18]
Gitter	$\Psi = Pr^{-1/3}\,(\eta_w/\eta)^{0,14}$	
UV:	$\Psi = Pr^{-1/3}\,(\eta_w/\eta)^{0,18}$	[19]
Zl:	$\Psi = Pr^{-1/3}$	[20]

Als Gebrauchsformeln können folgende Beziehungen dienen:

$$Nu = C\,Re^a\,Pr^{1/3}\,\Phi \tag{15.12}$$

Reynolds-Zahl	C	a	Φ
$10 < Re < 7\,256$	$0{,}88 \pm 0{,}12$	$1/2$	nach
$7\,256 < Re < 2 \cdot 10^5$	$0{,}2 \pm 0{,}04$	$2/3$	Gl. (15.4)

Im folgenden werden die Untersuchungen der fünf Autoren näher erläutert.

Einen Ankerrührer in einem Kessel mit Halbkugelboden von $D_T = 1\,524$ mm Durchmesser untersuchten BROWN, SCOTT und TOYNE [17]. Der Rührer (Abb. 15.3c) hatte die Abmessungen $D = 1\,264$ mm und $a = 76$ mm und ragte knapp aus der Flüssigkeit heraus. Die Korrelationsgleichung lautet

$$Nu = 0{,}55 \; Re^{2/3} \; Pr^{1/4} \; (\eta/\eta_w)^{0,14}. \tag{15.13}$$

UHL und VOZNICK [19] führten Messungen mit Ankerrührern in zwei Kesseln verschiedener Größe durch (Tab. 15.1). Die Nußelt-Zahl nimmt mit kleiner werdendem Spalt zwischen Rührer und Kesselwand zunächst ab, steigt aber bei sehr kleinem Spiel wieder an. Für ein mittleres Spiel lassen sich folgende Korrelationsgleichungen ermitteln:

$$Nu = 1{,}0 \cdot Re^{1/2} \; Pr^{1/3} \; (\eta/\eta_w)^{0,18} \qquad 10 < Re < 400, \tag{15.14a}$$
$$Nu = 0{,}368 \; Re^{2/3} \; Pr^{1/3} \; (\eta/\eta_w)^{0,18} \qquad 400 < Re < 5\,000. \tag{15.14b}$$

ANDERSEN [16] benutzte ein Rührgefäß mit den Abmessungen $D_T = H_T = 175$ mm. Es war vollgefüllt. Die Abmessungen der eingesetzten Rührer betrugen:

Blattrührer (Abb. 15.3a) $D \times H$: 150 mm $\times$ 175 mm; 125 mm $\times$ 175 mm;

100 mm $\times$ 175 mm; 100 mm $\times$ 80 mm;

Grenzschichtrührer (Abb. 15.3f) a: 20 mm; 10 mm; 5 mm.

Rechnet man die Kennzahlen auf die hier gewählte Definition um, so erhält man die Korrelationsgleichungen

$$Nu = C_{A,1} \; Re^{1/2} \; (D_T/D)^{1/2} \; Pr^{1/3} \qquad \text{(Laminarbereich)}, \tag{15.15a}$$
$$Nu = C_{A,2} \; Re^{0,8} \; (D_T/D)^{0,8} \; Pr^{1/3} \qquad \text{(Turbulenz)}, \tag{15.15b}$$

Mantelfläche: $C_{A,1} = 1{,}33$; $C_{A,2} = 0{,}072\,5$,

Kesselboden: $C_{A,1} = 1{,}03$; $C_{A,2} = 0{,}044\,7$,

Meßbereich: $640 < Re < 1{,}9 \cdot 10^5$.

Tabelle 15.1. *Geometrische Daten der Rührkessel von* UHL *und* VOZNICK [19]

		Kessel 1	Kessel 2
Nenninhalt, US-gals		50	2
Füllung	l	189	6,74
Boden		gewölbt	flach
D_T	mm	597	260
H_L	mm	727	132
H	mm	533	132
$a = b$	mm	50,8; 76,2	25,4
Spiel zwischen Rührer und Wand		6,35; 12,7	2,38; 6,35
$C_R = (D_T - D)/2$, mm		19,05; 25,4	12,7 ; 19,05

Die beiden Kurven schneiden sich bei folgenden Reynolds-Zahlen:

$$\text{Mantelfläche:} \quad Re = 16\,283\, D/D_\mathrm{T},$$
$$\text{Kesselboden:} \quad Re = 34\,522\, D/D_\mathrm{T}.$$

Bei Kapustin [18] findet man Meßwerte für Anker- und Gitterrührer in einem Gefäß mit flachem Boden und den Abmessungen $D_\mathrm{T} = 310$ mm, $H_\mathrm{L} = 351$ mm. Nur der Gefäßmantel war gekühlt.

Ankerrührer (Abb. 15.3b): $D = 270$ mm; $H = 123$ mm; $a = b = 17,3$ mm; $h = 32,4$ mm.

Korrelationsgleichung: $Nu = 1,38\, Re^{1/2}\, Pr^{0,28}\, (\eta/\eta_\mathrm{w})^{0,14} \quad 200 \leqq Re \leqq 10^5.$ (15.16)

Gitterrührer (Abb. 15.3e): $D = 277$ mm; $H = 138$ mm; $a = b = 17,7$ mm; $h = 41,5$ mm.

Korrelationsgleichung: $Nu = 0,8\, Re^{0,5}\, Pr^{1/3}\, (\eta/\eta_\mathrm{w})^{0,14} \quad 200 < Re < 10.$ (15.17)

Zlokarnik [20] verwendete bei seinen Messungen, die sich über einen sehr weiten Bereich der Reynolds- und Prandtl-Zahlen erstreckten, ein Gefäß mit flachem Boden und den Abmessungen $D_\mathrm{T} = 400$ mm, $H_\mathrm{L} = 500$ mm. Die vier Ankerrührer (Abb. 15.3a) hatten folgende Abmessungen:

$$D = 400 \text{ mm}; \quad 392 \text{ mm}; \quad 377 \text{ mm}; \quad 364 \text{ mm}.$$
$$H/D = 1; \quad b/D = 0,1; \quad a = b.$$

Er gibt die Meßergebnisse durch die Gleichung

$$Nu = 0,274\, (Re\, Pr^{1/2} + 4\,000)^{2/3}\, (v/v_\mathrm{w})^{0,04} \qquad 135 < Re\, Pr^{1/2} < 3,5 \cdot 10^5 \qquad (15.18)$$

mit einer Streuung von 23,4 % wieder. Dabei ist zu beachten, daß die Messungen im Bereich niedriger $Re\, Pr^{1/2}$-Werte mit sehr zähen Stoffen (bis $Pr = 36\,000$) durchgeführt wurden. Man kann die Gleichung daher nicht für beliebige Paarungen von Re und Pr anwenden und setzt deshalb besser die folgende Gleichung an, die allerdings größere Streuungen ergeben.

$$Nu = C_\mathrm{A}\, Re^a\, Pr^{1/3} \tag{15.18a}$$

C_A	a	$Re_{\min}$	$Re_{\max}$
0,97	0,14	0,5	2
0,76	0,5	2	984
0,241	2/3	984	10^5

15.3.2 Rührleistung

Die Newton-Zahlen Ne verschiedener Tangentialrührer sind in Abb. 15.9 und 15.10 als Funktion der Reynolds-Zahl dargestellt. Für überschlägliche Berechnungen können folgende Gebrauchsformeln verwendet werden:

Laminargebiet $Ne = 180/Re$ $1\ < Re < Re_\mathrm{x},$ (15.19)

Turbulenzgebiet ohne Strombrecher $Ne = C_\mathrm{N,0}\, Re^{-0,2}$ $Re_\mathrm{x} < Re < 5 \cdot 10^4,$ (15.20)

Turbulenzgebiet mit Strombrecher $Ne = C_\mathrm{N,B} = \text{const}$ $Re_\mathrm{y} < Re < 10^5.$ (15.21)

Rührerform	$C_\mathrm{N,0}$	Re_x	$C_\mathrm{N,B}$	Re_y
Anker	3	167	6	30
Gitter				
Kreuzbalken	4	117	3,2	56
Blatt			7...10	10...14

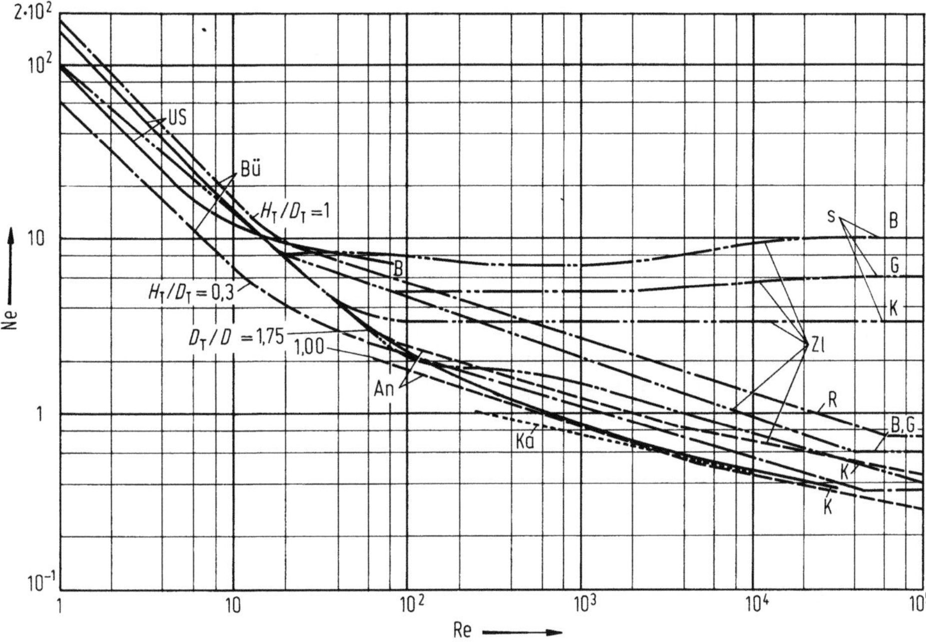

Abb. 15.9. Leistungskennzahlen von Tangentialrührern. B Blattrührer; G Gitterrührer; K Kreuzbalkenrührer; R Rahmenrührer. An ANDERSEN [16]; Bü BÜCHSE [8]; Ka KAPUSTIN [18]; US ULLRICH, SCHREIBER [21]; Zl ZLOKARNIK [4]. s mit Stromstörer.

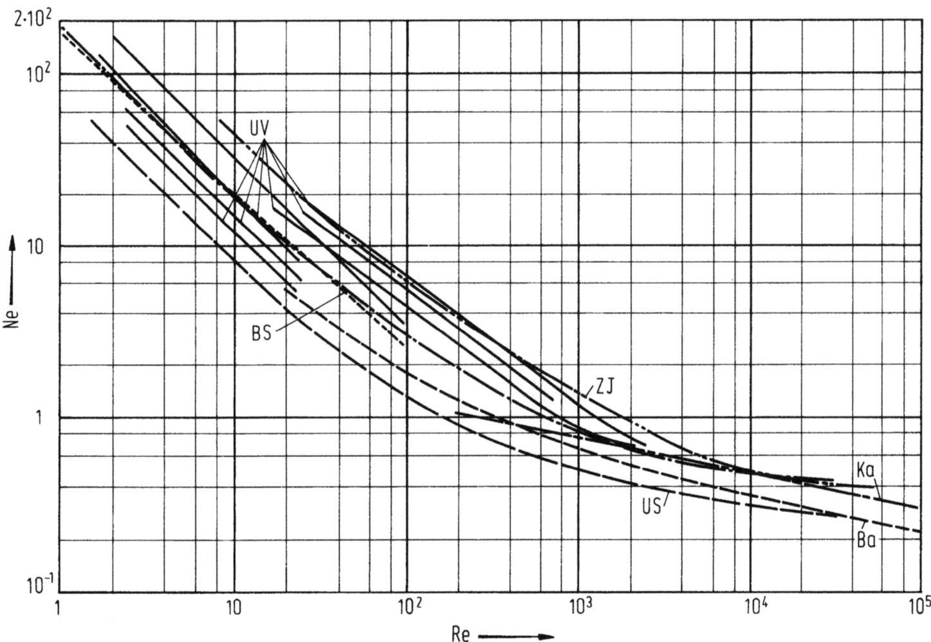

Abb. 15.10. Leistungskennzahlen von Ankerrührern. Ba BASS [22]; BS BECKNER, SMITH [23]; Ka KAPUSTIN [18]; US ULLRICH, SCHREIBER [21]; UV UHL, VOZNICK [19]; ZJ ZLOKARNIK, JUDAT [49].

Eine der ersten Arbeiten über den Leistungsbedarf von Rührwerken stammt — wie erwähnt — von Büche [8], der einen Blattrührer in einem Kessel mit ebenem Boden mit verschiedenen Füllhöhen über einen großen Bereich der Reynolds-Zahl untersuchte. Die geometrischen Verhältnisse waren (Abb. 15.3a):

$$D/D_T = 0,5; \quad H/D = 0,9; \quad h/D_T = 0,1; \quad H_L/D_T = 1,0 \text{ und } 0,3.$$

(Zur Umrechnung auf die hier gewählten Definitionen muß man die von Büche verwendete Reynolds-Zahl durch π dividieren und den Widerstandsbeiwert mit 15,487 multiplizieren.)

Die Kurven $Ne = f(Re)$ für $H_L/D_T = 1,0$ und $0,3$ sind in Abb. 15.9 aufgetragen.

Uhl und Voznick [19] maßen an zwei Kesseln mit Ankerrührern (s. Tab. 15.1) auch die Rührleistung in Abhängigkeit von der Drehzahl und dem Spiel $C_R = (D_T - D)/2$ zwischen Rührer und Kesselwand. Die von ihnen ermittelten Newton-Zahlen können dem Diagramm Abb. 15.10 entnommen werden. Die am 24"-Kessel gemessenen Werte lassen sich durch die Gleichung

$$Ne = 46 \, (C_R/D)^{-1/3} \, Re^{-3/4} \qquad 20 < Re < 700 \qquad (15.22)$$

wiedergeben, diejenigen für den 10"-Kessel durch die Beziehung

$$Ne = 39,7 \, (C_R/D)^{-0,46} \, Re^{-1} \qquad 2 < Re < 30. \qquad (15.23)$$

Andersen [16] konnte die von ihm ermittelten Newton-Zahlen von Blatt- und Grenzschichtrührern durch zwei Gleichungen beschreiben, die unter Beachtung der hier gewählten Bezugsgrößen folgendermaßen lauten:

$$\text{Laminargebiet} \quad Ne = 53 \, Re^{-1/2} \, (D_T/D)^{1/2}, \qquad (15.24a)$$
$$\text{Turbulenz} \quad Ne = 2,831 \, Re^{-0,2} \, (D_T/D)^{0,8}, \qquad (15.24b)$$
$$\text{Schnittpunkt} \quad Re = 17\,423 \, D/D_T. \qquad (15.24c)$$

Die Linien für $D_T/D = 1$ und $1,75$ sind in Abb. 15.9 eingetragen. Kapustin [18] gibt für die von ihm untersuchten Rührer (s. Abschn. 15.3.1) auch Gleichungen für die Newton-Zahl an. Sie lauten

$$\text{Ankerrührer} \quad Ne = 3 \, Re^{-0,2} \qquad 200 < Re < 10, \qquad (15.25)$$
$$\text{Gitterrührer} \quad Ne = 3,2 \, Re^{-0,21} \qquad 200 < Re < 10. \qquad (15.26)$$

Die entsprechenden Kurven findet man in Abb. 15.9 und 15.10.

Bass [22] teilt Messungen an einem emaillierten Ankerrührer mit, deren Ergebnisse ebenfalls in Abb. 15.10 dargestellt sind. Der von ihm verwendete Kessel hat einen gewölbten Boden. Der Rührer ist der Bodenwölbung angepaßt und hat folgende geometrische Kenndaten (Abb. 15.3c):

$$D/D_T = 0,917; \quad h/D = 0,106; \quad a/D = 0,088; \quad H_L/D = 1,56.$$

Abweichend von Abb. 15.3c ist der Anker zusätzlich durch zwei Streben mit der Rührwerkswelle verbunden.

Beckner und Smith [23] haben Newtonsche und pseudoplastische Flüssigkeiten in einem Gefäß mit flachem Boden mit Ankerrührern verschiedener Form und mit verschiedenem Spiel gerührt, wobei mit und ohne Strombrecher gearbeitet wurde. Für die Newtonschen Flüssigkeiten geben sie die Beziehung

$$Ne = 82 \, Re^{-0,93} \, (C_R/D_T)^{-1/4} \qquad 1 < Re < 90 \qquad (15.27)$$

an. Strombrecher erhöhten die Leistungsaufnahme durchschnittlich um 14,4 %. Das relative Spiel lag im Bereich

$$0,026\,4 < (C_R/D_T) < 0,158\,2.$$

Tabelle 15.2. *Geometrie der von* ZLOKARNIK [4] *untersuchten Rührer*

Rührer	D_T mm	D/D_T	H/D	h/D	s/D	H_L/D_T
Ankerrührer mit zwei und vier Vertikalstegen	190 290	0,98	1	0,01	0,1	1
Blattrührer	200	1/2	1	0,4	—	1
Gitterrührer mit drei waagerechten Stegen	400	1/2	1,5	0,2	0,1	1
Kreuzbalkenrührer	600	2/3	1,05	0,15	0,15	1

Tabelle 15.3. *Geometrie der von* ULLRICH *und* SCHREIBER [21] *untersuchten Tangentialrührer* $(H_L/D_T = 1,5)$

	D/D_T	H/D	h/D	a/D
Blattrührer	0,466	1	1,14	—
Ankerrührer (kurz)	0,865	0,725	0,08	0,067
Ankerrührer (lang)	0,900	1,65	0,055	0,065
Kreuzbalkenrührer mit sieben schräggestellten Armen	0,79	1,49	—	0,103

Die Linie für $C_R/D_T = 0,05$ ist in Abb. 15.10 dargestellt.

ZLOKARNIK [4] hat verschiedene Tangentialrührer in Flachbodenkesseln unterschiedlicher Größe mit und ohne Strombrecher untersucht. Die geometrischen Daten findet man in Tab. 15.2, die entsprechenden Skizzen in Abb. 15.3. Die Meßergebnisse sind in Abb. 15.9 und 15.10 wiedergegeben.

ULLRICH und SCHREIBER [21] untersuchten eine Vielzahl von Rührern verschiedener Gestalt in einem kleinen Glasgefäß mit gewölbtem Boden. Die geometrischen Daten findet man in Tab. 15.3, die Kurven für die beiden Ankerrührer in Abb. 15.10, und diejenigen für Blatt-, Gitter- und Kreuzbalkenrührer in Abb. 15.9.

15.4 Radial- und Axialrührer

Radialrührer (Abb. 15.4) haben achsenparallel ausgerichtete Blätter, die der Flüssigkeit eine zentrifugale Bewegung aufprägen. Mit den Axialrührern (Abb. 15.5) wird dagegen eine überwiegend achsenparallele Strömung erzeugt, die zumeist gegen den Kesselboden gerichtet ist. Schrägblattrührer haben Schaufeln mit in radialer Richtung konstantem Anstellwinkel von zumeist 45°. Bei den Propellerrührern nimmt der Anstellwinkel von der Nabe zur Blattspitze hin ab, so daß die Steigung konstant bleibt.

Zwischen dem Anstellwinkel β an der Blattspitze und der Steigung S der Schaufel (blade pitch) besteht die geometrische Beziehung

$$S/D = \pi \tan \beta.$$

Den Radialrührer kann man auch als Sonderfall des Axialrührers mit $\beta = 90°$ ansehen.

15.4.1 Wärmeübergang

In diesem Abschnitt werden nur Rührwerkskessel mit Wärmeübertragung durch die Kesselwand behandelt. Auf Kessel mit eingehängten Rohrschlangen oder -gittern wird in Abschn. 15.5 eingegangen.

Tabelle 15.4. *Arbeiten über Wärmeübertragung und Rührleistung in Gefäßen mit Radial- und Axialrührern*

Autoren	Rührer	Blattzahl	Anstellwinkel	Steigung S/D	D/D_T	H/D	a/D	h/D_T
Chilton, Drew, Jeben [24]	Paddel	2	90°	∞	0,6	1/6	1/6	0,15
Brown, Scott, Toyne [17]	Propeller	4	45°	π	0,2			
Cummings, West [25]	Turborührer[a]	6	90°	∞	0,4	1/6	1/6	1/3
	Schrägblatt	6	45°	π	0,4	0,177	1/4	
Uhl, Voznick [19]	Paddel	2	90°	∞	0,59	1/6	1/6	
Brooks, Su [30]	Turborührer	6	90°	∞	0,3	0,208	0,208	0,3
Kapustin [18]								1/3
	Paddel	2	90°	∞	1/2	0,194	0,194	
								0,115
					1/2	0,137	0,194	0,345
					1/2	0,137	0,194	0,115
	Schrägblatt	2	45°	π	0,355	0,129	0,182	0,369
					0,355	0,129	0,182	0,117
	Propeller	3	40°	2,636	0,452			0,266
	Propeller[b]	3	17°	0,96	0,355			0,351
								0,356
	Turborührer	8	90°	∞	1/3	1/5	1/5	
								0,113
Chapman, Dallenbach, Holland [31]	Turborührer	6	90°	∞	1/3	1/5	1/5	$\frac{1}{12}\ldots\frac{1}{3}$
Strek, Masiuk, Gawor, Jagiello [26]	Propeller	2, 3	7,26...90°	0,4...∞	1/3		0,3	1/3
Strek, Masiuk [27]	Turborührer	6	90°	∞	1/3	1/3	1/3	1/3
Strek, Masiuk [28]	Propeller	1...45	15,65°	0,88	1/3		0,3	0,328
			90°	∞				
Stammers, Beek [32]								1/3
	Turborührer	6	90°	∞	1/2, 1/3, 1/5	1/5	1/5	1/2
Lan, Laguérie, Angelino [29]	Turborührer	6	90°	∞	1/3	?	?	0,2...0,8

[a] Typ wie Abb. 15.4b
[b] mit Leitzylinder. Höhe: 1,23 D, Durchmesser: 1,02 D

$$Nu = C_A\,Re^a\,Pr^b\,(\eta/\eta_w)^c\,\Psi_1 \qquad\qquad Ne = C_N\,Re^n\,\Psi_2$$

H_L/D_T	Boden	Strom-brecher	C_A	a	b	c	Ψ_1	Re_{min}	Re_{max}	C_N	n	Ψ_2
0,83	gewölbt	—	0,36	2/3	1/3	0,14	—	300	$4 \cdot 10^4$	—	—	—
	gewölbt	—	0,54	2/3	1/4	0,14	—					
	gewölbt	—	0,4	2/3	1/3	0,14	—					
	gewölbt	0; 4	0,415	2/3	1/3	0,24	—	20	4 000			
1,05	gewölbt	0 1, 2, 4	0,54 0,74	2/3	1/3	0,14	—	30	$5 \cdot 10^5$			
			1,6							5,15	−0,2	—
1,135	flach	—		1/2	0,24	0,14	—	100	1 000			
			1,45							—	—	—
			1,3			—				1,94	−0,175	—
1,135					0,24			100	$2 \cdot 10^5$			
			1,2			—				—	—	—
	flach	—		1/2		0,14						
			0,82			—				0,85	−0,1	—
1,128					1/3			100	10^4			
			0,74			—				—	—	—
1,131	flach	—	0,85	1/2	1/3	0,14	—	100	10^4	6,3	−0,21	—
1,128	flach	—	0,30	2/3	0,24	0,14	—	200	$4 \cdot 10^4$	3,0	−0,20	—
			1,24						10^3	8,7	−0,2	
1,133	flach	—		1/2	1/3	0,14	—	100				
			1,00						10^4	—	—	—
$\tfrac{2}{3}\ldots 1$	flach	4	0,73	0,65	1/3	0,24	—	200	$2 \cdot 10^4$	—	—	—
1	flach	4	0,639	2/3	1/3	0,14	[c]	$1,92 \cdot 10^5$	$9,19 \cdot 10^5$	—	—	—
1,037	flach	4	0,76	2/3	1/3	0,14	—	130	$2,79 \cdot 10^5$	—	—	—
1,02	flach	4	0,506 0,380	2/3	1/3	—	[d] [e]	$1,71 \cdot 10^4$	$7,3 \cdot 10^5$	—	—	—
1	flach	4	0,68 0,69	2/3	1/3	1/9	—	10^3	10^6			
1	flach	0 4	0,255 0,37	0,63 0,65	1/3	0,24	[f] [g]	3 000	$6 \cdot 10^4$			

[c] $\Psi_1 = \dfrac{S/D}{S/D + 0,285}$

[d] $\Psi_1 = \exp(0,300\ln Z - 0,0144 Z)$

[e] $\Psi_1 = \exp(0,322\ln Z - 0,0296 Z)$

[f] $\Psi_1 = 2,725 - 1,922 B^2 + 2B$

[g] $\Psi_1 = 1 - 4,16(B^2 - B);\ B = h/D_T$

Versuchsbedingungen und -ergebnisse von zwölf Arbeiten über die Wärmeübertragung in Rührwerkskesseln mit Radial- und Axialrührern sind in Tab. 15.4 sowie in Abb. 15.11 und 15.12 zusammengestellt.

Als Gebrauchsformel kann man die Gleichung

$$Nu = C_A \, Re^{2/3} \, Pr^{1/3} \, \Phi \qquad 20 < Re < 10^6 \tag{15.28}$$

verwenden. Die Konstante hat die folgenden Werte:

$$\text{Kessel ohne Strombrecher} \quad C_A = 0{,}55,$$
$$\text{Kessel mit Strombrecher} \quad C_A = 0{,}75.$$

Strombrecher wirken also erhöhend auf den Wärmeübergangskoeffizienten. Sie setzen aber gleichzeitig auch die Rührleistung herauf, wie in Abschn. 15.4.2 gezeigt werden wird.

Arbeiten über Paddelrührer (zweiflügelige Radialrührer) stammen von Chilton et al. [24], von Uhl [19] und von Kapustin [18]. Ihre Ergebnisse stimmen im Bereich zwischen $10^3 < Re < 10^4$ gut überein.

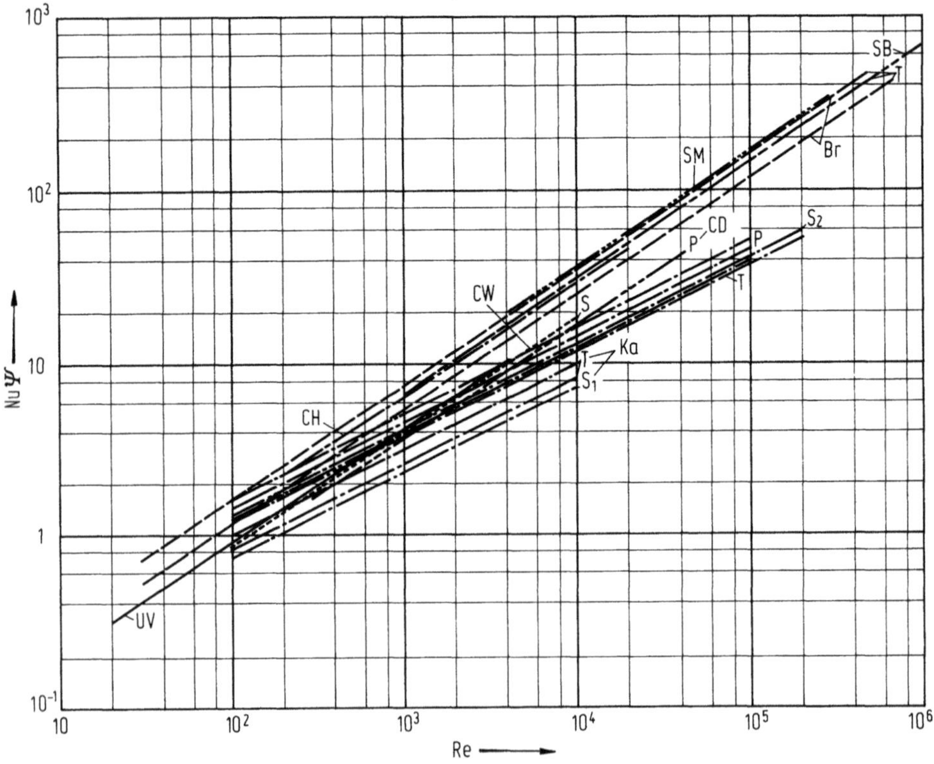

Abb. 15.11. Wärmeübergang in Rührkesseln mit Radial- und Axialrührern. $\Psi = Pr^b(\eta/\eta_W)^c$. P Paddelrührer; S Schrägblattrührer; T Turborührer.

CH Chapman, Holland [31]	$b = -1/3$; $c = -0{,}24$.
CD Chilton, Drew, Jebens [24]; CW Cummings, West [25]; Br Brooks, Su [30]; Ka Kapustin [18] (S_1, T, P); SM Strek, Masiuk [27].	$b = -1/3$; $c = -0{,}14$.
SB Stammers, Beek [32]	$b = -1/3$; $c = -1/9$.
Ka Kapustin [18] (S_2)	$b = -0{,}24$; $c = -0{,}14$.
UV Uhl, Voznik [19]	$b = -1/3$; $c = -0{,}18$.

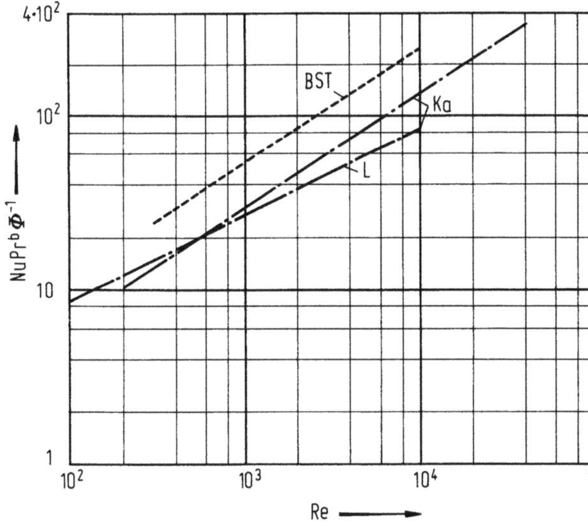

Abb. 15.12. Wärmeübergang in Rührkesseln mit Propellerrührern. BST Brown, Scott, Toyne [17]. $b = -1/4$; Ka Kapustin [18] ohne Leitrohr $b = -1/3$; L mit Leitrohr $b = -0,24$; Φ nach Gl. (15.4).

Schrägblattrührer mit einem Anstellwinkel von 45° wurden von Cummings und West [25] und von Kapustin [18] untersucht. Mit Turborührern befassen sich sieben Arbeiten, mit Propellerrührern vier. Besonders viele Parameter wurden von Stręk, Masiuk und Mitarbeitern [26–28] untersucht. In der ersten der drei Arbeiten wurde der Einfluß des Schaufelanstellwinkels im Bereich $0,4 < S/D < \infty$ untersucht. Die Ergebnisse wurden in der Gleichung

$$Nu = 0,639 \frac{S/D}{S/D + 0,285} Re^{2/3} Pr^{1/3} (\eta/\eta_{wN})^{0,14} \qquad (15.29)$$

zusammengefaßt. Die jüngste Untersuchung [28] galt dem Einfluß der Schaufelzahl auf die Wärmeübertragung, der durch zwei Exponentialfunktionen für $S/D = \infty$ und $S/D = 0,88$ beschrieben wurde (vgl. Tab. 15.4). In etwas allgemeinerer Form lassen sich die Ergebnisse durch die Gleichung

$$Nu = 0,51 \frac{S/D}{S/D + 0,3 + 0,012 \, Z} Z^{0,25} Re^{2/3} Pr^{1/3} (\eta/\eta_w)^{0,14} \qquad (15.30)$$

$$17\,000 < Re < 7,3 \cdot 10^5; \quad 1,9 < Pr < 2,44; \quad 2 < Z < 10; \quad S/D > 0,5$$

wiedergeben.

Die Meßwerte von Stręk et al. liegen beträchtlich höher als die von Kapustin [18] und von Brown et. al. [17], die beide ohne Strombrecher arbeiteten. Le Lan, Laguérie und Angelino [29] haben Messungen mit sechsflügeligen Scheibenturborührern $^*l) = 96$ mm) in einem Gefäß ($D_T = 296$ mm) mit ebenem Boden durchgeführt. Die Untersuchungen galten vor allem dem Einfluß des Abstands h des Rührers vom Behälterboden auf den Wärmeübergang. Es wurden Messungen mit und ohne Stromstörer gemacht. Die Ergebnisse wurden in den Gleichungen der Form

$$Nu = C_A \, Re^a \, Pr^{1/3} (\eta/\eta_w)^{0,14}$$

zusammengefaßt. Die Beziehungen für die Konstante C_A lauten (etwas umgeformt):
Kessel ohne Strombrecher $\quad (a = 0,63)$

$$C_A = 0,255 \, (2,725 - 1,922 \, (h/D_T)^2 + 2 \, (h/D_T)), \qquad (15.31)$$

Kessel mit vier Strombrechern $(a = 0,65)$

$$C_A = 0,37 [1 - 4,16 ((h/D_T)^2 - h/D_T)].$$ (15.32)

Bei Mittelstellung des Rührers erreicht der Wärmeübergangskoeffizient seinen Maximalwert.

Ein Vergleich der Messungen verschiedener Autoren an sechsflügeligen Scheibenturborührern ergibt folgende Werte für $C_A = Nu\, Re^{-2/3}\, Pr^{-1/3}\, (\eta_w/\eta)^{0,14}$

Brooks und Su [30] $C_A = 0,74$,
Chapman et al. [31][1] $C_A = 0,73$,
Le Lan, Laguérie, Angelino [29][1] $C_A = 0,755$,
Stręk und Masiuk [28] $C_A = 0,805$,
Gl. (15.30) $C_A = 0,80$.

Eine universelle Gleichung, die sich auf Messungen an Paddel-, Schrägblatt-, Turbo- und Ankerrührer stützt, wobei das Rührmedium (Wasser, Glyzerin und Rizinusöl), die Drehzahl und die geometrischen Größen D, H und h variiert wurden, findet man bei Mizushina und Mitarbeitern [33]:

$$Nu = 0,46\, Re^{2/3}\, Pr^{1/3}\, (\eta/\eta_w)^{0,14}\, (D_T/D)^{0,1} \left(\frac{H \sin \beta}{H_F}\right)^{0,15} Z^{0,15} \left(1 - 0,211 \left(0,63 - \frac{H \sin \beta}{H_F}\right)\right)$$

$$\text{für } 300 < Re < 4 \cdot 10^5; \quad \frac{H \sin \beta}{H_F} \geq 0,32.$$ (15.33)

Die Messungen wurden in einem Gefäß von 296 mm Durchmesser durchgeführt, das mit einem Dampfmantel und in der Mehrzahl der Fälle zusätzlich mit einer eingebauten Kühlschlange ausgerüstet war (vgl. Abschn. 15.5). Die Höhe der wärmeübertragenden Mantelfläche betrug $H_a = 380$ mm, die Flüssigkeitsstandhöhe $H_L = 450$ mm.

15.4.2 Rührleistung

In Abb. 15.13 findet man die Newton-Zahlen verschiedener Radial- und Axialrührer über der Reynolds-Zahl aufgetragen. Wegen der Vielzahl der geometrischen Einflußgrößen ergibt sich ein relativ unübersichtliches Bild. Mit den in Tab. 15.5 aufgeführten Gebrauchsformeln soll daher die näherungsweise Vorausberechnung der Rührleistung bei üblichen Anordnungen erleichtert werden.

Die niedrigste Leistungsaufnahme erreicht man mit Propellerrührern. Erfaßt wurden Messungen von Kapustin [18], Rushton [34], Ullrich [3] und Zlokarnik [4]. Sind keine Strombrecher vorhanden, so wird die Abhängigkeit der Newton-Zahl von der Reynolds-Zahl annähernd durch die Funktion

$$Ne = 4 (\log Re)^{-2} \qquad 3 < Re < 2 \cdot 10^4$$ (15.34)

beschrieben. Die Messungen von Zlokarnik mit einem Propellerrührer in einem Gefäß mit flachem Boden und den geometrischen Verhältnissen

$$D/D_T = 0,3; \quad H_L/D_T = 1; \quad h/D = 2$$

lassen sich durch die Gleichung

$$Ne = 0,8\, Re^{-0,07} \qquad 10^3 < Re < 10^5$$ (15.35)

wiedergeben.

Der Schrägblattrührer hat eine höhere Leistungsaufnahme als der strömungstechnisch günstigere Propellerrührer. Kapustin [18] untersuchte Schrägblattrührer in Kes-

---

[1] Exponent von Re leicht abweichend.

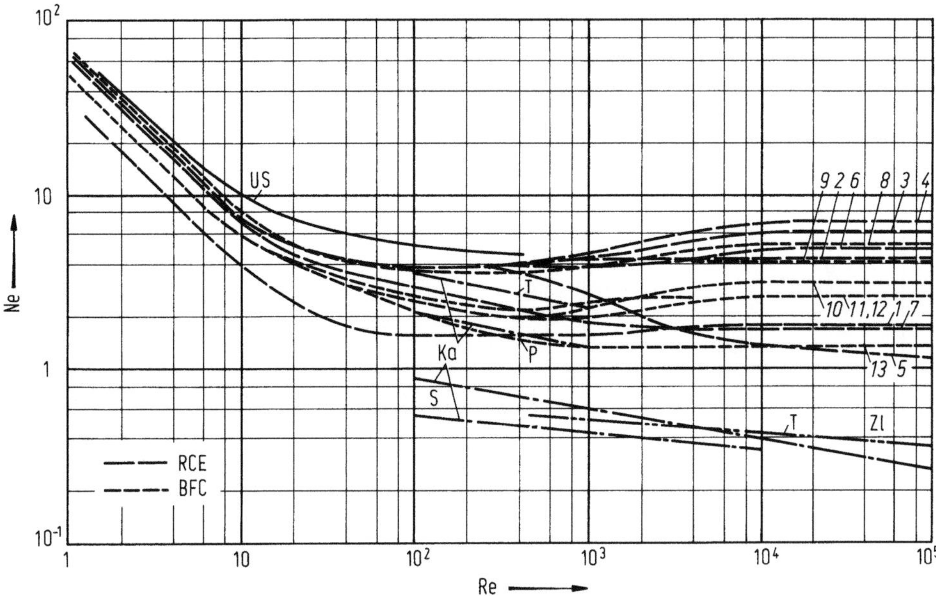

Abb. 15.13. Newton-Zahlen von Radial- und Axialrührern nach Messungen verschiedener Autoren. P Paddelrührer; S Schrägblattrührer; T Turborührer.
Die Ziffern beziehen sich auf die in Tab. 15.6 aufgeführten Versuchsbedingungen.
BFC Bates, Fondy, Corpstein [37]; Ka Kapustin [18]; RCE Rushton, Costich, Everett [34]; US Ullrich, Schreiber [21]; Zl Zlokarnik [4].

Tabelle 15.5. *Gebrauchsformeln für die Leistungskennzahl Ne von Radial- und Axialrührern*

Propeller		Schrägblatt		Paddel		Turbo	
Ne	*Re*	*Ne*	*Re*	*Ne*	*Re*	*Ne*	*Re*
Kessel ohne Strombrecher							
$50/Re$	$1 \updownarrow 3{,}1$	$50/Re$	$1 \updownarrow 3{,}1$	$50/Re$	$1 \updownarrow 3{,}1$	$50/Re$	$1 \updownarrow 3{,}1$
$\dfrac{4}{(\log Re)^2}$	$\updownarrow 2 \cdot 10^4$	$\dfrac{4}{(\log Re)^2}$	$\updownarrow 553$	$\dfrac{4}{(\log Re)^2}$	$\updownarrow 553$	$\dfrac{4}{(\log Re)^2}$	$\updownarrow 553$
		$Re^{-0,1}$	$\updownarrow 10^5$	$Re^{-0,1}$	$\updownarrow 10^5$	$Re^{-0,1}$	$\updownarrow 10^5$
Kessel mit Strombrechern							
$50/Re$	$1 \updownarrow 3{,}1$	$80/Re$	$1 \updownarrow 40$	$80/Re$	$1 \updownarrow 24$	$80/Re$	$1 \updownarrow 16$
$\dfrac{4}{(\log Re)^2}$	$\updownarrow 635$	2 [a]	$\updownarrow 10^5$	$10/3$ [a]	$\updownarrow 10^5$	5 [a]	$\updownarrow 10^5$
$0{,}8\, Re^{-0,07}$	$\updownarrow 2 \cdot 10^5$						

[a] Bei $D_T/D = 3$.

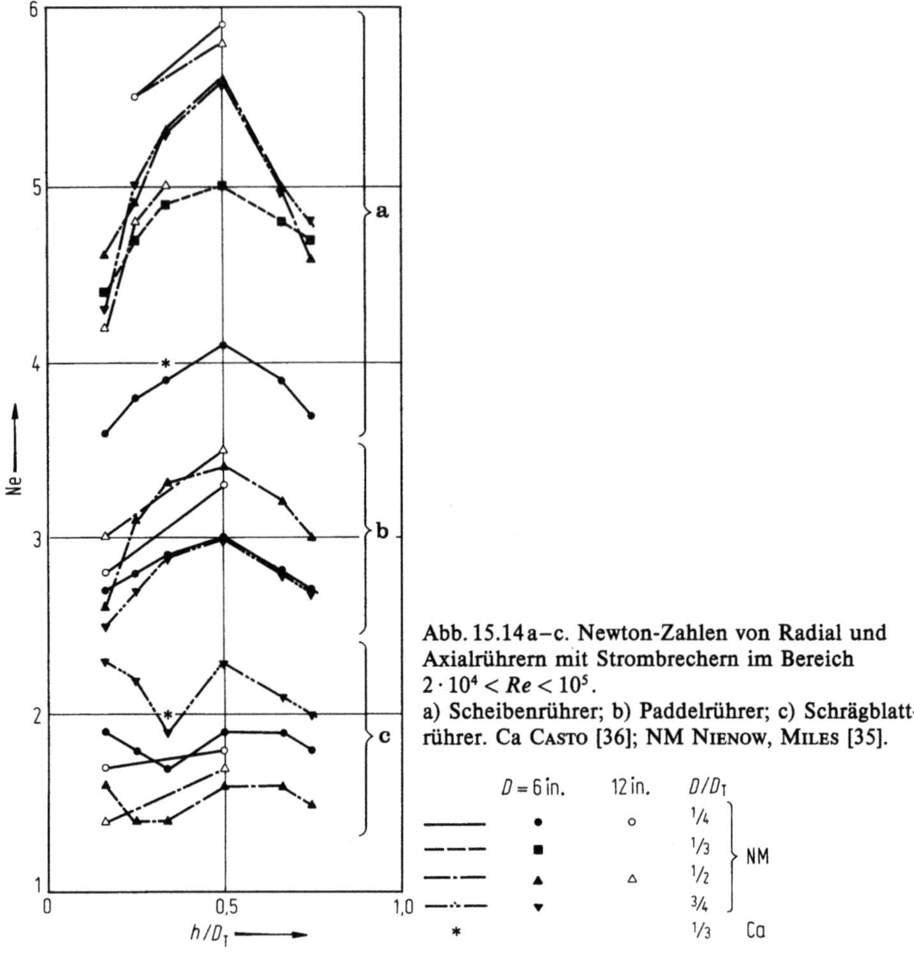

Abb. 15.14a–c. Newton-Zahlen von Radial und Axialrührern mit Strombrechern im Bereich $2 \cdot 10^4 < Re < 10^5$.
a) Scheibenrührer; b) Paddelrührer; c) Schrägblattrührer. Ca Casto [36]; NM Nienow, Miles [35].

seln ohne Strombrecher (Abb. 15.13). Durch den Einbau von Strombrechern erhöht sich die Leistungskennzahl von Radial- und Axialrührern beträchtlich und wird, wie man aus Abb. 15.13 entnimmt, oberhalb von $Re = 10^2 \ldots 10^3$ praktisch unabhängig von der Reynolds-Zahl. Die bei hohen Reynolds-Zahlen erreichten Grenzwerte von Ne nach Messungen von Nienow und Miles [35] und von Casto [36] sind in Abb. 15.14 in Abhängigkeit von der Rührerstellung über dem Gefäßboden mit dem relativen Rührerdurchmesser D/D_T als Parameter dargestellt. Angaben über die Versuchsgeometrie und den Meßbereich der verschiedenen Leistungsmessungen findet man in den Tab. 15.4 und 15.6.

15.5 Sonderformen von Kesseln und Rührern

15.5.1 Kessel mit innenliegenden Rohren

Die auf das Füllvolumen bezogene wärmeübertragende Fläche nimmt mit der Kesselgröße ab. Durch den Einbau von Rohrschlangen oder berohrten Strombrechern (Rohrstegen) läßt sich die Wärmeübertragungsfläche vergrößern, wobei allerdings der

Tabelle 15.6. *Arbeiten über die Rührerleistung in Gefäßen mit Radial- und Axialrührern*

Autoren	Nr. in Abb. 15.13	Rührer	β	$\dfrac{S}{D}$	$\dfrac{D}{D_T}$	$\dfrac{H}{D}$	$\dfrac{a}{D}$	$\dfrac{h}{D_T}$	$\dfrac{H_L}{D_T}$	Anzahl Stromstörer	$\dfrac{b}{D_T}$	Ne	Re_{min}	Re_{max}
RUSHTON, COSTICH, EVERETT [34]	1	P	90°	∞	0,22 ...0,47			0,27 ...0,47	1	4	0,1	1,7	10^5	
	2	ST	90°	∞	1/3			1/3	1	4	0,04	4,1	10^3	10^5
	3	ST	90°	∞	1/3			1/3	1	4	0,1	6,0	10^4	10^5
	4	ST	90°	∞	1/3			1/3	1	4	0,17	6,8	10^4	10^5
	5	ST	90°	∞	1/3			1/3	1	0	—	1,0	10^6	
	6	T	90°	∞	0,31			0,31	1	4	0,1	4,6	10^4	10^6
	7	SB	45°	π	1/3			1/3	1	4	0,1	1,65	2 000	10^6
		Pr	20°	1,15	0,47			0,47	1	0	—	8,0	5	
										4	0,088	0,73	200	
										0	—	0,19	10^5	
										4	0,088	0,30	10^5	
		Pr	32,5°	2	0,31			0,31	1,2	0...4	0...0,1	8,7	5	
										0...4	0...0,1	1,25	200	
										0	—	0,52	10^5	
										4	0,1	1,0	10^5	
BATES, FONDY, CORPSTEIN [37]	8	ST	90°	∞	1/3	1/5		1/3	1	4	0,1	5,0	10^4	10^5
	9	T	90°	∞	1/3	1/5		1/3	1	4	0,1	4,0	2 000	10^5
	10	ST	90°	∞	1/3	1/8		1/3	1	4	0,1	2,95	10^4	10^5
	11	T	90°	∞	1/3	1/8		1/3	1	4	0,1	2,6	2 000	10^5
	12	TKS	90°	∞	1/3	1/8		1/3	1	4	0,1	2,6	10^4	10^5
	13	SB	45°	π	1/3	1/8		1/3	1	4	0,1	1,3	600	10^5
NIENOW, MILES [35]		ST	90°	∞	1/6 ...1/4	1/5		1/6 ...1/4	1	4	0,1			
		P	90°	∞	1/6 ...1/4		1/4	1/6 ...1/4	1	4	0,1	s. Abb. 15.14		
		SB	45°	π	1/6 ...1/4	1/4		1/6 ...1/4	1	4	0,1			
CASTO [36]		SB	45°	π	1/3			1/3	1	4	0,1	2 ± 10 %	$5 \cdot 10^5$	
		T	90°	∞	1/3			1/3	1	4	0,1	4 ± 20 %	$5 \cdot 10^5$	
VAN HEUVEN, BEEK [38]		ST	90°	∞	0,3	0,2	0,25	0,5	1	4	0,1	5,4	10^4	10^5

P Paddelrührer (Abb. 15.4 a, jedoch mit nur zwei Schaufeln), Pr Propellerrührer (Abb. 15.5 a, jedoch dreiflügelig), SB Sechsblatt-Schrägblattrührer (Abb. 15.5 a), ST Sechsblatt-Scheibenturborührer (Abb. 15.4 b), T Sechsblatt-Turborührer (Abb. 15.4 a), TKS Sechsblatt-Turborührer mit gekrümmten Schaufeln (Abb. 15.4 c).

Tabelle 15.7. *Wärmeübergang in Rührgefäßen mit Heiz- und Kühlrohren*

Autor	Rührer	Blatt-zahl	Anst. Win-kel	$\dfrac{S}{D}$	$\dfrac{D}{D_T}$	$\dfrac{H}{D}$	$\dfrac{a}{D}$	$\dfrac{h}{D_T}$	$\dfrac{H_L}{D_T}$	Boden	d mm	$\dfrac{s}{d}$	$\dfrac{D_{s,i}}{D_T}$	$\dfrac{H_s}{H_L}$
CHILTON, DREW, JEBENS [24]	Paddel	2	90°	∞	0,6	0,167	—	0,15	0,83	ge-wölbt	12,7	1,37	0,8	0,437 9
OLDSHUE, GRETTON [39]	Schei-ben	6	90°	∞	0,25 0,583	0,2	—	1/4	1	flach	22,2 44,5	2... 4	0,7	0,656
CUMMINGS, WEST [25]	Pro-peller	6	a) 45° b) *)	π *)	0,4	0,25 0,166	—	1/3 2/3		ge-wölbt	25,4	1,5	0,8	**)
APPLETON, BRENNAN [40]	Turbo-Rührer	6	90°	∞	1/3	0,25	—	0,5	1,22	flach	19	8/3	2/3	0,94
					0,26	0,25	—	0,5	1	flach	19	8/3		
	Schräg-blatt	3	45°	π	0,389			0,5	1,22	flach	19	8/3	2/3	0,94
PRATT [41]	Paddel	1 bis 5	90°	∞	0,25 bis 0,6	vari-abel	0,21 bis 1,14		1,38 bis 1,83	flach	19 22 38	1,64 2,45 7/3	0,4 bis 0,7 0,48 bis 0,55	0,55 bis 0,78
RUSHTON, LICHTMANN, MAHONEY [45]	Turbo-Rührer	6	90°	∞	1/4 bis 1/3	1/2			1	flach	25,4	1,5	—	—
LAVIGNIA, DICKSON [44]	Turbo-Rührer	4	90°	∞	0,453	0,2	—			ge-wölbt	9,5	2,4	0,76	2/3
IHA, RAO [42]	Turbo-Rührer	4	90°	∞	1/3		—	0,267 bis 0,627	1,4	flach	6,35 bis 19,1		0,44 bis 0,70	
DUNLAP, RUSHTON [45]	Turbo-Rührer	4	90°	∞	1/6, 1/4, 1/3, 1/2		—	0,5	1	flach	48,3 21,3	2	—	—
RAO, MURTI [46]	Schei-ben	6	90°	∞	1/3	1/4	0,2	1/3	1,27 1,0	ge-wölbt	16 12,7		0,71 0,83	0,95

$$Nu = C_A \, Re^a \, Pr^b \, (\eta/\eta_w)^c \, \Psi$$

Rohrstrombrecher				Nu bezogen auf	C_A	a	b	c	Ψ	Re_{mm}	Re_{max}	Bemerkungen
str	R	$\dfrac{B}{D_T}$	$\dfrac{H_R}{H_L}$									
—	— —	—	D_T	0,87	0,62	1/3	0,14	—		300	$4\cdot10^5$	
—	— —	—	d	0,17	0,67	0,37	—	$(D/D_T)^{0,1}\,(d/D_T)^{1/2}$	400	$1,5\cdot10^6$	4 Strombrecher-platten
			D_T	1,01	0,62	1/3	—					*) gekr. Schaufeln **) $H_s/D_T = 1$ auch mit 2 Propellern
—	— —	—	d	1,8	0,45	1/3	—	$(D/D_T)^{0,1}\,(d/D_T)^{1/2}$	600	10^4	Glattrohrschlange
				0,18	0,7	1/3	—		10^4	$2\cdot10^5$	
				1,5	0,5	0,4	—		600	$2,5\cdot10^4$	Rippenrohrschlange
				0,026	0,9	0,4	—		$2,5\cdot10^4$	10^5	
4	3	0,23	0,7	d	1,15	0,4	1/3	—	$(D/D_T)^{1/3}$	400	$4,6\cdot10^4$	Glattrohrschlange
				0,046	0,7	1/3	—		$4,6\cdot10^4$	$2\cdot10^5$	
				0,42	0,57	1/3	—		300	$2\cdot10^4$	$Pr = 74$; $Pr = 5$ Rippenrohr-strombrecher
				0,068	0,7	1/3	—		$3\cdot10^4$	$2\cdot10^5$	430
—	— —	—	d	1,5	0,4	0,4	—	$(D/D_T)^{0,1}\,(d/D_T)^{1/2}$	600	$3\cdot10^4$	$Pr = 50$; $Pr = 4,4$ Glattrohr-strombrecher
				0,37	0,6	0,4	—		$4\cdot10^4$	$3\cdot10^5$	500
				0,47	0,6	0,4	—		400	$2\cdot10^4$	$Pr = 66$; $Pr = 5,1$ Rippenrohr-strombrecher
				0,016	0,9	0,4	—		$2\cdot10^4$	$2\cdot10^5$	560
			L	39	1/2	0,3	—	$\left(\dfrac{s-d}{H_s}\right)^{0,8}\left(\dfrac{a}{D_s}\right)^{1/4}\times\left(\dfrac{D^2L}{d^3}\right)^{0,1}$			quadratischer Kessel (L = Kantenlänge)
—	— —	—	D_T	34	1/2	0,3	—	$\left(\dfrac{s-d}{H_s}\right)^{0,8}\left(\dfrac{a}{D_s}\right)^{1/4}\times\left(\dfrac{D^2D_T}{d^3}\right)^{0,1}$	$18\cdot10^4$	$5,13\cdot10^5$	runder Kessel
	4	0,23										
—	— —	—	D_T	4,04	0,42	1/3	0,14	—			bei 2-Phasenfüllung volummittlere Stoffwerte
—	— —	—	D_T	0,18	2/3	1/3	—	$(d/D_T)^{-0,48}\times(D_s/D_T)^{-0,22}\times(h/D_T)^{0,14}$			2 Stromstörer; Breite 3 cm entsprechend $0,084\,D_T$
2…8	3	0,21 0,238	0,833	d	0,09	0,65	0,3	0,4*)	$(D/D_T)^{1/3}\,(2/B)^{0,2}$	10^4	$1,5\cdot10^6$	*) η_w bezogen auf mittlere Grenz-schichttemperatur
—	— —	—	$\begin{cases} D \\ D \end{cases}$	$\begin{matrix}1,35\\0,87\end{matrix}$	$\begin{matrix}0,59{*}\\0,64{*}\end{matrix}$	$\begin{matrix}1/3\\1/3\end{matrix}$	$\begin{matrix}0,14\\0,14\end{matrix}$	$\begin{matrix}Fr^{-0,1}\\Fr^{-0,1}\end{matrix}$	1 000	$5\cdot10^5$	*) Mantel: $Re = nD^2/\nu$, Schlange: $Re^* = D(nD+4w_0)/\nu$

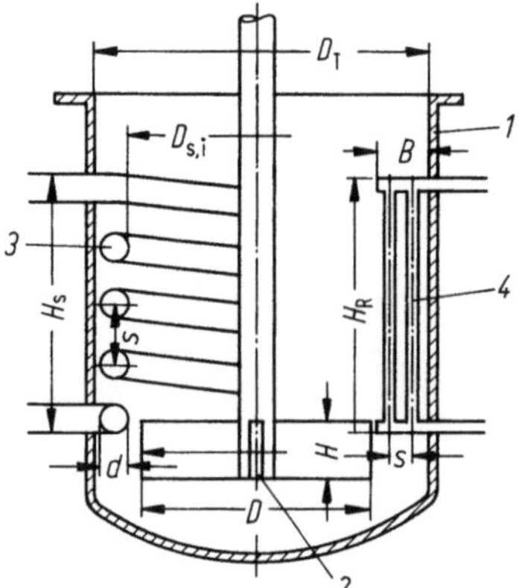

Abb. 15.15. Rührkessel mit Innenrohren. *1* Rührkessel, *2* Rührer, *3* Rohrschlange, *4* Rohrsteg.

Nachteil in Kauf genommen werden muß, daß diese Einbauten die Reinigung des Kessels erschweren.

Bei den Rührkesseln mit Rohreinbauten (Abb. 15.15) bezieht man die Nußelt-Zahl vielfach auf den Außendurchmesser der Kühlrohre. Als zusätzliche Variable treten bei den Rohrschlangen die Steigung S, der Innendurchmesser $D_{s,i}$ und die Höhe H der Rohrwendel, bei den Rohrstegen die Anzahl Z_{str} der Stromstörer, die Zahl Z_R der Rohre je Steg sowie die Breite B und die Höhe H_R auf.

Tab. 15.7 enthält Untersuchungsbedingungen und Ergebnisse von neun Arbeiten über den Wärmeübergang in Rührwerkskesseln mit Rohreinbauten. Die Arbeit von Chilton und Mitarbeitern [24] wurde bereits in Abschn. 15.4.1 erwähnt. Die Autoren untersuchten den gleichen Kessel einmal mit und einmal ohne Rohrschlange, wobei sie an der Rohrschlange höhere Wärmeübergangskoeffizienten ermittelten.

Oldshue und Gretton [39] untersuchten einen Kessel mit Rohrschlange und Strombrecherplatten. Bezieht man *Nu* auf den Tankdurchmesser, so ist in der in Tab. 15.7 aufgeführten Korrelationsgleichung

$$Nu_d = 0,17\,Re^{0,67}\,Pr^{0,37}\,(D/D_T)^{0,1}\,(d/D_T)^{0,5} \qquad (15.36)$$

nur das Vorzeichen des Exponenten von (d/D_T) zu ändern.

Cummings und West [25] arbeiteten mit einem Kessel mit Rohrschlange und Propellerrührern.

Appleton und Brennan [40] verwendeten Turbo- und Schrägblattrührer bei ihren Messungen, die einen weiten Bereich der Reynolds- und Prandtl-Zahlen erfaßten. Bei der Korrelation der Versuche mit Rohrschlangen benutzten sie den gleichen Ansatz wie Oldshue und Gretton [39]. Daneben untersuchten sie jedoch auch einen Kessel mit Rohrstrombrechern.

Pratt [41] benutzte Paddel- bzw. Blattrührer und untersuchte neben zwei runden Kesseln auch drei Behälter mit quadratischem Querschnitt.

Rushton und Mitarbeiter [34] arbeiteten mit Turborührern in einem Kessel mit vier Rohrstromstörern. Die in Tab. 15.7 angegebenen Korrelationsgleichungen wurden aus den Meßwerten abgeleitet.

Iha und Rao [42] verwendeten eine Rohrschlange mit zwei Stromstörern. Für den Einfluß des Verhältnisses d/D_T fanden sie einen ähnlichen Ansatz wie Oldshue und Gretton [39].

Bei Dunlap und Rushton [43] war der Kessel mit Rohrstromstörern ausgerüstet. Der hohe Exponent $c = 0,4$ für das Viskositätsverhältnis kommt dadurch zustande, daß die Viskosität η der Flüssigkeit außerhalb der Grenzschicht nicht zu derjenigen bei

Wandtemperatur, sondern zur mittleren Viskosität in der Grenzschicht ins Verhältnis gesetzt wird.

LAVIGNIA und DICKSON [44] untersuchten Gemische ineinander unlöslicher Flüssigkeitspaare (Wasser/Toluol und Wasser/Kerosin) in einem Kessel mit Rohrschlange und Turborührer. Sie empfahlen, bei Zweiphasengemischen die volumetrisch gemittelten Stoffwerte der Flüssigkeiten zu verwenden.

RUSHTON und MITARBEITER haben auch die Rührerleistung in dem von ihnen verwendeten Kessel mit Rohrstromstörern gemessen. Ihre Meßwerte lassen sich durch die folgenden Gleichungen wiedergeben:

$$\text{Turborührer } 16''; \quad D/D_\mathrm{T} = 1/3: \quad Ne = 4{,}5 = \text{const,} \tag{15.37}$$
$$\text{Turborührer } 12''; \quad D/D_\mathrm{T} = 1/4: \quad Ne = 7{,}8\, Re^{-0{,}08} \tag{15.38}$$
$$1{,}5 \cdot 10^5 < Re < 4{,}6 \cdot 10^5.$$

Weiter liegen keine Untersuchungen über die Rührerleistung in Kesseln mit Rohreinbauten vor. Es muß daher auf die Beziehungen für Kessel ohne zusätzliche Austauschflächen zurückgegriffen werden, wobei die Rohreinbauten je nach ihrer Form wie Stromstörer zu berücksichtigen sind.

15.5.2 Sonderformen von Rührern

Neben den in den vorangehenden Abschnitten behandelten Rührern gibt es zahlreiche Sonderformen. Der Schrauben- oder Schneckenrührer (Abb. 15.5c) wird vor allem bei hochviskosen Newtonschen und nichtnewtonschen Flüssigkeiten verwendet. Über Leistungsmessungen an Schraubenrührern berichten u. a. PROCOPEC und ULBRECHT [15] und BEGACHEV und Mitarbeiter [47]. In den beiden Arbeiten findet man auch zahlreiche Literaturhinweise.

Da sich das Einsatzgebiet des Schraubenrührers auf niedrige Reynolds-Zahlen beschränkt, gilt für die Newton-Zahl

$$Ne = C_\mathrm{N}/Re.$$

Die von PROCOPEC et al. [15] ermittelten Werte für die Konstante A (s. Tab. 15.8) liegen zwischen $530 < C_\mathrm{N} < 940$. BEGACHEV et al. [47] geben eine Gleichung zur Berechnung der Konstanten an:

$$C_\mathrm{N} = A\frac{\pi^2}{6}\,\frac{H}{D}(1 - (D_\mathrm{w}/D)^3) \tag{15.39}$$

(H_s Höhe des Mischers; D_w Durchmesser der Mischerwelle.)

Den Koeffizienten A haben die Autoren als Funktion des Spiels $\delta = (D_\mathrm{R} - D)/D$ zwischen Rührer und Leitrohr graphisch dargestellt. Die von ihnen gefundene Kurve läßt sich näherungsweise durch folgende Gleichungen beschreiben:

$$A = 154 - 496\,(D_\mathrm{R}/D - 1) + 542\,(D_\mathrm{R}/D - 1)^2 \quad \text{für } D_\mathrm{R}/D - 1 < 0{,}44, \tag{15.40a}$$
$$A = 40{,}7 \quad \text{für } D_\mathrm{R}/D - 1 > 0{,}44 \tag{15.40b}$$

Damit findet man

$$C_\mathrm{N} = [154 - 496\,(D_\mathrm{R}/D - 1) + 542\,(D_\mathrm{R}/D - 1)^2]\frac{\pi^2}{6}\,\frac{H}{D}(1 - (D_\mathrm{w}/D)^3)$$
$$\text{für } D_\mathrm{w}/D - 1 < 0{,}44. \tag{15.41a}$$

Für $D_\mathrm{w}/D - 1 > 0{,}44$ und damit auch für den Rührer ohne Leitrohr gilt

$$C_\mathrm{N} = 67\frac{H}{D}[1 - (D_\mathrm{w}/D)^3]. \tag{15.41b}$$

Tabelle 15.8. *Newton-Zahl Ne = C_N/Re für Wendel- und Schraubenspindelrührer bei niedrigen Reynolds-Zahlen*

Autor	Rührer	$\dfrac{D}{D_T}$	$\dfrac{D_R}{D}$	$\dfrac{H}{D}$	$\dfrac{h}{D}$	$\dfrac{H_L}{D_T}$	Kesselboden	$\dfrac{S}{D}$	$\dfrac{a}{D}$	C_N	Re_{min}	Re_{max}
Nagata et al. siehe [21]	Wendel	0,95	—	1,0		1,0	flach	1,0	0,105	340	1,6	100
	Wendel	0,94	—	0,96		1,0		0,745	0,117	250		
Zlokarnik [4]	Wendel	0,98	—	1,0	0,01	1,0	flach	0,5	0,1	1 000	4	100
Ullrich, Schreiber [21]	Wendel	0,93	—	1,31		1,53	gewölbt	1,25	0,088	250	1,6	50
Bourne, Butler siehe [21]	Wendel	0,889	—	1,19		1,22	flach	0,388	0,121	400	0,3	100
		0,952	—	1,11		1,22		0,362	0,113	200	1	200
		0,954	—	1,11		1,22		0,361	0,109	200	1	200
Prokopec [15]	Schraubenspindel	0,658	1,06	—	0,526	2,4	gewölbt	0,333	—	940	0,4	100
								0,495	—	690		
								0,685	—	530		
								1,050	—	620		

Wendelrührer haben ein ähnliches Einsatzgebiet wie die Schraubenrührer. Sie bestehen aus Bändern der Breite w, welche um die Rührerwelle mit dem Durchmesser D_w eine Wendel mit dem Innendurchmesser D_i bilden und mit dieser durch Bolzen oder Stege verbunden sind. Die Wendeln können ein- oder mehrgängig sein. Im Gegensatz zum Schraubenrührer bewegen sich beim Wendelrührer die Wendeln direkt über die Kesselmantelfläche. Die Flüssigkeit strömt im Ringspalt zwischen dem Wendelinnendurchmesser und der Rührerwelle zurück. Die Rührerwendeln erzeugen also eine intensive Strömung über der Kesselwandfläche, so daß auch bei hochviskosen Flüssigkeiten noch eine relativ gute Wärmeübertragung erreicht wird.

Den Wärmeübergang in einem Kessel mit Wendelrührer maßen Kuriyama und Mitarbeiter [48]. Die von ihnen angegebene Korrelationsgleichung lautet:

$$Nu = 0{,}64 \left(Re\, Pr (D_T/D)^2 \frac{2\,S}{D_T - D} \right)^{1/3} (\eta_w/\eta)^{-0{,}2} \tag{15.42}$$

$$1 < Re < 400.$$

Die Ergebnisse von Leistungsmessungen an Wendelrührern findet man in Tab. 15.8 zusammengestellt. Eine Korrelationsgleichung liegt nicht vor.

Die Wankscheibenrührer, über deren Untersuchung Ullrich [4] berichtet, hatten zwei um 30° gegeneinander geneigte Platten mit einem Durchmesserverhältnis $D/D_T = 3/4$ und einem Abstand auf der Wellenachse von $0{,}485\,D$. Der Kesselboden war gewölbt. Beim Rührer I bestanden die Wankscheiben aus gelochten, kreisrunden Platten, beim Rührer II waren es ungelochte Halbkreisplatten. Die Meßergebnisse lassen sich durch folgende Funktionen näherungsweise beschreiben:

$$\text{Rührer I:} \quad Ne = 2{,}15\,(78/Re + Re^{0{,}2}) \quad \pm 5\,\% \tag{15.43}$$
$$\text{für } 1{,}6 \leq Re \leq 30\,000,$$

Rührer II: $\quad Ne = C_N\,(68/Re + Re^{-0,2}) \quad \pm 10\,\%$ $\qquad$ (15.44)
$\qquad$ für $1,6 \le Re \le 12\,000$
$\qquad$ mit $C_N = 5/3$ für abwärtsgerichtete
$\qquad$ und $C_N = 4/3$ für aufwärtsgerichtete Strömung.

Strombrecher, Wandabstreifer und Bodenräumer erhöhen die Newton-Zahl.

15.5.3 Begaste Rührbehälter

Begast man die Flüssigkeit im Rührkessel, so erhöht sich der Wärmeübergang an die Kesselwand beträchtlich. Außerdem wirkt das Gas ausgleichend auf die Temperaturverteilung in der Kesselfüllung. Der direkte Kühleffekt der Begasung ist wegen der niedrigen Wärmekapazität des Gases und seiner geringen Geschwindigkeit ($w_G < 0,1$ m/s, bezogen auf den freien Querschnitt über der Flüssigkeit) bescheiden, doch kann er durch Zugabe von Flüssiggas, z.B. flüssigem Stickstoff, rasch und erheblich gesteigert werden. Auf diese Weise kann man sogar eine Notkühlung für exotherme Reaktionen einleiten.

Über den Wärmeübergang in begasten Rührkesseln liegt eine Arbeit von RAO und MURTI [46] vor. Die Verfasser verwendeten einen sechsflügeligen Scheibenrührer (Abb. 15.4b) in zwei Kesseln mit gewölbten Böden, die mantelseitig beheizt und durch eine Rohrschlange im Kessel gekühlt wurden. Die beiden Apparate waren geometrisch ähnlich, jedoch in der Größe im Verhältnis 1:3 verschieden. Die geometrischen Daten sind in Tab. 15.7 enthalten. Bei der Festlegung der Reynolds-Zahl wurde die Gasgeschwindigkeit w_G durch folgende Definition mitberücksichtigt:

$$Re^* = \frac{D}{\nu}\,(nD + 4\,w_G).$$ $\qquad$ (15.45)

Es werden zwei Korrelationsgleichungen (für Mantel und Schlange) mitgeteilt, welche die Meßergebnisse auf $\pm 10\,\%$ genau wiedergeben:

Mantel $\qquad Nu = 1,35\,Re^{*0,59}\,Pr^{1/3}\,(\eta/\eta_w)^{0,14}\,Fr^{-0,1},$ $\qquad$ (15.46)
Schlange: $\quad Nu = 0,87\,Re^{*0,64}\,Pr^{1/3}\,(\eta/\eta_w)^{0,14}\,Fr^{-0,1},$ $\qquad$ (15.47)
$\qquad 10^3 < Re < 5\cdot10^5; \quad 0,008 < Fr < 0,53.$

Über die Rührerleistung in begasten Rührkesseln liegen drei Arbeiten von ZLOKARNIK vor. In der ersten Arbeit [49] untersuchte er einen Rohrrührer und einen Scheibenrührer mit externer Gaszufuhr. Der Scheibenrührer war sechsflügelig. Die Luft wurde zentrisch unterhalb des Rührers zugeführt. Die Einbauverhältnisse waren:

$$D/D_T = 1/3; \quad H_L/D_T = 10/3; \quad h/D_T = 1; \quad \text{vier Stromstörer.}$$

Die Reynolds-Zahlen lagen so hoch, daß nur noch die Froude-Zahl von Einfluß war:

$$Ne = 1,36\,Fr^{-0,56} \quad \text{für } 0,2 < Fr < 1.$$ $\qquad$ (15.48)

Der vierflügelige Rohrrührer wurde unter den gleichen Einbauverhältnissen untersucht. Für ihn lautet die Korrelationsgleichung

$$Ne = 0,75\,Fr^{-0,56} \quad \text{für } 0,1 < Fr < 5$$ $\qquad$ (15.49)

Bei einem dritten Rührer, einem selbstansaugenden Rohrrührer, wurden die Verhältnisse D/D_T und H_L/D_T variiert. Aus der graphischen Darstellung der Ergebnisse läßt sich die Gleichung

$$Ne = 0,82\,(h/D)^{0,25}\,Fr^{-0,28} \quad \text{für } 1 < Fr < 10$$ $\qquad$ (15.50)

abgreifen. Für $Fr > 10$ wird $Ne = 0,43 = $ const.

In der zweiten Arbeit [50] untersuchte Zlokarnik einen selbstansaugenden Rohrrührer, der im Abstand $H_L^* = 0,25\,D...1,0\,D$ unter dem Flüssigkeitsspiegel montiert war. Dicht über dem Rührer war ein Strombrecherkreuz angeordnet. Die Korrelationsgleichung lautet

$$Ne = [3\,800\,(Fr + 3)^{-6} + 2,5]\ (d_R/D)\ (H_L^*/D)^{1/3}, \qquad (15.51)$$

wobei d_R der Durchmesser des Rührerrohrs ist.

Zwischen $0,15 < Fr < 2$ kann man auch setzen

$$Ne = 3,4\,(d_R/D)\ (H_L^*/D)^{1/3}\ Fr^{-0,4}. \qquad (15.52)$$

Für $Fr > 2$ wird $Ne = 2,58 = \text{const.}$

In einer dritten Arbeit untersuchte Zlokarnik [51] einen von außen begasten Scheibenrührer mit Flüssigkeiten verschiedener Viskosität in einem Behälter mit gewölbtem Boden. Es zeigte sich, daß der Einfluß der Reynolds-Zahl für $Re > 10^4$ verschwindet. Für die Newton-Zahl des Rührers gibt der Autor an:

$$Ne = 1,5 + (0,5\,C_N^{0,075} + 1\,600\,C_N^{2,6})^{-1}, \qquad (15.53)$$

wobei $C_N = \dot{V}_G/nD^3\ (1 + 38\,(D_T/D)^{-5})$; $\dot{V}_G$ = Gasvolumenstrom. Gültigkeitsbereich: $Re > 10^4$; $Fr > 0,65$; $D_T/D > 2,22$; $0,007 < \dot{V}_G/nD^3 < 0,15$.

Gl. 15.53 liefert für $\dot{V}_G \to 0$ den Wert $Ne \to \infty$. Es erscheint daher zweckmäßiger, mit folgenden Korrelationsgleichungen zu rechnen:

$$Ne = 3,75 + \frac{1 - 35\,C_N}{1 + 35\,C_N} \quad \text{für } C_N < 0,017\,7, \qquad (15.54\text{a})$$

$$Ne = 0,53/\sqrt{C_N} \quad \text{für } 0,017\,7 < C_N < 0,125. \qquad (15.54\text{b})$$

Im übrigen gelten die gleichen Randbedingungen wie bei Gl. (15.53). Für $\dot{V}_G = 0$ erhält man den Wert $Ne = 4,75$, der, wie man Abb. 15.14 entnehmen kann, gut mit Meßwerten an unbegasten Scheibenrührern übereinstimmt.

15.6 Wärmeübergang an der Mantelaußenseite

15.6.1 Voll- und Halbrohrschlangen

Für die Berechnung des Wärmeübergangs und des Druckabfalls in Rohrschlangen stehen die Gleichungen für die Strömung in gekrümmten Kanälen zur Verfügung (vgl. Abschn. 1.5). Bei nicht kreisförmigen Querschnitten (Halbrohren, Rechteckkanälen usw.) ist der hydraulische Durchmesser einzusetzen. Bei den auf die Kesselwand aufgeschweißten Strömungskanälen ist zu berücksichtigen, daß die von der Kühlflüssigkeit nicht direkt benetzte Kesselwand nur unvollkommen am Wärmeaustausch teilnimmt. Der Leitwiderstand der Wandabschnitte zwischen den Rohren ist bei der Ermittlung des Wärmedurchgangskoeffizienten in Rechnung zu stellen.

Ferner ist zu beachten, daß sich der Übergang von laminarem zu turbulentem Strömungsverhalten nach höheren Reynolds-Zahlen hin verlagert.

15.6.2 Doppelmäntel

Die Strömung und damit der Wärmeübergang in Doppelmänteln ist schwer zu erfassen. Trifft man keine besonderen Maßnahmen, so stellt sich eine sehr uneinheitliche Strömungsverteilung zwischen den beispielsweise am Kesselboden und am oberen Rande des Mantels angebrachten Ein- und Austrittsstutzen ein.

Eine wohldefinierte Strömung wäre durch den Einbau von Leitwendeln zu erreichen, doch stehen dem meist konstruktive Schwierigkeiten entgegen. Üblich ist der

Einbau von Dralldüsen, die der axial vom Kesselboden nach oben (oder umgekehrt) fließenden Flüssigkeit eine tangentiale Komponente aufprägen.

Über den Wärmeübergang in Kesselmänteln mit Dralldüsen liegt eine Arbeit von LEHRER [52] vor. Der von ihm verwendete Kessel hatte einen Innendurchmesser $D_T = 24'' = 610$ mm, einen Kesselaußendurchmesser $D_i = 24,625'' = 625,5$ mm und einen Spalt von $a = 1'' = 25,4$ mm zwischen Kessel und Mantel. Der Kessel hatte eine Dralldüse. Die Füllhöhe betrug $H_L = 24'' = 610$ mm.

Als charakteristische Größen verwendete Lehrer in Anlehnung an LOHRENZ und KURATA [53] den äquivalenten Durchmesser

$$d_{ae} = \sqrt{8/3}\, a$$

und eine gemittelte Geschwindigkeit im Mantelraum von

$$w = \sqrt{w_a w_d} + w_k \qquad (15.55)$$

Dabei bedeutet

$w_a = \dfrac{\dot{V}}{\pi(D_a^2 - D_i^2)/4}$ Axialgeschwindigkeit,

w_d Austrittsgeschwindigkeit der Flüssigkeit aus der Dralldüse,

$w_k = \sqrt{H_a g \beta \Delta t/2}$ Geschwindigkeit erzeugt durch freie Konvektion im Mantelraum,

D_a Innendurchmesser des Außenmantels,

D_i Außendurchmesser des Kessels,

H_a Höhe des Mantelraums,

β thermischer Ausdehnungskoeffizient.

Die Korrelationsgleichung lautet

$$Nu = \frac{0,03\, Re^{3/4}\, Pr}{1 + 1,74\, Re^{-1/8}\,(Pr - 1)} \quad \text{für } 9 < Re < 40. \qquad (15.56)$$

Bei größeren Kesseln setzt man häufig mehrere Dralldüsen ein. Der Druckabfall auf der Mantelseite wird im wesentlichen durch den Druckabfall in den Düsen bestimmt, der je nach Ausführung mit dem 1,05- bis 1,3fachen des Staudrucks anzusetzen ist.

Ist die Tangentialgeschwindigkeit w_t im Kesselmantel bekannt, so kann der Wärmeübergangskoeffizient mit Hilfe der bekannten Gleichungen für die Strömung in Rohren und Kanälen berechnet werden, wobei vor allem bei kleinen Kesseln die Krümmung des Mantelspalts zu berücksichtigen ist. Der hydraulische Durchmesser beträgt $d_h = 2a$.

Zu einer Beziehung zwischen der Tangentialgeschwindigkeit w_t und der Düsenaustrittsgeschwindigkeit w_d gelangt man dadurch, daß man den durch die Reibung im Kesselmantel erzeugten Energieverlust der Tangentialströmung mit der durch die Düse zugeführten Bewegungsenergie vergleicht. Der Druckabfall bei der Tangentialströmung beträgt

$$\Delta p = \zeta \frac{w_t^2}{2}\, \frac{L}{d_h}\, \varrho \qquad (15.57)$$

mit w_t Tangentialgeschwindigkeit;

$d_h = 2a$ hydraulischer Durchmesser;

$L = \pi D_m$ Strömungsweg unter Vernachlässigung der Steigung, die im allgemeinen keinen großen Beitrag liefert;

D_m mittlerer Durchmesser des Mantelspalts;

ζ Widerstandsbeiwert.

Daraus erhält man den Energieumsatz der Strömung zu

$$p = \dot{V}\Delta p = aHw_t \zeta \frac{w_t^2}{2} \frac{\pi D_m}{2a} \varrho,$$

$$p = \zeta\varrho \frac{\pi}{4} HD_m w_t^3, \tag{15.58}$$

wobei H die Höhe des betrachteten Mantelspalts ist. Am Austritt der Düse steht die Leistung

$$p_1 = \dot{M}_d w_d^2/2$$

mit $\dot{M}_d$ Ausflußmassenstrom,
   w_d Austrittsgeschwindigkeit

zur Verfügung.

Die ausströmende Flüssigkeit stößt dort auf den mit der Tangentialgeschwindigkeit w_t zirkulierenden Flüssigkeitsstrom $\dot{M}_t$. Dem Vorgang in einem Ejektor ähnlich erfolgt ein unelastischer Stoß, wobei angenommen sei, daß gleichzeitig ein Massenstrom $\dot{M}_d$ auf eine in Richtung zum Austritt gelegene, parallele Strombahn ausweicht. Aus dem Impulssatz

$$\dot{M}_d(w_d - w_t) = \dot{M}_t w_t \tag{15.59}$$

ergibt sich für die zur Verfügung stehende Leistung

$$P = P_1(\dot{m}_t/\dot{m}_d)/(\dot{m}_t/\dot{m}_d + 1)^2. \tag{15.60}$$

Ist S_d der Austrittsquerschnitt der Düse, bei mehreren Düsen die Summe der Austrittsquerschnitte, so gilt unter der Voraussetzung gleicher Austrittsgeschwindigkeiten

$$\dot{M}_d = S_d\varrho w_d. \tag{15.61}$$

Außerdem ist

$$\dot{M}_t = aH_a\varrho w_t. \tag{15.62}$$

Damit findet man

$$P = \frac{(w_t/w_d)(aH_a/S_d)}{[(w_t/w_d)(aH_a/S_d) + 1]^2} S_d w_d^3 \varrho. \tag{15.63}$$

Die Leistung muß so groß sein wie die Reibungsverluste im Mantelraum. Durch Gleichsetzen von Gl. (15.58) und (15.63) erhält man

$$\frac{w_t}{w_d} = \frac{S_d}{2aH_a}\left[\sqrt{1 + \sqrt{\frac{32H_a^2 a^3}{\pi D_m S_d^2}\frac{1}{\zeta}}} - 1\right]. \tag{15.64}$$

Den Widerstandsbeiwert ζ kann man zur Reynolds-Zahl der Tangentialströmung

$$Re = w_t 2a/v$$

mit Hilfe der Beziehungen von Colebrook bzw. Prandtl/Nikuradse bestimmen. Hierzu ist eine einfache Iteration erforderlich.

Mit dieser Reynolds-Zahl kann nun der Wärmeübergangskoeffizient der Strömung auf der Mantelseite nach folgender Gleichung berechnet werden:

$$Nu = \frac{\alpha 2a}{\lambda} = C_A Re^{0,8} Pr^{0,42}[1 + 3,6(1 - 2a/D)(2a/D)^{0,8}][1 + (2a/D)^{2/3}](\eta/\eta_w)^{0,14}. \tag{15.65}$$

Diese Gleichung wurde in Anlehnung an die Beziehungen von Hausen für die turbulente Strömung in geraden Rohren und die Beziehungen von E. F. Schmidt [54] für

Rohrschlangen aufgestellt. Die Konstante C_A hängt von der Mengenverteilung auf die Dralldüsen ab. Sind die Düsen gleichmäßig beschickt, so ist

$$C_A = 0,02 \, .$$

Bei ungünstiger Strömungsverteilung kann der Koeffizient auf $C_A = 0,015$ sinken, bei optimaler Beschickung auf $C_A = 0,025$ steigen.

Die Modellvorstellung, die dem angegebenen Ansatz zugrundeliegt, stellt fraglos eine sehr starke Vereinfachung dar. Sie liefert jedoch eine brauchbare Korrelation, deren Genauigkeit durch eine genauere Analyse der Strömungsvorgänge kaum wesentlich gesteigert werden könnte, da in der Praxis eine Reihe von schwer erfaßbaren Einflußgrößen wie Unrundheiten, variable Spaltbreite und abweichende Strömungsbilder am Kesselboden den Wärmeübergang mitbestimmen.

15.6.3 Wärmeleitwiderstände der Kesselwand

Der Wärmeleitwiderstand des Kessels setzt sich zusammen aus dem Widerstand der Metallwand R_3 und dem des Korrosionsschutzbelages R_2.

Beim Doppelmantelbehälter mit der Wanddicke δ gilt

$$R_3 = \frac{\delta}{\lambda_w} \frac{A_i}{A_m} \, , \tag{15.66}$$

wobei λ_w die Wärmeleitfähigkeit des Kesselwerkstoffs ist. Der Wärmeleitwiderstand des Korrosionsschutzbelags R_2 hängt von der Art des Belags und von der Dicke des Auftrags δ_s ab

$$R_2 = \delta_s / \lambda_s \, . \tag{15.67}$$

Die beständigste, aber auch die teuerste Art des Korrosionsschutzes, die Emaillierung, wird schichtweise aufgetragen, wobei zur Verbesserung der Temperaturschockbeständigkeit verschiedene Emailqualitäten übereinander aufgebracht werden. Für die Wärmeleitfähigkeit lassen sich daher nur Mittelwerte angeben, die zwischen

$$\lambda = 1,15 \text{ W/m} \cdot \text{K} \quad \text{(Normalemail),}$$

und

$$\lambda = 1,5 \ \ \text{W/m} \cdot \text{K} \quad \text{(Sonderemail)}$$

liegen.

Auch die Dicke der Emailschicht ist nicht ganz einheitlich. Im allgemeinen beträgt

die Mindestdicke 1,1 bis 1,2 mm,
der Höchstauftrag 1,7 bis 1,8 mm,

so daß sich bei Normalemail ein Wärmeleitwiderstand von

$$10^{-3} < R_2 < 1,5 \cdot 10^{-3} \text{ m}^2\text{K/W}$$

ergibt.

Bei aufgeschweißten Halbrohren ist zu berücksichtigen, daß nur der vom Halbrohr überdeckte Teil der Kesselwand voll an der Wärmeübertragung teilnimmt. Zwischen den Rohren sinkt die wirksame Temperaturdifferenz und damit auch der übertragene Wärmestrom. Die Verhältnisse entsprechen denen bei einer wärmeübertragenden Rippe und können daher rechnerisch in gleicher Weise erfaßt werden (vgl. Abschn. 12.1.1.2).

15.7 Temperiersysteme

Zur Durchführung chemischer Reaktionen muß die Temperatur in einem Rührkessel häufig über einen weiten Bereich mit hoher Genauigkeit gesteuert werden. Traditionell werden hierfür Heiz- und Kühlsysteme eingesetzt, die mit verschiedenen Wärmeträgern arbeiten, z. B. mit Kühlwasser im Bereich zwischen der Umgebungstemperatur und etwa 100 °C, mit Dampf oder Heißwasser im darüberliegenden und mit Kühlsolen oder Alkohol-Wasser-Gemischen im darunterliegenden Temperaturgebiet. Neuerdings gibt man jedoch Einstoffsystemen den Vorzug, die eine stufenlose Temperatursteuerung im ganzen Arbeitsbereich, wenn nötig auch unter Einsatz von Prozeßrechnern, erlauben.

Abb. 15.16 zeigt ein Einstoff-Temperiersystem für einen Doppelmantel-Rührkessel mit Dralldüsen. Eine Umwälzpumpe *3* sorgt für einen ausreichenden Flüssigkeitsstrom durch den Mantel und damit für eine gute Regelbarkeit unabhängig von der Heiz- bzw. Kühllast.

Zur Kühlung kann entweder Flüssigkeit von Umgebungstemperatur aus einem Vorkühlnetz oder tiefkalte Flüssigkeit aus dem Tiefkühlnetz in den Kreislauf eingespeist werden. Eine entsprechende Menge erwärmter Flüssigkeit wird je nach Rückflußtemperatur durch das Dreiwegventil *6* (Temperaturweiche) in die Rückleitung des Vorkühlnetzes oder in die des Rückkühlnetzes geleitet.

Zum Erwärmen des Kreislaufs dient ein dampfbeheizter Wärmeaustauscher *4*. Bei einer solchermaßen dezentralisierten Heizung befindet sich immer nur eine kleine Menge des Wärmeträgers auf hoher Temperatur, was seine Lebensdauer erhöht. Die meist relativ kleinen Erhitzer erweisen sich zudem auch als billiger als ein Versorgungsnetz für heiße Flüssigkeit, insbesondere, weil ein Dampfnetz meist ohnehin vorhanden ist.

Die Temperatur wird mit Hilfe einer zentralen Steuereinheit über die Vorlauftemperatur zum Kesselmantel geregelt. Die Temperatur des Kesselinhalts wird als Sollwertkorrektur aufgeschaltet.

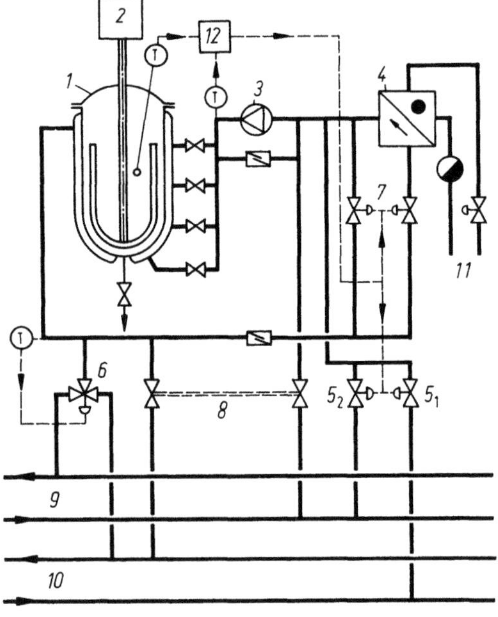

Abb. 15.16.   Einstoff-Temperiersystem für Rührkesselreaktoren. *1* Rührkessel, *2* Rührerantrieb, *3* Umwälzpumpe, *4* Wärmeaustauscher, *5* Speiseventile, *6* Rückflußventil (Temperaturweiche), *7* Heizventile, *8* Notkühlventile, *9* Tiefkühlnetz, *10* Vorkühlnetz, *11* Dampfnetz, *12* Steuer- und Regeleinheit.

Je nach Betriebszustand wird entweder durch Ventil 5_1 aus dem Vorkühlnetz oder durch Ventil 5_2 aus dem Tiefkühlnetz Flüssigkeit in den Kreislauf eingespeist, oder es wird zum Heizen über die Ventilkombination 7 ein Teilstrom der umgewälzten Flüssigkeit durch den Erhitzer geleitet.

Da in den Rührwerksreaktoren häufig exotherme Reaktionen durchgeführt werden, die außer Kontrolle geraten können, ist eine Notkühlvorrichtung vorgesehen. Sie besteht aus zwei mechanisch gekoppelten Kugelhähnen, durch die im Falle von Gefahr rasch eine große Menge tiefkalter Flüssigkeit dem Kühlmantel zugeleitet werden kann. Netzdruck und Kühlkreislauf werden so ausgelegt, daß die Notkühlung auch beim Ausfall der Pumpe 3 wirksam ist.

16 Wärmeträger

H. G. Hirschberg

Benutzte Formelzeichen in Kapitel 16
(s. auch Formelzeichenliste am Anfang des Bandes)

Formelzeichen, Einheiten

a_0	Schallgeschwindigkeit im idealen Gaszustand	m/s
c_p	spezifische Wärmekapazität des Gases bei konstantem Druck	J/kg K
c_v	spezifische Wärmekapazität des Gases bei konstantem Volumen	J/kg K
M	Molmasse	kg/kmol
m	Molarität	mol/kg
Z	Realgasfaktor	
Δh_L	spezifische Lösungsenthalpie (s. Tab. 16.28)	J/kg
$\varkappa = c_{p,0}/c_{v,0}$	Isentropenexponent	
ξ	Konzentration an Stoff 1 in Massenanteilen	
ϱ_n	Dichte im Normzustand ($p = 101{,}325$ kPa, $t = 0\,°C$) (eingeklammerte Werte bei Stoffen, die im Normzustand flüssig sind)	kg/m^3
Φ	Kenngröße für den Wärmeübergang	W/m^2 K $\cdot$ s^{0,8}/m^{0,6}
ψ_{exo}	obere Explosionsgrenze	Vol.-%
ψ_{exu}	untere Explosionsgrenze	Vol.-%
ω	Pitzer-Kennzahl (acentric factor)	

Indizes

A	bei niedrigem Druck	s	Siedetemperatur bei Normaldruck
e	feste Phase bzw. am Erstarrungspunkt	st	Stockpunkt
e	Erstarrungstemperatur	uz	untere Zündgrenze
f	flüssige Phase	zünd	Zündtemperatur
fl	Flammpunktstemperatur	0	bei unendlicher Verdünnung
oz	obere Zündgrenze	'''	am Tripelpunkt

16.1 Allgemeines

16.1.1 Definition

Als Wärmeträger bezeichnet man Stoffe, die zum Transport und zur Speicherung von Wärme verwendet werden. Sie können sich in einem der drei Aggregatzustände befinden, doch kann auch der Übergang von einem Aggregatzustand in den anderen zum Transport und zur Speicherung von Wärme bzw. Kälte nutzbar gemacht werden, also beispielsweise Verdampfung und Kondensation, das Schmelzen oder die Sublimation.

Auch Kältemittel eignen sich als Wärmeträger, und nicht selten sind Kältemittel- und Wärmeträgerkreisläufe miteinander verbunden. Daneben sollen auch gewisse Stoffe, die in verfahrenstechnischen Prozessen häufig Wärmeträgeraufgaben übernehmen, in den Kreis der Betrachtung miteinbezogen werden.

Stoffwertangaben findet man auch in den Bänden II, III, IV und VII dieses Handbuches. Gewisse Überschneidungen mit den dort aufgeführten Daten lassen sich nicht vermeiden. Im allgemeinen dürften die hier zusammengestellten Daten jedoch eine Ergänzung zu den Angaben in den anderen Bänden darstellen.

Die Stoffwerte werden überwiegend in Form von Interpolationsgleichungen wiedergegeben, die sich leicht in Taschenrechner einprogrammieren lassen. Die beigegebenen Stützwerte dienen zur Rechenkontrolle. Die Stoffwerte wurden teils Originalveröffentlichungen, teils Tabellenwerken entnommen und kritisch gesichtet. Auf eine vollständige Literaturangabe wurde aus Platzgründen verzichtet, jedoch wird auf wichtige Datenquellen hingewiesen.

16.1.2 Auswahl von Stoffen

16.1.2.1 Wärme- und strömungstechnische Eigenschaften

Für die Eignung eines Stoffes als Wärmeträger sind die je Volumeneinheit transportierte Wärme und die Wärmeübertragungseigenschaften von besonderer Bedeutung. Erfolgt der Wärmetransport ohne Phasenwechsel, so ist die raumspezifische Wärmekapazität $\varrho\, c_p$ die charakteristische Größe. Sie hat beim idealen Gas den Wert

$$\varrho\, c_p = \frac{\varkappa}{\varkappa - 1}\, \frac{p}{T}. \tag{16.1}$$

Bei flüssigem Wasser von 20 °C beträgt er $\varrho\, c_f = 4\,174\ \text{kJ/m}^3\,\text{K}$.

Dieser Wert wird von keiner anderen reinen Flüssigkeit erreicht (Tab. 16.1).

Als Vergleichswert für den konvektiven Wärmeübergang bei turbulentem Strömungsbild eignet sich die Größe

$$\Phi = \frac{\lambda^{0,6}\, c^{0,4}\, \varrho^{0,8}}{10\, \eta^{0,4}}. \tag{16.2}$$

Für den Wärmeübergangskoeffizienten bei turbulenter Strömung in einem Kreisrohr gilt näherungsweise

$$\alpha = 0{,}22\, w^{0,8}\, d^{-0,2}\, \Phi. \tag{16.2a}$$

mit w Strömungsgeschwindigkeit in m/s

      d Rohrdurchmesser in m.

Tabelle 16.1. *Raumspezifische Wärmekapazität verschiedener Wärmeträger bei 20 °C*

Stoff	$\varrho\, c_f$ in kJ/m^3 K
Ammoniak	2 886
Methanol	1 969
Schwefeldioxid	1 913
Toluol (Toluen)	1 456
R11	1 310
Propan	1 315
Stickstoff (gasförmig, $p = 100$ kPa)	1,2

Tabelle 16.2. *Wärmeübergangskenngröße* Φ
verschiedener Wärmeträger bei 20 °C

Stoff	Φ in $\dfrac{W}{m^2\,K}\,s^{0,8}\,m^{-0,6}$
Ammoniak	11 264
Methanol	3 575
Schwefeldioxid	5 907
Toluol (Toluen)	2 601
R11	2 680
Propan	3 286
Stickstoff (gasförmig, $p = 100$ kPa)	16

Φ hat daher formal die Einheit eines Wärmeübergangskoeffizienten, multipliziert mit dem Faktor $s^{0,8}\,m^{-0,6}$ der Einheiten Sekunde s und Meter m. Bei einer Strömungsgeschwindigkeit von $w = 2,5$ m/s in einem Rohr mit einem Durchmesser von $d = 22$ mm wird $\alpha = 0,22 \cdot 2,5^{0,8} \cdot 0,022^{-0,2}\,\Phi = 1,0\,\Phi$. Auch die Größe Φ hat bei Wasser mit $\Phi_{20\,°C} = 8\,242\,Wm^{-2}\,K^{-1}\,s^{0,8}\,m^{-0,6}$ einen sehr hohen Wert, der jedoch von Ammoniak noch übertroffen wird (Tab. 16.2).

Bei turbulenter Strömung ist der Wärmeübergang erheblich besser als bei laminarer. Die kinematische Viskosität des Wärmeträgers sollte daher einen Wert haben, bei dem sich in einem Rohr mittleren Durchmessers noch eine turbulente Strömung einstellt. Dies ist sicher der Fall, wenn die Reynolds-Zahl einen Wert $Re > 5\,000$ hat. In einem Kanal mit einem hydraulischen Durchmesser $d_h = 20$ mm wird diese Reynolds-Zahl bei einer Strömungsgeschwindigkeit von $w = 2,5$ m/s erreicht, falls die kinematische Viskosität des strömenden Stoffes nicht mehr als

$$\nu = 10^{-5}\,m^2/s$$

beträgt.

Übersteigt die Viskosität $\nu = 5 \cdot 10^{-5}\,m^2/s$, so geht auch der Pumpenwirkungsgrad zurück und die Druckverluste nehmen stark zu. Dieser Viskositätswert ist daher normalerweise als Obergrenze für den Einsatzbereich eines Stoffes anzusehen.

Erfolgt der Wärmetransport durch Verdampfung und Kondensation, so ist die Verdampfungsenthalpie maßgebend für die wärmetechnische Eignung eines Stoffes. Für die Kältespeicherung sind die Schmelz- bzw. Sublimationsenthalpie, im Falle von Mehrstoffsystemen unter Umständen auch die Lösungsenthalpien wichtig.

Die unterste Grenze für den Einsatz einer Wärmeträgerflüssigkeit ist naturgemäß ihr Erstarrungspunkt t_e. Zahlreiche Stoffe und Stoffgemische haben keinen exakten Erstarrungspunkt. Vielmehr verlieren sie durch starke Zunahme ihrer Viskosität unterhalb einer gewissen Temperatur ihre Fließfähigkeit. Bei ihnen tritt an die Stelle des Erstarrungspunkts der Stockpunkt t_{st}, der nach genormten Verfahren (z. B. ASTM D97-59, DIN 51 597) bestimmt wird.

16.1.2.2 Dampfdruck

Der Dampfdruck von Wärmeträgern ist für die Auslegung der Kreisläufe wichtig. Vielfach wird der Betriebsdruck durch einzelne Bauelemente wie Doppelmantelbehälter begrenzt. So sind emaillierte Rührwerkskessel vielfach nur für einen Mantelraumdruck von $p_M = 700$ kPa konstruiert. Dieser darf auch bei extremen Betriebsbedingungen, z. B. bei geschlossenem Ventil auf der Abflußseite, nicht überschritten werden. Der zulässige Dampfdruck ergibt sich dann z. B. aus folgender Rechnung:

maximale Druckerhöhung der Pumpe $\quad p_\mathrm{p}$
+ statischer Flüssigkeitsdruck $\quad p_\mathrm{h}$
+ Dampfdruck im Expansionsbehälter $\quad \underline{p_\mathrm{s}}$
= maximaler Betriebsdruck im Mantelraum $\quad p_\mathrm{M}$

Vielfach darf daher der Dampfdruck des Wärmeträgers nicht wesentlich über dem Atmosphärendruck liegen. Da die Einsatztemperatur eines Wärmeträgers nach unten durch den Erstarrungspunkt bzw. den zulässigen Höchstwert der Viskosität bestimmt wird, ist als Hauptanwendungsbereich eines Wärmeträgers die Temperaturspanne zwischen t_e bzw. der Temperatur, bei der die kinematische Viskosität den Wert $v = 10^{-5}\,\mathrm{m^2/s}$ erreicht, und dem Siedepunkt t_s anzusehen.

16.1.2.3 Sicherheitstechnische Daten

Der Wärmeträger darf im Normalfall das Sicherheitsrisiko einer Anlage nicht erhöhen. Das gilt insbesondere hinsichtlich der Brand- und Explosionsgefahr.

Sicherheitstechnische Kennwerte für die aus der Entflammbarkeit eines Stoffes herrührenden Risiken sind:

a) Der *Flammpunkt*, definiert als die niedrigste Temperatur t_fl, bei der sich aus der Flüssigkeit unter festgelegten Bedingungen in solcher Menge Dämpfe entwickeln, daß über dem Flüssigkeitsspiegel ein zündfähiges Gemisch entsteht.

Man unterscheidet die Flammpunktbestimmung im geschlossenen Tiegel z. B. nach ABEL-PENSKY (für $t_\mathrm{fl} \leq 65\,°\mathrm{C}$) oder PENSKY-MARTENS (für $t_\mathrm{fl} \geq 65\,°\mathrm{C}$), und im offenen Tiegel, z. B. nach MARCUSSON.

Liegt die Flüssigkeitstemperatur um mehr als 5 K unter der Flammpunktstemperatur, so kann sich normalerweise keine explosionsfähige Atmosphäre bilden. Wird die Flüssigkeit jedoch versprüht oder entstehen aus anderen Gründen Nebel, so können auch weit unterhalb des Flammpunkts explosionsfähige Gemische auftreten.

b) Die *Zündtemperatur* oder der *Zündpunkt*, definiert als die niedrigste Temperatur einer erhitzten Wand, an der sich der brennbare Stoff im Gemisch mit Luft selbst entzündet. Man unterscheidet den Gaszündpunkt (AIT: Autoignition Temperature) und den Tropfzündpunkt (SIT: Spontaneous Ignition Temperature). Der Gaszündpunkt liegt meist höher als der Tropfzündpunkt und stets über dem Normalsiedepunkt. Zwischen Gaszündpunkt und Tropfzündpunkt liegt häufig eine Zone des Nichtzündens (vgl. [1]).

In der Praxis hat der Tropfzündpunkt nur dort Bedeutung, wo der Stoff in flüssiger Form mit einer der Luft ausgesetzten heißen Oberfläche in Kontakt kommen kann. Im allgemeinen ist der Gaszündpunkt das Sicherheitskriterium. Im folgenden wird daher unter Zündtemperatur $t_\mathrm{zünd}$ der Gaszündpunkt (AIT) verstanden.

Von der Zündtemperatur hängt die höchstzulässige Oberflächentemperatur von Apparaten und Geräten ab, die mit dem Stoff in Berührung kommen können. Man unterscheidet sechs Temperaturklassen:

T1	T2	T3	T4	T5	T6
$t = 450\,°\mathrm{C}$	$300\,°\mathrm{C}$	$200\,°\mathrm{C}$	$135\,°\mathrm{C}$	$100\,°\mathrm{C}$	$85\,°\mathrm{C}.$

Die Zündtemperaturen der brennbaren Stoffe müssen höher liegen als die höchstzulässige Oberflächentemperatur nach der entsprechenden Temperaturklasse.

Die Zündtemperaturen der Stoffe sind sehr unterschiedlich. Sie reichen von $t_\mathrm{zünd} = 600\,°\mathrm{C}$ und darüber bei Stoffen wie Ammoniak, Kohlenmonoxid und Monochlormethan, bis hinab zu Werten $t_\mathrm{zünd} < 200\,°\mathrm{C}$, wie bei Ether, Acetaldehyd und Schwefelkohlenstoff. Bei den aliphatischen Kohlenwasserstoffen nimmt die Zündtemperatur mit zunehmender Zahl an Kohlenstoffatomen im Molekül ab.

Wird der Flüssigkeit in besonders reichem Maße Sauerstoff dargeboten, so können spontane Entzündungen sogar unterhalb des Tropfzündpunkts auftreten. Dies ist beim Versprühen in die Luft oder auf feste Oberflächen der Fall. Für die Praxis noch wichtiger ist ein mögliches Einsickern des Stoffes in poröse oder faserige Isolierstoffe. Besteht diese Gefahr, so ist die Isolierung so auszuführen, daß im Kontakt mit hohen Temperaturen nur Material mit geschlossenen Poren, wie z. B. Schaumglas (foam glass) zur Anwendung kommt.

c) Die *Explosionsgrenzen in Luft* sind definiert als der untere und der obere Gehalt des Stoffes in der Luft, bei dem das Gemisch noch gezündet werden kann. Die Explosionsgrenzen werden meist in Volumprozenten angegeben, die bei niedrigen Drücken praktisch mit Molprozenten übereinstimmen, weshalb hier das Symbol ψ verwendet werden soll:

$$\psi_{\text{exu}} = \text{untere Explosionsgrenze in Vol.-\%,}$$
$$\psi_{\text{exo}} = \text{obere Explosionsgrenze in Vol.-\%.}$$

Die Explosionsgrenzen sind temperatur- und druckabhängig. Die untere Explosionsgrenze sinkt meist mit steigender Temperatur. So gilt z. B. für Kohlenwasserstoffe

$$\psi_{\text{exu}}/(\psi_{\text{exu}})_{25\,°\text{C}} = 1{,}02 - 7{,}21 \cdot 10^{-4}\,t. \tag{16.3}$$

Eine Druckerhöhung wirkt ebenfalls erweiternd auf den Explosionsbereich. Schließlich kann der Explosionsbereich auch durch Erhöhen oder Absenken des Sauerstoffgehalts verbreitert bzw. verengt werden.

d) Der *Zündbereich* ist der Temperaturbereich, innerhalb dessen infolge des Dampfdrucks der Flüssigkeit über ihrer Oberfläche zündfähige Gemische, d. h. Gemische mit der Zusammensetzung $\psi_{\text{exu}} \leqq \psi \leqq \psi_{\text{exo}}$ entstehen können. Zwischen den Explosionsgrenzen und den Zündbereichsgrenzen besteht also ein funktionaler Zusammenhang:

$$\psi_{\text{exu}} = p_{\text{tuz}}/p_{\text{atm}},$$
$$\psi_{\text{exo}} = p_{\text{toz}}/p_{\text{atm}}.$$

$p_{\text{tuz}}, p_{\text{toz}}$ sind die Dampfdrücke der Flüssigkeit an der unteren bzw. oberen Zündbereichsgrenze, p_{atm} der Atmosphärendruck.

e) Die *Mindestzündenergie*, gemessen in Joule, ist definiert als die Mindestenergie eines elektrischen Entladungskreises, die erforderlich ist, um das zündwilligste Gemisch eines Stoffes mit Luft bei den Ausgangsbedingungen $t = 20\,°\text{C}$ und $p = 100\,\text{kPa}$ zu zünden.

Außerdem können Flammenausbreitungsgeschwindigkeit und Explosionsdruck eine Rolle spielen.

16.1.2.4 Physiologische Eigenschaften

Auf das Problem der Toxizität von Arbeitsstoffen und die Bedeutung der Warnfähigkeit wird in Band IV dieses Handbuches bereits eingegangen. Ein Leitwert für die Beurteilung der Eignung eines Stoffes ist der MAK-Wert, die *m*aximal zulässige *A*rbeitsplatz-*K*onzentration, ausgedrückt in Vol.-ppm oder mg/m^3. Auch ist auf eine mögliche Hauptresorption, auf Sensibilisierungserscheinungen sowie auf die Möglichkeit einer Bildung von schädlichen Zersetzungsprodukten (z. B. in offenen Flammen) zu achten.

16.1.2.5 Chemische und thermische Eigenschaften

Hierunter fallen die Resistenz eines Stoffes gegen chemische Einwirkungen, z. B. Oxidation, und gegen thermischen Zerfall. In speziellen Fällen, nämlich dann, wenn die Gefahr besteht, daß der Wärmeträger mit leicht reagierenden chemischen Substanzen in Kontakt kommen kann, wie z.B. bei der Kühlung chemischer Reaktionsgefäße, kann auch eine allgemeine chemische Inertheit verlangt sein.

Der Wärmeträger sollte übliche Werkstoffe nicht korrodieren.

Der ideale Wärmeträger sollte keine speziellen anlagentechnischen Vorkehrungen für den Umweltschutz erforderlich machen. Verbrauchter Wärmeträger sollte leicht beseitigt werden können.

16.1.3 Interpolationsgleichungen

Eine Interpolationsgleichung sollte die typische Abhängigkeit der Stoffgröße von den betrachteten Parametern, in erster Linie also von der Temperatur, richtig wiedergeben, damit eine ausreichende Genauigkeit mit wenigen Konstanten erreicht wird.

Polynome eignen sich nur dort, wo die Abweichungen vom linearen Verhalten nicht allzu groß sind. Das gilt z.B. für die Temperaturabhängigkeit der Dichte, der spezifischen Wärmekapazität und der Wärmeleitfähigkeit von Flüssigkeiten und Gasen in größerer Entfernung vom kritischen Punkt.

Als Dampfdruckgleichungen werden hier Interpolationsgleichungen angegeben, die auf den folgenden Beziehungen aufgebaut sind:

$$\log p = A + \frac{B}{C + t} \quad \text{(Antoine-Gleichung)}, \tag{16.4}$$

$$\log p = A + \frac{B}{T} + C \log T + D T + E T^2. \tag{16.5}$$

Erstreckt sich der betrachtete Bereich bis in die Nähe des kritischen Punkts, so reicht das Polynom auch für die Erfassung der Flüssigkeitsdichte nicht mehr aus. In diesen Fällen wird die Rackett-Gleichung verwendet:

$$\varrho = A \, B^{-(1 - T^*)^{2/7}} \tag{16.6}$$

Darin sind $A \approx \varrho_{kr}$, $B \approx Z_{kr}$ und $T^* = T/T_{kr}$.

Auch bei der spezifischen Wärmekapazität der Flüssigkeit können in diesem Falle modifizierte Ansätze notwendig werden (vgl. CH_4, C_2H_4, SF_6).

Für die Sattdampfdichte werden folgende Interpolationsgleichungen verwendet:

$$\log \varrho'' = A - B/T - C \log T, \tag{16.7}$$

$$\varrho'' = A \frac{p^*}{T} [B + p^* + C(2 - p^{*3})^{-6,33}] \tag{16.8}$$

$$p^* = p/p_{kr}$$

(Gleichung von Edwards und Thodos [2]).

Für die Konstanten gilt

$$A \approx 0{,}26 \, T_{kr} \, \varrho_{kr}; \quad B \approx Z_{kr}/0{,}26; \quad C \approx \frac{0{,}74 - Z_{kr}}{0{,}26}.$$

Bei der Interpolation der Flüssigkeitsviskosität wird mit folgenden Ansätzen gearbeitet:

$$\eta_f = \frac{A}{1 + Bt + Ct^2 + Dt^3}, \tag{16.9}$$

$$\log \eta_f = A + B/T + CT + DT^2. \tag{16.10}$$

Für Oberflächenspannung und Verdampfungsenthalpie eignen sich Interpolationsgleichungen des Typs

$$y = A \, (t_{kr} - t)^C. \tag{16.11}$$

Bei der Verdampfungsenthalpie hat der Exponent vielfach den Wert $C = 0{,}38$.

Für die Wärmeleitfähigkeit und die Viskosität von Kältemitteln geben Perel'shtein und Parushin [3] allgemeingültige Korrelationsgleichungen an. Für Gase von Atmosphärendruck und darunter lauten sie

$$y = y_{KA} \exp[A f(T^*)]. \tag{16.12}$$

Für y ist entweder die Wärmeleitfähigkeit λ oder die dynamische Viskosität η einzusetzen. y_{KA} ist die entsprechende Größe bei Atmosphärendruck und der kritischen Temperatur T_{kr}. A ist ein Koeffizient, der im Falle der Wärmeleitfähigkeit λ stoffabhängig ist, während er bei der Viskosität η für alle Stoffe den Wert $A = 0{,}9$ hat.

Die Temperaturfunktion lautet

$$f(T^*) = \ln T^* + 0{,}5 \, (1 - T^{*-1})^2 \, (1 - T^{*-1} - \ln T^*) \, (1 - 0{,}1 \, (1 - T^{*-1})^4). \tag{16.12a}$$

Da sie sich wegen ihres relativ komplizierten Aufbaus weniger als Interpolationsgleichung eignet, wurden die mit ihr errechneten Werte durch Polynome wiedergegeben (vgl. Tab. 16.73 und 16.74).

Hängt die Stoffgröße außer von der Temperatur noch von weiteren Parametern, beispielsweise vom Druck oder von der Zusammensetzung oder von beidem ab, so erhöht sich der Schwierigkeitsgrad bei der Aufstellung von Korrelationsgleichungen drastisch. Zugleich wächst die Unsicherheit bei den vorliegenden Meßdaten.

Während die Druckabhängigkeit der Stoffwerte für Flüssigkeiten im allgemeinen außer Betracht gelassen werden kann, sind die Gasdaten stark druckabhängig. Für den Zusammenhang zwischen Druck, Temperatur und Dichte von Gasen wird die Zustandsgleichung von Benedict, Webb und Rubin verwendet, die sich in der folgenden Form als Beziehung zwischen dem Realgasfaktor

$$Z = \frac{p}{\varrho R T}$$

und den reduzierten Zustandsgrößen

$$p^* = p/p_{kr} \qquad T^* = T/T_{kr} \qquad \varrho^* = \frac{\varrho R T_{kr}}{p_{kr}} = \frac{p^*}{Z T^*}$$

schreiben läßt:

$$Z = 1 - \frac{p^*}{T^*}[A + B\varrho^* - C\varrho^{*4} - DT^* - E\varrho^* T^*$$

$$+ F/T^{*2} - G\varrho^*/T^{*2}(1 + H\varrho^{*2}) \exp(-H\varrho^{*2})] \tag{16.13}$$

A bis H sind stoffspezifische Konstanten. Sie hängen mit den Koeffizienten der B-W-R-Gleichung in ihrer üblichen Schreibweise (vgl. z.B. [4]) folgendermaßen zusammen:

$$p = \frac{RT}{v} + (B_0 RT - A_0 - C_0/T^2)/v^2 + (bRT - a)/v^3 + a \, \alpha \, v^{-6}$$

$$+ [C(1 + \gamma/v^2) \exp(-\gamma/v^2)]T^2/v^3 \tag{16.13a}$$

$$A = A_0 \frac{p_{kr}}{R^2 T_{kr}^2} \qquad E = b \frac{p_{kr}^2}{R^2 T_{kr}^2}$$

$$B = a \frac{p_{kr}^2}{R^3 T_{kr}^3} \qquad F = C_0 \frac{p_{kr}}{R^2 T_{kr}^4},$$

$$C = \alpha a \frac{p_{kr}^5}{R^6 \, T_{kr}^6} \qquad G = C \frac{p_{kr}^2}{R^3 \, T_{kr}^5} \, ,$$

$$D = B_0 \frac{p_{kr}}{R \, T_{kr}} \qquad H = \gamma \frac{p_{kr}^2}{R^2 \, T_{kr}^2} \, .$$

Die Konstanten A bis H sind für einige Stoffe in den Tab. 16.7, 16.13, 16.31 und 16.34 angegeben.

Rechenbeispiel

Gesucht ist die Dichte von Kohlendioxid bei $p = 2\,000$ kPa und $t = 0\,°C$ (s. Tab. 16.31).

$$T^* = 273{,}15/304{,}21 = 0{,}897\,9, \quad p^* = 2\,000/7\,378 = 0{,}271\,08.$$

Man geht von einem Schätzwert für Z aus, z. B. $Z = 0{,}8$, und errechnet damit

$$\varrho_0^* = p_{kr}/(Z T_{kr}) = 0{,}271\,08/(0{,}8 \cdot 0{,}897\,9) = 0{,}377\,38.$$

Mit diesem Wert, $T^* = 0{,}897\,9$ und den Konstanten A bis H, die man Tab. 16.31 entnimmt, geht man in Gl. (16.13) ein und erhält $Z = 0{,}831\,37$.

Damit findet man $\varrho_1^* = 0{,}363\,14$ und wiederholt die Rechnung. Schließlich gelangt man zum Ergebnis $Z = 0{,}839\,1$ und findet mit der universellen Gaskonstanten $R_0 = 8{,}314\,3$ kJ/kmol K somit für die Dichte des Gases

$$\varrho = \frac{p \, M}{R_0 \, T \, Z} = \frac{2\,000 \cdot 44{,}010}{8{,}314\,3 \cdot 273{,}15} \cdot \frac{1}{0{,}839\,1} = 46{,}19 \text{ kg/m}^3.$$

Die spezifische Wärmekapazität der Gase nimmt mit dem Druck zu. In der Nähe des kritischen Punkts, in dem c_p den Wert unendlich annimmt, ist die Druckabhängigkeit besonders ausgeprägt. Aber auch bei Drücken von 0,5 bis 1 MPa sind die Korrekturen schon merklich. Die Differenz zwischen der spezifischen Wärmekapazität bei höherem Druck und derjenigen bei $p > 0$ läßt sich in Abhängigkeit von Druck und Temperatur darstellen. Verwendet man die reduzierten Zustandsgrößen p^* und T^*, so gelangt man zu allgemeingültigen Darstellungen (vgl. [5]). Für „einfache Fluide", d. h. solche mit der Pitzer-Kennzahl (acentric factor)

$$\omega = -\log (p^*)_{T^* = 0{,}7} - 1 \rightarrow 0$$

kann man mit folgender Näherungsgleichung rechnen:

$$\Delta c_{p,0} = A\,(2{,}9\, p^*/T^{*2,4} + 10\, p^{*2}\, T^{*-(4,3 + T^{*6})}).$$

Gültigkeitsbereich:

$$T^* \leqq 0{,}8 \quad \text{falls} \quad p^* < 0{,}2,$$
$$T^* \leqq 0{,}9 \quad \text{falls} \quad p^* < 0{,}5,$$
$$T^* \leqq 1{,}0 \quad \text{falls} \quad p^* < 0{,}8,$$
$$1{,}1 < T^* < 1{,}6 \quad \text{falls} \quad p^* < 1{,}0,$$
$$1{,}6 < T^* < 2{,}0 \quad \text{falls} \quad p^* < 2{,}0.$$

Bei „realen Fluiden", d. h. wenn die Pitzer-Zahl erheblich über Null liegt, kommt noch eine weitere Korrektur hinzu:

$$\Delta c_{p,1} = A\omega\,[7{,}3\, T^{*-3,9}\, p^* + (11\, T^{*-7} - 5/T^{*3})\, p^{*2}].$$

Der Gültigkeitsbereich dieser Korrekturfunktion ist enger als der von $\Delta c_{p,0}$

$$T^* < 0{,}8 \quad \text{falls} \quad p^* < 0{,}2,$$
$$T^* < 0{,}9 \quad \text{falls} \quad p^* < 0{,}3,$$
$$T^* < 1{,}0 \quad \text{falls} \quad p^* < 0{,}4,$$
$$T^* < 1{,}1 \quad \text{falls} \quad p^* < 0{,}8,$$
$$1{,}1 < T^* < 1{,}5 \quad \text{falls} \quad p^* < 1{,}0.$$

Ist $\omega < 0,05$, was für Edelgase, Stickstoff, Sauerstoff, Methan usw. zutrifft, so kann $\Delta c_{p,1}$ vernachlässigt werden. Die Konstante hat den Wert

$$A = 4\,186,8/M$$

(M Molmasse), wenn c_p in J/kg K erhalten werden soll.

Die druckkorrigierte spezifische Wärmekapazität ist somit

$$c_p = c_{p,A} + \Delta c_{p,0} + \Delta c_{p,1}. \tag{16.14}$$

Rechenbeispiel

Gesucht ist die spezifische Wärmekapazität von Kohlendioxid bei $p = 2\,000$ kPa und $t = 0\,°C$. Mit der Interpolationsgleichung aus Tab. 16.30 errechnet man für Atmosphärendruck $c_{p,A} = 821,0$ J/kg K.

Für $T^* = 273,15/304,21 = 0,897\,9$ und $p^* = 2\,000/7\,378 = 0,217\,08$ erhält man

$$\Delta c_{p,0} = \frac{4\,186,8}{44,010}\,[2,9 \cdot 0,271\,08/0,897\,9^{2,4} + 10 \cdot 0,271\,08^2/0,897\,9^{(4,3 + 0,897\,9^6)}] = 214,4 \text{ J/kg K,}$$

$$\Delta c_{p,1} = \frac{4\,186,8}{44,010} \cdot 0,223 \cdot [7,3 \cdot 0,897\,9^{-3,9} \cdot 0,271\,08 + (11/0,897\,9^7 - 5/0,897\,9^3)\,0,271\,08^2]$$

$$= 89,6 \text{ J/kg K.}$$

Damit erhält man $c_p = 821,0 + 214,4 + 89,6 = 1\,125,0$ J/kg K.

In ähnlicher Weise wie bei der spezifischen Wärmekapazität lassen sich auch bei der Wärmeleitfähigkeit additive Korrekturen zu den Werten für das verdünnte Gas angeben. Die von Stiel und Thodos [6] ermittelte Korrekturformel lautet

$$\Delta\lambda = \lambda - \lambda_{g,A} = A\,[\exp{(B\varrho - C)}]. \tag{16.15}$$

Die Konstanten sind:

$$A = A^*/(\Psi Z_{kr}^5); \qquad \Psi = T_{kr}^{1/6}\,M^{1/2}/p_{kr}^{2/3} \quad \text{mit} \quad p_{kr} \text{ in MPa;}$$

$$Z_{kr} = p_{kr}/(R\varrho_{kr}\,T_{kr}); \qquad B = B^*/\varrho_{kr}$$

mit

$\varrho^* < 0,5$	$0,5 \leq \varrho^* < 2$	$2 \leq \varrho^* < 2,8$
$A^* = 0,27$	$0,252$	$0,057\,33$
$B^* = 0,535$	$0,67$	$1,155$
$C = 1,00$	$1,069$	$2,016$

ϱ_{kr} in kg/m³; λ in 10^{-3} W/m·K.

Für die Dichtekorrektur der Gasviskosität schlagen Starling und Ellington [7] verschiedene Gleichungen vor. Die hier verwendete lautet

$$\eta = \eta_{g,A}\,\exp{[(A + B/T)\,\varrho^{4/3}]}. \tag{16.16}$$

16.1.4 Anmerkungen zu den Stoffwerttabellen

Die in den nachfolgenden Abschnitten enthaltenen Stoffwerttabellen sind einheitlich aufgebaut. Auch wurden, von wenigen Ausnahmen abgesehen, für die einzelnen Stoffwerte gleiche Maßeinheiten verwendet. Die Umrechnung der wichtigsten Maßeinheiten in früher gebräuchliche Einheiten entnimmt man Tab. 16.3.

Wenn nichts anderes angegeben, liefert die Interpolationsgleichung den betreffenden Stoffwert in der angegebenen Maßeinheit. Steht vor der Gleichung die Angabe „log:", so bedeutet dies, daß die Gleichung für den Zehnerlogarithmus der betreffenden Größe gilt. So bedeutet beispielsweise die Angabe in der Zeile für p:

Tabelle 16.3. *Wichtige Maßeinheiten und ihre Umrechnung in früher gebräuchliche Einheiten*

Symbol	Benennung	Einheit	Faktor zur Umrechnung in	
p	Druck	kPa	bar:	0,01
			at = kp/cm²:	0,010 197 2
			atm:	0,009 862 4
			Torr:	7,500 6
			psia:	0,145 038
c	spezifische Wärmekapazität	J/kg K	kcal/kg K: Btu/lb°F:	0,238 846 · 10^{-3}
λ	Wärmeleitfähigkeit	10^{-6} W/m · K	kcal/mh K:	8,598 45 · 10^{-4}
			cal/cms K:	2,388 46 · 10^{-6}
			Btu/fthr°F:	5,777 89 · 10^{-4}
η	dynamische Viskosität	10^{-3} Pa s	cP(oise):	1
			kps/m²:	1,019 72 · 10^{-4}
			lb$_f$s/ft²:	2,088 54 · 10^{-5}
		10^{-6} Pa s	cP(oise):	0,001
			μP(oise):	10
σ	Oberflächenspannung	10^{-3} N/m	dyn/cm:	1
h	Enthalpie	kJ/kg	kcal/kg:	0,238 846
			Btu/lb:	0,429 923

log: $6{,}616\,5 - 976/(245 + t)$, daß die Gleichung lautet: $p = 10^{(6{,}616\,5 - 976/(245 + t))}$. In der dritten Spalte einiger Stoffwerttabellen findet man Anmerkungen. Dabei bedeuten:

A: bei niedrigem Druck (ca. 100 kPa),
0: bei unendlicher Verdünnung
S: bei Sättigungsdruck.

(Wo diese Anmerkungen nicht erforderlich sind, gibt es diese Spalte nicht.)

Die Interpolationsgleichungen gelten, sofern nichts anderes vermerkt ist, im Temperatur- bzw. Konzentrationsbereich zwischen den äußeren Stützwerten. Bei druckabhängigen Größen gilt die Gleichung bis zum Druck des jeweiligen Stützwertes.

Die Stützwerte dienen in erster Linie der Rechenkontrolle. Die Anzahl der angegebenen Stellen ist kein Maß für die Genauigkeit des betreffenden Stoffwertes.

Bei den Temperaturangaben wurde dem Grad Celsius (Symbol t) seiner Anschaulichkeit wegen überall dort, wo dies möglich und sinnvoll erschien, gegenüber der Kelvin-Einheit (Symbol T) der Vorzug gegeben.

16.2 Gase

Stoffe, deren Siedepunkt unter 100 K liegt, sind in der Gruppe Gase zusammengefaßt. Tab. 16.4 gibt eine Übersicht über die wichtigsten Eigenschaften der vier Stoffe, für die Datenblätter ausgearbeitet wurden. Darin ist auch die oberste Inversionstemperatur t_{inv} aufgeführt. Es ist dies die Temperatur, oberhalb derer auch bei niedrigen Drücken ein negativer Joule-Thomson-Effekt, d. h. eine Erwärmung bei der Drosselung des Gases auftritt. Außerdem ist die Exergiedifferenz Δe_s zwischen gesättigter Flüssigkeit und dem Gas bei Normaldruck (101,325 kPa) und 300 K aufgeführt. Diese

Tabelle 16.4. *Eigenschaften von Wärmeträgergasen*

t_{inv}, T_{inv} *oberste Inversionstemperatur,* Δe_s *minimale Verflüssigungsarbeit,*
† *Lambda-Punkt,* * 1 atm = 101,325 kPa

Größe	Einheit	Stickstoff N$_2$	Luft	Helium He	Argon Ar
M	kg/kmol	28,013	28,96	4,0026	39,948
ϱ_n	kg/m³	1,250	1,293	0,17847	1,7837
t_e	°C	−210,0	−216,2 −212,9	−271,38 †	−189,35
T_e	K	63,15	57,0 60,8	1,763 †	83,8
t_s	°C	−195,8	−194,4 −191,4	−268,926	−185,86
T_s	K	77,35	78,8 81,8	4,224	87,29
t_{kr}	°C	−146,8	−140,7	−267,95	−122,25
T_{kr}	K	126,35	132,45	5,20	150,9
t_{inv}	°C	334	364	−226,9	495
T_{inv}	K	607	637	46,3	768
$c_{p,\mathrm{A}}$ (0 °C)	J/kg K	1038	1005	5194	520,3
$\varrho_n c_{p,\mathrm{A}}$ (0°C)	J/m³ K	1298	1299	927	928
ϱc_p (100 kPa) (20 °C)	J/m³ K	1197	1196	854	854
Φ (100 kPa) (20 °C)	$\dfrac{\mathrm{W}}{\mathrm{m}^2\,\mathrm{K}}\dfrac{\mathrm{s}^{0,8}}{\mathrm{m}^{0,6}}$	15,8	16,0	17,5	11,6
$\varkappa_0$ (20 °C)	−	1,40	1,40	5/3	5/3
a_0 (20 °C)	m/s	349,0	343,2	1007,4	318,9
Δe_s (1 atm) * (300 K)	kJ/kg	766	738	6819	480
Pr (20 °C)	−	0,724	0,707	2/3	2/3
Z_{kr}	−	0,291		0,303	0,291
ω	−	0,045			−0,018

Größe entspricht dem minimalen Arbeitsaufwand zur Verflüssigung von 1 kg Gas. Da in Band IV dieses Handbuches ausführlich auf die Eigenschaften der flüssigen und gasförmigen Luft eingegangen wird, beschränkt sich der entsprechende Abschnitt hier auf wenige, vor allem ergänzende Angaben.

16.2.1 Stickstoff (Tab. 16.5 bis 16.7)

Verwendung

Kältemittel für Kaltgasprozesse, flüssiger und gasförmiger Wärmeträger, Inertgas, vielfältige Verwendung als technisches Gas.

Physikalische Eigenschaften

Die Dampfdruckgleichung des Datenblatts Tab. 16.5 gibt die Verhältnisse im Interpolationsbereich mit guter Genauigkeit wieder. Bei höheren Temperaturen weicht sie nach unten ab. Die Gleichung von YAWS [8] gilt bis zum kritischen Punkt (Abweichung dort $+0,45\%$):

$$\log p = 20,7476 - 455,57/T - 7,5107 \log T + 1,7214 \cdot 10^{-2} T.$$

Für den Dampfdruck über festem Stickstoff im Bereich $15\,\text{K} < T < 35,6\,\text{K}$ findet man in [9] die Gleichung

$$\log p = 3,7239 - 361,2/T + 4,79 \log T - 0,04\,T; \quad p \text{ in Pa.}$$

Der Schnittpunkt dieser Dampfdruckkurve mit derjenigen aus dem Datenblatt für den Bereich $50\,\text{K} < T < 63,15\,\text{K}$ liegt bei $T = 46\,\text{K}$.

Für die Sättigungsdichte des Dampfes wurde die Interpolationsgleichung von Edwards und Thodos verwendet. Sie gilt bis in die Nähe des kritischen Punkts (Abweichung dort $-0,45\%$). Der Realgasfaktor weicht bei Stickstoffgas von Atmosphärendruck und Temperaturen über $-100\,°\text{C}$ kaum von 1 ab:

$$Z = 0,99937 + 1,736 \cdot 10^{-5}\,t - 5,667 \cdot 10^{-8}\,t^2.$$

Die Gleichung für die Gasviskosität bei $p = 100\,\text{kPa}$ gibt die Werte von Vassermann [10] sehr genau wieder. MAITLAND und SMITH [11] fanden für $500\,\text{K}$ ($226,85\,°\text{C}$) einen um $0,9\%$ höheren Wert.

Toxizität

Stickstoff ist ungiftig. Räume, in die Stickstoff austreten kann, sind jedoch gut zu lüften, um einem durch Verdrängen der Atemluft entstehenden Sauerstoffmangel vorzubeugen.

Chemische Eigenschaften

Stickstoff ist thermisch und chemisch stabil, unbrennbar und unkorrosiv.

16.2.2 Luft (Tab. 16.8 und 16.9)

Physikalische Eigenschaften

Die Zusammensetzung der trockenen Luft auf Meereshöhe entnimmt man Tab. 16.8. Da die Luft kein einheitlicher Stoff ist, treten an die Stelle des Erstarrungs-

Tabelle 16.8. *Zusammensetzung der trockenen Luft*

Komponente	Formel	Volumenanteil in %	Standardwert in Vol.-%
Stickstoff	N_2	$78,084 \pm 0,004$	78,09
Sauerstoff	O_2	$20,946 \pm 0,002$	20,95
Argon	Ar	$0,934 \pm 0,001$	0,93
Kohlendioxid	CO_2	$0,033 \pm 0,001$	0,03
		Volumenanteil in Vol.-ppm	
Neon	Ne	$18,18 \pm 0,04$	
Helium	He	$5,24 \pm 0,04$	
Krypton	Kr	$1,14 \pm 0,01$	
Xenon	X	$0,087 \pm 0,001$	0
Wasserstoff	H_2	0,5	
Methan	CH_4	2	
Stickoxidul	N_2O	$0,5 \pm 0,1$	

Mittlere Molmasse: $M = 28,964$ kg/kmol

Tabelle 16.5. *Datenblatt Stickstoff* N_2: *Tieftemperaturgebiet*

T	K	65	77,35	80	100	
t	°C	$-208{,}15$	$-195{,}80$	$-193{,}15$	$-173{,}15$	Interpolationsgleichung
p	kPa	17,4	101,2	137,1	780,1	log: $5{,}72592 - 269{,}37/(T - 4{,}943)$
ϱ_f	kg/m^3	861,2	807,5	795,0	689,1	$1017{,}3 - 0{,}7668\,T - 0{,}02515\,T^2$
c_f	J/kg K	1992	2054	2063	2315	$-4455 + 249\,T - 3{,}218\,T^2 + 0{,}01405\,T^3$
λ_f	10^{-3} W/m·K	158,5	137,8	133,3	99,0	$262{,}9 - 1{,}5445\,T - 9{,}45 \cdot 10^{-4}\,T^2$
η_f	10^{-3} Pa s	0,286	0,154	0,140	0,082	log: $-12{,}14 + 376{,}1/T + 0{,}12\,T - 4{,}709\,10^{-4}\,T^2$
σ	10^{-3} N/m	11,7	8,9	8,3	4,2	$0{,}0794\,(126{,}35 - T)^{1{,}2123}$
Δh_d	kJ/kg	217,2	199,4	195,3	157,6	$45{,}45\,(126{,}35 - T)^{0{,}38}$
ϱ''	kg/m^3	0,919	4,594	6,066	32,06	$10170\,(p^*/T)\,[1{,}1194 + p^* + 1{,}7269\,(2 - p^{*3})^{-6{,}33}]$
c_p	J/kg K	A 1038 S 1049	1038 1084	1038 1106	1038 1438	$1038 = \text{const}$ $2698 - 49{,}1\,T + 0{,}365\,T^2$
λ_g	10^{-3} W/m·K	A 6,56 S 6,60	7,69 7,87	7,91 8,19	9,71 11,09	$0{,}3918 + 0{,}09814\,T - 5{,}07 \cdot 10^{-5}\,T^2 + 1{,}5 \cdot 10^{-8}\,T^3$ $5{,}47 - 0{,}0548\,T + 0{,}00111\,T^2$
η_g	10^{-6} Pa s	A 6,24 S 6,25	6,84 6,89	6,96 7,08	7,92 8,97	$3{,}043 + 0{,}04989\,T - 1{,}093 \cdot 10^{-5}\,T^2$ $8{,}537 - 0{,}10857\,T + 0{,}001129\,T^2$
$\varkappa$	–	A 1,400	1,400	1,400	1,400	$1{,}400 = \text{const}$
a_0	m/s	A 164,3	179,2	182,3	203,8	$20{,}38\,\sqrt{T}$

M	28,013	kg/kmol
ϱ_n	1,250	kg/m^3
T_e	63,15	K
t_e	-210	°C
Δh_f	25,7	kJ/kg
T_s	77,35	K
t_s	$-195{,}8$	°C
$\Delta h_{d,s}$	199,4	kJ/kg
T_{kr}	126,35	K
t_{kr}	$-146{,}8$	°C
p_{kr}	3,394	MPa
ϱ_{kr}	311	kg/m^3

T	K	40	50	60	63,15	Interpolationsgleichung
p	Pa		406	6278	12533	log: $10,1026 - 397,2/(T + 3,0)$
ϱ_e	kg/m³	987,8	969,5	951,6	946,1	$1065,5 - 2,03\,T + 0,0022\,T^2$
c_e	J/kg K	1349	1464	1628	1690	$1381,4 - 10,68\,T + 0,2465\,T^2$

Tabelle 16.6. *Datenblatt Stickstoff* N_2: *Gas* $p = 100$ kPa.

t	°C	-50	20	100	200	Interpolationsgleichung
ϱ_g	kg/m³	1,511	1,150	0,904	0,713	$1,2344/(1 + t/273,15)$
c_p	J/kg K	1038	1039	1042	1047	$1039 + 0,021\,t + 10^{-4}\,t^2$
λ_g	10^{-3} N/m·K	[a] 19,94	25,19	30,74	37,08	$23,73 + 0,0738\,t - 3,83 \cdot 10^{-5}\,t^2 + 1,5 \cdot 10^{-8}\,t^3$
η_g	10^{-6} Pa s	14,17	17,53	21,02	24,86	$16,60 + 0,0471\,t - 2,9 \cdot 10^{-5}\,t^2$

M	28,013	kg/kmol
ϱ_n	1,250	kg/m³

[a] Nach Yaws [8].

Tabelle 16.7. *Datenblatt Stickstoff* N_2: *Hochdruckgebiet*

$$Z = 1 - \frac{\varrho^*}{T^*}\left[A + B\varrho^* - C\varrho^{*4} - DT^* - E\varrho^* T^* + F/T^{*2} - G\frac{\varrho^*}{T^{*2}}(1 + H\varrho^{*2})\exp(-H\varrho^{*2})\right]$$

A	0,272 652	E	0,033 883
B	0,032 700 5	F	0,153 509
C	$7,596\,7 \cdot 10^{-3}$	G	0,034 801 5
D	0,090 961	H	0,047 131

M	28,013	kg/kmol
ϱ_n	1,250	kg/m³
T	63,15	K
t	−210,0	°C
Δh_f	25,7	kJ/kg
T_s	77,35	K
t_s	−195,8	°C
$\Delta h_{d,s}$	199,4	kJ/kg
T_{kr}	126,35	K
t_{kr}	−146,8	°C
p_{kr}	3,394	MPa
ϱ_{kr}	311	kg/m³

p	MPa	1	10	40	40
t	°C	−146,8	−50	0	100
Z	−	0,893 36	0,906 11	1,245 99	1,236 02
ϱ	kg/m³	29,85	166,63	395,98	292,20

$$c_{p,0} = 1039 + 0,021t + 10^{-4}t^2$$
$$c_p = c_{p,0} + \Delta c_{p,0} + \Delta c_{p,1}$$
$$\Delta c_{p,0} = 149,46\,[2,9p^* T^{*-2,4} + 10p^{*2} T^{*-(4,3 + T^{*6})}]$$
$$\Delta c_{p,1} = 0$$

p	MPa	0,7	1	6	10
t	°C	−173,15	−146,8	0	100
c_p	J/kg K	1 379	1 295	1 159	1 137

$$\lambda = 23,73 + 0,073\,8t - 3,83 \cdot 10^{-5}t^2 + 1,5 \cdot 10^{-8}t^3$$
$$\Delta\lambda = 24,65\,[\exp(0,001\,72\varrho) - 1]; \quad \varrho < 155\ \text{kg/m}^3$$
$$\Delta\lambda = 23,00\,[\exp(0,002\,15\varrho) - 1,069]; \quad 155 \leqq \varrho \leqq 622\ \text{kg/m}^3$$

p	MPa	1	10	40	40
t	°C	−146,8	−50	0	100
ϱ	kg/m³	29,85	166,63	395,98	292,20
λ	10^{-2} W/m·K	13,32	28,26	53,03	49,26

$$\eta_0 = 15,855 + 0,043\,92t - 1,092 \cdot 10^{-5}t^2$$
$$\eta = \eta_0 \exp[(1,012\,9 \cdot 10^{-4} + 0,034\,6/T)\varrho^{4/3}]$$

p	MPa	1	10	40	40
t	°C	−146,8	−50	0	100
ϱ	kg/m³	29,85	166,63	395,98	292,20
η	10^{-6} Pa s	9,50	17,24	30,76	29,34

Tabelle 16.9. *Datenblatt Luft*

$p = 0,1$ MPa

t	°C	−50	20	100	200	Interpolationsgleichung
ϱ_g	kg/m³	1,564	1,189	0,933	0,736	$1,2764/(1 + t/273,15)\,(1 - 1,744 \cdot 10^{-5}\,t + 5,7 \cdot 10^{-8}\,t^2)$
c_p	J/kg K	1006	1006	1012	1025	$1005,8 + 0,0191\,t + 3,94 \cdot 10^{-4}\,t^2$
λ_g	10^{-3} W/m·K	20,05	25,79	31,85	38,69	$24,19 + 0,0807\,t - 4,1 \cdot 10^{-5}\,t^2$
η_g	10^{-6} Pa s	14,53	18,13	21,88	26,01	$17,13 + 0,0505\,t - 3,04 \cdot 10^{-5}\,t^2$
$\varkappa$	–	1,399	1,399	1,396	1,389	$(1 - 287,11/c_\mathrm{p})^{-1}$
a_0	m/s	299,4	343,2	386,7	434,4	$\sqrt{(1 - 287,11/c_\mathrm{p})^{-1} \cdot 287,11\,T}$

$p = 1$ MPa

ϱ_g	kg/m³	15,88	11,91	9,27	7,32	$12,828/(1 + t/273,15)\,(1 - 1,92 \cdot 10^{-4}\,t + 6,7 \cdot 10^{-7}\,t^2)$
c_p	J/kg K	1035	1023	1019	1030	$1025,5 - 0,151\,t + 8,7 \cdot 10^{-4}\,t^2$
λ_g	10^{-3} W/m·K	20,73	26,31	32,24	39,00	$24,75 + 0,0785\,t - 3,63 \cdot 10^{-5}\,t^2$
η_g	10^{-6} Pa s	14,71	18,25	21,96	26,08	$17,27 + 0,0497\,t - 2,83 \cdot 10^{-5}\,t^2$

M	28,96	kg/kmol
ϱ_n	1,293	kg/m³
$T_{\mathrm{e},1}$	57,0	K
$t_{\mathrm{e},1}$	−216,2	°C
$T_{\mathrm{e},2}$	60,3	K
$t_{\mathrm{e},2}$	−212,9	°C
$T_{\mathrm{s},1}$	78,8	K
$t_{\mathrm{s},1}$	−194,4	°C
$T_{\mathrm{s},2}$	81,8	K
$t_{\mathrm{s},2}$	191,4	°C
T_{kr}	132,5	K
t_{kr}	−140,7	°C
p_{kr}	3,77	MPa
ϱ_{kr}	341	kg/m³

punkts der Liquidus- und der Soliduspunkt, an die Stelle des Normalsiedepunkts der Siedebeginn und der Kondensationsbeginn des Gemischs bei Atmosphärendruck. Außerdem hat die Luft strenggenommen drei kritische Punkte (s. Band II dieses Handbuches), wobei zwischen den kritischen Punkten erster und zweiter Ordnung ein Gebiet retrograder Kondensation auftritt. Da die Lage der kritischen Punkte nicht sehr genau bekannt ist und das Gebiet retrograder Kondensation nur eine Temperaturspanne von etwa 0,1 K und eine Druckspanne von etwa 8 Pa umfaßt, wurde im Datenblatt Tab. 16.9 ein einheitlicher kritischer Punkt angegeben. Unsicher ist dabei vor allem die kritische Dichte, deren Wert am Punkt maximalen Drucks merklich höher liegt als am Punkt maximaler Temperatur. Man findet Angaben zwischen

$$310 \leqq \varrho_{kr} \leqq 353 \text{ kg/m}^3.$$

Der in Tab. 16.9. aufgenommene Wert $\varrho_{kr} = 341$ kg/m^3 entspricht einem kritischen Realgasfaktor $Z_{kr} = 0{,}291$.

16.2.3 Helium (Tab. 16.10)

Verwendung

Arbeitsstoff für Kaltgas- und Wärmekraftprozesse, kryotechnische Flüssigkeit, Wärmeträgergas, Schutzgas, Füllgas für Luftschiffe und Ballons, Lecktestgas.

Physikalische Eigenschaften

Bezüglich der kryotechnischen Eigenschaften des Heliums sei auf Band VIII dieses Handbuchs verwiesen. In Tab. 16.4 findet man hier Angaben über Druck und Temperatur am sogenannten λ-Punkt, an dem Helium eine Umwandlung in eine suprafluide Form (He^{II}) durchläuft. Festes Helium tritt nur bei Drücken $p > 3{,}44$ MPa und Temperaturen $T < 2{,}6$ K auf.

In dem vom Datenblatt Tab. 16.10 erfaßten Temperaturbereich läßt sich die Dichte des Heliumgases durch eine relativ einfache Beziehung beschreiben, die auf einer linearen Gleichung für die Temperaturabhängigkeit des zweiten Virialkoeffizienten beruht:

$$\varrho = [2\,077{,}2\,(T/p + 2{,}696 \cdot 10^{-6}\,(0{,}518 - 1{,}3 \cdot 10^{-4}\,T))]^{-1}$$

T in K, p in Pa ergibt ϱ in kg/m^3.

Bei Atmosphärendruck ist der Realfaktor nahe bei $Z = 1$ und fast konstant, so daß mit einer einfacheren Gleichung gerechnet werden kann. Die spezifische Wärmekapazität ist im betrachteten Temperatur- und Druckbereich praktisch konstant. Wärmeleitfähigkeit und Viskosität sind bei Helium im betrachteten Bereich nur sehr wenig vom Druck abhängig. Die von Keesom [12] angegebene Gleichung

$$\eta_g = 0{,}5023\,T^{0{,}647}$$

liefert bei tiefen Temperaturen höhere, bei höheren Temperaturen etwas tiefere Werte als die Gleichung im Datenblatt.

Toxizität

Helium ist ungiftig.

Chemische Eigenschaften

Helium ist thermisch und chemisch stabil, unbrennbar und unkorrosiv.

Tabelle 16.10. *Datenblatt Helium* He

$p = 0{,}1$ MPa

t	°C	-50	20	100	200	Interpolationsgleichung
ϱ_g	kg/m^3	0,2156	0,1641	0,1290	0,1017	$48{,}12/(273{,}15 + t)$
c_p	J/kg K	5 200	5 200	5 200	5 200	$5\,200 = \text{const}$
λ_g	10^{-3} W/m·K	124	148	174	206	$141{,}0 + 0{,}336\,t - 5{,}3 \cdot 10^{-5}\,t^2$
η_g	10^{-6} Pa s	16,29	19,61	23,18	27,31	$18{,}68 + 0{,}046\,9\,t - 1{,}87 \cdot 10^{-5}\,t^2$

$p = 1$ MPa

ϱ_g	kg/m^3	2,145	1,635	1,286	1,015	$[2\,077{,}2\,(10^{-6}\,T + 2{,}696 \cdot 10^{-6}\,(0{,}518 - 1{,}3 \cdot 10^{-4}\,T))]^{-1}$
c_p	J/kg K	5 200	5 200	5 200	5 200	$5\,200 = \text{const}$
λ_g	10^{-3} W/m·K	130[a]	150,5	175	207	$144{,}5 + 0{,}297\,t + 7{,}6 \cdot 10^{-5}\,t^2$
η_g	10^{-6} Pa s	16,3	19,6	23,2	27,3	$18{,}69 + 0{,}046\,9\,t - 1{,}87 \cdot 10^{-5}\,t^2$

$p = 10$ MPa

ϱ_g	kg/m^3	20,37	15,73	12,48	9,92	$[2\,077{,}2\,(10^{-7}\,T + 2{,}696 \cdot 10^{-6}\,(0{,}518 - 1{,}3 \cdot 10^{-4}\,T))]^{-1}$
c_p	J/kg K	5 200	5 200	5 200	5 200	$5\,200 = \text{const}$
λ_g	10^{-3} W/m·K	134[a]	156	182	214	$150 + 0{,}32\,t$
η_g	10^{-6} Pa s	16,35	19,7	23,2	27,3	$18{,}73 + 0{,}046\,7\,t - 1{,}88 \cdot 10^{-5}\,t^2$

[a] Extrapoliert

M	4,0026	kg/kmol
ϱ_n	0,1785	kg/m^3
T_λ	1,77	K
t_λ	$-271{,}38$	°C
T_s	4,22	K
t_λ	$-271{,}38$	°C
t_s	$-268{,}93$	°C
$\Delta h_{d,s}$	20,91	kJ/kg
T_{kr}	5,2	K
t_{kr}	$-267{,}95$	°C
p_{kr}	0,2275	MPa
ϱ_{kr}	69,45	kg/m^3

Tabelle 16.11. *Datenblatt Argon* Ar: *Tieftemperaturgebiet*

			85	100	120	150,9	Interpolationsgleichung
T	K		85	100	120	150,9	
t	°C		$-188,15$	$-173,15$	$-153,15$	$-122,25$	Interpolationsgleichung
p	kPa	a	78,9	324,7	1213,6	4898,0	$\log: 23{,}1429 - 542{,}78/T - 8{,}443 \log T + 16{,}824 \cdot 10^{-3}\,T$
ϱ_{f}	kg/m³		1414	1320	1171	536	$536/(0{,}2925^{(1-T/150{,}9)^{2/3}})$
c_{f}	J/kg K	a,b	1046	1115	1330	∞	$97\,T - 1{,}0655\,T^2 + 0{,}00407\,T^3 - 2000$
λ_{f}	10^{-3} W/m·K		125	109	85		$186{,}2 - 0{,}4121\,T - 3{,}5885 \cdot 10^{-3}\,T^2$
η_{f}	10^{-3} Pa s	a	0,281	0,176	0,110	0,038	$\log: -12{,}38 + 459{,}1/T + 0{,}1055\,T - 0{,}3516 \cdot 10^{-3}\,T^2$
σ	10^{-3} N/m	a	13,1	9,4	5,0	0	$0{,}06064\,(150{,}9 - T)^{1{,}2834}$
Δh_{d}	kJ/kg		165,5	150,0	124,1	0	$33{,}69\,(150{,}9 - T)^{0{,}38}$
ϱ''	kg/m³		4,61	16,82	60,33	536,0	$21029\,(p^*/T)\,[1{,}119 + p^* + 1{,}727\,(2 + p^{*3})^{-6{,}33}]$
c_{p}	J/kg K	A S	520,3	520,3	520,3	520,3 ∞	$520{,}3 = \mathrm{const}$
λ_{g}	10^{-3} W/m·K		6,4	7,3	8,5	10,2	$0{,}1844 \cdot T^{0{,}8}$
η_{g}	10^{-6} Pa s	A c	7,22	8,35	9,90	12,30	$\log: 0{,}0122 + 0{,}59077 \log T - 40{,}206/T + 1298{,}7/T^2$
$\varkappa$	–	A	5/3	5/3	5/3	5/3	$5/3 = \mathrm{const}$
a	m/s	A	171,7	186,2	204,0	228,8	$18{,}625\,\sqrt{T}$

M	39,948	kg/kmol
ϱ_{n}	1,784	kg/m³
T_{e}	83,8	K
t_{e}	$-189{,}35$ °C	
Δh_{f}	29,3	kJ/kg
T_{s}	87,29	K
t_{s}	$-185{,}86$ °C	
r_{s}	163,25	kJ/kg
T_{kr}	150,9	K
t_{kr}	$-122{,}25$ °C	
p_{kr}	4,898	MPa
ϱ_{kr}	536,0	kg/m³

[a] Nach Yaws [8].   [b] Gültig bis -130 °C.   [c] Nach Maitland und Smith [11].

Tabelle 16.12. *Datenblatt Argon* Ar: *Gas* $p = 100$ kPa

t	°C	-50	20	100	200	Interpolationsgleichung
ϱ_g	kg/m³	2,156	1,641	1,289	1,017	$481/T$
c_p	J/kg K	520,3	520,3	520,3	520,3	$520,3 =$ const
λ_g	10^{-3} W/m·K	14,95	17,36	21,05	25,45	$0,1844\,T^{0,8}$
η_g	10^{-6} Pa s [a]	17,60	22,27	27,11	32,61	log: $0,0122 + 0,59077 \log T - 40{,}206/T + 1298{,}7/T^2$

M	39,948	kg/kmol
ϱ_n	1,784	kg/m³

[a] Nach MAITLAND und SMITH [11], 60 K $< T < 2\,000$ K

16.2.4 Argon (Tab. 16.11 bis 16.13)

Verwendung

Wärmeträgergas und -flüssigkeit, Schutzgas, Füllgas für Glühlampen.

Physikalische Eigenschaften

Argon ist mit 0,934 Vol.-% in der Luft enthalten (s. Tab. 16.8) und daher das billig-
ste Edelgas.

Sein Tripelpunkt liegt bei

$$T''' = 83,8 \text{ K} = -189,35\,°\text{C},$$

$$p''' = 68,8 \text{ kPa},$$

$$\varrho''' = 1\,624 \text{ kg/m}^3.$$

Für den kritischen Punkt findet man Angaben zwischen

$$150,9 \text{ K} \leqq T_{kr} \leqq 151,15 \text{ K},$$

$$4,864 \quad \leqq p_{kr} \leqq 4,898 \text{ MPa}.$$

Die Gleichung

$$c_p = 519 + (16,33 - 0,132\,6\,t + 1,39 \cdot 10^{-4}\,t^2)\,p \qquad \text{J/kg K}$$

gilt im Bereich $-20 \leqq t \leqq 50\,°\text{C}$ für $p \leqq 10$ MPa. Der Druck ist in MPa einzusetzen.
Die maximale Abweichung von der Korrelationsgleichung in Datenblatt Tab. 16.13 beträgt etwa 1,5 %.

Für festes Argon gilt

$$\log p = 0,860\,2 - 420,9/T, \qquad 82 \text{ K} < T < T''',$$

$$\varrho = 1\,727 - 2,57\,T + 0,016\,T^2, \qquad 30 \text{ K} < T < T'''.$$

Toxizität

Argon ist ungiftig. Räume, in die das Gas austreten kann, sind jedoch gut zu lüften, um einem durch Verdrängen der Atemluft entstehenden Sauerstoffmangel vorzubeugen.

Chemische Eigenschaften

Argon ist thermisch und chemisch stabil, unbrennbar und unkorrosiv.

16.3 Anorganische Stoffe

Die Gruppe der anorganischen Stoffe umfaßt das Wasser und, als wichtigste Kühlsole, die Calciumchloridlösung, sowie das Ammoniak und die Ammoniak-Wasser-Gemische. Als für die Kältetechnik besonders wichtiger Wärmeträger gehört auch das
Kohlendioxid in diese Gruppe, in die ferner noch Schwefeldioxid und Schwefelhexafluorid aufgenommen wurden. Tab. 16.14 gibt einen vergleichenden Überblick über die
anorganischen Stoffe.

16.3.1 Wasser H_2O (Tab. 16.15 bis 16.18)

Physikalische Eigenschaften

Die angegebenen physikalischen Eigenschaften entsprechen im wesentlichen denen der von E. SCHMIDT herausgegebenen Dampftafeln [13].

Tabelle 16.13. *Datenblatt Argon* Ar: *Hochdruckgebiet*

$$Z = 1 - \frac{\varrho^*}{T^*}\left[A + B\varrho^* - C\varrho^{*4} - DT^* - E\varrho^*T^* + F/T^{*2} - G\frac{\varrho^*}{T^{*2}}(1 + H\varrho^{*2})\exp(-H\varrho^{*2})\right]$$

A	0,256 935	E	0,032 245
B	0,034 822 4	F	0,179 483 5
C	$5,948\,61 \cdot 10^{-5}$	G	0,041 717 8
D	0,086 236	H	0,035 022

M	39,948	kg/kmol
ϱ_n	1,784	kg/m³
T_e	83,85	K
t_e	$-189,30$	°C
Δh_f	29,3	kJ/kg
T_s	87,29	K
t_s	$-185,86$	°C
$\Delta h_{d,s}$	163,25	kJ/kg
T_{kr}	150,9	K
t_{kr}	$-122,25$	°C
p_{kr}	4,898	MPa
ϱ_{kr}	536,0	kg/m³

p	MPa	1	10	10	10
t	°C	$-123,15$	0	100	200
Z	—	0,922 9	0,925 0	0,989 9	1,008 3
ϱ	kg/m³	34,71	190,15	130,07	100,70

$c_{p,0} = 520,3\ \text{J/kg K}$

$c_p = c_{p,0} + \Delta c_{p,0} + \Delta c_{p,1}$

$\Delta c_{p,0} = 104,8\,[2,9p^*\,T^{*-2,4} + 10p^{*2}\,T^{*-(4,3 + T^{*6})}]$

$\Delta c_{p,1} = 0$

p	MPa	1	8	8
t	°C	$-123,15$	0	100
c_p	J/kg K	628,3	639,8	576,8

$\lambda_{gA} = 0,184\,4T^{\,0,8};\quad \lambda = \lambda_{gA} + \Delta\lambda$

$\Delta\lambda = 25,606\,[\exp(9,98 \cdot 10^{-4}\varrho) - 1]$

p	MPa	1	10	10	10
t	°C	$-123,15$	0	100	200
ϱ	kg/m³	34,71	190,15	130,07	100,70
λ	10^{-3} W/m·K	11,06	21,75	24,60	28,16

$\log\eta_0 = 0,012\,2 + 0,590\,77\,\log T - 40,206/T + 1\,298,7/T^2$

$\eta = \eta_0 \exp[(0,04/T)\,\varrho^{4/3}]$

p	MPa	1	10	10	10	10
t	°C	$-123,15$	-50	0	100	150
ϱ	kg/m³	34,71	262,27	190,15	130,07	113,36
η	10^{-6} Pa s	12,61	23,78	24,62	29,10	31,52

Tabelle 16.14. *Anorganische Stoffe*

Stoff	Wasser	CaCl₂-Sole $\xi=0,2$	CaCl₂-Sole $\xi=0,3$	Ammoniak	NH₃/H₂O $\xi=0,3$	Kohlendioxid	Schwefeldioxid	Schwefelhexafluorid
Formel	H_2O			NH_3		CO_2	SO_2	SF_6
Größe Einheit								
M kg/kmol	18,0159	—	—	17,03	—	44,010	64,063	146,054
t_e °C	0,0	17,7	$-52,5 \pm 2,5$	$-77,66$	-87	$-56,6$	$-75,52$	$-50,8$
t_s °C	100,0	105	110	$-33,33$	28,0	$-78,52^a$	$-10,01$	$-63,8^a$
Stoffwerte bei 20 °C								
p kPa	2,34	1,98	1,53	858,0	73,4	5726,8	330,8	2078
ϱ_f kg/m³	998	1182	1298	609,8	891	776,5	1383	1394
c_f J/kg K	4182	3110	2787	4732	4239	3464	1383	1189
$\varrho_f c_f$ kJ/m³ K	4174	3676	3617	2886	3777	2690	1913	1657
Φ $\dfrac{W}{m^2 K}\dfrac{s^{0,8}}{m^{0,6}}$	8242	6268	4965	11264	5726	5325	5907	2833
ν_f m²/s·10⁻⁶	1,00	1,62	2,74	0,235	1,454	0,088	0,202	0,208
Z_{kr} —	0,235	—	—	0,244	—	0,275	0,269	0,275
ω —		—	—	0,255	—	0,223	0,258	0,261
MAK-Wert Vol.-ppm				50	50 (NH_3)	5000	5	10

ᵃ Sublimiert.

Wasseraufbereitung

Unter dem Begriff *Wasserhärte* versteht man den Gehalt an Erdalkalisalzen im Wasser. Man unterscheidet:

H_{tot} *Gesamthärte*; Gesamtgehalt an Erdalkaliverbindungen,
H_K *Karbonathärte*; vorübergehende Härte; Gehalt an als Karbonat bzw. Bikarbonat gebundenen Erdalkaliionen.
$H_{NK} = H_{tot} - H_K$; *Nichtkarbonathärte*; bleibende Härte; Permanenthärte.
H_{Ca} *Calciumhärte*; Gehalt an Calciumverbindungen.
H_{Mg} *Magnesiumhärte*; Gehalt an Magnesiumverbindungen.

Gemessen wird die Härte in

mval/l = 10^{-3} Grammäquivalent je Liter.
°dH = deutscher Härtegrad (1° dH = 10 mg CaO oder 7,19 mg MgO je Liter).
°fH = französischer Härtegrad (1° fH = 10 mg CaCO₃ oder 8,42 mg MgCO₃ je Liter).
ppm CaCO₃ = mg CaCO₃ bzw. 0,842 mg MgCO₃ je Liter.
gr/Imp. gal. = grain CaCO₃ je Imperial gallon (englische Gallone).
gr/US gal. = grain CaCO₃ je US-Gallone.

Die Umrechnungsfaktoren findet man in Tab. 16.15.

Wasserhärte führt zur Verkrustung von Wärmeaustauschern und Rohren. Man entfernt sie durch Ionenaustausch oder durch Ausfällen mit Soda, Kalk + Soda, Trinatriumphosphat usw. oder macht sie durch Komplexbildner unschädlich.

Neben den Härtebildnern finden sich vor allem folgende schädliche Begleitstoffe im Wasser:

Tabelle 16.15. *Umrechnungsfaktoren für Einheiten der Wasserhärte. 1 Teil* Ca^{++} *entsprechen 0,606 Teile* Mg^{++}

	mval/l	°dH	Grain $CaCO_3$ per US-gal	Grain $CaCO_3$ per Imp.-gal	°fH	ppm $CaCO_3$
1 mval/l	1,000	2,80	2,92	3,50	5,00	50,00
1° dH	0,357	1,000	1,045	1,250	1,785	17,85
1 gr/US-gal	0,342	0,953	1,000	1,200	1,710	17,10
1 gr/Imp.-gal	0,286	0,800	0,835	1,000	1,425	14,25
1° fH	0,200	0,561	0,585	0,701	1,000	10,00
1 ppm $CaCO_3$	0,020	0,055	0,059	0,070	0,100	1,00

Trübstoffe (Sand, Ton- und Kalkschlamm)
Auswirkung: Ablagerungen und Erosion in Rohren und Armaturen; Veralgen von Wärmeaustauschern.
Maßnahmen: Filtration (eventuell unter Beigabe von Flockungsmitteln) Beigabe von Algenbekämpfungsmitteln.

Freie Kohlensäure
Auswirkung: Korrosion.
Maßnahmen: a) Intensivbelüftung;
b) Filtrieren über Dolomit, Marmor oder Magnesit;
c) Behandeln mit Kalkmilch (dabei tritt ein Aufhärten des Wassers ein);
d) Thermisches Entgasen, wobei der Effekt ausgenützt wird, daß beim Siedevorgang eine Dampfschicht über den Grenzflächen entsteht, in welcher der Partialdruck eines gelösten Gases beliebig klein wird. Dadurch geht auch die gelöste Gasmenge gegen Null.

Eisen und Mangan
Auswirkung: Schlammbildung und Verkrusten.
Maßnahmen: Ähnlich wie bei der CO_2-Entfernung und oft zusammen mit dieser.
Salze
Auswirkung: Korrosion.
Maßnahmen: Ionenaustausch.

Strömungsgeschwindigkeiten

In Wärmeaustauschern muß im allgemeinen eine gewisse Mindestströmungsgeschwindigkeit eingehalten werden, um Feststoffablagerungen und Verschmutzung zu verhindern und einen guten Wärmeübergang zu gewährleisten. Als Richtwert für die

Tabelle 16.16. *Grenzwerte für die Strömungsgeschwindigkeit von klarem Wasser in Rohren*

Stahl	4,5 m/s
Kupfer	2 m/s
CuNi10Fe	3 m/s
CuNi30Fe	4,5 m/s
Al-Bronze	3 m/s

Tabelle 16.17. *Datenblatt Wassereis* H_2O

t	°C	-100	-50	-20	0	Interpolationsgleichung
p_e	Pa		3,9	102,9	610	log: $12{,}496 - 2\,634{,}2/(271{,}27 + t)$
ϱ_e	kg/m³	929	923	919	917	$917 - 0{,}122\,t$
c_e	J/kg K	1364	1489	1804	2114	$2114 + 17{,}5\,t + 0{,}1\,t^2$
λ_e	W/m·K	3,49	2,85	2,47	2,21	$2{,}21 - 0{,}012\,8\,t$

t'''

p	MPa	$6{,}1 \cdot 10^{-4}$	50	100	160	
t_e	°C	$+0{,}01$	$-4{,}05$	$-8{,}72$	$-15{,}1$	$0{,}01 - 0{,}075\,p - 1{,}225 \cdot 10^{-4}\,p^2$

Schmelztemperatur in Abhängigkeit vom Druck (MPa)

M	18,015 9 kg/kmol	

Tripelpunkt

t'''	0,01	°C
Δh_f	333,4	kJ/kg
$\Delta h_{d,s}$	2 501	kJ/kg
Δh_{sub}	2 834	kJ/kg

Tabelle 16.18. *Datenblatt Wasser* H_2O

t	°C	0	20	50	100	Interpolationsgleichung
p	kPa	0,61	2,34	12,33	101,3	log: $7,20149 - 1735,6/(234,04 + t)$
ϱ_f	kg/m³	1000	998	988	958	$1000 - 0,01799\,((t-4)^2)^{0,85}$
c_f	J/kg K	4217	4182	4181	4217	$4178,5 + 0,0314\,(t-35)^2/(1 + 0,245\,\sqrt{t})$
λ_f	10^{-3} W/m·K	569	603	643	681	$569 + 1,84\,t - 0,007\,t^2$
η_f	10^{-3} Pa s	1,750	1,000	0,544	0,279	$1750/(1000 + 32,2\,t + 0,28\,t^2 - 0,00075\,t^3)$
σ	10^{-3} N/m	75,6	72,8	67,96	58,8	$(0,661 + 2,29\cdot10^{-4}\,t - 2,48\cdot10^{-6}\,t^2)\ (t_{kr} - t)^{0,8}$
Δh_d	kJ/kg	2501	2456	2384	2255	$347,1\,\sqrt[3]{374,15 - t}$

		0	20	50	100	Interpolationsgleichung
ϱ''	kg/m³	0,00485	0,0173	0,0830	0,597	log: $20,097 - 2816,2/T - 4,96664 \log T$
c_p	J/kg K	A 1858 S 1858	1862 1867	1870 1903	1889 2026	$1858 + 0,17\,t + 0,0014\,t^2$ $1858 + 0,12\,t + 0,0156\,t^2$
λ_g	10^{-3} W/m·K	16,55	17,88	19,99	23,79	$16,55 + 0,065\,t + 7,4\cdot10^{-5}\,t^2$
η_g	10^{-6} Pa s	8,0	8,8	10,0	12,0	$8,0 + 0,04\,t$
$\varkappa$	–	A 1,33	1,33	1,33	1,32	$(1 - 461,5/c_{p,A})^{-1}$
a	m/s	A 409,5	424,1	445,0	477,4	$\sqrt{461,5\,T/(1 - 461,5/c_{p,A})}$

M	18,0159 kg/kmol
ϱ_n	(0,8038) kg/m³
T_e	273,15 K
t_e	0,0 °C
Δh_f	333,4 kJ/kg
T_s	373,15 K
t_s	100,00 °C
$\Delta h_{d,s}$	2255 kJ/kg
T_{kr}	647,3 K
t_{kr}	374,15 °C
p_{kr}	22,12 MPa
ϱ_{kr}	315 kg/m³

Mindestgeschwindigkeit von Wasser in Rohren und Kanälen sind 0,9 m/s anzusehen. Die obere Grenze wird durch das Auftreten von Erosion und durch die sie oft begleitende Korrosion gegeben, die durch den mechanischen Abbau von Schutzschichten entsteht.

Richtwerte für die maximale Strömungsgeschwindigkeit von klarem Wasser in Rohren sind in Tab. 16.16 zusammengestellt.

16.3.2 Calciumchloridsole

Verwendung

Kühlsole, Kryohydrat, Staubbindemittel, Desulfatisierungsmittel für Salzlösungen.

Eigenschaften

Kristallines Calciumchlorid bildet verschiedene Hydrate. Die wichtigsten findet man in Tab. 16.19.

Man erkennt, daß beim Lösen des wasserfreien Salzes und der niedrigen Hydrate eine Erwärmung auftritt, während das Hexahydrat beim Vermischen mit Wasser eine Abkühlung bewirkt.

Die Löslichkeit von $CaCl_2$ in Wasser liegt sehr hoch (Tab. 16.20)

Calciumchlorid senkt den Erstarrungspunkt von Wasser sehr stark. Bei einer Konzentration $\xi = 30,0 \pm 0,1$ Massen-% hat das System $CaCl_2/H_2O$ ein Eutektikum. Die Angaben für die Erstarrungstemperatur dieses Eutektikums liegen zwischen $-55 \leqq t_e < -50\,°C$. Für den Erstarrungsbeginn gilt näherungsweise die Gleichung

$$t_e = 21,75 - \frac{4,72}{0,217 + \log(1 - \xi)}; \qquad \xi \leqq \xi_{eut}.$$

Der Normalsiedepunkt T_s in K läßt sich für $\xi \leqq 0,35$ Massenteile mit Hilfe der Gleichung

$$\log T_s = 2,560\,38 - \frac{0,006\,8}{\xi - 0,595}$$

berechnen.

Tabelle 16.19. *Hydrate des Calciumchlorids*

	Formel	M kg/kmol	t_e °C	Δh_H kJ/kg $CaCl_2$
wasserfreies Salz	$CaCl_2$	110,99	772	0
Monohydrat	$CaCl_2 \cdot H_2O$	129,00	260	255
Dihydrat	$CaCl_2 \cdot 2\,H_2O$	147,02	176	334
Tetrahydrat	$CaCl_2 \cdot 4\,H_2O$	183,05		638
Hexahydrat	$CaCl_2 \cdot 6\,H_2O$	219,09	29,92	875
verdünnte Lösung				713...737

Tabelle 16.20. *Sättigungswerte von Calciumchloridsolen*

t	$=$	0	20	50	100	°C
$\xi_{Sätt}$	$=$	0,373	0,427	0,571	0,614	Massenteile

Tabelle 16.21. *Temperatur maximaler Dichte für Calciumchloridsolen*

$\xi =$	0	2	4	6	8	Massen-%
$t_{\varrho\max} =$	4,0	0,65	$-3,45$	$-8,25$	$-13,2$	°C

Das Dichtemaximum wäßriger Lösungen verschiebt sich mit wachsendem Salzgehalt nach tieferen Temperaturen (Tab. 16.21).

Für die spezifische Wärmekapazität c_f von Calciumchloridsolen gilt im Bereich $\xi \leqq 0,3$ und $-30\,°C \leqq t \leqq 50\,°C$ mit einer Genauigkeit von $\pm 1\%$ die Gleichung

$$c_f = 4\,178 \cdot (1 + 4 \cdot 10^{-6}(t - 35)^2) - (7\,000 - 26,6\,t + 0,11\,t^2)\,\xi + (7\,130 - 46,3\,t)\,\xi^2.$$

Die Schmelzenthalpie des Hexahydrats beträgt $\Delta h_f = 230\,kJ/kg$, die der eutektischen Lösung $\Delta h_f = 213\,kJ/kg$.

Toxizität
Calciumchloridlösungen sind nicht giftig; Kristalle wirken jedoch infolge ihrer starken Hygroskopizität austrocknend auf die Haut.

Korrosion
Kunststoffe und Elastomere werden von Calciumchloridsole nicht angegriffen. Reine Sole ist auch gegen Metalle nicht sehr korrosiv. Die Korrosion wird jedoch gefördert durch die Aufnahme von Sauerstoff und Kohlendioxid aus der Luft. Dabei sinkt der pH-Wert der Sole. Er kann durch NaOH-Zugabe erhöht werden und sollte etwa 8,5 betragen. Höhere pH-Werte sowie Rostgehalte führen zur Lochfraßkorrosion. Als Inhibitor wird Calciumchromat verwendet, das jedoch seiner Giftigkeit wegen als nicht unbedenklich anzusehen ist. Bei austenitischem Stahl besteht die Gefahr der Spannungsrißkorrosion.

16.3.3 Ammoniak

16.3.3.1 Ammoniak, wasserfrei (Tab. 16.24)

Verwendung
Kältemittel, flüssiger und gasförmiger Wärmeträger, wichtiger chemischer Grundstoff.

Physikalische Eigenschaften
Die Dampfdruckgleichung des Datenblatts gilt mit guter Genauigkeit ($\pm 0,5\%$) zwischen dem Tripelpunkt und 70 °C. Die von GARNJOST [14] benutzte Wagner-Gleichung ([15])

$$p = p_{kr}\exp\{T^{*-1}[A(1 - T^*) + B(1 - T^*)^{1,5} + C(1 - T^*)^{2,5} + D(1 - T^*)^5]\} \qquad (16.17)$$

hat die Koeffizienten

$$A = -7,283\,22,\ B = 1,571\,60,\ C = -1,856\,72,\ D = -2,393\,12,\ p_{kr} = 11\,353,04\,kPa.$$

Sie gilt zwischen Tripelpunkt und kritischem Punkt. Die Gleichungen für die Viskosität und die Oberflächenspannungen sind der Zusammenstellung von YAWS [8] entnommen. Für die Wärmeleitfähigkeit der Flüssigkeit und des dichten Gases im Temperaturbereich $20 \leqq t < 160\,°C$ und bei Dichten zwischen $400 \leqq \varrho < 650\,kg/m^3$ geben NEEDHAM und ZIEBLAND [16] die Gleichung

$$\lambda_g = 364 - 1,131\,\varrho + 0,002\,202\,\varrho^2$$

an.

Tabelle 16.22. *Datenblatt Calciumchloridsole* $\xi = 20\%$ *(0,2 Massenteile* $CaCl_2$*, 0,8 Massenteile* H_2O*)*

t	°C	−17,6	0	20	50	Interpolationsgleichung		
p	kPa	0,128	0,513	1,978	10,508	log: $7{,}210\,32 - 1\,770\,(236 + t)$	t_e	−17,7 °C
ϱ_f	kg/m³	1 197,0	1 190,4	1 181,7	1 166,4	$1\,190{,}4 - 0{,}402\,t - 1{,}55 \cdot 10^{-3}\,t^2$	t_s	105 °C
c_f	J/kg K	3 042	3 084	3 128	3 185	$4\,178\,(1 + 4 \cdot 10^{-6}\,(t - 35)^2) - 1\,114{,}8 + 3{,}47\,t - 0{,}022\,t^2$		
λ_f	10^{-3} W/m·K	521[a]	545	572	613[a]	$545 + 1{,}36\,t - 3{,}7 \cdot 10^{-4}\,t^2$		
η_f	10^{-3} Pa s	7,61	3,14	1,91	1,30	log: $43{,}7\,(54{,}4 + t) - 0{,}306$		

[a] Extrapoliert

Tabelle 16.23. *Datenblatt Calciumchloridsole* $\xi = 30\%$ *(0,3 Massenteile* $CaCl_2$*, 0,7 Massenteile* H_2O*)*

t	°C	−50	0	20	50	Interpolationsgleichung		
p	kPa	0,002 3	0,371	1,53	8,52	log: $6{,}703\,59 - 1\,513{,}4\,(212{,}15 + t)$	t_e	−52,5 ± 2,5 °C
ϱ_f	kg/m³	1 324,8	1 302,2	1 297,5	1 295,2	$1\,302{,}2 - 0{,}296\,t + 3{,}1 \cdot 10^{-3}\,t^2$	t_s	110 °C
c_f	J/kg K	2 567[a]	2 740	2 787	2 832	$4\,178\,(1 + 4 \cdot 10^{-6}\,(t - 35)^2) - 1\,458{,}3 + 3{,}813\,t - 0{,}033\,t^2$		
λ_f	10^{-3} W/m·K	462[a]	531	558	598[a]	$531 + 1{,}36\,t - 3{,}7 \cdot 10^{-4}\,t^2$		
η_f	10^{-3} Pa s	51,2	5,81	3,56	2,10	log: $206{,}6\,(130 + t) - 0{,}825\,3$		

Tabelle 16.24. *Datenblatt Ammoniak* NH_3 (R717)

t	°C		−50	0	20	50	Interpolationsgleichung
p	kPa		40,87	429,4	858,0	2 032,5	log: $6,6165 - 976/(245 + t)$
ϱ_f	kg/m³		702,2	638,6	609,8	562,9	$638,6 - 1,393\,t - 2,42 \cdot 10^{-3}\,t^2$
c_f	J/kg K		4 410	4 597	4 732	5 000	$4597 + 5,9\,t + 0,0432\,t^2$
λ_f	10^{-3} W/m · K		649,9	537,2	492,9	427,3	$537,2 - 2,226\,t + 5,76 \cdot 10^{-4}\,t^2$
η_f	10^{-3} Pa s		0,332	0,176	0,143	0,103	log: $876,4/(273,15+t) - 3,9628 + 7,08 \cdot 10^{-3}\,t - 3,612 \cdot 10^{-5}\,t^2$
σ	10^{-3} N/m		37,9	26,2	21,6	15,1	$0,09276\,(132,35 - t)^{1,1548}$
Δh_d	kJ/kg		1 414,9	1 262,6	1 187,1	1 050,8	$138,35\,\sqrt{132,35 - t} - 2,486\,(132,35 - t)$
ϱ''	kg/m³		0,3808	3,451	6,73	15,69	log: $5,541 - 1194,5/T - 0,2586 \log T$
c_p	J/kg K	A	1 998	2 059	2 087	2 132	$2059 + 1,343\,t + 2,49 \cdot 10^{-3}\,t^2$
		S	2 100	2 700	3 093	3 847	$2700 + 17,47\,t + 0,1094\,t^2$
λ_g	10^{-3} W/m · K	A	16,8	22,2	24,5	28,1	$22,2 + 0,113\,t + 9,29 \cdot 10^{-5}\,t^2 - 3,63 \cdot 10^{-8}\,t^3$
η_g	10^{-6} Pa s	A	7,54	9,38	10,1	11,2	$9,384 + 0,03658\,t - 4,405 \cdot 10^{-6}\,t^2$
$\varkappa$	−	A	1,323	1,311	1,306	1,297	$(1 - 488,22/c_{p,A})^{-1}$
a_0	m/s	A	379,6	418,2	432,3	452,3	$\sqrt{(1 - 488,22/c_{p,A})^{-1}\,488,22\,T}$

M	17,03	kg/kmol
ϱ_n	0,771	kg/m³
T_e	195,49	K
t_e	−77,66	°C
Δh_f	332	kJ/kg
T_s	239,82	K
t_s	−33,33	°C
$\Delta h_{d,s}$	1 368,9	kJ/kg
T_{kr}	405,50	K
t_{kr}	132,35	°C
p_{kr}	11,35	MPa
ϱ_{kr}	235	kg/m³

Dielektrizitätskonstante: $\quad t = -50 \qquad 0 \qquad 20 \qquad 50\,°C$

$\qquad\qquad\qquad\qquad\qquad\quad \varepsilon = 23{,}5 \qquad 19{,}4 \quad 17{,}3 \quad 15{,}6$

Stoffwerte für die feste Phase

Tripelpunkt: $\quad t''' = -77{,}66\,°C, \quad p''' = 6{,}08 \pm 0{,}01 \text{ kPa}, \quad \varrho_e''' = 816{,}8 \text{ kg/m}^3$

Dichte: $\quad \varrho_e \approx 802{,}9 - 0{,}179\,t \quad \text{kg/m}^3$

Spezifische Wärmekapazität: $\quad c_e = 2\,100 \text{ J/kg K}.$

Toxizität

Ammoniak ist ein starkes Gift vor allem wegen seiner stark ätzenden Wirkung. Seine guten Warneigenschaften setzen jedoch die Vergiftungsgefahr wesentlich herab. Der MAK-Wert liegt bei 50 Vol.-ppm.

Stabilität

Ammoniak zerfällt in der Hitze in Stickstoff und Wasserstoff. Diese Reaktion macht sich bei Atmosphärendruck erst bei Temperaturen oberhalb von 250 °C technisch bemerkbar.

Korrosion

Trockenes Ammoniak ist gegen metallische Wirkstoffe wenig korrosiv. Stahl und Eisen werden bei niedrigen Temperaturen auch von feuchtem Ammoniak nicht angegriffen.

Brennbarkeit

Ammoniak verbrennt an der Luft unter Bildung von Stickstoff, Wasser und Stickoxiden. Die Explosionsgefahr ist bei Ammoniak relativ niedrig.

Explosionsgrenzen in Luft:

$T = 300$ K: $\quad 16{,}6...27{,}2$ Vol.-%

$T = 600$ K: $\quad 12 \;\; ...35 \;\;$ Vol.-%.

Mindest-Sauerstoffkonzentration in der Luft zum Aufrechterhalten der Verbrennung bei $T = 300$ K: 17 Vol.-%.

Maximaler Explosionsdruck von Luft-Ammoniak-Gemischen bei 300 K: 0,6 MPa

Druckanstieg: $\quad dp/dz = 1...1{,}8$ MPa/s.

Zündtemperatur: $\quad t_{\text{zünd}} = 651\,°C.$

Die erforderliche Zündenergie liegt bei NH_3-Luft-Gemischen mit 40 bis 170 mJ erheblich höher als die von Kohlenwasserstoff-Luft-Gemischen (ca. 1 mJ).

16.3.3.2 Ammoniak-Wasser-Gemische (Tab. 16.25 bis 16.28)

Verwendung

Wärmeträgerflüssigkeit und -dampf, Stoffpaar für Absorptionskältemaschinen.

Physikalische Eigenschaften

Wegen des stark polaren Charakters beider Lösungspartner und ihrer starken chemischen Affinität weichen Ammoniak-Wasser-Gemische erheblich vom idealen Verhalten ab. Die physikalischen Eigenschaften werden daher im allgemeinen tabellarisch wiedergegeben oder in Diagrammen dargestellt. In den Datenblättern Tab. 16.25 bis 16.28 findet man Interpolationsgleichungen, die es zumindest in gewissen Bereichen gestatten, die Stoffdaten numerisch zu berechnen. Abb. 16.1 gibt einen Überblick über das Einsatzgebiet von Ammoniak-Wasser-Gemischen als Wärmeträger.

Tabelle 16.25. *Datenblatt Ammoniak — Wasser: Dampfdruck in kPa*

ξ	Temperatur in °C					A	B	C	ξ Massenteile NH_3; $(1 - \xi)$ Massenteile H_2O
	-50	-20	0	20	50				
1,0	40,9	190,0	429,4	858,0	2032,5	6,6165	976	245	
0,9	37,0	171,8	388,3	776,0	1838,2				$\log p = 6,6165 - \dfrac{976}{245 + t} + \log(3,16\,\xi - 1,16\,\xi^2 - 1)$
0,8	32,1	149,3	337,3	674,0	1596,7				
0,7	26,3	122,3	276,3	552,2					
0,6			205,4						
0,9	37,4	173,1	389,3	774,2	1820,9	6,515515	953,39	242,94	
0,8	32,6	149,7	336,9	672,1	1591,8	6,555491	1001,55	248,65	$\log p = A - \dfrac{B}{C + t}$
0,7	26,2	121,3	275,1	552,8	1323,9	6,552495	1033,93	251,38	
0,6	17,7	87,6	204,8	421,4	1036,2	6,477693	1024,27	245,84	
0,5	8,7[a]	49,7	124,3	269,5	702,8	6,412033	1022,90	236,91	
0,4	3,7[a]	23,7	63,5	146,6	416,2	6,654096	1198,66	247,08	
0,3	1,5[a]	10,4	29,9	73,4	226,2	6,817413	1356,29	253,90	
0,2		4,1[a]	12,4[a]	32,6	112,1	7,570414	1870,61	288,83	
0,1			3,9[a]	12,1	48,1	6,571175	1342,62	224,62	

[a] Extrapoliert

Tabelle 16.26. *Datenblatt Ammoniak — Wasser: Dichte, spezifische Wärmekapazität, Wärmeleitfähigkeit. Für die reinen Stoffe siehe Datenblätter Tab. 16.18 und Tab. 16.24*

Sym-bol	Einheit	ξ	Temperatur in °C						ξ Massenteile NH_3; $(1 - \xi)$ Massenteile H_2O
			−50	−20	0	20	50	100	
ϱ_f	kg/m³	0	—	—	1 000	—	—	—	$1\,000 - 369\,\xi + 219\,\xi^2(1 - \xi) - (0{,}007\,5 + 1{,}98\,\xi - 0{,}54\,\xi^2)\,t$
		0,15	—	954	949	942	930	904	$\quad - (0{,}001\,6 + 0{,}001\,\xi^3)\,t^2$
		0,3	927	914	903	891	871	831	
		0,6	856	829	810	789	756	692	
		0,8	790	757	733	707	665	587	
		0,95	723	686	659	630	583	495	
c_f	J/kg K	0,1	—	—	4 219	4 193	4 195	4 315	$(4\,178{,}5 + 0{,}031\,4\,(t - 35)^2)\,(1 - \xi)$
		0,3	4 363	4 279	4 249	4 239	4 265	4 410	$\quad + \xi(4\,200 + (410 + 6{,}2t + 0{,}044t^2)\,\xi)$
		0,5	4 355	4 313	4 311	4 331	4 400	4 623	
		0,8	4 375	4 409	4 466	4 550	4 728	5 163	
		1	4 410	4 504	4 610	4 752	5 030	5 670	
λ_f	10^{-3} W/m · K	0	—		568,5	603,1	—	—	$568{,}5 - 770\,\xi + 867\,\xi^2 + 1{,}73t$
		0,3	329,0	380,9	415,5	450,1	—	—	
		0,3	329,0	380,9	415,5	450,1	—	—	$451 + 0{,}59t - (207 - 6{,}65t)\,\xi + (296 - 9{,}5t)\,\xi^2$
		0,6	375,4	410,2	433,4	456,6	—	—	
		1	653,0	585,2	540,0	494,8	—	—	

Tabelle 16.27. *Datenblatt Ammoniak-Wasser: Viskosität*

ξ	Temperatur in °C					ξ Massenteile NH_3; $(1 - \xi)$ Massenteile H_2O
	-50	-20	0	50	100	
0,1	—	(3,8)[a]	1,9	0,59	0,26	$\log\log(\eta + 1) = \dfrac{2\,000}{500 + t} - 4,41 + 0,925\xi$
0,3	26,0	4,7	2,3	0,67	0,29	
0,6	7,4	2,1	1,2	0,39	0,18	$- 1,743\xi^2 + 0,0215\xi^3$
0,9	0,98	0,43	0,28	0,11	—	

[a] Unterkühlt

Zwischen dem reinen Wasser ($\xi = 0$) und dem ersten Eutektikum des Gemischs bei $\xi = 0,333$ Massenteilen NH_3 und $t_e = -100,3\,°C$ folgt die Erstarrungstemperatur näherungsweise der Gleichung

$$t_e = 77,1 - \frac{24}{0,311\,3 + \log(1 - \xi)}.$$

Bei der eutektischen Zusammensetzung erreicht die Wärmeleitfähigkeit einen Minimalwert, die Viskosität hingegen ein Maximum.

Die elektrische Leitfähigkeit hat bei Zusammensetzungen zwischen $0,05 < \xi < 0,07$ mit etwa $1,1 \cdot 10^{-2}\ (\Omega m)^{-1}$ einen Höchstwert. Bei den reinen Komponenten beträgt sie vergleichsweise:

Leitfähigkeitswasser: $10^{-4}\ (\Omega m)^{-1}$,
wasserfreies Ammoniak: $10^{-5}\ (\Omega m)^{-1}$.

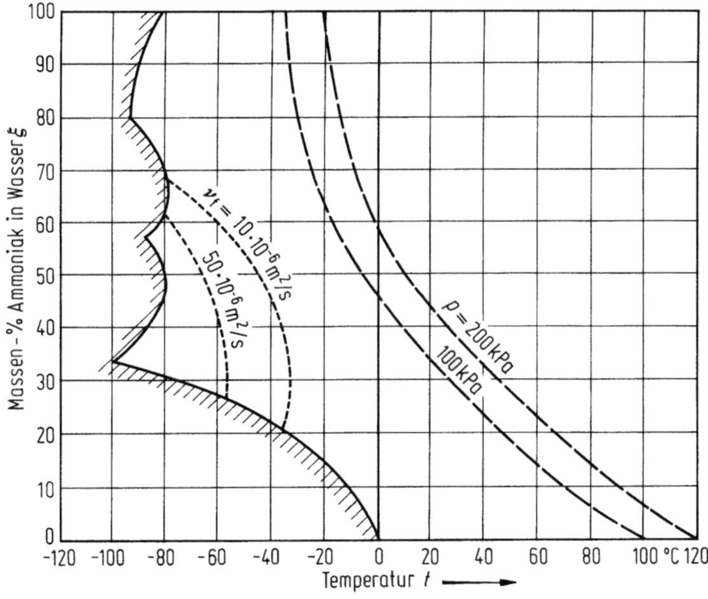

Abb. 16.1. Ammoniak-Wasser-Gemische. ///////// Erstarrungslinie, — — — — — Dampfdruckkurve

Tabelle 16.28. *Datenblatt Ammoniak-Wasser: Lösungsenthalpien.*

Δh_L = *integrale Lösungsenthalpie in kJ/kg Gemisch*, $\Delta h_{LA} = \Delta h_L/\xi$ = *integrale Lösungsenthalpie, bezogen auf* 1 kg *Ammoniak*, $\Delta h_{LW} = \Delta h_L/(1 - \xi)$ = *integrale Lösungsenthalpie, bezogen auf* 1 kg *Wasser*, $dh_{LA} = \Delta h_L + (1 - \xi)\Delta h_L'$ = *differentielle Lösungsenthalpie von* NH_3, $dh_{LW} = \Delta h_L - \xi \Delta h_L'$ = *differentielle Lösungsenthalpie von Wasser*, $\Delta h_L' = \dfrac{d \Delta h_L}{d \xi}$

ξ	Δh_L	Δh_{LA}	Δh_{LW}	dh_{LA}	dh_{LW}	ξ Massenteile NH_3; $(1 - \xi)$ Massenteile H_2O
0	0	—	0	830	0	$\Delta h_L = 830\xi + 593{,}3\xi^2 - 4\,074{,}5\xi^3$
0,1	85,2	852,3	94,7	842,2	1,12	$\qquad + 3\,809{,}2\xi^4 - 1\,158\xi^5$
0,2	162,9	814,3	203,6	715,7	24,7	
0,3	220,4	734,8	314,9	535,7	85,3	
0,4	251,8	629,5	419,7	357,3	181,5	
0,465	257,5	553,7	481,3	257,5	257,5	
0,5	255,9	511,8	511,8	211,0	300,8	
0,6	235,1	391,9	587,8	108,0	425,8	
0,7	194,1	277,3	647,1	46,3	539,1	
0,8	138,4	173,0	691,8	15,5	629,6	
0,9	72,7	80,8	726,9	3,3	697,5	
1,0	0	0	—	0	760,1	

Korrosion

Ammoniak-Wasser-Gemische sind erheblich korrosiver als reines Ammoniak. Der Angriff auf Metalle wird gefördert durch

— steigende Temperaturen,
— Temperatur- und Konzentrationsgradienten,
— Anwesenheit von CO_2 und von O_2,
— Elementbildung.

Verwiesen sei auf die Dechema-Werkstofftabellen [17] und das dort aufgeführte Schrifttum.

16.3.4 Kohlendioxid (Tab. 16.29 bis 16.31)

Verwendung

Kältemittel, fester, flüssiger und gasförmiger Wärmeträger, Trockeneis, Inertgas, vielfältige Verwendung in der Chemie und in der Lebensmitteltechnik.

Physikalische Eigenschaften

Bei Normaldruck ist das Kohlendioxid fest (Trockeneis) und sublimiert bei einer Sättigungstemperatur $t_s = -78{,}52\,°\mathrm{C}$. Der Tripelpunkt liegt bei $t''' = -56{,}6\,°\mathrm{C}$ und $p''' = 517{,}3$ kPa. Die Dampfdruckgleichung für Trockeneis gibt den Normalsublimationspunkt richtig wieder und liefert beim Tripelpunkt den gleichen Wert wie die von Yaws [8] aufgestellte Gleichung für die flüssige Phase. Für den kritischen Punkt findet man folgende Angaben:

$$31{,}0 \le t_{kr} \le 31{,}1\,°\mathrm{C},$$

$$7{,}375 \le p_{kr} \le 7{,}392 \text{ MPa},$$

$$467 \le \varrho_{kr} \le 469 \text{ kg/m}^3.$$

Für die Flüssigkeitsdichte wurde Gl. (16.6) mit den Koeffizienten von Yaws verwendet. Sie liefert im betrachteten Temperaturbereich Werte, die gut mit denen von Golovski und Zymarnij [18] und von Vukalovich u. a. [19] übereinstimmen. Im Be-

Tabelle 16.29. *Datenblatt Kohlendioxid* CO_2: *Trockeneis*

t	°C	-100	-80	t_s $-78,52$	t_e $-56,6$	Interpolationsgleichung
p	kPa	14,02	89,62	101,33	517,3	log: $9,2967 - 1485,91/(282,32 + t)$
ϱ_e	kg/m^3	1595	1566	1564	1512	$1286,8 - 5,16t - 0,0208t^2$
c_e	J/kgK	1189	1337	1349	1562	$2343 + 16,74t + 0,052t^2$
$\Delta h_{d,s}$	kJ/kg	585,3	574,5	573,2	543,8	$388,3 - 3,76t - 0,0179t^2$

M	44,010	kg/kmol

Tabelle 16.30. *Datenblatt Kohlendioxid* CO_2: *Zweiphasengebiet*

		$-56,6$	-40	0	20	Interpolationsgleichung
t	°C					
p	kPa	517,3	1 003,4	3 481,7	5 726,8	log: $46,668\,9 - 1\,792,2/T - 16,559\log T + 1,383\,3 \cdot 10^{-2}\,T$
ϱ_f	kg/m³	1 176,1	1 114,7	928,5	779,4	$468 \cdot 0,268\,5^{-(1-T^*)^{2/7}}$
c_f	J/kgK	1 834	1 882	2 393	3 464	$2\,393 + 34,685t + 0,811\,2t^2 + 6,587 \cdot 10^{-3}t^3$
λ_f	10^{-3} W/m·K	179,5	158,3	105,0	77,2	$105,0 - 1,37t - 9,63 \cdot 10^{-4}t^2$
η_f	10^{-3} Pa s	0,248	0,202	0,103 9	0,068	log: $-1,061\,13 + 21,22/(273,15 + t) - 8,26 \cdot 10^{-3}t$ $- 3,405\ 10^{-5}t^2$
σ	10^{-3} N/m	17,7	13,5	4,6	1,2	$0,052\,6\,(31,06 - t)^{1,3013}$
Δh_d	kJ/kg	348,3	321,6	234,8	158,6	$63,63\,(31,06 - t)^{0,38}$

ϱ''	kg/m³		14,0	26,2	99,7	191,3	$37\,000\,(p^*/T)\,[1,056 + p^* + 1,79\,(2 - p^{*3})^{-6,33}]$
c_p	J/kg K	A 754	774	821	843	$821 + 1,122t - 1,09 \cdot 10^{-3}t^2$
		S 880	982	1 521	2 425	$574 + 1,122t - 1,09 \cdot 10^{-3}t^2 + 3,45 \cdot 10^4/(t_{kr} - t)$ $- 1,579 \cdot 10^5\,(t_{kr} - t)^{-2}$
λ_g	10^{-3} W/m·K	A 10,1	11,4	14,5	16,1	$14,5 + 0,078$
		S 10,5	12,3	19,8	27,3	$19,75 + 0,24t + 0,001\,36t^2 + 20\ \exp - (0,2\,(t_{kr} - t))$
η_g	10^{-6} Pa s	A 12,0	12,7	14,3	15,1	$14,33 + 0,040\,77t - 8,649 \cdot 10^{-6}t^2$
		S 12,1	12,9	16,1	19,2	log: $0,802 - 51,75/(t - 127,66) + 0,185\ \exp - (0,475\,(t_{kr} - t))$
$\varkappa$	—		1,334	1,323	1,299	1,289	$(1 - 188,919/c_{p,A})^{-1}$
a	m/s		233,6	241,4	258,9	267,2	$\sqrt{(1 - 188,9/c_{p,A})^{-1} \cdot 188,9T}$

M	44,010	kg/kmol
ϱ_n	1,97	kg/m³
T_e	216,55	K
t_e	$-56,6$	°C
Δh_f	195,5	kJ/kg
T_s	194,63	K
t_s	$-78,52$	°C
$\Delta h_{d,s}$	573,1	kJ/kg
T_{kr}	304,21	K
t_{kr}	31,06	°C
p_{kr}	7,378	MPa
ϱ_{kr}	468	kg/m³

Tabelle 16.31. *Datenblatt Kohlendioxid* CO_2: *Hochdruckgebiet*

$$Z = 1 - \frac{\varrho^*}{T^*}\left[A + B\varrho^* - C\varrho^{*4} - DT^* - E\varrho^*T^* + F/T^{*2} - G\frac{\varrho^*}{T^{*2}}(1 + H\varrho^{*2})\exp(-H\varrho^{*2})\right]$$

A	0,320 29		E	0,061 520 7
B	0,046 773		F	0,175 314
C	$2,888\,8 \cdot 10^{-4}$		G	0,005 131
D	0,145 786 7		H	0,045 638

p	MPa	1	2	4	4	6
t	°C	-40	0	100	140	140
Z	—	0,865 3	0,839 1	0,903 4	0,937 1	0,907 1
ϱ	kg/m³	26,24	46,19	62,81	54,69	84,75

$c_{p,0} = 821 + 1,122t - 1,09 \cdot 10^{-3}t^2 \qquad t < 25\,°C$

$c_{p,0} = 489 + 1,465T - 9,456 \cdot 10^{-4}T^2 + 2,3 \cdot 10^{-7}T^3 \qquad T > 293\,K$

$\Delta c_{p,0} = 95,13\,[2,9p^*\,T^{*-2,4} + 10p^{*2}\,T^{*-(4,3 + T^{*6})}]$

$\Delta c_{p,1} = 21,24\,[7,3T^{*-3,9}p^* + (11T^{*-7} - 5T^{*-3})\,p^{*2}]$

p	MPa	1	2	4	4
t	°C	-40	0	100	140
c_p	J/kg K	986	1 125	1 103	1 053

$\lambda = 14,5 + 0,078t + 0,016\,05\varrho^{1,26}$

p	MPa	1	2	4	4	6
t	°C	-40	0	100	140	140
ϱ	kg/m³	26,24	46,19	62,81	54,69	84,75
λ	10^{-3} W/m·K	12,36	16,51	25,26	27,90	29,73

$\eta_0 = 14,33 + 0,040\,77t - 8,649 \cdot 10^{-6}t^2$

$\eta = \eta_0 \exp(9,457 \cdot 10^{-5} + 0,112\,4/T)\,\varrho^{4/3}$

p	MPa	1	2	4	4	6
t	°C	-40	0	100	140	140
ϱ	kg/m³	26,24	46,19	62,81	54,69	84,75
η	10^{-6} Pa s	13,27	15,58	20,22	21,44	22,77

M	44,010	kg/kmol
ϱ_n	1,97	kg/m³
T_e	216,55	K
t_e	$-56,6$	°C
Δh_f	195,5	kJ/kg
T_s	194,63	K
t_s	$-78,52$	°C
$\Delta h_{d,s}$	573,1	kJ/kg
T_{kr}	304,2	K
t_{kr}	$-31,05$	°C
p_{kr}	7,378	MPa
ϱ_{kr}	468	kg/m³

reich zwischen $t = 20\,°C$ und dem kritischen Punkt sind die Koeffizienten $A = 468$ und $B = 0{,}272\,5$ einzusetzen. Auch für die spezifische Wärmekapazität und die Transporteigenschaften der Flüssigkeit wurden die Korrelationen von Yaws verwendet.

Die Sattdampfdichte nach Vukalovich u. a. [19] weicht um $\pm 1{,}7\%$ von den Werten ab, die sich im betrachteten Temperaturbereich mit Hilfe der Interpolationsgleichung errechnen lassen. Die Gleichung für die spezifische Wärmekapazität des Sattdampfes ist mit einer Unsicherheit von etwa $\pm 5\%$ behaftet. Die Wärmeleitfähigkeit des Gases basiert auf einer Korrelation von Zederberg und Morosova [20]. Für die Wärmeleitfähigkeit bei höheren Drücken findet man dort die im Datenblatt Tab. 16.31 verwendete Gleichung. Die Interpolationsgleichung für die Gasviskosität bei höheren Dichten basiert auf Gl. (16.15).

Toxizität

Gehalte von mehr als $2{,}5\,\text{Vol.-}\%$ in der Luft erzeugen Vergiftungserscheinungen (vgl. Band IV dieses Handbuches). CO_2 ist farblos und geruchlos und hat daher keine Warneigenschaften. Der MAK-Wert liegt bei $5\,000$ Mol-ppm.

Stabilität

CO_2 ist thermisch und chemisch stabil.

Korrosion

Trockenes CO_2 verhält sich metallischen und nichtmetallischen Werkstoffen gegenüber inert.

Brennbarkeit

CO_2 ist unbrennbar. Es dient als Feuerlöschmittel.

16.3.5 Schwefeldioxid (Tab. 16.32)

Verwendung

Kältemittel, anorganisches Zwischenprodukt, Extraktionsmittel in der Petrochemie, Bleich-, Reduktions- und Desinfektionsmittel.

Physikalische Eigenschaften

Für den Dampfdruck hat Riedel (vgl. Band IV dieses Handbuches) die Gleichung

$$\log p = 43{,}010\,1 - 2\,378{,}72/T - 14{,}113\,5 \log T + 0{,}008\,331\,9\,T$$

angegeben. Sie liefert ähnliche Werte wie die Gleichung des Datenblatts. Für den kritischen Punkt findet man Angaben zwischen

$$157{,}3 \leqq t_{kr} \leqq 157{,}6\,°C,$$
$$7{,}867 \leqq p_{kr} \leqq 7{,}885\ \text{MPa},$$
$$516 \leqq \varrho_{kr} \leqq 525\ \text{kg/m}^3.$$

Die Gleichung von Yaws [8] für die Flüssigkeitsdichte lautet

$$\varrho_f = \frac{516{,}4}{0{,}255\,4^{(1-T^*)^{2/7}}}\,.$$

Sie gilt zwischen Tripelpunkt und kritischem Punkt und ergibt Dichten, die nur um Bruchteile von Prozenten von denen nach der Datenblattformel abweichen.

Für die spezifische Wärmekapazität, die Viskosität und die Oberflächenspannung der Flüssigkeit wurden die Ansätze von Yaws verwendet. Die Abweichung der Werte

Tabelle 16.32. *Datenblatt Schwefeldioxid* SO$_2$

t	°C		−50	0	20	50	Interpolationsgleichung
p	kPa		11,45	155,5	330,8	842,3	log: $45{,}683\,7 - 2\,456/T - 15{,}169\,5 \log T + 0{,}009T$
ϱ_f	kg/m³		1 563	1 438	1 383	1 294	$1\,438 - 2{,}69t - 3{,}8 \cdot 10^{-3}t^2$
c_f	J/kg K		1 296	1 350	1 383	1 444	$1\,350 + 1{,}48t + 0{,}008t^2$
λ_f	10^{-3} W/m·K		240[a]	212	200	180[a]	$212 - 0{,}6t - 0{,}001t^2$
η_f	10^{-3} Pa s		0,801	0,368	0,279	0,186	log: $406/(273{,}15 + t) - 7{,}1 \cdot 10^{-4}t - 1{,}25 \cdot 10^{-5}t^2 - 1{,}92$
σ	10^{-3} N/m		37,0	26,7	22,8	17,0	$0{,}069\,5\,(157{,}3 - t)^{1{,}176\,8}$
Δh_d	kJ/kg		423,2	381,1	361,9	329,5	$55{,}75\,(157{,}3 - t)^{0{,}38}$

ϱ''	kg/m³		0,403	4,547	9,230	22,22	log: $4{,}650\,2 - 957/(239{,}7 + t)$
c_p	J/kg K	0	572,9	607,0	619,8	638,2	$607{,}0 + 0{,}653t - 5{,}7 \cdot 10^{-4}t^2$
		S	580,1	653,1	696,0	773,0	$653{,}1 + 1{,}965t + 0{,}009\,38t^2 - 1{,}41 \cdot 10^{-5}t^3$
λ_g	10^{-3} W/m·K	A	5,4[a]	8,3	9,4	11,1	$8{,}3 + 0{,}057t - 2 \cdot 10^{-5}t^2$
η_g	10^{-6} Pa s	A	9,5	11,58	12,49	13,95	$11{,}58 + 0{,}044\,4t + 6 \cdot 10^{-5}t^2$
			9,5	12,6	15,1	20,2[a]	$12{,}6 + 0{,}106\,6t + 8{,}9 \cdot 10^{-4}t^2$
$\varkappa$	—	0	1,293	1,272	1,265	1,255	$(1 - 129{,}78/c_{\text{p},0})^{-1}$
a	m/s	0	193,5	212,3	219,4	229,5	$\sqrt{(1 - 129{,}78/c_{\text{p},0})^{-1} \cdot 129{,}78 \cdot T}$

M	64,063	kg/kmol
ϱ_n	2,93	kg/m³
T_e	197,63	K
t_e	−75,52	°C
Δh_f	116	kJ/kg
T_s	263,15	K
t_s	−10,0	°C
$\Delta h_\text{d,s}$	390,1	kJ/kg
T_kr	430,4	K
t_kr	157,3	°C
p_kr	7,879	MPa
ϱ_kr	516,4	kg/m³

[a] Extrapoliert

für die spezifische Verdampfungsenthalpie von denen aus Band IV beträgt im betrachteten Temperaturbereich maximal 1,25 %. Für die Sattdampfdichte lautet Gl. (16.8):

$$\varrho'' = 57\,787\,\frac{p^*}{T}\,(1,050\,4 + p^* + 1,795\,8\,(1 - p^{*3})^{-6,33}).$$

Sie deckt sich im unteren Temperaturbereich recht genau mit der Funktion des Datenblatts, weicht aber bei 50 °C um 1,5 % von dieser ab.

Zur Berechnung der spezifischen Wärmekapazität des Sattdampfes wurde die Gleichung

$$c_p'' = c_{p,0} + 3,7 \cdot 10^8 pT^{-3,7} \quad (\text{J/kg K für } p \text{ in kPa})$$

herangezogen (vgl. Band IV).

Toxizität

Schwefeldioxid ätzt in starkem Maße Augen- und Atmungsorgane und kann akute Lungenödeme hervorrufen. Starke Vergiftungen führen nach einigen Tagen zu Atembeschwerden und grippeähnlichen Erkrankungen. Dank seiner ausgeprägten Warnfähigkeit sind tödliche Vergiftungen selten (vgl. auch Bd. IV dieses Handbuches). Der MAK-Wert beträgt 5 Vol.-ppm.

Stabilität

SO_2 ist weit über den kältetechnischen wichtigen Temperaturbereich hinaus stabil.

Korrosion

Gegen trockenes Schwefeldioxid sind die meisten Metalle, mit Ausnahme des Zinks, stabil. Dagegen greift feuchtes Schwefeldioxid die meisten metallischen Werkstoffe an. Relativ beständig sind Nickel und Nickellegierungen sowie rostfreie Stähle. Bis zu hohen Temperaturen beständig sind Tantal und Molybdän. Von den Kunststoffen sind Phenolharze bis 100 °C, Teflon bis etwa 250 °C beständig.

Brennbarkeit

Schwefeldioxid ist unbrennbar.

16.3.6 Schwefelhexafluorid (Tab. 16.33)

Verwendung

Kältemittel, flüssiger und gasförmiger Wärmeträger, Füllgas für elektrische Schaltanlagen und Transformatoren.

Physikalische Eigenschaften

Schwefelhexafluorid ist wie Kohlendioxid bei Normaldruck fest. Für die Normalsublimationstemperatur findet man Angaben zwischen $-63,5 \leq t_s \leq -62,0$ °C.

Der Tripelpunkt liegt bei $-50,8$ °C. Die Dampfdruckgleichung von Perel'shtein [21] ergibt einen Tripelpunktsdruck $p''' = 199$ kPa. Anderen Quellen sind Werte zwischen 226 und 234 kPa zu entnehmen. Die Angaben über den kritischen Punkt bewegen sich zwischen folgenden Werten:

$$45,54 \leq t_{kr} \leq 45,65\ °C,$$

$$3\,741 \leq p_{kr} \leq 3\,759\ \text{kPa},$$

$$736 \leq \varrho_{kr} \leq 741\ \text{kg/m}^3.$$

Auch die übrigen Daten sind mit Unsicherheiten behaftet. Sie wurden teilweise mit Hilfe von Korrelationen und Abschätzungen ermittelt.

Tabelle 16.33. *Datenblatt Schwefelhexafluorid* SF_6

t	°C		−50	0	20	40	Interpolationsgleichung
p	kPa		206,9[a]	1241,2	2078,6	3318,4	log: $169{,}6955 - 4900{,}88/T - 66{,}922 \cdot \log T + 0{,}052679T$
ϱ_f	kg/m³		1826	1556	1394	1115	$817 - 1{,}531t - 5{,}4 \cdot 10^{-3}t^2 + 207(45{,}55 - t)^{1/3}$
c_f	J/kg K	b	774	1050	1189	(1610)	$1050 + \left(5 + \dfrac{50}{45{,}55 - t}\right)t$
λ_f	10^{-3} W/m·K	b	113	87	66	29	$87 - 0{,}722t - 0{,}004t^2 - 10^{0{,}034t}$
η_f	10^{-3} Pa s		0,535	0,339	0,290[a]	0,252[a]	log: $690{,}62/(443{,}32 + t) - 2{,}02752$
σ	10^{-3} N/m	b	11,7	5,6	3,1	0,68	$0{,}122(45{,}55 - t)$
Δh_d	kJ/kg		113,1	85,4	68,5	38,4	$20(45{,}55 - t)^{0{,}38}$

ϱ''	kg/m³		17,5	105,2	190,1	387,5	$57860 \dfrac{p^*}{T}(1{,}14653 + p^* + 1{,}9351(2 - p^{*3})^{-6{,}33})$
c_p	J/kg K	A S	527 527	627 690	662 770	694	$627 + 1{,}82t - 0{,}0036t^2$ $690 + 3{,}79t + 0{,}0106t^2$
λ_g	10^{-3} W/m·K	A	10,5	12,7	13,6	14,5	$12{,}72 + 0{,}0438t$
η_g	10^{-6} Pa s	A S	(11,8)[a] 	14,09[a] 14,48[a]	15,01 16,87	15,91 24,60	$14{,}09 + 0{,}04606t - 1{,}376 \cdot 10^{-5}t^2$ $\eta_{gA} + 10^{(87{,}063 - 223802/(2558{,}6 + t))}$
$\varkappa$	—	A	1,121	1,100	1,094	1,089	$(1 - 56{,}926/c_{p,A})^{-1}$
a	m/s	A	119	131	135	139	$\sqrt{56{,}926T(1 - 56{,}926/c_{p,A})^{-1}}$

[a] Extrapoliert. [b] Werte unsicher. [c] Sublimatspunkt.

M	146,054	kg/kmol
ϱ_n	6,52	kg/m³
T_e	222,35	K
t_e	−50,8	°C
Δh_f	40	kJ/kg
T_s	209,35	K
t_s^c	−63,8	°C
$\Delta h_{d,s}$	160	kJ/kg
T_{kr}	318,70	K
t_{kr}	45,55	°C
p_{kr}	3,759	MPa
ϱ_{kr}	736	kg/m³

Für die Anwendung in der Elektrotechnik ist die Durchschlagsspannung wichtig. Gemessen zwischen zwei Kugeln von 5 cm Durchmesser mit Wechselstrom 60 Hz beträgt sie bei 100 kPa und einem Abstand $a = 10$ mm [22]:

$$U = 76\,000 \text{ V}.$$

Für andere Bedingungen gilt näherungsweise

$$U = 87,5pa - 5\,750\,(1 + (pa)^2 \cdot 10^{-6})\,\text{V}$$
$$1\,000 \leqq pa \leqq 5\,000 \text{ kPa mm}.$$

Toxizität

Schwefelhexafluorid ist sehr wenig toxisch. Der MAK-Wert liegt bei 10 Mol-ppm. Im elektrischen Funken entsteht bei Anwesenheit von Sauerstoff das giftige Thionylfluorid.

Stabilität

Bei Abwesenheit katalytischer Substanzen ist Schwefelhexafluorid bis 800 °C stabil. In Kontakt mit Eisen setzt ab 200 °C eine schwache Zersetzung ein. Mit Schwefelwasserstoff reagiert Schwefelhexafluorid bei höheren Temperaturen unter Bildung von Fluorwasserstoff.

Korrosion

Schwefelhexafluorid verhält sich bei niedrigen Temperaturen inert gegen metallische Werkstoffe. Auch Kunststoffe werden nur wenig angegriffen.

Brennbarkeit

Schwefelhexafluorid ist unbrennbar.

16.4 Aliphatische Kohlenwasserstoffe

Von den aliphatischen Kohlenwasserstoffen wurden Datenblätter für die geradkettigen C_1- bis C_4-Alkane, das Isobutan und für die Olefine Ethen und Propen ausgearbeitet. (Anstelle von Äthan, Äthen, Äthyl- usw. schreibt man in der chemischen Fachliteratur neuerdings in Angleichung an die englische Schreibweise Ethan, Ethen, Ethyl- usw.) Tab. 16.34 gibt einen Überblick über ihre Eigenschaften.

Die aliphatischen Kohlenwasserstoffe zeigen aufgrund ihres strukturellen Aufbaus Ähnlichkeiten im Verhalten, und auch bei den physikalischen Eigenschaften bestehen systematische Zusammenhänge.

Die Alkane mit der Summenformel C_nH_{2n+2} und der Molmasse

$$M = 14,027n + 2,015\,94 \tag{16.18}$$

zeichnen sich bei niedrigen Temperaturen durch eine bemerkenswerte Reaktionsträgheit aus, worauf auch die Bezeichnung „Paraffine" bezug nimmt. Sie sind daher beispielsweise zur Kühlung von chemischen Reaktionsgefäßen geeignet, in denen reaktive Substanzen verarbeitet werden und bei denen die Gefahr eines Kontakts zwischen Wärmeträger und Reaktionsgemisch nicht ausgeschlossen werden kann.

Das Methan hat vor allem in Form von Erdgas große Bedeutung. Dabei ist zu berücksichtigen, daß das Erdgas ein Gasgemisch ist, das neben dem Methan höhere Kohlenwasserstoffe sowie gewisse Mengen an anderen Gasen enthält.

Die Alkane sind unpolare Stoffe mit näherungsweise idealem Mischverhalten. Sie sind brennbar und haben einen unteren Heizwert von

$$H_u = \frac{4\,187}{M}\,(146,7n + 47,496).\quad \text{kJ/kg} \tag{16.19}$$

Tabelle 16.34. *Aliphatische Kohlenwasserstoffe*

Größe	Stoff Formel Einheit	Methan CH_4	Ethan C_2H_6	Ethen C_2H_4	Propan C_3H_8	Propen C_3H_6	n-Butan $n\text{-}C_4H_{10}$	i-Butan $i\text{-}C_4H_{10}$	Pentan C_5H_{12}
M	kg/kmol	16,043	30,070	28,054	44,097	42,081	58,124	58,124	72,151
t_e	°C	−182,5	−183,3	−169,5	−187,7	−185,25	−138,36	−159,6	−129,72
t_s	°C	−161,5	−88,63	−103,7	−42,1	−47,7	−0,50	−11,7	36,04
Stoffwerte bei 20 °C									
p	kPa	(100)	3 771	(100)	838	1 016,4	209,5	300,4	56,6
ϱ_f	kg/m³	0,660[a]	341	1,166[a]	500,1	515,1	579	557	626,5
c_f	J/kg K	2 196[a]	4 024	1 540[a]	2 630	2 631	2 387	2 406	2 296
$\varrho_f c_f$	kJ/m³K	1,449[a]	1 372	1,796[a]	1 315	1 355	1 375	1 340	1 438
Φ	$\dfrac{W}{m^2\,K}\dfrac{s^{0,8}}{m^{0,6}}$	19,3[a]	3 438	20,4[a]	3 286	3 848	3 005	2 819	2 939
ν_f	$10^{-6}\,m^2/s$	16,6[a]	0,12	8,5[a]	0,193	0,167	0,29	0,30	0,37
Z_{kr}	−	0,291	0,280 6	0,281	0,276	0,275	0,274	0,282	0,263
ω	−	0,010 4	0,107 1	0,084	0,15	0,143 5	0,196	0,184	0,252
ψ_{exu}	Vol.-%	4,5…5,0	2,9…3,1	2,7…2,75	2,1	2,0…2,4		1,5…1,8	1,4
ψ_{exo}	Vol.-%	15…15,4	13…15	34…36	9,5	10,5…11,0		8,4…9,3	8,0…8,4

[a] Gas bei $p = 100$ kPa

Für die Explosionsgrenzen in Luft gilt näherungsweise [23]

$$\left.\begin{aligned}
\psi_{exu} &= (0,134\,7n + 0,043\,53)^{-1} \\
\psi_{exo} &= (0,013\,37n + 0,051\,51)^{-1}
\end{aligned}\right\} \quad n > 2. \tag{16.20}$$
$$\tag{16.21}$$

Für den Flammpunkt gilt die Formel [23]

$$t_{fl} = 102\,\sqrt{n} - 277,3\,°C, \tag{16.22}$$
$$1 < n \leqq 12.$$

Die Olefine mit der Summenformel C_nH_{2n} und der Molmasse

$$M = 14,027\,1n \tag{16.23}$$

haben eine Doppelbindung und sind daher reaktionsfreudiger als die Paraffine. Unter anderem neigen sie auch zu Polymerisationsreaktionen. Als Kälteträger sind sie nur im Zusammenhang mit einem Einsatz als Kältemittel von Bedeutung.

Allgemeine Gleichungen für die Berechnung von Stoffdaten von Kohlenwasserstoffen findet man unter anderem im Technical Data Book Petroleum Refining [24]. Die dort angegebene allgemeine Dampfdruckgleichung für Kohlenwasserstoffe basiert auf einer Gleichung von PLANK und RIEDEL [25]:

$$\log p^* = 2,611\,4 - 1,409 \log T^* - 2,686/T^* + 0,074\,61\,T^{*6}$$
$$+ \omega(6,280\,8 - 12,428 \log T^* - 6,46/T^* + 0,179\,45\,T^{*6}). \tag{16.24}$$

Des weiteren findet man dort Gleichungen und Verfahren zur Bestimmung der kritischen Daten, der Sättigungsdichte der Flüssigkeit (vgl. Abschn. 16.1.3), der spezifischen Wärmekapazität von Flüssigkeit und Dampf sowie der Oberflächenspannung, der Viskosität und der Wärmeleitfähigkeit.

Die spezifische Verdampfungsenthalpie der aliphatischen Kohlenwasserstoffe läßt sich durch die Watson-Gleichung

$$\Delta h_d = A (t_{kr} - t)^{0,38}$$

beschreiben. Für den Koeffizienten A gilt in Anlehnung an Untersuchungen von Procopio [26]

$$A = \frac{8,375}{M} T_s T_{kr} \ln(9,869 p_{kr}) \frac{1 - 0,101\,325/p_{kr}}{(T_{kr} - T_s)^{1,38}} \tag{16.25}$$

$$p \text{ in MPa ergibt } A \text{ in } kJ \cdot kg^{-1} \cdot K^{-0,38}$$

Abweichungen von dieser Gleichung zeigen sich bei Methan und Ethan.

Die Paraffine und Olefine sind nur sehr wenig toxisch. Sie greifen metallische Werkstoffe auch bei höheren Temperaturen nicht an. Kunststoffe werden in unterschiedlichem Maße angegriffen. Durch Kunststoffwandungen können Kohlenwasserstoffe diffundieren.

Gemische höherer aliphatischer Kohlenwasserstoffe werden als kommerzielle Wärmeträger angeboten (vgl. Abschn. 16.8).

16.4.1 Methan (Tab. 16.35 und 16.36)

Verwendung

Kältemittel für Kaltgas- und Kaltdampfprozesse, technisches Gas, Brennstoff.

Physikalische Eigenschaften

Die Dampfdruckgleichung gibt die Sättigungsdrücke im Interpolationsbereich wie auch den kritischen Punkt gut wieder. Für die kritischen Daten gilt:

$$190,8 < T_{kr} < 191,1 \text{ K,}$$
$$4,612 < p_{kr} < 4,641 \text{ MPa,}$$
$$161 \leqq \varrho_{kr} \leqq 162 \text{ kg/m}^3.$$

Eine Zustandsgleichung für Methan mit 20 Koeffizienten findet man bei Bühner, Maurer und Bender [1].

Für das in der Erdgastechnik wichtige Druck- und Temperaturgebiet wurde die spezifische Wärmekapazität der Gase durch eine Korrelationsgleichung erfaßt.

Für den Temperaturbereich zwischen 75 und 1500 °C gilt als Gleichung für die spezifische Wärmekapazität bei atmosphärischem Druck

$$c_{p,0} = 2\,110 + 3,383 t + 0,001\,17 t^2 - 1,4 \cdot 10^{-6} t^3.$$

Die Druckkorrekturfunktion lautet

$$\Delta c_{p,0} = 261 \cdot [2,9 p^* T^{*-2,4} + 10 p^{*2} T^* - (4,3 + T^{*6})].$$

Der Gültigkeitsbereich dieser Beziehung (vgl. Abschn. 16.1.3) ist zu beachten.

Toxizität

Reines Methan gilt als ungiftig.

Stabilität

Methan ist thermisch stabil.

Tabelle 16.35. *Datenblatt Methan* CH$_4$: *Tieftemperaturgebiet*

T	K	93,15	113,15	143,15	173,15	
t	°C	-180	-160	-130	-100	Interpolationsgleichung
p	kPa	15,8	114,4	751,6	2 608	log: $21{,}6971 - 656{,}3/T - 7{,}394 \log T + 0{,}0119T$
ϱ_f	kg/m^3	450	422	372	303	$161/0{,}288^{(1-T/190{,}9)^{2/7}}$
c_f	J/kgK	3 360	3 449	3 812	4 829	$5140 - 43{,}25T + 0{,}3014T^2 - 4{,}6 \cdot 10^{-4}T^3$ $+ 1{,}25 \cdot 10^6(190{,}9 - T)^{-2{,}7}$
λ_f	10^{-3} W/m·K	220	195	152	103	$304 - 0{,}605T - 3{,}2 \cdot 10^{-3}T^2$
η_f	10^{-3} Pa s	0,200	0,112	0,068	0,034	log: $-11{,}67 + 499{,}3/T + 0{,}0812T - 2{,}25 \cdot 10^{-4}T^2$
σ	10^{-3} N/m	18,0	13,1	6,6	1,67	$0{,}03025(190{,}9 - T)^{1{,}3941}$
Δh_d	kJ/kg	548	507	428	304	$112{,}34(190{,}9 - T)^{0{,}346}$

ϱ''	kg/m^3	[a]	0,333	2,029	11,78	44,60	$7990(p^*/T)[1{,}1192 + p^* + 1{,}7269(2 - p^{*3})^{-6{,}33}]$
c_p	J/kg K	A	2 075	2 075	2 075	2 075	$2075 = \text{const für } T < T_K$
λ_g	10^{-3} W/m·K	A	7,25	9,45	12,92	16,58	$-1{,}869 + 0{,}0872T + 1{,}179 \cdot 10^{-4}T^2 - 3{,}61 \cdot 10^{-8}T^3$
η_g	10^{-6} Pa s	A	3,30	4,14	5,40	6,65	$-0{,}7 + 0{,}0435T - 6{,}2 \cdot 10^{-6}T^2$
		S	3,30	4,21	5,98	8,20	$1{,}69 - 0{,}0064T + 2{,}54 \cdot 10^{-4}T^2$
$\varkappa$	—	A	1,333	1,333	1,333	1,333	$1{,}333 = \text{const}$
a_0	m/s	A	253,7	279,6	314,5	345,9	$26{,}286\sqrt{T}$

M	16,04	kg/kmol
ϱ_n	0,717	kg/m^3
T_e	90,65	K
t_e	$-182{,}5$	°C
Δh_f	59	kJ/kg
T_s	111,65	K
t_s	$-161{,}5$	°C
$\Delta h_{d,s}$	510,0	kJ/kg
T_{kr}	190,90	K
t_{kr}	$-82{,}25$	°C
p_{kr}	4,64	MPa
ϱ_{kr}	161	kg/m^3

[a] $p^* = p/p_{kr}$; $\log p^* = 18{,}0305 - 656{,}3/T - 7{,}394 \log T + 0{,}0119T$

Tabelle 16.36. *Datenblatt Methan* CH_4: *Hochdruckgebiet*

$$Z = 1 - \frac{\varrho^*}{T^*}\left[A + B\varrho^* - C\varrho^{*4} - DT^* - E\varrho^*T^* + F/T^{*2} - G\frac{\varrho^*}{T^{*2}}(1 + H\varrho^{*2})\exp(-H\varrho^{*2})\right]$$

A	0,347 15		E	0,028 971
B	0,027 065 5		F	0,116 206
C	$7,583\,4\cdot10^{-5}$		G	0,038 362
D	0,124 718		H	0,051 427

M	16,04	kg/kmol
ϱ_n	0,717	kg/m³
T_e	90,65	K
t_e	−182,5	°C
Δh_f	59	kJ/kg
T_s	111,65	K
t_s	−161,5	°C
$\Delta h_{d,s}$	510,0	kJ/kg
T_{kr}	190,9	K
t_{kr}	−82,25	°C
p_{kr}	4,64	MPa
ϱ_{kr}	161	kg/m³

p	MPa	10	10	10	10
t	°C	−73,15	26,85	126,85	200
Z	−		0,349 7	0,853 5	0,965 9	0,995 6
ϱ	kg/m³	275,8[a]	75,34	49,93	40,95

[a] Abweichung $+5\%$

$$c_p = 2\,152 + 1,968t + 0,012\,38t^2$$
$$+ (72,5 - 0,556t + 1,807\cdot10^{-3}t^2)\,p$$
$$+ 1,675\cdot10^{23}(273,15 + t)^{-9,24}p^2$$

p	MPa	0,1	10	10	10
t	°C	−73,15	−23,15	26,85	76,85
c_p	J/kg K	2 087,5	4 143,4	3 019,0	2 832,9

$$\lambda_g = 30,0 + 0,143\,5t + 8,83\cdot10^{-5}t^2 - 3,61\cdot10^{-8}t^3$$
$$\Delta\lambda = 38,72\,[\exp(0,003\,302\varrho) - 1] \qquad \varrho < 80\ \text{kg/m}^3$$
$$\Delta\lambda = 36,23\,[\exp(0,004\,136\varrho) - 1,069] \qquad 80 < \varrho < 320\ \text{kg/m}^3$$

p	MPa	10	10	10	10
t	°C	−73,15	26,85	126,85	200
ϱ	kg/m³	275,6	75,34	49,93	40,95
λ	10^{-3} W/m·K	94,53	44,85	56,49	67,55

$$\eta_g = 10,38 + 0,03t - 8,14\cdot10^{-6}t^2 \qquad -73 < t < 1\,000\,°\text{C}$$
$$\eta_g = -0,7 + 0,043\,5T - 6,2\cdot10^{-6}T^2 \qquad T < 200\ \text{K}$$
$$\eta = \eta_g\exp[(55,734\cdot10^{-5} + 0,032\,24/T)\varrho^{4/3}]$$

p	MPa	2,608	10	10	10
t	°C	−100	26,85	126,85	200
ϱ	kg/m³	44,51	75,34	49,93	40,95
η	10^{-6} Pa s	7,47	13,8	15,8	17,5

Brennbarkeit

Für die Explosionsgrenzen in Luft bei Normaldruck und 20 °C findet man folgende Angaben:

$$\psi_{\mathrm{exu}} = 4,5 \text{ bis } 5,0 \text{ Vol.-\%,}$$
$$\psi_{\mathrm{exo}} = 15,0 \text{ bis } 15,4 \text{ Vol.-\%.}$$

Die Angaben über den Zündpunkt sind sehr unterschiedlich. Sie bewegen sich im Bereich $537\,°\mathrm{C} \leqq t_{\mathrm{zünd}} \leqq 650\,°\mathrm{C}$.

16.4.2 Ethan (Tab. 16.37)

Verwendung

Kältemittel, Wärmeträgergas und -flüssigkeit, Brennstoff, Rohstoff für die Ethenherstellung.

Physikalische Daten

Die Dampfdruckgleichung in der Form

$$\log p = A + B/T + C \log T + DT + ET^2$$

gibt die Sättigungsdrücke zwischen Tripelpunkt und kritischem Punkt mit guter Genauigkeit wieder. Mit $A = 11,7537$ und den Faktoren B bis E gemäß Tab. 16.37 erhält man den reduzierten Druck $p^* = p/p_{\mathrm{k}}$.

Für die kritischen Daten findet man Angaben zwischen

$$305,25 \leqq T_{\mathrm{kr}} \leqq 305,55 \text{ K,}$$
$$4,8605 \leqq p_{\mathrm{kr}} \leqq 4,907 \text{ MPa,}$$
$$203 \leqq \varrho_{\mathrm{kr}} \leqq 206 + 225 \text{ kg/m}^3.$$

Eine Zustandsgleichung mit 20 Koeffizienten geben BÜHNER, MAURER und Bender [27] an.

Für die spezifische Wärmekapazität c_f der Flüssigkeit wurde die Korrelationsgleichung von YAWS [8] mit leicht nach oben korrigierten Konstanten verwendet. Die c_f-Werte für $t > -25\,°\mathrm{C}$ sind mit einer Unsicherheit von etwa 6 % behaftet. Die Gleichung gilt bis 20 °C. Die Gleichung für die Sattdampfdichte liefert Werte, die meist zwischen denen von BÜHNER [27] und von SCIANCE u. a. [28] liegen. Um $t = 20\,°\mathrm{C}$ ergibt sich mit $-2,8\,\%$ eine größere Abweichung. Die spezifische Wärmekapazität des Gases $c_{\mathrm{p,0}}$ bei tiefen Drücken läßt sich für Temperaturen über 20 °C durch die Gleichung

$$c_{\mathrm{p,0}} = 1642 + 4,48 t - 1,03 \cdot 10^{-3} t^2$$

beschreiben. Die Gleichung für die spezifische Wärmekapazität c_p'' des Sattdampfes liefert für $t > 0\,°\mathrm{C}$ mit Annäherung an den kritischen Punkt zu niedrige Werte. Die c_p''-Werte sind wegen des Fehlens zuverlässiger Messungen generell mit einer gewissen Unsicherheit behaftet.

Für die Wärmeleitfähigkeit des Dampfes gibt SCIANCE [28] eine Korrekturgleichung

$$\lambda - \lambda_0 = 0,11755 \varrho'' - 3,54 \cdot 10^{-4} \varrho''^2 + 1,21 \cdot 10^{-6} \varrho''^3$$

an, die etwas höhere Wärmeleitfähigkeiten liefert als die im Datenblatt angegebenen. Die Abweichung beträgt bei $t = 20\,°\mathrm{C}$ etwa 1,4 %.

Toxizität

Reines Ethan gilt als ungiftig.

Tabelle 16.37. *Datenblatt Ethan* C_2H_6

t	°C		-100	-50	0	20	Interpolationsgleichung
p	kPa	a	52,51	552,9	2 388,2	3 771,2	log: $15,4412 - 1074,8/T - 3,1434 \log T - 4,553 \cdot 10^{-3}T$ $+ 1,0373 \cdot 10^{-5}T^2$
ϱ_f	kg/m³		558,7	592,1	400,9	341,0	$205,6/(0,28087^{(1-T/305,35)^{2/7}})$
c_f	J/kg K		2 440	2 628	3 440	4 024	$3440 + 25t + 0,2t^2 + 0,0005t^3$
λ_f	10^{-3} W/m·K		166,5	127,7	87,9	71,7	$87,9 - 0,806t - 2,04 \cdot 10^{-4}t^2$
η_f	10^{-3} Pa s		0,188	0,112	0,058	0,041	log: $290/(273,15 + t) - 0,003t - 4 \cdot 10^{-5}t^2 - 2,3$
σ	10^{-3} N/m		18,8	10,6	3,40	1,05	$0,0509(32,2 - t)^{1,21}$
Δh_d	kJ/kg		509,9	425,7	298,2	206,2	$79,7(32,2 - t)^{0,38}$

ϱ''	kg/m³		1,12	10,01	46,68	84,60	$16\,323,5\,(p^*/T)\,[1,07 + p^* + 1,7761(2 - p^{*3})^{-6,33}]$
c_p	J/kg K	0	1352	1478	1650	1731	$1650 + 3,888t + 9,12 \cdot 10^{-3}t^2$
		S	1409	1776	2871	—	$1650 + 3,888t + 9,12 \cdot 10^{-3}t^2 + \exp\left(24,63 - \dfrac{11740}{670 - t}\right)$
λ_g	10^{-3} W/m·K	0	10,0	13,0	17,9	20,4	$17,9 + 0,117t + 3,785 \cdot 10^{-4}t^2$
		S	10,1	13,8	22,0	28,1	$17,9 + 0,117t + 3,785 \cdot 10^{-4}t^2 + 31,366\,(\exp 2,602 \cdot 10^{-3}\varrho'' - 1)$
η_g	10^{-6} Pa s	0	5,71	7,13	8,53	9,08	$8,53 + 0,0277t - 5,31 \cdot 10^{-6}t^2$
		S	5,71	7,13	9,31	10,4	$9,31 + 0,0511t + 1,51 \cdot 10^{-4}t^2$
$\varkappa$	—	A	1,257	1,230	1,201	1,190	$(1 - 276,5/c_p)^{-1}$
a_0	m/s	A	245,3	275,5	301,2	310,6	$\sqrt{(1 - 276,5/c_p)^{-1} \cdot 276,5T}$

M	30,07	kg/kmol
ϱ_n	1,342	kg/m³
T_e	89,85	K
t_e	$-183,3$	°C
Δh_f	95	kJ/kg
T_s	184,49	K
t_s	$-88,66$	°C
$\Delta h_{d,s}$	493	kJ/kg
T_{kr}	305,35	K
t_{kr}	32,2	°C
p_{kr}	4,87	MPa
ϱ_{kr}	205,6	kg/m³

a Nach Yaws [8]

Stabilität

Ethan ist weit über den kältetechnisch wichtigen Temperaturbereich hinaus stabil.

Brennbarkeit

Für die Explosionsgrenzen in Luft bei Normaldruck und 20 °C findet man folgende Angaben:

$$\psi_{\text{exu}} = 2,9 \text{ bis } 3,1 \text{ Vol.-\%},$$

$$\psi_{\text{exo}} = 13 \text{ bis } 15 \text{ Vol.-\%}.$$

Die Angaben über den Zündpunkt bewegen sich bei 472 °C $\leq t_{\text{zünd}} \leq$ 515 °C.

16.4.3 Ethen, Ethylen (Tab. 16.38)

Verwendung

Kältemittel, Kälteträgerflüssigkeit und -gas, wichtiger Grundstoff für die chemische Industrie.

Physikalische Eigenschaften

Die Dampfdruckgleichung von YAWS [8] wurde geringfügig korrigiert. Sie gibt die Verhältnisse zwischen Tripelpunkt und kritischem Punkt gut wieder. Mit der Konstante $A = 26,312\,66$ und den übrigen Koeffizienten gemäß Datenblatt Tab. 16.38 erhält man den reduzierten Druck p^*.

Für die kritischen Daten findet man Angaben in folgendem Bereich:

$$282,4 \leq T_{\text{kr}} \leq 283,1 \text{ K},$$

$$5,03 \leq p_{\text{kr}} \leq 5,16 \text{ MPa},$$

$$215 \leq \varrho_{\text{kr}} \leq 217 \text{ (bis 226) kg/m}^3.$$

Auch für Ethylen findet man bei BÜHNER u. a. [27] eine Zustandsgleichung.

Die Werte für die spezifische Wärmekapazität der Flüssigkeit c_{f} im Temperaturbereich $t > -40$ °C sind unsicher. Die in Band IV, S. 423 dieses Handbuches angegebenen Daten für die Wärmeleitfähigkeit des Gases stimmen im oberen Temperaturbereich gut mit anderen Angaben überein. Bei Temperaturen $t < 0$ °C dürften sie zu hoch liegen.

Toxizität

Ethylen wirkt in geringem Maße anästhesierend. Es gilt als ungiftig.

Stabilität

Ethylen ist wegen seiner Doppelbindung wesentlich reaktionsfreudiger als die Paraffinkohlenwasserstoffe und neigt bei Temperaturen $t > 100$ °C zur Polymerisation.

Korrosion

Ethylen greift metallische und keramische Werkstoffe nicht an.

Brennbarkeit

Die Explosionsgrenzen in Luft von Atmosphärendruck und $t = 20$ °C liegen bei

$$\psi_{\text{exu}} = 2,7\ldots\ 2,75 \text{ Vol.-\%},$$

$$\psi_{\text{exo}} = 34\ldots36 \text{ Vol.-\%}.$$

Eine Untersuchung über die Abhängigkeit der Explosionsgrenzen von Druck, Temperatur und vom Sauerstoffgehalt in der Luft machte GROSSE-WORTMANN [29].

Tabelle 16.38. *Datenblatt Ethen, Ethylen* C_2H_4

t	°C		-100	-50	0	$9,6$	Interpolationsgleichung
p	kPa	a	$125,5$	$1\,060,5$	$4\,097$	$5\,062$	log: $30,017 - 1\,196,8/T - 10,153 \log T + 9,9351 \cdot 10^{-3}T$
ϱ_f	kg/m³		$561,6$	$481,8$	$347,1$	215	$215/0,284^{(1-T/282,75)^{2/7}}$
c_f	J/kg K	b	$2\,394$	$2\,845$	$4\,902^c$	∞	$390 + 9\,590/\sqrt[3]{9,6-t}$
λ_f	10^{-3} W/m·K	a	$184,6$	$132,8$	$80,0$	—	$80,0 - 1,066t - 1,972 \cdot 10^{-4}t^2$
η_f	10^{-3} Pa s		$0,143$	$0,080$	$0,030\,7$	$0,024$	log: $468,1/(273,15+t) - 4,449 \cdot 10^{-3}t$ $\qquad -7,663\,3 \cdot 10^{-5}t^2 - 3,226$
σ	10^{-3} N/m		$15,8$	$7,3$	$0,706$	0	$0,039\,4(9,6-t)^{1,276}$
Δh_d	kJ/kg		$476,1$	$377,6$	$188,7$	0	$79,9(9,6-t)^{0,38}$

ϱ''	kg/m³			$2,57$	$19,6$	$96,1$	215 $15\,806\,(p^*/T)[1,088\,8 + p^* + 1,757\,3(2 - p^{*3})^{-6,33}]$
c_p	J/kg K	0	$1\,254$	$1\,319$	$1\,461$	$1\,499$ $1\,461 + 3,621t + 0,015\,5t^2$
		S	$1\,254$	$1\,620$	$2\,160$	— $2\,160 + 12,54t + 0,034\,8t^2$
λ_g	10^{-3} W/m·K	A a	$(4,1)$ ·	$10,7$	$17,4$	$18,7$ $17,37 + 0,135t + 2,22 \cdot 10^{-5}t^2 - 1,37 \cdot 10^{-8}t^3$
		S	$(4,3)$	$12,4$	$26,4$	— $\lambda_{GA} + 33,485(\exp 0,002\,488\,\varrho'' - 1)$
η_g	10^{-6} Pa s	A	$6,20$	$7,79$	$9,35$	$9,66$ $9,35 + 0,030\,7t - 8,055 \cdot 10^{-6}t^2 = \eta_{GA}$
		S	$6,22$	$8,11$	$12,57$	$(22,6)$ $\eta_{GA} \exp[(3,097\,1 \cdot 10^{-4} + 0,099\,2/T)\,\varrho''^{1/3}]$
$\varkappa$	—	A	$1,31$	$1,29$	$1,25$	$1,25$ $(1 - 296,4/c_{p,A})^{-1}$
a	m/s	A	$259,2$	$292,1$	$318,7$	$323,2$ $\sqrt{(1 - 296,4/c_{p,A})^{-1} \cdot 296,4T}$

a Gleichung von Yaws.   b Werte für $t >$ 40 °C unsicher.   c Extrapoliert.

M	$28,054$	kg/kmol
ϱ_n	$1,251$	kg/m³
T_e	$103,65$	K
t_e	$-169,5$	°C
Δh_f	104	kJ/kg
T_s	$169,43$	K
t_s	$-103,72$	°C
$\Delta h_{d,s}$	$482,2$	kJ/kg
T_{kr}	$282,75$	K
t_{kr}	$9,6$	°C
p_{kr}	$5,062$	MPa
ϱ_{kr}	215	kg/m³

Für den Zündpunkt findet man Angaben

$$425\,°C < t_{zünd} < 493\,°C.$$

Ethylen hat fast die gleiche Dichte wie Luft. Dadurch und wegen des weiten Explosionsbereichs ist das Explosionsrisiko bei diesem Gas besonders groß.

16.4.4 Propan (Tab. 16.39)

Verwendung

Kältemittel, gasförmiger und flüssiger Wärmeträger, Flüssiggas, Rohstoff für die Ethenherstellung.

Physikalische Eigenschaften

Die Dampfdruckgleichung in Tab. 16.39 gilt im Interpolationsbereich mit guter Genauigkeit. Die von KRATZKE [30] angegebene Gleichung

$$p = p_{kr} \exp\left[\frac{1}{T^*}(A(1 - T^*) + B(1 - T^*)^{1,5} + C(1 - T^*)^{2,5} + D(1 - T^*)^5)\right] \quad (16.26)$$

mit
$$p_{kr} = 4\,239 \text{ kPa},$$
$$A = -6,736\,885\,2,$$
$$B = 1,479\,305\,6,$$
$$C = -1,469\,928\,0,$$
$$D = -2,411\,916\,4$$

gilt bis zum kritischen Punkt und liefert mit den in Tab. 16.39 aufgeführten kritischen Daten einen Normalsiedepunkt $t_s = -42,116\,°C$.

Für die kritischen Daten schwanken die Angaben in folgenden Bereichen:

$$369,8 \leq T_{kr} \leq 370,0 \text{ K},$$
$$4,239 \leq p_{kr} \leq 4,360 \text{ MPa},$$
$$217 \leq \varrho_{kr} \leq 226 \text{ kg/m}^3.$$

Die Korrelationsgleichung von YAWS [8] für die spezifische Wärmekapazität der Flüssigkeit

$$c_f = 2\,459,6 + 7,471\,t + 0,047\,t^2 + 1,263 \cdot 10^{-4}\,t^3$$

gilt vom Schmelzpunkt bis $t = 80\,°C$. Für die Wärmeleitfähigkeit der Flüssigkeit wurden die von HOLLAND u. a. [31] berechneten Daten verwendet. Die Korrelationsgleichung von YAWS [8]

$$\lambda_f = 109,4 - 0,579\,t - 8,88 \cdot 10^{-5}\,t^2$$

liefert für $t < 50\,°C$ etwas höhere Werte. Sehr viel niedriger liegen die Daten von SCIANCE u. a. [28]. Auch für die Korrelation der Wärmeleitfähigkeit und der Viskosität des Gases wurde die Arbeit von Holland [31] verwendet. Für die Gasviskosität bei niedrigen Drücken findet man mit der Formel von STIEL und THODOS [32]

$$\eta_g = 0,039\,28\,T^{0,94}$$

um 1,4 bis 3 % höhere Werte.

Toxizität

Propan wirkt leicht narkotisch. Der MAK-Wert liegt bei 1 000 Mol-ppm.

Stabilität

Propan ist weit über den kältetechnisch wichtigen Temperaturbereich hinaus thermisch stabil.

Tabelle 16.39. *Datenblatt Propan* C_3H_8 (R290)

t	°C		−50	0	20	50	Interpolationsgleichung
p	kPa		70,7	474	838	1715	log: $6,1215 - 890,648/(258,49 + t)$
ϱ_f	kg/m³		590,1	529,7	500,1	450,0	$529,7 - 1,401t - 0,00386t^2$
c_f	J/kg K		2190	2455	2630	2966	$2455 + 7,76t + 0,049t^2$
λ_f	10^{-3} W/m·K		133,7	104,0	93,7	80,1	$104,0 - 0,536t + 1,14 \cdot 10^{-3}t^2$
η_f	10^{-3} Pa s		0,217	0,124	0,0964	0,0675	$124/(1000 + 12,66t + 0,082t^2)$
σ	10^{-3} N/m		16,47	10,00	7,57	4,18	$0,0418(96,65 - t)^{1,1982}$
Δh_d	kJ/kg		435,3	371,5	340,2	281,7	$65,4(96,65 - t)^{0,38}$

ϱ''	kg/m³		1,75	10,2	17,9	37,3	log: $-3,1034 - 649,6/T + 2,6639 \log T$
c_p	J/kg K	A	1284	1537	1638	1790	$1537 + 5,069t$
		B	1284	1759	2045	2576	$1759 + 12,92t + 0,0685t^2$
λ_g	10^{-3} W/m·K	0	10,4	15,1	17,2	20,5	$15,1 + 0,101t + 1,4 \cdot 10^{-4}t^2$
		S	11,1	16,6	19,3	24,0	$16,6 + 0,129t + 3,78 \cdot 10^{-4}t^2$
η_g	10^{-6} Pa s	A	6,16	7,50	8,03	8,84	$7,495 + 0,0268t + 3 \cdot 10^{-6}t^2$
		S	6,21	7,70	8,43	9,67	$7,70 + 0,0346t + 9,7 \cdot 10^{-5}t^2$
$\varkappa$	—	A	1,172	1,140	1,130	1,118	$(1 - 188,546/c_{p,A})^{-1}$
a_0	m/s	A	222,1	242,3	249,9	261,0	$\sqrt{(1 - 188,546/c_{p,A})^{-1} \cdot 188,546T}$

M	44,097	kg/kmol
ϱ_n	(1,967)	kg/m³
T_e	85,45	K
t_e	−187,7	°C
Δh_f	80	kJ/kg
T_s	231,05	K
t_s	−42,1	°C
$\Delta h_{d,s}$	426,2	kJ/kg
T_{kr}	369,80	K
t_{kr}	96,65	°C
p_{kr}	4,239	MPa
ϱ_{kr}	220	kg/m³

Brennbarkeit

Explosionsgrenzen in Luft:

$$\psi_{\text{exu}} = 2,1 \text{ Vol.-\%},$$

$$\psi_{\text{exo}} = 9,5 \text{ Vol.-\%}$$

Zündpunkt: $450\,°C \leqq t_{\text{zünd}} \leqq 493\,°C$.

16.4.5 Propen, Propylen (Tab. 16.40)

Verwendung

Kältemittel, flüssiger Wärmeträger, wichtiger Grundstoff für die chemische Industrie.

Physikalische Eigenschaften

Die Dampfdruckgleichung von YAWS [8] gibt die vorliegenden Meßwerte gut wieder. Mit der Konstanten $A = 32,3387$ und den übrigen Koeffizienten gemäß Datenblatt Tab. 16.40 erhält man den reduzierten Druck p^*.

Für die kritischen Daten findet man Werte zwischen

$$364,75 \leqq T_{\text{kr}} \leqq 365,05 \text{ K},$$
$$4,595 \ \leqq p_{\text{kr}} \leqq 4,621 \text{ MPa},$$
$$220 \ \ \ \leqq \varrho_{\text{kr}} \leqq 232,5 \text{ MPa}.$$

Auch für Propylen haben BENDER und BÜHNER Zustandsgleichungen aufgestellt [27, 33].

Für die Flüssigkeitsdichte geben ZORDAN und HENRY [34] die Koeffizienten einer modifizierten Guggenheim-Gleichung an. Die Gleichung

$$\varrho_{\text{f}} = [230 + 13,55\,(1 - T^*)^{1/3}]\,[1 + 1,75\,(1 - T^*)^{1/3} + 0,75\,(1 - T^*)]$$

liefert im betrachteten Temperaturbereich Werte, die gut mit denen des Datenblatts übereinstimmen.

Die Gleichung für die spezifische Wärmekapazität nach YAWS [8] wurde leicht modifiziert. Sie gilt bis etwa 40 °C. Die Gleichung für die Wärmeleitfähigkeit der Flüssigkeit wurde aufgrund von Werten aufgestellt, die nach der Korrelationsformel von JAMIESON [35] errechnet wurden. Die Gleichung von YAWS [8] liefert etwas höhere Werte. Die Werte für die Oberflächenspannung stimmen mit den aus dem Parachor (vgl. [36]) und den nach YAWS [8] berechneten gut überein. Die Verdampfungsenthalpien weichen im oberen Temperaturbereich bis zu 1 % von den von BÜHNER [27] berechneten Werten ab. Die Abweichung der Sattdampfdichte von den von BÜHNER [27] angegebenen Werten beträgt maximal 2 %. Die spezifische Wärmekapazität $c_{\text{p,0}}$ des Gases liegt im betrachteten Temperaturbereich etwas höher als die mit der Gleichung von BÜHNER [27] berechnete. Die Gleichung lautet

$$c_{\text{p,0}} = A + BT + CT^2 + DT^3 + ET^4$$

$$180 \leqq T \leqq 630 \text{ K}$$

mit den Koeffizienten

$$
\begin{aligned}
A &= \ \ 1\,373,3, \\
B &= -5,3912, \\
C &= \ \ 3,1042 \cdot 10^{-2}, \\
D &= -4,4398 \cdot 10^{-5}, \\
E &= \ \ 2,18296 \cdot 10^{-8}.
\end{aligned}
$$

Tabelle 16.40. *Datenblatt Propen, Propylen* C_3H_6

t	°C		-50	0	20	50	Interpolationsgleichung
p	kPa	[a]	$91,14$	$583,7$	$1\,016,4$	$2\,056,6$	$36,002 - 1\,725,5/T - 12,057 \log T + 8,994\,8 \cdot 10^{-3}T$
ϱ_f	kg/m³		$614,9$	$547,5$	$515,1$	$460,5$	$547,5 - 1,544t - 0,003\,92t^2$
c_f	J/kg K	[a, b]	$2\,086$	$2\,400$	$2\,631$	$(3\,118)$	$2\,400 + 9,87t + 0,080\,8t^2 + 1,8 \cdot 10^{-4}t^3$
λ_f	10^{-3} W/m·K		$150,0$	$119,0$	$108,6$	$95,0$	$119 - 0,56t + 0,001\,4t^2$
η_f	10^{-3} Pa s	[a]	$0,180$	$0,108$	$0,086$	$0,058$	$\log: -2,478\,5 + 413,2/(273,15 + t) + 8,2 \cdot 10^{-4}t - 3,092 \cdot 10^{-5}t^2$
σ	10^{-3} N/m		$17,1$	$10,2$	$7,7$	$4,05$	$0,049\,5\,(91,75 - t)^{1,18}$
Δh_d	kJ/kg		$443,4$	$375,8$	$342,3$	$278,6$	$67,5\,(91,75 - t)^{0,38}$

ϱ''	kg/m³		$2,137$	$12,31$	$21,64$	$45,47$	$\log: 3,448 \log T - 556,4/T - 5,299$
c_p	J/kg K		$1\,280$ $1\,318$	$1\,443$ $1\,632$	$1\,516$ $1\,851$	$1\,634$ $2\,280$	$1\,443 + 3,54t + 0,005\,6t^2$ $1\,632 + 9,623t + 0,066\,7t^2$
λ_g	10^{-3} W/m·K	0[a] S	$10,6$ $10,7$	$15,8$ $16,6$	$18,0$ $19,5$	$21,4$ $24,4$	$15,82 + 0,107\,8t + 0,716 \cdot 10^{-4}t^2 - 3,42 \cdot 10^{-8}t^3$ $16,6 + 0,137 + 3,8 \cdot 10^{-4}t^2$
η_g	10^{-6} Pa s	A[a]	$6,39$	$7,85$	$8,44$	$9,34$	$7,85 + 0,029\,5t + 5,8 \cdot 10^{-6}t^2$
$\varkappa$	—		$1,183$	$1,159$	$1,150$	$1,138$	$(1 - 197,58/c_{p,0})^{-1}$
a	m/s		228	250	258	270	$\sqrt{(1 - 197,58/c_{p,0})^{-1} \cdot 197,58T}$

[a] Gleichung von Yaws. [8]   [b] Gültig bis $+40$ °C.

M	$42,08$	kg/kmol
ϱ_n	$1,91$	kg/m³
T_e	$87,9$	K
t_e	$-185,25$	°C
Δh_f	70	kJ/kg
T_s	$225,45$	K
t_s	$-47,7$	°C
$\Delta h_{d,s}$	$440,7$	kJ/kg
T_{kr}	$364,90$	K
t_{kr}	$91,75$	°C
p_{kr}	$4,606$	MPa
ϱ_{kr}	232	kg/m³

Für die Wärmeleitfähigkeit des verdünnten Gases findet man bei SENFTLEBEN [37] die Gleichung

$$\lambda_{\mathrm{g}} = 14,57 + 0,105\,9\,t + 1,8 \cdot 10^{-4}\,t^2.$$

Die damit errechneten Werte liegen 5 bis 8 % tiefer als diejenigen der auf der Gleichung von YAWS [8] basierenden Interpolationsgleichung des Datenblatts. Die spezifische Wärmekapazität und die Wärmeleitfähigkeit des Sattdampfes wurden berechnet. Für die Viskosität des Sattdampfes liegen keine Angaben vor.

Toxizität

Propylen wirkt leicht narkotisch und schwach anästhetisch, ist aber kaum toxisch.

Stabilität

Propylen neigt wie Ethylen zur Polymerisation.

Brennbarkeit

Die Explosionsgrenzen in Luft von 20 °C und Atmosphärendruck liegen bei

$$\psi_{\mathrm{exu}} = 2,0\ldots2,4\,\text{Vol.-\%},$$

$$\psi_{\mathrm{exo}} = 10,5\ldots11,0\,\text{Vol.-\%}.$$

Für den Zündpunkt findet man Angaben im Bereich $455\,°C \leqq t_{\mathrm{zünd}} \leqq 460\,°C$.

16.4.6 Butane (Tab. 16.41 und 16.42)

Verwendung

Kältemittel, flüssiger und gasförmiger Kälteträger, Brennstoff, Rohstoff für die Herstellung von Ethen und anderen Zwischenprodukten.

Physikalische Eigenschaften

Die beiden Butanisomeren, das

$$\text{Normalbutan}\quad CH_3(CH_2)_2CH_3$$

und das Methylpropan oder

$$\text{Isobutan}\quad CH_3CH(CH_3)_2$$

unterscheiden sich vor allem in der Erstarrungstemperatur und in der Dampfdruckkurve sehr wesentlich.

16.4.6.1 Normalbutan

Die Interpolationsgleichung für den Dampfdruck liefert mit $A = 2,564\,97$ als erstem Koeffizienten den reduzierten Dampfdruck p^*. Die Gleichung von ROSSINI [38]

$$\log p = 5,955\,19 - 945,9/(239,99 + t); \quad -56 < t < 20\,°C$$

ergibt Abweichungen um maximal 1 %.

SCIANCE et al. [28] geben Werte für die spezifische Wärmekapazität der Flüssigkeit an, die einen steileren Verlauf über der Temperatur zeigen und bei $t = 50\,°C$ eine Abweichung von 2,1 % gegenüber dem Wert des Datenblatts erreichen. Ähnliche Unterschiede ergeben sich bei den Sattdampfdichten nach Sciance, während die dort aufgeführten Werte für die Gasviskosität um bis zu 4,5 % nach unten abweichen.

Tabelle 16.41. *Datenblatt Normalbutan* n-C_4H_{10}

t	°C		−50	0	20	50	Interpolationsgleichung
p	kPa		9,47	103,3	209,5	506,6	log: $6,14415 - 1028,4/(249 + t)$
ϱ_f	kg/m³		649	601	579	542	$601 - 1,07t - 0,0022t^2$
c_f	J/kg K		2118	2278	2387	2598	$2278 + 4,8t + 0,032t^2$
λ_f	10^{-3} W/m·K		138	112	103	91	$112 - 0,47t + 10^{-3}t^2$
η_f	10^{-3} Pa s		0,362	0,206	0,169	0,130	log: $1103/(500 + t) - 2,892$
σ	10^{-3} N/m		21,0	14,8	12,5	9,1	$0,0307(152 - t)^{1,23}$
Δh_d	kJ/kg		428,8	384,8	364,8	330,7	$57,04(152 - t)^{0,38}$

ϱ''	kg/m³		0,30	2,80	5,37	12,04	log: $4,1046 - 872,4/(238,5 + t)$
c_p	J/kg K	0 S	1270 1270	1567 1635	1674 1781	1821 2000	$1567 + 5,51t - 0,0087t^2$ $1635 + 7,3t$
λ_g	10^{-3} W/m·K	A S	8,0[a]	12,8 12,9	14,9 15,2	18,2 19,1	$12,8 + 0,102t + 1,2 \cdot 10^{-4}t^2$ $12,9 + 0,111t + 2,5 \cdot 10^{-4}t^2$
η_g	10^{-6} Pa s	A	5,57[a]	6,83	7,34	8,10	$6,83 + 0,0253t$
$\varkappa$	—	0	1,127	1,100	1,093	1,085	$(1 - 143,04/c_{p,0})^{-1}$
a	m/s	0	189,7	207,4	214,1	227,0	$\sqrt{(1 - 143,04/c_{p,0})^{-1} \cdot 143,04T}$

[a] Extrapoliert.

M	58,124	kg/kmol
ϱ_n	2,68	kg/m³
T_e	134,79	K
t_e	−138,36	°C
Δh_f	80,2	kJ/kg
T_s	272,65	K
t_s	−0,50	°C
$\Delta h_{d,s}$	385,3	kJ/kg
T_{kr}	425,18	K
t_{kr}	152,0	°C
p_{kr}	3,797	MPa
ϱ_{kr}	228	kg/m³

Tabelle 16.42. *Datenblatt Isobutan, Methylpropan* i-C_4H_{10}

t	°C		−50	0	20	50	Interpolationsgleichung
p	kPa		16,85	156,6	300,4	674,3	log: $5,873 - 882,8/(240 + t)$
ϱ_f	kg/m³		634	581	557	520	$580,8 - 1,14t - 0,0016t^2$
c_f	J/kg K		2054	2291	2406	2602[a]	$2291 + 5,475t + 0,0147t^2$
λ_f	10^{-3} W/m·K		130	106	97	89	$105,7 - 0,444t + 9,4 \cdot 10^{-4}t^2$
η_f	10^{-3} Pa s		0,395	0,211	0,169	0,125	log: $1532/(556 + t) - 3,4311$
σ	10^{-3} N/m		19,1	13,0	10,7	7,4	$0,0327(135 - t)^{1,22}$
Δh_d	kJ/kg		400,2	355,0	334,1	297,8	$55,05(135 - t)^{0,38}$
ϱ''	kg/m³		0,541	4,25	7,92	17,38	log: $4,49 - 1026/(265,7 + t)$
c_p	J/kg K	A	1328	1550	1641	1778	$1550 + 4,51t + 1,26 \cdot 10^{-3}t^2$
λ_g	10^{-3} W/m·K	A	10,4[a]	13,9	15,6	18,5	$13,9 + 0,081t + 2,2 \cdot 10^{-4}t^2$
η_g	10^{-6} Pa s	A	5,7[a]	6,95	7,45	8,20	$6,95 + 0,025t$
$\varkappa$	—	A	1,121	1,102	1,095	1,087	$(1 - 143,04/c_{p,A})^{-1}$
a	m/s	A	189,1	207,5	214,3	224,2	$\sqrt{(1 - 143,04/c_{p,A})^{-1} \cdot 143,04T}$

[a] Extrapoliert.

M	58,124	kg/kmol
ϱ_n	2,668	kg/m³
T_e	113,55	K
t_e	−159,6	°C
Δh_f	78,1	kJ/kg
T_s	261,42	K
t_s	−11,7	°C
$\Delta h_{d,s}$	366,4	kJ/kg
T_{kr}	408,15	K
t_{kr}	135,0	°C
p_{kr}	3,648	MPa
ϱ_{kr}	221,2	kg/m³

16.4.6.2 Isobutan

Die Interpolationsgleichung für den Dampfdruck liefert mit $A = 2,310\,9$ als erstem Koeffizienten den reduzierten Dampfdruck p^*. Aus Gl. (16.24) erhält man mit $\omega = 0,184$ die Dampfdruckgleichung

$$\log p = 7,329\,11 - 3,695\,8 \log T^* - 3,874\,6/T^* + 0,107\,63\,T^{*6}.$$

Sie liefert im mittleren Temperaturbereich ähnliche Werte wie die Interpolationsgleichung, verläuft jedoch insgesamt etwas steiler als diese.

Für die Wärmeleitfähigkeit des flüssigen Isobutans lagen keine Meßwerte vor. Aus diesem Grunde wurde die für Normalbutan gültige Gleichung mit Hilfe des Strukturfaktorverhältnisses $(86 - 4,83)/86$ nach Robbins und Kingrea [39] umgerechnet. Für die Sattdampfdichte läßt sich mit Gl. (16.8) die Beziehung

$$\varrho'' = 23\,470\,\frac{p^*}{T}\,[1,087\,3 + p^* + 1,759\cdot(2 - p^{*3})^{-6,33}]$$

errechnen, die im betrachteten Temperaturbereich Werte liefert, die nur wenig von denen der Interpolationsgleichung abweichen. Für die spezifische Wärmekapazität und die Wärmeleitfähigkeit des Gases gibt Senftleben [37] niedrigere Werte an.

Toxizität

Die Butane gelten als wenig toxisch. Für Normalbutan wird ein MAK-Wert von 500 Vol.-ppm angegeben.

Stabilität

Die Butane sind bis 400 °C thermisch stabil.

Brennbarkeit

Für die Explosionsgrenzen in Luft von 20 °C und Atmosphärendruck findet man folgende Angaben:

$$\psi_{exu} = 1,5...1,8\,\text{Vol.-\%},$$
$$\psi_{exo} = 8,4...9,3\,\text{Vol.-\%}.$$

Das entspricht einem Zündbereich von

n-Butan	i-Butan
$t_{uz} = -74...-76\,°C$	$-83...-85\,°C$
$t_{oz} = -50...-52\,°C$	$-60...-61\,°C$

Die Angaben über den Zündpunkt bewegen sich in folgenden Grenzen:

n-Butan $285 \leqq t_{\text{zünd}} \leqq 288\,°C,$
i-Butan $460 \leqq t_{\text{zünd}} \leqq 462\,°C.$

16.4.7 Pentan (Tab. 16.43)

Verwendung

Wärmeträgerflüssigkeit, Thermometerfüllung.

Physikalische Eigenschaften

Vom Pentan C_5H_{12} existieren drei Isomere, die sich in ihren Eigenschaften ähnlich voneinander unterscheiden wie die Butane. Im Datenblatt Tab. 16.43 findet man die

Tabelle 16.43. *Datenblatt Normalpentan* n-C_5H_{12}

t	°C		−50	0	20	50	Interpolationsgleichung
p	kPa		1,34	24,50	56,6	159,3	log: $5,9639 - 1058,46/(231,37 + t)$
ϱ_f	kg/m^3		691,0	646,0	626,5	595,8	$646 - 0,952t - 1,04 \cdot 10^{-3}t^2$
c_f	J/kg K		2042	2215	2296	2415	$2215 + 3,97t + 5,36 \cdot 10^{-3}t^2 - 9,38 \cdot 10^{-5}t^3$
λ_f	10^{-3} W/m·K		141,6	121,6	113,6	101,6	$121,6 - 0,4t$
η_f	10^{-3} Pa s		0,485	0,282	0,233	0,180	log: $1206,2/(531,72 + t) - 2,8182$
σ	10^{-3} N/m		24,7	17,9	15,3	11,7	$0,00938 (196,5 - t)^{1,43}$
Δh_d	kJ/kg		416,8	382,4	367,1	342,0	$51,41 (196,6 - t)^{0,38}$

ϱ''	kg/m^3		0,0533	0,800	1,754	4,577	log: $17,774 - 1911,9/T - 4,462 \log T$
c_p	J/kg K	A	1223	1599	1700	1800	$1599 + 5,77t - 0,035t^2$
λ_g	10^{-3} W/m·K	A	10,5	12,8	14,1	16,3	$12,8 + 0,058t + 2,4 \cdot 10^{-4}t^2$
η_g	10^{-6} Pa s	A	5,23	6,385	6,85	7,54	$6,385 + 0,0231t$
$\varkappa$	—	A	1,104	1,078	1,073	1,068	$(1 - 115,24/c_{p,A})^{-1}$
a	m/s	A	168,5	184,2	190,4	199,5	$\sqrt{(1 - 115,24/c_{p,A})^{-1} \cdot 115,24T}$

M	72,151	kg/kmol
ϱ_n	(3,22)	kg/m^3
T_e	143,43	K
t_e	−129,72	°C
Δh_f	116,6	kJ/kg
T_s	309,19	K
t_s	36,04	°C
$\Delta h_{d,s}$	354,1	kJ/kg
T_{kr}	469,65	K
t_{kr}	196,50	°C
p_{kr}	3,368	MPa
ϱ_{kr}	237	kg/m^3

Stoffwerte des Normalpentans. Die Dampfdruckgleichung liefert mit $A = 2{,}436\,53$ als erstem Koeffizienten den reduzierten Druck p^*.

Die von Das, Reed, Eubank [40] angegebene Frost-Kalkwarf-Dampfdruckgleichung lautet, auf kPa umgerechnet

$$\log p = 19{,}312\,7 - 1\,971{,}73/T - 4{,}383\,06 \log T + 9{,}839\,83\, p/T^2.$$

Sie gilt zwischen dem Normalsiedepunkt und dem kritischen Punkt und stimmt in dem Bereich, in dem sich die Gültigkeitsgebiete überlappen, mit der Interpolationsgleichung des Datenblatts überein. Die Angaben über die kritischen Daten bewegen sich in folgenden Grenzen:

$$469{,}5 \leqq T_{kr} \leqq 469{,}77 \text{ K},$$
$$3{,}368 \leqq p_{kr} \leqq 3{,}375 \text{ MPa},$$
$$232 \quad \leqq \varrho_{kr} \leqq 244 \text{ kg/m}^3.$$

Die Sättigungsdichte der Flüssigkeit entspricht im angegebenen Temperaturbereich sehr genau der modifizierten Rackett-Gleichung

$$\varrho_f = 237/0{,}276\,4^{(1\,-\,T/469{,}65)^{2/7}}$$

Diese wiederum stimmt oberhalb 50 °C mit der von Das [40] angegebenen Gleichung

$$\varrho_f = (237 + 171{,}98\,\Theta - 31{,}245\,\Theta^2)\,(1 + \Theta + 0{,}25\,\Theta^3)$$
$$\Theta = (1 - T/469{,}65)^{1/3}; \quad T < 323{,}15 \text{ K}$$

überein, wobei sich Abweichungen nur in der Nähe des kritischen Punkts ergeben.

Die Interpolationsgleichung für c_f entspricht der Gleichung 7D1.5–1 in [24]. Für die Wärmeleitfähigkeit λ_f findet man streuende Literaturwerte.

In [24] wird für 100 °F eine Flüssigkeitsviskosität angegeben, die höher liegt als die mit der Gleichung aus dem Datenblatt errechnete. Die Sattdampfdichte läßt sich über den angegebenen Temperaturbereich hinaus mit Hilfe der Gleichung (vgl. Gl. 16.8)

$$\varrho'' = 30\,603\,\frac{p^*}{T}\,[0{,}952 + p^* + 1{,}895\,(2 - p^*3EX13)^{-6{,}33}]$$

beschreiben. Die Werte stimmen mit den von Das [40] angegebenen gut überein.

In [24] findet man für die spezifische Wärmekapazität des Gases etwas niedrigere Werte.

Die Werte für die Gasviskosität wurden mit Hilfe des Lennard-Jones-Potentials errechnet. Die Korrelationsgleichung von Flynn und Thodos [41]

$$\eta_g = 31{,}55\,(6{,}194 \cdot 10^{-4}\,T - 0{,}058)^{3/4}$$

liefert niedrigere Werte. Die Angaben im Wärmeatlas liegen dazwischen.

Toxizität

Pentan ist wenig giftig. Der MAK-Wert liegt bei 1 000 Vol.-ppm.

Stabilität

Pentan ist weit über den kältetechnisch wichtigen Temperaturbereich hinaus stabil.

Brennbarkeit

Explosionsgrenzen in Luft von 20 °C und Atmosphärendruck:

$$\psi_{exu} = 1{,}4 \text{ Vol.-\%},$$
$$\psi_{exo} = 8{,}0\ldots8{,}4 \text{ Vol.-\%}.$$

Zündpunkt: $243\,°C \leqq t_{zünd} \leqq 258\,°C$.

16.5 Ringkohlenwasserstoffe

Die Gruppe der Ringkohlenwasserstoffe umfaßt einerseits die Naphthene (gesättigte Ringverbindungen), hier die Derivate des Cyclohexans, und andererseits die einfachen Benzolabkömmlinge. Bei beiden Verbindungsgruppen ist die Grundverbindung — das Cyclohexan und das Benzol — als Wärmeträger uninteressant, da deren Erstarrungspunkt über 0 °C liegt und die Stoffe bereits bei etwa 80 °C ihren Normalsiedepunkt haben. Wie die Übersicht in Tab. 16.44 zeigt, bewirkt das Anlagern von Methyl- oder Ethylgruppen jedoch sowohl beim Benzol als auch beim Cyclohexan eine markante Senkung des Erstarrungspunkts und gleichzeitig eine Erhöhung des Siedepunkts um 30 bis 60 °C. Eine Ausnahme macht nur das Paraxylol mit einem Erstarrungspunkt $t_e = 13,3$ °C. Die Gemische der Xylole bilden außerdem Eutektika mit tiefen Erstarrungspunkten (vgl. Tab. 16.51).

Für die sechs technisch besonders interessanten Flüssigkeiten wurden Datenblätter ausgearbeitet. Eine Übersicht über die Eigenschaften gibt Tab. 16.45.

16.5.1 Methylcyclohexan (Tab. 16.46)

Verwendung

Wärmeträgerflüssigkeit.

Physikalische Eigenschaften

Die Unterlagen über Methylcyclohexan sind unvollständig und zum Teil widersprüchlich. So findet man für den kritischen Druck Angaben von $p_{kr} = 3,477$ und $4,111$ MPa. Eine Abschätzung mit Hilfe bekannter Korrelationsgleichungen liefert $p_{kr} = 3,5$ MPa, so daß der untere Wert wahrscheinlicher sein dürfte. Es wurde daher mit $p_{kr} = 3,48$ MPa gerechnet.

Für die Verdampfungsenthalpie am Normalsiedepunkt findet man bei HOWERTON [42] $\Delta h_d = 7\,580$ cal/gmol $= 323$ kJ/kg. Eine Abschätzung mit Hilfe der Beziehung

$$\Delta h_d = \frac{ART \ln p^*}{T^* - 1} \quad \text{mit} \quad A = 0,993 \quad \text{(vgl. [36])}$$

Tabelle 16.44. *Erstarrungs- und Normalsiedetemperaturen einiger Derivate des Cyclohexans und des Benzols*

Naphthene					Aromaten			
Derivat	Stoff	t_e °C	t_s °C	$t_s - t_e$ °C	Stoff	t_e °C	t_s °C	$t_s - t_e$ °C
	C-Hexan	6,5	81	74,5	Benzol	5,5	80,1	74,6
Monomethyl-	•C-Hexan	−126,4	100,4	226,8	•Benzol	−95	110	205[a]
1,2 Dimethyl-	C-Hexan	c − 50,1 t − 89,4	130,0 123,7	180,1 213,1	•Benzol	−25,2	144,0	169,2[b]
1,3 Dimethyl-	C-Hexan	c − 85 t − 79,4	124,9 123,5	209,9 202,9	•Benzol	−47,9	139,1	187,0[c]
1,4 Dimethyl-	C-Hexan	c − 87 t − 37,2	124,6 119,4	211,6 156,6	•Benzol	13,3	138,2	124,9[d]
Monoethyl-	C-Hexan	−111,3	131,8	243,1	•Benzol	−95	136,2	231,2
1,1 Dimethyl-	C-Hexan	− 33,5	119,2	152,7				

$c = $ cis-Verbindung, $t = $ trans-Verbindung, •Datenblatt
[a] Toluol. [b] o-Xylol. [c] m-Xylol. [d] p-Xylol.

Tabelle 16.45. *Stoffwerte von Ringkohlenwasserstoffen*

Stoff		Methyl-cyclo-hexan	Toluol	o-Xylol	m-Xylol	p-Xylol	Ethyl-benzol
Formel		$CH_3C_6H_{11}$	$CH_3C_6H_5$	$(CH_3)_2\,C_6H_4$			$C_2H_5C_6H_5$
Größe	Einheit						
M	kg/kmol	98,18	92,14	106,16	106,16	106,16	106,16
t_e	°C	−126,65	−95	−25,2	−47,9	+13,3	−95
t_s	°C	100,4	110,6	144,4	139,1	138,3	136,2
Stoffwerte bei 20 °C							
p	kPa	4,82	3,00	0,655	0,819	0,867	0,948
ϱ_f	kg/m³	769,5	869	880,3	864,9	861,6	867,7
c_f	J/kg K	1861	1676	1727	1688	1697	1747
$\varrho_f c_f$	kJ/m³ K	1432	1456	1520	1460	1462	1516
Φ	$\dfrac{W}{m^2\,K}\dfrac{s^{0,8}}{m^{0,6}}$	2001	2601	2333	2476	2458	2396
ν_f	10^{-6} m²/s	0,947	0,667	0,917	0,727	0,749	0,779
Ex-Grenzen ψ_{exu}/ψ_{exo}	Vol.-%	1,1/6,7	1,2/7,1	1,0/7,6	1,1/6,4	1,1/6,6	1,0/6,7
Zündbereich t_{uz}/t_{oz}	°C	−8/27	4/37	27/64	25/59	24/59	22/58
Flammpunkt t_{fl}	°C	−4	4	17	—	—	—
Zündpunkt $t_{zünd}$	°C	265	570	465	530		430
MAK-Wert	Vol.-ppm	2000	200	200	200	200	100

ergibt für den Normalsiedepunkt $\Delta h_d = 320{,}2$ kJ/kg. Mit Hilfe der Gleichung von Clausius-Clapeyron errechnet man $\Delta h_d = 321{,}9$ kJ/kg. Für die Interpolationsgleichung wurde Gl. (16.11) mit dem Exponenten $C = 0{,}38$ verwendet. Zur Berechnung der Sättigungsdichte des Dampfes wurde Gl. (16.8) von Edwards und Thodos benutzt.

Toxizität

Methylcyclohexan gilt als wenig toxisch. Der MAK-Wert liegt bei 2000 mg/m³.

Stabilität

Methylcyclohexan ist im kältetechnisch wichtigen Temperaturbereich stabil.

Brennbarkeit

Flammpunkt: −4 °C
Untere Explosionsgrenze: $\psi_{exu} = 1{,}1$ Vol.-%.
Obere Explosionsgrenze: $\psi_{exo} = 6{,}7$ Vol.-%.
Zündbereich: $t_{uz} = -8$ °C; $t_{oz} = 27$ °C.
Zündtemperatur: $t_{zünd} = 250$ °C.

Tabelle 16.46. *Datenblatt Methylcyclohexan* — C_7H_{14} •

t	°C	−50	0	20	50	Interpolationsgleichung
p	kPa	0,038	1,63	4,83	18,44	$\log: 6{,}1443 - 1374{,}3/(231{,}7 + t)$
ϱ_f	kg/m³	828	787	769,5	742	$787 - 0{,}86t - 8 \cdot 10^{-4}t^2$
c_f	J/kg K	1609	1779	1861	1999	$1779 + 3{,}9t + 0{,}01t^2$
λ_f	10^{-3} W/m·K	129	117	112	105	$117{,}2 - 0{,}243t$
η_f	10^{-3} Pa s	2,64	0,976	0,729	0,503	$976/(1000 + 15{,}7t + 0{,}062t^2)$
σ	10^{-3} N/m	31,7	26,0	23,8	20,6	$0{,}01757\,(299{,}5 - t)^{1{,}28}$
Δh_d	kJ/kg	399,9	377,2	367,4	351,9	$43{,}7\,(299{,}5 - t)^{0{,}38}$

ϱ''	kg/m³	0,002 05	0,072	0,199	0,692	$39753\,\dfrac{p^*}{T}\,(1{,}0337 + p^* + 1{,}812\,(2 - p^{*3})^{-6{,}33});\; p^* = p/p_{kr}$
c_p	J/kg K	A (993)	1248	1350	1503	$1248 + 5{,}1t$
λ_g	10^{-3} W/m·K					
η_g	10^{-6} Pa s					
$\varkappa$	—	(1,093)	1,073	1,067	1,060	$(1 - 87{,}684/c_p)^{-1}$
a	m/s	143,7	157,5	162,7	170,3	$\sqrt{(1 - 84{,}684/c_p)^{-1} \cdot 84{,}684T}$

M	98,18	kg/kmol
ϱ_n	(4,38)	kg/m³
T_e	146,5	K
t_e	−126,65	°C
Δh_f	68,2	kJ/kg
T_s	373,55	K
t_s	100,4	°C
$\Delta h_{d,s}$	322,9	kJ/kg
T_{kr}	572,65	K
t_{kr}	299,5	°C
p_{kr}	3,48	MPa
ϱ_{kr}	267	kg/m³

16.5.2 Toluol, Methylbenzol, Toluen (Tab. 16.47)

Verwendung

Wärmeträgerflüssigkeit, organisches Zwischenprodukt.

Physikalische Eigenschaften

Die Interpolationsgleichung für den Dampfdruck folgt dem Verlauf der Funktion von Yaws [8]. Der älteren Dampftafel von Nesselmann [43] entnimmt man im unteren Temperaturbereich wesentlich höhere Drücke. Die Gleichung für die spezifische Wärmekapazität der Flüssigkeit gibt den Verlauf der von Chao [44] aufgestellten Gleichung im betrachteten Temperaturbereich sehr genau wieder. Die Originalgleichung gilt zwischen $178{,}15\,\mathrm{K} \le T \le 380\,\mathrm{K}$ und lautet in umgerechneter Form

$$c_\mathrm{f} = 2\,067{,}5 - 8{,}154\,T + 0{,}032\,28\,T^2 - 3{,}015 \cdot 10^{-5}\,T^3 \qquad \mathrm{J/kg\,K.}$$

Der Wärmeleitfähigkeit der Flüssigkeit liegen die Messungen von Riedel [45] zugrunde. Für die Oberflächenspannung und die spezifische Verdampfungsenthalpie wurden die Gleichungen von Yaws [8] benutzt.

Die Sattdampfdichten wurden nach Edwards und Thodos [2] (Gl. 16.8) berechnet und durch die Interpolationsgleichung wiedergegeben. Die Koeffizienten von Gl. (16.8) lauten

$$A = 44\,325; \quad B = 1{,}012\,6; \quad C = 1{,}833\,6.$$

Die Interpolationsgleichungen für die Wärmeleitfähigkeit und die Viskosität des Gases folgen den Korrelationen von Yaws [8].

Toxizität

Toluol ist nicht unbedenklich. Es ist jedoch kein Blutgift wie Benzol. Der MAK-Wert beträgt 200 Vol.-ppm.

Stabilität

Toluol ist im kältetechnisch wichtigen Temperaturgebiet thermisch stabil. Metallische Werkstoffe werden nicht angegriffen.

Brennbarkeit

Flammpunkt: $t_\mathrm{fl}\ \ = 4\,°\mathrm{C},$
Zündpunkt: $\quad t_\mathrm{zünd} = 480\,°\mathrm{C}.$
Für die Explosionsgrenzen in Luft von 20 °C und Atmosphärendruck findet man

$$\psi_\mathrm{exu} = 1{,}2\ldots1{,}3\ \mathrm{Vol.\text{-}\%,}$$

$$\psi_\mathrm{exo} = 7{,}0\ldots7{,}1\ \mathrm{Vol.\text{-}\%.}$$

16.5.3 Xylole (Tab. 16.52 bis 16.55)

Verwendung

Flüssiger Wärmeträger, chemisches Zwischenprodukt.

Terminologie

Unter der Bezeichnung Xylole oder Xylene faßt man im allgemeinen die folgenden vier isomeren Benzolabkömmlinge mit der Summenformel C_8H_{10} zusammen:

1. 1.2-Dimethylbenzol oder Orthoxylol, o-Xylol

Tabelle 16.47. *Datenblatt Toluol, Methylbenzol*

t	°C		−50	0	20	50	Interpolationsgleichung
p	kPa		0,014	0,89	2,89	12,22	log: $6{,}11516 - 1362{,}6/(221 + t)$
ϱ_f	kg/m³		923	886	869	840	$886 - 0{,}83t - 0{,}0018t^2$
c_f	J/kg K		1521	1635	1691	1786	$1634{,}5 + 2{,}658t + 0{,}0076t^2$
λ_f	10^{-3} W/m·K		152,8	140,0	134,9	127,3	$140{,}0 - 0{,}255t$
η_f	10^{-3} Pa s		2,17	0,78	0,58	0,42	$780/(1000 + 14{,}98t + 0{,}0433t^2)$
σ	10^{-3} N/m		37,0	30,9	28,5	25,0	$0{,}02481(318{,}8 - t)^{1{,}2364}$
Δh_d	kJ/kg		448	424	414	397	$47{,}41(318{,}8 - t)^{0{,}38}$

ϱ''	kg/m³		$7{,}12 \cdot 10^{-4}$	0,0369	0,113	0,430	log: $35{,}352 - 3117{,}5/T - 9{,}5926 \log T$
c_p	J/kg K	A	$(839)^\mathrm{a}$	1030	1107	1222	$1030 + 3{,}837t + 1{,}33 \cdot 10^{-4}t^2$
λ_g	10^{-3} W/m·K	A	$(11{,}5)^\mathrm{a}$	16,2	18,5	22,5	$16{,}2 + 0{,}11t + 0{,}00031t^2$
η_g	10^{-6} Pa s	A	$(4{,}7)^\mathrm{a}$	6,18	6,76	7,6	$6{,}18 + 0{,}0293t - 2{,}1 \cdot 10^{-5}t^2$
$\varkappa$	—	A		1,096	1,089	1,080	$(1 - 90{,}234/c_\mathrm{p,A})^{-1}$
a	m/s	A		164,4	169,7	177,4	$\sqrt{(1 - 90{,}234/c_\mathrm{p,A})^{-1} \cdot 90{,}234/T}$

M	92,142	kg/kmol
ϱ_n	(4,111)	kg/m³
T_e	178,2	K
t_e	−95	°C
Δh_f	72	kJ/kg
T_s	383,75	K
t_s	110,6	°C
$\Delta h_\mathrm{d,s}$	360,5	kJ/kg
T_kr	591,95	K
t_kr	318,8	°C
p_kr	4,05	MPa
ϱ_kr	288	kg/m³

[a] Extrapoliert.

2. 1.3-Dimethylbenzol oder Metaxylol, m-Xylol

3. 1.4-Dimethylbenzol oder Paraxylol, p-Xylol

4. Ethylbenzol

Technisches Xylol ist ein Gemisch aus diesen Isomeren.

Physikalische Eigenschaften

Während sich die Erstarrungstemperaturen der Xylole stark unterscheiden, liegen ihre Dampfdruckkurven nahe beieinander. Die von Yaws [8] ermittelten Konstanten der Gleichung

$$\log p = A - B/T - C \log T + DT$$

findet man, umgerechnet und auf den Siedepunkt korrigiert, in Tab. 16.48, die kritischen Daten in Tab. 16.49.

Die spezifischen Verdampfungsenthalpien lassen sich mit Hilfe der Gl. (16.11)

$$\Delta h_d = A (t_{kr} - t)^{0,38}$$

Tabelle 16.48. *Konstanten der Dampfdruckgleichung für Xylole nach Yaws [8]*

Stoff	A	B	C	$D \cdot 10^3$	Gültigkeitsbereich (°C)
o-Xylol	55,15	3 955,6	17,831	7,325 9	−20...357,8
m-Xylol	57,656 6	3 990,2	18,835	7,967 8	−30...246,0
p-Xylol	56,222 6	3 923,6	18,309	7,740 1	20...345
Ethylbenzol	59,460 7	4 012,8	19,569	8,462 0	30...246

Tabelle 16.49. *Kritische Daten der Xylole*

		o-Xylol	m-Xylol	p-Xylol	Ethylbenzol
t_{kr}	°C	357,8	343,8	345,0	344,0
p_{kr}	MPa	3,77	3,60	3,64	3,63
ϱ_{kr}	kg/m³	288	282	286	284
Z_{kr}	−	0,265	0,264	0,263	0,264

Tabelle 16.50. *Spezifische Verdampfungs- und Erstarrungsenthalpien der Xylole*

	o-Xylol	m-Xylol	p-Xylol	Ethylbenzol
$A =$	45,22	45,39	44,81	44,08
$\Delta h_{d\,20\,°C} =$	413,3	408,2	403,1	396,5 kJ/kg
$\Delta h_f =$	128,2	109,0	161,3	86,4 kJ/kg

Tabelle 16.51. *Eutektika der Xylole*

	Anteil in Mol-%				t_e	Quelle
	o-X	m-X	p-X	AB	°C	
Ortho-Meta-Eutektikum	32,5	67,5	–	–	−61	berechnet
	33	67	–	–	−60,5	[46]
Ortho-Para-Eutektikum	76,5	–	23,5	–	−34,7	berechnet
	75		25	–	−35,5	[46]
Meta-Para-Eutektikum	–	88	12	–	−52,3	berechnet
	–	86	14	–	−52,2	[46]
Ternäres Eutektikum	30	61	9	–	−63,4	[46]
Quaternäres Eutektikum	5	15	2	75	−74	[46]

berechnen. In Tab. 16.50 findet man die Konstante A sowie die Verdampfungsenthalpie bei 20 °C und die Erstarrungsenthalpie.

Die Gemische der vier Xylole bilden verschiedene Eutektika.

In Abb. 16.2 sind die nach der van't Hoffschen Formel

$$\ln \psi_1 = -\frac{\Delta h_{f,1}}{R} \frac{T_{e1} - T_{em}}{T_{e1}\, T_{em}}$$

mit　ψ_1　Molgehalt des Lösungsmittels,

$\Delta h_{f,1}$ spezifische Schmelzenthalpie des Lösungsmittels,

$T_{e,1}$ Erstarrungspunkt des Lösungsmittels,

$T_{e,m}$ Erstarrungspunkt des Gemischs,

R　Gaskonstante des Lösungsmittels

errechneten Schmelzkurven der binären Gemische aus o-, m- und p-Xylol aufgetragen. In Tab. 16.51 findet man die so ermittelten Zusammensetzungen und Schmelzpunkte der binären Eutektika sowie Literaturwerte über binäre, ternäre und quaternäre Eutektika zusammengestellt.

Brennbarkeit

Der Flammpunkt des o-Xylols liegt bei $t_{fl} = 17\,°C$. Die Werte für die beiden anderen Isomeren und für das Ethylbenzol dürften tiefer liegen:

m-Xylol und p-Xylol　$t_{fl} \approx 15\,°C$,

Ethylbenzol　$t_{fl} \approx 13\,°C$.

Für die Zündpunkte findet man folgende Angaben:

o-Xylol　$t_{zünd} = 465\,°C$,

m-Xylol und p-Xylol　$t_{zünd} = 530\,°C$,

Ethylbenzol　$t_{zünd} = 430\,°C$.

Die Explosionsgrenzen in Luft von Atmosphärendruck und 20 °C liegen bei

	o-Xylol	m-Xylol	p-Xylol	Ethylbenzol
ψ_{exu} (Vol.-%)	1,0	1,1	1,1	1,0
ψ_{exo} (Vol.-%)	7,6	6,4	6,6	6,7

Tabelle 16.52. *Datenblatt* o-*Xylol:*

t	°C	−20	0	20	100	Interpolationsgleichung	t_e	−25,2	°C
p	kPa	0,033 4	0,169 7	0,655 2	26,408	log: $6,171\,65 - 1\,504,3/(216,7 + t)$	t_s	144,4	°C
ϱ_f	kg/m³	912,9	896,8	880,3	809,9	$896,8 - 0,815t - 5,42 \cdot 10^{-4}t^2$			
c_f	J/kg K	1606	1670	1727	1886	$1670 + 3,046t - 0,008\,85t^2$			
λ_f	10^{-3} W/m·K	146	141	136	116	$141 - 0,251t$			
η_f	10^{-3} Pa s	1,48	1,07	0,807	0,347	log: $568,5/(294,5 + t) - 1,900\,7$			

Tabelle 16.53. *Datenblatt* m-*Xylol:*

t	°C	−40	0	20	100	Interpolationsgleichung	t_e	−47,9	°C
p	kPa	0,006 3[a]	0,218	0,819	31,02	log: $6,189\,50 - 1\,494,4/(218,1 + t)$	t_s	139,1	°C
ϱ_f	kg/m³	914,7	881,9	864,9	792,4	$881,9 - 0,814t - 5,44 \cdot 10^{-4}t^2$			
c_f	J/kg K	1542	1641	1688	1865	$1641 + 2,408t - 0,001\,7t^2$			
λ_f	10^{-3} W/m·K	146[a]	137[a]	132,2	114[a]	$136,8 - 0,24t$			
η_f	10^{-3} Pa s	1,588	0,819	0,629	0,289	log: $477,39/(278,6 + t) - 1,80$			

[a] Extrapoliert.

Tabelle 16.54. *Datenblatt* p-*Xylol:*

t	°C	13,3	20	50	100	Interpolationsgleichung
p	kPa	0,572	0,867	4,342	32,124	log: $6,101\,16 - 1\,444,0/(214,3 + t)$
ϱ_f	kg/m^3	867,2	861,6	835,5	789,6	$878,3 - 0,824t - 6,26 \cdot 10^{-4}t^2$
c_f	J/kg K	1665	1697	1824	1981	$1\,598 + 5,21t - 0,013\,8t^2$
λ_f	10^{-3} W/m·K	134	133	126	114,5	$137,5 - 0,23t$
η_f	10^{-3} Pa s	0,703	0,645	0,457	0,291	log: $504,3/(283,9 + t) - 1,85$

t_e	+13,3	°C
t_s	138,3	°C

Tabelle 16.55. *Datenblatt Ethylbenzol:*

t	°C	−40	0	20	100	Interpolationsgleichung
p	kPa	0,007 5[a]	0,255	0,948	34,20	log: $6,110\,40 - 1\,442,0/(215,1 + t)$
ϱ_f	kg/m^3	917,4	884,7	867,7	795,4	$884,7 - 0,839t - 5,4 \cdot 10^{-4}t^2$
c_f	J/kg K	1618	1705	1747	1903	$1\,705 + 2,115t - 0,001\,34t^2$
λ_f	10^{-3} W/m·K	141,3	132,3	127,8	109,9[a]	$132,3 - 0,244t$
η_f	10^{-3} Pa s	1,81	0,891	0,676	0,308	log: $398,3/(248,2 + t) - 1,655$

t_e	−95	°C
t_s	136,2	°C

[a] Extrapoliert.

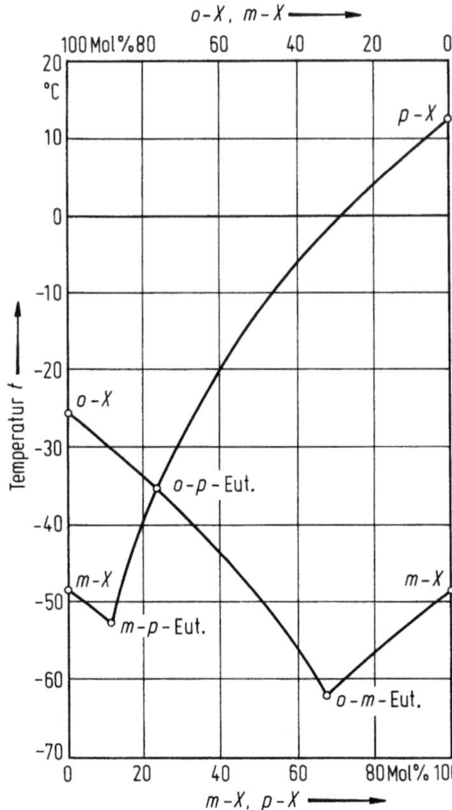

Abb. 16.2. Erstarrungstemperaturen von Xylolgemischen. o − X = Orthoxylol, m − X = Metaxylol, p − X = Paraxylol, Eut. = Eutektikum.

Physiologische Eigenschaften

Die Xylole wirken stark haut- und schleimhautreizend. Geruchlich können sie schon in einer Konzentration von 0,17 ppm in der Luft wahrgenommen werden. Reine Xylole sind keine Blutgifte wie das Benzol. Technisches Xylol kann jedoch mit Benzol verunreinigt sein. Der MAK-Wert beträgt für die drei Xylolisomeren 200 Vol.-ppm, für das Ethylbenzol 100 Vol.-ppm.

16.6 Alkohole

Die niederen ein- und mehrwertigen Alkohole eignen sich aus einer Reihe von Gründen in besonderem Maße als Wärmeträger. Sie haben tiefe Schmelzpunkte, höhere spezifische Verdampfungsenthalpien und Wärmekapazitäten als die meisten organischen Stoffe, günstige Wärmeübertragungseigenschaften und sind thermisch und chemisch relativ stabil. Ein weiterer wichtiger Vorteil ist ihre Mischbarkeit mit Wasser. Die dabei entstehenden Lösungen haben niedrige Schmelzpunkte und hohe spezifische Wärmekapazitäten.

Tab. 16.56 gibt einen Überblick über die Eigenschaften der drei hier behandelten Alkohole und einige ihrer Gemische mit Wasser.

Tabelle 16.56. *Alkohole und ihre Gemische mit Wasser*

	Alkoholgehalt in Massen-%	Methanol-Wasser			Ethanol-Wasser			Ethylenglykol-Wasser		
		100	40	20	100	40	20	100	40	20
Größe	Einheit									
M	kg/kmol	32,042	—	—	46,070	—	—	62,069	—	—
t_e	°C	−97,68	−38,5	−15,1	−114,1	−29,3	−10,9	−12,6	−26,6	−10,4
t_s	°C	64,51	78,9	85,9	78,32	80,8	83,2	197,2	105,5	102,5
Stoffwerte bei 20 °C										
p	kPa	12,93	5,3	4,1	5,86	4,67	3,8	0,012	1,91	2,2
ϱ_f	kg/m³	792	935	967	789	935	969	1 115	1 051	1 023
c_f	J/kg K	2 486	3 810	4 130	2 404	4 027	4 325	2 357	3 542	3 899
$\varrho_f c_f$	kJ/m³ K	1 969	3 561	3 992	1 897	3 766	4 189	2 628	3 723	3 989
Φ	$\dfrac{W}{m^2 K}\dfrac{s^{0,8}}{m^{0,6}}$	3 575	4 508	5 805	2 379	3 695	5 114	1 282	4 292	6 083
v_f	10^{-6} m²/s	0,74	1,98	1,66	1,50	3,11	2,25	18,3	2,65	1,55
Z_{kr}	—	0,220	—	—	0,248	—	—	—	—	—
ω	—	0,542	—	—	0,634	—	—	—	—	—
ψ_{exu}	Vol.-%	5,5	—	—	2,8…3,3	—	—	—	—	—
ψ_{exo}	Vol.-%	36,5	—	—	18…20	—	—	—	—	—

16.6.1 Methanol

16.6.1.1 Methanol, wasserfrei (Tab. 16.57)

Verwendung

Flüssiger und dampfförmiger Wärmeträger, wichtiges chemisches Zwischenprodukt, Lösungsmittel, Brennstoff.

Physikalische Eigenschaften

Die von YAWS [8] angegebene Dampfdruckgleichung

$$\log p = -43{,}504\,1 - 1\,186{,}2\,T + 23{,}279 \log T - 0{,}035\,082\,T + 1{,}757\,8 \cdot 10^{-5}\,T^2$$

liefert bei tiefen Temperaturen höhere Werte als die Interpolationsgleichung ($p = 0{,}079\,4$ kPa bei −50 °C), bei höheren Temperaturen dagegen um 1,0 bis 1,5 % niedrigere Werte. Die Abweichungen dürften auf streuende Literaturwerte zurückzuführen sein. Die Koeffizienten der Antoine-Gleichung Gl. (16.4) wurden so gewählt, daß bei niedrigen Temperaturen die Clausius-Clapeyron-Gleichung befriedigt wird.

Auch die von YAWS angegebene Beziehung für die spezifische Verdampfungsenthalpie

$$\Delta h_d = 138 \cdot (239{,}4 - t)^{0,4}$$

liefert etwas abweichende Werte.

Toxizität

Methanol ist ein starkes Gift. Peroral eingenommen können 8 g zur Erblindung, 120 g zum Tode führen. Der MAK-Wert liegt bei 200 Vol.-ppm.

Stabilität

Methanol ist bis über den kritischen Punkt hinaus thermisch stabil. Bei Raumtemperatur greift Methanol die üblichen metallischen Werkstoffe und die meisten Kunststoffe und Elastomere nicht an. Nicht verwendbar sind Magnesium und, falls das Methanol wasserfrei ist, Blei. Einschränkungen sind, vor allem bei höheren Temperaturen und bei technisch reinem, d. h. leicht verunreinigtem Methanol, auch bezüglich Aluminium, Titan und Zink zu machen.

Von den nichtmetallischen Werkstoffen eignen sich die folgenden nur bedingt: Chlorkautschuk, Phenoplaste, Polystyrol, Epoxidharze, Superpolyamide, PVC.

Brennbarkeit

Explosionsgrenzen in Luft ($p = 101{,}325$ kPa, $t = 20\,°C$):

$$5{,}5 \leqq \psi_{\mathrm{ex}} \leqq 36{,}5 \text{ Vol.-\%.}$$

Flammpunkt: t_{fl} $= 11\,°C$,
Zündpunkt: $t_{\mathrm{zünd}} = 470\,°C$.

16.6.1.2 Methanol-Wasser-Gemische (Tab. 16.58 bis 16.63)

Verwendung

Flüssiger Wärmeträger.

Umrechnung der Konzentrationsmaße

$$\xi = \text{Massenteile} = \frac{\psi}{\psi + 0{,}562\,26\,(1 - \psi)} = \frac{m}{31{,}209 + m}$$

$$\psi = \text{Molteile} \quad = \frac{\xi}{\xi + 1{,}778\,54\,(1 - \xi)} = \frac{m}{55{,}507 + m}$$

$$m = \text{Molarität} \quad = \frac{\text{mol Methylalkohol}}{1 \text{ kg Wasser}} = 31{,}209\,\frac{\xi}{1 - \xi} = 55{,}507\,\frac{\psi}{1 - \psi}.$$

Physikalische Eigenschaften

Die Erstarrungskurve der Methanol-Wasser-Gemische folgt zwischen 0 und 0,7 Massenteilen Methanol näherungsweise der Gleichung

$$t_{\mathrm{e}} = [-60{,}3 + 4{,}026 \cdot (0{,}2 - \xi) + 82{,}8 \cdot (0{,}2 - \xi)^2]\,\frac{\xi}{1 - \xi}.$$

Bei einer Methanolkonzentration von 87,7 % (80,3 Mol-%) hat das Gemisch ein Eutektikum mit einer Erstarrungstemperatur $t_{\mathrm{e}} = -116{,}2\,°C$. Im Temperaturgebiet unter $-100\,°C$ sind die Lösungen außerordentlich viskos. Sie erstarren glasartig. Aus Abb. 16.3 kann man neben dem grundsätzlichen Verlauf der Erstarrungskurve wichtige Kriterien für den Einsatz des Gemischs entnehmen.

Von den Stoffdaten sind insbesondere der Dampfdruck und die spezifische Wärmekapazität mit Unsicherheiten behaftet. Die Interpolationsgleichungen für die spezifische Wärmekapazität sollten nicht zu Extrapolationen verwendet werden.

Bezüglich Toxizität, Stabilität und Korrosionsverhalten gelten die für Methanol gemachten Angaben.

Tabelle 16.57. *Datenblatt Methanol, Methylalkohol* CH_3OH

t	°C	-50	0	20	50	Interpolationsgleichung
p	kPa	0,073	4,00	12,93	55,50	log: $7{,}25238 - 1603{,}8/(241{,}17 + t)$
ϱ_f	kg/m³	855	810	792	765	$810 - 0{,}9t$
c_f	J/kg K	2240	2386	2486	2680	$2386 + 4{,}4t + 0{,}0296t^2$
λ_f	10^{-3} W/m·K	222,6	207,6	201,6	192,6	$207{,}6 - 0{,}3t$
η_f	10^{-3} Pa s	2,18	0,800	0,589	0,396	$800/(1000 + 16{,}31t + 7{,}73 \cdot 10^{-2}t^2 + 9{,}21 \cdot 10^{-5}t^3)$
σ	10^{-3} N/m	28,3	24,3	22,6	20,1	$0{,}284\,(240 - t)^{0{,}8115}$
Δh_d	kJ/kg	1306	1226	1191	1134	$197{,}3\sqrt[3]{240{,}0 - t}$

ϱ''	kg/m³	$1{,}27 \cdot 10^{-3}$	0,0560	0,1709	0,682	log: $17{,}531 - 2437{,}7/T - 4{,}04636 \log T$
c_p	J/kg K	1197^a	1312	1358	1427	$1312 + 2{,}307t$
λ_g	10^{-3} W/m·K	$7{,}0^a$	11,6	13,6	16,6	$11{,}6 + 0{,}0964t + 7{,}89 \cdot 10^{-5}t^2$
η_g	10^{-6} Pa s	$7{,}1^a$	8,82	9,51	10,54	$8{,}82 + 0{,}0343t$
$\varkappa$	—	$1{,}277^a$	1,246	1,236	1,222	$(1 - 259{,}5/c_p)^{-1}$
a	m/s	272^a	297	307	320	$16{,}109\sqrt{T(1 - 259{,}5/c_p)^{-1}}$

[a] Extrapoliert.

M	32,042	kg/kmol
ϱ_n	(1,43)	kg/m³
T_e	175,47	K
t_e	$-97{,}68$	°C
Δh_f	98,94	kJ/kg
T_s	337,66	K
t_s	64,51	°C
$\Delta h_{d,s}$	1104,6	kJ/kg
T_{kr}	513,15	K
t_{kr}	240,0	°C
p_{kr}	7,973	MPa
ϱ_{kr}	272	kg/m³

Tabelle 16.58. *Datenblatt Methanol-Wasser* 10 %

t	°C	−5	0	20	50	Interpolationsgleichung		t_e	−6,56	°C
p	kPa	—	—	3,3[a]	17,3	log: $7,045 - 1\,576,7/(221,48 + t)$		t_s	91,4	°C
ϱ_f	kg/m³	984,3	984,2	981,5	970,0	$984,2 - 0,036t - 4,96 \cdot 10^{-3}t^2$				
c_f	J/kg K	4265[a]	4250[a]	4200	4150	$4250 - 2,833t + 0,016\,7t^2$				
λ_f	10^{-3} W/m·K	514	513	540	576	$513 + 1,41t - 0,002\,9t^2$				
η_f	10^{-3} Pa s	3,16[a]	2,58	1,38	0,655	log: $238,7/(118,9 + t) - 1,596\,69$				

[a] Extrapoliert.

Tabelle 16.59. *Datenblatt Methanol-Wasser* 20 %

t	°C	−10	0	20	50	Interpolationsgleichung		t_e	−15,1	°C
p	kPa	—	—	4,1[a]	22,0	log: $6,372\,2 - 1\,189,13/(186,43 + t)$		t_s	85,9	°C
ϱ_f	kg/m³	974,4	972,5	966,6	952,6	$952,5 - 0,226t - 3,44 \cdot 10^{-3}t^2$				
c_f	J/kg K	4004[a]	4060[a]	4130	4130	$4060 + 4,9t - 0,07t^2$				
λ_f	10^{-3} W/m·K	456	465	484	514	$465 + 0,933t + 8,33 \cdot 10^{-4}t^2$				
η_f	10^{-3} Pa s	5,1[a]	3,23	1,60	0,759	log: $250,6/(118,35 + t) - 1,608\,56$				

[a] Extrapoliert.

Tabelle 16.60. *Datenblatt Methanol-Wasser* 30 %

t	°C	−20	0	20	50	Interpolationsgleichung		
p	kPa	−	1,0[a]	4,6[a]	26,3	log: $5,5876 - 812,36/(144,9 + t)$	t_e	−25,7 °C
ϱ_f	kg/m^3	967,5[a]	960,4	951,6	935,4	$960,4 - 0,396t - 2,08 \cdot 10^{-3}t^2$	t_s	81,9 °C
c_f	J/kg K	3 68ß[a]	3 881[a]	3 990	3 980	$3\,980 + 7,727t - 0,115t^2$		
λ_f	10^{-3} W/m · K	405[a]	419	433	456	$419 + 0,704t + 2,1 \cdot 10^{-4}t^2$		
η_f	10^{-3} Pa s	8,6[a]	3,53	1,78	0,823	log: $386,8/(151,7 + t) - 2,00227$		

[a] Extrapoliert.

Tabelle 16.61. *Datenblatt Methanol-Wasser* 40 %

t	°C	−30	0	20	50	Interpolationsgleichung		
p	kPa	−	1,1[a]	5,3[a]	30,1	log: $5,41 - 734,4/(136,83 + t)$	t_e	−38,5 °C
ϱ_f	kg/m^3	960,1[a]	945,9	934,6	914,8	$945,9 - 0,53t - 1,84 \cdot 10^{-3}t^2$	t_s	78,9 °C
c_f	J/kg K	−	3 610[a]	3 810	3 800	$3\,610 + 14,17t - 0,208t^2$		
λ_f	10^{-3} W/m · K	361	376	386	400	$376 + 0,496\,t - 4 \cdot 10^{-4}\,t^2$		
η_f	10^{-3} Pa s	14,9[a]	3,64	1,85	0,851	log: $424,6/(160,1 + t) - 2,0909$		

[a] Extrapoliert.

Tabelle 16.62. *Datenblatt Methanol-Wasser* 50%

t	°C	−50	0	20	50	Interpolationsgleichung		
p	kPa	−	1,2[a]	6,0[a]	33,6	log: $5,24 - 661,6/(128,16 + t)$	t_e	−54,1 °C
ϱ_f	kg/m³	958,7	928,8	915,6	894,4	$928,8 - 0,643t - 9,00 \cdot 10^{-4}t^2$	t_s	76,4 °C
c_f	J/kg K	−	3399[a]	3602	3654	$3399 + 13,48t - 0,1676t^2$		
λ_f	10^{-3} W/m · K	323	340	347	356	$340 + 0,334t - 10^{-4}t^2$		
η_f	10^{-3} Pa s	42,8	3,35	1,77	0,841	log: $443,5/(168,8 + t) - 2,102$		

[a] Extrapoliert.

Tabelle 16.63. *Datenblatt Methanol-Wasser* 60%

t	°C	−70	0	20	50	Interpolationsgleichung		
p	kPa	−	2,0[a]	7,9[a]	38,2	log: $5,73255 - 880,2/(162,08 + t)$	t_e	−73,0 °C
ϱ_f	kg/m³	955,2	908,6	894,0	870,9	$908,6 - 0,717t - 7,36 \cdot 10^{-4}t^2$	t_s	74,1 °C
c_f	J/kg K	−	3191	3383	3406	$3191 + 13t - 0,176t^2$		
λ_f	10^{-3} W/m · K	299	305	309	316	$305 + 0,164t + 1,12 \cdot 10^{-3}t^2$		
η_f	10^{-3} Pa s	121,8	2,86	1,59	0,795	log: $458,9/(179,7 + t) - 2,09747$		

[a] Extrapoliert.

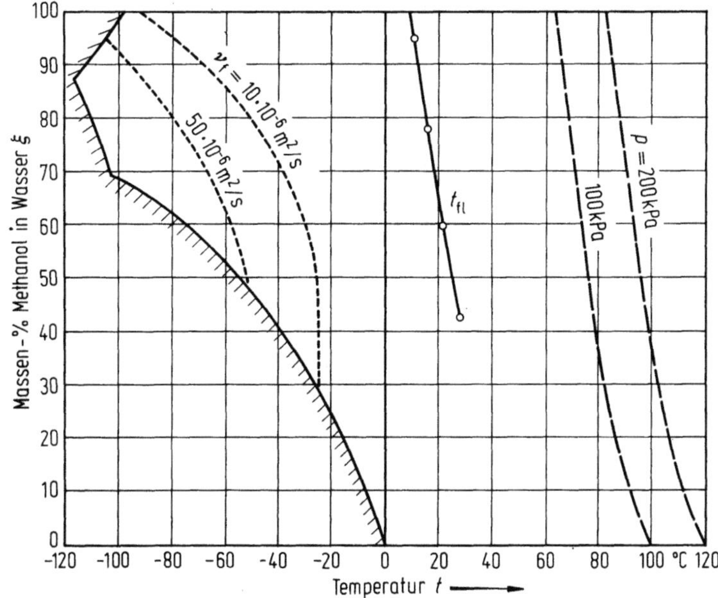

Abb. 16.3. Methanol-Wasser-Gemische. ///////// Erstarrungslinie, ○———○———○ Flammpunkt.

Brennbarkeit

Der Flammpunkt von Methanol-Wasser-Gemischen folgt nach PYRESEVA und Mitarbeitern [47] der Beziehung

$$t_{fl} = 41,32 - 33,3\,\xi + 10^{(1,5863 - 3,91\,\xi)}.$$

16.6.2 Ethanol, Ethylalkohol

16.6.2.1 Ethanol, wasserfrei (Tab. 16.64)

Verwendung

Flüssiger und dampfförmiger Wärmeträger, chemisches Zwischenprodukt, Lösungsmittel, Brennstoff, Genußmittel.

Physikalische Eigenschaften

Die Dampfdruckgleichung des Datenblatts Tab. 16.64 gilt bis zum Normalsiedepunkt. Die von YAWS [8] angegebene Dampfdruckgleichung

$$\log p = -11,8421 - 2212,6/T + 10,298 \log T - 0,21061\,T + 1,0748 \cdot 10^{-5}\,T^2$$

weicht von ihr bei 0 °C um etwa 1,5 % ab. Im übrigen Temperaturbereich ist die Übereinstimmung befriedigend. Für die spezifische Wärmekapazität der Flüssigkeit findet man in [46] zwei Gleichungen, die etwas höhere Werte liefern:

$$c_f = 2272 + 5,5\,t + 0,0203\,t^2 \qquad -100 < t \leq 0\,°C,$$
$$c_f = 2272 + 5,75\,t + 0,09378\,t^2 \qquad 0 \leq t < 80\,°C.$$

Mit der Gleichung von YAWS für die spezifische Verdampfungsenthalpie

$$\Delta h_d = 110 \cdot (243,1 - t)^{0,4}$$

Tabelle 16.64. *Datenblatt Ethanol, Ethylalkohol* C_2H_5OH

t	°C		-50	0	20	50	Interpolationsgleichung
p	kPa	[a]	0,0182	1,596	5,86	29,34	log: $7{,}45473 - 1716{,}71/(236{,}73 + t)$
ϱ_f	kg/m³		847	806	789	763	$806 - 0{,}836t - 3{,}2 \cdot 10^{-4}t^2$
c_f	J/kg K		2 014	2 280	2 404	2 610	$2280 + 5{,}96t + 0{,}0128t^2$
λ_f	10^{-3} W/m·K		190	174	168	158	$174 - 0{,}32t$
η_f	10^{-3} Pa s		5,5	1,80	1,18	0,70	$1800/(1000 + 22{,}4t + 0{,}18t^2)$
σ	10^{-3} N/m		28,7	24,4	22,6	19,9	$0{,}198\,(243{,}1 - t)^{0{,}876}$
Δh_d	kJ/kg	[a]	1 019	957	930	887	$153{,}38\sqrt[3]{243{,}1 - t}$
ϱ''	kg/m³		$4{,}53 \cdot 10^{-4}$	0,032	0,111	0,514	log: $23{,}0331 - 2870{,}1/T - 5{,}7546 \log T$
c_p	J/kg K			(1 328)	1 406	1 520	$1328 + 3{,}97t - 0{,}0028t^2$
λ_g	10^{-3} W/m·K		(7,0)	11,6	13,6	16,6	$11{,}6 + 0{,}0964t + 7{,}89 \cdot 10^{-5}t^2$
η_g	10^{-6} Pa s			8,012	8,596	9,472	$8{,}012 + 0{,}0292t$
$\varkappa$	—			(1,16)	1,147	1,135	$(1 - 180{,}47/c_p)^{-1}$
a	m/s			(239)	246,4	257,2	$\sqrt{(1 - 180{,}47/c_p)^{-1} \cdot 180{,}47T}$

M	46,070	kg/kmol
ϱ_n	(2,06)	kg/m³
T_e	159,05	K
t_e	$-114{,}1$	°C
Δh_p	108,96	kJ/kg
T_s	351,47	K
t_s	78,32	°C
$\Delta h_{d,s}$	841	kJ/kg
T_{kr}	516,25	K
t_{kr}	243,1	°C
p_{kr}	6,38	MPa
ϱ_{kr}	276	kg/m³

[a] Interpolationsgleichung gilt bis t_s.

erhält man höhere Werte als mit der Gleichung des Datenblatts. Bei den Stoffwerten für den Dampf besteht eine gewisse Unsicherheit vor allem bei der spezifischen Wärmekapazität, für die man in der Literatur sehr unterschiedliche Werte findet. Als Interpolationsgleichung wurde die Gleichung von YAWS in vereinfachter Form verwendet. Die Originalgleichung gilt für $25 \leqq t \leqq 1\,500\,°C$ und lautet umgerechnet:

$$c_p = 1\,328 + 3{,}96\,t - 2{,}75 \cdot 10^{-3}\,t^2 + 8{,}61 \cdot 10^{-7}\,t^3$$

Toxizität

Die toxischen Wirkungen des Alkohols sind bekannt. Alkohol in der Atemluft ist vergleichsweise wenig gefährlich. Der MAK-Wert beträgt $1\,000$ Vol.-ppm.

Stabilität

Ethanol ist bis über den kritischen Punkt hinaus stabil.

Brennbarkeit

Für die Explosionsgrenzen in Luft von Normaldruck und $t = 20\,°C$ findet man folgende Angaben:

$$\psi_{exu} = 2{,}8\ldots3{,}3 \text{ Vol.-\%,}$$

$$\psi_{exo} = 18\ldots20 \text{ Vol.-\%.}$$

Die entsprechenden Zündgrenzen sind

$$t_{uz} = 8\ldots11\,°C,$$
$$t_{oz} = 40\ldots42\,°C.$$

Der Flammpunkt liegt bei $t_{fl} = 12\,°C$.
Die Angaben über den Zündpunkt bewegen sich zwischen

$$t_{zünd} = 363 \text{ und } 425\,°C.$$

16.6.2.2 Ethanol-Wasser-Gemische (Tab. 16.65 und 16.66)

Verwendung

Flüssiger Wärmeträger

Umrechnung der Konzentrationsmaße

$$\xi = \text{Massenteile} = \frac{\psi}{\psi + 0{,}391\,05\,(1 - \psi)} = \frac{m}{21{,}706 + m}$$

$$\psi = \text{Molteile} = \frac{\xi}{\xi + 2{,}557\,24\,(1 - \xi)} = \frac{m}{55{,}508 + m}$$

$$m = \text{Molarität} = \frac{\text{mol Ethanol}}{1 \text{ kg Wasser}} = 21{,}706\,\frac{\xi}{1 - \xi} = 55{,}508\,\frac{\psi}{1 - \psi}.$$

Physikalische Eigenschaften

Die Erstarrungskurve der Ethanol-Wasser-Gemische folgt näherungsweise folgenden Gleichungen:

$$t_e = 37{,}44 - \frac{16{,}1}{0{,}43 + \log(1 - \xi)} \qquad 0 < \xi \leqq 0{,}2$$

$$t_e = 107{,}53 - \frac{51{,}4}{0{,}435 - \log(1 - \xi)} \qquad 0{,}2 \leqq \xi < 0{,}5$$

Tabelle 16.65. *Datenblatt Ethanol* 20 %, *Wasser* 80 %

t	°C	−10	0	20	50	Interpolationsgleichung	t_e	−10,9	°C
p	kPa	0,51[a]	1,04[a]	3,79	20,58	log: $10,111 - 3\,424/(339,2 + t)$	t_s	83,2	°C
ϱ_f	kg/m³	978,0	975,6	968,6	952,4	$975,63 - 0,272t - 3,87 \cdot 10^{-3}t^2$			
c_f	J/kg K	4 360[a]	4 344	4 325	4 328	$4\,344 - 1,37t + 0,021t^2$			
λ_f	10^{-3} W/m · K	438[a]	447[a]	466	495	$447 + 0,95t$			
η_f	10^{-3} Pa s	9,70	5,32	2,183	0,907	log: $215/(95,9 + t) - 1,516\,0$			

[a] Extrapoliert.

Tabelle 16.66. *Datenblatt Ethanol* 40 %, *Wasser* 60 %

t	°C	−20	0	20	50	Interpolationsgleichung	t_e	−29,3	°C
p	kPa	0,34[a]	1,35[a]	4,67	23,9	log: $10,445\,1 - 3\,753/(363,9 + t)$	t_s	80,8	°C
ϱ_f	kg/m³	962,3	949,3	935,2	911,9	$949,29 - 0,677t - 1,43 \cdot 10^{-3}t^2$			
c_f	J/kg K	3 727[a]	3 900	4 027	4 130	$3\,900 + 7,5t - 0,058t^2$			
λ_f	10^{-3} W/m · K	344,2	352,7	361,0	373,1	$352,7 + 0,42t - 2,3 \cdot 10^{-4}t^2$			
η_f	10^{-3} Pa s	25,3	7,13	2,91	1,13	log: $314,3/(117,4 + t) - 1,823\,5$			

[a] Extrapoliert.

Bei $\xi = 0{,}924$ bis $0{,}925$ hat das Gemisch einen eutektischen Punkt mit einer Erstarrungstemperatur von $t_e = -124 \pm 1\,°C$. Unter Normaldruck tritt bei $\xi = 0{,}956$ und $t = 78{,}2\,°C$ ein azeotroper Punkt auf.

Die Stoffwerte sind, abgesehen von der Dichte, alle mit einer gewissen Unsicherheit behaftet.

16.6.3 Ethylenglykol $(CH_2OH)_2$
(Tab. 16.67 bis 16.71; Abb. 16.4)

Verwendung

Wärmeträger (gemischt mit Wasser), Rohstoff für Sprengstoffe usw.

Umrechnung der Konzentrationsmaße

$$\xi = \text{Massenteile} = \frac{\psi}{\psi + 0{,}290\,25\,(1 - \psi)} = \frac{m}{16{,}111 + m}$$

$$\psi = \text{Molteile} = \frac{\xi}{\xi + 3{,}445\,34\,(1 - \xi)} = \frac{m}{55{,}508 + m}$$

$$m = \text{Molarität} = \frac{\text{mol Ethylenglykol}}{1\,\text{kg Wasser}} = 16{,}111\,\frac{\xi}{1 - \xi} = 55{,}508\,\frac{\psi}{1 - \psi}$$

Physikalische Eigenschaften

Ethylenglykol $HOCH_2\,CH_2OH$ hat dank seiner zwei Hydroxylgruppen eine starke Affinität zum Wasser. Es ist hygroskopisch und mit Wasser in jedem Verhältnis mischbar.

Die Eigenschaften des reinen Ethylenglykols entnimmt man Tab. 16.67. Als Wärmeträger wird Ethylenglykol fast ausschließlich im Gemisch mit Wasser verwendet.

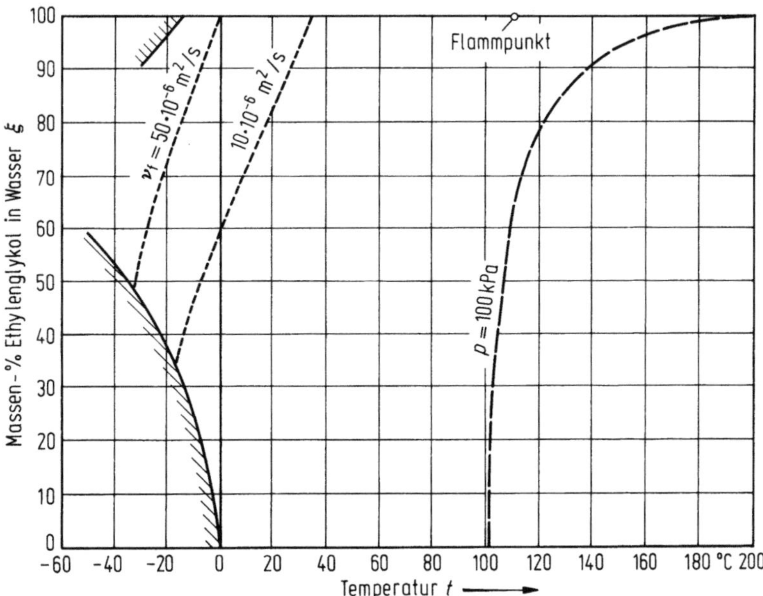

Abb. 16.4. Ethylenglykol-Wasser-Gemische. ///////// Erstarrungslinie, $\circ$ = Flammpunkt.

Tabelle 16.67. *Stoffwerte von Ethylenglykol*

M	kg/kmol	62,069	
t_s	°C	197,2	
$\Delta h_{d,s}$	kJ/kg	800...811	
t_e	°C	$-12,6$	
Δh_f	kJ/kg	181...188	
ϱ_f	kg/m³	1115	
c_f	J/kg K	2357	bei $t = 20\,°C$
λ_f	10^{-3} W/m · K	256	
η_f	10^{-3} Pa s	20,4	
t_{fl}	°C	111	
$t_{zünd}$	°C	398	

Bis zum ersten eutektischen Punkt bei $\xi = 0,573$ Massenteilen Ethylenglykol und $t_e = -51,2\,°C$ läßt sich der Gefrierbeginn der Gemische näherungsweise mit Hilfe der Gleichung

$$t_e = 131,4 - \frac{173,2}{1,318\,1 + \log\,(1 - \xi)}$$

berechnen. Zwei weitere Eutektika liegen bei $\xi = 0,756 / t_e = -63,3\,°C$ und $\xi = 0,87 / t_e = -49,4\,°C$.

Die Literaturangaben über die physikalischen Eigenschaften der Ethylenglykol-Wasser-Gemische sind unvollständig und zum Teil widersprüchlich. Die in den Datenblättern aufgeführten Werte sind daher mit einigen Unsicherheiten behaftet. Aus diesem Grunde wurden für ϱ_f und c_f meist lineare Interpolationsgleichungen verwendet.

Sehr divergierende Daten liegen auch für die Wärmeleitfähigkeit vor. Die Interpolationsgleichung wurde auf den Angaben von Vanderkooi u. a. [48] aufgebaut, die denen von Riedel [49] nahekommen. Mit Hilfe der Stützwerte von Vanderkooi läßt sich auch eine allgemeine Interpolationsgleichung errechnen:

$$\lambda_f = 564\,(1 - 0,839\,\xi + 0,297\,\xi^2) + 1,784\,(1 - 11,238\,\xi + 0,381\,\xi^2)\,t$$

$$- 5,527 \cdot 10^{-3}\,(1 - 0,796\,\xi - 0,189\,\xi^2)\,t^2$$

$$\text{für} \quad 0 \leqq t \leqq 100\,°C; \quad 0,2 \leqq \xi \leqq 0,6 \text{ Massenteile.}$$

Toxizität

Ethylenglykol ist ungeachtet seines süßen Geschmacks giftig und darf daher mit Lebensmitteln nicht in Berührung gebracht werden.

Stabilität

Ethylenglykol-Wasser-Gemische sind bis etwa $t = 200\,°C$ einsetzbar.

Korrosion

Ethylenglykol-Wasser-Gemische sind wenig korrosiv.

Brennbarkeit

Reines Ethylenglykol hat einen Flammpunkt $t_{fl} = 111\,°C$ und einen Zündpunkt $t_{zünd} = 398\,°C$ (s. Tab. 16.67). Seine Gemische mit Wasser sind nicht feuergefährlich.

Tabelle 16.68. *Datenblatt Ethylenglykol 20%, Wasser 80%*

t	°C	−10	0	20	50	Interpolationsgleichung	t_e	−10,4	°C
p	kPa	0,25	0,55	2,20	11,4	log: $6{,}1959 - 1261/(195{,}4 + t)$	t_s	102,5	°C
ϱ_f	kg/m³	1035	1031	1023	1010	$1031 - 0{,}42t$			
c_f	J/kg K	3841	3860	3899	3957	$3860 + 1{,}94t$			
λ_f	10^{-3} W/m·K	462[a]	476	502	533	$476 + 1{,}371t - 4{,}62 \cdot 10^{-3}t^2$			
η_f	10^{-3} Pa s	4,77	3,23	1,59	0,64	log: $1590/(311{,}7 + t) - 4{,}592$			

[a] Extrapoliert.

Tabelle 16.69. *Datenblatt Ethylenglykol 30%, Wasser 70%*

t	°C	−10	0	20	50	Interpolationsgleichung	t_e	−17,5	°C
p	kPa	0,24	0,53	2,06	10,8	log: $6{,}7239 - 1520/(217{,}1 + t)$	t_s	104	°C
ϱ_f	kg/m³	1051	1047	1038	1026	$1047 - 0{,}43t$			
c_f	J/kg K	3653	3680	3734	3814	$3680 + 2{,}675t$			
λ_f	10^{-3} W/m·K	425[a]	437	459	486	$437 + 1{,}182t - 4{,}11 \cdot 10^{-3}t^2$			
η_f	10^{-3} Pa s	6,52	4,35	2,13	0,88	log: $931/(235{,}2 + t) - 3{,}320$			

[a] Extrapoliert.

Tabelle 16.70. *Datenblatt Ethylenglykol* 40 %, *Wasser* 60 %

t	°C	−20	0	20	50	Interpolationsgleichung	t_e	−26,6	°C
p	kPa	0,10	0,49	1,91	10,1	log: $7,061 - 1\,704/(231,3 + t)$	t_s	105,5	°C
ϱ_f	kg/m³	1 069	1 060	1 051	1 038	$1060 - 0,44t$			
c_f	J/kg K	3 419	3 480	3 542	3 634	$3480 + 3,075t$			
λ_f	10^{-3} W/m·K	380[a]	401,5	420	443	$401,5 + 1,011t - 3,6 \cdot 10^{-3}t^2$			
η_f	10^{-3} Pa s	14,83	5,81	2,79	1,20	log: $492/(165,9 + t) - 2,201$			

[a] Extrapoliert.

Tabelle 16.71. *Datenblatt Ethylenglykol* 50 %, *Wasser* 50 %

t	°C	−30	0	20	50	Interpolationsgleichung	t_e	−38,9	°C
p	kPa	0,04	0,46	1,74	9,35	log: $7,835\,9 - 2\,144/(262,3 + t)$	t_s	107,5	°C
ϱ_f	kg/m³	1 087	1 075	1 065	1 046	$1075 - 0,46t - 0,002\,4\,t^2$			
c_f	J/kg K	3 100	3 245	3 334	3 455	$3245 + 4,59t - 0,008\,t^2$			
λ_f	10^{-3} W/m·K	341[a]	369	385	404	$369,3 + 0,849t - 3,06 \cdot 10^{-3}t^2$			
η_f	10^{-3} Pa s	40,7[a]	8,2	3,9	1,74	log: $359/(140,3 + t) - 1,645$			

[a] Extrapoliert.

16.7 Halogenkohlenwasserstoffe

Auf die Gruppe der Halogenkohlenwasserstoffe entfällt die überwiegende Zahl der modernen Kältemittel. Prinzipiell sind diese Stoffe alle auch als Wärmeträger geeignet. Dies vor allem wegen ihrer tiefen Erstarrungspunkte, ihrer niedrigen Viskosität und den damit verbundenen guten Wärmeübertragungseigenschaften. Nachteilig sind ihre geringe spezifische Wärmekapazität — die raumspezifische Größe ist allerdings durchaus mit derjenigen der Kohlenwasserstoffe vergleichbar, wie man aus Tab. 16.1 ersieht — und ihre niedrige spezifische Verdampfungsenthalpie, die bei Zweiphasensystemen zu großen Umlaufströmen führt.

Die meisten Halogenkohlenwasserstoffe sind schwer entflammbar oder unbrennbar. Sie korrodieren metallische Werkstoffe in trockenem Zustand nicht. Zu vermeiden ist die Verwendung von Zink, Magnesium und ihren Legierungen sowie Blei. Die Toxizität nimmt mit wachsendem Fluorgehalt ab. In offenen Flammen entstehen jedoch giftige Zersetzungsprodukte wie Phosgen.

Tabelle 16.72. *Halogenkohlenwasserstoffe*

	Kältemittel	R11	R12	R22	R114	R30
	Chemische Formel	CCl_3F	CCl_2F_2	$CHClF_2$	CF_2ClCF_2Cl	CH_2Cl_2
Größe	Einheit					
M	kg/kmol	137,37	120,92	86,48	170,93	84,933
t_e	°C	$-111,0$	-155	-160	-94	$-96,7$
t_s	°C	23,7	$-29,8$	$-40,8$	3,53	40,1
Stoffwerte bei 20 °C						
p	kPa	88,84	567,5	911,6	178,6	46,01
ϱ_f	kg/m³	1 489	1 327	1 212	1 471	1 320
c_f	J/kg K	878	970	1 251	1 045	1 142
$\varrho_f c_f$	kJ/m³ K	1 307	1 287	1 516	1 537	1 507
Φ	$\dfrac{W}{m^2\,K}\dfrac{s^{0,8}}{m^{0,6}}$	2 677	2 763	3 308	2 494	3 602
ν_f	$10^{-6}\,m^2/s$	0,295	0,196	0,196	0,265	0,325
Z_{kr}	—	0,273	0,279	0,270	0,277	0,258
ω	—	0,184	0,176	0,221	0,253	0,182
MAK-Wert	Vol.-ppm	1 000	1 000		1 000	200

In Tab. 16.72 ist eine Auswahl von Halogenkohlenwasserstoffen zusammengestellt, die als Wärmeträger verwendet werden oder in Frage kommen. Datenblätter wurden für R11 und Dichlormethan ausgearbeitet. Im übrigen wird auf Band IV dieses Handbuches verwiesen.

16.7.1 Fluortrichlormethan, R11 (Tab. 16.73)

Verwendung

Kältemittel flüssiger und dampfförmiger Wärmeträger.

Tabelle 16.73. *Datenblatt* R11 *(Fluortrichlormethan* $CFCl_3$)

t	°C		-50	0	20	50	Interpolationsgleichung
p	kPa		2,65	40,3	88,8	236,5	log: $6,0131 - 1043,18/(236,64 + t)$
ϱ_f	kg/m^3		1 639,5	1 535,0	1 488,7	1 414,5	$1\,535,0 - 2,25t - 0,003\,2t^2$
c_f	J/kg K		812,6	857,0	877,9	912,6	$857,0 + t + 0,002\,25t^2$
λ_f	10^{-3} W/m·K		108,5	94,5	88,9	80,5	$94,5 - 0,28t$
η_f	10^{-3} Pa s		1,178	0,542	0,440	0,339	$542/(1\,000 + 11,39t + 0,011\,9t^2)$
σ	10^{-3} N/m		27,66	20,92	18,33	14,58	$0,029\,7\,(198,0 - t)^{1,24}$
Δh_d	kJ/kg		206,9	190,3	183,0	170,9	$26,9\,(198,0 - t)^{0,37}$

ϱ''	kg/m^3		0,198	2,47	5,19	13,0	log: $13,653 - 1\,653,4/T - 2,958 \log T$
c_p	J/kg K	0	489,0	548,1	565,7	589,5	$548,1 + 0,915t - 1,73 \cdot 10^{-3}t^2$
		S	489,0	554,0	580,0	623,0	$554,0 + 1,25t + 0,002\,6t^2$
λ_g	10^{-3} W/m·K	0	4,64	7,28	8,22	9,51	$7,28 + 0,048\,7t - 8,2 \cdot 10^{-5}t^2$
η_g	10^{-6} Pa s	0	7,27	9,93	10,81	11,95	$9,93 + 0,046\,8t + 1,28 \cdot 10^{-3}t^2$
$\varkappa$	–	0	1,138	1,124	1,120	1,114	$(1 - 60,525/c_{p,0})^{-1}$
a_s	m/s	0	124,0	136,3	141,0	147,6	$\sqrt{(1 - 60,525/c_{p,0})^{-1}\,60,525T}$

M	137,37	kg/kmol
ϱ_n	(6,13)	kg/m^3
T_e	162,15	K
t_e	$-111,0$	°C
Δh_f	50	kJ/kg
T_s	296,85	K
t_s	23,7	°C
$\Delta h_{d,s}$	182	kJ/kg
T_{kr}	471,15	K
t_{kr}	198,0	°C
p_{kr}	4,37	MPa
ϱ_{kr}	561	kg/m^3

Physikalische Eigenschaften

Die Dampfdruckgleichung gilt zwischen $-50 \leq t \leq 120\,°C$ mit einer Genauigkeit von 0,4 %. Die Rackett-Gleichung (Gl. (16.6)) für die Sättigungsdichte lautet

$$\varrho_f = 561 \cdot 0{,}2754^{-(1-T^*)^{2/7}}.$$

Für die kritische Dichte findet man Angaben zwischen

$$\varrho_{kr} = 555 \text{ kg/m}^3 \qquad \text{(Handbuch der Kältetechnik, Bd. IV),}$$

und

$$\varrho_{kr} = 570{,}2 \text{ kg/m}^3 \qquad \text{(PEREL'SHTEIN u. a. [50])}$$

Die Gleichung für die spezifische Wärmekapazität der Flüssigkeit ergibt einen stärkeren Anstieg über der Temperatur als diejenige aus Band IV dieses Handbuches. Im unteren Temperaturbereich findet man dort zu hohe Werte. Die Oberflächenspannung wurde von SINITSIN u. a. [51] gemessen. Für die Sattdampfdichte lautet Gl. (16.8)

$$\varrho'' = 68\,710\,\frac{p^*}{T}\,(1{,}051 + p^* + 1{,}796 \cdot (2 - p^*055^3)^{-6{,}33}.$$

Sie weicht im betrachteten Temperaturbereich um maximal 1,5 % von der Interpolationsgleichung ab.

Bei der Wärmeleitfähigkeit λ_g und in minderem Maße auch bei der Viskosität des Gases bestehen Diskrepanzen zwischen den Daten aus Band IV dieses Handbuches, denjenigen aus der neuesten Ausgabe der Kältemaschinenregeln und der Korrelation nach PEREL'SHTEIN und PARUSHIN [3] (Gl. (16.12). Die Interpolationsgleichungen folgen der Perel'shtein-Korrelation.

Für den Sattdampf lauten die Gleichungen für den Isentropenexponenten und die Schallgeschwindigkeit im Temperaturbereich des Datenblattes:

$$\varkappa = 1{,}12 - 5 \cdot 10^{-4}\,t - 6 \cdot 10^{-6}\,t^2$$

$$a_s = 135 + 0{,}17\,t - 1{,}4 \cdot 10^{-3}\,t^2.$$

Brennbarkeit

R11 ist unbrennbar.

Toxizität

MAK-Wert 1 000 Vol.-ppm.

Stabilität

Feuchtes R11 neigt bei Temperaturen über 100 °C zur Hydrolyse.

16.7.2 Dichlormethan, Methylenchlorid, R30 (Tab. 16.74)

Verwendung

Flüssiger und dampfförmiger Wärmeträger.

Physikalische Eigenschaften

Während für die kritische Temperatur und den kritischen Druck zuverlässige Angaben vorliegen, fehlen solche für die kritische Dichte. RIEDEL [52] findet ein Nullpunktsvolumen von $\varrho_0 = 1\,780$ kg/m³. Mit seinem Verfahren findet man bei einer Pitzer-Konstante $\omega = 0{,}182$ eine kritische Dichte von $\varrho_{kr} = 478$ kg/m³. Der Arbeit von SPENCER und ADLER [53] entnimmt man einen Rackett-Koeffizienten $Z_{RA} = 0{,}261\,84$,

Tabelle 16.74. *Datenblatt* R30 *(Dichlormethan* CH_2Cl_2; *Methylenchlorid)*

		−50	0	20	50	Interpolationsgleichung
t	°C					
p	kPa	0,789	18,39	46,01	143,3	log: $6,3877 - 1215,7/(237,3 + t)$
ϱ_f	kg/m³	1459	1361	1320	1255	$1361 - 2,034t - 0,00165t^2$
c_f	J/kg K	1128	1153	1142	1188	$1153 + 0,6t + 0,002t^2$
λ_f	10^{-3} W/m·K	163,1	147,6	141,3	131,6	$147,6 - 0,315t - 1,13 \cdot 10^{-4}t^2$
η_f	10^{-3} Pa s	0,935	0,513	0,429	0,340	$513/(1000 + 9,61t + 0,01156t^2)$
σ	10^{-3} N/m	39,2	31,1	28,0	23,4	$0,0426(236,9 - t)^{1,206}$
Δh_d	kJ/kg	377,9	351,4	339,8	321,1	$44(236,9 - t)^{0,38}$
ϱ''	kg/m³	0,0362	0,706	1,669	4,790	log: $19,155 - 2085,8/T - 4,79 \log T$
c_p	J/kg K	A 522	578	599	630	$578 + 1,075t - 8,46 \cdot 10^{-4}t^2 + 2,66 \cdot 10^{-7}t^3$
λ_g	10^{-3} W/m·K	A 3,15	5,86	6,92	8,48	$5,86 + 0,0533t - 1,8 \cdot 10^{-5}t^2$
η_g	10^{-6} Pa s	A 6,53	9,29	10,23	11,46	$9,29 + 0,0493t - 1,18 \cdot 10^{-4}t^2$
$\varkappa$	–	A 1,231	1,204	1,195	1,184	$(1 - 97,89/c_{p,A})^{-1}$
a	m/s	A 164,0	179,4	185,2	193,5	$\sqrt{(1 - 97,89/c_{p,A})^{-1} \cdot 97,89T}$

M	84,933	kg/kmol
ϱ_n	(3,79)	kg/m³
T_e	176,5	K
t_e	−96,7	°C
Δh_f	54	kJ/kg
T_s	313,3	K
t_s	40,1	°C
$\Delta h_{d,s}$	327,5	kJ/kg
T_{kr}	510,0	K
t_{kr}	236,9	°C
p_{kr}	6,08	MPa
ϱ_{kr}	472	kg/m³

der für $T^* = 1$ die kritische Dichte $\varrho_{kr} = 465 \text{ kg/m}^3$ liefert. Da die Gleichung für R30 nur zwischen $0,349 \leq T^* \leq 0,751$ gilt, ist auch diese Extrapolation unsicher. Man darf aber annehmen, daß die kritische Dichte bei etwa $\varrho_{kr} = 472 \pm 6 \text{ kg/m}^3$ liegt.

Die Interpolationsgleichung für die Sattdampfdichte gibt die mit Hilfe der Gleichung von SUGAWARA (vgl. Bd. IV dieses Handbuches) errechneten Werte im betrachteten Temperaturbereich mit einem Fehler von $\pm 0,4\%$ wieder. Die Sugawara-Gleichung lautet, auf die Einheit kPa umgerechnet,

$$\varrho = 10,217 \frac{P}{T}(1 - 1,965 \cdot 10^{10}\, p\, T^{-5,54} - 15\,085\, \sqrt{p}\, T^{-2,77})^{-1}.$$

Für c_p wurde die Gleichung von YAWS [8] verwendet. Bei der Wärmeleitfähigkeit und der Viskosität des Gases sind vor allem bei tiefen Temperaturen erhebliche Unterschiede zwischen den Korrelationen von YAWS und von PEREL'SHTEIN und PARUSHIN [3] festzustellen. Die Interpolationsgleichungen im Datenblatt folgen den Kurven von PEREL'SHTEIN. Die Gleichungen von YAWS lauten

$$\lambda_g = 6,38 + 0,039\, t + 6,17 \cdot 10^{-5}\, t^2 - 4,3 \cdot 10^{-8}\, t^3,$$

$$\eta_g = 9,4 + 0,0348\, t - 5,4 \cdot 10^{-6}\, t^2.$$

Brennbarkeit

Dichlormethan ist bei Raumtemperatur schwerentflammbar. Die Explosionsgrenzen werden mit

$$\psi_{exu} = 13 \text{ Vol.-\%},$$
$$\psi_{exo} = 18 \text{ Vol.-\%}$$

angegeben. Es besteht jedoch keine eigentliche Explosionsgefahr. Für die Zündtemperatur findet man Werte zwischen $660 \leq t_{zünd} < 662\,°C$.

Toxizität

MAK-Wert 200 Vol.-ppm.

Stabilität

Feuchtes Dichlormethan neigt in stärkerem Maße zur Hydrolyse als R11. Bei Temperaturen über $120\,°C$ beginnt auch beim reinen Stoff die Zersetzung (vgl. Bd. IV dieses Handbuches).

16.8 Kommerzielle Wärmeträger

Wärmeträger werden von zahlreichen Firmen angeboten, und nicht selten findet man Produkte gleicher oder ähnlicher Zusammensetzung unter verschiedenen Markenbezeichnungen im Handel. Die in diesem Abschnitt behandelten siebzehn Produkte kommen für den Einsatz bei niedrigen Temperaturen in Frage. Ihr Stockpunkt liegt unter $-30\,°C$, und bei $20\,°C$ haben sie eine kinematische Viskosität von höchstens $\nu = 2 \cdot 10^{-5} \text{ m}^2/\text{s}$ sowie einen Dampfdruck von weniger als $p = 1 \text{ Pa}$. Ihre Auswahl stellt im übrigen keine Bewertung oder Empfehlung der Produkte dar. Sie stehen vielmehr als Beispiele für die im Bereich niedriger Temperaturen einsetzbaren Flüssigkeiten.

Tab. 16.75 gibt einen Überblick über ihre Eigenschaften. In den Datenblättern Tab. 16.76 bis 16.92 wurde versucht, die Stoffwertangaben der Hersteller durch Interpolationsgleichungen zu beschreiben. Da die Angaben vielfach unvollständig, zuweilen ungenau und nicht selten sogar widersprüchlich sind, konnte eine exakte Überein-

Tabelle 16.75. *Kommerzielle Wärmeträger*

PM *Flammpunkt im geschlossenen Tiegel nach* Pensky-Martens, Tag *Flammpunkt im geschlossenen Tiegel nach* TAG, oT *Flammpunkt im offenen Tiegel,* t_{max} *maximale Einsatztemperatur,* $t_{v=10}$ *Temperatur, bei der die kinematische Viskosität den Wert* $v = 10 \cdot 10^{-6}\,\mathrm{m^2/s}$ *erreicht*

Tab.	Bezeichnung	Firma	Zusammensetzung	Stock-punkt	t_s	Stoffwerte bei 20 °C			Φ	$t_{v=10}$	Flamm-punkt	t_{max}
				°C	°C	ϱ_f kg/m³	c_f J/kg K	η_f mPas		°C	°C	°C
16.76	Mediatherm 150LL	Kettlitz-Chemie	synthetischer Kohlenwasserstoff	< −70	280	868	1771	7,58	917	16	125 PM	150
16.77	Mobiltherm Light	Mobil Oil	Mineralöl	−34	267	980	1754	8,2	923	13	121	220
16.78	Mobiltherm 594	Mobil Oil	Mineralöl	−50	288	873	1860	6,7	1006	10	128	250
16.79	Thermia A	Shell	Mineralöl	−60	265	889	1854	880	941	18	120 PM	250
16.80	Transcal LT	BP	Mineralöl	−48	349	855	1935	12	805		156 PM	
16.81	WT 15	Valvoline	Mineralöl	−48	≈ 330	853	1935	17	699	36	155 oT	220
16.82	Gilotherm D12	Rhône-Poulenc	Kohlenwasserstoff-gemisch	−70	194	762	2036	1,3	1694	−34	65	200
16.83	Isopar M	ESSO	Kohlenwasserstoff-gemisch	< −60	207	779	1980	2,81	1284	−10	78 Tag	200
16.84	Paracryol	Sulzer	Kohlenwasserstoff-gemisch	−43	193	778	1990	1,73	1731	−35	68 PM	200
16.85	Diphyl DT	Bayer	Gemisch isomerer Dimethyldiphenyloxide	−54	285 ±1	1035	1578	6,5	1097	3	135	330
16.86	Gilotherm ADX 10	Rhône-Poulenc	Gemisch von Alkylbenzolen	−80	271	862	1918	4,6	1150	2	136 PM	250
16.87	Gilotherm RD	Rhône-Poulenc	Gemisch von Alkylbenzolen	−55	279	872	1806	9,6	807	19	125 PM	270
16.88	Dowtherm J	DOW	alkylierter Aromat	< −70	181	865	1830	0,9	2217	< −70	63 oT	300[a]
16.89	Marlotherm L	Chem. Werke Hüls	Gemisch aus Isomeren des Benzyltoluols	−70	277	986	1621	3,65	1356	−8	120	330

16.90	Santotherm 60	Monsanto	polyaromatische Verbindung	-68	288	992	1603	9,0	933	18	154	315
16.91	Santotherm 44	Monsanto	Gemisch von Estern; $M = 250$	$-62\ldots-68$	337	924	1948	14,6	820	35	207	220
16.92	Baysilon M3	Bayer	Polydimethylsiloxan	< -100	—	910	1511	2,93	1161	-32	> -70	150…200

[a] Bei Abwesenheit oxidierender Stoffe; sonst $t_{max} = 150\,°C$

Tabelle 16.76. *Datenblatt Mediatherm* 150 LL *(Kettlitz-Chemie)*

t	°C	0	20	50	100	Interpolationsgleichung		
p	kPa	—	—	—	—	—	t_e	< -70 °C
ϱ_f	kg/m^3	882[a]	868	847	812	$882 - 0,705t$	t_s	280 °C
c_f	J/kg K	1710[a]	1771	1862	2014	$1710 + 3,04t$		
λ_f	10^{-3} W/m · K	149[a]	128	104	83	$148,7 - 1,12t + 0,0046t^2$		
η_f	10^{-3} Pa s	17,6[a]	7,58	3,30	1,45	log: $206,2/(96,7 + t) - 0,887$		

[a] Extrapoliert.

Tabelle 16.77. *Datenblatt Mobiltherm Light (Mobil Oil)*

t	°C	−25	0	20	100	Interpolationsgleichung		
p	kPa	—	—	0,01[a]	0,76	log: $6,762\,5 - 2\,573/(274 + t)$	t_e	−34 °C
ϱ_f	kg/m³	1011	994	980	924	$994 - 0,705t$	t_s	267 °C
c_f	J/kg K	1594	1683	1754	2040	$1683 + 3,57t$		
λ_f	10^{-3} W/m·K	122,4	119,2	116,7	106,5	$119,2 - 0,127t$		
η_f	10^{-3} Pa s	80,9	18,4	8,2	1,39	log: $305,4/(122,3 + t) - 1,231\,7$		

[a] Extrapoliert.

Tabelle 16.78. *Datenblatt Mobiltherm 594 (Mobil Oil)*

t	°C	−25	0	20	100	Interpolationsgleichung		
p	kPa	—	—	0,000 9[a]	0,16	log: $7,696\,9 - 3\,250/(282,6 + t)$	t_e	−50 °C
ϱ_f	kg/m³	905	887	873	817	$887 - 0,7t$	t_s	288 °C
c_f	J/kg K	1698	1788	1860	2148	$1788 + 3,6t$		
λ_f	10^{-3} W/m·K	135,3	133,5	132,1	126,4	$133,5 - 0,071t$		
η_f	10^{-3} Pa s	47,6	13,7	6,7	1,23	log: $366/(143,3 + t) - 1,415\,9$		

[a] Extrapoliert.

Tabelle 16.79. *Datenblatt Thermia* A *(Shell)*

t	°C	-20	0	20	100	Interpolationsgleichung		t_e	-60	°C
p	kPa	—	—	—	—	—		t_s	265	°C
ϱ_f	kg/m^3	915	902	889	838	$902 - 0{,}642t$				
c_f	J/kg K	1710	1782	1854	2141	$1782 + 3{,}59t$				
λ_f	10^{-3} W/m·K	133	131,5	130	124	$131{,}5 - 0{,}075t$				
η_f	10^{-3} Pa s	68,9	19,2	8,0	1,34	$\log\colon 250/(105{,}4 + t) - 1{,}0892$				

Tabelle 16.80. *Datenblatt Transcal* LT *(BP)*

t	°C	-30	0	20	100	Interpolationsgleichung		t_e	-48	°C
p	kPa	—	—	—	0,028[a]	$\log\colon 5{,}6157 - 1814/(153 + t);\quad 160 < t < 260\,°C$		t_s	349	°C
ϱ_f	kg/m^3	888	868	855	803	$868 - 0{,}65t$				
c_f	J/kg K	1735	1855	1935	2255	$1855 + 4t$				
λ_f	10^{-3} W/m·K	138,2	136,0	134,5	128,7	$136{,}0 - 0{,}0732t$				
η_f	10^{-3} Pa s	266	30	12	1,6	$\log\colon 331{,}4/(118{,}7 + t) - 1{,}311$				

[a] Extrapoliert.

Tabelle 16.81. *Datenblatt* WT 15 *(Valvoline)*

t	°C	−20	0	20	100	Interpolationsgleichung
p	kPa	—	—	—	0,04	log: $5{,}0209 - 1470/(129{,}2 + t)$; $100 < t + < 250\,°C$
ϱ_f	kg/m³	[a] 879	866	853	801	$866 - 0{,}65t$
c_f	J/kg K	1 775	1 855	1 935	2 255	$1855 + 4t$
λ_f	10^{-3} W/m · K	137,4	136,0	134,6	129,0	$136{,}0 - 0{,}07t$
η_f	10^{-3} Pa s	(480)	61	17	1,7	log: $241/(84 + t) - 1{,}084$

t_e	−48	°C
t_s	≈330	°C

[a] Temperaturkoeffizient geschätzt.

Tabelle 16.82. *Datenblatt Gilotherm* D12 *(Rhône-Poulenc)*

t	°C	−50	0	20	50	Interpolationsgleichung
p	kPa	—	—	0,065[a]	0,43[a]	log: $6{,}9308 - 2181/(248{,}7 + t)$; $70 < t < 200\,°C$
ϱ_f	kg/m³	813	776,6	762	740	$776{,}6 - 0{,}73t$
c_f	J/kg K	1 851	1 976	2 036	2 136	$1976 + 2{,}85t + 0{,}007t^2$
λ_f	10^{-3} W/m · K	137	124	119	111	$124 - 0{,}26t$
η_f	10^{-3} Pa s	22	2,1	1,3	0,77	log: $195\,(126 + t) - 1{,}22$

M	170	kg/kmol
t_e	−70	°C
t_s	194	°C

[a] Extrapoliert.

Tabelle 16.83. *Datenblatt Isopar* M *(Esso)*

t	°C		−30	0	20	50	Interpolationsgleichung	t_e	< -60	°C
p	kPa		—	—	—	$0,1^\mathrm{c}$	log: $5,58 - 1\,150/(125 + t)$; $80 < t < 120\,°C$	t_s	207	°C
ϱ_f	kg/m³	[a]	814	793	779	758	$793 - 0,71t$			
c_f	J/kg K	[b]	1780	1900	1980	2100	$1900 + 4t$			
λ_f	10^{-3} W/m · K	[b]	127	125	124	122	$125 - 0,07t$			
η_f	10^{-3} Pa s		21,7	5,48	2,81	$1,3^\mathrm{c}$	log: $440,5/(164,5 + t) - 1,939$; $-30 < t < 25\,°C$			

[a] Temperaturkoeffizient geschätzt.   [b] Werte geschätzt.   [c] Extrapoliert.

Tabelle 16.84. *Datenblatt Paracryol (Sulzer)*

t	°C	−40	0	20	50	Interpolationsgleichung	t_e	−43	°C
p	kPa		$0,003\,6$	0,021	0,196	log: $7,362\,1 - 2\,276/(232 + t)$	t_s	193	°C
ϱ_f	kg/m³	820	792	778	757	$792 - 0,71t$			
c_f	J/kg K	1750	1910	1990	2110	$1910 + 4t$			
λ_f	10^{-3} W/m · K	152	149	147,5	145	$149 - 0,0745t$			
η_f	10^{-3} Pa s	10,4	2,63	1,73	1,06	$2\,630/(1\,000 + 23,5t + 0,12t^2)$			

Tabelle 16.85. *Datenblatt Diphyl* DT *(Bayer)*

t	°C	-20	0	20	100	Interpolationsgleichung
p	kPa	—	—	—	$0,23^a$	log: $6,595 - 2\,297/(217,6 + t)$
ϱ_f	kg/m³	1067	1051	1035	970	$1051 - 0,81t$
c_f	J/kg K	1448	1514	1578	1815	$1514 + 3,25t - 2,36 \cdot 10^{-3}t^2$
λ_f	10^{-3} W/m·K	138	136	133	122	$135,7 - 0,137t$
η_f	10^{-3} Pa s	65	16	6,5	1,16	log: $201,6/(92 + t) - 0,986$

M	198,27	kg/kmol
t_e	-54	°C
t_s	285 ± 1	°C

[a] Extrapoliert.

Tabelle 16.86. *Datenblatt Gilotherm* ADX10 *(Rhône-Poulenc)*

t	°C	-40	0	20	100	Interpolationsgleichung
p	kPa	—	—	—	$0,1^a$	log: $7,564 - 2\,700/(215 + t)$; $110 < t < 280$ °C
ϱ_f	kg/m³	895	873	862	819	$873 - 0,545t$
c_f	J/kg K	1729	1855	1918	2170	$1855 + 3,15t$
λ_f	10^{-3} W/m·K	134	130	128	120	$130 - 0,1t$
η_f	10^{-3} Pa s	117	9,4	4,6	0,97	log: $257,5/(119 + t) - 1,19$

t_e	-80	°C
t_s	271	°C

[a] Extrapoliert.

Tabelle 16.87. *Datenblatt Gilotherm* RD *(Rhône-Poulenc)*

t	°C	−20	0	20	100	Interpolationsgleichung
p	kPa	—	—	—	$0{,}11^a$	log: $5{,}7104 - 1632/(144{,}4 + t)$; $150 < t < 250\,°\mathrm{C}$
ϱ_f	kg/m³	902	887	872	812	$887 - 0{,}75t$
c_f	J/kg K	1 630	1 718	1 806	2 160	$1718 + 4{,}42t$
λ_f	10^{-3} W/m·K	122,6	120,6	118,6	110,6	$120{,}6 - 0{,}1t$
η_f	10^{-3} Pa s	184	30,3	9,6	1,09	log: $247/(90 + t) - 1{,}263$

t_e	−55	°C
t_s	279	°C

[a] Extrapoliert.

Tabelle 16.88. *Datenblatt Dowtherm* J *(The Dow Chemical Company)*

t	°C	−50	0	20	100	Interpolationsgleichung
p	kPa	$3{,}8 \cdot 10^{-5}$	0,017 5	0,092 7	7,69	log: $6{,}0985 - 1549{,}7/(197{,}3 + t)$
ϱ_f	kg/m³	919,5	880,0	864,5	801,3	$880 - 0{,}777t + 1{,}43 \cdot 10^{-4}t^2 - 2{,}4 \cdot 10^{-6}t^3$
c_f	J/kg K	1 648,2	1 772,3	1 829,8	2 049,2	$1772{,}3 + 2{,}771t + 0{,}005\,337t^2 - 8{,}6 \cdot 10^{-6}t^3$
λ_f	10^{-3} W/m·K	140,0	134,0	132,4	125,9	$134 - 0{,}0814t$
η_f	10^{-3} Pa s	3,78	1,24	0,90	0,36	log: $-4{,}193 + 805{,}7/T + 0{,}006\,573T - 6{,}168 \cdot 10^{-6}T^2$

M	134	kg/kmol
t_e	< -73	°C
t_s	181,34	°C

Tabelle 16.89. *Datenblatt Marlotherm L (Chemische Werke Hüls)*

t	°C	-40	0	20	100	Interpolationsgleichung		
p	kPa	—	—	—	0,26	$\log: 6{,}0513 - 1841/(177{,}6+t);\quad 100 < t < 300\,°C$	M	182,27 kg/kmol
ϱ_f	kg/m³	1031	1001	986	926	$1001 - 0{,}75t$	t_e	−70 °C
c_f	J/kg K	1501	1575	1621	1860	$1575 + 2{,}135t + 0{,}0071t^2$	t_s	277 °C
λ_f	10^{-3} W/m·K	144	138	135	122	$138 - 0{,}159t$		
η_f	10^{-3} Pa s	71,5	6,62	3,65	1,11	$\log: 155/(100+t) - 0{,}729$		

Tabelle 16.90. *Datenblatt Santotherm 60 (Monsanto)*

t	°C	-40	0	20	100	Interpolationsgleichung		
p	kPa	—	—	—	0,34	$\log: 12{,}366 - 11\,033/(760+t);\quad 100 < t < 200\,°C$	t_e	−68 °C
ϱ_f	kg/m³	1031	1005	992	940	$1005 - 0{,}65t$	t_s	288 °C
c_f	J/kg K	1382	1529	1603	1897	$1529 + 3{,}68t$		
λ_f	10^{-3} W/m·K	136,6	133,5	132,0	125,8	$133{,}5 - 0{,}077t$		
η_f	10^{-3} Pa s	379	22,5	9,0	1,53	$\log: 4\,864/T + 26{,}606 \log T - 81{,}2771$		

Tabelle 16.91. *Datenblatt Santotherm 44 (Monsanto)*

t	°C	−20	0	20	100	Interpolationsgleichung
p	kPa	—	—	—	$0{,}002\,4$[a]	log: $5{,}652\,8 - 1\,940/(134{,}6 + t)$; $150 < t < 220\,°C$
ϱ_f	kg/m³	956	940	924	860	$940 - 0{,}8t$
c_f	J/kg K	1 844	1 896	1 948	2 156	$1\,896 + 2{,}6t$
λ_f	10^{-3} W/m·K	148	145	142	129	$145 - 0{,}16t$
η_f	10^{-3} Pa s	141	38	14,6	2,8	log: $5\,824/T + 33{,}79 \log T - 102{,}067$

M	250	kg/kmol
t_e	−62	°C
t_s	337	°C

[a] Extrapoliert.

Tabelle 16.92. *Datenblatt Baysilon M3 (Bayer)*

t	°C	−50	0	20	100	Interpolationsgleichung
ϱ_f	kg/m³	980	930	910	827	$930 - 1{,}009t - 0{,}000\,22t^2$
c_f	J/kg K	1 480[a]	1 500	1 511	1 570	$1\,500 + 0{,}50t + 0{,}002t^2$
λ_f	10^{-3} W/m·K	105[a]	105	105	105	$105 = $ const
η_f	10^{-3} Pa s	17,7	4,28	2,93	1,016[a]	$4\,280/(1\,000 + 20{,}79t + 0{,}111\,8t^2 - 1{,}6 \cdot 10^{-5}t^3)$

t_e	< -100	°C

[a] Extrapoliert.

stimmung mit den Prospektangaben nicht immer erreicht werden. Die Abweichungen dürften aber im allgemeinen für technische Belange unerheblich sein.

Beim ersten Stoff 16.76 handelt es sich um einen synthetischen Kohlenwasserstoff. Die Stoffe 16.77 bis 16.81 sind Mineralölprodukte. Die Flüssigkeiten 16.82 bis 16.84 sind Gemische leichter, überwiegend paraffinischer Kohlenwasserstoffe, die in ihren physikalischen Eigenschaften dem Kerosin ähneln. Physiologisch sind sie am wenigsten bedenklich, und auch ihre thermischen Zersetzungsprodukte sind relativ wenig toxisch. Die Stoffe 16.85 bis 16.91 sind synthetische Produkte auf Aromatenbasis. Die Flüssigkeit 16.92 ist ein Silikonöl.

Literaturverzeichnis

Literatur zur Einleitung

1 Nußelt, W.: Das Grundgesetz des Wärmeübergangs. Gesund.-Ing. (1915) 477–482, 490–496.
2 Görtler, H.: Dimensionsanalyse. Berlin, Heidelberg, New York: Springer 1975.
3 Gröber, Erk, Grigull: Die Grundgesetze der Wärmeübertragung, 3. Aufl. Berlin, Heidelberg, New York: Springer 1981.
4 Eckert, E. R. G.: Einführung in den Wärme- und Stoffaustausch. Berlin, Heidelberg, New York: Springer 1966.
5 Michejew, M. A.: Grundlagen der Wärmeübertragung, 3. Aufl. Berlin: VEB Technik 1964.
6 Hofmann, E.: Wärme- und Stoffübertragung. In: Plank, R. (Hrsg.): Handbuch der Kältetechnik, Bd. III. Berlin, Göttingen, Heidelberg: Springer 1959.
7 Bandel, J.; Zemlin, H.: Dimensionslose Kenngrößen. VDI-Wärmeatlas, 4. Aufl. Düsseldorf: VDI 1984, Abschn. Bc 1.

Literatur zu Kapitel 1

1 Michejew, M. A.: Grundlagen der Wärmeübertragung, 3. Aufl. Berlin: VEB Technik 1964.
2 Blasius, H.: Grenzschichten in Flüssigkeiten mit kleiner Reibung. Z. Angew. Math. Phys. 56 (1908) 1–37.
3 Pohlhausen, K.: Zur näherungsweisen Integration der Differentialgleichung der laminaren Grenzschicht. Z. Angew. Math. Mech. 1 (1921) 252–268.
4 Tani, I.: Einige Bemerkungen über den laminar-turbulenten Umschlag in Grenzschichtströmungen. Z. Angew. Math. Mech. 53 (1973) 25–32.
5 Schlichting, H.: Grenzschicht-Theorie, 3. Aufl. Karlsruhe: Braun 1958.
6 Schmidt, E.; Beckmann, W.: Das Temperatur- und Geschwindigkeitsfeld von einer Wärme abgebenden senkrechten Platte bei natürlicher Konvektion. Z. Tech. Mech. Thermodyn. 1 (1930) 341–349, 391–406.
7 Blasius, H.: Das Ähnlichkeitsgesetz bei Reibungsvorgängen in Flüssigkeiten. VDI-Forschungsh. Nr. 131. Berlin: Springer 1913.
8 Nikuradse, J.: Gesetzmäßigkeiten der turbulenten Strömung in glatten Rohren. VDI-Forschungsh. Nr. 356. Berlin VDI 1932.
9 Filonenko, G. K.: Hydraulischer Widerstand von Rohrleitungen (russ.). Teploenergetika 4 (1954) 40–44.
10 Colebrook, C. F.; White, C. M.: The reduction of carrying capacity of pipes with age. J. Inst. Civ. Eng. London (1937/38) 1, Paper No. 5137, 99–118.
11 Kast, W.; Kling, G.: Druckverlust bei der Strömung durch Rohre. VDI-Wärmeatlas, 2. Aufl. Düsseldorf: VDI 1974, Abschn. Lb.
12 Ekman, V. W.: On the change from steady to turbulent motion of liquids. Arch. Math. Astron. Phys. 6 (1911) 12.
13 Schiller, L.: Untersuchungen über laminare und turbulente Strömung. VDI-Forschungsh. Nr. 248. Berlin: VDI 1922.
14 Schlichting, H.: Über die Theorie der Turbulenzentstehung. Forsch. Geb. Ingenieurwes. 16 (1950) 65–78.
15 Geck, W.: Druckverlust und Wärmeübergang laminar strömender Gase in engen Kanälen

unter Berücksichtigung der hydrodynamisch und thermisch nicht ausgebildeten Strömung der Anlaufstrecke. Diss. TH Karlsruhe 1953.

16 Schlichting, H.: Laminare Kanaleinlaufströmung. Z. Angew. Math. Mech. 14 (1934) 368–373.

17 Bender, E.: Druckverlust bei laminarer Strömung im Rohreinlauf. Chem. Ing. Tech. 41 (1969) 682–686.

18 Kirsten, H.: Experimentelle Untersuchung der Entwicklung der Geschwindigkeitsverteilung bei der turbulenten Rohrströmung. Diss. Univ. Leipzig 1927.

19 Linke, W.; Kunze, H.: Druckverlust und Wärmeübergang im Anlauf der turbulenten Rohrströmung. Allg. Wärmetechn. 4 (1953) 73–79.

20 Hofmann, E.: Wärme- und Stoffübertragung. In: Plank, R. (Hrsg.): Handbuch der Kältetechnik, Bd. III. Berlin, Göttingen, Heidelberg: Springer 1959.

21 Hausen, H.: Wärmeübertragung im Gegenstrom, Gleichstrom und Kreuzstrom, 2. Aufl. Berlin, Heidelberg, New York: Springer 1976.

22 Thiede, P.: Kriterien zur Vorausbestimmung des laminar-turbulenten Grenzschichtumschlages an umströmten Körperkonturen. Fortschrittsber. VDI-Z. R 7 (1972) 31.

23 Grosse, H.; Scholz, F.: Wärmeübertragungs- und Druckverlustmessungen an querangeströmten Glattrohrbündeln, insbesondere bei hohen Reynolds-Zahlen. Chem. Ing. Tech. 38 (1966) 891.

24 Colburn, A. P.: Purdue Univ. Eng. Bull. Vol. 26 (1942) No. 84.

25 Donohue, D. A.: Heat transfer and pressure drop in heat exchangers. Ind. Eng. Chem. 41 (1949) 2499–2511.

26 Jakob, M.: Flow resistance in cross flow of gases over tube banks. Trans. ASME 60 (1938) 384–386.

27 Danilowa, G. N.; Bogdanow, S. N.; Iwanow, O. P.; Mednikowa, N. M.: Wärmeübertrager für Kälteanlagen (russ.). Leningrad: Maschinostrojenije 1973.

28 Bell, K. J.: Exchanger design based on the Delaware research program. Petro/Chem. Eng. 32 (1960) C-26-C-40c.

29 Whitley, D. L.: Calculating heat exchanger shell side pressure drop. Chem. Eng. Prog. 51 (1961) 9, 59–65.

30 Gaddis, E. S.: Druckverlust in Rohrbündeln. VDI-Wärmeatlas, 4. Aufl. Düsseldorf: VDI 1984, Abschn. Ld.

31 Hammeke, K.; Heinecke, E.; Scholz, F.: Wärmeübertragungs- und Druckverlustmessungen an quer angeströmten Rohrbündeln bei Reynolds-Zahlen zwischen 10^4 und $2 \cdot 10^6$. Int. J. Heat Mass Transfer 10 (1967) 427–446.

32 Bergelin, O. P.; Brown, G. A.; Hull, H. L.; Sullivan, F. W.: Heat transfer and fluid friction during viscous flow across banks of tubes. Trans. ASME 72 (1950) 881–888.

33 Bressler, R.: Versuche über den Druckabfall in quer angeströmten Rohrbündeln. Kältetechnik 10 (1958) 365–368.

34 Scholz, F.: Einfluß der Rohrreihen auf den Druckverlust und Wärmeübergang von Rohrbündeln bei hohen Reynolds-Zahlen. Chem. Ing. Tech. 40 (1968) 981–995.

35 Hofmann, E.: Wärmeübergang und Druckverlust bei Querströmung. VDI-Z. 84 (1940) 97–101.

36 Brauer, H.: Strömungswiderstand und Wärmeübergang bei quer angeströmten Wärmeaustauschern mit kreuzgitterförmig angeordneten glatten und berippten Rohren. Chem. Ing. Tech. 36 (1964) 247–260.

37 Brauer, H.: Wärme- und strömungstechnische Untersuchungen an quer angeströmten Rippenrohrbündeln. Chem. Ing. Tech. 33 (1961) 327–335 u. 431–438.

38 Weyrauch, E.: Der Einfluß der Rohranordnung auf den Wärmeübergang und Druckverlust bei Querstrom von Gasen durch Rippenrohrbündel. Kältetech. Klim. 21 (1969) 62–65.

39 Gregorig, R.: Wärmeaustausch und Wärmeaustauscher, 2. Aufl., Aarau u. Frankfurt/M.: Sauerländer 1973.

40 Hirschberg, H. G.: Wärmeübergang und Druckverlust an quer angeströmten Rohrbündeln. Abh. Dtsch. Kältetech. Ver. Nr. 16. Karlsruhe: Müller 1961.

41 Schmöle Metallwerke: Wärmeberichte Nr. 764 (1968), Nr. 833 (1968), Nr. 894 (1969), Nr. 922 (1969), Nr. 1023 (1970) u. Nr. 1234 (1973). Menden.

42 Mannesmann AG.: Rohre für Wärmeaustauscher, Berechnungsunterlagen. Düsseldorf: 1961.

43 Mannesmannröhren-Werke: Stahlrippenrohre, Berechnungsunterlagen. Düsseldorf: 1971.

44 Wieland Werke AG.: Wieland Atlas. Ulm: 1972.

45 Schmöle Metallwerke: Die Parameter des Wärmeübergangs und Druckverlustes an Spiralrippenrohren bei Querstrom von Gasen durch Rippenrohrbündel. Menden: 1976.

46 Brandt, F.: Druckverlust in Rohrbündel-Wärmeaustauschern mit und ohne Einbauten. VDI-Wärmeatlas, 2. Aufl. Düsseldorf: VDI 1974, Abschn. L 1.

47 Slipčević, B.; Schütz, A.: Druckabfall im Mantelraum von Rohrbündel-Wärmeübertragern mit Umlenksegmenten. Klima + Kälte Ing. 4 (1976) 381-382.

48 Emerson, W. H.: Shell side pressure drop and heat transfer with turbulent flow in segmentally baffled shell-and-tube heat exchangers. Int. Symp. Heat Mass Transfer, Vol. 6, 1963, pp. 649-668.

49 Sullivan, F. W.; Bergelin, O. P.: Heat transfer and fluid friction in a shell-and-tube heat exchanger with a single baffle. Chem. Eng. Prog. 52 (1956) 85-94.

50 Parker, R. O.; Mok, Y. I.: Shell side pressure loss in baffled heat exchangers. Br. Chem. Eng. 13 (1968) 366-368.

51 Schmidt, Th. E.; Schäfer, H.; Mohr, V.: Wärmeübergang und Druckverlust im Mantelraum von Rohrbündel-Wärmeaustauschern mit Segment-Umlenkblechen. Forschungsges. Verfahrenstechnik (GVT). GVT-Ber. 1970-26, Köln.

52 Slipčević, B.: Druckabfall im Mantelraum von Rohrbündel-Wärmeübertragern mit Kreisscheiben und -ringen. Klima + Kälte Ing. 5 (1977) 211-214.

53 Gnielinski, V.; Gaddis, E. S.: Wärmeübergang im Außenraum von Rohrbündel-Wärmeaustauschern mit Umlenkblechen. VDI-Wärmeatlas, 2. Aufl. Düsseldorf: VDI 1974, Abschn. Gf.

54 Srinivasan, P. S. u. a.: Friction factors for coils. Trans. Inst. Chem. Eng. 48 (1979) 156-161.

55 Ito, H.: Friction factors for turbulent flow in curved pipes. J. Basic Eng. 81 (1959) 123-134.

56 Schmidt, E. F.: Wärmeübergang und nicht isothermer Druckverlust bei erzwungener Strömung in schraubenförmig gekrümmten Rohren. Diss. TU Braunschweig 1966.

57 Ito, H.: Pressure losses in smooth pipe bends. J. Basic Eng., Trans. ASME, Ser. D, 82 (1960) 131-143.

58 Hofmann, A.: Der Druckverlust in 90°-Rohrkrümmern mit gleichbleibendem Rohrquerschnitt. Diss. TH München, München: Oldenbourg 1929.

59 Beij, K. H.: Pressure losses for fluid flow in 90°-bends. J. Res. Nat. Bur. Stand. 21 (1938), Res. Paper 1110.

60 Pierre, B.: Flow resistance with boiling refrigerants. Part II: Flow resistance in return bends. ASHRAE J. Oct. (1964) 73-77.

61 Ward-Smith, A. J.: The flow and pressure losses in smooth pipe bends of constant cross section. J. R. Aeronaut. Soc. 67 (1963) 437-447.

62 Linke, W.: Untersuchungen über Rohrbündel-Wärmeübertrager. Chem. Ing. Tech. 27 (1955) 142-148.

63 Rosenfeld, L. M.; Tkatschew, A. G.: Kältemaschinen und -apparate (russ.), 2. Aufl. Moskau: Gostorgizdat 1960.

64 Zimmermann, F.: Experimentelle Untersuchungen über den Druckverlust und die Geschwindigkeitsverteilung in einem Rohrbündel-Apparat mit Umlenkkammern. Diplomarbeit am Inst. für Wärmetechnik der TU Stuttgart 1967.

65 Naegele, R.: Einfluß von Umlenkkammern auf Druckverlust und Wärmetransport von Rohrbündel-Wärmeübertragern. Verfahrenstechnik (Mainz) 5 (1971) 401-405.

66 Wilke, W.: Wärmeübergang an Rieselfilme. VDI-Forschungsh. Nr. 490. Düsseldorf: VDI 1962.

67 Struve, H.: Der Wärmeübergang an einem verdampfenden Rieselfilm. VDI-Forschungsh. Nr. 534. Düsseldorf: VDI 1969.

68 Graef, M.: Über die Eigenschaften zwei- und dreidimensionaler Strömung in Rieselfilmen an geneigten Wänden. Mitt. Max-Planck Inst. Strömungsforsch. Aerodyn. Versuchsanst. Nr. 36. Göttingen: 1966.

69 Grimley, S. S.: Liquid flow conditions on packed towers. Trans. Inst. Chem. Eng. 23 (1945) 228-235.

70 Nußelt, W.: Der Wärmeaustausch am Berieselungskühler. VDI-Z. 67 (1923) 206-210.

71 Brauer, H.: Strömung und Wärmeübergang bei Rieselfilmen. VDI-Forschungsh. Nr. 457. Düsseldorf: VDI 1956.

Literatur zu Kapitel 2

1 Jakob, M.: Amerikanische und deutsche Bezeichnungen der Wärmedurchgangsgrößen. Z. Gesamte Kälte Ind. 33 (1926) 21-23.

2 Jakob, M.: Zur Definition der Wärmewiderstände. Z. Gesamte Kälte Ind. 34 (1927) 141-143.

3 Schellmann, E.: Wärmeleitung. VDI-Wärmeatlas, 2. Aufl. Düsseldorf: VDI 1974, Abschn. Ea.

4 Grigull, U.; Sandner, H.: Wärmeleitung. Berlin, Heidelberg, New York: Springer 1979.

5 Newton, I.: Philos. Trans. R. Soc. London, Ser. A, 22 (1701) 824.

6 Pohlhausen, E.: Der Wärmeaustausch zwischen festen Körpern und Flüssigkeiten mit kleiner Reibung und Wärmeleitung. Z. Angew. Math. Mech. 1 (1921) 115-121.

7 Krushilin, G.: Tech. Phys. UdSSR 3 (1936) 183 u. 311.

8 Presser, K. H.: Experimentelle Prüfung der Analogie zwischen konvektiver Wärme- und Stoffübertragung bei nicht abgelöster Strömung. Wärme Stoffübertrag. 1 (1968) 225-236.

9 Gnielinski, V.: Wärmeübergang bei der Strömung längs einer ebenen Wand. VDI-Wärmeatlas, 2. Aufl. Düsseldorf: VDI 1974, Abschn. Ga.

10 Gröber, Erk, Grigull: Die Grundgesetze der Wärmeübertragung, 3. Aufl. Berlin, Heidelberg, New York: Springer 1981 (Reprint).

11 Michejew, M. A.: Grundlagen der Wärmeübertragung, 3. Aufl. Berlin: VEB Technik 1964.

12 Hofmann, E.: Wärme- und Stoffübertragung. In: Plank, R. (Hrsg.): Handbuch der Kältetechnik, Bd. III. Berlin, Göttingen, Heidelberg: Springer 1959.

13 Börner, H.: Konvektiver Wärmeübergang bei freier laminarer und turbulenter Strömung an senkrechten Wänden und waagerechten Zylindern. VDI-Wärmeatlas, 2. Aufl. Düsseldorf: VDI 1974, Abschn. Fa.

14 Jakob, M.: Heat transfer, Vol. I. New York: 1949.

15 Baehr, H. D.: Zur Darstellung des Wärmeübergangs bei freier Konvektion durch Potenzgesetze. Chem. Ing. Tech. 26 (1954) 269.

16 Hausen, H.: Neue Gleichungen für die Wärmeübertragung bei freier und erzwungener Strömung. Allg. Wärmetech. 9 (1959) 75-79.

17 Graetz, L.: Über die Wärmeleitfähigkeit von Flüssigkeiten. Ann. Phys. (N. F.) 18 (1883) 79-94 u. 25 (1885) 337-357.

18 Nußelt, W.: Abhängigkeit der Wärmeübergangszahl von der Rohrlänge. VDI-Z. 54 (1910) 1154-1158.

19 Hausen, H.: Wärmeübertragung im Gegenstrom, Gleichstrom und Kreuzstrom, 2. Aufl. Berlin, Heidelberg, New York: Springer 1976.

20 Schlünder, E. U.: Einführung in die Wärme- und Stoffübertragung. Braunschweig: Vieweg 1972.

21 Baehr, H. D.: Die Kühlung laminar strömender Stoffe in Rohren mit Kühlmantel. Kältetechnik 9 (1957) 62-63.

22 Baehr, H. D.; Hicken, E.: Neue Kennzahlen und Gleichungen für den Wärmeübergang in laminar durchströmten Kanälen. Kältetech. Klim. 21 (1969) 34-38.

23 Stephan, K.: Wärmeübergang und Druckabfall bei nicht ausgebildeter Laminarströmung in Rohren und ebenen Spalten. Chem. Ing. Tech. 31 (1959) 773-778.

24 Stephan, K.: Wärmeübertragung laminar strömender Stoffe in einseitig beheizten oder gekühlten ebenen Kanälen. Chem. Ing. Tech. 32 (1960) 401-404.

25 Stephan, K.: Gleichungen für den Wärmeübergang laminar strömender Stoffe in ringförmigen Querschnitten. Chem. Ing. Tech. 33 (1961) 338-343.

26 Stephan, K.: Wärmeübergang bei turbulenter und laminarer Strömung in Ringspalten. Chem. Ing. Tech. 34 (1962) 207-212.

27 Gnielinski, V.: Wärmeübergang im konzentrischen Ringspalt. VDI-Wärmeatlas. 2. Aufl. Düsseldorf: VDI 1974, Abschn. Gc.

28 Bender, E.: Wärmeübergang bei ausgebildeter und nicht ausgebildeter laminarer Rohrströmung mit temperaturabhängigen Stoffwerten. Wärme Stoffübertrag. 1 (1968) 159-168.

29 Schmidt, E. F.: Wärmeübergang und nichtisothermer Druckverlust bei erzwungener Strömung in schraubenförmig gekrümmten Rohren. Diss. TH Braunschweig 1966.

30 Rosenfeld, L. M.; Tkatschew, A. G.: Kältemaschinen und -apparate (russ.), 2. Aufl. Moskau: Gostorgizdat 1960.

31 McAdams, W. H.: Heat transmission, 3rd ed. New York: McGraw-Hill 1954.

32 Gnielinski, V.: Wärmeübergang bei der Strömung durch Rohre. VDI-Wärmeatlas. 2. Aufl. Düsseldorf: VDI 1974, Abschn. Gb.

33 Eckert, E. R. G.: Einführung in den Wärme- und Stoffaustausch. Berlin, Heidelberg, New York: Springer 1966.

34 Hofmann, E.: Über die Gesetzmäßigkeiten der Wärme- und Stoffübertragung auf Grund des Strömungsvorganges im Rohr. Forsch. Ingenieurwes. 11 (1940) 159–169.

35 Roetzel, W.; Mirtsch, F.: Wärmeübergang und Druckverlust in wabenförmig gebeulten Rohren hoher Formfestigkeit. Vortrag bei der Wärme- und Stoffübertragung der GVC-Ges., Darmstadt 1980.

36 Gogolin, A. A.: Intensivierung des Wärmeübergangs bei Rohrbündel-Verdampfern mit kälteträgerseitigen Turbulatoren (russ.). Kholod. Tekh. 58 (1981) 12, 14–18.

37 Ekman, V. W.: On the change from steady to turbulent motion of liquids. Arch. Math. Astron. Phys. 6 (1911) 12.

38 Schlünder, E. U.: Über eine zusammenfassende Darstellung der Grundgesetze des konvektiven Wärmeübergangs. Verfahrenstechnik (Mainz) 4 (1970) 11–16.

39 Linke, W.: Untersuchungen über Rohrbündel-Wärmeübertrager. Chem. Ing. Tech. 27 (1955) 142–148.

40 Gregorig, R.: Wärmeaustausch und Wärmeaustauscher, 2. Aufl., Aarau u. Frankfurt/M.: Sauerländer 1973.

41 Shukauskas, A. A.: Diss. (russ.) 1953.

42 Krischer, O.: Die wissenschaftlichen Grundlagen der Trocknungstechnik, 2. Aufl. Berlin, Heidelberg, New York: Springer 1967 (3. Aufl. von W. Kast, 1978).

43 Gnielinski, V.: Wärmeübergang bei Querströmung um einzelne Rohre, Drähte und Profilzylinder. VDI-Wärmeatlas, 2. Aufl. Düsseldorf: VDI 1974, Abschn. Gd.

44 Schmidt, Th. E.: Die Wärmeleistung von berippten Oberflächen. Abh. Dtsch. Kältetech. Ver., Nr. 4. Karlsruhe: Müller 1950.

45 Schmidt, Th. E.: Der Wärmeübergang an Rippenrohren und die Berechnung von Rohrbündel-Wärmeaustauschern. Kältetechnik 15 (1963) 98–102, 370–378.

46 Schmidt, Th. E.: Verbesserte Methoden zur Bestimmung des Wärmeaustausches an berippten Flächen. Kältetechnik 18 (1966) 135–138.

47 Schmidt, Th. E.: Wärmeübergang an berippten Oberflächen. VDI-Wärmeatlas. Düsseldorf: VDI 1963, Abschn. Mb.

48 Komoßa, H.: Zur Ermittlung der Wärmeleistung berippter Oberflächen. Kältetechnik 10 (1958) 92–96.

49 Komoßa, H.: Wärmeleistung berippter Oberflächen. DKV-Arbeitsblatt 2.23. Kältetechnik 10 (1958).

50 Shukauskas, A. A.: Makaryawitschus, V. I.; Schlantschauskas, A. A.: Wärmeübergang von Rohrbündeln bei Querströmung von Flüssigkeiten (russ.). Vilnjus: Mintis 1968.

51 Hammeke, K.; Heinecke, E.; Scholz, F.: Wärmeübertragungs- und Druckverlustmessungen an quer angeströmten Rohrbündeln bei Reynolds-Zahlen zwischen 10^4 und $2 \cdot 10^6$. Int. J. Heat Mass Transfer 10 (1967) 427–446.

52 Gnielinski, V.: Wärmeübergang bei Querströmung durch einzelne Rohrreihen und Rohrbündel. VDI-Wärmeatlas, 2. Aufl. Düsseldorf: VDI 1974, Abschn. Ga.

53 Hofmann, E.: Wärmeübergang und Druckverlust bei Querströmung. VDI-Z. 84 (1940) 97–101.

54 Hirschberg, H. G.: Wärmeübergang und Druckverlust an quer angeströmte Rohrbündeln. Abh. Dtsch. Kältetech. Ver., Nr. 16. Karlsruhe: Müller 1961.

55 Hausen, H.: Gleichungen zur Berechnung des Wärmeübergangs im Kreuzstrom an Rohrbündeln. Kältetech. Klim. 23 (1971) 86–89.

56 Grimison, E. D.: Correlation and utilization of new data on flow resistance and heat transfer for crossflow of gases over tube banks. Trans. ASME 59 (1937) 583–594.

57 Mannesmann AG.: Rohre für Wärmeaustauscher, Berechnungsunterlagen: Düsseldorf 1961.

58 Mannesmannröhren-Werke: Stahlrippenrohre, Berechnungsunterlagen: Düsseldorf 1971.

59 Wieland Werke AG.: Wieland-Atlas: Ulm 1972.

60 Schmöle Metallwerke: Die Parameter des Wärmeübergangs und Druckverlustes an Spiralrippenrohren bei Querstrom von Gasen durch Rippenrohrbündel: Menden 1976.

61 Brauer, H.: Strömungswiderstand und Wärmeübergang bei quer angeströmten Wärmeaustauschern mit kreuzgitterförmig angeordneten glatten und berippten Rohren. Chem. Ing. Tech. 36 (1964) 247-260.

62 Brauer, H.: Wärme- und strömungstechnische Untersuchungen an quer angeströmten Rippenrohrbündeln. Chem. Ing. Tech. 33 (1961) 327-335, 431-438.

63 Weyrauch, E.: Der Einfluß der Rohranordnung auf den Wärmeübergang und Druckverlust bei Querstrom von Gasen durch Rippenrohrbündel. Kältetech. Klim. 21 (1969) 62-65.

64 Kast, W.: Wärmeübergang an Rippenrohrbündeln — seine Einordnung in die allgemeinen Gesetzmäßigkeiten der Wärmeübertragung. Chem. Ing. Tech. 34 (1962) 546-551.

65 Brauer, H.: Untersuchungen über den Strömungswiderstand und den Wärmeübergang bei fluchtend angeordneten Rippenrohren. Mannesmann-Forschungsber. Nr. 153 (1962).

66 Brauer, H.: Wärmeübergang und Strömungswiderstand bei fluchtend und versetzt angeordneten Rippenrohren. Mannesmann-Forschungsber. Nr. 154 (1962).

67 Bressler, R.: Die Wärmeübertragung einzelner Rohrreihen in quer angeströmten Rohrbündeln mit kleinen Versetzungsverhältnissen. Forsch. Ingenieurwes. 24 (1958) 90-103.

68 Nußelt, W.: Der Wärmeübergang im Rohr. VDI-Z. 61 (1917) 685-689.

69 Kirschbaum, E.: Neues zum Wärmeübergang mit und ohne Änderung des Aggregatzustandes. Chem. Ing. Tech. 24 (1952) 393-401.

70 Hausen, H.; Düwel, L.: Zur Frage nach dem gleichwertigen Durchmesser bei der Wärmeübertragung in einseitig beheizten Platten. Kältetech. Klim. 11 (1958) 242-249.

71 Schulenberg, F.: Wahl der Bezugslänge zur Darstellung von Wärmeübertragung und Druckverlust in Wärmeaustauschern. Chem. Ing. Tech. 37 (1965) 799-811.

72 Miller, P.; Byrnes, J. J.; Benforado, D. M.: Heat transfer to water flowing parallel to a rod bundle. AIChE J. 2 (1956) 226-234.

73 Weisman, J.: Heat transfer to water flowing parallel to tube bundles. Nucl. Sci. Eng. 6 (1959) 78-79.

74 Rieger, M.: Experimentelle Untersuchung des Wärmeübergangs in parallel durchströmten Rohrbündeln bei konstanter Wärmestromdichte im Bereich mittlerer Prandtl-Zahlen. Int. J. Heat Mass Transfer 12 (1969) 1421-1447.

75 Donohue, D. A.: Heat transfer and pressure drop in heat exchangers. Ind. Eng. Chem. 41 (1949) 2499-2511.

76 Tinker, T.: Shell side characteristics of shell-and-tube heat exchangers. Gen. Disc. Heat Transfer IME/ASME, London 1951.

77 Tinker, T.: Shell side characteristics of shell-and-tube heat exchangers. Trans ASME 80 (1958) 36-52.

78 Devore, A.: Try this simplified method for rating baffled exchangers. Pet. Refiner 40 (1961) 221-223.

79 Henning, D.: Typisierung von Rohrbündelapparaten auf einer elektronischen Rechenanlage IBM 1260. Dechema Monogr. (1965) 255-296.

80 Wenning, H.: Optimierung von Rohrbündel-Wärmeaustauschern mit elektronischen Datenverarbeitungs-Anlagen. Chem. Ing. Tech. 39 (1967) 614-621.

81 Bell, K. J.: Exchanger design based on the Delaware research program. Petro/Chem. Eng. 32 (1960) C-26 — C-40c.

82 Gnielinski, V.; Gaddis, E. S.: Wärmeübergang im Außenraum von Rohrbündel-Wärmeaustauschern mit Umlenkblechen. VDI-Wärmeatlas, 2. Aufl. Düsseldorf: VDI 1974, Abschn. Gf.

83 Fischer, F.: Einfluß der Spalte zwischen Umlenkblechen und Rohren auf den Wärmeübergang bei Wärmeaustauschern. Chem. Ing. Tech. 40 (1968) 525-528.

84 Gaddis, E. S.; Schlünder, E. U.: Einfluß der Leckströmung auf Temperaturverlauf und übertragbare Wärmemenge in Röhrenkesselapparaten mit Umlenkblechen. Verfahrenstechnik (Mainz) 10 (1976) 191-194.

85 Emerson, W. H.: Shell side pressure drop and heat transfer with turbulent flow in segmentally baffled shell-and-tube heat exchangers. Int. Symp. Heat Mass Transfer, Vol. 6, 1963, pp. 649-668.

86 Slipčević, B.: Der Wärmeübergang im Mantelraum von Rohrbündel-Wärmeaustauschern mit Umlenksegmenten. Die Chem. Produktion 8 (1979) 6, 6-15.

87 Schmidt, Th. E.; Schäfer, H.; Mohr, V.: Wärmeübergang und Druckverlust im Mantelraum von Rohrbündel-Wärmeaustauschern mit Segment-Umlenkblechen. Forschungsges. Verfahrenstechnik (GVT), GVT-Ber. 1970-26, Köln.

88 Ambrose, T. W.; Knudsen, J. G.: Local shell-side heat transfer coefficients in baffled tubular exchangers. AIChE J. 6 (1958) 332-337.

89 Gurushankariah, M. S.; Knudsen, J. G.: Local shell-side heat transfer coefficients in the vicinity of segmental baffles in tubular heat exchangers. Chem. Eng. Prog. Symp. Ser. 55 (1959) 29-36.

90 Lee, K. S.; Knudsen, J. G.: Local shell side heat transfer coefficients and pressure drop in tubular heat exchangers with orifice baffles. AIChE J. 6 (1960) 669-675.

91 Slipčević, B.: Auslegung von Wärmeübertragern mit Kreisscheiben und -ringen. Tech. Rundsch. Sulzer (1976) 114-120.

92 Hausen, H.: Ein allgemeiner Ausdruck für den Wärmedurchgang durch ebene, zylindrische und kugelförmig gekrümmte Wände. Arch. Gesamte Wärmetech. 2 (1951) 123-124.

93 Schlünder, E. U.: Über die Auslegung von Wärme- und Stoffaustauschapparaten mit Hilfe von Wärme- und Stoffübertragungskoeffizienten. Chem. Ing. Tech. 48 (1976) 212-220.

94 Roetzel, W.: Berücksichtigung veränderlichen Wärmedurchgangskoeffizienten bei der Bemessung von Wärmeaustauschern. Wärme Stoffübertrag. 2 (1969) 163-170.

95 Peters, D. L.: Heat exchanger design with transfer coefficients varying with temperature or lengh of flow path. Wärme Stoffübertrag. 3 (1970) 222-226.

96 Roetzel, W.: Berechnung von Wärmeaustauschern. VDI-Wärmeatlas, 4. Aufl. Düsseldorf: VDI 1984, Abschn. Ca.

97 Bošnjaković, F.; Viličić, M.; Slipčević, B.: Einheitliche Berechnung von Rekuperatoren. VDI-Forschungsh. Nr. 432. Düsseldorf: VDI 1951.

98 Fischer, K. F.: Mean temperature difference correction in multipass exchangers. Ind. Eng. Chem. 30 (1938) 377-383.

99 Bowman, R. A.; Mueller, A. C.; Nagle, W.M.: Mean temperature in design. Trans. ASME 62 (1940) 283-294.

100 Kühne, H.: Schaubilder zur Ermittlung der Temperaturen von Kreuzstrom-Wärmeaustauschern. Haustech. Rundsch. 49 (1944) 161-164.

101 Kühne, H.: Der mittlere Temperaturunterschied mehrgängiger Wärmeaustauscher. Chem. Ing. Tech. 30 (1958) 404-406.

102 Trefny, F.: Wärmeaustausch bei beliebiger Stromart. Chem. Ing. Tech. 37 (1965) 122-127, 501-508 u. 835-842.

103 Gaddis, E. S.; Schlünder, E. U.: Temperaturverlauf und übertragbare Wärmemenge in Röhrenkesselapparaten mit Umlenkblechen. Verfahrenstechnik (Mainz) 9 (1975) 617-621.

Literatur zu Kapitel 3

1 Hofmann, E.: Wärme- und Stoffübertragung. In: Plank, R. (Hrsg.): Handbuch der Kältetechnik, Bd. III. Berlin, Göttingen, Heidelberg: Springer 1959.

2 Fritz, W.: Grundlagen der Wärmeübertragung beim Verdampfen von Flüssigkeiten. Chem. Ing. Tech. 35 (1963) 753-816.

3 Schlünder, E. U.: Über den Wärmeübergang beim Blasensieden. Verfahrenstechnik (Mainz), 4 (1970) 493-497.

4 Deutscher Kälte- und Klimatechnischer Verein (DKV): Kältemaschinenregeln, 6. Aufl. Karlsruhe: Müller 1981.

5 Farbwerke Hoechst: Frigen-Handbuch für die Kälte- und Klimatechnik. Frankfurt a. Main 1966.

6 Badilkes, I. S.: Kältemittel und Kältemaschinenprozesse (russ.). Leningrad: Gostorgizdat 1962.

7 Tomanowskaya, V. F.; Kolotowa, B. E.: Freone (russ.). Leningrad: Chemie 1970.

8 Kurpianoff, J.; Plank, R.; Steinle, H.: Die Kältemittel. Handbuch der Kältetechnik, Bd. IV. (Hrsg. Plank, R.). Berlin, Göttingen, Heidelberg: Springer 1956.

9 Hirschberg, H. G.: Kältemittel. Karlsruhe: Müller 1966.

10 Powolotskaya, N. M.: Untersuchung des Wärmeübergangs beim Sieden von R 12 (russ.). Kholod. Tekh. 42 (1965) 3, 28-32.

11 Hirschberg, H. G.: Zur Berechnung von Röhrenkesselverdampfern. Kältetech. Klim. 18 (1966) 155-160.

12 Gorenflo, D.: Zur Druckabhängigkeit des Wärmeübergangs an siedende Kältemittel bei freier Konvektion. Chem. Ing. Tech. 40 (1968) 757-762.

13 Schroth, H. H.: Ein Beitrag zur Verdampfung an überfluteten Glatt- und Rippenrohren. Luft. Kältetech. 4 (1968) 212–218.

14 Dyundin, A. V.: Untersuchung des Wärmeübergangs beim Sieden von R 12 an glatten und berippten Rohren (russ.). Kholod. Tekh. 42 (1969) 11, 16–22.

15 Kuprijanowa, A. V.: Wärmeübergang beim Sieden von Ammoniak an waagerechten Rohren (russ.). Kholod. Tekh. 47 (1970) 11, 40–44.

16 Danilowa, G. N.: Verallgemeinerung der Daten über den Wärmeübergang beim Sieden von Freonen (russ.). Kholod. Tekh. Tekhnol. 8 (1969) 79–85. Kiew: Technik 1969.

17 Gorenflo, D.: Wärmeübergang beim Blasensieden, Filmsieden und einphasiger freier Konvektion in einem großen Druckbereich. Abh. Dtsch. Kältetech. Ver. Nr. 22. Karlsruhe: Müller 1977.

18 Danilowa, G. N.: Einfluß des Sättigungsdruckes und der Sättigungstemperatur auf den Wärmeübergang beim Sieden von Freonen (russ.). Kholod. Tekh. 42 (1965) 2, 36–42.

19 Danilowa, G. N.; Belsky, V. K.: Untersuchung des Wärmeübergangs beim Sieden von R 113 und R 12 an Rohren verschiedener Rauhigkeit (russ.). Kholod. Tekh. 42 (1965) 4, 24–28.

20 Danilowa, G. N.; Kuprijanowa, A. V.: Wärmeübergangskoeffizienten beim Sieden von RC 318 und R 21 (russ.). Kholod. Tekh. 44 (1967) 11, 15–21.

21 Powolotskaya, N. M.: Bestimmung der Wärmeübergangskoeffizienten beim Sieden von R 22 an einzelnen Rohren und an waagerechten Rohrbündeln (russ.). Kholod. Tekh. 45 (1968) 7, 20–25.

22 Henrici, H.; Hesse, G.: Untersuchungen über den Wärmeübergang beim Verdampfen von R 114 und R 114-Öl-Gemischen an einem horizontalen Glattrohr. Kältetech. Klim. 23 (1971) 54–58.

23 Wickenhäuser, G.: Einfluß der Wärmestromdichte und des Siededruckes auf den Wärmeübergang beim Blasensieden von Kältemitteln. Diss. Univ. Karlsruhe 1972.

24 Bier, K.; Gorenflo, D.; Wickenhäuser, G.: Zum Wärmeübergang beim Blasensieden in einem weiten Druckbereich. Chem. Ing. Tech. 45 (1973) 935–942.

25 Engelhorn, R.: Wärmeübergang beim Blasensieden im Bereich niedriger Siededrücke. Diss. Univ. Karlsruhe 1977.

26 Stephan, K.: Beitrag zur Thermodynamik des Wärmeübergangs beim Sieden. Abh. Dtsch. Kältetech. Ver. Nr. 18. Karlsruhe: Müller 1964.

27 McFadden, P. W.; Grassmann, P.: The relation between bubble frequency and diameter during nucleate pool boiling. Int. J. Heat Mass Transfer 5 (1962) 231–234.

28 Stephan, K.: Berechnung des Wärmeübergangs an siedende Kältemittel. Kältetechnik 15 (1963) 231–234.

29 Stephan, K.; Abdelsalam, M. A.: Heat transfer for natural convection boiling. Int. J. Heat Mass Transfer 23 (1980) 73–87.

30 Haffner, H.: Wärmeübergang an Kältemitteln bei Blasenverdampfung, Filmverdampfung und überkritischem Zustand des Fluids. Forschungsber. K 70-24, Bundesministerium für Bildung und Wissenschaft 1970.

31 Abadžić, E.: Wärmeübergang beim Sieden in der Nähe des kritischen Punktes. Diss. Univ. München 1967.

32 Gorenflo, D.: Behältersieden. VDI-Wärmeatlas, 4. Aufl. Düsseldorf: VDI 1984, Abschn. Ha.

33 Slipčević, B.: Ein Beitrag zum Wärmeübergang beim Blasensieden von Kältemitteln an einzelnen glatten Rohren. Klima Kälte Tech. 15 (1973) 186–192.

34 Gorenflo, D.; Goetz, J.; Bier, K.: Vorschlag für eine Standard-Apparatur zur Messung des Wärmeübergangs beim Blasensieden. Wärme Stoffübertrag. 16 (1982) 69–78.

35 Kuprijanowa, A. V.: Wärmeübergang beim Sieden von Ammoniak an waagerechten Rohren (russ.). Kholod. Tekh. 47 (1970) 11, 40–44.

36 Slipčević, B.; Schütz, A.: Über das Sieden von Ammoniak. Die Chem. Produktion 12 (1983) 98–108.

37 Slipčević, B.: Der kältemittelseitige Wärmeübergang in überfluteten glatten Rohrbündel-Wärmeübertragern. Kälte (Hamburg) 26 (1973) 466–470.

38 Belsky, V. K.: Untersuchung des Wärmeübergangs beim Sieden von R 12 an Rohrbündeln und einzelnen beschichteten Rohren (russ.). Kholod. Tekh. 47 (1970) 2, 40–44.

39 Wallner, R.: Der kältemittelseitige Wärmeübergang in überfluteten Rohrbündelverdampfern. Diss. Univ. Stuttgart 1972.

40 Heimbach, P.: Wärmeübergangskoeffizienten für die Verdampfung von Kältemittel-Öl-Gemischen an einem überfluteten Glattrohr-Bündel. Kältetech. Klim. 24 (1972) 287-295.

41 Powolotskaya, N. M.: Über das Sieden von Freonen an Rohrbündeln (russ.). Kholod. Tekh. 45 (1968) 7, 20-25 u. 46 (1969) 10, 33-38.

42 Mednikowa, N. M.: Über das Sieden von R 22 und R 502 an Rohrbündeln bei tiefen Temperaturen (russ.). Kholod. Tekh. 50 (1973) 7, 30-34.

43 Danilowa, G. N.: Intensivierung des Wärmeübergangs in Rohrbündelverdampfern (russ.). Kholod. Tekh. 58 (1981) 5, 36-40.

44 Heimbach, P.: Wärmeübergangskoeffizienten für die Verdampfung von Ammoniak an einem überfluteten Glattrohrbündel. Linde Berichte aus Technik und Wissenschaft (1974) 35, 27-30.

45 Gorenflo, D.: Zum Wärmeübergang bei der Blasenverdampfung an Rippenrohren. Diss. Univ. Karlsruhe 1966.

46 Slipčević, B.; Zimmermann, F.: Wärmeübergangskoeffizienten beim Blasensieden von Kältemitteln an einzelnen Rippenrohren. Klima Kälte Heizung 10 (1982) 1157-1162.

47 Slipčević, B.: Ein Beitrag zum Wärmeübergang bei der Blasenverdampfung von Kältemitteln an einzelnen Rippenrohren. Klima + Kälte Ing. 2 (1974) 69-76.

48 Zimmermann, F.: Messung der Wärmeübergangskoeffizienten von verdampfenden Kältemitteln bei überfluteter Verdampfung. Klima Kälte Heizung 10 (1982) 11-17.

49 Slipčević, B.: Über die Blasenverdampfung von Kältemitteln an überfluteten Rippenrohr-Verdampfern. Nichtveröffentlichter interner Versuchsbericht. Sulzer-Escher Wyss GmbH, Lindau 1982.

50 Müller, J.; Hahne, E.: Boiling heat transfer in finned tube bundels. 6. All-Union Heat Mass Transfer Conf. Minsk 1980.

51 Danilowa, G. N.; Dyundin, V. A.: Wärmeübergang beim Sieden von R 12 und R 22 an berippten Rohrbündeln (russ.). Kholod. Tekh. 48 (1971) 7, 40-43.

52 Heimbach, P.: Wärmeübergangskoeffizienten für die Verdampfung von R 22 und R 13 an einem überfluteten Rippenrohr-Bündel. Linde Berichte aus Technik und Wissenschaft (1971) 29, 33-42.

53 Heimbach, P.: Boiling coefficients of refrigerant-oil-mixtures outside a finned tube bundle. Vortrag IIF-Tagung, Comm. B1, B2. Freudenstadt 1972.

54 Tschernobylski, J.; Ratiani, G. V.: Experimentelle Untersuchung des Wärmeübergangs an siedendes Kältemittel R 12 in großen Behältern (russ.). Kholod. Tekh. 32 (1955) 3, 48-51.

55 Stephan, K.: Einfluß des Öls auf den Wärmeübergang von siedendem Frigen 12 und Frigen 22. Kältetechnik 16 (1964) 162-166.

56 Iwanow, O. P.: Experimentelle Untersuchung des Wärmeübergangs beim Sieden von Frigen-Öl-Gemischen (russ.). Kholod. Tekh. 42 (1965) 3, 32-35.

57 Awaliani, D. I.: Bestimmung der Anzahl der aktiven Keimstellen beim Sieden von Frigen 112 und Frigen 113 (russ.). Kholod. Tekh. 44 (1967) 5, 19-21.

58 Stoffel, B.: Diplomarbeit am Kältetechnischen Institut der TH Karlsruhe, 1965.

59 Burkhardt, J.: Einfluß der Oberflächenspannung auf den Wärmeübergang beim Blasensieden von Kältemittel R11-Öl-Gemischen. Forschungsber. Dtsch. Kältetech. Klima Ver. Nr. 4 Stuttgart 1981.

60 Wallner, R.; Dick, H. G.: Heat transfer to boiling refrigerant-oil-mixtures. XIV. Int. Congr. Refrig., Moskau Vol. 2, 1975 pp. 351-359.

61 Sulzer AG., Winterthur: Aufschäumversuche von Freon 11 mit Öl (Suniso 6) im überfluteten Verdampfer. Nichtveröffentlichter interner Versuchsbericht Nr. 633 (1968).

62 Jakob, M.; Fritz, W.: Versuche über den Verdampfungsvorgang. Forsch. Ingenieurwes. 2 (1931) 435-447.

63 Müller, F.: Wärmeübergang bei der Verdampfung unter hohen Drücken. VDI-Forschungsh. Nr. 522. Düsseldorf: VDI 1967.

64 Fedders, H.: Messung des Wärmeübergangs beim Blasensieden von Wasser an metallischen Rohren. Diss. TU Berlin 1973.

65 Schimmelpfennig, K.: Über den Einfluß künstlicher Dampfblasenkeimstellen auf den Siedevorgang. Diss. TU Berlin 1973.

66 Nakayama, W.; Daikoku, T.; Kuwahara, H.; Kakizaki, K.: High-flux heat transfer surface „Thermoexcel". Hitachi Rev. 24 (1975) 329-334.

67 Stephan, K.; Mitrović, J.: Verdampfung von Halogenkältemitteln an einem überfluteten

Bündel aus Rohren mit T-förmigen Rippen. Vortrag bei der Arbeitssitzung des GVC-Ausschusses „Wärme- und Stoffübertragung", Freiburg i. Br. 1981.

68 Stephan, K.; Mitrović, J.: Heat transfer in natural convective boiling of refrigerant-mixtures in bundels of T-shaped finned tubes. 20th Nat. Heat Transfer Conf. Milwaukee 1981.

69 Nix, G. H.; Vachon, R. I.; Hall, D. M.: A scanning and transmission electron microscopy study of pool boiling surfaces. 4. Int. Heat Transfer Conf. Paris 1970.

70 Union Carbide: High Flux Tubing. Firmenschrift der Union Carbide, New York, N. Y.

71 Schnabel, G.; Schlünder, E. U.: Wärmeübergang von senkrechten Wänden an nichtsiedende und siedende Rieselfilme. Verfahrenstechnik (Mainz) 14 (1980) 79-83.

72 Parishski, O. V.; Tschepurnenko, V. P.; Lagota, L. F.; Taranets, L. F.: Untersuchung des Wärmeübergangs bei der Filmströmung eines siedenden Kältemittels (russ.). Kholod. Tekh. 48 (1971) 7, 27-30.

73 Slipčević, B.: Wärmeübergang beim Sieden von Kältemitteln an berieselten Verdampferrohren. Klima Kälte Heizung 9 (1981) 125-130.

74 Danilowa, G. N.; Bukin, V. G.; Dyundin, V. A.: Untersuchung des Wärmeübergangs bei Berieselungsverdampfern (russ.). Kholod. Tekh. 53 (1976) 6, 21-25.

75 Struve, H.: Der Wärmeübergang an einem verdampfenden Rieselfilm. VDI-Forschungsh. Nr. 354. Düsseldorf: VDI 1969.

76 Spegele, H.: Horizontal tube thin film boiling. XIV. Int. Congr. Refrig. Moskau 1975.

77 Schnabel, G.: Wärmeübertragung an senkrechten berieselten Flächen. VDI-Wärmeatlas, 4. Aufl. Düsseldorf: VDI 1984, Abschn. Md.

78 Danilowa, G. N.; Bogdanow, S. N.; Iwanow, O. P.; Mednikowa, N. M.: Wärmeaustauscher für Kälteanlagen (russ.). Leningrad: Maschinostrojenije 1973.

79 Powolotskaya, N. M.; Korobow, A. V.; Iwanowa, R. B.: Neue Untersuchungen im Bereich der Kälteindustrie (russ.). Moskau: Myasomolprom 1969.

80 ASHRAE Guide and Data Book, Equipment. New York 1972.

81 Dvořák, Z.; Červenka, O.: Industrielle Kältetechnik (tschechisch). Prag: SNTL 1962.

82 Kobulaschwilli, S. N. (Hrsg.): Kältetechnik, enzyklopädisches Handbuch (russ.). Moskau: Gostorgizdat 1960.

83 Danilowa, G. N.; Iwanow, O. P.; Dyundin, A. V.: Ergebnisse der Untersuchungen am Verdampfer ITG-20 (russ.). Kholod. Tekh. 44 (1967) 7, 14-18.

84 Buchter, E. Z.; Kalnin, I. M.; Slawutski, D. L.; Zurlin, B. L.; Michtachow, A. A.: Untersuchungen an Frigen-Turbokälteanlagen (russ.). Kholod. Tekh. 42 (1965) 3, 10-16.

85 Slipčević, B.: Ein neues Berechnungsverfahren für die Auslegung von Wärmeaustauschern. Kälte (Hamburg) 22 (1969) 529-536, 637-640.

86 Slipčević, B.: Analytische Bemessung von überfluteten Verdampfern. Kälte (Hamburg) 24 (1971) 388-393.

87 Raičević, R.; Slipčević, B.: Vereinfachtes Verfahren für die Berechnung von überfluteten Verdampfern. Klima Kälte Heizung 12 (1984) 393-397.

88 Slipčević, B.: Bemessung von Verdampfern und Kondensatoren unter Berücksichtigung örtlich veränderlicher Wärmedurchgangskoeffizienten, Kältetech. Klim. 22 (1970) 424-429.

89 Schmidt, Th. E.: Persönliche Mitteilung an den Verfasser.

90 Schlünder, E. U.; Zemlin, H.: Zur Berechnung der mittleren Temperaturdifferenz bei überfluteten Verdampfern. Kältetech. Klim. 23 (1971) 292-295.

91 Özvegyi, F.: Verschiebung der Verdampfungstemperatur in Abhängigkeit von der Druckverteilung in einem Verdampfer für verschiedene Kältemittel. DKV-Arbeitsbl. 1-30. Kältetech. 13 (1961) 2.

92 Weinstein, V. D.; Galesha, V. B.: Untersuchungen an überfluteten R22-Verdampfern (russ.). Kholod. Tekh. 51 (1974) 10, 24-28.

93 Rosenfeld, L. M.; Tkatschew, A. G.: Kältemaschinen und -apparate (russ.). Moskau: Gostorgizdat 1955.

94 Bürkholz, A.: Meßmethoden zur Tropfengrößenbestimmung. Chem. Ing. Tech. 45 (1973) 1-7.

95 Lorentzen, G.: On the dimensioning of liquid separators for refrigeration systems. Kältetech. Klim. 18 (1966) 89-97.

96 Grassmann, P.; Reinhart, A.: Zur Ermittlung der Sinkgeschwindigkeit von Tropfen und der Steiggeschwindigkeit von Blasen. Chem. Ing. Tech. 33 (1961) 348-349.

97 Reinhart, A.: Das Verhalten fallender Tropfen. Chem. Ing. Tech. 36 (1964) 740-746.

98 Ramstetter, T. K.: Tropfenabscheidung mit Drahtstrickfiltern im senkrechten Gasstrom. Verfahrenstechnik (Mainz) 3 (1969) 534–537.

99 Kerns, G. D.: New charts speed drum sizing. Pet. Refiner 39 (1960) 168–170.

100 Scheimann, A. D.: Horizontal vapor-liquid separators. Hydrocarbon Process. Pet. Refiner 43 (1964) 155–160.

101 Bürkholz, A.; Muschelknauz, E.: Tropfenabscheider — Übersicht zum Stande des Wissens. Chem. Ing. Tech. 44 (1972) 503–509.

102 Loewer, H.: Zubehör für Kältemaschinen. In Plank, R. (Hrsg.): Handbuch der Kältetechnik, Bd. VI A. Berlin, Heidelberg, New York: Springer 1969.

103 Granryd, E. G.: On suitable tube length and recirculating numbers in evaporators with forced refrigerant circulation. Proc. XIIth Congr. of Refrigeration, Madrid 1967, Paper No. 3.52.

Literatur zu Kapitel 4

1 Hochschulkurs Wärmeübertragung II des Instituts für Thermische Verfahrenstechnik der Universität Karlsruhe 1981, a) Abschn. 2.1.1, S. 191, Strömungsformen, b) Abschn. 2.2, S. 212, Dampfvolumenanteil, c) Abschn. 2.3.2, S. 159, Beschleunigungs-Druckverlust, d) Abschn. 2.3, S. 238, e) Abschn. 2.3.1, S. 247. Düsseldorf: Forschungsges. Verfahrenstechnik 1980.

2 Chawla, J. M.: Wärmeübergang und Druckabfall in waagerechten Rohren bei der Strömung von verdampfenden Kältemitteln. VDI-Forschungsh. 523 (1967).

3 Bandel, J.: Experimentelle und theoretische Bestimmung des Druckverlustes und Wärmeübergangs bei der Verdampfung siedender Kältemittel im durchströmten waagerechten Rohr bei hohen Massenstromdichten. Diss. Univ. Karlsruhe 1973.

4 Steiner, D.: Forschungsvorhaben Nr. 3531, Einfluß des Massenstroms und des Rohrdurchmessers auf den Druckverlust und Wärmeübergang verdampfender Kältemittel im durchströmten Rohr. Lehrstuhl und Institut für Thermische Verfahrenstechnik der Univ. Karlsruhe. Düsseldorf: Forschungsges. Verfahrenstechnik 1979.

5 Kowalczewski, J. J.: Two-phase flow in an unheated and heated tube. Diss. ETH Zürich 1964.

6 Löscher, K. u. a.: Der Schlupf bei ausgebildeter adiabater Einkomponenten- Zweiphasenströmung dampfförmig-flüssig im horizontalen Rohr. Wiss. Z. Tech. Hochsch. Dresden 22 (1973) 813–819.

7 Grønnerud, R.: Investigation of liquid hold-up, flow-resistance and heat transfer in circulation type evaporators, Part IV: Two-phase flow resistance in boiling refrigerants. Annexe 1972-1, Bull. de l'Inst. Int. du Froid.

8 Chawla, J. M.: Flüssigkeitsinhalt für Flüssigkeits-Gasgemische bei der Zweiphasenströmung. Chem. Ing. Tech. 41 (1969) 328–330.

9 Chawla, J. M.; Thomé, E. A.: Gesamtdruckverlust auf der Kältemittelseite eines Verdampferblockes. Kältetech. Klim. 19 (1967) 306–309.

10 Grønnerud, R.: Two-phase flow resistance in boiling refrigerants. Calculation and influence on evaporator design. Trondheim: Inst. Kjoleteknik, Norges Tekniske Hogskole 1974.

11 Ostertag, G.: Die Information multipler Methodenergebnisse gleicher Zielgröße, aufgezeigt am Beispiel des Druckabfalls gleichgerichteter Dampf-Flüssig-Ströme in Rohrleitungen. Chem. Ing. Tech. 48 (1976) 783–784.

12 Lockhart, R. W.; Martinelli, R. C.: Proposed correlation of data for isothermal two-phase, two-component flow in pipes. Chem. Eng. Prog. 45 (1949) 39–48.

13 Fitzsimmons, D. E.: Two-phase pressure drop in piping components. Atomic Energie Commission 1964. Office of Technical Services. Department of Commerce, Washington, 25, DC.

14 Ruppert, K. A.: Diss. Univ. Karlsruhe 1975.

15 Schlünder, E. U.: Druckverlust und Wärmeübergang bei der Verdampfung reiner Flüssigkeiten in waagerechten Rohren. Vt-Hochschulkurs I: Thermische Verfahrenstechnik, Nr. 12, S. I–IV. Beilage zu Verfahrenstechnik Mainz (1975).

16 Chawla, J. M.: Reibungsdruckabfall bei der Strömung von Flüssigkeits-Gas-Gemischen in waagerechten Rohren. Z. Forsch. Ingenieurwes. 34 (1968) 47–54.

17 VDI-Wärmeatlas, 2. Aufl. Düsseldorf: VDI 1974.

18 Bankoff, S. G.: A variable density single-fluid model for tow-phase flow with particular reference to steam-water flow. Trans. Am. Soc. Mech. Eng. Ser. C 82 (1960) 113–124.

19 Banerjee, S. u. a.: Studies on cocurrent gas-liquid flow in helically coiled tubes, I: Flow patterns, pressure drop and holdup. Can. J. Chem. Eng. 47 (1969) 445-453.

20 Kasturi, G.; Stepanek, B.: Two phase flow, I: Pressure drop and void fraction measurements in cocurrent gas-liquid flow in a coil. Chem. Eng. Sci. 77 (1972) 1871-1880.

21 Grønnerud, R.: Investigation of liquid holdup. Flow-resistance and heat transfer in circulation type evaporators, Part V: Two phase-flow resistance with R12 in vertical return bends, XIV. Congr. Int. du Froid, Moskau, 1975, Bl. 56, 406-415.

22 Stephan, K.: Beitrag zur Thermodynamik des Wärmeübergangs beim Sieden. Abh. Dtsch. Kältetech. Ver. Nr. 18. Karlsruhe: Müller 1964.

23 Steiner, D.; Schlünder, E. U.: Heat transfer and pressure drop for boiling nitrogen flowing in a horizontal tube. Cryogenics 16 (1976) 387-398, 457-464.

24 Pierre, B.: Wärmeübergangszahl bei verdampfendem R12 in horizontalen Rohren. Kältetechnik 7 (1955) 163-166.

25 Pierre, B.: Wärmeübergang mit siedenden Kältemitteln in horizontalen Rohren. Kylteknisk Tidskrift 28 (1969) 3-12.

26 Bagdanow, S. N.: Bestimmung der Wärmeübergangszahlen beim Sieden von Freonen in horizontalen Rohren. Kholod. Tekh. 43 (1966) 33-35.

27 Djatschkow, F. N.: Die Verallgemeinerung experimenteller Werte über Wärmeaustauscher und Hydrodynamik beim Verdampfen von Freon 22 in innen berippten Rohren. Kholod. Tekh. 54 (1977) 36-42.

28 Steiner, D.: Wärmeübergang und Druckverlust von siedendem Stickstoff bei verschiedenen Drücken im waagerechten Rohr. Diss. Univ. Karlsruhe 1975.

29 Bogdanow, S. N.: Untersuchung des Wärmeübergangs bei der Verdampfung von R12 im horizontalen Rohr. Kholod. Tekh. 40 (1963) 31-35.

30 Bogdanow, S. N.: Wärmeübergang bei der Verdampfung von Freonen in horizontalen Rohren. Kholod. Tekh. 41 (1964) 40.

31 Danilowa, G. N.; Bogdanow, S. N.; Schirew, J. N.: Untersuchung des inneren Wärmeübergangs bei den Apparaten der Klimageräte. Kholod. Tekh. 47 (1970) 21-24.

32 Slipčević, B.: Wärmeübergang beim Sieden von R-Kältemitteln in horizontalen Rohren. Kältetech. Klim. 24 (1972) 345-351.

33 Schlünder, E. U.; Chawla, J. M.; Thomé, E. A.: Wärmeübergangszahlen auf der Kältemittelseite in Verdampferrohren. Inst. Thermische Verfahrenstechnik d. Univ. Karlsruhe, 1968.

34 Schlünder, E. U.; Chawla, J. M.; Thomé, E. A.: Mittlere Wärmeübergangszahl auf der Kältemittelseite eines Verdampferblockes. Kältetech. Klim. 20 (1968) 112-117.

35 Donohue, D. A.: Heat transfer and pressure drop in heat exchangers. Ind. Eng. Chem. 41 (1949) 2499-2511.

36 Hofmann, E.: Wärmeübergang bei Einspritzverdampfern. Linde Ber. Tech. Wiss. Nr. 37, Okt. 1975. Linde AG, Wiesbaden.

37 Chawla, J. M.; Kesper, B.: Wärmeübertragung entlang eines Verdampferrohres bei Gleich- und Gegenstromführung. Verfahrenstechnik (Mainz) 4 .

38 Kuwschinow, B. G.; Latzunow, I. Ja.; Frolowa, N. I.: Untersuchung eines Bündelrohrverdampfers mit Verdampfung des Kältemittels im Rohr. Kholod. Tekh. 50 (1973) 30-44.

39 Chawla, J. M.; Gauler, K.: Einfluß des Ölgehaltes auf den Druckabfall in Verdampferrohren. Kälte- und Klimarundsch. 6 (1968) 65-71.

Literatur zu Kapitel 5

1 Handbuch der Kältetechnik. Bd. III. Berlin, Göttingen, Heidelberg: Springer 1959.

2 Kirkbride, C. G.: Heat transfer by condensing vapor on vertical tubes. Ind. Eng. Chem. 26 (1934) 425.

3 Boyco, L. D.; Kruzhilin, G. N.: Heat transfer and hydraulic resistance during condensation of steam in a horizontal tube. J. Heat Transfer 10 (1957) 361-373.

4 Chisholm, D.; A theoretical basis for the Lockhart-Martinelli correlation for two-phase flow. Int. J. Heat Mass Transfer 10 (1967).

5 Lockhart, R. W.; Martinelli, R. C.: Proposed correlation of data for isothermal two-phase, two-component flow in pipes. Chem. Eng. Prog. 45 (1949) 39.

6 Chato, J. C.: Laminar condensation inside horizontal inclined tubes. ASHRAE J. 52 (1962) 52-60.

7 Breber, G.; Palen, J. W.; Taborek, J.: Prediction of horizontal tubeside condensation of pure components using flow regime criteria. Heat Transfer 102 (1980) 471–476.

8 Beatty, K. O.; Katz, D. L.: Condensation of vapors on outside of finned tubes. Chem. Eng. Progr. 44 (1948) 55.

9 Katz, K. O.; Hope, R. C.; Datsko, S. C.: Liquid retention on finned tubes. Dept. of Eng. Research, University of Michigan 1974.

10 Donohue, D. A.: Heat exchanger design. Pet. Refiner 34 (1955) 8.

11 VDI-Wärmeatlas. 4. Aufl., Düsseldorf: VDI 1983.

12 Grimison, E. D.: Correlation and utilisation of new data on flow resistance and heat transfer for cross flow of gases over tube banks. Trans. ASME 59 (1937) 582–594.

13 Tinker, T.: Shell-side characteristics of shell-and-tube heat exchangers. Trans. ASME 80 (1958) 36–52.

14 Palen, J. W.; Taborek, J.: Solution of shell-side pressure drop and heat transfer. Chem. Eng. Prog. Symp. Ser. 65 (1969) 92.

15 TEMA: Standards of tubular exchanger manufacturers association. 6th ed. New York: 1976.

16 Eurovent 7/3 — Lufterhitzer und Luftkühler für erzwungene Strömungen — Prüfregeln für Wärmeaustauscher. Frankfurt: Maschinenbau 1977.

17 Schmidt, Th. E.: Die Wärmeleistung von berippten Oberflächen. Abh. Dtsch. Kältetech. Ver. Nr. 4. Karlsruhe: Müller 1950.

Literatur zu Kapitel 6

1 Prins, L.: Wärme- und Stoffübertragung in einem quer angeströmten, bereifenden Luftkühler. Kältetechnik 8 (1956) 160–186.

2 Hofmann, E.: Wärmeübergangsversuche an einem Plattenluftkühler unter besonderer Berücksichtigung der Reifschicht. Kälte 1 (1948) 25–31.

3 Kamei, S.; Mizushina, T.; Kifune, S.; Koto, T.: Research on the frost formation in a low temperature cooler condenser. Jpn. Sci. Rev. 1 (1952) 317–326.

4 Chung, P. M.; Algren, A. B.: Frost formation and heat transfer on a cylinder surface in humid air cross flow. Heat./Piping/Air cond. 30 (1958) 171–178, 115–122.

5 Javnel, B. K.: Über die Wärmeleitfähigkeit des Reifs in Luftkühlern. Kholod. Tekh. (1968) 22–26.

6 Schneider, H. W.: Der Wärmeübergang an einem bereifenden, quer angeströmten Rohr. Diss. Univ. Stuttgart 1972.

7 Hausmann, H.: Die Reifbildung in luftdurchströmten Spaltkanälen und ihr Einfluß auf den Druckverlust und die Wärmeübertragung. Diss. TH Aachen 1974.

8 Hosada, T.; Uzuhashi, H.: Effects of frost on the heat transfer coefficient. Hitachi Rev. 16 (1967) 254–259.

9 Nakamura, H.: Free convective heat transfer from humid air to a vertical plate under frosting conditions. Bull. JSME 17 (1974) 106, 487–494.

10 Schropp, K.: Untersuchungen über die Tau- und Reifbildung an Kühlrohren in ruhender Luft und ihr Einfluß auf die Kälteübertragung. Ges. Kälteind. 42 (1935) 81–85, 126–131, 151–154.

11 Yonko, J. D.; Sepsy, C. F.: An investigation of the thermal conductivity of frost while forming on a flat horizontal plate. ASHRAE Trans. 2043.

12 Biguria, G.; Wenzel, L. A.: Measurement and correlation of water frost thermal conductivity and density. Ind. Eng. Chem. Fund. 9 (1970) 129–138.

13 Lotz, H.: Wärme- und Stoffaustauschvorgänge in bereifenden Lamellenrippen-Luftkühlern im Zusammenhang mit deren Betriebsweise. Diss. RW TH Aachen 1968.

14 VDI-Wärmeatlas, 4. Aufl. Düsseldorf: VDI-Verlag 1984, Arbeitsblatt Ka4.

15 D'Ans, J.; Lax, E.: Taschenbuch für Chemiker und Physiker. Bd. 1, 3. Aufl. Berlin, Heidelberg, New York: Springer 1967.

16 VDI-Wasserdampftafeln, 3. Aufl. Berlin, Göttingen, Heidelberg: Springer 1952 (7. Aufl. 1968).

17 Beatty, K. O.; Finch, E. B.; Schoenborn, E. M.: Heat transfer from humid air to metal under frosting conditions. Gen. discussion on heat transfer, Sect. I, Proc. Conf. London 1951, 32–37.

18 Chen, M. M.; Rohsenow, W.: Heat, mass and momentum transfer inside frosted tubes — Experiment and theory. Trans. ASME-J. Heat Transfer (1964) 334-340.

19 Gates, R. R.; Sepsy, C. F.; Huffman, G. D.: Heat transfer and pressure loss in extended surface heat exchangers operating under frosting conditions. Part I: Literature survey, test apparatus. ASHRAE Trans. (1967) No. 2044.

20 Hausmann, H.: Wärmeübertragung und Druckverlust in bereifenden Spalten. Klima + Kälte Ing. 4 (1976) 271-274.

21 Heimbach, P.; Ponath, J.: Untersuchungen über die Leistung eines Ventilator-Luftkühlers bei Betrieb ohne und mit Stoffaustausch. DKV-Tagungsber. München 3 (1976) 227-256.

22 Huffman, G. D.; Sepsy, C. F.: Heat transfer and pressure loss in extended surface heat exchangers operating under frosting conditions, Part II: Data analysis and correlations. ASHRAE Trans. (1967) No. 2045.

23 Krischer, O.; Kröll, K.: Trocknungstechnik, Bd. 1. Berlin, Göttingen, Heidelberg: Springer 1959. (3. Aufl. von W. Kast, 1978).

24 Lotz, H.: Wärme- und Stoffaustauschvorgänge in bereifenden Lamellen-Luftkühlern im Zusammenhang mit deren Betriebsverhalten. Kältetech. Klim. 23 (1971) 208-217.

25 Piening, W.: Der Wärmeübergang an Rohren bei freier Strömung unter Berücksichtigung der Bildung von Schwitzwasser und Reif. Gesund. Ing. 56 (1933) 493-497.

26 Richards, R. J.; Edmonds, K.; Jacobs, R. B.: Heat transfer between a cryo-surface and a controlled atmosphere. Bull. Inst. Int. Froid, Annexe 1962-1, 89-110.

27 Salé, P.; Simonato, J.; Laine, P.: Influence des phénomènes de givrage sur les performences de frigorifères à convection forcée comportant des tubes à ailettes. Bull. Inst. Int. Froid, Annexe 1964-2, 121-127.

28 Salé, P.; Dessaux, C.; Simonato, J.: Quelques résultats rélatifs aux performances de frigorifères à tubes à ailettes en cours de givrage. Bull. Inst. Int. Froid, Annexe 1965-4, 57-69.

29 Schneider, H. W.: Transferred mass and density of frost formed on a cylindrical tube in cross flow. Bull. Inst. Int. Froid, Annexe 1972-1, 149-155, sowie Forsch. Geb. Ing. 42 (1976) 145-148.

30 Stoecker, W. F.: How frost formation on coils affects refrigeration systems. Refrig. Eng. (1957) 42-46.

31 Trammell, G. J.; Little, D. C.; Killgore, E. M.: A study of frost formed on a flat plate held at sub-freezing temperatures. ASHRAE J. 10 (1968) 42-47.

32 Whitehurst, C. A.: Heat and mass transfer to a metal plate. ASHRAE J. 5 (1962) 58-69.

Literatur zu Kapitel 7

1 Plank, R.; Kuprianoff, J.: Die Kleinkältemaschine, 2. Aufl. Berlin, Göttingen, Heidelberg: Springer 1960, S. 298-299.

2 Wittneben, F.: Plattenwärmeaustauscher im Schiffsbetrieb. Antrieb 3 (1977).

3 Knoche, K. F.; Trümper, H.: Flachkollektor-Kleinsysteme mit Vakuumverdampfung zur Gebäudeheizung mit Sonnenenergie. Klima + Kälte Ing. 3 (1976) 107-112.

4 Angaben der Firma Elektrogeno A/5, Kolding, Dänemark.

5 Tabor, H.: Low temperature engineering applications of solar energy, selective surfaces for solar collectors. ASHRAE Data Book. New York: 1967.

6 Schreitmüller: Kennlinien und Anwendungsmöglichkeiten von Niedertemperatur-Kollektoren. BMFT-Statusseminar 09 (Die Nutzung der Sonnenenergie). Univ. Stuttgart: 1975

7 Plank, R.: Die Frischhaltung der Lebensmittel durch Kälte: Das Gefrieren in Mehrplattenapparaten. In: Plank, R. (Hrsg): Handbuch der Kältetechnik, Bd. X. Berlin, Göttingen, Heidelberg: Springer 1960, S. 69-74.

8 Wilke, W.; Chawla, J. M.: Wärmeübertragung an einem vereisenden Plattenverdampfer im Betriebszustand. Kältetechnik 8 (1963) 245-250.

Literatur zu Kapitel 9

1 TEMA: Standards of tubular exchanger manufacturers association. New York: 1978.

2 von Cube, H. L.: Rippenrohre besonderer Bauart. Kälte-Klima-Praktiker 10 (1970) 200-206, 232-236.

3 Taborek, J.; Aoki, T.: Fouling: The major unresolved problem in heat transfer. Chem. Eng. Prog. 68 (1972) 59-67.

4 Weber, J.: Korrosion und Ablagerungen in Kühlsystemen — ihre Ursachen und Bekämpfung. Schweiz. Arch. für angew. Wissenschaft und Technik 36 (1970) 3-15.

5 Sick, H.: Die Erosionsbeständigkeit von Kupferwerkstoffen gegenüber strömendem Wasser. Werkst. Korros. 23 (1972) 12-18.

6 Piatti, L.: Kühlflüssigkeiten und Kälteträger. Aarau und Frankfurt/M.: Sauerländer 1968.

7 Weyrauch, E.: Die Bemessung von Rippenrohrverflüssigern und -verdampfern. Menden: Schmöle Metallwerke, ohne Jahresangabe.

8 Söhngen, R.: Normung von Bauelementen für Rohrbündelwärmeaustauscher und Entwicklung einer Vorzugsreihe von Rohrbündelwärmeaustauschern in Stahl mit zwei festen Rohrböden für einfache betriebliche Verhältnisse (200 °C, 8 atü). Vortrag auf der Dechema-Jahrestagung, Frankfurt 1968.

9 Kühn, H.: Normung von Wärmeaustauschern als komplette Apparate. Vortrag auf der Dechema-Jahrestagung, Frankfurt 1968.

10 Gregorig, R.; Andritzky, H. K. M.: Ein Schwingungskriterium eines querangeströmten Rohres. Teil 1: Ähnlichkeitsmechanik. Chem. Ing. Tech. 39 (1967) 894-900.

11 Andritzky, H. K. M.; Gregorig, R.: Ein Schwingungskriterium eines querangeströmten Rohres. Teil 2: Versuchseinrichtung und Ergebnisse. Chem. Ing. Tech. 40 (1968) 483-488.

12 König, A.; Gregorig, R.: Ein Schwingungskriterium eines querangeströmten Rohres. Teil 3: Schwingungsversuche in Rohrbündeln. Chem. Ing. Tech. 40 (1968) 645-650.

13 Clasen, P.; Gregorig, R.: Ein Schwingungskriterium eines querangeströmten Rohres. Teil 4: Schwingversuche in einem fluchtendem Rohrbündel. Chem. Ing. Tech. 43 (1971) 982-985.

14 Nofz, K. H.; Kuxdorf, B.; Wesselmann, R.: Rohrschwingungen und deren Auswirkungen bei Rohrbündel-Wärmeaustauschern. Chem. Ing. Tech. 48 (1976) 348-376.

15 Traver, D. G.: Rohrschwingungen in Kälteanlagen - Wärmeaustauschern. Klima + Kälte Ing. 5 (1977) 373-376.

16 Eisinger, F. L.: Prevention and cure of flow-induced vibration problems in tubular heat exchangers. J. Press. Vessel. Technol. 102 (1980) 138-145.

17 Chenoweth, J. M.; Taborek, J.: Flow induced tube vibration data banks for shell-and-tube heat exchangers. Heat Transfer Eng. 2 (1980) 28-42.

18 Chen, S. S.; Jendrzejczyk, J. A.: Flow velocity dependence of damping in tube arrays subjected to liquid cross-flow. J. Press. Vessel. Technol. 103 (1981) 130-135.

19 Shukauskas, A. A.; Katinas, V. I.; Perednis, E. E.; Sobolev, V. A.: Flow of viscous liquid through inclined corridor bundles of tubes with flow-excited vibration. Int. Chem. Eng. 21 (1981) 535-542.

20 Linke, W.: Untersuchungen über Rohrbündel-Wärmeübertrager. Chem. Ing. Tech. 27 (1955) 142-148.

21 Aussum, P.: Vorschriften und Regeln der Technik für Druckgefäße, 3. Aufl. Halle (Saale): Knapp 1955.

22 Danilowa, G. N.; Bogdanow, S. N.; Iwanow, O. P.; Mednikowa, N. M.: Wärmeaustauscher für Kälteanlagen (russ.). Leningrad: Maschinostrojenije 1973.

23 Söhngen, R.: Konstruktive Hinweise für den Bau von Wärmeaustauschern. VDI-Wärmeatlas, 1. Aufl. Düsseldorf: VDI 1953, Abschn. Pa.

24 Schmidt, Th. E.: Persönliche Mitteilung an den Verfasser.

25 Gregorig, R.: Wärmeaustausch und Wärmeaustauscher. Aarau und Frankfurt/M.: Sauerländer 1973.

26 Titze, H.: Elemente des Apparatebaues, 2. Aufl. Berlin, Heidelberg, New York: Springer 1967.

27 Sudasch, E.: Das Einschweißen von Rohren in Böden. Schweißen + Schneiden 15 (1963).

28 Söhngen, R.; Faulstich, S.: Festigkeitsuntersuchungen von eingeschweißten Rohren in Rohrböden von Wärmetauschern. Schweißen + Schneiden 16 (1964) 369-371.

29 Söhngen, R.: Ausgewählte Beispiele von Schweißkonstruktionen im chemischen Apparatebau. Schweißen + Schneiden 10 (1958) 260-265.

30 Stückrad, J.: Zur Rohr/Rohrboden-Verbindung an Wärmeaustauschern. Chem. Appar. 90 (1966) 603-606.

31 Bundesministerium für Wirtschaft: Verordnung über Druckbehälter, Druckgasbehälter und

Füllanlagen (Druckbehälterverordnung-DruckbehV.) und Allgemeine Verwaltungsvorschrift. Berlin: Beuth 1980. Berlin, Köln: Heymanns 1980.

32 Hauptverband der Berufsgenossenschaften e. V.: Technische Regeln Druckbehälter TRB. Berlin, Köln: Heymanns 1980.

33 Vereinigung der Technischen Überwachungsvereine e. V., Essen: Arbeitsgemeinschaft Druckbehälter: AD-Merkblätter. Berlin: Beuth 1980. Berlin, Köln: Heymanns 1980.

34 Pasenau, E.: Probleme bei der Rationalisierung des kältetechnischen Druckbehälterbaues. Kälte (Hamburg) 20 (1967) 387–391.

35 Schwaigerer, S.: Festigkeitsberechnungen im Dampfkessel-, Behälter- und Rohrleitungsbau. Berlin, Heidelberg, New York: Springer 1978.

36 Barp, B.; Anghern, R.: Ein Beitrag zur Berechnung von Rohrplatten in Wärmeaustauschern. Konstruktion 32 (1971) 358–360.

37 Barp, B.; Anghern, R.: Bemerkungen zur Beurteilung von rechnerisch ermittelten Rohrplattenspannungen. Chem.-Ing.-Tech. 45 (1973) 776–780.

38 Sterr, G.: Berechnungsfragen von Rohrböden im Druckbehälterbau. Berlin, München: Ernst & Sohn 1968.

39 Höschl, C.: Festigkeitsberechnungen von Rohrbündelwärmeübertragern. Wiss. Z. Tech. Hochsch. Magdeburg 9 (1965) 583–586.

40 Zimmer, E.: Temperaturspannungen in quergestellten Rohrboden des U-Rohr-Wärmeaustauschers. Chem. Appar. 91 (1967) 427–430.

41 Klapp, E.: Apparate- und Anlagetechnik. Berlin, Heidelberg, New York: Springer 1980.

42 Meinke, H.: Konstruktionsgrundlagen der Vorschweißflansche. VDI-Z. 105 (1963) 549–556.

43 ASME-Boiler and Pressure Vessel Code, Section VIII, Division 1. New York: 1980.

Literatur zu Kapitel 10

1 TEMA: Standards of *Tubular Exchanger Manufacturers Association*, 6th ed. New York: 1978.

2 Kern, D. Q.; Seaton, R. E.: A theoretical analysis of thermal surface fouling. Br. Chem. Eng. (1959) 258–262.

3 Knudsen, J. G.; Roy, B. V.: Influence of fouling on heat transfer. Corvallis, Oregon State University, Dp. of Chem. Eng.: 1979.

4 Pinheiro, J. de D. R. S.: Fouling on heat transfer surfaces. In: Kakac, E. S. et al.: Heat exchangers — thermal hydraulics fundamentals and design. New York: McGraw-Hill 1981, pp. 1013–1035.

5 O'Callaghan, M. G.: Fouling of heat transfer equipment: Summary review, Cambridge, USA: Massachusetts Institute of Technology Dp. of Mech. Eng. 1979.

6 Taborek, J.; Aoki, T. et al.: Fouling: The major unresolved problem in heat transfer. Chem. Eng. Prog. (1972) 59–67.

7 Bott, T. R.: Fouling in shell—and—tube heat exchangers. In: Advances in thermal and mechanical design of shell—and—tube heat exchangers Glasgow: Birnichill Inst. 1973.

8 McAdams, W. H.: Heat transmissions, 3rd. ed. New York: McGraw-Hill 1954.

9 Epstein, N.: Fouling in heat exchangers. Proc. 6th Int. Heat Transfer Conference, Vol. 6, p. 235 ff.) Toronto: Hemisphere Publ., Aug. 1978.

10 Bridgwater, J.: Crystallisation fouling — a review of fundamentals (u. a. McCabe; Robinson, C. S.: Ind. Eng. Chem. 1924), Proc. Conf. Fouling — Art or Science?, Surrey, UK: University Surrey 1979 p. 82 ff.

11 Taborek, J.; Aoki, T. u. a.: Predictive methods of fouling behaviour. Chem. Eng. Prog. (1972) 69.

12 Lambourn, G. A.; Durrieu, M.: Fouling in crude oil preheat trains. Seminar on Advancement in Heat Exchangers, Dubrovnik: Int. Centre for Heat and Mass Transfer 1981.

13 Benson, P.; Martini, W. R.: (Auszug in [6]), Ind. Eng. Chem. Prod. Res. Dev. 1962.

14 Held, H. D.: Kühlwasser. Essen: Vulkan 1977.

15 Characklis, W. G.: Influence of fouling biofilms on heat transfer. Heat Transfer Eng. (1981) 23–37.

16 Watkinson, A.; Epstein, N.: Gas oil fouling in a sensible heat exchanger. Chem. Eng. Prog. (1969) 84.

17 Watkinson, A.; Louis, L. u. a.: Scaling of enhanced heat exchanger tubes. Can. J. Chem. Eng. (1974) 558.
18 Gudmundson, J.: Heat transfer fouling. Birmingham: University Birmingham 1977.
19 Drew Chemical Corporation: Grundlagen für industrielle Wasserbehandlung. Boonton, N. J.: 1980.
20 Vogler GmbH: (Automatisches Reinigungssystem für Kondensatoren und Röhren-Wärmeaustauscher). Solingen: Firmenschrift 1983.

Literatur zu Kapitel 11

1 DIN 1946: Raumlufttechnik (VDI-Lüftungsregeln). Teil 1, Entwurf Juni 1979: Grundlagen. Teil 2, Januar 1983: Gesundheitstechnische Anforderungen. Blatt 1, April 1960: Lüftungstechnische Anlagen; Grundregeln. Berlin, Köln: Beuth.
2 DIN 1947: Leistungsversuche an Kühltürmen (VDI-Kühlturmregeln). Berlin, Köln: Beuth 1959.
3 DIN 1952: Durchflußmessung mit genormten Düsen, Blenden und Venturi-Düsen (VDI-Durchflußmeßregeln). Berlin, Köln: Beuth 1982.
4 DIN 8900: Anschlußfertige Wärmepumpen mit elektrisch angetriebenen Verdichtern. Teil 1, April 1980: Begriffe. Teil 2, Oktober 1980: Prüfbedingungen, Prüfumfang, Kennzeichnung, Teil 3, September 1982: Prüfung von Wasser/Wasser- und Sole/Wasser-Wärmepumpen. Teil 4, Juni 1982: Prüfung von Luft/Wasser-Wärmepumpen. Berlin, Köln: Beuth.
5 DIN 8901: Wärmepumpen mit halogenierten Kohlenwasserstoffen. Schutz von Erdreich, Grund- und Oberflächenwasser. Berlin, Köln: Beuth 1983.
6 DIN 8955: Ventilator-Luftkühler; Begriffe, Prüfung, Norm-Leistung. Berlin, Köln: Beuth 1976.
7 DIN 8957: Raumklimageräte. Teil 1, September 1973: Begriffe. Teil 2, Oktober 1973: Prüfbedingungen, Prüfumfang, Kennzeichnung. Teil 3, August 1975: Prüfung bei Kühlbetrieb. Teil 4, Oktober 1975: Prüfung bei Heizbetrieb der Kältemaschine/Wärmepumpe. Berlin, Köln: Beuth.
8 DIN 8958, Blatt 1: Prüfung von Kühleinrichtungen für isolierte Fahrzeuge und Behälter; Kältemaschine mit zwangsbelüftetem Verdampfer. Berlin, Köln: Beuth 1973.
9 DIN 8970: Ventilatorbelüftete Verflüssiger und Trockenkühltürme; Begriffe, Prüfung, Norm-Wärmeleistung. Berlin, Köln: Beuth 1981.
10 DIN 8976: Leistungsprüfung von Verdichterkältemaschinen. Berlin, Köln: Beuth 1972.
11 DIN 24 163: Lufttechnische Anlagen; Ventilatoren. Teil 1, Entwurf Februar 1978: Leistungsmessung, Normkennlinien. Teil 2, Entwurf April 1981: Leistungsmessung, Normprüfstände. Berlin, Köln: Beuth.
12 DIN 43 710: Messen, Steuern, Regeln; Elektrische Thermometer, Thermospannungen und Werkstoffe der Thermopaare. Berlin, Köln: Beuth 1977.
13 DIN 43 760: Elektrische Temperaturmeßgeräte; Grundwerte der Meßwiderstände für Widerstandsthermometer. Berlin, Köln: Beuth 1980.
14 VDI 2040, Blatt 1, Entwurf: Berechnungsgrundlagen für die Durchflußmessung mit Drosselgeräten; Durchflußzahlen und Expansionszahlen genormter Drosselgeräte und Abweichungen von den Normvorschriften. Berlin, Köln: Beuth 1971.
15 VDI/VDE 2041, Entwurf: Drosselgeräte für Sonderfälle. Berlin, Köln: Beuth 1975.
16 VDI 2044: Abnahme- und Leistungsversuche an Ventilatoren (VDI-Ventilatorregeln). Berlin, Köln: Beuth 1966.
17 VDI 2048: Meßungenauigkeiten bei Abnahmeversuchen; Grundlagen. Berlin, Köln: Beuth 1978.
18 VDI 2049: Wärmetechnische Abnahme- und Leistungsversuche an Trockenkühltürmen. Berlin, Köln: Beuth 1981.
19 VDI 2076: Leistungsnachweis für Wärmeaustauscher mit zwei Massenströmen. Berlin, Köln: Beuth 1969.
20 VDI 2079: Abnahmeprüfung an Raumlufttechnischen Anlagen. Berlin, Köln: Beuth 1983.
21 VDI 2080: Meßverfahren und Meßgeräte für Raumlufttechnische Anlagen. Berlin, Köln: Beuth 1984.
22 VDI/VDE 2183: Meßumformer für Differenzdruck; Beschreibung und Untersuchung. Berlin, Köln: Beuth 1973.

23 VDI/VDE 2184: Meßumformer für Druck; Beschreibung und Untersuchung. Berlin, Köln: Beuth 1976.

24 VDI/VDE 2620: Fortpflanzung von Fehlergrenzen bei Messungen. Blatt 1, Januar 1973: Grundlagen. Blatt 2, Juli 1974: Beispiele zur Fortpflanzung von Fehlern und Fehlergrenzen. Berlin, Köln: Beuth.

25 VDI/VDE 2640: Netzmessungen in Strömungsquerschnitten. Blatt 2, November 1981: Bestimmung des Wasserstromes in geschlossenen, ganz gefüllten Leitungen mit Kreis- oder Rechteckquerschnitt. Blatt 3, November 1983: Bestimmung des Gasstromes in Leitungen mit Kreis-, Kreisring- und Rechteckquerschnitten. Berlin, Köln: Beuth.

26 VDI/VDE 2641: Magnetisch-induktive Durchflußmessung. Berlin, Köln: Beuth 1978.

27 VDE/VDI 3511: Technische Temperaturmessungen. Berlin, Köln: Beuth 1967.

28 VDE/VDI 3512: Meßanordnungen. Blatt 1, November 1970: Durchflußmessungen mit Drosselgeräten. Blatt 2, September 1972: Meßanordnungen für Temperaturmessungen. Blatt 3, September 1971: Meßanordnungen für Druckmessungen. Berlin, Köln: Beuth.

29 VDE/VDI 3513: Schwebekörper-Durchflußmesser; Berechnungsverfahren. Berlin, Köln: Beuth 1971.

30 VDE 0410: Teil 3: VDE-Bestimmung für elektrische Meßgeräte; direkt wirkende elektrische Schreiber. Berlin: VDE-Verlag 1974.

31 VDE 0414: Teil 1: Bestimmungen für Meßwandler; allgemeine Bedingungen. Berlin: VDE-Verlag 1970.

32 VDE 0418: Teil 1: Bestimmungen für Elektrizitätszähler; Wirkverbrauchszähler. Berlin: VDE-Verlag 1968.

33 ISO R 859: Testing and rating room air conditioners. Genf: International Standard Organisation 1968.

34 ISO R 916: Testing of refrigerating systems. Genf: International Standard Organisation 1968.

35 ASHRAE-Standards. New York 1: American Society of Heating, Refrigerating and Air-Conditioning Engineers.

36 British Standards. London W1 A2BS: British Standards Institution.

37 AFNOR-Normen. Paris-La Défense: Association Française de Normalisation.

38 Dtsch. Kälte- und Klimatech. Ver.: Kältemaschinenregeln, 7. Aufl. Karlsruhe: Müller 1981.

39 Horn, H.: Meßgerät zur angenäherten Bestimmung der mittleren Strömungsgeschwindigkeit in Rohrleitungen und Kanälen. Luft-Kältetech. 11 (1975) 132–135.

40 Moran, P.; Hoxey, R. P.: A probe for sensing static pressure in two-dimensional flow. J. Phys. E. 12 (1979) 752–753.

41 Chawla, J. M.: Wärmeübergang und Druckabfall in waagerechten Rohren bei der Strömung von verdampfenden Kältemitteln. Kältetech. Klim. 19 (1967) 246–252.

42 Gorenflo, D.: Wärmeübergang bei Blasensieden, Filmsieden und einphasiger freier Konvektion in einem großen Druckbereich. Abh. Dtsch. Kälte- und Klimatech. Ver. Nr. 22. Karlsruhe: Müller 1977.

43 Wickenhäuser, G.: Einfluß der Wärmestromdichte und des Siededruckes auf den Wärmeübergang beim Blasensieden von Kältemitteln. Diss. TH Karlsruhe 1972.

44 Engelhorn, H. R.: Wärmeübergang beim Blasensieden im Bereich niedriger Siededrücke. Diss. TH Karlsruhe 1977.

45 Zimmermann, F.: WAP 1; Interner Bericht der Sulzer—Escher Wyss GmbH, 1975.

46 Güttinger, M.; Wallner, R.: Die Messung mittlerer Oberflächentemperaturen mit Hilfe dünner Schichten. Kältetech. Klim. 22 (1970) 89–92.

47 Stephan, K.; Hoffmann, E. G.: Transition and flow boiling heat transfer inside a horizontal tube. Int. J. Heat Mass Transfer 20 (1977) 1381–1387.

48 Kesper, B.: Wandschubspannung und konvektiver Wärmeübergang bei Zweiphasen-Flüssigkeits-Dampfströmung hoher Geschwindigkeit Diss. TH Karlsruhe 1974.

49 Holldorf, G.: Versuchseinrichtung zur Untersuchung von Turbokälteaggregaten. Kälte (Hamburg), (1964) 495–502.

50 Heimbach, P.; Ponath, J.: Untersuchungen über die Leistung eines Ventilator-Luftkühlers bei Betrieb ohne und mit Stoffaustausch. Ber. über die Jahrestagung des Dtsch. Kälte- und Klimatech. Ver. (1976) 227–256.

51 Huelle, Z. R.: Probleme bei der Leistungsmessung an trockenen Verdampfern. Kältetech. Klim. 24 (1972) 307–313.

52 Schmitz, U.: Auslegung luftbeaufschlagter Verdampfer von Wärmepumpensystemen. Klima + Kälte Ing. 6 (1978) 222–225.

53 Schmidt, K.; Wegner, M.: Ein Kalorimeter zur Leistungsmessung an Raumklimageräten. Brennst. Wärme Kraft 25 (1973) 448–450.

54 Walter, C.: Prüfstand für Naß- und Trockenkühltürme sowie andere luftgekühlte Apparate. Brennst. Wärme Kraft 25 (1973) 474–475.

55 Poleck, H.: Anwendungen der Statistik in der praktischen Meßtechnik. Z. Instrumentenkd. 75 (1967) 147–154.

56 Wilson, E. E.: A basis for rational design of heat transfer apparatus. Trans. ASME 37 (1915) 47–82.

57 Zimmermann, F.: Ergebnisse der Leistungsmessungen an den Prototypen der Kaltwassersätze LQC 53, LQC 158, LQC 236. Interner Ber. der Sulzer-Escher Wyss GmbH, 1972.

58 Nußelt, W.: Die Oberflächenkondensation des Wasserdampfes. Z-VDI 60 (1916) 541–546, 569–575.

59 Schmidt, Th., E.: Kondensation von Freonen mittels glatter und berippter Rohre. Kältetechnik 2 (1950) 151–153.

60 Slipčević, B.: Bemessung von Verdampfern und Kondensatoren unter Berücksichtigung örtlich veränderlicher Wärmedurchgangskoeffizienten. Kältetech. Klim. 22 (1970) 424–429.

61 Hausen, H.: Wärmeübergang im Gegenstrom, Gleichstrom und Kreuzstrom. 2. Aufl. Berlin, Heidelberg, New York: Springer 1976.

62 Slipčević, B.: Der Wärmeübergang im Mantelraum von Rohrbündel-Wärmeaustauschern mit Umlenksegmenten. Die Chem. Produktion 6 (1979) 6–15.

Literatur zu Kapitel 12

1 VDI-Wärmeatlas, 4. Aufl. Düsseldorf: VDI 1984, Arbeitsblätter Fa.

2 Senftleben, H.: Z. Angew. Phys. 5 (1953) 267.

3 Saunders, O. H.: The effect of pressure upon natural convection in air. Proc. R. Soc. London (A) 157 (1936) 278–291.

4 Hermann, R.: Wärmeübergang bei freier Strömung am waagerechten Zylinder in zweiatomigen Gasen. VDI-Forschungsh. 379 (1936).

5 Krischer, O.: Die wissenschaftlichen Grundlagen der Trocknungstechnik. Berlin, Heidelberg, New York: Springer 1956. (3. Aufl. von W. Kast, 1978).

6 Schmidt, Th. E.: Die Wärmeleistung von berippten Oberflächen. Abh. Dtsch. Kältetech. Ver. Nr. 4. Karlsruhe: Müller 1950.

7 Elenbaas, W.: Heat dissipation of parallel plates by free convection. Physica 9 (1942) 1–28.

8 Krischer, O.; Kast, W.: Wärmeübertragung und Wärmespannungen bei Rippenrohren. VDI-Forschungsh. 474 (1959).

9 Schmidt, Th. E.: Der Wärmeübergang an Rippenrohren und die Berechnung von Rohrbündel-Wärmeaustauschern. Kältetechnik 15 (1963) 98–102, 370–378.

10 Brauer, H.: Untersuchung über den Strömungswiderstand und den Wärmeübergang bei fluchtend angeordneten Rippenrohren. Mannesmann-Forschungsber. 153 (1962).

11 Brauer, H.: Wärme- und strömungstechnische Untersuchungen an quer angeströmten Rippenrohrbündeln. Mannesmann-Forschungsber. 114 (1961); Chem. Ing. Techn. 33 (1961), 327–335, 431–438.

12 Kays, W.; London, A. L.: Compact heat exchangers, 1st and 2nd ed. New York: McGraw-Hill 1958 u. 1964.

13 Hirschberg, H. G.: Wärmeübergang und Druckverlust an querangeströmten Rohrbündeln. Abh. Dtsch. Kältetech. Ver. Nr. 16. Karlsruhe: Müller 1961.

14 Schmidt, Th. E.: Heat transmission and pressure drop in banks of finned tubes and in laminated coolers. Gen. Discussion Heat Transf., Inst. Mech. Eng. (1951) 186–188.

15 Briggs, D. E.; Young, E. H.: Convection heat transfer and pressure drop of air flowing across pitch banks of finned tubes. Chem. Eng. Prog. Symp. Ser. 59 (1963) 41, 1–10.

16 Ward, D. J.; Young, E. H.: Heat transfer and pressure drop of air in forced convection across triangular pitch bank of finned tubes. Chem. Eng. Prog. Symp. Ser. 55 (1958) 29, 37–44.

17 Thiel, G.: Die Auslegung von Gas-Dampf-Gemisch-Kühlern bei niedrigen Dampf-Partialdrücken am Beispiel des Feuchtluftkühlers. Diss. RWTH Aachen 1971.

18 Weyrauch, E.: Der Einfluß der Rohranordnung auf den Wärmeübergang und Druckverlust bei Querstrom von Gasen durch Rippenrohrbündel. Kältetech. Klim. 21 (1969) 62–65.
19 Gates, R. R.; Sepsy, C. F.; Huffman, G. D.: Heat transfer and pressure loss in extended surface heat exchangers operating under frosting conditions, Part I: Literature survey, test apparatus. ASHRAE Trans. (1967) No. 2044.
20 Huffman, G. D.; Sepsy, C. F.: Heat transfer and pressure loss in extended surface heat exchangers operating under frosting conditions, Part II: Data analysis and correlation. ASHRAE Trans. (1967) No. 2045.
21 Smith, T. J.; Hockley, D.: Performance of typical tube plate fin heat exchangers. Searle-Bush Int. News (1979) 6, 5–9.
22 McQuiston, F. C.: Optimization of fin-tube and plate-fin heat transfer surfaces operating under conditions of froced convection. Thesis, Purdue University, Lafayette, Ind. USA 1969.
23 Lotz, H.: Wärme- und Stoffaustauschvorgänge in bereifenden Lamellenrippen-Luftkühlern im Zusammenhang mit deren Betriebsweise. Diss. RWTH Aachen 1968.
24 Uhlig, H.: Wärmeübergang und Druckverlust bei Wasserdampfkondensation aus feuchter Luft in querangeströmten hochberippten Lamellenrohr-Kühlern. Klima + Kälte-Ing. 7 (1969) 13–19.
25 Schropp, K.: Untersuchungen über die Tau- und Reifbildung an Kühlrohren in ruhender Luft und ihr Einfluß auf die Kälteübertragung. Z. Gesamte Kälte Ind. 42 (1935) 81–85, 126–131, 151–154.
26 Bryan, W. L.: Heat and mass transport characteristics for dehumidifying coils. Bull. Inst. Int. Froid, Annexe 1962–1, 301–310.
27 Bosnjaković, F.: Wärme- und Stoffaustausch bei feuchten Gasen. Kältetechnik 9 (1957) 266–270, 309–313.
28 Algermissen, J.: Kondensation von Dampf/Gas-Gemischen nach Rechnung und Versuch. Chem. Ing. Tech. 30 (1958) 502–510.
29 Usemann, K. W.: Ein Beitrag zur Frage der Auslegung von Oberflächenkühlern. Klima-Technik 8 (1966) 10, 18–26.
30 Hufschmidt, W.: Die Eigenschaften von Rippenrohrluftkühlern im Arbeitsbereich der Klimaanlagen. Forschungsber. d. Landes Nordrhein-Westfalen Nr. 889 (1960).
31 Bryan, W. L.: Heat and mass transfer in dehumidifying extended surface coils. ASHRAE J. 5 (1962) 4, 60–63.
32 Paikert, P.: Erfahrungen bei der Projektierung von Luftkühlern mit digitalen Rechnern. Kältetech. Klim. 23 (1971) 8–14.
33 Komoßa, H.: Bestimmung der mittleren Wandstärke und der Wärmedurchgangszahlen von Rippenrohren. DKV-Arbeitsbl. 2–24.

Literatur zu Kapitel 13

1 Vereinigung Industrielle Kraftwirtschaft: Der Kühlwassergrenzpreis eines Kondensationskraftwerkes. Essen: Energieberatung 1970.
2 Christmann, G.: Der Naß-/Trockenkühlturm. Z. VGB Kraftwerkstechnik 55 (1975) 218–225.
3 Fritzsche, P.: Betriebserfahrungen mit kombinierten Naß-/Trockenkühltürmen. Z. VGB Kraftwerkstechnik 55 (1975) 225–229.
4 Häuser, U.: Überlegungen zu Schaltungsvarianten von Hybridkühltürmen. Fortschrittsber. VDI-Z. 19 (1981) 75–89.
5 Spangemacher, K.: Kombination von Trocken- und Naßkühltürmen. VIK-Bericht Nr. 183 (1970) 30–41.
6 Merkel, F.: Verdunstungskühlung. VDI-Forschungsh. 275 (1925).
7 Klenke, W.: Energiebilanz und Energieübertragung im Naßkühlturm. Brennst. Wärme Kraft 29 (1977) 198–206.
8 Klenke, W.: Die Merkel-Zahl und ihre Abhängigkeit von der Temperaturlage des Kühlturmprozesses. Brennst. Wärme Kraft 29 (1977) 400–409.
9 Spangemacher, K.: Lösungsmöglichkeiten der Merkelschen Hauptgleichung zur Berechnung von Kühltürmen und Einspritzkühlern. Brennst. Wärme Kraft 13 (1961) 273–275.

10 Berliner, P.: Kühltürme — Grundlagen der Berechnung und Konstruktion. Berlin, Heidelberg, New York: Springer 1975.

11 Spangemacher, K.: Berechnung von Kühltürmen und Einspritzkühlern mit Hilfe einer Verdunstungs-Kennzahl. Brennst. Wärme Kraft 10 (1957) 209–215.

12 Cooling Tower Institute: Acceptance test procedure for industrial water-cooling towers. CTI-Bull. ATP-105, Mai 1967.

13 Cooling Tower Institute: The evaluation of cooling tower performance from field test data. CTI-Bull. TPR-121, Dez. 1961.

14 Rögener, H., Poppe, M.: Berechnung von Rückkühlwerken. VDI-Wärmeatlas. Düsseldorf: VDI 1984.

15 Klenke, W.: Die Kühlturmkennlinie als Mittel für die Beurteilung von Kühltürmen. Brennst. Wärme Kraft 18 (1966) 97–105.

16 Thumm, H.: Überblick über die heutige Kühlturmtechnik. Kälte (Stuttgart) 22 (1966) 125–130.

17 Klenke, W.: Zur einheitlichen Beurteilung und Berechnung von Gegenstrom- und Kreuzstromkühltürmen. Kältetech. Klim. 29 (1977) 322–335.

18 Poppe, M.: Wärme- und Stoffübertragung bei der Verdunstungskühlung im Gegen- und Kreuzstrom. VDI-Forschungsh. 560 (1973).

19 Schmidt, Th., E.: Bau und Betrieb von Verdunstungsverflüssigern. Kältetechnik 2 (1950) 221–225.

20 Leidenfrost, W.; Korenic, B.: Experimentelle Überprüfung einer Berechnungsmethode für die Leistungsvoraussage verdunstungsgekühlter Kondensatoren. Brennst. Wärme Kraft 34 (1982) 9–14.

21 Yang, W.-J.; Clar, D. W.: Spray cooling of air-cooled compact heat exchangers. Int. J. Heat Mass Transfer 18 (1975) 311–317.

22 Caspar, W.: Häufigkeitsverteilungen der Lufttemperatur nach Messungen am trockenen und feuchten Thermometer. Essen: Vereinigung industrielle Kraftwirtschaft 1968.

23 Munters Euroform: Funktionselemente für den Kühlturmbau. Aachen: Lieferkatalog der Munters Euroform GmbH, Aachen.

24 Held, H.-D.: Kühlwasser. Essen: Vulkan-Verlag 1977.

25 Vereinigung industrielle Kraftwirtschaft: Richtlinien für die Verwendung von Holz in Kühltürmen. Essen: Energieberatung 1964.

26 DIN 4102: Brandverhalten von Baustoffen und Bauteilen. Berlin, Köln: Beuth 1970.

27 Cooling Tower Institute: Gear speed reducers for application on industrial water-cooling towers. CTI-Bull. STD-111, Feb. 1960.

28 DIN 1947: Leistungsversuche an Kühltürmen (VDI-Kühlturmregeln). Berlin, Köln: Beuth 1959.

29 Drew Chemical Corporation: Grundlagen für industrielle Wasserbehandlung. Boonton/New Jersey: 1980.

30 Schwaigerer, S.: Rohrleitungen — Theorie und Praxis. Berlin, Heidelberg, New York: Springer 1967.

31 Schwedler, F.; Jürgensonn, H. V.: Handbuch der Rohrleitungen. Berlin, Göttingen, Heidelberg: Springer 1957.

32 Hengstenberg, J.; Sturm, B.; Winkler, B.: Messen und Regeln in der chemischen Technik. Berlin, Göttingen, Heidelberg, New York: Springer 1964.

33 Henning, H.; Kliemann, S.: Niederschlags- und Nebelbildung durch Kühltürme. Energietechnik 23 (1971) 87–89, 112–115.

34 Naßkühltürme — Wärmetechnische Grundlagen und Messungen. VDI-Ber. 298 (1977).

35 Wolf, H.: Stand und Technik der Verfahren zur Trockenen Rückkühlung sowie deren wirtschaftliche Aussichten. Ber. des Batelle-Instituts Frankfurt/M für den Minister für Wirtschaft, Mittelstand und Verkehr des Landes Nordrhein-Westfalen. Düsseldorf: 1971.

36 Höllgren, K.; Schultz, M.; Harting, P. E.: Ein Einbau für nebelfreien Betrieb bei Naßkühltürmen. Brennst. Wärme Kraft 30 (1978) 71–73.

37 Harting, P. E.: Die Berechnung des Naß-/Trockenbetriebes für den XN-Hybridfüllkörper. Fortschrittsber. VDI-Z. 19 (1981) 61–74.

38 DIN 45 633: Präzisionsschallpegelmesser — Allgemeine Anforderungen. Berlin, Köln: Beuth 1970.

39 VDI-Richtlinie 2058 (Bl. 1): Beurteilung von Arbeitslärm in der Nachbarschaft. Düsseldorf: VDI 1973.

40 VDI-Richtlinie 2571: Schallabstrahlung von Industriebauten (Nachbarschaftsschutz). Düsseldorf: VDI 1970.

41 Technische Anleitung zum Schutz gegen Lärm (TA Lärm). Allgemeine Verwaltungsvorschrift über genehmigungsbedürftige Anlagen nach § 16 der Gewerbeordnung vom 16.7.1968, Bundesanzeiger Nr. 137 (Beilage), Ausgabe 26.7.1968.

42 Cooling Tower Institute: Recirculation. CTI-Bull. PFM-116, Juli 1958, April 1959.

43 v. Cube, H. L.; Steimle, F.: Wärmepumpen — Grundlagen und Praxis. Düsseldorf: VDI 1978.

44 VDI-Richtlinie 2047: Kühltürme, Begriffe und Definitionen. Düsseldorf: VDI 1973.

45 DIN 8970: Ventilatorbelüftete Verflüssiger und Trockenkühltürme — Begriffe, Prüfung, Norm-Wärmeleistung. Berlin, Köln: Beuth 1981.

46 VDI-Richtlinie 2049: Wärmetechnische Abnahme- und Leistungsversuche an Trockenkühltürmen. Düsseldorf: VDI 1981.

Literatur zu Kapitel 14

1 Bundesminister für Arbeit und Sozialordnung: MAK-Werte-Liste (Maximale Arbeitsplatzkonzentrationswerte der Senatskommission zur Prüfung gesundheitsschädlicher Arbeitsstoffe der Deutschen Forschungsgemeinschaft). Boppard/Rh.: Boldt

2 Rietschel, H.; Raiß, W.: Heiz- und Klimatechnik, Bd. 1 und 2. Berlin, Heidelberg, New York: Springer 1968/80.

3 Mode, F.: Ventilatoranlagen. Berlin: de Gruyter 1961.

4 Abnahme- und Leistungsversuche an Ventilatoren VDI 2044 (VDI-Ventilatorregeln). Düsseldorf: VDI 1966.

5 Eck, B.: Ventilatoren. Berlin, Heidelberg, New York: Springer 1972.

6 Eckert, B.; Schnell, E.: Axial- und Radialkompressoren. Berlin, Heidelberg, New York: Springer 1980.

7 Eck, B.: Technische Strömungslehre, Bd. 1. Berlin, Heidelberg, New York: Springer 1978.

8 Ventilatoren: Maßbezeichnungen (VDMA 24 162). Berlin, Köln: Beuth 1962.

9 Ventilatoren: Benennungen, Nenngrößen, Antriebe, Nenndrücke, Kurzbezeichnungen, Fabrikschild (VDMA 24 164). Berlin, Köln: Beuth 1958.

10 Cordier, O.: Ähnlichkeitsbedingungen für Strömungsmaschinen. Brennst. Wärme Kraft 5 (1953) 337.

11 Lexis, J.: Parallelbetrieb mit Radialventilatoren. Die Kälte und Klimatechnik 33, (1980) 332–342.

12 Ventilatoren: Technische Gewährleistungen (VDMA 24 166). Berlin, Köln: Beuth 1961.

13 Luftdurchlässe: Bestimmung des Luftstroms mit der Druckkompensationsmethode (Nullmethode) (VDMA 24 168). Berlin, Köln: Beuth 1965.

14 Beitz, W.; Küttner, K.-H. (Hrsg.): Dubbel Taschenbuch für den Maschinenbau. Berlin, Heidelberg, New York: Springer 1981.

15 Moog, W.: Dimensionierung von Luftführungssystemen. Fortschr.-Ber., VDI-Z. (1978) R. 6 Nr. 49.

Literatur zu Kapitel 15

1 Markovitz, R. E.: Picking the best vessel jacket. Chem. Eng. 78 (1971) 156–162.

2 Kneule, F.: Rühren, Dechema-Erfahrungsaustausch. Dechema-System Nr. 132 u. 5443, Juni 1967.

3 Ullrich, H.: Leistungsbeiwerte verschiedener Rührer. Aufbereit. Techn. 11 (1971) 7–18.

4 Zlokarnik, M.: Eignung von Rührern zum Homogenisieren von Flüssigkeitsgemischen. Chem. Ing. Tech. 39 (1967) 539–548.

5 Ho, F. C.; Kwong, A.: A guide to designing special agitators. Chem. Eng. 80 (1973) 94–104.

6 Hruby, M.: Relationship between the dissipation of mechanical energy and heat transfer in agitated vessels. Int. Chem. Eng. 7 (1967) 86–90.

7 Hackl, A.; Wittmer, W.: Zum Wärmeübergang in innenbeheizten Rührgefäßen. Chem. Ing. Tech. 39 (1967) 789–791.

8 Büche, W.: Leistungsbedarf von Rührwerken. VDI-Z. 81 (1937) 1065–1069.

9 Rieger, F.; Ditl, P.; Novak, V.: Vortex depth in mixed unbaffled vessels. Chem. Eng. Sci. 34 (1979) 397–404.

10 Zlokarnik, M.: Trombentiefe beim Rühren in unbewehrten Behältern. Chem. Ing. Tech. 43 (1971) 1028–1030.

11 Steiff, A.; Poggemann, R.; Weinspach, P.M.: Wärmeübergang in Rührkesseln mit mehrphasigen Systemen. Chem. Ing. Tech. 52 (1980) 492–503.

12 Brauer, H.; Schmidt-Traub, H.: Flüssigkeitsbegasung mit Rührern. Chem. Ing. Tech. 44 (1972) 1329–1332; 45 (1973) 49–52.

13 Heinlein, H.W.; Sandall, O.C.: Low Reynolds number heat transfer to non-newtonian fluids in anchor-agitated vessels. Ind. Eng. Chem. Process Des. Dev. 11 (1972) 490–495.

14 Yorulmaz, Y.; Dickson, Ph. F.; Kidnay, A. J.: Interfacial heat transfer between two liquid phases in an agitated vessel. Ind. Eng. Chem. Process Des. Dev. 10 (1971) 180–183.

15 Procopec, L.; Ulbrecht, J.: Rührleistung eines Schraubenrührers mit Leitrohr beim Mischen nichtnewtonscher Flüssigkeiten. Chem. Ing. Tech. 42 (1970) 530–534.

16 Andersen, H.-E.: Wärmeübergang und Rührleistung in einem Rührgefäß mit Grenzschicht- und Blattrührern. Chem. Ing. Tech. 35 (1963) 824–831.

17 Brown, R.W.; Scott, R.; Toyne, C.: An investigation of heat transfer in agitated jacketed cast iron vessels. Trans. Inst. Chem. Eng. 25 (1947) 181 ff.

18 Kapustin, A.S.: Investigations of heat exchange in agitated vessels working with viscous liquids. Int. Chem. Eng. 3 (1963) 514–518.

19 Uhl, V.W.; Voznick, H.P.: The anchor agitator. Chem. Eng. Prog. 56 (1960) 72–77.

20 Zlokarnik, M.: Wärmeübergang an der Wand eines Rührbehälters beim Kühlen und Heizen im Bereich $10° < Re < 10^5$. Chem. Ing. Tech. 41 (1969) 1195–1202.

21 Ullrich, H.; Schreiber, H.: Rühren in zähen Flüssigkeiten. Chem. Ing. Tech. 39 (1967) 218–224.

22 Bass, E.: Vegyipari gépek I. Tankönyvkiadó, Budapest.

23 Beckner, J.L.; Smith, J.M.: Anchor-agitated systems: power input with newtonian and pseudoplastic fluids. Trans. Inst. Chem. Eng. 44 (1966) T 224- T 236.

24 Chilton, T.H.; Drew, T.B.; Jebens, R.H.: Heat transfer coefficients in agitated vessels. Ind. Eng. Chem. 36 (1944) 510 ff.

25 Cummings, G.H.; West, A.S.: Heat transfer data for kettles with jackets and coils. Ind. Eng. Chem. 42 (1950) 2303–2313.

26 Stręk, F.; Masiuk, St.; Gawor, G.; Jagiello, R.: Heat transfer in mixers for liquids (studies of propeller agitators). Int. Chem. Eng. 5 (1965) 695–710.

27 Stręk, F.; Masiuk, St.: Wnikanie ciepła w mieszalnikach cieczy (badania dla mieszadła turbinowego). Chem. Stosow. IV (1967) 1 B, 51–65; s. auch Int. Chem. Eng. 7 (1967) 693–708.

28 Stręk, F.; Masiuk, St.: Wnikanie ciepła w mieszalnikach cieczy (badania mieszadeł śmigłowych). Chem. Stosow. VII (1970) 4 B, 489–513.

29 Le Lang, A.; Laguérie, C.; Angelino, H.: Transferts de chaleur à la paroi d'une cuve mécaniquement agitée. Chem. Ing. Sci. 29 (1974) 2021–2031.

30 Brooks, G.; Su, G.-J.: Heat transfer in agitated kettles. Chem. Eng. Prog. 55 (1959) 54–57.

31 Chapman, F.S.; Holland, F.A.: Heat transfer correlations for agitated liquids in process vessels. Chem. Eng. (1965) 153–158. — Heat transfer correlations in jacketed vessels. Chem. Eng. (1965) 175–182.

32 Stammers, E.; Beek, W.J.: Lokale warmteoverdrachtscoëfficiënten aan de wand van een geroerd vat. Chem. Tech (1970) 7, Ch 63–Ch 72; 8; Ch 73–Ch 78.

33 Mizushina, T.; Ito, R.; Murakami, Y.; Kiri, M.: Experimental study of the heat transfer of newtonian fluids to the wall od agitated vessels. Kagaku Kogaku 30 (1966) 719 ff. Übersetzung: Kagaku Kogaku (Abr. Ed. Engl.) 5 (1967) 43–48.

34 Rushton, J. H.; Costich, E. W.; Everett, H. J.: Power characteristics of mixing impellers. Chem. Eng. Prog. 46 (1950) 395–404, 467–476.

35 Nienow, A.W.; Miles, D.: Impeller power numbers in closed vessels. Ind. Eng. Chem. Process Des. Dev. 10 (1971) 41–43.

36 Casto, L. V.: Practical tips on designing turbine mixer systems. Chem. Eng. 79 (1972) 97–102.

37 Bates, L.; Fondy, Ph. L.; Corpstein, R. R.: An examination of some geometric parameters of impeller power. Ind. Eng. Chem. Process Des. Dev. 2 (1963) 310–314.

38 van Heuven, J. W.; Beek, W. J.: Power input, drop, size and minimum stirrer speed for liquid-liquid dispersions in stirred vessels. Proc. Int. Solvent Extr. Conf. Soc. Chem. Ind., London 1971, pp. 70–81.

39 Oldshue, J. Y.; Gretton, A. T.: Helical coil heat transfer in mixing vessels. Chem. Eng. Prog. 50 (1954) 615–621.

40 Appleton, W. T.; Brennan, W. C.: Some observations on heat transfer to agitated liquids. Can. J. Chem. Eng. (1966) 276–280.

41 Pratt, N. H.: The heat transfer in a reaction tank cooled by means of a coil. Trans. Inst. Chem. Eng. 25 (1947) 163–180.

42 Tha, R. K.; Raja Rao, M.: Heat transfer through coiled tubes in agitated vessels. Int. J. Heat Mass Transfer 10 (1967) 395–397.

43 Dunlap, I. R.; Rushton, J. H.: Heat transfer coefficients in liquid mixing using vertical tube baffles. Heat Transfer 49 (1952) 137–151 (Symp. series).

44 Lavignia, P. L.; Dickson, Ph. F.: Heat transfer to a two-phase liquid system in an agitated vessel with coils. Ind. Eng. Chem. Process Des. Dev. 10 (1971) 206–209.

45 Rushton, J. H.; Lichtmann, R. S.; Mahony, L. H.: Heat transfer to vertical tubes in a mixing vessel. Ind. Eng. Chem. 40 (1948) 1082–1087.

46 Rao, K. B.; Murti, P. S.: Heat transfer in mechanically agitated gas-liquid systems. Ind. Eng. Chem. Process Des. Dev. 12 (1973) 190–197.

47 Begachev, W. I.; Gurvich, A. R.; Vassil'tsov, E. A.; Braginskij, L. N.: O raschete shnekovykh meshalok. Teor. Os. Khmi. Tekhnol. 12 (1978) 926–930.

48 Kuriyama, M.; Ohta, M.; Yanagawa, K.; Arai, K.; Saito, Sh.: Heat transfer and temperature distributions in an agitated tank equipped with helical ribbon impeller. J. Chem. Eng. Jpn. 14 (1981) 323–330.

49 Zlokarnik, M.; Judat, H.: Rohr- und Scheibenrührer — zwei leistungsfähige Rührer zur Flüssigkeitsbegasung. Chem. Ing. Tech. 39 (1967) 1163–1168.

50 Zlokarnik, M.: Rohrrührer zum Ansaugen und Dispergieren großer Gasdurchsätze in Flüssigkeiten. Chem. Ing. Tech. 42 (1970) 1310–1314.

51 Zlokarnik, M.: Rührleistung in begasten Flüssigkeiten. Chem. Ing. Tech. 45 (1973) 689–692.

52 Lehrer, I. H.: Jacket side Nußelt number. Ind. Eng. Chem. Process Des. Dev. 9 (1970) 553–558.

53 Lohrenz, J.; Kurata, F.: A friction factor plot for smooth circular conduits, concentric annuli, and parallel plates. Ind. Eng. Chem. 52 (1960) 703–706.

54 Schmidt, E. F.: Wärmeübergang und Druckverlust in Rohrschlangen. Chem. Ing. Tech. 39 (1967) 781–789.

Literatur zu Kapitel 16

1 Oehley, E.: Gaszündpunkt und Tropfzeitpunkt. Chem. Ing. Tech. 26 (1954) 97–100.

2 Edwards, M. N. B.; Thodos, G.: Prediction of saturated vapor densities for nonpolar substances. J. Chem. Eng. Data 19 (1974) 15–18.

3 Perel'shtein, I. I.; Parushin, E. B.: Obobshtshennye uravleniya dlya rasčeta vyazkosti i teploprovodnosti khladagentov. Kholod. Tekh. 57 (1980) 34–37.

4 Cooper, H. W.; Goldfranck, J. C.: B-W-R constants and new correlations. Hydrocarbon Process. 46 (1967) 141–146.

5 Edmister, W. C.: Applied hydrocarbon thermodynamics, part 28: Effect of pressure on heat capasity and Joule-Thomson coefficient. Hydrocarbon Process. 46 (1967) 187–190.

6 Stiel, L. I.; Thodos, G.: The thermal conductivity of nonpolar substances in the dense gaseous and liquid regions. AIChE J. 10 (1964) 26–29.

7 Starling, K. E.; Ellington, R. T.: Viscosity correlations for nonpolar dense fluids. AIChE J. 10 (1964) 11–15.

8 Yaws, C. L.: Correlation constants for chemical compounds. Chem. Eng. (1976) 79–87, 153–162; Correlation constants for liquids. Chem. Eng. (1976) 127–135.

9 Landolt-Börnstein: Zahlenwerte und Funktionen, 6. Aufl. Bd. 2, Teil 2a. Berlin, Heidelberg, New York: Springer 1960.

10 Vassermann, A. A.; Kazavchinskii, Ya. Z.; Rabinovich, V. A.: Thermophysical properties of air and air components. Izdatelstvo „Nauka", Moskau 1966; engl. Übersetzung durch „Israel Program for Scientific Translations", Jerusalem 1971.

11 Maitland, G. C.; Smith, E. B.: Critical reassessment of viscosities of 11 common gases. J. Chem. Eng. Data 17 (1972) 150–155.

12 Keesom, W. H.: Helium. Amsterdam: Elsevier 1942.

13 Properties of water and steam in SI units. Berlin, Heidelberg, New York: Springer 1969.

14 Garnjost, H.: Druck-Volumen-Temperaturmessungen mit Ammoniak und Wasser. Diss. Ruhruniv. Bochum 1974.

15 Wagner, W.: Eine mathematisch-statistische Methode zum Aufstellen thermodynamischer Gleichungen, gezeigt am Beispiel der Dampfdruckkurve reiner fluider Stoffe. Fortschr. Ber. VDI-Z. (1974) R. 3 Nr. 39.

16 Needham, D. P.; Ziebland, H.: The thermal conductivity of liquid and gaseous ammonia and its anomalous behaviour in the vicinity of the critical point. Int. J. Heat Mass Transfer 8 (1965) 1387–1414.

17 Dechema-Werkstoff-Tabelle Ammoniak. Frankfurt a. Main: Dtsch. Ges. f. chem. App.-Wesen 1978.

18 Golovski, E. A.; Zymarnij, W. A.: Die Dichte von flüssigem Kohlendioxid. Ref. in Chem. Ing. Tech. 42 (1970) 715–716; Originalarbeit: Teploenergetika 16 (1969) 52–54.

19 Vulkalovich, M. P.; Timoshenko, N. I.; Bobelev, V. P.: Experimental investigation of CO_2 density at temperatures below O'C. Teploenergetika 17 (1970) 59–60.

20 Zederberg, N. V.; Morosova, N. A.: Wärmeleitfähigkeit von Kohlendioxidgas unter Drücken von 1 bis 200 kg/cm² und bei Temperaturen bis 1 200 °C. Teploenergetika 7 (1960) 75–78.

21 Perel'shtein, I. I.: Termodinamicheskie svoistva shestiftoristoi sery. Gostorgizdat (1961).

22 Encyclopédie des gaz — l'air liquide. Amsterdam: Elsevier 1976.

23 Affens, W. A.: Flammability properties of hydrocarbon fuels. J. Chem. Eng. Data 11 (1966) 197–202.

24 Technical data book petroleum refining, 3rd ed. Washington DC: Am. Petr. Inst. 1976.

25 Riedel, L.: Eine neue universelle Dampfdruckformel. Chem. Ing. Tech. 26 (1954) 83–89 (dort weitere Lit.-Angaben).

26 Procopio, J. M.; Gouq Jen Su: Calculating latent heat of vapourization. Chem. Eng. (1968) 101–104.

27 Bühner, K.; Maurer, G.; Bender, E.: Pressure-enthalpie-diagrams for methane, ethane, propane, ethylene and propylene. Cryogenics (1981) 157–164.

28 Sciance, C. T.; Colver, C. P.; Slipčević, C. M.: Bring your C1–C4 data up to date. Hydrocarbon Process. 46 (1967) 173–182.

29 Große-Wortmann, H.: Zündgrenzen von Kohlenwasserstoff/Sauerstoff/Stickstoff-Systemen bei erhöhten Drücken und Temperaturen (Kurzfassung). Chem. Ing. Tech. 46 (1974) 111.

30 Kratzke, H.: Thermodynamic quantities for propane, 1. The vapour pressure of liquid propane. J. Chem. Thermodyn. (1980) 305–309.

31 Holland, P. M.; Hanley, H. J. M.; Gubbins, K. E.; Haile, J. M.: A correlation of the viscosity and thermal conductivity data of gaseous and liquid propane. J. Phys. Chem. Ref. Data 8 (1979) 559–575.

32 Stiel, L. I.; Thodos, G.: The viscosity of nonpolar gases. AIChE J. 7 (1961) 611–615.

33 Bender, E.: Equations of state for ethylene and propylene. Cryogenics (1975) 667–673.

34 Zordan, Th. A.; Henry, R. M.: Volumetric properties of liquid propylene. J. Chem. Eng. Data 20 (1975) 344–347.

35 Jamieson, D. T.: Thermal conductivity of liquids. J. Chem. Eng. Data 24 (1979) 244–246.

36 Hirschberg: Kältemittel. Karlsruhe: Müller 1966.

37 Senftleben, H.: Neu gemessene Werte des Wärmeleitvermögens und der spezifischen Wärme bei verschiedenen Temperaturen für eine Reihe von Gasen. Z. Angew. Phys. 17 (1964) 86.

38 Rossini, F. D. et al.: Selected values of physical and thermodynamic properties of hydrocarbons and related compounds. Pittsbourg, Pa.: Carnegie Press.

39 Robbins, L. A.; Kingrea, C. L.: Estimate thermal conductivity. Hydrocarbon Process. 46 (1967) 173–182.

40 Das, T. R.; Reed, Ch. O.; Eubank, Ph. T.: pvT surface and thermodynamic properties of n-pentane. J. Chem. Eng. Data 22 (1977) 3–9.

41 Flynn, L. W.; Thodos, G.: The viscosity of hydrocarbon gases at normal pressures. J. Chem. Eng. Data 6 (1961) 457–459.

42 Howerton, M. J.: Engineering thermodynamics. Princeton N. J.: van Nostrand 1962 (vgl. Chem. Eng. 6 (1968)).

43 Nesselmann, K.; Dardin, F.: Eine Dampftabelle und eine Entropietafel für Toluol. Wiss. Veröff. Siemens-Werke XX (1942) 145–156.

44 Chao, J.: Properties of alkylbenzenes. Hydrocarbon Process. (1979) 295–299.

45 Riedel, L.: Neue Messungen der Wärmeleitfähigkeit organischer Flüssigkeiten. Chem. Ing. Tech. 23 (1951) 321–324.

46 Kirk; Othmer: Encyclopedia of chemical technology.

47 Pyreseva, L. A.; Tereshina, N. A.; Bachkova, V. V.; Korol'shenko, A., Ya.: Flash point and ignition point of aequous alcohol solutions. Khim. Farm. Zh. 11 (1977) 121–123.

48 Vanderkooi, W. N.; Hildenbrand, D. L.; Stull, D. R.: Liquid thermal conductivities. J. Chem. Eng. Data 12 (1967) 377–379.

49 Riedel, L.: Wärmeleitzahlmessungen an Gemischen verschiedener organischer Verbindungen mit Wasser. Chem. Ing. Tech. 23 (1951) 465–484.

50 Perel'shtein, I. I.; Parushin, E. B.; Makarowa, V. B.; Popow, S. A.: Termodinamicheskie svoistva khladagenta R11. Kholod. Tekh. 59 (1982) 57–60.

51 Sinitsyn, E. N.; Muratov, G. N.; Skripov, V. P.: Poverkhnostnoe natyazhenie freonov 11, 21 i 113. Kholod. Tekh. 48 (1971) 34.

52 Riedel, L.: Die Flüssigkeitsdichte im Sättigungszustand. Chem. Ing. Tech. 26 (1954) 259–264.

53 Spencer, C. F.; Adler, St. B.: A critical review of equations for predicting saturated liquid density. J. Chem. Eng. Data 23 (1978) 82–89.

Sachverzeichnis

Wärme- und Stoffübertragung

Herausgeber: U. Grigull

K. Stephan
Wärmeübergang beim Kondensieren und beim Sieden

1987. 161 Abbildungen. 14 Tabellen.
XVI, 305 Seiten. Broschiert DM 78,-.
ISBN 3-540-18075-3

Der vorliegende Band behandelt die Vorgänge **Kondensieren** und **Sieden** in zwei in sich abgeschlossenen Teilen. Vorangestellt sind jeweils die physikalischen Grundlagen bzw. die Modellvorstellungen und Theorien, die zur Beschreibung der Phänomene benötigt werden. Ausführlich werden die Probleme des Wärmeübergangs dann für die verschiedenen Situationen diskutiert:

- Film- und Tropfenkondensation stehender Dämpfe
- Kondensation strömender Dämpfe
- Kondensation von Metalldämpfen
- Kondensation von Dämpfen mischbarer bzw. vermischbarer Flüssigkeiten
- Wärmeübertragung beim Sieden in freier Strömung
- Wärmeübertragung im Fallfilmverdampfen
- Wärmeübertragung beim Sieden reiner Stoffe bzw. von Gemischen in freier Strömung
- Wärmeübertragung beim Sieden von Gemischen in erzwungener Strömung

Springer-Verlag
Berlin Heidelberg NewYork
London Paris Tokyo

G. Merker
Konvektive Wärmeübertragung

1987. 175 Abbildungen, 27 Tabellen.
XX, 412 Seiten. Broschiert DM 88,-.
ISBN 3-540-16995-4

Inhaltsübersicht: Einleitung. – Impuls- und Wärmetransport in Fluiden. – Turbulenter Impuls- und Wärmetransport. – Grenzschichtströmung. – Das Ähnlichkeitsgesetz der Wärmeübertragung. – Wärmeübergang bei laminarer Kanalströmung. – Wärmeübergang bei turbulenter Rohrströmung. – Wärmeübergang an der ebenen Platte. – Wärmeübergang bei der Umströmung zylindrischer Körper. – Wärmeübergang an der vertikalen Platte. – Wärmeübergang bei freier Konvektion an umströmten Körpern. – Freie Konvektion in Behältern. – Anhang. – Literaturverzeichnis. – Sachverzeichnis.

J. Lohrengel
Wärmeübertragung durch Strahlung
Band 1: R. Siegel, J. R. Howell
Grundlagen und Materialeigenschaften

Bearbeiter: Joachim Lohrengel

1988. 66 Abbildungen. Etwa 280 Seiten.
Broschiert DM 74,-. ISBN 3-540-18496-1

Das Buch enthält die theoretischen Grundlagen für die Berechnung des Wärmeübergangs durch Strahlung.
Oberflächeneigenschaften des Materials und deren gezielte Beeinflussung werden beschrieben. Es soll sowohl Studenten als vorlesungsbegleitendes Lehrbuch als auch dem Praktiker zum Selbststudium und als Nachschlagewerk dienen. Beispiele helfen, eine Brücke zwischen Theorie und Praxis zu schlagen.

Das Werk ist auf 3 Bände angelegt.

Wärme- und Stoffübertragung

Herausgeber: U. Grigull

A. Mersmann
Stoffübertragung

1986. 88 Abbildungen. XVI, 245 Seiten.
Broschiert DM 68,-. ISBN 3-540-15920-7

Inhaltsübersicht: Kurze Einführung in die
Fluiddynamik. – Einführung in die Stoff-
übertragung. – Stofferhaltungssatz. –
Stationäre Diffusion. – Instationäre Diffu-
sion (Methode der Variablentrennung). –
Einphasige erzwungene konvektive Stoff-
übertragung. – Stoffübertragung bei freier
Konvektion. – Zweiphasige Stoffübertra-
gung bei erzwungener Konvektion. –
Arten der Diffusion. – Berechnen von
Diffusionskoeffizienten. – Anhang. –
Literaturverzeichnis. – Sachverzeichnis.

U. Grigull, H. Sandner
Wärmeleitung

1. Auflage. 1979. Nachdruck. 1986.
49 Abbildungen. XI, 158 Seiten.
Broschiert DM 42,-. ISBN 3-540-15961-4

Inhaltsübersicht: Einführende Bemerkungen. – Transportkoeffizienten. –
Stationäre eindimensionale Wärmeleitung. – Stationäre Wärmeleitung mit
Wärmequellen. – Stationäre mehrdimen-
sionale Wärmeleitung. – Nichtstationäre
eindimensionale Wärmeleitung. –
Wärmeexplosionen. – Kontinuierliche
Wärmequellen. – Wandernde Wärmequellen. – Nichtstationäre mehrdimensio-
nale Wärmeleitung. – Nichtstationäre
Wärmeleitung mit Phasenänderung. –
Literatur. – Anhang. – Sachverzeichnis.

U. Grigull (Ed.)
Properties of Water and Steam in SI-Units

**Zustandsgrößen von Wasser und Wasser-
dampf in SI-Einheiten.
0–800°C 0–1000 bar.**

Prepared by E. Schmidt

3rd enlarged printing 1982. 194 pages in
English and German, including a Mollier
h,s-Diagram and a T,s-Diagram in pocket.
Hard cover DM 94,-. ISBN 3-540-09601-9

Springer-Verlag
Berlin Heidelberg New York
London Paris Tokyo

L. Haar, J. S. Gallagher, G. S. Kell
NBS/NRC Wasserdampftafeln

**Thermodynamische und Transportgrößen
mit Computerprogrammen für Dampf
und Wasser in SI-Einheiten**

Herausgegeben und aus dem Englischen
übersetzt von U. Grigull

Geleitwort von D.R. David Jr.

1988. 54 Abbildungen. XV, 310 Seiten.
Gebunden DM 128,-. ISBN 3-540-18039-7

Inhaltsübersicht: Einführung. – Thermodynamische Zustandsgrößen. – Transportgrößen und andere thermophysikali-
sche Zustandsgrößen. – Anhang A-C. –
Literaturverzeichnis.

MIX
Papier aus verantwortungsvollen Quellen
Paper from responsible sources
FSC® C105338

If you have any concerns about our products,
you can contact us on
ProductSafety@springernature.com

In case Publisher is established outside the EU,
the EU authorized representative is:
Springer Nature Customer Service Center GmbH
Europaplatz 3, 69115 Heidelberg, Germany

Printed by Libri Plureos GmbH
in Hamburg, Germany